JN193267

動物学の百科事典

Encyclopedia of Zoology

日本動物学会 編

丸善出版

次ページ写真：左上から右にキューバスズメフクロウ（*Glaucidium siju*）（提供：寺井洋平），ミズモグラ（*Oreoscaptor mizura*）（提供：齊藤浩明），トンケアナモンキーヒヒ（*Macaca tonkeana*）（提供：寺井洋平），カブトムシ（*Trypoxylus dichotomus*）（提供：荒谷邦雄），ハチマキカグラコウモリ（*Hipposideros diadem*）（提供:浅見崇比呂），アゲハ（*Papilio xuthus*）（提供：木下充代），バイカルアザラシ（*Pusa sibirica*）（提供：渡辺佑基），トゲアリマネアリグモ（*Myrmarachne maxillosa*）（提供：橋本佳明），アタヤセダカヘビ（*Pareas atayal*）（提供：中川雄太），ハマガニ（*Chasmagnathus convexus*）（提供:古賀庸憲），コモンチョウ（*Neochmia ruficauda*）（提供:水野歩），アオウミウシ（*Hypselodoris festiva*）（提供:古賀庸憲），エロンガータリクガメ（*Indotestudo elongata*）（提供：浅見崇比呂），クチベニマイマイ（*Euhadra amaliae*）（提供:中川雄太），イボイモリ（*Echinotriton andersoni*）（提供:江頭幸士郎），グレービーシマウマ（*Equus grevyi*）（提供：松本晶子），ツシマアカガエル（*Rana tsushimensis*）（提供：江頭幸士郎），タケノコモノアラガイ（*Lymnaea stagnalis*）（提供：北沢友梨奈）

何の顔かわかりますか

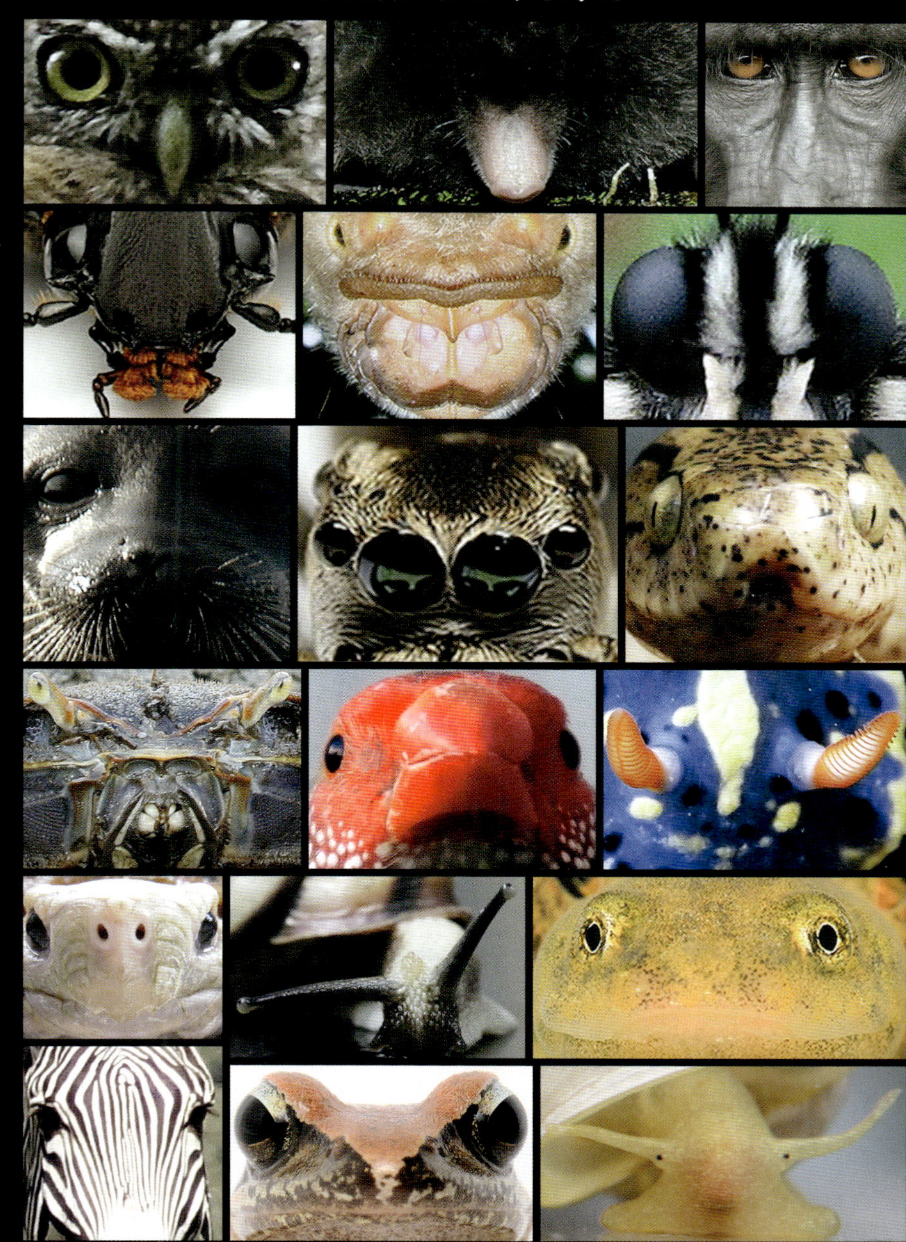

動物の多様性

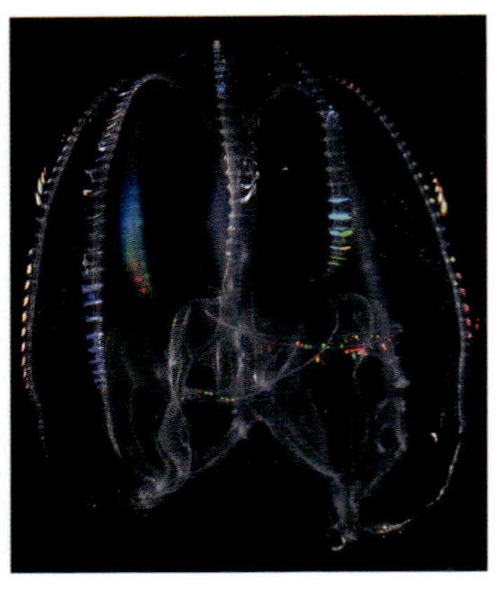

◀有櫛動物門（クシクラゲ）の一種（Ctenophora sp.）．虹色に輝いているのは，櫛板列に並ぶ櫛板という構造．発光ではなく反射光である（提供：角井敬知）

▼軟体動物門多板綱（ヒザラガイ）の一種（Polyplacophora sp.）．背側に8枚の殻板という構造をもつ．写真の個体は1枚の殻板の上にフジツボ類が付着している（提供：角井敬知）

▼ギラファノコギリクワガタ（*Prosopocoilus giraffe*）の雄．身体よりも長くなる大アゴをキリンの首に見立ててこの名が付けられた（提供：荒谷邦雄）

▲鰓曳動物門（エラヒキムシ）の一種（Priapulida sp.）．海底に穴を掘るものや海底砂のすき間に潜んで生活するものが知られる．写真上側の吻という構造を出し入れすることで前に進む（提供：角井敬知）

▲イエハモリダニ（*Chaussieria domestica*）．本種は，日本では庭などに生息し，地表をジグザグに猛スピードで動く（提供：島野智之，吉田譲）

▼テンガイハタ（*Trachipterus trachypterus*）の幼魚．幼魚と成魚で著しく形態が異なり，幼魚では各鰭条が糸状に伸長して水中を漂うように泳ぐ．本科魚類には稀種が多く，その生態はほとんど知られていない（提供：甲斐嘉晃）

▲棘皮動物門クモヒトデ綱の一種（Ophiuro idea sp.）．多くの種は海底上で生活しているが，中には写真のように岩や沈木の表面に張り付くようにして生活する種も知られる（提供：角井敬知）

▲食虫植物ウツボカズラの縁で雌をまつボルネオヒメアマガエル（*Microhyla borneensis*）の雄．この種はウツボカズラの中に産卵し，オタマジャクシはその中で成長・変態してカエルの姿になると外に出る（提供：江頭幸士郎）

▲クチノシマトカゲ（*Plestiodon kuchinoshimensis*）．乾燥に強い体をもつ爬虫類は大陸から遠く離れた島にも生息している動物である．琉球列島に生息するこのトカゲは日中地上を徘徊し，餌や繁殖相手を探している（提供：栗田和紀）

▶サドモグラ（*Mogera tokudae*）．本州・四国・九州のほぼ全域でモグラは観察されるが，日本には地下性のモグラだけで6種が生息しており，そのすべてが日本固有種であると考えられている（提供：篠原明男）

動物の行動

◀交尾するナガサキアゲハ（*Papilio memnon*）の雌（上）と雄（下）（提供：辻 和希）

◀卵認識物質をつけたビーズ（赤色）を短径が同じ卵（白色）と同様に世話するヤマトシロアリ（*Reticulitermes speratus*）．ビーズ状の菌核（糸状菌）は，同様の化学擬態でシロアリに寄生する（提供：松浦健二）

▼殻を作りながら産卵するフカアキマイマイ（*Allogona profunda*）（提供：浅見崇比呂）

▼ヒトを除く霊長類の北限に生息するニホンザル（*Macaca fuscata*）（提供：沓掛展之）

▲雄を共食いする雌のオオカマキリ（*Tenodera aridifolia*）（提供：古賀憲庸）

▲左巻種オオタキマイマイ（*Euhadra grata*）を捕食するエダセダカヘビ（*Aplopertura boa*）（提供：中川雄太）

▲托卵したジュウイチ（*Cuculus fugax*）の雛に給餌するルリビタキ（*Tarsiger cyanurus*）（提供：田中啓太）

▲群れ全体で他の群れに警戒するミーアキャット（*Suricata suricatta*）（提供：沓掛展之）

▲雌に向け羽を震わせて求愛する雄のインドクジャク（*Pavo cristatus*）（提供：狩野賢司）

動物の生態

▲氷上を腹で滑るエンペラーペンギン（*Aptenodytes forsteri*）の群れ（提供：渡辺佑基）

▲トゲアリに擬態するヒメトゲアリマネアリグモ（*Myrmarachne malayana*）．8 個の単眼で視野 360 度を微細に認識する（提供：橋本佳明）

▲17 年ごとに大発生するジュウシチネンゼミ（*Magicicada* sp.）の羽化（提供:浅見崇比呂）

▲コハクガイを捕食するヤモメセダカオサムシ（*Scaphinotus viduus*）（提供：浅見崇比呂）

▲眼状紋（目玉模様）を見せるアケビコノハの幼虫（*Eudocima tyrannus*）（提供：石原道博）

▲テレメータ（遠隔観測器）を装着したホホジロザメ（*Carcharodon carcharias*）の放逐（提供：渡辺佑基）

◀カキバカンコノキの雌花に産卵する送粉者カキバカンコハナホソガ（*Epicephala bipollenella*）．幼虫はその種子を食べる（提供：加藤 真）

▲シクリッド（*Boulengerochromis microlepis*）の死体を捕獲して食べるアヌビスヒヒ（*Papio anubis*）（提供：松本晶子）

▲対面交尾するセトウチマイマイ（*Euhadra subnimbosa*）と背面交尾するヒクギセル（*Stereophaedusa gouldi*）（提供:浅見崇比呂）

バイオミメティクス

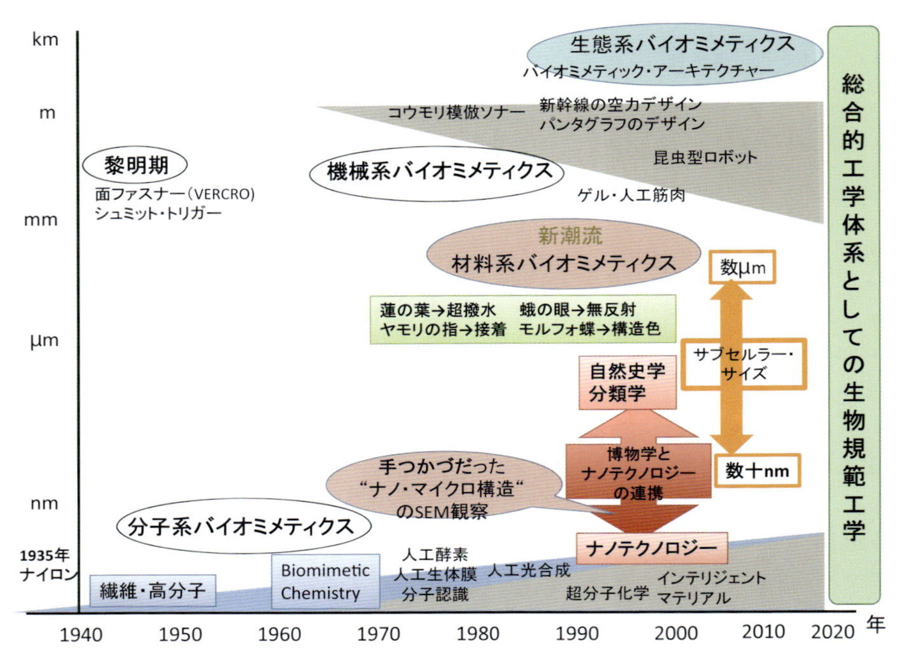

▲バイオミメティクスの歴史と展開——生物に学び持続可能性に向けた技術革新へ（図提供：下村政嗣）

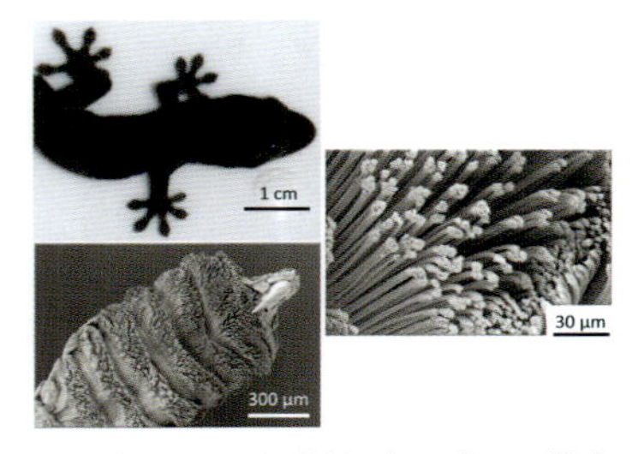

▲ニホンヤモリ *Gekko japonicus*，脚先には鉤爪があり，その根元に接着性剛毛が密集．この剛毛がファンデルワールス力で接着するので天井も歩ける（提供：針山孝彦）

▲ヤマトタマムシ *Chrysochroa fulgidissima* の胸部と鞘翅部の，緑部と赤ストライプ部の多層膜構造をもつクチクラの最外層（epicuticle，上クチクラ）の透過型電子顕微鏡像（提供：針山孝彦）

刊行にあたって

本事典は，2012 年に丸善出版(株)より公益社団法人日本動物学会に提案された出版の構想をもとにして，まずは理事会のもとにおかれた図書委員会において議論を重ね，2013 年の理事会において刊行が決定されて，今日にいたったものである．本事典は，百科事典とはいいつつも，従来の百科事典や最近の Wikipedia のような単語の説明のための事典ではなく，1 つの内容を 2 頁もしくは 4 頁で最新の情報なども含めて説明する中項目の形態に大きな特徴がある．そして，読み物として活用できること，各項目を体系的に並べることにより関連する情報も入手しやすく，現代の動物学を俯瞰して全体的に把握することができる利点をもつものとして企画されている．これには，今日の動物学を含む生物学全体が，爆発的な知識・情報量の増加とともに多くの分野に専門分化してしまい，全体としての像を見ることがきわめて難しくなっていることに鑑みて，全体を読み物として読んでもらうことにより，少しでも現代の動物学の全体像を理解してもらいたい，という願いが込められている．

では，本事典のタイトルにある「動物学」とはどういう学問分野なのであろうか？実はこの問に答えることは，そう簡単なことではない．興味のある読者は，是非，本事典第 1 章「動物学の歴史」を最初にお読みいただきたい．さらに，日本動物学会監修の「シリーズ 21 世紀の動物科学」（培風館）の第 1 巻『日本の動物学の歴史』の，序章「動物学のみかた」（八杉貞夫著）および第 1 章「日本における動物学の黎明期」（磯野直秀著）もお読みいただくと，さらに理解が深まると思う．ここには，日本における動物学が，明治初期にいかにして始まり，どのような人たちの努力により，どのようにして発展してきたのか，について歴史的な背景とともに詳しく書かれている．確かに，日本には独自のいわゆる「日本の動物学」ともよぶべき特徴があり，欧米を中心として長い歴史をもつ，英語で Zoology とよぶ学問分野とは一線を画すべきである，という見方もある（『日本の動物学の歴史』の第 11 章「動物学と農学の関係史」（遠藤秀紀著）参照）．ここではその議論はしないが，本事典を手にする読者の皆さんは，是非そうした歴史的背景にも興味をもっていただけると，動物学に関する考え方を，より深いものにできるはずである．ここでは，本事典を出版する日本動物学会がどれだけ長い歴史をもち，日本の動物学に貢献してきたか，を是非知っておいていただきたいと思い，簡単に日本動物学会の歴史を紹介させていただく．

実は，本事典の出版される2018年は，日本動物学会創立140周年にあたる．日本動物学会の創立は基礎科学系の諸学会の中でもきわめて早く，今年2018年は，東京大学の初代動物学教室教授で会ったエドワード・S・モースが，同植物学教室教授矢田部良吉とともに創立した，日本動物学会の前身である東京生物学会の設立1878年（明治11年）から数えて140年目にあたる．これは，医学分野で伝統のある日本解剖学会（1893年創立）や日本生理学会（1922年創立）などに比べてもかなり長い，誇るべき歴史である．さらに，現在生物科学連合とよばれる，国内の生物科学関連学会の連合組織に所属する31団体の中でも先陣を切って2012年から公益社団法人としての活動を行っており（現在6団体が公益社団法人），基礎生物学の代表的な学会として，社会に対しても大きな責任をもった公益的な活動を行っている．公益社団法人とは，公益法人認定法により公益性の認定を受けた一般社団法人のことであり，日本動物学会は，一般社会に対しても，学会活動を通じて動物学，動物学教育，社会との連携，および国際協力の推進をはかり人類福祉の向上に資する，ということを目的としている．本の出版というのは，その最も目に見えるかたちでの社会貢献の1つであると我々は受け止めている．今回出版する，この『動物学の百科事典』が，項目ごとに読者の必要とする内容に関する情報や知識を提供できると同時に，これを通して「読んで」いただくことにより，現代の日本における動物学の全体像をよりよく理解していただけるきっかけとなり，若い読者のなかから，明日の動物学を目指す研究者が出てくれると，これ以上の喜びはない．

2018年8月

公益社団法人日本動物学会会長
岡　良隆

編集にあたって

地球に生きる動物たちは，姿，形もさまざまで，食う・食われる関係も含め，互いにかかわり合いながら命をつないでいる．また，それぞれ，ほかと違う生存戦略を選んで，お互い上手くすみ分け，共存している．この共生と多様性は，動物の際立った特徴である．

この生命の素晴らしいしくみについては，20 世紀の後半の遺伝子の分子生物学のブレークスルー以来，大腸菌，酵母，線虫，ショウジョウバエ，ゼブラフィッシュ，マウスなど主にモデル生物といわれる特別な生き物を対象に，明らかになってきた．その結果，生命科学は，医学・農学などの応用分野も含めすべてで，驚異的な進歩を遂げ，さらに進歩しつつある．同時に，人工生殖，臓器移植と再生医療，各種の遺伝子操作など，生命科学はヒトの社会生活にも強いインパクトを与え続けている．

さまざまな生体機能の共通の素晴らしさは，遺伝子，分子，細胞，組織，器官，個体，生態のすべての階層において明らかになってきた．しかし，同時に，もう 1 つの特徴は，多様性である．このことは，個体レベルの種の多様性のみならず，それぞれの生命機能の仕組みにおいても事情は同様である．この視点は，生命の時の流れ，進化の過程にも思考を向かわせ（どのようにして今あるしくみが機能することになったのか），現生の動物界についての理解をより深いものに導くであろう．

動物学会では，この動物の多様性の視点を大切なことと認識しており，この百科事典においても共通性と多様性をどちらも取り入れるよう配慮した．この動物学について，従来の小項目の解説ではなく，中項目として，通読の読み物として，分野全体を俯瞰できる百科事典を目指した．

動物学の歴史，動物の多様性と分類・系統，動物の進化，動物の遺伝，動物の細胞，動物の発生，動物の生理と神経系，動物の内分泌，動物の生体防御，動物の行動，動物の生態，バイオミメティクス，の 12 の章のもと，314 にも及ぶ中項目によって，動物学のおおよその分野をカバーした．

最初の基本構想から議論した浅見，高宗編集幹事，24 名のそれぞれの章を担当した編集委員，多数の執筆者など動物学会の総力，さらには，丸善出版の小林，松平，南葉氏の貢献によって，この百科事典は完成した．この百科事典が動物科学に興味をもつすべての読者に喜ばれることを願っている.

2018 年 8 月

『動物学の百科事典』編集幹事を代表して

小泉　修

編集委員一覧

編集委員一覧

執筆者一覧（五十音順）

Cooper, M.D.
藍　　浩　之
阿　形　清　和
秋　元　信　一
浅　岡　美　穂
浅　島　　　誠
浅　見　崇比呂
阿　部　玄　武
天　野　孝　紀
荒　谷　邦　雄
蟻　川　謙太郎
安　東　宏　徳
井　口　泰　泉
石　井　大　佑
石　原　道　博
石　松　　　惇
井　須　紀　文
伊勢戸　　　徹
磯　﨑　行　雄
井　筒　ゆ　み
今　西　二　郎
入　江　直　樹
岩　尾　康　宏
岩　室　祥　一
植　木　龍　也
上　田　恵　介
上　野　秀　一
内　田　勝　久
内　田　清　薫
浦　野　明　央
占　部　城太郎
江　頭　幸士郎
遠　藤　泰　久
大　島　一　正
大　塚　　　攻
大　橋　和　也
大　原　昌　宏
岡　　　彩　子
岡　　　良　隆
岡ノ谷　一　夫
岡　部　正　隆
荻　野　　　肇
荻　野　由紀子
奥　野　　　誠
尾　﨑　浩　一
尾　﨑　まみこ
押　田　龍　夫
小　田　広　樹
小　田　　　亮
甲　斐　嘉　晃
角　井　敬　知
陰　山　大　輔
笠　原　正　典
柁　原　　　宏
粕　谷　英　一
片　倉　晴　雄
勝　　　義　直
加　藤　尚　志
加　藤　　　真
金　澤　卓　弥
金　子　豊　二
上　村　慎　治
神　谷　　　律
狩　野　賢　司
川　北　　　篤
河　﨑　秀　陽
川　﨑　雅　司
川　島　武　士
川　畑　俊一郎
汾　陽　光　盛
神　﨑　亮　平
菊地原　洋　平
北　野　　　潤
木之下　　　博
日下部　り　え

沓掛　展之
工藤　明
工藤　慎一
窪川　かおる
粂　昭苑
工樂　樹洋
倉谷　滋
栗田　和紀
黒島　妃香
小池　卓二
小泉　修
小泉　修一
小出　剛
幸田　正典
古賀　章彦
古賀　庸憲
五箇　公一
小柴　和子
小島　桂
小島　大輔
古藤　日子
後藤　太一郎
小林　一也
小林　悟
駒崎　伸二
小山　耕平
近藤　滋
近藤　倫生

齋藤　彰
齋藤　茂
齊藤　隆
斎藤　成也
酒井　正樹
坂井　陽一
酒泉　満
阪上　起世
坂下　浩司
坂下　美咲
佐久間　知佐子
櫻井　健志
佐々木　猛智
颯田　葉子
佐渡　敬
佐藤　綾
佐藤　拓哉
更科　功
澤田　均
澤村　京一
塩尻　信義
塩田　清二
志賀　向子
滋野　修一
篠原　明男
柴田　俊生
島　亜衣
嶋田　大輔

島田　卓哉
島野　智之
下澤　楯夫
下村　政嗣
新海　曉男
神保　宇嗣
杉本　雅純
鈴木　大地
鈴木　紀之
鈴木　雅一
相馬　雅代
曽我部　正博
高久　康春
高田　礼人
高田　慎治
高梨　琢磨
高橋　明義
高橋　純夫
高橋　美樹
高畑　雅一
高宗　和史
竹井　祥郎
竹市　雅俊
竹内　秀明
竹内　浩昭
竹内　隆
竹垣　毅
武田　洋幸

竹中 麻子
竹花 佑介
田近 英一
立花 和則
田所 竜介
田中 啓太
田中 浩輔
田中 博人
田中 正敦
田中 幹子
田村 浩一郎
田村 宏治
陀安 一郎
千葉 聡
塚田 岳大
辻 和希
津田 みどり
土原 和子
椿 玲未
出口 茂
出口 竜作
寺井 洋平
寺北 明久
東城 幸治
東原 和成
栃内 新
中尾 実樹
中川 秀樹
中川 裕之
中倉 敬
長澤 寛道
中田 兼介
永田 三郎
永田 晋治
中西 照幸
中根 右介
中野 隆文
中野 裕昭
中村 輝
中村 太郎
中村 正久
長山 俊樹
並木 重宏
成瀬 清
難波 宏樹
西海 功
西川 彰男
西川 輝昭
西野 敦雄
西野 浩史
野田 隆史
野々村 恵子
野村 周平
萩原 良道
橋本 佳明
長谷川 英祐
長谷川 雅美
長谷川 眞理子
長谷山 美紀
羽生(中村) 賀津子
羽場 優紀
濱田 博司
原野 智広
針山 孝彦
日比 正彦
平坂 雅男
平沢 達矢
平野 雅之
広瀬 雅人
弘中 満太郎
深田 吉孝
深町 昌司
福井 彰雅
福田 公子
藤井 毅
藤井 保
藤田 和生
藤田 敏彦
藤本 心太
古川 康雄
古川 亮平
古屋 秀隆
星 元紀
細田 奈麻絵

本田陽子
前多敬一郎
増田隆一
松浦健二
松尾行雄
松尾勲
松尾亮太
松島俊也
松田孝彦
松田二子
松田良一
松永俊男
松林圭
松本澄洋
馬渕一誠
三浦徹
三高雄希
水波誠
溝口元
三谷啓志
光野秀文
三戸太郎
南方宏之
南野直人
宮下直
宮田真人
宮本教生
明正大純

村上安則
村嶋亜紀
室﨑喬之
本川雅治
森直樹
守野孔明
屋代隆
安井金也
安井行雄
八杉公基
八杉貞雄
矢野十織
八畑謙介
矢部泰二郎
山内淳
山口幸
山﨑剛史
山﨑博史
山下高廣
山下正兼
山中章弘
山本智子
山本博章
山脇兆史
横堀伸一
吉岡伸也
吉田丈人
吉田将之

吉田学
吉永直子
吉村崇
米村重信
若菜茂晴
和田英治
和田清二
和田洋
渡辺佑基

目　次

1. 動物学の歴史（編集担当：八杉貞雄・西川輝昭）

2. 動物の多様性と分類・系統（編集担当：柁原　宏・本川雅治）

3. 動物の進化（編集担当：片倉晴雄・和田　洋）

4. 動物の遺伝（編集担当：山本博章・酒泉　満）

5. 動物の細胞（編集担当：松田良一・上村慎治）

6. 動物の発生（編集担当：田中幹子・高宗和史）

7. 動物の生理と神経系（編集担当：小泉　修・寺北明久）

8. 動物の内分泌（編集担当：窪川 かおる・永田晋治）

9. 生体防御（編集担当：栃内　新・藤井　保・永田三郎）

10. 動物の行動（編集担当：酒井正樹・狩野賢司）

11. 動物の生態（編集担当：浅見崇比呂・長谷川雅美）

12. バイオミメティクス（編集担当：針山孝彦・高梨琢磨）

見出し語五十音索引

英数字

あ

か

さ

た

な

は

ま

や

ら

わ

1. 動物学の歴史

［八杉貞雄・西川輝昭］

グーグル・スカラーのトップページなどでおなじみの「巨人の肩の上に立つ」という言葉は，先人の膨大な業績がなければ新しい発見はありえないことを教える．本章では，動物学の分野で「巨人」が形成されてきた道筋＝歴史をたどり，それを未来につなげたい．

まず動物学史の大きな流れを概説する．各論では，アリストテレス，中世，ルネサンス期，15 世紀から 19 世紀の博物学，レーヴェンフック，パスツール，およびラマルクとダーウィンの進化論に注目し，次いで遺伝学・比較動物学・進化学・分子生物学の近現代史を述べ，最後に，これらの歴史を踏まえて 21 世紀の動物学の課題を展望する．さらに，日本に特化して，江戸と明治の諸活動がもたらした近年の学問的成果をまとめる．

目前の課題に追われて視野狭窄に陥りがちな我々だが，時には歴史をふりかえる余裕がほしい．多くを得られるはずである．本章がそのために少しでも役立つことを願う．

動物学の歴史
――2000 年の動物学史のエッセンス

動物学とは，いうまでもなく動物に関する学問であり，その対象には動物の形態・機能・発生・分類・生態・進化など，動物の生物学的側面だけではなく，動物と人類の多様なかかわりも含まれる．動物学はまた，我々ヒトをも直接の対象とする点で，医学，薬学，工学や，さらには社会学，経済学，考古学，民俗学，歴史学，倫理学などとも密接な関係をもっている．

●学問以前の動物に対する関心　人間の動物に対する関心は，古くからあった．旧石器時代のアルタミラの洞窟に残された動物の絵画は，人間が動物を観察し，その姿を記録した最も古い証拠である．人類は多くの動物を食料とし，一方で動物からの脅威にも対抗しなければならなかった．また1万年以上も前から動物を家畜として利用し，それ以前から動物の組織を衣服や道具として用いた．その過程で人類は，動物の性質や特徴を自然に学び理解し，記憶して次の世代にも伝えた．しかし，それはまだ体系化されてはいなかったし，何より文字として残されなかったという点で，学問とよべるものではなかった．また，いろいろな動物に関する伝説や空想的な物語が世界各地に生じた．動物の擬人化も普通に行われた．これは，動物と人類の密接な関係を表すものであるが，一方で動物に対する誤解や，時に憎悪も生み出した．また，動物はしばしば宗教的な考えとも結びついた．

●初期の動物学　学問としての動物学は，他の多くの学問分野と同様に，ギリシャ時代にその発端を見ることができる．とりわけ重要なのは，いうまでもなくアリストテレス（Aristotelēs, 384-322 B.C.）である．多くの学問の基礎を定めたアリストテレスは，動物学でも多くの著作を著し，数多くの観察と推論を精力的に発表した．その中心的な考え方については別項（☞「アリストテレスの動物学」参照）に譲るが，その影響力は，西洋では，中世まで伝わった．

多くの生物学史の書物において，ローマ時代から中世までは，動物学（生物学一般）に大きな発展が見られなかった，と記載されている．これは，西洋ではキリスト教の影響が大きく，また上述のようにアリストテレスの考えが支配的になって，そこからの逸脱が認められなかったことが原因であるといわれる．しかしこの間にも人間を対象とした医学は歩みを続け，幾人かの重要な学者が現れた．有名なのはガレノス（Galenos, 130-200）で，心臓・血管系を観察し，また生理学的実験も行った．ただ，ガレノスの基本的な考えは，あくまでもアリストテレスに基づいており，ガレノスの解剖学は17世紀まで権威を持ち続けた．その他プリニウス（Plinius, 22(23)-79）の博物誌は多くの伝承や根拠のない記述を記載したが，広く流布した（☞「中世までの西洋動物学」参照）．

●中世の動物学　世界の最初の大学はイタリアのボローニャ大学であるといわれ，その創設は11世紀にさかのぼる．この頃からいろいろな学問が体系化され，学問分野間の交流も盛んになった．また，文芸や芸術に新しい息吹を与えたルネサンスの潮流は，博物学や解剖学の分野にも大きな影響を与えた（☞「ルネサンスと動物学」参照）．博物学では，アルベルトゥス・マグヌス（A. Magnus, 1193?–1280）はアリストテレスの動物学関連の書物の注釈書を出版し，13世紀には，従来の博物学の書物に代わって，百科全書の編纂が盛んになった．フランス人トーマ（Thomas de Cantimpré, 1201–72），英国のバーソロミュー（Bartholomew, 1203–72）らによる百科全書の中に，動物に関する記述もあった．

解剖学もこの時期に大きな発展をした．ボローニャ大学のモンディノ（Mondino de'Luzzi, 1275?–1326）は解剖学の教科書を著した．また天才レオナルド（Leonardo da Vinci, 1452–1519）は，画家として人体を描く際に，筋肉や骨格の構造・形態を知ることが重要であると考え，人間と動物の比較解剖を行い，さらに進んで溶かした蝋を頭蓋に流し込んでその形態も調べた．

●近代動物学　博物学も解剖学も，15世紀，16世紀になると，質量ともに大きな発展を遂げ，それは近代動物学への架け橋となった．この頃になると，上記の2大分野に加えて，分類学，生理学，発生学，そして顕微鏡の発明と改良による細胞学や微生物学も，大きな広がりを見せた．とりわけ重要ないくつかの業績を紹介する．

上述の解剖学についてその後の発展を見ると，A. ヴェサリウス（Vesalius, 1514–64）は，人体の構造についての記念碑的著作を著し，この中に多くの解剖図を掲載した．ほぼ同時代のG. ファロピウス（Fallopius, 1523–62）やH. ファブリキウス（Fabricius, 1537–1619）はそれぞれいくつかの器官にその名をとどめている．W. ハーヴィ（Harvey, 1578–1657）は血液循環を明らかにし，その機能に関して観察のみならず種々の実験を行い，その後の解剖学や生理学に大きな影響を与えた．

15世紀半ばからの大航海時代は，西洋に新しい動植物をもたらし，それは生物の分類に大きな刺激を与えた．J. レー（Ray, 1627–1705）は，最初は植物，後に動物の分類に取り組み，1693年に『四足動物の分類』を著した．その後幾人かの研究者によって分類体系構築の試みがなされ，ついにC. リンネ（Linné, 1707–78）にいたって，階層分類体系と種の学名としての二語名法とが確立し，ここに近代分類学のしっかりとした基礎がおかれた．国際動物命名規約では，動物において二語名法が確立された彼の『自然の体系』第10版の出版年である1758年を学名の起点としている（☞「博物学の興隆」参照）．

肉眼による観察だけでなく，顕微鏡を用いた観察は，動物学上最も重要な変革であるということができる（☞「顕微鏡と動物学」参照）．これにより，動物学の研究対象は飛躍的に広がっただけでなく，発生学などの微視的観察に依存する分野も発展した．また近代動物学の大きな特徴は，観察に加えて実験的な手法が取り入れられたことである．それを象徴的に表しているのは，生理学の分野で，L. パスツール（Pasteur, 1822–95），C. ベルナール（Bernard, 1813–78）などの顕著な業績がある（☞「医学と動物学」参照）．

動物学はいうまでもなく生物学の一分野である．したがって，生物に関する考え方（生命観）の変遷は，必然的に動物学にも影響を与える．生命観の歴史において重要なのは，R. デカルト（Desccartes, 1596–1650）である．哲学者，数学者としても著名であるこの学者は，生物，とりわけ人間の心臓と循環器系を，ポンプとチューブに例え，人間の身体の機械論を唱えた．ただし彼は，人間の精神は別であるとして，心身二元論の立場をとった．さらに18世紀のド・ラ・メトリ（De La Mettrie, 1709–51）は機械論をさらに拡張して，「人間機械論」を著した．これらの機械論的生命観は，いうまでもなく大きな議論を誘起したが，必ずしもこれで還元論的な生命観が広く受容された訳ではなかった．

動物学の中で重要な位置を占めるのは進化学である．キリスト教の教えにより，生物進化の考えは長く表面化しなかった．リンネをはじめ優れた生物学者も，多くは神による種の創造と不変を信じていた．最初に進化論的な考えを表明した学者が誰であるかについては多くの議論があるが，P. L. M. de モーペルテュイ（Maupertuis, 1698–1759）や P. H. D. ドルバック（Baron d'Holbach, 1723–89）などが，曖昧な形ではあるにせよ，生物が次第に変化することを示唆した．はっきりと生物進化の考えを述べ，かつその仕組みについても統一的な仮説を立てたのはラマルク（J. B. P. A. de Monet, Chevalier de Lamarck, 1744–1829）である（☞「ラマルクの進化論と動物学」参照）．しかし，ラマルクの獲得形質の遺伝などの仮説は，今日では批判されている．進化の事実とその仕組みを，真に確立したのはいうまでもなく C. ダーウィン（Darwin, 1809–82）であり，その考えは生物学全般のみならず社会全体に大きな影響を与えた（☞「ダーウィンの進化論と動物学」参照）．また，進化論は，生物の系統関係に関する学問の興隆を促し，比較発生学（☞「反復説の歴史」参照）や比較生理学，比較生化学などの分野が発展した．進化論は，20世紀に入って多くの学問分野との相互作用によって，総合学説として確固たる基盤をもつことになった（☞「進化の総合学説とその展開」参照）．

遺伝学は，長い間育種栽培などの実用的見地から，経験的に多くの事実が積み重ねられてきた．これを初めて体系化したのは G. J. メンデル（Mendel, 1822–84）であり，その基本にある遺伝物質の粒子的性質と遺伝の様式の考え方は，現在でもゆるがない（☞「遺伝学と動物学」参照）．メンデルの考えに基づく遺伝学は，20世紀初頭からおおいに発展し，DNAの構造の決定（☞「分子生物学と動物学」参照）以後の分子生物学の飛躍的発展から，20世紀後半から21世紀は「生物学の世紀」とよばれる.

●現代動物学　ここまで，紀元前からおおむね20世紀前半までの動物学の歴史を俯瞰し，本事典1章の各項目と関連づけて紹介した．もちろん，動物学の内容はこれだけではなく，また現代ではその範囲がかつては想像もできなかったほど広がっている．それについては，本事典の2章以後を参照されたい．主要な分野としては，神経生物学，行動学，保全，内分泌学，免疫学などである．そして，これらの現代動物学に共通する点は，「動物学の諸現象を遺伝子の言葉で説明する」ということであろう．共通の言語をもったことによって，従来独立して発展して来た動物学の各分野の垣根が低下して学際的研究が可能になっている．そのことは，本事典の各項目にも見られるであろう．

●日本の動物学　本事典では，江戸時代以後の日本動物学の発展が記述される(☞「江戸時代の動物学」「明治以降の日本の動物学」「日本の動物学の主要な成果」参照)．それ以前の日本にいわゆる動物学が存在したかどうかは，意見の分かれるところかもしれない．しかし，西欧における博物学の初期の書物などを，動物学の一端とするのであれば，日本にも17世紀頃からいくつか動物図譜のような書物が出版されている．最も初期のものとしては，朱子学者中村惕斎(1629-1702)の『訓蒙図彙』(1666)があり，その後長く流通した．18世紀にはキンギョやハツカネズミの変異体の作製に関する実用書なども出版され，これらは日本のオリジナルの動物学と見ることもできる．宇田川榕庵(1798-1846)は蘭学を学んで，植物や動物の学問を紹介し，それは明治時代の日本の動物学へとつながった．

●動物学の発展　動物学に限らず学問の発展は，生物の系統樹に似ているといわれる．博物学や解剖学のような大きな幹から，より細分化された細い枝が出て，さらに細かく分かれていく在り様が系統樹に例えられるのである．また，学問の歴史では，枝の間につながりが生じて，そこからきわめて太い枝ができることもある．特に，顕微鏡の発明や生化学・分子生物学などの分野における新しい技法の開発は，新たな分野の発展につながる．

動物学の歴史で特徴的なことは，対象となる生物の特性を反映して，常に共通性と特異性という2つの側面をもつことである．生命の基本事項である細胞膜の構造やタンパク質合成の仕組みなどを研究することは，生命現象の共通性を明らかにすることであるが，一方で個々の動物群や動物種に固有の事象も多い．動物学では分野細分化を超え，それらを包括的に探求することが要求される．

［八杉貞雄］

📖参考文献

［1］ 中村禎里『生物学の歴史』河出書房新社，1973
［2］ 八杉龍一『生物学の歴史』上・下，NHKブックス，1984
［3］ モランジュ，M.『生物科学の歴史』みすず書房，2017

アリストテレスの動物学
――その多彩な業績と影響

アリストテレス（Aristotelēs, 前 384- 前 322）の動物学書は，伝統的に，『動物誌』（*Historia Animalium*）全 10 巻，『動物部分論』（*De Partibus Animalium*）全 4 巻，『動物発生論』（*De Generatione Animalium*）全 5 巻，『動物運動論』（*De Motu Animalium*）全 1 巻（全 12 章），『動物進行論』（*De Incessu Animalium*）全 1 巻（全 19 章）からなる（ただし，生命の原理である「魂」（psȳchē）とその諸機能および諸器官を扱う『魂について』（*De Anima*）全 3 巻の動物学上の重要性も忘れられてはならない）．

●『動物誌』　この膨大な著作は，動物研究の基礎となる膨大な「事実」――自分や弟子による観察，漁師や狩人，山羊飼いや牛飼い，ブリーダーの証言，著名な人物の知見――の記録であると同時に，「部分」（morion）や「発生」（genesis）に関する興味深い考察，栄養摂取や活動の方式，健康と病気，動物の心理に関する議論までも含む，総合的な動物学書である．動物の諸々の相違を，「生活形態」（bios），「活動形式」（prāxis），「性格傾向」（ēthos），「部分」によるとし，「類比」（analogiā）――現代の用語では「相似」（analogy）――の概念を用いた比較解剖学的考察を駆使している．

●『動物部分論』　第 1 巻は，動物学で用いられる諸概念や定義法を考察した章と，当時高貴な学問とされていた天文学との比較で卑しい学問と思われていた動物学を人々に力強く勧める「動物学の勧め」の章を含む．第 2 ～ 4 巻は，当時四元素とされていた火・空気・水・土を，もっと基礎的な 4 つの「力」（dynamis）――熱・冷・乾・湿――にまでもどって把握し直し，これらから構成される「同質部分」（homoiomerē）――血・肉・骨など――および「異質部分」（anhomoiomerē）――目や耳や舌といった感覚器官，心臓や胃といった内的部分，四肢や角といった外的部分――の典型例や例外を取り上げ粘り強く考察する．

●『動物発生論』　第 1 巻では，動物の生殖器官・精液・月経血を，第 2 巻では，性別の存在意義・受精・胚を論じたうえで，第 3 巻でさまざまな類の発生を，第 4 巻で妊娠にかかわる諸問題を議論している．第 5 巻は，「目的因」（telos）の働きと「素材（質料）」（hȳlē）の単なる必然の働きとの関係を，目や髪の色などを例にして論じる．アリストテレスの発生の理解は，素材（質料）の中で，親から子へ伝えられる「形相」（eidos）が「可能態」（dynamis）として含んでいる（現代の言い方では）遺伝情報が「現実態」（energeia）となるとする「目的論」（teleology）――古くは「生気論」（vitalism）とされたこともある――である（ただし，アリストテレスは，あらゆる自然現象に目的因を探し求めるような研究態度はとらないようにと自然研究者を戒めている). また, 動物の発生においてアリストテレスが素材に与えている役割は従来考えられていたよりもかなり大きく, 形相が素材を規定する側面だけではなく, 素材や動物をとりまく環境が形相を規定する側面の記述も近年注目を集めている.

●その他の動物論2篇 『動物進行論』は, 動物が前進するためのさまざまな器官とそれが動く仕方を考察する. 似た題の『動物運動論』は, 動物の魂がいかにして体を動かすのかという根本問題に取り組み, 動物の自発的な運動だけではなく, 人間のいわゆる「意志の弱さ」(weakness of will) ないし「無抑制」(akrasia) といった高度な現象や, 睡眠, 呼吸, 心臓の動きといった, 体の自発的ではない働きまで議論している.

●動物研究の姿勢 全体として, アリストテレスの動物研究は, 広く集められた「事実」に基づきながら, 動物の体の物質的基盤(「力」と元素)から出発するが, 必ずしもそれらに解消されないような特性をもつ上位の構造体(同質部分と異質部分)にも注目しながら, 動物の体が階層構造をなすものとして理解していた. 発生については, 形相と素材, 可能態と現実態の対概念を用い, 合目的性と素材の単なる物質的な必然性の両方に注意を払った独自の目的論を展開した.

●影響 アルベルトゥス・マグヌス (A. Magnus, 1200頃-80) が自分自身の動物研究をアリストテレスの動物学書の釈義に付加した『動物論』(*De Animalibus*) 全26巻は, 動物学史の重要な著作となった. W. ハーヴィ (Harvey, 1578-1657) は, 血液循環論の中で, アリストテレスの心臓論に繰り返し言及し, アリストテレス流の目的論的発想も議論の中に組み込んだ. C. ダーウィン (Darwin, 1809-82) は,『動物部分論』の訳者への書簡で, 自分にとって神であるC. リンネ (Linné, 1707-78) とG. キュビエ (Cuvier, 1769-1832) もアリストテレスに比べれば小学生にすぎないと述べた. 20世紀の分子生物学者M. デルブリュック (Delbrück, 1906-81) も, 動物の発生において親から子へと伝えられる形相とその働きを重視するアリストテレスはDNAに含意される原理を発見していたと評した.

●動物学の開拓者としての苦労 彼の時代には, 例えば,「無血動物」(anhaima) ——「赤い血」(haima) は「ない」(an-) が類比的な働きの体液をもつ動物の類——を下位のグループに分ける言葉自体が乏しかったので, 彼は, 対象となる動物の体がもつ特徴を表すわかりやすい日常の言葉(「陶器のような(=硬い)」など)も利用し造語するなど, 動物種(現代の「種タクソン」)を名指すという基本的な作業ですでに悪戦苦闘していた. 同一の動物種を表す名称が複数つくられていることもまれではなく, これらにみられるさまざまな工夫と試行錯誤には, 動物学の開拓者としての彼の苦労の跡がしのばれる. 温故知新の言葉どおり, 読者が彼の動物学書に直接触れ, 日々の勉学や研究の糧とされることを願う.

[坂下浩司]

中世までの西洋動物学
——医学＋哲学＋博物学＝動物学？

アレクサンドロス大王（Aléxandros）によるオリエント統一後の約300年，ギリシャ文化は，西はエジプト，東は中央アジア・インド方面にまで普及した．なかでもアレクサンドリアと命名されたエジプトの港湾都市がギリシャ学問の中心地となった．研究施設としてムセイオンが設置され，また併設の図書館には各地から書物が集められた．こうした学術的な環境が整うなかで，数学，天文学，医学などの諸科学が発達していったが，これはローマ帝国の時代までつづいた．

●ローマ帝国　このアレクサンドリアでは動物解剖とともに人体解剖が行われ，身体の構造，諸器官の役割，神経系や循環系の研究などが進み，解剖学と生理学が飛躍的に発展した．後2世紀頃，当地で医学と哲学を学んだローマ帝国の宮廷医ガレノス（Galenos）がギリシャ医学を1つにまとめあげた．ガレノスはヒポクラテス流の医学に基づき四体液説などの従来の学説を採用したが，アレクサンドリアの医学的発展を土台に，みずからの解剖によって得た知見，臨床的な経験，自然哲学的な考察を総合し，古典古代における医学理論を完成させた．特にその中心が，後年ガレノス説とよばれる生理学体系である．ガレノスは，大気中には生命の源となる精気（プネウマ）が存在し，これが息を吸うことで体内に取り込まれると，肝臓，心臓，脳を起点に，それぞれ静脈，動脈，神経の3つの配管を通して体の各部分に運ばれるとみなした．こうしたプネウマの力により，生殖・排泄，体温・活力，運動・知覚といった身体的な機能がはたされる．

ローマ帝国ではギリシャの学問が継承される一方で，それ以上に法律，建築，暦などの実用的な領域に重点がおかれた．帝国の官僚であったプリニウス（Plinius）によって大成された百科事典『博物誌』37巻もまた，このローマ的な性格を反映している．『博物誌』は先行するさまざまな書物からの抜粋集で，その真偽はほとんど検証されていない．しかし，宇宙，気象，地理，民族，動物，植物，薬草，鉱物，宝石，建造物・芸術作品などの広範囲な項目が扱われ，また世界中の驚異，珍奇物，不思議な話が織りまぜられた．取り上げられた生物には，空想上の動植物も数多く含まれている．地理に関しては，先人の旅行記から抜粋したものが多く，その後数世紀の間，東方世界の情報源として重宝された．

●アラビア世界　395年にローマ帝国が東西に分裂すると，その後ゲルマン人の侵略によって476年に西ローマ帝国が崩壊した．これにより西ヨーロッパ社会は混乱し，ギリシャとローマが長い年月をかけて培ってきた古代古代の文化や学問は衰退していった．

それに対し，古典古代の遺産を大規模に継承したのがアラビア世界である．5

世紀以降, ササン朝ペルシャの皇帝たちが, 異端視されたキリスト教徒やギリシャ系学者たちを迎え入れ, ギリシャ・ローマ文化の吸収につとめた. 7世紀になりイスラム教徒がこの地を占領すると, 彼らも同じようにギリシャの学問を保護した. ギリシャの著作は, 初めはシリア語からアラビア語へ, その後は直接アラビア語へと翻訳が進められた. 広大な領土を獲得したイスラム帝国では, 8～15世紀にかけて, イスラム教思想と古典古代の学問を融合し, さらにインドや中国などの周辺国の影響を受けた独自のアラビア科学が隆盛した. ギリシャ人にはみられなかった実験という手法も, アラビア世界で大きく発達した. アラビア科学の全盛期は10～11世紀頃で, なかでも代表的な学者として, 錬金術で有名なジャービル・イブン゠ハイヤーン（ゲーベル, Geber), 『医学典範』（カノン）の著者イブン・スィーナー（アヴィケンナ, Avicenna), アリストテレスの注釈書の多くを執筆したイブン・ルシュド（アヴェロエス, Averroès）があげられる.

●中世ヨーロッパ世界　こうしたアラビア世界を通して, 西ヨーロッパでは12世紀頃, ギリシャ・アラビアの優れた学問が導入され, 哲学や科学の発展に基づいた知的基盤がつくられた. これによりアリストテレス, ガレノスの著作が, その注釈者であるアヴェロエス, アヴィケンナらとともに, アラビア語からラテン語に翻訳された. またこの知的刺激の流入を受け止めるかたちで, イタリア, 英国, フランスを中心に多くの大学がつくられた. これには, 商業の発達や都市の勃興という社会経済上の土台が整ったことも大きく関係している.

13世紀になるとアリストテレス哲学の広がりにより, 聖書の教え＝信仰とギリシャ人の哲学＝理性のどちらを優先すべきかの論争が起こった. トマス・アクィナス（Thomas Aquinas）は, アリストテレス哲学をキリスト教化して「神学の侍女」と位置づけ, 両者の融合を試みた. この融合の産物がスコラ哲学であり, これ以降トマス主義はカトリック教会の公的立場を代表するようになる. 自然科学の領域においてもアリストテレス（☞「アリストテレスの動物学」参照）の影響力は大きく, 彼を通して学問的な方法論とともに, はじめて自然世界に関する体系が提示された. 生物学ではトマスの師のアルベルトゥス・マグヌス（Albertus Magnus）が, 『動物論』と『植物論』を著した. 『動物論』は全26巻からなり, アリストテレスの動物学に基づきつつも, アルベルトゥスの独創的な観察や研究も盛り込まれている.

しかし中世ヨーロッパの動物学は, プリニウスの『博物誌』や同じく古代に編纂された寓話集『フィジオロゴス』に大きな影響を受けている. こうした著作からピックアップされた動物の特徴や習性はキリスト教の教訓と結びつけられ, 人間生活のための道徳的な指標として利用された. これらをまとめたものは動物寓意譚とよばれ, 中世にかけて各地で多くの版が編集された.　［菊地原洋平］

ルネサンスと動物学
——観察と経験が科学をつくる

ヨーロッパでは14～16世紀頃，イタリアを中心にルネサンスとよばれる文化運動が起こった．この運動の中心は古典古代の文化・学問の復興にあり，そうした文芸や哲学を通して神や人間の本質を考究する人文主義者が活躍した．彼らはアラビア語経由ではなく，直接ギリシャ語の著作にふれ，それらを原典ないし翻訳や注釈により新たなかたちでよみがえらせた．1450年のJ. グーテンベルク（Gutenberg）による印刷機の開発は，この古典復興に拍車をかけた．

●人文主義と動物誌　生物研究の分野でも，アリストテレスの動物学書（☞「アリストテレスの動物学」参照），テオフラストス（Theophrastos）の植物学書，ディオスコリデス（Dioscorides）の本草書などが人文主義の素養をもった知識人の手によって刊行された．中世においてこうした著作は断片的にしか伝わっておらず，また何世紀も写筆を繰り返してきたため，その内容はゆがめられていた．生物に関する文献学的考証が進むにつれ，16世紀になると掲載された生物と現実の生物が見比べられた．その結果，実際の生物がじかに観察され，得られた情報は余すことなく記載された．中世において自然科学とは直接の観察を必要としない文献研究が中心であったことを考えると，人文主義に端を発する観察と記載という手法は，生物研究の歴史にとって重大な意味をもつ．

植物学でO. ブルンフェルス（Brunfels）やL. フックス（Fuchs）らが活躍する一方，動物学ではスイスのC. ゲスナー（Gessner）が1551～58年にかけて『動物誌』を刊行した（図1）．1巻が胎生四足獣類，2巻が卵生四足獣類，3巻が鳥類，4巻が魚類・水棲動物，5巻が蛇類である．ゲスナーはギリシャ語に精通した人文主義者で，文献学的な手法を活用してアリストテレスやプリニウスらの著作に描かれる動物を研究した（☞「中世までの西洋動物学」参照）．扱われる項目は，各国語による動物の名称，生息地，体の特徴や習性，食用，薬用，名前の語源，物語での描かれ方などで，中世の動物寓意譚を引きずっている部分も目立つ．また，空想上の動物も数多く登場する．その意味では必ずしも科学的とはい

図1　C. ゲスナー『動物誌』1巻に掲載のサイ．図版はA. デューラー作（出典：Conrad Gessner, *Historiae animalium liber, I*, Christoph Froschauer, 1551）

えない．

しかし本書の重要な点として，ゲスナーは同時代の植物学者と同様，動物の名称と形姿を一致させるため，精確な図版を豊富に使用した．また，ほかの博物学者たちと連絡を取り合って標本類や図版を交換するなど，研究者間のネットワークの確立を目指した．こうした図版やネットワークの重要性は，後継のU. アルドロヴァンディ（Aldrovandi）やE. トプセル（Topsell）らの博物学者に受け継がれた．アルドロヴァンディら博物学者の多くは，自身が集めた膨大な標本などのコレクションを展示・公開する，現在でいう博物館を設置した．

●解剖学の発展　ルネサンスの特色の1つに，芸術家や技術者らの活躍があげられる．彼らは中世において手仕事職人として徒弟制度（ギルド）のもとで世をわたり，アカデミズムとは一線を画していた．しかし職人たちは，測量，機械づくり，絵画制作，商品・資本管理，航海術などの実務的な作業から，科学的な知識を増加させてきた．印刷所，薬局，宮廷といった場所での交流を通じて，こうした職人層の伝統知に触れたルネサンス知識人は，これをアカデミズムへと吸収同化させた．

このことは解剖学にもあてはまる．中世まで手作業を行う解剖は，大学出の医師の仕事とはみなされなかった．医師とはガレノスの医学理論を学んだ内科医のことで，たとえ授業で解剖学を学ぶとしても，それは身体構造を理解するためであり，実際の解剖は医師免許をもたない下級医療職の理髪外科医の仕事であった．

それに対して16世紀初頭，ベルギー出身のA. ヴェサリウス（Vesalius）は，北イタリアのパドヴァ大学医学部において，みずから解剖することで身体の構造の謎を解き明かした．その成果をまとめたものが，1543年刊行の『人体の構造について』（通称ファブリカ）である．大学誕生以来，大学はキリスト教会の統制下におかれていたが，ヴェネツィア共和国に属するパドヴァ大学は，そうした宗教統制の圏外にあった．そのため自由な雰囲気をもつこの大学からは多くの偉材が育ち，また優れた学者が教鞭をとることを可能にした．そのため，ヴェサリウス以降もパドヴァ大学は解剖学の中心として医学界をリードした．

このパドヴァ大学の出身者に英国人W. ハーヴィ（Harvey）がいる．本国に戻った彼は医師としての実績をつみながら，1628年に血液循環論を発表した．当時主流のガレノス説では，静脈血と動脈血の流れや役割は独立しており，静脈から動脈へと一方向に血液が移り変わる場所は，心臓の右心室と左心室の間に存在すると想定された小孔であった．だがハーヴィは実験と観察を駆使し，みずからの経験に基づくことで，毛細血管の存在を知らないまま，血液が体内を循環しつづけるという結論に達した．ハーヴィの発見はガレノス医学という権威を否定するとともに，R. デカルト（Descartes）らの機械論的生命観に大きな影響を与えた．

［菊地原洋平］

博物学の興隆
——情熱と欲望の生物調査

15世紀末のヨーロッパ人によるインド航路の開拓やアメリカ大陸への到達後，これらの地域との往来が頻繁になるにつれて，遠方の国々からアルマジロ，アライグマ，マーモセット，タバコなどの珍奇な動植物が続々とヨーロッパにもたらされるようになった．こうした珍奇物が興味や関心を示す知識人らによって紹介されることで，自然の目録づくりを目指す近代博物学の知的土壌が形成され始めた．

●分類の問題　海外からの珍奇物の輸入やルネサンス以降の観察の重視により生物種や動植物の知識が増大すると，17世紀には生物の分類の問題が生じた．それまでのように生物の名称をアルファベット順に並べたり，薬用などの実用的な目的に従って分類するのではなく，生物自体がもつ属性を重視する分類が求められた．イタリアのA. チェザルピーノ（Cesalpino）は果実と種子を基準に植物を15のグループに分けた．英国のJ. レー（Ray）は植物や鳥類などの研究を進め，生物学的な「種」を定義した．フランスのJ. P. トゥルヌフォール（Tournefort）は花冠の形態から植物を分類し，「属」を明確化した．

分類の問題が多くの博物学者をひきつけ，たくさんの分類体系が提出される中，18世紀半ば頃，スウェーデンのC. リンネ（Linné）によって博物学が進展していった．リンネは自然を統一的に名指すための二語名法を確立するとともに，主著『自然の体系』において，自然の三界（動物・植物・鉱物）の体系化を目指し，綱・目・属・種による階層分類を整えた．

リンネは植物の分類において，植物をおしべ・めしべといった生殖器官の違いを通じて分類する性体系を提唱した．それに対して動物の分類基準では，体表の状況や足の数といった種々の外部形質，内部構造，発生の形式などをさまざまに組み合わせた自然分類が採用された．『自然の体系』第10版第1巻（1758年）では，動物界は哺乳綱，鳥綱，両生綱（爬虫類を含む），魚綱，昆虫綱（甲殻類やクモ類を含む），蠕虫綱（昆虫類以外の無脊椎動物）の6綱に分けられた．なかでも哺乳綱は8目に区分され，その第1が霊長目であった．人間が特別視されるキリスト教社会において，リンネはこの目の中にヒトとサルを併置した．

●探検生物学　大航海時代，スペイン人とポルトガル人を筆頭に，ヨーロッパは世界の未知なる領域を目指した．しかし17世紀までの初期の探検では，各国の船乗りや商人たち個人の利益追求が優先され，その成果はほとんど公表されず，探検航海は次第に衰退していった．また17世紀中頃から18世紀初頭にかけては，ヨーロッパの国々は戦争に明け暮れていたので，大がかりな探検調査を行う余裕はなかった.

しかし 18 世紀半ば以降，ヨーロッパの探検熱が再発した．自然の分類・体系化といった博物学上の問題が浮上すると，各国の学術団体や学会が世界中のさらなる調査の意義を主張するようになったからである．また君主や政府も資源や領土的野心から地理上の調査に関心を寄せ始め，探検の組織化と資金を引き受けた. 探検の任務を受けた海軍士官たちは，必要な情報や知識を事前に与えられ，重要な探検には，学者，技師，画家を含むさまざまな分野の専門家が参加し出した．そして帰国後には探検の成果が公表されるようになり，報告書や旅行記が出版された．このようにして探検は，次第に学術的な科学調査の性格を強めていった.

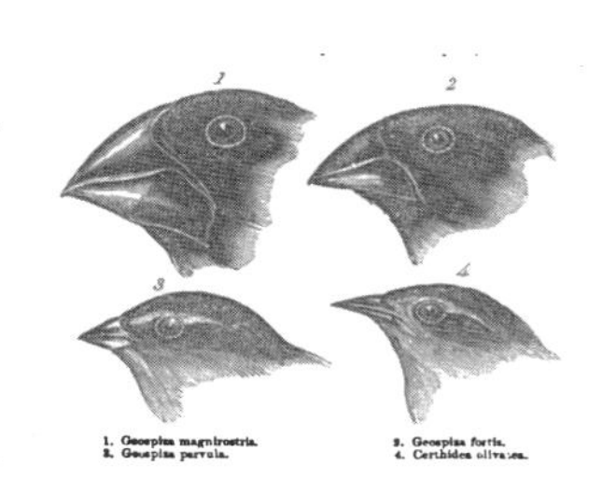

図 1　ガラパゴス諸島に生息するダーウィンフィンチのくちばしの比較図（出典：Charles Darwin, *Journal of Research into the Natural History and Geology of the Countries visited during the Voyage of H.M.S.Beagle round the World*, D. Appleton, 1887［邦題：ダーウィン『ビーグル号航海記』］）

18 世紀後半の英国の海軍士官 J. クック（Cook）による 3 回の世界周航はその最もよい例だろう．1768-71 年における第一回航海の目的は，タヒチにおける金星の太陽面通過の観測と，伝説の南方大陸の発見であったが，同時に南太平洋地域の生物調査も含まれていた．後年王立協会の会長に君臨する J. バンクス（Banks）らが，博物学者としてこの航海に参加した．その結果, 一行はカンガルーやユーカリなど数多くの新種の動植物を見つけ出した. こうしてバンクスのフィールドワークが成功して以降, 探検調査は勢いを増し, A. フンボルト（Humboldt）のように個人で探検を行うものも現れた．またビーグル号に乗船した C. ダーウィン（Darwin）に代表されるように，軍船に博物学者が乗船することが慣例となった．彼らは訪れた土地で生物を観察，記録，採集し，自然界の目録づくりに貢献していったのである（図 1).

●博物学の大衆化　19 世紀中頃になるとヨーロッパでは英国を中心に，博物学の大衆化が進んだ．産業革命の進展にともない経済的・社会的な基盤が整ったことで，富裕層だけでなくそれまで以上により広い社会層が，植物，水生生物，昆虫，化石などの観察や採集に興じた．各家庭にはキャビネットがおかれ，個人宅用の飼育・栽培設備であるテラリウムが普及し，1851 年のロンドン万国博覧会では水生生物のためのアクアリウムが展示され注目を集めた．また一般向けの博物学書や雑誌が刊行され，博物館や動物園も人気を博した．探検生物学を通じて海外の珍しい動植物が紹介されたことで，アマゾン河やマレー半島を調査した A. R. ウォレス（Wallace）や H. W. ベイツ（Bates）のように，現地でそうした生物，例えば極楽鳥（フウチョウ）やオランウータンなどを採集し，本国へ輸送して販売しながら生活する博物学の徒も少なくなかった.

［菊地原洋平］

顕微鏡と動物学
——レンズをとおして生命現象を観る

顕微鏡の歴史は，1590 年代，オランダの Z. ヤンセン（Janssen, 1580 年頃-1638 年頃）とその父が 2 枚のレンズを組み合わせて複式顕微鏡をつくったことにはじまる．英国の物理学者 R. フック（Hooke, 1635-1703 図 1A）はコルク樫の樹皮を薄切し，この複式顕微鏡（図 1B）を使って観察して，樹皮が多数の小区画で仕切られていることを見つけ，これを cell（細胞 図 1C）と命名した．この他彼は，ノミやハエの外部構造，鉱物や尿素，雪の結晶などを観察して「ミクログラフィア」（1665）を出版し，当時のベストセラーになった．一方，イタリアの M. マルピーギ（Malpighi, 1628-94）は生物体を解剖して顕微鏡を用いて詳細に観察し，カエルの肺に W. ハーヴィ（Harvey, 1578-1657）が見ることのできなかった動脈と静脈をつなぐ構造である毛細血管を発見し，昆虫の排出器官であるマルピーギ管や腎臓のマルピーギ小体を見出した．同時期，オランダの織物商であり，後にデルフトの下級公務員になった A. レーヴェンフック（Leeuwenhoek, 1632-1723 図 1D）は 1 個のガラス玉を真鍮板に挟んだ自製の単式顕微鏡（図 1E）を用いて池の水や唾液の中に多数の微小生物がいることを発見した．また，彼は小魚のヒレに毛細血管の分岐構造や赤血球を認め，さらに精子，筋肉の横紋構造も発見している．また，同時代のアムステルダムにいた J. スワンメルダム（Swammerdam, 1668-80）は顕微鏡を用い，多くの昆虫や両生類，さらに植物について詳細な観察を行っている．また，彼は，筋肉が収縮，弛緩しても体積が変わらないことを示した．なお，レーヴェンフックは単式顕微鏡の作製法を秘密にしたため，彼以降の時代で主に使われた顕微鏡は複式顕微鏡であった．

●細胞説の確立や自然発生否定への顕微鏡の貢献　すべての生物の体が細胞から成り立つことを基本とした「細胞説」を M. J. シュライデン（Schleiden, 1804-81）が植物について（1838），T. シュワン（Schwann, 1810-82）が動物について提唱した（1839）．ドイツ人医師である L. K. ウィルヒョウ（Virchow, 1821-1902）は細胞こそが生命現象の担い手であり，「すべての細胞は細胞から生じる」こと，さらに病気の原因は細胞レベルにあるとする「細胞病理学」（1858）を提唱した．

顕微鏡による微生物の発見が契機となって微生物の起源が議論されるようになり，L. スパランツアーニ（Spallanzani, 1729-99）によって微生物は自然発生しないことが示された．現生における自然発生は，L. パスツール（Pasteur, 1822-95）の巧みな実験によって完全に否定された．ここでも顕微鏡は大活躍した．さらに彼は，パスツール法や滅菌による腐敗の防止，ワクチンによる感染症の予防に大きく貢献した．傷口からの微生物の感染を防ぐため外科医 J. リスター（Lister

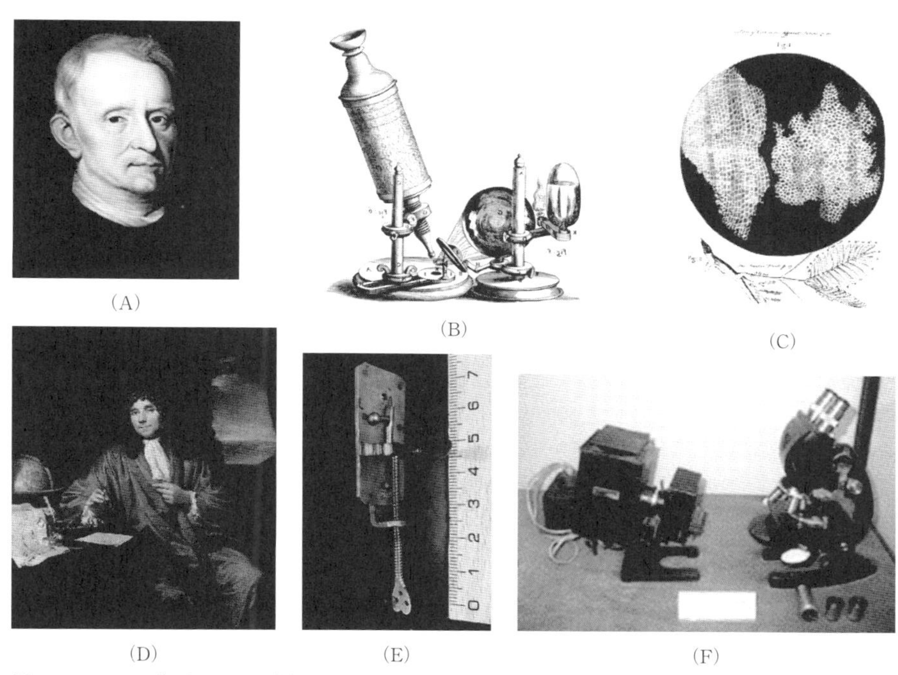

図1　A：フック像（DrillSpin 作），B：フックが使った複式顕微鏡，C：コルク樫の樹皮スライスに認められた細胞（「ミクログラフィア」より），D：レーヴェンフック像（Jan_Verkolje 作），E：レーヴェンフックの顕微鏡（レプリカ），F：先体反応の発見に使われた世界で製品化第一号の位相差顕微鏡（團ジーン，團勝磨；国立科学博物館蔵）

1827–1912）が始めた石炭酸噴霧による無菌手術は，多くの人命を救った．

●高性能顕微鏡へ　顕微鏡の改良はその後も続き，E. アッベ（Abbe, 1840–1905）は貼り合わせレンズによる色収差の是正に成功した．さらに生物材料を固定染色せず，材料と媒質の屈折率の差によって生じた位相差による明暗として材料の形態を生きたまま観察できる位相差顕微鏡がF. ゼルニケ（Zernike, 1888–1969）により開発された（1953年，同年ノーベル賞受賞）．この位相差顕微鏡の製品第一号（図1F）を米国で購入し，日本に持ち帰った團ジーン（Jean Dan, 1910–78）は，ウニを用いて受精過程における「先体反応」（1950）を発見した．その後，レーザーやコンピュータを組み込んだ共焦点レーザー顕微鏡や超高解像度顕微鏡（2014年ノーベル賞受賞）などが開発され，1960年代に下村 脩（Shimomura, 1928-）により発見された緑色蛍光タンパク質（2008年ノーベル賞受賞）や蛍光抗体法と組み合わせたバイオ・イメージングの分野が爆発的な進化を遂げている．

［松田良一］

医学と動物学
――相互に補完し合う共生関係

医学と動物学の研究領域は，実際上は不可分であり，境界線といったようなものはない．医学の領域では，大きく基礎医学と臨床医学に分けることができる．特に，基礎医学と動物学の間には，境目がないし，あまりにも重なり合う領域が大きい．実際，基礎医学の研究では，動物学の研究者の活動がめざましい．一方，臨床医学では，以前は診断や治療に関する実践的な研究がほとんどであった．しかし，最近では，分子生物学，再生医療に関する研究が飛躍的に発展し，臨床医学の研究でもこれらの領域が大きく占めるようになり，基礎医学と臨床医学の区別がつかなくなってきているのが現状である．このようなことから，医学と動物学を区別することはますます困難になってきている．

●医学と動物学の位置関係　医学と動物学の位置関係がどのようになっているか．これをわかりやすく図に表してみる（図1）．

一般に，医学は動物学の一領域に属すると考えられているが，実際はそんなに単純でない．医学の分野は，単に“ヒトについての動物学”という側面だけではない．すなわち，医学は応用科学の1つであり，純粋な生物学（動物学）の範囲にとどまらず，ヒトに感染してくる病原体（細菌，真菌，ウイルスなど）の研究も大きな領域を占めている．また，衛生学，公衆衛生学，疫学，法医学といった，いわゆる社会医学も医学の領域で重要な位置を占めている．

●医学と動物学の目的の違い　動物学の研究目的は，生命の成り立ちの機構を明らかにすることであり，また動物社会での構成要素間のさまざまな関係を明らかにすること（生態学など），進化の過程を明らかにすることなどである．これに対して，医学の最終目的は，病気の診断法，治療法や予防法の開発が中心になる．すなわち，動物学は基礎科学であり，医学は応用科学なのである．

●医学と動物学の相互関係　医学と動物学は，それぞれの研究成果が影響し合い，相互

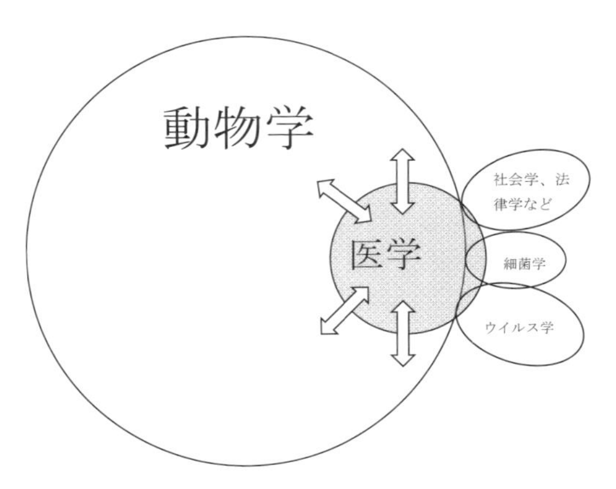

図1　医学と動物学の関係

作用する関係にある．すなわち，動物学で得られた成果は，医学に応用され，医学で得られた新しい知見は，動物学の進展に大きく寄与する．

動物学での新たな発見が，医学に大きなインパクトを与え，病気の診断や治療につながった一例として，細胞病理学の樹立があげられる．1665年に英国のR. フック（Hooke）が細胞を発見したが，それが，1800年代になって植物体や動物体を構成する単位になっていることを明らかにしたのが，M. シュライデン（Schleiden）およびT. シュワン（Schwann）であった．1800年代中頃，R. フィルヒョウ（Virchow）はこれをさらに医学へ応用し，「すべての細胞は細胞から生じる」という法則を立て，病気の基盤は細胞の異常にあるとする細胞病理学を樹立したのである．

●医学から動物学へ　医学での研究成果が，動物学に大きな進展をもたらした例もまた数え切れないほどある．この分野で大きな足跡を残したのはフランスの化学者, 生物学者であるL. パスツール（Pasteur, 1822-95）であった．パスツールは，酒石酸の光学異性体の発見，発酵が微生物により起こること，それを防ぐ低温殺菌法（パスチュリゼイション）の開発, すべての生物は生物から生まれるという「自然発生説の否定」，など大きな業績を残した．また炭疽病や狂犬病のワクチンの開発も重要な業績である．炭疽病が炭疽菌によって起こることは，すでにR. コッホ（Koch）が見出していた．パスツールは，炭疽菌を弱毒化することに成功し，この弱毒株をワクチンとして用いたのである．実際，ヒツジに弱毒化された炭疽菌を接種することにより，炭疽病の予防に成功した．この方法を発展させて，狂犬病のワクチン開発も行った．すなわち，ウサギに人為的に狂犬病に感染させ，その脊髄を取り出して，乾燥することにより，弱毒化したワクチンをつくることに成功した. これをヒトにも試し, 効果のあることを実証したのである. このパスツールのワクチン研究がもとになり，免疫学がおおいに発展してきたのである．

●ヒトの病気から動物学の発展に　ヒトの病気の原因を究明する中で，さまざまな細胞，細胞内の小器官，タンパク質，糖類，脂質などの分子レベルの異常，遺伝子異常などが明らかにされ，そこからそれらの生理的機能も明らかにされてきた．例えば，ある種の先天性疾患の病因を調べる過程で，特定の遺伝子の塩基配列の異常が見つかることはよくある．このことにより，当該遺伝子の機能が解明され，また遺伝子上のどの塩基配列がどのような働きをしているか明らかにされることがしばしばある．例えば，遺伝病の1つである鎌状赤血球貧血において，ヘモグロビン遺伝子の塩基配列の異常が見つかり，それがヘモグロビン分子の構造・機能異常が起こっていることがわかった．この発見が契機となり，多くの遺伝子塩基配列と分子の構造・機能との関係，発現調節機構などが明らかになっていったのである．これは医学上の発見が，動物学の発展に貢献したほんの一例である．

［今西二郎］

ラマルクの進化論と動物学
――生物は時間とともに進歩する

J. -B. ラマルク（Lamarck, 1744-1829）はフランスの植物学者，動物学者．無脊椎動物学を確立し，初めて体系的な生物進化論を唱えた．

●ラマルクの生涯　軍人の家系に生まれ，本人も1761年に入隊したが，病気のため1768年に除隊した．1772年にパリの医学校(パリ大学医学部)に入学したが，次第に王立植物園（パリ植物園）に通うようになり，1776年には医学の道を完全に放棄した．1778年に，ラマルクの執筆した『フランス植物誌』（*Flore française*）の稿本がパリ植物園の所長 G. L. ビュフォン（Buffon）の目に留まり，政府の負担で1779年に出版された．同書はフランス産の植物のすべての種を記載した最初の著作であった．また，アマチュアにも利用しやすい二分割法による検索を初めて採用し，広く歓迎された．ビュフォンの支援により1779年に王立科学アカデミー植物学部門の準会員に任命され，1783年に正会員に任命された．王立科学アカデミーは大革命後の1793年に廃止され，1795年に国立学士院第一部として実質的に復活するが，ラマルクはこの学士院第一部の植物学部門の創立メンバーに指名された．王立植物園は1793年に「国立自然史博物館」と改称され，ラマルクは「昆虫・蠕虫学」の教授に就任した．新しい分野に取り組んだラマルクは，その成果を『無脊椎動物の体系』（*Système des animaux sans vertèbres*, 1801）と大部な『無脊椎動物誌』（*Histoire naturelle des animaux sans vertèbres*, 7 vols, 1815-22）で発表した．無脊椎動物についての本格的な研究はラマルクが始めたのである．「無脊椎動物」という用語自体，ラマルクの造語である．1818年に失明し，それからは娘の論文音読と口述筆記に頼ることになったが，終生，植物園内の家に住み，アカデミー会員および国立自然史博物館教授として収入は確保されていた．

●学問名「生物学」　ラマルクは著書『水理地質学』（*Hydrogéologie*, 1802）で,「生物学」（biology）という学問名を提唱した．ラマルクは，当時の生物研究が動植物の目録作成という自然史に偏っていることを批判して個々の事実を越えた一般的考察が必要だとし，これを「生物学」とよんだ．ラマルクは地球の上空を扱う「気象学」，地殻を扱う「水理地質学」，それと「生物学」によって自然学体系を構築しようとしていた．

●ラマルク進化論の特徴　ラマルクはもともと創造論を信奉していたが，1800年に初めてその進化論を公表し，1809年の『動物哲学』（*Philosophie zoologique*）で体系化された．ラマルクが進化論に転じた要因の1つは化石貝類の研究であったが，それ以上に動物の階層的秩序を合理的に説明する原理として導入されたものであった．ラマルクは，動物を神経系の複雑さの度合いによって分類し，滴虫類（現在の原生動物），ポリプ類（カイメン，サンゴ），放射類（クラゲ，ウニ），蠕虫類（カイチュウ，ジョウチュウ），昆虫類，クモ類，甲殻類，環虫類（ミミズ，ゴカイ），蔓脚類，および軟体類の無脊椎動物10綱と，魚類，爬虫類，鳥類，哺乳類の脊椎動物4綱に分け，これが直線的な階層をなしていると指摘し，この階層的秩序が進化によってもたらされたという．ラマルクは生物の基本的な活動を担う「流動体」を想定し，これによって生物に固有なさまざまな現象を統一的に説明しようとしている．この流動体の活動によって生物は次第に複雑化し，複雑な生物ほど流動体の運動が活発であるという．ただし，進化の過程で環境の影響を受けるため，不規則性が生じる．それをもたらすのが生息環境に応じた獲得形質の遺伝であるという．すなわちラマルクが進化の要因としているのは，第一に内的要因による体制の複雑化であり，第二に外部環境の影響である．ラマルクの進化論が目的にしているのは生物の階層的秩序を合理的に説明することなので，ラマルクにとって内的要因の方が環境の影響よりはるかに重要であった．いずれにせよラマルクにとって種は不変なものではなく，階層の最上位に位置する人類も進化の産物であった．他方，階層の最下層の生物は無生物から自然発生しているとみなしていた．ゼラチン状の物質から最下層の滴虫類が誕生し，粘液状の物質から最下層の藻類が誕生する．この自然発生は適当な条件が満たされれば，いつでもどこでも生じるという．すなわちラマルクによれば，常に最下層の動物と植物が無生物から誕生し，次第に複雑化しするが，環境の影響のため，それぞれを完全な直線状に配列することはできず，樹木状に図示されることになる．

●ラマルク進化論の受容　『動物哲学』はラマルクの壮大な自然学体系構想の一部をなすものであって，進化論を説くことが主目的ではない．そのため進化の事実を証明しようとはしていない．生物の階層的秩序，生命活動をもたらす流動体，自然発生などは18世紀のフランス啓蒙思想に普遍的な考え方であった．『動物哲学』は啓蒙思想家たちの思弁的な生物論の系譜につながるものであった．フランスでは進化論を含めたラマルクの理論が実証性の乏しい空疎な思弁として無視されたが，それは当然の反応であった．ところが英国では地質学者がラマルクの進化論に強く反応し，英国で進化論が議論されるきっかけとなった．フランスでもダーウィンの『種の起源』刊行後にその対抗としてラマルクの進化論がもてはやされるようになった．なお後に，獲得形質の遺伝，あるいはそれによるによる進化の説を「ラマルキズム」とよぶようになり，ラマルク本人の思想を誤解させるもとになっている．

［松永俊男］

📖参考文献

［1］ バルテルミ゠マドール，M.『ラマルクと進化論』横山輝雄他訳，朝日新聞社，1993

ダーウィンの進化論と動物学
――ロンドンで生まれた生物進化論

C. ダーウィン（Darwin, 1809–82）は英国のナチュラリスト．地質学，植物学，動物学の各分野で大きな業績を残し，近代的な生物進化論を確立した．

●ダーウィンの生涯　裕福な医師の次男として生まれ，1831 年にケンブリッジ大学の学芸学部を卒業．その年末に海軍の調査船ビーグル号に艦長の話し相手として乗船し，世界一周の航海に出発して 5 年後の 1836 年に帰還した．ビーグル号は海図作成のため南アメリカ大陸南部沿岸で 3 年を過ごしたが，その間，ダーウィンは自由な立場で地質，植物，動物の調査研究に励み，寄港地から大量の標本を本国に発送した．

帰国後，動物標本を各分野の専門家の調査執筆にゆだね，ダーウィンが編集した豪華本が『ビーグル号航海の動物学』5 部 13 冊（1838–43）である．ダーウィン本人は『サンゴ礁』（1842），『火山島』（1844），および『南アメリカの地質学』（1846）の三部作によって地質学者としての地位を確立した．また，航海中の日記をもとに執筆した『ビーグル号航海記』（1839）は旅行記の傑作として読み継がれている．1839 年に従姉のエマ・ウェジウッドと結婚してロンドン市内に居住したが，1842 年にロンドンの東南 20 km の農村ダウンに転居し，生涯を過ごした．結婚に際して両家から多額の一時金と年金を贈られ，それを株式投資などによって増やし，生涯，豊かに生活した．

●進化論への道　もともと創造論を信奉していたダーウィンが進化論に転じたのは，ビーグル号航海後，ロンドンに居住するようになった1837年3月のことであった．ダーウィンは当時の生物学の正統的な立場であるデザイン論（生物それぞれの適応に神の力を見る自然神学思想）を奉じていたが，これとは違って，生物界の共通性に神の力を見ようとする自然神学思想（プランの一致論）もあり，ダーウィンに強い影響を及ぼした．こうした思想的背景のもと，進化論に転ずる直接のきっかけとなったのは，航海の間に収集した標本の研究成果であった．特に重要だったのは鳥類学者によるガラパゴス諸島のマネシツグミについての研究成果であった．ダーウィンが採集したガラパゴス諸島の 4 島のマネシツグミは 3 種に分類され，1 つの島には 1 種しか生息しておらず，しかもいずれも大陸に生息する種とは異なっているという．それならば，大陸の種が島ごとに別の種に変化したと考えられないだろうか．こうしてダーウィンは共通の祖先からの枝分かれ的進化の説へと向かうことになった．1838 年 10 月にはマルサス『人口論』を読んだことがきっかけになって自然選択説が成立した．ダーウィンの初期の理論では環境が変化したときに遺伝変異が多発し，新しい環境に適したものを神が選ぶとされ，育種における人為選択との類比で「自然選択」という擬人的用語が用いられた．ダーウィンは1844年に初期の進化理論をまとめた稿本を作成するが，発表することはなかった．当時は進化論が危険思想とみなされていたため，ダーウィンは秘密裏に進化の研究を続けた．

●蔓脚類の研究　1846年からの8年間，ダーウィンは進化論の研究を中断し，蔓脚類の研究に集中した．ビーグル号標本に加え，英国内外の研究者たちから大量の標本を提供してもらい，顕微鏡をのぞく日々が続いた．その成果は4分冊の『蔓脚亜綱の研究』（1851-54）として刊行された．これによってダーウィンは動物分類学者としても確固たる地位を築いた．いずれ進化論を公表した場合，素人のたわ言といわれないために動物学で実績をあげておくことが必要だった．また，自然選択による枝分かれ的進化という考え方によって蔓脚類の全体像が理解できるかどうかを検証するという意味もあった．さらに，野生生物に豊富な個体変異のあることを知り，彼の進化理論を大きく変えるきっかけにもなった．

●ダーウィン進化論の展開　蔓脚類研究を完了したダーウィンは進化論研究を再開し，1856年に『自然選択』と名付けるはずの大著の執筆を開始した．ところが執筆途中の1858年6月にA. R. ウォレス（Wallace）から類似の進化論を述べた論文が届き，7月の学会において共同論文のかたちで進化論を公表した．ダーウィンは大著の執筆を停止し，その抄録としての『種の起源』（*On the Origin of Species*）を1859年11月に刊行した．同書において自然選択は神の直接作用ではなく，自然界の法則として位置づけられているが，擬人的表現はそのままであった．

なおダーウィンは初期の理論以来，副次的要因として獲得形質の遺伝による進化も重視していた．『種の起源』を補完する著書として，『飼育栽培のもとでの変異』（1868），『人間の由来』（1871），および『感情の表現』（1872）を刊行した．さらに植物の受精と運動力に関する研究書6点を刊行した．最後の著書『ミミズと土』（1881）は，最初の研究書『サンゴ礁』（1842）と同様，小さな動物の小さな作用が長期間に集積して大きな変化を引き起こすことを明らかにしている．これはダーウィンの進化要因論を補強する意味をもっていた．ラマルクなど，ダーウィン以前の進化論は，無生物から自然発生した原始生物がそれぞれ別個に進化し，古いものほどより高度な生物に進化しているとしていた．共通の祖先からの枝分かれ的な進化はダーウィンが初めて唱えたのである．『種の起源』刊行後まもなく，枝分かれ的進化の事実は広く認められるようになるが，自然選択説が生物学の定説となるのは，進化の総合学説が有力となった1940年代以降のことである．

［松永俊男］

参考文献

［1］松永俊男『チャールズ・ダーウィンの生涯』朝日新聞出版，2009

遺伝学と動物学
――遺伝子と染色体のふるまい

遺伝の法則は1865年にG. J. メンデル（Mendel）によって発表されたが，当時この知見が広く知られることはなかった．1900年，H. ド＝フリース（de Vries），C. E. コレンス（Correns），E. von S. チェルマク（Tschermak）が独立にメンデルの法則を再発見した．研究材料はいずれも植物であった．研究には遺伝的に均一な生物集団が欠かせないが，ある種の植物では代々の自家受粉によって純系ができていたためであろう．W. ベイトソン（Bateson）はニワトリで，L. C. J. M. キュエノ（Cuénot）はマウスで，メンデルの法則があてはまることを示した．日本では外山亀太郎がカイコガでメンデルの法則を発表している．

それ以前にもたくさんの科学者が遺伝の傾向について研究していた．例えば，C. ダーウィン（Darwin）は育種家の記録を収集し，考察していた．しかし，現代にも通用する遺伝の法則を発見するにはいたらなかった．彼のいとこにあたるF. ゴルトン（Galton）も同様の興味をもち，主としてヒトの量的形質を考察した．20世紀初頭にはメンデルの法則とは別の法則が量的形質を支配しているのではないかと議論された．しかし，複数の遺伝子と環境要因を考慮すれば，統一的に説明できるという結論にいたった．

T. H. モーガン（Morgan）はもともと多様な動物の発生を研究していた．当時，遺伝子の実在性には懐疑的であり，遺伝子とは遺伝現象を説明するための仮想的な単なる記号だと考えていた．進化への興味から，ショウジョウバエ（図1）にさまざまな刺激を与えて変化を見ようとした．1910年に赤眼の野生型に混ざって1匹の白眼雄を見つけた．この突然変異体の発見がショウジョウバエ遺伝学の始まりである．数人の弟子とともに続けた研究によって，モーガンは遺伝子の実在性を確信するにいたった．

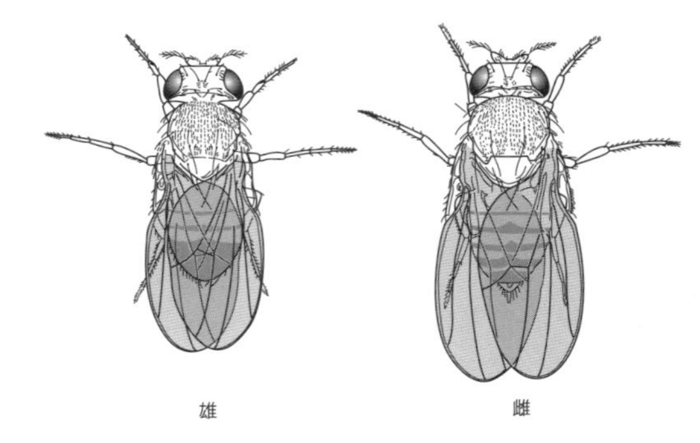

図1　遺伝のモデル生物，ショウジョウバエ

●伴性遺伝　赤眼雌と白眼雄の雑種は赤眼となり，赤眼が白眼に対して優性である．雑種同士を交配して孫世代をつくると，赤眼と白眼が3：1で分離し，メンデルの法則に合う．奇妙なのは，白眼が雄にしか現れなかった点である．これは

この形質を決めている遺伝子がX染色体にあり，伴性遺伝するからである（図2）．

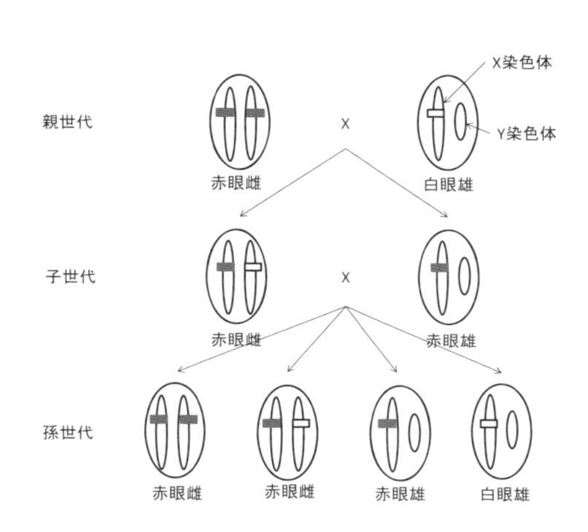

図2　伴性遺伝の例，白眼の遺伝様式

●連鎖と組換え　複数の遺伝子が同じ染色体に並んでいると，いっしょに次世代へと受け継がれることが多い．また，相同染色体間の交叉によって，連鎖している遺伝子の間に組換えが生じる．連鎖と組換えがあるときメンデルの法則のうち，独立の法則が成り立たなくなる．遺伝子間の距離が近いほどその傾向が強いのではないかとモーガンたちは考え，A. H. スタートヴァント（Sturtevant）が計算によって確かめた．その結果，遺伝子は線状に並んでいることがわかり，染色体地図が作成された．

●染色体の分配ミス　遺伝子が親から子へと受け継がれる様子は，減数分裂で見られる染色体の分配様式とよく似ている．モーガンたちはこのことから，遺伝子は染色体にあるのではないかと推測した．まれに起こる染色体の不分離にC. B. ブリジェズ（Bridges）は注目した．外見で区別できる遺伝標識を使い，生まれた次世代の表現型と染色体構成を対応させることで，遺伝子は染色体にあることを証明した．

●染色体異常とその利用　染色体には欠失や重複，転座といった構造上の異常が見られることもある．これらのうち逆位が組換えを抑制することはスタートヴァントによって発見された．H. J. マラー（Muller）は複雑な逆位に優性の遺伝標識をもたせることで，ショウジョウバエの交配実験になくてはならない遺伝的ツールを開発した．またこれを利用することで，突然変異率の測定が可能になり，放射線の影響などが調べられた．　［澤村京一］

参考文献

［1］　澤村京一『遺伝学』新・生物科学ライブラリ A3 生物学 III，サイエンス社，2005
［2］　藤川和男『ショウジョウバエの再発見―基礎遺伝学への誘い』新・生物科学ライブラリ 生物再発見 8，サイエンス社，2010
［3］　Sturtevant, A. H., *A History of Genetics*, Cold Spring Harbor Press, 2001（Electronic Scholarly Publishing Project: http://www.esp.org）

反復説の歴史
——個体発生は進化を繰り返すのか？

比較発生学や比較解剖学を含む比較形態学は，ヒトを用いた観察が不可能であった時代に,代用として種々の動物が用いられていたことが始まりであったが,それが真に科学的な意義を持ち始めたのは，分類学や進化，もしくはそれに準ずる比較動物学が発展し始めた19世紀中葉以降のことである．そしてそれは，進化生物学的仮説としての反復説と原型論に象徴されていた．

●原型論と相同性　動物の形を比較することにより，ときに器官構造の対応関係が明らかになる．これが，相同性といわれる関係であり，C. ダーウィン（Darwin）やE. R. ランケスター（Lankester）以来，それは祖先を共有することによって共有されたパターンであると説明されてきた．が，相同性それ自体は進化の容認とは無関係に認識されていた．すなわち，異なった動物が同じパターンをもつということは，その背景に「原型（archetype)」という深層のパターンが潜んでいるためであり，それがかたちを変えて表出したものが個々の動物なのであるという．これが原型論であり，頭部を背骨の連なりとみたJ. ゲーテ（Goethe)，L. オーケン（Oken)，R. オーウェン（Owen）の理論や，すべての動物が統一的な「型」に包摂されると説いたÉ. ジョフロワ＝サン-チレール（Geoffroy Saint-Hilaire）のものが有名である．ダーウィン以前の時代，動物の形態的多様性を説明するうえで，進化論の不在を埋めていたのが，まさにこの原型論であったといってよい．19世紀前半の比較形態学は，原型的パターンの認識を目的としていたが，原型と深くかかわり，しかも原型論を打破することになるのが反復説なのであった．

●反復　反復説の祖型は，哺乳類などのいわゆる「高等動物」における器官の発生が，時間とともに「下等動物」のそれから徐々に進歩していくように変化してゆくこと，つまり，器官の変化と動物の序列の並行性をいうものであった．この古典的な説明を退けたのが，K. フォン＝ベーア（von Baer）の比較発生学研究であり，彼は，器官原基が下等動物の成体のそれに似るということはなく，むしろ胚発生においては，一般的特徴が早く現れ，特殊な特徴になればなるほど，出現が遅くなると述べた．この傾向はしかし，進化的序列と比べられることはなく，むしろ胚発生過程が分類体系の階層的序列と比べられたのである．

重要なのは，ベーアが「主型」とよんだ，多くの動物の間で著しく類似する胚形態が発生の途中，もしくは器官形成期に現れるということである．現在，それは「ファイロタイプ（phylotype)」とよばれているが，当時この共通パターンは，その動物が属する動物門や亜門に通底する原型的形態を示すと目された．

ベーアの発見に進化的ビジョンを加味し，あらためて発生と進化の並行性を謳ったのがヘッケルの反復説であった．彼によれば，「個体発生は系統発生の短縮された，かつ急速な反復であり，この反復は遺伝および適応の生理的機能により条件付けられている」のであり，動物の進化は祖先の発生プログラムの終末に，新しい発生プログラムが付け加わり（終末付加），さらに，発生プログラム全体が「圧縮」を受けることによって生ずるという．このような仮説に従い，比較発生学は，ヒトを含む脊椎動物の進化的起源や，ボディプランの祖先的状態を胚発生過程の中に探すことになった．

●反復説と進化形態学の交差点　実際には，ヘッケル以前より反復説的先入観は19世紀半ばまでにはすでに蔓延しており，祖先のボディプランが初期胚の形態に反映されているであろうとの観測は，例えばT. ハクスリ（Huxley）も用いていた．すなわちハクスリは，オーウェンによって問われた「椎骨よりなる頭部」に相当するものが発生上現れないことを示し，したがってそのような祖先がいなかったと述べたのである．ヘッケルの反復説はしかし，それが必要以上に単純化されて喧伝されたことや，多くの例外を含むことから，19世紀終盤，発生機構学の勃興とともに衰退していった．これは，発生学よりの進化形態学の離反，もしくは決別として認識されている．

一方で，かつて原型とよばれていた概念は，次第に共通祖先がもっていたであろうパターン，すなわち共有原始形質の集合をさすことになり，それはかつて「下等動物」とよばれることの多かった，原始的な系統の動物胚に求められる傾向が強まった．とりわけ，K. ゲーゲンバウル（Gegenbaur）やJ. ヴァン＝ワイエ（van Wijhe）など，ドイツ系の比較解剖学者や比較発生学者は，胚の組織構築が細胞レベルで容易に追跡できるサメやエイなどの板鰓類を用いることが多く，そのため，この動物群は後の比較発生学の規範としての地位を確立してしまった．

●比較発生学からエヴォデヴォへ　エヴォデヴォ（Evo-Devo）と呼称されることの多い進化発生学が興隆したのは20世紀末期であり，それは紛れもなくHox遺伝子の発見が契機となっている．すなわち，分節構造の並びにおける位置価に従って発現するこの発生制御遺伝子が，その分節の分化の方向性，すなわち形態学的同一性を決めるという発見が，初期の比較形態学における原型的発想の基本図式と一致したのである．これにより，多くの動物が進化的に保存された発生プログラムを共有するということが実証され，この研究領域が勃興することになった．

ただし，進化発生学は分子遺伝学と比較形態学が融合したというだけのものではなく，そこには20世紀中葉以降のさまざまな生物学上の発展が下地となっている．ひとつは実験発生学であり，これにより解剖学的ボディプランを，胚葉，軸形成，細胞系譜や分化などの言葉で語る素地が整えられた．加えて分子系統学は，動物や遺伝子の比較を，精密な科学的方法として強化した．進化的多様性を，ゲノムや分子から説き起こす時代が到来し，今にいたっているのである．［倉谷 滋］

進化の総合学説とその展開
——ダーウィン進化論で生物学を統合

進化の総合学説は，現代総合説ともいわれるが，1930 年代前後から始まった理論集団遺伝学の勃興を機に，遺伝学，分類学，生物地理学，古生物学などが一体となって現代的な進化生物学の基礎を構築することとなった，その考えの総体をさす．総合学説は，その後，遺伝子の本体である DNA の解明や，木村資生による分子進化の中立説の提唱などの新しい発展を経て変容していくが，生物学の諸分野を統合して進化を理解する基礎となる土台を提供したという意味で，一時代を築く画期的な貢献をなした．

●ダーウィン進化論の失墜の時代　C. ダーウィン（Darwin）の自然淘汰による進化の理論は，化石記録，現生動物の形態，胚発生の過程，動植物の地理的分布，生態と行動，人為淘汰のプロセスなど，さまざまな領域の知識を統合してつくられた理論であったが，当時，遺伝の仕組みがまったくわかっていなかったことが，大きな欠陥となり，20 世紀初頭までに多くの錯綜する議論をよんだ．

1900 年に G. J. メンデル（Mendel）の法則の再発見がなされ，遺伝の仕組みが解明されるようになったが，メンデルの法則が仮定する離散的な遺伝システムは，ダーウィンが予測した漸進的進化とは相入れないという考えが優勢となり，20 世紀の初頭には，一時，ダーウィンの進化論は葬り去られる寸前にまでいたった．

●集団遺伝学の発展　しかし，1920 から 30 年代にかけて新たに始まった数理的な解析により，メンデル遺伝学をもとにしてダーウィンの淘汰の理論が説明できるようになった．これが，理論集団遺伝学の始まりであり，R. A. フィッシャー（Fisher），J. B. S. ホールデン（Haldane），S. ライト（Wright）の 3 人の貢献が大きい．こうして，メンデル遺伝学と自然淘汰の理論の間の葛藤が解決され，後に進化の総合学説を形成するもととなった．1930 年にフィッシャーが出版した『自然淘汰の遺伝理論』は，その重要な著作の 1 つである．ロシアから米国に移住した遺伝学者の T. ドブジャンスキー（Dobzhansky）は，ショウジョウバエの実験的研究と野外研究を合わせ，メンデル遺伝学に基づく自然淘汰の研究をさらに進めた．そして，野外の集団には，それまで考えられていたよりもずっと多くの遺伝的変異が存在し，自然淘汰が働く素材が豊富に存在することを示した．彼が 1937 年に著した『遺伝学と種の起源』は，現代総合説の基礎となった．

●生物学的種概念と種分化　1920 年代にニューギニアで鳥類の分類研究をしていたドイツの鳥類学者 E. マイヤー（Mayr）は，1930 年代初めに米国に移住し，種の形成にかかわる数々の研究を行った．マイヤーは，種を，「互いに交配することが可能な個体の集合」と定義し，種に関する議論を整理したが，これは「生物学的種概念」として現在でも使われている．彼は，もともとは1つの集団だったものから新しい種が分化してくる機構として，地理的隔離とその後に起こる生殖隔離という，異所的種分化の仕組みを提唱した．一方，地理的隔離をともなわない同所的種分化には常に懐疑的であった．彼の考えは，1942年の著作『体系学と種の起源』に著され，これも総合説の礎の1つとなった．

●古生物学の参入　古生物学は，長らく自然淘汰による進化の理論に懐疑的で，化石記録にみられる大絶滅とその後の新奇な生物の登場など，古生物学にみられるパターンは自然淘汰では説明できないという考えが強く，ラマルキズムや定向進化の考えが支持されていた．米国の古生物学者のG. G. シンプソン（Simpson）は，ウマの化石の詳細な分析から定向進化を否定し，化石記録のパターンも自然淘汰による進化の考えと矛盾しないことを示した．その著書『進化の速度と様式』は，古生物学も総合説の範疇に入ることを広く示した宣言であった．

●現代総合説の骨子　これら生物学の多くの個別分野が，進化の考えで1つに統合されつつあった1942年，英国の生物学者のJ. S. ハックスリー（Huxley）が『進化学—現代的総合』と銘打った大著を著し，これが，この学問的動向の集大成を進化総合説とよぶきっかけとなった．総合説は，1）ダーウィンの淘汰の理論とメンデル遺伝学を合わせ，すべての進化現象を説明することができる，2）それまでに提唱されていた跳躍進化説や大突然変異説などは不用であり，進化は集団内の遺伝子頻度が少しずつ変化することによって起こる（漸進説），3）自然淘汰が進化の最も重要な原動力である，4）進化は，個体ではなく集団に起こる現象であり，マクロレベルでみた集団の進化速度が一定ということはなく，化石生物の集団にみられる断続的なパターンも説明可能である，5）種概念を明確にし，種分化が起こるメカニズムについて議論する，といった内容を中心にすえた．

●総合説のその後　現代総合説は，ダーウィン進化論の失墜の時期を経て，進化学が科学として再生するための貴重な礎の役割をはたした．しかし，発生学のような重要な分野が含まれておらず，また，総合説にかかわった諸分野の間でも，決してすべてについて合意ができていた訳ではなかった．その後，遺伝子の本体であるDNAの構造と，遺伝子型と表現型をつなぐ遺伝暗号の詳細が解明されていった．さらに，淘汰によらない中立進化の理論が提出され，最近では，さまざまな生物の全ゲノム配列が読まれるようになった．総合説が提出された時代に比べて，進化に関する知識は飛躍的に増大した．総合説の基本的な主張は間違っていなかったが，進化学自体は新たな知識を前に変容し，発展し続けている．

［長谷川眞理子］

📖参考文献

［1］長谷川眞理子他『進化学の方法と歴史』シリーズ進化学7，岩波書店，2005
［2］ボウラー，P.『進化思想の歴史』上・下，朝日選書，1987

分子生物学と動物学
——大腸菌であてはまることはゾウにも

この項目では，動物学と分子生物学のかかわりの歴史のうち，分子生物学が確立していった時代，すなわち1869年の核酸の発見に始まり，1969年に遺伝暗号がほぼ解明されるにいたるまでの約100年間の歴史について述べる．

この時代の圧巻は，1953年にJ. ワトソン（Watson）とF. クリック（Crick）によってDNA構造の二重らせんモデルが提唱されたことであり，これは「20世紀の生物学における最大の発見」とよばれた．この発見が当初から衝撃をもって迎えられた理由は，その時点までにDNAに関して調べられていたデータのほとんどすべてと一致するだけでなく，提唱されたモデルの構造からDNAのもつ機能についても推定することができたからである．つまりこのモデルの報告論文の中にさりげなく書かれているとおり「この構造は遺伝物質の複製機構と関係している」ことが明らかであったのであり，実際その正しさはその後に確かめられている．

●生物全体に共通する法則の発見　分子生物学を最初に押し進めたものは，動物を対象とした研究よりもむしろ，アカパンカビなどの真菌類，大腸菌，そしてファージなど，微生物やウイルスでの研究である．これら微生物を対象とした研究によってDNAが遺伝物質の実態であることの証明やその遺伝暗号解読結果としてのコドン表の作成が，行われた．すなわち生物全体の共通法則を，取扱いの容易な微生物の研究によって発見しようと試みたのである．このことをJ. モノー（Monod）は「大腸菌であてはまることはゾウにもあてはまる」と表現した．1958年にはクリックが遺伝情報の伝達の順番の大枠を提唱し，分子生物学のセントラル・ドグマ（中心原理）とよんだ．これは，DNAの中の遺伝子領域が伝令RNA（mRNA）として転写され，次にmRNA配列の中のアミノ酸コード領域がタンパク質として翻訳されるという法則である．この法則には後に多くの例外が見つかっているが，現在でも分子生物学の基本的な考え方として尊重されている．

●動物学からの分子生物学への貢献　初期分子生物学への動物学からの貢献を，いくつかあげておく．1869年にJ. ミーシャー（Miescher）がヌクレインの精製に成功し，最初のDNAの精製の事例として知られるが，これは当時の治療中の兵隊の包帯についた膿の細胞を利用して単離されたものである．このときに精製されたヌクレインとは現在でいうDNAとタンパク質の複合体である．彼はこの後サケの精子を利用し，さらに純度の高いDNAの単離に成功している．大量でかつ容易に手に入る動物由来の生体試料である膿や精子を実験材料に用いたことが，これらの発見に結びついたといえよう．またDNAの構成成分のうち，グアニン（guanine）は鳥の糞（guano）から見つかったことからその名が付けられた．

グアニンはDNAの構成成分としての他にも，魚やトカゲの鱗に多く含まれており，それらをキラキラと光らせている．また，アデニンがウシの膵臓の核酸から分離されており，腺を意味する古代ギリシャ語（aden）に因んで命名された．さらにチミンの名もウシの胸腺（thymus）から見つかったことに由来している．

●染色体説　染色体説は，1902年にW. サットン（Sutton）が提唱し，後にT. モーガン（Morgan）がキイロショウジョウバエを用いた遺伝学を通じて確立した．染色体が遺伝子の担体であるという考えを染色体説とよぶ．サットンが染色体説を見出すにいたった成功の理由は，染色体が容易に区別できる研究材料としてバッタの性母細胞を用いたことにあるとされている．

●遺伝子発現の制御　遺伝子の発現制御の機構について，最初の重要な発見は，1961年にモノーとF. ジャコブ（Jacob）が原核生物である大腸菌でラクトース・オペロンを見出したことである．この発見によって，DNA上には遺伝子をコードする領域と，mRNAの転写を制御する領域の2種類があることが明らかになった．大腸菌から見つかった遺伝子の転写調節のモデルは，真核生物でも基本的にあてはまるがより複雑であり，とりわけ動物界や植物界に属する多細胞生物では，いっそう複雑な機構で制御されていることが明らかにされている．

●動物学における分子生物学の発展の現状　1969年以降も分子生物学は目覚しい発展を遂げている．分子生物学分野の概念や実験技術は，動物学に特有の生物学現象の解明に利用され，分類，形態，発生，生理，行動，免疫，神経，進化，地理的分布などの，あらゆる動物学の分野が，分子生物学の適用によって幅広い影響を受けることになった．同時に動物学研究が，分子生物学のさらなる発展にも寄与している．その全貌を要約するのは困難であるが，いくつか例をあげると，ハエの体づくりにかかわる遺伝子探索から明らかになったホメオボックス遺伝子と発生のツールキット遺伝子の発見，アメリカムラサキウニの研究から確立された遺伝子制御ネットワーク（GRN）の概念，センチュウの研究から始まったアポトーシス（プログラムされた細胞死）の発見とその分子メカニズムの解明，同じくセンチュウの研究から始まったマイクロRNAによる翻訳制御機構の発見，ドブネズミを用いた嗅覚受容体遺伝子群の発見，ハツカネズミを用いたノックアウトマウスの作成，iPS細胞の作成，ゲノム編集技術の開発，などがあり，今後もこのような発展が続くと考えられる．

［川島武士］

📖参考文献

［1］ポーチュガル，F. H.・コーエン，J. S.『DNAの一世紀 I，II』杉野義信・杉野奈保野共訳，岩波現代選書，1980

［2］ジャドソン，H. F.『分子生物学の夜明け ―生命の秘密に挑んだ人たち』上・下，野田春彦訳，東京化学同人，1982

［3］アルバーツ，B. 他『細胞の分子生物学』第5版，中村桂子他共訳，ニュートンプレス，2010

江戸時代の動物学
——中国本草学からの脱却と独自性

本項目では，日本の歴史時代区分において徳川時代（1603-1868）とか江戸期などともよばれるおよそ17世紀初頭から19世紀半ばまでの期間で，一般にイメージされる動物に関する知識を取り扱う．中国本草（薬物）学の導入，科学的な眼差しの動物図譜，日本独自の動物研究の3つをテーマとする．

●中国本草学の導入　日本における動物に関する記述は，古代より『古事記』や『日本書紀』，各地の『風土記』，さらには『万葉集』をはじめとする文学作品などでうかがうことができるが，本格的な記載は江戸期に入ってからである．その契機は，中国において李時珍（1518-93）が著した中国最高の本草書と評される『本草綱目』（全52巻，1596）の輸入であった．1607年，幕府の朱子学者林羅山（1583-1657）が長崎で中国書の受け入れ業務を行っていた際，偶然，同書を見出したというが，1604年とする説もある．彼はこれを本草学に関心があったといわれる徳川家康（1543-1616）に献上している．本書は全16部に分類されているが，そのうち動物は虫・鱗・介・禽・獣・人の6部に合計約1900種が記載された．虫部には卵生類（大半の昆虫），化生類（卵生類以外の昆虫，セミ，カミキリムシなど），湿生類（ミミズ，ムカデ，ナメクジなど）が，鱗部には龍，蛇，魚，無鱗魚が含まれていた．

●科学的な眼差しの動物図譜　日本初の図入り百科事典と評されるのが，朱子学者中村惕斎（なかむらてきさい）（1629-1702）の『訓蒙図彙』（全20巻，1666）である．同書の巻12から15までの4巻に動物が扱われ，子供にも理解できる図が約300載せられている．これを上まわった著作が大坂（現在の大阪）の医師，寺島良安（1654-？）による『和漢三才図絵』（全105巻，1713序）であった．約1400項目が記載されている．これら2つの書物は，薬物のような実用になるものの知識をまとめることに主眼がおかれたものでなく，天然物をありのまま理解しようとする態度がうかがえるものであった．

こうした雰囲気の中，福岡藩に属し医学をも学んだ朱子学者，貝原益軒（かいばらえきけん）（1630-1714）は『大和本草』（16巻，附録2巻，諸品図2巻，1709）を著わした．同書は天然物約1300種を分類・記載したが，うち約350種はわが国特有のものであった．旅行から得た彼自身の経験と『本草綱目』を徹底的に分析した結果をまとめたものといわれる．動物を河魚・海魚・水虫・陸虫・介・水鳥・山鳥・小鳥・家禽・雑禽・異邦禽・獣・人の13類に分けている．益軒には後継者がいなかったので，彼のこうした流儀は続かなかった．しかし，伝統にとらわれず，実証経験から自身の生物への見解を示したもので，わが国における本草学の中国からの自立の事例と理解されている．なお，魚部にはクラゲ，サンショウウオ，タコ，イカ，イルカ，クジラなどの説明もみられる．

江戸期の動物図譜では，動物への眼差しや描写法，影響からみて明治期以降の近代動物学との連続性を考える素材になり得る作品も多数，作成されている．代表的な作品は，旗本・武蔵石寿（1766-1861）『目八譜』（1843），高松藩主・松平頼恭（1711-71）『衆鱗図』（1760年代後半），幕府奥医師・栗本丹洲（1756-1834）『千蟲譜』（1811）（図1），伊勢長嶋藩主・増山雪斉（1754-1819）『虫豸帖』（1807年頃），幕府書院番・毛利梅園（1798-1851）『梅園禽譜』（1839），幕府下級武士・岩崎灌園『本草図譜』（1828），尾張藩士・吉田雀巣庵『虫譜』（制作年不明），同・水谷豊文（1779-1832）『水谷禽譜』（1810年頃），商人・高木春山（？-1852）『本草図説』（制作年不明），幕府奥医師・田村元長（西湖，1739-93）『豆州諸島物産図説』（1793頃）などである．なお，上記の武蔵石寿が天保年間（1831-45），桐製6段の重ね箱に昆虫を収納したものが現存しており，日本初の昆虫標本とみなされる．各箱は8つから15に区分けされ，それぞれに綿を敷いて標本を置きガラス容器で覆っている．

図1　栗本丹洲『千蟲譜』のオオムラサキ生態も記述されている（出典：国立国会図書館デジタルアーカイブ）

さらに，わが国最初の魚類図譜ともいわれる町医者・神田玄泉（？-1746頃）による『日東漁譜』（1719頃）や，大阪の商家出身の文人画家で本草学に通じていた木村蒹葭堂（1736-1802）の作品にも，実用性から離れて動物自体を見届けようとする視線が感じられる．

19世紀に入ると，伊藤若冲（1716-1800）の『動植綵絵』（1767）や円山応挙（1733-95）の『写生帖』（1793）などの動物図もよく観察がなされた「写生」であり，実際に現存の動物と向き合う態度は本草学と通底するという指摘もある．

来日外国人が関係した日本産動物の図譜として，筆頭にあげられるのが長崎・出島のオランダ商館医を務めたドイツ人医師 P. F. B. von シーボルト（Siebold, 1796-1866）の『日本動物誌（Fauna Japonica）』（1833-55）である．彼や協力者が採集してヨーロッパに送った標本を記載し，動物群ごとに5巻本として刊行された．記載を担当したのはオランダ・ライデンの王立自然史博物館の館員たちで，甲殻類が無脊椎動物管理者 W. ドゥ・ハーン（De Haan, 1801-55），哺乳動物，鳥類，は虫類，魚類は初代館長 C. J. テミンク（Temminck, 1778-1858）と脊椎動物管理者 H. シュレーゲル（Schlegel, 1804–84）である．820 種約 4000 に上る見事な動物図（一部彩色）が収められているが，キンギョでは川原慶賀（1786–1862?）の写生図が多く下絵となった．

●日本独自の動物研究：キンギョ　江戸期には，キンギョ，ネズミ，カイコなどが品種改良され，日本固有といってよい知見が得られている．キンギョの起源には諸説あるが，一般に中国からの渡来動物ととらえられている．民間交易が盛んだった 1502 年に泉州（大阪）・堺に着いた明国船に，キンギョの原型ワキンが積み込まれていたとされるが，渡来年やその場所については異説が複数ある．図を伴ってキンギョに言及しているのは上述の『訓蒙図彙』であり，「龍魚」の個所にコイやフナとは明確に区別されたワキンで尾が 3 つに割れた「三尾和金」と思われるキンギョ 3 匹の図が載せられている．さらに，キンギョは数種類存在していること，富裕層が所有していること，白く変化したものをギンギョ（銀魚）とよぶことなどの解説が付けられている．このワキンから江戸時代のキンギョの代表品種デメキンやリュウキンも得られた．医師人見必大（1642 頃 -1701）の『本朝食鑑』（1697）は，ボウフラを餌にしていること，藻に産卵すること，体色が変化することなどにも触れている．上述の寺島良安『和漢三才図会』（1712）の巻 48 では，コイ，フナなど 26 種の「河湖有鱗魚類」が扱われている．その 22 番目にも「三尾和金」様のキンギョ 2 匹の図とともに，産卵期が春の終わり頃であること，発生に従って体色が変化すること，メスが卵を食べてしまうことなどの解説が見られる．

江戸期の最も本格的なキンギョの解説書は，安達喜之の『金魚養玩草』（1748）である（図 2）．キンギョの渡来から良し悪しの見分け，雌雄鑑別，孵化や孵化後の扱い，魚病など 23 項目にわたって解説がなされている．なお，この著作の後継書『金魚秘訣録』（1790）はキンギョの交配についても言及していた．キンギョが鑑賞用として飼育されていたのは，浮世絵師歌川国芳（1779–1861）の「金魚づくし」（1839 年頃）や歌川国貞（1786–

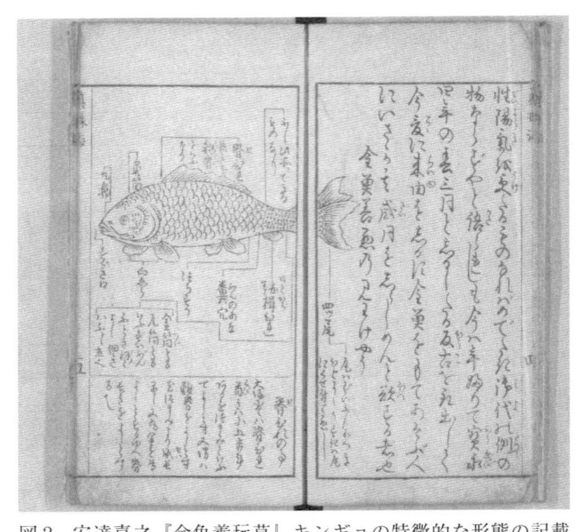
図 2　安達喜之『金魚養玩草』キンギョの特徴的な形態の記載がみられる（出典：国立国会図書館デジタルアーカイブ）

1865）の作品「俳優立見夏商人　金魚売り」（制作年不明）から窺われる．この流れは，以下のように明治期に入っても断続的に見られた．常磐木秀慶『金魚愛玩経験論』（1887），小川正直編『金魚養ひ手引草』（1901），三好音次郎『金魚問答』（1903），前田邦寧『金魚の飼育　実験図解』（1909）など生没年不詳の作者の著作が知られている．また，石川千代松（1861-1935）や門下の外山亀太郎（1867-1918）ら動物学者がキンギョの品種，遺伝に関する研究に取り組んだ．

図3　定延子『珍翫鼠育草』で紹介された色変わりのネズミ（出典：国立国会図書館デジタルアーカイブ）

●日本独自の動物研究：ネズミ　ネズミ（ハツカネズミ，イエネズミ）に関する記載も，『和漢三才図会』（巻39）に「鼠類」として20種類が見られるが，キンギョ同様，愛玩動物として飼育や品種改良など動物学的な内容が含まれるのは『養鼠玉のかけはし』（1775）や『珍翫鼠育草』（1787）である．前者の著者は「浪華春帆堂主人」としかわからないが，上下2巻本でネズミの飼育法を述べ，上巻（全34頁）には裃や着物を着で擬人化されたネズミの図が掲げられている．また，下巻（全17頁）には皮膚の文様や飼育箱の図が見られ，初のネズミの飼育書というとらえ方もある．他方『珍翫鼠育草』も著者不詳だが，定延子なる人物が序を記し，京都在住の銭屋長兵衛が刊行したもので，13章全41頁から構成されている．少年が手のひらにネズミを乗せて楽しんでいる図があり，愛玩動物としてネズミが窺われる．そして，毛色に4種の突然変異（熊ぶち，日月の熊，頭ぶち，黒眼のネズミ）がみられたネズミがその掛け合わせとともに記されている（図3）．さらに，十二支のネズミにまつわることや飼育管理法も述べられていた．

これまでみてきたように江戸時代の動物学は，薬用・食用という実用から愛玩動物化を通じてそれに関する知識を蓄積していった．それは動物に対する知的好奇心の反映ともとらえられる．実用化から離れ動物それ自身への興味という点が西欧での動物学と通底しており，明治初頭の近代西欧動物学の受容・咀嚼の基盤になりえたのである．

［溝口 元］

参考文献

［1］ 松井佳一（松井魁補輯）『金魚文化誌―書誌学的考察』鳥海書房，1978
［2］ 木原 均他『黎明期日本の生物史』養賢堂，pp.354-362，1972
［3］ 金子之史『ネズミの分類学―生物地理学の視点』東京大学出版会，2006

明治以降の日本の動物学
――お雇い外国人教師と大学制度

日本における近代動物学の実質的なスタートは，1877 年の東京大学理学部生物学科設立，翌 1878 年の東京大学生物学会（日本動物学会の前身）の誕生という制度的整備，および，人材確保として，貝類の研究を目的に来日していた米国人動物学者 E. S. モース（Morse, 1838–1923）をお雇い外国人科学教師として 1877 年に東京大学教授へ就任要請したところに求められる．

●近代西欧動物学の導入とお雇い外国人教師　技術者の養成が工部省工部大学校のような技術系行政機関の付属学校で行われたのに対し，科学者の方は文部省管轄の東京大学が担った．1877 年の設立時には，法学，文学，理学，医学の 4 学部がおかれ，理学部は数学物理学星学科，生物学科，地質学採鉱学科，化学科，工学科の 5 学科から構成された．理学部教授全 15 名中，お雇い外国人科学教師が 12 名を占めた．出身国は米国 4 名，ドイツ，フランス各 3 名，英国 2 名である．

もっとも，動物学の講義自体はこれより早く，東京医学校（1874 年設立，東京大学医学部の前身）において来日していたドイツ人 F. M. ヒルゲンドルフ（Hilgendorf, 1839–1904）や H. アールブルク（Ahlburg, 1850–78），L. デーデルライン（Döderlein, 1855–1936）らがすでに医学生向けに行っていた．他にも，加賀藩が 1870 年に開設した金沢医学館（金沢大学医学部の源流）では，オランダの軍医，P. J. A. スロイス（Sluys, 1841–1909）が動物学を講じ，それが筆記翻訳され『斯魯斯氏講義　動物学　初篇』（1874）として刊行されている（図 1）．また，札幌農学校（1876 年設立）でも，ハーバード大学医学部出身の米国人，J. C. カッター（Cutter, 1852–1925?）が「zoology」と題した科目を担当していた．

図 1　日本における最初期の近代動物学書（出典『斯魯斯動物学 田中芳男動物学 江戸科学古典叢書 34』恒和出版，1982）

東京大学生物学科における初代動物学教授として西欧近代動物学の教育を担当したモースは，アメリカ東部のメイン州ポートランドに生まれ，少年時代から貝類の収集家として知られていた．そして，スイス出身のハーバード大学教授 J. L. R. アガシー（Agassiz, 1807–73）の知遇を得て，同大学ローレンス科学学校（Lawrence Scientific School）に入学した．しかし，貝類の標本管理をめぐってアガシーと不仲になり，彼の下を去ったが研究は続け 1871 年にはボードウィン大学動物学教授に就任した．しかし，研究材料が日本で豊富に得られるということを知り，1874 年にこの職を辞して 1877 年 6 月来日した．東京大学では，動物の形態や分類についての初歩的な講義を行った．その内容は，矢田部良吉（1851-99）が整理・翻訳し『動物学初歩』と題して 1888 年に刊行した（図 2）．モースは，さらに学内外で進化論についての講演も行ったことから日本における C. ダーウィン（Darwin, 1809-82）の進化論は，実質的にモースによって広く知られるようになったのである．この進化論の内容は，彼に指導を受けた石川千代松（1860-1935）によって筆記・翻訳され，1883 年『動物進化論』と題して出版された．

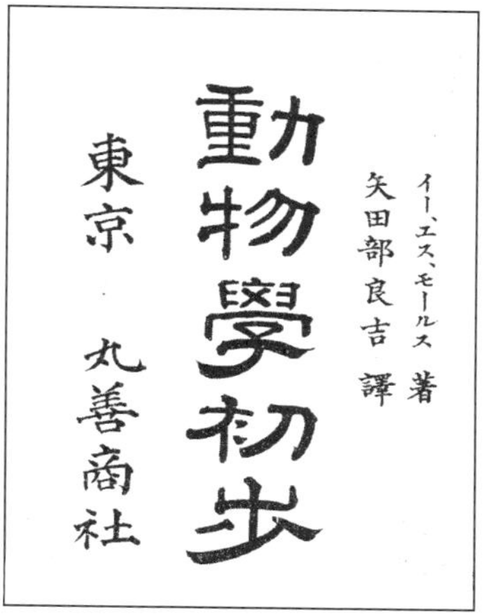

図 2　モース著矢田部良吉訳『動物学初歩』の表紙（出典：国立国会図書館デジタルアーカイブ）

モースの後任として着任したのが，同じく米国の動物学者 C. O. ホイットマン（Whitman, 1843-1910）である．彼は来日前にヨーロッパへ渡り，当時ドイツ動物学界の第一人者であったライプチッヒ大学の K. G. F. R. ロイカイト（Leuckart, 1822-98）の下で解剖学，発生学を学んだ人物であった．また，モースとはアガシーがアメリカ東部チェザピーク湾のペニキーズ島で行った実習会の仲間であった．ホイットマンは，ドイツで身に付けた最新の顕微鏡の扱い方や切片標本のつくり方，組織染色法などを取り入れた実習を学生たちに行わせた．学生たちが専門的な研究能力をもつように努力したのである．動物学を専攻し最初の卒業生となった飯島魁（1861-1921）に「ヒル卵の発生」，岩川友太郎（1854-1933）に「イモリ卵の形成」，佐々木忠次郎（1857-1938）に「ハンザキの生態」というテーマを与え研究させた．そして，飯島と岩川の論文は英国の専門学会誌に，佐々木の論文は大学内の専門誌に掲載された．

こうして日本の動物学は，モース（1877 年 7 月 -79 年 8 月在任）によって基礎教育が，ホイットマン（1879 年 8 月 -81 年 8 月在任）により専門教育が行われたことになり，お雇い外国人科学教師としてきわめて適切な人材を得た結果となった．

モースやホイットマンが帰国した後，日本の「動物学の父」とよばれる箕作佳吉（1858-1909）が，日本人初の動物学教授に就任した．彼は，1875 年米国最古の高等工業学校であるレンセラー工業高等専門学校（Rensselaer Polytechnic Institute, 1824 年創立）に入学し土木工学を学んだ．しかし，在学中，基礎科学に関心を抱き，1877 年にエール大学シェフィールド科学学校（Sheffield Scientific School, 1861 年創立）に転校して生物学を専攻し 1879 年に卒業した．さらに米国で最初の大学院大学といわれるジョンズ・ホプキンズ大学大学院に進学し，動物学者 W. K. ブルックス（Brooks, 1848-1909）の下で動物形態学を専攻した．次いで，1881 年に渡欧しケンブリッジ大学トリニティカレッジの比較発生学者 F. M. バルフォア（Balfour, 1851-82）の下で学んだ．さらに，ヨーロッパ各地を歴訪し，同年帰国の前にナポリ臨海実験所（Stazione Zoologica 'Anton Dohrn' di Napoli）を日本人として初めて訪れた．そこで，箕作は実験所所長の A. ドールン（Dohrn, 1840-1909）の知遇を得るとともに，そこでの体験が 1886 年の東京大学三崎臨海実験所の設立に生かされた．この実験所が設置された神奈川県三浦半島付近は，わが国でも海産生物が種類も量的にも豊富であり，実際に，そこから数多くの新種が発見されている．箕作は後年，真珠の養殖にも尽力した．

●日本における動物学の自立と展開　モース，ホイットマンから教育を受けた上述の飯島魁は，1882 年からホイットマンが学んだドイツの動物学者ロイカイトのもとに留学した．留学中の 1884 年に淡水産渦虫類の研究で学位を得ている．帰国後，箕作に次いで日本人として 2 人目の動物学教授に就任した．動物形態学，分類学が専門で，特に海綿の分類学的研究では国際的な水準に達していた．主著に 700 ページに及ぶ大著『動物学提要』（1918）がある．また，鳥類にも通じスミソニアン博物館学芸員で鳥類部門担当であった L. H. スタネガー（Stejneger, 1851-1943）が 1896 年に来日した際，飯島は知遇を得ている．米国で生物学を学びヨーロッパの研究状況を見聞してきた箕作に対し，米国人動物学者から学び，ドイツへ留学したのが飯島であった．日本の動物学は，欧米両方の最新の情報を得た彼らによる運営体制で始まったのである．

1882 年に東京大学理学部生物学科を卒業し，翌年から帝国大学理科大学助教授に就任した石川千代松は，ドイツ・フライブルグ大学の動物学者 A. ワイズマン（Weismann, 1834-1914）のもとに留学した．当時ワイズマンは「生殖質連続説」を扱った主著『生殖質――一つの遺伝理論（Das Keimplasm. Ein Theorie der Vererbung）』（1892）の完成を目指している頃であった．石川はワイズマンとナポリ臨海実験所へ赴き，眼疾だったワイズマンに代わって生物の顕微鏡観察を行った．外国人研究者との現地での共同研究の最初期事例である．

日本の動物学の進展には，上述のお雇い外国人動物学教師以外の来日外国人も大きな貢献をした．その中に 1878 年，英国人で在野研究者の T. W. ブラキストン（Blakiston, 1832-91）や H. J. S. プライヤー（Pryer, 1850-88）がいる．ブラキストンは生物地理学上の動物分布境界線「ブラキストン線」に名を残した人物でもある．彼らは『Ibis』誌上に A Catalogue of the Birds of Japan を発表した．1912 年には飯島魁を会頭とする日本鳥学会が設立された．

その他，西欧近代科学の導入の一環として，昆虫学の講座が農商務省駒場農学校（1878 年設立，東京帝国大学農科大学の前身の 1 つ）で開講された．佐々木

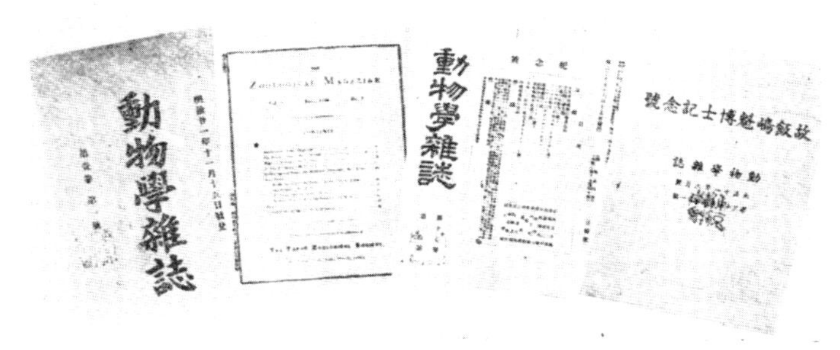

図3　日本動物学会刊行『動物学雑誌』の表紙の変遷（出典：日本科学史学会編『生物科学』日本科学技術史大系第15巻，第一法規出版，1965）

忠次郎が，1881年に助教授としてこの農学校に着任し，昆虫学の講義を担当した．世界に先駆けてカイコを使い1906年に動物でもメンデルの遺伝の法則が成り立つことを示した外山亀太郎（1867-1918）は，この第一講座の所属であった．さらに，水産講習所（1897年設立，東京海洋大学の源流のひとつ）も松原新之助（1853-1916）や寺尾新（あらた）（1887-1969）ら動物学者の活躍の場所であった．

●動物学研究の組織化，制度化　日本の動物学における組織化，制度化の代表が学会の設立である．今日まで連綿と続く日本動物学会は，1878（明治11）年10月20日，東京大学理学部生物学科在籍者を中心に立ちあげられた「東京大学生物学会（The Biological Society of the Tokio Dai Gaku）」の創立をもって起源としている．この日は東京大学動物学陳列室において12名の参加者の下，第1回会合が開催された日にあたり，その記録が残されている．創立に際して，「（モース）先生には学会の必要性を説かれて，東京生物学会なるものを起こされたが，此生物学会が又本邦の学会の嚆矢でもある」と記録されているように，モースの肝いりで学会が設けられた．しかし，ミシガン大学で植物学を学んでいた植物学助教授大久保三郎（1857-1914）が，植物学者だけの会を設け進展をはかろうとし，1882年2月25日東京植物学会を発足させた．これにともない「東京生物学会」は制度を変え，「本会ヲ設立スルノ主旨ハ同志集合シテ動物学ヲ研究スルニアリ」を「会則　第一」に掲げる「東京動物学会」への改称（1885），『動物学雑誌』（1888）（図3），『Annotationes Zoologicae Japoneses』（日本動物学彙報）の創刊（1897），などを経て「日本動物学会」設立（1923）にいたるのである．　［溝口 元］

📖 **参考文献**

［1］ 磯野直秀『三崎臨海実験所を去来した人たち―日本における動物学の誕生』学会出版センター，1988
［2］ 溝口 元・松永俊男『生物学の歴史』放送大学教育振興会，2006

日本の動物学の主要な成果
――世界に貢献した日本の動物学

「江戸時代の動物学」「明治以降の日本の動物学」で解説されたように日本の動物学は，主として明治以後に発展した．それは多くの分野にまたがり，いくたの優れた成果をあげてきた．それらの中から主要な少数の成果をピックアップするのはきわめて困難な課題である．そのことを承知したうえで，ここでは，日本に固有の，あるいは日本で多く研究に用いられてきた動物に関する研究，日本における研究がその後の世界の研究を牽引した例などに限定し，概ね 1970 年ぐらいまでの業績に絞って紹介する．

●分類学と系統学　明治期に日本動物学の創設に与った多くの学者は，多かれ少なかれ動物分類にも関心をもった（☞「明治以降の日本の動物学」参照）．特に東京大学の三崎臨海実験所は，多くの動物学者の分類学に貢献した．そのような中，東京大学教授となった谷津直秀は『動物分類表』を著し，これは後に内田亨の補訂によって『動物分類名辞典』として上梓され，その後の動物学教育に大きな影響を与えた．日本の分類学は，当然日本産の動物に関する研究が中心であるが，一方系統学では，根井正利が米国を活動の場として，分子系統樹の構築にかかわる理論的基盤を築いた（1969）．これは，動物の系統と分類の研究にもきわめて有用な指針を提供した．

渡瀬庄三郎は，動物学のさまざまな分野で活動したが，現在まで知られている業績としては渡瀬線の提唱がある．これは種々の動物の分布から，屋久島・種子島と奄美群島の間には分布境界線が存在することを示したものである．

●進化学　明治以後の日本の進化学（論）は，主としてダーウィンの自然選択説の紹介が主であった．進化学は，20 世紀前半～中葉の集団遺伝学の進歩によって大きな発展を遂げたが，その中で特筆されるべきは，木村資生の中立説（1968）である．遺伝子レベルの多くの変異は，個体にとって有利でも不利でもない中立的なもので，その蓄積が生物進化に重要であるとする数学モデルは，大きなインパクトを与えた．

●霊長類学　今西錦司は昆虫のすみわけなどを研究する生態学者であったが，1957 年頃からニホンザルの集団の長期的研究を開始し，また，アフリカの類人猿についても継続した生態学研究を行った．これらによって，霊長類の集団における社会性の成立，文化の伝達など，多様な現象を解き明かし，日本の霊長類研究に大きな流れを形成した．

●発生生理学　周囲を海に囲まれた日本では，海産動物を用いた動物学も盛んである．なかでも，ウニなどの棘皮動物を用いた発生生理学では大きな成果が得られている．団勝磨と夫人の団ジーンによるウニ卵の細胞分裂時の紡錘体に関する研究は，第二次世界大戦後の日本動物学の新たな発展をリードした．また，毛利秀雄による精子チューブリンの発見と命名は，細胞生物学の分野でも画期的な進歩であった．

●カイコとメダカの遺伝学と内分泌学　カイコとメダカもわが国では重要なモデル動物である．カイコは遺伝学の材料として有用であり，外山亀太郎はメンデルの法則の再発見とほとんど同時代に，それを確認した（1906）．また内分泌学でも用いられた．福田宗一は，カイコの体を結さつすることによって，変態にホルモンが関与することを明らかにし，前胸体とアラタ体の機能を解析した（1944）．この研究は後の，エクジステロイドなどのホルモンの分離・精製によって，大きな発展へとつながった．カイコについては，絹糸タンパク質フィブロインに関する研究も活発に行われた．志村憲助はフィブロインの立体構造などの研究に従事し，そのサブユニット構造を明らかにした．鈴木義昭は，フィブロイン合成の分子生物学的研究を推進し，真核生物では初めてとなる特定のタンパク質のmRNAを単離した．また，絹糸腺で大量のフィブロインが合成される仕組みについても研究し，これは遺伝子発現機構の解明にもつながった．また，メダカを用いて山本時男は，性の決定や性転換における遺伝学と内分泌学に大きな功績を残した（1953）．

●細胞生物学　20世紀中葉からは，学問領域の境界が曖昧になり，「学際的」という用語がよく使われるようになった．それは，多くの動物学分野が遺伝子学，あるいは分子生物学という共通の言語をもつようになったからである．例えば，細胞接着という現象は細胞生物学の重要な研究テーマであるが，竹市雅俊によるカドヘリンの発見（1986）は，発生生物学やがんの生物学など広範な分野に貢献している．下村脩は，オワンクラゲから緑色蛍光タンパク質（GFP）を分離精製し（1962），そのタンパク質や遺伝子は，動物学のみならずあらゆる生物学分野で細胞内のタンパク質の局在を調べるツールとして利用されている．

岡田節人と江口吾朗は，脊椎動物の虹彩細胞からのレンズ（水晶体）再生という現象について詳細な解析を行い，「分化転換」という概念を提唱した．

●筋肉生化学　日本は筋収縮の生理学・生化学の分野で大きな貢献をしてきた．江橋節郎は，筋収縮にはカルシウムが必要であること，カルシウムは筋小胞体から放出されてトロポニンというタンパク質と結合することを発見した．この研究をきっかけに筋収縮の生化学は飛躍的な発展を遂げた．丸山工作は，筋細胞におけるアクチン結合タンパク質の研究で大きな成果をあげた．

きわめて限られた紙面で日本の動物学における主要な業績を紹介した．いうまでもなく，これら以外にも多くの優れた業績があり，そのいくつかについては，2章以後でも触れられる．

［八杉貞雄］

📖 参考文献

［1］ 毛利秀雄・八杉貞雄編『日本の動物学の歴史』培風館，2007

21 世紀の動物学の展望と課題
――新しい波に乗って

長い歴史をもつ動物学は21世紀を迎えて新たな展開をみせている．19世紀半ばに確立した進化論により，博物学から出発した動物学の研究は一変した．分類学だけでなく，解剖学，形態学，系統学，発生学，細胞生物学，内分泌学，神経科学，生理学，生態学といった動物学の基本分野も大きな影響を受けて，進化や進化的起源を探る動きが盛んとなった．20世紀の半ばからは，分子生物学的アプローチが各分野に取り込まれ，分子，遺伝子レベルの研究が進み，得られる知見も飛躍的に増加していった．この間，それぞれの分野が動物学から独立する様相がみられた．しかし21世紀に入って，ゲノム解読，ゲノム編集などの技術革新によって，非モデル動物に対してもモデル動物と同様の解析が可能となり，動物学がさまざまな動物を対象とする総合的な基礎生物学として，再び脚光を浴びるようになった．

●ゲノム解読と動物学　21世紀はゲノムの時代とよばれている．ゲノムはその生物のすべての情報をもっている設計図であり（☞「脊椎動物の進化」参照），したがって動物学を含む生物学のすべての分野は，ゲノム科学（genomics）と無縁であることは許されない．ゲノムのサイズは動物ごとに大きく異なっており，例えばショウジョウバエは 1.3×10^8（130 Mb）塩基対（ハプロイドあたり），カタユウレイボヤは 1.5×10^8，ヒトを含む哺乳類では大体 3.0×10^9 である．ゲノムを解読するDNAシークエンス技術と大量のデータを扱う生物情報科学の進歩により，1990年代終わりには大型のゲノムも全ゲノム解読が可能となった．全ゲノム解読の流れは1997年のパン酵母（1.2×10^7）に始まるが，特に2000年のヒトゲノム概要配列の完成宣言（2001年に論文発表），その前後の各種モデル動物のゲノム解読は，まさにゲノム時代の到来を告げる成果であった．

「ゲノムにはその生物の進化が刻まれている」という言葉に現れるように，気の遠くなるような長い年月をかけて進化した生物の歴史がゲノム配列に凝縮されている．生物の進化は動物学全体を貫く重要な視点であるだけに，ゲノム解読のインパクトは大きい．生物種間のゲノム配列，構造を比較する研究（比較ゲノム学）により見えてきた事実は，ゲノムの普遍性と多様性である．例えば，脊椎動物に近縁のホヤのゲノムと脊椎動物ゲノムを比較すると，脊椎動物が登場した時代にすでにもっていた共通の遺伝子セットが見えている．一方，ホヤの成体はセルロース（植物細胞の細胞壁および植物繊維の主成分）を含む皮嚢に覆われているが，このセルロースの合成酵素はホヤ以外の動物はもっていない．ゲノム解析の結果，この遺伝子は「遺伝子の水平伝播（horizontal gene transfer）」によって，動物以外（おそらく植物や微生物）の生き物によってホヤのゲノムに持ち込まれ，それをホヤが利用していると結論付けられた．

系統学（分子系統学）も，ゲノム時代に入り，遺伝子セット全体の網羅的比較が行われ，精度が飛躍的に増した．例えば，21 世紀に入り，ウニ，ナメクジウオ，ホヤのゲノムが次々と解読され，それらの比較から脊索動物の共通祖先が存在したことが強く示唆された．これらのゲノム解読を支えているのが，第三世代の一分子リアルタイム DNA シークエンサーである．これは一度に読めるリード長が平均 10 kb 以上（最大 40 Kb）と，第二世代の 100 塩基程度に比べて圧倒的に長く，繰り返し配列によるギャップの克服，構造多型（塩基の欠失・挿入，転座，遺伝子の複製による数の変動など）の検出が容易になっている．ゲノム時代はモデル生物のゲノム解読で幕を開けたが，シークエンス技術の向上と低コスト化により，動物学が対象とするさまざまな動物のゲノムが現在次々と解読されている．

比較する方法論はまだ深化する必要はあるが，解読されたゲノム配列を詳細に比較することにより，生物の多様性をつくり出すゲノムの変化がとらえられるはずである．一般に生物の種分化は多くの遺伝子座に起こる DNA の塩基置換や構造多型の集積した多因子形質とみなすことができる．表現型多型を示す同一種内の個体間や近縁種間の詳細なゲノム比較から種分化，生物多様性の理解の糸口が見つかる可能性がでている．特に海産無脊椎動物は多様性の宝庫であり，臨海実験所をコアとした比較ゲノム科学の発展が期待される．

●エピジェネティクスと動物学　ヒトゲノム解読直後に，ヒトゲノム中に存在するすべての機能エレメントをカタログ化する ENCODE（The Encyclopedia of DNA Elements）プロジェクトが米国国立ヒトゲノム研究所（NIHGRI）のサポートの下で，国際コンソーシアム研究として開始された．並行してショウジョウバエ，線虫といったモデル動物を対象とする同様の modENCODE プロジェクトも始められた．これらのプロジェクトでわかってきたことは，エピジェネティック修飾の重要性である．エピジェネティック修飾とは，DNA 鎖，特にシトシン塩基のメチル化やヌクレオソームを構成するヒストンタンパク質に対するメチル化，アセチル化などの化学修飾である（☞「エピジェネティクス」参照）．エピジェネティック修飾の多くは，娘細胞へ受け継がれ，遺伝子発現に影響を及ぼすので，第二の遺伝情報とよばれている（☞「細胞機能とエピジェネティクス」参照）．すなわち，細胞は過去に経験したこと（遺伝子発現＝歴史）を記憶している．発生や成長過程で，正常な，またはストレス環境の下で，細胞は遺伝子発現を変化させるが，それがエピジェネティック修飾の変化というかたちで痕跡としてクロマチンに残り，それが分裂後に娘細胞へ伝わるのである．同じ塩基配列を有する細胞が同じ因子に対して時として違う反応を示す（反応能，コンピテンス）のはこのためである．

動物学の分野で特にエピジェネティック修飾が重要になるのが，表現型の可塑性（☞「表現型可塑性」参照）である．社会性昆虫がよい例で，同じ遺伝情報からさまざまな役割，形態をもった個体が生じる．現在このような多様性を生み出す遺伝子に着目した研究が進んでいるが，近い将来，ゲノムワイドにエピジェネティック修飾を解析，比較する研究へ向かうであろう．さらに興味深いのは，個体の発生，成長過程で蓄積されたエピジェネティック修飾の一部が，生殖細胞を通して次世代へ伝わる可能性が示唆されていることである．例えば環境の急激な変化によるストレスの影響やそれへの適応が，エピジェネティック修飾を通して次世代に伝われば，次世代の個体の適応度は増し，その個体の生存率が高くなる．進化論の基本の1つである「突然変異による生物の適応進化」に一石を投じる研究成果が近い将来出てくる可能性がある．これらの研究において，モデル動物だけでなく，自然界の多様な動物を研究対象とする動物学が重要な役割を担うこととなる．

●ゲノム編集と動物学　21世紀に入って急速に普及したゲノム編集技術はすでに動物学研究に多大な影響を及ぼしている．この技術により，これまでモデル動物に限られていた遺伝子改変が，原則としてすべての動物に適応することが可能となった．すなわちES細胞が樹立されているかどうかにかかわらず，どの動物でも特定の遺伝子の機能が失われた変異（ノックアウト）個体を作製できる．今後簡便さ，効率について技術革新がさらに進めば，ゲノム比較で絞り込まれた遺伝子や制御領域の機能を多様な動物で調べることができる．動物学者にとって，まさに夢のような技術である．

●バイオイメージングと動物学　21世紀に入ってイメージングの技術革新も著しい．普及している共焦点レーザー顕微鏡に加えて，より深部を低ノイズで観察できる2光子顕微鏡，横から面でレーザーを照射して高速，高深度，低褪色・低光毒で画像取得するライトシート顕微鏡が登場した．すでに神経科学，発生学の分野で威力を発揮している．一般にイメージングは，標本が透明であることが前提であるが，最近，組織から高屈折率成分（脂質など）を取り除く，組織透明化技術が開発された．すなわち，組織や個体丸ごと透明化して，三次元蛍光イメージングが実現しつつある．今後のさらなる改良に期待したい．

今後一分子イメージングを可能にする超解像度顕微鏡(開発者は2014年度ノーベル化学賞受賞)，生体内の構造を染色することなく生のまま凍らせて観察できるクライオ電顕（開発者は2016年ノーベル化学賞受賞）も普及するであろう．クロマチン構造，膜チャネル複合体，ダイニン複合体などさまざまな生体高分子の構造が詳細にわかってくる．このようなイメージング技術を導入することにより，動物のからだを構成する分子，細胞から，神経ネットワーク，組織構築の詳細が判明し，遺伝子改変などと合せることで機能の正確な理解ができるであろう．さらに精度の高いデータをもとに，数理モデルを通して現象を理解し，予測する数理生物学との連携も発展する.

●ビッグデータと動物学　ゲノムワイドな研究やイメージングにより得られるデータ量は膨大である. この中からいかに意義あるものを抽出するかが, 今後の研究では重要となる. 増えるデータ量に解析法が追い付いていない場合も多い. これまでの成果, 経験, 理論に立ち返って地道に解析法を開発する努力が必要であろう. 一方科学のみならずあらゆる分野で導入が進む人工知能（AI）を積極的に活用することも選択肢の1つである. 実際, ゲノム科学, 神経科学の分野では機械学習がすでに導入されている. パターン認識が必要な分野で重要な解析手法となるであろう.

●これからの動物学（展望）　上記のゲノムやイメージング技術だけでなく, 細胞の初期化（iPS細胞, 山中伸弥博士（2012年ノーベル医学生理学賞）, ☞「iPS細胞とES細胞」参照）や各種センサー技術の進歩も動物学に重要な影響を与えている. 幹細胞や初期化の理解は, 人類の夢である失われた組織・器官の再生の実現へ向けた一歩である. ヒトを含む哺乳類は胎児期を除けば限られた再生能しかもたないが, 自然界には再生の王者プラナリアをはじめ, イモリ, カエルも強い再生能を有している. 動物学が対象とするこれらの動物の再生能を先端の知識と技術をもって研究することも求められている. 一方, センサー技術を凝縮したデータロガー（記録計）によるバイオロギングは動物行動学や生態学の新たなアプローチとなる. 得られた膨大な生物情報の解析手法がここでも重要となる.

これまで個人研究が中心であった動物学も分野によっては研究の高度化, 競争の激化にともなって研究規模の拡大や共同研究が不可避となるであろう. その際に気を付けなければならないことは, 研究者個人が探究心と倫理観をしっかり持ち続けることである. また, 研究者の集団である学会（例えば公益社団法人日本動物学会）は, 自由な研究と科学の独立性を守る活動と同時に, 公開性, 高い研究倫理, 科学規範の遵守を研究者に求め, 社会の理解と協力が得られるよう努めることが重要である.

最後に, 現代社会が直面するさまざまな問題に対して動物学からの貢献が期待されているのも事実である. 2015年に国連総会で採択された, 2030年に向けた持続可能な開発目標（Sustainable Development Goals, SDGs）には, 17分野の目標と行動指針が含まれている. これらは現代社会が解決すべき課題をほぼ網羅している. 例えば, 食料安全保障, 気候変動の影響軽減, 海洋・海洋資源の保全, 陸域生態系の保護・回復, 生物多様性の損失の阻止, など生物学がかかわるべき問題が多い. 20世紀の生物学（医学, 農学を含む）は医療や食料分野で社会に大きく貢献したが, 21世紀にはさらに複雑な問題に我々は立ち向かわなければならない. 生物の進化, 種分化, 可塑性が生み出す生物多様性, 動物行動, 生態, 生理現象の基本的な理解を通して生態系保護や食糧問題, 資源保護など, 自然界の多様な動物と現象を対象とする動物学が貢献できる分野は多い.　［武田洋幸］

2. 動物の多様性と分類・系統

［椛原　宏・本川雅治］

地球上の「どこに，どんな動物が，どれくらい生息しているのか」を明らかにすることは動物地理学・動物分類学における純粋に学問的な興味の対象であるだけでなく，自然環境保護に関する施策の立案·実施や衣食住·医薬・娯楽鑑賞といった側面で人間生活に直接・間接的にかかわる重要な課題である．動物の多様性を認識するツールとしてスウェーデンの博物学者 C. リンネが 18 世紀に考案した分類群の学名と階層的な体系の制度は 250 年以上経った今日の動物分類学にも受け継がれ，すべての生物学の基礎となっている．21 世紀に入って加速した分子系統学の手法は個々の動物がどのような進化的関係にあるのかという問いに，より客観的な答えを出しつつある．本章では動物の主要な高次分類群を概観し，多様性生物学研究を推進するうえで重要な博物館学や情報学に関連したトピックも紹介する．

種と学名，高次分類群

——動物の名称と名称に関するルール

多様な生物の世界を認識するためには，それらを整理した分類体系と，ある分類学的な単位（分類群）を示す国際的な名称である学名とが必須である．分類学の祖，C. リンネ（von Linné）は，分類学に大きな2つの貢献をはたした．1つめが種を基礎とした階層的な分類体系（リンネ式階層分類体系）を構築したことである．そして2つめが種の学名の表記法（二語名法）を確立したことである．

分類体系や学名は研究の進展にともなってさまざまに改訂されながら使用されていく．動物の学名と学名に関する行為（命名法的行為）の安定性と普遍性は，国際動物命名規約という国際的なルールによって規定・維持されている．

●分類体系の構築　リンネ式階層分類体系は，図1のように種を基礎とした7つの基本的な階級「種・属・科・目・綱・門・界（動物界）」によって階層立てられた命名体系である．各基本階級には二次的・補助的な階級を設定することが可能で，種の下に亜種，属の下に亜属や節など，そして科に対してはその上に上科，その下に亜科・族・亜族を設けることができる．

各階級に設置された集合が分類群で，研究に従って分類体系が変わるということは，分類群の定義（範囲）が変更されたことに他ならない．また動物命名規約では，種・属・科の各基本的階級とそれらの二次的な階級に設置された分類群をまとめて，それぞれ種階級群・属階級群・科階級群とよぶ．

●分類群の学名　ヒトの学名「*Homo sapiens*」のように種の学名は属名（*Homo*）と種小名（*sapiens*）の2つの語の結合によって表現され，これを二語名，そしてこの表記法を二語名法とよぶ．亜種の学名（例えばヤクシマザル *Macaca fuscata yakui*）は三語名となるが，これは亜種小名（*yakui*）が続く二語名とみなされる．対して種より上の分類群の学名（例えばヒト科 Hominidae やヒト属 *Homo*）は頭文字が大文字のただ1つの語で記され，これを一語名とよぶ．科階級群名の語尾（接尾辞）は，動物では上科が -oidea，科が -idae，亜科が -inae，族が -ini，亜族が -ina と定められ，また属より下の属階級群名は，図1のように丸括弧にくるんで属名と種小名との間に挿入され，二語名の一部とはならない．

通常，属名と種名は地の文とは異なるフォント（多くは斜体）で表記される．また *Homo sapiens* Linnaeus，1758 のように学名のうしろにその学名の著者と学名が発表された年とが引用されることがあるが，この著者名と日付は学名の一部ではないので地の文と同じフォントで構わない．加えて，例えばモデル生物である *Caenorhabditis elegans*（Maupas，1900）（通称 *C. elegans*）のように，種の学名の著者と日付が丸括弧にくるまれている場合は，その種小名が結合する属名が本

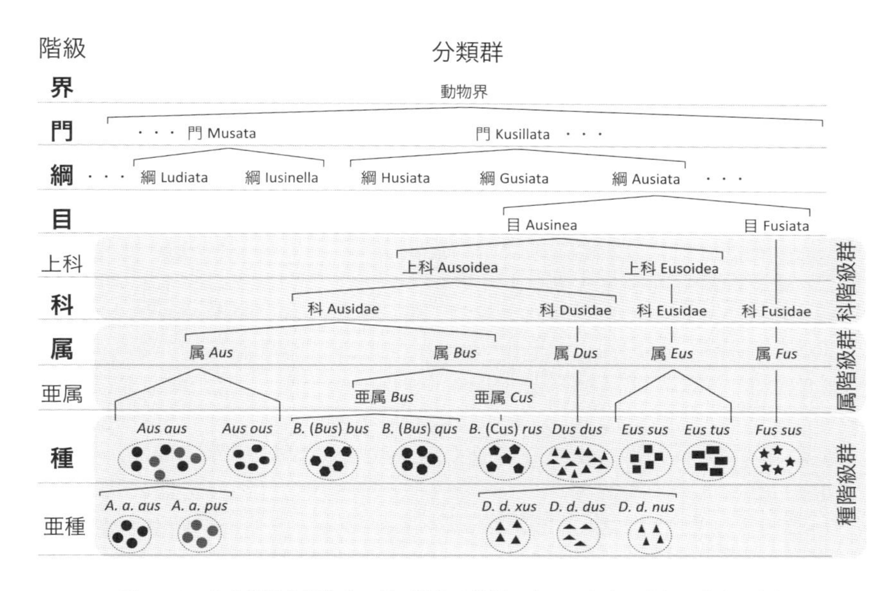

図1　リンネ式階層分類体系の例（学名は仮想のもの・太字の階級が基本階級）

来の組合せと異なることを示す（もともとは *Rhabditis elegans* として記載された）.

●規約の範囲と規約中の原理　リンネの『自然の体系第10版』とC. A. クラーク（Clerck）の『Aranei Svecici』とのただ2冊が，1758年1月1日に出版された動物命名法の起点であると規約によって定められている．そして，ある分類群に使用される学名（有効名）は1758年以降に公表された，その分類群に適用される規約を満たした学名（適格名）の中で最も古いものただ1つである（先取権の原理）．加えて，複数の分類群を同一の学名で示してはならず（同名関係の原理），その場合も先取権の原理により有効名が決定される．また動物命名規約では，ある階級群内で新たに学名を公表すると自動的に階級群内すべての他階級でも同時に学名を公表したとみなされる（同位の原理）．例えば，属 *Aus* に基づいて科 Ausidae を新たに設立したとすると，上科 Ausoidea や亜科 Ausinae も同時に設立したことになる．そして属 *Aus* と科 Ausidae のように，ある階級に新たな分類群を設立するとき，その学名の参照基準（担名タイプ）を固定しなければならならい（タイプ化の原理）．科階級群名であればある属をタイプ属として，属階級群名であればある種をタイプ種として，そして種階級群であればある標本を担名タイプとして固定し，参照基準とすることで，学名の運用に安定性がもたらされている．これら規約の多くの条項は種階級群から科階級群までの学名に適用される．［中野隆文］

種概念
――「“種”とは何か」を考える

生物は系統的な連続性と変異に富んだ形質をもつ．このため，自然界の生物は全体でみると，ゆるやかかつ連続的な形質をもつことになる．しかし，その一方で，生物多様性の中には，離散的かつ不連続な形質をもつ個体の集合が認識できる．このような離散的な集まりは，イヌやネコ，あるいはキジバトといった独自の形質を共有する実体として区別できる．種はこの生物の離散的な集合の中で最も小さな分類学的階級として，生物学における基本単位となっている．

種概念とは，一定の場所と一定の時間（無次元的状況）における，種という生物学的実体に対する定義である．種概念については，どのような種の定義が正しいのかに関する，長期にわたる論争が続いている．1997年にR. L. メイデン（Mayden）がまとめた時点で，少なくとも24の細分化された種概念が確認されており，この数は近年においても増加している．このような混乱の原因の1つに，種概念と種の線引きとの混同がある．提案されている種概念の中には，多様性の中でグループをどのように識別するか，という手法的な基準を提示する意味合いの大きいものが含まれる．ここでは，これまでに提唱された主な種概念を，種の成因や維持機構を説明する機構論的種概念と，種の線引きを行う識別論的種概念の2つに便宜的に分けて説明する（表1）．

●生物学的種概念　生物学において最も広く受け入れられているのが生物学的種概念であり，E. マイヤー（Mayr）の「種は実際にあるいは潜在的に相互交配が可能な自然集団の集まりで，他の同様の集団から生殖的に隔離されているもの」という定義に従う．この定義は，生物の多様性の中に認められる離散的な集合が

表1　主要な種概念とその特徴（de Queiroz 2007より改変）（出典：K. de Queiroz 2007. Systematic Biology, 56:879－886）

目的	大分類	名称	重視する要素	基準となる点
機構論	生物学的種概念	生物学的種概念	繁殖システム	相互交配
		認識的種概念		繁殖システムの共有
		進化的種概念		進化的傾向と歴史
		結合的種概念		形質の凝集性
	遺伝子クラスター種概念	遺伝子クラスター種概念	遺伝子の共有	遺伝子クラスターの形成
	生態的種概念	生態的種概念	生態的地位	生態的地位の共有
識別論	類型学的種概念	類型学的種概念	形質の違い	タイプ標本との特徴の類似
	形態的種概念	形態的種概念		形態のギャップ
	系統的種概念	単系統性種概念		単系統性
		系図的種概念		遺伝子の系図の排他的合着
		識別的種概念		系統的識別性

どのようにできたかというメカニズムを，種内の相互交配と種間での生殖隔離として提示している点において重要である．また，遺伝的形質によって自然界の離散性ができていることから，種が人間の恣意的な区分ではなく，生物みずからの性質によって規定されるものであるという，種の実在主義に根差した考え方である．ここでの種は個別の繁殖共同体をさし，生物学的種とよばれる．生物学的種は，他種との交雑による影響を受けないため，独自の進化が起こり，固有の遺伝子型や形質が形成されることになる．

生物学的種概念では，集団間の生殖隔離が種の基準となるが，生殖隔離を定量的に計測することは容易ではないため，実際にこの概念を種の線引きに適用するには困難が伴う．特に無性生殖のグループには原理的に適用できない．また，生殖隔離を唯一の基準とするため，たとえ集団間に形態的あるいは系統的な違いがどれだけあっても，生殖隔離がなければ別種とはならない．このため，特に分子系統学の分野から，生物の系統的な歴史を反映していないという批判を受けてきた．

生物学的種概念には，重視する要素が異なる，派生的な複数の概念が存在する．そのうちの1つは認識的種概念とよばれるものであり，H.E.H. パターソン(Paterson)による「相互に繁殖相手を認識するシステムを共有する集団の集まり」という定義に従う．これは生物が自然環境下で行動的・生理的にどのように交配相手を認識するかという，繁殖システムの違いを重視する考え方である．しかし，生物学的種概念はすべての生殖隔離を原理的に含んでおり，相互交配を前提とした繁殖システムの共有も含意している．このため，理論的な差異は不明瞭であり，マイヤーはこれが生物学的種概念の言い換えであると主張した．

進化的種概念では，提唱者のG.G. シンプソン（Simpson）により，種は「他の系統から分離しており，独自の進化的役割や傾向，歴史をもつ系統」と定義される．ここでは系統的な意味合いが重視されているものの，種が生殖的に隔離された共同繁殖体であるという生物学的種概念のアイデアを踏襲したかたちになっている．

結合的種概念は，A. テンプルトン（Templeton）が，生物学的種概念とその派生形（認識的種概念・進化的種概念）を統合して改変したものである．ここで種は“遺伝的ないしは個体群動態的な交換性をもつグループ”と定義される．これは，無性生殖などすべての繁殖システムについて成り立つ．

●生態的種概念　L. ファン・ハーレン（Van Valen）によって提唱され，種は「類似した生態的地位あるいは適応帯を占める1つの系統」という定義に従う．ここでは異なる種間の雑種が，自然環境下での適応帯で生存できずに排除される方向に選択が働くため，交雑が起こらなくなる．これは自然条件における分岐選択を重視するアイデアだが，離散的な集合をつくり出し，維持する機構（＝生殖隔離）

として生態的地位の相違を提示しており，生物学的種概念の一種である．異所的な集団間では適用が困難である他，生態的地位をどのように評価するかという点で問題がある．

●遺伝子クラスター種概念　J. マレ（Mallet）は，同所的な種について，「複数の遺伝子座の可能な範囲でのギャップによって規定された遺伝子のクラスター」と定義している．これは一定の遺伝子流動下においても，異なる選択を受ける集団間では特定の遺伝子頻度の偏りが観察されることから出てきたアイデアで，T. ドブジャンスキー（Dobzhansky）による共適応遺伝子プールという考え方に近い．この概念では，生殖隔離が不完全な段階においても種が規定できる点，そして特定の遺伝子の集まりが種の実体であるという，遺伝子決定論的な観点に独自性がある．

●類型学的種概念　種を「共通の形態プランに従う個体の集まりで，本質的に変化しないもの」と定義する．これはプラトン（Plato）のイデアに起源をもち，C. リンネ（von Linné）式の記載分類の根幹をなす考え方である．生物の形質が進化によって変化するというアイデアのない時代に，種の特徴が不変であることを前提にした概念であり，学名を付ける記載分類の際の方法論として継承された．記載分類学では，ある個体群の一構成員を正基準（タイプ）標本として設定し，その特徴を記載することで種分類群を規定する（馬渡，1994）．ただし近世～近代におけるタイプ標本には「類型，典型」という含意があったが，現代的な文脈では種概念からは切り離され，単なる「学名の担い手」という命名法的機能しかもたない．

●形態的種概念　ここでは，種を「形態的なまとまりがあり，他の同様のグループと形態的に区別できるグループ」と定義する．方法論としては，類型学的種概念に似るが，形態のギャップを重視する．形態的特徴の類似を種の識別の基準とするため，明らかな同種内での形態的変異が，異なる種とされることがある．また，逆に形態的に酷似した別種が事実上区別できない隠ぺい種となる場合もある．

●系統的種概念　主に生物の系統的関係性から種を定義する考え方であり，以下に述べるように3つの異なる方法を含んでいる．1つめの単系統性種概念において，種は「系統発生的分類で認知される最も小さい包括的分類群であり，単系統性によって独自のグループとされるもの」と定義される．2つめの系図的種概念は，「それ以外の他のグループと比べてより近縁な系統関係をもつ構成員からなる排他的なグループ」として種を定義する．この種概念の適用にあたっては，比較するグループが相互に単系統性をもつかどうかを基準とする．ここでは識別論に分類しているが，他のものより機構論的な意味合いが強い．3つめの識別的種概念においては，種は「それ以上単純化できない生物のクラスターであり，他の同様のクラスターから識別可能かつ，その中に系統的な祖先－子孫のパターンがあるもの」と定義される．ここでは識別性が重視され，種を1つ以上の固定した相違，例えばミトコンドリアDNAの配列の違いなどによって識別する．しかし，何をもって識別可能かは分類学者の主観によることになる．

系統的種概念は，異所的な個体群や無性生殖のグループを扱える一方で，どこで種の線引きをするべきかという根本的な問題は解消されない．また，地理的に隔離された個体群の多くが異なる種となるため，種数の劇的な増加が見込まれる．

●種概念と種の線引き　種概念とは種の定義であり，例えば1つの種が2つの種に分かれる種分化の過程において，どこからを二種とみなすべきか，という解釈を与える．種の線引きは，この概念的解釈を受けて実際に境界線を引く方法論であり，両者は密接な関係にあるものの同一ではない．紹介した中で種の定義にあたるものは機構論的種概念に対応し，これは生物学的な実体としての種を規定する．一方，識別論的種概念のほとんどは種に限定された概念ではなく，グループ分けの方法論的基準を示すものである．識別論的種概念で規定されたまとまりは人為的な単位であり，生物学的な実体とは本質的に異なる．このようなまとまりは，OTU（操作的分類単位，Operational taxonomic unit）とよぶのが適切である．このOTUの中でも，リンネ式の特定の方法で記載されたものが，学名に対応する種であり，分類学的種とよばれる．生物学的な種とOTUとの混同は，種概念の議論を複雑にしている主要な原因の1つである．

実際の学問分野における種の線引きについては，あつかう分類群の系統的スケールや特性に従って，上述した種概念のうちのいくつかを援用することが多い．例えば近年に提案されたK. ケイロス（de Queiroz）の一般的系統概念は，生物学的種概念を主な支柱としながらも，系統的種概念など，さまざまな種概念の複合形になっている．

●実践としての種概念　種概念が生物学の現場において最も頻繁に実践されるのは，種を記載する記載分類においてである．古典的な記載分類では，類型学的種概念および形態的種概念に基づき，正基準標本との形態的な特徴の類似や相違をもって種を同定し，記載してきた．この分類学的種は，実用的識別性が優先される人為的な区分（一種のOTU）である．過去の記載分類における分類学的種の多くは，形態の相違のみを基準とした形態的種（＝形態種）の意味合いが大きく，特に化石種はすべて形態種である．現在では，進化生物学の発展にともない，複数の形質値の評価や，DNA・生態情報を加味するなど，生物学的種概念を考慮に入れて，生物学的な実体として種を記載する例も増えている．このような意味において，現在の分類学的種は生物学的種に近いものになってきているといえるだろう．

［松林　圭］

📖参考文献

［1］馬渡峻輔『動物分類学の論理―多様性を認識する方法』東京大学出版会，1994

博物館と標本
——動物生息の証拠，そしてその活用

博物館には膨大な生物標本が収蔵されている．米国スミソニアン自然史博物館は素晴らしい展示があり年間760万人の来館者を受けて入れているが，展示の裏には展示標本の数万倍に及ぶ研究標本が収蔵庫にしまわれている．1億2600万点の自然史標本．昆虫標本だけでも3500万点が収蔵されている．これらの標本は，どのような目的で収蔵され，活用されているのであろうか．

●標本を博物館に保管する意味　標本とは，野外から採集された生物を，適切な方法で処理し，採集地，年月日，採集者などのラベルデータを付け，保存しているものである．標本と死骸の決定的な違いはラベルの有無．標本はその時，その場所に，その生物が生息していた最も信頼される証拠である．

地域の自然史を研究する場合，過去から現在にかけて，環境の変化にともなって，生息していた生物がどのように変化をしてきたのか．それを知るための，最も信頼できる証拠が地域で採集された生物標本である．

新種が発見された時，研究者は何に基づいて新種と判断したのか．その証拠となるのも，やはり標本である．分類学の単位である分類群（タクサ:種や属など）の発見には，多数の標本を詳しく調べる必要があり，研究に用いられた標本は，研究が終わった後も，科学的な再確認ができるように，公的な博物館にタイプ標本として収蔵されている．

博物館は，これらの地域の自然史の証拠となる標本や分類研究に用いられたタイプ標本を，適切に保管し公平な利用に供することを使命としている．

●標本の種類　標本はステータス（重要度）によって区別される．最も頻繁に活用される重要な標本は，種記載に使用された「タイプ標本」であろう．タイプ（担名タイプ：ホロタイプ・シンタイプ・レクトタイプ・ネオタイプ）標本は，命名規約により種名を担名する標本として指定されるため，唯一無二の最も重要な標本である．タイプ標本は，学名の諸問題を解決する唯一のよりどころであり，保管には十分な注意を払うと同時に，客観的な科学的再検証の機会が公平に与えられるように有効に活用されるべく便宜がはかられている．命名規約にはタイプを公的博物館に保管することが勧告されている（国際動物命名規約，第4版，勧告16C）．パラタイプ標本などタイプ標本に準ずるタイプシリーズ標本も種名同定に補助的に使用される標本として重要である．分類学者によって種名が同定されている標本は「リファレンス（参照）標本」として有益である．同定がなされていない未研究標本も多くの博物館が膨大に保管しているが，これらは将来の研究材料であり，時間を経た標本は過去の貴重な自然史証拠標本としての意義をもつ．

標本は作製法によっても区別される．標本作製は，分類群により伝統的，かつ習慣的に行われてきた方法を踏襲することが基本となる．伝統的な方法で作製された標本は過去の標本と比較が可能である．方法は，液浸（アルコールなどの保存液に浸す），乾燥（針刺し昆虫標本，ほ乳類や鳥類の剥製，毛皮標本），包埋（プレパラート標本など）が代表的なものである．近年は，分子や体表ワックスなど新たな形質を標本から抽出する必要から，従来と異なる技法による標本作製も必要となっている．

●博物館の標本管理 博物館の標本は種類に分けて管理されている．タイプ標本のような重要標本は，一般標本と区別され，耐火標本棚などで保管される．乾燥標本は，温湿度，虫害，カビ害，遮光などに十分に注意し，標本の劣化を最小限にとどめる配慮が必要である．液浸・包埋標本は，ホルマリンなど保存液の蒸発が健康に影響するため，低温の遮光のされた隔離収蔵庫で管理される場合が多い．また標本の盗難や災害（人災，自然災害）を想定し，被害が最小限となるよう配慮する必要がある．

標本は常に研究者が利用可能な状態であることが望ましく，研究者の閲覧・借用依頼に迅速に対応するため，標本台帳の整備や標本棚・標本箱の整理整頓が大切な業務となる．昆虫標本の管理では標本健康度（McGinley, 1993）を用いた方法と評価システムが採用されている．

●標本の研究・教育利用 標本の利用促進も博物館が積極的に行うべき業務である．研究者の閲覧・借用などの研究利用への対応は，分類研究を停滞させないためにも必須である．展示による標本公開は，一般の来館者が実物の標本を間近で見られ，動物学や分類学について知ってもらうよい機会である．インターネットの普及により，博物館標本のデータと画像の公開も進んでいる．GBIF（地球規模生物多様性情報機構）が国際的運営組織として有名であり，国内ではS-Net（サイエンス・ミュージアム・ネット）が国立科学博物館により運営されている．

●標本の管理ができる人材の養成 博物館における膨大な自然史標本の管理業務は，学芸員，コレクションマネージャーなどが行うが，日本における学芸員数は限られている．博物館での標本管理・利用促進のために，準分類学者（パラタクソノミスト）養成講座による人材育成が行われ，多くの準専門家のボランティアによる標本ハンドリングの補助活動が進みつつある．

［大原昌宏］

📖参考文献

［1］ 日本動物分類学関連学会連合『国際動物命名規約』第4版，日本語版，p.132，2000

［2］ McGinley, R. J., "Where's the Management in Collections Management? Planning for Improved Care, Greater Use, and Growth of Collections", *International Symposium and First World Congress for the Preservation and Conservation of Natural History Collections*, 3: 309–338, 1993

動物界の分類群・系統
――いまだに解けない古い関係

現行の分類体系では，動物界（近年は後生動物という分類群名で扱われることが多い）内で最も高次な基本分類階級として，門がおかれている．門という分類階級は，1758年，C. リンネ（von Linné）が著書『自然の体系 第10版』において二名法を用いる分類体系を導入する際に，属より高次の分類階級として用意した綱という階級に起源するとされる．リンネの綱は，1812年にG. キュヴィエ（Cuvier）により「embranchement」という階級名でとらえ直された後（綱という分類階級名はembranchementの下位階級名として残された），1866年にE. ヘッケル（Haeckel）により門という階級名とされた．その時点でヘッケルは，動物界の下に脊椎動物門，体節動物門，軟体動物門，棘皮動物門，腔腸動物門の5門を認めていた．

●門の数　『自然の体系 第10版』に掲載された4236種という動物の種数は，今や110万種を超えている．門の数もヘッケルの時代から随分と増えた．研究者により多少の増減はあるが，本書では，頭索，尾索，脊椎，半索，棘皮，珍無腸形，毛顎，節足，有爪，緩歩，鰓曳，動吻，胴甲，線形，類線形，内肛，有輪，環形，軟体，腕足，箒虫，苔虫，腹毛，輪形，微顎，顎口，紐形，扁形，二胚，直泳，刺胞，有櫛，平板，海綿の34門からなる体系を採用している．ところでどんなときに門の数は増えてきたのだろうか．増えるということでまず想像されるのは，それまでに知られていなかった体制の動物が見つかったときだろう．比較的最近に発見された微小な動物である胴甲動物や有輪動物は，第1種目の記載とあわせて新門が設立された．ただほとんどの門は，既存の分類体系の再検討に際し，単独で，または他の分類群との統合をともないつつ，低次の階級から格上げされることで設立されてきた．例えば，微顎動物ははじめ担顎動物門の新綱として報告されたが，数年後に独立した分類群だと判断され，門に格上げされた．扁形動物門に含まれていた珍渦虫と無腸形動物については，紆余曲折を経たのち，ともに珍無腸形動物門という新門にまとめられるにいたった．頭索，尾索，脊椎の3門は，長らく脊索動物門中の「亜門」という階級として扱われていたものが近年門に格上げされたものである．このように体系の見直しは常に門の数の増加をもたらしてきたかというとそんな訳はなく，見直された結果解体されたり，他の門に合流したりしてなくなった門も多い．例えば，有鬚動物門，ユムシ動物門，星口動物門の3門は，形態からも疑われていた環形動物門への所属が近年，分子系統解析の結果からも示されたことから，環形動物門に合流するかたちで解消された．鉤頭動物門も同様の理由から，近年は輪形動物門の一群として扱われるようになっている．

分類体系の見直しは今も続けられている．今後もまったく新しい体制をもった動物の発見はあるかもしれないし，より網羅的な情報に基づく分子系統解析により考えられてもいなかった関係性があぶり出されることもあるかもしれない．それにともなって，そもそも門などの階級名を分類体系で用いることに疑問を呈する研究者もいるが，門に相当する高次の枠組みすら変わることもまだあるだろう．

●動物界内の系統関係　動物界がホロゾアとよばれるグループの一員であり，襟鞭毛虫類という単細胞生物の一群と近縁であるという関係性については，近年目立った異論はない．では動物界の内側，門の間の関係はというと，トランスクリプトームなど大量の情報に基づいた解析が可能になった現在においても，まだ明らかになっていない部分が多い．とはいえ，一遺伝子の情報をもとに解析していた頃にすでに見出されていたものも含め，いくつかの大枠についてはほぼ定説と化してきた関係性も得られてきている．それらのうち最も大きな枠組みは，海綿，有櫛，刺胞，平板の4門以外から構成される左右相称動物というグループである．このグループに属する動物は三胚葉性で，その名のとおり基本的に左右相称（体に背側，腹側，前方，後方が存在する）の体をしている．また左右相称動物内に後口動物と前口動物を，それぞれの内部に脊索動物と水腔動物，脱皮動物と螺旋動物という枠組みを認めることについてもほぼ異論はないとされる（ただし，螺旋動物の構成動物門についてはまだ議論がある）．後口動物と前口動物からなる有腎動物（新称．後口，前口動物は排出器官を有するという特徴を共有する左右相称動物である）についても，確からしいという方向で議論が落ち着きつつある．以下に，2016年出版のG. ギリベ（Giribet）による総説に示された系統関係をもとに，C. E. ラーマー（Laumer）ら，J. T. キャノン（Cannon）らの研究成果も考慮して作成した暫定的な系統関係を示す（脱皮動物，螺旋動物内の関係は次の図に示す）．

●後口動物　新口動物ともよばれる．今から100年以上前に，左右相称動物において，成体の口が胚発生の過程で形成される原口という開口部に由来するか，原口に由来

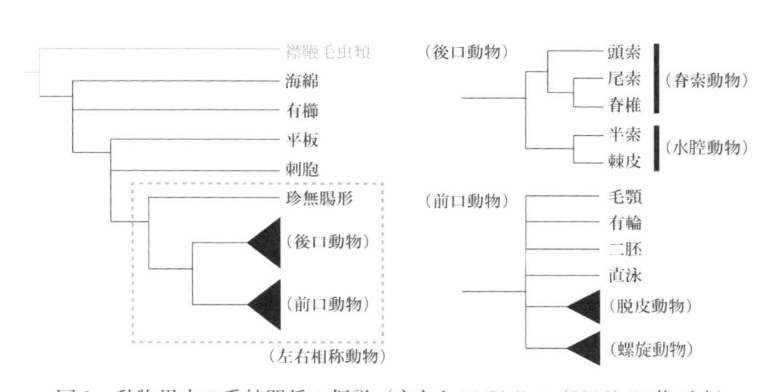

図1　動物界内の系統関係の仮説（主としてGiribet（2016）に基づく）

せず新たに形成されるかという違いに基づいた分類群が提唱された．前者が後述する前口動物であり，後者がここで述べる後口動物である．ただ現在の後口動物（および前口動物）は分子系統学的な証拠から定義されている．これは，成体の口が新たに形成されるという特徴が後口動物に限られたものではないことによる（前口動物の複数の門に同様の特徴を示す種が知られている）．

後口動物内の系統関係については，ヒトが含まれる分類群であることも関係して盛んに研究されており，5門間の関係について近年異論はない．内部には脊索動物と水腔動物（歩帯動物ともよばれる）という枠組みが認められており，両者は幼生形態および胚発生の過程で脊索と背側神経管を形成するか否かで区別されている．

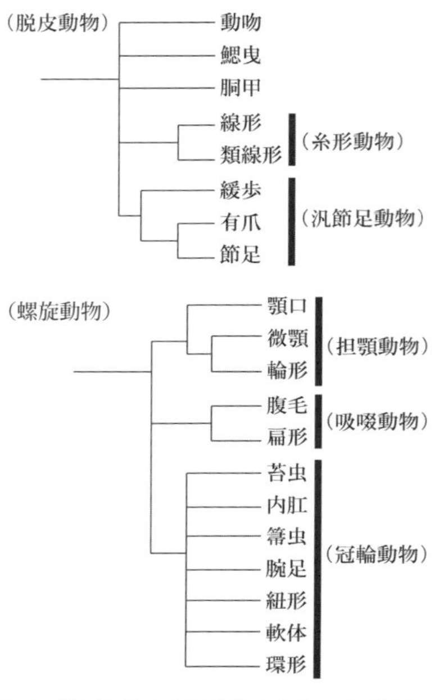

図 2　脱皮動物と螺旋動物の内部の系統関係の仮説（主として Giribet (2016) に基づく）

●前口動物　旧口動物ともよばれる．成体の口が原口に由来するという特徴をもとに設立された．しかし，後口動物同様に成体の口が新たに形成される種や，成体の口のみならず肛門も原口に由来するアンフィストミーという胚発生様式をとる種も含まれており，上述のとおり，現在は分子系統学的な証拠に基づいた分類群だといえる．内部に脱皮動物と螺旋動物が認められている．なお本稿でいずれにも含めていない毛顎，有輪，二胚，直泳の4門については，いまだ情報が少ないため，前口動物に所属することまでの判断にとどめた分類群であり，どちらにも属さないことが明らかになっている訳ではない．

脱皮動物は，その名のとおり脱皮を行う動物からなるグループである．内部には糸形動物（新称）と汎節足動物が設定されている．動吻，鰓曳，胴甲の3門については，形態的特徴から有棘動物というグループとしてまとめる系統仮説も提唱されているが，分子系統学的手法を用いた検証はまだ十分になされていない．

汎節足動物については形態や胚発生様式の類似性から支持されていたものの，長らく緩歩動物門の系統的位置が定まらなかったため（初期の分子系統解析は線形動物門との近縁性を示す研究が多かった），グループとして広く認められるようになったのは近年になってからである．汎節足動物の3門の関係性については，分子系統学のみならず古生物学的見地からも妥当だろうと現在は考えられている.

螺旋動物は, 螺旋卵割を行う動物に対して提唱された. 冠輪動物とよぶ場合もあるが（その場合, 螺旋動物内の冠輪動物は, 担輪動物とよばれる）, 冠輪動物が触手冠をもつ分類群（触手冠動物）とトロコフォア幼生をもつ分類群をまとめるグループとして提唱されたことを考えると, 大枠については螺旋動物とよぶ方が適切だと考えられる. なお本分類群についても, もともとの定義である螺旋卵割を行わない構成員が存在するため, 今や分子系統学的な証拠を主な拠り所とした分類群だといえる. 最も系統関係の理解が進んでいない分類群である. 有輪, 二胚, 直泳の3門も含める系統仮説もある. 内部には担顎動物, 吸啜（きゅうてつ）動物（新称）, 冠輪動物という枠組みが提唱されているが, まだ議論も多い. 形態学的な類似性から苔虫, 箒虫, 腕足の3門を触手冠動物としてまとめる系統仮説も存在するが, 苔虫と内肛の2門の近縁性を示唆する研究もあり, その妥当性については十分検証されていない.

●最も初期に分岐した動物門　現在の多様性は単純なものから順に出現してきたという考え方が主流であった頃, 動物界において最も初期に分岐したのは平板動物であり, 続いて細胞の種類がより多い海綿動物, 神経系を備えた刺胞動物, 筋系も有する有櫛動物の順に出現してきたと考えられていた. しかし近年の分子系統学の進展により, 上記のような進化仮説は棄却され, 最初期に分岐した動物門の候補は海綿と有櫛の2門に絞られるにいたっている. 徐々に複雑になってきたという「直感」と相性のよい海綿を先だと考える仮説に対し, 有櫛動物を先だと考える仮説は, 神経系と筋系という複雑な構造について, 独立した2回の獲得ないしは海綿での1回の完全喪失を想定しなくてはならないため, おおいに議論をよんだ（ただし近年の研究により有櫛動物と左右相称動物の神経系は相同でない可能性が示されている）. 2013年に初めて有櫛動物のゲノム情報が解読されて以降, 多くの研究者がゲノムやトランスクリプトームの情報をもとにこの課題に取り組んでいるが, いまだにどちらが先かの決着はついていない.

最近の分子系統解析とバイオマーカーの研究結果から, 動物の起源は少なくとも今から6億3500万年より前にさかのぼり, いわゆるカンブリア爆発のような爆発的な多様化は経なかった可能性が示唆されている. 海綿が先か有櫛動物が先かという問に答えることは, このような非常に古い関係性の復元にほかならない. 現在におけるトランスクリプトームのように, 全ゲノム情報に基づく大規模な系統解析も珍しくなくなる時代がいずれ来るだろう. はたしてそれは, 動物の系統推定に残されたさまざまな困難を解決するだろうか.

［角井敬知］

参考文献

［1］ 藤田敏彦『動物の系統分類と進化』裳華房, 2010

［2］ 馬渡峻輔『動物の多様性30講』朝倉書店, 2013

刺胞動物・有櫛動物・平板動物・海綿動物
――左右相称でない動物たち

現生の約35あるとされる動物門のうち，左右相称動物に含まれない動物門が4門ある．刺胞動物，有櫛動物，平板動物，海綿動物である．

●刺胞動物　刺胞動物はサンゴ，イソギンチャク，クラゲなどを含む，ほとんどが海産性，一部が淡水性の動物である．その体制は外胚葉と内胚葉の間に間充織をもつ二胚葉性で，放射相称性をもつ．脳などがない散在神経系ではあるが，一部の種では発達した平衡胞や眼が存在する．肛門はなく，胃水管腔が呼吸，消化，循環，排泄の機能を担う．毒を注入する刺針を含む刺胞という細胞小器官をもつ．

多くの種が固着性のポリプ期と浮遊性のクラゲ期を交互に繰り返す複雑な生活環をもつ．ポリプ期には分裂や出芽など，無性生殖が観察される．有性生殖に関しては，基本的に雌雄異体で，放卵放精された配偶子が体外受精し，多くの種でプラヌラ幼生になる．プラヌラ幼生はその後着底し，変態する．

刺胞動物には約1万1000種いるとされ，その形態や生態も多様である．クダクラゲ目には，カツオノエボシなど高度に分化した個虫からなる群体を形成するものもいる．刺胞動物のほとんどが肉食であるが，一部共生藻をもつものもいる．また，魚類や環形動物に寄生するミクソゾアは長く単細胞生物であるとされてきたが，分子系統解析の結果，刺胞動物であることが判明した．

●有櫛動物　有櫛動物は，繊毛が結合してできた櫛板が並ぶ櫛板列をもつ動物である．8列の櫛板列が放射状に配置された放射相称性をもつ．二胚葉性であるとされてきたが，近年は三胚葉性であるという説も提唱されている．脳などをもたない散在神経系ではあるが，発達した平衡器をもつ．古くから反口側に開口する排出孔という構造は報告されていたものの，その機能は不明であった．2016年にそれが肛門として機能していることが判明し，有櫛動物門は，左右相称動物に含まれない4動物門で唯一，口と独立した肛門をもつことが明らかになった．

ほぼすべての種が雌雄同体で，体外受精により発生する．受精卵の発達運命は発生の初期に決定され，有櫛動物卵はモザイク卵の代表例として有名である．多くの種でフウセンクラゲ型幼生を経るが，その形態は成体と酷似しており，大幅な変態を行わずに成体になる．成体と形態が著しく異なる幼生時期をもたないため，直接発生とみなされることが多い．平板動物や刺胞動物と異なり，無性生殖の報告は少ない．

すべての種が海産であり，ほとんどの種がプランクトン性であるが，クラゲムシなど匍匐性，コトクラゲなど固着性の種もいる．

●平板動物　平板動物は直径約1mmの平たい海産動物である．神経細胞も筋肉細胞ももたず，体細胞は6種類しかもたないとされ，いかなる器官もない．体軸も背腹軸は存在するが，前後軸，左右軸はない．固着性や寄生性ではない自由生活性の動物としては最も単純な体制をもつ．しかし，平板動物の一種センモウヒラムシのゲノムが2008年に解読されたところ，その単純な体制に反して多くのシグナル伝達系，神経やシナプス，細胞結合などに関する遺伝子の存在が報告された．

平板動物は分裂，出芽など複数の方法による無性生殖が報告されている．それに対し，有性生殖による個体発生過程は128細胞期までしか判明していない．

その体制があまりにも単純なため，形態に基づく平板動物の種の分類は不可能であった．1883年に初めて報告されて以来，門全体でただ1種センモウヒラムシのみが存在するという状況が現在も続いている．しかし，近年の電子顕微鏡による微細構造の観察や分子系統解析の結果，門内に少なくとも19のグループが存在することが明らかになった．これらのグループがすべて別種なのか，科や綱が存在するのか，などは今後の研究で明かされると期待される．

これまで平板動物は熱帯，あるいは亜熱帯に生息する動物だと考えられてきたが，近年，日本各地，フランス北部や英国，アメリカ東海岸北部などでも採取されていることから，世界中の温帯や亜寒帯にも多くの平板動物が生息していることが予想される．平板動物は通常は海水中で岩や貝殻などの基質の上を這い回る底性の動物だと考えられている．基質上に生えている藻類や菌類を，体外消化して食べるとされる．

●海綿動物　海綿動物はそのほとんどが海産性，一部が淡水性の固着性の動物である．細胞の種類は多いものの，神経細胞，筋肉細胞はもたない．他の動物門に相当する前後軸や背腹軸などの体軸はない．一部の種では炭酸カルシウムやケイ酸質の骨片が存在する．

海綿動物は生殖器官をもたず，生殖時期になると他の細胞から卵や精子が分化する．基本的に雌雄同体で，精子を放出し体内受精を行う．受精卵を孵化まで体内にとどめる胎生の種が多い．一部の種では胞胚に口があき，そこから裏返る特徴的な発生パターンを示す．アンフィブラスチュラやパレンンキメラと名付けられた単純な形態の非摂食性の幼生をもち，発生過程において胚葉の分化は生じない．多くの種では出芽による無性生殖も見られる．

基本的には濾過摂食性であり，体表の小孔から水を取り込み，体内の襟細胞で濾過し，大孔から水が出ていく．この水溝系の発達の程度により，体の複雑さにも多様性が見られる．なお，体内に藻類を共生させる種や肉食性の種も存在する．

海綿動物は細胞を解離しても再凝集し，この現象は自己非自己認識や免疫の研究に有益であった．また，抗がん剤などの有用物質が多く海綿動物から単離されている．

［中野裕昭］

二胚動物・直泳動物
――単純な体と独特な生態をもつ動物

二胚虫類と直泳類は単純な体制をもつことから，動物の進化の段階として原生動物と後生動物とをつなぐ位置にある中生動物とされた．しかし最近の研究で，これらは中生動物の名が示すような原始的多細胞動物ではなく，螺旋卵割動物の一群であることが明らかとなり，またそれぞれ特徴的な形質を有すことから，二胚動物門（Dicyemida）と直泳動物門（Orthonectida）となった．

●二胚動物門（Dicyemida） 二胚虫は底棲の頭足類の腎嚢内を生活の場とする数 mm の多細胞動物である．これまで世界各地から約 25 属の頭足類から 3 科 8 属約 140 種が確認されている．一般に 1 種の頭足類に複数種の二胚虫がみられ，それぞれ宿主特異性を示す．寄生率が高く，観察は容易である．二胚虫の名は，2 種類の胚（幼生）（di = 2 つ，cyemat = 胚）を生じることに由来する．体を構成する細胞の数は多細胞動物の中で最も少なく，50 個にも満たない．体制はきわめて簡単で，組織や器官をもたない．二胚虫の生活史には，無性生殖と有性生殖がみられ，それぞれの生殖様式から蠕虫（ぜんちゅう）型幼生と滴虫（てきちゅう）型幼生が形成される．これら 2 種類の幼生は，すべて成体の軸細胞の細胞質の内部で発生するが，これは後生動物にはみられないきわめて特異な現象である（図 1）．成体および蠕虫型幼生の体は，体の内部にある 1 個の円筒形の軸細胞と，それを取り囲む 10 ～ 40 個の繊毛をもつ体皮細胞からなる（図 1）．頭部にある 8 ～ 9 個の体皮細胞群は，極帽とよばれ，胴部に比べて繊毛がより密生する．尾部の体皮細胞は，栄養分を蓄積し，肥瘤細胞となることがある．2 種類の幼生のうち滴虫型幼生の体は左右相称で，体を構成する細胞数は 37

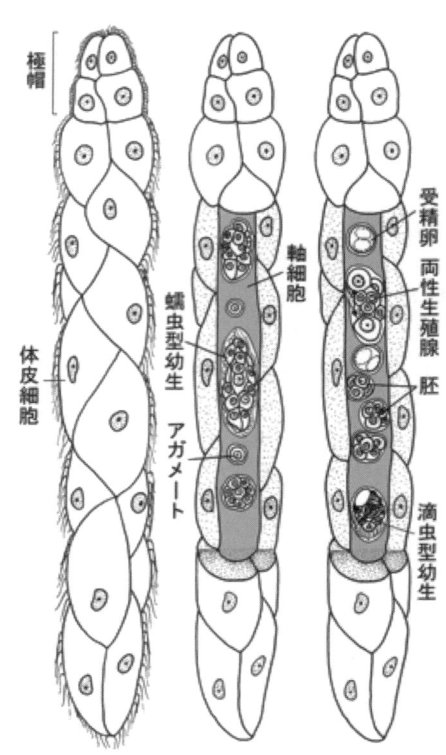

図 1 二胚虫の形態の模式図 左図は成体の外表面を示す．中央の図は無性生殖のステージ，右図は有性生殖のステージを示す（体表の繊毛は省略）

または39と成体よりも多く，体制もより複雑である．

●直泳（游）動物門（Orthonectida）

直泳虫は海産無脊椎動物（扁形動物渦虫類，紐形動物，環形動物多毛類，軟体動物腹足類や二枚貝類，棘皮動物クモヒトデ類）の組織や体腔中に寄生する0.05～0.8 mmの動物である．和名は学名の直訳で（Orth＝まっすぐな；nect＝遊泳する），海水中を一直線に遊泳することに由来するが，実際はらせんを巻くように遊泳する．これまで世界各地から2科5属約25種が知られており，日本では厚岸産の渦虫から1種が記載されている．直泳類の体は1層の体皮細胞と内部の生殖細胞からなり，両者の間には収縮細胞や中心細胞など，筋繊維を細胞内にもつ細胞群がみられる．外表面はクチクラで覆われる．体皮細胞は環を幾重にも積み重ねたように配列し，その多くの環には繊毛がみられるが，体の前端にある1～数環からなる前錐の繊毛は前方に向かって伸びている（図2）．後端部には，繊毛を欠く特徴的な環群が配置し，その1～数環は，後錐をなすことがある．体の中部域に位置する薄く小型の体皮細胞群は，生殖門を形成する．

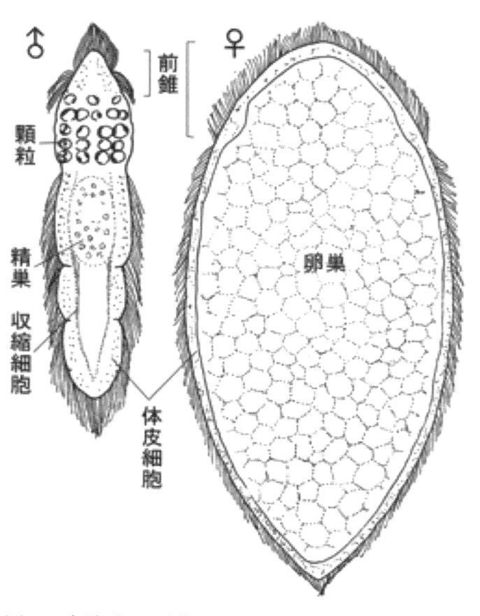

図2　直泳虫の形態　Rhopalura ophiocomae の形態の模式図（Kozloff, 1992を改変）

直泳類の多くは雌雄異体で，性的二型がみられる．精子は海水中に放出されるが，受精は雌の体内で起こる．幼生は母体を離れ，新たな宿主に寄生する．そこで体表の細胞を失い，内部の細胞が分散する．この内部細胞からは，プラスモディウム（plasmodium）とよばれるアメーバ状の多核体が形成されるが，その内部にはアガメート（agamete）とよばれる生殖細胞が含まれ，それが分裂・成長して有性個体が形成される．

［古屋秀隆］

📖参考文献

［1］古屋秀隆「中生動物の分類と自然史」『21世紀の動物科学』日本動物学会編，培風館，pp.11-37，2007

［2］古屋秀隆「中生動物ニハイチュウの分類，系統，生活史」Jpn. J. Vet. Parasitol. Vol. 9 pp. 13-20, 2010

［3］田近謙一「中生動物門」『動物系統分類学』追補版，中山書店，p. 37，1999

腹毛動物・扁形動物・顎口動物・微顎動物・輪形動物・紐形動物——人目に触れないマイナー分類群

本項では螺旋卵割動物のうち吸啜動物（腹毛動物・扁形動物），担顎動物（顎口動物・微顎動物・輪形動物），および冠輪動物の1つである紐形動物について紹介する．

●腹毛動物　体長は0.07〜3.5 mm，約820種が知られており，オビムシ類（2種を除きすべて海産；体は帯状）とイタチムシ類（海産と淡水産；体は背面から見るとボーリングのピン状）の2群に大別される．よく発達した筋肉質の咽頭と，尾部に1対（オビムシ類では体側部にも多数）存在する粘着管が特徴的．咽頭で水流を起こして細菌を捕食する．一世代が3〜21日と大変短い．

●扁形動物　3万を超える種が記載されている大きな動物門である（図1）．高い再生能力で知られるプラナリア（三岐腸類），植木鉢の裏や朽木の陰などの湿った場所でみつかるコウガイビル（三岐腸類），ウミウシと見まがう色鮮やかなヒラムシ（多岐腸類）は身近な例．ミラシジウム・スポロシスト・レジア・セルカリア・メタセルカリアといった複雑な生活史をもつ寄生性の二生吸虫はしばしば中間宿主の形態や行動を操作する．ヒトに害を及ぼす寄生性の扁形動物にはサナダムシやエキノコックスのような条虫類や，肝蛭（カンテツ）や住血吸虫といった二生類がある．

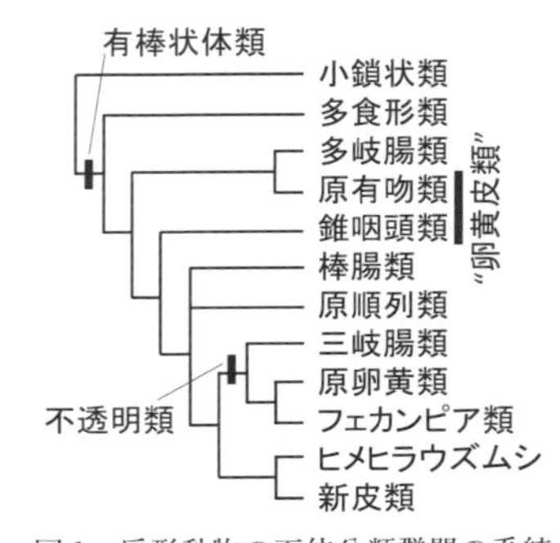

図1　扁形動物の下位分類群間の系統関係．有棒状体類はミトコンドリア遺伝暗号が変化している．新皮類を構成する4つの主要分類群（条虫類，吸虫類［＝二生類＋楯吸虫類］，単後吸盤類，多後吸盤類）の間の系統関係はわかっておらず，単生類（単後吸盤類・多後吸盤類）が単系統群なのかどうかは不明（出典：文献［2］を改変）

●顎口動物　すべて海産，同時性雌雄同体であり，1956年の発見以降現在まで記載されている約100種は糸精子類（図2A）と嚢腔類（図2B）の二群に大別される．無腸類や珍渦虫類と同様，発見当初は扁形動物門「渦虫綱」の中の「目」とされていたが，1969年に独立の門に格上げされた．体長は0.3〜3.5 mm（ほとんどの種は1 mm以下）であり，有機堆積物に富んだ砂泥底粒子の隙間を単繊毛上皮によってゆっくりと移動し，キチン質の口器で細菌を捕食する．2016年時点で日本からの正式な記録は1種のみであり，将来の研究が待たれる．

●微顎動物　1994年にグリーンランド・ディスコ島で最初に発見され，2000年に公表された．2002年には南インド洋クローゼー諸島のポセッション島からも報告されており，未公表ながら英国の小川からも発見されている．リムノグナシア・マースキ1種（図2C）のメスのみが知られ，体長は80～150ミクロン，複雑な「顎」をそなえ，体腹面には繊毛を生じ，胴部はアコーディオンないしは蛇腹状を呈し，止水環境のコケや底質の隙間に生息する．

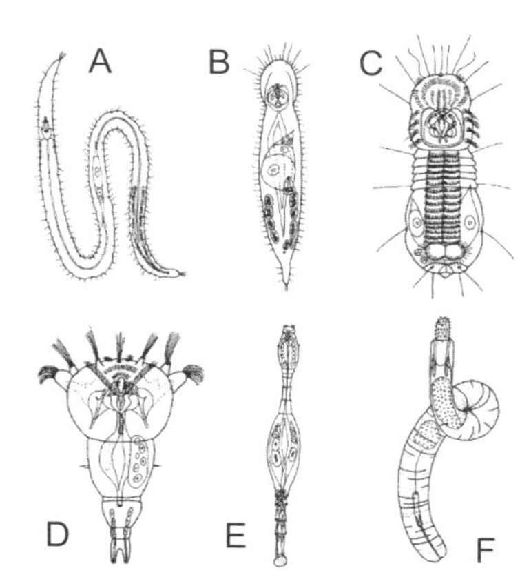

図2　A 糸精子類，B 嚢腔類，C 微顎動物，D 単生殖巣類，E ウミヒルガタワムシ類，F 頭鉤動物（出典：文献［1］より転載）

●輪形動物　狭義には単生殖巣類（図2D），ヒルガタワムシ類，ウミヒルガタワムシ類（図2E）の三群からなるワムシの仲間である．これまでに調べられたヒルガタワムシ類のゲノムは4倍体であり，乾眠から回復する際に遺伝子水平伝播によって外来遺伝子をゲノムに取り込んでおり，他の染色体を鋳型にしてDNAの損傷を修復し，さらに染色体間あるいは同一染色体内で組み換えを起こすことで，有害な変異の蓄積といった無性生殖による不利益を避けていると考えられている．2014年に公表されたトランスクリプトーム解析，および2016年に公表されたミトコンドリアゲノム解析に基づく論文によれば，ウミヒルガタワムシの姉妹群は鉤頭動物（図2F）であり，それに最も近縁なのがヒルガタワムシで，その次が単生殖巣類であり，狭義のワムシ類は側系統群であるらしい．鉤頭動物は約1200種からなり，2種以上の甲殻類・脊椎動物を宿主とする複雑な生活史をもつ．自由生活性のワムシから甲殻類を宿主とするウミヒルガタワムシのような段階を経て，甲殻類を中間宿主とするような鉤頭動物へと寄生性が進化したと考えられている．ワムシと鉤頭動物はともに表皮が合胞体を形成するため，広義の輪形動物を共皮類とよぶこともある．

●紐形動物　古紐虫類（100種），担帽類（450種），針紐虫類（700種）からなるヒモムシの仲間．主に海産底生性だが，淡水性（22種），陸生（13種），水深数千mの深海を漂う遊泳性（100種）の種も知られる．体外に翻出可能な独特の「吻」とよばれる器官をもち，これによって餌を攻撃する．吻上皮には神経毒や細胞毒の分泌細胞が密に存在する．さらに，針紐虫類では飛び出した際の吻の先端に針装置が位置する．餌となる生物はヨコエビなどの小型甲殻類やゴカイなどの多毛類，二枚貝や巻貝類であり，担帽類では丸呑みに，針紐虫類では胃を反転させて消化液で軟体部を溶かして飲み込むことが多い．［柁原 宏］

📖参考文献

［1］ Kristensen, R. M., *Integrative and Comparative Biology* 42: 641–651, 2002
［2］ Littlewood, D. T. J. and Waeschenbach, A., *Current Biology* 25: R448–R469, 2015

内肛動物・有輪動物
――近縁かもしれない2つの小さな動物群

内肛動物および有輪動物はともに小型の底性の無脊椎動物である．両者は明確に異なる独立した動物群であるが互いに近縁であるという説がある．どちらも目立たない生物であり，一般にはほとんど知られず研究も進んでいない．

●内肛動物　体長は大きな種でも数 mm 程度で，1 mm に満たない種も多い．萼部とよばれる膨らんだ部位に主要な器官（消化器，生殖巣，原腎管など）が収まり，萼部の上部には触手が輪状に並ぶ．触手上の繊毛で水流を起こし，水流中の植物プランクトンや有機懸濁物をとらえて食べる．萼部は柄で支えられ，柄の基部で岩や他の生物に付着する．群体性と単体性があり，群体種は個体同士が走根でつながる．どの種も無性生殖が活発であり，群体種では走根の先から新たな個体が出芽する．単体種では萼部から出芽した個体が親から離れ次々に個体数を増やす．有性生殖ではトロコフォアに似た幼生をつくる．胚は親の体にひも状の構造でつながったまま保育され，幼生になると泳ぎだす．2種の淡水産種を除き他は海産である．熱帯から寒帯まで，潮間帯から水深 500 m 以上の深海まで広く分布する．群体種は岩などの基質に固着するが，単体種は他の動物の体表や棲管を棲みかとする場合が多い．海綿動物に付く場合は表面に高密度で付着することが多くスキューバ潜水などの際に注意深く観察すると海綿の表面がフサフサしている様子が肉眼でもわかる．ゴカイ類の場合は棲管をつくる種に付くことが多く，棲管を開くと中のゴカイの体表や棲管の内壁に付いている．内肛動物はぐねぐねとよく動くことから曲形動物（Kamptozoa）の異名がある．群体種は移動できないが柄部を曲げたり基部から倒れる運動をする．単体種では移動できる種が多く，でんぐり返り，直立二足歩行をするものまである．

●有輪動物　海産でアカザエビ類の口器という特殊な環境に棲む．1匹のアカザエビに数千個体が付くこともある．単体性であり，無性摂食世代とよばれる生活史段階のみで摂食を行う．無性摂食世代の体長は 0.3 mm ほどで，体は口器，胴部，基部の固着盤からなる．口器は繊毛で覆われた輪状の構造であり有輪動物の名の由来となっている．この口器と消化管が何度も体内でつくられ古いものとそっくり入れ替わる独特な再生を繰り返す．

生活史はきわめて複雑である．無性摂食世代の体内出芽で生じたパンドラ幼生が泳ぎ出て変態し，アカザエビの口器に付着する．この方法で無性的に無性摂食世代の個体数を増やす．雌はやはり無性摂食世代の体内出芽で生じ，体内に卵を発達させ泳ぎ出る．一方，雄の形成過程はさらに複雑である．やはり無性摂食世代の体内出芽で生じたプロメテウス幼生が母体外に泳ぎ出て，他の無性摂食世代の個体に付着したあと体内に矮小雄を形成する．泳ぎ出た矮小雄には陰茎があり何らかの方法で雌と交尾すると考えられている．雌はアカザエビに付着し，受精卵は雌の体内で発生し脊索幼生となり母親の殻をやぶり泳ぎ出る．脊索幼生がアカザエビの口器に付着すると新たな遺伝的形質をもった無性摂食世代となる．このような複雑な生活史のために体の中が混み合った様子は，パンドラの箱に例えられ，最初に記載された種にはパンドラの名（*Symbion pandora*）が与えられた．日本ではパンドラムシとよばれることもある．

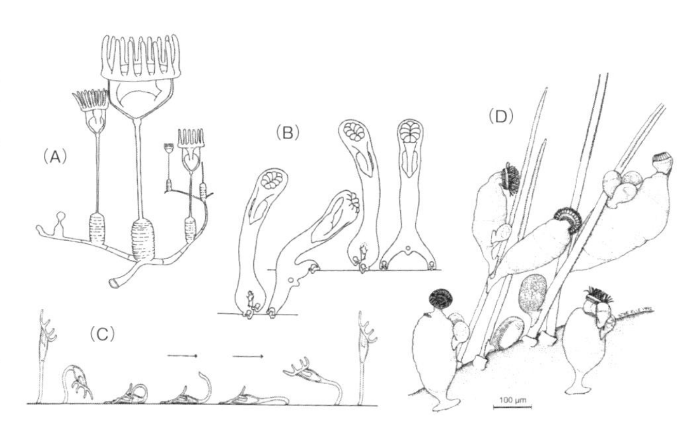

図1　(A) 群体性内肛動物の模式図（伊勢戸，2005 より）(B) 単体性内肛動物 *Loxosomella bifida* の直立二足歩行．(Konno, 1972 を改変) (C) 単体性内肛動物 *Loxosoma agile* のでんぐり返り移動（Nielsen, 1964 より）．(D) アカザエビの口器に付く有輪動物 *Symbion pandora*．5 個体の無性摂食世代とそれに付くプロメテウス幼生や雄がみられる．直接アカザエビの口器に付く雌（内部で脊索幼生が形成されつつある）もみられる（Obst and Funch, 2003 を改変）．

●分類と系統　内肛動物はこれまでに約 180 種が知られ，大半の 130 種以上が単体性である．日本からは単体種が 30 種，群体種が 11 種知られるが調査はいまだ不十分であり，今後も調査が進むたびに次々と新種が見つかるだろう．淡水産種のシマミズウドンゲ（*Urnatella gracilis*）は日本にも産するが，北米原産の外来種と考えられている．

有輪動物は 2 種のみ（*Symbion pandora, S. americanus*）が記載されており，それぞれヨーロッパおよびアメリカ東海岸に産するアカザエビ科の異なる種から見つかっている．他に 1 種および隠蔽種の存在も指摘されているが未記載なままである．日本からは有輪動物の報告はない．

内肛動物と有輪動物がそれぞれ他のどの動物群と近縁であるのか，さまざまな研究があるが結論にはいたっていない．内肛動物は古くは苔虫動物（Bryozoa）の一群とされていたが，現在は独立した門として扱うことに異論はない．有輪動物は 1995 年に報告された新しい動物門であり，当時は苔虫動物と内肛動物に近縁であるとされた．近年は有輪動物に最も近いのは内肛動物であることを示唆する分子系統学的な報告も多いが，共皮類（Syndermata，輪形動物と鉤頭動物を合わせたグループ）と近縁だとする説など諸説ある．　［伊勢戸　徹］

腕足動物・箒虫動物・苔虫動物
——貝やサンゴに似て非なる動物

腕足動物門・箒虫動物門・苔虫動物門の3動物門は，いずれも冠輪動物に属す三胚葉性で真体腔をもつ動物である．それぞれ異なる外見をした分類群であるが，いずれも触手冠をもつ特徴から触手冠動物としてまとめられたこともある．触手冠は繊毛が生えた触手が口を囲んで環状になった器官であり，ここで紹介する3動物門はいずれもこれを用いて水中の微生物や懸濁物を濾過摂食する．

●腕足動物門　殻長数cmの二枚貝に似た2枚の殻をもつ．軟体動物の二枚貝との大きな違いは，腕足動物では体の背腹に殻をもつ点である．また，殻の内側の外套腔とよばれる空所の大部分を触手冠が占める．腕足動物の殻は炭酸カルシウムもしくはリン酸カルシウムでできており，外套膜により分泌・形成される．触手冠は種によって円形もしくは螺旋状となる．触手冠を支える腕骨をもつものもいる．肛門は触手冠の外側に開くが，種によっては肛門を欠くものもいる．不完全な開放血管系をもち，後腎管が卵や精子を輸送する生殖輸管の役割を兼ねる．海産種のみで，現生種は約330種．約6000 mの深海域まで確認されているが，多くは比較的浅い沿岸域に生息する．化石記録は5億年近く前から知られ，化石種を含むと4万種に達する．

殻をつなぐ蝶番の有無で有関節類と無関節類に分類されてきたが，現在では無関節類を舌殻亜門と頭殻亜門に二分し，有関節類を嘴殻亜門とする分類体系が支持されている．舌殻亜門を代表するシャミセンガイ類は長い肉茎を使って干潟や砂泥底に潜って生活する．一方，嘴殻亜門のホウズキチョウチンの仲間は，短い肉茎で海底の岩や二枚貝などに固着する．

ほとんどの種は雌雄異体．受精卵は浮遊幼生となるが，その形態や遊泳期間は種によって異なる．繊毛の生えた卵黄栄養型の幼生で短期間のプランクトン生活をおくった後に変態するものや，触手冠や殻をもった幼生で長期間のプランクトン生活をおくり変態せず成体となるものが知られる．他にも外套腔内で保育する種もいる．

●箒虫動物門　体長数mmから数cmの蠕虫(ぜんちゅう)状で，触手冠が末端にあるため箒に見立てられる．海産種のみで，現生種は約15種．砂泥底や岩の隙間，貝殻上などに棲管をつくって固着生活をおくる．多数の個体が局所的に群生することも多い．ホウキムシはハナギンチャクの棲管に共生する．潮間帯から水深400 mまで生息．触手冠は種によって馬蹄形から螺旋状となる．触手冠中央にある口は口上突起に覆われる．肛門は触手冠の外側にひらき，排出器官として1対の後腎管をもつ．後腎管は卵や精子を輸送する生殖輸管の役割を兼ねる．閉鎖血管系をもち，ヘモグロビンを有す血液が体表から赤く透けて見えることがある．消化管は後体部で胃嚢となりU字型に曲がる．

種によって雌雄異体もしくは雌雄同体．発生様式には3タイプが存在し，受精卵を触手冠にある保育器官で幼生まで育てる「保育型」，受精卵を海中に放出する「放任型」，さらに親の棲管内でナメクジのような幼生を形成する「保護型」が知られる．幼生のうち遊泳型のものは特にアクチノトロカ幼生として知られ，古くは箒虫動物とは別の動物として記載されたこともある．一部の種では後体部がちぎれて小型の完全個体となるなどの無性生殖も知られている．

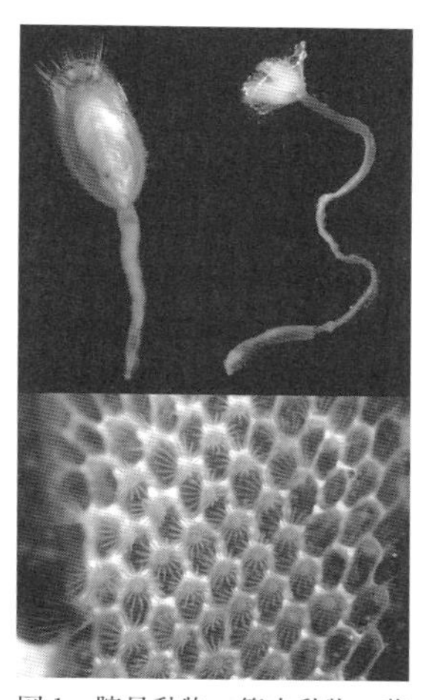

図1　腕足動物・箒虫動物・苔虫動物．（左上）腕足動物門・シャミセンガイ目の一種，（右上）箒虫動物門・ホウキムシ，（下）苔虫動物門・サメハダコケムシの群体

●苔虫動物門　円形もしくは馬蹄形の触手冠をもった体長1 mmにも満たない個虫が無性生殖による出芽を繰り返すことで，数mmから数十cmの群体を形成する．個虫はキチン質もしくは石灰質（カルサイトもしくはアラゴナイト，あるいはその両者で構成される）の虫室を形成し，苔のような被覆性群体からサンゴに似た起立性群体まで多様な群体を水中の岩や海藻上に形成する．個虫は循環系と排出器官を欠き，群体内の個虫は胃緒とよばれる間充織を介して栄養などの輸送を行う．海産種においては個虫の機能分化がみられ，触手冠を用いて摂食行動をとる自活個虫（常個虫）の他に，群体の防御や清掃に特化した異形個虫が分化する．現生種は約6000種で，そのほとんどが海産種．汽水・淡水域からはこのうち約100種が知られる．化石記録は古生代から知られ，化石種を含むと2万種に達する．淡水産種のみで構成される被喉綱，古生代の化石記録が豊富な狭喉綱，現生種で最も多様な裸喉綱の3綱に分類される．熱帯域から極域の潮間帯から深海8000 mまで分布するが，200 m以浅で特に多い．まれに間隙棲や自由生活を行う種も存在する．

一部の例外を除いて雌雄同体．浮遊幼生の多くは数時間程度しか遊泳しないが，中にはキフォナウテス幼生のように消化管をもち長期遊泳するものも存在する．着底した幼生はただちに変態し初虫となる．被喉綱は無性生殖により休芽とよばれるキチン質の殻に包まれた休止芽を形成する．休芽は低温や乾燥に耐性があり，越冬や分散の役割を担う．

古くは内肛動物とひとまとめにして苔虫類とよばれたが，現在ではこれらは系統的に異なる動物門とされる．苔虫動物は肛門が触手冠の外側にあることから，内肛動物と区別し外肛動物ともよばれる．

［広瀬雅人］

軟体動物――900 kg のイカ，0.01 g の巻貝

軟体動物は最も多様性の高い動物のひとつであり，以下の4つの多様性によって特徴づけられる．(1)種多様性：大型動物では昆虫に次いで種数が多い．未記載種も含めて現生種は10万種以上が存在すると推定されている．(2)ボディプランの多様性：体の構造は軟体動物の中で劇的に進化している．虫状の細長い体をもつグループ（尾腔綱，溝腹綱）から，螺旋状の体をもつ腹足類，腕や吸盤を発達させ高度な脳と目をもつ頭足類，逆に頭部を退化させて2枚の殻に閉じこもった二枚貝類など，変化に富む．(3)生態的多様性：軟体動物は地球上のさまざまな環境に適応している．海洋では表層，中層から深海の海溝までを網羅するすべての海域に生息し，汽水，淡水，陸上にも進出している．(4)化石記録の多様性：化石記録はカンブリア紀にさかのぼり（エディアカラ紀とする見解もある），全生物中最も豊富である．貝殻が化石として残りやすいこと，海洋において種数，個体数ともに多く存在することが理由である．

●一般的な特徴　軟体動物の一般的な特徴として以下のような形質があげられる．(1)体は左右相称を基本とする．(2)体は頭部，足，内臓塊に分かれる．(3)炭酸カルシウムの殻または棘をつくる．(4)腹側に匍匐（ほふく）のための足がある．(5)背側は外套膜に覆われる．(6)外套膜の一部が突出して外套腔とよばれる腔所を形成する．(7)外套腔内に呼吸または換水のための櫛鰓をもつ．(8)頭部に餌をかき取るための歯舌をもつ．(9)外套腔内に粘液腺あるいは鰓下腺をもつ．(10)トロコフォア幼生，ベリジャー幼生をもつ．(11)外套腔内に嗅いを感じ取るための嗅検器をもつ．(12)頭部の神経環から足と内臓塊に向けて2対の神経が伸び，梯子状神経系を基本とする．

実際には上記のような形質をすべてもつ種は限られており，一般的な特徴の組み合わせで軟体動物は定義されている．例えば，上記の(1)では，腹足綱では複数の器官が左右片側しかないものがあり，頭足綱の多くは生殖器官が片側しかない．(3)は石灰質の貝殻を二次的に失う分類群が多数存在する（ウミウシ類，ナメクジ類，タコ類，ツツイカ類など）．(7)の鰓は失われて肺に置き換わるもの，二次鰓を生じるものがある．(8)の歯舌はグループによっては失われている．特に餌を丸呑み，あるいは吸引するタイプの捕食者では歯舌の退化が見られる．また，二枚貝綱は頭部の大部分が消失しており，歯舌を含む多数の形質が欠失している．(10)のベリジャー幼生は軟体動物に固有の幼生であるが，このステージをもたない分類群がある．頭足綱は幼生期自体が失われており，胚から幼若個体に変態する（直接発生）．

●上位分類　軟体動物の上位分類群は9つの綱に分類される．(1)尾腔綱 Caudofoveata：体は細長い虫状で石灰質の棘で覆われる．(2)溝腹綱 Solenogastres：前綱に類似するが腹側に足溝があることで区別される．(3)多板綱 Polyplacophora（ヒザラガイ類）：8枚の殻板をもつ．(4)単板綱 Monoplacophora（ネオピリナ類）：殻は腹足類のカサガイ類に酷似するが，貝殻筋，鰓，腎臓を複数もつ．(5)腹足綱 Gastropoda：巻貝類を含む軟体動物最大のグループ．(6)頭足綱 Cephalopoda：オウムガイ類，アンモナイト類，イカ類，タコ類などを含む．(7)掘足綱 Scaphopoda（ツノガイ類）：象牙状にとがった殻をもつ．(8)二枚貝綱 Bivalvia：殻が体の左右に2枚ある．(9)吻殻綱 Rostroconchia：外形は二枚貝に類似するが，殻の背側は二枚貝のように分離していない．古生代末に絶滅．古生代の化石には上記の9綱に分類が困難なものも存在している．

●系統仮説　系統関係は形態，分子系統，化石記録の立場からさまざまな異なる仮説が提唱されている．近年の分子系統，系統ゲノム解析では，一部は過去の既存の仮説が支持される一方，一部は修正が必要な結果となっている．最近の仮説を要約すると，(1)体全体を覆うような大きな貝殻をもつグループ（単板綱，腹足綱，頭足綱，堀足綱，二枚貝綱）は有殻類（Conchifera）として単系統群を形成する．これは伝統的な仮説と同様である．(2)尾腔綱，溝腹綱，多板綱は石灰質の棘をもつという特徴でまとめられ，有棘類（Aculifera）とよばれる．有棘類は20世紀後期の形態の研究では側系統群とみなされてきたが，単系統群として復活した．化石記録では21世紀に入って現生の有棘類の3綱の間をつなぐような多様な絶滅分類群が報告されるようになり，有棘類の進化過程の概念は大きく変化した．(3) 多板綱と単板綱は，鰓，筋肉，腎臓に繰り返し構造があり，共通性が注目されてきたが(Serialia仮説)，系統ゲノム解析では支持されていない．(3)有殻類の内部は，綱レベルの単系統性は多くの場合支持されている．しかし綱レベルの系統関係は研究例によって異なっている．例えば，Kocotら（2011）の系統ゲノム解析では，有殻類 =（頭足綱（堀足綱（二枚貝綱，腹足綱））)，Smithら（2011）では，有殻類 =（(単板綱，頭足綱)（(掘足綱，腹足綱）二枚貝綱)))という結果が示された．(4)それぞれの綱内の系統関係と上位分類体系も多くの改訂が行われている．特に，腹足綱，二枚貝綱のように種多様性の高い大きな分類群では大変更があり得る．例えば，腹足類では，後鰓類が解体されて，嚢舌亜目，スナウミウシ亜目，有肺類（真有肺亜目）を合わせて汎有肺目に分類され，側鰓目と真後鰓目が独立の分類群になった．また，二枚貝綱では，かつての異靭帯亜綱は異歯亜綱の内部分類群に含まれることになった．　［佐々木猛智］

環形動物（有鬚動物・ユムシ・星口動物を含む）
——誤解されていた系統関係

本項で紹介する環形動物，有鬚動物，ユムシ動物，星口動物は冠輪動物上門に属する蠕虫(ぜんちゅう)型で左右相称の真体腔動物で，いずれも腹部正中を走る腹神経索をもつ．これら4つの動物群の系統関係について，これまでに形態学や発生生物学的証拠に基づいてさまざまな意見が提出され，それぞれが長い間独立した動物門として扱われてきた．我々人間にとっては，いわゆるミミズ，ヒルといった環形動物以外はあまり接点がなく，馴染みが薄いと思われる．残りの有鬚，ユムシ，星口動物はすべて海にしか生息しないからである．しかしながら，顕著なボディプランの違いから独立した門とみなされてきたこれら3つの動物群は，近年の分子系統解析やゲノム系統解析の結果，すべて環形動物門の中に含まれることが明らかとなっている（図1）．この事実は，従来の形態に基づく環形動物門の高次分類を根底から覆すとともに，体節性や剛毛，消化器管といったボディプランの重要な構成要素が，進化の過程で容易に退化，消失し得ることを物語っている．

●環形動物　これまで環形動物門は，形態的特徴が明らかな多毛綱（ゴカイ），貧毛綱（ミミズ），ヒル綱（ヒル）の3つ，もしくは環帯（体の一部が肥厚し卵包を分泌する生殖器官）を有することで後者2つを環帯綱としてまとめ，大きく2つのグループに分類されてきた．各体節の機能的分化をともなう多体節性で，普通キチン質の剛毛をそなえ，発達した頭神経節をもつ．しかしながら，現在の系統学的知見からみると，多毛綱は環帯綱のみならず有鬚，ユムシ，星口動物すべてをのみこむ巨大な多系統群である（図1）．また，環帯綱は単系統群であるが，ヒルはミミズに完全に含まれるため，前者は側系統群であることが判明している．したがって，リンネ式階層分類体系にあてはめた多毛綱などの従来の呼称は使用せず，多毛類，環帯類（貧毛類とヒル類）とするのが適切である．現在では，可能な限り多くの科を網羅したゲノム系統解析に基づいて，門内の詳細な系統関係の解明と分類体系の再編が進められつつあるが，

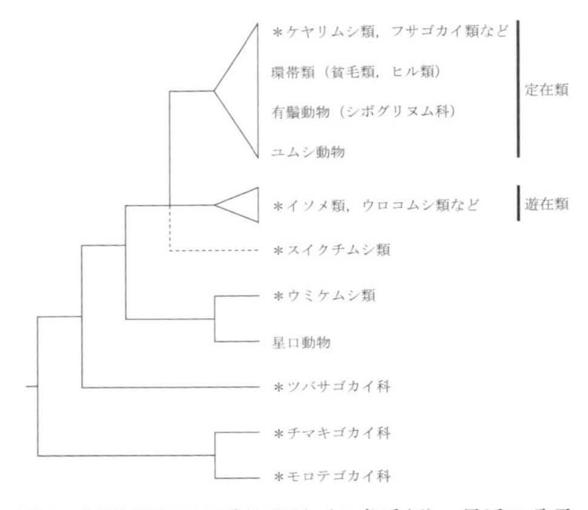

図1　環形動物門の系統関係（＊多毛類）　最近の分子系統およびゲノム系統学的知見をもとに作成．スイクチムシ類の系統的位置は長枝誘引によりいまだ不確定なため破線で示す

いまだ目レベル以上の高次分類は定まっていない．

多毛類は多くが海産種で形態や生態，生殖，発生様式の多様性に富む．主な生活様式を反映した呼称である遊在類と定在類という2つの大きな単系統群にほぼすべての科が含まれるが，一部はこれらの主要な系統群以前に分岐したことが判明している（図1）．現生種は世界で94科約1万2000種が認められており，日本近海からはこれまでに約1000種以上が記録されている．環帯類は，定在類の中でも主に淡水や陸域に適応したグループで，すべて雌雄同体で直接発生を行う．世界で52科約6000種が知られ，日本からはそのうち貧毛類が200種以上，ヒル類は88種の報告がある．

●有鬚動物　かつて有鬚動物門とされ，この中に多くの高次分類群が設立されたが，現在はそのすべてが定在類のシボグリヌム科ただ1科にまとめられる．姉妹群は不確定．多くが深海性種で，なかでもハオリムシ類は化学合成生態系の基盤種としてしばしば卓越する．最近では海底に沈んだ鯨骨などの生物遺骸からホネクイハナムシ属が発見され，研究者の注目を集めた．体は主に前体，中体，胴部，後体に分けられ，うち後体にのみ剛毛節が存在する．成体は消化器管をもたず，体内の共生細菌による従属栄養である．世界で約180種が知られ，日本近海からは18種が記録されている．

●ユムシ動物　かつてユムシ動物門とされたが，現在は定在類の中に含められ，姉妹群は多毛類のイトゴカイ科であることが判明している．幼生には表面的な体節性が表れるが，変態とともに消失し，成体の体幹は無体節．一方，腹神経索は痕跡的な体節性を保持する．頭部は極度に変形して伸縮性に優れた吻となり，これを摂餌に用いる．この吻は体幹にひきこまれず，外部刺激によりしばしば自切する．多くの種が腹部に1対の剛毛を備える．矮雄をともなう顕著な性的二型を示すボネリムシ科など，5科約175種が認められており，日本近海ではすべての科から24種が記録されている．

●星口動物　かつて星口動物門とされたが，現在は環形動物門の基部で分岐したグループであることが判明している．姉妹群は多毛類のウミケムシ類とされるがこれを支持する形態形質は不明．体幹は終生無体節で，幼生時にのみ腹神経索に痕跡的な体節性を示すが，変態とともに消失する．剛毛は一切もたない．体幹に収納可能な陥入吻とそれを駆動する牽引筋をもち，吻の先端には触手を備える．消化器管は体後部でU字状に巻き戻り，肛門が体前部背面に開く．6科約150種に分類され，日本近海ではすべての科から約50種が出現する．　［田中正敦］

📖 **参考文献**

［1］ Brusca, R. C. et al., *Invertebrates*. 3rd ed., Sinauer, 2016

［2］ Weigert, A. and Bleidorn, C., “Current Status of Annelid Phylogeny”, *Organisms Diversity & Evolution*, 16: 345–362, 2016

線形動物・類線形動物
――昆虫に匹敵する多様性の持ち主？

線形動物と類線形動物は脱皮動物の中でも特に近縁とされ，形態や発生上の類似点が古くから指摘されてきた．偽体腔をもつことから袋形動物門に含められたり，鉤頭動物とともに円形動物門とよばれた時代もある．近年の分子系統学的解析でも，線形動物と類線形動物は姉妹群であることが強く示唆されている．

●線形動物　一般に線虫（センチュウ）とよばれる．人目にふれる種の多くは寄生虫で，ギョウチュウなどの動物寄生種や，ネコブセンチュウなどの植物寄生種が，あらゆる多細胞生物の体内にすんでいる．自由生活をする種も多く，都会の土から深海の泥まで，砂漠にも極地にも線虫は生息している．微小動物をとらえたり，植物の汁を吸ったり，泥ごと有機物を吸い込んだり，種ごとの生活様式も多様である．菌類（カビ）のみを食べる線虫がいる一方で，逆に線虫をとらえて養分にする菌類も存在する．寄生性種も多様な生活史をもち，同じ宿主で一生を終えることもあれば，複数の宿主を渡り歩いたり，一時的に自由生活をして宿主を探す種もある．自由生活種の大部分は体長 5 mm 以下，太さ 0.1 mm 以下と小さく，顕微鏡なしに見つけるのは難しい．寄生性種も普通は数 mm 程度だが，大型動物が宿主の場合には例外もあり，クジラ寄生性の種で 8 m を超えた記録がある．既知種は約 2 万種であるが，未発見の種は少なくとも数万，最大に見積もって 1 億という説もある．個体数も非常に多く，たった一握りの泥から数千匹が出現することも珍しくない．その膨大な生物量によって，線虫は分解者や餌資源として生態系を支えていると考えられる．

●線形動物の体制と発生　名前のとおり細長いひも状の体をもち，体節性はない．体表はクチクラで覆われて比較的硬く，環状や鱗状の微細な模様が刻まれる．内圧で表皮を膨らませて形を保っているため，正面から見ると円形に近い．体は左右相称，かつ左右背側の 3 放射相称でもある．表皮には感覚毛や分泌腺をもつ．体組織は透明で内容物が外から見える．筋肉は縦走筋のみで環状筋を欠き，伸縮せず全身を波打たせて動く．筋肉と腸管の間には偽体腔が発達する．頭部の形は種ごとに多様で，食性に応じた形の歯や口針をもつ．眼点は一部の自由生活種にしかない．腹側を神経索が前後に走り，神経環（脳）が食道を取り巻く．循環系をもたず，独自の排泄器官（レネット）をもつ．一部の種を除いて雌雄異体で，交尾による体内受精で卵を産む．精子には鞭毛がなく，細胞を変形させるアメーバ運動で移動する．受精卵は螺旋卵割し，幼虫は親と似た形の直接発生である．通常は生涯に 4 回の脱皮を行い，最後に性成熟を迎える．小さくて構造も簡単なため実験動物に向いており，陸生自由生活種のシー・エレガンス（*Caenorhabditis*

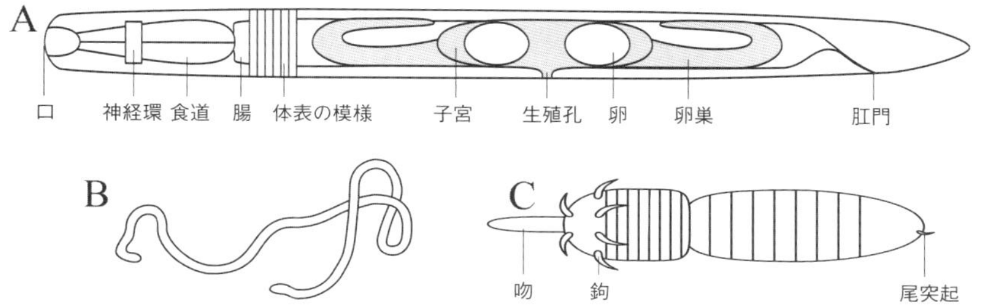

図1　線形動物と類線形動物の模式図．A：線形動物の雌成虫，B：類線形動物の成虫，C：類線形動物の幼虫（嶋田原図）

elegans）はモデル生物として全ゲノム情報と全細胞の発生過程が解明された．特徴が少ないせいで分類は難しく，食性や生活環境，寄生性の有無も系統を反映していない．従来は双器綱（尾腺綱）と双腺綱（幻器綱）に二分されてきたが，分子系統学的解析では支持されず，新しい分類体系が現在構築されつつある．

●類線形動物　一般にハリガネムシの名で知られる．硬いクチクラで覆われた細長い体をもち，循環系や環状筋を欠く点，偽体腔，螺旋卵割，鞭毛のない精子などの特徴を線虫と共有する．カマキリの寄生虫として有名だが，甲虫やバッタ類など他の昆虫に寄生する種もある．宿主のサイズに対して非常に大きく，成虫は体長数cmから数十cm，太さも1mmを超え，体内に隙間なく詰まっている．成熟すると宿主の体を突き破って水中へ脱出するが，そのために宿主を水面へ誘導することが確かめられている．脱出に失敗して陸上で干からびていることもあり，その姿は針金によく似ている．水中では短い自由生活期をすごし，雌雄が出会って交尾・産卵した後は死んでしまう．幼虫の姿は親とまったく異なり，前端から吻を突き出したイモムシ状で，鉤頭動物に似ている．幼虫はいったん水生昆虫に寄生して，その中間宿主ごと食べられることで終宿主に侵入する．自由生活期には餌をとらず，寄生時には体表から養分を吸収するため，腸管は不完全に終わる．尾は種や性によっては二叉や三叉に分岐する．動物全体でも珍しい，完全な自由生活種が存在しない動物門である．既知種は全世界でわずか300種程度，本邦からは10数種のみが知られている．海にもオヨギハリガネムシ類とよばれる類線形動物が生息しているが，全身に剛毛が生える，成虫も吻をもつなど，陸生種とは異なる点が多い．カニやヤドカリに寄生し，成熟後は自由生活をする．本邦でも生息は確認されているものの，学術報告が少なく詳しい生態はわかっていない．なお，農作物の根を食い荒らす昆虫のコメツキムシ類の幼虫も通称ハリガネムシとよばれるが，本項目とは無関係である．　［嶋田大輔］

参考文献

［1］石橋信義編『線虫の生物学』東京大学出版会，2003

鰓曳動物・胴甲動物・動吻動物
——棘に覆われた頭部をもつ動物たち

鰓曳動物，胴甲動物，動吻動物は，いずれも海底の砂や泥の中にくらす動物であり，それぞれ独立の動物門を構成する．多くの種はからだが小さく，顕微鏡なしでは見つけられないことから，一般社会への馴染みは薄い．3 動物群は共通して頭部（あるいは吻部ともよぶ）に複数のとげ状構造（冠棘）をもつことから，まとめて有棘動物とよぶこともある．冠棘を備えた頭部は，胴部に出し入れすることができ，移動や採餌に用いられる．3 動物群いずれも雌雄異体で，多くの場合は有性生殖を行う．有棘動物は脱皮動物の中でも初期に分岐したグループと考えられていること，小型種でも複雑な形態をもつこと，また胴甲動物と動吻動物は顕微鏡サイズの種のみで構成される数少ない動物門であることから，脱皮動物や後生動物の進化を考えるうえで，非常に興味深い分類群であるといえる．一方で，有棘動物研究史はお世辞にも充実しているとはいえず，今後のさらなる研究に期待が寄せられている．

●鰓曳動物　からだは吻部と円筒状の胴部からなり，大きさは約 0.5 ～ 400 mm である（図 1）．多くの種は，からだの後方に房状あるいは筒状の尾状突起をもつ．潮間帯から超深海にかけて，幅広い水深帯で見つかる．特に小型種は比較的浅い水深帯で見つかることが多い．また，カンブリア紀以降の地層より鰓曳動物様の化石が豊富に産出することから，「生きた化石」ともよばれる．幼生期は，クチクラ被甲によって覆われた壷状のからだをもち，ロリケイト幼生とよばれる．現在，世界から 22 種の現生種が報告されており，このうち約半数が大型種，残りの半数が顕微鏡サイズの小型種である．近年では特に小型グループの新種報告が増えている．日本からはこれまでに大型種 2 種および小型種 2 種が報告されている．

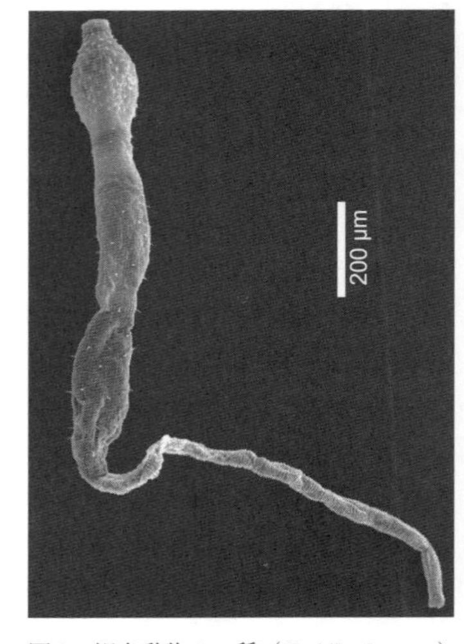

図 1　鰓曳動物の一種（*Tubiluchus* sp.）

●胴甲動物　体長は 1 mm 以下と非常に小さいため，近年までまったく知られていなかった動物群である．1970 年代に初めて見つかり，1983 年に新動物門として設立された．そのからだは，多数の冠棘を備えた頭部，胸部，複数枚のプレート状の被甲で覆われた腹部からなり，小さいながらも複雑な構造をみせる（図 2）．

鰓曳動物のロリケイト幼生とかたちがよく似ていることから，この2動物群を近縁とする説がある．一方で近年の分子系統解析では，胴甲動物は，鰓曳動物や動吻動物より他の脱皮動物に近縁である可能性を示している．胴甲動物は砂や泥の隙間に生息しており，水深数mの浅海底や8000mを超える超深海からも見つかっている．また，完全に酸素のない海底堆積物中に生息する種も知られている．複雑な生活史をもつことが知られており，ヒギンズ幼生やゴースト幼生など複数の幼生形態をもつ種や，単為生殖と有性生殖の両方を行う種も知られている．現在，世界で36種が報告されているが，日本からは1種が知られるのみである．

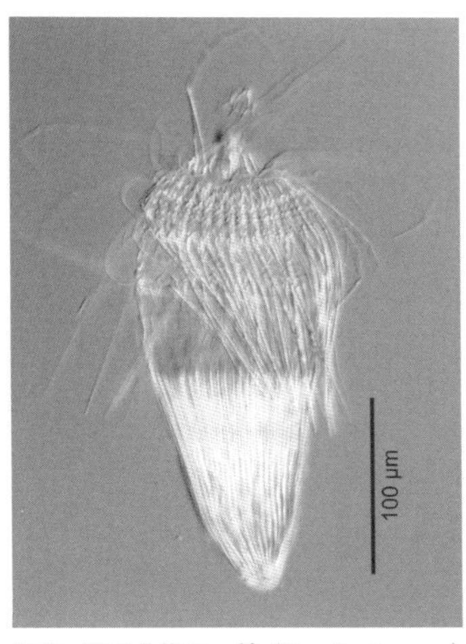

図2　胴甲動物の一種（*Rugiloricus* sp.）（出典：Yamasaki et al., *Zoological Letters*, 1:18, 2015）

●動吻動物　からだは冠棘を備えた頭部，クチクラ板が環状に並ぶ頸部，11体節の胴部からなる（図3）．頭部を胴部に収納したとき，頸部が蓋の役割をはたす．胴部の各体節に長い棘や管をもつ種も多い．ごくまれに体長1mmを上回る種がいるが，大半の種の体長は1mmに満たない．幼体の形は成体とよく似ているが，体節数が少ないことや，生殖器官が未成熟であることによって，見分けることができる．南極や北極などの極域から熱帯域まで，潮間帯から超深海まで，世界中の海域から見つかっている．また一部のグループは汽水環境からも報告されている．特に砂泥底で高密度に出現することがあり，10 cm^2 の堆積物中に300個体以上の動吻動物が生息していることもある．また，富栄養環境に対して敏感に反応することから，環境指標生物としての利用も検討されている．現在256種が知られているものの，近年，新属や新種の報告が相次いでおり，今後も大幅に種数が増加することが予想される．日本からは20種が知られている．　［山崎博史］

図3　動吻動物の一種（コマツトゲカワ）（出典：Yamasaki and Fujimoto, *Zookeys*, 382: 27–52, 2014）

有爪動物・緩歩動物
——節足動物に似た動物たち

現在の地球で最も繁栄している動物群の1つ，節足動物には，2つの近縁な動物がいる．一方は，古生代カンブリア紀の動物としておなじみのアイシュアイアやハルキゲニアといった葉足動物に似たカギムシ類（有爪動物）．もう一方は，小さくやわらかい体からは想像できないほどしぶといことで知られるクマムシ類（緩歩動物）．両者は，脱皮することや，体表がクチクラで覆われていること，関節のない脚をもつことで共通する．また，前者は日本列島に分布しないため，後者は小さすぎるため，日常生活を送るなかで見かけることはない．

●有爪動物　体長数mmから十数cmほどで，イモムシ状の細長い体に多数の脚をもつ．この体側に生えた脚は体の左右で対をなし，それぞれが1対の鉤爪をそなえる．このことにちなみ，Onychophoraという学名が与えられ，日本語でも有爪動物，あるいは，カギムシとよばれる．英名はビロード様の体表にちなみ，velvet worm．頭部の背側前方に柔らかい肉質の触角を1対備え，その基部付近に1対の眼，腹側中央には1対の大顎を備えた口が開口する．この口の左右には乳頭があり，その先端に粘液腺が開く．ほとんどの種が肉食のカギムシ類では，この腺から噴出される粘液で身を守ったり，獲物をとらえる．

カギムシ類は，朽木内部や森のリター層といった湿った環境を好む傾向がある．19世紀にはじめて報告されて以来，東南アジア，オセアニア，中南米，アフリカの陸地にあわせて200種ほどが現生することが判明しており，2科ペリパッツ科とペリパトプシス科に分かれる．またいくつかの化石種も見つかっている．古生代カンブリア紀の海に棲息していた葉足動物と共通点が見られるものの，カギムシ類の海産種は見つかっていない．

図1　バルバドス原産有爪動物 *Epiperipatus barbadensis*．体長約6 cm

●緩歩動物　有爪動物と異なり，山の上から海の底まで幅広い環境に棲息する．

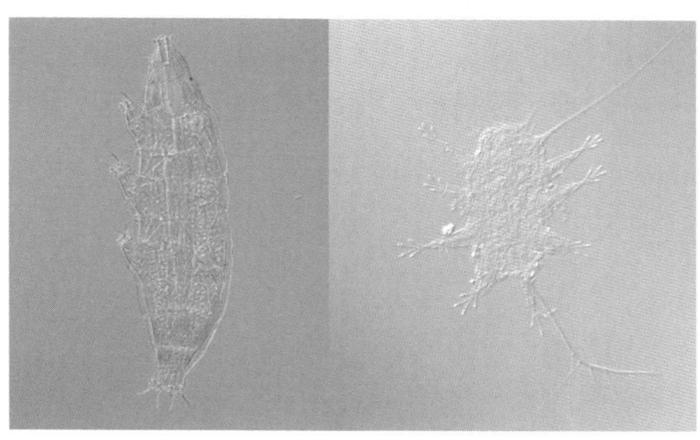

図2　緩歩動物．左は，真クマムシ綱の陸産種 *Milnesium* sp.（体長約 0.5 mm），右は異クマムシ綱の海産種 *Tanarctus* sp.（体長 0.1 mm）

体長が 1 mm に届く種はほとんどいないため，観察には顕微鏡が必須であるものの，道端のコケ類や街路樹にはりついた地衣類など，身近なものからも見つかる．海産種は砂のすきまなどから見つかる．4 対の脚をもち，その先端にさまざまな形の爪や吸盤を備えるこの動物は，そののろまな歩みから Tardigrada という学名が与えられ，日本語では緩歩動物，あるいは，クマムシ，英語では water bear とよばれている．頭部の前端あるいは腹側に口があり，口管と 1 対の歯針，咽頭によって摂餌する．循環器官，呼吸器官はない．基本的に雌雄異体だが，雌雄同体のものも知られている．またこの動物は体のまわりに水がなければ活動できず，陸産種では水がなくなると樽型に体を収縮させ，活動休止することがよく知られている．乾燥の他にも，無酸素，凍結，高浸透圧といった条件を耐える．これら，活動を休止して劣悪環境に耐える性質を総じてクリプトビオシスという．海産種の耐性能力についてはほとんどわかっていない．

クマムシ類は 18 世紀から知られており，いくつかの化石種もあわせて現在世界中から 1200 種ほどが報告されている．これらの種は大きく 3 つのグループに分かれる．1 つめの真クマムシ綱は，ほとんどが陸産あるいは陸水産で，二次的に海に適応したと考えられる種が数種いる．2 つめの異クマムシ綱は，陸・陸水産と海産の種が知られており，なかでも海産種の形態的多様性が高い．最後の中クマムシ綱だが，真クマムシ綱と異クマムシ綱のモザイクのような形態をもったオンセンクマムシのみが知られている．本種は半世紀以上前に，長崎県の雲仙温泉から 1 度だけ報告されたもので，再採集されればクマムシ学は大きく進展するだろう．

［藤本心太］

参考文献

［1］白山義久編『無脊椎動物の多様性と系統―節足動物を除く』バイオディバーシティ・シリーズ 5，裳華房，p.346，2000

［2］Nelson, D. R. et al., "Phylum Tardigrada", Thorp, J. and Rogers, D. C. eds., *Ecology and General Biology: Thorp and Covich's Freshwater Inventebrates*, Academic Press, 347–380, 2015

［3］Oliveira, I. S. et al., Onychophora Website（http://www.onychophora.com）

節足動物（多足類・鋏角類）
――いまだ系統が解明されていない２つの大きな分類群

学名をもつすべての動物種の約80％以上を占めるといわれる節足動物門は，現在のところ約130万種，化石種約4万5000種を含んでいる．ウミグモ類，鋏角類，そして多足類の歴史は古く，節足動物がどのように進化したのかを解明する鍵のひとつを担っているといえるだろう．

●節足動物の枠組み　脱皮動物のうち，節足動物は２つの近縁な動物群，緩歩動物，有爪動物とともに，汎節足動物とよばれる．分子系統学的解析により，節足動物は，（ウミグモ類を含む）鋏角類と大顎類に大別され，次いで，大顎類は多足類と汎甲殻類（六脚類＋甲殻類）に大別される体系が示され，広く受け入れられている．鋏角類は触角をもたず，口器に鋏角をもち，一方，大顎類は，鋏角をもち，口器に複雑な大顎をもつグループである．

三葉虫類は，鋏角類と近縁であるとされてきたが，触角をもつため大顎類とともに触角類を構成するという説も示されている．

●多足類　多足類（亜門）が単系統であることは分子系統学的解析から強く支持されており，多足類の４つの綱，コムカデ類，ムカデ類，エダヒゲムシ類，ヤスデ類は，それぞれが単系統とされている．問題は，この４つの主要なグループの系統関係が，いまだに明確にはなっていないことである．

形態形質を用いた分岐分類学的解析では，ムカデ類とそれ以外の２つのグループに大きく分けられたこともある．分子系統学的解析では，最初にコムカデが分岐することのみが支持されていた．最近，異なる結果が報告され，現時点ではまったく決着はついていない．

●鋏角類　鋏角類（亜門）は，ウミグモ類，カブトガニ類，ウミサソリ類（絶滅群），クモガタ類の４綱からなる．ウミグモ類は分岐年代が比較的に古く系統上の位置が不安定である．これ以外のカブトガニ類とクモガタ類を真鋏角類とよぶ．真鋏角類は分子系統学的解析により単系

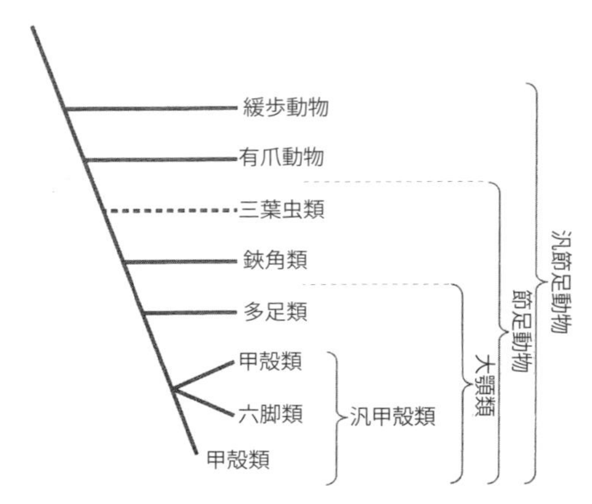

図１　汎節足動物類の関係．三葉虫類の位置はよくわかっていない（点線）（出典：文献［2］p.755より一部改変）

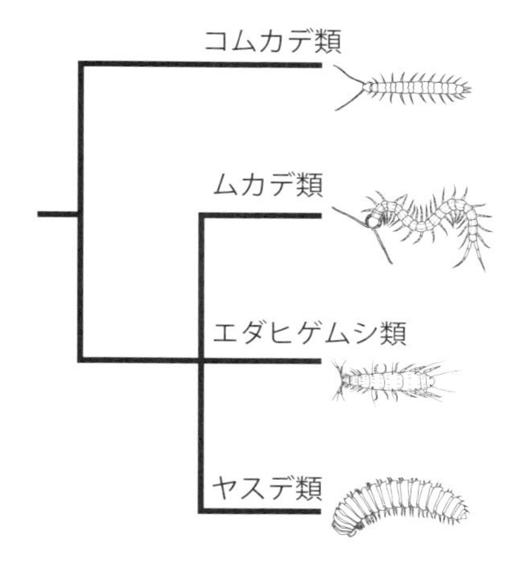

図2　多足類の系統関係（出典：文献［3］p.143 より改変）

図3　鋏角類の系統関係．点線はカニムシの位置がどちらかである事を示す．黒丸は近年支持されている枝，中抜き丸は不確かな枝（出典：文献［2］p.962 より改変）

統性が強く支持されている．クモガタ類の進化のプロセスは，現時点ではよくわかっていない．日本で，これまで使われてきたクモガタ類の体系は，呼吸様式の仮説に基づくものであった．しかし近年の分子系統学的解析，および，化石などの形態形質を用いた分岐分類学的解析の結果より，おおむね合意が得られつつある系統関係は現時点では以下のもののみである．有鞭類は，サソリモドキ類＋ヤイトムシ類から構成され，脚鬚類は，ウデムシ類＋有鞭類から構成される．また，四肺類は，真正クモ類＋脚鬚類で構成されている．一方，蛛肺類（和名新称）は，サソリ類＋四肺類で構成されるが，分子系統学的解析では他の動物群ほど強く支持されていない．クモガタ類のうちダニ類について，近年の分子系統学的解析の結果では，胸板ダニ類と，胸穴ダニ類の２つのクレードに分割されることが支持されている．また，胸板ダニ類がヒヨケムシ類とクレードを形成することがあり，変気門類（和名新称）とよばれる．［島野智之］

参考文献

［1］石川良輔編『節足動物の多様性と系統』バイオディバーシティ・シリーズ 6，裳華房，2008

［2］Brusca, R. C., et al., eds., *Invertebrates*, Sinaeur Associates. Inc., 2016

［3］Wanninger, A. ed., *Evolutionary Developmental Biology of Invertebrates*, vol. 3: Ecdysozoa I: Non-Tetraconata, Springer, 2015

節足動物（甲殻類）
——形も生き方も多様な動物群

甲殻類の主な生息地は水圏であるが，十脚類，等脚類，端脚類，カイアシ類などは陸上に進出している．生息する水圏も浅海～超深海，海底洞窟，陸水，地下水などに及ぶ．自由生活性種のほか，共生（広義）性種も多い．共生性種は，他動物の棲管などに生息する巣穴共生する種から宿主体内に内部寄生する種など多様である．形態・サイズも多様であり，全長数十マクロメートルのヒメヤドリエビ類から脚を広げた場合3mを超えるタカアシガニなどが存在する．現生種において，ムカデエビ類（36種），カシラエビ類（12種）などのコンパクトな分類群がある一方，カイアシ類約1万2500種，貝虫類約3万種，軟甲類約4万200種を有する大きな分類群もある．

●基本体制　体は基本的に，石灰化したキチン質の背板，側板，腹板から構成される節からなり，各体節は1対の付属肢を有する．頭部は5節からなり，前方から第1触角，第2触角，大顎，第1小顎，第2小顎を有する（図1）．この体節性が六脚類との類縁関係を支持する形態学的根拠の1つである．頭部より後方は分類群によって異なり，肛門節前方まで同規体節からなる胴部をもつムカデエビ類，付属肢のある胸部とそれがない腹部（abdomen）を備える鰓脚類，カシラエビ類，カイアシ類，鞘甲類，構造・機能が異なる付属肢を有する胸部，腹部（pleonとよび，上記のabdomenと相同ではない）を備える軟甲類がある（図1）．極端な場合には付属肢がまったくないフクロ状の体に退化する．付属肢は基本的に底節，基節，内肢，外肢からなる．付属肢は機能によって形態が変化し，物を把握する場合には鋏状になることがある．

●系統　系統的には古く，カンブリア紀前期には出現している．甲殻類は脱皮動物に属する節足動物門の一分類群であり，体節，複眼，神経の形態の類似性から六脚類とともに大顎類に属するとされてきた．近年の分子系統学的解析もこれを強く支持する．しかも六脚類は甲殻類から派生した分岐群であり，甲殻類は側系統群と考えられるようになった．六脚類がどのような甲殻類から派生したかについては議論があり，ムカデエビ類などと脳の構造に共有派生形質が認められるため，これを祖先とする説がある．一方，分子系統学的解析から軟甲類あるいは鰓脚類と近縁であるとする説もある．

●生態と人とのかかわり　基本的に雌雄異体であるが，雌雄同体が鰓脚類，ムカデエビ類，カシラエビ類，鞘甲類，まれに十脚類などで知られる．性的二形は体サイズや生殖器官および性行動，交尾に用いる体節・付属肢に発現する．単為生殖は鰓脚類，フクロエビ類などで見られる．両性生殖する種では交尾時あるいは交尾前に，性フェロモンが関与したさまざまな性行動が知られる．精子は雄の陰茎などでメスの体に付着させる場合と精子が詰まった袋状の精包を雌の生殖孔に付着させる場合がある．卵は等黄卵か端黄卵．精子は可動精子と不動精子が知られる．卵割は全割あるいは表割．鰓脚類，カイアシ類では不適な環境をやり過ごす休眠卵をもつ種が多い．

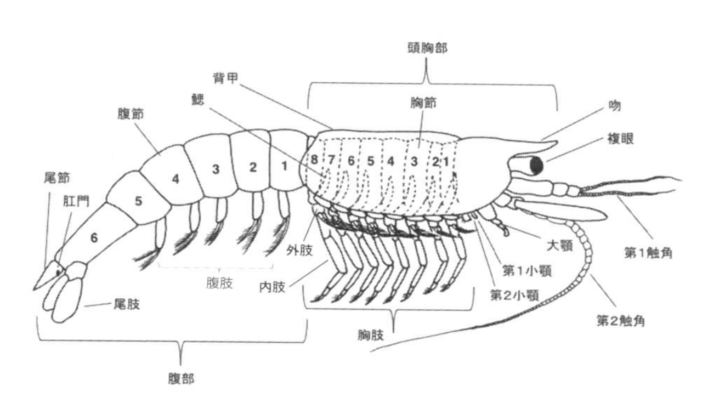

図 1. 軟甲類の体制模式図．番号は胸部，腹部（pleon）の節番号を示す（Brusca et al.（2016）を改変）

鰓脚類，カシラエビ類，ムカデエビ類，カイアシ類，鞘甲類，オキアミ類，根鰓類は基本的にノープリウス幼生で孵化し，それ以外の分類群はそれより発達したゾエア幼生，メガロパ幼生で孵化する．フクロエビ類，抱卵類の一部などは直達発生．

自由生活性種は懸濁物食，雑食，肉食あるいはデトリタス食である．ムカデエビ類，カイアシ類では毒あるいは麻酔を用いて餌動物を捕獲するものも知られる．共生性種は宿主の粘液，組織，血液などを摂取するか，あるいは宿主の摂取した餌を横取りする．

開放血管系を有する．呼吸は，鰓（図 1），体表，消化管にて行う．排泄は触角腺や小顎腺で行う．光感覚器として複眼あるいは単眼（ノープリウス眼）をもつか，これらの片方かまたは両方を欠く．

甲殻類は食用として重要である．特に十脚類，口脚類は産業上重要種を含む．蔓脚類，アミ類，オキアミ類なども地方によって食用として利用される．栽培漁業において鰓脚類，カイアシ類など，釣り餌としてオキアミ類，十脚類などが利用される．一方，経済的損失を引き起こすものとしては，汚損動物としての蔓脚類，魚介類養殖場ではびこる寄生性のカイアシ類，等脚類などがある．また，オキアミ類はアニサキス症の原因となる線虫類の待機宿主となる．　［大塚 攻］

📖 参考文献

［1］ Brusca, R.C., et al., *Invertebrates*, 3rd ed., Sinauer Associates, Inc. Publishers, 2016

［2］ 広島大学生物学会編『日本動物解剖図説』森北出版，2012

［3］ 石川良輔編『節足動物の多様性と系統』バイオディバーシティ・シリーズ 6，裳華房，2008

節足動物（六脚類）
——地球上で最も繁栄した生物群

六脚類（広義の昆虫類）は現在の地球上で最も多様化した多細胞生物であり，これまでに記載されている種は全生物種の半数以上，動物種の約75%を占める．最近の大規模遺伝子を用いた分子系統解析の結果からは，六脚類の起源は約5億年前にさかのぼり，六脚類は初期の陸上植物とともに陸上生態系をつくりあげた最初の生物群の1つであったらしいことも明らかになっている．

●六脚類の定義と単系統性　六脚類は，節足動物門の1つの分類群である．従来，六脚類は，いわゆる昆虫類（昆虫綱）をさしていたが，近年，無翅で大顎や小顎などの口器が頭蓋と小唇が癒着してできた窩に格納されて外部からほとんど見えない内顎類（カマアシムシ目，トビムシ目，コムシ目の3目から構成される）を独立の内顎綱として扱うことが定着したため，ここでは六脚類は，内顎綱と外顎綱（狭義の昆虫類に相当）からなる六脚亜門（広義の昆虫類に相当）を示すものとして定義する．

●節足動物門内における六脚類の位置付け　六脚類の節足動物門内における系統的な位置に関しては，大きく，多足類と姉妹群で単系統群（無角類，あるいは有気管類，触角類）をなすとする説と，甲殻類と姉妹群で単系統群（八分錘類）をなすとする説があった．最近の多くの分子系統学的解析の結果からは六脚類は甲殻類と合わせて単系統群を形成するものの，甲殻類は単系統群ではなく六脚類に対して側系統群をなす（六脚類が甲殻類に内包される）ということが強く支持された．この甲殻類と六脚類を合わせた単系統群は，新たに汎甲殻類と名付けられた．汎甲殻類の中で六脚類に最も近縁なのはムカデエビ類やカシラエビ類と考えられている．

●六脚類の初期進化　現生の外顎綱（狭義の昆虫類）の中ではイシノミ目とシミ目のみが無翅である．この2目に関しては，大顎と頭蓋の関節が1個所であるイシノミ目は独立の単丘亜綱とされる一方で，この関節が2個所あるシミ目と有翅昆虫類はまとめて双丘亜綱とされる．最近の大規模遺伝子を用いた分子系統解析の結果では，有翅昆虫類は単系統群であり，その姉妹群がシミ目であることもはっきりと裏付けられた．また，有翅昆虫類は他の生物が飛翔能力を獲得するはるか以前の4億年以上前に出現したことも示唆された．昆虫類に繁栄をもたらした翅の起源に関しては，最近の遺伝子発現解析と発生過程の詳細な観察の結果から，翅本体は胸部背板（側背板），翅の関節や筋肉は肢（亜基節）由来である可能性が極めて高いことが明らかにされた．

●有翅昆虫類の分類と多様性　有翅昆虫類（有翅下綱）に関しては，従来から旧翅類（旧翅節）と新翅類（新翅節）に二分する分類体系が一般的である．旧翅類（トンボ目とカゲロウ目のみ）は翅を上下方向にしか動かせないために翅を折り畳むことができないが，新翅類（他のすべての有翅下綱の目）は翅を後方に折り曲げ，静止の際には腹部の上に翅を畳むことができる．旧翅類の単系統性については異論も多く，最近の大規模遺伝子を用いた分子系統解析の結果でも単系統群を形成したもののその支持は低い．

新翅類については，従来から多新翅類（多新翅亜節），準新翅類（準新翅亜節），完全変態類（完全変態亜節）に分類する体系が広く受け入れられてきた．

多新翅類は直翅系昆虫ともよばれる不完全変態の一群で，バッタ目，カマキリ目，ゴキブリ目，シロアリ目，ナナフシ目，ハサミムシ目，カワゲラ目，カカトアルキ目，ガロアムシ目，シロアリモドキ目などからなる．多新翅類の単系統性や高次分類体系に関しては議論が続いていたが，最近の大規模遺伝子を用いた分子系統解析の結果では単系統性が支持された．多新翅類内では，2002 年に新しく設立されたカカトアルキ目がガロアムシ目と姉妹群で単系統群（異名上目）をなすことが明らかとなった．また，＜ナナフシ目＋シロアリモドキ目＞，<<ゴキブリ目＋シロアリ目>＋カマキリ目>>（＝網翅上目）などの単系統性も支持されている．さらに，これまで系統的位置に異論が多く，準新翅類との姉妹群関係が指摘されたこともあったジュズヒゲムシ目が，多新翅類に位置付けられることがはっきり示された点も注目される．

準新翅類は不完全変態の 4 目から構成され，咀顎類（咀顎上目：チャタテムシ目＋シラミ目）と節顎類（節顎上目:アザミウマ目＋カメムシ目）に分類される．準新翅類の単系統性は口器や翅の基部構造など多くの形態形質によって長らく支持されてきた．しかし，最近の大規模遺伝子を用いた分子系統解析の結果は，準新翅類が側系統群で，咀顎類が完全変態類の姉妹群となる可能性を示唆した．

蛹になる完全変態類（内翅群）は，昆虫の中でも最も多様化をとげた一群であり，一般に脈翅上目（ヘビトンボ目，ラクダムシ目，アミメカゲロウ目），鞘翅上目（コウチュウ目のみ），長翅上目（シリアゲムシ目，ノミ目，ハエ目，チョウ目，トビケラ目），および膜翅上目（ハチ目のみ）から構成される．従来から完全変態類の単系統性に関しては広く支持されてきた．完全変態昆虫の中でも最も多様性が高いのは前翅が角質化して鞘翅となったコウチュウ目であり，世界では実に全動物種の 1/4 にあたる 37 万種以上が知られている．

一方，きわめて特殊な形態をもつネジレバネ目の系統的な位置に関しては極端に異なる多くの異論が提唱され，不完全変態昆虫である可能性さえ指摘したものもあるほどであった．最近の大規模遺伝子を用いた分子系統解析の結果からはネジレバネ目はコウチュウ目と姉妹群をなすことが支持された．また，完全変態昆虫の起源は，3 億 5000 万年前にさかのぼることも明らかとなった．　［荒谷邦雄］

毛顎動物
――謎に包まれた系統的位置

毛顎動物は一般にヤムシ（矢虫）とよばれ，その多くは肉食性の動物プランクトンとして海洋の表層から深層，赤道海域から極海域まで広く生息する．約130種からなる小さな動物グループであり，水塊と関係の深い水塊指標種としても知られている．ヤムシの仲間には海草群落や砂礫の間隙に生息する底生性もあり，これは特にイソヤムシとよび区別する．

●形態的特徴　毛顎動物という名称は，口部にある顎毛とよばれるキチン質の捕獲器官に由来する．体長は数mm～数cm．体は透明または半透明で細長く，左右相称で背腹にやや扁平な円筒形で，尾鰭と1または2対の側鰭をもつ．頭・胴・尾の3部からなり，体内の新体腔は頭部横隔膜（頭部と胴部の隔壁）と尾部横隔膜（胴部と尾部の隔壁）により三分され，さらに縦隔膜により左右に二分される．体表は上皮組織で覆われ，これは肥厚していることから特に泡状組織とよばれる．体壁には背腹各1対ずつの束をなす縦走筋があり，この屈曲によりヤムシは素早く遊泳する．消化管は直送し，尾部横隔膜の直前で肛門に終わる．感覚器としては頭部背面に1対の眼点がある他，触毛斑とよばれる繊毛性の機械受容器官が体全体に発達している．神経系は，はしご状神経に類似しており，頭部背面には脳神経節があり，これは腹面にある腹神経節とつながる．

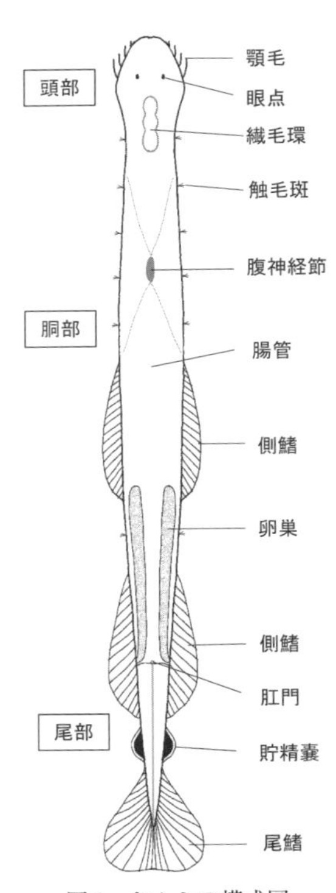

図1　ヤムシの模式図

●発生　雌雄同体であり，雄性生殖器官は胴部に，雌性生殖器官は尾部にある．両性がほぼ同時に成熟し，配偶行動により2個体間で精子塊を交換する．受精は受精補助細胞という特殊化した細胞が関与して体内で行われ，胚発生は産卵後に進む．卵割様式は放射卵割といわれてきたが，等割のらせん形に近い．体腔形成は独特であり，中胚葉性の襞が伸長することにより生じるが，腸体腔とみなされている．成体の口は原口に由来しない．幼生期はなく，直達発生である．

●行動　ヤムシは体を背腹に屈曲させて素早く遊泳する．餌となるカイアシ類などが体に接近すると，その動きを感じて定位して顎毛で捕獲し丸呑みにする．イソヤムシでは配偶行動が調べられており，定型的なパターンを示す．行動発現には局所的な水流が重要であり，水流感覚が摂餌，逃避，配偶にかかわっている．

●生態　ヤムシ類はメソ動物プランクトン群集の約10%の生物量を占め，肉食性動物プランクトンの中で最も優占する動物群で，低次生態系において二次消費者としての役割をはたし，仔稚魚の餌となっている．ヤムシ類の主な餌は一次消費者として重要なカイアシ類であり，1日あたりカイアシ類個体群の約5～10%を捕食するため，ヤムシ類の捕食圧はカイアシ類の現存量の変動要因となる．

●分類　綱は現生ヤムシ綱1つで，腹部横走筋の有無により腹筋目と無膜筋目の2目に分けられ，これらは6科に分類されていたが，18SrRNA遺伝子を指標とした研究からは4科が妥当だと報告されている．属は21に分けられているが，遺伝子解析は一部でしか行われておらず，まだ十分に検証されていない．

●系統的位置　後口動物と前口動物のいずれの特徴も持ち合わることから，系統的には古くから議論が多い．発生の特徴が後口動物に類似していることから，長い間，後口動物の一員とされてきた．一方，前口動物との類似点としては，主な中枢神経は腹側にあること，餌の捕獲器官である顎毛にキチン質をもつことが古くからあげられている．さらに，発生過程における初期卵割のパターンはらせん的であり，頭部の背側にみられる繊毛環はトロコフォア幼生の口後繊毛環と共通した点とみなされる．

18S rRNAを用いた分子系統学的解析の結果は，ヤムシは後口動物と姉妹群をつくらず前口動物に属するというものであり，これまでの発生学的な見解が否定された．ミトコンドリアDNA，Hox遺伝子群，およびESTデータを用いた系統解析からもヤムシは前口動物に含まれることが明らかにされたが，前口動物のどれに近縁かはいまだに不明である．これらの研究の中で，重複遺伝子が多く保有されていることからゲノム重複が起こった可能性があることや，集団内での遺伝的多型が多いことから突然変異率が高い可能性が指摘されている．このように，ヤムシの系統関係を正確に特定することが困難な状況にある．

●化石　ヤムシとみなされる化石は少ないが，ヤムシはカンブリア紀に発生したと考えられている．澄江動物群（カンブリア紀初期）で発見された*Protosagitta*は最古のものである．最も新しい化石は石炭紀後期（ペンシルベニア紀）から見つかっている．体の完全体ではないが，先カンブリア紀からカンブリア紀初期の葉状化石として検出されるプロトコノドントは，ヤムシの顎毛と形態や内部構造が類似しており，数やサイズもほぼ一致していることから，毛顎動物の化石であるとみなされている．

［後藤太一郎］

📖参考文献

［1］ Bone, Q. et al., *The Biology of Chaetognaths*, Oxford University Press, p.173, 1990

珍無腸形動物
——左右相称動物の祖先に迫る？

珍無腸形動物門は，珍渦虫と無腸動物が姉妹群であることが分子系統解析によって支持され，2011 年に新たに提唱された動物門である．

●珍渦虫　珍渦虫は単純な形態をもつ底性の海産動物である．体長は 1 ～ 3 cm の種から，20 cm ほどになる種もいる．腹側中央に口が開くものの肛門はなく，消化器官は管状でなく袋状である．神経網が体中にほぼ一様に存在し，中枢神経系は見られない．体の前方に平衡胞とよばれる器官があるが，その機能は確認されていない．体の前方から左右にかけて感覚器官と推測されている溝がある．体の前端腹側には前端孔とよばれる穴があき，腹腺網という腹側の器官に続く．体腔，呼吸器，循環器，排出器はもたない．移動は体中に生えた繊毛で行い，筋肉は主に収縮，変形に用いられる．

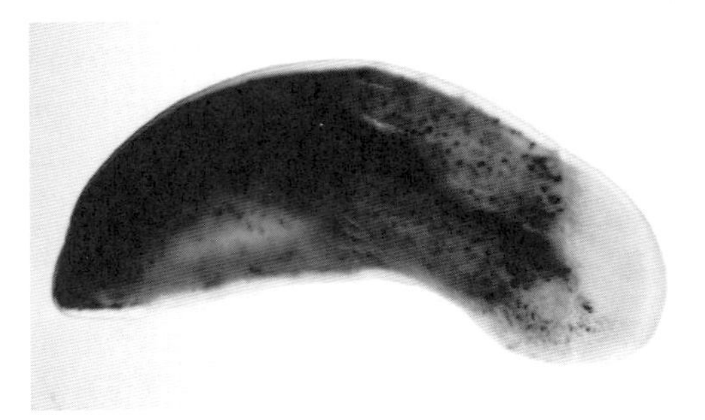

図 1　スウェーデンで採取された珍渦虫 *X. bocki*

長い間，珍渦虫は 1949 年に記載された *Xenoturbella bocki* 1 種のみであった．1999 年に 2 種目 *X. westbladi* が報告されていたものの，近年の解析で *X. bocki* と同一種であることが判明した．2016 年には東太平洋から 4 種の新種が報告され，珍渦虫の種数は 5 種に増加した．また，珍渦虫は「小型で 650 m 以浅に生息」する 2 種と「大型で 1700 m 以深に生息」する 3 種と大きく 2 グループに分類されることが判明した．2017 年には日本近海からも珍渦虫が報告され *X. japonica* と命名された．この種は上記の 2 グループのうち前者に属するものの，後者の特徴も併せもつ．2018 年時点で，珍渦虫はこの 6 種が報告されている．

X. bocki の繁殖時期は冬であり，受精卵は全等割で発生が進行する．孵化後，頂毛はもつものの，繊毛帯，消化器官，体腔を欠く非常に単純な構造をもつ遊泳幼生期を経る．細胞で満たされた空間を上皮状の細胞で囲う構造は刺胞動物のプラヌラ幼生や一部の無腸類の遊泳時期に似ている．珍渦虫の遊泳幼生は孵化後約 5 日で底を這い回り始める．

珍渦虫の摂食行動はこれまでに観察されていない．しかし，珍渦虫の複数種から二枚貝 DNA の混入が確認されていること，珍渦虫の体内から二枚貝の幼生や卵が報告されていることなどから，二枚貝を食べていると考えられている．

X. bocki の採取報告はスウェーデンの西海岸に限られており，そのほとんどがグルマルフィヨルドという単一のフィヨルド内からの報告である．そのグルマルフィヨルドは他の海域では数千 m の海底に棲む動物が水深 100 m 程度で採取可能であることが知られている．また，太平洋の 5 種も水深約 400 ～ 3700 m から報告されており，深海底からさらに新種の珍渦虫が発見されるかもしれない．

●無腸動物　無腸動物は無腸類（約 380 種）と皮中神経類（約 10 種）からなる海産の動物群である．体腔，肛門，呼吸器，循環器，排出器を欠く，珍渦虫と似た単純な形態をもつものの，いくつかの点で違いが見られる．体長は 0.3 ～ 1.5 mm と小さい．消化器官は多核の合胞体（シンシチウム）になっている．また，種数が多いことからグループ内で多様性が見られ，例えば口の位置も前方，腹側中央，後方と種によって異なる．神経系も一様な神経網をもつ種から，脳ともよばれる中枢化した神経系をもつ種もいる．さらに，一部の種では体内に共生藻が見られる．無腸類と皮中神経類でも形態にいくつかの違いが見られる．どちらも平衡胞をもつものの，前者は 1 つ，後者は 2 つである．また，無腸類は精子の鞭毛が 2 本だが，皮中神経類では 1 本である．

無腸動物は二重らせん卵割という特徴的な卵割をした後，一部の種では期間の短い遊泳幼生として，他の種では幼若体として孵化する．

無腸類，皮中神経類は元来扁形動物門渦虫綱にそれぞれ無腸目，皮中神経目として含まれていたものの，上述のように多核の消化器官など他の扁形動物とは著しく異なった形態をもつことが古くから知られていた．1999 年に報告された分子系統解析の結果，これらは扁形動物門には含まれず，初期に分岐した左右相称動物であることが示唆された．その後もこの説を支持する分子系統解析結果が多く報告され，左右相称動物の起源を探るうえで重要な動物群であると進化生物学者の注目を集めていた．しかし，無腸動物は珍渦虫とともに新口動物の一員であると 2011 年に報告されてから，その系統学的位置は議論の的になっている．

●系統学的位置　珍無腸形動物門は 2011 年には新口動物の一員であると報告されたが，2016 年には初期に分岐した左右相称動物であると主張する論文が出版され，その系統学的位置が定まっていない．ただし，分子系統学的解析では珍無腸形動物門は強く支持され，その共通祖先は珍渦虫と無腸動物の共通した形質をもっていたと推測される．すなわち，袋状の消化器官と神経網をもち，体腔，中枢神経系，肛門，呼吸器，循環器，排出器を欠く体制だったと考えられる．しかし，この単純な体制が祖先的な単純さを保持しているのか，二次的に退化したものなのかは，珍無腸形動物門の系統学的位置が定まっていないことともあり解明されておらず，ゲノム系統学，形態学，発生学，古生物学など多方面の研究の進展が待たれる．

［中野裕昭］

棘皮動物
——星形の体をもつ海のスター

ヒトデやウニの仲間である棘皮動物は新口動物の1動物門で約7000種を含む. 多種を擁する動物門でありながら, 淡水や陸上で生活する種はなくすべて海産であり, また他の動物体内に寄生する種もなくすべて自由生活をおくっている. クラゲナマコなどを除き底生性で海底近傍で生活する.

現生では, ウミユリ綱, ヒトデ綱, クモヒトデ綱, ウニ綱, ナマコ綱の5綱からなるが, 化石では約20綱が知られている. 形態の分析や分子系統解析によって, ウミユリ綱が最も祖先的な系統とされている. それ以外の4綱の系統関係はまだ決着はついていないものの, 近年の研究結果からは, ヒトデ綱とクモヒトデ綱, ナマコ綱とウニ綱がそれぞれ姉妹群をなしていると考えられている. 1986年に報告されたウミヒナギクは当初シャリンヒトデ綱という現生の6番目の綱とされたが, その後の研究によってヒトデ綱の一部であることが明らかとなった.

●棘皮動物の形態と生態　棘皮動物の最大の形態的特徴は, 成体が口や肛門を中心とした五放射相称の体をもつことである. ウミユリ類, ヒトデ類, クモヒトデ類は, 口を中心に放射状に広がる5本の腕をもつ. 例外的に, ヒトデ類の一部は6本以上の腕をもち, クモヒトデ類でもわずかな種が6腕となる. また, 多くのウミユリ類と, テヅルモヅル類などの一部のクモヒトデ類では, 見かけ上多数の腕をもつが, これは腕が分岐を繰り返しているためであり腕の基部は5本である. ウニ類とナマコ類には腕がなく, 球形もしくは円筒形の体をもつが, 体内の構造は口と肛門を結ぶ軸を中心に五放射相称となっている. ただし, 不正形ウニ類のタコノマクラ類やブンブク類では口や肛門の位置がずれていて, 五放射相称がゆがんで左右相称性を示している.

骨格はさまざまな種類の多数の骨片が組み合わさることにより構成されている. 骨片は単結晶の方解石で, マグネシウムを多く含む炭酸カルシウムでできており, 多孔質でその隙間には組織が入り込んでいる. 内骨格で表皮に覆われている. ウニ類では, 球形の殻を形成する. ナマコ類では骨格は目立たないが, 体壁中に微小な骨片が存在し, その形状は多様性に富み分類形質とされている.

棘皮動物は他の動物門にはない水管系という構造を有する. 水管系は細い管の系で, その中には体腔液が満たされている. 口の周囲を囲む環状水管から5本の放射水管が伸び, そこから多数の管が枝分れし管足となって体外に伸びている. 管足の付け根には瓶嚢とよばれる袋があり, 瓶嚢の大きさを変えることにより管足内部の液量を調整し, 静水圧によって管足を伸縮させることができる. また管足は筋肉によって曲げることが可能である. 管足は移動や摂食に用いられる. 放射水管とは別に，環状水管から伸びる1本の管が体表にある多孔板とつながっている．多孔板は細い穴がたくさん開いており，水管内部は外界とつながっているため，水管系の中には体外から海水が入り込み，循環，排出などの機能も担っていると考えられている．

口から肛門へとつながる完全な消化管をもつが，クモヒトデ類などでは二次的に肛門を失っている．ヒトデ類では胃が発達し，幽門盲嚢という消化器官が各腕に伸びている．一般に食性は広く，堆積物や懸濁物などのデトリタスを食べるほか，ヒトデ類では肉食の捕食者も多く，ウニ類では海藻食のグレーザーも多い．

ウミユリ類は神経節をもつが，中枢神経はなく，神経環と放射神経からなる神経系をつくっている．また，キャッチ結合組織という棘皮動物特有の固さを変えることができる結合組織をもつ．

雌雄異体の種が多いが雌雄同体もある．性的二型はほとんど知られていないが，ダキクモヒトデなど雌雄で大きく体の大きさが異なる種もわずかながらある．発生は新口動物型で，放射卵割をし，原口は口にならない．腸体腔性の体腔が発達し，幼生の基本形は3対の体腔をもつディプリュールラ型で，間接発生の浮遊幼生は綱によって形が異なり，ウニ類のエキノプルテウス幼生，クモヒトデ類のオフィオプルテウス幼生，ヒトデ類のビピンナリア幼生，ナマコ類のオーリクラリア幼生などが知られている．直接発生をする種もあり保育習性も知られる．一般的に再生能力が高いため，無性生殖も知られており，体をみずから二分する分裂により繁殖する種が，ヒトデ類，クモヒトデ類，ナマコ類に知られており，腕の一部を自切することによる繁殖もヒトデ類で見られる．

●棘皮動物の多様性　現生の5綱は体のつくりが大きく異なっている．ウミユリ綱では，小さな円錐形の萼から腕が出る．腕の側方に羽枝が左右交互に並ぶ．口から腕へと伸びる歩帯溝をもち，歩帯溝の両縁に管足が並ぶ．巻枝で物に付着する．茎がある有柄ウミユリ類と茎がないウミシダ類がある．ヒトデ綱では，中央の盤から腕が伸びるが，盤と腕の境界は明瞭ではなく星形をしているものが多い．歩帯板が対になってV字状に並び，口から各腕の先端まで続く歩帯溝をつくる．歩帯溝の中に2列または4列に管足が並ぶ．クモヒトデ綱では，円盤形の盤から細長い腕が伸びている．歩帯溝はなく，管足は腕の下面に対になって並ぶ触手孔から突き出る．腕の中心に腕骨が互いに関節で連なり，そのまわりを通常4枚の骨板が囲む．ウニ綱は球形の殻をもち，棘に覆われている．殻には孔が列に並び，そこから管足が出る．口の内側にはアリストテレスの提灯とよばれる複雑な口器をもつ．ナマコ綱の体は円筒形に細長く，体の前端に口が，後端に肛門が位置する．管足は体壁から外に突き出ている．口の周囲の管足は変形し口触手となり，また体の上側の管足は疣足となることが多い．　［藤田敏彦］

頭索動物・尾索動物・半索動物
――脊椎動物のルーツを探る

ヒトもその一員である脊椎動物のルーツを探るとき，必ず登場するのがここで紹介する海産動物群である．脊椎動物では多くの場合，個体発生途上で脊索が椎骨に置き換わるが，頭索動物（ナメクジウオ類）と尾索動物（ホヤ類など）では通例脊索はもつが椎骨は一生現れない．頭索・尾索・脊椎の3群を門の階級に位置付けると，これら3門は脊索をもつという共通性からまとめて脊索動物（上門）とよばれる．脊索動物はこの他，脊索の原則として背方に中空の神経管（脊髄）をもち，咽頭側壁に鰓あな（鰓裂）を備えることでも共通する．脊椎動物と尾索動物が単系統群をなすとの仮説では，時にこの群をオルファクトレス（ランクなし）とよぶ．一方，半索動物に脊索や神経管は認められないが，一般に鰓裂を備える．近年の分子系統解析では，半索動物（門）は棘皮動物（門）と最も近縁とされ，まとめて水腔動物（上門）とよばれる．

●脊索の多様性　脊索は膨らませた細長い風船のような中軸器官で，脊索鞘という繊維質の丈夫な膜に脊索細胞が包まれていて，筋肉が付着する．脊索細胞は，脊椎動物では体前端を除く全長に出現し，発生初期には1列に並ぶが，次第に数が増え配列が乱れる．一方，脊索が尾部に限られる尾索動物では，脊索細胞はホヤ類でわずか40個，オタマボヤ類で20個と数が決まっていて，発生初期には数列だが次第に1列に整う．ここからさらに，ホヤ類では細胞間に隙間（細胞外マトリクス）が現れ，種類によってはこれが脊索中心部を占める一方，脊索細胞は外側に押しやられる．オタマボヤ類では，細胞外マトリクスが脊索中心部を広く占め，それを包んで脊索細胞が偏平化する．他方，脊索が体全長を貫く頭索動物では，脊索細胞はパラミオシンやアクチンを含む筋肉性の円形薄膜となってぎっしりと1列にならび，それぞれから突起が出て神経管と接合する．

●尾索動物　体表皮が外側に被嚢という柔らかい保護組織を分泌することから，被嚢動物ともいう．後生動物でセルロースをもつのは尾索動物のみで，細菌のセルロース関連遺伝子が過去に水平移行した結果とされる．尾索動物は，成体が固着性で脊索は短い浮遊幼生期にのみ現れるホヤ綱，終生浮遊性で脊索はまったく出現しないかあるいは幼期にのみ現れるタリア綱（ウミタル・サルパ・ヒカリボヤ類），そして終生浮遊性で脊索を一生持ち続けるオタマボヤ綱に分けられる．浮遊有機物を濾過摂餌するが，ホヤ綱深海種の一部で肉食性も知られる．雌雄同体が通例で，一般に自家受精は起きない．前2綱は多彩な無性生殖能力が知られるが，後者ではそれがない．これら3綱はそれぞれユニークな形態や生活史をもつので，各々が単系統群をなすものと長く信じられてきた．しかし近年の分子系統解析は意外にも，ホヤ綱の一部（マメボヤ目）はタリア綱と，そして残り（マボヤ目）はオタマボヤ綱とそれぞれ姉妹群をなすとの系統仮説を支持しており，ホヤ綱の単系統性が否定されている．現生既知種はホヤ綱で2800種，タリア綱で75種，オタマボヤ綱で65種ほど．

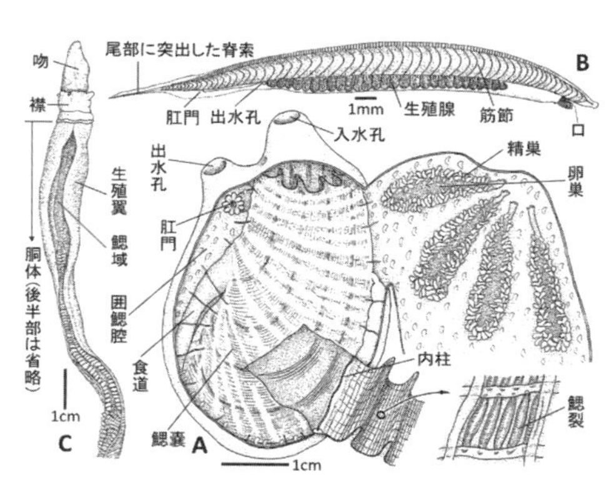

図1　A：シロボヤ筋膜体右側面を切り開いたところ，B：オナガナメクジウオ種群右側面，C：ヒメギボシムシ前半部背面　（西川原図）

体の構造をホヤ綱に則して説明する．浮遊幼生が着底・変態後そのまま1個体に育つ単体ボヤと，無性生殖によって多数のクローン個虫を生じる群体ボヤとがあるが，群体性は進化の過程で複数回独立して出現したようだ．単体ボヤでは，体は被嚢でおおわれ，入水管と出水管が1本ずつあって先端に入・出水孔がそれぞれ外界に開く．被嚢の中に筋膜体（図1A）とよばれる袋が入っていて，この中に内臓諸器官がある．入水孔に続く咽頭部は拡大して鰓嚢とよばれ，肉食性種を除き，壁には繊毛で縁どられた鰓裂が多数開く．鰓嚢を取り囲む空所が囲鰓腔で，鰓裂にある繊毛の働きで入水孔から鰓嚢に入った海水が，鰓裂から出てここに集まってから出水孔に向かう時，糞や卵・精子が合流する．鰓嚢の内面腹正中にある内柱が分泌する粘液シートで流入した餌を濾しとる．

●頭索動物　全世界の主に温暖な浅海に生息．遊泳せず砂中に潜む．ホヤ類と同様に囲鰓腔をもち，同じ方法で濾過摂餌するが，肛門が独立して直接体外に開くことと雌雄異体であることで異なる（図1B）．鰓裂は腹方にある．現生約30種とされるが，隠ぺい種も多数存在する．

●半索動物　ギボシムシ綱，フサカツギ綱，および棲管化石が多数出土するフデイシ綱に分けるのが伝統的だが，最近では後2者を統合する説もある．現生既知種は130種ほどで，潮間帯から深海に生息．ギボシムシは砂泥中またはその表面で自由生活し沈積した有機物を食べるが，フサカツギは岩盤などの表面に固着して濾過摂餌する．雌雄異体．体は前後に3つの部分に分けられ，ギボシムシ（図1C）では吻，襟，および胴体（長大で消化管が直走），フサカツギでは頭盤，頸，胴体（空豆形で消化管が背方に屈曲）とよぶ．無性生殖能力にも富み，フサカツギでは多くの場合群体を形成．鰓裂は胴体前端背方にあり，ギボシムシでは多数，フサカツギでは0～1対．フサカツギは棲管をつくるのが通例で，微小な個虫の，頸から背方に突出した1～9対の触手腕を使って摂餌する．　［西川輝昭］

脊椎動物（魚類）
——水中で多様に進化した分類群

魚類は約3万2000種を含み，脊椎動物の約半数以上を占める非常に多様な分類群である．一般的に「魚類」は，脊椎動物から四肢類（両生類＋爬虫類＋鳥類＋哺乳類）を除いた側系統群である（図1）．

●ヌタウナギ綱・ヤツメウナギ綱　顎をもたない現生の無顎類で，舌器官で口の開閉を行う．体はウナギ状で細長く，吸盤状に開いた口に歯が並ぶ．

ヌタウナギ綱は，眼が退化的で皮膚下に埋まっており，口にはひげがある．体には粘液腺が並ぶ．腐肉食者で，死んだ魚を潜り込むようにして食べる．

ヤツメウナギ綱は，背鰭と尾鰭があるが，胸鰭や腹鰭（対鰭）をもたない．孵化後，数年をアンモシーテス幼生といわれる時期を過ごす．この時期は，口は漏斗状で，川底の有機物を食べている．変態して成体となり，一般には他の魚類の体液を吸う寄生性の生活を送るようになる．

●軟骨魚綱　真正板鰓亜綱（サメ・エイ類）と全頭亜綱（ギンザメ類）を含む．骨格は軟骨でできている．一般に，背鰭，臀鰭，尾鰭に加えて，胸鰭と腹鰭（対鰭）をもつが，鰭を折りたたむことはできない．腸の内面に螺旋弁があり，内腔は回転しながら後方へ開く．体内受精を行い，雄は交接器（クラスパー）をもつ．

現世の真正板鰓亜綱では，眼のうしろには噴水孔があり，さらに後方に5～7対の鰓孔が開く．ネコザメ類，トラザメ類，ガンギエイ類などは，堅い繊維質の卵殻に包まれた卵を産む卵生であるが，他は胎生である．胎生のものの中には，子宮内で完全に卵黄の養分だけに依存するタイプ（アブラツノザメなど），他の卵を食べて成長するタイプ（ホホジロザメなど），胎盤のようなものを形成して母体から栄養を受け取るタイプ（シュモクザメ類など）などが見られる．

現生の全頭亜綱は，ギンザメ目のみを含む．頭部には溝状に側線系が発達する．鰓孔は1対．第1背鰭には，大きな棘が発達しており，毒が確認されている種もいる．交接は腹鰭前方の突起だけでなく，頭部の前額にある突起も使って行われる．細長くとがった卵を産出する．多くの種は深海性．

●硬骨魚綱-肉鰭亜綱　硬骨魚綱は，肉鰭亜綱（輻鰭下綱，ハイギョ下綱）と条鰭亜綱の2グループに分けられる．輻鰭下綱では，胸鰭，腹鰭，第2背鰭，臀鰭が肉厚で，尾鰭は3つの部分からなる．腸に螺旋弁があることなど，軟骨魚綱との共通点も多い．ハイギョ下綱では，胸鰭と腹鰭が鞭状か葉状で，基底の長い背鰭と臀鰭は尾鰭とつながる．鰾には血管網が発達し，肺としての機能をはたす．

●硬骨魚綱-条鰭亜綱　条鰭亜綱では，硬骨化の進んだ内部骨格をもち，すべての鰭が鰭条によって支えられ，その間に鰭膜が発達する．現生の条鰭亜綱は，腕

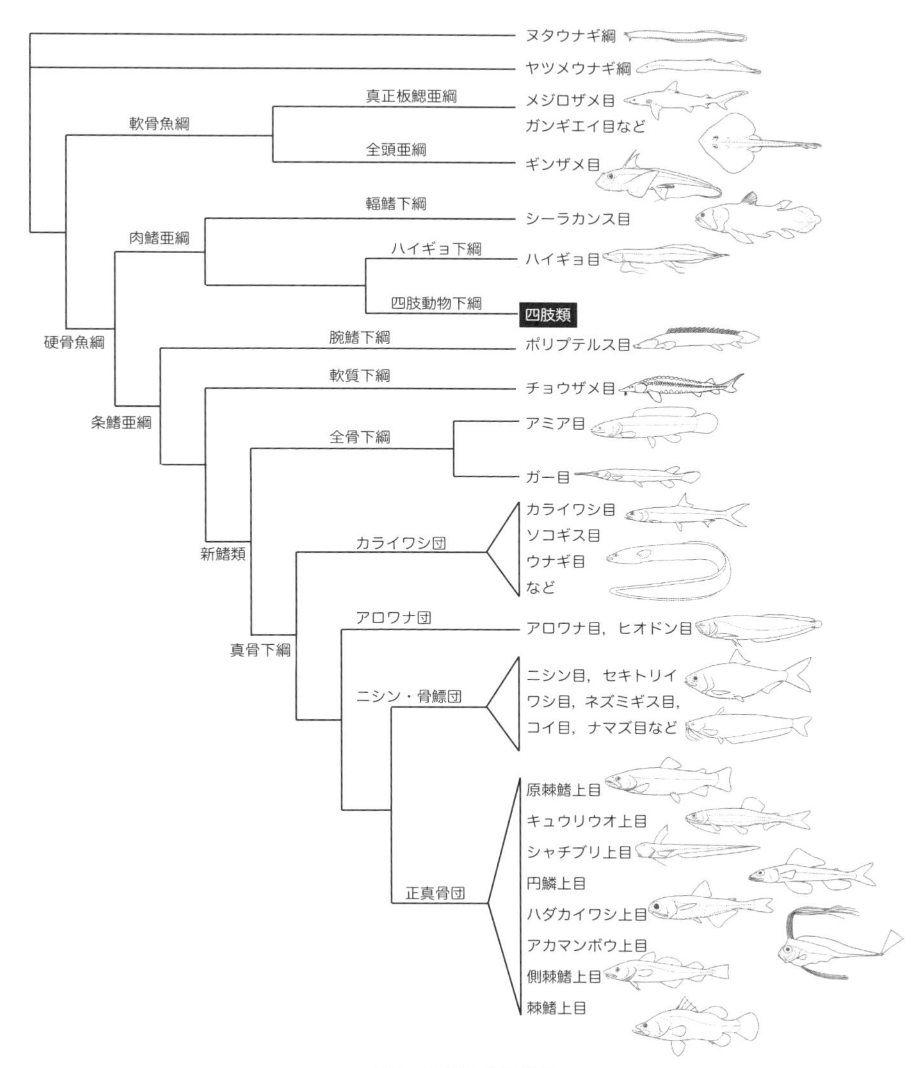

図1　魚類の系統仮説

鰭下綱，軟質下綱，全骨下綱，真骨下綱に分けられる（図1）．

腕鰭下綱は，ポリプテルス目のみが熱帯アフリカの河川に知られる．背鰭は5から18の独立した鰭からなる．血管網の発達した1対の鰾は，空気呼吸機能を備える．軟質下綱は，チョウザメ目のみを含む．骨格系は二次的に軟骨化しており，脊柱に椎体構造は見られない．北半球の中・高緯度の淡水域，汽水域，沿岸域に生息するが，産卵は河川で行われる．全骨下綱には，アミア目とガー目が含まれる．両目とも北アメリカの淡水域から知られる．

真骨下綱は，カライワシ団，アロワナ団，ニシン・骨鰾団，正真骨団の4グループに分類される（図1）．

カライワシ団は，半透明で体高のあるレプトケファルス幼生（葉形幼生）期を経る．カライワシ目，ソトイワシ目，ソコギス目のほか，体の細長い（脊椎骨数の多い）ウナギ目を含む．汽水から海域に生息する種が多いが，ニホンウナギのように産卵のために大規模回遊する種も知られている．

アロワナ団は，アロワナ目とヒオドン目を含み，喉の奥に発達した歯をもつことで特徴付けられる．世界最大の淡水魚といわれるピラルクーや観賞魚として有名なアロワナ科魚類などが含まれる．南米大陸，アフリカ大陸，オーストラリア，東南アジアの淡水域に分布する．

ニシン・骨鰾下区は，ニシン目，ネズミギス目，コイ目，ナマズ目などのほか，セキトリイワシ目を含む．ニシン目は，水産業上重要なイワシ類やニシン類を含む．コイ目，ナマズ目などでは，脊椎骨の前方の4個が変形して内耳と鰾をつないでおり，音を伝える器官であるウェーバー器官をもつ．ネズミギス目では，前方の3個の脊椎骨が変形して頭部に接しており，ウェーバー器官の前駆的な構造をなす．

正真骨団は，50目を含む巨大なグループである．主に原棘鰭上目，キュウリウオ上目，シャチブリ上目，円鱗上目，ハダカイワシ上目，アカマンボウ上目，側棘鰭上目，棘鰭上目の8グループに分けられる．

原棘鰭上目は，サケ目，カワカマス目を含む．サケ目は北半球の冷水域に分布し，脂鰭をもつ．カワカマス目は脂鰭をもたず，北半球の淡水域に分布するが，日本では見られない．

キュウリウオ上目は，ニギス目，キュウリウオ目，ワニトカゲギス目のほか，南半球の冷水域に生息する小型の淡水魚であるガラクシアス目を含む．前者3目の多くは脂鰭をもつ．ニギス目の多くは深海性で体が脆弱なものが多い．キュウリウオ目には，アユやシラウオ，シシャモなど水産業上重要種も多く含まれる．ほとんどが北半球の沿岸域や淡水域に分布し，一部は成長や産卵のために海と川を回遊する．ワニトカゲギス目は外洋の中深層に生息する深海性魚類で，体は黒く，発光器をもつ．

シャチブリ上目は，シャチブリ目のみを含む．体は細長く，ゼラチン質で柔らかい．骨格も軟骨性であり，体の構造も退化的．大陸斜面上部に生息する．

円鱗上目は，ヒメ目のみを含む．沿岸の砂底に生息するエソ類から，筒状の眼をもつ深海性魚類であるボウエンギョなどを含む多様性に富んだグループ．上顎には鋭い歯が並ぶこと，鰾が発達しないこと，脂鰭をもつことなどで特徴付けられる．

ハダカイワシ上目は，ハダカイワシ目のみからなる．世界中の外洋に分布する典型的な深海性魚類．体は剥がれやすい円鱗で覆われ，発光器が並ぶ．夜間には表層近くに浮上するという日周鉛直移動を行う．生物量が多く，大型海産動物の餌として生態的に重要な位置を占めている．

アカマンボウ上目は，アカマンボウ目のみを含む．クサアジ科やアカマンボウ科のように体高のあるものから，フリソデウオ科やリュウグウノツカイ科のように体の伸長するものまでさまざま．外洋性で中層を泳ぐと考えられているが，稀種が多く生態的には不明点が多い．

側棘鰭上目は，ギンメダイ目，サケスズキ目，マトウダイ目，スタイルフォルス目，タラ目を含む．ギンメダイ目は，東太平洋を除く全世界の大陸斜面や海山に分布し，下顎に1対のヒゲをもつ．サケスズキ目は北米の淡水域に分布する小型魚類で，一部の種は洞窟性で眼が退化的．タラ目は，主に寒帯の深海域で種分化を遂げたグループ．マダラやスケトウダラなど水産業上重要種も多い．スタイルフォルス目は，チューブ状の口，筒状の眼，細長い体，パイプ状の尾鰭という奇妙な形態をもつ．世界中の深海に生息するが，日本からは得られていない．

棘鰭上目は，著しく多様化しているが，一般的な特徴としては，発達した上向突起がある前上顎骨が上顎を縁取ること（上顎が前に突出可能），背鰭，臀鰭，腹鰭に棘条があること，腹鰭は体の前方（胸鰭直下付近）にあることなどがあげられる．キンメダイ目，アシロ目，ダツ目，スズキ目，カレイ目，フグ目，アンコウ目などを含む．キンメダイ目は，棘鰭上目の中では最も早く分岐した1群で，多くは深海性．アシロ目は，かつて側棘鰭上目のタラ目と近縁と考えられていた．深海性で，8000 m を超える超深海からヨミノアシロが記録されている．ダツ目は，メダカ科，トビウオ科，サンマ科，サヨリ科などを含み，付着糸をもった卵を海藻などに産出することが特徴的．スズキ目の範囲は安定的ではないが，いずれも背鰭棘条部が発達することで特徴付けられる．カレイ目は，両眼が体の片方に位置する．仔魚では体の左右に眼があるが，成長にともない眼が移動する．フグ目は，鰓孔が小さく，退化傾向にある腹鰭が特徴的（フグ亜目では腹鰭は完全にない）．多くは海域に生息するが，一部の種は淡水性．アンコウ目は，頭部から伸びる誘引突起とその先端にある擬餌状体をもち，これで餌をおびき寄せる．

［甲斐嘉晃］

参考文献

［1］ Nelson, J. S., et al., *Fishes of the World*, 5th ed., John Wiley & Sons, 2016

脊椎動物(両生類)
——水と陸の間を生きる

両生類（両生綱：Amphibia）は，脊椎動物の進化の歴史において初めて陸上に進出した一群である．後にこの仲間から進化した爬虫類・鳥類，哺乳類と合わせて，四肢類とよばれる．陸生あるいは水生で，通常は体から突出した四肢をもつ．体表は浸透性の高い皮膚で覆われ，肺と合わせてこの皮膚によるガス交換が呼吸の大半を担っている．体外受精あるいは体内受精を行い，ゼリー質に包まれた卵を水中あるいは湿った環境に産卵する．孵化した幼生ははじめ水中生活を送るが，多くの種では成長に従って陸にあがり，陸上生活を送るようになる．こうした成長の過程で，幼生（オタマジャクシなど）から成体へと，体のつくりが短期間の内に大きく変化する（変態）．これは四肢類の中でも両生類に固有の特徴である．両生類は現在，南極大陸と海洋を除く地球上の広い範囲に生息するが，生活史のいずれかの段階で水環境が必要なため，極端な乾燥地では生きていけない．また，一生のうちに水と陸を行き来することから，そのどちらの環境の変化にも影響を受けやすい．そのため，環境破壊や気候変動に敏感で，現在世界中の多くの地域で減少・絶滅が危惧されている．

●両生類の起源と進化　両生類は約3億6000万年前の古生代デボン紀後期に，ハイギョやシーラカンスに近縁な魚類から進化した．最初期の両生類としてはイクチオステガ類が知られる．この仲間は一見すると現生のオオサンショウウオに似た体形で，基本的に水生であったが，骨格の特徴から陸上でも移動可能だったと考えられる．その後，石炭紀やペルム紀に大繁栄した両生類であったが，中生代三畳紀になると爬虫類の台頭に伴い徐々に衰退していった．

現生の両生類3目（後述）の起源については諸説あるが，石炭紀前期に出現した分椎類とよばれる一群をその祖先とする説が有力である．DNA配列を用いた最近の分子系統学的研究によると，現生両生類3目の共通祖先は約3億年前の石炭紀末期に誕生したとされ，三畳紀の地層からはカエルの，ジュラ紀からはサンショウウオやアシナシイモリの祖先の化石がそれぞれ見つかっている．

●現生両生類の多様性　現在，地球上には約7600種の両生類が生息している．これらは大きく3つのグループ（目），無尾目（カエルの仲間）・有尾目（サンショウウオ・イモリの仲間）・無足目（アシナシイモリの仲間）に分けられる（図）．

無尾目は3目の中で最も種多様性が高く，両生類全体の9割弱に相当する約6700種を含む．南極以外の各大陸に広く分布し，一部は砂漠地帯にも進出している．この仲間の成体は名前のとおり尾を欠き，多くの種が跳躍に特化した体の構造をもつ．また，繁殖期や自身に危険が迫ったときなどに，鳴き声を用いた音声コミュニケーションを行う.

有尾目には約700種が含まれ，ユーラシア，アフリカ北部，南北アメリカ大陸に分布するが，アフリカ大陸の大部分とアジアの熱帯域，オセアニアには分布しない．細長い体に四肢と尾を備えるが，四肢が退化的なグループもある．またアホロートルのように，変態をせず，幼生の体形のまま性的に成熟するという，幼形成熟（ネオテニー）を行うものがいる.

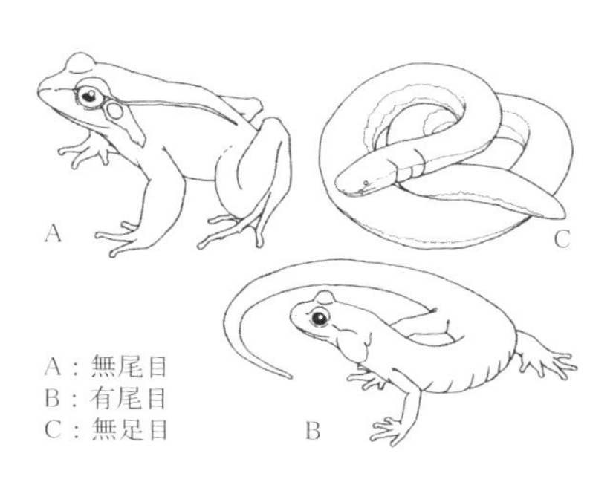

図1　現生の両生類3目

無足目は約200種からなるグループで，アフリカ・アジア・アメリカの熱帯域に分布する．地中生活に特化しており，四肢を欠いたミミズのような体形をしている．また尾も退化的で，一部のグループでは失われている．さらに目も退化的である一方，触手という他の2目にはみられない感覚器官を頭部にもつ．最近の分子系統学的研究によると，現生両生類3目の中ではこの無足目が初めに他から分岐し，残る無尾目と有尾目が互いに近縁であると推定されている.

●日本の両生類　日本には現在，48種・亜種の無尾目と33種の有尾目が生息している．これらの約8割は，日本にのみ分布する固有種である．無尾目では南西諸島で種の多様性が高く，全体の5割弱の種がこの地域に分布する．一方で，有尾目は大半の種が本州以北に分布し，南西諸島にはわずかに2種がみられるのみである．また，日本の両生類には，現在知られている種の他にも複数の隠蔽種が存在するとされ，将来的にはさらに種数が増大すると考えられる.

日本に生息する無尾目のうち，ウシガエルなど4種は，近年になって国外から持ち込まれ定着した外来種である．こうした外来種は，本来その地域に生息していた種と競合したり，新たな病原体を持ち込むことで，生態系を撹乱する恐れがある．このほか，中国から持ち込まれたチュウゴクオオサンショウウオが野外に放され，もともと生息していた日本固有種のオオサンショウウオと交雑を起こし，純粋な国産種の数が減少するといった問題も生じている（遺伝子汚染).

また，日本では両生類の化石も発見されている．その多くは，比較的新しい時代の地層から，現生種やその近縁種の化石が発見されたものである．より古い時代の化石としては，宮城県で発見された三畳紀前期の分椎類の一種や，北陸で発見された白亜紀前期の無尾目の化石が知られる．また近年，兵庫県の白亜紀前期の地層からほぼ全身の骨格が保存された無尾目の化石が得られ，ヒョウゴバトラクス・ワダイなど2新属新種が記載された.

［江頭幸士郎］

脊椎動物（爬虫類）
——陸に卵を産みはじめた脊椎動物

トカゲ，ヘビ，カメ，ワニなどの名前でよばれ，多くの絶滅群を含む脊椎動物門爬虫綱に分類される動物．ここでは，脊椎動物として陸上での生活に初めて高度に適応した羊膜類のうち，哺乳類と鳥類を除いたグループを「爬虫類」として扱う．

●爬虫類の進化　爬虫類は両生類を祖先として進化してきたグループである．乾燥した陸上での生活に適した羊膜卵（羊膜で保護され，羊水の中で胚が発生する卵）を産むことで，両生類のように幼生時代を水中で過ごす必要がなくなった．

古生代石炭紀に現れた羊膜類の祖先は２つの系統に進化した．１つは単弓類という哺乳類にいたる系統であり，もう１つは双弓類という爬虫類や鳥類にいたる系統である．これらの系統は頭骨に違いがあり，前者は頭骨の側面に側頭窓という隙間が１つだけ開いている単弓型の頭骨を，後者は基本的には側頭窓を２つもつ双弓型の頭骨をもつ．

単弓類や双弓類の系統では古生代から中生代にかけて複数の系統が出現した．このうち鱗竜類と主竜形類という２つの系統の子孫が現生の爬虫類である．鱗竜類からはムカシトカゲ類と有鱗類（トカゲ類やヘビ類などからなるグループ）が現れた．中生代の前半はムカシトカゲ類が繁栄し，後半はトカゲ類の多様化が進んだ．ヘビ類はトカゲ類の祖先から分かれて進化した．主竜形類からは三畳紀後期にカメ類とワニ類が誕生した．

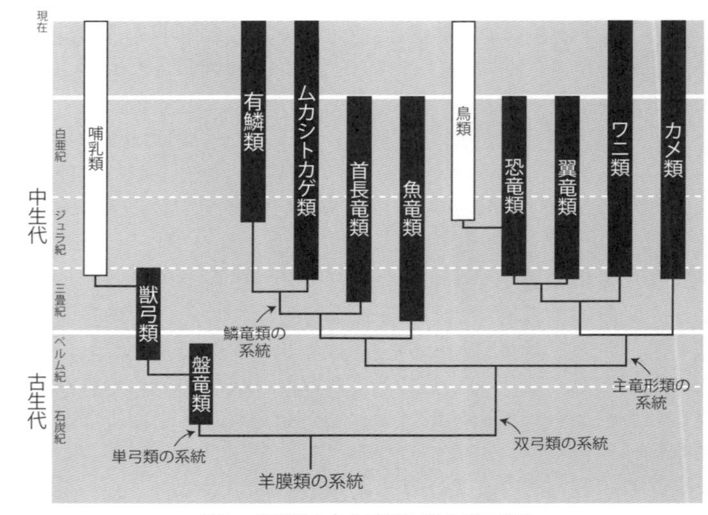

図１　羊膜類の主な系統と爬虫類の進化

●爬虫類の化石　爬虫類にはすでに絶滅し化石として残るグループも多い．古生代の後半には単弓類の中から現れた盤竜類や獣弓類などが繁栄した．中生代に入ると爬虫類の多様化が進み，双弓類からは魚竜類や首長竜類，翼竜類，恐竜類などが現れた．これらの爬虫類は白亜紀後期までには絶滅してしまったものの，魚竜類のように海中生活に高度に適応したものや翼竜類のように翼をもって飛翔していたものなど現生爬虫類には見られないような生態的地位を占めていた．恐竜類は鳥類の直系の祖先である．

●現生爬虫類の多様性　現生種は1万種を超え，次の4つの目に分類されている．

ムカシトカゲ目は中生代から姿を変えずに今も生き残る「生きた化石」である．外見はトカゲ類に似るが，頭骨の形態などに原始的な特徴をもつ．雄には交尾器がなく，総排出腔どうしを接触させて雌に精子を送り込む．巣穴に産卵し，性は孵化期間中の温度で決まる．ニュージーランドにムカシトカゲ1種のみが生存する．

有鱗目は爬虫類の中では最も種類が多く，トカゲ類（亜目）とヘビ類（亜目），ミミズトカゲ類（亜目）を含む．雄は半陰茎という1対の交尾器をもち，卵生もしくは胎生で繁殖する．一部の種では雌だけで子を産む単為生殖を行う．トカゲ類の多くは長い尾と四肢を備え地上や樹上で生活している．中には四肢が退化し地表や地中で暮らすものもいる．性染色体をもち遺伝的に性が決まる種だけでなく，孵化期間の温度で決まるものもいる．極地を除く世界中の陸地から約6300種が知られている．ヘビ類は四肢を欠いた長い体をしなやかに動かすことで地上だけでなく，樹上や水中で生活している．性染色体をもち性は遺伝的に決まる．極地を除く世界中の陸地と海から約3600種が知られている．ミミズトカゲ類は四肢が退化し地中で生活している．アフリカや中南米を中心に約200種が知られている．

カメ目は背側と腹側に甲が発達している．甲は皮膚の角質と骨からできており，頭や手足を隠すことで防御に役立てている．陸上に産卵し，ほとんどの種で子の性別は孵化期間中の温度で決まる．極地を除く世界中の陸地や水辺，海などから約340種が知られている．

ワニ目は長く伸びた吻に鋭い歯を備えた捕食者である．爬虫類の中では大型で7mを超える種もいる．陸上に産卵し，親は孵化するまで巣を守る．子の性別は孵化期間中の温度で決まる．社会的な行動が発達し，音声コミュニケーションを用いた求愛や育児を行う．熱帯や亜熱帯の水辺を中心に約25種が知られている．

［栗田和紀］

参考文献

［1］ 疋田 努『爬虫類の進化』東京大学出版会，2002
［2］ 松井正文編『脊椎動物の多様性と系統』裳華房，2006

脊椎動物（鳥類）
——飛ぶ・歩く・泳ぐ，高度な運動性能

空を飛ぶ生き物の進化はこれまでに何度も起きているが，その大半は高所からの滑空を行う．滑空する生き物は上昇気流がない場合，重力に従って降下するしかない．これに対し，みずからの筋力を使うことで推進力を発生させ，自由に大空を舞う飛翔—動力飛行—を獲得するにいたったグループはごくわずかだ．脊椎動物においては翼竜・鳥類・コウモリのみがこうした飛翔を行う．これら3群の中で，最も種数が多く，生態の多様性に富み，分布域が広いのが鳥類である．鳥類は空を飛ぶ脊椎動物として最も成功したグループである．

●鳥類の起源　現在知られている最古の鳥類はアルケオプテリクス *Archaeopteryx*（別名始祖鳥）である．中生代ジュラ紀後期（約1億5000万年前）に生息していた．アルケオプテリクスは二足歩行を行う肉食恐竜である獣脚類に骨格の特徴が酷似する一方，現生鳥類によく似た翼を備えていた（図1）．翼の羽根は中央を通る羽軸に対し，外側の弁がせまく，内側の弁が広くなっている．このような非対称のかたちは，風を受けると揚力を生み出すものであるため，アルケオプテリクスが飛翔性の生物であった証拠となる（ただし，彼らが羽ばたき飛翔を行っていた生物なのか，滑空しかできなかったのか，その点についてはまだよくわかっていない）．

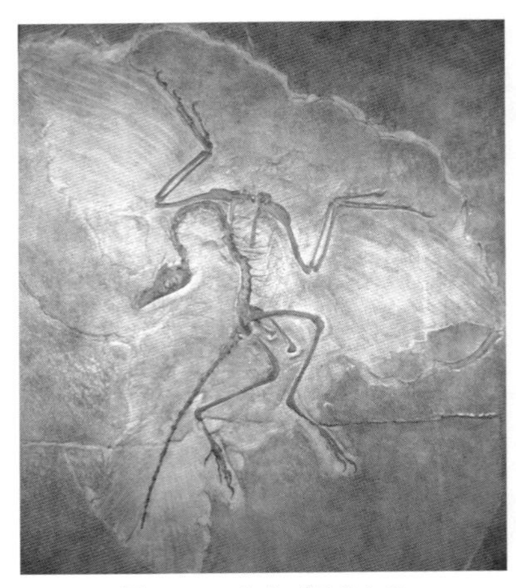

図1　アルケオプテリクス

この化石が示唆するとおり，鳥類は獣脚類恐竜の直系の子孫である．鳥類は，恐竜の系統の中で唯一，中生代白亜紀末の大量絶滅を生き延びることができたグループだ．中生代に優占していた恐竜の突然の消失は，続く新生代において，鳥類の爆発的進化—適応放散—の引き金となった．現生鳥類の大半の目は，この時代に急速に生じたと考えられている．

●鳥類の特徴　翼竜やコウモリの翼面が皮膜でつくられているのに対し，鳥類の翼面は主に羽毛からなっている．翼竜やコウモリでは，皮膜を張るため，前肢だけでなく，胴体側面や後肢，尾までもが支柱として利用されている．一方，ケラチンでできた羽毛は，軽い割にとても丈夫な構造であるため，ほぼ前肢のみでの

翼面の支持が可能だ．その結果として鳥類は，後肢による運動を犠牲にすることなく，飛翔能力を手に入れることができた．鳥類は「飛ぶ生き物」であるだけでなく，「歩く生き物」でもある．彼らは祖先である獣脚類恐竜同様，二足歩行に長けているのである．

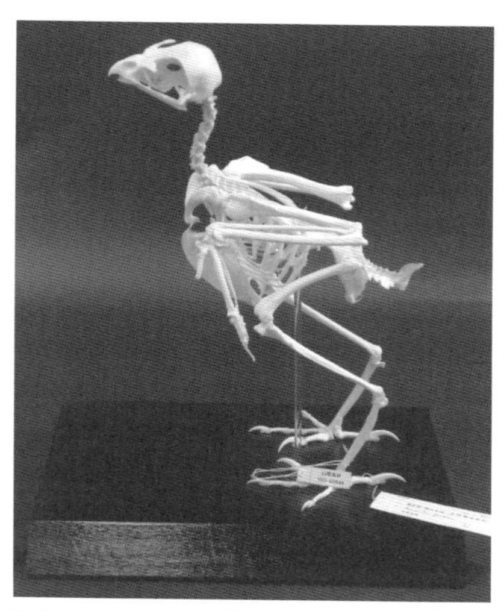

図 2　オオタカ *Accipiter gentilis*（山階鳥類研究所所蔵）

鳥類のからだは，飛翔と二足歩行によく適応している．主な骨は中空になっていて，軽量化がはかられている．鳥類は消化のため，長時間体内に食物をとどめることもなく，短時間で排泄にいたる．骨格系は不要な関節の癒合が進んでいて，激しい飛翔運動に耐えられるだけの丈夫さを備える．体重の分布が重心付近に集中しているので，運動時のバランスがとりやすい．例えば，哺乳類が食物を噛み砕くための重いシステム（歯と顎骨，顎筋）を体の末端部である頭部にもっているのに対し，鳥類はそれを胴体中央部に備える（筋肉性の胃とその中に含まれる石）．身体から後方に突出した尾は，その大半が軽い羽毛に置き換わっていて，骨と筋からなる部分は著しく短縮されている（図 2）．二足歩行時に重心（羽ばたき飛翔の動力源となる巨大な胸筋のある位置）の真下から身体を支えられるようにするため，大腿骨は体幹部に沿った姿勢に固定されて胴体の一部となっている．足としての機能をはたすのは，膝関節から下の部分のみである（図 2）．

ちなみに，飛翔の目的のために特殊化した前肢に代わって「腕と手」の役割をはたすようになった部位に頸部と頭部がある．鳥類の首は長く柔軟で，関節の癒合傾向の強い鳥類の体幹部の中では例外的に可動性がとても高い．頭部にはさまざまな機能をもつ角質のくちばしが発達している．このほか，自由に運動できる後肢もまた，さまざまな用途に用いられており（歩行以外に狩り，樹木の枝の把握，遊泳など），「腕と手」のように使われることがある．

●種数と分布域　現生鳥類は約 1 万種を数え，飛翔性の脊椎動物の中で最も種の多様性が高い．分布域は，高山や海洋を含め，地表面の全域をカバーしている．高緯度地方のものには，生存に適す季節のみそこを利用し，不適な時期にはそこを去るものが多い（渡り）．高度な飛翔を可能にする前肢と自由に動く後肢が，彼らに今日の繁栄をもたらしたのだろう．

［山崎剛史］

脊椎動物(哺乳類)
——恐竜絶滅後の地球を制した覇者

哺乳類とは,動物界脊椎動物門哺乳綱(Mammalia)に分類される動物群の総称である.哺乳類の最大の特徴は,哺乳によって次世代を育てることにある.

●起源と進化 哺乳類の起源はペルム期から三畳紀に栄えた単弓類のうち,獣歯類に含まれるキノドン類である.キノドン類はペルム期末の古生物学上最大級の大量絶滅を生き延び,空いたニッチを獲得することで繁栄した.哺乳類における形態進化の重要な点は顎関節の改変にある.哺乳類の下顎は歯骨のみからなり,爬虫類時代に顎関節に用いていた方形骨と関節骨はそれぞれ砧骨と槌骨となり,鐙骨とともに耳小骨を構成する.キノドン類は哺乳類型顎関節への改変が始まっており,三畳紀後期の大量絶滅を生き延びて現生哺乳類へとつながる哺乳形類を誕生させた.ジュラ紀から白亜紀にかけては双弓類から進化した恐竜にニッチを奪われたが,白亜紀末に起きた大量絶滅により恐竜は滅び,哺乳類が爆発的な適応放散によりさまざまなニッチへと進出した.哺乳類の進化と適応放散は大陸移動とも密接にかかわる.ゴンドワナ大陸はジュラ紀中期以降に分裂するが,その際に南アメリカ大陸で異節類(Xenarthra)が,アフリカ大陸でアフリカ獣類(Afrotheria)が,ローラシア大陸で北方獣類(Boreotheria)がそれぞれ進化した.

●分類と多様性 哺乳類は一般的には28目に分類されてきた(表1).しかし近年の分子系統解析から,偶蹄目と鯨目は鯨偶蹄目(Cetartiodactyla)に統合する意見がある.なお食虫目(Insectivora)という名称は現在では使用しない.食虫目はテンレックやキンモグラなどを含む.テンレックはハリネズミに似た針状の体毛をもつが,分子系統解析からモグラとよく似た生態を示すキンモグラとともにアフリカトガリネズミ目に分類された.これらの目間に観察できる外貌の類似は収斂の結果である.哺乳類は2005年の時点で5416種が知られていたが(表1),IUCNは2016年に哺乳類の総種数を5536種と見積もっている.しかし約25%の種が絶滅に瀕していると報告されている.哺乳類は陸・河川・海洋を含む地球上に広く分布している.さらには,水深3000 mまで潜るアカボウクジラや,標高5000 mまで生息しているヤクなど,地球上のきわめて広い領域を利用している.地球上で最も新しく出現した分類群でありながらさまざまな環境へ適応して多様なニッチを得たことにより,形態や生理などに多様性を観察できる.

●形態と生理 卵生である単孔目を除いて現生哺乳類は胎生である.哺乳行動はウサギのように限られた時間のみに行う種や,ヒトのように長期にわたり断続的に行うなど多様性に富む.頭骨部以外の形態学的な特徴として,横隔膜が存在し胸腔と腹腔を隔てていること,腹部に肋骨を欠くこと,一部の例外を除いて頸椎が7個であることなどがあげられる．骨髄で造血し，赤血球は無核である．生息域と活動時間の多様性から視覚および色覚は複雑に進化した．近年の研究から，哺乳類の視物質オプシンの吸収光は体サイズの大型化や昼行性ニッチ獲得にともなって平行進化的にシフトしたと推測されている．

●日本の哺乳類　日本およびその近海には9目37科98属169種の哺乳類が分布し，陸棲哺乳類だけでも100種以上が分布する．種の多様性が高いだけでなく，多くの固有種が生息している．これは過去数百万年間の大陸とのたび重なる陸橋を通じて形成された．大陸では絶滅した種が固有種として保存されている例もあり，南北に長く地形的にも複雑な日本において，北海道・本州・琉球列島のそれぞれが種の博物館として機能したと考えられている．最新の研究では現生陸棲哺乳類相の形成には地史のみならず，競争的排除，種選別，環境フィルタリングが重要であったとする説がある．日本には15種の外来種が生息している（表1）．沖縄諸島に生物的防除として導入されたフイリマングースは固有種を捕食するなど生態系に深刻な影響を与えている．近年ではニホンジカやイノシシによる獣害も大きな問題となっている．

［篠原明男］

表1　世界および日本の哺乳類

目名		種数	
和名	英名	世界[1]	日本[2]
単孔目	Monotremata	5	–
オポッサム形目	Didelphimorpia	87	–
少丘歯目	Paucituberculata	6	–
ミクロビオテリウム目	Microbiotheria	1	–
フクロモグラ形目	Notoryctemorphia	2	–
フクロネコ形目	Dasyuromorphia	71	–
バンディクート目	Peramelemorphia	21	–
双前歯目	Diprotodontia	143	–
アフリカトガリネズミ目	Afrosoricida	51	–
ハネジネズミ目	Macroscelidea	15	–
管歯目	Tublidentata	1	–
岩狸目	Hyracoidea	4	–
長鼻目	Proboscidea	3	–
海牛目	Sirenia	5	1
被甲目	Cingulata	21	–
有毛目	Pilosa	10	–
登木目	Scandentia	20	–
皮翼目	Dermoptera	2	–
霊長目	Primates	376	1(2)
齧歯目	Rodentia	2277	26(4)
兎形目	Lagomorpha	92	4(1)
真無盲腸目	Eulipotyphla	452	20(1)
翼手目	Chiroptera	1116	37
鱗甲目	Pholidota	8	–
食肉目	Carnivora	286	23(4)
奇蹄目	Perissodactyla	17	–
偶蹄目	Artiodactyla	240	3(2)
鯨目	Cetacea	84	40
	合計	5416	154(15)

1. Wilson & Reeder (2005)
2. Ohdachi et al. (2015)　括弧内は外来種の種数を示す

参考文献

［1］ Wilson, D. E. and Reeder, D. M. eds., *Mammal Species of the World,* 3rd ed., Johns Hopkins University Press, 2005.
［2］ Ohdachi et al., eds., *The Wild Mammals of Japan,* 2nd ed., Shoukadoh, 2015
［3］ 遠藤秀紀『哺乳類の進化』東京大学出版会，2002

家畜・家禽にみられる多様性
――遺伝情報からその歴史を紐解く

人の歴史を通して行われた人為選択の結果，家畜・家禽にはさまざまな品種が存在する．しかしながら，高い生産性を有する品種が近年優先的に飼育されており，低生産性の品種は絶滅の危機に瀕している．低生産性品種であっても交雑パターンのオプションとして潜在的な利用可能性を有しており，家畜・家禽の品種多様性および遺伝的多様性を保全することは重要な課題である．

●ウシ 家畜ウシは北方系のウシとインド系のゼブーに大別される．ミトコンドリア DNA（mtDNA）塩基配列の解析結果から，約 1 万年前にウシは西南アジアで，ゼブーはインダス川流域で各々独立に家畜化されたことが示されている．両系統の分岐は 20 万～ 100 万年前であると推定されており，原種はオーロックスであるが，各々異なる原種の亜系統から家畜化されたと考えられている（オーロックスはヨーロッパに分布していたが 1627 年に絶滅している）．両系統は人の歴史的活動にともない，移動と交雑をさまざまな地域で複雑に繰り返したことが遺伝学的証拠からわかっている．例えばアジアにおいて，ウシは北方，ゼブーは南方で主に飼育されているが，中国中部および中央アジアで両系統の交雑域が認められる．また，両者は東南アジアの野生ウシであるバンテンと交雑しており，東南アジアの家畜ウシの起源は，バンテンを家畜化したバリウシとゼブーの交雑個体であると考えられている．

●スイギュウ スイギュウは約 5000 年前にインダス文明および長江文明域で家畜化されたと考えられている．原種である野生のアジアスイギュウはウシの仲間では最大級であり，かつてはインドを中心に広く生息していた．しかし，環境の変化にともない数を減らしており，分布域もインド，ネパール，ブータン，タイのわずかな地域に限られ，国際自然保護連合（IUCN）によって絶滅危惧種に指定されている．家畜スイギュウは形態的および遺伝的特徴から沼沢型と河川型に大別され，各々独立に家畜化されたと考えられる．沼沢型は東南アジアと中国で，河川型はインド，西南アジア，地中海沿岸域で主に飼育されている．沼沢型の方が野生スイギュウに形態が類似する．両型は遺伝的に異なり，染色体数は前者が $2n = 48$，後者が $2n = 50$ である．また，マイクロサテライト DNA および mtDNA 塩基配列においても明瞭な違いが認められる．両型の交雑によって雑種第 1 代の作出は可能であるが，その繁殖能力は低い．

●ヤギ 家畜ヤギは約 1 万年前に西南アジアで野生ヤギ（ベアゾール）から家畜化されたと考えられている．mtDNA の解析結果から 6 つの系統グループが検出されており，1 つのグループは広汎に分布し世界の 90％の家畜ヤギがこれに含まれるが，他の5つのグループには地域性があり，各々，主にアジアと南アフリカ，西南アジアと北アフリカ，南ヨーロッパ，アジア，シチリアで見られる．これらすべての系統グループは，原種である野生ヤギでも確認されており，系統グループの分布パターンから，アナトリア東部とザグロス山脈の北部・中部が最も重要な家畜化の中心地であったことが示唆されている．

●ブタ　ブタは約1万1000年前にイノシシから家畜化されたと考えられている．マイクロサテライトDNA，mtDNA，およびY染色体DNAをあわせた解析結果から，東アジアとヨーロッパの2系統に分かれることが示されている．各々の地域に生息するイノシシとブタは近縁であり，これは地域ごとに家畜化が独立に進行したことを意味する．mtDNAの解析結果では，ユーラシアから東アジアにかけての広い地域で少なくとも7回の家畜化が独立に生じたことが示唆されている．

●ウマ　ウマは約5000年前にユーラシアのステップにおいて野生のものから家畜化されたと考えられている．これまでに検出されたmtDNAハプロタイプは100以上であり，家畜化は長期にわたり複数の地域で独立に生じたと考えられるが，その過程を明確にすることは難しい．Y染色体DNAの変異が乏しく，家畜化の過程で遺伝的に貢献した雄ウマの数はわずかであった可能性が示唆されている．

●ニワトリ　ニワトリは約8000年前に家禽化されたと考えられている．mtDNAを用いた最初の研究では，原種はセキショクヤケイ1種であり，タイおよびその近隣地域で1回の家禽化が生じたことが示唆された（単元説）．その後，原種はセキショクヤケイ1種ではなく，家禽化の過程でハイイロヤケイ，セイロンヤケイなどの他の野生種との交雑があったこと，また家禽化も東南アジアおよび南アジアで複数回独立に生じたことが提唱されている（多元説）．ニワトリの家禽化の中心地は特定できないことを示す知見が近年集積されており，これらは多元説を支持するものである．マイクロサテライトDNAによる世界規模での解析結果から，各地域集団は地理的な起源と農耕史に合致したグループを形成し，アジア，ヨーロッパ，アフリカなどに分かれることが明らかになっている．

●家畜の遺伝的多様性　家畜・家禽の起源と多様性を考える際にアジアは最も重要な地域である．品種は家畜･家禽の多様性を保全する単位として重要であるが，遺伝的多様性は品種内でも検出されるため，今後の家畜・家禽の多様性保全には品種内における地域集団・隔離集団の詳細な検討が必要である．［押田龍夫］

📖参考文献

［1］ Eltanany, M. and Distl, O., “Genetic Diversity and Genealogical Origins of Domestic Chicken”, *World's Poultry Science Journal*, 66:715-726, 2010

［2］ Groeneveld, L. F., et al., “Genetic Diversity in Farm Animals-a Review”, *Animal Genetics*, 41 (Suppl. 1):6-31, 2010

［3］ 在来家畜研究会『アジアの在来家畜―家畜の起源と系統史』名古屋大学出版会，2009

動物地理
――分布と多様性の進化を探る

種々の大陸や島に分布する動物について，どこにどのような種がどのくらいの頻度で分布しているかを示すことが動物地理であり，地球上の生物多様性を考える基礎的情報となる．ある地域に分布している動物種群を動物相とよぶ．陸上における特徴のある動物相に基づいて，P. スクレーター（Sclater）は，1858年に大陸や島嶼を以下のように6つの区域（動物地理区）に分けることを提唱した（図1）：旧北区（ユーラシアと北アフリカ），新北区（北アメリカ），エチオピア区（アフリカ中部・南部），東洋区（インドと東南アジア），新熱帯区（南アメリカ），オーストラリア区．旧北区と東洋区の境界線は日本のトカラ海峡に相当する．さらに，A. ウォレス（Wallace）は1876年に，東洋区とオーストラリア区の境界線を提案した（図1）．

各動物地理区での動物相の成立は，地球の歴史における大陸移動や島・海峡形成の歴史，植生の変遷，それに伴う動物の移動，種の分化と絶滅などと深く複雑にかかわっている．標高差も動物の移動の歴史に影響を与えている．そのため，現在の緯度と経度に着目した平面的な動物の分布はあくまでもその動物地理的歴史の結果を示すものであり，過去の時間的変遷を理解するためには過去をさかのぼる必要がある．従来，古生物学がその役割をはたしてきた．

最近では，動物移動の歴史を詳細に理解するために，同じ種内における現在の地域集団間で遺伝的な相違（遺伝距離）を算出し，集団間の系統関係をたどる分子系統学が発展し，系統進化学と合流して系統地理学となった．さらに，最近の分析技術の発展により，化石に残されたDNAを解析する古代DNA分析が行われ，過去の動物と現代の動物の系統を直接結びつけることができるようになった．

陸上動物の分布は，極域から熱帯にかけてほぼ地球全域にまたがっており，世界レベルでの動物地理学の知見としては，ベルクマンの規則，アレンの規則，固有種への分化，ホットスポットなどがあげられる

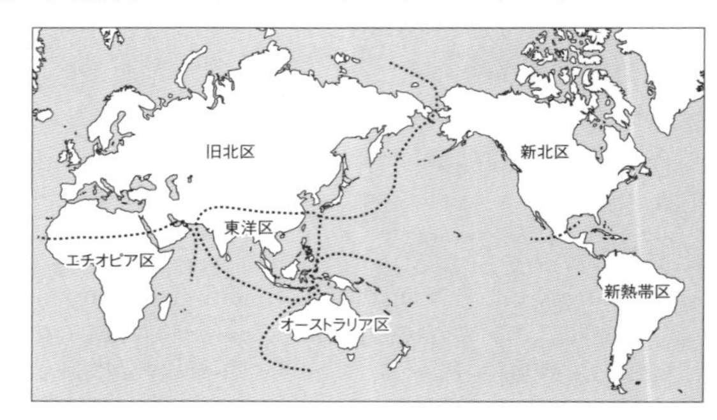

図1　動物地理区および植物地理区の情報に基づいて6つの地理区分に分けた生物地理区

●ベルクマンの規則　C. ベルクマン（Bergmann）によって1847年に発表されたもの

で，恒温動物の近縁種を比較した際に，寒冷地に分布する種ほど体が大型化する傾向にあるという現象をいう．例えば，哺乳類のクマ科では，ホッキョクグマ，ヒグマ，ツキノワグマ，マレーグマの順に体サイズが小さくなる傾向がある．体サイズが大きくなれば，体重あたりの体表面積が減少し放熱量が下がるため，この性質を利用しているのではないかと考えられている．変温動物では，例えば，昆虫などの無脊椎動物の近縁種間では，暖かい地域に生息する種の方が大型化するという，ベルクマンの規則とは逆の傾向が見られる．

●アレンの規則　J. アレン（Allen）が1877年に発表したもので，恒温動物において，寒冷地に生息する動物ほど体の突出部を小さくして，放熱量を少なくしているという現象をさす．例えば，哺乳類のキツネの仲間では，極地に生息するホッキョクギツネ，温帯に分布するアカギツネ，アフリカの砂漠に生息するフェネックギツネの順に耳かくがより大きくなる傾向が見られる．この現象は，ベルクマンの規則とともに寒冷地への適応の結果であり，両規則に基づいて進化していると考えられる動物もいる．例えば，ホッキョクグマは体が大きく耳が比較的小さい．

●固有種　ある地域にのみ生息している種のことをいう．ある環境に適応した種が，周囲の環境変動により分布域が限定されてしまう場合，固有種になることがある．例えば，中国四川省を中心に限定的に分布するジャイアントパンダはその例である．また，島に隔離された動物集団も固有種として種分化することがある．日本列島には日本固有種が多く分布し，哺乳類ではニホンザル，ニホンカモシカ，ニホンイタチなど，鳥類ではヤマドリなどは本州，四国，九州にしか見られない固有種である．アマミノクロウサギは奄美大島と徳之島，ヤンバルクイナは沖縄本島の固有種である．

●ホットスポット　動物地理的歴史はどの地域においても多種多様であり，同一のものはない．よって，動物地理区間および区内において生物多様性を生み出してきた．しかし，人間活動はこの長い年月の間に育まれた生物多様性に種々の深刻な影響を及ぼしている．N. マイヤーズ（Myers）は2000年に，特に生物多様性が高く，かつ，人間活動の影響を受けている35個所の地域を生物多様性ホットスポットであると提唱した．日本列島も含まれているホットスポットについて，世界レベルでの生態系保全が検討され，その活動が実施されつつある．

植物相に基づく植物地理区についても研究がなされており，それと動物地理とを合わせた生物地理区（前述の6つの地理区にオセアニア区と南極区を加えたもの）が使われることもある．

本項では陸上生物を中心に述べたが，海洋生物についても生物地理区が分けられている．その境界線は海水面の水温で分けられており，その区分は北半球と南半球において東西に帯状に広がっている．

［増田隆一］

生物多様性の重要性
——人とのかかわりと種多様性の解明

生物多様性は，遺伝的多様性，種多様性，生態系の多様性の3つのレベルからとらえることができる．地球上に生命が誕生して以来現在までの進化や絶滅を経て，生物多様性が形成された．生物多様性の3つのレベルの中で，動物の分類・系統と深くかかわるのが種の多様性である．地球上に分布する生物の既知種がおよそ175万種とされる．一方で，未記載種も含めた地球上の生物の全種数の推定値はばらつきがあるものの，およそ数千万種とされる．したがって，既知種は実際に地球上に生息する生物種の数%にすぎない．

日本国内の生物の分類にかかわる学会の連合である日本分類学会連合が2003年にまとめた第1回日本産生物種数調査[1]によれば日本に分布する動物の既知種数は，約6万197種である．日本は世界の中でも種多様性の解明が比較的進んでいるが，それでも未知種を含めて実際に日本に生息する種数は，さらに多い．

●生物多様性と人とのかかわり　それぞれの動物種は，捕食・非捕食，共生，生息場所や活動時間の競合など，実態が解明されていない関係も含めて，他の生物種と多様なかかわりをもって生きている．1つの動物種は，直接的な関係をもたない種とも，他の種を介して間接的につながっている．このことからそれぞれの種の生存にとって，直接的，間接的にかかわりをもつ多様な生物種からなる生物多様性が維持されていることが重要な意味をもっている．

人においても，同じように生物多様性が不可欠である．直接的な関係をみると，人は多様な動植物に由来する生物資源をさまざまなかたちで利用している．衣食住はもちろんのこと，医薬，娯楽，鑑賞など，人類の多様な営みと生存を生物多様性がささえている．1993年に発効した生物多様性条約では，その目的として生物多様性の保全，生物資源の持続的利用，遺伝資源から得られる利益の公正かつ衡平な配分があげられている．人類はその誕生のときから生物資源を利用しながら，関係する動物に関する知識を充実させ，世代を超えて継承してきた．伝統的な生物資源の利用に加えて，現在では医薬品，食品，生物工学など産業分野においても生物の遺伝資源が利用され，そこから利益が生み出されている．

また，生物多様性が減少して生態系が単純化することによって，感染症の拡大，動物による農林水産業への被食の増大など，人類の生存に対する負の影響も指摘されている．

●種多様性の解明　人を含む動物の生存の基盤となる生物多様性や種同士のかかわりは複雑であるが，それを1つずつ理解することは重要である．はじめの段階として，自然界を構成する各動物種を認識すること，そしてそれぞれの種に名前を付けることが必要である．

人類が誕生して生物資源を利用するようになった頃から現在まで，動物が認識され，それぞれの言語による名前が付けられてきた．一方で，種多様性の理解では，動物分類学という世界共通の科学体系に基づく名前による認識が必要であり，それが学名である．リンネの時代から現在までに，すでに多くの種に学名が与えられてきたが，まだ名前の付けられていない種も多く存在する．それらを認識，記載し，学名を付けることが求められている．

●種多様性の地域性　地域ごとに異なる動物種が生息することから，種多様性は地域性をもつといえる．動物分類学では，国際動物命名規約に従うことをはじめ，種をどのように定義し，どのように記載するかについて，科学としての共通した枠組みを世界の研究者がもっている．したがって，各地域の種多様性の知見を国際的に共有し，地球規模での種多様性理解を進めることができる．

一方で，実際の種多様性解明には地域ごとに地道な調査や研究が必要である．地域性をもつことは，生物学の中で種多様性研究を特徴づける点といえる．言語，文化，各国の法令なども制約となり，その国や地域の研究者が，調査や研究の中心的役割を担う必要も多く，国ごとに多様な分類群を包括できる種多様性にかかわる研究者，すなわち動物分類学者の充実が求められる．

動物学においても普遍性を追求する側面の強い動物分類学以外の分野では，特定の国や地域に研究者が偏在していることもある．一方で，種多様性研究では多様な国や地域に研究者がいることが必要である．もちろん，特定の国や地域の調査や研究だけから，種多様性を正確に理解することは難しい．そこで，各国研究者による国際共同研究や研究交流によって国境を越えた種多様性の理解が進められている．また学会などの研究者コミュニティや国際機関，政府機関などが国際ネットワーク形成を進め，動物分類学研究の研究者や研究基盤の充実が遅れている途上国支援を行っている．

●種多様性理解の共有　種多様性の理解が進むと，その研究成果は学術論文や報告，データベースとして出版，公表される．分類群ごとに種の既知情報をまとめたモノグラフ，地域の特定の分類群に着目した図鑑，地域に分布する種のチェックリスト，種の検索表，種の分布図なども重要である．日本でも動物の多様な分類群の種多様性理解の現状がまとめられた[2]．こうした知見は，種多様性にかかわる研究者や関係者にとって，種多様性の現状を正確に理解，共有し，新たな研究や行動プランにつなげていくために有効である．

［本川雅治］

📖 参考文献

［1］ 日本分類学会連合『第1回日本産生物種数調査』（http://ujssb.org/biospnum/search.php, 2003）

［2］ Motokawa, M. and Kajihara, H. eds., *Species Diversity of Animals in Japan*, Springer Japan, 2017

DNA バーコーディング
——DNA による簡便な種同定法

2003 年にカナダのゲルフ大学の P. D. エベール（Hebert）ほか [1] が種を同定する方法として DNA バーコードを提案した．DNA バーコードは DNA の比較的短い 1～3 領域ほどの塩基配列を使って種を同定するプロジェクトで，世界の全生物種を対象に塩基配列の登録が行われている．DNA バーコードという名称は，DNA 塩基配列の並びを商品に付けられるバーコードに見立てて名付けられた．商品のバーコードに商品名や価格などの情報が紐付けされているように，DNA 塩基配列の並びに種名や分布域などの種の情報を紐付けさせようという構想である．新種記載の効率化や種の多様性管理への貢献が期待されている．

● DNA バーコーディングによる種同定　米国ワシントンに事務局をもつ 2004 年設立の国際組織 Consortium for the Barcode of Life（CBOL）が DNA バーコード実施の中心的な役割を担っており，バーコード情報のデータベース（BOLD systems）の管理も行っている．動物ではミトコンドリア DNA の COI 領域のうち約 650 塩基対を対象領域とすること，植物では葉緑体 DNA の rbcL と matK の 2 領域を標準領域とし必要に応じて他の領域を追加することが決められている．菌類では核 DNA のリボソームの ITS 領域約 600 塩基対が種の判別に適していることが判明している．動物では，鳥類，魚類，昆虫綱チョウ目が重点プロジェクトとして先行実施され，COI 対象領域によって，1）ほとんどの分類群で 95％以上の種の同定ができること，2）ほとんどの種において種間の違いは 2％以上，種内変異は 2％未満であることが判明しており，種同定の有効性が高い．植物では 2 つの標準領域を使って 72％または 92％が種まで識別可能との結果があり，また核 DNA の ITS 領域だけでも 93％の種が識別可能との結果が示されている．菌類は未知種が多いために種識別割合の数値は示されていないが，ITS 領域の塩基配列は種内の変異幅に対して種間の差異が十分に大きく，種同定に有効であることが示されている．DNA バーコードは種を同定するのが目的であるが，種同定にはこれまでかなりの困難があった．分類群によっては専門家がほとんどおらず，種を同定するのは実際上不可能だったが，専門家が同定した標本に基づいて，バーコード配列がデータベースに登録されていれば，DNA 配列を読むことで種の同定が可能になる．

●証拠標本の重要性と DNA 分類学との区別　ライブラリーの同定基準となる DNA バーコード（リファレンスバーコード）に塩基配列データを登録するには，1）専門家によって種の同定が行われていること，2）形態学的な調査が可能な証拠標本が博物館や植物園に保管されていることの 2 点が必須条件となっている．

証拠標本は，種同定を後から確認し，同定の間違いを正すことを可能にすることで，リファレンスバーコードの信頼性を確保することにつながる．また，1 種とされているものの中に，配列が大きく異なる複数の遺伝的系統群が見つかった時などに，証拠標本を詳細に調べることで，形態的に似通っていながらも別種である隠蔽種を見つけることにつながるなど分類学への貢献が期待できる．DNA バーコーディングプロジェクトは DNA 分類学ではないとの合意の下で始められた．つまりこれまでの形態学を基本とした分類は維持され，生物学的種概念に基づいて生殖隔離を基準としてさまざまな分野の知識を基に種の境界が設定されてきたことは引き続き尊重される．DNA 分類学（または分子分類学）とよばれる DNA 情報を基本とした生物分類に転換する訳ではない．そのため DNA バーコード配列によって示された遺伝的にまとまりのある系統群は，種とは区別して，遺伝種あるいは分子の操作的分類単位（MOTU）などとよぶ必要がある．

● DNA バーコードの利用　DNA バーコードは，まずは分類学的な基礎研究への効果が期待される．今日，世界中で約 170 万種の生物が知られているが，その何倍もの未記載種がおり，世界の生物種数は 1000 万種になるとの推定もある．生物多様性の現状把握のためにも新種記載を加速度的に進める必要があるが，新種を記載するには，近縁種のタイプ標本を調べあげねばならず，膨大な時間と手間がかかる．ところが DNA バーコードデータの登録が進めば，証拠標本を調べることで，分類学的な整理が進み，新種の記載が行いやすくなる．また分類が進んでいる脊椎動物などの分類群においては，種分類の再検討に役立っている．特に隠蔽種の発見に役立っており，1 種とされていた新熱帯域の蝶 *Astraptes fulgerator* が少なくとも 10 種の隠蔽種からなることが判明したことは象徴的である．昆虫類や海洋生物などでは幼体の記載が進むことも期待できる．またリファレンスバーコードは種内系統の分析にも利用でき，例えば日本と大陸に広く分布している鳥には日本が起源となって大陸に分布を広げた種が多数いることが示唆されている．DNA バーコードは環境 DNA の分析にも利用されている．環境 DNA とは，環境中の，例えば，水の中や土の中にある DNA のことで，海水を分析することでさまざまなプランクトンの DNA が検出され，海洋生物が育つ重要海域の特定に役立ったり，川の水を分析することで発見が難しいオオサンショウウオなど絶滅危惧種の生息の解明に役立ったりしている．さらには，市場の魚や肉を調べて絶滅危惧種の違法な販売や産地偽装を検査したり，農業害虫の同定を通して害虫防除に役立てたり，蚊などの病原体媒介生物の同定を通してマラリアなどの感染症の拡大防止に役立てるなどさまざまな分野への利用が始まっている．　［西海　功］

参考文献

［1］ Hebert, P. D., et al., “Biological Identifications through DNA Barcodes”, *Proceedings of the Royal Society of London B*, 270: 313-321, 2003

生物多様性情報学
――マクロな生物データの共有活用法

生物多様性情報学（biodiversity informatics）は，生物多様性にかかわるさまざまな情報を共有し，活用することを目的とした学際的な分野である．関連する分野としては，生命科学特に分子生物学的情報を情報学的手法で解析することを目的とした分野であるバイオインフォマティクスがあげられる．

●生物多様性情報学が扱う情報　生物の多様性には，さまざまな概念や情報が含まれるが，一般的に遺伝的多様性，種多様性，生態系の多様性という3つのレベルに分けて整理される．生物多様性情報学はこのうち主に種レベルの多様性に関する情報を扱う．具体的には，学名情報，分布情報，種情報，文献情報などがあげられる．学名情報は，種名や科名といった生物の分類群に関する情報で，種多様性を記述し関連づける際の基礎となる．新種をはじめとした分類群を記載した論文や，特定の地域や分類群の生物名を網羅したカタログなど，生物分類学的な研究成果や出版物が情報源となる．分布情報は，ある生物が，いつ，どこにいたのかを示す情報である．博物館などに収蔵されている標本，目視や写真といった観察記録が情報源となる．種情報は，図鑑の記述のように，それぞれの種の概要を表す情報で，形態的・生態的な特徴，分布域，保全状況，他種との相互関係など,多岐にわたる情報が含まれる．DNAバーコード情報（☞「DNAバーコーディング」参照）は，種レベルの生物多様性に強く関係した情報であり，生物多様性情報学とバイオインフォマティクスを橋渡しするものといえる．

●データの標準形式　生物多様性情報学の大きな目的の1つは，散在しているさまざまな情報をまとめ，容易に利用可能にすることである．データ形式はそれぞれの情報源で異なるため，まとめて利用するには加工して形式や項目をそろえる必要がある．もし，分野内でデータの形式を統一でき，それに従ってデータの交換や共有を行えれば，加工の手間を少なくすることができる．そのため，生物多様性分野では，TDWG（Biodiversity Information Standards）などのいくつかの標準化を行う団体によって，データ項目などの標準的な形式が決められている．主な標準形式としては，種名情報や分布情報などの記述で利用できる一般的な項目名（語彙）をまとめたダーウィン・コア（Darwin Core）や，生態および生物多様性分野におけるメタデータ（書籍や論文の書誌情報のように，データベースの名前や概要・連絡先などの情報をまとめたもの）記述形式であるEcological Metadata Languageがある．これらの標準形式は，個々のデータベースにおけるデータ項目名などに利用される．

●主な生物多様性情報源　データを集約して利用可能なかたちで公開することを

目的とした国内外のプロジェクトのうち，主なものを下記にあげる．GBIF（地球規模生物多様性情報機構）は，生物多様性情報の共有インフラ整備を目的とした国際プロジェクトで，1999年に設立が提言された．約7億件（2016年12月現在）の分布情報をはじめ，地域の種名目録などの種名情報，および生態モニタリング調査情報を収集している．GBIFは地域や国ごとにノードとよばれる支部が活動の拠点となっており，日本ではGBIF日本ノード（JBIF）が担当をしている．JBIFの主な活動の1つに，自然史系博物館のネットワークであるサイエンスミュージアムネットがあり，国内の自然史系博物館が所蔵する標本のデータが集約されている．GBIF以外にも，種名データベースを集約したCatalogue of Life，種情報を集約したEncyclopedia of Life，主に著作権が消滅したものを中心に自然史に関する文献をまとめたBiodiversity Heritage Libraryなど，それぞれの分野の核となるオンラインデータベースが公開されている．動物学分野に特化したものとしては，動物命名規約国際審議会が，学名の公式登録システムであるZooBankを運営している．現在の規約（「国際動物命名規約 第4版」）の2012年9月4日の改訂に従って開設されたもので，電子ジャーナルで新分類群の記載を行う際には，ZooBankへの登録が必須となっている．このほか，地域や分類群によってさまざまなデータベースが利用可能である．

●生物多様性情報の利活用　生物多様性情報のシンプルな利用方法としては，データベースを検索し，ある属に含まれる種の一覧を作成したり，ある種の標本がどこの博物館にあるか探したりするようなことがあげられる．また，分布情報が十分ある場合には，年ごと，月ごとに分布記録を比較することで，年変動や渡りなどを理解する助けとなる知見を得られる．さらに，対象生物がある地点にいる･いないというデータと，各地点の気象情報や地形などの環境データをもとに，対象生物が分布する確率を推定するモデルを作成する手法がある（Ecological Niche Modeling）．この手法は，侵入した生物の分布拡大予測や，絶滅の危機に瀕している生物の保全計画の策定に役立つ．さらに，生態系モニタリングや人間活動など，さまざまな分野のデータと組み合わせることで，生物多様性の現状評価や政策意思決定への貢献が期待されている．生態系モニタリングを行うネットワークとしては，GEO BON（生物多様性観測ネットワーク）などが，生物多様性の評価から政策策定までを行う基盤としては，IPBES（生物多様性および生態系サービスに関する政府間科学政策プラットフォーム）などがある．データを営利・非営利目的を問わず無償かつ許諾なしで二次利用できる形，すなわちオープンデータとして公開することが多くなった．オープンデータの標準的な利用ライセンスとしてよく用いられるのが，クリエイティブ・コモンズ・ライセンスである．著作者の表記，改変の禁止など，いくつかのオプションの組み合わせで利用条件を表記する．

［神保宇嗣］

3.　動物の進化

［片倉晴雄・和田　洋］

「Nothing in biology makes sense except in the light of evolution」．これは Th. ドブジャンスキー（Dobzhansky）の有名なエッセーのタイトルである．集団遺伝学と自然選択説を融合させ，生態学や分類学の知見を統合した進化の総合学説が成立したのは 1940 年頃だが，このエッセーの書かれた 1973 年当時でも生物進化に対する懐疑や偏見が強かったのだろう．しかし，それから半世紀近くが経った現在，理論的，実証的研究の積み重ねと科学技術の飛躍的な発展によって，生物進化は事実として広く受け入れられている．従来の比較形態学的・比較発生学的手法はさらに洗練され，生態学的解釈，古気候，古環境の情報，そして何よりもゲノム解析の成果を組み込むことによって，さまざまな生物の示す多様な生き様が進化した道筋は以前とは比べ物にならない高い精度で推定することができるようになった．

エディアカラ生物
――初めて大繁栄した多細胞生物

動物の最も古い化石は，エディアカラ紀（約6億3500万年前～5億4100万年前）の地層から産出する，エディアカラ紀初期の海綿動物の化石である（エディアカラ紀より古い時代からも動物の化石は報告されているが，確実に動物であるといえるものはない）．このほかにも多くの動物化石がエディアカラ紀の地層から報告されているが，最も有名なものはエディアカラ紀の終わり頃（約5億7500万年前～5億4100万年前）に繁栄したエディアカラ生物群である．

●エディアカラ生物群　オーストラリアの地質調査官補だったR. C. スプリッグ（Sprigg）は，1946年にエディアカラ丘陵で多くの化石を発見した．これらは発見された場所にちなんで，エディアカラ生物群とよばれるようになった．

現在では，エディアカラ生物群は南極を除くすべての大陸で発見されており，世界中に広く分布していたことがわかっている．エディアカラ生物群は多細胞生物であり，約300種が報告されている．

しかし，そのすべてが動物だったのか，あるいは一部だけが動物だったのか，については意見が分かれている（エディアカラ生物群は，ときにエディアカラ動物群とよばれることもある．しかし，このように動物でない生物がふくまれている可能性があるので，エディアカラ生物群とよぶ方が適切である）．

エディアカラ生物群（の一部）が動物でない場合は，原生生物，地衣類，蘚苔類，藻類などの可能性がある．また，現生生物の分類にはあてはまらない生物群だとする意見もあり，有名なものはA. ザイラッハー（Seilacher）のベンドビオンタ説である．エディアカラ生物群の多くの種（ディキンソニアなど）は，エアマットをつなげたような体をしている．また，左右の体節がずれており，体が左右対称になっていない．これらは動物にはない特徴だと考えられたので，動物とは異なる生物（ベンドビオンタ）だと解釈されたのである．しかし，脊索動物では発生の途中で左右の体節がずれることが知られており，ベンドビオンタ説も確定的ではない．

エディアカラ生物群が動物であると解釈する場合は，そのほとんどが刺胞動物や有櫛動物とされるが，パルバンコリナやスプリッギナは節足動物，キンベレラは軟体動物と解釈される．またトリブラキディウムは3回対称（120°回転すると元の形と重なる）のボディプランをもつが，このような現生動物はいないので，子孫を残さずに絶滅したグループも含まれていると考えられる．

●アバロン爆発　最も古いエディアカラ生物群の化石は，カナダのニューファンドランド島のアバロンや，英国のチャーンウッドの地層から産出する．年代は約

5億7500万年前～5億6500万年前である．これらの初期のエディアカラ生物群に含まれる属は約20属だが，後の時代（約5億6000万年前～5億5000万年前）になると約80属までふえる．したがって，初期のエディアカラ生物群の多様性は低かったように見える．

一方，エディアカラ生物群の多様性を，どのくらいさまざまな形をしていたかという点（形態の多様性）から考えると，別の結果がえられる．エディアカラ生物群はすでに初期から，後の時代と同じくらいの形態的多様性をもっていたのである．このように，エディアカラ生物群が出現してすぐに高い形態的多様性に達したことをアバロン爆発という．

おそらく，エディアカラ生物群は活発に動き回る生物ではなかった．現生の生物によく見られる骨や貝殻などの硬組織は，速く動いたり体を守ったりするのに役に立つ．しかしエディアカラ生物群は硬組織をもたず，体は柔らかかった．おそらく，眼で獲物を見つけて追いかけるような捕食者はいなかったのだろう．そのため，無防備な体のつくりをしていても世界中で繁栄し，高い多様性に達することができたのだと考えられる．

しかしエディアカラ生物群は，エディアカラ紀末にそのほとんどが絶滅してしまう．カンブリア紀（エディアカラ紀の次の時代）が近くなると肉食動物が現れて，エディアカラ生物群を捕食して絶滅させた可能性が指摘されている．

●エディアカラ生物群以外のエディアカラ紀の動物　エディアカラ紀には，エディアカラ生物群とは別に，いくつかの動物化石が発見されている．その一つは動物の硬組織（骨や貝殻など）の化石である．動物の硬組織のほとんどはカンブリア紀になってから進化したが，エディアカラ紀にもわずかに見られる．クラウディナやナマカラトゥスは，そのような硬組織をもつエディアカラ紀の動物である．クラウディナの硬組織（殻）には，直径1mm以下の小さな穴が観察される．これは何らかの動物が，クラウディナを襲った跡だと考えられる．殻に穴を開けて，中の肉を食べたのだろう．つまりエディアカラ紀には，すでに少しは捕食者が存在していたと考えられる．クラウディナやナマカラトゥスはエディアカラ紀末期に出現したが，カンブリア紀になる前には絶滅している．

また，エディアカラ紀末期になると，海底を小さな動物が這い回った溝が生痕化石として発見される．その中には2本の溝が，線路のように平行に伸びているものもあり，これを残したのは左右相称動物の可能性がある．エディアカラ生物群のパルバンコリナ，スプリッキナ，キンベレラの化石と合わせて考えると，すでにエディアカラ紀末期には左右相称動物が出現していた可能性が高い．

［更科 功］

カンブリア大爆発
——動物が地球の主役に躍り出る

左右相称動物の多くのグループ（門）は，カンブリア紀（約5億4100万年前～4億8500万年前）にボディプラン（基本的体制）が確立し，急速に多様化した．その結果，化石記録で見る限り，現生動物門のおよそ3分の2がこの時期に出現した．この現象をカンブリア爆発あるいはカンブリア大爆発という．

カンブリア紀は10個の「期」に細分される．最初がフォーチュン期（約5億4100万年前～5億2900万年前）で，2番目が第二期（約5億2900万年前～5億2100万年前），3番目は第三期（約5億2100万年前～5億1400万年前）とよばれる．カンブリア大爆発は第二期と第三期に起きた現象である．

●カンブリア大爆発の前夜　動物が海底をはいまわってできる溝の化石（生痕化石）はエディアカラ紀（約6億3500万年前～5億4100万年前）の地層からも見つかる．しかし，それらのほとんどは海底の表面をはうだけで海底の泥の中にもぐることはなく，形も単純だった．しかし，カンブリア紀のフォーチュン期になると，分岐したり交差したりする複雑な形の生痕化石が増え，海底に潜るものも多くなった．この理由としては，活発な動物が現れて穴を掘れるようになったこと，捕食者が出現したために穴の中に逃げる必要が生じたこと，あるいは酸素濃度が上昇して海底下にも一定量の酸素があったこと，などが考えられている．

●カンブリア大爆発の前半　第二期の地層からは，小さな硬組織の集合である微小有殻化石群が大量に見つかる．微小有殻化石群はフォーチュン期の地層からも産出するが，第二期になると急激に増加し，その多様性も増大した．

硬組織の材質は，炭酸カルシウムやリン酸カルシウムやシリカなどさまざまである．したがって硬組織が進化した理由は，「海水中のリン酸の増加」といった特定の材料の増加だけでは説明できない．

すでにカンブリア紀のフォーチュン期には，活発な動物が出現していた．第二期になると活発な捕食者が増加し，それらへの対抗手段として，さまざまな動物で硬組織がいっせいに進化したのだと考えられる．

●カンブリア大爆発の後半　第三期になると大きな動物が出現し，多くの動物のグループで現生動物にみられるボディプランが成立する．有名なカナダのバージェス頁岩は，この時期に何が起きたかを保存状態のよい化石で記録している．バージェス頁岩が形成されたのは約5億500万年前（カンブリア紀の第五期）で，すでにカンブリア大爆発は終わっている．それゆえに，カンブリア大爆発の結果を記録していると考えられる．

バージェス頁岩からは，硬い殻をもつ三葉虫や，背中に棘をもつハルキゲニアなどの化石が産出する．これらの化石は，捕食者と被食者の間で軍拡競争が起きたことを暗示している．食べられる側が防御を強化すれば，食べる側もそれに対抗してより強くなる必要があるからだ．

性能のよい眼が進化したのも，カンブリア大爆発の時期だと考えられ，大きな眼をもつアノマロカリスなどが知られている．眼は捕食者にも被食者にも役に立つ．しかし，化石から眼が確認できるグループは意外に少なく，節足動物と脊索動物と有爪動物の3門だけである．したがって，眼の進化だけでカンブリア大爆発を説明することはできないだろうが，重要な影響を与えたことは確かである．

●カンブリア大爆発を起こした遺伝的基盤　カンブリア大爆発では，複雑な体をもつ動物がさまざまな系統で進化した．このような進化が起きるためには，多くの遺伝子セットが必要である．

動物の祖先は単細胞生物の襟鞭毛虫だと考えられている．動物の複雑な体をつくるのに必要な遺伝子セットの多くは，この襟鞭毛虫の段階ですでに準備されていたことが，DNAの研究から明らかになった．動物は体を複雑化する前に，すでに複雑化に必要な遺伝子をもっていたのだ．そのために，素早くカンブリア大爆発を起こすことができたのである．これは不思議な話だが，襟鞭毛虫のもつ多様な遺伝子は，遺伝子重複によってもたらされた可能性がある．

単細胞生物はたくさんいる．その中にはたまたま遺伝子重複によって，多様な遺伝子をもつようになったグループも生じるだろう．地球では，たまたまそれが襟鞭毛虫だったので，私たちのような動物が進化したのだ．もしも襟鞭毛虫でないグループで遺伝子が多様化していれば，地球には動物ではない別の多細胞生物が進化していたかもしれない．

●カンブリア大爆発の引き金　何がカンブリア大爆発の引き金を引いたのかについては，多くの仮説が提唱されてきた．例えば，酸素濃度の増大，海水中のリン濃度の増大，氷河時代の終焉による温度上昇や栄養源の増加や生息環境の増加，海水準の変動による生息環境の多様化，宇宙線の増大による突然変異率の上昇などである．しかし，大気や海水の化学成分や温度などの環境条件は，カンブリア大爆発を起こすのに確かに必要だと考えられるものの，すでにエディアカラ紀には条件が満たされていた可能性が高い．おそらくカンブリア大爆発の直接の引き金になったのは，生態学的な要因だろう．

捕食者が現れ，少しずつ被食者がそれに対抗し始める．それがエディアカラ紀末からカンブリア紀初期の状況だった．それが軍拡競争のように一気に加速して，地球全体の生態系を不可逆的に変化させてしまった現象がカンブリア大爆発だったと考えられる．

［更科 功］

大量絶滅
——生物多様性激減と生命進化

パンダやトキの絶滅など，ある特定地域の特殊な動物の消滅が日常の話題に上るが，過去の生命史においては，はるかに大規模な生物の絶滅が複数回起きた．代表例は，約2億5000万年前の古生代末や，約6500万年前の中生代末に起きた事件で，世界中の多様な環境に住んでいた多様な生物系統が，きわめて短時間に一斉に絶滅した．通常の絶滅と区別して，大量絶滅（mass extinction）とよぶ．特に多細胞動物が多様化し，化石記録が豊富となった最近5.4億年間（顕生代とよばれる）において，少なくとも20回近くの大量絶滅が起きており（図1），特に規模の大きな5回，すなわちオルドビス紀末（図1①），デボン紀後期（同②），ペルム紀末（P-T境界，同③），三畳紀末（同④），そして白亜紀末（K-Pg境界，同⑤）での絶滅事件はビッグ5とよばれる．なかでもP-T境界事件は，海棲無脊椎動物種の約80%の絶滅（図2）と，陸上の昆虫などの大きな被害を記録しており，突出した規模をもつ．

●大量絶滅の原因　グローバル寒冷化，温暖化，巨大隕石衝突，超新星爆発，異常大規模火山噴火，酸素欠乏などの説が提案されたが，世界中の多様な生物を同時に絶滅させた過程の復元は容易ではない．ビッグ5の中でもK-Pg境界事件以

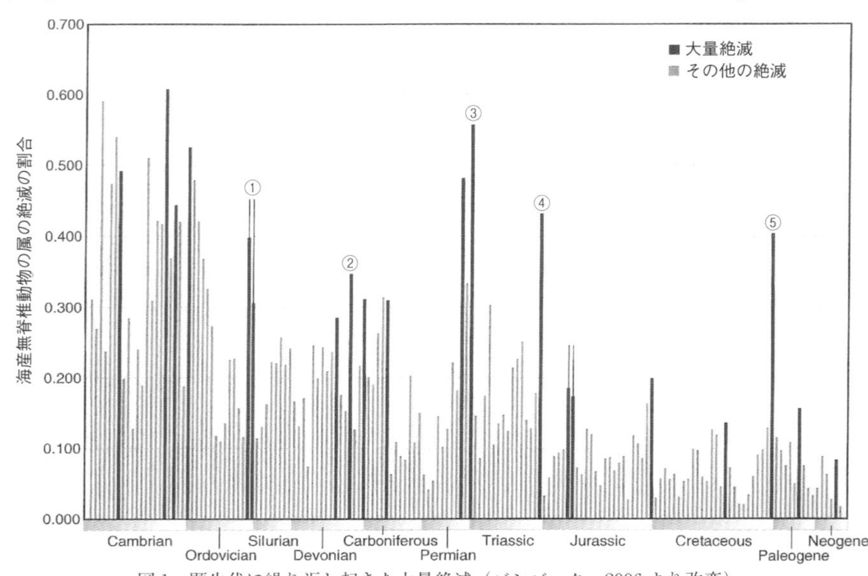

図1　顕生代に繰り返し起きた大量絶滅（バンバック，2006より改変）

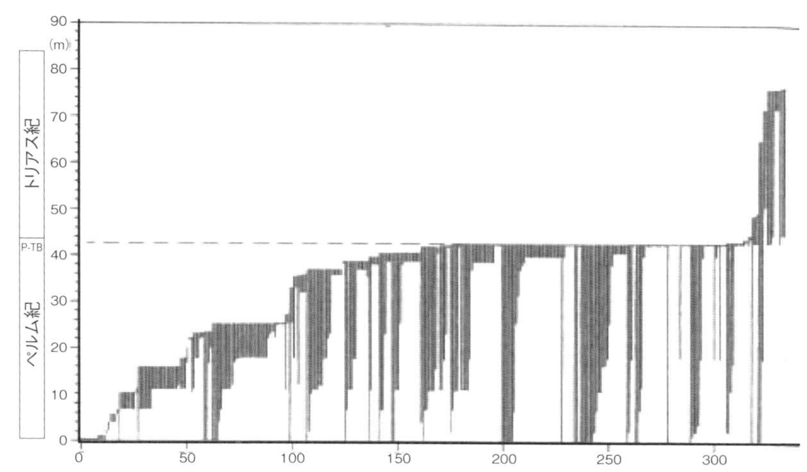

図2　P-T 境界絶滅前後の化石産出状況（中国，煤山の例）（出典：Jin et al., 2000 より改変）．縦軸は層厚（m）．多数の縦線は海棲無脊椎動物化石の種ごとの産出範囲を示す

外は，原因がよくわかっていない．大量絶滅はまったく異なる系統や異なる環境に適応した多数の生物分類群に影響し，かつ汎世界的規模で起きた現象なので，その原因は局所的なものではなく，地球規模の環境変動が外力として働いたことは疑いがない．原因には階層性があり，小から大の順で，個々の生物集団を絶滅させる殺戮機構，グローバルな環境変化，そして根本的原因に大別できる．K–Pg 境界事件の場合でも，メキシコ，ユカタン半島に落下した直径 10 km の隕石衝突がグローバルな環境変化を誘発したと説明されるが，個別の殺戮機構あるいは隕石落下の根本原因についての詳細はいまだ不明である．

●進化の加速　大量絶滅は短期間に既存の多様な系統を強制的に断絶し，生物多様性を著しく低下させたが，生物が全滅した例はない．特定の環境に極端に適応した系統が絶滅することが多いのに対し，保守的な形態を保持する系統が存続した場合が多い．厳しい環境ストレスをくぐり抜けて生存した系統の中から，やがて環境が回復した時点で空白化していた生態系ニッチを利用して新たな系統が急速に現れた．適応放散による大量絶滅直後の急速な多様化に対して，絶滅と絶滅の間での多様性増加が緩慢であったことから，生物進化に関する「断続平衡説」が提案された．このように大量絶滅は，生物進化を加速させる役割をもっている．

［磯﨑行雄］

参考文献

［1］ Erwin, D. H.,『大絶滅—2 億 5 千万年前，終末寸前まで追い詰められた地球生命の物語』大野照文監訳，共立出版，p.323，2009
［2］ 熊澤峰夫他編『全地球史解読』東京大学出版会，p.540，2002
［3］ 平野広道『絶滅古生物学』岩波書店，p.255，2006

断続平衡説
――かたちの変化は不連続

形態が断続的な分岐進化パターンを示すことの主張，および断続的な分岐進化パターンを生じるプロセスとして，N. エルドレッジ（Eldredge）と S. J. グールド（Gould）によって，1972 年に提唱された．また彼らは，断続平衡説に対立するものとして，常に連続的に変化が進む分岐進化の主張を漸進説（phyletic gradualism）とよんで区別した．断続平衡説は提唱されて以降，これを引用した多くの人々によってさまざまに誤解されただけでなく，提唱者みずからがその説明を大きく変更するなどしたため，現在，断続平衡説として一般に想定されている考えは，当初エルドレッジとグールドが意図したものとは，大きく異なるものとなっている．

●背景　地層中に化石記録として認識される形態的に識別される種（形態種）の歴史的な消長が，断続的な変化を示すことは 19 世紀にはすでによく知られていた．もともとこの化石記録中の種構成が多少とも示す歴史的な不連続性を利用して，地質時代を異なる時代に区分することが行われてきた．またこの不連続性ゆえに，古生物学者の G. キュビエ（Cuvier）らは，観察事実と合わないとして生物進化の考えを否定した．C. ダーウィン（Darwin）は化石記録の不完全性と，進化速度の急激な変化でこの不連続性を説明しようとした．このように化石記録における形の時系列変化の不連続性の認識と，それを進化速度の急激な変化で説明しようという試みは，古くから存在したものである．

総合説の成立後も，例えば 1950 年代には，G. G. シンプソン（Simpson）が化石記録で進化速度の急激な変化を生じるプロセスを提案していた．これらの主張と，エルドレッジとグールドが提唱した当初の断続平衡説が異なる点は，それが種分化についての主張であったという点である．

●断続平衡説の主張　彼らが断続平衡説で主張した第一のポイントは，種分化は E. マイヤー（Mayr）が提唱した周縁隔離種分化のモデル――分布域の周辺の集団が地理的に隔離されて別種に進化するとするモデル（異所的種分化の一形態，☞「種分化」参照）――で説明されるケースが一般的である，と考える点であった．もしこの種分化が一般的であれば，種分化の大半は化石に残りにくい分布の周辺域で急速に起こるため，種の進化パターンは化石記録では不連続的に新しい種が出現するような，断続的なパターンとして観察されるはずである．

彼らの主張の第二のポイントは，周縁隔離種分化のモデルに従えば，生殖的隔離のみならず表現型の変化は周縁隔離が生じたタイミングで集中的に起きるはずであり，時系列的には，形態の顕著な変化と生物学的種の形成の時期が一致するはずである，というものだった．したがって，生物学的種と化石で認識される形態種を統一的な種の概念で定義づけることができる，と考えたのである．またこれにより，化石記録にみられる不連続的な進化パターンは，種分化のパターンを反映していると考えることができる．

そして主張の第三のポイントは，化石記録のパターンは進化のプロセスを反映しており，化石記録を扱う古生物学の研究から，進化のプロセスに対する仮説を提案することが可能である，というものであった．

●断続平衡説の変容　これらの主張を支持する証拠として彼らが用いたのは，古生代の三葉虫化石と，バミューダ島の更新世の陸貝化石が示す進化パターンであり，それ以外に十分な化石記録の証拠が存在していた訳ではなかった．その後，マイヤーの周縁隔離種分化モデルの一般性が支持を受けなくなり，また生殖的隔離の進化と形態進化が必ずしも一致しないことが指摘され，当初の断続平衡説はプロセスとしての根拠を失った．その代りに彼らは，断続平衡説は進化が断続的なパターンを示す，というパターン論の主張であり，それをもたらすプロセスを限定しない，という立場をとった．ただしその一方で，断続的な変化を生じるプロセスとして，非適応的なプロセスを想定する必要性を強調したため，強い批判を浴びた．

1980年代半ば以降，特にグールドは，断続平衡説の定義に種分化あるいは分岐進化を含めなくなり，ひとつの系列の存続期間に対して形態変化が起きる期間の相対的な短さでそれを定義するなど，主張を当初のものから大きく変化させた．そして化石記録に基づいて，この広い意味での断続平衡説の一般性が主張された．しかし微化石を中心に，断続的な変化のパターンを示さない事例も多い．

現在では断続平衡説は，変化の乏しい安定期と，急速に変化する時期で構成されるような断続的なパターンを示す進化の現象を表現する用語，として使われることが多い．あるいは進化に限らず，現象の断続的な時系列変化のパターンを記述するための用語として，用いられることもある．［千葉 聡］

📖 参考文献

［1］ Gould, S. J., *The Structure of Evolutionary Theory*, Belknap Press, 2002

［2］ Eldredge, N. and Gould, S. J., “Punctuated Equilibria: an Alternative to Phyletic Gradualism”, Schopf, T. J. M. ed., *Models in Paleobiology*, Freeman, Cooper & Co, San Francisco., pp.82–115, 1972

［3］ Gould, S. J. and Eldredge, N., “Punctuated Equilibria; The Tempo and Mode of Evolution Reconsidered”, *Paleobiology* 12: 343–354, 1977

スノーボールアースと動物の出現
——酸素濃度上昇との密接な関係

地球はかつて完全に凍りついていたことが明らかになってきた．スノーボールアース（全球凍結）とよばれる超寒冷化イベントである．地表面のすべての水が長期にわたって凍結することは，生物の生存にとって致命的であったはずである．その一方で，最後のスノーボールアースイベント直後に多細胞動物が出現した可能性も示唆されている．

●スノーボールアースイベント　地球史においては，気候の温暖期と寒冷期が繰り返されてきた．とりわけ，寒冷期は氷河時代ともよばれ，極域を中心として大陸が広域的な氷河（大陸氷床）に覆われる．ところが，今から約6～7億年前の原生代後期において，当時の赤道域にも大陸氷床が存在していた証拠が見つかり，他のいくつかの地質学的証拠から，当時，地球全体が氷に覆われていたと考えられるようになった．このスノーボールアース（全球凍結）イベントは，大気の温室効果の大幅な低下により生じるもので，地球は全球平均気温がマイナス30℃以下という酷寒の世界となり，地表面の水は完全に凍結する．こうした証拠は，原生代後期のマリノアン氷河時代（約6億3900万年前～約6億3500万年前），スターチアン氷河時代（約7億1600万年前～約6億6300万年前），原生代初期のマクガニン氷河時代（約23億年前～約22億2200万年前）において見つかっており，少なくとも過去3回，スノーボールアースイベントが生じたらしい．火山活動により放出された二酸化炭素は，全球凍結した地球上では消費されず，そのまま大気中に蓄積していく．火山活動が数百万年～数千万年程度継続すれば，大気中の二酸化炭素分圧は0.1気圧程度にまで達する．すると，その強い温室効果により氷が融解し，地球は全球凍結状態から脱出できたものと考えられている．

●全球凍結下の生物　地表面の水が凍結するような環境条件が数百万年～数千万年も継続したとして，生物はいかにして生き延びることができたのであろうか．とりわけ，海面付近で光合成を行う藻類は，少なくとも十数億年前には出現していたことから，原生代後期のスノーボールアースイベントをどうやって生き延びたのか大きな謎である．これについては，いくつかの可能性が考えられる．例えば，火山地域では地下からの熱によって氷が溶けて局所的に温泉が存在していた可能性が高い．あるいは，現在の地球では，氷河の表面に緑藻とシアノバクテリアを主な基礎生産者とする雪氷生物群集（クリオコナイト）が生息している．クリオコナイトは暗色のため，夏季の強い日射を吸収することで，氷が溶けて光合成生物が活動できるようになるが，同様のものがスノーボールアース時代にも存在したのではないか．このように，全球凍結下の地球でも，局所的・季節的には液体の水が存在し，生物はそうした場所で細々と生き延びることができた可能性がある．

●動物の出現　最古の大型生物化石として知られるエディアカラ生物(☞「エディアカラ生物」参照）よりさらに古いマリノアン氷河時代直後の約6億3000万年前～約5億9000万年前の地層から，最古の多細胞動物と思われる化石が産出する．これは，細胞分裂中の受精卵が化石となったと考えられているもので，胚化石とよばれている．もしこれが本当であれば，最後の全球凍結直後に，動物が出現した可能性が示唆される．一方で，従来の分子時計の議論からは，動物の起源はもっと古いといわれている．また，マリノアン氷河時代以前に動物の活動や存在を示唆する生痕化石や分子化石があるとする報告もある．ただ，もし動物の起源がそのように古いなら，スノーボールアースイベントをどのようにして生き延びることができたのかが大きな問題となる．最後のスノーボールアースイベントであるマリノアン氷河時代と動物の出現時期の前後関係の解明は，重要な課題である．

●酸素濃度との関連　今から約19億年前には，最古の真核生物と考えられる化石が見つかっている．その少し前には，大酸化イベントとよばれる，大気中の酸素濃度の上昇が生じ，酸素濃度は現在の10万分の1以下から100分の1程度にまで急上昇した．興味深いことに，大酸化イベントはマクガニン氷河時代とほぼ同時期に生じた．同様に，原生代後期における酸素濃度の上昇が，マリノアン氷河時代とほぼ同時期に生じ，約6億年前には酸素濃度が現在のレベルに達したらしい．スノーボールアースイベントと酸素濃度上昇の間には何らかの因果関係の存在が示唆される．環境中の酸素濃度は生物の代謝を含む生理機能や生化学反応と密接な関係にあることから，酸素濃度の上昇が生物の進化を促した可能性も考えられる．動物の場合，コラーゲンが細胞同士の接着を担っており，多細胞化に重要な役割をはたしたものと考えられているが，その生合成には酸素が必要である．このため，原生代後期の酸素濃度上昇が動物の出現と関係していた可能性が以前から示唆されている．ただし，最近の研究によれば，現生の底生動物のなかにはかなりの貧酸素環境下でも生存可能であるものが見つかっているなど，動物にとって必要最低限の酸素濃度は従来考えられているものよりかなり低い可能性も示唆されている．

スノーボールアースイベントと動物の出現は，酸素濃度上昇を通じて密接な関係にあった可能性はあるが，まだよくわかっていないことが多い．　［田近英一］

参考文献

[1]　ウォーカー，G.『スノーボール・アース』渡会圭子訳，早川書房，2004
[2]　田近英一『凍った地球―スノーボールアースと生命進化の物語』新潮社，2008
[3]　田近英一「全球凍結と生物進化」地学雑誌，116：79-94, 2007

種分化――そういえばもとはすべて同種だった

1つの種が2つ以上に分化することを種分化とよび，種分化を繰り返すことで現在の地球上の生物多様性が生じてきたことは疑いない．しかし，種分化のプロセスとメカニズムには依然として多くの謎が残っている．例えば，生態的な適応はどの程度種分化に貢献するのだろうか．つまり，単に生態環境に適応するだけなら，さまざまな環境に適応した種内集団が生じるだけだろう．

●種概念　種分化のプロセスとメカニズムを考えるうえで，種をどのように定義するかという問題は避けて通れない．種概念の詳細は「種概念」の項や参考文献に譲るとして，本項では種を「互いに遺伝的交流が可能な個体からなる集団」と定義する．これはE. マイヤー（Mayr）が提唱した生物学的種概念に基づく考え方であり，任意交配が可能であれば同じ遺伝子を共有する可能性が高くなり生物学的な特徴も似通ってくるだろう，という考え方である．逆に，任意交配を妨げる隔離障壁が生じれば，交配できなくなった集団間で独自の進化が生じるために別種へと分化するだろう．この種概念に基づくと，種分化のプロセスとメカニズムを解明するには，任意交配を妨げる隔離障壁がどのように生じるか，そしてその隔離障壁がどのように集団間の分化を引き起こすかを理解する必要がある．分布が分断され地理的に隔離されることも隔離障壁となり，実験室内では依然交雑可能であっても，野外での交雑自体は制限され得る．ただし本項では，生物側の要因（動物自身の生理的，生態的，遺伝的属性）による隔離障壁がいかに生じるかに注目するため，単に地理的に隔離されているだけでは種分化は完了していないとみなして話を進める．

●隔離障壁　生殖隔離は，交配前隔離と交配後隔離，もしくは受精前隔離と受精後隔離に大別される．交配前隔離には，性フェロモンや配偶行動の不一致，発生時期，交配場所の違いなどが知られている．交配が生じた場合でも，必ず受精が成立する訳ではなく，交配後に特定のオスから得た精子を選択的に排除するといった交配後の受精前隔離も知られている．交尾を行わない分類群では，水中に放出された精子が卵に侵入する際に，精子の先体に含まれる酵素と卵膜のタイプが一致しないと受精にいたらないといった受精前隔離が知られている．受精後隔離としては，雑種世代の胚発生に問題が生じて致死となる場合や，雑種個体の生存力が弱いため適応度が低くなる例が知られている．

●地理的条件に基づく種分化様式　種分化の様式は，従来は集団の分化が生じた際の地理的条件に重きをおいて分類されることが多かった．集団同士が海や山脈といった地理的隔離で隔てられれば，それぞれの集団で独自の自然選択や遺伝的浮動が働き，各異所集団に固有の配偶行動や発生システムが獲得される．その結果，集団が二次的に接しても交配が起こらなかったり，受精はできても雑種の発生に異常が見られるようになる．このような種分化様式を異所的種分化とよび，多くの種分化は異所的種分化であっただろうと考えられている．

一方，集団同士が完全に隔離されているのではなく，例えば生息環境が隣り合っているような状況下で進む種分化のことを側所的種分化とよび，単一の任意交配集団から地理的隔離をともなわずに進む種分化のことを同所的種分化とよぶ．ただし，種分化の過程で複数の地理的条件を経てきた例も知られており，地理的条件だけで種分化の様式を分類することは難しい．また，何をもって同所的とみなすかは分類群によって大きく異なり，同じ物理的距離であっても，移動能力に長けた種と移動能力の低い種ではその効果は大きく異なる．よって，異所，側所，同所という種分化の分類は，地理的な条件というよりは，実質的には集団間での遺伝的交流の大小に重きをおいた分類といえる．これらの他に，分布域の周縁部の小集団が特有の遺伝的浮動や自然選択を経験することによって生じる種分化の様式として周縁的種分化が提唱されている．

遺伝的交流を伴った状態で種分化が進行するには，これから種分化が生じる集団中に，交配相手に対する好みや環境への適応力に多型があることが重要となる．例えば，集団内にそれぞれ高い鳴き声と低い鳴き声で求愛する2つのタイプのオスがおり，メス側の好みにも2つのタイプがあるとする．高い声が好きなメスはより高い声のオスを，低い声が好きなメスはより低い声のオスを選び，かつ鳴き声のタイプが遺伝するとする．この場合，最適な形質値が分化していくという分岐選択が配偶の成功にかかわる性選択に働いていることになり，性選択が種分化を引き起こすことが理論的にも示されている．このように，側所か同所かという地理的条件よりも，選択がどのように働くかが種分化の可否を決める重要な要素となるため，近年では性選択や自然選択の働き方に注目して種分化様式を議論することが多くなった．以下では，自然選択がどのように種分化を引き起こすかを扱う生態的種分化を紹介する．

●生態的種分化　生態的な適応がいかに種分化につながるのかという疑問は，C. ダーウィン（Darwin）が『種の起原』を著したときから提唱されている．しかし，単に生態的な適応が進むだけでは，種内すべての個体が特定の方向へと進化したり（方向性選択），特定の形質値が選ばれるだけとなり（安定化選択），種分化にはいたらない．生態的な適応が種分化につながるには，最適な形質値を分化させる作用と中間型の適応度が低くなるという作用をあわせもった分岐選択が必要である．分岐選択の作用下では，異なる生態環境のそれぞれに適した生態型は適応度が高くなる一方，不適な生態型の適応度は低くなるため，生態環境間の移入個体には環境の違いが隔離障壁として働く．また，異なる生態型間での雑種個体が両親の中間的な表現型を示す場合，雑種個体はどちらの親の環境下でも適応度が下がってしまう．

上述の隔離障壁は分岐選択によって副次的にもたらされるが，更なる隔離障壁，例えば異なる生態型間での交配がより起こりにくくなる交配前隔離や，雑種に発生上の不都合が生じるといった内因的な交配後隔離はどのように進化するのだろうか？　先に述べた鳴き声を例に議論してみよう．

AとBという2つの生態環境があり，それぞれに適応した生態型が見られるとする．このとき，Aの生態型が高い鳴き声を，Bの生態型が低い鳴き声をそれぞれ使うようになるには，環境Aに適応した対立遺伝子をもつ個体には高い声を出す対立遺伝子が，環境Bに適応した対立遺伝子をもつ個体には低い声を出す対立遺伝子が，それぞれ固定する必要がある（図1）．つまり，環境適応と鳴き声という別々の遺伝子座間に，特定の組合せが生じる必要がある．このように2つ以上の遺伝子座間で対立遺伝子の組合せに偏りが生じることを連鎖不平衡とよぶが，環境適応と鳴き声の遺伝子座が異なる染色体上にある場合（図1A）や，物理的に連鎖していても遺伝子座間の距離が遠い場合（図1B）には，連鎖不平衡が維持されにくい．異なる生態型が地理的に隔離されている場合や，適応と隔離にかかわる遺伝子座が強く連鎖している場合（図1C）には連鎖不平衡が維持されるが，このような場合しか生態的種分化における隔離障壁は補強されないのだろうか？

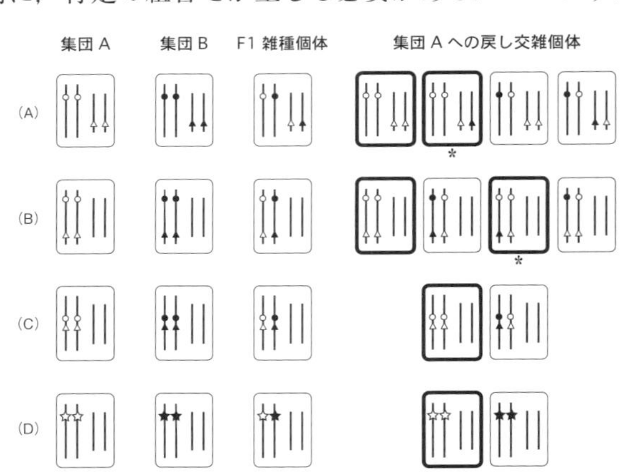

図1　生態適応に関する遺伝子座と生殖隔離に関する遺伝子座間の連鎖不平衡．環境Aと環境Bにそれぞれ適応した種内集団AとB，およびそれらの雑種世代のゲノム構成を模式的に表している．生態適応遺伝子座を丸印で表し，環境Aに適した対立遺伝子を白丸，環境Bに適した対立遺伝子を黒丸で示している．三角印は生殖隔離遺伝子座を表し，白抜きは高い鳴き声を発する対立遺伝子，黒塗りは低い鳴き声を発する対立遺伝子をそれぞれ示している．戻し交雑個体のうち，太枠の個体は環境Aに適応している個体を示す．(A)両遺伝子座が別々の染色体にある場合，戻し交雑世代において生態適応遺伝子座は環境Aにマッチしていても，中間的な鳴き声を発する個体（*印）が生じることになる．(B)両遺伝子座が連鎖していても遺伝子座間の距離が遠い場合には，遺伝子座間の組換えにより同様の個体（*印）が生じる．(C)両遺伝子座が強く連鎖している場合は連鎖不平衡が維持されやい．(D)マジックトレイトの場合は単一の遺伝子座（星印）が生態適応と生殖隔離の両方を担うことになる（出典：Matsubayashi et al., 2010より改変）

この問いへの1つの答えがマジックトレイトとよばれる生態的な適応が直接交配前隔離を進化させる例である．環境適応としての体サイズの違いが体サイズの似た者同士の交配につながる例や，異なる寄主植物への適応が性フェロモンの組成を変える例が知られている．分岐選択が直接同類交配を引き起こすため，生態適応と新たな隔離障壁の形成を単一の遺伝子座で議論できるが（図 1D），マジックトレイトがどれだけ一般的かは今後の研究にかかっている．

●種分化形質の遺伝基盤と種分化研究の展望　生殖隔離の遺伝基盤は，隔離障壁の進化を理解するために不可欠である．なぜなら，雑種における不稔や生存力低下は非適応的な進化であり，不和合を生じさせるような突然変異がなぜ集団中に蓄積可能なのかという疑問が残るからである．不和合が進化するメカニズムとしてはドブジャンスキー・マラーモデルという２つの遺伝子座が関与するモデルが提唱されている（図 2）．実際に不和合を引き起こす遺伝子としては，減数分裂時の相同染色体の対合の成否にかかわるものなどが特定されている．完全な生殖隔離が進化すると，それに引き続いてさまざまな隔離障壁が集団間に生じるため，種分化のきっかけとなった生殖隔離の遺伝基盤を特定するには，隔離障壁がほとんど見られない発端種や種内集団を用いる必要がある．生態的隔離にかかわる形質の遺伝基盤も精力的に調べられており，今後さまざまな種分化形質の遺伝基盤が特定されていくことが期待される．

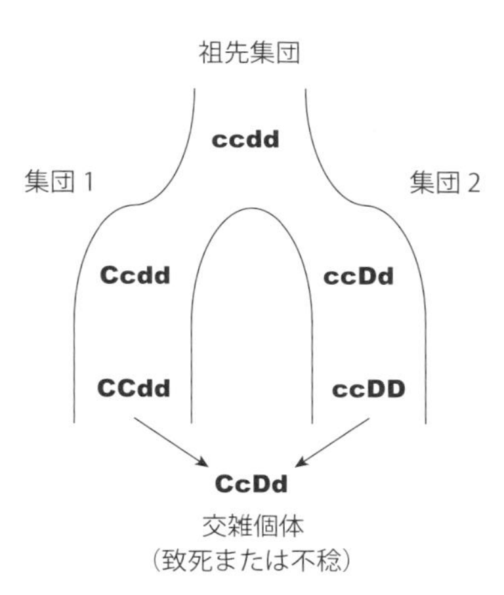

図 2．ドブジャンスキー・マラーモデル．協調して働く２つの遺伝子座を想定している．２集団に隔離された後に各集団で独立に突然変異が生じ，C と D という対立遺伝子が各集団中に固定するが，これらは祖先的な対立遺伝子と協調して働けるとする．ただし，２集団が再び交雑しても派生的な対立遺伝子同士が不和合を引き起こすため，雑種は致死や不稔となる（出典：Presgraves, 2010 より改変）

また，普段我々が用いている種という単位は，伝統的な分類学により形態的な差異に基づいて定義されている場合がほとんどある．その一方で，本項で扱ってきた種分化研究では，分類学的な基準となるような差異はまったく考慮されていない．よって，我々が普段用いている種と，種分化研究で考えている種には，定義上も生物の分化の程度としても大きな隔たりがあり，この隔たりを埋めていくことも今後の種分化研究には求められるであろう．

［大島一正］

📖 参考文献

［1］ 秋元信一「種とはなにか」柴谷篤弘他編『生態学からみた進化』講座進化 7，東京大学出版会，pp. 79–124，1992
［2］ Coyne, J. A. and Orr, H. A. *Speciation*, Sinauer, 2004
［3］ Nosil, P., *Ecological Speciation*, Oxford University Press, 2012

共進化
――関わりあう生き物同士の適応

共進化（coevolution）は，相互作用をもつ生物が，互いに自然選択を及ぼしあいながら進化する過程をいう．ドクチョウの毒，コウモリの超音波，ノコギリガザミの強力な鋏，これらはいずれも捕食者から逃れたり，餌生物を効率よくとらえるために進化した形質であり，共進化の産物である．自然界では相互作用をもつさまざまな生物の間で共進化が起こっていると考えられるが，多数の種が相互作用にかかわる場合，種によっては相手の生物に進化的な圧力を及ぼしていないことがある．例えば，植物は鳥やコウモリに種子を運ばせるために甘い果肉や色鮮やかな果実を進化させた一方，これらの動物の中には果実に強く依存した生活史を進化させたものがいる．しかし，植物によっては果実食性の鳥やコウモリが進化したあとに，それらの動物が好む果実の形質を進化させた場合もあるだろう．この場合，特定の種の組合せでは共進化は起こったとはいえないが，植物と果実食動物の間では共進化が起こっているということができる．一方，寄生者と寄主，捕食者と被食者，あるいは特殊化した共生関係を結んだ生物のように，特定の種のペアが強い相互作用をもつ場合は相互の自然選択が働きやすく，実際このような関係の中にはとりわけ見事な共進化を遂げたものがみられる．

なお，植物と果実食動物の例のように，相互作用に複数ずつの種がかかわる場合を「拡散共進化（diffuse coevolution）」として，特定の種のペアにおける共進化と区別することがある．

●敵対的関係における共進化　ヤブツバキは，緑色で肉厚の果皮の中に，親指の先ほどの大きさの種子を数個付けるが，果皮が裂開すると種子は地面に落ち，地表性の動物に散布されるため，肉厚の果皮は散布前の種子捕食を防ぐための防衛形質である．ヤブツバキのほぼ唯一の種子食者であるツバキシギゾウムシは，長い口吻でこの果皮に穴をうがち，若い種子の内部に卵を産みこむ．ヤブツバキの果皮の厚さとツバキシギゾウムシの口吻長に集団内で十分な遺伝的変異があれば，より厚い果皮をもつヤブツバキはより高い確率でツバキシギゾウムシの産卵をまぬがれることができ，逆により口吻の長いツバキシギゾウムシはより高い確率でヤブツバキに産卵できるだろう．実際，屋久島のヤブツバキとツバキシギゾウムシでは，より厚い果皮と長い口吻が選択され続けた結果，リンゴのように大きなヤブツバキの果実と，体長の2倍にも及ぶ長いツバキシギゾウムシの口吻が進化している．このように，捕食される側の防御形質と，捕食する側の攻撃形質の程度がより増大する方向に進化し続けることを軍拡競争（arms race）という．

ヤブツバキとツバキシギゾウムシの軍拡競争は，屋久島を含む日本列島の南部で顕著であるが，近畿以北ではヤブツバキの果皮は薄く，軍拡競争は起きていない．これらの地域では，ヤブツバキの果皮の厚さよりツバキシギゾウムシの口吻がはるかに長いため，集団中でより厚い果皮を付ける個体に有利性がないからである．このように，共進化の進行の程度は，気候などのさまざまな環境要因の影響を受けて，地域ごとに大きく異なることがある（共進化の地理的モザイク説[geographic mosaic theory of coevolution]）.

軍拡競争は，果皮の厚さや口吻長といった量的形質の変化だけでなく，質的に新しい防御形質や攻撃形質が生じることでも起こる．植物の二次代謝産物と植食性昆虫の解毒能力の多様性はその好例であろう．例えばイボタノキは液胞にオレウロペインという物質を含むが，葉が食害を受けるとオレウロペインが必須アミノ酸であるリジンと結合し，リジンが利用できない形態になるため，昆虫はイボタノキの葉をいくら食べても成長できない．一方，イボタノキを食草とするイボタガは，だ液中に多量のグリシンを分泌してオレウロペインの活性を下げることでこれに対抗している．また八重山諸島に生育するイワサキセダカヘビはカタツムリを専食するため，左顎よりも右顎の歯の数を増やすことで，多くの種が右巻きであるカタツムリを食べやすいように適応しているが，被食者のカタツムリは殻の入口をヘビが咥えにくいよう変形させたり，軟体部を自切したり，左巻きになったりすることで捕食を逃れている．

●共生関係における共進化　共生は，異なる生物が互いに利益を与え合う関係であるが，相手からより多くの利益を得られる形質をもった個体が集団中で有利になるため，資源やサービスの獲得をめぐって量的形質の進化がエスカレートすることがある．マダガスカルで多様化した*Angraecum* 属のランは多くの種が10 cm を超える長い距(蜜をためるために花弁が変形してできた構造)をもち(図1)，長いものは30 cm を超えるが，これはダーウィンがその存在を予言したとおり，この花から蜜を得るために長い口吻を進化させたキサントパンスズメガ（図1）との競争の結果である．ランは長い距をもつことでスズメガの体を花に密着させて花粉を運ばせることができる一方，スズメガはより長い口吻をもつことでより多くの蜜を得ることができる．このような花と送粉者の共進化は，世界のさまざまな地域において，さまざまな分類群で生じている．例えば南米では，ハチドリの中でもとりわけ長い，11 cm にも及ぶくちばしをもつヤリハシハシドリとの共進化の結果，著しく長い筒状の花冠を進化させたトケイソウ（図1）などがある．

共生関係にある生物の間では，相手からより効率的に利益を得るように相互の適応が進んだ結果，両者が相手の存在なしには存続できないほど依存性を高めることがある．コミカンソウ科のカンコノキ属の植物は，幼虫が種子を食べるハナホソガ属のガによって送粉されているが，ハナホソガ属のメスは花に産卵する際，自身の幼虫が確実に種子を食べられるよう，特殊な毛が密生した口吻を用いて雄

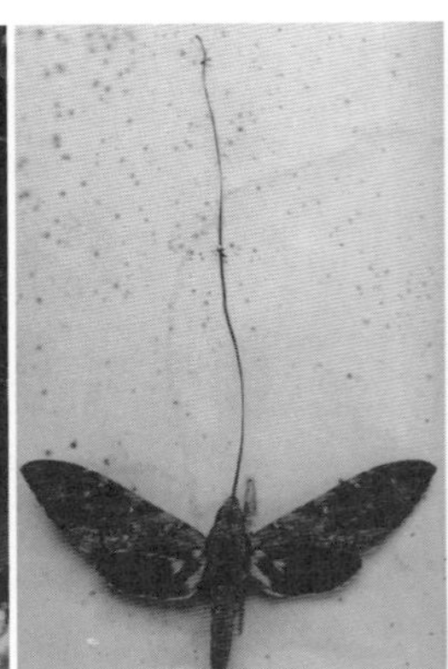

図1　花と送粉者の共進化.（左）マダガスカルのアングラエカム属のラン.（中央）アングラエカム属の送粉者であるキサントパンスズメガ.（右）ヤリハシハチドリと共進化したトケイソウ

図2　ウラジロカンコノキの雌花に能動的に授粉するウラジロカンコハナホソガ. 口吻に大量の花粉をもっている

花で花粉を集め，雌花に授粉するという能動的送粉行動を進化させている（図2）. カンコノキ属の花は緑色で蜜がなく，雌しべは退化的で，送粉をハナホソガ属だけに頼っている. 南西諸島では場所によって4種ものカンコノキ属植物が同時期に開花するが，カンコノキ属植物は種ごとに異なる匂いで異なる種のハナホソガ属を花に魅きつけており，両者の間には高い種特異性が進化している.

同じような絶対的な共生関係は，熱帯のアリ植物と共生アリの間でも顕著である. 世界中の熱帯で100属以上の植物が，アリを住まわせるための何らかの構造を植物体内に発達させており，なわばりに侵入する外敵を追い払うというアリの習性を利用してみずからの身を守っている. アリ植物の中には巣場所だけでなく，食物体とよばれる餌をアリに提供するものもあるほか，着生植物でアリ植物になったものでは，アリの排泄物をみずからの栄養源とするための特殊な形態が進化している（図3）. フィジーのアカネ科 *Squamellaria* 属の着生性アリ植物では，共生アリが宿主の種子を収穫し，それを周囲の幹枝に播種し，さらに施肥することで，樹冠に宿主植物の農園を形成している. これらの驚くべき適応はいずれも，共生関係における高度な共進化の産物である.

●雄と雌の共進化　共進化は，異なる生物種の間だけでなく，種内のオスとメス

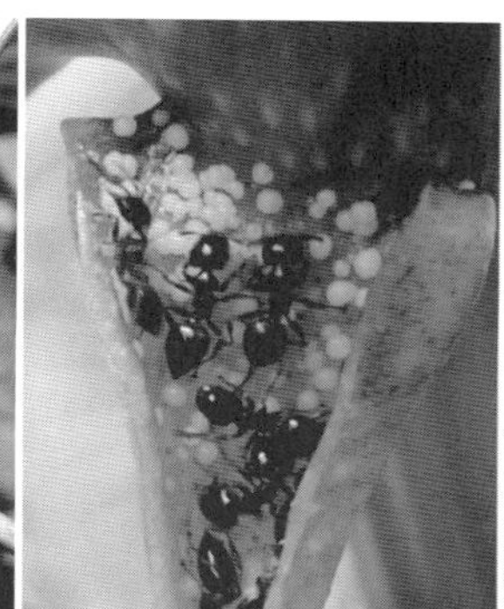

図3　アリ植物と共生アリの共進化.（左）オオバギ属のアリ植物と共生するシリアゲアリ．中央の大きい個体が女王.（中央）托葉の裏につくられた食物体を収穫する共生アリ.（右）着生性のアリ植物であるアリノスダマ．胚軸の下部が大きく膨らんでできた迷路状の空洞にアリが住み，植物はアリの食べ残しや排泄物から養分を吸収する

の間でも起こることがある. 多くの鳥のオスにみられる装飾的な羽や求愛行動は，メスの好みと共進化しながら多様化したものである．またオサムシやババヤスデなどの陸生節足動物には，交尾器の形状が著しく複雑になった種がみられる．オスは精子競争に有利な交尾器形質を発達させる一方で，メスは多回交尾による交尾器の損傷や死亡のリスクを避ける必要があり，このような性的対立（sexual conflict）の結果，交尾器形態が軍拡的に共進化する可能性が考えられている．

●共進化と共種分化　共進化は，相互作用をもつ生物の間の相互の適応をともなった進化であるが，寄生虫学や細菌学の分野では，相互作用をもつ生物の間で同調して種分化が起こることをさす共種分化（cospeciation）を意味する言葉として共進化が一般的に使われている．しかし共進化が起こっているからといって種分化が同調して起こる訳ではなく，反対に種分化が同調していても両者の間に共進化が起こっているとは限らないため，共進化と共種分化は区別して考える必要がある．しかし，カンコノキ属とハナホソガ属の関係のように，共進化の結果，高い種特異性が進化した関係においては，一方の生物の種分化にともなってもう一方の生物の種分化が同時に起こることがある．マルカメムシ科のカメムシは体内にさまざまな共生細菌を保持しており，互いが補い合う代謝にかかわる遺伝子が片方の生物で失われているなど，ゲノムレベルの共進化が起きている．これらの共生細菌は産卵の際，卵とは別に特別なカプセルに入れられて産み落とされ，親から子へ引き継がれるが，このように生活史の全般にわたって依存し合う生物の間では，両者の系統樹の分岐の順序が完全に一致している．　［川北　篤］

適応放散
——種分化と適応を繰り返す過程

適応放散とは，1種もしくは少数の種 / 集団が種分化と適応を繰り返しながら多くの生態的地位（ニッチ）を占める過程をいう（図1）．以下に説明するような分類群の生物でよく研究されているが，実際には生物の進化の歴史において数多く起きてきた過程である．そのスケールもさまざまで，小さな島の中で起きた場合から，大陸で大規模に起きた場合まである．

●適応放散が起こる条件　これまでに起きた適応放散の事例から，適応放散が起きる条件を推定することができる．1つめの条件は適応放散が起きる場所に多くのニッチが存在し，利用可能な資源が存在することである．つまり，環境が均一で変化が乏しい場所では適応放散は起きていない．2つめの条件は，新たなニッチに適応しそのニッチを占める際に他種との競争が少ないことがあげられる．そのため最も適応放散が起きやすい条件は競争がない，つまりまだ占める生物種のいない空白のニッチが多く存在する環境となる．また，新たな形質を獲得し，ある生息環境に適応的な分類群が進化した場合も既存の種との競争は減少し2つめの条件にあてはまる．適応放散の際の種分化は，環境適応にともなって起きてきたと予想されるため，生態的種分化が主に起きたと推定される．それでは，次に実際の適応放散の例を説明する．

●さまざまな適応放散　これまでの生物進化の歴史の中で最も規模の大きい適応放散の1つが哺乳類の適応放散であろう．6500万年前に恐竜が絶滅し，地球上には多くの空白のニッチが出現した．この空白のニッチを種分化と適応を繰り返しながら占めたのが哺乳類である．この適応放散は別々の大陸で平行に起きた．具体的にはゾウ，ツチブタ，ハイラックスなどを含むアフリカ獣類はアフリカ大陸で，アルマジロ，アリクイ，ナマケモノなどを含む貧歯類は南米大陸で，ネズミ，イヌ，ヒトなどを含む北方獣類はローラシア大陸で，有袋類はオーストラリア大陸で適応放散を起こした．海洋で誕生した孤島も空白のニッチが存在している場所となり得る．ユーラシア大陸からもアメリカ大陸からも遠く離れた太平洋に位置するハワイ諸島は火山島であり，海洋で誕生してから生物が移住してきている．ハワイ諸島には400種もの諸島に固有のショウジョウバエが生息しており，これらの種は移住してきた1つの種から適応放散により生じてきたと推定されている．ガラパゴス諸島も大洋の孤島であるが，ここに生息するガラパゴスフィンチも適応放散を起こした生物の例としてあげられる．どちらの場合も新たに誕生した島が空白のニッチを提供し，適応放散が起きたと推定される．水中に生息する生物では，新たな水環境が出現する際に空白のニッチが生じる．アフリカ大陸を南北に走る大地溝帯は地殻がゆっくりと東西に広がった結果生じた大地の割れ目である．ここに水がたまり誕生した大きな湖が，タンガニイカ湖とマラウイ湖，割れ目の底に水がたまった湖がヴィクトリア湖である．これら三大湖にはそれぞれ数百種のカワスズメ科魚類（シクリッド）が生息している．これらの湖には湖の誕生後の間もない時期にそれぞれ1種，もしく少数の種が湖に移住し適応放散を起こして現在の種に進化したと考えられている．適応放散の結果，これらの湖には魚食，藻類食，貝食，昆虫食，エビ食，ウロコ食などに特化し適応した種が進化してきた．

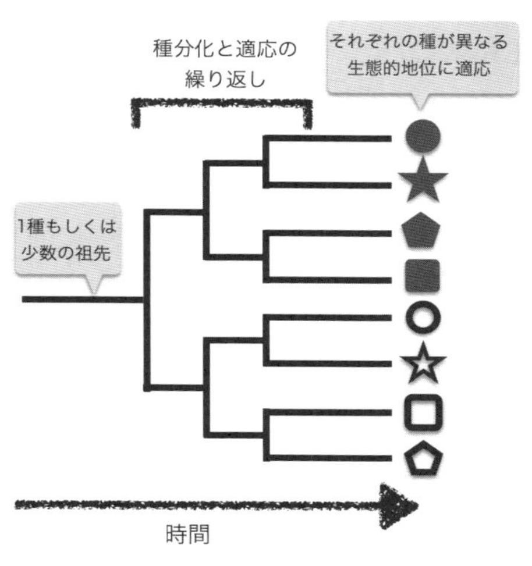

図1　適応放散のモデル

●繰り返し起こった適応放散　上述した条件がそろえば，同じ分類群の生物が繰り返し適応放散を起こすこともある．ハワイ諸島は火山島であり，噴火により新たな島が誕生してはプレートの移動とともに西に少しずつ移動し，さらにまた新たな島が誕生してきた．これらの諸島に生息するショウジョウバエは，新しい島に移住して空白のニッチで適応放散を起こし，噴火により新しい島が誕生するとまた移住して適応放散を起こしてきた．つまり，島が誕生するたびに適応放散を繰り返し起こしてきたのである．このような繰り返しの適応放散は海洋の諸島ばかりでなく湖でも起きてきた．先に述べたアフリカの湖はタンカニイカ湖が最も古く，次いでマラウイ湖，ヴィクトリア湖の順に誕生した．シクリッドの適応放散は初めに最も古いタンガニイカ湖に河川の祖先種が移住することで起き，その後放散した系統の一部が再び河川に進出した．マラウイ湖が誕生した後，この河川に進出した系統の一部がマラウイ湖に移住して適応放散を起こし，最も新しいヴィクトリア湖でも同様に河川からの移住によって適応放散が起きた．これら別々の湖で繰り返し起きた適応放散により，現在のそれぞれの湖に固有な数百種のシクリッドが生じてきた．面白いことに，適応放散は独立に起きたにもかかわらず，同じニッチに適応した種は類似した形態を獲得している．そのため，収斂進化の例としてもよく研究されている．　［寺井洋平］

📖参考文献

［1］寺井洋平・岡田典弘「シクリッドの視覚の適応と種分化」日本生態学会編『淡水生態学のフロンティア』シリーズ現代の生態学9，共立出版，2012

性選択
――動物界の複雑さと美しさの源

有性生殖を行う生物において，交配の成功・失敗や交配数の差を通じて働く選択．広義には自然選択の中に含まれるが，生存の差を通じて働く自然選択とは逆方向に働くこともあり，一般には自然選択とは区別して用いる．1871年刊行の『人間の由来と性淘汰』において，C. ダーウィン（Darwin）によって初めて提唱された．メスが交配相手のオスを選別する過程で働く場合と，交配相手をめぐってオス同士が競合する際に働く場合とに分けられる．前者は異性間選択（intersexual selection），後者は同性内選択（intrasexual selection）とよばれる．いずれの場合でも，この選択に勝ち残った個体は，繁殖の機会を増やし，自分の遺伝子を効率よく次世代に残す．性選択は毎世代，恒常的に集団に働き，オスの形態，色彩，体サイズ，武器形質，鳴き声，配偶行動を素早く進化させる原動力となる．動物界の多様性，複雑性，新規性の大部分は性選択によって生み出されている．動物の中には，メスは地味な色・形であっても，オスが大変鮮やかな色彩や特異な形状を示したり，美しい鳴き声で鳴いたり，複雑なダンスを踊るような事例が知られているが，これらの事例は性選択によって説明される．

同性内選択では，オス同士がメスをめぐって物理的に争うことで，大きな体，闘争に適した武器形質がオスにおいて進化する．絶滅したオオツノジカの発達したツノ，クワガタムシのオスのオオアゴ，シュモクバエの左右に大きく飛び出した眼などは同性内選択の事例である．武器となる形質は，体サイズの増加に対して，より急激に成長する特徴がある．同性内選択は，縄張やハーレムをつくる動物においては特に強く働く．

異性間選択では，一般にメスによるオスの選別（female choice）が行われる．メスはオスより大型の配偶子を形成するため（これがメスの定義），数少ない受精卵を確実に育てあげるために，交配相手を慎重に選んで，メスにとって好ましい性質をもつオスと交配する傾向が進化する．メスにとって何が好ましい性質なのかに関して，大きく分けて，2つの仮説が主張されている．1つは，メスは，子の数を増やしてくれるような，優良な特徴をもつオスを選ぶはずだとする考え方である（優良遺伝子仮説）．他方は，あるオスとの交配によって，子の数が増える訳ではないが，孫の数が増えることによって，メスの遺伝子も集団中で増加し，メスは遺伝的な利益を得るだろうとする考え方である（魅力的息子仮説）．

●優良遺伝子（good gene）仮説　この説は，子の数を増やしてくれるような優良な特徴をもつオスにメスは引きつけられ，そうしたオスと交配を行う可能性が高いと考える．例えば，免疫力が強く感染症にやられにくいオスがいるとすれば，そのオスと交配することによって免疫力の強さは子に受け継がれ，繁殖齢まで子が生存する可能性は高まる．また，広くて質のよい縄張を確保できるオスと交配すれば，その縄張でメスも十分な栄養を得て，より多くの子を残すことができるかもしれない．さらに，交配時にオスがメスにプレゼント（栄養物）をわたす昆虫では，質のよい大きなプレゼントを渡してくれるオスとの交配によって，メスは十分な栄養を得てより多くの卵を生むことができる．しかし，実際には，メスにとっても，遺伝的に質のよいオスを選び出すことは容易ではない．というのは，オスは偽の信号を進化させ，あたかも優良な遺伝子をもつかのように振る舞う可能性があるからである．そこで，実際に優れた生存力や競争力をもつオスは，優れた性質をもつことをメスに明示できるような環境に身をおく必要がある．例えば，捕食者に襲われやすい環境において，よく目立つ色彩や過剰な装飾をもつオスは不利であるが，そのようなハンディキャップをもちながらも生き延びているということは，優良な遺伝子をもつ証拠ともいえるであろう．一方，生存力や活動力において劣るオスが目立つ色彩や邪魔な装飾をもっていれば，捕食者の多い環境では生き残りにくい．メスのオス選択に関して主張されるハンディキャップ理論（A. ザハビ）は，広義の優良遺伝子説に含まれ，オスの優良遺伝子をいかにメスにアピールするかの方策を重視している．

優良遺伝子仮説は，オスが交配前のメスに栄養を提供する動物に対しては適用しやすいが，遺伝子のレベルで優良なオスを選択するのはメスにとっても困難で，実証例も多いとはいえない．優良遺伝子仮説は，実際には，いくつかの優良遺伝子があると考えるよりも，（弱）有害遺伝子をできるだけ保有しないオスをメスが選別すると言い換えることも可能である．

●魅力的息子仮説　この仮説では，メスがオスを選別するときの基準は，オスの魅力そのものである．魅力的なオスと交配しても，メスにとって子の数は増えない．この仮説では，起源はともあれ，ある種のメス全体を魅了するようなオスの特徴とそれへのメスの好みがあると仮定している．魅力において優れたオスと交配した場合，メスは子供の数を増やすことはできないかもしれないが，息子には魅力的なオスの特徴が伝わる．このため，息子たちの交配成功率は，魅力的ではないオスの交配率よりも高くなるであろう．こうした理由で，魅力的なオスと交配したメスの遺伝子は，孫世代において増加することになる．このとき，孫世代では，より魅力的なオスを好むメスの性質も孫娘たちに伝わる．一方，あまり魅力的ではないオスと交配した場合，そのメスは，息子たちに魅力がないせいで，あまり多くの孫をもてないであろう．このため，オスを魅力的でなくす遺伝子や魅力的ではないオスを選ぶメスの遺伝子は集団中から減少する．この仮説の骨子は，オスの特徴の頻度分布に対して，メスの好みの方が常に「より魅力的な」（鮮やかな色彩，大きなサイズ，美しい鳴き声など）方向にずれていることにある．

魅力的息子仮説では，オスの特徴の進化に際して，ランナウェイ過程（runaway process）が働くことを仮定している．このため R. A. フィッシャー（Fisher）のランナウェイ仮説ともよばれる．ランナウェイ過程では，オスの特徴とメスの好みが相互に影響を与え合いながら急速な進化が進む．この過程では，いわゆる正のフィードバックが働いており，安定な平衡状態には到達しない．進化が止まるのは，オスあるいはメスのコストが過大になり，どちらかが競争についていけなくなる時点である．また，感覚搾取説（sensory exploitation）は，メスのもつ感覚の偏りを利用してオスが交尾頻度をあげる方向に進化することを仮定しており，魅力的息子仮説とほぼ同じものである．

●仮説の検証　メスのオスに対する選好性の起源はさまざまで，メスの何らかの適応の副産物として生じてくる場合もあるが，適応とは無関係の中立形質として生じる場合も考えられる．例えば，中枢神経系が高度に発達した動物では，特定の刺激に対して快・不快や美・醜の区別が生じて来るために，メスのこうした感覚の偏りをオスは利用して，交配頻度を高めると考えられる．メスの感覚において偏りが存在することは，実験的に検証されている．ツバメのオスの尾羽に別の尾羽を貼り付けることによって，人為的に尾羽の長さを伸ばしてやると，そうした処理を受けたオスは，メスに選好される割合が増え，多くの子を残した．逆に，オスの尾羽を部分的に切り落とすと，メスからあまり選好されなくなった．こうした実験的な処置では，オスの質を変えていないために，優良遺伝子説ではメスの選好性を説明できず，尾羽の長さという信号に対する魅力的息子説が支持される．一方，多くの野生動物では，メスのオス選別に関して優良遺伝子説と魅力的息子説を厳密に区別することは難しい．ツバメの例においても，長い尾羽は優良遺伝子をもつことの指標として使われてきた可能性もある．ニューギニアに分布するニワシドリ科のいくつかの種では，オスがあずまやをつくり，またさまざまな色彩の果実，羽毛を集め地面に敷きつめて，メスの気を引くことで有名である．メスがオスのコレクションを気に入れば，メスは交尾を受け入れる．この際にメスがオスの「美的才能」だけを評価しているのであれば，メスの選別基準は魅力的息子説によって説明されることになる．しかし，コレクションをたくさん集めてくる体力や対象物発見能力は，巣立ちしたわが子が餌を探し，成長するうえで役立つ能力と評価しているのであれば，優良遺伝子を選んでいるとも解釈できる．したがって，現実の動物では，これら 2 つの主要仮説は，相反するものではなく，ほぼ同時にメスの選別にかかわっていると考えられる．

●交尾器と魅力的息子仮説　魅力的息子仮説がよくあてはまる事例は，動物のオス交尾器である．オス交尾器は，多くのパーツから構成された精巧につくられた器官で，種ごとに大きな違いが見られる．一方，同じ種内では交尾器の形状は安定しており，分類学者は主にオス交尾器に頼って分類を進めている．オス交尾器は，交尾中にメスに対して刺激を与え，みずからの精子を効率よくメスに送り，卵を受精させるための刺激器官だとする見方がある．効率よく精子をメスに送り込むことができたオスの交尾器形質は性選択上は有利であるが，メス自身は，そうした交尾器をもつオスと交尾しても子供の総数を増やすことにはつながらない．しかし，そのメスの息子たちには父親の交尾器の特徴が伝わるので，結果的にそのメスはより多くの孫をもつことができる．こうした点で，交尾器形質の多様性・複雑性の進化には「魅力的息子仮説」が適用できる．交尾中のメスは，交尾相手のオスの精子をただ受け身的に受けとる訳ではない．交尾中のメスは，何らかの手がかりを用いて，交配相手を識別し，受け取る精子量を調節していると考えられている．メスの選別過程は体内で進められ，交配相手のオス自身にも予測できないため，隠蔽されたメスによる選別（cryptic female choice）とよばれている．

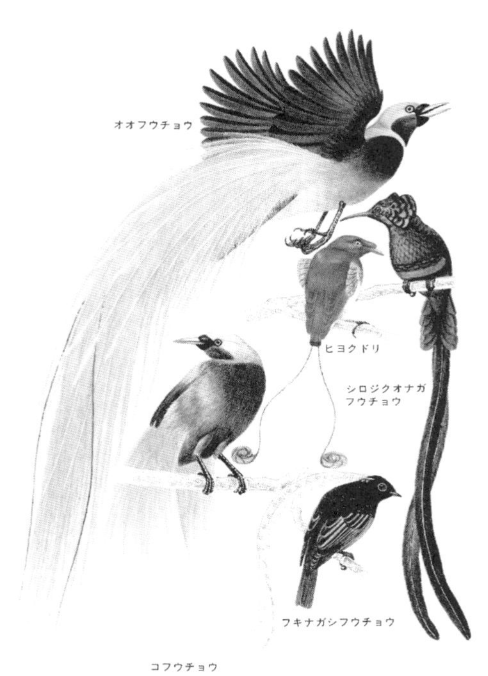

図1　ニューギニアのフウチョウ（極楽鳥）各種のオス．性選択の事例．（ⓒ森上義孝）

●精子競争　メスの体内では，受精をめぐって異なるオスの精子間で競争が生じる．この競争を精子競争とよぶ．精子競争は，交尾中に起こるオス－オス間競争（同性内選択）とみなすことができる．多くの昆虫において，後から交尾したオスが，交尾器の一部を使って，前に交尾したオスの精子をメスの体内から掻き出す行動が知られている．こうした行動によって，後から交尾したオスは，自分の精子によって卵を受精させる確率を高める．昆虫のメスは，一般に多数回交尾を行うため，異なるオスの精子が受精嚢の中で混じり合う．この際，自分の精子を優先的に使わせるための方策がオスにおいて進化している．ショウジョウバエでは，オスの精液に含まれる物質（性的ペプチド）がメスに対して産卵を促す一方，他オスからの交尾の受入を低下させる働きをすることが知られている．また，1回の精子放出量が多いほど，精子競争では有利となるために，精子産出能力を高める方向にも強い選択が働いている．

［秋元信一］

分子進化と中立理論
——自然選択を検証する理論的基盤

19世紀中頃，C. R. ダーウィン（Darwin）は，生物種内には変異が存在すること，また生物には過剰な繁殖力があり，生まれてくる個体のすべてが生き残る訳ではないことから，生物種内の変異の中で環境により適した形質をもつ個体が生き残り，その形質が子孫に伝わることによって生物が進化するという自然選択説を提唱した．それ以来，自然選択は生物進化を説明するための仕組みとして，広く受け入れられてきた．

1960年代になると，電気泳動によってタンパク質の変異を調べる方法が発明され，生物集団にはタンパク質の変異が広範囲に存在することがわかった．集団中に変異が生じても，自然選択によって適応的な変異以外は除外されると考えられたため，タンパク質の高い多型性は自然選択と矛盾した．そこで，木村資生(もとお)およびJ. L. キング（King）とT. H. ジュークス（Jukes）によって，中立理論が提唱されるにいたった．その後，自然選択論者と中立進化論者の間で論争が続いた．1980年代になると，さまざまな生物種のいろいろな遺伝子のDNA塩基配列が決定されるようになり，生物集団にはDNAレベルでも多くの変異が存在し，また，DNAやタンパク質の進化はほぼ一定の速度で進むことがわかってきた．そして，DNA塩基配列データの蓄積とともに中立理論は広く受け入れられるようになった．しかし，自然選択による進化と中立進化は二者択一的なものではなく，時と場合によってどちらもあることがわかっている．

●突然変異と遺伝的荷重　ダーウィンが自然選択説を提唱した頃，生物集団中に変異があることはわかっていたが，変異がどのようにして生じるのかはわからなかった．突然変異によって生物集団に遺伝的変異が生じることが明らかになったのは，20世紀になって，H. J. マラー（Muller）の研究によるところが大きい．マラーは，1927年にX線が突然変異を誘発することを発見し，その功績によって1946年にノーベル賞を受賞したことで有名である．しかし，集団遺伝学では，ショウジョウバエを用いた巧妙な実験方法を考案し，自然界で実際に起こる突然変異の頻度を測定した研究に，大きなインパクトがあった．マラーによって，それまでの予想を超える量の遺伝的変異が自然界で生じていることがわかった．

もし集団中に存在するすべての遺伝的変異に対して自然選択があるとすると，変異遺伝子の間で次世代に伝わる確率（適応度）に差が生じる．その結果，適応度が最高の遺伝子以外の変異遺伝子をもつ個体は，適応度が最高の遺伝子をもつ個体に比べて生き残る確率が低く，次世代を残す前により多く死亡することになる．このように，適応度が最高の遺伝子以外の変異遺伝子の存在によって生物集団の平均適応度が低下することは遺伝的荷重とよばれる．J. B. S. ホールデン（Haldane）とマラーは，遺伝的荷重による適応度の低下は突然変異率に等しく，遺伝子の有害度には依存しないことを示した（ホールデン・マラーの原理）．すなわち，生物集団の適応度が遺伝的荷重によってどの程度低下するかは，集団中にどの程度の量の変異遺伝子があるかによってのみ決まる．集団中にたくさんの変異遺伝子があると，適応度が低い変異遺伝子をもつ個体も多くなり，その分多くの個体が死ぬことになる．ゲノム全体で多くの遺伝子座に変異遺伝子が存在すれば，適応度の低下は積算し，自然選択からのがれて生き残る個体は非常に少なくなる．そのような生物集団では，それを補償するため非常に多くの子孫を残すことが必要になる．木村は，哺乳類について当時推定されていた突然変異率（アミノ酸置換率は平均3.6億年に1回）とゲノムを構成するDNA塩基配列の長さ（40億塩基対）を用い，遺伝的荷重を補償するために必要な産子数を試算したところ，327万個体という値を得た．つまり，哺乳類の雌は327万匹の子供を産まないと種が維持できないということになる．もちろん，そんなことはありえないので，木村はこの試算の前提である「すべての変異遺伝子に対して自然選択がある」ことが間違っていると解釈し，「多くの変異遺伝子は選択的に中立あるいはほぼ中立である」という中立論にたどりついた．

現在，ゲノム解析の結果，哺乳類のゲノムを構成するDNA塩基配列の長さは32億塩基対で，その中で4800万塩基対だけがタンパク質をコードする遺伝子であることが明らかになっている．そのため，木村の試算はもはや正しいとはいえないが，ゲノム全体で起こる突然変異のほとんどが遺伝子の機能に影響しない場所で起こる中立突然変異であるという点で中立進化があてはまる．

●分子進化の中立理論　木村は，著書の中で「中立理論は，分子レベルの進化および種内変異のほとんどは，自然選択によるものではなく，選択的に中立あるいはほぼ中立な変異遺伝子の機会的遺伝的浮動によるものであることを立証する．中立理論の本質は，変異遺伝子が厳密な意味で選択的に中立であるかどうかという点ではなく，多くの変異遺伝子の運命が機会的遺伝的浮動によって決定されるという点にある．言い換えれば，分子進化のプロセスにおいて，自然選択の影響は非常に弱いため，突然変異と機会的遺伝的浮動の影響の方が勝るということだ．」と述べている．これまでこの文章の解釈にはいくつかの誤解があった．

1つは，選択論者の決定論的な考え方から「厳密に中立であることはありえない」という批判であるが，中立理論の基盤には生物集団における個体数は有限であることがあり，自然選択の有無より，自然選択に対する相対的な意味で機会的浮動の重要性を提唱している．例えば，100個体しかいない集団では1個体の死は適応度を100分の1低下させるが，そのような集団では適応度を1000分の1低下させる変異は1個体の死ももたらすことはなく，実質的に中立である．このように，有限集団においては決定論的な自然選択の有無は意味をなさず，中立の定義の範囲は広がる．この中立変異の範囲と集団サイズの関係は，後に太田朋子によって「ほぼ中立理論」として確立された．すなわち，大きな集団では中立の範囲がせまく，進化における自然選択の効果が大きくなり，逆に小さな集団では中立の範囲が広く，機会的浮動の効果が大きくなる．

もう1つの誤解は，有害突然変異が集団中から取り除かれる負の自然選択（淘汰）の解釈である．負の自然選択が自然選択による進化の具体例とみなされる場合があるが，これは大きな間違いである．負の自然選択には，突然変異によって生じた新たな遺伝子を集団から除外する働きがある．そのため，負の自然選択があっても集団の遺伝子構成は変化しない．すなわち進化は起こらない．ダーウィンが言った自然選択による進化とは，新たに生じた変異遺伝子がそれまで存在していた遺伝子よりも適応的に有利であるため，自然選択によって置き換わるという正の自然選択を意味する．そのため，正の自然選択はダーウィン選択ともよばれる．負の自然選択がある場合，集団の遺伝的構成は中立突然変異の機会的浮動によってのみ変化するため，自然選択による進化ではなく中立進化であるといえる．

●中立理論による自然選択の検証　分子生物学の発展により，遺伝子が機能する仕組みが明らかにされてきた．ほとんどの遺伝子は，タンパク質を構成するアミノ酸の種類と配列を指定する（コードする）ことによって，そのタンパク質の機能を通して生命活動にかかわる．そこで，タンパク質コード遺伝子のDNA塩基配列が突然変異によって変化すると，その遺伝子がコードするタンパク質のアミノ酸配列にも変化が生じ，タンパク質の機能に影響が出ることがある．その場合，その変異遺伝子は自然選択の対象となり，適応度を低下させる場合は集団から取り除かれ，逆に適応度を上昇させる場合は後世に優先的に残され，最終的に集団中にもともとあった遺伝子にとって換わる．

DNA塩基配列上のある塩基（例えばA）が進化過程で別の塩基（例えばG）に置き換わることを塩基置換とよぶ．タンパク質コード遺伝子のDNA塩基配列に起こる塩基置換のうち約1/4は，その遺伝子がコードするタンパク質のアミノ酸配列に影響しない同義置換で，残りの3/4はアミノ酸の置換を引き起こす非同義置換である．この2種類の塩基置換の速度を種間で比較することによって，比較した種の進化過程でその遺伝子にどのような自然選択があったのかを推定することができる．同義置換は，遺伝子の機能に影響しないため選択的に中立で，多くの場合，同義置換速度（d_S）は中立進化速度とみなすことができる．一方，非同義置換はタンパク質の機能に影響することがあるため，それが有害ならば負の自然選択によって集団から除外され，その分，非同義置換速度（d_N）は低下する．一方，適応的に有利な変化をもたらす場合，正の自然選択によって機会的浮動よりも速く集団中に広がるため，非同義置換速度は上昇する．そのどちらでもなく，アミノ酸の変化が選択的に中立である場合，非同義置換速度は同義置換速度と同様に中立進化速度に一致する．つまり，非同義置換速度が同義置換速度よりも低い遺伝子は，負の自然選択を受け中立突然変異によって進化してきたことを示し，非同義置換速度が同義置換速度よりも高い遺伝子は正の自然選択によって進化してきたことを示す．通常，この比較には d_N / d_S の比が用いられ，d_N / d_S ＞ 1 の場合に正の選択による進化とされる．

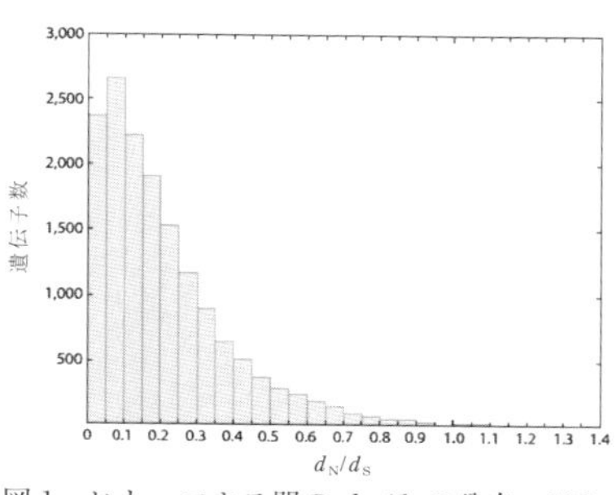

図 1　ヒト，マウス間の d_N/d_S の分布．100 コドン以上からなる 1 万 5350 遺伝子を用いて算出した

図 1 は，ヒトとマウスの遺伝子を比較して得られた d_N / d_S 比の分布である．ほとんどの遺伝子が d_N / d_S ＜ 1 で中立進化していることがわかるが，わずかながら d_N / d_S ＞ 1 で正の自然選択によって進化した遺伝子もあることがわかる．これまで，この方法によって主要組織適合性複合体（MHC）遺伝子をはじめとした免疫系の遺伝子，種分化の原因となった遺伝子などの進化で正の自然選択の関与が認められている．このように，中立理論は，自然選択による進化の検証のための帰無仮説として活用されている．

●分子時計　DNA の塩基置換やタンパク質のアミノ酸置換のような分子進化には，進化速度が生物種にかかわらずおおむね一定であるという特徴がある．これは，「生きている化石」とよばれる生物種が存在するように，進化速度が生物種によって大きく異なる形態形質の進化にはあてはまらない．分子進化速度の一定性は，分子進化の大部分が中立進化であることの証拠の 1 つとされる．DNA の物理化学的性質が根底にある突然変異には一定性があてはまるが，環境適応にかかわる自然選択がいろいろな生物種の間で一定であるとは考えにくいからである．

分子進化速度の一定性は分子時計とよばれ，生物種間の分岐年代の推定に利用されている．例えば，ミトコンドリア DNA の分子時計によって現生人類の起源に関する仮説が検証され，「アフリカ起源説」が支持される結果につながった．また，哺乳類と鳥類の主要な目（もく）は，恐竜が滅亡した約 6500 万年前以降，新生代になってから適応放散したと考えられていたが，分子時計によって 1 億年前，中生代白亜紀にすでに存在していたことが明らかになった．このように，分子時計によって，それまで化石によってのみ推定されていた数々の生物進化の歴史が修正されることになった．

［田村浩一郎］

ミトコンドリア DNA の進化
――細胞の中で生きている

ミトコンドリアはほぼすべての真核細胞がもつ細胞小器官である．2 重の膜構造をもち，酸素呼吸の場であり，ATP 合成とさまざまな生合成を担っている．核ゲノムとは別に，ミトコンドリアは独自のゲノム DNA（ミトコンドリア DNA, mtDNA）と DNA 複製，RNA の転写，タンパク質合成（翻訳）のシステムをもっている．その起源は，原始真核細胞に細胞内共生した真正細菌の 1 グループであるアルファプロテオバクテリア，特にリケッチアの仲間であると考えられている．

●多細胞動物 mtDNA　多細胞動物 mtDNA は一般に 1 万 5000 ～ 1 万 8000 塩基対ほど（ヒト mtDNA の場合，1 万 6569 塩基対）の環状 DNA である．二倍体の核ゲノムは細胞あたり 2 コピーしか存在しないのに対して，mtDNA は細胞あたり数百～数千コピー存在する．

多細胞動物 mtDNA は非常にコンパクトな構造をもち，13 種類のタンパク質遺伝子（電子伝達系の複合体 I，III，IV と ATP 合成酵素のサブユニット），2 種類のリボソーム RNA（rRNA）遺伝子と, 22 種類の転移 RNA（tRNA）遺伝子とがほぼすき間なく配置されている（図 1）．イントロンは存在しない．脊椎動物 mtDNA 上には 1 個所のみ，遺伝子が存在しない長い非コード領域（D ループ領域）が存在し，ここに複製開始点と転写開始点が含まれる．

これらの特徴から，mtDNA は広く分子系統解析に使われてきた．

●多細胞動物 mtDNA の構造の多様性　mtDNA 上の遺伝子の配置は，脊椎動物内ではほぼ変わらない．しかし，尾索動物 mtDNA では，種が違うと遺伝子

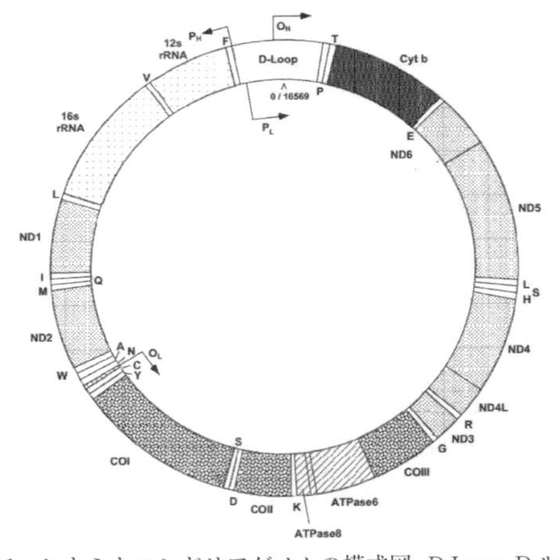

図1　ヒトミトコンドリアゲノムの模式図. D-Loop: D ループ（コントロール，非コード）領域．ATPase6,8：ATP 合成酵素サブユニット 6，8．CO I-III: シトクロム酸化酵素サブユニット I-III（複合体IV）．Cytb：シトクロム *b*（複合体III）．ND1-6,4L：NADH 脱水素酵素サブユニット 1-6, 4L（複合体 I）．tRNA 遺伝子は対応するアミノ酸の 1 文字記号で示す．OH と OL は H 鎖と L 鎖の複製開始点. PH と PL は H 鎖と L 鎖の転写プロモーター．円の外側に名前がある遺伝子は反時計回りに，円の内側に名前がある遺伝子は時計回りに転写される（http://www.mitomap.org/foswiki/pub/MITOMAP/MitomapFigures/mitomapgenome.pdf より改変）

配置も異なる．MtDNA の遺伝子配置変化の頻度は動物の系統によって異なるが，この変化はまれな現象なので，動物の系統解析の情報の 1 つとして使われている．

また，mtDNA の構造そのものにも例外がある．刺胞動物のヒドラの中には線状 mtDNA をもつ種類がいる．また，シラミやカイメンの一部のミトコンドリアゲノムは，1 ～数個の遺伝子をコードした複数の環状 DNA で構成されている．一方，有櫛動物，線形動物，毛顎動物などの mtDNA は ATP 合成酵素のサブユニットの遺伝子の一部をコードしていない．さらに，有櫛動物や刺胞動物の mtDNA は 1 ～数個の tRNA 遺伝子しかコードしていない．

●ミトコンドリア遺伝子の特徴　多細胞動物ミトコンドリア mRNA，rRNA，tRNA はいずれも構造が単純になっている．tRNA ではクローバーリーフ型の二次構造が崩れて D アームや T アームが痕跡程度でしか残っていないものが知られている．rRNA も真正細菌の rRNA の 2/3 から半分程度のサイズにまで短くなっている．mRNA の構造も単純で，開始コドンは 5' 末端（または末端から数塩基）に存在する．また，終止コドンが mRNA 前駆体には完全にコードされておらず(U のみまたは UA)，mRNA 前駆体 3' 末端へのポリ A の付加により UAA 終止コドンが形成される場合がある．

●ミトコンドリア遺伝暗号　多細胞動物の進化とともに，ミトコンドリアで使用される遺伝暗号表も進化し，多様化してきた．例えば，海綿動物，有櫛動物，刺胞動物，平板動物では，ミトコンドリア内では UGA コドンが終止コドンではなく，トリプトファンに対応する．左右相称動物の多くでは，さらに AUA コドンがイソロイシンではなくメチオニンに，AGA/AGG（AGR）コドンがアルギニンではなくセリンに対応する．加えて，AGR コドンは尾索動物ではグリシンに対応し，さらに脊椎動物では終止コドン（少なくともアミノ酸を指定しないナンセンスコドン）であることが知られている．

● mtDNA の遺伝（母系遺伝）　ミトコンドリアは細胞質に存在するので，mtDNA は細胞質遺伝の遺伝因子そのものである．卵子も精子もミトコンドリアをもつが，受精の過程で精子由来の mtDNA は分解される．このため，mtDNA は母系遺伝するので，mtDNA を使った分子系統解析はおのずから母系の系統をたどることになる．例えば，R. L. キャン（Cann）ら（1987）は 147 人のヒト mtDNA の分子系統解析から，現生人類の mtDNA が 16 万年（±4 万年）前のアフリカ女性の mtDNA にさかのぼると推定した（ミトコンドリア・イブ）．　［横堀伸一］

📖 参考文献

［1］香川靖雄・後藤雄一共編「ミトコンドリアとミトコンドリア病」日本臨牀増刊号，培風館，2002

［2］Cann, R. L., et al., “Mitochondrial DNA and human evolution”, *Nature* 325: 31-36, 1987

遺伝子の進化と形態の進化
――かたちの進化とDNA

1975年M-C.キング（King）とA. C.ウィルソン（Wilson）は，ヒトとチンパンジーのもつタンパク質のアミノ酸配列が約99％同一であると報告し，遺伝子の進化と形態の進化の関係が一筋縄ではいかないことを強く印象づけた．この論文の中では，ヒトとチンパンジーの間にみられる解剖学的，行動学的な違いが，ほぼ同一の生体高分子をもとにどのように生み出されるかについて，遺伝子発現調節の違いが鍵であることが提案されている．

●遺伝子発現調節の進化と形態の進化　遺伝子の進化と形態の進化の関係を考えるには，遺伝子と形態の関係がまず理解されなければならない．遺伝子と形態の関係の理解は，1980年代に相次いで報告されたショウジョウバエの突然変異体に関する研究がブレークスルーをもたらした．一連の研究により形態形成にかかわる遺伝子が同定されたのに引き続き，ショウジョウバエで見つかったHox遺伝子が，マウスなどの脊椎動物でも発見されたことが，進化生物学にも大きなインパクトをもたらした．

その後，Hox遺伝子以外にも脊椎動物などで相同遺伝子が同定され，多細胞動物全体で，形態形成が共通の遺伝子セットによって制御されていることが明らかになった．多細胞動物の多様な形態は，共通の道具（ツールキット遺伝子，すなわち形態形成遺伝子）が異なる様式で用いられる，つまり遺伝子発現調節に違いによってつくり出されていると考えられるようになり，キングとウィルソンの当初の考えが支持を得ることになった（文献［1］参照）．

実際に，ショウジョウバエの色素模様の違いや剛毛の生え方の違い，トゲウオの胸びれの消失などの形態の進化をもたらす遺伝子発現調節（シス）配列の変化も同定されている．ショウジョウバエの種間での色素模様の違いが，*yellow*という遺伝子の発現調節の違いによって，また剛毛の生え方の違いが*shaven-baby*という遺伝子の発現調節の違いによってもたらされていることなどが明らかになっている．これらのケースでは，形態の違いに結びついた遺伝子発現制御領域の塩基置換まで同定されている．また，脊椎動物においても，トゲウオの胸びれの消失などの形態の進化が，*pitx1*遺伝子の発現調節の違いによってもたらされたことも明らかになっている．

●遺伝子重複と形態の進化　多細胞動物の形態形成が共通のツールキット遺伝子によって制御されているといっても，厳密に同じアミノ酸配列のタンパク質が同じ数そろっているということではない．むしろ，ショウジョウバエと脊椎動物の間で相同な遺伝子でも，アミノ酸配列の類似性はDNA結合ドメインなどの一部にしかみられない．また，動物間で遺伝子の数も異なり，脊椎動物ではゲノム重複により，ショウジョウバエの遺伝子と類似した遺伝子を複数もつ例も多い（☞「脊椎動物の進化」参照）．このように遺伝子重複によって増えたツールキット遺伝子が脊椎動物の形態の複雑さの進化にかかわったと考えられるが，明確な事例報告は少ない．その一方で，細胞としての機能を担う遺伝子（エフェクター遺伝子とよばれる）に関しては，遺伝子重複が直接形態の進化に結びついている事例は数多く知られている．例えば，脊椎動物の骨の基質となる分泌型カルシウム結合タンパク質（osteopontin など）は，脊椎動物における遺伝子重複の結果生まれたものが，骨という新しい形質の進化に貢献している．また，光受容タンパク質のオプシンの遺伝子重複により，異なる波長の光を見分けられるようになったこともよく知られている．

●新規遺伝子の進化と形態の進化　タンパク質の多様な機能はアミノ酸の機能的なつながりによってもたらされるため，タンパク質をコードしないゲノム領域から新しい遺伝子が生じることはほとんどないであろうと考えられてきた．つまり，遺伝子は重複とその後の変異の蓄積によってレパートリーを増やしてきたと考えられてきた．ところが一方で，異なる遺伝子のもつ機能ドメインが組み合わさる，ドメインシャッフリングとよばれる現象によって新しい遺伝子が誕生することもあり，こうして誕生した新しい遺伝子が形態の進化にも貢献している．例えば，脊椎動物の軟骨の主成分であるアグレカン，タイトジャンクションの構成要素であるオクルディンは，ドメインシャッフリングによって脊椎動物の祖先で出現した遺伝子である．また，タンパク質をコードせず，遺伝子の発現制御にかかわる非コード RNA（miRNA）の獲得が，形態の進化に貢献している可能性も指摘されている．

最近になって，従来はまれであろうと考えられてきたタンパク質をコードしないゲノム領域から新しい遺伝子が誕生するという現象も報告されるようになった．このような de novo 遺伝子とよばれる遺伝子の多くは短命であるが，脳や精巣での発現を獲得して機能をもつようになり，受け継がれていくものもあるという証拠が得られてきている．de novo 遺伝子が，種特異的な形質の獲得にどの程度影響しているかについては，今後の研究にゆだねられる．脊椎動物の形態形成で重要な役割をはたす *Noggin* や *Ripply* が脊椎動物以外のゲノムからは見つからないことは，de novo 遺伝子が形態進化にも貢献してきたことを示唆している．

［和田 洋］

参考文献

［1］ キャロル，S. B.『形づくりと進化の不思議』羊土社，2003

多細胞体制の成立
——襟鞭毛虫のような生物から進化か

現生の後生動物，すなわち多細胞体制をもつ動物は単系統群であると考えられている．それでは，現生のすべての後生動物の共通祖先はいつ頃出現して，どのような体制をしていたのだろうか．

●後生動物の出現はいつなのか 後生動物の出現時期を推測する手法としては分子時計と化石記録の２つが主に行われている．分子時計に関しては，使用する遺伝子のデータセットやその解析手法によって結果が大きく異なるものの，大体８億5000万年から６億5000万年前の間には後生動物が出現していたと推測されている．

化石記録に関しては，中国の陡山沱の約６億3200万年前の地層から球状の微化石が多数見つかっており，後生動物の胚の化石であるという説も唱えられている．また，より古い地層から，海綿動物の骨片とされる化石や，海綿動物が合成したとされる化学物質，バイオマーカー（生物指標化合物）の報告も存在する．しかし，これらの微化石，骨片，バイオマーカーは鉱物，バクテリア，単細胞生物，藻類由来との解釈もあり，更なる研究が必要である．広く認められている多細胞性をもつ動物の化石としては約５億7900万年から５億4100万年前の地層から発見されるエディアカラ生物群（☞「エディアカラ生物」参照）がある．この生物群には現生の後生動物との関連性が不明な種が多いものの，海綿動物，刺胞動物，軟体動物など一部の動物門はこの時点ですでに出現していたと考えられている．そして，その後のカンブリア大爆発（☞「カンブリア大爆発」参照）で現生の動物門のおよそ３分の２が出現したとされる．

以上のように，分子時計では８億5000万年から６億5000万年前，化石記録では約５億7900万年から５億4100万年前，と２つの手法では後生動物の出現時期に差が見られる．今後，分子時計の新たな解析，これまでの化石の更なる研究，新しい化石の発見などによって，この差がなくなることが期待される．現時点でもエディアカラ紀には後生動物が出現していたことが両手法で支持されており，もし分子時計の推測や上記のバイオマーカーなどの解釈が正しければ原生代のスノーボールアースイベント（☞「スノーボールアースと動物の出現」参照）前後にすでに後生動物が出現していたこととなる．

●後生動物はどのように出現したのか 後生動物の起源に関しては，繊毛虫起源説と群体起源説の２つの説が長く有力であった．どちらの説も，もともとはE. ヘッケル（Haeckel）が提唱した説である．繊毛虫起源説は，繊毛虫のような単細胞生物が多核化し，後に核ごとに区画化が生じ，多細胞動物に進化したとしている．いくつかの種の無腸類では消化器官が多核の細胞塊であることから，繊毛虫起源説を支持する研究者は無腸類が後生動物の祖先的な形質を保持している重要な動物であると考えた．ヘッケル自身はこの説を放棄したものの，その後もJ. ハッジ（Hadži）らによって広められた．ヘッケルが繊毛虫起源説の後に提唱した群体起源説では，同種の単細胞生物同士が群体を形成し，群体内で分化が起きることで多細胞動物が生じたとしている．ヘッケルは群体を形成する緑藻である現生のボルボックスのような祖先を想定していたが，襟鞭毛虫が後生動物の祖先ではないかとの説も提唱されてきた．襟鞭毛虫は，葉緑体をもたない，鞭毛を1本もつ単細胞生物である．その鞭毛の根本を微絨毛が環状に取り囲んだ襟という構造をもっており，この構造が海綿動物の襟細胞と似ていることは19世紀から指摘されてきた．また，襟鞭毛虫には*Proterospongia*属など群体性の種がいること，および群体内で各細胞の形態に違いがある種が存在することも報告されている．また，ゲノムやトランスクリプトームの解析などから，後生動物の姉妹群が襟鞭毛虫であることが判明している．繊毛虫起源説で重要な役割をもつ繊毛虫と無腸類の分子系統学的解析も進められた結果，繊毛虫が後生動物とは遠縁であること，および無腸類が後生動物の基部で分岐した動物群ではないことが判明している．

以上のことから，群体起源説が広く認められるようになり，後生動物の祖先は現生の襟鞭毛虫のような生物であったという説が有力となっている．したがって，1本の鞭毛と微絨毛からなる襟という構造をもつ従属栄養性の単細胞生物が，群体性を示すようになり，その群体の中で細胞に形態学的，機能的な分化が現れることが，後生動物の多細胞体制の成立への第一歩だったと考えられる．現生の襟鞭毛虫と後生動物の生態やゲノムの比較などから，後生動物の祖先は細胞接着や細胞外骨格に関する多様な遺伝子をもち，配偶子による有性生殖を経る個体発生過程を有していたという説も提唱されている．

●最初に分岐した現生の動物門は海綿動物か有櫛動物か　これまでは，海綿動物がその体制の単純さや襟細胞と襟鞭毛虫の類似性から，後生動物全体の共通祖先から最初に分岐した現生の動物門であると考えられてきた．また，その共通祖先が海綿動物のような体制や発生を有していた可能性も論じられてきた．しかし，有櫛動物のゲノムが解読された結果，有櫛動物が海綿動物よりも先に分岐したという説が提唱された．その後，ゲノム系統学的手法を用いた研究を中心に，双方の説を支持する論文が相次いで出版されており，この論争はまだ決着がついていない．このことから，後生動物全体の共通祖先がどのような形態をもっていたか（神経細胞や肛門の有無など），どのような生態をしていたか（固着性か自由生活性かなど）どのような発生をしていたのか（幼生をもっていたのかなど）は混沌としている．しかし，海綿動物や有櫛動物のゲノム解析の結果，後生動物全体の共通祖先が，現在も生存している最初の動物門が分岐した時点で，すでに襟鞭毛虫よりも多種で複雑な遺伝子群をもっていたことは確かなようである．［中野裕昭］

無脊椎動物の幼生形態と進化
——大人にも負けない，子供時代の多様性

いろいろな動物を思い浮かべてくださいと言われ，頭に浮かんでくるのはほとんどの場合が成体の姿であろう．成体はそれぞれの動物を分類するときの主な指標となり，また生殖を行うなど非常に重要な発生段階である．一方で多くの動物は幼生とよばれる時期をもつ．幼生とは卵から成体へと個体発生が進む過程で，成体とは大きく異なる形態や生活様式をもつ発生段階のことであり，その幼生形態は成体に引けをとらないほど多様である．また多くの水棲無脊椎動物の成体は移動能力が低いため，胚や幼生期間は，水中を漂い分散するという重要な役目をもつ．なお，昆虫など陸上の節足動物では幼生ではなく幼虫とよばれることが多い．

●無脊椎動物の幼生の多様性　無脊椎動物の幼生はその生態によって大きく2つの型に分けられる．一方は中実または消化器官がほとんど発達しない非摂食型幼生で，もう一方は摂餌・消化器官が発達しプランクトンなどを食べて成長する摂食型幼生である．前者は幼生期間中に栄養を得ることができないので，卵黄栄養のみで成長し，基本的に幼生期間は短い．後者は幼生期間中に大きく成長することができ，数か月といった長期間の幼生期をもつものもいる．祖先的な分類群である海綿動物や刺胞動物が前者の幼生型をもつことから，非摂食型が祖先的であり，そこから摂食型の幼生が進化したと考えられている（図1）．摂食型の幼生をもつ系統内で二次的に非摂食型が進化している場合がある．この場合は一般的に卵黄栄養の十分な大型な卵から発生し，幼生器官を形成せず成体へと発生する．このよう

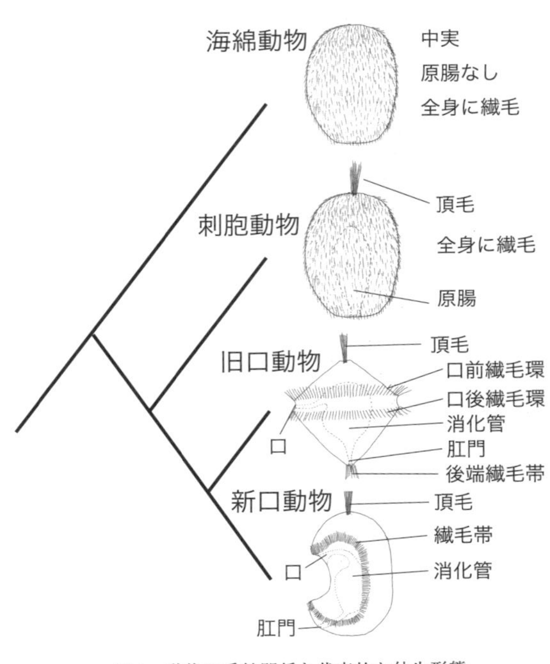

図1　動物の系統関係と代表的な幼生形態

な発生過程を直接発生とよぶ．一方幼生器官を形成し，変態して成体へと発生する場合を間接発生とよぶ．

非摂食型幼生の多くは，身体中が繊毛で覆われており，その繊毛を利用して遊泳する．海綿動物のパレンキメラは一様の繊毛に覆われている．刺胞動物のプラヌラは全身の繊毛に加え前端に長い繊毛（頂毛）が生えている．頂毛の基部は頂器官とよばれ，神経細胞が集中しており，光や重力の方向などを感じ取り，遊泳方向を制御する機能をもつと考えられている．

摂食型幼生は非常に多様であり，ここでは代表的な3つの幼生型について紹介する．左右相称動物は大きく新口（後口）動物と旧口（前口）動物に分けられ，旧口動物はさらにらせん卵割動物（冠輪動物）と脱皮動物に分けられる．脱皮動物の代表的なグループは節足動物であり，水棲環境には甲殻類が非常に多様化している．甲殻類は一般にノープリウスとよばれる幼生をもつ．ノープリウス幼生は3対の付属肢と1つの単眼がある．ノープリウスは成体の頭部前半にあたり，3対の付属肢は将来的にそれぞれ第一触覚，第二触覚，大顎となる．ノープリウスは成体と類似した体制をもっているのに対して，らせん卵割動物と新口動物のトロコフォアとディプリュールラは，成体とは大きく異なる体制をしている．

●トロコフォアとディプリュールラ　トロコフォアはらせん卵割動物である軟体動物や環形動物にみられる幼生であり，楕円形で口の前後にある2つの繊毛環（口前繊毛環と口後繊毛環）で特徴付けられる．一方，ディプリュールラは新口動物の半索動物と棘皮動物の幼生であり，口を囲む繊毛帯で特徴付けられる．どちらの幼生も繊毛帯を運動および摂餌器官として用いている．両者は一見類似した形態をしていることから，繊毛帯をもつ幼生は旧口動物と新口動物の共通祖先ですでに獲得されていたと考えられることもある．一方で両者はその発生における重要なイベントである原腸陥入の様式が異なっており，繊毛帯をもつ幼生は独立に進化したとする説もある．新口動物の原腸陥入は deuterostomy とよばれ，原口が肛門になり，口は新しく形成される．一方で旧口動物の原腸陥入は複雑である．教科書的には原口が口となり，後から肛門ができると説明されることが多いが，実際には3つの様式がある．すなわち原口が前方に移動したのち口となり肛門は後から開く protostomy，原腸が前後に細長く伸びたのち側方が癒合し原口が口と肛門の両方になる amphistomy，そして新口動物同様の deuterostomy である．旧口動物においてこれら3つの型のどれが祖先的であるかはいまだ論争があり，旧口動物と新口動物の共通祖先がどのような型の原腸陥入を行っていたのかはいまだ明らかとなっていない．原腸陥入の様式と幼生形態の進化は，動物の進化学におけるいまだ解決されていない問題として盛んに研究がされている．

［宮本教生］

脊椎動物の起源

脊椎動物は，我々ヒトを出現させた動物群であることから，古くから興味がもたれ，その起源に関する動物学的研究は19世紀のドイツの動物学者E. ヘッケル（Haeckel）までさかのぼる．彼は，ロシアの比較発生学者A. O. コワレフスキー（Kowalevsky）のナメクジウオとホヤの発生学的研究によって明らかになった，脊椎動物とこれら動物に共通する発生学的特徴から，脊索をもつホヤの幼生のような動物（コルドニア）がナメクジウオ様の動物（無頭脊椎動物）を経て，頭をもつ脊椎動物が出現したと考えた．ヘッケルのこの推測は，最近のゲノムによる系統推定が普及するまで，一部の例外を除き，脊椎動物の起源研究の基盤になっていた．ところが，核ゲノムにあるタンパク質をコードする多くのDNAを比較すると，ホヤの方がナメクジウオよりも脊椎動物によく似ることが明らかになり，現在では，三者の系統関係が（頭索動物［尾索動物＋脊椎動物］）であると広く受け入れられるようになっている（図1）．また，この三者は脊索動物にまとめられ，脊索動物に最も近縁なのが，ウニ，ヒトデなのどの棘皮動物とギボシムシが含まれる半索動物であることが知られている（図1）．脊椎動物の起源，つまり，どのような動物から脊椎動物が出現したかは，これら動物の系統関係に依存して推定されることになる．

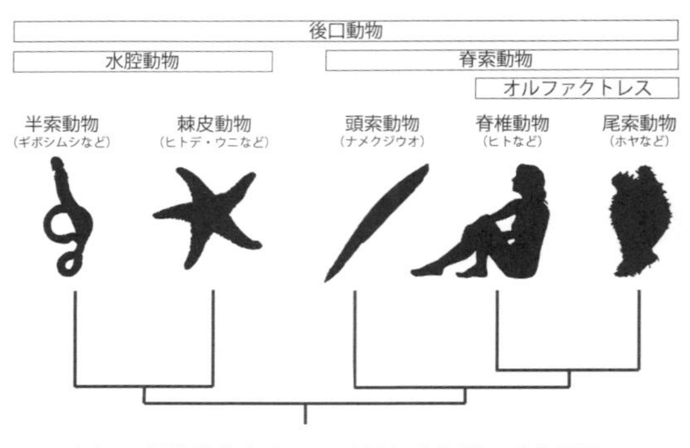

図1　脊椎動物とそれに近縁な動物群の系統関係

●何が脊椎動物固有の特徴か　脊椎動物の起源を推定するには，現生の脊椎動物に固有の特徴とその起源を明らかにする必要がある．現在は，この特徴を比較発生学と比較ゲノム学の両面から解明して，両者の成果を統合しながら研究を進めるのが主流になっている．この流れに大きな影響を与えたのが，C. ガンス（Gans）とR.G. ノースカット（Northcutt）が1983年に発表した「ニューヘッド」仮説である．脊椎動物につながる系統の中で，脊椎動物の頭部は傑出しており，きわめて機能的な摂食器と外界を感知する感覚器，それらを統合する脳と脳神経が発達する．彼らは，これらの頭部構造が，発生学的に神経堤細胞と特殊化した表皮であるプラコードから生ずることを再認識した．神経堤細胞とプラコードは，脊椎動物固有の特徴であると考え，その由来は祖先の表皮に発達する神経ネットワークであると推測した．この仮説に基づき，ホヤとナメクジウオで，神経堤細胞とプラコードの存在が遺伝子と細胞レベルで追求された．その結果，ホヤでは両者が存在し，ナメクジウオは両者を分化させるのに十分な遺伝子セットをもたないことが明らかになった．つまり，ホヤの幼生は脊椎動物の頭部をつくる基盤をもっていることが示された．ホヤと脊椎動物は，これ以外にもいくつかの特徴を共有することから，現在では，両者をまとめたグループ「オルファクトレス」が使われるようになってきた．しかし，このことが，脊椎動物の直近の祖先が現生のホヤのグループに似ていることを意味する訳ではない．現生の尾索動物と脊椎動物は，その共通祖先からみてかなり特殊化していると考えられるようになってきた．このように，系統関係を知ることが，具体的に直近の祖先の容姿を推定することには直結しない．

ゲノムの情報からは，ほとんどの動物で体の前後軸の特異化に重要な働きをするHox遺伝子群が，DNA上でクラスターをつくることが明らかになった．それにより，脊椎動物には異なる染色体のDNAにコードされている複数のHoxクラスターが存在することがわかり，脊椎動物の系統ですべてのゲノムが重複したことにより，複数のHoxクラスターが出現したと考えられている．脊椎動物以外の動物ではHoxクラスターの重複が認められないことから，このゲノムの特徴は脊椎動物固有の特徴であるといえる．しかし，この重複が脊椎動物出現の原因になったとは考えられておらず，出現後の多様化に貢献したという見方が強い．

●脊椎動物の祖先はどのような動物であったか　系統関係の推定には，その系統に固有な特徴（派生形質）だけが情報を与えることになるが，祖先の具体的な容姿を推測する場合は，その系統とその系統の外にある系統に共通する特徴（祖先形質）も重要になる．脊椎動物は，背側で前後に伸びる中枢神経（脳と脊髄）とそれを腹側から保護する脊柱が顕著な特徴であるが，その特徴は，脊索動物に共通する中枢神経とその腹側にある脊索，それらの両側にある体節がもとになってできることが発生学的に理解される．脊索動物に固有なこれらの背側構造がどのようにして獲得されたかについては，有力な手がかりが報告されている．棘皮動物の成体は五放射相称形であるが，幼生は左右相称形で，口が分化する方が腹側になる．棘皮動物のウニ胚では体の前後軸の特異化と，口の分化と背腹の特異化の分子機構が詳細に明らかにされている．それによると，前後軸の分子機構は，クラゲやイソギンチャクなどの刺胞動物と左右相称動物で共通しており，ウニ胚の口の分化にかかわる遺伝子群は，脊索動物で背側の特異化にかかわる遺伝子群とほとんど同じである．脊索動物の中で最初に分かれたナメクジウオでは，ウニ胚で口の分化にかかわる分子機構が，脊索や中枢神経の特異化にかかわる分子機構に転用されることを示すデータが報告されている．つまり，ウニ胚とナメクジウオ胚の比較では，口が背側構造になる背腹逆転が認められる．左右相称動物の進化の過程で，背腹が逆転したことは古くから推測されていたが，近年，分子レベルでそのことが確実視されてきた．その逆転は脊索動物の出現のときに起こり，祖先種の口の分化機構を使って脊索動物固有の背側構造を獲得したと考えられる（図2）．すると，脊索動物では口がなくなることになるが，それに対応して，ナメクジウオとオルファクトレスでは，それぞれ独自に固有の口を獲得したことも示唆されている．つまり，後口動物とよばれる，棘皮動物と半索動物，頭索動物，尾索動物，脊椎動物が含まれるグループでは，少なくとも，棘皮動物と半索動物がもつ一部の前口動物と共通する口，ナメクジウオの口，そして，オルファクトレスの口の3種類になる．ゲノムに基づく系統解析では，初期の動物の系統分岐が地質学的にかなり急速に進んだことが示唆される．そのこととナメクジウオの初期発生がウニの初期発生に似ることは，成体が十分な左右相称動物の特徴をもたない祖先種からでも，脊索動物が進化できることを示唆する．

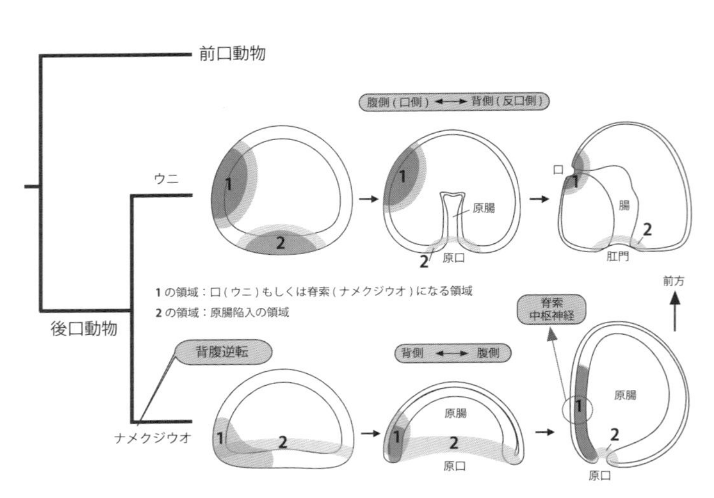

図2　ナメクジウオ胚とウニ胚における背側構造（中枢神経と脊索）と口の形成の関係を示す．ウニ胚と比べて，ナメクジウオ胚は背腹が逆転していることに注目

●最古の脊椎動物　祖先の容姿に具体的なイメージを与えてくれるのが，化石である．また，化石はそれが堆積した年代をかなり正確に示すのにも有効である．しかし，化石の同定には，現在生きている動物の解剖学的知識がもとになるので，どうしてもバイアスがかかる．また，その化石が，現在に子孫を残さない系統（ステム）に含まれるのか，子孫を残している系統（クラウン）なのかを判断することはきわめて難しい．これらを前提にして，脊椎動物の起源にかかわる化石を紹介する．現在知られる最も古い脊椎動物は，中国雲南省澄江（ちぇんじゃん）のカンブリア紀前期（5億2000万年前）の堆積から発見されたハイコウイクチスである（図3）．ハイコウイクチスは，発達した眼と嗅覚器，分節的な鰓弓骨格を頭部にもち，体には，

脊索と椎骨様の構造，筋節，背びれが保存されており，全体的に流線形である．胸びれや腹びれのような対ひれはない．カンブリア紀中期（5億1000万年-4億990万年前）からは，ハイコウイクチスに似る，より大型化したメタスプリッギナが報告されており（図3），この系統が脊椎動物であることを確実にしている．これらの化石は，動物の門（動物を分ける最も上位の分類）が多様化したカンブリア紀前期に，現在の脊椎動物とあまり変わらない脊椎動物がすでに存在していたことを示す．澄江では，それ以外にベチュリコリアやハイコウエラとよばれる脊椎動物の起源を考察するうえで重要な化石も発見されている．ベチュリコリアは，外見が甲殻類に似るが，肢がなく咽頭に鰓孔があることから，後口動物の絶滅群と考えられている．また，ハイコウエラは咽頭に6対の外鰓をもち，一見脊椎動物の痕跡を備えているように見えるが，研究者によって解釈が大きく異なり，脊椎動物の祖先形に近い動物とする立場と，ベチュリコリアから進化した系統で絶滅したグループであるとする立場がある．これらの化石から，後口動物は出現後まもなく多様化した可能性が示唆される．同時代には脊椎動物がすでに出現しており，他の後口動物が発達させなかった頭部感覚器，特に眼を発達させ，流線形の体形をしていた．一般に，これらの特徴は捕食動物に認められ，捕食者は口を発達させるのが普通であるが，ハイコウイクチスとメタスプリッギナの口は保存されるほど強化されておらず，眼をもった流線形の特徴が維持された経緯は不明である．しかし，浮遊物食であるナメクジウオが流線形であることから，流線形の体は両者が共有する祖先形質である可能性が高い．これまでの研究成果を総合すると，脊椎動物は，脊索動物の祖先が獲得した流線形の体に，頭部感覚器，特に眼を備えることによって出現し，多様化した可能性が高い．眼をもたなかったナメクジウオとホヤは，固着性であるにもかかわらず，二次的に捕食性の傾向をもつオオグチボヤのような例外を除き，浮遊物食を維持することによって，活動的な生活を発達させない方向に進化したと考えられる．

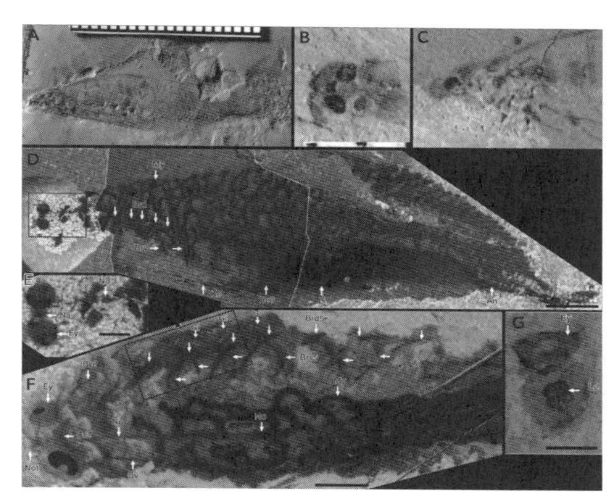

図3　最古の脊椎動物化石ハイコウイクチス（A-C）とそれに近縁なカンブリア紀中期のメタスプリッギナ（D-G）．流線形と発達した眼に注目．スケールバー 1 mm（A-C（ひと目盛り），E，G），2 mm（D, F）（A-C は西北大学舒徳干博士提供．D-G は ©Nature, Macmillan Publishers Limited）

［安井金也］

脊椎動物のゲノム重複
——ヒトの基本遺伝子セットは約5億年前に成立

ヒトをはじめとする脊椎動物のゲノム中には2万～3万個ほどの遺伝子が含まれ，それらの大部分は，過去に起きた遺伝子重複によってつくられ配列上の相同性が認められるパラログ（側系遺伝子）をもっている．パラログの間では，コードされるタンパク質の基本的な分子機能は同じであるが，働く体の部位や時期が異なるなどの機能分担が行われており，これがより精密な生命現象の成立を可能したと考えられている．

脊椎動物の進化の過程では，ゲノム全体が重複を起こし，基本的にすべての遺伝子がいったん数を増やすという，全ゲノム重複とよばれるイベントが何度か起きたとされる．全ゲノム重複において増えた遺伝子の一部は，生存に不利をきたすなどの理由で，まもなくゲノムから消えてゆく．したがって，全ゲノム重複後の生物が必ずしもちょうど倍の数の遺伝子をもつ訳ではないが，結果的に遺伝子の総数は少なからず増加する．

過去に全ゲノム重複が起きた可能性は，1970年にはすでに示唆されていた．その後，まだ多細胞動物の全ゲノム配列情報がほとんど公開されていなかった1990年代に，哺乳類ゲノム上の遺伝子配置（シンテニー）に注目した解析において，似た遺伝子の並びがゲノム内の複数の領域に見つかることが決め手となった．多数の遺伝子ファミリーの分子系統解析による遺伝子数の増加のタイミングが同期しているという観測も後押しし，進化の原動力としての全ゲノム重複は脚光を浴びた．その後，2000年以降には，全ゲノム配列情報に基づいて多数の遺伝子の分子系統や染色体上の配置を調べることが可能となり，ゲノムの倍化を大域的かつ確実に検出するとともに，その時期も推定することが容易になった．

●脊椎動物進化の初期に起きたゲノム重複　ゲノム重複の中で，最も長きにわたって議論されてきたのが，脊椎動物の進化と密接に関連し「2R（two-roundの略)」ともよばれる，2度の全ゲノム重複である．この2×2の4倍加によって，前後軸に沿った分節構造を制御するHox遺伝子のクラスターが1つから4つに増えたことがよく知られている．このイベントは，動物以外をも含めた生物の系統全体の中で，最も古い時期に起きたとされている全ゲノム重複でもある．その具体的な時期としては，脊索動物の進化の過程で，頭索類ナメクジウオにいたる系統やホヤなどの尾索類の系統が分かれた後，脊椎動物へいたる系統において起きたということ，そして，脊椎動物の系統において，軟骨魚類（サメ・エイ・ギンザメ）が分岐する前であったことがはっきり示されている（図1)．

● 2Rゲノム重複についての疑問　顎関節をもたないヌタウナギおよびヤツメウ

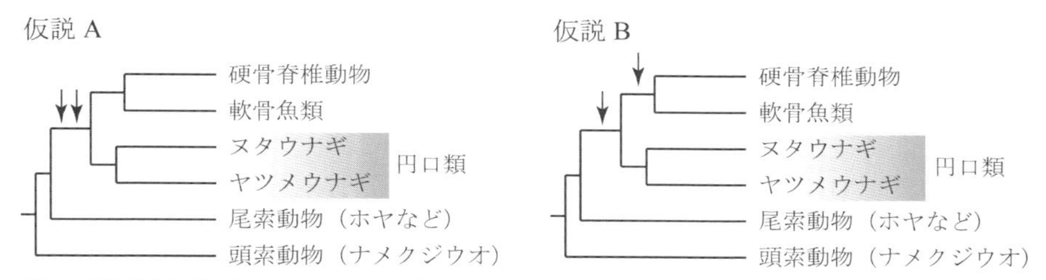

図1　脊椎動物初期に起きたゲノム重複（2R 全ゲノム重複）のタイミング

ナギはまとめて円口類とよばれる．この円口類の分岐の前に少なくとも1度目の全ゲノム重複が起きたということはほぼすべての解析において支持されてきた．いっぽう，2度目の重複については，実際に全ゲノム規模で起きたのか，また，円口類の分岐前か後のどちらに起きたのか，一部で疑問が呈されてきた（図1）．その疑問の多くは，遺伝子によっては，本来全ゲノム重複が起きた時に期待される一様な分子系統パターンが成立しないことに起因する．しかし，近年，分子系統パターンの不一致の多くは，特にヤツメウナギの遺伝子の配列にみられる独特の塩基組成やアミノ酸組成に加え，ゲノム重複後に起きるパラログ間の配列の均質化によって説明できる可能性が指摘されている．一方で，円口類の系統でまた別の全ゲノム重複が起きたとする考えもある．確かに，ヤツメウナギやヌタウナギの遺伝子が比較的最近生じたパラログをもっている事例は多数知られているが，それが全ゲノム重複によるものであるという証拠はない．これらを総合すると，2R 全ゲノム重複について，現時点で観測されるすべての事象を説明し得るのは図1の仮説Aであると考えるのが合理的である．脊椎動物の各々の系統での遺伝子レパートリの微修正はあったものの，その原型は，脊椎動物の共通祖先において全ゲノム重複によって達成されたと考えるのが妥当なようである．

●より最近に起きたゲノム重複　2R 全ゲノム重複以外にも，ゲノム倍加が起きたことが知られている．硬骨脊椎動物のうち条鰭類の系統では，ガーなどの系統が分岐した後，今から3億年以上前にゼブラフィッシュなどを含む真骨魚類の系統で，3R（third round）とよばれる全ゲノム重複が起きた．さらに，真骨魚類のうちサケ科の系統でも1億年ほど前に全ゲノム重複が起きた．これらの事例では，ゲノムが単に倍加する同質倍数化であったとされるのに対し，アフリカツメガエルの系統で約1800万年前に起きたとされる倍数化は，雑種形成による異質倍数化であったと考えられている．

［工樂樹洋］

参考文献

［1］ 宮田 隆『分子からみた生物進化』講談社，2014
［2］ 工樂樹洋「脊椎動物とゲノム重複」『進化学事典』共立出版，2012

脊椎動物の進化
——化石記録が示す歴史

脊椎動物はおよそ5億2000万年前(カンブリア紀前半)までに海洋で出現した．その中から，およそ3億年前（後期石炭紀）までに完全に陸上生活に適応したグループ（羊膜類）が進化，およそ2億4000万年前（中期三畳紀）までに現在見られる解剖学的バリエーションのほとんどが獲得された．現在までにたくさんの系統が途絶えており，化石種でしか知られていないグループも多い．

●初期の脊椎動物と円口類-顎口類の分岐　これまでに発見されている最古の脊椎動物は，カンブリア紀前半の地層（およそ5億2000万年前）から産出したミロクンミンギアである（図1）．この動物とその近縁種は，1対の目や吻方に局在する鰓孔，W形の節が連なった体幹筋といった脊椎動物の特徴をもつが，化石に残る解剖学的特徴が不明瞭であるため詳細は謎である．

やがて脳と感覚器を収める軟骨性の骨格（軟骨頭蓋）を獲得した脊椎動物が進化し，その中から円口類と顎口類の系統が分岐した（図1）．

円口類にはヌタウナギとヤツメウナギの2系統が含まれる．両者とも現存しており，正中にある単一の鼻孔や円形の口器をもち，手足に相当する対鰭（胸鰭と腹鰭）をもたないといった特徴によって他の現生脊椎動物と区別できる．一方，化石記録は中期デボン紀（およそ3億9000万年前）までしかさかのぼることができず，初期の円口類がどのような動物であったのかについては未解明である．円口類の骨格は軟骨のみで構成され，骨はもたない．

現生の顎口類は，上顎と下顎から構成される口と1対の鼻孔，対鰭（または手足）をもつ．顎口類には，このような現生のグループだけでなく，円口類が分岐した後に現生顎口類につながる系統から出てきたすべての化石種も含まれる（図1）．そのため，初期の顎口類は上記の現生顎口類の特徴を欠くものもいた．

顎口類は，その初期進化段階において，軟骨性の内骨格に加えて骨からなる外骨格（皮骨）を獲得した．そのような初期顎口類にあたる動物として，頭部を中心とした骨性の装甲を備えた翼甲形類（アランダスピス類や異甲類）が前期オルドビス紀（およそ4億8000万年前）までに出現している．したがって，円口類-顎口類の分岐は，それ以前，おそらくカンブリア紀に生じていたと推定される．

●魚類の特徴の成立　シルル紀（4億4400万年～4億1900万年前）の間に，現生魚類の特徴がすべて出現した．シルル紀に登場したガレアスピス類と骨甲類(図1）は，頭部と肩帯部を覆うひと続きの骨性装甲をもっていた．このうち，現生魚類により近縁である骨甲類の化石には，この骨性装甲に加えて体幹部の鱗も残されており，胸鰭ももっていたことがわかっている．また，ガレアスピス類の内

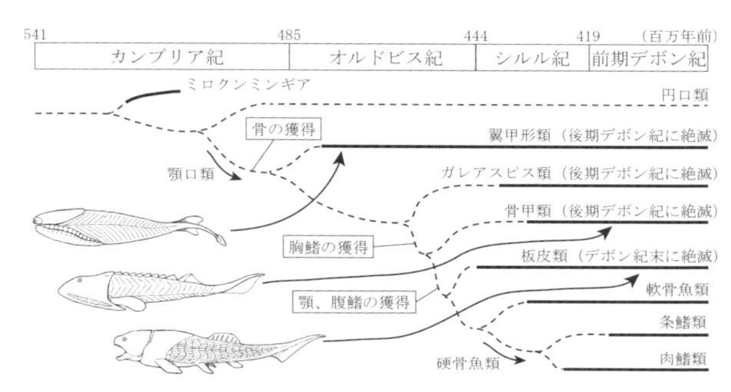

図1　カンブリア紀から前期デボン紀までにおける脊椎動物進化

骨格はもっぱら軟骨でできていたが，骨甲類の内骨格は軟骨の表面に軟骨外骨化による骨を備えたものであり，これも骨甲類が現生魚類と共通する特徴である．

上顎と下顎は，板皮類において成立した（図1）．これは，それまで口の下側をつくっていた部分が口の上側にまで拡大し，上顎を新たにつくるようになることによりできた構造である．板皮類では腹鰭も獲得された．板皮類も頭部から肩帯部にかけて皮骨に覆われていたが，板皮類の1グループである節頸類では，頭部と肩帯部が分離して（頭甲と胴甲）頸部に相当する部分ができ，その間に関節と筋をもつようになっていた．この筋の一部は僧帽筋へ進化した．

板皮類の一部から，軟骨魚類と硬骨魚類を含む系統が分岐した（図1）．軟骨魚類は板鰓類（サメ，エイ）と全頭類（ギンザメ）を含むもので，ペルム紀に絶滅した棘魚類も軟骨魚類と同じ系統である．軟骨魚類と棘魚類の系統では，板皮類の頭甲と胴甲に相当する皮骨のパターンを失う傾向にあった．棘魚類では細かい骨片で覆われた頭部となり，軟骨魚類では皮骨をすべて失った．

一方で，硬骨魚類の系統では，板皮類の皮骨パターンをある程度受け継いだようである．それは，硬骨魚類の頭蓋冠の前方部と顎を構成する骨，肩帯の皮骨性成分（鎖骨帯）に残されている．硬骨魚類の系統では，内骨格の骨形成の際，軟骨外骨化に加えて，軟骨の内部に血管と骨芽細胞が入り内部からも骨化を生じる（軟骨内骨化）ようになった．

硬骨魚類は条鰭類と肉鰭類の2系統に分かれているが，肉鰭類の最古の化石記録が後期シルル紀の地層から産出しており，それ以前に硬骨魚類の共通祖先が進化していたようである（図1）．それらの動物において，肺が進化した．肉鰭類系統では肺は保持され，陸上進出の土台となった．一方，条鰭類の大部分を占める系統では，肺は浮力を得るための鰾へと変化した．

●四肢動物の進化　中期－後期デボン紀（3億9300万年～3億5900万年前）に，当時低緯度地域に位置した温暖な浅い海において，肉鰭類の中から四肢動物につながる系統が現れた（図2）．後期デボン紀のユーステノプテロンやティクターリクといった魚類は，鰭を支える鰭条の根元に構造上腕や脚に似た骨格を発達させていた．最古の足跡化石の産出年代によると，中期デボン紀にはすでに四肢動物が進化していた．後期デボン紀のアカントステガやイクチオステガは鰭条ではなく指を備えており，通常は水中で生活していたものの，必要に応じて陸上を歩行できた．現生四肢動物はすべて5本以下の指をもつが，アカントステガの指は8本，イクチオステガの指は7本あった．

デボン紀末の大量絶滅は，板皮類が絶滅するなど脊椎動物にも大きな影響を及ぼした．四肢動物では5本指をもつ系統のみが大量絶滅を生き延びたようである．

●羊膜類と現生型両生類の起源　石炭紀（3億5900万年～2億9900万年前）に入ると，四肢動物の形態的多様性は大きく増大した．石炭紀中頃には，羊膜類が進化した（図2）．羊膜類では胚発生時に胚の端（胚体外組織）が伸びて胚を覆うカプセル（羊膜）をつくりその中で発生を進めるため，陸上に産卵しても安定的に発生できるようになった．また，羊膜類では鰓をもつ幼生期がなくなり，この系統では水辺に産卵する必要もなくなった．一方，羊膜類に近縁なセイムリア型類には，鰓をもち水中で生活する幼生期があった化石証拠が残っている．

羊膜類は，竜弓類と単弓類に分岐した（図2）．それぞれ後に爬虫類（鳥類を含む）と哺乳類とを生み出す系統である．竜弓類の中には，現生爬虫類につながる双弓類以外に側爬虫類という系統もあったが三畳紀末（2億100万年前）までに絶滅した．

石炭紀からペルム紀にかけて初期に現れた単弓類は椎骨を伸ばすことで背に帆のような構造を発達させるもの（ディメトロドンなど）がおり，盤竜類とよばれる．ペルム紀中頃に現れた獣弓類以外の単弓類は，ペルム紀末（2億5200万年前）までに絶滅した．

石炭紀には，羊膜類やセイムリア型類を含む系統とは異なる分椎類も現れた（図2）．分椎類もセイムリア型類と同様に鰓をもつ幼生期をもっていた．この特徴は，

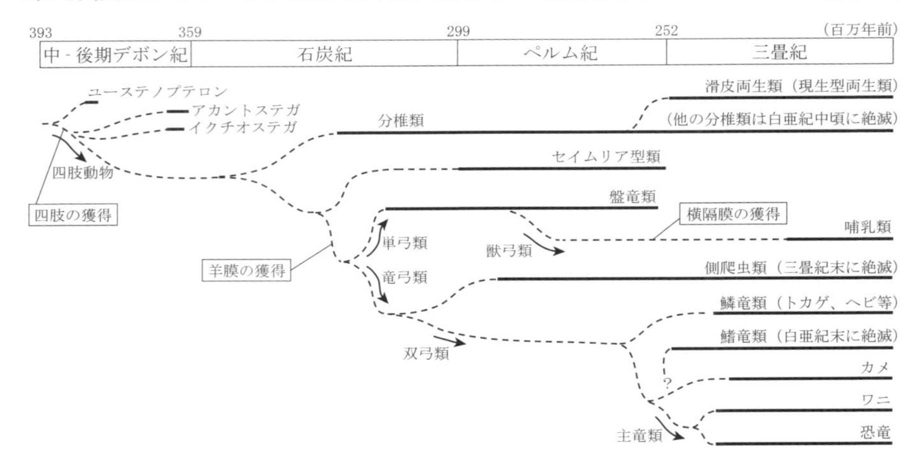

図2　中期デボン紀から三畳紀までにおける四肢動物進化

分椎類から進化してきた現生型両生類（滑皮両生類）に受け継がれている．分椎類と羊膜類以外の四肢動物は，ペルム紀末（2億5200万年前）までに絶滅した．

●中生代の羊膜類　ペルム紀末に史上最大の大量絶滅が起き，脊椎動物の多くも絶滅した．この大量絶滅の原因は特定されていないが，環境変動は中期三畳紀前半まで続き，生態系の回復はその間徐々に進行した．中期～後期三畳紀（2億4700万年～2億100万年前）には，魚竜，鰭竜類（クビナガリュウなど），翼竜のほか，現世まで続くカメ，ワニ，恐竜（後に鳥類が進化），哺乳類といった羊膜類が出現した（図2）．このうち，魚竜は白亜紀中頃（9390万年前）に，鰭竜類，翼竜，恐竜（鳥類を除く）は，白亜紀末（6600万年前）に絶滅した．

ペルム紀末の大量絶滅によりそれ以前に多く見られた生物相（古生代型）が現世に通じる生物相におき換わった．陸上生態系では，さらに後期三畳紀の大量絶滅（2億2800万年前）と三畳紀末の大量絶滅（2億100万年前）により，それまで優占的だった獣弓類などに代わって恐竜が勢力を拡大した．恐竜が優占的な陸上生態系は白亜紀末の大量絶滅（6600万年前）まで1億3000万年間以上続いた．三畳紀末と白亜紀末の大量絶滅はいずれも小惑星の衝突が原因となって引き起こされたことがわかっており，恐竜の繁栄と絶滅（鳥類を除く）は地球外天体による擾乱に左右されたといえる．

鳥類は後期ジュラ紀（1億6400万年～1億4500万年前）までに獣脚類恐竜から分岐し，白亜紀にかけて多様化を遂げた．気嚢系をともなう呼吸器や羽毛は祖先の恐竜がすでに進化させていた．上顎と下顎の吻端部を覆う角質構造であるクチバシは，初期鳥類（始祖鳥など）にはなかった．クチバシは恐竜の系統内で何度も独立に進化したことが知られており，鳥類の系統内でも複数回独立に進化した．白亜紀に生息していた鳥類の多くは白亜紀末に絶滅し，現生鳥類につながる系統のみが生き延びた．

ジュラ紀から白亜紀にかけて，哺乳類の系統から現世まで続く単孔類，有袋類，有胎盤類が進化した．哺乳類は他の脊椎動物と異なり横隔膜をもつことで特徴づけられ，この構造はすべての哺乳類において変化していない．

●新生代の羊膜類　白亜紀末の大量絶滅で恐竜（鳥類を除く）が絶滅した後，陸上生態系は哺乳類が優位を占めるようになった．この例のように，脊椎動物の進化史では，大量絶滅による生物相の入れ替わりが何度も繰り返されてきた（☞「大量絶滅」参照）．一方，大量絶滅をともなわずに，異なる系統同士の生存競争によって汎世界的な優占グループが交替した例は知られていない．

新生代初めに哺乳類は急速な多様化を遂げた．そのうち有胎盤類は，白亜紀末までにアフリカ獣類，異節類，北方真獣類の3系統に分かれて進化した．哺乳類は恐竜と異なり海にも進出し，北方真獣類のうち鯨偶蹄類からおよそ5000万年前にクジラの系統が出現した．

［平沢達矢］

脊椎動物の上陸
――水面の下でつくり込まれた陸生装備

脊椎動物の上陸とは，水棲生活を営む硬骨魚綱（本項目では魚類と表記）の仲間の一部が，両生綱（をはじめとした四肢動物）へと変遷した，進化史上のイベントの1つである．両生類は，魚類と同様に水環境に依存した生活を営むが，陸棲生活をも可能にするさまざまな形態進化や，機能の選択・新規獲得をはたした．

●呼吸器官からみる脊椎動物の上陸　肺や鰓（えら）はガス交換を行う（外界から酸素を体内に取り込み，二酸化炭素を放出する）器官である．発生学的には，肺は消化管（食道部分）腹側から突出する構造物として定義できるが，これは祖先形質をもつ魚類（ここではポリプテルス），肉鰭類魚類（シーラカンスやハイギョ），両生類がもつ肺に共通した特徴である．また，肺発生を司る遺伝子（例えば *Tbx4* 遺伝子）の転写制御領域はポリプテルス・シーラカンス・両生類のゲノム間で高度に保存されている．またこれらの生物種は，幼生期において鰓（あるいは外鰓）を用いて水中でガス交換を行う．したがってこれらの共通祖先となる原始的な魚類は，水棲生活をしながらも肺を有していた可能性があり，生息域での水の枯渇，酸素欠乏，外敵，温度変化，食餌ニッチの変動などの環境変化にすでに適応できたことが推察されている．つまり脊椎動物の上陸を可能にした肺および肺呼吸法は，脊椎動物の上陸過程で生じたものではなく，原始的な魚類から現生の陸棲の四肢動物まで約4億年間も維持してきた構造・機能なのである．一方で，真骨魚類は肺形成を行わなくなり鰓呼吸のみになった．また，食道部分背側からは新たな含気器官（浮力維持や一部ガス交換を担う）として鰾（ひょう，うきぶくろ）を獲得し，より水棲生活に特化したのだろう．

●運動器官からみる脊椎動物の上陸　対鰭（胸鰭と腹鰭）や四肢（前肢と後肢）は個体の移動・運動に必要な付属器官である．化石記録として残存しない呼吸器官とは異なり，対鰭や四肢の骨格の化石記録は報告数も多く，脊椎動物の上陸に関してさまざまな議論がなされている．まず最古の四肢動物として，デボン紀（3億6500万年前）に生息したアカンソステガが報告されている．四肢に特有の形質である指を8本も有する一方で，化石記録のほとんどは水棲生活に特化した幼体であり，陸棲生活を示す証拠はない．またこれより古い魚類の化石種としてティクターリク（3億8000万年前に生息し，指はないが手首部分にあたる骨格がある）やパンデリクティス（3億8500万年前に生息し，指のような骨があるとされる）が報告されているが，これらには魚類の鰭特有の形質である鰭条（膜鰭内に形成された，竿状の骨格構造）に加えて四肢様の骨格がある．したがって，脊椎動物の上陸を可能にした対鰭から四肢への形態進化は，原始的な魚類の中ですでに起きていたのである．近年の発生生物学的解析の結果では，例えば四肢発生に必要な *Hox* 遺伝子群の発現制御機構は対鰭・四肢をもつ生物種間で共通しており，四肢形成に重要なゲノム・遺伝子は原始的な魚類のなかにあった可能性がある．

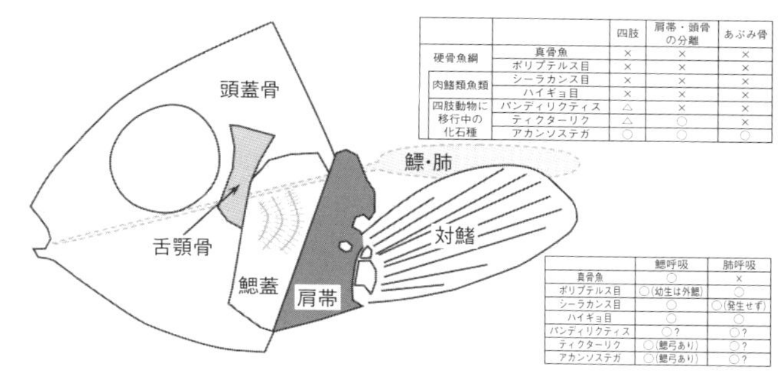

		四肢	肩帯・頭骨の分離	あぶみ骨
硬骨魚綱	真骨魚	×	×	×
	ポリプテルス目	×	×	×
肉鰭類魚類	シーラカンス目	×	×	×
	ハイギョ目	×	×	×
四肢動物に移行中の化石種	パンディリクティス	△	×	×
	ティクターリク	△	○	×
	アカンソステガ	○	○	○

	鰓呼吸	肺呼吸
真骨魚	○	×
ポリプテルス目	○(幼生は外鰓)	○
シーラカンス目	○	○(発生せず)
ハイギョ目	○	○
パンディリクティス	○?	○?
ティクターリク	○(鰓弓あり)	○?
アカンソステガ	○(鰓弓あり)	○?

図1　脊椎動物の上陸にかかる形質比較．魚類の骨格模式図を併記

脊椎動物の上陸において，魚類が鰭条を失う代わりに指を獲得した分子機構を明らかにすることは，四肢動物の進化を理解するうえで重要である．最近では，鰭条骨と指骨の発生学的な起源がいずれも側板中胚葉であり，かつ同じ *Hox13* 遺伝子群で制御されることがわかっている．このように近い発生学的性質をもった鰭条と指とが解剖学・形態学的に異なった構造をとる理由として，対鰭・四肢発生に必須な外胚葉性頂堤（AER）の性質の違い，鰭条を構成するコラーゲン線維（Actinodin）の有無，*Hox13* 遺伝子群の発現量の違い，などが考えられている．

●耳と肩帯からみる脊椎動物の上陸　平衡感覚器官としての内耳は，脊椎動物に共通の構造である．しかし，聴覚器官としての中耳は魚類に存在せず，四肢動物のみが有する．中耳の耳小骨のうち，あぶみ骨は発生学的に第二咽頭弓（舌骨弓）由来であるが，これに相当する魚類の骨は舌顎骨として知られ，魚類の頭頸部では頭蓋骨－舌顎骨－鰓蓋(えらぶた)－肩帯－胸鰭の順に構造が並んでいる．さらに肩帯・対鰭は頭蓋骨に固定され，かつ鰓蓋を動かすことによる呼吸運動と顎を動かす摂食行動が連動している．しかし化石種の魚類であるティクターリクは鰓蓋を欠くため，頭部と対鰭を別々に動かせた可能性がある．一方でティクターリクの舌顎骨は小型化しており，さらに祖先型の四肢動物であるアカンソステガの舌顎骨は頭部背側にある空気孔の内部に耳小柱として位置し，空気の振動を感知する聴覚器官として機能していた可能性がある．だとすれば，脊椎動物の上陸を可能にした聴覚の獲得もまた，原始的な魚類において頭部骨格が変形するうちに起こったことになる．また，頭骨と対鰭とを独立に動かすことによる新しい移動性の獲得も，脊椎動物の上陸に一役を買っているのである．

［矢野十織・阿部玄武・岡部正隆・田村宏治］

📖 参考文献

［1］ シュービン，N.『ヒトのなかの魚，魚のなかのヒト』早川書房，2008
［2］ Schoch, R. R., *Amphibian Evolution*, wiley blackwell, 2014

節足動物の上陸
——いつなのか？　何回なのか？

節足動物は動物の中で最も早期に陸上化をはたした動物群である．陸上化をはたした節足動物の主要な分類群としては，蛛形類，多足類，六脚類が知られる．甲殻類にも陸棲のものがあるが，幼生期を海で過ごすカニなどは真の陸上化とは認めがたい．その意味で，真の陸上化をはたした甲殻類は，ダンゴムシを含む等脚類や端脚類の一部などに限られる．鋏角類，多足類，汎甲殻類の3群はカンブリア紀初期までに分岐を終えている．これは節足動物が上陸したと推定される時期より前であるから，少なくとも蛛形類，多足類，六脚類およびいくつかの甲殻類は，それぞれ別々に陸上化をはたしたと考えられる．

節足動物の上陸については，その時期も，陸上生活に適応した器官の獲得の過程やその相同性も，いまだ謎が多い．その原因のひとつは，どの陸棲群にも，陸上化の途中段階をうかがい知ることのできる原始系統群が，現生種にも化石にも知られていないことにある．陸棲節足動物の祖先は，陸上化の試行錯誤を繰り返す長い期間，化石に残りにくい環境に生息する脆弱な存在だったのだろう．

●化石記録からみた上陸の時期　陸棲節足動物の最も古い化石記録は蛛形類で，シルル紀中期（約4.3億年前）の地層から知られるサソリ類である．同じシルル紀からは，最古の多足類としてヤスデ類とムカデ類が知られる．次のデボン紀からは，最古の六脚類としてトビムシ類（約3.95億年前）が産するほか，ダニ類，カニムシ類，真正クモ類などの蛛形類が知られる．続く石炭紀以降には，六脚類で多新翅類や完全変態類の大放散が始まる．これらの化石記録から見た陸棲節足動物の多様化と繁栄の時期は，シルル紀からデボン紀の大気中の二酸化炭素濃度の低下とデボン紀から石炭紀の大気中酸素濃度の上昇の時期と一致しているように見える．節足動物が上陸を始めた時期はこれより前と考えられ，オルドビス紀の地層に残る生痕化石の存在からも，早いものでは遅くともオルドビス紀には上陸を始めていたと考えるのが妥当だろう．

●陸上適応器官の獲得と相同性　陸棲節足動物には陸上での生活に適応して獲得したと考えられる器官が見られる．例えば，陸棲節足動物の多くは空気中での呼吸に適した呼吸器官（書肺や気管）と浸透圧調整のためのマルピーギ管をもち，また蛛形類の多くと六脚類では歩脚の先端に2つの爪をもつ．しかし，少なくとも蛛形類，多足類，六脚類およびいくつかの甲殻類の陸上化は別々に起きたと考えられるので，これらの陸上適応器官は複数の系統で収斂的に生じたことは確実である．実際に，蛛形類，多足類，六脚類，陸棲等脚類にみられる気管はそれぞれ異なる特徴をもつし，マルピーギ管は，蛛形類では内胚葉に，多足類と六脚類では外胚葉に由来し，発生の起源が異なる．

蛛形類の系統関係や分岐の時期の全体像についてはいまだ定説はない．しかし，蛛形類の上陸は共通祖先で一度だけ起きたことではなく，複数の系統に分岐した後にそれぞれの系統で別々に起きたとする説がある．サソリ類，真正クモ類，ウデムシ類，ヤイトムシ類，サソリモドキ類は呼吸器官として，カブトガニ類の書鰓と相同器官である書肺をもつ．一方，ザトウムシ類，ダニ類，クツコムシ類，ヒヨケムシ類，カニムシ類は書肺をもたず気管をもつ．これら書肺をもつ群と気管をもつ群が別々に上陸した可能性が議論されている．さらに書肺や気管が複数の系統で収斂的に生じた可能性も否定できない．

多足類の分子系統解析によれば，コムカデ類，エダヒゲムシ類，ヤスデ類，ムカデ類の多足類4群はオルドビス紀初期にはすでに分かれていたと推定されている．多足類の上陸時期が仮にオルドビス紀初期だったとしても，これら4群は別々に上陸したことになる．ヤスデ類とムカデ類の気管の特徴が異なるのはその証拠のひとつかもしれない．

六脚類は，大規模トランスクリプトーム解析から，欠尾類（トビムシ類とカマアシムシ類）はオルドビス紀初期（4.8億年前）には他の群と分岐したと推定されている．もし六脚類の上陸が一度だけ起きたイベントだったなら，それはオルドビス紀初期より前に起きたことになる．同解析によれば，最古の六脚類化石の産するデボン紀初期には有翅昆虫類がすでに現れていたと推定されているので，例えばもし仮に六脚類がこのデボン紀初期に上陸したものならば，少なくとも欠尾類，コムシ類，イシノミ類，シミ類，有翅昆虫類はそれぞれ独立に上陸したことになり，これらの群の気管やマルピーギ管の相同性は疑われることになる．

●乾燥から卵を守る仕組み　陸上への適応の中で，みずから好適な環境に移動することのできない卵の時期にいかに乾燥に耐えるかは，大きな関門だったと考えられる．卵の耐乾に特別な仕組みをもたない多足類は，適度な湿り気のある土壌から離れることができないままである．一方で，蛛形類の多くは母虫が腹部腹面に卵を保護して持ち運び，真正クモ類は糸で保護し，あるいはサソリ類は卵胎生や胎生の仕組みを獲得した．同様に，陸上化をはたしたダンゴムシなどの甲殻類も，母虫が卵を腹面の育房に保護して持ち運ぶ習性のあるフクロエビ類に属する分類群の一部である．六脚類は陸上で最も繁栄した節足動物であるが，その成功の要因は胚発生の過程にみられる羊膜－漿膜システムと濾胞細胞によって形成される強固な卵殻の獲得だろう．これらの獲得により六脚類は陸上のより広い範囲，より過酷な環境へと進出することを可能にした．六脚類の初期分岐系統群にはこれらの構造の獲得の過程が段階的に残っており，節足動物の陸上適応の過程をうかがうことのできる数少ない例である．

［八畑謙介］

ファイロティピック段階
――体の基本構造ができる時期？

動物門ごとの基本的な解剖学的特徴を決めるとされる胚発生段階のことをファイロティピック段階とよぶ．動物は，進化的な類縁関係から三十数個の動物門というグループに分けられている．門というのは非常に広い分類群なので，同じ門に属する動物でも，からだのサイズ，形，体表の色，生活環境などは多種多様である．例えば，我々ヒトを含む哺乳類，鳥類，爬虫類，魚類，円口類，尾索類，頭索類などはすべて脊索動物門に分類されるほど大きく，体の大きさも数 mm から数十 m まで，生活環境も海，淡水，陸上と幅広い環境に適応放散した動物種が存在する．しかし，一見，多様な姿だが，同じ門に属する動物は基本的な解剖学的特徴を共有しており，それをボディプランとよぶ．例えば，脊索動物門のボディプランは，背側を走る神経，脊索，節々した筋肉構造，そして咽頭鰓裂を特徴とする．昆虫類などが含まれる節足動物門のボディプランであれば，頭から尾の方向に沿った分節的構造，外骨格と間接のある脚とされる．生活環境や体のサイズ，体色などが大きく異なるにもかかわらず，なぜこうした解剖学的な特徴が共通しているのかはまだわかっていないが，近年の研究から，多くの器官原基が成立する胚発生のある段階（ファイロティピック段階）がこうしたボディプランを規定しているのではないかと注目されている．

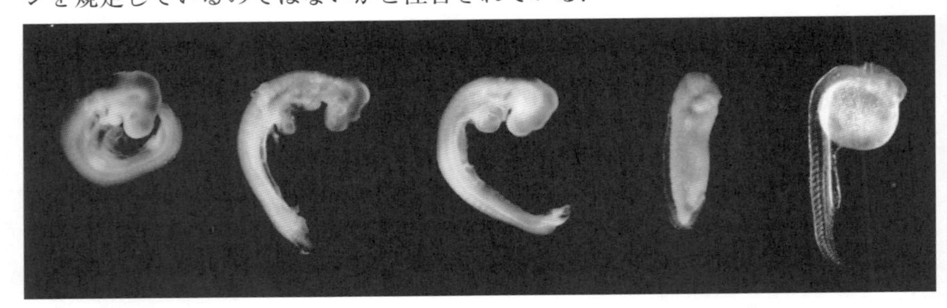

図1　脊椎動物においてファイロティピック段階として有力視されている発生段階　左から，マウス，スッポン，ニワトリ，アフリカツメガエル，ゼブラフィッシュの胚

●保存された胚段階と発生砂時計モデル　ファイロティピック段階が注目されるようになった経緯をみていこう．30 兆個以上もの細胞からなり，複雑な臓器をもつ我々ヒトの体だが，もとは 1 つの細胞である受精卵から発生過程を通して複雑化する．例外こそあれ，ヒト以外の動物でも 1 つの細胞からはじまるという傾向は同じである．ここから，異なる動物種間で発生過程を見比べた際に最も形態的に似ているのは，発生の最初期，受精卵の時期であると考えられてきた．異な

る動物で姿かたちが似ているということは，その姿を進化という長い年月を通して留めてきた（進化的に保存されてきた）ということ．つまり，祖先の姿に近いと推定できるため，発生の最初の時期である受精卵こそが最も進化的に保存されていると考えられてきたのである．ヘッケルの反復説，「個体発生は系統発生をくりかえす」などはその代表例である．しかし，最近の遺伝子発現情報を応用した研究ではこの考えは支持されず，さまざまな器官原基が形づくられる時期こそが最も進化的に祖先の状態に近いという理解（図2）が広がっている．この最も保存された胚段階では，その動物種が属する動物門のボディプランが成立する時期にあたるとされ，それをファイロティピック段階とよんでいる．

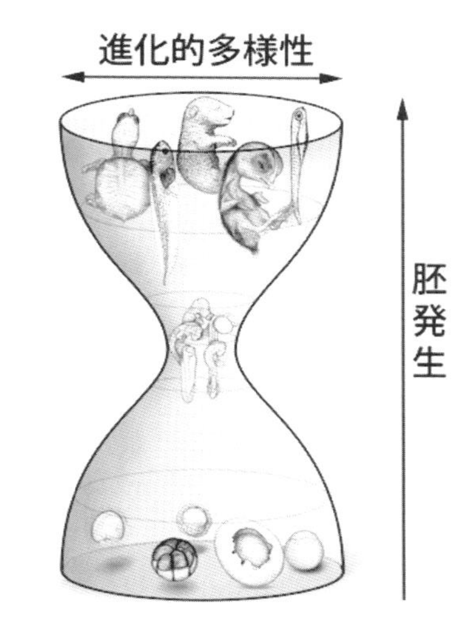

図2　発生砂時計モデル　発生過程の初期と後期は動物間で多様化しているが，途中段階に保存された胚段階がある

●保存された途中段階の胚にまつわる謎　器官形成期において遺伝子の使い方が異なる動物種間で最も似ている（保存されている）ということから支持が広がった発生砂時計モデルだが，なぜ発生の前半は多様化したにもかかわらず，器官形成期は保存されたままですんだのかについては，よくわかっていない．発生の前半や後半は多様な環境に適応した可能性が指摘されている他，最新の研究では，器官形成期が多様化しにくくなるような分子レベルの特徴を備えている可能性が報告されている．また，動物門を超えて類似性がみられる訳ではなく，現時点では動物門内でこうした法則性がみられると考えられている．最後に，ファイロティピック段階は仮説であり，本当にボディプランを規定する胚段階かどうかについては異論があることにも触れておかなくてはならない．もし本当にボディプラン（＝動物門内で共有されている解剖学的特徴）を規定するのであれば，動物門内の広い動物種を対象に妥当性が調べられるべきだが，脊索動物でもほんの8種ほどで調べられたにとどまっている．他の動物門でも，節足動物や線虫で数種調べられたにすぎない．

［入江直樹］

参考文献

［1］ 倉谷 滋『個体発生は進化をくりかえすのか』岩波書店，2005

［2］ 入江直樹『胎児期に刻まれた進化の痕跡』慶應義塾大学出版会，2016

相同性——かたちに現れる共通性と多様性

ヒトの腕，コウモリの翼，クジラの胸鰭を比べたとき，どれも前肢という構造としては同じであるのに，さまざまな機能をはたしていることがわかる（図1）．一方でコウモリの翼とトンボの翅は，ともに飛ぶための器官だが，構造はまったく異なっている．このとき，構造が同じであることを相同とよび，機能が同じであることを相似とよぶ．相同であるという性質，すなわち相同性は，遺伝子・細胞・器官・行動など生物界のさまざまなレベルで見られる．

相同が成立する原因について，系統進化の観点から説明する立場と，発生メカニズムの観点から説明する立場があり，前者の観点における相同を歴史的相同，後者を生物学的相同という．両者は必ずしも対立するものではなく，むしろ互いに補完し合う関係にある．

●歴史的相同と同形　ヒトの腕，コウモリの翼，クジラの胸鰭は，哺乳類の共通祖先に起源をさかのぼることができる．さらに四足動物（哺乳類・鳥類・爬虫類・両生類の総称）の前肢は魚類の胸鰭と相同である．このことから，魚類のような姿をしていた祖先の「ひれ」が，陸上化にともなって「あし」へと進化し，その後さまざまな機能をもつように多様化したと考えられている．

一方で，別々の系統が同じような構造を収斂的に進化させることがある．これを同形（homoplasy）という．例えば脊椎動物とイカ・タコなどの頭足類の眼は，ともにレンズを備えるなど，よく似た構造をしているが，由来は別々である．

このように，歴史的相同の視点では，相同な形質は共通祖先に由来するものとしてみなされる．上に述べたように，系統間で何が相同であり，相同でないのかを知ることは，生物の形質の歴史的変遷を知ることにつながる．このため相同性は，生物の多様性と共通性を探るうえで欠かせない考え方である．

●相同の判断基準　ある形質が相同なのか相同でないのかを判断するために，進化の全過程をつぶさにさかのぼって観察することは，実質的に不可能である．そこで別に判断基準を設定する必要がある．これまでさまざまな基準が提唱されているが，A. レマネ（Remane）の判断基準が代表的である．それによれば，以下の3つの基準のいずれかを満たせば相同であると判断できる．

① **位置**　着目する形質が上位構造において占める位置．例えば哺乳類の前肢では，前肢が動物体の肩の位置にあること．

② **構造的特徴**　着目する形質における構造的特徴の類似性．例えば哺乳類の前肢では，内部骨格要素とその相対的位置関係の類似性など．

③ **中間段階**　進化的または発生学的に中間段階を示すこと．例えば哺乳類の前

肢では，ウマの前肢がもともとは５本指であり，段階的に１本指に進化したことなど．また発生学的にも，失われた指の原基が痕跡的に現れ，後に消失することが知られている．

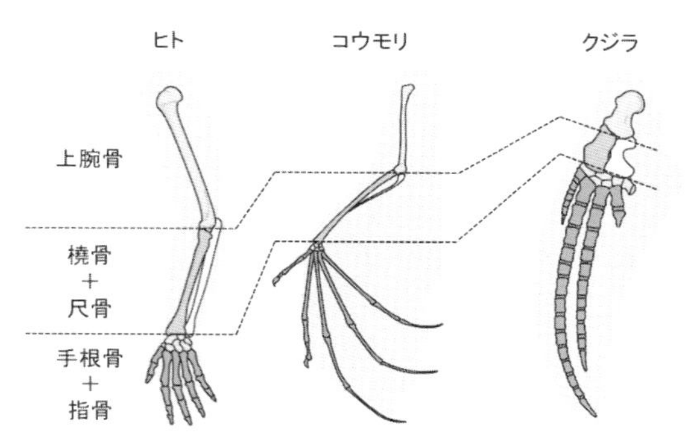

図１　哺乳類の前肢の相同性：ヒトの腕，コウモリの翼，クジラの胸鰭の比較（出典：Urry, L. A., et al., *Campbell Biology*, 11th ed., p.475, 2016 より改変）

●生物学的相同と深層の相同性　上にあげた指の原基の例にとどまらず，祖先的な形質が発生過程で一時的に現れることは頻繁に観察される．例えば哺乳類の発生で脊索が現れること，クジラの発生で後肢の原基が現れることなどがある．これらの事実は，発生メカニズムがしばしば，ともすれば完成した形質そのものよりも，進化的に保存されることがあることを示している．このような事実のもと，生物学的相同の視点では発生を中心とする生物学的メカニズムに相同性の根拠をおく．

生物学的相同は，系統間だけでなく個体内の形質にも認められる．例えば四足動物の前肢と後肢の発生メカニズムは非常に似通っている（☞「肢芽の発生」参照）ため，前肢と後肢を「肢」あるいは発生段階における「肢芽」として相同とみなすことができる．

ところが相同な形質であっても発生メカニズムが異なる場合，逆に相同でない形質でも類似した発生メカニズムを用いている場合があり，注意が必要である．前者を発生システム浮動（developmental system drift）という．例としては，ニワトリの肢芽形成で重要な働きをする *Radical fringe*（*Rfng*）という遺伝子について，マウスではその働きがないことなどがあげられる．また後者の例としては，マウスの肢芽の発生とショウジョウバエの脚の発生で同じ遺伝子（マウスでは *Dlx*，ショウジョウバエでは *Distal-less, Dll* とよばれる）が関与していることが知られている．このような，非相同形質における遺伝子レベル・発生メカニズムレベルといった深層（下層）レベルでの類似性を特に深層の相同性（deep homology）ということがある．　［鈴木大地］

参考文献

［1］ 倉谷 滋『形態学―形づくりにみる動物進化のシナリオ』丸善出版，2015
［2］ Wagner, G. P., “*Homology, Genes, and Evolutionary Innovation*”, Princeton University Press, 2014

ヘテロクロニー
——形態進化の原動力

ヘテロクロニーもしくは異時性とは，進化の過程で発生のタイムテーブルが変更されることである．より具体的には，祖先状態に比べ，子孫の発生の開始点，終了点，速度のいずれかの変更が起きることをさす．実際には祖先状態の発生を直接的に観察できる状況は少ないので，現生種同士の比較により祖先状態とその後起こった変更を推定することになる．もともとは反復説の例外を説明するためにE. ヘッケル（Haeckel）がつくりだした言葉であるが，近年は多様な形態の進化を説明する機構として進化学者に頻繁に用いられてきている．

●ヘテロクロニーの分類　ヘテロクロニーは，多くの形質に同時に作用する大局的ヘテロクロニーと少数の形質にのみ作用する局所的ヘテロクロニーに大別される．

また，ヘテロクロニーのより詳細な分類にはさまざまなものが提唱されているが，語の定義は必ずしも一貫していない．ここでは，発生開始点（α），終了点（β）および速度（k）という3要素に着目して簡潔に定義されたReillyら（1997）の分類を示す（図1）．

●ヘテロクロニーによって引き起こされる形態進化の例　ヘテロクロニーの中でも，局所的ヘテロクロニーは形態進化を説明し得る進化的変化として議論に持ち出されてきた．例えば，特定の器官のみの発生開始点の早期化，終了点の遅延，もしくは発生速度の上昇が起きることにより，祖先状態よりも大きな器官をもった子孫種が生まれることになる．ダツのきわめて長く伸びた顎の獲得は，顎の成長速度が祖先状態よりも増加するという，局所的ヘテロクロニーによる形態進化の一例である．

ヘテロクロニーは構造や器官だけでなく，特定の遺伝子の発現も対象とする．スキンク（トカゲ）の*Hemiergis*属内では，種によって指の数に変異（2-5本）がみられる．指の形成にはシグナル分子*Shh*（ソニックヘッジホッグ）の肢芽における発現が必須であるが，指が少ない種では*shh*の発現が消失する時期が早くなっている．これにより，肢芽の細胞増殖の抑制を通じて，指数の減少が引き起こされたと考えられている．この例では，形態レベルでは一見ヘテロクロニーに見えないが，遺伝子レベルのヘテロクロニーが原因となっている．

さらに，遺伝子ネットワークレベルでのヘテロクロニーも知られる．棘皮動物は成体における炭酸カルシウム性の骨片を特徴の1つとし，大多数が生活史の中に浮遊幼生期間をもつ．ウニなど一部の系統では幼生期にも骨片を形成し，骨片に支持される幼生腕を獲得している（図2）．幼生骨片が，成体骨片形成を担う

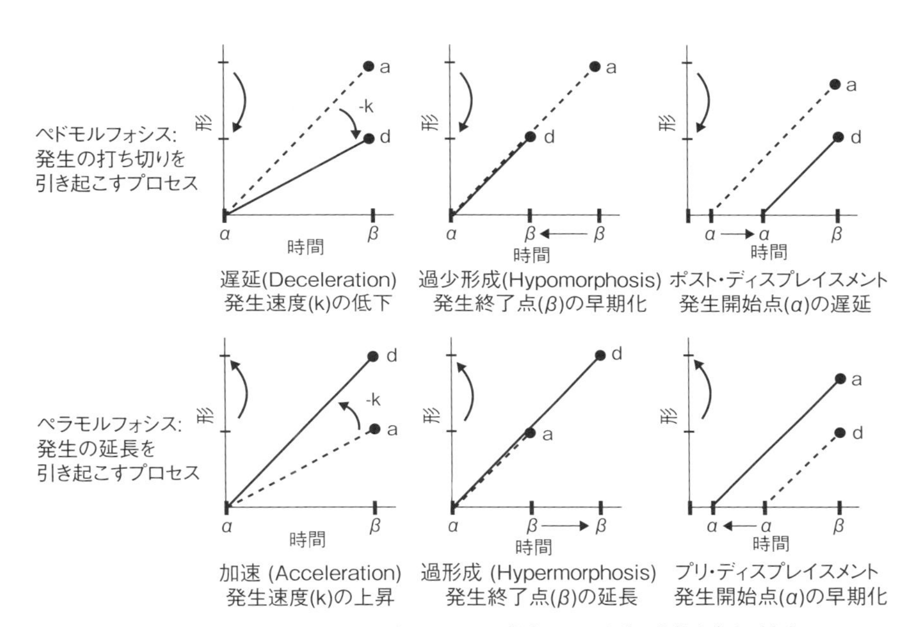

図1　6つのシンプルなヘテロクロニック・プロセス．aは祖先，αは子孫の状態を表す（出典：Reilly et al., 1997より改変）

遺伝子ネットワークのカセットが異時的に活性化されることにより形成されるという推測は古くからあったが，近年，幼生と成体の骨片の間で，骨片マトリクス成分に加え，転写因子の発現プロファイルも類似していることが明らかになり上記の説が裏付けられた．分子発生学的解析が容易になったこともあり，ヘテロクロニーの遺伝的背景や，遺伝子（もしくはネットワーク）レベルのヘテロクロニーが引き起こす新規形態の進化の理解は今後ますます進んでいくだろう．

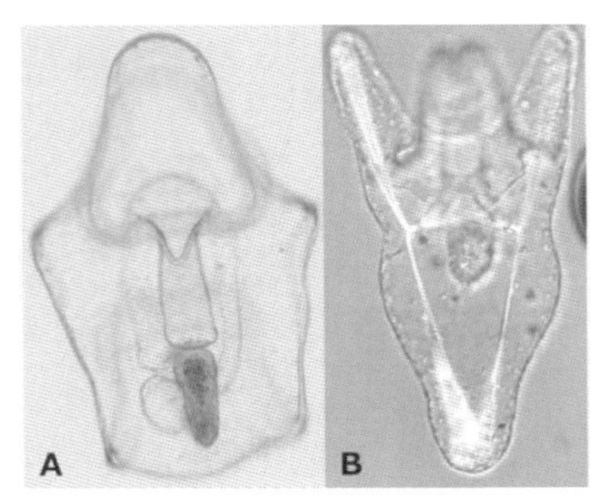

図2　祖先的な形態を示すヒトデ幼生（A）と幼生骨片を獲得したウニ幼生（B）

［守野孔明］

参考文献

［1］ Reilly S., et al., “An Integrative Approach to Heterochrony: the Distinction Between Intraspecific and Interspecific Phenomenon”, Biol J Linn Soc 60: 119–143. 1997
［2］ ホール，B. K.『進化発生学―ボディプランと動物の起源』工作舎，2001
［3］ 倉谷 滋『形態学―形づくりにみる動物進化のシナリオ』丸善出版，2015

●コラム●

系統樹を読む——直観が裏切る系統樹

動物の進化の歴史を理解しようとすると，まず動物の系統関係が知りたくなる．例えば，ヒトの進化を知りたくて，霊長類の系統関係を調べてみると，図1Aのような系統樹が最新の知見であることがわかる．これをみて，ああそうか，オランウータンがゴリラになって，そこからチンパンジーが現れてヒトになったのか，と考えてしまっていないだろうか．脊椎動物の進化を考えると，図1Cの系統樹から，ナメクジウオーホヤー脊椎動物の順に進化してきたと考えてしまっていないだろうか．しかし，それは正しい考え方ではない．

実は，図1Bの系統樹も生物学的には正しい．これを元にすると，ヒトーイソギンチャクーミズクラゲーヒドラという系譜を考えてしまう．それはさすがに違和感がある．忘れてはならいことは，現在生きている動物は，すべて多細胞動物が誕生して以来同じ時間を経て今にいたっているということである．オランウータンとかホヤが，我々ヒトから分かれた時点で進化を止めている訳ではない．今生きている動物を，高等，下等とかと称して，下等な動物はどこかで進化を止めていると考えて，祖先の姿を留めていると考えてはならない．

では，祖先の姿はどう推定するのか．現生生物の比較からの祖先の姿の推定する作業は，最節約原理に基づいて行われることが多い（図1C，D参照）．

とはいえ，一般に系統樹の深い位置から分岐した動物は原始的な特徴を留めていることが多い．ただ，それは我々がヒトにいたる道筋を理解したいから，我々ヒトにいたる過程で獲得した形質に着目しがちだからであって，クラゲの社会で系統分類学が発展したら（クラゲにも神経はある！），図1Bのような系統樹を描くのだろう．多くの触手を操るクラゲから見ると，二本脚で歩く我々は下等にみえるのかもしれない(刺胞もない)．ともあれ，動物学において，高等，下等という言葉には注意したい．

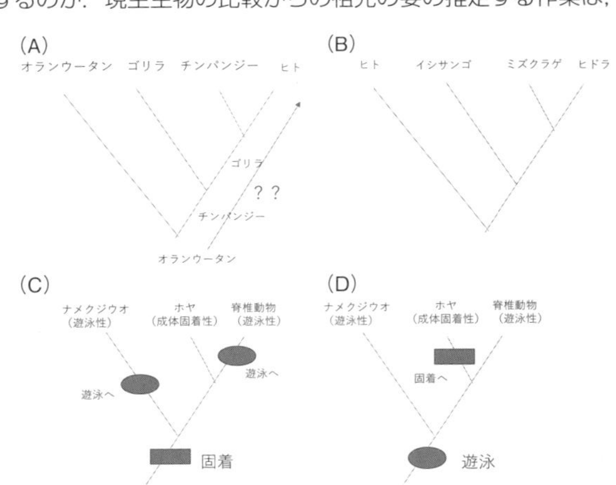

図1　最節約原理とは，進化的な変化が少なく（節約的に）種の形質状態を説明できるように，祖先状態を推定するものである．遊泳性と固着性という形質に注目すると，3つの分類群の祖先が固着性だと考えると2回の遊泳性の進化が必要である(C)が，遊泳性の祖先を想定すると1回の変化で説明できる（D）ので，遊泳性の祖先の方が支持される

［和田 洋］

4.　動物の遺伝

［山本博章・酒泉　満］

突然変異体を得て，着目する形質の遺伝的支配を納得し，その「伝達機構」の解明を目指したいわゆる古典遺伝学は，人類が連綿と営んできた育種や，愛好家がしたためた愛玩動物の表現型や飼育メモに確固たる科学的な基盤を与え，その観察眼の鋭さを印象付けた．DNAモデルの提唱を契機に急展開する「形質発現機構」の解明を主とする分子遺伝学への展開も得て，今や「遺伝学」はことさら意識されることがないほどに生命科学の基盤分野となった．例えば江戸時代に描かれたネズミやメダカの「色違い」は，その責任遺伝子座の対立遺伝子を配列レベルで記述し，その調節機構についてもゲノム全体を考慮しながら分子レベルで議論できるようになった．

本章では，動物の遺伝学について改めて振り返り，将来への展望も含めて概説しようとした．ツールとして遺伝学を利用していただきたい，との思いも強く込めている．

遺伝と遺伝子の関係
——形質にかかわる遺伝子と変異

形質には毛色，血液型や感覚異常などの質的形質と，身長・体重や行動などの量的形質がある．G. J. メンデル（Mendel）がエンドウの明確に区別できる質的形質から非常に明快なメンデル遺伝の法則を導いたのに対し，F. ゴールトン（Galton）は生物の身近な形質を生物測定学に基づき定量化することを提唱し，その遺伝様式に関する研究の土台を築いた．例えば，マウスでコマネズミともよばれる高速の回転運動をする変異は，聴覚異常を示す質的形質であり，明確なメンデル遺伝の法則に基づき劣性（潜性）遺伝する．この例でもわかるように，質的形質の変異は古くは「変わり種」ともよばれ，珍しい形質を示す個体としてとらえられていた．一方，量的形質は，からだの大きさや活動量の違いなどのように集団内で広く見られる身近な形質であるのが特徴である．一般的に質的形質には単一の遺伝子が関与しているが，量的形質には多数の遺伝子が関与している．量的形質は明確なメンデル遺伝の様式を示さないものの，一卵性双生児のように，遺伝的相同性が高い場合は形質の相同性も高いことから，量的形質にも遺伝的要因が関与していることがわかる．

●形質に関する遺伝子の同定法とその例　質的形質の異常は，遺伝情報に変異が入ることにより生じる．通常，遺伝子内に変異が生じると，遺伝子が完全に損なわれたり，あるいは発現量が変化するか遺伝子産物であるタンパク質のアミノ酸配列に変化が生じることで遺伝子機能に異常が生じて形質の変化にいたる．質的形質は明確なメンデル遺伝のパターンを示すことから，他の遺伝的マーカーと原因遺伝子との位置関係を調べる連鎖解析という手法で遺伝子座を明らかにすることができる．遺伝子座が明らかになれば，遺伝子の配列レベルで原因を解明するポジショナルクローニングという手法により遺伝子を同定することができる．例えば，先に述べたコマネズミとして知られる *waltzer* 変異に関する遺伝子は，連鎖解析により10番染色体上にマップされた後，ポジショナルクローニングにより新規のカドヘリン遺伝子 *Cdh23* が発見された．このように，質的形質の多くの突然変異体に関して明確に原因遺伝子が同定されてきた．その一方で，量的形質に関しては，関連する多数の遺伝子（遺伝子座）を同時に明らかにするための量的遺伝子座解析（QTL 解析）が行われる．こちらに関しては，一般に個々の遺伝子座の効果が弱い傾向にあり，その関連する遺伝子の解明や実験的な証明は難しいケースが多い．

●形質に異常をもたらす遺伝的変異　質的形質の異常は突然変異体として知られる．最初に生物学上同定されたモデル動物の突然変異体は，ショウジョウバエの白目の変異（*white*）である．このような突然変異は，ゲノムDNAの配列の変異により遺伝子の機能が変わることで生じる．DNA配列の異常が生じる場所とそのタイプにより，さまざまな遺伝子変異の種類が存在する．以下にそのリストを示す．

①ミスセンス突然変異：タンパク質をコードするDNA配列の中で，ある塩基が別の塩基に置換すると本来コードするべきアミノ酸とは異なるアミノ酸になる場合があり，ミスセンス突然変異とよぶ．この変異が生じる部位と置換されるアミノ酸の種類により，タンパク質の機能が大きく異なることもあれば，あまり影響を受けないこともある．

②ナンセンス突然変異：ミスセンス突然変異と同様に，タンパク質をコードしているある塩基が別の塩基に置換すると，これまでアミノ酸をコードしていたコドンが終止コドンに変化することがあり，タンパク質の翻訳がその変異したコドンで終止するようになる．このような変異をナンセンス突然変異という．タンパク質が途中までしかできないため，その遺伝子産物であるタンパク質が機能しなくなることが多い．

③挿入突然変異と欠失突然変異：タンパク質をコードするエクソン内に塩基が挿入あるいは欠失すると，それが3塩基の倍数の数でなければコドンのずれ（フレームシフト）が生じて，それ以降はまったく異なるアミノ酸をコードすることになり，終止コドンが下流のどこかで生じる．そのため，タンパク質の機能としては大きく損なわれることになる．3の倍数の塩基が挿入あるいは欠失した場合は，アミノ酸がその分挿入あるいは欠失されることになる．その場合，アミノ酸の種類と挿入・欠失が生じた場所に依存して，さまざまな影響があり得る．場合によっては，タンパク質の機能にほとんど変化の見られない場合もある．

レトロトランスポゾンによる遺伝子異常　遺伝子変異の中には，RNAウィルスを起源とするレトロトランスポゾンが遺伝子のイントロンや近傍に挿入されることで，遺伝子発現の変化やスプライシングの異常をもたらし，表現型に影響を及ぼすことが多くある．例えばマウスの毛色変異では野生色（agouti）遺伝子座の変異がレトロトランスポゾンの挿入により生じていることが知られている．これ以外にも数多くの突然変異がレトロトランスポゾンの挿入により生じていることが明らかにされている．

［小出 剛］

📖参考文献

［1］ Di Palma, F. et al., “Mutations in Cdh23, Encoding a New Type of Cadherin, Cause Stereocilia Disorganization in Waltzer, the Mouse Model for Usher Syndrome Type 1D”, *Nat Genet* 27: 103–107, 2001

［2］ Bultman, S. J. et al., “Molecular Analysis of Reverse Mutations from Nonagouti（a）to Black-and-tan（a（t））and White-bellied Agouti（Aw）Reveals Alternative Forms of Agouti Transcripts”, *Genes Dev* 8: 481–490, 1994

エピジェネティクス
——遺伝子のオン・オフを決める仕組み

真核生物の場合，遺伝情報であるDNAは複数のタンパク質がつくる複合体と相互作用することで幾重にも折りたたまれ，細胞核に収納されている．このタンパク質複合体は4種類の異なるヒストンタンパク質（H2A, H2B, H3, H4）が各々2個ずつ合計8個結合したもので，ヒストン八量体とよばれる（図1）．DNAとヒストン八量体の相互作用は，DNAがヒストン八量体のまわりを1.7回巻いたものを基本単位（これをヌクレオソームとよぶ）とし，これが数珠状に連なった構造をつくりあげる．この構造がDNAを細胞核の中に収納する基盤となっている．DNAに刻まれた遺伝情報を必要に応じて読み取るためには幾重にも折りたたまれたDNAを部分的に伸展し，RNAへの転写が可能な状態にする必要がある．逆にRNAへの転写が必要ない場合は，DNAが折りたたまれた状態を安定に維持する必要がある．転写の必要性に応じて，このような状態をつくり出すことができるのは，DNAやヒストンタンパク質に付加されるさまざまな化学修飾のおかげである．これらはDNAやヒストンの特性を変化させる効果をもち，DNAの折りたたみ具合を変える．DNAの塩基配列を変えることなく，修飾によって遺伝情報を読み取るか否か決め，細胞分裂後もその状態を安定に娘細胞へ伝える仕

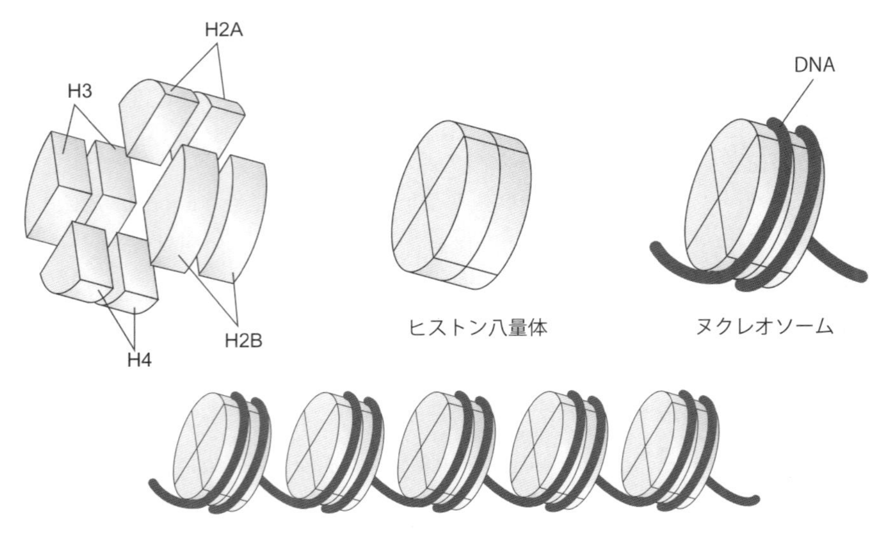

図1　ヌクレオソームの構造

組みをエピジェネティクス，あるいはエピジェネティック制御という．また，DNAやヒストンに付加される化学修飾を総じてエピジェネティック修飾という．

● DNAメチル化　DNAに付加されるエピジェネティック修飾の1つで，真核生物ではもっぱらシトシンがメチル基の付加を受ける基質となるが，そのシトシンはほとんどの場合シトシン-グアニンの2塩基配列（CG）のシトシンに限られる．DNAの配列でプロモーターやエンハンサーなど転写の制御にかかわる領域には，しばしばCG配列が連続して出現するCpGアイランドとよばれる領域が存在する．一般に，転写が抑制されている遺伝子近傍のCpGアイランドに含まれるCG配列のシトシンは，高頻度でメチル化されている．一方，盛んに転写されている遺伝子近傍のCpGアイランド中のCG配列はほとんどメチル化されていない．すなわち，DNAメチル化は転写の抑制に効果をもつと考えられる．

DNAメチル化は哺乳類をはじめとする脊椎動物や高等植物では非常に重要なエピジェネティック修飾であるが，意外にも生物界に普遍的なものではなく，モデル生物の中でもショウジョウバエや線虫，酵母などにはDNAのメチル化はほとんど認められない．

●ヒストン修飾　ヒストン八量体を構成する4種類のヒストンは翻訳後，特定のアミノ酸残基にアセチル化，メチル化，リン酸化ユビキチン化などさまざまな修飾を受ける．これらの修飾はDNAとヒストン八量体の相互作用やヌクレオソームの構造に影響を与えるたり，転写やDNAの折り畳みにかかわるさまざまなタンパク質が特定のDNA領域を認識し，結合する強さに影響を与える．結果として，ヒストン修飾はDNAの折り畳み具合にさまざまな影響を及ぼし，転写の促進や阻害に効果を発揮する．ヒストン修飾はDNAメチル化と異なり，酵母などの単細胞生物から哺乳類にいたるまで広く認められ，真核生物に普遍的なエピジェネティック修飾として遺伝子の発現制御の他，染色体分配に不可欠なセントロメアや染色体の端を守るテロメアの機能の維持にも重要な役割をはたしている．

●発生とエピジェネティクス　多細胞生物の体はさまざまな機能を有する多種多様な細胞によって構成されているが，それらはすべて1つの受精卵に由来し，一部の例外を除きすべて同じ遺伝情報をもっている．遺伝情報は同じであるにもかかわらず，発生の過程でさまざまな機能をもった多様な細胞が生み出されるのは，細胞のタイプに応じて一部の遺伝子が異なる組合せで働いているからである．これを可能にしているのがまさにエピジェネティクスである．それぞれの細胞は分化に際し，さまざまなエピジェネティック修飾を受けることで，その細胞に特有な遺伝子発現パターンを獲得する．そして，そのエピジェネティック修飾の状態を安定に娘細胞へ伝えることで，細胞分裂を経てもその細胞特有の発現パターンが安定に維持されるのである．

［佐渡　敬］

エピスタシス——遺伝子間の相互作用

エピスタシスとは，異なる遺伝子座にある複数の対立遺伝子が組み合わされたときに，対立遺伝子単独の効果を合わせた表現型とは異なる表現型が見られることをいう．例えば，身長に影響を与える2つの遺伝子があったとする．これらの遺伝子の身長を大きくする効果をもつ対立遺伝子は，それぞれ単独では身長に影響を与えないが，2つの対立遺伝子が組み合わされたときに初めて身長を大きくする効果が示された（図1）．このような場合，遺伝学ではエピスタシスが作用したと考える．つまりエピスタシスは，複数の遺伝子による相加効果にプラスの，あるいはマイナスの修飾を与える作用，またはその現象をさす．

●言葉の起源 エピスタシスが起こる原因はさまざまである．それゆえエピスタシスという言葉が生まれてから，いくつかの異なる意味合いでこの言葉が使われてきたという経緯がある．エピスタシスという言葉は，遺伝学者W. ベイトソン（Bateson）が，1909年の論文で用いたのが始まりである．当時，ベイトソンは，スイートピーを使ってメンデルの分離の法則について研究をしていた．白い花を咲かせるスイートピーの2種類の変異体をかけ合わせるとF1世代の花色は紫色になった．さらに，このF1世代同士を交配すると，F2世代では，紫色と白色の花がそれぞれ9：7の比に分離した．現在では，この現象に，花色を紫色にするのに必要なアントシアニンの合成に働く2種類の酵素がかかわっていることがわかっている（図2）．アントシアニン合成の際，早い段階で働く酵素Cの遺伝子が壊れた場合は，これより後の段階で働く酵素Pの遺伝子が正常，異常にかかわらず花は白色になる．一方，酵素Cの遺伝子が正常の場合は，酵素Pの遺伝子が壊れた場合に白色になり，正常な場合は紫色になる．このように，ひとつの遺伝子の効果が，もう一方の遺伝子の効果を打ち消してしまうようにみえる現象をベイトソンはエピスタシスとよんだ．しかし後に，遺伝学者で統計学者のR. フィッシャー（Fisher）が，2つの異なる遺伝子の効果を合わせたときに，その効果が相加的でない場合，その非相加的効果のことをエピスタシスとよんだ．当時，フィッシャーはエピスタシー（epistacy）という言葉を用いたが，後にエピスタシスという言葉が使われるようになった）．量的形質の遺伝学が進んだ現在は，後者の意味合いで使われることが多いようである．また，エンドウマメのアントシアニン合成系の例のように，より速いタイミングで働く酵素の遺伝子を，後から働く酵素の遺伝子に対して「上位の」という意味でエピスタティック（epistatic）と表現する場合がある．

●量的形質とエピスタシス 生物の多くの表現型は連続的である．つまり0か1

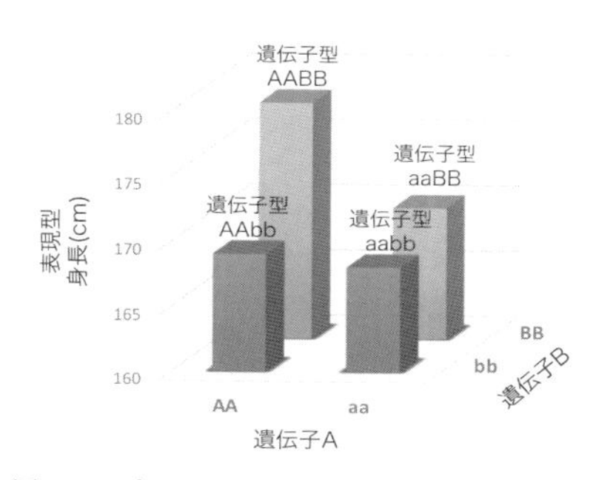

図1　エピスタシスの例．遺伝子Aの対立遺伝子Aと遺伝子Bの対立遺伝子Bの組合せのときに身長が大きくなる．対立遺伝子Aと対立遺伝子Bは単独では身長に寄与しない

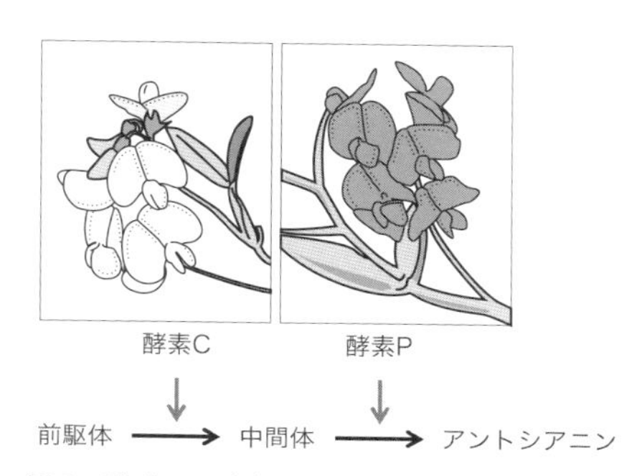

図2　酵素Cの遺伝子が壊れると，アントシアニンの中間体が合成されず，酵素Pが正常でも花色は白色になる

のようにデジタルに決まるのではなく，身長のようにある程度の幅をもって分布している．このような表現型を量的形質とよぶ（☞「QTL解析」参照）．量的形質は，単一の遺伝子によって決定されるのではなく，複数の遺伝子がかかわっている．そして多くの場合，それらの遺伝子を合わせたときの効果は，足し算のように相加的にはならない．個々の遺伝子の効果が小さくても，組み合わせると大きな効果になる場合もある．遺伝子は互いに影響し合いながら機能しているので，エピスタシスは特別な現象ではなく，複数の遺伝子がかかわる場合に頻繁にみられる現象なのである．

それでは実際にどのような原因でエピスタシスが起こるのだろうか？エピスタシスが起こる原因はいくつもある．例えば，同じような機能をもったふたつの遺伝子があったとする．どちらかひとつの遺伝子に変異が起こったとしても，他方の遺伝子の機能で補われるためその影響は小さいが，一度に両方の遺伝子に変異が起こってしまった場合の影響は大きく，表現型として表れる．しかし，このようにかんたんな説明ができるエピスタシスは実際には一部である．それは，遺伝子間の相互作用が，実際にはネットワークを形成するように多次元的で複雑であり，さらに遺伝子に変異が起きても平衡状態を保とうとする力が全体に働いているためである．

特定の2つの遺伝子間にみられるエピスタシスを検出することは比較的容易だが，すべての遺伝子間でエピスタシスを探すことは現実には難しい．それでも近年は，計算能力とゲノム解析の向上にともない，ヒトの膨大なサンプルを扱った網羅的ゲノム解析の分野においてエピスタシスの検出が試みられるようになってきている．

［岡　彩子］

性染色体
——性別を決定する染色体

ほとんどすべての動物には雄と雌がある．多くの動物において，個体の性別は遺伝的に決定されており，この遺伝性決定を司る染色体が性染色体である．性染色体はもともと，核型分析によって雌雄で形や数が異なる染色体として発見されてきた．しかし，遺伝学的に特定された性染色体対に形態的差違が認められない例も多く，現在では形態的差違がなくても，雌雄で遺伝様式が異なる染色体を性染色体とよんでいる．なお，（性決定に関与しない）雌雄で共通の染色体は常染色体とよばれる．

●性染色体と性決定様式　性染色体には，X 染色体，Y 染色体，Z 染色体，および W 染色体の 4 種類がある．これら表記は，最初に発見された性染色体が X と名付けられたことに由来する．当初，正体不明の意味で X 染色体と命名されたが，これが後に性染色体であることが判明し，性染色体の表記に X や Y などの文字が使用されるようになった．また，これらは単に遺伝様式に基づく表記であり，染色体の相同性とは関係ない．そのため，ある動物種の X 染色体が，必ずしも別の種の X 染色体と相同であるとは限らない．

一般に，X と Y は雄ヘテロ型の性決定様式の表記に，Z と W は雌ヘテロ型の表記に用いられる（表 1）．雄ヘテロ型には XX/XY 型と XX/XO 型の性決定様式があり，どちらの場合も雌は X 染色体を 2 本もつ．XX/XY 型の場合，雄は X 染色体と Y 染色体をもつが，XX/XO 型の場合，雄は X 染色体を 1 本しかもたない（性染色体の片方が存在しないことを O で示す）．一方，雌ヘテロ型では，雄ヘテロ型と区別するため，便宜上 Z 染色体と W 染色体で表記する．この場合，雄は Z 染色体を 2 本もち，雌が Z 染色体と W 染色体をもつ ZZ/ZW 型と，Z 染色体しかもたない ZZ/ZO 型がある．XX/XY 型や ZZ/ZW 型は多くの動物種でみられるが，XX/XO 型や ZZ/ZO 型は少数の分類群でのみ知られている．

多くの場合，性染色体は 1 対であるが，性染色体を複数もつ動物種も知られている．これには，もともと 1 対だった性染色体の片方が切断されたり常染色体と融合したりして複数の X 染色体（あるいは Y 染色体）が生じた場合や，3 つの性

表 1　動物の性決定様式

雄ヘテロ型	
XX/XY 型（XX 雌 /XY 雄）	ショウジョウバエ，メダカ，哺乳類など
XX/XO 型（XX 雌 /XO 雄）	線虫，直翅類，蜻蛉類など
雌ヘテロ型	
ZZ/ZW 型（ZW 雌 /ZZ 雄）	カイコ，鳥類，ヘビ類など
ZZ/ZO 型（ZO 雌 /ZZ 雄）	毛翅類，鱗翅類の一部など

染色体（例えばZ，W，Y）の組合せによって性が決まる場合などがある．最も多くの染色体をもつ単孔類のカモノハシでは，雌はX染色体を10本もち，雄はX染色体とY染色体をそれぞれ5本ずつもつ．雄の減数分裂時には，これら10本の性染色体が多価染色体鎖となり，最終的に5本のX染色体をもつ精子と5本のY染色体をもつ精子が生じる．

●性染色体の多様性　どの染色体が性染色体になるかは動物種によって異なり，近縁種が異なる性染色体をもつ例も多く知られている．例えば，哺乳類のX/Y染色体と，鳥類のZ/W染色体，ヘビ類のZ/W染色体は互いに相同性がなく，それぞれ異なる染色体から独立に性染色体へと進化したと考えられている．また，メダカの近縁種ではXY型とZW型が混在し，同じXY型であっても性染色体の起源は種ごとに異なる．さらに，シクリッドなど一部の魚類では，複数の染色体領域が性決定に関与する場合も知られている．これらのことから，種分化や集団分化の過程で頻繁に性染色体の交代が生じてきたことがうかがえる．

また，形態的に未分化な性染色体から極端に退化したY（W）染色体まで，性染色体の分化程度も動物種によって異なる．両生類や魚類の性染色体は形態的に識別できない場合が多く，これらの性染色体対はほぼ完全に相同であると考えられている．X染色体とY染色体の差違が1塩基しかないトラフグの性染色体は，その最たる例である．一方，ヒトのY染色体は小さく退化しており，X染色体との相同性はほとんどない．減数分裂時の組換えは末端の偽常染色体領域に限られ，X染色体の不活性化による遺伝子量補償機構も存在している．しかし，このように形態的・機能的に大きく異なるヒトY染色体も，もともとはX染色体と同じような形であったと考えられている．つまり，もともと相同であった1対の性染色体の片方に逆位などの変化が生じて組換えが抑制され，この領域内に遺伝子欠失や反復配列の蓄積が生じることによって，現在のようなY染色体が形成されたと推定されている．

●性決定の分子機構　性染色体による性決定の仕組みには，ショウジョウバエのようにX染色体と常染色体の比（X/A比）によって決まる例と，哺乳類のようにY染色体の有無によって決まる例が知られている．前者ではY染色体の有無にかかわらずX染色体の数に依存して性別が定まるのに対し，後者ではY染色体上の性決定遺伝子（哺乳類では*SRY*）によって性が決定される．X/A比による性決定機構はXX/XO型の線虫でも認められているが，他の動物種では報告例がない．一方，性決定遺伝子については，いくつかの動物種からそれぞれ別の遺伝子が同定されている（☞「性の決定」参照）．動物にみられる多様な性染色体を生み出す原動力には，新たな性決定遺伝子（あるいは新たな性決定機構）の進化が関与していると考えられる．

［竹花佑介］

突然変異
――生物進化の素材

突然変異（変異）とは，遺伝物質に生じる変化，またそのために生じる遺伝情報の変化のことである．結果として現れる表現型の変化をさすこともある．遺伝情報は世代から世代へ受け継がれる．このため，「蛙の子は蛙」（世間ではより広い意味で使われるが）といったように，子は親と同じ形態や性質を示す．しかし，たいていは低い頻度であるが，遺伝情報には変化も生じる．その変化のために「鳶が鷹を生む」（こちらも意味合いは広いが）に類する状況が生じることもある．

●突然変異の実態の一例　実験用マウスというと，アルビノ体色（体が白く目が赤い）のものを思い浮かべる人が多い．これは，野生型体色（体は黒や褐色で，目は黒）のハツカネズミに生じた突然変異を固定したものである．そのような系統の1つにBALB/cという名前のものがある．この系統では，チロシナーゼとよばれるタンパクをコードする遺伝子に，変化が生じている（図1)．387番目のヌクレオチドの塩基が，グアニン（G）でなくシトシン（C）になっている．この変化のため，遺伝子の産物であるチロシナーゼは，85番目（シグナルペプチドも含めると103番目）のアミノ酸としてシステイン（Cys）ではなくセリン（Ser）をもつ．チロシナーゼは，メラニン（体表や網膜などにある黒い色素）の合成に必須の酵素である．85番目のこのアミノ酸の変化は，酵素としての機能に支障をもたらし，メラニンが合成できなくなる．

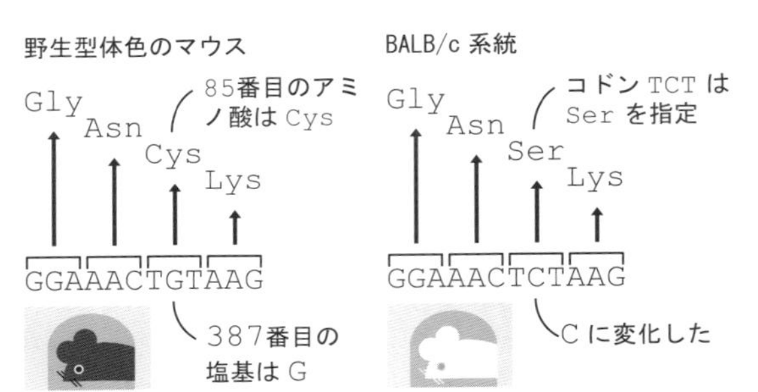

図1　チロシナーゼをコードする遺伝子の塩基配列（380～391番目）とチロシナーゼのアミノ酸配列（対応する部分）

●突然変異の実態の種類　上記の1塩基対の置換は，突然変異の実態としてはきわめて単純であり，このためわかりやすい．しかしこの他に，さまざまな種類がある（図2)．ここに示すように，1塩基対から全染色体がかかわるものまで，いろいろなレベルで突然変異は起こり得る．

●突然変異の原因　DNAに損傷が起こると，それは突然変異に直結する．生体の外部から働きかけて損傷を誘発する要因としては，放射線や紫外線などの電磁波，重金属などの化学物質，ウイルスなどの病原体があげられる．これらの外的要因だけでなく，生体が生命活動でつくり出す物質が，DNAの損傷を引き起こすこともある．酸素の代謝の過程で生じる活性酸素が，よく知られた例である．また生命活動それ自体も，突然変異を創出する仕組みを持ち合わせている．細胞分裂と呼応してDNAは複製するが，複製を司る酵素（DNAポリメラーゼなど）は，例えば鋳型のヌクレオチドの塩基がAであるところに，TでなくGをもつヌクレオチドを取り込んでしまうことがある．生体は，これを見つけ出してTに置き換える仕組み（校正機構）を備えてはいる．しかしこれも完全ではなく，見逃された複製エラーは突然変異となる．遺伝的組換えも，突然変異の直接の原因となる．

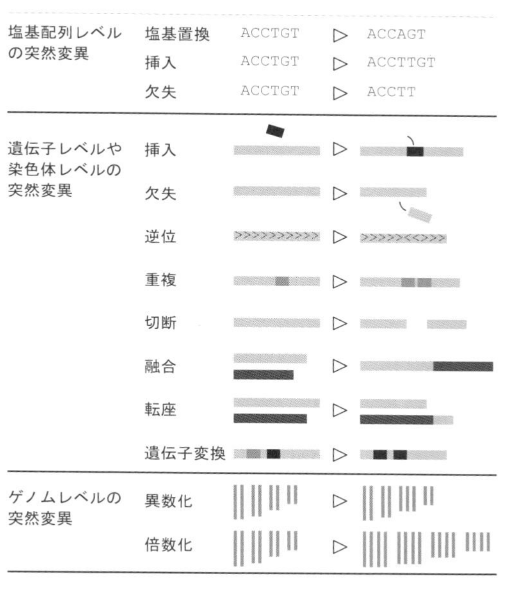

図2　突然変異の実態の種類

●生物進化での意義　仮に突然変異が起こらないとすると，生物の進化はあり得ない．突然変異で遺伝情報が変化することで形態や機能が変化し，あるいは新規に付け加わり，また時には既存のものが除去され，これが進化につながることになる．ただし，突然変異は進化の必須の要因であるとはいっても，唯一の要因ではない．遺伝的浮動（偶然に起因する遺伝子頻度の振れ）や環境変動にも，進化は大きく左右される．突然変異の役割としては，進化の素材を供給するという表現が適切であるといえる．

突然変異は，生殖細胞（ヒトの場合は卵と精子，およびその元になる細胞）と体細胞のどちらにも生じる．しかし進化に寄与するのは，生殖細胞に生じた突然変異である．遺伝情報が次の世代に受け継がれるからである．

●突然変異の人為選択　家畜やペットでは，人間にとって都合のよい形質（例えばニワトリの場合，体が大きい，産卵数が多い，病気に強いなど）を多数蓄積した状態のものが多い．その作出は，生じた突然変異を人為的に選択することでなされる．しかし長い間，選択の対象となる突然変異は，自然に生じたものを見つけ出すのみであった．遺伝子の実体がわかり，そしてそれを操作できるようになってからは，突然変異を人為的に誘発し，その上で選択を加えることが可能となっている．

［古賀章彦］

ゲノム——あなたを決める遺伝情報のすべて

生物の遺伝情報の発現とその継承は4種類の塩基（アデニン，グアニン，シトシン，チミン）が糖（デオキシリボース）を介してつながったDNA（デオキシリボ核酸）によって担われている．このDNAによって規定された生物の遺伝情報の発現単位を遺伝子とよぶ．特定の種は特定の遺伝子のセットをもつがそれぞれの種が特異的にもつこの一群の遺伝子セットの全体を「ゲノム（genome）」とよぶ．Genomeは遺伝子を示すgeneと全体を示す-omeを合わせた造語で1920年にドイツ・ハンブルグ大学の植物学者，H. ウインクラー（Winkler）によって提唱された．

●ゲノムの構造　ゲノムは機能を直接担うタンパク質のアミノ酸配列を指定する領域であるコード領域とそうでない非コード領域に分けられる．非コード領域にはコード領域にあるタンパク質の発現を制御する領域があり，それを調節領域（プロモーターとエンハンサー）とよぶ．ヒトゲノムではコード領域は全体の2％程度であると推定されている．かつては非コード領域の多くは機能がないジャンク（くず）DNAであると考えられていたが，転写産物の詳細な解析から現在ではタンパク質をコードしない多様なRNAが非コード領域を含むゲノム内のさまざまな領域から転写されていることが明らかとなった．これらのタンパク質をコードしないRNAでは以前から知られていたtransfer RNA（tRNA），ribosomal RNA（rRNA）に加え，small nuclear RNA（snRNA），small nucleolar RNA（snoRNA）などRNAスプライシングやテロメアーの維持あるいは核小体でのrRNAや他のRNAの化学修飾に関与するRNAが知られている．近年ではsmall interfering RNA（siRNA），microRNA（miRNA），piwi-interacting RNA（piRNA），long non-coding RNA（lncRNA）などさまざまなタンパク質をコードしないRNAが発見されている．siRNAやmiRNAは比較的進化的に保存されており，特定の遺伝子のmRNAに相補的な配列をもちそのタンパク質の発現を転写レベルで負に制御する例が多い．piRNAは生殖細胞での転位因子の転移を抑制し，転位因子の過剰な切り出しによってゲノム構造が変化することを抑制している．lncRNAはいまだ機能が不明な場合も多いが，現在までに機能が知られている例ではlncRNAがゲノムDNAと相補することを利用して相互作用を行うことでクロマチン構造を変化させ，遺伝子の発現調節にかかわる場合が多い．現在ではゲノムの70％程度の領域から機能未知のRNAを含む何らかの転写産物がつくられていると推定されている．

●ゲノム概念の変遷　遺伝子の本体がDNAであることが発見される以前の古典

表1　代表的な動物のゲノムサイズ（Animal genome size databese などのデータより作成）

学名	和名	ゲノムサイズ (pg)	ゲノムサイズ (Mbp)	染色体数 (2N)
Caenorhabditis elegans	センチュウ	0.1	100	12
Drosophila melanogaster	ショウジョウバエ	0.18	175	8
Bombyx mori	カイコ	0.53	432	56
Ciona intestinalis	カタユウレイボヤ	0.2	115	28
Tetraodon nigroviridis	ミドリフグ	0.35	358	42
Oryzias latipes	メダカ	1.09	800	48
Danio rerio	ゼブラフィッシュ	2.28	1460	50
Xenopus laevis	アフリカツメガエル	3.15	3100	36
Xenopus tropicalis	ミナミツメガエル	1.7	1700	20
Gallus domesticus	ニワトリ	1.25	1230	78
Mus musculus	マウス	3.35	3482	40
Rattus norvegicus	ラット	3.36	2870	42
Home sapens	ヒト	3.5	3547	46

遺伝学では，ゲノムは「ある生物をその生物たらしめるのに必須な遺伝情報」として定義される（ウインクラー，1920）．多くの生物では母方と父方から1組の染色体セットを受け継ぎ，個体は2組の染色体セット（2倍体）をもつ．そのためゲノムの定義は「半数体である配偶子がもつ1組の染色体セット」を意味した．1930年に木原均によってゲノムの概念は「生物をその生物たらしめるのに必須な“最小限の染色体セット”（ゲノム説）」として定義し直された．木原が研究を行ったコムギでは一粒コムギは2組のAゲノム（二倍体種で7対の染色体をもつ），マカロニコムギには2組のAとBゲノム（四倍体種で14対の染色体をもつ）そしてパンコムギには2組のA，B，Dの3種のゲノム（六倍体種で21対の染色体をもつ）が含まれることが示された．これらの研究によりコムギにおける倍数性進化の様相が明らかとなった．木原は，このコムギ染色体の倍数性の観察に基づき，コムギでは7本の染色体が1組になって最小限の遺伝機能をはたしていると考えた．そこでこの最小限の染色体セットに対してウインクラーが提唱した「ゲノム」という言葉をあてはめた．1944年のO. アベリー（Avery）らによる肺炎双球菌を用いた形質転換実験や1952年のA. D. ハーシー（Hershey）とM. チェイス（Chase）の放射性同位元素リン32とバクテリオファージを用いた実験からDNAが遺伝物質の本体であることが明らかとなった．1953年にはJ. ワトソン（Watson）とF. クリック（Crick）はDNAの二重らせん構造を発表した．これによりDNAの構造に由来する半保存的複製よって遺伝情報の継承が担われることを理解することが可能となった．これらの知見を基礎に発展した分子生物学・分子遺伝学の立場では，ゲノムは全染色体の全塩基配列情報として定義される．表1に代表的な動物のゲノムサイズを示した．記載したすべての動物でゲノム塩基配列が決定されている．

［成瀬 清］

体色の遺伝システム
——色と模様は何のため？

大抵の動物には色や模様がついていて，シマウマの子は縞模様，キリンの子は網目模様となるように，親から子へと遺伝する．これらの体色は，動物たちが自然界で生き延び，子を残すために有用であるとされ，それぞれ役割に応じて隠蔽色，警告色，婚姻色などとよばれる．体色は，体内構造や生理活動の副産物ではなく，遺伝情報に従って積極的に体表を色づけた結果である．したがって，深海や洞窟など光が届かない環境に棲む動物たちは，視覚を失うとともに体を色付けることを止め，白っぽい体色になることが多い．逆にイカやタコ，あるいはカメレオンなどは，状況に応じて瞬時に体色を変化させる能力を進化させ，自然を巧みに生き抜いている．

●体色と遺伝学　遺伝学の黎明期に体色がはたした役割は大きく，動物で最初に G. J. メンデル（Mendel）の法則を確認したのは，H. クランペ（Crampe）によるラットの毛色の研究（1885 年）である．日本でも外山亀太郎と石川千代松が，1906 年にカイコの繭色，1909 年にはメダカの体色で，メンデルの法則を確認している．1933 年のノーベル賞受賞につながる T. H. モーガン（Morgan）のショウジョウバエの研究でも，white, yellow, ebony など多くの眼色や体色の突然変異体が用いられた．これらの遺伝学者が色に着目した理由として，色の違いはよく目立ち，大きさや形の変異よりも生存力や繁殖力が低下しにくいことがあげられよう．なお，モーガンはみずから変異体を収集して研究に用いたが，クランペらが使ったのは，愛玩動物や産業動物として既存の系統であり，人々の色に対する関心の高さが伺える．

●ヒトの体色と遺伝病　ヒトの体色（肌・毛・目など）はさまざまであり，紫外線や加齢によってある程度変動するものの，基本的には生涯不変の遺伝形質である．これらの色は，黒と黄のメラニンの量と比率で決まる．マウスの研究から，メラニン産生細胞（メラノサイト）の調節には，数百もの遺伝子がかかわることがわかっており，これらの遺伝子が複雑に関係し合うことでさまざまな体色が形成される．そのため，黒人と白人の孫（F2）の体色が，優性（顕性）・分離の法則に従って 3：1 にわかれることは，通常起こらない．

一方，全身のメラニンを欠き，白い肌・白い毛・赤い目をもつ個体が，ほ乳類から魚類まで幅広い動物種に存在する．これは，一般にアルビノ（眼皮膚白皮症）とよばれる常染色体劣性（潜性）の遺伝疾患である．白ウサギや白ヘビなど，愛玩動物として，あるいは神格化されて重宝されることもあるが，自然界では目立って捕食されやすく，目や皮膚の紫外線に対する防御能も低い．アルビノを引き起こす原因遺伝子（メラニン産生に必須な遺伝子）は複数知られており，必ずしもアルビノ同士の交配からアルビノが生じるとは限らない（補足遺伝子）．

左右の目の色が異なる犬猫は，オッドアイとよばれ珍重されることがある．後天的に発症することもあるが，主にワーデンブルグ症候群という遺伝疾患で，複数の原因遺伝子が知られており，ヒトでも見られる．左右の目（網膜色素上皮）における不均等なメラニン量が原因で，多くの場合，難聴を伴う．これは，聴覚機能に必須な内耳メラノサイトの調節にも，これらの原因遺伝子がかかわるためである．

●体色の多様性　ほ乳類の体色は，鳥類や魚類，あるいは昆虫類と比べるとはるかに地味である．これは，ほ乳類が中生代を通して夜行性を強いられたためで，この間に色覚を退化させる（2種類の錐体オプシンを失う）とともに，体表を色付けるための細胞（色素細胞）のほとんどを失った．その結果，ほ乳類はメラノサイトを調節する遺伝子群（上述）を保持する一方で，他の色素細胞を調節する遺伝子群は失ったか，あるいは保持していても体色調節には用いていない．

いくつかの動物種はきわめてユニークな体色をしており（図1），全体として色・模様の多様性は無限に存在するかのようである．進化論的には，どの体色も生存や繁殖に有利だから選択された遺伝形質のはずだが，チョウの眼状紋など一部の例を除き，どの遺伝子がかかわるかは不明で，なぜその遺伝子が選択されたか（つまりは色・模様の存在意義）も不明である．人為的な交配によってさまざまな体色の愛玩動物を作出でき，一遺伝子の操作（遺伝子組換え）によって模様が大きく変化する例（ゼブラフィッシュ）もあることから，案外単純な仕組みで体色の遺伝的多様性が実現されているとする説もある（二成分の反応拡散系）．存在意義に関しては，視覚コミュニケーション以外にも，紫外線防御や光の吸収・反射による体温調節などが考えられ，多角的な検証が必要である．

図1　モンガラカワハギ（出典：AquaticLog http://www.aquaticlog.com/aquariums/yggdrasill/2/species/54538）

［深町昌司］

📖参考文献

［1］伊藤祥輔他監修『色素細胞—基礎から臨床へ』第2版，慶應義塾大学出版会，2015

行動の遺伝システム
——遺伝は行動に影響するのか？

行動に影響を与える要因として，親から子供に伝わり生まれつき備わっている遺伝的要因と，環境・経験などの環境要因が存在し，両者が密接にかかわり合って行動の特徴が生まれる．近年の分子生物学，遺伝学の発達により，行動に影響を与える遺伝子の同定が進み，各遺伝子が行動にどのように関与するのかについて研究が進んでいる．ほとんどの場合，遺伝子と行動は1対1で対応しておらず，1つの行動は複数の遺伝子によって影響され，1つの遺伝子変異は複数の行動に影響を与える．

●線虫，ショウジョウバエを用いた解析　モデル生物（線虫，ショウジョウバエ）を用いて，行動異常を示す突然変異体がスクリーニングされており，変異原因遺伝子の同定により，さまざまな行動にかかわる遺伝子が体系的に同定されている（順遺伝学的手法，☞「解析手法としての遺伝学」「網羅的表現型解析法」参照）．線虫では走性，感覚受容〔温度受容，化学受容（☞「味覚（化学受容）」「嗅覚（化学受容）」参照），機械受容（☞「聴覚・触覚・痛覚（機械受容）」参照），フェロモン受容〕，行動可塑性（☞「神経系の可塑性」参照）などにかかわる遺伝子が多数同定されている．ショウジョウバエでは概日リズム（☞「概日リズム」参照）を制御する *period* や神経系の可塑性（☞「神経系の可塑性」参照）にかかわる *dunce* などの遺伝子が同定され，脊椎動物のホモログ遺伝子の機能解析により，動物間で共通した行動の分子基盤の解明に大きな貢献をした．またショウジョウバエでは性行動，攻撃行動にかかわる遺伝子も同定されている．モデル生物では一部の神経細胞群に特定の遺伝子を人工的に強制発現する技術（エンハンサートラップライン，遺伝子導入法）を用いて神経回路網（☞「神経回路網における情報処理と統合」参照）における遺伝子機能の解明も進んでいる．

●マウスを用いた解析　マウスは哺乳類のモデル生物であり，任意の遺伝子を破壊（ノックアウト）したり，特定の遺伝子座を外来性遺伝子に置換する技術が確立されている（逆遺伝学的手法，☞「解析手法としての遺伝学」参照）．また一部の脳領域や神経細胞群に限局して遺伝子発現を人工的に制御する技術も確立しており，神経回路網における遺伝子機能を解明できる．マウスでは，記憶・学習（☞「神経系の可塑性」参照），不安様行動（情動），攻撃行動，社会性行動（新奇な個体に対する近づき行動），性行動，養育行動，食欲，睡眠・覚醒など（☞「nonREM 睡眠と REM 睡眠」参照）を実験室内で定量する行動実験系が確立されており，これらの行動にかかわる遺伝子・神経細胞が同定されている．現在では，多数の遺伝子変異マウスに対して行動解析を網羅的に行うシステムも確立し

ており，順遺伝学的な手法によって行動関連遺伝子が同定できた例もある．また
ヒト精神疾患にかかわる遺伝子の機能解析に利用されており，ヒトの行動関連疾
患（うつや自閉症など）と類似した異常をもつ遺伝子変異マウスを疾患モデルと
して用いる場合もある．

●精神疾患と遺伝的要因　ヒトの行動関連疾患(ハンチントン病，アルツハイマー
病，自閉症，統合失調症，注意欠陥多動性障害など）の発症の一部は遺伝的要因
が関連している．遺伝性疾患の原因遺伝子同定には，疾患を発症しやすい家系に
着目し，家系のメンバーの羅患状態と強く関連する遺伝子変異を同定する手法が
ある（連鎖解析）．最近ではヒトの全ゲノム解析が可能になり，患者集団内で共
有している遺伝子変異を同定する手法が主に用いられるようになった．これまで
に患者集団のGWAS（ゲノムワイド関連解析）により，羅患状態と強く関連す
るゲノム上の変異（SNPや挿入・欠失など）が数多く同定されている．単独の
遺伝的要因が行動異常疾患の原因になる例はいくつか存在するが，多くの場合，
環境要因を含む複数の要因が複雑に関与して発症にいたる．また実験動物を用い
た解析によって，遺伝子変異による疾患発症機構の解明が進められている．

●行動の個体差を生み出す遺伝的要因の解析　ヒトにおいて身長や体重などの身
体的な特徴だけでなく，性格や個性のような行動的な特徴も遺伝的要因が影響す
る例がいくつか知られている．例えばセロトニントランスポーターの遺伝子多型
と不安の感じやすさの間に弱い関連性がある．多くの場合，環境要因と遺伝的要
因の間で複雑な相互作用が生じることで個人差が生まれており，単一の遺伝的要
因では説明が難しい．ヒトでは一卵性双生児の個体差に着目することで，環境要
因と遺伝的要因の相互作用を解析する研究が実施されている．個性（personality）
という単語は元来ヒトを対象に使われてきたが，近年では動物にも広く使われて
おり，「ある個体において状況や環境が変化しても繰り返し表れる行動的な特徴」
と定義される．霊長類（アカゲザルなど），マウス，イヌ，家畜（ウマ，ウシ，
ブタ，ニワトリなど），鳥類，魚類において行動特性に遺伝性があるか解析され
ており，攻撃性やヒトへの慣れやすさなどが，ある程度遺伝することがわかって
いる．どの遺伝的要因が特定の行動形質に影響を与えるのかを調べる手法として
QTL解析（☞「QTL解析」参照）がある．この手法では原因遺伝子を特定でき
ないが，全ゲノムを対象にしてある行動形質と関連する染色体領域を同定できる．
また行動にかかわる候補遺伝子に注目して，その遺伝的多型と行動形質との関連
を調べる研究も数多くある．

［竹内秀明］

📖参考文献

［1］ 小出 剛・山元大輔編『行動遺伝学入門』裳華房，2011
［2］ 久保健雄他『動物行動の分子生物学』裳華房，2014

集団遺伝学
——遺伝的多様性の謎を究める

集団遺伝学は個体ではなく同種個体の集まりを対象として，その遺伝的構造を支配する法則，変化するプロセスあるいは変化してきた集団の歴史を研究する．この遺伝的構造は変異が可能な塩基，遺伝子やゲノムといった要素からなるが，要素間の相互作用によって全体が進化するシステムとなっている．変異と相互作用で定義する進化システムは遺伝的構造に限らない．人類集団は言語や経済を含む文化・文明的な進化システムに溢れている．そのため人間社会の問題に対しても集団遺伝学的なアプローチが適用されることがある．

遺伝的な変異と相互作用に関係したメカニズムは，変異の生成，変異の組合せおよび変異の選択に関係する．変異の生成がDNAの複製や修復と関係した分子レベルのメカニズムであるのに対して，変異の組合せや選択は個体や集団レベルのメカニズムである．

●変異生成分子メカニズム　ゲノムの複製や修復にともなって起きる突然変異の種類は多様である．単純な塩基置換の他に，組換え，不等交差，遺伝子変換，逆位，転座，挿入や欠失，遺伝子重複，倍数化などゲノム全体に及ぶものまである．いずれの変異の生成も確率的な現象である．したがってその法則性の解明には多くの観察結果が要求される．最も普遍的に観察される変異は塩基置換である．人類集団における塩基置換の程度（塩基多様度）は1000塩基座位に1個の割合で観察される．ヒトゲノムの大きさは約32億塩基座位であるので，人類集団にはおよそ320万の多型的な塩基座位がある．また，ヒトとチンパンジーのゲノムを比較すると1.2%の塩基座位で異なる．これはおよそ3800万の塩基座位に相当し，人類集団の塩基多様度に比べて12倍に近い相違である．塩基置換の速度には一定性という性質（分子時計）があり，さまざまな推論を行う基礎となっている．例えば置換速度が10^{-9}/座位/年と一定であるなら，ヒトとチンパンジーの分岐年代は$\dfrac{0.012}{2\times10^{-9}}=600$ 万年となる．逆に分岐年代が700万年であるなら，置換速度は$\dfrac{0.012}{2\times7\times10^{6}}=0.86\times10^{-9}$と推定される．しかし親子のゲノムから直接推定した塩基置換率は，0.5×10^{-9}/座位/年と約半分であり，この不一致は今も論争中である．

●変異組合せメカニズム　遺伝物質の伝達様式に関する法則の解明はG. J. メンデル（Mendel）によるが，その要は分離の法則にある．これは遺伝物質が「粒子状」のものであることの紛れもない帰結である．ゲノムが分離しない無性生殖では，子は親と同じゲノムを承継するクローンである．有性生殖では減数分裂にともないゲノムの分離が起きる．ゲノムが複数の染色体に分散していると子のゲノムは両親の染色体のモザイクになる．さらに同一の染色体内でも組換えが起きるため，伝達ゲノムのモザイク性は有性生殖を行うたびにいっそう顕著になる．ゲノムから集団の歴史を復元するときにも遺伝的組換えの有無は重要である．組換えのないミトコンドリア DNA や Y 染色体は単一の祖先経路に従って伝達してきたものであり，復元できる祖先情報も限られたものである．これに対して常染色体は多数の祖先経路の集合体であり異なる祖先の情報を含む．また，異なったゲノムに生じた有利な変異を 1 つのゲノムや個体に集め同時に固定することができたり，異なったゲノムに生じた有害な変異を 1 つのゲノムや個体に集め集団から一気に排除することができる．有性生殖の進化的な有利さである．有性生殖は天文学的な数に及ぶ遺伝子型の組合せを生み出し得るが，実際には次世代につくり得るゲノムの組合せは無制限には起こらない．この制約は生殖前と生殖後のものに大別される．地理的な隔離や同類交配・近親交配などは前者に，不妊や稔性の低下あるいは植物の自家不和合性は後者に属する制約である．えり好みや制約のない交配様式のもとでは，遺伝子型頻度と遺伝子頻度の間にはハーディ・ワインバーグ（Hardy-Weinberg）則が成り立つ．

●変異選択メカニズム　集団中の変異を篩にかけるメカニズムが自然選択と遺伝的浮動である．自然選択の作用は千差万別である．なかには変異を積極的に維持する場合もある．しかし，大半は有害変異を除去する負の自然選択である．これに対して有利な変異を固定する型が正の自然選択である．正負の自然選択は多様性を低下させる．この低下は自然選択の標的となった変異だけではなく，周辺の連鎖したゲノム領域にも及ぶ．これらはヒッチハイキング効果とかバックグラウンド選択とよばれる．正負の自然選択の対象を直接的に観察することは困難な場合が多いが，ゲノムの時代になってこうした連鎖した多様性の低下を利用した自然選択の検出の研究が進んでいる．これに対して，遺伝的浮動は集団が有限の個体数からなることや子の数が決定論的には決まらないことから生じる確率的な進化圧である．個々の塩基座位に同じ強さで作用して，自然選択に関して中立な変異の除去または固定をきたす．木村資生の分子進化の中立説は，中立変異が遺伝的浮動という相互作用のもとで創発する現象とその理論のことである．一方，S. ライト（Wright），R. A. フィッシャー（Fisher），J. B. S. ホールデン（Haldane）に始まる理論集団遺伝学の歴史は，自然選択と遺伝的浮動を定量化する歴史であった．80 年代からは中立変異に関する系図理論が始まり，今では自然選択も組込んだ発展を遂げている．特に大量のゲノム情報に基づく遺伝的多様性と系図理論を基盤として，ゲノム進化における正の自然選択の役割や集団のデモグラフィーを究明する研究が進められている．
［颯田葉子］

人類遺伝
──ヒトゲノム研究が推進する分野

ヒト（*Homo sapiens*）を対象とした遺伝学の研究分野を「人類遺伝学」（human genetics）とよぶ．遺伝病の研究が大部分を占めているが，広くは人類の遺伝子進化の研究もふくまれる．G. J. メンデル（Mendel）の遺伝法則が再発見されて，事実上遺伝学がはじまった1900年に，ABO式血液型が発見され，人類遺伝学も同じ年にはじまったといえるかもしれない．また，二倍体生物における対立遺伝子頻度と遺伝子型頻度との関係を示した式は，1908年に英国の数学者とドイツの医者が同時に論文を公開しており，ヒトを用いる遺伝学研究の先進性がうかがわれる．

ABO式血液型が単一遺伝子座にある3種類の対立遺伝子によって説明できることが1925年に示されたあと，この遺伝子座の研究は急速に進んだ．もっとも，ABO式血液型の多型は病気をもたらすものではない．遺伝病としては，1934年にフェニルケトン尿症（PKU）が発見され，その後同様の遺伝病の研究が進展していった．現在では，エクソーム（エクソンの全体）解析により，アミノ酸が変化することにより発病する遺伝病の原因遺伝子はほぼ解明されている．このような変化を生じる原因である突然変異の発生率を，ヒトではじめて推定したのは1949年である．軟骨無形成症についてのデータをもとにしたが，現在ではFGFR3が原因遺伝子であることがわかっている．人類遺伝学は，その後遺伝学の発達とともに大きく進展した．1956年には正常人の染色体数が46本であること，その3年後にはダウン症の原因が21番染色体のトリソミーであることがわかった．またデンプンゲル電気泳動法を用いた研究も，ショウジョウバエにおける研究と同時期にヒトで大規模に研究され，当時の集団遺伝学理論で予測されていたよりもずっと多くのアミノ酸変異が存在することがわかった．このことは1968年に木村資生が中立進化論を提唱するきっかけのひとつとなった．また，根井正利らは，新しく提唱した遺伝距離を用いた遺伝子頻度データ解析により，東西ユーラシア人の遺伝的違いがアフリカ人と彼らとの違いより小さいことが示した．染色体変異の研究やタンパク質のアミノ酸配列決定による遺伝病解析も進んだ．正常なタンパク質とアミノ酸に違いがあることが最初に報告されたヘモグロビンSは，マラリアとの関連をしらべた研究から，正常型遺伝子とのヘテロ接合体の方が二種類のホモ接合体よりも生存に有利だとする超優性淘汰モデルが支持された．これは現在でも正しいと考えられているが，逆にあたかも超優性淘汰がヒトゲノム中の多くの遺伝子座で成り立っているという，あやまった考えが広まる原因ともなった．

●塩基配列決定以後の人類遺伝学　1970年代に塩基配列決定法が発表されると，人類遺伝学の研究は爆発的に発展した．制限酵素の利用とあいまって，DNAレベルでの遺伝的多型を用いた遺伝病や進化の研究が進んだ．ミトコンドリアDNAの変異を世界の多数の人間で詳細に調べた結果，ヒトは十数万年前にアフリカで誕生し，その後世界中に広がったとする仮説が提唱されたが，その後の研究で，基本的に正しいことが確認されている．単一塩基の突然変異よりもずっと突然変異率の高いマイクロサテライトDNA多型を用いて，ゲノム全体から遺伝病の遺伝子座を発見するゲノムワイド連鎖解析がはじまり，ハンチングトン病の原因遺伝子の発見など，大きな成果がえられた．

1980年代後半に提唱されたヒトゲノム計画は，その後公共の研究予算を使った団体と単一民間会社との競争にもうながされて，2000年にはドラフト配列の決定が報告され，その3年後には，当時の技術で決定できるユークロマチン領域の塩基配列がほぼ決定された．榊佳之を代表とする日本のグループは，21番染色体をはじめとしてゲノム全体の6%を決定する貢献をした．ヒトゲノム配列は，21世紀におけるさらなる人類遺伝学と人類進化学の発展をうながした．2005年にはHapMap計画によって100万個所以上の単一塩基多型（SNP）が報告され，それら基礎データをもとにしたゲノムワイド連関研究（GWAS）が安価にできるようになった．遺伝病以外でも，吉浦孝一郎・新川詔夫ら日本人研究グループによって，2006年に耳垢型の乾湿多型を決定する遺伝子がABCC11であることがGWASの応用で発見された．

次世代シークエンサーの登場によって塩基配列決定がきわめて安価になったために，全ゲノム配列を決定した人数は急速に増加し，1000人ゲノム計画や，ヒトゲノム多様性計画（HGDP）で収集された多数の人類集団のDNAもゲノム配列決定がなされている．これによってヒト進化の研究は，ゲノムデータが推進するという新しい地平にたった．このほか，もともと癌の研究に役立つとしてたちあがったヒトゲノム計画なので，癌ゲノムの決定もさまざまな癌で急速に進んでおり，体細胞レベルでの癌発症メカニズムが調べられている．

ヒトゲノムの塩基配列は一個人のどの細胞をとっても，基本的には同一だが，人体は多数の組織や器官から形成される．この多様性はゲノム配列の遺伝子発現に差が生じるからである．そこで欧米を中心にENCODE計画が発足し，培養細胞を中心として膨大なデータが生成され，人類遺伝学はさらにあたらしい時代に入った．この動きと関連があるが，エピゲノム計画も進められている．我々人間の研究には，医療への応用が期待されるために，ゲノムを出発点として，転写産物，タンパク質，代謝産物などのオミックス研究に大きな研究予算が投じられてきた．この結果，人類遺伝学は実験ができないという問題点をのり越えて，今後も動物の遺伝学の中心のひとつとして，発展してゆくだろう．　［斎藤成也］

解析手法としての遺伝学
――分子レベルで変化の実体を捉える

遺伝学は生物がもつ特徴である形質がどのように両親から子に伝えられ，どのように利用されているのかを，遺伝する因子としての遺伝子という概念を用いて明らかにしてきた．現在では，分子生物学的手法と組み合わせることで，遺伝情報を含むDNAとして分子レベルで遺伝子の機能を解明することができる．その解析手法は順遺伝学と逆遺伝学に大別できる．順遺伝学は着目した形質について異なる表現型を示す2系統（野生型と変異型など）を用い，その違いの原因となる遺伝子の特定を目的とした手法である．その一方で，逆遺伝学は機能がわからない遺伝子の機能を解明することを目的とした解析手法である．それらは表現型から遺伝子，遺伝子から表現型というように逆方向であるが，多くの解析手法が共通している．本項では順遺伝学の強力な解析手法であるポジショナルクローニングの例を，体表の黒色素が合成できないヒメダカの原因遺伝子を解明する過程を用いて説明する．

ポジショナルクローニングは原因遺伝子の位置情報を手がかりとして，数万個ある候補遺伝子の中から1個に絞り込む方法である．この過程は（1）着目した形質の遺伝形式の決定，（2）原因遺伝子が存在する染色体と染色体領域の決定，（3）特定された領域内の有力な候補遺伝子の決定，（4）機能獲得実験と機能喪失実験による候補遺伝子が原因遺伝子であることの証明，の4段階の解析から構成される．

●着目した形質の遺伝形式の決定 異なる表現型を示す2系統の交配個体を作出することで，優性（顕性）や劣性（潜性）などの遺伝形式の決定と原因遺伝子の数の推定を行うことができる．ヒメダカの原因遺伝子の探索では，体表が黒いメダカ（クロメダカ，野生型）とヒメダカ（変異型）を親世代（P）として交配することで雑種第一代（F_1）を作出する（図1）．F_1ではクロメダカのみが出現するので，F_1をヒメダカに戻し交配し，次世代（BC1）を得る．この世代ではクロメダカとヒメダカが1：1の割合で出現するので，ヒメダカの遺伝形式は劣性であり，原因遺伝子が1つ存在することが推定できる．

●原因遺伝子が存在する染色体と染色体領域の決定 BC1を用いて連鎖解析を行うことで，原因遺伝子が存在する染色体とその染色体領域を決定することができる．連鎖解析ではクロメダカ（T/T）とヒメダカ（G/G）間でDNAの塩基配列の違いなどの多型を用いて，戻し交配世代でクロメダカがヘテロ接合（T/G），ヒメダカがホモ接合（G/G）であるような表現型と遺伝子型が連鎖する多型を探索する．メダカの24本の全染色体から上記のような条件を満たす染色体を探索することで，原因遺伝子が存在する染色体が明らかになる．また，戻し交配世代

は F_1 個体の配偶子形成時に起こる染色体間の組換えを反映した染色体構成をもち，該当の染色体内でより強く連鎖する領域が見えてくるので，原因遺伝子が存在する領域を絞り込むことができる．図1では，12番染色体上の一番上のDNAマーカーの遺伝子型が表現型と強く連鎖することから，原因遺伝子が12番染色体の上部に存在することがわかる．戻し交配世代の解析個体を545個体にまで増やすことで，原因遺伝子が存在する領域を0.55 cMまで絞り込んだ．近年では，次世代シークエンサーを用いて全染色体の連鎖解析が迅速に行えるようになった．

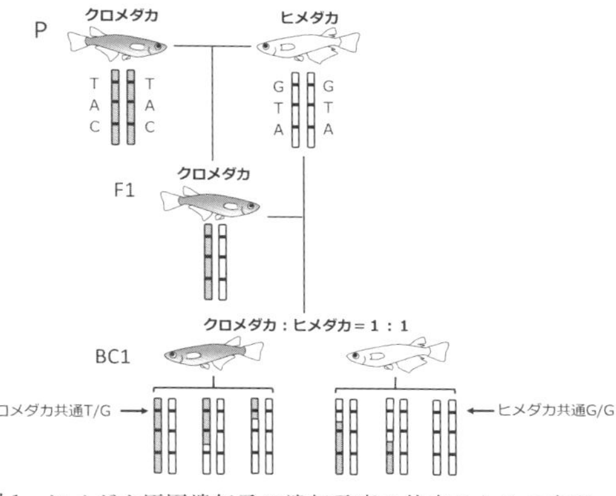

図1　ヒメダカ原因遺伝子の遺伝子座の特定のための交配と染色体構成

●特定された領域内の有力な候補遺伝子の決定　絞り込んだ領域についてDNAの塩基配列とその中に含まれる遺伝子を決定し，それらの遺伝子の発現量や場所，他の動物種での機能などを総合的に判断することで最も有力な候補遺伝子を決定する．ミナミメダカのDNAの塩基配列長と遺伝子数はゲノムデータベースから取得できる．絞り込んだ領域は36.3 kbpに相当し，その中には*amacr*と*slc45a2*の2つの遺伝子がある．*slc45a2*がヒトの黒色腫細胞で遺伝子発現が見られること．そして*In situ*ハイブリダイゼーションによって，ヒメダカの胚の体表に*slc45a2*の遺伝子発現が見られないことから，*slc45a2*がヒメダカの原因遺伝子の最有力候補となった．その他の解析手法として，網羅的に遺伝子発現量を比較するRNAシーケンス，単一の遺伝子発現を定量的に比較する定量PCRなどがある．

●機能獲得実験と機能喪失実験による証明　有力候補となった遺伝子について，野生型の遺伝子破壊個体を解析する機能喪失実験と，変異体に野生型の遺伝子導入した個体を解析する機能獲得実験によって原因遺伝子であることが証明できる．機能喪失実験として，最初の交配に用いた系統以外の7系統のヒメダカの*slc45a2*の塩基配列の解析を行った．2系統では塩基配列の挿入，残りの5系統ではアミノ酸置換をともなう塩基配列の変異が見つかったことにより，*slc45a2*がヒメダカの原因遺伝子であることが証明できた．また，本研究では行われなかったが，機能喪失実験として，近年急速に普及してきているゲノム編集技術によって遺伝子破壊個体が作成できる．そして，機能獲得実験として，クロメダカの*slc45a2*を含むDNA断片を遺伝子導入することでヒメダカが正常なクロメダカに戻るレスキュー実験を行うこともできる．

［明正大純］

X染色体不活性化
——雌雄の遺伝子数の差を補正する仕組み

哺乳類のメスは性染色体としてX染色体を2本もつのに対し，オスはX染色体とY染色体をそれぞれ1本ずつもつ．Y染色体をもたないメスの存在からも明らかであるが，Y染色体上には個体や細胞の生存に不可欠な遺伝子はなく，オスの生殖機能にかかわる遺伝子が数十あるだけである．一方，X染色体上には細胞の生存に不可欠なものを含め1000あまりの遺伝子があるが，XYのオスが存在することからわかるように，哺乳類にとってX染色体は1本あれば十分といえる．メスにおいて，そのX染色体が2本分働いているとすると，X染色体連鎖遺伝子からつくられるタンパク質の量に雌雄間で2倍の差が生まれることになる．しかし，実際にはそのような事態になっていない．それは哺乳類のメスは胚発生の初期に2本あるX染色体のうちの一方を不活性化し，そのX染色体上の遺伝子が働くのを抑制しているからである．これがX染色体不活性化で，その結果，メスにおいてもX染色体連鎖遺伝子からつくられるタンパク質の量はオス同様1本分となる．

●X染色体の活性サイクル　受精後間もないメスの胚においては，卵と精子に由来するそれぞれのX染色体はともに活性を有する．その後，動物種によって多少異なるものの胚発生過程の早い段階で一方のX染色体が不活性化（ヘテロクロマチン化）され，XXでありながらも機能的なX染色体は1本のみとなる．通常，不活性化されるX染色体はランダムに選ばれるため，メスの体を構成する細胞のおおよそ半分では母由来X染色体が，残りの細胞では父由来X染色体が不活性化されている．いったん不活性化されたX染色体の不活性状態は，その後の細胞分裂を通してきわめて安定に維持される．しかし，生殖細胞の起源である始原生殖細胞に寄与した細胞群では減数分裂が開始される頃に，それまで不活性化されていたX染色体が再活性化され，卵形成を経て受精後次世代へ伝えられる．再活性化されたこのX染色体は，オスの胚に伝わった場合には活性を維持し続けるが，メスの胚に伝わった場合には，X染色体不活性化がランダムに起こるため，活性を維持し続けるものもあれば，不活性化されるものもある．このようにいったん不活性化されたX染色体も，状況に応じて再活性化され，正常な活性X染色体として機能できる．このことからわかるように，X染色体不活性化はDNAの塩基配列の恒久的な変化をともなうものではなく，典型的なエピジェネティクスによる発現制御といえる．

●*Xist* RNA　X染色体不活性化には*Xist*（X inactive-specific transcript）と名付けられたX染色体連鎖遺伝子から転写されるタンパク質に翻訳されない17-kb

ほどのノンコーディング RNA が中心的な役割をはたす．細胞分化にともなって XX のメスでは一方の X 染色体で *Xist* の発現が亢進し，転写された RNA がその X 染色体の全体を覆うように貼りつく．これを足場として，*Xist* で覆われた X 染色体に転写抑制にかかわるさまざまなタンパク質が集積し，染色体全体に及ぶ不活性化が引き起こされると考えられる．

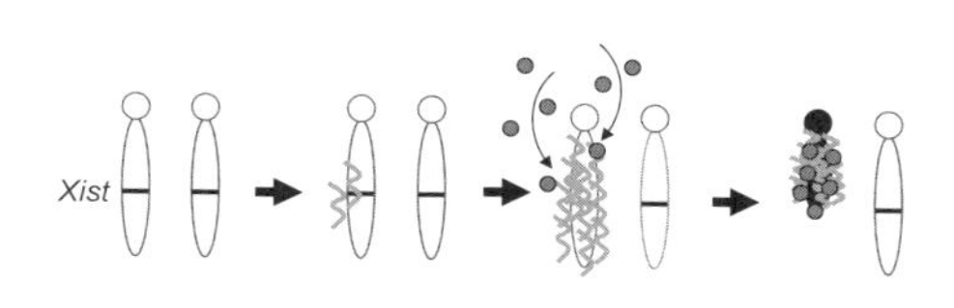

図 1　Xist RNA による X 染色体不活性化（出典：「エピジェネティクスと疾患」実験医学増刊，羊土社，pp.74-80，2010）

●不活性 X 染色体の特徴　不活性化された X 染色体は細胞周期を通して高度に凝縮したヘテロクロマチン状態を維持し，その複製は S 期の後半に限定される（晩期複製）．また，不活性 X 染色体では，転写制御領域にしばしば見出される CpG アイランドの DNA メチル化レベルが活性 X 染色体に比べきわめて高いことが知られる．ヒストンのメチル化，アセチル化，ユビキチン化などの修飾については，転写の抑制効果をもつと考えられる修飾（H3K27me3，H2AK119ub，H3K9me2/me3 など）が不活性 X 染色体には濃縮されている一方，転写の活性化にかかわると考えられる修飾（H3，H4 のアセチル化，H3K4me2/3）は排除されている．このような不活性 X 染色体のエピジェネティックな状態は，*Xist* RNA が X 染色体を覆うことが引き金となり，段階的に構築されていくと考えられる．また，これらのエピジェネティック修飾は相乗的に不活性 X 染色体のヘテロクロマチン状態の維持に寄与していて，いったんその状態が確立されてしまえば，それらのうちの 1 つが失われても，不活性 X 染色体は容易には再活性化されない．

●X 染色体の再活性化とリプログラミング　メスのマウスの体細胞から人工多能性幹細胞（induced pluripotent stem cells, iPSCs）を樹立する過程では，体細胞で不活性化されていた X 染色体が再活性化される．また，体細胞核移植により体細胞クローン胚を構築する過程でも，同様に不活性 X 染色体の再活性化が起こる．始原生殖細胞で起こる不活性 X 染色体の再活性化を含め，これらいずれの過程でも体細胞核のリプログラミングが起きていることを考えると，不活性 X 染色体の再活性化は体細胞核を分化多能性をもつ細胞や生殖細胞系列の細胞の核の状態へとリプログラムするに重要なイベントの 1 つと推察される．　［佐渡　敬］

📖 参考文献

［1］ Lyon, M. F., *Nature*, 190: 372–373, 1961
［2］ Sado, T. and Brockdorff, N., Philosophical Transection of the Royal Society of London B, 2013（DOI: 10.1098/rstb.2011.0325）

トランスポゾン——動く遺伝因子

例えばABO式血液型を決定する遺伝子は第9染色体長碗の端部といったように，遺伝子は染色体上の一定の場所にある．しかしほとんどの生物のゲノムには，このような「通常の」遺伝子に加えて，場所を変えることのできる遺伝因子（遺伝子より多少広い意味）が存在する．ある世代では第7染色体にあったものが，次の世代では第2染色体に移っているといった具合である．このような遺伝因子をトランスポゾンとよぶ．

●名称　最近はトランスポゾンという用語でけっこう通じるようになったが，漢字での表記が必要な場合は，転移因子または可動因子とされることが多い．より詳しい名称としては，転移性遺伝因子という用語が用いられる．なお英語のtransposonは，移る（あるいは移す）を意味する動詞transposeに，粒子や因子を表す接尾辞onがついたものであろうと，推測される．

●トランスポゾンの遺伝的影響の一例　トランスポゾンは転移するという性質から，遺伝子に突然変異を引き起こす．図1はメダカでみられた例である．チロシナーゼは，黒色素メラニンの合成に必須の酵素であり，それをコードする遺伝子は5つのエクソンからなる．図1に示すようなメラニンが欠如する完全アルビノの個体が，自然集団から見つかった．この個体のチロシナーゼ遺伝子には，第1エクソンにトランスポゾンの挿入があり，これが終止コドンを持ち込んでいた．続けて弱いアルビノの体色を示す個体がみつかり，その個体ではプロモーター領域にトランスポゾンの挿入があった．こちらはアミノ酸を指定するコドンへの影響はなかった．発現調節に影響して弱いアルビノになったものと考えられる．

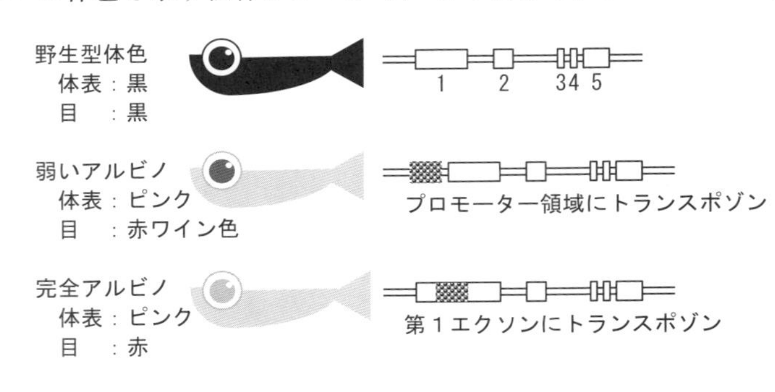

図1　メダカで体色突然変異の原因となっていたトランスポゾン

●パラサイトとしてのトランスポゾン　トランスポゾンはホストに突然変異をもたらすため，ホストにとってその存在は有害であると考えられる．しかし現実には，トランスポゾンはほとんどの生物のゲノムに大量に存在する．ホストからの排除圧力を上回る増殖能をもつ因子，すなわちホストにとってはパラサイトにすぎないとの見方が，大勢である．

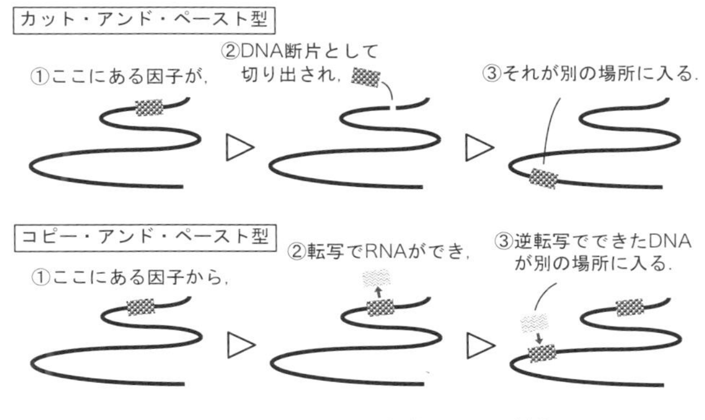

図2　トランスポゾン転移の2つの様式

●有益な突然変異の誘発　1億年以上前と推定されるが，哺乳類は胎盤（子を体内で栄養を与えながら育てる器官）を獲得した．この胎盤を形成する遺伝子群の中核となる遺伝子を，トランスポゾンが創出した．このように，トランスポゾンがホストに有益な突然変異をもたらす例もある．生じる頻度は低いであろうがその有益な効果は大きく，有害な効果の総和を上回るとする考え，すなわちトランスポゾンは単なるパラサイトではないとする考えもある．

●トランスポゾンの転移の様式　転移の反応は，細胞に通常みられる化学反応の組合せである．ただし，それを制御するためのごく少数の遺伝子を，トランスポゾンは内部にもっている．その反応の様式で，トランスポゾンは2つの型に大別される（図2）．カット・アンド・ペーストの様式で転移するDNAトランスポゾンと，コピー・アンド・ペースト型の転移をするレトロトランスポゾンである．

●トランスポゾンの利用　転移するという性質から，トランスポゾンは研究のツールとして広く利用されている．単純な利用法は，遺伝子導入ベクターである．まず，導入したい遺伝子（現実には遺伝子に限らず，DNA断片なら何でもよい）を，トランスポゾンの内部に埋め込む．これを，顕微鏡下での注入，リポフェクション，エレクトロポレーションなどの方法で，細胞に取り込ませる．転移反応が起こる条件を整えておくと，トランスポゾンが内部に遺伝子を抱えたまま染色体に転移し，内部の遺伝子は染色体に乗ることになる．

他の利用法としては，新規突然変異の誘発がある．内部にあるトランスポゾン，または外部から供給するトランスポゾンを，高頻度で転移させる．何らかの遺伝子に転移して表現型が変化することを期待して，その細胞や個体を観察する．そして目指す表現型を選び出す．トランスポゾンがタグとなるため，原因遺伝子の特定およびクローニングは容易であり，この点は放射線や化学物質を用いる方法に大きく勝る．

［古賀章彦］

巻貝の右巻と左巻
——らせん卵割の鏡像進化

巻貝のうち少なくとも有肺類の右巻種と左巻種では，らせん卵割が左右逆に進行し，割球配置が左右逆になる（図1）．割球配置に依存して以降の発生が互いに左右逆に進行する結果，内臓を含め体中の構造が左右逆になる．この卵割の左右極性は核の1遺伝子の母性効果で決まる．右巻が顕性（優性）の系統と左巻が顕性の系統がある．右巻対立遺伝子 *D* が左巻対立遺伝子 *d* に対して顕性の場合，*DD* と *Dd* の産む卵は *D* の転写産物をもつため右巻になり，*dd* の産む卵はもたないため左巻になる（図2）．同様の遺伝様式を外山亀太郎はカイコの卵（漿膜）の色彩変異に初めて発見し，1913年に maternal inheritance（母性遺伝）と命名した．

●左右決定因子 淡水生有肺類（基眼類）では，左巻祖先で重複し2個になった *diaph* 遺伝子が右巻遺伝子として機能し，右巻系統が派生した．右巻種のタケノコモノアラガイでは，そのうちパラログがフレームシフト変異で転写されずオーソログだけが発現すると，潜性（劣性）の左巻遺伝子として機能する．陸生有肺類（柄眼類）の *Euhadra* 属では，右巻祖先が放散進化する過程で左巻への鏡像進化が1回生じ，その左巻系統から右巻種がくり返し派生した．他の左巻系統（キセルガイ科）でも右巻への鏡像進化がくり返し生じている．左巻種のフタヒダギセルで生じた右巻変異は潜性である．これら柄眼類での左巻から右巻への変異のたびに，基眼類の場合と同様の遺伝子重複が生じたのかは不明である．左右決定因子が機能を失えば，らせん卵割の左右極性を決定できなくなるはずである．予測どおりのラセミ変異遺伝子が柄眼類（右巻種オナジマイマイと左巻種ナミコギセル）で見つかっており，そのホモ接合体からは右巻と左巻の子供が産まれる．

●卵割極性の進化機構 巻貝の交尾器は体の側面にあるため，右巻と左巻の交尾は難しい．ゆえに他の要因がなければ，多数派と交尾できない逆巻変異は正の頻度依存淘汰を受け，集団から消失する．だが母性遺伝のため，右巻が多い集団では *dd* は *Dd* 同士の交配で産まれることが多く，その場合は右巻に発生する（図2）．右巻の *dd* は交尾上不利ではない上，左巻だけを産む．しかも陸生の巻貝は移動力が低く，小集団が隔離されやすいため，遺伝的浮動が生じやすい．巻貝に多い右巻の捕食に特化した天敵や種間交雑による繁殖干渉から逃れるうえで，逆巻が野生型より有利な場合もある（☞「繁殖干渉」参照）．いずれかの要因で逆巻が繁殖個体の半数を超えれば交尾上有利に転じ，集団は逆巻に固定する．

●単一遺伝子種分化 らせん卵割の左右反転は，交尾器の位置や巻き方向を逆にするため，殻が平たいグループに典型的な同時正逆交尾で繁殖する柄眼類は，以下のユニークな鏡像進化を遂げた．右巻と左巻は同一種であっても交尾できない．このため，集団が逆巻に固定するだけで交尾前隔離（性的隔離）が完成する．すなわち，巻貝では卵割の左右極性を決める遺伝子が種分化遺伝子として機能する．この種分化は，1遺伝子での種分化を否定するドブジャンスキー・マラー2遺伝子モデルの反例として知られる．しかも逆巻が繁殖上有利な環境では，左右極性は適応と生殖隔離の両方をもたらすマジックトレイトとして機能する（☞「種分化」「左右性」参照）．だが巻型間の交尾がたとえ不可能でも，両型が集団に存続する間は右巻 *dd* が右巻と交尾して左巻を産み，左巻 *Ds* が左巻と交尾して右巻を生むため（図2），巻型間の遺伝子流動が継続する．すなわち，隔離集団が逆巻遺伝子に固定するまでは種分化は成立しない．したがって，これは同所的種分化ではなく異所的種分化の例である（☞「種分化」参照）．

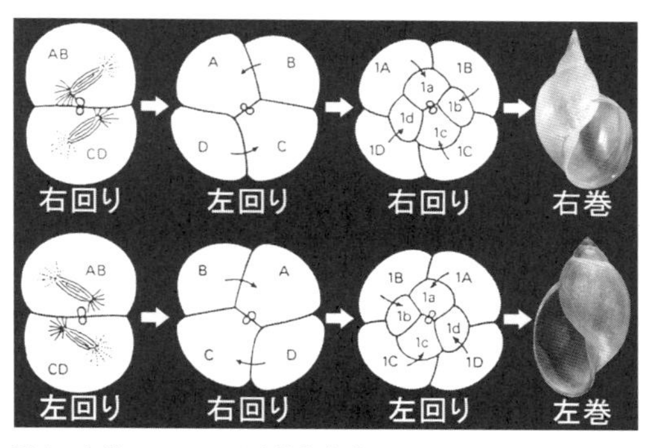

図1　右巻モノアラガイ科と左巻サカマキガイ科のらせん卵割．動物極からみて右回りと左回りの卵割を第一卵割から交互にくり返す．右巻種と左巻種は互いに左右逆に卵割する

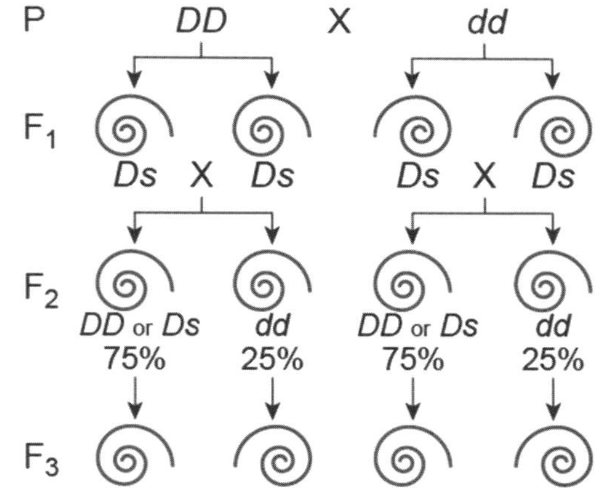

図2　有肺類（雌雄同体）の巻型（卵割極性）の母性遺伝．F_1 はすべて *Ds* だが，母親の遺伝子型しだいで左右逆に発生する．F_2 の配偶者は省略してある

●正旋と過旋　内臓配置が左右反転した（内臓逆位の）系統は，左右相称動物に一般に進化していない．このホモキラリティルールに反し，巻貝では内臓逆位の逆巻系統がくり返し進化した．初期発生や内臓の左右極性（一次左右性）と巻き方向（二次左右性）がどちらも反転した状態は，正旋とよばれる．対して，一次左右性は変えずに巻きを増やす背腹方向（巻き下がるか巻き上がるか）を変えるだけで逆巻に進化した巻貝もある．この状態は過旋とよばれ，ヒラメとカレイが眼の位置（二次左右性）は逆でも内臓まで左右逆ではない状態に相当する．

［浅見崇比呂］

📖 参考文献

［1］浅見崇比呂「カタツムリの左右―鏡像進化のパターンとメカニズム」松本忠夫・長谷川眞理子共編『生態と環境』培風館，pp.199-244，2007

網羅的表現型解析法

ゲノム科学の発展によりライフサイエンスの研究分野にパラダイムシフトが起こり，研究スタイルは個別解析から大規模な網羅的解析へ移行して生物がもつ情報を網羅的に解析するようになってきた．そして生物学の解析方法は個体の部分からその総体の情報を網羅的に解析する方法に変わってきた．具体的には遺伝子の構造や機能解析（ゲノミクス），遺伝子の転写発現解析（トランスクリプトミクス），タンパク質の構造や発現解析（プロテオミクス），代謝産物の解析（メタボロミクス），そして形質や表現型の解析（フェノミクス）を通じてこれらの情報をオーム（集合）として生命体を理解するオミックススペースの考え方が普及してきた．

このオミックス研究を推進するためには，次世代シークエンサー，GeneChip マイクロアレイ，MALDI-TOFMS（マトリックス支援レーザー脱離イオン化飛行時間型質量分析装置）など最先端技術を駆使した機器の開発が必須であり，これらの最先端機器の整備やそれらを使用するさまざまな技術，さらに創出される膨大な情報処理技術などのスキルと経験が必要になってきている．

オミックス研究の中でも生物個体の表現型を網羅的に解析するフェノミクスは，生物の最終産物として機能を明らかにする上で重要な手法である．しかし，その研究を支える表現型解析は，すべてハイスループットに行うことはできない．検査項目が多岐にわたり，ゲノム解析やプロテオーム解析のように一元的に解析することは不可能である．そして，それぞれの検査による表現型は環境などの影響によるエピジェネティックな効果，加齢による変化などを受けることが多く，変動する要素が多い．しかし，生物の最終産物である表現型から得る情報は，疾患形質などヒトと直接関連することが多く，その網羅的解析の必要度は高い．

●マウス網羅的表現型解析の開始―ENU ミュータジェネシスよる突然変異体の探索　哺乳類の代表的な種であるマウスにおける網羅的表現型解析のアプローチとして ENU ミュータジェネシスプロジェクトが開始された．これは ENU（N-ethyl-N-nitorosourea）という化学変異原を動物個体に投与しゲノム DNA に点突然変異を高率に引き起こすことで，遺伝子機能の欠損，低下，獲得など遺伝子変異を誘導するものである．この遺伝子変異にともなう表現型の変異を探索するため表現型を網羅的に解析する手法が採用された．この ENU ミュータジェネシスは，ドイツ，英国，フランス，米国，オーストラリアなどでも世界各国で大規模に行われ，わが国では理化学研究所ゲノム科学総合研究センターで推進された．この網羅的表現型解析を行うプラットフォームとして，マウスの形態，行動，血液分析，聴覚・視覚などの感覚器機能，血圧，心エコーなど循環器機能，そして剖検病理解析をリレーショナルに行うシステムが構築された．これらは300項目にも及び，まずそれぞれの方法について検討された．さらに飼育条件，週齢，苦痛の排除，解析順序などを十分に検討しなければならなかった．それらを考慮して網羅的表現型解析プラットフォームを構築し，各検査については詳細なSOP（標準作業手順書）が作成され，公開されている．

●網羅的表現型解析の国際標準化　その後マウスのゲノム上のすべての遺伝子をノックアウトしたES細胞を整備するIKMC（International Knockout Mouse Consortium）が国際連携で発足した．そこで開発されたC57BL/6マウス由来のES細胞ライブラリーから約2万個のノックアウトマウスを作製して網羅的に表現型解析を行うIMPC（International Mouse Phenotyping Consortium）が立ちあがった．IMPCに参画している理研BRCをはじめ，MRC（英），Helmholtz Zentrum München（独），ICS（仏），Jackson研究所（米），TCP（加）の主要マウス解析機関では，共通の基準・手法に基づいて網羅的に表現型の解析を行うSOPが構築された．しかし，それを整備しただけではよいデータは得られないため，表現型解析に関与するさまざまな要素が議論された．それらには表現型標記に関するオントロジー（概念体系），表現型機器や飼育条件などを記したメタデータ，コントロールデータの取得法などさまざまな課題が含まれ，IMPCではワーキンググループをつくってこれらの諸問題を検討してきた．その結果はIMPReSSとしてまとめられ，各表現型解析に関する機器，手順，パラメータ，メタデータなどをそれぞれの結果と同時に記載することになっている．2017年1月現在，約3000遺伝子のノックマウスの網羅的表現型解析が終了しHPで公開されている．

オミックス研究が進むなかでフェノーム解析は，標準化された網羅的表現型解析法の構築とともに発展していくことが期待されている．しかし，網羅的表現型解析は，個々の解析技術が進歩しても，表現型解析にまつわるさまざまな要因を総体的に検討し，データを網羅的に正確に得ることが重要である．そして技術の進歩により網羅的表現型解析データは飛躍的に増加し，いわゆるビックデータとなる．そこから人工知能（AI）のような情報処理技術により新たな知見が見出され，生物学の新しいパラダイムが展開することが期待されている．　［若菜茂晴］

📖参考文献

［1］理化学研究所ゲノム機能情報研究グループ編『マウス表現型解析プロトコール』学研メディカル秀潤社，2006

［2］山村研一・若菜茂晴編『疾患モデルマウス表現型解析指南』中山書店，2011

［3］伊川正人・高橋 智・若菜茂晴編『マウス表現型解析スタンダード』羊土社，2016

ゲノム編集
――遺伝情報に切り込むテクノロジー

ゲノムDNAは，生命の根源となる情報分子であり，その情報を読み解くことに多くの研究者が挑戦している．今世紀初頭のヒトゲノム解読を端緒とし，シーケンス技術の革新的な進歩と相まって，さまざまな生物のゲノム情報が明らかにされてきた．誰でも簡単にゲノム配列情報を見ることができる今，次世代に求められているのが，ゲノムの情報を自在に書き換えるゲノム編集の技術である．

●遺伝子工学による DNA 配列の操作　DNA配列を操作しようとする試みは，古くから行われている．1970年代には，特定の塩基配列を認識して切断する制限酵素が相次いで発見された．これらは，任意のサイズにDNA配列を切り出すことのできる“分子のハサミ”として，今でも分子生物学には欠かせないツールである．切り出されたDNAは，大腸菌などに導入して増幅することができるため，遺伝子機能の解析が飛躍的に進んだ．

1980年代後半には，遺伝子ターゲティングの技術が開発され，ゲノムそのものを対象にしてDNA配列の改変が可能になったものの，対象となる生物種が限られるハードルの高い技術であった．マウスを例にとると，樹立した胚性幹細胞（ES細胞）に相同組み換えによる遺伝子改変を引き起こし，薬剤耐性スクリーニングによって細胞を選別することが最初のステップとなる．選別されたES細胞とマウス受精卵を組み合わせることでキメラマウスを作製し，その産仔としてやっと遺伝子改変個体を得ることができるのである．非常に手間と時間がかかり，他生物への応用性に欠けるにもかかわらず，世界中の多くの研究機関でノックアウトマウスの作製と解析が行われている．これは，ゲノムの操作がいかに生命現象の理解に重要であるかを物語っている．

狙って遺伝子の改変ができない他の動植物では，ゲノムの変異をランダムに導入し，その後変異体をスクリーニングするというアプローチがとられてきた．ゲノム配列への変異導入は確率論に左右されるため，任意の変異個体を得ることはさらに困難となる．

●ゲノム編集酵素とその作用原理　ゲノム編集技術は，異なる生物への応用性と高い標的性という困難な課題をクリアし，またたく間に世界中の研究者に受け入れられた．ゲノム編集を可能にする酵素は，2つの重要な特性を有している．1つは，制限酵素のように特定のDNA配列を認識する機能，もう1つは，ゲノムDNAを切断するヌクレアーゼ活性である．一般的に，ゲノムDNAが切断されると，細胞はただちに非相同末端結合（DNA末端を直接つなぎ合わせる修復メカニズム）による修復を行うが，この修復系は不正確で，数塩基程度の変異が残ってしまう．

狙ったゲノム領域を切断し，不正確に修復させることで変異を導入することが，ゲノム編集による遺伝子破壊の基本原理である（図1）．

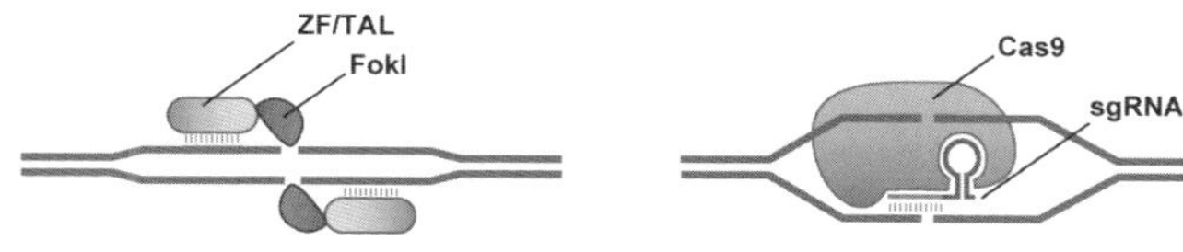

図1　ZFN，TALEN，Cas9によるゲノム編集の原理．ZFN，TALENは，ZFもしくはTALを介してゲノムに結合し，1対のFokIがゲノム上で二量体を形成することでDNAの二重鎖を切断する（左）．Cas9タンパク質は標的ゲノムの配列を有したsgRNAと結合して，標的配列を切断する（右）

ゲノム編集を担う酵素として，今までにZFN（Zinc finger nuclease），TALEN（Transcription activator-like effector nuclease），CRISPR/Cas9（Clustered regularly interspaced short palindromic repeats/ CRISPR-associated protein 9）の3種類が報告されている．最初に登場したZFNは，ゲノムの認識部位として転写因子のzinc fingerモティーフをもち，そこにDNA切断活性を有するFokIを組み合わせた人工ヌクレアーゼである（図1左）．TALENは，植物細菌 キサントモナス由来のTALタンパク質のDNA結合ドメインとFokIからなる人工ヌクレアーゼである（図1左）．ゲノムの編集原理はZFNと同様であるが，TALによるDNA配列の認識特異性はとても高く，正確に対象領域に変異を導入できるため，現在ではZFNよりもよく用いられている．

CRISPR/Cas9は，外来性DNAを標的して排除する細菌の免疫システムに由来しており，DNA配列の認識にRNAを利用する点が前者2つとは異なっている（☞「原核生物における防御機構」参照）．ゲノム編集においては，Cas9ヌクレアーゼと人工的に合成したsingle guide RNA（sgRNA）の複合体が，sgRNAと相補的な標的DNA配列を認識して切断する（図1右）．ゲノム認識部位として，タンパク質のモジュールを任意の順番で組み合わせる必要のあるZFNやTALENに比べて，RNAの合成は簡便で，より多くの研究者に受け入れられている．簡便さの反面，ゲノム配列の認識特異性がTALENよりもやや低く，オフターゲットとよばれる非対象領域への変異導入が起こりやすい点はCRISPR/Cas9系の欠点といえる．この欠点を解消するべく，Cas9の改良は現在も盛んに行われており，簡便性と標的性の両立や応用面での発展が特に期待される系である．

TALENやCRISPR/Cas9系によるDNA切断時に鋳型となり得る相同配列が存在すると，その配列情報を基にした相同組換え修復が起こる．任意の類似配列を鋳型とすることで，単に遺伝子を破壊するのではなく，新たに変異を挿入することや外来遺伝子をノックイン（特定のゲノム領域にDNA配列を挿入する手法）することも可能になる．ただし，相同組換えの効率は生物種ごとに異なっており，現時点での遺伝子ノックインの成功は限定的である．ゲノム編集技術が成熟し，ゲノム配列情報を自由自在に書き換えられるようになるためには，この遺伝子ノックインを効率的に引き起こせる技術的な革新が不可欠となるだろう．　［天野孝紀］

分子系統解析
――生物進化の年表に相当する系統樹

生物種の系統関係を，分子データ（DNAの塩基配列あるいはタンパク質のアミノ酸配列）を用いて推定する研究分野を分子系統学（molecular phylogenetics）とよぶ．研究者によっては，種の系統関係よりも遺伝子の系統関係にこの用語を使うことがある．コンピュータが1950年代に平和利用に解放されると，大規模計算を行う数量分類学（numerical taxonomy）が勃興した．当初は形態学的形質を前提としていたが，1960年代になって，タンパク質のアミノ酸配列がさまざまなタンパク質，さまざまな生物について大量に決定されるようになると，これらの配列データの解析がはじまった．1970年代にはDNAの塩基配列決定法が開発され，塩基配列データが爆発的に増加し，これら塩基配列データの解析が，現在では中心となっている．

DNA分子の自己複製は，遺伝子の系図を生成する．DNAの二重らせんがほどけて半保存的に複製が起こるので，DNAの系図は2分岐である．一方，遺伝子が多数集まってひとつの生物を形づくる情報を有するのがゲノムである．さらに多数の生物個体が集まってある生物種を構成しているが，遺伝子が遺伝子を生むように，生物種は別の生物種を生んでいく．この場合は，DNAの自己複製と異なり，2分岐ではなく，3分岐などの多分岐パターンになる可能性がある．このように，遺伝子と生物種というまったく異なる階層において，系統樹という共通性が存在する．そこで，抽象的になるが，どちらの場合でも同じような構造に言及する際には，OTU（Operational Taxonomic Unit）という概念を用いる．系統樹は，図に示したときに全体として木が根から発して枝葉を広げているように見えるので，このようによばれている．系統樹を抽象化して，OTUの間の関係ととらえれば，それは数学のグラフ理論でいう木（tree）である．グラフはnode（節）とedge（線）から構成されるが，系統樹の場合には，nodeを外部節（external node）と内部節（internal node）に分けて考える．節と節をつなげる線を進化系統樹では，長さの情報ももっていることが多いので，edgeとは区別してbranch（枝）とよぶ．

樹に共通祖先に対応する根（root）の位置が示されている場合，有根系統樹（rooted tree）とよぶ．それに対して，根がない場合は，無根系統樹（unrooted tree）とよぶ．なお，系統樹にはいろいろな情報が盛り込まれてはいるが，枝と枝の角度は恣意的に決められるので，それ自身に情報はない．また，ある内部節で反転させても，樹形は変化しない．可能な樹形総数はOTU数（N）が増えると組み合わせ爆発が生じる．完全二分岐無根系統樹の総数は $(2N-5)!/[2^{N-3}(N-3)!]$ で与えられる．

種間や集団間で遺伝子交流がある場合には，系統樹そのものの存在があやしくなる．なぜならば，いったん分岐した2集団が，最近になって遺伝子の交流を行えば，見かけ上の近縁性が高まるからである．遺伝子の場合でも，組換えや傍系相同遺伝子間の遺伝子変換，あるいはドメインシャッフリングが生じると，系統関係が乱れる．このような場合の系統関係を表わすには，ネットワーク(network)を使う．

●分子系統解析の実際　新規生物の塩基配列をクエリーとして，塩基配列データベース（アミノ酸配列に翻訳した場合にはタンパク質のデータベース）にたいし，相同性検索を行う．こうして多数の相同配列を入手できたら，それらを多重整列(マルチプルアラインメント）する．多重整列には，多数のソフトウェアが考案されているが，配列進化の上で妥当でありかつ高速なものは，まだ出現しておらず，今後の理論的開発が待たれる．系統樹作成法は1950年代からの長い研究史がある．多重整列結果をもとに，塩基置換数やアミノ酸置換数を推定して，進化距離行列を推定し，これら距離行列データを対象とする方法としては，UPGMA，最小偏差法，最小進化法，変換距離法，近隣結合法などがあり．多重整列された配列データそのものを対象とする方法には，節約法，尤度法，ベイズ法などがある．後者の場合，かつてはすべての可能な系統樹を枚挙的に調べるべきだといわれていたが，比較する配列数が増加すると，コンピュータの性能が著しく増加しても計算がおいつかないので，現在はごく小数の系統樹をしらべているにすぎない．

図は，DDBJ塩基配列データベースから得た27個のミトコンドリアDNA全配列を，MUSCLEで多重整列し，木村の2変数法で塩基置換数を推定して，近隣結合法で作成したものである．系統樹の内部枝の信頼性を統計的に推定することがあるが，系統樹作成法によらず広く用いられているのは，ブーツストラップ確率（通常%で表記）であり，図で，9個の内部枝に100とあるのは，この確率であり，これらのクラスタリングの信頼性がきわめて高いことを示している．

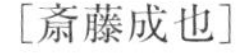
［斎藤成也］

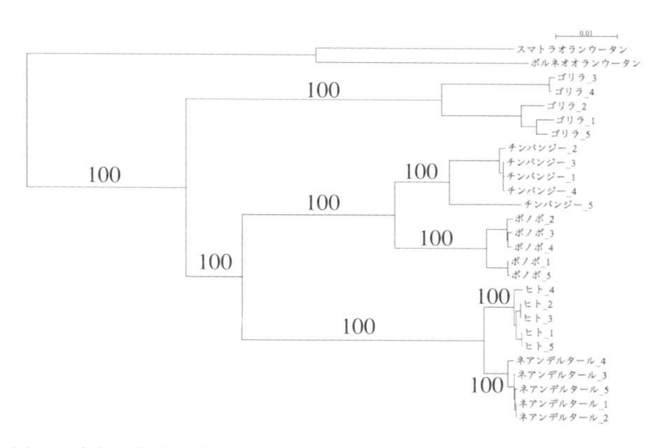

図1　近隣結合法で系統樹を作成したヒト科6生物群のミトコンドリアDNA27完全配列

QTL 解析
——身近な形質の遺伝学

生物のさまざまな形質にかかわる遺伝子を同定することは，その生物について深く知るうえで重要なことである．そのため，形質にかかわる遺伝子座の同定をするための方法がこれまでに開発されてきた．メンデル遺伝をする質的形質は単一の遺伝子により表現型が決定されているため，その形質にかかわる遺伝子座を連鎖解析で明らかにし，ポジショナルクローニングで遺伝子同定も可能である．一方，量的形質にかかわる遺伝子座は一般的に多数あるといわれており，メンデルの法則に基づく通常の連鎖解析では遺伝子座の同定ができない．そこで，R. A. フィッシャーにより複数の遺伝子座を理解するための統計遺伝学的概念が提唱され，それをさらに発展させた手法が確立されている．これを量的遺伝子座解析（quantitative trait loci analysis：QTL 解析）という．QTL 解析には，さまざまな統計解析手法が開発されているが，よく使われる手法として，遺伝的マーカー間との相関も調べることができる区間マッピング法（interval mapping），1 つの染色体上に複数の遺伝子座がある場合にも，QTL の効果を計算して解析できる複合区間マッピング法（composite interval mapping）などが知られている．

QTL 解析で使われるマーカーは，ゲノム上の 2 塩基繰返し配列（マイクロサテライト）多型を検出するものと，一塩基多型（SNP）を解析するものなどがある．マイクロサテライトマーカーは，簡便な PCR 法により増幅した特定のゲノム断片を電気泳動あるいはシークエンス解析することで多型を調べることができる．しかしこの方法には，電気泳動などの手間がかかることと，多型があるマイクロサテライトマーカーのゲノム上の密度が限定され，それ以上高密度のマーカーを得ることができないなどの欠点がある．一方 SNP 解析では，一塩基多型はゲノム上に密に存在しており高密度のマーカーを設計することが可能である．その解析には SNP アレイ解析などを行うが，簡便さでは劣るものの，ゲノムワイドに詳細な解析ができるため，大規模の解析を行う際は大きな威力を発揮する．

●一般的 QTL 解析法　それでは QTL 解析ではどのような解析を行うのか，ここでは身近な形質である体重にかかわる遺伝子座の解析を行った場合を仮定して説明する．仮にマウスの 2 種類の近交系（A および B 系統）で，ある決まった週齢での体重を比較すると，系統間で大きな違いがみられたとする．このような量的形質の場合，系統の個体ごとの体重の分布をヒストグラムで表示すると，図 1A のような分布になる．この形質は量的形質であるので，2 系統を交雑して得た F1 世代同士を交配して得た F2 世代においては，体重の低いものから高いものまで幅広く分布し，中間の体重を示す個体の数が最も多い正規分布を示す（図

1B)．そこで，F2 世代について，ゲノム全体の遺伝的マーカーの遺伝子型を解析し，体重に関係した遺伝子座がどこに存在するか区間マッピング法で調べた結果が図 1C のようになったとする．点線は統計的に有意な閾値を示す．この結果は，少なくとも 4 番と 12 番染色体上に体重にかかわる遺伝子座が存在することを示している．

このように，交配により作製した F2 集団などを用いることで，ゲノム全体における QTL を調べることができる．しかし，こうして得られた QTL の情報のみでは，その遺伝子座領域はまだ広く，責任遺伝子を同定することは難しいという問題がある．そこで近年では，遺伝的な多様性を有するアウトブレッド集団を用いて QTL 解析をすることでマッピングの精度をあげることも可能になっている．

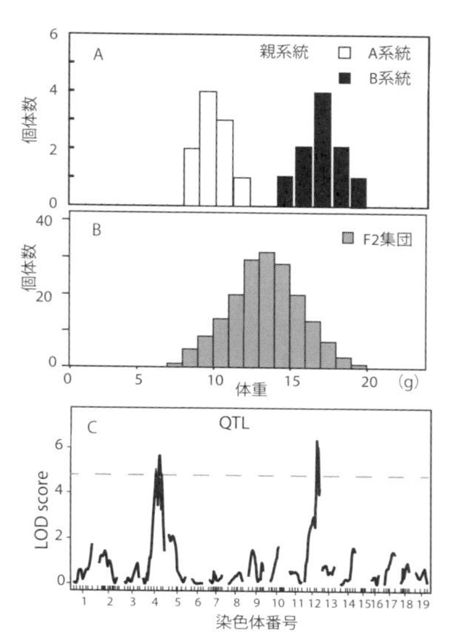

図 1　量的形質の特徴と QTL 解析の流れ（A：親系統の体重分布，B：F2 世代の体重分布，C：QTL 解析の結果）

● **GWAS 解析**　これまでに述べてきたように，QTL を網羅的解析する手法でマッピングの精度をあげる工夫などがされてきており，遺伝子同定に成功した例も報告されてきている．一方で，多くの QTL がマップされてきたにもかかわらず，遺伝子座から遺伝子を同定する道のりが険しいのも事実である．そこで，より直接的に，ゲノム上の遺伝子多型と表現型との関連を網羅的に調べる解析が行われるようになってきている．それが全ゲノム関連解析（Genome-wide association study，GWAS）である．この手法は，ヒトにおける多因子疾患の責任遺伝子を同定するために最もよく使われ，多数のサンプルを用いて，ゲノム上の多数の SNP マーカー遺伝子座の遺伝子多型と多因子疾患形質との関連を調べるものである．最近ではこの方法により，統合失調症に関連する遺伝子座が 108 個見つかっている．今後，各種の動物種に関しても SNP 解析が容易となるようなアレイが整備されることで，さまざまな QTL 研究が進展すると期待できる．

［小出　剛］

参考文献

［1］ 田中成和・岡　彩子「マウスの遺伝学にチャレンジ」小出　剛編『マウス実験に基礎知識』第 2 版，オーム社，2013

［2］ Schizophrenia Working Group of the Psychiatric Genomics Consortium, “Biological Insights from 108 Schizophrenia-associated Genetic Loci”, *Nature* 511, pp.421–427, 2014

動物遺伝資源
――動物学研究での材料共有システム

生命現象を解析する際に材料としてよく用いられる特定の動物（生物）（ファージ，大腸菌，酵母，線虫，ショウジョウバエ，カイコ，ゼブラフィッシュ，メダカ，マウス，ラットなど）をモデル動物（生物）（以下モデル動物と記載）という．

モデル動物は研究の対象となる生命現象の解析に有利な共通の生物学的な特徴をもつ場合が多い．分子生物学の黎明期には大腸菌に感染するファージがモデルとして利用され，遺伝子の本体がDNAであることの直接的な証明に用いられた．また次にモデルとして採用された大腸菌を用いた研究からDNAの半保存的複製のメカニズム，セントラルドグマの提唱と遺伝暗号の解明，遺伝子操作技術の原点である制限酵素の発見などが行われた．

大腸菌に次いでモデルとして用いられた酵母（出芽酵母と分裂酵母）は単細胞の真核生物モデルとして利用されている．酵母を用いた研究から染色体の分裂メカニズム，細胞周期の調節メカニズム，体細胞分裂から減数分裂への移行メカニズム，細胞内タンパク質の分解メカニズム（自食作用）など真核細胞がもつ基本的なメカニズムの解明に用いられている．次に，多細胞動物にみられる細胞間相互作用の最も重要な過程の1つである発生現象を，遺伝子レベルで明らかにするため線虫やショウジョウバエが導入された．これらのモデル動物を用いて，細胞系譜の追跡と細胞死を含む細胞運命の決定機構，動物発生における前後軸および体節性に関する突然変異体の同定とその原因遺伝子であるホメオボックス遺伝子の発見など重要な生命現象が次々と明らかとなった．

ゼブラフィッシュ，メダカなどの小型魚類は脊椎動物の発生/分化メカニズムの研究に利用されている．またマウス，ラットは哺乳類のもつ共通の生命現象の解析やヒト疾患モデルとして多く利用されている．

●動物遺伝資源　これらのモデル動物はその共通の特徴として，1）実験室内で容易かつ大量に飼育・繁殖でき，2）突然変異体の作成や遺伝子導入などの手法が確立していること，3）生体観察が容易で細胞レベルで生命現象を解析できること，近年では4）ゲノム塩基配列の解析が完了し，転写産物の配列情報を含むゲノムデータベースが完備していることもその特徴の1つである．

モデル動物を用いた研究では，世界で共通に同じ種や系統を用いることから，その研究の過程でさまざまな突然変異体や遺伝子導入系統が樹立され，その表現型と遺伝子型情報が蓄積される．また研究をより加速することを目的としてそのモデル動物に由来するゲノムDNAクローン，cDNAクローンとその塩基配列情報さらには全ゲノム塩基配列情報なども蓄積される．非常に重要な点はこれらのさまざまな系統や情報が研究者間で共有される点である．研究者間で研究のための「資源」として共有されるさまざまな動物系統やcDNA/ゲノムクローンとその塩基配列情報，全ゲノム塩基配列情報などを総合して動物遺伝資源とよぶ．

●動物遺伝資源と動物遺伝資源センター　モデル動物を用いた研究では多くの研究者が共通の種を用いることから，突然変異体，遺伝子導入動物などゲノムの一部を改変したり，緑色蛍光タンパク質（GFP）や赤色蛍光タンパク質（RFP）などの外来遺伝子を発現する多様な系統が個々の研究の過程で生み出される．さらにより利用しやすいモデル動物とするため，ゲノムプロジェクトや転写産物の解析によりゲノムや転写産物の大規模な塩基配列情報が蓄積される．

樹立された新たな系統は研究終了後には個々のモデル動物に特化した動物遺伝資源センターに寄託され，その表現型と遺伝子型がデータベース化され，一般に公開される．またゲノムDNAクローン，cDNAクローンも同様に遺伝資源センターに寄託され他の研究者が利用可能となる．ゲノムおよび転写物の塩基配列情報も公共DNAデータバンク（DDBJ, GenBank, EMBL-EBI）に登録され誰もが検索することが可能となる．

さらにゲノム塩基配列データではEnsemblゲノムブラウザー，UCSCゲノムブラウザーなどのゲノムデータベースを通じて塩基配列情報とともにその染色体上の位置やゲノム配列に由来する転写産物の発現情報，系統ごとのゲノム多型情報，他種の相同遺伝子（オルソログおよびパラログ）の情報など付随するさまざまな情報が蓄積され，一般に公開される．生体を入手できる動物遺伝資源センターの例としてはCaenorhabditis Genetics Center（線虫），Bloomington Drosophila Stock Center at Indiana University（ショウジョウバエ），Zebrafish International Resource Center（ゼブラフィッシュ），The Jackson laboratory（マウス）などがある．

わが国では動物・植物・微生物および細胞を含む31種のバイオリソースの収集・保存・提供を担うナショナルバイオリソースプロジェクト（http://www.nbrp.jp/）が2002年より実施されている．以上のようにモデル動物として利用される種では個々の研究から得られたさまざまな特性をもつ個体，DNAクローンとその配列情報が動物遺伝資源センターやゲノムデータベースで集約され，他の研究者に公開・提供されることで次の新たな研究の「資源」として自由に利用できる体制が構築されていることが特徴である．これらの生物遺伝資源は過去の研究の再現性確保の点でも重要である．

［成瀬 清］

5.　動物の細胞

［松田良一・上村慎治］

細胞は生命体を構成する基本単位である．進化系統樹の中で，真核生物の小枝の先端にいる動物にとってもまったく同じである．この点で，動物細胞の構造や機能を理解することは，ほかの生物にも共通する普遍的な基本原理を理解することにつながる．つまり動物細胞を理解することは生命科学全般を知り得る入口となる．

逆に，動物細胞だけにみられる独特の特徴がある．例えば，多細胞化を容易にした細胞間の接着能力がある．これが組織や器官などの階層性を生み出し，独特の体制をつくりあげる動物進化の源となった．また，骨格筋など特殊な機能をもつ組織，神経細胞や内分泌器官など情報伝達を担う仕組みの発達により，ほかの生物にはみられない広範囲の移動や環境応答の能力を獲得した．しかし，このような特化した機能であっても，その根源的な発明品の多くは，実は動物が進化する以前から備わったものであるとやがて気付く．これが第５章で動物細胞を学ぶ意義でもある．この点で，他章で扱う動物独特の機能と生命科学の一般原理を結びつけ，動物学の入口となる役割も担っている．

原核生物と真核生物
——ゲノム科学にもとづく新しい理解

動物個体，そして個体を構成する組織，これらは一見多様に見えても，すべて細胞という単位で構成されている．細胞は環境との交流を保ちながら，脂質二重層で適度に隔離された部屋であり，環境から，物質，エネルギー，そして情報を取り込み，約 40 億年の進化を経て培ってきた方法を用いてこれら 3 つのカテゴリーにおいて独自のものをつくり出す．細胞が起こす反応は，バラバラなものから形あるものをつくり出す過程であり，宇宙を支配する法則に逆行しているようにも見える[1]．

●真核生物　細胞の大きさと形態は動物種と組織によりさまざまだが，そこには基本形が存在する．すなわち，細胞膜という袋の中に，核と細胞質が存在し，細胞質には，小胞体，ゴルジ体，ミトコンドリアなど膜で覆われた細胞小器官が含まれている．細胞の形態は微小管などの細胞骨格やコラーゲンなどの細胞外マトリクスなどで維持されている．細胞分裂時に核は消失し，そこに格納されていた DNA は染色体として凝縮され，娘細胞へと伝えられる．この細胞の構成は，動物に限ったものではなく，細胞の大きさや，葉緑体，細胞壁，液胞の有無などに違いはあるものの，植物，原生生物，菌類（カビ，キノコ，酵母）でも保存されている．このタイプの細胞は，真核細胞とよばれる．真核細胞で構成されている生物は真核生物とよばれる．

●原核生物　地球上には，真核細胞とは別のタイプの細胞，すなわち原核細胞が存在する．原核細胞には核が存在せず，DNA は細胞質の中に存在する．また，膜で覆われた細胞小器官が細胞質に存在しない．細胞の大きさは真核細胞より小さく，多くの場合，長軸方向の長さは 1 ～ 10 μm である．原核細胞で構成されている生物は原核生物とよばれ，原核生物のほとんどは微生物である．原核生物はさらに細菌（バクテリア，真正細菌）とアーキア（古細菌）に分けられる．細菌は大腸菌，枯草菌，ラン藻などに代表される生物で，地球上のあらゆる場所に棲息しており，地球環境，食糧，医療などに多くの影響を与える．多くの細菌は，細胞表面外側に丈夫なペプチドグリカン層を形成し，外界のストレスから身を守っている．以前には細菌は微小管，微小繊維，中間径フィラメントなどの細胞骨格をもたず，形態形成や増殖時に必要となる娘細胞への DNA 分配も細胞質分裂も，ペプチドグリカン層の伸長により行うと考えられていたが，これらは間違いであり，実際には真核生物と同様の細胞骨格が，形態形成，DNA 分配，細胞質分裂に決定的な役割をはたしている．また，細菌の DNA も以前には偶然に任せて折りたたまっていると考えられていたが，実際には真核生物の染色体のように規則正しい構造をもち，順序よく複製と分配が行われる．一方，アーキアは高度好塩菌，好熱菌など過酷な環境に住む微生物として知られている．原核生物であるため，以前には細菌の1グループと考えられていたが，現在は遺伝子解析などの結果から，細菌ではなく真核生物に近いグループであることが知られている．一般に，原核生物は限られた細胞空間とゲノムサイズの中で冗長性のないシステムで構成されており，逆に真核生物は広い細胞空間とゲノムサイズの中で自由度の高いシステムで構成されている．

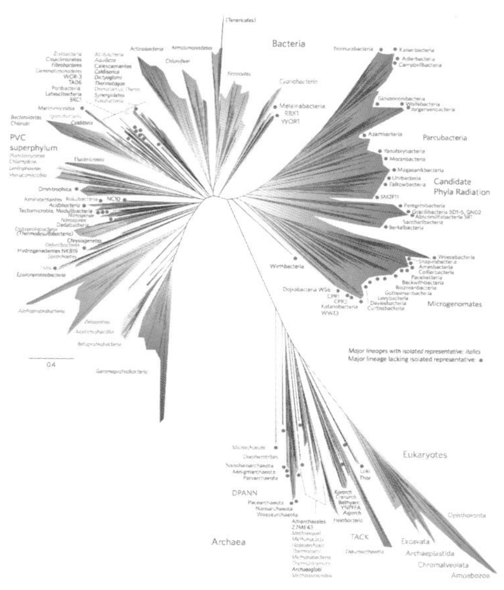

図1　最新の情報に基づく系統樹．上部の大きな2つのグループが細菌で，その右翼はいまだ単離が成功していない細菌．環境に存在するDNAの配列を読み取ることでゲノムを決定した（出典：Hug LA, et al., "A New View of the Tree", *Nat Microbiol.*, 2016 Apr 11;1:16048. doi: 10.1038/nmicrobiol.2016.48. より許可を得て転載）

●系統　1990年にC.ウーズによって発表された3ドメイン説が現在の系統と進化の一般的な理解となっている．すなわち，すべての生物を真核生物ドメイン，真正細菌ドメイン，アーキアドメインの3つに分ける考えである．真核生物は，一部のアーキアから進化したと長らく考えられてきたが，ゲノム科学の急速な進展から，近年，真核生物の直接の祖先と思われるアーキアのグループが発見された[2]．また，やはりゲノム情報を元に，これまでに知られていた真正細菌とは別の大きな細菌のグループの存在が発見された[3]．新しい系統樹においては，真核生物はアーキアから伸びた小さなグループにすぎない．現在，私達は生命の系統と進化の概念における大きな転換期に立っているのかもしれない．

［宮田真人］

📖参考文献

［1］ シュレーディンガー，E.『生命とは何か―物理的にみた生細胞』岡 小天・鎮目恭夫訳，岩波書店，2008

［2］ Spang A, et al., "Complex archaea that bridge the gap between prokaryotes and eukaryotes", *Nature*, 2015, 14;521 (7551):173-9. doi: 10.1038/nature14447.

［3］ Brown, C. T. et al., "Unusual Biology Across a Group Comprising More Than 15% of Domain Bacteria", *Nature*, 2015

細胞膜
——細胞らしさを形どる機能的な膜

地球上のすべての細胞は細胞膜に囲まれており，その定義上，細胞膜がない細胞は存在しない．真核生物は，核，小胞体，ゴルジ体，ミトコンドリアなどの小器官も膜をもつ．細胞膜は主にリン脂質から成り立っており，厚さは約 5 nm（ナノメートル：10 万分の 1 mm）であるが，これはリン脂質の分子の大きさに由来する．そのため細菌のように直径が 1 µm（マイクロメートル：1000 分の 1 mm）以下のものから，動物の卵細胞のように直径 100 µm 以上のものまで，細胞膜の厚みはさほど変わらない．細胞膜の役割は単純に細胞内外をへだてて細胞同士の境界となるだけではない．膜そのものが活性をもった機能タンパクの集まりである．細胞膜（リン脂質二重層）のなかにはさまざまなタンパク質がうめこまれており，細胞に必要な物や情報を取り入れたり，不要なものを外に出したりする（物質の輸送）．さらに，細胞膜上の受容体に細胞外からやってきたシグナル分子（リガンド）が結合することでその情報が細胞内に伝わっていくのである（情報伝達）．

●細胞膜の構造　細胞膜を構成するリン脂質は水を好む親水性の頭部と水を嫌う疎水性の尾部から成り立っており，1 つの分子の中に 2 つの正反対の部位をもつ点で非常におもしろい．生体内（主成分は水）において，リン脂質分子は互いに集合することで上下 1 対になり細胞膜を形成している．2 つのリン脂質が上下になって安定していられるのは，水の影響が大きく，リン脂質の分子同士が離れないように押しつけているからである．細胞膜の組成は，生物種や組織，細胞内オルガネラで異なっており，例えばヒトの赤血球膜はホスファチジルコリンを主成分として成り立っている．哺乳類の細胞膜の成分は，ホスファチジルエタノールアミン，ホスファチジルセリン，ホスファチジルコリンが代表的なものである．また，細胞膜にはリン脂質以外にも多くの分子が存在し，その中でも細胞膜に埋め込まれたタンパク質を膜タンパク質（機能性タンパク質）という．膜タンパク質にはさまざまな種類があり，細胞質の性質は膜タンパク質の量や種類によって大きく変わる．

細胞膜は長年，動きがない静的なものだと考えられてきたが，1972 年に米国の細胞生物学者 S. J. シンガー（Singer）と G. L. ニコルソン（Nicolson）が細胞膜の基本構造（流動モザイクモデル）を提唱し，細胞膜はダイナミックであるという考え方が初めて示された．すなわち，細胞膜上・内では膜タンパク質がある程度固定されているが，水平方向に自由に動き回ったり回転したりする流動性をもっている（かなりの速度で拡散移動ができる）．この流動モザイクモデルの基本的な考えは今でも正しいと認められている．さらに，細胞外から細胞内へ情報伝達を行う際は細胞外からシグナルがきて（必要に応じて），膜上の受容体は複数個が集まることで（さらにコレステロールや糖脂質などが集結する），情報が細胞内に伝わることが明らかとなっている．このように受容体が集合体をつくれることも，細胞膜が流動性をもっているからだといえる．

●細胞膜の機能　細胞膜の代表的な役割は物質の出入りをコントロールし，（物質の輸送），まわりの細胞や細胞外液からのシグナルを受けて応答すること（情報の伝達）である．

細胞膜は小さな分子や極性をもたない分子などは脂質二重層に溶け込んで容易に膜を通過させる（単純拡散）が，グルコースなどの大きな分子やイオン，電荷をもつ分子は直接通過させない性質をもつ（選択的透過）．そこで重要なのが，上に述べた膜タンパク質の存在である．細胞膜は膜タンパク質によって特定のイオンやグルコース，アミノ酸などの必要な物質を選択的に通過させることができる．細胞膜には主に，チャネル・トランスポーター（輸送体）・レセプター（受容体）の3種類の膜タンパク質が存在する．その中でチャネルとトランスポーターは輸送タンパクとよばれる．チャネルは細胞膜を貫通した構造でイオンの濃度勾配によって内側の弁（べん）が開き，物質を素早く取り込む．特定のチャネルは特定のイオンしか通さない性質をもつ．イオンチャネルはこれまでに100種類以上が見つかっているが，新しいチャネルも続々と発見されている．トランスポーターは特定の分子を結合すると内部構造が変化し，物質の膜通過を可能にする．この輸送タンパクはチャネルとは異なり全開になることはなく，輸送のたびに物質が結合する部位の向きを細胞内・外に1回ごとにスイッチするため，輸送の速さは遅い．細胞の情報伝達を担うレセプターは細胞膜に埋め込まれており，細胞表面にある受容体タンパクが細胞外からやってくるさまざまなシグナル分子（神経伝達物質，ホルモン，生理活性物質など）と選択的に結合する．シグナル分子が結合すると，レセプターは活性化し，1つあるいは複数の細胞内情報伝達経路を活性化する．細胞内に伝わった情報はシグナルタンパクのリレーを通じて，最終的には代謝酵素や遺伝子調整タンパクなどを活性化して細胞のふるまいを変える．

細胞膜タンパク質は医療の観点からも非常に着目されており，市販されている薬の約70％は細胞膜中の膜タンパクをターゲットにしている．薬剤がどのように取り込まれ，排出されるかについては薬効や副作用などを評価するうえで非常に重要となるが，数千個もあるヒトの膜タンパク質のうち，その構造が解析されているのは数十個である．細胞膜タンパク質の構造や機能が明らかになると，創薬研究や先端医療の大きな発展にもつながると期待されている．　［和田英治］

核膜と核マトリクス
――機能的なタンパク質を多く含む核膜

核膜は真核生物を定義づける特徴である．すなわち，原核生物は核膜をもたず，真核生物のみ核膜に囲まれた核をもち，細胞質との境界となる．核膜上には無数の核膜孔複合体が存在し，核と細胞質の間で物質の輸送を行っている．核膜にはさまざまな核膜タンパク質が見つかっており，組織によって構成が異なり，その役割も多様である．

興味深いことに，ヒトでは核膜の異常が早老症など多くの遺伝性疾患の原因になることが明らかになっており，遺伝子発現の制御などに核膜が重要な役割をはたすと考えられている．これまでに100種類近くの核膜タンパク質が報告されているが，種類や機能についてはいまだ不明な点が多く，基礎研究が盛んに進められている．近年では高度なプロテオーム解析（生物のもつタンパク質の構造や機能をまんべんなく解析する手法）などを使って新しい核膜タンパク質の構造や機能が同定されている．

●核膜と核マトリクスの構造と機能　核膜は，核内にある染色体を保護するための壁として考えられてきた．しかし，さまざまな核膜関連タンパク質が発見されるにつれ，核膜が非常に複雑な構造体で，生命にとって重要な機能をもつことがわかってきた．

核膜は外膜と内膜という，機能や性質が異なる2層の脂質二重膜から成り立っている（図1）．他の生体膜が脂質を多く含むのに対し，核膜はタンパク質を豊富にもつ特徴がある．核外膜はその多くがリボソームの付着している粗面小胞体へとつながっており，小胞体膜上のリボソームでは多くのタンパク質が合成される．この核の基本構造は真核生物で共通である．加えて動物細胞は核膜の内側に網目状の核ラミナとよばれる裏打ち構造があり，核の形態を保っている．さらに核ラミナは核内に収められているクロマチン（DNAとタンパク質の複合体）とも結合している．また，核膜上に存在する無数の核膜孔複合体は，直径0.05～0.1 μm（マイクロメートル：1000分の1 mm）ほどの膜タンパク質複合体からなるチャネルで（核の大きさが直径約10 μmであることから，比較的大きな構造である），細胞質（核外）から核内へ，

また，核内から細胞質へタンパク質やRNAを運搬するための唯一の通り道となっている．イオンや微小な分子は濃度に依存して核膜孔を通過（拡散）ができるが，多くのタンパク質は自由に通過することができない．そのため，真核生物にはインポーチンファミリーとよばれるタンパク質があり，出入りするタンパク

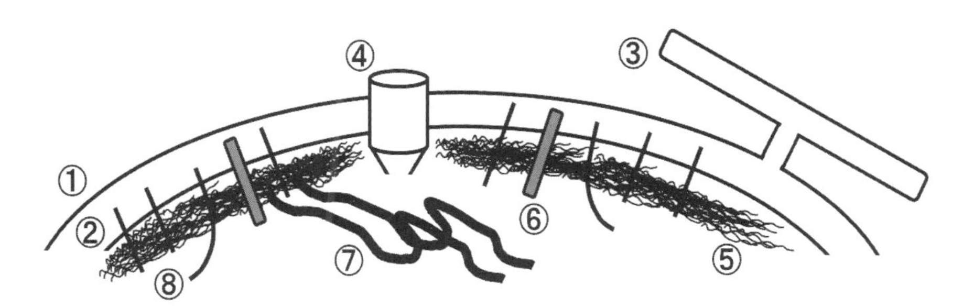

図1　核膜と核膜タンパク質の模式図　①核外膜　②核内膜　③粗面小胞体　④核膜孔複合体　⑤核ラミナ（ラミン）　⑥エメリン　⑦クロマチン　⑧その他の核膜タンパク質

質と結合して核膜孔を通り抜ける核輸送システムが備わっている.

動物の体細胞は細胞分裂（1つの母細胞が2個以上の娘細胞に増える）を繰り返し，個体を形成する．核膜は細胞分裂の初期段階に消失するが，細胞分裂が終わりに近づけば2つの娘細胞の核の周囲に新たに核膜が形成される．現在までの所，娘細胞の核膜形成は小胞体膜に由来することが報告されているが，そもそもなぜ核膜が二重膜であるかは明らかとなっていない.

核マトリクスとは核膜タンパク質，核ラミナ，それらと結合するクロマチンからなるネットワークであり，さまざまな核内反応（複製や転写）を調節する足場になっていると考えられている.

●核膜とヒトの病気　核膜や核ラミナの機能についてはまだ明らかになっていない部分も多いが，構成する核膜タンパク質の欠損や量的・質的変化によって，さまざまな病気を起こすことが知られており，核膜病といわれている．大変興味深いことに，核膜病のほとんどが骨格筋組織や脂肪組織，骨組織など中胚葉（ちゅうはいよう）由来の組織に異常をきたす．例えば，核膜タンパク質であるエメリンの欠損は骨格筋の変性や筋力低下を引き起こす（エメリー・ドレイフス型筋ジストロフィー）．また，核ラミナの主要な構成タンパク質であるA型ラミンの異常は，拡張型心筋症や筋ジストロフィー，さらに幼少期から老化が促進される早老症（早期老化症）の原因となることが報告されている．核膜タンパク質に異常がある核膜病患者やモデル動物（マウスなど）の細胞では，核の形態異常が頻繁に認められることからも，核膜が核の構造や形態維持に重要な役割をもつことがわかる.

［和田英治］

参考文献

［1］ 金原一郎記念医学医療振興財団「特集 細胞核—構造と機能」『生体の科学』医学書院，2011

小胞体とゴルジ体
――タンパク質の貯蔵と輸送の拠点

小胞体とゴルジ体はともに内膜系とよばれる，一重の生体膜で囲まれた細胞小器官で，動物細胞では全膜成分の半分以上を占める．小胞体は核膜外膜とつながっており，その内腔は小胞体内腔（小胞体嚢）とよばれ，核膜槽とつながっている．小胞体とゴルジ体はともに扁平な袋状構造をとり，扁平に広がったり，管状構造や網の目状の形態をとったり，何層にも重なっている場合がある．

小胞体は形態および機能の違いから大きく2つに分けられる．1つはリボソームが表面に結合しているためにざらついている粗面小胞体，もう1つは表面が滑らかな滑面小胞体である．同一細胞内にこの両者が共存している場合では膜も内腔も連続しており，共通の酵素活性をもっている．

●粗面小胞体　表面に付着しているリボソームによって，細胞膜，リソソーム，ゴルジ体などの膜系を構成する膜タンパク質，消化酵素などの分泌性タンパク質およびリソソームの酵素などの合成が行われる．これらのタンパク質は粗面小胞体内腔に輸送されたり，膜結合タンパク質となる．小胞体内腔でタンパク質は折りたたまれ，修飾されたりして正しい立体構造をとるようになる．この過程が正常に進まなかった場合，シャペロンによる折りたたみが行われたり，小胞体から排出されプロテアソームによって分解される．

●滑面小胞体　膜表面にリボソームが結合していないため滑らかにみえる小胞体の総称である．粗面小胞体と連続した滑面小胞体領域は，ゴルジ体への輸送小胞がつくられる場である．また，さまざまな酵素が含まれ，脂質代謝や解毒作用，また Ca^{2+} の貯蔵など，生理機能に重要な働きをしているものもある．

生体膜の基本構造成分である脂質二重層の合成も主にここで行われる．フォスファチジルコリンなどの膜成分の合成は細胞質側で行われ，合成されたリン脂質分子はスクランブラーゼによって内腔側に運ばれ膜が増えると考えられている．また，生殖腺や副腎などのステロイドホルモン合成細胞は，コレステロールからステロイドホルモンを合成する諸酵素を含んだ大きな滑面小胞体をもっている．肝細胞にも多量の滑面小胞体が存在し，チトクロム P450 などにより解毒作用が盛んに行われる．また筋小胞体は筋細胞内で Ca^{2+} を貯蔵し，それを細胞質中に放出することによって筋収縮を引き起こす．そのため，小胞体膜中には Ca^{2+} を取り込むための Ca^{2+} ポンプと放出のためのチャネルが存在し，その内腔には Ca^{2+} 結合タンパク質であるカルセクエストリンが含まれている．

●ゴルジ体　1898年にC. ゴルジ（Golgi）によって発見された．0.5 μm 程度の厚みをもった扁平な袋（ゴルジ槽，ゴルジ嚢）が 20 ～ 30 nm 間隔で層状になったゴルジ層板構造をなす．この層板は相互に連結し，1個の複合体を形成している．その両側は網目状の嚢となっており，動物細胞では核や小胞体に近接して存在する場合が多い．小胞体側の網目構造をシス・ゴルジ網，中間の成層部分をゴルジ層板，細胞膜側をトランス・ゴルジ網とよぶ．ゴルジ層板も小胞体側からシス嚢，中間嚢，トランス嚢に分けられる．これらの構造は細胞分裂時には小胞となり分散し，終了すると集合して再構成される．

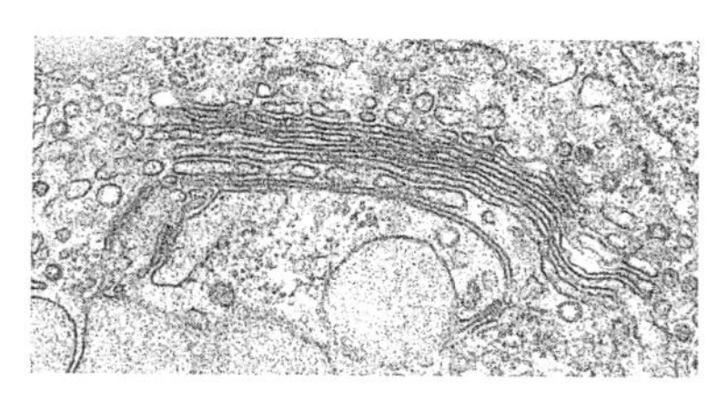

図1　2－胃腺副細胞にみられる典型的なゴルジ体（出典：浜 清「第2章 細胞の微細構造」太田行人他編『細胞の構造と機能 I』岩波講座現代生物科学 3，岩波書店，1975）

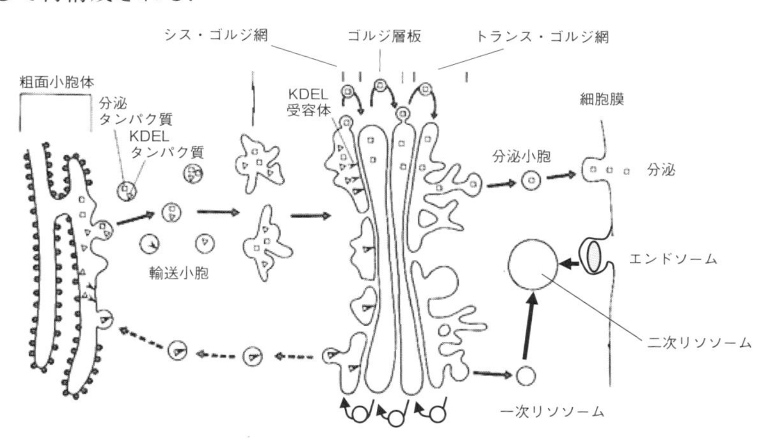

図2　小胞体とゴルジ体による分泌経路の構築（出典：東京大学教養学部生物部会内生命化学資料集編集委員会編『生命科学資料集』東京大学出版会，p.88より改変）

ゴルジ体の各部位では出芽によるゴルジ小胞生成と融合による小胞の取り込みが行われる．粗面小胞体で合成されたタンパク質は輸送小胞を介してシス・ゴルジ網に運ばれ，中間層を経てトランス・ゴルジ網から分泌小胞，リソソームなどが形成される．一方，これらの輸送とは逆方向の輸送経路もある．

ゴルジ体は粗面小胞体で産生されたタンパク質の糖鎖修飾やプロセシングなどを行うとともに，それらを分類し振り分ける働きもしている．それらはゴルジ体の部位によって異なっている．例をあげるとリソソームタンパク質のマンノースをリン酸化する酵素はシス嚢に，N-アセチルグルコサミントランスフェラーゼは中間嚢に局在する．また特殊な例としては，精子の先体胞がゴルジ体由来である．

［奥野 誠］

エンドサイトーシスとエキソサイトーシス
――飲込みと分泌の仕組み

動物細胞が物を取り込んだり外に出したりする時，いくつかの方法が使われる．ひとつは脂質２重層の細胞膜を自由に通過するもので，脂質やレチノイン酸などの輸送である．２番目は脂質２重層を通過できない水溶性のものを，細胞膜の特別な通路や輸送タンパク質を使って選択的に運ぶ仕組みで，イオン・チャネルやポンプ，アミノ酸やブドウ糖のトランスポーターによる輸送である．３番目が生体膜でできた袋（小胞）によって出し入れする仕組みで，細胞内に取り込む過程をエンドサイトーシス（食作用，飲作用），外に出す過程をエキソサイトーシス（開口放出）という．前の２つの仕組みと違って，出し入れする内容物の大きさや性質にはかなりの幅があり，また細胞質中ではできない酵素反応により内容物の消化や分解をする．

●エンドサイトーシス　エンドサイトーシスは細胞膜が内側にΩ状に陥入し，細胞膜から袋状に飲み込まれる過程であるが，小さなものをパイノサイトーシス（飲作用），大きなものをファゴサイトーシス（食作用）とよぶ．何を飲み込むか，どの部位の細胞膜を陥入させるか，それらの仕組みは特別な分子によって巧妙に制御されている．

受容体のような細胞膜タンパク質が特異的に認識する細胞外の物質と結合すると，情報が細胞内に伝わり，クラスリンという繊維性のタンパク質が付着する．クラスリン分子は３本の鍵状の足を伸ばした手裏剣のような形をしており，互いに結合するとサッカーボールの格子模様のように細胞膜を球状に取り囲む．Ω状の首の部分にダイナミンと名付けられたタンパク質が螺旋状に付着し，くびり切るように細胞膜から離れて細胞質へ移動する．小胞を覆っていたクラスリンは，細胞質中で速やかに離れて再利用される．

クラスリンに似た機能をもつタンパク質としてCOP I，COP II がある．COP I はゴルジ装置の形成面から粗面小胞体に移動する小胞を包み込む．COP II は逆に粗面小胞体からゴルジ装置の形成面に移動する小胞を包み込む．クラスリン，COP I, COP II は細胞内の小胞輸送の行き先を決める役目をはたしている訳だが，鍵をにぎるのは小胞の積み荷とその受容体である．

もっと大きなエンドサイトーシスであるファゴサイトーシスは，マクロファージなど免疫系の細胞でみられる．マクロファージは病原菌のような異種細胞だけでなく，自分の身体の死んだ細胞などを細胞膜の受容体で認識し，細胞質の突起を伸ばして包み込むように飲み込む．マクロファージは非常に多様な受容体をもっており，それらの認識機構は複雑ですべてが明らかになっている訳ではない．

細胞内に飲み込まれた小胞は，細胞の清掃工場であるライソソームと融合し内容物が分解され，その一部は主要組織適合抗原IIと結合し，小胞により細胞膜に輸送され抗原提示の役目をはたす．

●エキソサイトーシス　小胞を細胞膜に輸送するエキソサイトーシス（開口放出）は，すべての動物細胞でみられる現象であるが，特に神経細胞，ホルモン分泌（内分泌）細胞，消化酵素などを分泌（外分泌）する細胞で顕著である．

神経細胞の神経終末（前シナプス）ではシナプス小胞にグルタミン酸，ガンマアミノ酪酸（GABA），アセチルコリンなどの神経伝達物質が積み込まれる．これらの小胞が刺激に応答してシナプス間隙に放出される仕組みは，非常に詳しく研究されてきた．神経細胞の活動電位が終末まで到達すると，電位依存性のカルシウムイオンチャネルが開き細胞外からカルシウムイオンが流入する．そのイオンによって活性化するリン酸化酵素がシナプス小胞膜と細胞骨格（アクチンフィラメント）をつないでいたタンパク質（シナプシン）の構造変化をひき起こし，シナプス小胞が自由になる．次にシナプス小胞と細胞膜の結合を促すタンパク質複合体（SNARE complex）のリン酸化により小胞膜と細胞膜の融合が起こり，内容物の伝達物質がシナプス間隙に放出される．この過程がつづくと神経終末の細胞膜が拡大してしまうが，開口放出と同時にエンドサイトーシスが起こり均衡を保っている．内分泌細胞や外分泌細胞でも，制御する分子こそ違うが同様の仕組みで刺激に応答し，調節的な分泌がされている．開口放出のタンパク質分子レベルの研究に比べ，脂質2重層同士の融合，開裂の仕組みの解明は遅れている．

コラーゲンなどの細胞外基質を分泌する繊維芽細胞のエキソサイトーシスの仕組みは異なっている．コラーゲンなどは粗面小胞体，ゴルジ装置を経て分泌小胞に積み込まれると，細胞膜と自由に融合し開口放出される．このような仕組みは，調節的分泌と区別し構成的分泌とよばれ，遺伝子の発現（転写，翻訳）レベルで制御されていることになる．

神経細胞や内分泌細胞はかなり早い反応をひき起こす必要があり，遺伝子の発現を待っていてはいられないので，神経伝達物質やホルモンを小胞にあらかじめ積み込んで蓄え，刺激が来るまで待機している．

エンドサイトーシスとエキソサイトーシスは神経細胞，分泌細胞，免疫細胞などで非常に目立つ現象であるが，実はすべての動物細胞で常に進行している．それは細胞膜の新陳代謝，維持である．身体は多様に分化した細胞から成り立っており，個々の細胞がどのくらいの頻度や速度で細胞膜を入れ替えているのかはいまだ十分に明らかではない．飲み込まれた小胞はライソソームで分解されるものもあれば，再び細胞膜に輸送されて再利用されるものもある．小胞体で新たにつくられた膜のエキソサイトーシスと古くなった膜のエンドサイトーシスが同じように進行して生命の均衡が保たれている．

［遠藤泰久］

ミトコンドリア

ミトコンドリアは真核生物特有の細胞小器官で，その起源は原核生物であるαプロテオバクテリアが真核生物の先祖と共生することに始まったとされている．ポリンが存在し透過性の高い外膜と，電子伝達系（鎖）・酸化的リン酸化の場である内膜とに囲まれている．サイズはさまざまで，短径が0.5 μm程度，長径は長いもので10 μmに及ぶ．一般に回転楕円体に近い形をしているが，ひも状のもの，網目状のものなどさまざまである．細胞内の数もさまざまで，精子では1個から数十個，肝臓や筋肉細胞などでは数千個に及ぶものもある．多くの場合細胞内に不規則に分散しているが，骨格筋では筋原線維に，哺乳類精子などでは鞭毛軸糸に沿って規則的に配列する例が知られている．ミトコンドリアはヤヌスグリーンなどでの染色でその局在を知ることができる．またJC-1，DASPEIなどの蛍光試薬を用いると，膜電位の変化にともなう蛍光の変化から，生きている細胞内での代謝活性も知ることができる．なお内膜電位はおよそ−80～−180 mV，pHはおよそ8である．ミトコンドリアの機能としては，エネルギー代謝の場であることに加え，アポトーシスやカルシウムの貯蔵などさまざまな重要な働きをしている．

●エネルギー代謝　ミトコンドリアはATP合成の場である．ピルビン酸共輸送体によってミトコンドリア内に搬入されたピルビン酸はマトリクス内でアセチルCoAとなり，クエン酸回路にはいって二酸化炭素と水に分解される．この過程で1分子のピルビン酸から4分子のNADH，1分子の$FADH_2$とGTPが生成される．NADHと$FADH_2$は内膜に組み込まれている電子伝達系によって酸化され，H^+（プロトン）をマトリクスから内膜外へ輸送し，内膜の内外間にH^+の勾配を生み出す．この勾配によりF_oF_1-ATPaseが駆動され，酸化的リン酸化によりATPが合成される（P. ミッチェルの化学浸透説）．この反応で生じるATPは内膜上のATP/ADP対向輸送体によって細胞質に送り出され，ADPが逆輸送で供給される．また，細胞質基質中で解糖系などによって生成されたNADHは，リンゴ酸‒アスパラギン酸シャトルによって，マトリクス内のNAD^+を還元することで実質的に搬入されることになる．

ミトコンドリアは脂肪代謝にもかかわっている．血清アルブミンと結合したかたちで供給される脂肪酸は，細胞膜を脂肪酸輸送体によって運ばれる．そこでアシルCoAとなった後，内膜を通過し，マトリクス内でβ酸化回路によってアセチルCoAを生成する．アセチルCoAはクエン酸回路に入り代謝される．

ミトコンドリアは震えなどの筋運動が関与しない熱産生にもかかわっている．これは内外膜間隙に蓄えられたH^+がサーモゲニンなどの脱共役タンパク質を介してマトリクスに戻ることで熱が発生するためで，冬眠時における体温の維持などに働いている．

●アポトーシス　アポトーシスにもミトコンドリアが関与している．がん化などのストレスは，p53などのタンパク質を介して，内膜からシトクロムcを漏出させる．これがカスパーゼを介してアポトーシスを引き起こす．

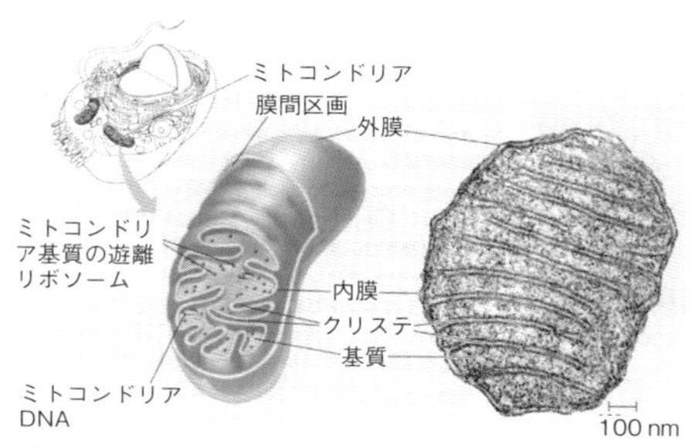

図1　ミトコンドリアの構造．模式図とTEM像（出典：Urry, L. A. et al., *Campbell Biology*, 11th ed., figure 6.17(a), 2016）

●カルシウム貯蔵　ミトコンドリア内膜上にはカルシウムチャネルがあり，細胞質 Ca^{2+} の上昇によって開口し，内膜を挟んで発生している電位差によってミトコンドリア内に Ca^{2+} が取り込まれる．一方，Na^+/Ca^{2+} 対向輸送体による対向輸送などにより Ca^{2+} を流出させる仕組みももっている．これらの働きによって，ミトコンドリアは細胞質基質の Ca^{2+} 濃度がおよそ0.1 μMになるように調節している．

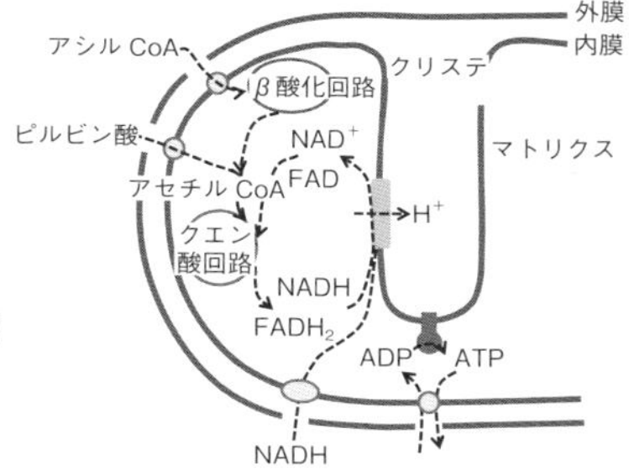

図2　ミトコンドリアにおける代謝系の概要

●生殖とミトコンドリア　生殖において，卵と精子のミトコンドリアは対照的な運命をたどる．精子では精子形成の過程で，その多くが細胞質とともに捨てられる．一方卵形成において卵は肥大化し，ミトコンドリア数も増え，万を超える場合もある．また，受精においては，一般に卵に侵入した精子のミトコンドリアはオートファジーによって分解されるため，ミトコンドリアは母性遺伝するすることになる．

●ミトコンドリアゲノム　一般にミトコンドリアDNAは環状で，原核生物に共通な複製や発現の特徴をもっている．GC含量が低く（20～40%），ゲノムサイズも数十kb程度と小さく，電子伝達系にかかわるタンパク質やRNAなど数十種類の遺伝子のみが含まれている．しかしDNAの大きさやコードされている遺伝子の数や種類などは，生物によって大きく異なる．ヒトを含む脊椎動物のDNAは比較的似ており，16 kb前後の単一の環状で，遺伝子数は37で，その内訳は，呼吸系にかかわるタンパク質が13，tRNAが22，rRNAが2である．呼吸系にかかわる疎水性の膜タンパク質はミトコンドリアの内部でつくらざるを得ないことがミトコンドリアに遺伝子が残っている理由の1つとなっている．またミトコンドリア遺伝子は，家系や系統分類の解析によく用いられている．　［奥野　誠］

細胞骨格

ロシアの動物学者 Koltsov が細胞の形状を支える構造物として細胞骨格という用語を使っているが（1909），より現代的な意味で細胞骨格の存在が予言されたのは 1930 年代である．フランスの発生生物学者 Wintrebert は，遠心操作した動物卵を使い，精子授精時に起こる原形質の回転運動を観察しこれを可能にするには足場が必要と考え，'cytosquelette' とよんだ（1931）．これが細胞骨格の概念の始まりである．細胞骨格（cytoskeleton）は，静的で安定した足場のような構造の印象が強い．しかし，実際の細胞内では，構築・解体の動的な変化を繰り返す構造物である．3 つの大きなグループ，微小管（構成するタンパク分子はチューブリン），アクチン繊維（アクチン），中間径繊維（ケラチン，デスミン，ラミン，ビメンチンなど）からなる．いずれも真核生物だけにみられるものと考えられていたが，バクテリアやアーキアでチューブリン型の FtsZ，アクチン型の MreB，ラミン型の CreS など祖先型タンパク質が発見されている．

●特徴　透過型電子顕微鏡を用いると，切片後の中の繊維断面像から細胞骨格を明確に区別できる．微小管（microtubule）は直径 24 nm で，断面が壁厚 4 ～ 5 nm の円筒構造となっているのが特徴である．アクチン繊維（actin filament）は，直径 8 nm の空洞のない中実の断面として観察される．いずれにも該当しない，ちょうど中間的な直径の繊維構造として中間径繊維（intermediate filament）がある．直径が約 10 nm あることから 10 nm 繊維ともよばれる．構成するタンパク質分子に自動的に集合する能力があるのが細胞骨格の特徴である．人工的な環境下であっても，細胞内と変わらない繊維構造を再現可能である．このような反応を重合，逆反応を脱重合とよぶ．重合反応に必要な条件は，微小管とアクチン繊維は，それぞれ，ヌクレオチドの GTP と ATP の存在，中間径繊維はモノマーとなるデスミンやビメンチンのリン酸化であることが知られている．この繊維形成反応は，タンパク質の四次構造形成と似た過程で共有結合の形成・分解によってつくられる DNA やポリペプチド合成とは本質的に異なる現象である．自己組織化する特性により繊維構造の結晶化が難しいという問題点があったが，分解能の高い凍結電子顕微鏡法により繊維の詳しい分子構造が解明されている．微小管の場合，$\alpha\beta$ チューブリンがアクチン繊維の場合，G アクチンが，繊維内で同じ向きに配置している．つまり，これらのモノマー分子の向きによって決まる繊維構造の方向性が決まる．

●構造と機能　細胞内での分布を観察するには，蛍光抗体，蛍光ファロイジンなどの蛍光色素マーカーを用いた蛍光顕微鏡法が一般的である．微小管は，一般に核のすぐ近くから周辺部に放射状に広がる分布となるものが多い．核近辺には，中心体があり，その近傍から微小管が形成されることから，これを微小管形成中心（MTOC）とよぶ．微小管は，他にもさまざまな形状を示す．例えば，神経細胞の軸索や樹状突起など細長い突起の中では，平行に長く伸張した形状，細胞分裂中の細胞内では2つの極から伸びる独特の紡錘形となって観察される．形状維持や細胞の移動・配置の制御にも深くかかわると考えられている．細胞内の分布，および繊維の方向性は，機能を理解するうえできわめて重要である．微小管は，細胞形態の維持や細胞分裂の他，ダイニン（dynein）やキネシン（kinesin）などのモータータンパク質と相互作用し，神経軸索輸送などの細胞内輸送，鞭毛･繊毛運動を引き起こす．チューブリンの突然変異が原因となる機能障害は，神経組織の形成に深くかかわるものが多く，また，微小管の脱重合を抑制する薬剤は抗ガン剤としても働く．アクチン繊維は，一般に原形質膜の直下での裏打ち構造となるものと，ストレス繊維とよばれる束状の繊維に大別でき，ともに細胞の形状維持にかかわる．モータータンパク質のミオシン（myosin）と相互作用し，滑り運動によって細胞の収縮を引き起こすのも大きな特徴である．また，細胞分裂の最終段階で収縮環を形成し，細胞質の分裂を引き起こす．細胞表層の微絨毛や糸状突起の形成にも不可欠な細胞骨格である．アクチンの突然変異は，ヒトの場合，筋収縮，特に心筋の機能不全として現れることが多い．中間径繊維は，細胞の力学的な強度を高める役割のビメンチンの他，上皮細胞組織でデスモソームや細胞外のカドヘリンと連結するケラチン，核膜の支持行動となるラミン，神経繊維の支持構造となるニューロフィラメントが知られている．共通して束状の構造をもつが，5つの主なグループに分けられるが，タンパク質分子としての共通性はない．細長いタンパク質が2本ずつが逆平行に側面で結合した四量体が繊維の基本単位となる．結果的に，これが連結して形成される繊維は方向性のないものとなる．この点で微小管やアクチン繊維とは異なる．

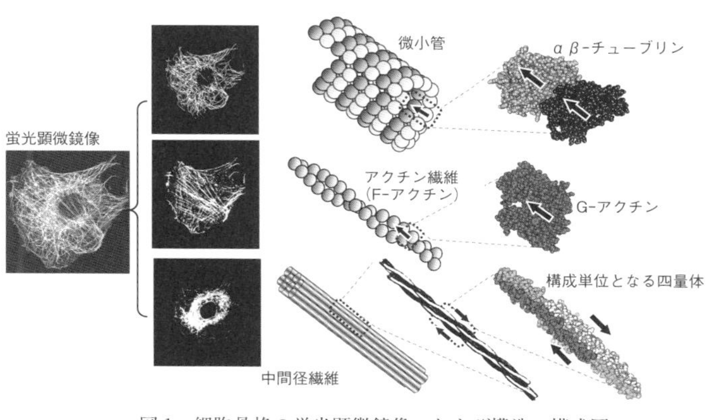

図1　細胞骨格の蛍光顕微鏡像，および構造の模式図

［上村慎治］

参考文献

［1］ Pollard T. D. and Goldman R. D. eds., *The Cytoskeleton*, Cold Spring Harbor Laboratory Press, 2016

細胞内の物質運搬
(メンブラントラフィック)――正確無比の宅配便

1つの細胞の中には，機能の異なる複数の細胞膜部位（ドメイン）やオルガネラが存在し，それぞれに局在するタンパク質など機能物質の種類に違いがある．また，ある種の細胞は，内部で合成した物質を細胞表面に運び，さらに細胞外へと分泌する働きをもっている．細胞の各ドメインやオルガネラがその機能を発揮・維持するためには，細胞内部で合成されたタンパク質などが，その機能に応じて正確に各部位に配送される必要がある．例えば，ニューロンは樹状突起，軸索，細胞体の3つの部位からなり，樹状突起へは神経伝達物質の受容体が，また軸索末端へは神経伝達物質やその放出に必要なタンパク質などが細胞体で合成され運ばれる．こうした合成・分泌（エキソサイトーシス）系に加え，細胞には細胞外の異物や不要となった細胞膜成分を細胞内に取り込んで分解あるいは再利用するエンドサイトーシス系，みずからの細胞成分を必要に応じて分解・再利用するオートファジー系も存在し，細胞の構造，機能の発現や維持に必須の過程となっている．

細胞内で合成されたタンパク質や分泌物質，細胞膜などを，必要な膜ドメインやオルガネラに供給し，また細胞内外の物質を消化・分解・リサイクルするために運搬する役割を担っているのがメンブラントラフィックである．この物質輸送系は真核細胞においてきわめて共通性が高く，進化的にもよく保存されてきたシステムである．本項では，メンブラントラフィックの中でもエキソサイトーシスやエンドサイトーシスの主要な運搬システムである小胞輸送の過程と，その重要な制御因子であるRabタンパク質について解説する．

●小胞輸送　エキソサイトーシス経路では，粗面小胞体で合成されたペプチドや膜タンパク質などの積み荷分子が，ゴルジ体およびトランスゴルジネットワーク（TGN）を経て細胞膜へと輸送される．積み荷分子はまず供給側のオルガネラの一部に選別・集積され，その後，集積した部分のオルガネラ膜はこぶ状に突出（出芽）し，根元の部分が縊り切られて輸送小胞となる．形成された輸送小胞は，標的側のオルガネラや細胞膜へと運ばれてそこに繋留され，さらに膜融合を起こして内腔の物質はオルガネラ内腔や細胞外に，小胞膜のタンパク質は標的膜へと，それぞれ放出される．この一連の過程を小胞輸送とよび，エンドサイトーシス経路でも同様の過程を経て細胞膜からエンドソーム，リソソームへの輸送が行われる．積み荷分子の選別は，それら自身がもつ特定のアミノ酸配列（シグナルペプチド）や糖鎖を，オルガネラ膜などに存在して積み荷と特異的に結合するタンパク質（積み荷受容体）が認識することにより始まる．積み荷を結合した受容体は細胞質側で被覆タンパク質と結合して集合し，被覆タンパク質の作用によりオルガネラ膜の出芽が起こって，輸送小胞が形成される．小胞形成が完了すると，被覆タンパク質は輸送小胞から取り除かれ（脱コート），標的膜へと輸送される．輸送は，多くの場合，微小管やアクチンフィラメントなどの細胞骨格系と，小胞体を保持してその上を走るモータータンパク質により行われる．微小管上では，細胞中心から辺縁部への輸送にはキネシンが，逆方向にはダイニンがそれぞれモータータンパク質として機能する．アクチンフィラメントは微小管より短距離の輸送に利用され，ミオシンVなどがモータータンパク質となる．目的地に輸送された小胞は繋留タンパク質により標的膜に繋留され，その後SNAREタンパク質の作用により小胞膜と標的膜が強く密着することで膜融合が起こって小胞輸送が完了する．

● Rabタンパク質　低分子量Gタンパク質の1つであるRabタンパク質は，ヒトでは60種以上のメンバーからなる大きなファミリーを形成し，メンブラントラフィックの種々の経路や過程の制御を行っている．また，例えばRab1は粗面小胞体からゴルジ体への，Rab2その逆方向の，Rab3はシナプス小胞など分泌顆粒の輸送制御を行うなど，各メンバーはそれぞれ特異的な輸送経路・過程に関与することが知られている．他のGタンパク質と同様，Rabタンパク質も分子スイッチとしての機能を有しており，GDPを結合した不活性型のRabタンパク質にグアニンヌクレオチド交換因子（GEF）が作用してGDPとGTPの交換が起こると活性型に変化する．自身のもつGTPase活性と，それを助けるGTPase活性化タンパク質（GAP）によりGTPの加水分解が起こり，再び不活性型に戻る．Rabタンパク質は合成後に脂質修飾を受け，オルガネラ膜や細胞膜に局在するが，不活性型のRabタンパク質はGDP解離抑制因子（GDI）により安定化され，活性化されるまで細胞質中にとどまることができる．Rabタンパク質の種々のオルガネラへの局在は，各々のRabタンパク質中の特異的な配列や，各Rabタンパク質と特異的に反応するGEFの働きによると考えられている．小胞輸送において，Rabタンパク質は選別・出芽，輸送，繋留・膜融合など種々の過程を制御し，その様式もまたさまざまである．制御の様式は，活性化した各Rabタンパク質が特異的に作用する相手のタンパク質（エフェクタータンパク質）に依存する．例えば，レトロマーとよばれるタンパク質複合体はRab7のエフェクタータンパク質であり，エンドソーム膜における被覆タンパク質としてTGNに輸送されるタンパク質の選別と小胞の出芽に関与している．また，Rab1は繋留タンパク質であるp115をCOP II被覆小胞にリクルートするとともに，シスゴルジにあるエフェクタータンパク質（GM130）を活性化してp115との複合体形成とSNAREタンパク質の相互作用を促し，輸送小胞のシスゴルジへの繋留・膜融合を促進する．

［尾﨑浩一］

参考文献

［1］ 尾﨑浩一他編『動物の「動き」の秘密にせまる』共立出版，2009

細胞接着――細胞を組織化する

動物が個体を維持するために，個々の細胞は細胞同士で，もしくは足場となる細胞外基質成分と強固に接着している．また細胞が体内で移動する場合，例えば白血球などの免役系細胞が遊走する際も細胞は足場に接着する必要がある．皮膚や消化管の表面の細胞は，密着することで水などの分子に対するバリアとして機能する．さらに細胞同士は接着することで情報の伝達も行っている．これらの事象にはそれぞれ特有の構造をもつタンパク質集合体がかかわっている．

●細胞の物理特性を担う細胞接着装置　力学的に意味のある細胞の接着は機能的には固定結合ともよばれ，細胞－細胞間結合と細胞－基質間結合に分けられる．これらの結合は，細胞接着装置とよばれる電子顕微鏡で観察可能なタンパク質集合体（図1，図2）を介して，細胞骨格タンパク質からなる繊維構造を隣接する細胞と連結させる（図3）．それぞれの結合装置は，細胞膜貫通型タンパク質とそれに細胞内で結合する複数の裏打ちタンパク質を通じて，細胞骨格タンパク質と結合している．細胞－細胞間結合の主要な装置には接着結合とデスモソームがあり，どちらも主要な細胞膜貫通型タンパク質はカドヘリンである．カドヘリンには多数の類似タンパク質が知られており，空間的・時間的な細胞の接着性の変化に関与する．接着結合に用いられる細胞骨格タンパク質はアクチンであり，デスモソームではケラチンやデスミンなどの中間径フィラメントである．体腔に面する1層の細胞（上皮）では，アクチンはベルト状に細胞膜を裏打ちすることで隣接する細胞との強固な接着をはたすとともに，アクトミオシン複合体として輪ゴムのように伸縮可能な構造になっている．また，細胞－基質間結合ではアクチン連結型細胞－基質結合およびヘミデスモソームとよばれる接着装置が存在する．どちらも主要なタンパク質はインテグリンであるが，アクチン連結型細胞－基質結合ではアクチン繊維が，ヘミデスモソームでは中

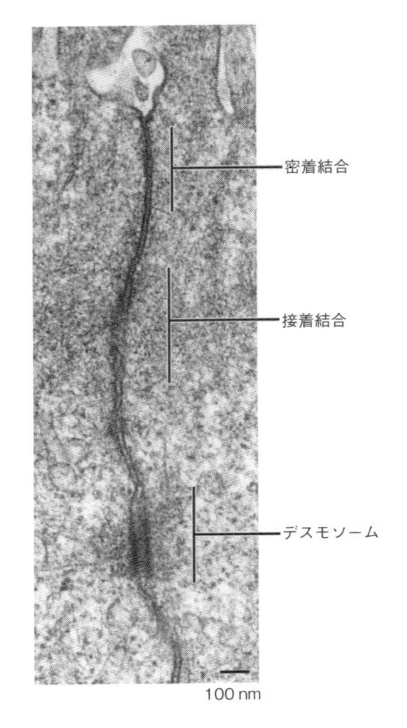

図1　結合装置複合体（アカハライモリ小腸）（写真提供：小畑秀一）

間径フィラメントが使われている．インテグリンは繊維状タンパク質にある結合ドメインを認識して結合する．

体の表面の細胞は1層もしくは多層のシートになることでバリアとして物質の移動を制御する機能がある．例えば消化管上皮は体内と体外を隔て，また血管内皮は血液の体内への侵入を防ぐ．この機能を担う脊椎動物の接着装置は密着結合であり，その主要なタンパク質はクローディンである．密着結合と接着結合は細胞膜上で複合体を形成しており，細胞の極性や細胞間隙の透過性に影響している．無脊椎動物においては中隔結合とよばれる結合装置が存在する．

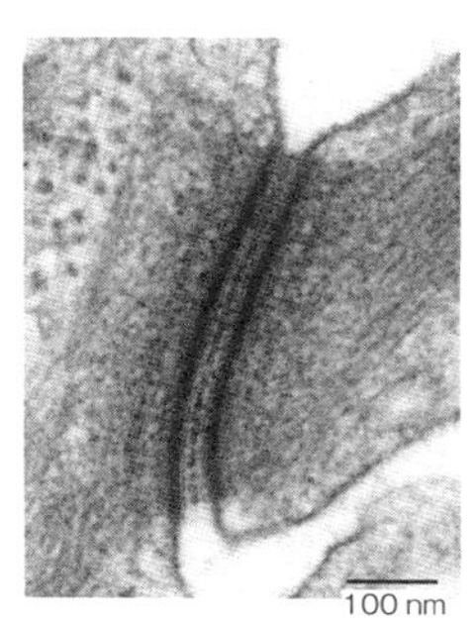

図2　デスモソーム（アカハライモリ皮膚）（写真提供：小畑秀一）

●細胞の情報伝達を担う細胞接着装置　細胞は結合することで互いに情報伝達を行う．この機能を連絡結合とよび，そのための細胞間結合装置として，ギャップ結合とシナプス結合（化学シナプス）が知られている．ギャップ結合では膜タンパク質であるコネキシンの六量体からなるコネキソンによって細胞間に直径約1 nmの小さなトンネルが形成される．このトンネルを，カルシウムイオンのような細胞内情報伝達物質として機能する小分子が通過することで，主として無脊椎動物での神経伝達や，心臓の拍動制御といった素早い細胞間情報伝達が行われる．またニューロンなどの情報伝達においても細胞間の接着装置が必要であり，これはシナプス結合とよばれている．シナプス結合ではカドヘリンを含む複数の細胞接着性膜タンパク質が関与しており，これらは細胞膜を近接させ，神経伝達物質の伝達機能を調節している．

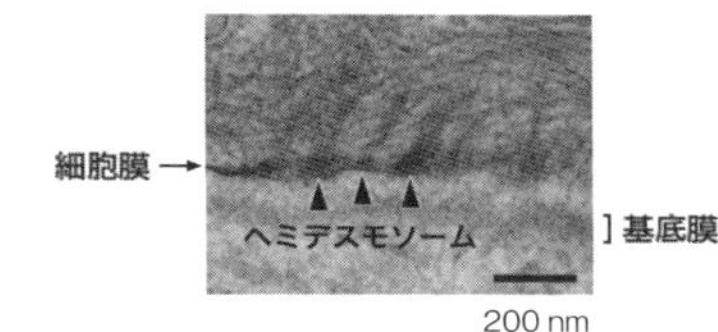

図3　ヘミデスモソーム（アカハライモリ皮膚）（写真提供：小畑秀一）

細胞接着の重要性を考える1つの例として，がんの転移があげられる．一般的に上皮系組織のがんにおいて腫瘍細胞は隣接する細胞同士が接着装置で結合しているが，この結合がゆるむことによって遊走した細胞が血中へと移動し，別な場所で増殖することでがんの転移が起こる．これは動物の発生や再生過程でもみられる上皮-間充織移行とよばれる現象である．

いずれの細胞接着にせよそれは恒久的なものではなく，接着の有無や強さは細胞の環境により制御されている．接着の分子機構については理解が進んでいるが，その強さを制御する方法についてはまだ不明な点が多い．［福井彰雅］

細胞周期と細胞分裂

細胞は細胞分裂を繰り返すことで増殖する．細胞分裂から次の細胞分裂までを細胞周期とよび，これにかかる時間を世代時間という．真核生物の細胞分裂には体細胞分裂と減数分裂（還元分裂）があり，ともに微小管に依存した染色体の分離を行う広義の有糸分裂である．しかし体細胞分裂を指して有糸分裂という場合もある原核細胞は無糸分裂を行う．

●体細胞における細胞周期　細胞周期は分裂がすすむ分裂期（M 期）と，次の分裂までの期間である間期からなる．間期はさらに間期 1(G1 期), 合成期(S 期), 間期 2（G2 期）に分けられる（図 1）．細胞が分化する場合，細胞周期は G1 期で一時的に停止して分化がおこる．この場合の G1 期を特に G0 期とよぶ．一般に分化した後に，再び G1 期に戻って細胞周期が再開するが，神経細胞などは G0 期に入ったまま細胞分裂を止めてしまう．世代時間や細胞周期各期の時間は生物種や細胞種，また培養環境によって異なる．なお，原核細胞では間期における明確な区別がない．

間期では，核 DNA は染色糸（クロマチン）として核内に存在する．G1 期と G2 期では，タンパク質など整体物質の生合成や細胞小器官の生産が盛んに行われ，細胞が成長するのは主にこの期間である．染色体数は G1 期では 2n で推移するが，S 期になると DNA が半保存的複製により合成され 4n となり，そのまま G2 期が経過する．分裂期では核 DNA は高度に折りたたまれて染色体となり，娘細胞に均等に分配され再び 2n にもどる．娘細胞は次の細胞周期に入り，再び成長していく．

受精卵では外部からの栄養補給がなされないため，細胞は分裂のたびに小さくなる．RNA 合成も受精後しばらくは起こらず，卵に蓄えられていたものが使われる．また細胞周期がよく同調しており，G1 期，G2 期が短いため世代時間も一般に比べてきわめて短い．このような特徴があるため，受精直後の細胞分裂は卵割とよばれる．

●生殖細胞における細胞周期　生殖細胞は始原生殖細胞から卵原細胞，精原細胞を経て卵母細胞や精母細胞に至るまでは体細胞分裂を繰り返し増殖する．その後の減数分裂は体細胞分裂とは多少異なる．第一減数分裂では相同染色体は姉妹染色分体が対合したまま娘細胞に分配される．その娘細胞は核膜をつくらず，S 期のないまま第二減数分裂に進み，卵や精子を生じる．

●細胞周期の制御　細胞周期の各期の開始や進行を制御する仕組みは，ヒトデやカエルなどの卵成熟促進因子（MPF）として最初に見出されたが，やがてそれ

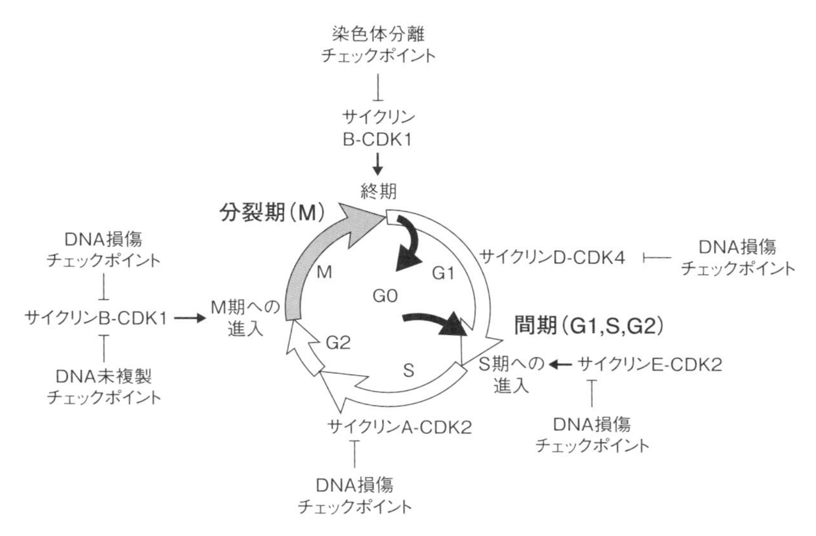

図1　細胞周期とチェックポイント

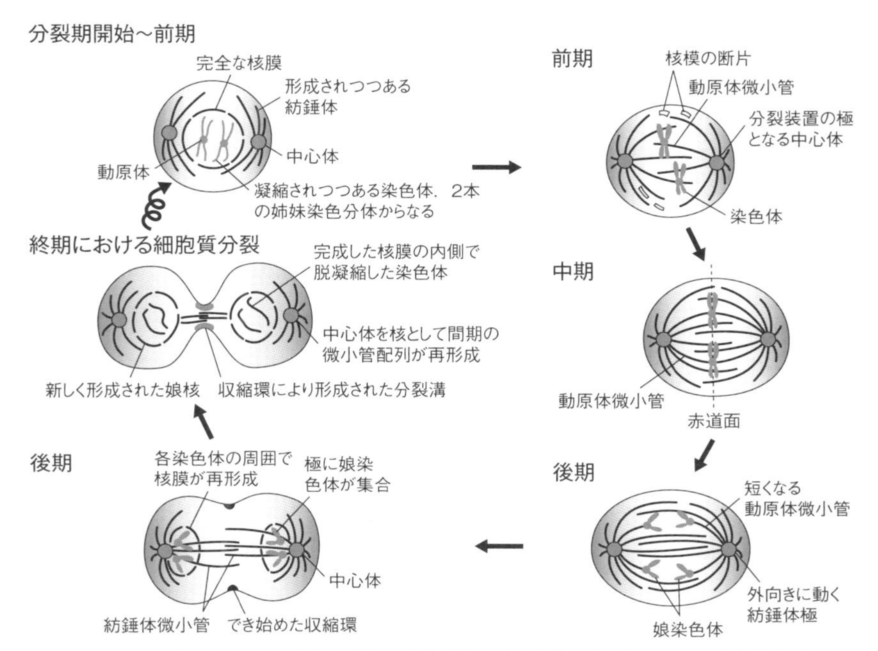

図2　細胞分裂　(出典：東京大学生命科学教科書編集委員会編『理系総合のための生命科学 第4版』羊土社，p.199，2018をもとに作成)

らが分裂期を促進する真核生物共通の因子であることがわかってきた．MPFは触媒サブユニットであるCDK（cdcでよばれることもある）と調節サブユニットであるサイクリンが複合体を形成することで，調節機構のマスタータンパク質としての機能を発揮する．後にこの複合体は細胞周期進行の役割を果たした後，卵成熟のみでなく細胞周期の各期の開始や維持を制御すること，各期によってさまざまなCDK-サイクリンの組合せがあることがわかった．CDK-サイクリン複合体はユビキチン-プロテアソーム系によってサイクリンが分解されると不活性化し，その役割を終える（図1）．

細胞周期の進行に異常がないかを監視し，CDK-サイクリン複合体の形成を調節する仕組みがさまざまな段階にあり，細胞周期のチェックポイントとよばれている．G1/Sチェックポイントでは，増殖すべき細胞であるか，次の分裂に備えて十分成長しているか，DNAの損傷がないかなどがチェックされる．S期チェックポイントはDNA複製が正常に進行しているかをチェックする．DNA複製が正常に行われないと，G2/Mチェックポイントが働いて分裂期が開始されなくなる．

●細胞分裂　体細胞分裂は微小管系によって染色体が分離・移動する核分裂と，アクチン・ミオシン系によって2個の娘細胞に分割される細胞質分裂の2つのプロセスからなる．

分裂期は染色体の動きや細胞の形態の変化から，前期，中期，後期，終期の4つの段階に大きく分けられる（図2）．G1期に1個しかない中心体は，S期の後半に中心小体がそれぞれ半保存的な複製を開始し，G2期には2個になる．分裂期の前期に入ると，中心体はそれを取り囲む微小管形成中心（MTOC）から伸びる微小管とキネシンの働きで，核の両側に移動し極となり，星状体を形成する．次いで核膜が崩壊するが，この時期を前中期という場合もある．染色体は姉妹染色分体が対合した形をとっているが，星状体微小管の一部は染色体のセントロメア領域に形成される動原体を結合し，染色体を押すようにして両極の中央（赤道面）に移動させる．また，両極からの微小管の一部は赤道面付近でキネシンにより平行に結合し，紡錘体を形成する．星状体と紡錘体を合わせた構造を分裂装置とよぶ．染色体が赤道面に並んだ状態を中期とよぶ．後期では姉妹染色分体が分かれ，各々の姉妹染色分体の動原体に達している極からの微小管と，動原体に局在する細胞質ダイニンの働きによって極方向に引かれていく（後期A）．一方，両極からの微小管が重なり合っている中央部では，キネシンの働きで微小管同士が押し合い，両極間の距離が離れていく（後期B）．終期に入ると染色体は極近傍まで移動が完了し，それを取り囲む核膜が形成される．さらに赤道面の細胞膜直下では，アクチン繊維がリング状に配向した収縮環が形成され，それがミオシンの働きによって収縮し，細胞質がくびれる細胞質分裂が進行し，最終的に2個の娘細胞が生じる．

減数分裂は体細胞分裂と同様に，微小管系による核分裂とアクチン・ミオシン系による細胞質分裂からなるが，染色体の振る舞いが異なる（図3）．体細胞分裂では，対合した姉妹染色分体が分裂期中期に赤道面に並び，それらが後期には分離して両極に分配されていく．それに対し第一減数分裂においては，複製された相同染色体の姉妹染色分体が対合し4本の染色分体（2価染色体）となる．このとき相同染色体の姉妹染色分体が交叉（キアズマ形成）し部分的な乗り換えが行われ，遺伝子レベルでの混合が起こる．そして後期になると相同染色体間の結合が切られ，姉妹染色分体の対がそれぞれ両極に引かれていき娘細胞に分配される（図3点線枠内）で，父方と母方の染色体が混合されることになる．この二つの混合によって遺伝子の多様性が生まれる．第一減数分裂によって生じた娘細胞では核膜は形成されず，合成期も無い．そして第二減数分裂が起こるため，染色体数がnの配偶子が生じる．　［奥野　誠］

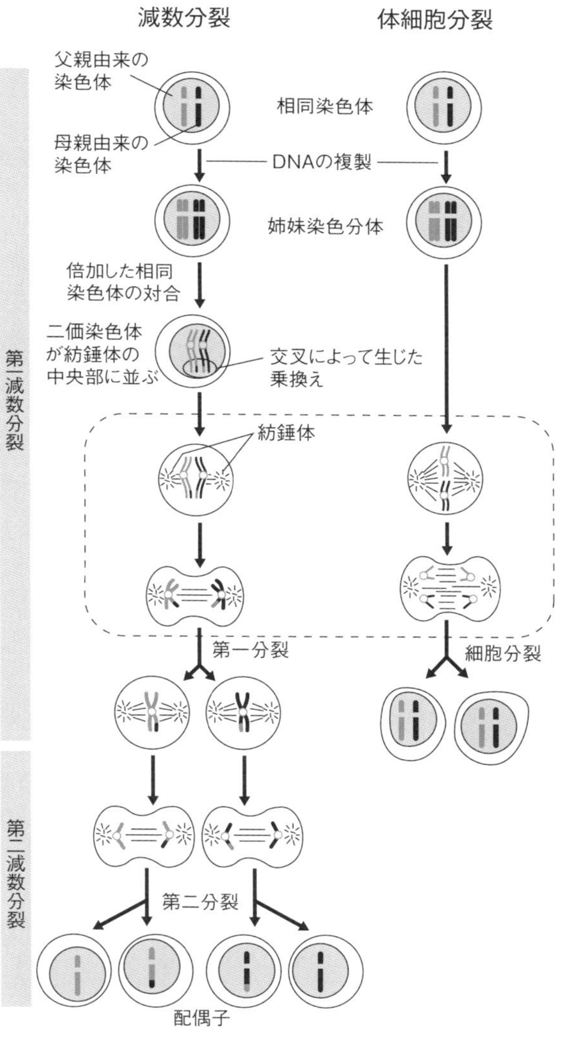

図3　体細胞分裂と減数分裂．結果として染色体数は2nとなるが，第一減数分裂と体細胞分裂は大きく異なり，結果として遺伝子の多様性が生まれる．（出典：東京大学生命科学教科書編集委員会編『理系総合のための生命科学 第4版』羊土社，p.86，図7-5，2018より改変）

細胞質分裂
――細胞が２つに分裂する仕組み

細胞分裂は，S期に倍加したDNAを染色分体として分離させる核分裂と，これらを2つの娘細胞に分配する細胞質分裂の2つの段階で行われる．前者は微小管系，後者はアクチン繊維系が担っている．

●動物細胞は分裂溝の進行によって分裂する　動物細胞は細胞質分裂の際に細胞膜がくびれる．これを分裂溝という．ウニ卵や脊椎動物の培養細胞は全等割し，同等の娘細胞ができる．発生途中の細胞は不等全割（不均等分裂）する場合がある．これは細胞内成分を不均等に分けて異なる性質の細胞をつくる（分化する）ためである．一方，両生類卵やクラゲ卵のような大型の細胞で，かつ植物半球に卵黄が多い「端黄卵」は，動物極から分裂を開始し植物半球に及ぶハート型分裂を行う（図1）．

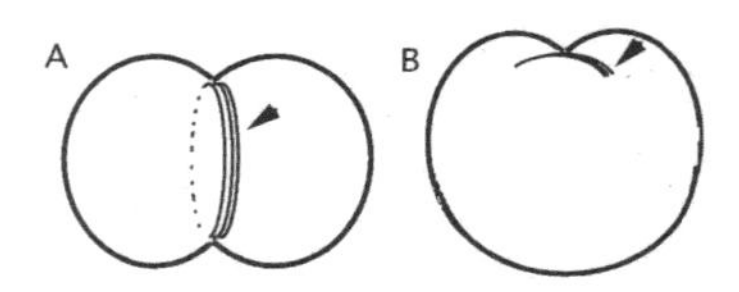

図1　動物細胞の収縮環（矢印）．A：全割タイプ．分裂酵母もこれに属する．B：ハート型分裂．両生類卵はこのタイプ．

子嚢菌類の分裂酵母は動物細胞と同様の分裂をし，後述の収縮環も形成する．この細胞は細胞壁をもち，分裂時には分裂溝の進行に伴い，新たな細胞壁（隔壁）が合成される．酵母の細胞は遺伝学により研究しやすく，分裂変異株が多数分離されているので，動物細胞の細胞質分裂のモデルとして利用されている．一方，高等植物細胞はくびれをつくらず，細胞板を形成して分裂する．

●細胞質分裂は収縮環の収縮によって起こる　1968年，クラゲ卵の分裂溝に微小繊維の束が発見された．その後さまざまな動物細胞の分裂溝に細胞を取り巻く微小繊維束の環が見出され，収縮環（contractile ring）とよばれた．電顕観察によりこれら微小繊維はアクチン繊維と同定された．収縮環アクチン繊維が分裂に働いていることは，ウニ卵にアクチン毒のcytochalasin Bを与えると分裂溝が速やかに戻ること，アクチン繊維を安定化するphalloidinを顕微注入すると分裂が停止することにより示された．一方ミオシン（II型ミオシン）も，そのアクチン活性化ATPase活性を阻害する抗体をヒトデ卵に顕微注入することで，核分裂には働かず細胞質分裂に働くことが示された．

●収縮環の構造　収縮環の微細構造はイモリ卵と分裂酵母について電顕観察された．収縮環アクチン繊維は半数ずつ方向性が逆で束になっている．分裂酵母の収縮環は1000～2000本の繊維の集合で，1本の繊維は平均長0.6μmだが，収縮に伴って短くなり収縮終了時には消失する．イモリ卵の観察では，各繊維は＋端で細胞膜の内側に結合している．さらに複数種のアクチン繊維架橋タンパク質が収縮環を安定化していると考えられている．収縮環のもう1つの主要成分ミオシンは，分裂面にほぼ平行に配向するミオシン繊維として存在する．これらの構造上の特徴（図2）は収縮環の収縮によりアクチン繊維が細胞膜を引っ張って分裂溝を進行させるのに必要である．

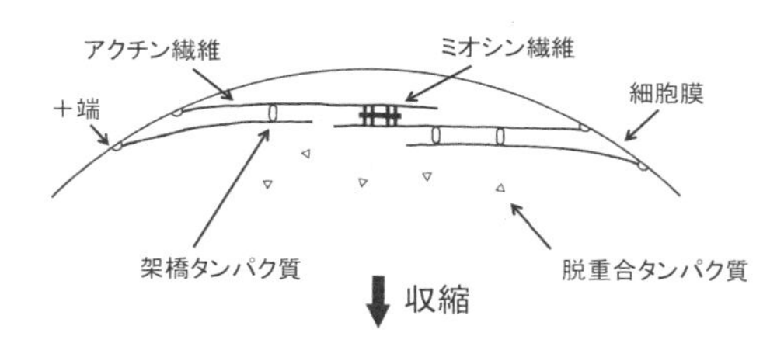

図2　収縮環の構造と収縮

●分裂シグナルの伝達　団勝磨，平本幸男，R. ラパポート（Rappaport）らのウニ卵での研究により細胞質分裂を誘導するシグナルは分裂装置の星状体微小管によって赤道部細胞表層に伝えられることが示された．一方，培養細胞では染色体分離後の中央紡錘体が分裂溝を誘導するという説も提出されている（図3）．また培養細胞と線虫卵ではこれらの2径路があるらしいという報告がある．

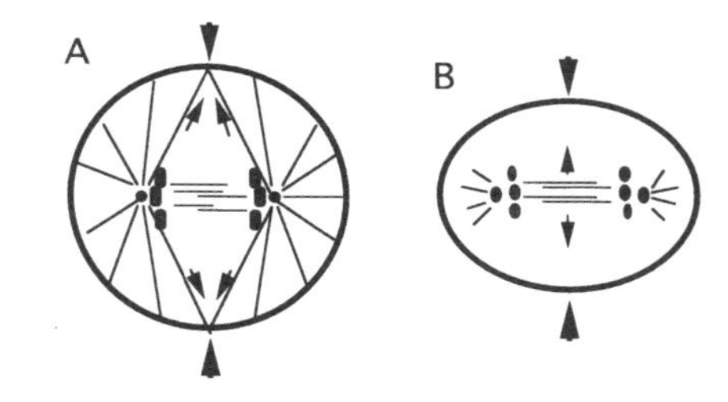

図3　分裂シグナル伝達の様子．A は星状体による伝達，B は中央紡錘体による伝達，細胞外の矢頭は分裂位置を示す

分裂シグナル伝達系については1990年頃，ミオシンのリン酸化が関与していることが示された．ミオシンはリン酸化されると繊維を形成し，その ATPase 活性がアクチンによって活性化される．1993年，カエル卵とウニ卵で低分子量Gタンパク質 Rho が分裂シグナル因子として初めて同定された．その後 Rho 上流の活性化因子を含む複合体が分裂装置微小管を通じて細胞赤道部表層の Rho を活性化し，Rho は下流のキナーゼを活性化してミオシン軽鎖をリン酸化，また Diaphanous/formin を活性化してアクチンを重合させる，という分裂シグナル伝達経路が考えられている．しかしこの経路はすべての細胞にはあてはまらない可能性がある．

●細胞間橋の切断　収縮環は収縮して小さくなり，最後には消失する．2つの娘細胞はしばらくは細い細胞間橋によって連結している．内部には中央紡錘体由来の微小管束が通り，その中央は電子密度が高く midbody とよばれる．細胞間橋が midbody の片側で切断されることで細胞質分裂は完了する．この切断には輸送小胞の集合が関与していると考えられている．

［馬渕一誠］

細胞成長因子
——細胞のコミュニケーションデバイス

多細胞動物個体の発生，成長および老化は，細胞の成長，分化および死滅のバランスの上に成り立っている．ここで，細胞成長とは細胞の体積の増大と数の増加の両方を表し，単に細胞数が増加することは細胞増殖とよばれる．細胞の死滅には，細胞壊死と細胞自殺死（アポトーシス）の2種類があるが，器官の形成および維持には細胞成長と同じくらいに細胞自殺死が重要である．

成長が停止した個体でも細胞は一定不変でいる訳ではなく，一方では増殖するが他方では死滅し，一定の秩序を保ちながら外見上は増減が認められない状態（動的平衡）を維持する．つまり，細胞の成長を促進する仕組みと抑制する仕組みがあって，通常はそれがバランスよく保たれているのである．例えば，体の一部が傷つくと傷口周辺の細胞は増殖し始めるが，元の状態に戻ればやめる．このような細胞の活動を調節する絶妙な仕組みを担う生体物質が存在し，そのおかげで，多細胞動物は個体として活動することができるのである．

●発見の経緯　細胞活動の研究の歴史は顕微鏡と培養法の開発・改良の歴史でもある．組織標本を顕微鏡で観察すると，有糸分裂（体細胞分裂）の最中にある細胞では核が染色体に姿を変え，その様子は細胞分裂像としてとらえられる．有糸分裂を刺激する物質をマイトジェン（分裂促進因子）とよぶ．一方，組織をほぐしてばらばらにした細胞をシャーレなど透明な容器に移して培養する細胞培養法を用いて細胞の形態的および数的変化を詳しく調べることができるようになった．その結果，成長した動物個体の細胞の多くは栄養分が十分に供給されてもそれだけでは増殖することはまれで，ごく微量（10^{-11} ～ 10^{9} mol/L，あるいは μg/ml 以下）で働く刺激因子を必要とすることがわかった．このような調節因子を細胞成長因子（細胞増殖因子），あるいは単に成長因子・増殖因子とよぶ[1]．細胞成長因子は，細胞の成長以外にも多様な活動を正あるいは負に調節し，細胞の生存をも支配することもあるが，逆に細胞の自殺死を誘発することもある．

●細胞成長因子の特徴　細胞成長因子は，ホルモンと同様に，受容体とよばれる細胞中のタンパク質に結合して効果を発揮する細胞間信号伝達分子の一種である．しかし，ホルモンが特定の内分泌器官の細胞で産生された後に全身を血液で運ばれて特定の細胞に作用するのに対して，細胞成長因子は産生された細胞の近傍の細胞に作用する．細胞成長因子はホルモンの調節によって産生されることがあり，例えば，I型インスリン様成長因子は下垂体から分泌される成長ホルモンの刺激を受けて肝臓でつくられる．作用する仕組みによって3種類に分けられる（図1）．1つめは分泌された因子が近傍の別の細胞に働きかける傍分泌，2つめは分泌された因子が因子を産生した細胞自身に作用する自己分泌，そして3つめは因子が細胞から分泌されずに細胞表面に結合した状態で隣り合う細胞表面の受容体に作用する接触刺激である．

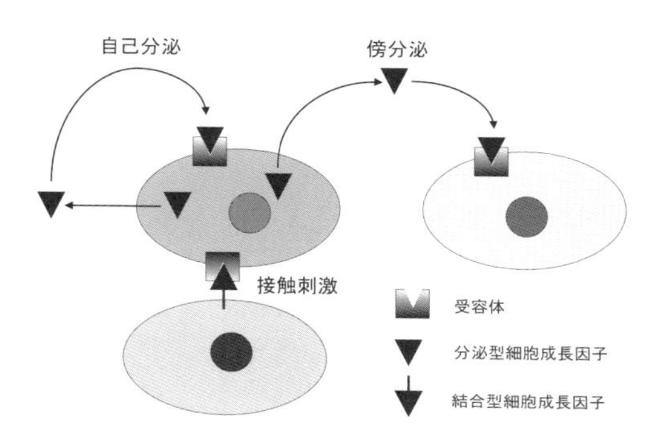

図1　細胞成長因子の作用様式（金澤卓弥，原図）

●細胞成長因子の種類　個々の名称は，例えば神経成長因子など，作用する細胞名に由来するものや，血小板由来成長因子など，産生する細胞名がもとになっているものや，単に発見順に番号を付したものなどがある．特に血球系・免疫系に働く因子として発見された因子群をサイトカインとよぶ．しかし後に，他の種類の細胞にも作用することや，他の細胞でもつくられることがわかった．同様に，形質転換成長因子は腫瘍細胞特有の因子と考えられたが，後に正常な細胞にも作用することがわかった．細胞成長因子はそれ自身の分子構造の特徴と類似性によってグループ（ファミリーとよぶ）に分けられ，血小板由来成長因子（PDGF）ファミリー，表皮成長因子（EGF）ファミリー，線維芽細胞成長因子（FGF）ファミリー，インシュリン様成長因子（IGF）ファミリー，形質転換成長因子（TGF）ファミリー，などがある．同一のファミリーに属する因子は，共通の祖先タンパク質をコードする遺伝子が重複・変異して派生したと考えられる．受容体も分子構造の類似性や対応する細胞内信号伝達分子によって，チロシンキナーゼ型，Gタンパク質結合型，タンパク質キナーゼC型，イノシトールキナーゼ型，サイトカイン型，セリンスレオニンキナーゼ型，など分類される．

●細胞成長因子の異常と病気　細胞成長因子の働きの異常は，細胞の増殖・分化の異常に結びつく．癌では，細胞成長因子の産生または受容体から細胞内信号伝達系に異常をきたし，細胞の動的平衡が破綻した状態になる．また，細胞成長を抑制する因子もあり，一例として，ダブルマッスルとよばれる病的な筋肉隆々の表現形を示すミオスタチン異常がウシで知られている．ミオスタチンは本来，骨格筋のもとになる筋芽細胞の成長を制御する成長分化因子の一種であるが，ダブルマッスルウシでは，コードする遺伝子に変異が生じて本来の働きを失っていて，筋芽細胞が成長し過ぎて骨格筋が異常に発達する．マウスでもミオスタチン遺伝子をノックアウトすると，同様に骨格筋の過剰な発達が表れる．　［金澤卓弥］

参考文献

［1］ 日本組織培養学会編『細胞成長因子 part II』朝倉書店，1987

染色体

色のつきやすいものというギリシャ語由来の名のとおり，染色体は酢酸カーミンなどの塩基性の色素でよく染まる．ヘマトキシリン・エオシン染色法はヘマトキシリンが核をエオシンが細胞質を染め分ける．また，バンドパターンを生ずる色素を用いると，個々の染色体中でのおおよその遺伝子分布の特徴を知ることも可能である．Q 染色はキナクリンマスタードによる蛍光染色法で，AT 塩基対の豊富な領域に特有の染色バンドが表れる．同様なバンドパターンはヘキスト 33258, DAPI などによる蛍光染色でも見られる．またギムザ液（エオシン, アズール B を含む）による染色法は G 染色とよばれる．最近では蛍光標識された DNA クローンをプローブとして用いた蛍光 *in situ* ハイブリダイゼーション法により，遺伝子座を特定する FISH 法などもある．

狭義の染色体は真核生物の細胞周期の分裂期に出現する DNA と核タンパク質からなる棒状の構造体をさす．これは間期に入ると光学顕微鏡でははっきりとはとらえられない糸状になり，クロマチン（染色糸）とよばれる．しかしこのような形態の違いに関係なく，ゲノム DNA と核タンパク質の複合体をさす場合も多い．さらに，原核生物やウイルスのゲノムなども含めて用いられる場合もある．

●染色体の構造（図 1）　ヒトでは細胞あたりの DNA 二重らせん鎖の総延長は 2 m にもなる．クロマチンの基本構造は，DNA 二重らせんが八量体からなるヒストンタンパク質（コア粒子）に 146bp で 1.65 回巻き付いたヌクレオソームと，ヌクレオソーム間のリンカーが繰り返される，直径がほぼ 10 nm の繊維状構造である．これはさらに折りたたまれて凝縮すると, 直径 30 nm ほどの太い繊維（30 nm 繊維構造）を形成する．クロマチンの凝集の程度が低い場所は遺伝子の転写が活発な領域で，ユークロマチンとよばれ，凝集程度が高い領域は転写活性が低く，ヘテロクロマチンとよばれる．クロマチンの構造は動的なもので，ヒストンの化学修飾などによって複雑に調節されている．細胞分裂期になると，クロマチンはさらに折りたたまれて，狭義の染色体となる．

体細胞の細胞分裂期に出現する染色体は，分裂期中期までは X 字型になっている．これは S 期に複製されて 2 本になった染色体（姉妹染色分体）が，セントロメア領域で結合しているためである．この領域には微小管と結合するタンパク質などが集合し，キネトコアとよばれる構造がつくられている．キネトコアは微小管と結合することで，分裂時の染色体移動に重要な役割をはたす．セントロメアを境界にして，染色体の長い方を長腕，短い方を短腕とよぶ．

姉妹染色分体の結合にはコヒーシンとよばれるタンパク質が関与している．これは細胞分裂後期になるとセパラーゼによって切断され，分離された姉妹染色分体は紡錘体微小管によって両極に分かれていく．

表1　動物の染色体数，ゲノムサイズ，遺伝子数

動物種	染色体数(2n)	ゲノムサイズ(Mbp)	遺伝子数
線虫	12	103	20000
ショウジョウバエ	8	180	14700
カタユウレイボヤ	28	160	16000
トラフグ	44	393	21000
マウス	40	2600	22000
ヒト	46	3200	22000

染色体において，ある遺伝子が占める位置を遺伝子座とよぶ．しかし染色体の遺伝子領域は非常に少ない．ヒトでは転写領域は核の全DNAの28%で，タンパク質をコードしているエクソンはわずか2%にすぎない．残りの98%はジャンクDNAとよばれていたが，さまざまな機能をもつことが近年わかってきている．

真核生物のDNAは直鎖で，末端をもつ．そして染色体の両端にはテロメアとよばれる特徴的な繰り返し配列をもつDNAと，さまざまなタンパク質複合体からなる構造がある．これはDNAの分解などを保護する働きをするが，幹細胞やがん細胞以外は細胞分裂のたびに短縮するので，細胞分裂の回数を規定し細胞の老化に関係していると考えられている．

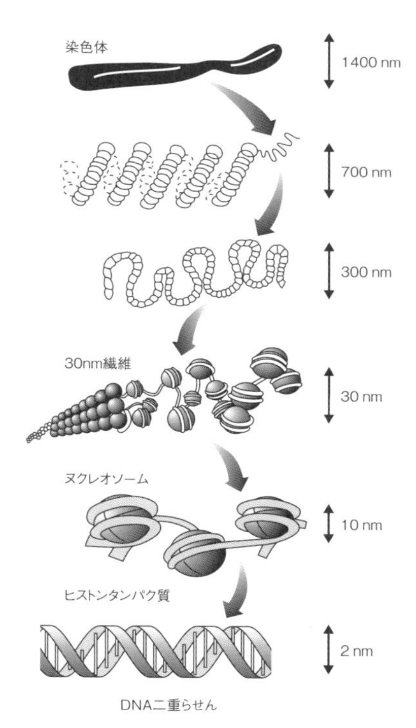

図1　染色体とDNAの関係（ケイン生物学から改変）

●ゲノムと染色体　ある生物種においてその生物種たらしめるのに必要最小限の遺伝子セットをゲノムとよぶ．真核生物では核内の染色体についてさす場合が多く，ミトコンドリアや色素体と区別する場合は核ゲノムとよぶ．生物種に固有な染色体の構成を，細胞分裂期にみられる形態や，本数などで示したものを核型とよぶ．

一般に動物など2倍体生物の体細胞は相同染色体をもっているため，2セットのゲノムをもっていることになるので2n（nは染色体数の半分）と表す．生殖細胞は一般に1セットをもっている（n）．

［奥野　誠］

細胞老化とテロメア
——テロメア長は細胞老化を制御する

テロメアはその語源がギリシャ語で「末端」を意味するように，真核生物の染色体末端に位置する構造でゲノムDNAを保護する働きを担う．テロメアで直鎖状の染色体の端を覆うことで，染色体の末端を損傷部位と区別しDNA修復・組換え・末端結合が起きるのを防止する．テロメアの主要構成因子は，短い反復配列（ヒトの場合はTTAGGG）が直列に並んだDNAとそれに結合するタンパク質群である（図1）．テロメアの長さは動的で，細胞分裂にともなう短縮とテロメラーゼによる伸長を繰り返す．テロメラーゼの働きが不十分になるなどの理由でテロメアの短縮と伸長とのバランスが破綻し，テロメアが一定長より短くなると細胞は不可逆的に細胞周期の停止をする．この状態を細胞老化とよぶ．2009年のノーベル生理学医学賞は，「染色体を保護するテロメアとその維持にかかわる酵素テロメラーゼの発見」という研究課題で，E. H. ブラックバーン（Blackburn），C.W. グライダー（Greider），J. W. ショスタク（Szostak）の3人に授与された．

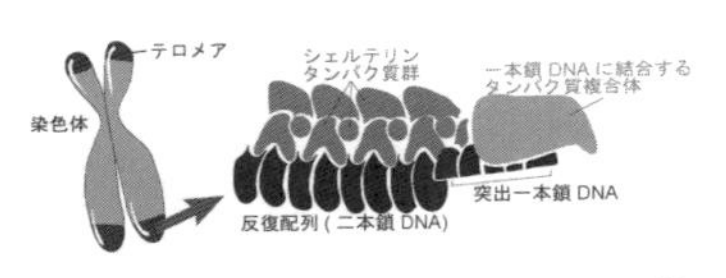

図1　テロメアの構造．テロメアは染色体の末端に位置し，短い反復配列と保護的役割を担うシェルテリンからなる．テロメア端の突出一本鎖DNAにはさらなる保護タンパク質複合体が結合している

●テロメア短縮　細胞分裂に際してゲノムDNAはDNAポリメラーゼによって複製される．DNAポリメラーゼが複製を開始するためには開始点の上流に核酸の断片（RNAプライマー）が必要である．複製が完了するとRNAプライマーは除去されるため，結果として複製されたDNAは元のゲノムDNAよりプライマーの長さの分短くなる（末端複製問題）．すなわち細胞が分裂するたびに染色体の端にあるテロメアは短くなる．さらにテロメアは，ヌクレアーゼによる分解・酸化ストレスなどの化学的損傷・DNA複製のストレスなどによっても短縮する．

●テロメラーゼによるテロメア伸長　短縮したテロメアを修復する主な機構としてリボ核タンパク質のテロメラーゼによるテロメア配列の伸長がある．グライダーとブラックバーンはテトラヒメナの細胞抽出液中からテロメアDNAを合成する酵素としてテロメラーゼを見出した．テロメラーゼはテロメア配列の鋳型となるRNAと逆転写酵素からなり，テロメア反復配列を合成しその長さを調節できる．テロメラーゼの活性は生物種や細胞種によって異なるが，多くのヒト体細胞ではテロメラーゼの量や活性は限定的であり，テロメアの長さは生涯を通じて短くなる．実際，L. ヘイフリック（Hayflick）はヒト線維芽細胞の培養では分裂回数に制限がありおよそ50回分裂後に増殖が止まることを見出した．この現象はヘイフリック限界とよばれ，ヘイフリック限界がおとずれた細胞ではテロメアが短縮していることが判明している．一方，生殖細胞や造血性幹細胞や腸絨毛幹細胞などの幹細胞ではテロメラーゼが豊富に存在している．テロメラーゼをテロメアへとリクルートするのはテロメアの構成因子であるシェルテリンとよばれるタンパク質である．シェルテリンはテロメラーゼを抑える働きも担い，さらにDNA修復タンパク質群とテロメアの相互作用を介在する．すなわちテロメア伸長には厳密に制御されたシェルテリンの働きが重要である．

●テロメアと疾患　テロメア短縮は細胞老化を引き起こすが，細胞老化はさまざまな疾患の原因となり個体の老化へとつながる．テロメラーゼの構成因子やテロメア保護因子を欠損しているマウスでは，テロメアが一定長より短くなると老化が促進することが報告されている．またヒトでは遺伝性のテロメア症候群が知られており，現在のところ原因遺伝子としてテロメアの構成要素やテロメア結合タンパク質をコードする遺伝子など11遺伝子が関連づけられている．これらの多くのケースにおいて生体内で短いテロメアが観察されており，病態や病気の分類は多岐にわたるが免疫低下，循環器疾患，肺繊維化，糖尿病，認知機能低下などの加齢にともなって観察される症状が現れる．以上のようにテロメアは老化を引き起こす主原因である．最近ではテロメアを循環器異常などの老化にともなう疾患群の予後を知らせるバイオマーカーや寿命マーカーとして利用することが提唱されている．ヒトにおいても疫学研究が遂行されテロメア長と生存時間についての相関が得られつつあるが，テロメア長の計測手法に関してはさらなる改善が求められている．

●がんにおけるテロメア　テロメア短縮は多くの疾患を罹患するリスクを高めるが，その治療法としてテロメアを安定に保つよう操作することはがんのリスクを高めるため慎重を期す必要がある．ヒト悪性腫瘍の85～90%では，がん細胞のテロメラーゼが正常細胞より活性化しており，長いテロメアが観察されることが多い．またテロメラーゼの触媒サブユニットTERT遺伝子のプロモーター変異は多様ながんに付随する．さらにはさまざまなコホート研究において白血球テロメア長が長い集団ではがん発症のリスクが上昇することが報告されている．このようにテロメアの安定性とがんには密接な関係があることが判明しており，テロメア・テロメラーゼを分子標的としたがんの治療法が模索されている．　［佐久間知佐子］

📖参考文献

[1] Blackburn E,H. et al., "Human Telomere Biology: A Contributory and Interactive Factor in Aging, Disease Risks, and Protection", *Science*, 2015

[2] Shay J. W., Role of Telomeres and Telomerase in Aging and Cancer, *Cancer Discovery* 6, 584–93, 2016

[3] Bar C. and Blasco M.A. "Telomeres and Telomerase as Therapeutic Targets to Prevent and Treat Age-related Diseases", *F1000 research* 5: 89, 2016

アポトーシス──プログラムされた細胞の「死」

私達の体を形づくる細胞は活発に分裂，増殖する一方で，毎日大量の細胞が死に失われている．細胞死機能の異常はがんや，自己免疫疾患，神経変性疾患などさまざまな病気に関与しており，不要になった細胞や，正常な機能を失った危険な細胞が細胞死というプロセスを経て速やかに除去されることは生物の形づくりや生物が正常な機能を維持して生きていくためになくてはならない重要な生命機能である．

●アポトーシスの発見　細胞が死にゆく過程は多様であり，その形態学的な変化やどのような遺伝子プログラムが関与するかによって区別されている．その1つは熱や物理的損傷などの外傷により細胞が壊れてしまう「事故的細胞死」である．もう1つは細胞が内在的に備える，死を実行するため遺伝子プログラムを発動させ死にいたる「制御された細胞死」である．1972年，J. F. カー（Kerr）らは，生体で観察される細胞死の中でも細胞の壊死とは異なり，形態学的な特徴のある細胞死が存在することを見出した．そしてその様子を葉が枝から離れ落ちる様子と重ね合わせ，ギリシャ語の落葉（アポ［apo，離れる］，トーシス［ptosis，下降する］）を語源としてアポトーシス（apoptosis）と名付けた．アポトーシスする過程では細胞内小器官は正常な形を保ちながら細胞は急速に縮小し，核が萎縮，断片化し，DNAもヌクレオソーム単位で切断される．また細胞膜が変性し，細胞に水泡状のくびれが複数生じ，最終的にはアポトーシス小体とよばれる球状の小体に分かれて断片化する．アポトーシス小体は近隣細胞やマクロファージといった細胞に速やかに貪食され，消滅する．

●アポトーシス実行の遺伝子プログラム　アポトーシスは元来，その形態学的な特徴から分類された言葉ではあるが，その後，生物種を越えてアポトーシスの過程ではある決まった遺伝子プログラムが共通して発動し，細胞は死にいたることがわかった．このアポトーシスを担う遺伝子プログラムの解明にブレイクスルーを起こしたのが線虫を用いた遺伝学実験である．線虫の発生過程では，必ず決まった細胞系譜から1090個の細胞が生まれ131個の細胞が死んでいくことが記述されており，特に，神経系において細胞が死んでいく．H. R. ホロビッツ（Horvitz）らは細胞死が抑制される遺伝子変異体として*ced-3*や*ced-4*（*ced*：*cell death abnormal*），またこれらの遺伝子機能を抑制する遺伝子*ced-9*を同定した．その後，これらの遺伝子は哺乳類まで高度に保存され，アポトーシス実行プログラムの中心的役割を担うことがわかった．Ced-3はカスパーゼ（Caspase），Ced-4はカスパーゼの活性化に働くApaf-1，Ced-9はアポトーシス抑制活性を有するがん遺伝子Bcl-2ファミリーに相当する．カスパーゼはシステインプロテアーゼとよばれる酵素であり，細胞の生死を決定するさまざまな蛋白質を切断してアポトーシスを実行する．ホロビッツらは，特定の細胞が特定の時期に死ぬための内在的な遺伝子プログラムを備えることを線虫の遺伝学実験から示し，その功績から2002年にノーベル生理学賞をS. ブレナー，J. E. サルストンと共同受賞している．

●アポトーシスの検出　アポトーシスの検出には活性化型のカスパーゼを検出する抗体やDNAの断片化を指標とする染色手法が用いられている．体の中のどこで細胞死が起こっているかを見るためには，細胞や組織を固定し写真のスナップショットのような状態で標本にして染色する．しかしながら，アポトーシスの大きな特徴として，速やかに貪食され体から消滅してしまうことから，このような古典的な実験手法では実際の生きた個体で起こっている細胞死をすべてとらえることは難しい．近年では緑色蛍光タンパク質GFP（Green Fluorescent Protein）などを応用した高感度，かつリアルタイムで細胞死シグナルの活性を測定できる蛍光プローブの開発が進み，従来のような固定方法を用いず，生きた個体をできるだけ自然に近い状態で維持しながら顕微鏡下でライブイメージング観察する技術が大きく進歩したことで，アポトーシスがよりダイナミックな現象であり，生き物が生きるうえで，積極的な意味をもつ死としてとらえられるようになった．

●アポトーシスの役割　生物の形づくりの過程において，不必要になった組織や器官を除去する際，アポトーシスが機能する．例えば，カエルの変態ではオタマジャクシの尾が速やかに消失する過程や，胎児の手にみられる水かきが成長とともに消失し5本の指からなる手が形づくられる過程があげられる．このようにアポトーシスは生物の発生過程，そして恒常性を維持するうえでさまざまな細胞種，そしてさまざまな時期に観察される．特に発生過程の神経組織において多くの細胞がアポトーシスによって除去される．その重要性はカスパーゼの活性化が起きないように遺伝子操作をしたマウスやショウジョウバエ個体では，中枢神経系の発生過程に形態異常が観察され，個体死にいたることからも明らかである．しかしながら生き物はなぜわざわざ多くの細胞をつくり出し，そして死によって取り除くという一見むだであるような手段を使っているのだろうか．細胞死は神経細胞が誕生し，分化し，そして機能的な神経回路を形成するというさまざまな発生段階で起こっている．神経細胞への分化過程でDNAに異常が生じた細胞や適切でない場所や時期に誕生してしまった神経細胞を取り除くため，また神経回路をつくる段階では，適切な標的細胞にたどり着いた細胞は栄養因子を得て生き残ることができる一方で，標的細胞とマッチングできなかった細胞を取り除くために細胞死が使われている．自分のあとを残さずに静かに体から消えていくアポトーシス細胞は，死にゆく過程でまわりの生き残った細胞に積極的に増殖を誘導するシグナルを送り細胞数を調整するなど，頑強な生き物の形づくり，そして病気にならないための組織や細胞の機能維持に積極的に働いている．　［古藤日子］

がん細胞——生態の秩序に従わず増殖する細胞

がん細胞は，もともと体を構成する正常な細胞であったものが，複数の変化を経て体のなかの秩序に反して増殖し続けるようになったものである．がん細胞が体の中で増えてしまうと，体の臓器の本来の機能を邪魔するため，結果として個体の生存を脅かす．がん細胞の性質を研究することにより，正常な細胞における増殖の制御，DNA の修復，エラーを生じた細胞の排除といった多細胞生物を成立させるために必要な秩序やそれを維持するためのメカニズムが明らかにされてきた．

●秩序に従わない増殖　多細胞生物の体のなかには多数の種類の細胞が存在しており，これらがそれぞれの役目を正確にはたすことにより，多細胞生物は単細胞生物に比べてさまざまな高度な機能を備えている．それぞれの種類の細胞の数は適切に保たれている必要があり，細胞が増殖するタイミング，場所，量は厳密に制御されている．例えば，細胞成長因子（☞「細胞成長因子」参照）は細胞増殖を制御する重要な因子であり，体の中では適切なタイミングに適切な場所で適切な量の細胞成長因子が産生されている．また体の多くの部分では，細胞同士が接着したシート構造が形成されている．細胞は接着を介して周囲の細胞の密度を感知することができ，細胞の数が十分な場合にはそれ以上増殖しない．これに対し，がん細胞では細胞の増殖の制御にかかわる遺伝子に変異が生じた結果，細胞成長因子がないときや周囲の細胞の密度が十分な場合にも細胞の増殖が継続する．また正常な細胞では細胞分裂のたびに染色体末端のテロメアを短縮させ，テロメアの長さをチェックする機構により一定の回数以上の細胞分裂が起こらないようになっているが（☞「細胞老化とテロメア」参照），がん細胞ではテロメアが短縮しても細胞分裂が可能である，あるいは細胞分裂の際にテロメアの短縮が起こらない変化が起きている．

●エラーを生じた細胞の排除システムの破綻　DNA の変異は，通常の細胞分裂の際に DNA を複製する過程や，紫外線や喫煙などの物理的あるいは化学的な刺激が細胞に加わることによって生じる．正常な細胞はこのような DNA の変異を修復するシステムをもっており（☞「DNA 修復」参照），また修復が十分にできない場合にはこのような細胞はアポトーシスにより組織から排除される（☞「アポトーシス」参照）．がん細胞は細胞増殖の制御の異常に加えて，このようなエラー修正および除去にシステムにも異常が生じており，その結果としてがん細胞の集団は組織に残る．がん細胞が上皮組織から生じた場合，この時点ではがん細胞集団は体の中のひとつの場所に塊として存在しており，外科的な切除などにより体から取り除きやすく良性腫瘍とよばれる.

●転移能の獲得と血管新生　さらに時間が経過すると, がん細胞集団の中から, 集団を離れて血管やリンパ管に入ることで体の中を巡り, 他の臓器に侵入して増殖を継続するものが出てくる. これは転移とよばれ, これにより体のさまざまな組織でがん細胞が増殖することになる. このような体のさまざまな部位に存在するがん細胞は外科的な切除により除去することが難しく, 悪性とよばれる. また, がん細胞集団が塊として大きくなるためには, 血液から十分な酸素と栄養分を得ることが必要である. がん細胞の集団はみずからのまわりに血管の新生を誘導するタンパク質を産生する. これにより血管ががん細胞の塊のまわりや内部につくられ, がん細胞はさらに増殖する. つくられた新生血管は栄養分と酸素の供給を助けるだけでなく, がん細胞が転移するための通路にもなる.

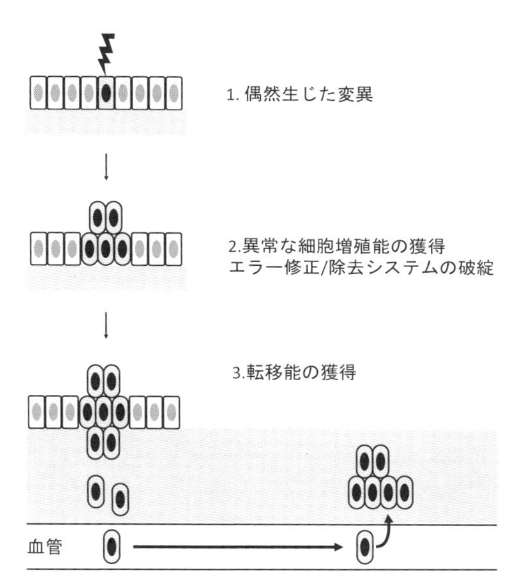

図1　がん細胞の出現, 増殖, 転移

●がんの治療法　がんの治療ではがん細胞を体から除去することを目指す. そのひとつは前述した外科的な切除である. 外科的な切除が難しい場合には, がん細胞ではDNAの修復が行われにくい点を利用して, 放射線治療や化学療法によりがん細胞に積極的に障害を与え死滅させる. しかしこの方法は正常な細胞に対しても影響するため, 副作用が問題である. 近年の研究により, 特定のがん細胞については正常細胞との違いがさらに明確になり, これらに着目してがん細胞を攻撃する抗体医薬などが治療に使われるようになってきた. 例えば, 乳がんの約25%は細胞の表面にHer2タンパク質を非常に多く発現しており, Her2はがん細胞の増殖能を高めている. Her2に結合してがん細胞の増殖を抑える抗体が治療用として使われ始めており効果を発揮している. がん細胞の種類は多いため, それぞれのがんに対して正常な細胞には影響の少ない治療法を開発することを目指して, さらなる研究が行われている.　［野々村恵子］

📖 参考文献

［1］ アルバーツ, B. 他『細胞の分子生物学』第6版, 中村桂子・松原謙一監訳, Newton Press, pp. 1091–1144, 2017

カルシウムと細胞機能
——Ca^{2+}の多才で器用な働き

カルシウムは，脊椎動物の骨や軟体動物の貝殻などの主成分として，動物の体の支持に役立っているというイメージが強いかもしれない．実は，カルシウムは2価の陽イオン（Ca^{2+}）としてすべての細胞の内外に含まれており，情報伝達におけるセカンドメッセンジャーとして，あらゆる生命現象の制御にかかわっている．

●細胞内のCa^{2+}濃度　細胞内の細胞質基質におけるCa^{2+}濃度は，通常は10^{-7} M（100nM）程度であり，細胞外（mMオーダー）に比べ，1万倍以上低く保たれている．これは，細胞膜や小胞体膜などに存在するCa^{2+}ポンプ（ATPの加水分解によって，Ca^{2+}を汲みだし，H^+を汲み入れる）やNa^+-Ca^{2+}交換体（Na^+を汲み入れる力を利用して，Ca^{2+}を汲みだす）などの膜タンパク質，細胞質基質に存在する種々のCa^{2+}結合タンパク質などの働きによる．一方，細胞内の主要なCa^{2+}貯蔵庫である小胞体の内腔には，低親和性で高容量のカルレティキュリンなどのCa^{2+}結合タンパク質が存在し，細胞外に匹敵するCa^{2+}濃度を可能にしている．また，ミトコンドリアなど他の細胞小器官にもCa^{2+}を保持する能力がある．

●Ca^{2+}濃度の上昇　何らかの刺激を受け取った細胞では，細胞質基質のCa^{2+}濃度が通常の数倍から数十倍程度にまで一時的に上昇する．これは主に細胞膜や小胞体膜に存在するCa^{2+}チャネルが開き，濃度差に従ってCa^{2+}が細胞質基質に入ってくることによる．細胞膜のCa^{2+}チャネルには，膜電位の上昇（脱分極），特定の物質の結合，機械的刺激，小胞体内のCa^{2+}の枯渇で開くものなどが知られている．また，小胞体膜のCa^{2+}チャネルには，イノシトール3リン酸（IP_3）の結合で開くIP_3レセプターやサイクリックADPリボースの結合で開くリアノジンレセプターなどがある．Ca^{2+}上昇は，局所的な上昇で終わる場合，細胞全体に広がる場合，細胞を越えて組織全体に広がる場合など，さまざまな空間的パターンを示す．また．時間的にも，0.1秒間も続かずに消えてしまう場合，数分間以上持続する場合，周期的に上昇と下降を繰り返す場合など，さまざまである．

●Ca^{2+}結合タンパク質の作用　細胞質基質のCa^{2+}濃度が上昇すると，Ca^{2+}はいろいろなCa^{2+}結合タンパク質と結合し，それらの高次構造を変化させ，活性を変化させる．筋収縮のストッパーとして働くトロポニン，タンパク質分解酵素であるカルパイン，細胞同士の接着に寄与するカドヘリン，開口分泌のセンサーとして働くシナプトタグミンなど，Ca^{2+}結合タンパク質は多岐にわたる．カルモジュリンは，Ca^{2+}と結合すると，単独ではCa^{2+}と結合できないタンパク質，例えばCaMKIIのようなタンパク質キナーゼやカルシニューリンのようなタンパク質ホスファターゼなどの活性を変化させる．また，IP_3レセプターやリアノジン

レセプターにも Ca^{2+} 感受性があり，時空間的に多様な Ca^{2+} 上昇が起こる一因となっている．

●細胞機能の制御　細胞に生じた Ca^{2+} 上昇の大きさや時空間的パターンが異なると，異なる Ca^{2+} 結合タンパク質が活性化されるため，同じ細胞でも異なる応答が可能になる．Ca^{2+} 上昇によって制御される細胞機能には，卵活性化，細胞増殖，細胞分化，細胞接着，神経伝達，記憶・学習，筋収縮，繊毛・鞭毛運動，酵素分泌，そして細胞死などがあり，「Ca^{2+} 上昇はすべての細胞機能にかかわっている」といっても過言ではない．また，動物ごとにそれぞれユニークな仕組みもみられる．以下に，いくつかの例を示す．

①卵活性化　クラゲから哺乳類にいたるあらゆる動物において，精子を受容した卵は，細胞全体に広がる大きな Ca^{2+} 上昇を示す．これにより，卵は停止していた細胞周期を再開し，個体への発生を開始する．また，多くの動物では，Ca^{2+} 上昇は卵の表層粒の開口分泌を誘起し，卵膜の物理的・化学的性質を変化させて多精拒否や胚の保護を実現している．ショウジョウバエでは，精子受容とは無関係に，排卵時の機械的刺激が卵の Ca^{2+} 上昇と活性化を引き起こす．この仕組みにより，昆虫などでは単為生殖が可能になっていると考えられる．

②神経伝達　化学シナプスにおいて，興奮を伝える側のニューロン（シナプス前細胞）の末端では，脱分極によって細胞膜の Ca^{2+} チャネルが開き，局所的に生じた Ca^{2+} 上昇によって，神経伝達物質を含んだシナプス小胞の開口分泌が起こる．この神経伝達物質を次のニューロン（シナプス後細胞）の受容体が受け取り，興奮が伝わっていく．シナプスの伝達効率は可塑的に変化し，これが記憶や学習の基盤をなすと考えられているが，ここにも Ca^{2+} 上昇が関与する．哺乳類の脳の海馬などでは，強く持続的な興奮によって，シナプス後細胞で閾値を超える Ca^{2+} 上昇が生じると，神経伝達物質の受容体の数や活動性が増加し，伝達効率があがる．逆に伝達効率が下がるときにも，Ca^{2+} 上昇が関与している．線虫では，1つのニューロンが単独で記憶を形成できるとされているが，ここでも Ca^{2+} 依存的な経路の重要性が示唆されている．

③筋収縮　刺激を受けた筋細胞では，Ca^{2+} 上昇がアクチンとミオシンの相互作用を可能にし，ATP 依存的な滑り運動による収縮をもたらす．増加した Ca^{2+} は，Ca^{2+} ポンプによりすぐに回収されるが，このときにも ATP が消費される．このため，骨格筋などで筋収縮を持続させるには，多くのエネルギーが必要になる．一方，二枚貝の閉殻筋（いわゆる貝柱）には，骨格筋のほかに，キャッチ筋とよばれる平滑筋の一種が存在する．キャッチ筋でも，Ca^{2+} 上昇によってアクチンとミオシンの滑り運動が開始されるが，トゥイッチンというタンパク質により，Ca^{2+} がなくなった後も両者を収縮状態に固定できると考えられている．この仕組みにより，二枚貝は省エネで2枚の殻を強く閉じ続けることができる．［出口竜作］

ヒートショックと温度センサー
——細胞が感じる暑さ・寒さ

動物のからだを形づくる細胞は，高温，低温，紫外線や低酸素といったさまざまな環境ストレスに応答し，細胞活動や生命に大きな影響を受けないように身を守るシステムを備えている．このシステムが正常に機能するためには，これらの環境ストレスを敏感に感知する受容体（センサー）と，受容体からのシグナル伝達に応じて細胞内でつくられるタンパク質が正しく働く必要がある．

環境ストレスの中でも，高熱刺激が与える影響をヒートショックとよび，細胞の反応について多くのことがわかっている．「暑い / 熱い」という刺激を感知し，個体の体温が上昇し過ぎてしまうことや，高温によって体内のタンパク質が変性してしまうこと，皮膚の障害が起こることなどを防ぐ応答をすることは生命を維持するうえで非常に大切である．

なお，近年，急激な外気温の変化によって身体が受ける負担（例えば，冬場に暖かい部屋から寒い廊下へ移動することで起こる血圧や脈拍の変動．場合によっては深刻な循環器疾患や死を引き起こすことがあるとされる．）を「ヒートショック」とよぶことがあるが，ここで述べるヒートショックは細胞に対する高熱刺激を意味しており，異なる概念であることに留意されたい．

● HSP の種類と役割　高温にさらされると体内で細胞を守るタンパク質がつくられることが初めてわかったのはショウジョウバエを用いた実験であった．現在では，ヒトから細菌にいたるまで多くの生物でこのようなタンパク質が存在することが知られており，ヒートショックタンパク質（HSP）とよばれている．HSP はその大きさによって HSP70 や HSP90 といった名前が付けられており，それぞれ 70 kDa（キロダルトン：分子の質量を表す単位），90 kDa の分子という意味である．HSP は哺乳類では体温が 41℃ 以上になると発現する．また，その名称から熱刺激に対してのみつくられるかのように思われがちであるが，温度以外の活性酸素や紫外線といったストレスに対しても発現し，ストレスから細胞を守っている．

HSP は種類によって，細胞質，核，小胞体，ミトコンドリアなど細胞内のさまざまな場所で発現することが知られている．主な役割は，ストレスの影響で正しく組み立てられなかったタンパク質を修復することである．このようにタンパク質の組み立て（フォールディング）を制御し，つくられるタンパク質の「品質管理」を行う分子を分子シャペロン（シャペロンとは社交界デビューする若い令嬢に付き添う年配の女性を意味する）とよぶ．なお，変性がひどく，HSP によってもフォールディングが正しく修復されなかったタンパク質はユビキチンの働き

表1　温度を感じる受容体

名称	活性化される温度	温度以外に活性化する刺激
TRPV1	43℃＜	カプサイシン，アリシン
TRPV2	52℃＜	機械刺激
TRPV3	32 － 39℃＜	メントール
TRPV4	27 － 35℃＜	
TRPA1	＜17℃	アリルイソチオシアネート，アリシン
TRPM8	＜25 － 28℃	メントール

TRP チャネルにはさまざまな種類があり，それぞれ活性化される温度域が異なる．また，これらの受容体は温度以外の刺激によっても活性化される．カプサイシン，アリシン，アリルイソチオシアネートはそれぞれトウガラシ，ニンニク，ワサビの辛味成分である．（活性化温度は報告によって多少異なる）

によって分解され，細胞から除かれる．このような仕組みのおかげで，動物のからだはストレス下にあっても正常に機能できるのである．

HSP は分子シャペロンとしての機能のほかにも，細胞のアポトーシス耐性獲得や免疫応答，細胞内タンパク質輸送などにも関与しているという報告があり，近年は，病気の治療法を開発するうえでのターゲットとしても注目されている．

●温度を感じる受容体　このように細胞にはストレスに応答して自身を守る機能が備わっていることがわかったが，では，どのようにしてストレス刺激が細胞内に伝わるのであろうか．

温度を感知するのは，TRP チャネルとよばれる受容体のグループである．このグループには温度に応じて反応するさまざまな受容体が存在し（表1），皮膚や感覚神経だけではなく，脳や肺，胃，腎臓といった内臓にも発現している．これらの受容体は，刺激に応じて開いたり閉じたりするチャネルとよばれる構造をしており，特定の温度を感じると開いて，細胞のなかにカルシウムイオンなどを流し込む．細胞内のカルシウム濃度があがると，さまざまな下流の反応が引き起こされ，最終的に HSP などの温度に反応するタンパク質が発現する．なお，HSP は約 40℃以上の高温に反応して発現するが，25 ～ 35℃の環境で細胞が発現するコールドショックプロテインも存在する．

TRP チャネルは温度だけではなく，張力や圧力といった機械刺激や食品中に含まれる成分でも活性化する．43℃以上の高温で活性化される TRPV1 チャネルは，トウガラシの辛味成分カプサイシンでも活性化されることが知られており，これがトウガラシを含む料理を食べたときに「辛い」だけではなく「熱い」と感じる理由である．同様に，ミントやハッカに多く含まれるメントールは，約 25℃以下で反応する TRPM8 を活性化させる作用があるため，口に入れたり肌に塗ったりすると冷涼感を感じる．

このように，細胞はさまざまな温度や環境ストレスを感じとり，急激な環境変化や過酷な環境下でもみずからを守る機能を備えているのである．　［島　亜衣］

メカノトランスダクション
――フォース(チカラ)とともに

動物の体の仕組みを詳細に解き明かしていく学問の流れの中で，細胞が受ける化学的情報としてホルモン，増殖因子などの物質と，その下流のシグナル伝達が中心的に研究されてきた．一方で，機械的情報（力）もまた，多くの細胞の形態，振舞い，機能，分化を決めることがわかってきている．

わかりやすい例は宇宙飛行士が骨粗鬆症の症状を呈することである．骨は常に骨芽細胞と破骨細胞とによって形成，破壊を続けているが，長期間重力がかからないと，骨の破壊が進んでしまう．これは，骨には力が強くかかり，補強が必要と考えられる場所では形成が進み，そうでない場所は破壊が進むという性質があるためである（ウォルフの法則）．このように力が生体の構造，機能に大きな影響を及ぼすことがある．

実際には機械的情報は何らかのセンサーによって感知され，その情報は細胞内で使われる生化学的な情報に変換され，さらにシグナル伝達が行われて細胞の機能，遺伝子発現変化などにつながっている．この機械的情報の変換をメカノトランスダクションとよぶ．知られているセンサーはタンパク質であり，力がかかることで構造が変化する．センサーそのものが機能性タンパクでもあり，力による構造変化によって生化学的な機能が変わるという例が報告されている．

●メカノトランスダクションが関与している生命現象　上に述べたように，骨の構造は力刺激に応じて再形成を行う．成体の水分摂取の量よりも排出する量が少ないと血液量が増加して心臓，血管が拡張する．その伸展刺激が利尿ホルモンの分泌を促し，利尿によって循環血液量を元に戻す．脊椎動物の聴覚においては音波による振動を有毛細胞の微絨毛の根元からの折れ曲がり，さらに微絨毛間をつなぐ構造の引っ張りとしてとらえて，イオンチャネルが開き，活動電位が生ずる．

ヒト間葉系幹細胞をさまざまな固さの基質で培養すると，その固さに応じて分化の方向が決まる．固い基質では骨，柔らかい基質では神経細胞，中間では筋細胞に分化する．固い基質は細胞が強い力を発生して把握してもそれに耐えることができ，柔らかい基質は強い力には耐えられず，弱い力ならば支えることができる．基質の固さを細胞はそれを把握する力ではかっており，その程度が核における遺伝子発現を調節することが示されている．

ゼブラフィッシュでは血流が阻害されると心臓の形態形成に異常が起きる．メダカではメカノトランスダクションの下流のシグナリングにかかわる分子に変異が入ると，胚発生の途中で重力に抗しきれず，胚の形が押しつぶされたような扁平な形となる．また，ショウジョウバエ胚を10％程度圧縮するだけで6分後から特定の遺伝子発現誘導が起こる．発生中に骨格筋が一切収縮しないと骨に形態異常，成熟遅延が起こる．遺伝性筋疾患である筋ジストロフィーもジストロフィンを介した力の感知ができないため筋の萎縮を引き起こす．

●メカノトランスダクションの分子機構　伸展活性化チャネル（SA チャネル，stretch-activated channel），あるいはより一般的に機械感受性チャネル（MS チャネル，mechanosensitive channel）とよばれるチャネルは機械刺激によって活性化し開状態となる．細菌由来の　MscL というチャネルでは，それが埋まっている脂質膜が伸展されると活性化してイオンが通過する穴が開く．聴覚受容体である内耳の有毛細胞細胞にも同様な性質をもち，カルシウムを透過する MS チャネルが存在すると考えられている．

細胞と細胞外基質との結合に由来する力と細胞間接着装置に働く力についてのメカノトランスダクションの分子機構もわかりつつある．細胞外基質との結合を担う接着斑という構造には膜タンパク質としてインテグリンが集積し，それにタリンが結合し，タリンはさらにアクチンフィラメントと結合している．接着斑は張力に応じて発達する.張力が強くかかるのは固い基質ということでもあるので，柔らかい基質には接着斑は発達せず，固い基質上では発達が見られる．インテグリンにタリンを介してアクチンフィラメントからの張力が伝わると，構造変化が起こりより強く細胞外基質に結合するようになる．それによりインテグリンの集積，インテグリンを核とするタンパク質の集積が起こる．一方，タリンも張力がかかると分子内の α ヘリックスからなる束構造がほどけ，ビンキュリンというタンパク質に結合するようになる．ビンキュリンもまたアクチンフィラメントに結合するので接着斑へのアクチンフィラメントの結合も増加することになる．力が働かなくなると逆にタンパクの集積が減少して接着斑は小さくなる．張力を細胞間に伝達する接着装置（アドヘレンスジャンクション）では上記のタリンにあたる役割をアクチンフィラメント結合性の α-カテニンがはたしている．α-カテニンもそれにかかる張力により分子変形が起こり，α-カテニンにビンキュリンが結合するようになり細胞間接着装置の構造的な補強がなされる．逆に力がかからないときは細胞間接着装置が弱くなり細胞の配置換えなどがスムーズに行えると考えられる．

アクチンフィラメントは引っ張られるとフィラメントを構成している螺旋構造のねじれの程度が弱くなる.引っ張られておらず,ねじれがきついとアクチンフィラメント切断活性をもつコフィリンが結合しやすい．細胞内で張力を伝えるためには機能していないアクチンフィラメントは速やかにコフィリンにより切断され，他の場所でのフィラメント形成の材料となると考えられている．［米村重信］

📖参考文献

［1］曽我部昌正博編『メカノバイオロジー』化学同人，2015

HIF（低酸素誘導因子）
――苦しい時こそ大活躍

激しい運動によって息があがることは，誰しも一度は経験していることではなかろうか？　これは，運動によって需要量の増加した酸素を呼吸によって補完しようとするために起きる反応である．ほとんどの生物は生命活動に必要なエネルギーの大部分を，酸素を活用することで生み出している．そのため，体内の酸素量の増減は生体にとって重要な変化である．

通常，酸素は大気中に約21%存在することで，細胞の機能維持に働いている．しかし，激しい運動や高所環境などの条件下では細胞への酸素供給が不十分になる．低酸素環境におかれた細胞は生命活動を維持できないため，さまざまな反応を示し，その環境に適応する．その適応反応における司令塔の1つとなるのが低酸素誘導因子（Hypoxia-inducible factor, HIF）である．

● HIF活性のメカニズム　HIFは転写因子であり，細胞が低酸素環境にさらされた際にさまざまな遺伝子を発現することで低酸素に適応する．HIFはHIF-αとHIF-βの2つのサブユニットから構成されている．HIF-αは，通常の酸素濃度環境下ではユビキチンプロテアソーム系による分解を受け細胞内タンパク質量は低値を維持する．一方で，HIF-βは恒常的に細胞内に存在する．低酸素環境下ではHIF-αは分解を受けなくなり，それに加えHIF-αの産生量は酸素濃度によって変化しないため，HIF-αは細胞内に蓄積する．蓄積したHIF-αは，HIF-βとヘテロ二量体を形成し，転写因子として多種の遺伝子の発現を誘導することで低酸素に適応する．

● HIFの作用

①赤血球新生・血管新生作用　低酸素環境にさらされた身体は赤血球を増やし，血管を新たにつくり出すことで低酸素に適応する．赤血球新生はエリスロポエチンとよばれるホルモンが司り，血管新生は，主に血管内皮増殖因子（vascular endothelial growth factor, VEGF）とよばれる成長因子によって引き起こされる．HIFは，これらエリスロポエチンおよびVEGFの転写を促進する[2]．

②エネルギー産生方法の変換作用　細胞内のエネルギー産生は，ミトコンドリアの酸化的リン酸化および解糖系により行われている．解糖系のエネルギー産生は嫌気的なエネルギー産生方法である．一方，ミトコンドリアによって産生されるエネルギーは，その産生過程の中で酸素を必要とする．低酸素によってHIFが誘導されると，その作用によりミトコンドリアの酸化的リン酸化は抑制され解糖系代謝は亢進する[1]．

その他の主なHIFの作用は表1に示す．

表1　主なHIFの作用（文献 [1] より改変）

作用	内容
低酸素適応応答機構	活性酸素種発生の抑制 細胞内pH調整
発生制御	個体発生時の循環器形成，肺形成
炎症	マクロファージなどの免疫細胞機能向上

●疾患と治療　HIFは，前述した作用が活用されさまざまな疾患に対し医療応用が考えられている．その代表的な疾患に脳梗塞や心筋梗塞があげられる．これらは虚血性疾患とよばれ，血管が詰まりその先にある神経細胞・心筋細胞に十分な酸素が供給されないことで壊死にいたる疾患である．両者は，現在の医学では再び機能をもつまで回復させることができていない．HIFは神経や心筋の虚血に対し保護的作用を有することから，これらの疾患に対する治療方法の1つになることが期待されている[1]．

またHIFは癌治療でも着目されている．癌細胞は通常の細胞と比べ細胞増殖が活発であり，血液の供給が不十分になるため癌細胞の周囲は局所的に低酸素環境となる．そこで，癌細胞は，HIFを活性化することで低炭素環境に適応している．そのため，HIFは癌治療のターゲットになり得ると考えられている[1]．

●冬眠とHIF　一部の動物は，冬の厳しい環境を乗り越えるため「冬眠」とよばれる術をもつ．冬眠中の動物は，長期間食糧をとらずただ寝ているだけではない．極力エネルギーを使わないよう，体温を0～5℃まで低下させ，さらに代謝率を通常時の1～5%にまで低下させることで約9割のエネルギー消費を抑えている．また，心拍数や呼吸数も低下するために組織をめぐる血液の循環量は10%程度にまで減少する．この循環量は重度の虚血と同程度であると考えられている．冬眠に対するHIFの詳細な役割はいまだ明らかにされていないが，冬眠した地リスの骨格筋や褐色脂肪細胞でHIFタンパク質の増加が報告されており，冬眠とHIFの関連が示唆されている[3]．

このようにHIFは，低酸素環境をはじめ冬眠や疾患で活性化し，それらの適応機構として作用している．また，その特性を活かしてHIFをターゲットとした治療戦略が考えられており，今後よりいっそう重要な因子になると思われる．

［大橋和也］

参考文献

［1］ 小林 稔・原田 浩「低酸素ストレスとHIF」生化学，85(3)，187-195，2013.

［2］ Darby, I. A. and Hewitson, T. D. “Hypoxia in Tissue Repair and Fibrosis”, *Cell Tissue Res*, 2016.

［3］ Morin, P. Jr. and Storey, K. B. “Cloning and Expression of Hypoxia-inducible factor 1α from the Hibernating Ground Squirrel, Spermophilus tridecemlineatus”, *Biochimica Biophysica* Acta, 2005

細胞の生存に必要な微量生元素
――金属のもたらす環境適応と進化

生物を構成し，生物が利用する約30種類の元素を生元素という（図1）．原始地球上で比較的多量に存在し適度な反応性をもつH，C，N，O，P，Sからアミノ酸や糖，塩基化合物がうまれ，やがて高分子化合物であるタンパク質，脂質，核酸などがつくられた．また細胞内外のNa，K，Ca，Mg, Clのイオン濃度勾配および電荷を維持しながら生きるための機能が整えられた．これらの，細胞中に比較的多量（体重1kgあたり0.1ないし1.0g以上）に存在する元素を常量生元素という．それよりも存在量の少ないFeやCu，Zn，Mnなどの微量生元素は，酵素活性などの生理機能にとって欠かせない因子であり，その多くは金属イオンである．細胞においては，細胞質中に反応性をもって存在する微量生元素の濃度を調節することが重要である．生存に必要な微量生元素も，濃度が過剰になると害になる．すべての細胞は生存に必要な微量生元素を取り込むさまざまな膜輸送体と，余分な微量生元素を細胞の外に出すさまざまな膜輸送体をもつ．真核細胞は，ゴルジ体や液胞に金属を一時的に取り込んで細胞質から隔離したり，エキソサイトーシスによって細胞外へ放出する仕組みを使って微量生元素の細胞質における濃度を調節する．

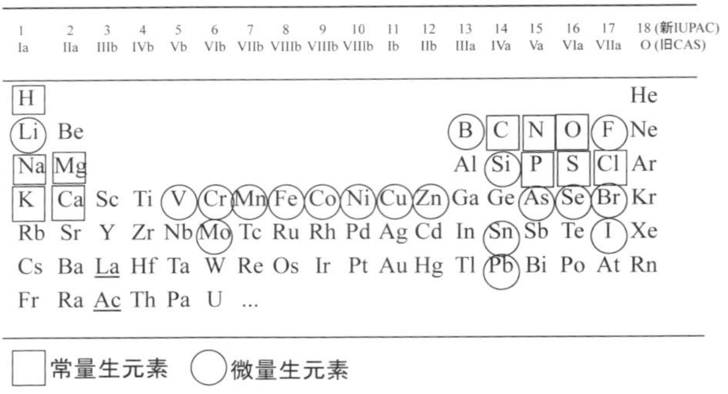

1 Ia	2 IIa	3 IIIb	4 IVb	5 Vb	6 VIb	7 VIIb	8 VIIIb	9 VIIIb	10 VIIIb	11 Ib	12 IIb	13 IIIa	14 IVa	15 Va	16 VIa	17 VIIa	18 (新IUPAC) O (旧CAS)
H																	He
Li	Be											B	C	N	O	F	Ne
Na	Mg											Al	Si	P	S	Cl	Ar
K	Ca	Sc	Ti	V	Cr	Mn	Fe	Co	Ni	Cu	Zn	Ga	Ge	As	Se	Br	Kr
Rb	Sr	Y	Zr	Nb	Mo	Tc	Ru	Rh	Pd	Ag	Cd	In	Sn	Sb	Te	I	Xe
Cs	Ba	La	Hf	Ta	W	Re	Os	Ir	Pt	Au	Hg	Tl	Pb	Bi	Po	At	Rn
Fr	Ra	Ac	Th	Pa	U	...											

□常量生元素　○微量生元素

図1　元素周期表と生元素

●微量生元素の働き　細胞の中には一般的に数千～数万種類のタンパク質が存在する．そのうちおよそ3分の1は，何らかのかたちで金属イオンを構造または機能的に用いている．金属イオンはアミノ酸の側鎖（主にシステインのチオール基，ヒスチジンのイミダゾール基，アスパラギン酸やグルタミン酸のカルボキシル基）に配位した状態で，種々の作用を行う．アルカリ金属イオンおよびZnは主に電荷担体や浸透圧バランス，立体構造の維持，シグナル伝達を担う．FeやCuなどの遷移金属イオンは，主に酸化還元や加水分解などの酵素反応や電子移動，O_2輸送を担う．

●地球の歴史と酸素，微量元素　細胞はいかにして生元素を選択したのか．還元的環境である原始海洋で生まれた細胞は，還元的環境で利用しやすいFeを使って生きる仕組みを発明した．その後，光合成生物が現れて大気および海洋中のO_2がふえ，酸化的環境になった．酸化的環境ではFeは酸化物となって利用しにくい．そこで細胞は，Feを還元してから細胞内に取り込む仕組みと，酸化的環境でも利用しやすいCuを使って生きる仕組みをつくった．我々ヒトも含めて，現世の生物は基本的に細胞の内部を還元的環境に保つことで，古い仕組みと新しい仕組みを上手に組み合わせて生きている．

●鉄の利用　代表的な微量生元素として，Feを取り上げる．ヒトの場合，Feは胃酸で溶かされてFe^{3+}となり，十二指腸の上皮細胞の表面でFe^{2+}に還元される．その後，Fe^{2+}は膜輸送体DCT1によって細胞の中に取り込まれる．細胞の中は還元的であり，Fe^{2+}は安定的に存在する．膜輸送体Ferroportin（Fpn）の働きで血漿へと出たFe^{2+}は速やかに酸化されてFe^{3+}になり，鉄輸送タンパク質Transferrin（Tf）に結合して全身へ運ばれる．Fe^{3+}結合型Tfは，細胞膜表面でTf受容体に結合した後，エンドサイトーシスによって細胞内に取り込まれる．その後，液胞型H^+-ATPaseの働きでエンドソーム内が酸性化して，Fe^{3+}は遊離し，細胞質へはこばれる．細胞質には鉄貯蔵タンパク質Ferritin（Fer）が存在し，余分なFeを囲い込んで保存する．さらに余分なFeはFpnによって細胞外へ排出される．FpnやFerのmRNAにはFe応答性要素（IRE）があり，細胞質中のFeが不足するとIRE結合タンパク質がIREに結合し，それぞれの翻訳を調節する．ヒトの体全体では，Feのおよそ3分の1は赤血球中のヘモグロビン（Hemoglobin）の構成要素として存在する．寿命をむかえた赤血球はマクロファージによって消化されるが，Feはすべて回収され，Tfに結合して再び利用される．

●バナジウムの濃縮　微量生元素の存在量は，動物種によって大きく異なる．ホヤ類およびエラコ類のなかには，Vを高度に濃縮するものがある．特にホヤ類のV濃縮係数は高く，最大で1000万倍に達する．ホヤ類は体腔細胞の一種バナドサイトの液胞中にVを蓄積する．体腔細胞におけるVは，細胞中の存在量が1 kgあたり最大18 gに達する，多量元素である．ホヤ類は大量に蓄積したVを何のために使っているのだろうか．かつてVはFeやCuにつぐ第三の呼吸色素であるとの説が提唱されたが，否定的である．最近の研究でホヤ類のみがもつ特殊なバナジウム還元酵素が発見され，この酵素を介した酸化還元反応によってVが細胞中の何らかの代謝経路を作動させると考えられている．エラコ類は房状の鰓の表皮細胞にVを蓄積するが，その機能もまた不明である．　［植木龍也］

参考文献

［1］ 道端 齊『生元素とは何か―宇宙誕生から生物進化への137億年』NHKブックス，2012
［2］ リパード，S. J.，バーグ，J. M.『生物無機化学』松本和子監訳，東京化学同人，1997

DNA 修復
——遺伝情報の維持と多様性を司る

DNA が複製と転写という機能をはたすには，水素結合により化学的に安定した2本鎖構造から不安定な1本鎖構造へのダイナミックな相互変化が必要となる．DNA 修復は，DNA の不安定性を克服し，多様性を維持するために必須な生命機能である．

● DNA に生じる多様な損傷　自然状態では，遺伝子突然変異はきわめてまれにしか起きないため，遺伝子は放射線のような特殊な方法でないと損傷を与えられないような強固で安定な物質であると考えられた．しかし，DNA 自体の化学的性質により太陽光紫外線，自然放射線，活性酸素，環境中の化学物質などさまざまな環境要因は，さまざまな DNA 損傷を生成することが明らかにされた．進化の過程では，原核生物が誕生した頃は，強度の短波長紫外線が地上に降り注いでいた環境下で DNA 塩基損傷を防ぐ仕組みを発達させ，さらには，酸素を発生する光合成生物が出現し，酸素を利用する生物に活性酸素による生体高分子の傷害を防ぐ仕組みを発達させた．高温，乾燥などの DNA が変性しやすい極限環境への適応やゲノムサイズの増大も DNA 修復の機能強化につながったと考えられている．

● DNA 修復プロセスの多様性　反応性の高い活性酸素にさらされると多様な損傷塩基や DNA 鎖切断が生成する．損傷を認識するタンパク質（タンパク質複合体）や DNA ポリメラーゼと RNA ポリメラーゼの進行阻害がシグナルとして速やかに検知され，DNA 修復，細胞周期，細胞死を制御する．

自然界で多発し，突然変異原性が高い損傷に対しては，それらを特異的に認識して修復するタンパク質が存在する光回復酵素（ピリミジン2量体，(6-4) 光産物を修復），DNA メチルトランスフェラーゼ（O^6-メチルグアニンを修復）酸化プリンヌクレオチド3リン酸分解酵素（8-オキソグアニンを修復）などがその例である．メチル化あるいは脱アミノ化などの塩基損傷にも，特異的に認識して損傷塩基を切り取る DNA グリコシラーゼが多数あり，生じた脱塩基部位は，エンドヌクレアーゼが近傍に1本鎖切断を入れ，末端消化した後に修復 DNA 合成が行われ，リガーゼがギャップを埋める（塩基除去修復）．

DNA 複製の際に誤って取り込まれた塩基や，塩基の互変異性から生じる一過的な対合しない部位を認識して新生鎖側の除去修復を行うミスマッチ修復や多様な化学物質との付加体などの損傷で生じた DNA 立体構造のゆがみを検出して塩基除去修復よりも大規模な領域を除去した後に修復するヌクレオチド除去修復が存在する．

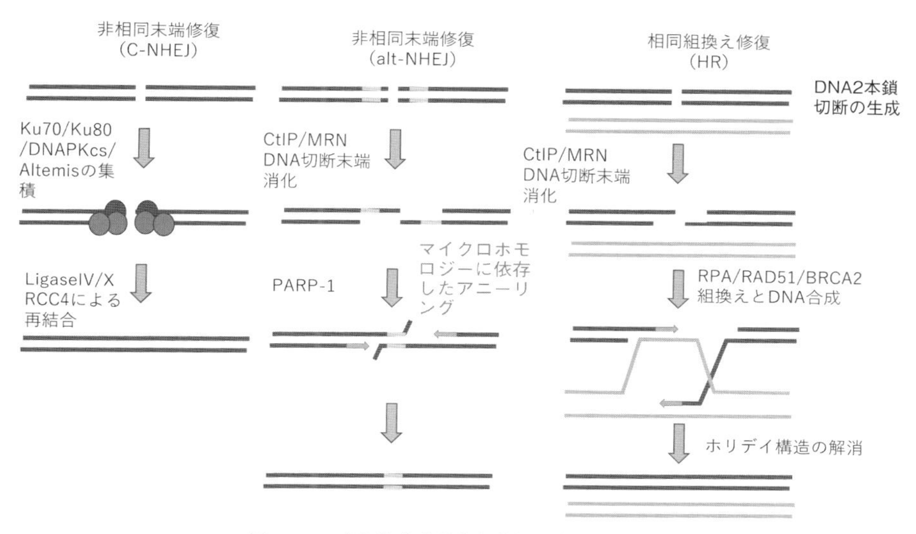

図1　DSB 相同組換え修復と非相同末端結合修復

1本鎖 DNA 切断（SSB）は，活性酸素による糖の変性や塩基除去修復の結果として生じる．これらは，SSB 末端を検出，切断末端の修飾，ギャップ複製とニック結合という段階を介して修復される．SSB が修復される前に細胞が DNA 複製期に入ると2本鎖 DNA 切断（DSB）に変換される．DSB の再結合は，相同組換え修復，非相同 DNA 末端再結合の2種類の経路で実行される．相同な染色体 DNA の遺伝情報を用いない非相同末端結合修復（NHEJ）には，canonical NHEJ 経路と DNA 切断端近傍の短い相同性を介するバックアップ経路として alternative NHEJ がある．NHEJ は，ゲノムサイズが増加した多細胞真核生物では細胞周期のいずれでも機能し，迅速に修復を行い，免疫グロブリン，T 細胞受容体遺伝子生成の初期ステージにおける遺伝子再構成もこの機構を利用している．

● DNA 修復と突然変異　突然変異は，誤対合を生じる塩基損傷が修復されずに複製を介して生じる以外に複製を阻害する塩基損傷に対して忠実度が低い“損傷乗り越え DNA 合成”（TLS）ポリメラーゼによる複製や修復時の誤りと DSB 修復の過程で欠失や挿入，染色体の再構成によってもたらされると考えられる．減数分裂では，DNA がトポイソメラーゼによく似た Spo11 によって2本鎖切断され，DSB 修復と類似の分子機構で遺伝的組換えが実行される．DNA 修復は，進化における遺伝子の多様性の原動力にもなっている．　［三谷啓志］

細胞機能とエピジェネティクス
——個性を決める遺伝子の「使い方」

1942年，C. H. ワディントン（Waddington）は生物が環境に適応していくうえで，突然変異とは別の仕組み，すなわち遺伝子自体は変えないがその使い方（発現パターン）を制御する仕組みがあり，これも親子代々受け継がれると考えた．この仕組みをepi（ギリシャ語，表面の）とgenetics（英語，遺伝学）から「epigenetics エピジェネティクス」とよんだ．

●発生学とエピジェネティクス　遺伝子の発現パターンが制御されるという概念は，発生学を理解するのに重要な鍵を握っている．例えばヒトでは，たった1つの受精卵が繰り返し分裂して約40兆個の細胞を生み出すが，それぞれの細胞は時間とともに皮膚や心臓，骨など受精卵とは似ても似つかぬ「個性」を獲得し，それを維持し続ける．この実現には，細胞の個性を決定付ける遺伝子を発現させると同時に，不必要な遺伝子を抑制するという，厳密かつ安定な制御が必要とされる．それを担うのがエピジェネティクスである．哺乳類動物の発生は魚類，両生類などと似た段階を経るとされていることから，エピジェネティクスも広く保存された仕組みであると考えられ，その証拠も示され始めている．

●エピジェネティクスの分子実体　主にDNAメチル化，ヒストン修飾，ノンコーディング（非翻訳性）RNAによって説明される．DNAメチル化とは，シトシンにメチル基が付加することで，これにより遺伝子発現は減少する（細菌や昆虫などではアデニンにもメチル化が起きる）．ヒストンはDNAが巻きつくタンパク質で，アセチル化，メチル化，リン酸化，ユビキチン化，SUMO化などの修飾を受ける．代表的な例としてH3ヒストンの9番目リジンのメチル化があり，この修飾を認識するHP1タンパク質が多量体を形成することで，遺伝子発現が強く抑制されたヘテロクロマチンとよばれる高次構造をつくる．他にもヒストン修飾は20種類以上報告されており，それぞれ遺伝子の活性化または抑制の制御様式が異なるため，同時に複数の修飾を付加することで，微妙な発現量の調節をしていると考えられている．ノンコーディングRNAは，DNAの特定の配列を認識するとともに，ヒストン修飾にかかわる分子をよび寄せ，発現調節を行う遺伝子の選別に重要である．ヒストン修飾を実行する酵素を「書き手」，修飾を特異的に認識して実際の遺伝子発現制御につなげる分子を「読み手」，そして修飾を外す酵素を「消し手」とよび，この三者の協調的な働きにより柔軟な遺伝子発現パターンの制御が行われると考えられている．

●可逆的なエピジェネティクス　山中伸弥らは皮膚由来の細胞に4種類の転写因子を強制的に発現させることで，個性を獲得する前の状態（多能性幹細胞）の

iPS細胞に誘導することができることを発見した．これは，一度分化した細胞でDNA・ヒストン修飾が安定的に維持される状態になっても，適切な刺激を与えることで未分化の状態に戻すことができるということである．iPS細胞を出発点として，エピジェネティクスを自在に操ることで，あらゆる種類の細胞，ひいては組織をつくり出すことが，現在の再生医療の大きな目標となっている．

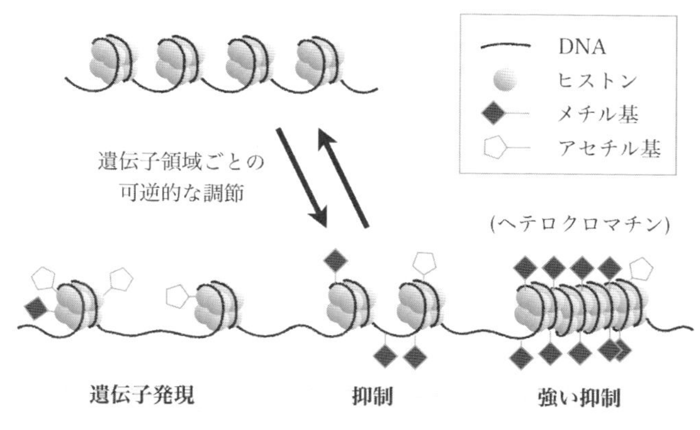

図1　エピジェネティクスによる遺伝子の発現制御

●エピジェネティクスの安定性　エピジェネティクスは可逆的である一方で，長期にわたり安定に維持され，時に世代を超えて継承されるという側面ももつ．事実，妊娠初期に母体が悪い栄養状態にさらされると，子供のさらにその子供にまで成長障害が起きやすくなるという．DNAメチル化が細胞分裂の過程で維持される分子機構は明らかになっているが，ヒストン修飾の継承に関してはいまだに謎が多い．いかに柔軟性と安定性のバランスをとっているのか，その機構解明が今後の大きな課題となっている．

●医療への応用　エピジェネティクスは，がんや長期記憶，免疫応答，老化にいたるまで多岐にわたる生命現象にかかわることが明らかになってきた．例えばがん細胞では，がん抑制遺伝子がDNAメチル化により発現抑制されていることが報告されている．すでにDNAメチル化を阻害する薬，ダコジェンなどの抗がん作用が認められ，2006年には米国で使用が開始されている．また，老化にともなう，ゲノム全体のDNAメチル化は減少し，ヒストン修飾のバランスも崩れるという報告がある．さらなる研究の進展により，老化にともなう種々の機能低下の新たな治療法が見つかることを期待したい．　［内田清薫］

参考文献

［1］ キャリー，N.『エピジェネティクス革命』中山潤一訳，丸善出版，2015
［2］ Allis, C. D. and Jenuwein T., “the Molecular Hallmarks of Epigenetic Control”, *Nature Reviews GENETICS* 17, 487-500, 2016

幹細胞
――どんな組織にもなれる万能細胞

山中伸弥教授が，2012年に日本人としては2人目のノーベル生理学・医学賞を受賞し，iPS細胞（induced pluripotent stem cell）という単語は広く世間に知られるようになった．ニュース番組や新聞などで目にする機会も多いが，いったいどういう細胞なのか正しく理解できているだろうか？ iPS細胞は日本語に訳すと「誘導多能性幹細胞」である．さまざまな条件で培養すると，私達のからだの多くの種類の組織，細胞に分化できるとされる細胞であり，再生医療への応用が期待されている．

●幹細胞とは　動物のからだは神経，筋肉，上皮などの組織からなり，それぞれの組織は特徴的な形態と機能をもつ細胞で構成されている．通常，細胞は一度分化するとそれ以外の種類の細胞になることはできない．しかし，動物の発生をさかのぼってみると，もともとの受精卵は，へその緒や胎盤などの胚体外組織を含む，動物のからだを構成するすべての細胞に分化する能力（分化全能性）をもっている．

すべての細胞に分化できるのは受精卵とその後数回の卵割で生じる細胞だけだが，このようにさまざまな細胞に分化する能力をもつ細胞を幹細胞とよび，私達のからだにあるもの，人工的につくられて研究や再生医療に用いられるものなどいくつかの幹細胞が知られている（表1）．幹細胞は，分裂して自身と同じ幹細胞をつくる能力（自己複製能）と，各組織をつくる細胞に分化する能力をもち，動物の発生の根幹（みき）となる細胞である．

表1　幹細胞の種類

名称	分化能
受精卵	全能性
ES細胞（胚性幹細胞）	多能性
iPS細胞（誘導多能性幹細胞）	多能性
組織幹細胞	多分化能（造血幹細胞など） または単分化能（筋幹細胞など）

主な幹細胞の種類とそれぞれの分化能．受精卵のみが個体を構成するすべての細胞に分化する能力をもつ．多能性とは三胚葉すべての種類の細胞に分化できる能力をさし，多分化能とは単一の胚葉内でさまざまな種類の細胞に分化できる能力をさす．筋幹細胞などは1種類の細胞にしか分化することができない

● ES細胞　動物の発生初期である胚盤胞期の胚の内部細胞塊や，それらの細胞をもとに樹立されたES細胞（胚性幹細胞）は受精卵のように個体をつくること

はできないが，外胚葉，中胚葉，内胚葉のほぼすべての細胞に分化する能力（分化多能性）をもつ幹細胞である．ES細胞は分化多能性と高い増殖能をもつために，研究や再生医療での使用が期待されている．しかし，ヒトES細胞の樹立には生命の萌芽である初期胚を使用する必要があるため，倫理的な問題をはらんでいる．

● iPS細胞　ES細胞の倫理面での課題を解決すると考えられるのがiPS細胞（誘導多能性幹細胞）である．iPS細胞は，すでに分化した細胞（例えば皮膚細胞）に山中教授の見出した4つの遺伝子（Oct3/4, Sox2, Klf4, c-Myc）を導入することで得られる多能性幹細胞であり，2006年に初めて報告された．

一度分化した細胞を，再び未分化の状態に戻し，元の細胞以外のさまざまな種類の細胞に分化させることができるというのは，生物学の常識をくつがえす大発見であった．iPS細胞は採取のかんたんな皮膚細胞から樹立できるため，ES細胞と比べて倫理的問題点が少ないといえる．また，自分の細胞を用いて再生医療（例えば細胞の移植など）を行えるため，免疫反応による拒絶が起こりにくい．がん化を防ぐことや目的の細胞に早く確実に分化させることなど，課題はあるが，今後の再生医療の発展に大きく寄与することが期待される細胞である．

●組織幹細胞　じつは，成長した動物のからだにも幹細胞は残っている．ただしES細胞やiPS細胞のような分化多能性はもたず，ある特定の細胞だけに分化する能力をもつ幹細胞である．例えば，造血幹細胞は骨髄に存在し，赤血球や白血球など血球系の数種類の細胞に分化することができる（多分化能を示す）幹細胞である．血球系細胞は寿命が短いため，造血幹細胞によって常に供給される必要がある．白血病など血液のがんに対する治療として，造血幹細胞の移植が行われることがある．

また，1種類の細胞にしか分化できない（単分化能を示す）幹細胞もある．筋肉に存在する筋幹細胞（筋衛星細胞ともよばれる）は，激しい運動やけがで筋肉がこわれると，増殖して新たな筋細胞をつくり出す能力をもつ．この筋幹細胞があるために，脳や心臓とは異なり，私達の筋肉は一度こわれても再びもとの状態に戻ることができる．一方，脳や心臓には組織幹細胞はないか，あっても増殖や分化する能力が非常に低いため，けがや発作で一度こわれると元通りに戻ることはない．

●がん幹細胞　最後にがん幹細胞について述べる．これは，がん細胞の一部には自己複製能とさまざまな種類の細胞に分化できる能力をもつ，幹細胞のような特徴をもつ細胞が存在するという考え方である．いまだ仮説とされており，これから研究を進める必要はあるものの，がんの悪性化や転移を防ぐ治療法を開発するうえで重要な考え方であると期待されている．

［島　亜衣］

細胞運動
——すべての細胞は運動する

細胞がその外部に対して動く現象．動物細胞では筋細胞（筋繊維）の収縮，アメーバ運動，鞭毛繊毛運動が主なものである．広義には，細胞内輸送，染色体の分配，細胞質分裂，エンドサイトーシス，エキソサイトーシスなど，細胞内の運動や微小形態変化も含まれる．これらの運動の多くは細胞骨格繊維アクチン繊維または微小管の上を，モータータンパク質（ミオシン，ダイニン，キネシン）がATP加水分解のエネルギーを使って滑り運動を行うことによるが，細胞骨格繊維の形成と解体自体が運動を生じる場合もある．さらに，少数の例ではアクチン繊維と微小管が関与しない細胞運動も知られている．

●筋肉の収縮　筋肉は横紋筋と平滑筋の2種に大別される．いずれも細い繊維（アクチン繊維）と太い繊維（ミオシン繊維）の間の滑り運動によって収縮する（筋肉の構造と調節に関しては☞「効果器の構造と機能」「筋収縮の制御」参照）．

●アメーバ運動　原生動物のアメーバや粘菌などが固体表面上を這うように動く運動である．白血球やリンパ球が示す運動もアメーバ運動とみなされる．不定形の細胞体の一部が突出して細長い仮足（偽足）を形成するとともに，後部の細胞質が前方に移動することにより，細胞全体が移動する．その運動にはアクチン繊維とミオシン間の滑り運動と，アクチン繊維のダイナミックな形成・解体の両方が関与している．細胞性粘菌の場合，細胞は走化性（特定の化学物質に誘引されてその方向に動く現象）を示し，移動する向きに仮足を出す．伸長に際しては，進行方向先端部でアクチンの単量体が重合して繊維状になり，細胞質の状態が粘性の低い状態（ゾル）から寒天のような状態（ゲル）に変化する．重合端とは逆の側では単量体が繊維から脱重合し，細胞質は粘性の低い状態に戻る．これらの変化はゾル-ゲル変換とよばれる．またミオシンとアクチン繊維の相互作用によって発生する収縮力も重要で，細胞のうしろ側の収縮によって細胞質の内圧が高まり，前方に押し出される．これも仮足形成の原動力となる．

●鞭毛・繊毛運動　鞭毛と繊毛は真核生物に広く見られる運動性の毛状細胞器官である．一般に長いものを鞭毛，短く数が多いものを繊毛とよぶが，内部構造や機能に本質的な差はないので，同一のものと考えてよい．いずれも毎秒数十回という高速で屈曲の波を根元から先端に向けて伝播することにより，水流をつくり出す．精子や原生動物では遊泳の推進力を発生している．名前が同じなので紛らわしいが，細菌の鞭毛は真核生物の鞭毛とはまったく異なるものである．細菌鞭毛は細胞膜中に存在するモーター様構造がらせん状の毛を回転させて推進力を発生する運動装置で，その細い毛自体には運動性はない．他方，真核生物の鞭毛繊毛は細胞膜に囲まれた複雑な構造物で，内部（軸糸）には一般に9本の微小管からなる円筒が中央の2本の微小管を囲んだ構造がある．この構造を9+2構造という．9+2構造は原生動物，緑藻，哺乳類に共通して見られる．周辺の9本の微小管上には，軸糸の全長にわたって複数種のダイニンが結合しており，ATP分解と共役して隣接する微小管との間で滑り運動を行う．滑り運動がどのように屈曲の波に変換されるのかはまだよくわかっていないが，屈曲の発生に必要な部分でだけダイニンが活性化して力を出す機構があると考えられる（鞭毛，繊毛運動制御に関しては☞「鞭毛・繊毛運動の制御」参照）．

●細胞内の運動　小胞輸送（☞「細胞内の物質運搬（メンブラントラフィック）」参照）と細胞分裂時の運動が多くの細胞に共通している．最も顕著な小胞輸送は微小管に沿ったものである．一般に微小管は細胞核付近に位置する中心体から周辺に向かって伸び，中心体側が構造上のマイナス端（αチューブリンが露出している端），細胞周辺部側がプラス端（βチューブリンが露出している端）になっている（☞「細胞骨格」参照）．膜の小胞にはキネシンか細胞質ダイニン，あるいは両方が結合しており，プラス端方向の輸送はキネシン，マイナス端方向への輸送は細胞質ダイニンが駆動する．これらの輸送系により，核付近で合成されたタンパク質が細胞周辺部まで届けられ，逆に，細胞外から取り込んだ物質が核に向かって輸送される．神経軸索では特に長距離にわたる輸送現象が観察され，軸索輸送あるいは軸索流という名前でよばれている．

細胞分裂時における染色体分離運動は真核細胞一般にみられる現象である．動物細胞では，2つに分かれた中心体が極となって紡錘体を形成し，一部の微小管が2価の染色体上の動原体と結合して染色分体を各極の方向に移動させる．この過程には微小管の重合・脱重合と数種のキネシンと細胞質ダイニンによる微小管の滑り運動が関与している．染色体分離の後で細胞質が分裂する際には，2つの極の間に位置する細胞膜の直下に，アクチン束の環状構造，収縮環が形成される（☞「細胞質分裂」参照）．収縮環にはミオシンが含まれ，アクチンを滑らせて環を絞る．それにより，細胞は2つに分裂する．

●スパスモネーム　このように，細胞はアクチンと微小管という硬さの異なる2種の細胞骨格繊維を使い分けることにより，多彩な運動を生み出しているが，それらによらない細胞運動もある．よく知られているのは，ツリガネムシの柄である．細胞に刺激が加わると急速に収縮し，ゆっくりとまた元の長さに戻る．この運動は柄の中に存在するスパスモネームとよばれる繊維構造が，Ca^{2+}の結合によって大きな構造変化をすることによる。収縮後は細胞内のCa^{2+}排出機構が働いてその濃度が下がり，元の長さに戻る．Ca^{2+}排出にはATP分解のエネルギーが使われるので，この運動系もATPの加水分解によって駆動されているといえる．

［神谷 律］

6. 動物の発生

［田中幹子・髙宗和史］

多くの動物の一生は，雌個体からの卵子と雄個体からの精子が細胞融合した 1 個の受精卵から始まる．2 個体の細胞が融合して子を残すことにより，種集団内に遺伝的な多様性が生じる．このことにより，環境が変化しても，適応できる個体が種集団内に存在する可能性が高くなり，種の存続に有利である．

受精卵は細胞分裂を繰り返し，遺伝子の発現によりつくり出された RNA やタンパク質の働きにより，生じた細胞のそれぞれが身体を構築し，機能・維持していくための一員となる．この発生の過程で起こる精緻に制御された遺伝子発現に異常が生じると奇形やさまざまな病気の原因になることから，発生過程を通した個体の形成機構を解き明かすことは，医療の観点からも重要である．

身体が構築される過程で，次の世代を担う卵子や精子も形成される．動物個体は生き続けることはできず，いずれ死を迎えるが，卵子と精子の細胞融合により新しい命となって，種集団としては存在し続けることができる．これが動物と限らず生物の大きな特徴である．

発生現象における基本問題
——発生では何が問題なのか

発生は個体の一生という時間軸に沿って，環境の影響を受けながら遺伝情報が発現していく過程で，基本的には多細胞生物の問題であり，生殖（☞「有性生殖と無性生殖」〜「減数分裂」参照）と表裏一体となって種の存続を保証している．発生に関する学問は，6章後半部分で解説している動物の胚が示す変化の研究（発生学）として出発したが，20世紀中葉には，胚の問題みならず変態（☞「両生類の変態」「成虫原基」参照），再生（☞「再生」参照），癌化，や老化（☞「エイジング」参照）なども同じ範疇の生物現象であり，動物のみならず植物などにも類似の現象があるという認識が一般化して，発生生物学とよばれるようになった．また，遺伝子とその最終的な表現型を主に問題とする遺伝学と，表現型にいたる過程を主に問題とする発生学は20世紀初頭には決別したが，半世紀余りを経て両者の関係は再び密接となった．その後の分子生物学の発展によって，今や両者は不可分な関係となっている．また，発生過程の変更は種の形成といった進化の問題に直結し得るので，進化発生生物学（エボデボ）という大きな分野ができている．次の項目以降で述べられているように，発生という複雑な現象の解析は，分子，細胞，組織，器官，個体といったさまざまな階層で行われているが，たとえ分子や細胞レベルの問題を取り扱うにせよ，個体という視点を抜きにしては発生の理解はおぼつかない．個体の一生，すなわち個体発生という時間軸をはるかに超えて，系統発生という意味で発生が語られることもあるので注意を要するが，本章では発生という表現は個体発生に限定して用いている．

有性生殖を行う動物においては，個体は受精卵に始まる（☞「受精」「単精受精と多精受精」参照）．この細胞が分裂を繰り返して多細胞化し（☞「卵割」参照），クローン細胞からなる社会である個体を形成する．成人の体は約37兆個の細胞から成り立っていることが端的に示しているように，個体というシステムはきわめて複雑であり，それぞれの細胞があるべき場所で，あるべきタイミングで，あるべき機能を営むことによってはじめて機能できる．言い換えれば，各世代において単一の細胞から出発して，多数かつ多様な細胞を形成して組織化し，それらが織りなす細胞社会を秩序ある統一体として形成・維持し，さらに次世代へとつなぐとともに，やがて老化し，システムとしての破綻，すなわち個体としての死を迎える．この一連の過程が発生である．

●発生段階（基準）表　種ごとに正常な発生がたどる過程を，主な段階ごとに区分して名称や番号を付け，図表などにより示したもので，発生を研究する際の指標となる．記載のない種については，この表を作成することから研究が始まる．

●発生に対する環境の影響　発生の基本的な枠組みは遺伝子によって規定されているが，遺伝情報の発現は環境からの影響を受けるものが少なくない．同じ遺伝子構成であっても，発生過程における環境の違いによって形態や機能が変わることは，昆虫の季節型や，一部の爬虫類における性決定（☞「性の決定」参照）をはじめ多くの例が知られている．環境発生生物学（エコデボ）が盛んになりつつある．

●発生の素過程　発生は個体としての整合性を保ちながら，細胞の数と多様性を増すとともに，それらの細胞を機能的，空間的に組織化することを通じて達成される．したがって，細胞の分裂と分化，ならびに細胞のさまざまなレベルにおける組織化の空間的な帰結としての形態の形成は，発生の素過程と考えることができる．細胞分裂，細胞分化，形態形成がどのような機構によって担われているのか，どのように関連しているのかは発生における基本的な問題である．

●細胞分裂　卵割（☞「卵割」参照）というやや特殊な細胞分裂は，細胞数を増加するのみならず，卵という超巨大な細胞を並の大きさの細胞にする仕組みでもある．体細胞の分裂は細胞増殖や細胞更新に必要であり，組織幹細胞の問題にもかかわる．配偶子形成においてみられ減数分裂（☞「減数分裂」参照）という特殊な細胞分裂は，受精という特殊な細胞融合とともに，有性生殖の要をなしている．

●細胞分化　細胞の分化は何らかの意味で細胞の不等分裂を前提にすることが多いが，小腸上皮細胞のように，分裂なしに細胞が分化していくものもある．細胞分化が進行するにつれて，その細胞の分化能はせばまっていくことから，細胞分化は遺伝子の部分的な喪失や改変によるものであるか否かは長らく論争の的となっていた．事実，細胞分化に先立つ細胞分裂で，染色体の部分的な喪失や核の破壊・放出が起こるものもある．しかし，細胞分化の大部分は遺伝子自体の喪失や改変によるものではなく，その発現の変更によることが，オタマジャクシの分化した細胞の核を，核を殺した卵に移植することによって完全なカエルをつくることができることから証明された．これは細胞（核）の再プログラム化という問題として，発生生物学の重要な課題となっている（☞「iPS 細胞と ES 細胞」参照）．

●形態形成　個体を構成する細胞は，機能のみならず構造，形態の上でも分化して各組織や器官に組織化されている（☞「神経系の発生」〜「内胚葉由来の組織・器官の発生」参照）．組織や器官はそれぞれに固有の形態をとるとともに，体内のあるべき場所に配置されて解剖学的な構造をつくっている．このようなきちんとした体の構造がいかにしてできるのかという大きな問題は，細胞集団レベルから遺伝子レベルまで，研究が急速に進展している（☞「胚葉形成」〜「左右軸形成」「肢芽の発生」「生物の形態形成と反応拡散系」参照）．

［星　元紀］

参考文献

［1］ 浅島 誠・武田洋幸共編『発生』培風館，2007
［2］ 安部眞一・星 元紀共編『性と生殖』培風館，2007

さまざまな動物の発生
——卵から形づくりの始まり

現存する地球上の動物は，さまざまな環境に適応しながら長い間をかけて進化してきた．その結果，動物の体の構造は多様化すると同時に，その発生の仕方もさまざまに変化してきた．しかしながら，動物の体つくりの基本的な仕組みの多くは進化の過程で保存され，現存する動物の体づくりにおいても依然として重要な役割をはたしている．

●動物の発生の仕方の多様性 動物の発生様式は，発生過程で必要な養分の摂取の仕方の違いにより，卵生と胎生に大きく分類することができる．卵生動物の発生は母体から離れて独立して行われるために，その発生に必要な養分は卵の細胞質内に蓄えられたものが用いられる．卵の中に蓄えられた養分の中心は，タンパク質を主成分とした卵黄顆粒，糖，脂質などである．それらは卵形成の過程で母親が合成して卵細胞の細胞質内に蓄えたものである．卵の中には，養分の他にも，発生の初期過程で必要とされる細胞内小器官（ミトコンドリアやリボソームなど）や，母性因子とよばれている mRNA や機能タンパク質などが多量に蓄えられている．それらの中でも，細胞質内に局在して蓄えられている母性因子は，発生の初期に行われる基本的な形づくりの作業において重要な役割をはたしている．例えば，胚の方向性（胚軸）の決定，始原生殖細胞への運命の決定，中胚葉誘導作用などにおいて，母性因子が中心的な役割をはたしている．

一方，胎生動物は，自身で養分を摂取することができるようになるまで，母体の中で発生が行われる．その際に必要な養分や酸素などは胎盤を通して母親から供給される．そのために，胎生動物では，卵の中に多量の養分を蓄えておく必要がないので，卵のサイズが小型である．また，胎生動物の胚では，卵生動物と異なり，発生の早い時期から接合体の遺伝子が発現する．卵生動物の多くは胞胚の中期頃から接合体の遺伝子発現を開始するが，胎生動物ではそれを卵割の時期から開始する．そのために，胎生動物では胚軸の決定や始原生殖細胞への運命の決定などを母性因子にはあまり依存せず，接合体の遺伝子に大きく依存している．

特殊な例ではあるが，卵生動物でも母親の胎内で発生するものが存在する．それらは卵胎生とよばれ，その中には哺乳類の胎盤と似たような構造を形成する動物（一部のサメ）も存在する．また，哺乳類でも，カモノハシやハリモグラなどのように，卵生動物と同じように産卵されて発生するものが存在する．産卵された卵は一定の発生時期までは卵生動物と同じように独自で発生するが，孵化後は母乳により成長する．

卵生や胎生などのような発生様式の違いによる分類の他に，胚の構造の違いに

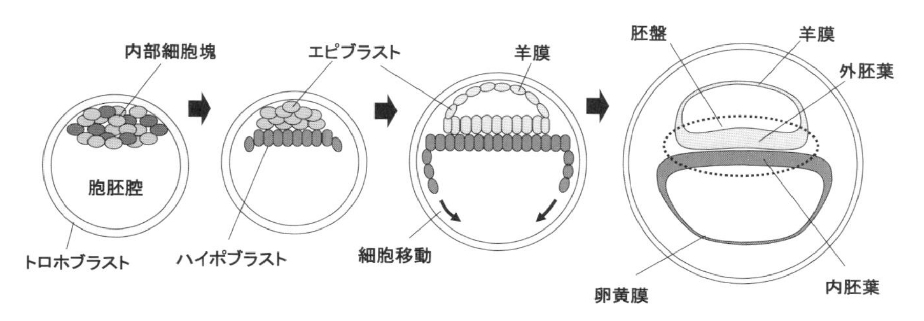

図1 羊膜形成．哺乳類の胚の羊膜と卵黄膜の形成過程を示す．内部細胞塊から分化したエピブラストとハイポブラストから，それぞれ羊膜と卵黄膜が形成され，両者の胚葉が合わさった領域に，将来の胚になる胚盤（点線で囲んだ部分）が形成される

よる分類もある．爬虫類，鳥類，哺乳類などの胚は，魚類や両生類などの胚と異なり，その発生過程で羊膜，尿膜や卵黄膜とよばれる上皮組織からなる膜構造を形成する．そのために，これらの動物は有羊膜類とよばれている．一方，魚類や両生類などのように羊膜が形成されない胚は無羊膜類とよばれている．有羊膜類の哺乳類の発生過程（図1）を例に示すと，その胞胚は将来の胎盤を形成するトロホブラスト（栄養膜）と，その内部に存在する内細胞塊とよばれる細胞の塊から構成されている．やがて，内部細胞塊からエピブラストとハイポブラストが分化する．エピブラストから外胚葉と羊膜が形成され，ハイポブラストから内胚葉と卵黄膜が形成される．そして，羊水で満たされた羊膜腔の中で胚が成長する．

●発生の仕組みの普遍性 進化を経るにつれ，動物の体の構造は次第に複雑化し，その発生の仕方も多様化してきた．しかしながら，動物の体つくりにかかわる基本的な仕組みの多くは進化の過程で発達しながら保存され，現存する動物の発生過程においても同じように働いている．例えば，体を構成する全細胞数がわずか1000個程度の線虫から高度に発達したヒトにいたるまで，それらの発生過程では多くの共通した仕組みが働いている．

動物の発生過程で共通してみられる現象には，例えば，発生の初期にみられる胞状をした構造の形成，上皮組織の陥入による原腸と三胚葉構造の形成などがある（☞「胚葉形成」参照）．さらに，動物の発生にかかわる分子メカニズムを見ると，そこでも多くの共通した仕組みが働いている．例えば，胚の各領域の運命を決定しているホメオティック（あるいは，ホメオボックス）遺伝子の役割（☞「頭尾軸・背腹軸形成」参照），動物の体つくりに中心的な役割をはたしているオーガナイザーの存在，そして，神経誘導作用の仕組みなど，異なる動物間においても共通した分子メカニズムが働いている．

●胞胚形成 受精後，胚は活発な細胞分裂（卵割）を繰り返して胞状の構造をした胞胚を形成する．胞胚は上皮組織からなる中空の構造で，その内腔は胞胚腔とよばれ，腔の中は胞胚腔液で満たされている（図 2）．胞胚腔液は生理食塩水に似た成分の液で，その中には胞胚の細胞から分泌されたさまざまな物質も含まれている．胞胚腔は上皮組織により外界から隔てられた環境として，動物の発生過程で重要な役割をはたしている．このような胞胚形成は，線虫からヒトにいたるまでの発生過程において共通してみられる現象である．

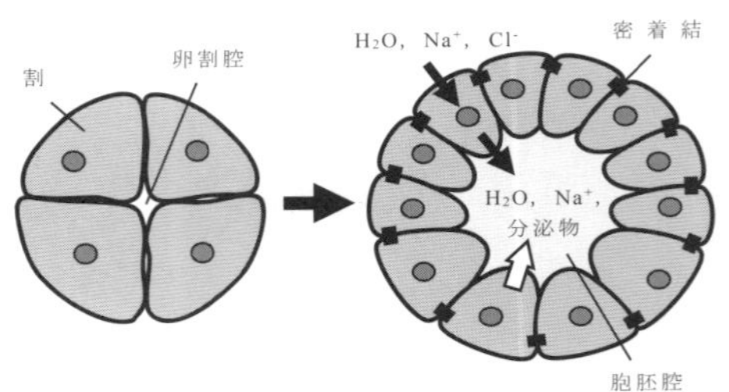

図 2　胞胚形成．卵割が進行し，細胞数が増加すると細胞同士が密着結合（tight junction）を形成する．そして，外部環境から隔てられた卵割腔内には Na や Cl などのイオンが能動輸送される．その結果，卵割腔内の浸透圧が上昇し，外部から水が浸入して胚内に大きなスペース（胞胚腔）が形成される．さらに，その胞胚腔内には，さまざまな分泌物質が胚細胞から分泌される

●三胚葉と原腸の形成　胞胚が形成されると，次の発生過程では，上皮組織の陥入や細胞移動などをともなった大がかりな胚細胞の配置換えが行われる．その結果，胚を構成する組織がいくつかの胚葉に分かれる．クラゲやイソギンチャクのような放射相称動物の胚葉形成では，胞胚を形成する上皮組織の一部が陥入して内胚葉になる．その結果，胚を取り巻く外胚葉と，原腸（将来の消化管）を形成する内胚葉からなる二胚葉の胚が形成される．この過程では，上皮の陥入にともなって原腸が形成されるので，この時期の胚を原腸胚とよんでいる．

また，動物の大部分を占める左右相称動物の原腸胚形成の過程では，外胚葉と内胚葉の他に中胚葉が形成され，三胚葉構造の胚になる．その仕組みについては，ウニと両生類の原腸胚の形成過程を見るとよくわかる（図 3A，B）．それらの胚では，胞胚を形成する上皮が胚の内部へ陥入して内胚葉を形成し，さらに，上皮の一部から遊離した細胞が外胚葉と内胚葉の間に移動して中胚葉を形成する．このような三胚葉構造の形成はウニなどからヒトにいたるまで共通してみられる現象であり，動物の体をつくる際の基本的な仕組みとして進化の過程で保存されてきたと考えられる．

原腸の形成の仕方は有羊膜類と無羊膜類では少し異なる．無羊膜類の原腸胚形成では，上皮組織の陥入による原腸の形成と中胚葉形成が同時に行われる．一方，有羊膜類の原腸胚形成では三胚葉構造の形成が中心となり，原腸はその後の発生過程で形成される．その際には，卵黄嚢と連続する内胚葉の一部が中胚葉に包み込まれるようにしてくびれて原腸が形成される（図 3C）．

●オーガナイザー　H. シュペーマン（Spemann）と H. マンゴルド（Mangold）は，両生類の胚を用いた移植実験により，オーガナイザーとよばれる領域が原口背唇の部分に存在することを明らかにした．この実験では，胚に移植されたオーガナイザー領域が移植された部分に新たな胚（二次胚）の形成を引き起こすということが示された．その後の分子レベルの研究から，オーガナイザー領域がはたす分子メカニズムが解明された．それは，オーガナイザーから分泌される背側化因子（Chordin や Noggin など）が，反対側の胚の領域から分泌される腹側化因子（Wnt や BMP など）の作用を阻害し，胚の背側の構造（例えば，中枢神経系の構造）の形成を引き起こすというものである．つまり，オーガナイザー領域は，胚を腹側化するシグナルを阻害するとともに，中枢神経系などの背側の構造の形成を誘導することにより，胚の背側となる方向を決めていると考えられる．このオーガナイザー領域の形成は TGF β（トランスフォーミング成長因子 β）の仲間であるアクチビンなどの作用により誘導される．

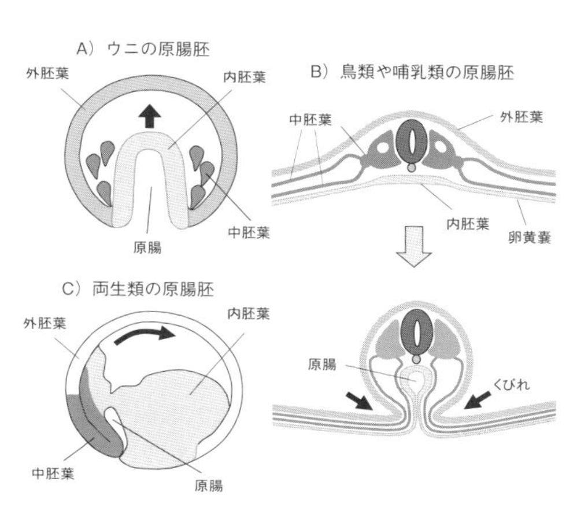

図3　中胚葉と原腸の形成．ウニ（A）と両生類（C）の原腸胚形成では，胚を構成する上皮組織が胚の内部に陥入して原腸を形成する．それと同時に，上皮組織から遊離した細胞が胚の内部に移動して中胚葉を形成する．一方，鳥類や哺乳類の胚（B）では，三胚葉が形成された後に原腸が形成される．その際には，内胚葉が中胚葉に包み込まれるようにくびれて原腸が形成される．AとBの矢印は原腸が陥入する方向，そして，Cの黒矢印は胚がくびれる方向を示す

さまざまな動物の発生の分子メカニズムが解明されるにつれ，オーガナイザー領域による胚の背腹方向の決定の仕組みとよく似たものが，ウニやショウジョウバエの胚の背腹方向の決定にも働いていることが明らかにされた．しかも，そこで働いている分子は両生類の胚で働いているものと類似の分子（ホモログ）であることもわかった．これらのことは，オーガナイザーとよばれる機能領域の存在とその役割が進化の過程で保存され，現存する動物の体つくりにおいても依然として重要な役割をはたしていることを示している．

オーガナイザーやホメオティック遺伝子などの役割を中心にした発生の分子メカニズムが解明されるにつれ，多くの動物のさまざまな組織と器官形成において類似の分子メカニズムが働いていることがわかってきた．その結果，進化の過程で動物の体がどのように発達してきたのかをより具体的に推測することが可能になりつつある．

［浅島 誠・駒崎伸二］

有性生殖と無性生殖
——生殖戦略の多様性

生殖は生命の属性のひとつであり，新たな個体がつくられることを意味している．動植物の生殖方法は有性生殖と無性生殖に大別される．後生動物では，生殖方法の定義づけに関して議論があるので，ここではG. ウィリアムス（Williams）が示した「有性生殖とは親（同種の2個体）の遺伝子の混ぜ合わせをして子孫をつくる」という定義に従う[1].

有性生殖では精子や卵子といった配偶子が減数分裂によりつくられ，さらに雌雄間で遺伝子の混合が起こるために，子孫に遺伝的多様性をつくりやすい．一方，無性生殖は有性生殖に比べて生殖コストが低く，短期間に増殖する点では優れているものの，多様性はつくりづらい．また，無性生殖では有害遺伝子の排除が困難なために絶滅にいたる可能性があると考えられている．進化できずに絶滅するという無性生殖のデメリットに関する仮説は，羊毛を紡ぐ逆回し（後戻り）のできないラチェット式の糸車に例えられて「マラーのラチェット仮説」ともよばれている．しかしながら，哺乳類を除いたほとんどの動物群で無性生殖を行うものが存在しており，無性生殖のパラドクスとよばれている．

●栄養生殖型の無性生殖 無性生殖は配偶子を必要とする場合としない場合の2つに大きく分けられる．配偶子を必要としない無性生殖では，出芽や横分裂，断片化といった自切現象後に失った部分を再生して新たな個体がつくられる．この無性生殖は植物の栄養生殖と類似しているので，ここでは栄養生殖型の無性生殖とよぶ．後生動物では，海綿動物，刺胞動物，扁形動物，環形動物，苔虫動物，内肛動物，棘皮動物，半索動物，脊索動物などほとんどの動物門でこのタイプの無性生殖を行うものがいる．

サンショウウオの肢の再生や腸の再生といった修復再生は，再生後に個体数が増えていないので生殖とはいえないが，栄養生殖型の無性生殖は再生現象にほかならない．ヒドラやプラナリアは分化多能性幹細胞を有しておりこの細胞が自切後の再生に関与している．群体ホヤでは上皮組織から脱分化して多能性をもった細胞が生じて再生に参画する．

●単為生殖型の無性生殖 配偶子を必要とする無性生殖では，大抵の場合，精子を必要とせずに卵子のみで発生を始めるので単為生殖とよばれる．単為生殖はミツバチ，アブラムシといった節足動物やワムシ類，脊椎動物では魚類，両生類，爬虫類などでみられる．単為生殖では卵子形成にバリエーションがある．アポミクシスでは体細胞分裂で卵子が形成されるので娘は母親のクローンとなる．一方，変則的な減数分裂を介して卵子が形成される場合は，減数分裂前に染色体が倍加するエンドミトシスと減数分裂後に染色体が倍加するオートミクシスに大別される．双方の単為生殖ともに結果的に母親と同じ染色体数の娘を生じるが，減数分裂を経ているために娘は母親の完全なクローンにはなっていない．

単為生殖では，精子が介在する場合もあり，ある種の両生類や魚類では雌の産んだ卵が近縁種の精子によって付活化されて発生が開始される．雄性前核は受精卵から除去されるため，事実上，単為生殖が起こっていることになる．このようなケースは雌性生殖とよばれる．また，報告は少ないが淡水棲シジミでみられるように，精子による付活化後に雌性前核が除去されて精子由来のゲノム情報で発生する場合もあり，雄性生殖とよばれる．雌性生殖も雄性生殖も仮とはいえ受精をきっかけとするので，Pseudogamy（偽の受精）とよばれる．

●有性生殖と無性生殖の転換　ヒルガタワムシは数千万年間，単為生殖（アポミクシス）でのみ繁殖しているという報告があり，DNAの変異の蓄積が新規遺伝子の獲得につながるという考えが提唱されている．この理論はメセルソン効果とよばれ，無性生殖のパラドクスの説明のひとつといえる．しかし，無性生殖に限定して繁殖している動物はむしろ例外的であり，多くの動物は環境条件や世代に応じて有性生殖と無性生殖を切り替えることができる．環境条件の場合，一般的に飢餓や温度変化など個体の生存を脅かす条件が有性化を促している．栄養生殖型の無性生殖を行うプラナリアでは，温度が重要な刺激となり生殖器官が誘導されて有性生殖を行うようになる（図1）．単為生殖を行うミジンコでも温度や餌の条件が刺激となり，半数体の配偶子を産生する雌と雄の両方が次世代に産まれて有性生殖を行うようになる．世代によって生殖様式の転換が制御されている例としてはミズクラゲや寄生性の扁形動物があげられる．

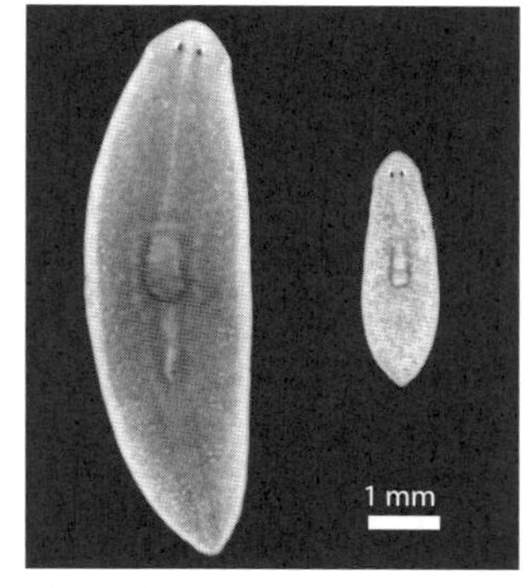

図1　プラナリアの一種，リュウキュウナミウズムシは無性状態と有性状態を切り替える．小さい個体が無性個体，大きい個体が有性個体

単為生殖のみで繁栄しているヒルガタワムシが例外であるのと同様，生殖様式が有性生殖のみに限定されている哺乳類も例外なのかもしれない．哺乳類では，ゲノムインプリンティング（ゲノム刷り込み現象）とよばれるエピジェネティック制御による単為生殖防御機構が働いていることが明らかになっている．

多くの動物では生殖様式転換現象が無性生殖のパラドクスの説明となり，無性生殖と有性生殖のメリットをうまく使って種を繁栄させているのかもしれない．　［小林一也］

参考文献

［1］ Williams G., *Adaptation and Natural Selection*, Princeton University Press, 1966

生殖細胞と体細胞
――種の維持と進化を担う細胞系列

生殖細胞とは，卵や精子など配偶子を形成する細胞系列である．一方，体細胞は皮膚や内臓器官，神経など個体を維持する細胞種の総称である．体細胞は個体の発生，成長，維持に必須であるが，個体の死とともに役目を終えて消滅する．これに対して，生殖細胞に由来する卵と精子が融合することで，新たな個体が創成される．進化の原動力となる突然変異や外来遺伝子の導入も生殖細胞のゲノムに生じてはじめて次世代へと受け継がれる．すなわち，生殖細胞は概念的には不死の細胞系列であり，私達の体（体細胞）は生殖細胞を運ぶ乗り物ととらえることもできる．

●生殖細胞の形成機構　多くの動物において，生殖系列は胚発生初期に確立し，体細胞とは異なった独自の分化経路に進む．生殖細胞は多細胞生物が有性生殖するために必須の細胞系列であることから，その形成過程は進化的に保存されていることが期待された．しかし，実際のところ生殖細胞の形成過程は多様である．大きく分けて，生殖細胞を形成する場所が受精卵の中であらかじめ決まっている種と，生殖細胞が未分化な多能性細胞集団の中から細胞間シグナルによって誘導される種とが存在する．前者の様式を前生的形成，後者を後生的形成とよぶ．

一方，生殖細胞で働く生殖細胞特異的な遺伝子については，動物種間を超えて保存されているものが多い．前生的な生殖細胞形成では，これら生殖細胞特異的因子が生殖質に局在しており，後生的な生殖細胞形成では，細胞間シグナルによってこれら因子の発現が制御されていると考えられる．

●前生的な生殖細胞形成　前生的な生殖細胞形成では，生殖細胞機能に必要な特定のタンパク質やmRNAが卵形成過程で合成され（母性因子），卵内の特定の場所に集積している．そして，そのような細胞質領域を取り込んだ割球が生殖細胞へと分化する．生殖細胞形成に関与する母性因子が集積した細胞質領域を生殖質あるいは生殖細胞質とよぶ．生殖質をもつ動物種としては，ショウジョウバエ，線虫，カエル，ゼブラフィッシュなどが知られる．

生殖質をもつ動物グループは系統的には独立している．このことから，生殖細胞形成は後生的機構が祖先系であり，生殖質は各々のグループで独自に進化獲得されたと考えられている．生殖質をもつ動物グループは，胚発生のスピードが比較的速く，グループ内の種の多様性が高いという特徴をもつ．おそらく，生殖質を卵内につくり出すことで生殖細胞形成能が保証された結果，それ以外の領域を体細胞形成に専念させることが可能となり，種が多様化したと予想される．

●後生的な生殖細胞形成　後生的な生殖細胞形成では，多能性をもった未分化細胞集団から，細胞間相互作用により生殖細胞形成が誘導される．生殖細胞が後生的に形成される代表として，哺乳動物が知られている．

哺乳動物における生殖細胞の起源細胞は多様化している．例えば，齧歯類であるマウスの生殖細胞は，胚体外からのシグナルによって誘導され，胚齢6.25日頃，胚体外外胚葉（将来胎盤となる）と接している胚領域（エピブラスト）に誘導される．一方，霊長類であるカニクイザルにおいて，生殖細胞はエピブラストではなく，胚体外領域である羊膜に出現する．霊長類の胚発生初期過程はよく似ていることから，ヒトの生殖細胞も羊膜に由来すると予想される．

興味深いことに，ホヤやウニなどの動物は生殖質をもち，生殖細胞は前生的につくり出されるが，前生的生殖細胞を外科的に除去すると，生殖細胞が後生的に生じることが観察されている．すなわち，いくつかの動物種では前生的な生殖細胞形成機構と後生的な機構が共存していると考えられる．

●生殖細胞の移動　多くの動物において，生殖細胞が形成される場所と配偶子形成を行う場所（生殖巣・生殖腺）とは異なっている．つまり，生殖細胞は形成された後，体内を移動して体細胞とともに生殖巣を形成する．生殖細胞が胚領域の周縁部で形成される動物が多い．これは体細胞分化を司るシグナルの影響を受けない環境で生殖系列を確立するためとの説がある．

マウスでは，生殖細胞は，胚体外と接する胚の後端部で増殖を開始するとともに移動を始め，胚齢11.5日までに生殖隆起に侵入し生殖腺を形成する．移動開始前に100個以下であった生殖細胞は，生殖腺内に数千個存在するようになる．一方，ショウジョウバエの生殖細胞は胚の後端部に形成された後，形態形成にともなって胚内部に運ばれる．その後，自律的に移動を開始して体細胞とともに生殖巣を形成する．このような生殖細胞の移動過程では，体細胞から発せられる反発因子や誘引因子の作用により，生殖巣を形成する体細胞と出会うための移動経路がつくられる．

●生殖細胞の性　マウスの場合，生殖細胞はメスの生殖腺においては減数分裂を開始して，第一分裂前期で休止する．そして，性成熟とともに卵形成を開始して減数分裂を再開する．一方，オスの生殖腺に侵入した生殖細胞は体細胞分裂を継続し，その一部が精子幹細胞となり，継続した精子形成を保証する基盤となる．このような生殖細胞の振る舞いの性差は，生殖腺を形成する体細胞からのシグナルによって制御されている．しかし，最近の研究から，マウスやショウジョウバエでは生殖細胞自律的な性特異的制御メカニズムも存在し，両者の連携によって制御されていることがわかってきた．

［中村　輝・羽生(中村)賀津子］

参考文献

［1］ギルバート，S. F.『ギルバート発生生物学』阿形清和・高橋淑子監訳，メディカル・サイエンス・インターナショナル，2015

性の決定
——動物の多様な性の決まり方

ヒトを含む哺乳類をはじめ，多くの動物の性は遺伝子型（性染色体の構成）によって決まっており，遺伝型性決定といい，通常は雌雄で異なる核型をもつ．例えば，哺乳類は雄ヘテロ型（雄がXY型，雌がXX型），鳥類は雌ヘテロ型（雄がZZ型，雌がZW型）である．魚類，両生類，爬虫類では雄ヘテロ型と雌ヘテロ型が混在している．遺伝型性決定の場合にも，性染色体の有無ではなく，染色体の倍数性によって性が決まる半倍数性決定を行うハチなどの節足動物もいる．一方で，胚発生時や幼生期での，温度，光周期，生息場所，栄養状態，社会的要員などの環境要因によって性が決定する動物がおり，これを環境依存型性決定という．

●哺乳類の性の決定　哺乳類の性の決定は，XY/XX型であり，ヒトやマウスでは，Y染色体をもつ個体が雄，Y染色体をもたない個体は雌である．Y染色体上にある遺伝子（*sry*）が精巣を分化させる性決定遺伝子である．

●鳥類の性の決定　鳥類の性の決定はZZ/ZW型である．鳥類の卵巣は右側が退縮し，左側が機能的に発達する．精巣はほぼ左右対称的に発生する．ニワトリを用いた研究から，Z染色体上にある*dmrt1*遺伝子が精巣分化に必須であることが証明され，鳥類の性決定遺伝子と考えられている．雌雄ともにZ染色体をもっているが，ZZ染色体を2本もち*dmrt1*遺伝子の発現量が高い方が雄になる．

●両生類の性の決定　両生類では，有尾目のホクオウクシイモリを含むクシイモリ属の多くの種はXY/XX型であり，エゾサンショウウオ，メキシコサンショウウオなどはZZ/ZW型である．無尾目のカエルでは，トノサマガエル，ニホンアカガエル，ヨーロッパアカガエル，フクロガエルなどがXY/XX型であり，アフリカツメガエル，カジカガエル，ヨーロッパヒキガエル，アフリカウシガエルなどはZZ/ZW型である．また，フクロガエルとアフリカウシガエルは染色体の形態から雌雄が識別できるが，多くの種では染色体の形態ではできない．日本に生息するツチガエルは，同じ種であっても地域集団によってXY/XX型とZZ/ZW型があり，染色体の形態で雌雄が識別できる集団とできない集団がある．実験的に高温で処理するとZZ/ZW型のエゾサンショウウオは雌化し，XY/XX型のヨーロッパアカガエルは雄化する．ネッタイツメガエルではZ，W，Yの3つの性染色体によって性が決定される．アフリカツメガエルでは，W染色体上にある*dm-w*遺伝子が卵巣の分化を誘導することから，雌の性決定遺伝子として同定されている．

●魚類の性の決定　メダカをはじめ，多くの魚種は精巣か卵巣をもつ雌雄異体であるが，稚魚期には未分化の生殖腺をもっている．一部の魚種は，精巣と卵巣を同時にもつか，異なる時期にどちらかが発達する雌雄同体であり，ウツボ科やコチ科のように，最初に精巣が発達し，その後卵巣が発達する魚種は雄性先熟魚，ベラ科やブダイ科のように，最初に卵巣が発達し，その後に精巣が発達する魚種は雌性先熟魚とよばれる．また，オキナワベニハゼは，精巣と卵巣を同時にもち，相手の大きさによって自身の生殖腺が精巣か卵巣に成熟する双方向性転換魚，また，マングローブキリフィッシュは1個体の中で精巣と卵巣が同時に成熟して1個体で子孫を残せる同時的雌雄同体魚，ゼブラフィッシュは，稚魚期にはすべての個体が卵母細胞をもち，孵化3週目頃から，約半数は卵母細胞が消失して精巣になる幼時雌雄同体魚，アフリカチヌは精巣と卵巣の両方をもつが片方の生殖腺しか成熟しない副雌雄同体魚である．多くの雌雄異体魚はXX/XY型である．性分化前の性ステロイドホルモン（女性ホルモンや男性ホルモン）処理，あるいは水温などの環境条件でも遺伝的な性と反対の性に転換する魚種もある．稚魚期には雄にも雌にも分化できる性的な可塑性がある．魚類として最初にメダカで性決定遺伝子 *dmy* が単離され，ルソンメダカ，パタゴニアペヘレイ，トラフグ，ニジマス，インドメダカでは精巣の分化に必須な性決定遺伝子が見出されている．

●爬虫類の性の決定　爬虫類の性の決定様式は多様である．ヘビ亜目はZZ/ZW型，トカゲ亜目およびカメ目はXY/XX型，ZW/ZZ型および温度依存型，ワニ目のすべては温度依存型性決定の性決定様式をもっている．ミシシッピーワニの卵を33℃で孵卵すると100％雄が，31.5℃以下あるいは35℃以上で孵卵すると100％雌が産まれる．アカミミガメでは31℃で孵卵すると100％雌が，26℃では100％雄が産まれる．ミシシッピーワニを用いた研究から，雄に分化する温度を受容するカルシウムイオンチャネルのTRPV4の働きを阻害すると精巣分化が阻害されることから，精巣分化には33～34° C近辺の温度の受容が必須であることがわかってきている．

●無脊椎動物の性の決定　ユムシ動物の一種のボネリムシの受精卵は孵化して海底で生活を始めた個体は雌に，雌に付着した個体は体内に取り込まれて生殖嚢内で雄に発生して寄生生活をおくる．ゴカイの仲間は大小2種類の卵を産み，大きい卵からは雌が，小さい卵からは雄が発生する．甲殻類のミジンコは通常単為生殖で雌が雌に発生する卵を産むが，幼若ホルモンの影響や環境悪化により雄に発生する卵を産み，有性生殖により乾燥にも耐えられる耐久卵を産むという環境依存型性決定様式を示す．ミジンコが雄に発生するために必須な遺伝子として *dsx1* が同定されている．アブラムシの性決定様式は雄ヘミ型（雄がXO型，雌がXX型）であり，個体の性は遺伝的に決まっている．春から夏にかけて単為生殖により増え，短日・低温条件になると卵生雌と雄を産み，有性生殖により越冬卵を産む．　［井口泰泉］

参考文献

［1］伊藤道彦・高橋明義編『成長・成熟・性決定―継』ホルモンから見た生命現象と進化シリーズIII，裳華房，2016

生殖幹細胞
——卵や精子をつくり続けるための細胞

自然界の厳しい生存競争の中で，より確実に子孫を残すために，多くの動物はたくさんの配偶子を継続してつくるという戦略をとっている．例えば，ショウジョウバエのメスは，毎日数十個の卵を産み続ける．魚類の中には一生の間に数億個の卵を産むものもいる．さらに，ヒトの男性も生涯生殖能力を保持し，数兆個の精子をつくるといわれている．どのようにして，それら動物はたくさんの配偶子を産生し続けることができるのだろうか．その鍵を握っているのが，「生殖幹細胞」である．それでは，ショウジョウバエを例に，生殖幹細胞の働きについて説明する．

●生殖幹細胞の特徴 ショウジョウバエの発生過程において，卵や精子の元となる細胞（始原生殖細胞とよぶ）がつくられ，その細胞は，メスでは卵巣，オスでは精巣へと移動し，そこで生殖幹細胞となる．生殖幹細胞は，細胞分裂ごとに2個の娘細胞を生み出す．そのうち一方は，卵や精子へと分化する．もう一方は，自分と同じ生殖幹細胞となる．これを「自己複製」という．この分化と自己複製を同時に行うという特質により，生殖幹細胞は，半永久的に絶えることなく配偶子をつくり続けることができるのである．

●娘細胞の運命選択の仕組み 生殖幹細胞の分裂により生じた娘細胞が自己複製をするか，分化するかは，娘細胞自身が決めるのではなく，その細胞がおかれた「環境」によって決まる．卵巣や精巣の中で，生殖幹細胞は特別な場所に維持されている．この場所を「ニッチ」とよぶ．ニッチの語源は，大切なものを収めておく教会などの壁のくぼみである．ショウジョウバエの卵巣や精巣のニッチには生殖幹細胞が収められ，そこには生殖幹細胞が自己複製するために必要なさまざまなシグナル分子が存在する．例えば，細胞分裂を促進したり，配偶子への分化を抑制するシグナル分子が存在している．これら分子は生殖幹細胞とは別のニッチを取り巻く細胞（「ニッチ細胞」とよぶ）によって分泌され，ニッチに蓄積される．生殖幹細胞が分裂すると，一方の娘細胞は，ニッチにとどまり，これらシグナル分子の働きにより生殖幹細胞のままでいるが，もう一方の娘細胞がニッチの外に出ると，シグナル分子を受け取れなくなり，卵や精子へと分化する．このようにして，生殖幹細胞の数を常に一定に保ちながら，安定した配偶子産生を続けることができるのである．

●ニッチの姿の普遍性と多様化 これまでショウジョウバエの生殖幹細胞について説明してきたが，生殖巣（卵巣や精巣）の形態は動物種により多種多様である．ニッチの形と働きについても動物間で違いが見られるが，それらは大きく3つに分類される.

①生殖幹細胞を非対称分裂により維持する小さなニッチ　ショウジョウバエの卵巣と精巣，ゼブラフィッシュの卵巣が典型的な例である．生殖巣の一端に小さなニッチ細胞が複数個存在している（図1①）．それぞれのニッチ細胞が小さなニッチを形成し，ニッチ細胞と接している細胞のみが生殖幹細胞として維持される．ショウジョウバエでは，生殖幹細胞は常にニッチ細胞と接している面に対して垂直方向に分裂をする．その結果，娘細胞の一方が生殖幹細胞となり，もう一方が配偶子へと分化する（非対称分裂となる）ことで，生殖幹細胞の数が厳密に維持されている．

②生殖幹細胞の集団を維持する大きなニッチ　線虫の生殖巣では，比較的大きなニッチ細胞が生殖巣の一部分を広範囲で取り囲み，大きなニッチをつくる（図1②）．ニッチの内部では生殖幹細胞の分裂により生じた2つの娘細胞がいずれもニッチ内にとどまり生殖幹細胞として維持される（対称分裂となる）が，ニッチの末端部では，娘細胞がニッチの外に押し出され，配偶子へと分化する．

①非対称分裂により幹細胞を維持するニッチ

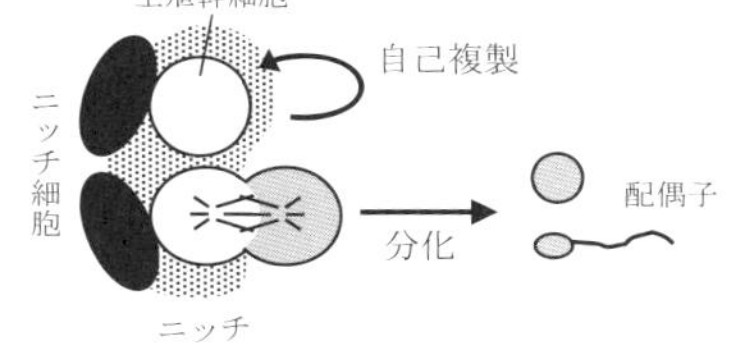

②幹細胞の集団を維持する大きなニッチ

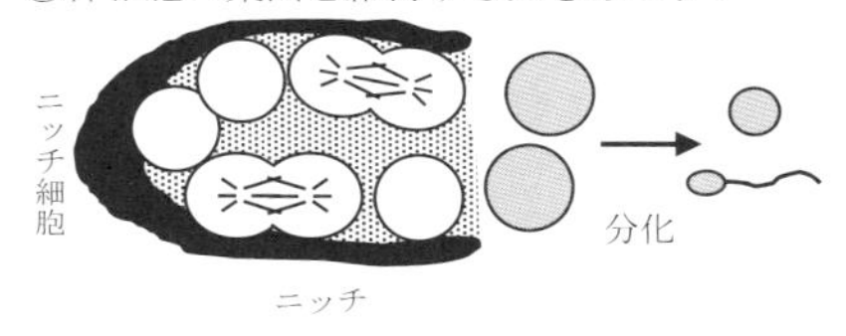

③境界線のないニッチ

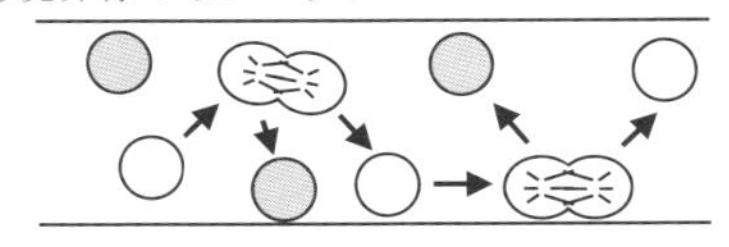

図1　生殖幹細胞を維持するニッチの多様性．①幹細胞（白）は非対称分裂により一定数に保たれる．②幹細胞は対称分裂により増殖し，ニッチの外に押し出されたものが分化する．③幹細胞は自由に動き回り，明瞭なニッチはないが，幹細胞数は一定である．詳しくは本文参照

③明瞭な境界線をもたないニッチ　マウスの精巣では，生殖幹細胞が精巣内を自由気ままに活発に動き回り，分化細胞と混在している様子が観察されている（図1③）．まるでニッチは存在しないかのように見える．しかし，生殖幹細胞の自己複製と分化のバランスは精巣全体で常に保たれており，生殖幹細胞の数も生涯通して一定数に定まっている．現在，生殖幹細胞数が一定に保たれる仕組みについて精力的に研究が行われている．さらに，季節や温度，日照条件などにより配偶子産生能力が大きく変化する動物も多数おり，これらの動物における生殖幹細胞の制御についても今後明らかにすべき課題といえる．　［浅岡美穂・小林 悟］

参考文献

［1］浅岡美穂・小林 悟「ショウジョウバエの卵子幹細胞」森 崇英編『卵子学』京都大学学術出版会，pp.13-24，2011

配偶子形成
――卵と精子：生命の連続性と多様性の源

有性生殖を営む動物は配偶子（卵，精子）をつくり，それらを受精させることで個体のもつ限られた寿命を超えて種を存続させている．配偶子形成（卵形成，精子形成）では染色体の数が半分になる減数分裂が起こる．この過程での染色体の交叉や受精で生じるゲノムの再編は，生物に多様性をもたらす．

●配偶子形成の概要　卵原細胞，精原細胞は体細胞有糸分裂の後，減数分裂に入り卵母細胞，精母細胞となる．卵母細胞は減数分裂を第一前期で停止し，卵黄などを蓄積して成長する．卵形成では極体が放出され，1個の卵母細胞から1個の卵がつくられる．精子形成では1個の精母細胞から4個の精子がつくられる（図1）.

●卵形成　卵巣には濾胞細胞などの体細胞や卵原細胞に由来する哺育細胞が存在し，卵形成を制御している．環形動物の多毛類やユムシ類では卵巣はなく，卵母細胞が体腔内に遊離した状態で卵がつくられる（精子形成も体腔内で起こる）．卵黄は，脊椎動物では肝臓で，昆虫類では脂肪体でつくられ，卵母細胞に運ばれる．扁形動物のように1つの卵殻の中に卵と卵黄細胞が共存し，発生過程で卵黄が卵に吸収される場合もある．卵形成過程でつくられる卵黄膜は受精における配偶子間の同種認識に役立ち，表層粒（表層胞）と協働して受精膜や囲卵腔をつくることで多精拒否にも役立つ（☞「単精受精と多精受精」参照）.

●卵成熟　多くの脊椎動物では，減数分裂第一前期の卵母細胞は受精できない未成熟卵で，卵核胞とよばれる巨大な核をもつ．未成熟卵が受精可能になる過程を卵成熟とよぶ．脊椎動物では下垂体から分泌される生殖腺刺激ホルモン，濾胞細胞で合成・分泌される卵成熟誘起ホルモン，卵母細胞内で形成・活性化される卵成熟促進因子（MPF）が順番に働くことで卵成熟は起こる．MPFの作用で卵母細胞は減数分裂を再開し，核膜が壊れる卵核胞崩壊が起こり，第二中期に達して受精可能な成熟卵となる．無脊椎動物では第一前期や中期で成熟卵となる場合が多く，クラゲやウニでは減数分裂を終了して雌性前核をもつ状態が成熟卵である．

MPFはすべての真核生物に共通で，2種のタンパク質（サイクリン依存性キナーゼ1（Cdk1，別名Cdc2）とサイクリンB）の複合体である．MPFは卵成熟（減数分裂の再開）だけでなく，体細胞有糸分裂のM期を誘起する作用をもち，M期促進因子ともよばれる．活性型MPFの構造は共通だが，それがつくられる過程は種によって異なる．ヒトデ，アフリカツメガエル，マウスでは，未成熟卵に不活性型MPFが存在し，卵成熟過程でCdk1が脱リン酸化されて活性型となる．円口類（ヤツメウナギ）を含む多くの魚類，アフリカツメガエル以外の両生類，ヒツジでは未成熟卵にサイクリンBは存在しない．卵成熟過程でmRNAの翻訳

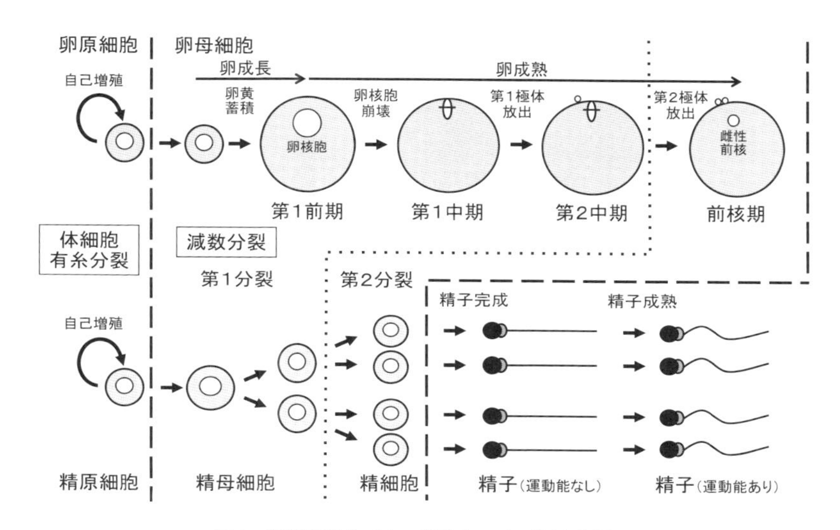

図1　配偶子形成（上：卵形成，下：精子形成）

によりつくられたサイクリンBが既存のCdk1と結合するとCdk1がリン酸化されて活性型MPFができる．

成熟卵は濾胞細胞から分離して卵巣外に排卵される．詳細な仕組みがメダカで調べられている．哺乳類では濾胞細胞（卵丘細胞）に囲まれた状態で排卵され，ホヤ類では濾胞細胞に加えて囲卵腔にテスト細胞が存在した状態で排卵される．

●精子形成・精子成熟　脊椎動物では卵形成と同様，精子形成も下垂体や精巣に存在する体細胞（セルトリ細胞やライディヒ細胞など）から分泌されるさまざまな生理活性物質によって制御されている．ウナギ，ゼブラフィッシュ，メダカでは体外（細胞培養）で精子形成の全過程が再現できるため，その仕組みを調べるのに有用である．減数分裂の終了後，精細胞は精子完成を経て精子となる．

精子の形態はきわめて多様である．典型的には，先体と凝縮した核が存在する頭部，ミトコンドリアが存在する中片部，鞭毛からなる尾部をもつが，線形動物や甲殻類の精子は鞭毛をもたない．鞭毛を構成する微小管の配置も，一般的な9+2構造から，ウナギやカブトガニの9+0やクモの9+3など，多様である．先体の内容物は先体反応によって放出され，精子の卵膜への接着や通過に役立つ．チョウザメを除く硬骨魚類（条鰭類）では精子が1匹だけ通れる穴（卵門）が卵膜に存在する．これらの精子には先体はない．無脊椎動物の精子は精巣から放出されるとすぐに運動できるが，多くの脊椎動物では精巣上体や輸精管を通過する間に運動能を獲得する．これを精子成熟とよぶ．哺乳類では雌の生殖器官に入った後，受精能獲得など，一連の変化を起こすことが受精に必要である．　［山下正兼］

減数分裂
——受精と対で有性生殖の根幹をなす

減数分裂とは，1度のDNA複製の後で2度の連続した有糸分裂によって染色体数を半減する（2nから1nにする）細胞分裂である．減数分裂が生活史のどこで起こるかは，生物全体を見渡すと非常に多様であるが，動物では，減数分裂は生殖細胞にのみ見られ，配偶子（卵や精子）形成の最終段階で行われる．有性生殖においては，減数分裂で形成された1nの配偶子が受精により2nに復帰することによって染色体数が一定に保たれる．これが減数分裂の第一の役割である．

●減数分裂のあらまし　（図1．この図では染色体が1組しかない場合（2n ＝ 2）を示している．）

①前減数分裂期　減数分裂の有糸分裂に先立つ間期を特に前減数分裂期とよぶ．あえて体細胞分裂の間期と区別するのは，この時期に体細胞分裂から減数分裂への移行が決定されるからである．この決定は，減数分裂の重要な問題であるが，それぞれの動物の性決定・生殖細胞形成機構と深くかかわっていて，生物種による違いが非常に大きい．しかし，一度この決定がなされた後には，酵母からヒトにいたる生物に共通の減数分裂特異的な分子が発現し，減数分裂に特有の染色体分離のための準備が始まる．

②減数第一分裂　減数分裂における染色体動態の特徴は，第一分裂にあり，相同染色体が対になって二価染色体を形成すること（対合：各染色体を1本ずつ卵や精子に分配するために必要）とその分離である．第一分裂の染色体分離では，対合した相同染色体を分離しつつ，（体細胞分裂では分離する）姉妹染色分体は接着したままにしておかなくてはならない．染色体を接着するのはコヒーシンという蛋白質複合体であるが，相同染色体の接着には減数分裂特異的なコヒーシンが関与する．さらに，相同染色体分離の際に姉妹染色分体間の結合が離れないようにするためにshugoshin（守護神に由来）などの分子が同時期に働いている．これらの分子は，真核生物の減数分裂において共通の役割をはたしている重要なものであり，これらの機能低下がダウン症などの染色体異常の原因となっていると

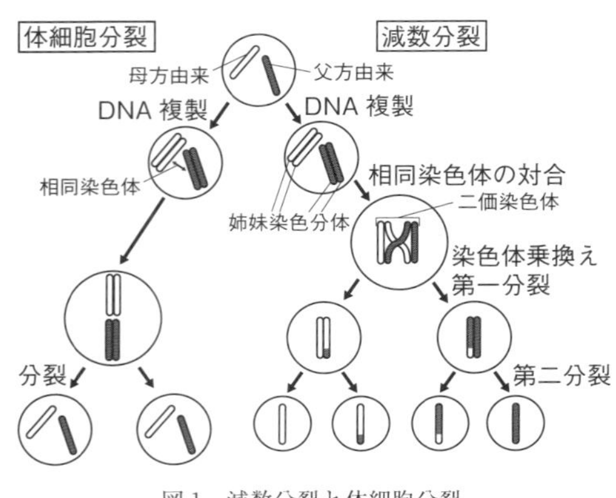

図1　減数分裂と体細胞分裂

予測される．

③減数第二分裂　第二分裂の染色体動態は体細胞分裂と同様で，姉妹染色分体が分離する．しかし，動物の卵母細胞の細胞質分裂は，第一分裂と同様に，極端な不等分裂によって，極体とよばれる細胞質をほとんど含まない小さい細胞と，通常の細胞の100～1000倍も大きな卵母細胞に分裂するという，減数分裂に特有のものである（極体放出とよばれる）．また紡錘体に関しても，多くの動物の卵母細胞では減数分裂の紡錘体はたる型で，星状体が発達していない特有の形態を示す．

●減数分裂時に起こる遺伝子組換え　有性生殖が無性生殖より優れている点は遺伝的多様性の著しい増幅にあり，これに遺伝子の組換えが重要な貢献をしているということが定説である．しかし，組換えがない場合の配偶子の染色体の組合せを考えると，ヒトの場合には23本の染色体があるので，配偶子には2の23乗通りの組合せがあり，これが同じ組合せの数だけある卵と精子が受精するのであるから，受精卵では，さらにその掛け合わせた数（約7兆）となり，十分に多様であると思われる．この上さらに非常にリスクの大きい2重鎖の切断を含む組換えを行う必要があるのかという疑問がある．この疑問に対しては，まれで有益な変異の結集と有害な変異の排除のために組換えが大きく寄与しているという説がある．また，酵母や他の生物においては，組換えを阻害すると正常な染色体分配が起こらないことが知られており，組換えは減数分裂に必須の事象であることから，多くの生物では組換えは遺伝的多様性のため重要であるが，元来は染色体の正しい分離のために必要だと考えられる．

●減数分裂のときに起こる重要な現象　減数分裂の間には重要で興味深い現象が多数存在する．動物の卵母細胞は，減数分裂の過程で受精する能力を獲得するので，卵母細胞の減数分裂を成熟分裂とよぶことがある．このときに興味深いのは，卵母細胞の減数分裂の間に中心体が消失するという現象である．この現象は多くの動物に共通しているが，減数分裂のどの時期に中心体が失われるかは異なっていて，線虫やマウスでは減数第一分裂の前に失われるが，ヒトデなどでは減数第二分裂の終了後に消失する．どちらにせよ，卵母細胞から中心体が失われることで，精子の持ち込む中心体が新しい個体の中心体の起源となり，ここにオスの存在意義がある．また，減数分裂と並行して起こる未解明の大きな問題としては「若返り」あるいは「起死回生」という現象がある．多くの動物では，体細胞は個体の死とともに消滅するが，生殖細胞は受精により次世代に遺伝子を伝えることができる．すなわち，減数分裂と受精を経て生殖細胞は寿命の限界から逃れることができるということから，減数分裂と受精には，この「若返り」の機能があると考えられる．ただ単に染色体数が半減することによって「若返り」が起こるとは考えにくいので，「若返り」を担う未知の仕組みが存在するものと予測される．今後の解明が切望される興味深い問題である．

［立花和則］

輸卵管の発生と役割
――受精成立に必須の器官

雄の精巣でつくられた精子と雌の卵巣でつくられた卵子は，それぞれが出会うために，精巣や卵巣が存在する場であるお腹の中（腹腔）から出ていく．その際の身体の外までの通り道が輸精管および輸卵管である．排卵された卵子を腹腔から取り出して十分に成熟させた後に媒精しても受精しない．このことから，受精が成立するために輸卵管が重要な役割を担っていることが明らかである．

●生殖輸管（輸卵管と輸精管）の発生　硬骨魚類を除く脊椎動物では，輸精管は発生途中にできる中腎管（ウォルフ管）に由来し，輸卵管はその後に形成される中腎傍管（ミュラー管）に由来する（図1）．中腎管は，もともと前腎と総排泄腔を結んでいた前腎管が，前腎の退化とともに形成された中腎とつながったものである．爬虫類，鳥類，哺乳類（有羊膜類）では，後腎が形成されることにより，雄では中腎は副精巣としての機能をもつようになり，後腎と総排泄腔を結ぶ輸尿管とは独立して輸精管として機能するようになる．一方，魚類や両生類では腎機能を中腎が担っていることから，中腎管は輸尿管と輸精管の両方の機能をもっている．中腎管と中腎傍管は，発生過程で雌雄両者に形成されるが，有羊膜類において一次性徴期になると，雄では中腎管が残り輸精管として，雌では中腎傍管が残り輸卵管として働くようになる．

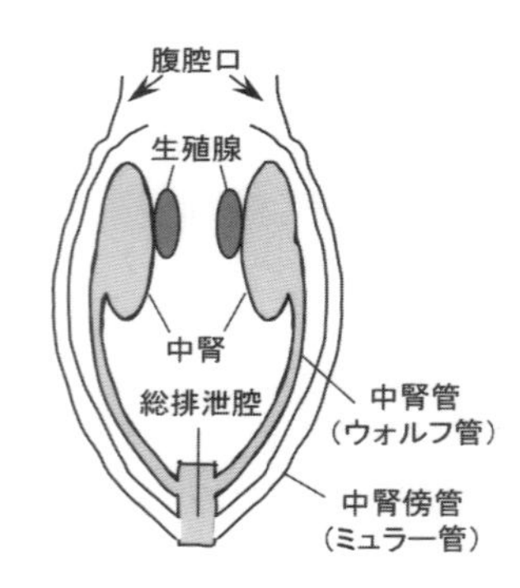

図1　性未分化段階での生殖輸管

●輸卵管の役割　精巣でつくられ精細管内腔に放出された精子は，輸精小管，中腎管を通って体外に放出される．一方，卵巣から腹腔に排卵された卵子は，腹腔に開口している腹腔口から輸卵管に入る．ここまでは，脊椎動物全般で同じであるが，その後の卵子の動きは，哺乳類などの体内受精を行う動物と無尾両生類などの体外受精を行う動物で大きく異なっている．体外受精の場合は，卵子も体外に放出された後に受精するが，体内受精の場合は輸卵管内が受精の場であり，発生開始後もしばらくは輸卵管の中である．そのため，体内受精を行う動物と体外受精を行う動物の輸卵管の役割はおのずと異なっている．特に，母体内で子を成長させる哺乳類では，輸卵管が複雑に分化しており，霊長類では腹腔側から漏斗部，膨大部，峡部に区別され，さらに左右1対存在していた中腎傍管が融合して子宮および膣を形成している（図2）．排卵された卵子は漏斗部より輸卵管内へと導かれ，膣-子宮-峡部へと進んできた精子と膨大部で出会い，受精する．精子は，膨大部まで侵入してくる過程で，輸卵管より分泌された物質によりさまざまな生理的，機能的修飾を受けて初めて受精可能になる．この変化は受精能獲得とよばれている．また，輸卵管より分泌された物質には，受精卵の発生を保証するものも含まれていると考えられている．このように，輸卵管は，単に卵子を子宮まで運ぶための器官ではなく，卵子と精子の出会い，および初期の胚発生を確実にするために重要な役割を担っている．

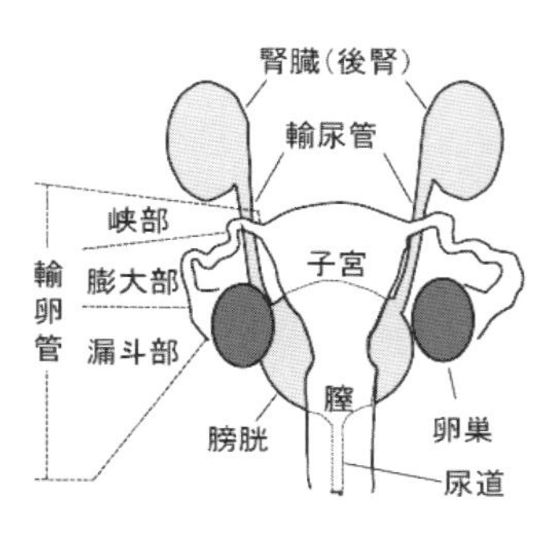

図 2　霊長類における輸卵管

一方，体外で受精する無尾両生類の場合でも，輸卵管が受精成立にとって重要な役割を担っていることがニホンヒキガエルやアフリカツメガエルで明らかになっている．腹腔に排卵された卵子は，腹腔口から輸卵管に入っていく．輸卵管は，腹腔口から短い直部とその後の長い曲部から構成されており，最後は総排泄腔につながっている（図 3）．直部からはタンパク質分解酵素オビダクチンが分泌され，卵細胞外膜である卵黄膜を構成する糖タンパク質を部分的に分解して，卵黄膜を通過するために精子が放出するタンパク質分解酵素ライシンに対する感受性を高めている．また，ライシンを放出するための精子先体反応を誘起する物質を分泌して卵黄膜に付着させる．このように卵膜を修飾して，精子が卵膜を通過するための準備をしている．曲部では，糖に富む糖タンパク質を卵膜のまわりに分泌してゼリー層を形成する．このゼリー層の糖タンパク質には Ca イオンが結合しており，体外に放卵された卵子が受精する際に必要な濃度の Ca イオンを保持する役割がある．また，発生を開始した胚を自然環境の物理的な衝撃から守るという役割ももっている．

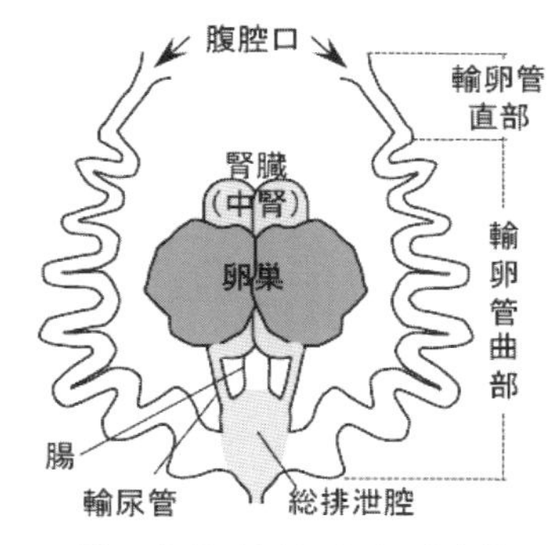

図 3　無尾両生類における輸卵管

このように，体内で受精し出産まで体内で子を育てる哺乳類と，体外で受精し胚発生を行う無尾両生類では，輸卵管の役割は異なっているが，受精の成立にとって必要不可欠な器官であることは同じである．

［髙宗和史］

参考文献

［1］ 片桐千明編『両生類の発生生物学』北海道大学図書刊行会，1998

受　精

受精は，新しい“生命”の誕生の場である．精子と卵の相互認識に始まり，精子と卵の前核の合一により終了する，生物にとって最も重要な生命現象の一つである．動物の受精は，(1) 精子の卵への接近，(2) 精子先体反応，(3) 精子の卵外被への結合，(4) 精子の卵外被通過，(5) 精子と卵の細胞膜融合，(6) 精子と卵の前核形成と合一，の各プロセスに分けられる（図1）．ここでは (1) ～ (5) のプロセスに関して概説する．(6) に関しては「単精受精と多精受精」の項目を参照されたい．

●精子の卵への接近　精子は，卵からの走化性因子によって卵に引き寄せられる．海産無脊椎動物では，生殖時期が近い動物が同じ場所に生息しているので，精子と卵の種認識が重要となる．ウニでは，卵ゼリー中の精子活性化ペプチドであるレザクトやスペラクトに精子走化性活性がある．レザクトの受容体は精子鞭毛に存在するグアニル酸シクラーゼで，スペラクトの受容体はグアニル酸シクラーゼそのものではないが，それに会合したタンパク質と考えられている．いずれの場合も，精子活性化ペプチドの結合によりグアニル酸シクラーゼが活性化され，精子内でcGMPが産生される．これが精子膜に存在するK^+チャンネルに作用してK^+が流出し過分極が起こる．それが引き金となり，cAMPの上昇が起こり，Ca^{2+}が精子内に流入して，運動性亢進や走化性を示すと考えられている．一方，カタユウレイボヤでは，精子の運動性亢進と走化性を示す卵由来の物質は硫酸化ステロイドの一種SAAFであることが知られている．SAAFは属により構造が異なり，属特異性を発揮する．ホヤ精子は通常円運動をしているが，卵から遠ざかりSAAFの濃度が下がると精子内にCa^{2+}が流入し，それがCa^{2+}結合タンパク質カラクシンに結合して，微小管を移動するダイニンのすべり運動を妨害する．それにより，鞭毛の非対称打を引き起こし，精子の回転角を変化させて，SAAF濃度の高い方向に精子を移動させると考えられている．

●精子先体反応　精子が外側の卵外被（ウニ等では卵ゼリー層，哺乳類では卵丘細胞層）に到達すると，精子は細胞膜と先体外膜の融合，すなわち開口分泌がおこり，先体内容物が一部放出される．これを先体反応という．その後，ウニなどでは先体直下のアクチンが重合して繊維状アクチンとなり先体内膜由来の細胞膜を突き上げて先体突起が形成される．哺乳類精子では先体突起は形成されない．ウニでは卵ゼリー中のフコース硫酸ポリマー（FSP）が先体反応誘起物質として働く．硫酸化L-フコースの糖鎖結合様式等が種によって異なり，それにより種特異性を発揮している．精子側のFSP受容体のC末端にはCa^{2+}を含むカチオン

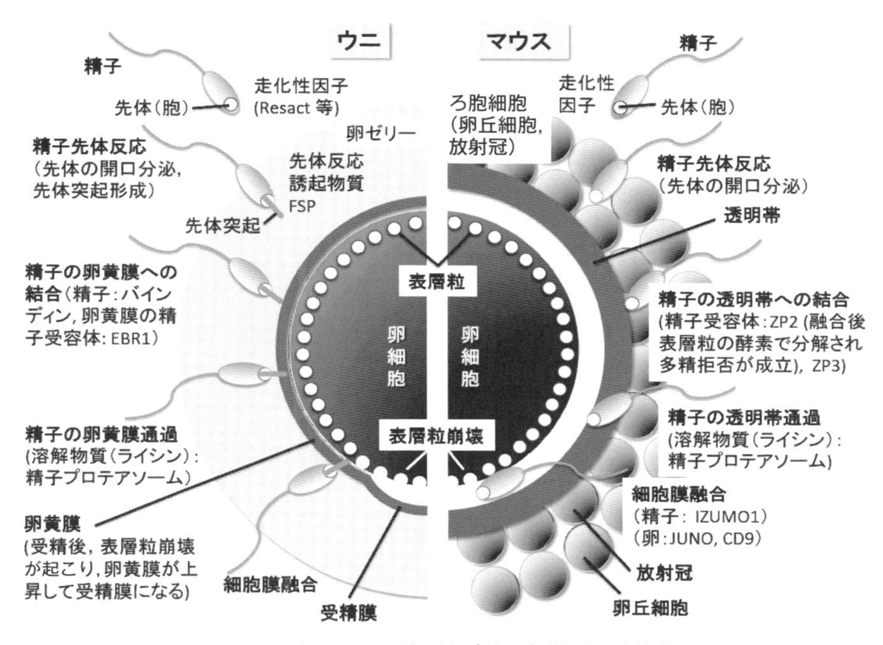

図1　ウニとマウスの配偶子と受精の素過程を示す模式図

チャンネルドメインがあり，精子の卵ゼリーへの結合により精子細胞内にCa^{2+}が流入して先体反応が起こる．ヒトデでは，卵ゼリー中の高分子量（1000 kDa以上）糖タンパク質であるARIS，ステロイドであるCo-ARIS，およびペプチドであるasterosapが精子先体反応誘起物質として機能している．

●精子の卵外被への結合　ウニでは，先体反応後に精子細胞膜上に露出する先体内膜にバインディンと呼ばれるタンパク質が存在しており，それが卵黄膜上の精子受容体EBR1に種特異的に結合する（図1）．EBR1は特定のドメインの繰返し構造からなり，C末端には種特異的な領域がある．マウスでは，透明帯（ウニの卵黄膜に相当する糖タンパク質性卵外被）に精子が結合する．透明帯は3つの糖タンパク質（ZP1，ZP2，ZP3）で構成されており，このうち単離したZP3を過剰量添加すると精子の透明帯への結合が競合阻害されることから，ZP3が精子受容体であると長い間信じられてきた．しかし，マウスZP2をヒトZP2に置換したマウス卵にヒト精子が結合するのに対し，同様の実験をZP3で行っても精子が結合しないことから，ZP2が精子受容体ではないかと考えられるようになった．このことは，卵表層粒に存在する金属プロテアーゼであるオバスタシンの機能解析からも証明された．つまり，卵と精子が融合すると表層粒崩壊により卵外に放出されたオバスタシンがZP2を分解することで，その後の精子が透明帯に結合できなくなる．また，オバスタシン遺伝子を破壊したりZP2のオバスタシンによる切断部位を改変すると多精が起きる．この時，受精後分解されるはずのZP2は残っている．これらの結果から，マウスではZP2が生理的に重要な精子受容体であると考えられている．また，透明帯ではなく卵丘細胞層通過中に先体反応を起こした精子の方が，効率よく透明帯を通過でき，受精できることもわかってきた．したがって，卵丘細胞層を通過中に先体反応を起こした精子が透明帯のZP2に結合すると考えられる．ウニの受精様式とよく似ている．

雌雄同体のホヤにおいては，種認識に加えて自己非自己認識も行われている．マボヤやカタユウレイボヤ等の一部のホヤでは，精子の卵黄膜への結合段階で，自己非自己の配偶子認識が行われ，自家受精を防いでいる．カタユウレイボヤでは，精子タンパク質s-Themisと卵黄膜タンパク質v-Themisが自他の配偶子を識別している．これらの遺伝子は，両者とも第2染色体のA座位と第7染色体のB座位に入れ子状に存在しており，アレル間で多型に富んでいる．A，Bの両ペアで，精子s-Themisが卵黄膜上のv-Themisを自己アレルと認識すると精子内にCa^{2+}イオンが流入し，その結果，精子の運動性が卵黄膜上で停止するか，卵黄膜から離脱し，自家受精が阻止される．その基本機構は植物における自家不和合性の分子機構と類似している．

マボヤでは，卵黄膜タンパク質VC70が自家不和合性に関わると考えられている．また，その結合パートナーとして精子膜タンパク質であるUrabinとTTSP-1が同定されている．

●精子の卵外被通過　先体反応を起こした精子は，卵膜（ウニでは卵黄膜，哺乳類では透明帯）に精子通過孔を開けて通過する．精子の卵外被溶解物質をライシンという．マウスにおいて，精子先体胞に存在するトリプシン様酵素であるアクロシンが透明帯を溶解するライシンであると長い間信じられてきた．しかし，アクロシン遺伝子を破壊したマウスの精子も透明帯を通過し受精することから，マウスではアクロシンは受精に必須ではないことがわかった．一方，ホヤでは精子プロテアソームがライシンとして機能することが報告され，次いで，ウニ，ウズラ，マウス，ブタなどでも同様に精子プロテアソームがライシンであると報告された．しかし，ニワトリではアクロシンがライシンとして機能すると考えられており，新口動物においても，種によって異なる．一方，貝類等の旧口動物においては，精子先体に存在するライシンは酵素ではなく，種特異的に卵膜に結合するタンパク質である．卵膜ライシンが卵膜に結合すると卵膜を構成する繊維状構造がほぐれて，孔があけられる．最近，アワビのライシンとその受容体であるVERLの複合体の結晶構造が解析された．この解析により，ライシンがVERLに結合するとライシンの正電荷による静電的反発が起こり，VERLの繊維構造がほぐれて卵膜の溶解に至ることが明らかになった．

●精子と卵の細胞膜融合　海産無脊椎動物の配偶子融合機構に関する知見は乏しいが，マウスの配偶子融合に関する分子生物学的研究が進んできた．かつては，マウス精子のADAMファミリータンパク質であるファーティリンβ（ADAM2）が配偶子膜融合に関与すると考えられていた．しかし，その遺伝子破壊マウスの精子も受精可能なことから，受精に必須ではないことが示された．その後，マウス配偶子融合を阻害する抗体のエピトープ解析が行われ，IZUMO1と命名された精子先体膜タンパク質が，卵細胞膜のGPIアンカー型タンパク質JUNO（IZUMO1R）に結合すること，また両タンパク質は，それらの遺伝子破壊実験から，配偶子膜融合に必須であることが示された．しかし，これらタンパク質のみを発現させた培養細胞は結合相手の配偶子と融合できないことから，IZUMO1やJUNO以外のタンパク質も配偶子膜融合に必要であると考えられる．これらのX線結晶構造解析の結果が報告され，両タンパク質の結合により構造が変化することや，その結合に関わるアミノ酸残基もわかってきた．卵細胞膜に局在する4回膜貫通タンパク質CD9も配偶子膜融合に必須である．この分子は卵から囲卵腔内に放出されるエキソソームに取り込まれ，それが精子細胞膜と融合する．そうすると，精子は卵と融合できるようになる．実際に，精子は*CD9*遺伝子欠損マウスの卵とは融合できないが，CD9を含むエキソソームで前処理すると融合できるようになる．精子は精巣で完全な形で産生されると思われがちだがそうではない．特に哺乳類の場合，精子は精巣上体を通過中に修飾を受け，交尾後も雌性生殖管内で受精能獲得（capacitation）と呼ばれるプロセスを経て，受精可能な状態になる．そして最終段階で，卵由来のCD9を含むエキソソームとの融合を経て初めて融合可能な状態になる．

近年，動植物共通の配偶子融合機構にも注目が集まっている．被子植物の精細胞で特異的に発現している膜タンパク質GCS1/HAP2は卵細胞との膜融合に必須である．このタンパク質は，植物の雄性配偶子に広く発現しているだけでなく，動物やマラリア原虫等の寄生虫においても，精子特異的に発現しており，動物の配偶子融合にも関わることがわかりつつある．さらに，ウイルスの宿主細胞への融合に関わるタンパク質（クラスII fusogen）とGCS1/HAP2の高次構造が酷似していることが最近報告された．配偶子融合機構は，動植物で共通なだけでなく，ウイルスと宿主の細胞膜融合機構にも共通点があるようである．今後の更なる展開が期待される．

［澤田 均］

📖参考文献

［1］ 澤田 均編『動植物の受精学―共通機構と多様性』化学同人，2014
［2］ 星 元紀・毛利秀雄監修，森澤正昭他編『精子学』東京大学出版会，2006

単精受精と多精受精
——1 つの精子のみ受け入れる仕組み

ほとんどの動物の受精では，1つの卵に1つの精子が進入する単精受精を行い，2倍体のゲノムでの発生が保証されている（図1）．もし，これらの卵に複数の精子が進入すると，第1卵割時に多数の割球ができる多極卵割となり発生が停止する．一方，いくつかの動物（クシクラゲ，サメ，イモリ，カメ，ニワトリなど）では，1つの卵に複数の精子が進入する生理的多精受精を行う．これらの卵でも，最終的に卵核と接合して接合核となる精子核は1つに限られ，他の精子核（付属精子核）は退化して2倍体で発生する（図1）．いずれの場合も受精卵は余分な精子を排除する仕組み（多精拒否機構）をもっている．

●単精受精卵での卵細胞外の多精拒否　体外受精を行う動物では，多数の精子を卵へ導き，すべての卵が受精できる環境をつくる．最初の精子が卵に進入すると他の精子は受精できなくなり，この多精拒否は卵細胞外で多段階で行われている．**①有効精子数の削減**：卵細胞膜を取り囲んでいる卵外被（卵ゼリーや卵黄膜）は精子が卵へ到達する障害となる．カエル卵では卵細胞膜上には10～20個の精子が数秒の間隔をあけて到達し，多精拒否機構の駆動に十分な時間を与えている．**②卵細胞膜上での早い電気的多精拒否**：ウニやカエルでは最初の精子が受精すると卵細胞膜のイオン透過性が上昇して正の受精電位を生じる（図1）．卵の膜電位が正の間は受精が阻害され，正の受精電位は早いが一過的な多精拒否を行っている．**③受精膜による遅い多精拒否**：早い多精拒否が起きている間に，精子の進入点から卵内Ca^{2+}イオン濃度が上昇して卵全体に広がる（Ca^{2+}波）．それにより卵細胞膜直下のある表層粒の内容物が卵黄膜との間（囲卵腔）に外分泌される．分泌物には卵黄膜を硬化させる酵素類やレクチンが含まれており，精子は永久的に受精膜を通過できなくなる．硬骨魚（メダカ）では早い電気的多精拒否はないが，卵殻上に1つの精子のみが通過できる卵門があり，単精受精を行う．体内受精を行う哺乳類（マウス，ヒト）では，きわめて少数の精子のみが受精の場（輸卵管膨大部）に到達できる．そのため，早い電気的多精拒否はなく，受精膜形成（透明帯反応）などのゆっくりとした多精拒否がみられる．

●生理的多精卵での卵細胞内での多精拒否　生理的多精卵では，卵外被での有効精子数の削減以外に卵細胞外での多精拒否はみられない．クシクラゲでは数個の精子が卵内に入り，それぞれが雄性前核となり精子星状体を広げる．卵核は卵中央部から細胞内の星状体微小管（星糸）に沿って卵表層の1つの精子前核に移動して接合する．イモリでは1つの卵に7～8個の精子が進入し，すべての精子核が雄性前核となる．精子中心体に微小管重合を促進するγ-チューブリンが集積し，精子星状体が発達するが，卵細胞質中のγ-チューブリンは動物半球に多く分布しているので，動物半球の雄性前核でより大きな星状体が形成される．最初に星状体が雌性前核と結びついた雄性前核（主精子核）のみが動物半球中央部へ移動して接合核ができる．卵核と主精子核ではDNA合成(S期)を早期に完了し，中心体が複製される．M期促進因子（卵成熟促進因子ともいう，☞「配偶子形成」参照）の活性は接合核付近でのみ高くなり，双極紡錘体がつくられて卵割が起こる．付属精子核ではS期の進行が遅れて中心体の複製は起きずに核クロマチンが異常凝縮（ピクノシス）し，卵割期に中心体とともに分解される．鳥類では卵黄の上部に細胞質が集積した胚盤があり，20個以上の精子が進入する．胚盤の中央部で1つの雄性前核が卵核と接合して卵割（盤割）するが，残りの雄性前核は，胚盤の周辺部に押しやられて退化する．

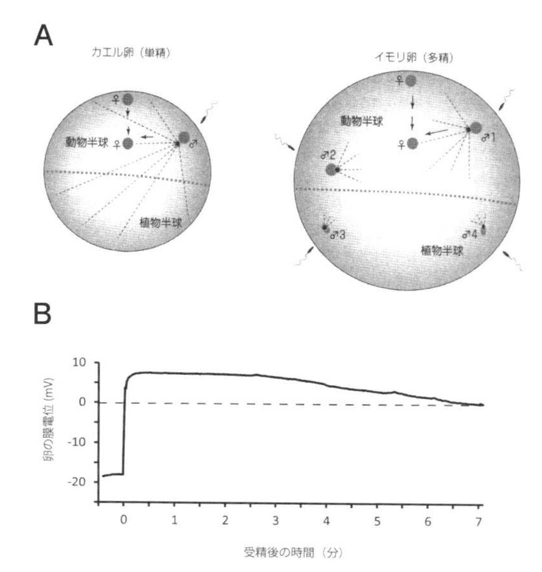

図1 （A）受精卵での接合核形成と付属精子核退化　単精受精卵では雄性前核（♂）へ雌性前核（♀）が星状体微小管（点線）により移動して接合核をつくる．生理的多精受精の卵では，1つの雄性前核（♂1）のみが雌性前核（♀）へ移動して接合核となり，その他の雄性前核（♂2〜4）は退化する（文献［1］，p.219）
（B）単精受精卵の正の受精電位　アフリカツメガエル卵は，受精すると正の受精電位を数分間維持する

●脊椎動物での生理的多精受精の進化　生理的多精受精は動物界に散在してみられ，大きな卵において卵核と接合核を確実に形成するために獲得されたと考えられる．脊椎動物では，魚類の無顎類（ヤツメウナギ）や硬骨魚類から無尾両生類（カエル）にいたるまで単精受精を行う．原始的な有尾両生類（カスミサンショウウオ）卵では電気的な多精拒否を残して単精受精であるが，受精膜がない中間型である．有尾両生類オオサンショウウオ，イモリは大きな卵を生み，生理的多精受精を行う．有羊膜類でも，大きな卵を生む爬虫類・鳥類に加え，卵生の哺乳類・単孔類（カモノハシ）の卵は多量の卵黄をもち，生理的多精受精である．なお，卵黄のない真獣類（マウス，ヒト）の卵は単精受精となっている．　［岩尾康宏］

参考文献

［1］澤田 均編『動植物の受精学』化学同人，2014

卵割——大きな卵はなぜ速く分裂するのか

すべての多細胞生物の発生は１つの細胞（受精卵）が細胞分裂により細胞の数を増やすことから始まる．成体では細胞分裂がゆるやかに進行するが，受精後に卵（細胞）が比較的早い細胞分裂を繰り返す過程を特に卵割とよぶ（以降，卵細胞のことを卵とする）．成体における体細胞が分裂を開始するには細胞の成長が必要だが，多くの場合，卵のサイズは通常の体細胞より非常に大きいため，卵割では細胞が小さくなるまで細胞分裂を続けて行うことができる．

●卵割の様式と卵黄の分布　卵割は動物種によっていくつかの異なる様式があり，胚の成長に必要な卵黄の分布や量が卵割の様式の違いに大きく影響する．卵黄の少ない卵をもつ動物の初期の卵割は，分裂面の角度の違いにより放射卵割とらせん卵割の様式に分かれる（図1）．直前の分裂方向に対して，直交した分裂を繰り返すと放射卵割となり，主にウニや脊椎動物などの後口動物にみられる．直前の分裂方向に対して，やや傾いた角度で分裂を繰り返すとらせん卵割となり，主に軟体動物や環形動物などの前口動物にみられる．一方，キイロショウジョウバエの初期卵割はこのどちらにもあてはまらず，細胞質の分裂に必要な細胞膜の形成をともなわない核のみの分裂が進行する．細胞膜の形成によって明確な個々の細胞のしきりがつくられるのは，核が細胞表面に移動し，さらに複数回の核分裂が行われた後であり，卵の表層で細胞質分裂が起きるため表割とよばれる．卵黄を多く含む動物卵の場合，卵黄の分布や量は動物種によって大きく異なる．卵黄は卵黄顆粒の集まりとして存在しており，細胞分裂は卵黄顆粒の分布が少ない領域（主に動物極側）で最も早く進行し，植物極に向かって卵黄顆粒が多くなるほど分裂の進行速度が遅くなり，まったく分裂がみられない場合もある．鳥類やゼブラフィッシュのような硬骨魚類では非常に卵黄顆粒の量と密度が高いため，卵割は動物極側の一部で進行し盤割とよばれる．両生類では前述の動物種よりも比較的卵黄顆粒の密度が低いため，植物極側でも分裂が進行するが速度は遅くなり，動物極側から植物極側にかけて割球サイズが大きくなる不等割となる．これらの違いは卵黄顆粒の多い場所には細胞分裂の進行に必要な因子を含む細胞質や核そのものが少ない，もしくは存在できないことに起因すると考えられる．つまり，卵黄顆粒が少ないために細胞質が多量にあり，この細胞質内にDNA合成に必要な因子があることで卵割が進行できると言い換えることができる．

●卵割速度と形態形成の開始　初期胚発生の過程では，細胞数を増やすことで初めてさまざまな組織や器官をつくり始めることができる．多くの動物では卵割期の後の胞胚期においても早い細胞分裂がしばらく続き，両生類や硬骨魚類，キイロショウジョウバエなどでは胞胚期の中頃になって細胞分裂がゆるやかになる．胞胚期では形態形成に必要な転写，細胞の移動や誘導が始まるため，細胞増殖から形態形成の開始への切り替えとなるこの時期は中期胞胚遷移とよばれる．前述したように細胞分裂の速度は卵黄顆粒の量にも依存している．両生類のアフリカツメガエルにおける動物極側と植物極側から単離した細胞（単離割球）を用いて卵割速度の変化が詳しく調べられており，卵黄顆粒の少ない動物極側では約30分おきの早い細胞分裂が同調的に12回繰り返された後，細胞分裂がゆるやかで非同調的なものへと変わる．一方,卵黄顆粒の多い植物極側では約7回の細胞分裂までは同調的に早く進むが，その後分裂は遅れ始め非同調的になる．こうした細胞分裂時間の伸長の開始は細胞分裂にともない細胞質の量が減少し，細胞あたりの核に対する細胞質の割合が減少することでDNA合成に時間がかかるようになることで起きるといった考えで説明されている（図1）．このことは前述の卵黄顆粒の少ない動物極では卵割が活発に進行する事実と一致している．また細胞分裂がゆるやかになることは，中期胞胚遷移での形態形成の開始に必要ないくつかのイベントに不可欠と考えられる.細胞分裂がゆるやかになることで細胞周期のG1期が出現し,転写が始まる．また細胞の分裂と移動の双方に必要な細胞骨格を構成する因子群が共用されており，そのため細胞の分裂と移動は同時に進行することが難しく，細胞分裂の頻度が下がることで細胞が移動しやすくなる．マウス胚の卵割では分裂速度が上述の生物に比べ非常に遅く，転写も2細胞期から始まるため，一見すると普遍性がみられないように思える．しかし,マウス卵は上述の生物種よりも小さいことから，核に対する細胞質の量が少ないために細胞分裂がゆるやかで，転写の開始も早いと考えると卵割とその後のイベント開始の普遍性が説明できる．　［上野秀一］

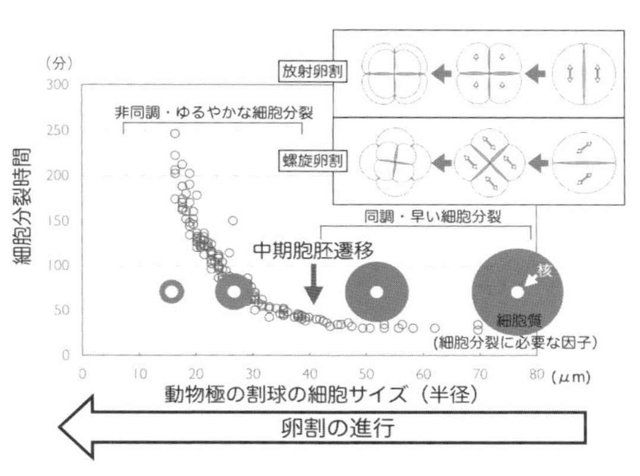

図1　中期胞胚遷移以降の細胞分裂時間の伸長

参考文献

［1］ モーガン，D. M.『カラー図説 細胞周期―細胞増殖の制御メカニズム』中山啓一・中山啓子訳，メディカル・サイエンス・インターナショナル，2008

［2］ ウォルパート，L.『ウォルパート 発生生物学』第4版，武田洋幸・田村宏治訳，メディカル・サイエンス・インターナショナル，2012

［3］ 片桐千明『両生類の発生生物学』北海道大学図書刊行会，1998

胚葉形成
——動物の体をつくる基本作業

現在の地球上には，単細胞で生活する動物から複雑な組織や器官をもつ脊椎動物にいたるまで，多くの種類の動物が存在している．そして，多細胞からなる動物では，組織構造の見られない海綿動物やさまざまな種類の組織構造をもつ真正後生動物などが存在する．

複雑な組織構造をした真正後生動物の胚には胚葉とよばれる構造が形成され，それが動物の体つくりに重要な役割をはたしている．胚葉は動物の体の構造が進化する過程で発達したものと考えられ，クラゲやイソギンチャクなどの放射相称動物では二胚葉（外胚葉と内胚葉）が，そして，さらに進化した左右相称動物では，外胚葉と内胚葉に中胚葉が加わった三胚葉が発生過程の胚に形成される．

●胚葉の進化　進化の過程で多細胞化した動物では，最初に上皮組織からなる胞状の構造が形成されたと考えられる．そして，その胞状構造からさらに複雑な機能をもつ動物へと進化する過程で次の変化が生じた．その変化は，腔腸動物の発生過程で見られるように，上皮組織が胚の内部に陥入して消化器官を形成したことである．この段階で，胚の外表を構成する外胚葉と胚の内部に陥入した内胚葉の二胚葉が形成され，より効率的な動物の体ができあがった．さらに，その後の進化の過程では，上皮組織から細胞の一部が遊離して胚の内部に移動し，中胚葉を形成したと考えられる．この段階で三胚葉の形成が達成されたことになる．その結果，外界とのかかわりをもつ構造が外胚葉から形成され，養分の消化吸収を行う構造が内胚葉から形成され，そして，運動や体の支持機能などにかかわる構造が中胚葉から形成されるようになったと考えられる．このような進化の過程は，例えば，イソギンチャクとウニの発生過程を比較すると推測できる．イソギンチャクの原腸胚では，上皮組織が陥入して内胚葉が形成される．ウニの原腸胚では，それに加えて上皮組織から遊離した細胞により中胚葉が形成される．

三胚葉の胚を形成する左右相称動物は，体腔とよばれる構造により，無体腔動物，偽体腔動物，真体腔動物の3種類に分類される（図1）．体腔は体壁と内蔵の間に形成された隙間のことで，その中は体液で満たされている．その体液は循環し，組織への栄養分，酸素，ホルモンなどの供給や老廃物などの除去などにかかわっている．体腔が形成されない無体腔動物では，中胚葉から形成された筋組織や結合組織などが外胚葉の表皮と内胚葉の消化管の間を埋めるように存在している．体腔に似た隙間が形成される偽体腔動物では，胞胚腔由来の隙間が内胚葉と外胚葉の間に残って体腔のような隙間を形成する．しかし，その隙間に面して中胚葉の上皮組織が形成されないので，真の体腔とは異なる．中胚葉の内部に体腔が形成される真体腔動物では，体腔の内表面が中胚葉由来の上皮組織に覆われている．そして，その体腔の中には内胚葉から形成された肺や消化管や，中胚葉から生成された心臓などの臓器が納まっている．体腔は，無体腔から偽体腔へ，さらに，真体腔へと進化の過程で発達したと考えられているが，リボソーム RNA の分析に基づく進化の研究では，その逆の考え方が指摘されている．それは，無体腔や偽体腔をもつ動物よりも先に真体腔をもつ動物が出現し，無体腔や偽体腔は真体腔が退行的に変化したものであるとする考え方である．

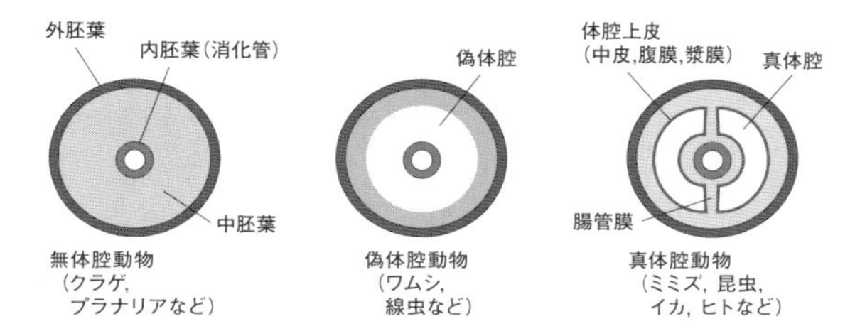

図1　左右相称動物の胚の体腔形成にみられる3つの分類．外胚葉と内胚葉の間の中胚葉の部分に，内臓を収める空所（体腔）が形成される動物とそうでないものが存在する

●胚葉の形成　外胚葉や内胚葉を形成している上皮組織の細胞には頂上側と基底側の向きがあり，その頂上側の側面の部分で，細胞同士が特別な結合をしている．その結合は，密着結合，デスモゾーム，接着結合からなり，それらをまとめて接着複合体とよんでいる．それらの中で重要な役割を担っているのが密着結合で，その結合により小さな分子でも細胞間の隙間を容易に通過することができないようにしている．つまり，上皮組織が胚の内外を物理的に隔てる役割をはたしている．また，上皮細胞の基底側は細胞外基質からなる基底膜と結合することにより，その組織構造が安定的に維持されている．

ウニなどの胚で見られるように，胞胚を形成する上皮組織が胚の内部に陥入して内胚葉を形成する場合には，上皮細胞の頂上側（胚の外側）に分布するアクチンとミオシンによる収縮が重要な役割をはたしている．一方，中胚葉が形成される際の仕組みはそれよりも少々複雑である．その過程では，上皮組織からの細胞の離脱，そして，遊離した細胞が胚内部へ移動する能力の発現などがかかわっている．このような中胚葉形成の仕組みは進化の過程で保存され，ウニからヒトを含めた脊椎動物にいたるまでよく似た仕組みが働いている（図2）．興味深いのは，中胚葉形成と同じ仕組みが，上皮組織に発生した腫瘍の悪性化にも深く関与していることである．それは，腫瘍細胞が上皮組織から離脱して他の部位に移動する能力を獲得することが，腫瘍の悪性化の必要条件だからである．

●中胚葉細胞の移動パターン　中胚葉が形成される際の細胞の移動パターンを脊椎動物の胚で見ると，中胚葉は胚の頭側方向に向かって，胚全体に広がるように移動する．移動していく中胚葉の先頭の中央部には脊索中胚葉が存在し，その両側と後方には沿軸中胚葉，側板中胚葉，胚体外中胚葉などの領域が存在する（図

3)．中胚葉は，その移動途中や移動先で，内胚葉や外胚葉と相互作用しながら，さまざまな組織や器官の形成を誘導する．それと同時に，中胚葉自身もさまざまな組織や器官になる．

胚の前方に向かって移動する中胚葉の中で中心的な役割を担っているのがオーガナイザー領域である．オーガナイザー領域は，両生類の胚では原口の部分から，そして，鳥類や哺乳類の胚ではヘンゼン結節の部分から胚の内部に潜り込んで，胚の前方に向かって移動する．その領域が移動した道すじに沿って外胚葉から神経管が形成される．そして，前方まで移動したオーガナイザー領域は脳の形成を誘導するとともに，みずからは脊索になり，その後の神経管や体節の領域化と，それらの細胞分化に重要な影響を及ぼす．やがて，移動を完了した中胚葉の前方部から心臓が，中心部から脊索が，脊索の両側から体節が，そして，体節の外側には体腔が形成される．

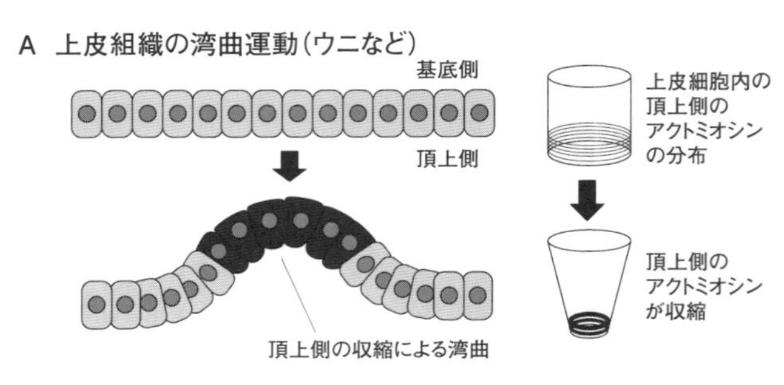

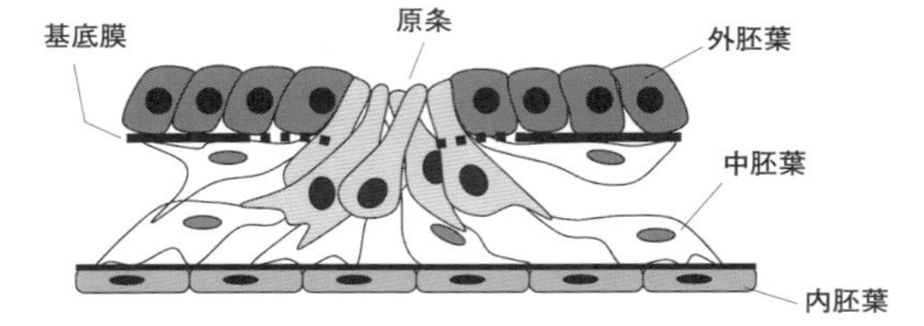

図2 上皮組織の湾曲運動と上皮組織からの中胚葉形成．上皮組織を構成する細胞の頂上側が収縮して上皮の湾曲運動を引き起こす（A）．上皮組織から離脱した細胞が胚の内部に移動して中胚葉を形成する（B）

●胚葉間の相互作用と器官形成 受精後の間もない時期の胚細胞は体を構成するすべての組織や器官を形成し得る能力（全能性）を維持しているが，三胚葉が形成される頃になると，次第にその能力が失われ，それぞれの胚葉に特有な組織や器官への分化が限られてくる．それは，体つくりの進行にともない，胚のそれぞれの領域から形成される組織や器官を，次第に限定する必要があるためと考えられる．

中胚葉の移動が完了する頃になると，三胚葉が互いに相互作用して細胞の増殖や細胞の分化を誘導し合い，さまざまな組織や器官の形成を開始する．その際にみられる胚葉同士の相互作用には，分泌物質を介した作用や細胞接着を介した作用など，さまざまな種類の誘導作用が行われる．それらの作用は相手の細胞に対して新たな遺伝子の発現を誘導し，細胞増殖や細胞分化などを引き起こす．その

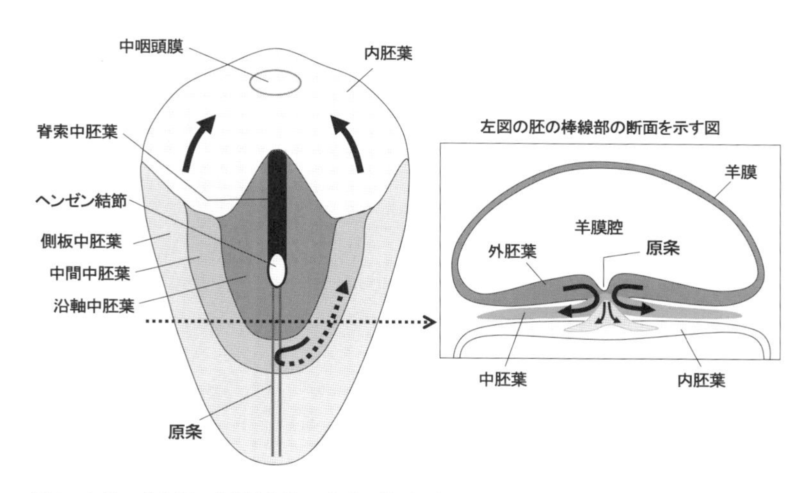

図3　鳥類や哺乳類の中胚葉細胞の移動の様子．胚の正中部の原条と，その先端部に存在するヘンゼン結節の部分から上皮細胞が遊離して胚の内部に移動して中胚葉を形成する．中胚葉細胞は，胚の側面と前方に向かって移動する．矢印は中胚葉細胞の移動方向を示す

表1　三胚葉から形成される組織や器官

外胚葉			内胚葉		中胚葉				
表層外胚葉	原始口腔	神経外胚葉	原始腸管	尿膜管	脊索中胚葉	沿軸中胚葉	中間中胚葉	側板中胚葉	血管芽細胞
皮膚 皮膚付属器 汗腺 乳腺 水晶体 内耳 嗅覚上皮 など	脳下垂体前葉など	脳 脊髄 神経節 色素細胞 副腎髄質 など	中耳 甲状腺 消化管 気管 肺 肝臓 膵臓 など	前立腺 尿道 膀胱 など	脊索など	真皮 筋 骨 軟骨 など	尿管 性腺 精管 など	心筋 内蔵平滑筋 腹膜 胸膜 心嚢膜 卵管 子宮 膣上部 など	心内膜 リンパ 骨髄 脾臓 など

結果，それぞれの胚葉由来の組織や器官が形成される．例えば，外胚葉からは，脳や脊髄などの中枢神経系や感覚器の形成が，内胚葉からは消化管とそれに付随する肺や分泌腺などの形成が，そして，中胚葉からは運動器，循環器，泌尿器，生殖器，支持組織などの形成が行われる（表1）．しかし，それらの組織や器官は単独の胚葉だけで形成されるものではなく，三胚葉が複雑に組み合わさって形成される．例えば，消化管は内胚葉由来の粘膜上皮，中胚葉由来の筋層と結合組織，そして，外胚葉由来の神経組織が組み合わさって形成されている．

［駒崎伸二・浅島 誠］

細胞の接着と組織形成
——体をつくるための細胞基盤

動物の体では，細胞を集団として保持・組織化する仕組みが常に働いている．動物の組織をタンパク質分解酵素で処理すると，細胞をつなぎ止める物質が分解され，細胞がばらばらになるが，このような細胞を培養液に浮かべて培養すると，再び集まって塊となる．さらに，この塊の中では異なる種類の細胞が分別され，元の組織に似た構造が自然に再現される．このような実験から，細胞の接着と組織形成は，基本的には，細胞の自律的活動に基づく現象であるとされている．

●２つの細胞接着様式　細胞の接着には２種類の様式がある．細胞と細胞の接着（細胞間接着）と細胞外マトリクスに対する接着（細胞－基質接着）である（図1，詳しくは「細胞接着」参照）．細胞間接着には，密着結合，接着結合，デスモゾームなどがあり，密着結合ではクローディン，接着結合ではカドヘリン，デスモゾームではデスモグレイン，デスモコーリンなどのタンパク質が接着分子として働いている．さらに，ネクチンなど，免疫グロブリンスーパーファミリーに属する多様な分子が，細胞間接着に関与する．

一方，細胞外マトリクスに対する接着は細胞–基質接着とよばれる．この接着にも細胞膜に挿入された一群のタンパク質が関与し，インテグリンと総称される．細胞をガラスやプラスチック製の培養皿で培養すると，その表面に接着するが，この場合にもインテグリンが働く．インテグリンが働く接着構造を接着斑とよぶ．

多くの細胞は，細胞同士接着すると同時に，細胞外マトリクスを足場として接着している．これが組織構造の基本型である．ただし，単独で存在する細胞についてはこの限りではない．特に，生体防御にかかわる一群の白血球細胞は，移動性が高く，静的な組織を形成しない．この場合には，インテグリンや，他のタンパク質（セレクチンなど）が，環境への接着のために重要な役割をはたす．なお，組織細胞がタンパク質分解酵素によって解離されるのは，接着に関与する主要な分子がタンパク質だからである．

●細胞間接着分子の働き方　接着分子がどのように細胞をつなぎ止めるのか，カドヘリンを例に説明しよう．カドヘリンには複数のタイプ(約 20 タイプ)があり，細胞の種類によって発現されるタイプが異なる．例えば，上皮細胞（胃・腸の粘膜など）ではE- カドヘリンが，神経や心筋細胞ではN- カドヘリンが主要な接着分子として働く．どのタイプも分子の基本構造は同じで，細胞膜に挿入され，細胞の外側に露出する細胞外領域と，細胞質に向いた細胞内領域からなる．向かい合った細胞の間で，カドヘリンの細胞外領域が結合し合い，その結果，細胞が接着する．このとき，細胞は，同じタイプのカドヘリンをもつ細胞に対しより強

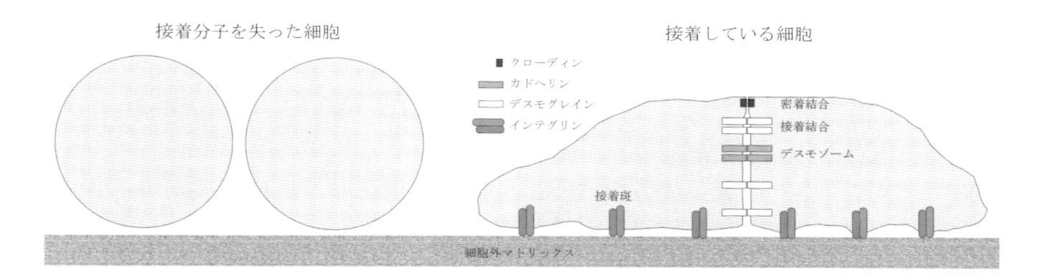

図1　動物細胞が接着していない時と, 接着している時の様子. 接着構造の種類や分布は細胞タイプによって異なる. また, 代表的な分子だけが描いてあり, 実際は他の分子との複合体である

く接着する. これにより, 同じ種類の細胞同士 (例えば, 胃粘膜の細胞同士, 心筋の細胞同士) が集まることができる. カドヘリンの細胞外領域にはカルシウムイオンが結合して分子の形を整え, 活性化する. カルシウムイオンを除去するキレート剤で細胞層を処理すると細胞が離れやすくなるのはそのためである.

●細胞質因子による接着の制御　カドヘリンの細胞内領域には, 2つのタンパク質 (p120- カテニン, β- カテニン) が結合しており, β- カテニンにはさらに α- カテニンが結合し, これらをまとめてカドヘリン - カテニン複合体とよぶ. そして, この複合体には, α- カテニンなどを介して, アクチン繊維が結合している.

細胞が接着するといっても, 「ゆるい接着」から「強固な接着」までいろいろあり, 組織の形成には後者が必要である. 細胞には球体になろうとする力が常に働き浮遊状態では丸い (図1). 強固な接着とは, 丸くなる力に抗して接着面積を最大にする接着で, カドヘリンはこの強固な接着をもたらす. しかし, α- カテニンが失われると, ゆるい接着しか起きない. α- カテニンとアクチン繊維が連携して, 細胞の内側からカドヘリンの働きを支えていると考えられる. 細胞間接着には接着分子だけでは不十分で, 細胞質因子との共同作業が必要なのだ.

●形態形成における接着制御　組織を維持するためには安定な細胞接着が必要だが, 発生の過程では, 細胞の移動や再配列が頻繁に起き, 細胞接着はその変化に対応しなければならない. 典型的な例が, 発生期の上皮組織にみられる. 上皮細胞は側面で接着し合い, 二次元シートを形成するが, より複雑な構造をつくるために変形する. 湾曲して管状になったり, 細胞の再配列の力により伸張したりする. このとき, 細胞間接着面が伸びたり縮んだりして, 細胞シート変形の原動力となる. 接着面の伸縮を引き起こすのはアクトミオシンで, ここでも接着分子とアクチンの連結が重要な役割をはたす. インテグリンも介在因子を介してアクチン繊維と結合しており, 細胞接着の制御は, 全体として接着分子と細胞骨格系との連携により成り立っているといえる.

［竹市雅俊］

分節化
——反復構造をつくる多様な発生戦略

分節は動物の体や器官の軸に沿って見られる反復性の形態構造である．分節をもつ代表的動物として脊椎動物，節足動物，環形動物があげられるが，それら以外にも軟体動物のヒザラガイや棘皮動物のウミユリなど，さまざまな動物に分節は見られる．発生や再生において分節が生じるプロセスを分節化とよぶ．分節化は空間的周期パターンをつくり出す仕組みを必要とする．その仕組みは，モデル生物の分子発生遺伝学と理論生物学により理解が進んできた．しかし，分節化のプロセスが動物種や組織によってさまざまに異なることも明らかになりつつある．

●節足動物胚の分節化　昆虫胚では，分節化のプロセスは最初，多核性胞胚で進行する．ショウジョウバエ胚の分節化は主に4つのステップからなる（図1）．第一ステップは，母性効果遺伝子から産生される転写因子タンパク質の濃度勾配形成である．これらのタンパク質はモルフォゲンとして働く．第二ステップは，モルフォゲン濃度に依存したギャップ遺伝子群の転写活性化による領域化である．異なるギャップ遺伝子間の相互抑制も領域化に役割をはたす．第三ステップは，ペア・ルール遺伝子群の働きによる反復パターンの形成である．各ペア・ルール遺伝子の発現は二分節を1つの単位とする縞パターンを示す．この空間的周期性は，初期に働くペア・ルール遺伝子の転写が複数の異なるギャップ遺伝子に制御されることに起因する．ペア・ルール遺伝子同士も互いに制御し合い，複雑なネットワークを構成している．第4ステップは，セグメント・ポラリティ遺伝子群の働きによる各分節内の細胞運命の特異化である．このステップでは，細胞化が完了し，細胞間シグナル経路が起動する．ペア・ルール遺伝子制御ネットワークからの入力を受けて，ウィングレスとヘッジホッグをリガンド分子とする細胞間シグナル経路が働き，一分節を一周期とする反復性と各分節内の極性が確立する．このように，ショウジョウバエ胞胚では階層性の遺伝子制御ネットワークによってすべての分節が同調的に形成される（図1，同調形成型）．

ショウジョウバエ以外の多くの昆虫胚では，前方部で同調形成型の分節化が見られるものの，細胞化完了以降，後部成長領域で分節が次々に付加される（逐次付加型）．コクヌストモドキ胚の逐次付加型の分節化では，脊椎動物で知られているような時計機構の存在が示唆されている．胚後方部における逐次付加型の分節化はクモ胚やムカデ胚などの非昆虫節足動物胚でもよく見られる（図1）．クモ胚では頭部領域においても，組織の伸長成長とともに反復単位を増やす仕組みがあることが知られている．

●脊椎動物胚の分節化　脊椎動物の椎骨や肋骨，骨格筋などの反復性は沿軸中胚

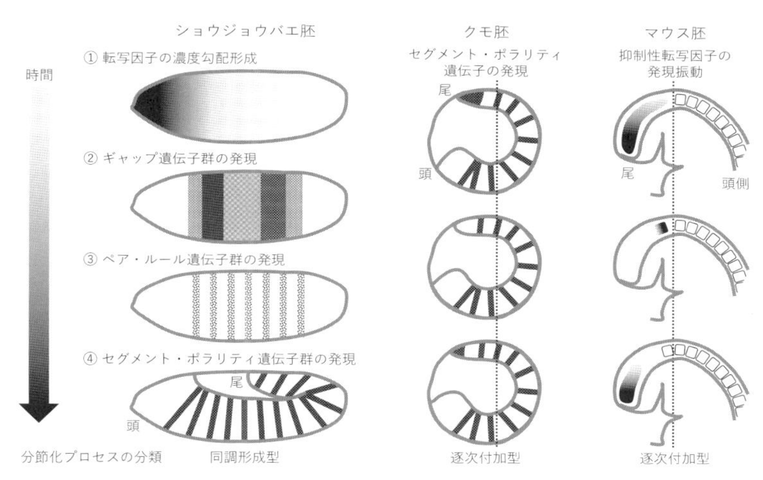

図1　分節化プロセスの多様性

葉の分節化に由来する．沿軸中胚葉には分節のくびれが前方から後方に向かって逐次一定間隔に入る（図1，逐次付加型）．この空間的周期性を生む仕組みは，細胞が同調して一定の周期を刻む時計機構（分節時計とよぶ）と，それによって発生する遺伝子発現波を一定間隔で停止させる機構からなる．脊椎動物胚では別の仕組みで後脳領域でも分節化が起こる．

●分節化プロセスの多様化　現存の節足動物の共通祖先が分節性を有していたことに異論はないが，その祖先において分節化がどのようなプロセスで起こっていたかは不明である．昆虫胚とは異なり，クモ胚などの非昆虫節足動物胚では分節化のほぼすべてのプロセスが細胞性の環境で進行する．節足動物胚の分節化の顕著な共通点は，分節ごとに表れるセグメント・ポラリティ遺伝子群の発現である．だが，この保存性の高い遺伝子発現にいたるまでのプロセスは種の進化において変化しやすい．ここにおいて，動物の胚発生中期に進化的に変更されにくい発生段階の存在を提案する発生砂時計モデルとの整合性が見られる．

●分節化の起源　左右相称動物では，系統的に離れた複数の動物グループで体軸に沿った逐次付加型の分節化が見られるが，その一方で，分節性を示さない動物グループも散在する．そのため，左右相称動物の分節化が共通の起源をもつかどうかの議論は絶えない．分節化の共通起源を支持する根拠として，分節化にともなうセグメント・ポラリティ遺伝子の発現が節足動物だけでなく，頭索動物や環形動物でも見られることや，ノッチ・シグナル経路がクモ胚やゴキブリ胚の逐次付加型の分節化にもかかわることを示唆する研究結果があるが，十分な根拠とはなっていない．

［小田広樹］

頭尾軸・背腹軸形成
――動物界に共通する普遍的な体制

頭尾軸・背腹軸は，軸決定に働く活性分子が軸に沿って濃度勾配をつくることで形成されると考えられている（モルフォゲン勾配）．頭尾軸・背腹軸形成に働く遺伝子が多くの動物種において共通していることは，頭尾軸・背腹軸形成が種を超えた普遍的な体制であるという仮説，さらには，現存する動物は共通の原型となる動物から進化してきたという仮説を強く支持している．

●頭尾軸形成 頭尾軸は，前後軸（一次軸，吻尾軸）ともよばれ，頭部（口）から尾部（肛門）を貫いていると考えられる．動物の体制の基本となると体軸の1つであり，明瞭な背腹軸のない刺胞動物にも存在している．頭尾軸形成には，ほぼすべての動物種において，Wntとよばれる細胞外に分泌されるリガンド（細胞外分泌性因子）が関与している（図1A）．三胚葉性（外胚葉と内胚葉に加えて，中胚葉を形成する）の左右相称動物，さらには，より原始的とされる二胚葉性（外胚葉と内胚葉からなる）の放射相称動物においても，尾部側でWntが，頭部側でWnt拮抗因子（Wntと細胞外で結合して活性を抑制する分子など）が発現している．そのため，Wntの濃度は，尾部側で高く頭部側で低くなり，Wnt拮抗因子の濃度はその逆に尾部側で低く，頭部側で高くなるという濃度勾配をつくっている．結果，Wnt活性は，頭部側で最も低く，尾部側で最も高くなる．

脊椎動物の中枢神経系は，頭尾軸に沿って前脳，中脳，後脳，脊髄などへと変化するが，Wnt活性が最も低いと前脳領域へ，Wnt活性が高いと脊髄などのより後側の中枢神経系が形成される（図1A）．一方，ショウジョウバエでは，初期胚において細胞膜の存在しないシンシチウム（合胞体）として発生するため，Wntなど分泌性因子の濃度勾配ではなく，Bicoid（ビコイド）とよばれる転写因子（ホメオドメインをもつ）などがタンパク質レベルで頭尾軸に沿って濃度勾配をもって分布することで形態が形成される．しかし，コオロギでは，Wntリガンドが尾部側で発現し，尾部側形成に機能し，扁形動物（プラナリア）や刺胞動物などにおいてもWntが尾部側の形成に働くことからも，Wntが多くの動物種の頭尾軸形成にかかわることが支持されつつある（図1A）．

●マウス胚における頭尾軸形成 哺乳動物であるマウス胚においては，胚盤胞の壁栄養膜（内部細胞塊とは反対側）部分が子宮内膜の反子宮間膜側に接着する．この着床後，子宮間膜から反子宮間膜方向の軸にそって胚本体が円筒状に成長する．そして，反子宮間膜側に位置する胚本体の先端部分に前方部の指標となる細胞（遠位臓側内胚葉）が出現し，頭尾軸（近遠軸ともよばれる）が形成される（図1B，5.5日目胚）．この最初の頭尾軸（近遠軸）形成には，胚本体の成長と子宮内膜側との物理的な相互作用が関与している．さらに，この子宮間膜から反子宮間膜方向にそった頭尾軸は，遠位臓側内胚葉細胞が将来の前方（母体子宮壁の右側または左側）へと移動することで，ほぼ90度回転し，移動した前方臓側内胚葉とは反対側に原条（中胚葉）が形成される（図1B, 6.5日目胚）．6.5日目以降，子宮間膜から反子宮間膜方向の軸は，胚の背腹軸の向きとほぼ合致する．また，Wntは，頭尾軸が回転する際に，遠位臓側内胚葉細胞の移動方向を制御していると考えられる．

●分節的な形態形成機構

頭尾軸に沿った分節的な形態形成に，Hoxクラスターが働いている．Hoxクラスターは，Hox遺伝子が1本の染色体上に並んでコードされている（図1C）．Hoxは，ホメオドメインとよばれる60アミノ酸からなるヘリックス・ターン・ヘリックスタイプのDNA結合ドメインを共通にもっている．さらに，ホメオドメインは，180塩基程度からなるホメオボックスとよばれるDNA配列にコードされていることか

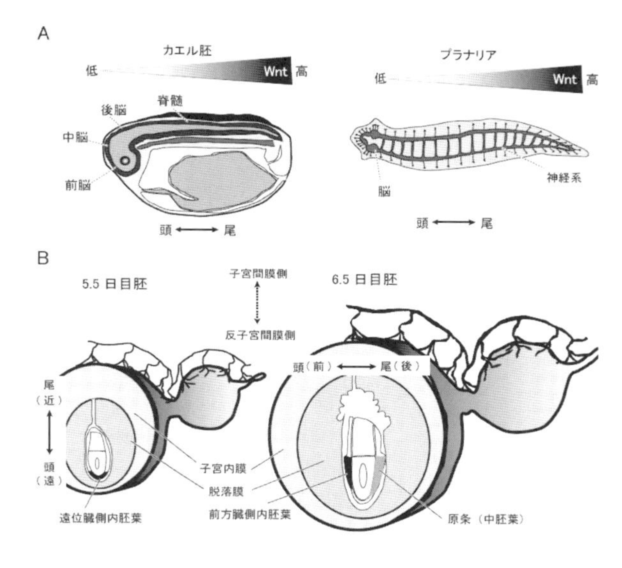

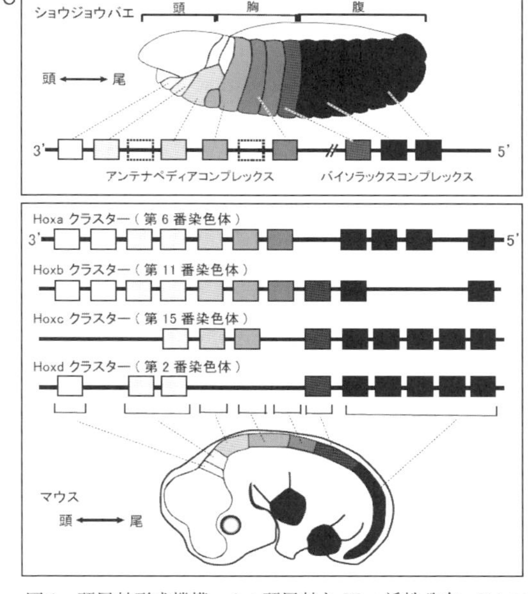

図1　頭尾軸形成機構　A：頭尾軸とWnt活性分布　B：マウス胚の頭尾（前後）軸形成　C：頭尾軸形成過程におけるHoxクラスターの分節的な発現

ら，ホメオドメインをコードする遺伝子はホメオボックス遺伝子とよばれている．ショウジョウバエでは，Hox クラスターが異なる染色体上（アンテナペディアコンプレックスとバイソラックスコンプレックス）に分離している．Hox クラスターに含まれる Hox 遺伝子群の数は，祖先型では 7 個程度であったと想定されており，脊椎動物では 13 個となっている．Hox クラスターは，最初ショウジョウバエにおいて発見されたが，その後，海綿動物を除く，刺胞動物を含むほとんどの真正後生動物に存在していることが示されている．脊椎動物の Hox クラスターは，2 度にわたる重複を経て 4 倍化し，その後，独立した進化の過程で個々の Hox 遺伝子が部分的に失われたと考えられている（図 1C）．

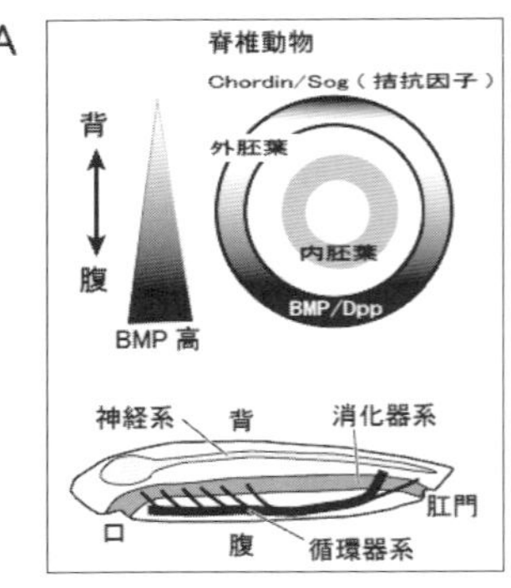

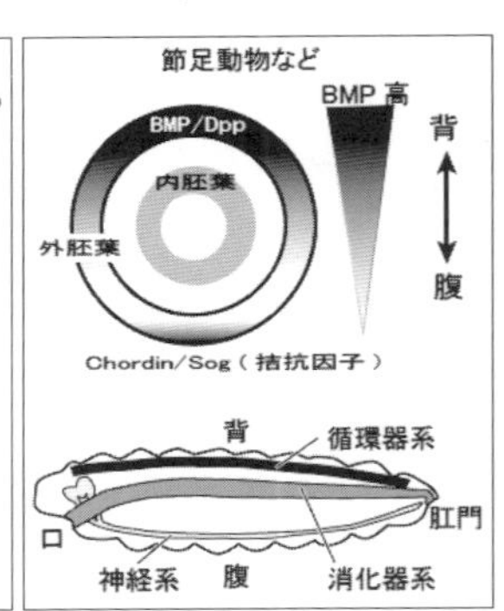

図 2　背腹軸形成機構　A：背腹軸に沿った BMP 活性の分布と形態　B：神経管内における背腹軸形成機構と神経前駆細胞の分化

Hox クラスターは，発生段階が進むにつれて遺伝子座の並んでいる 3' 側から 5' 側に順に発現を開始し，さらに，胚の形態では 3' 側の遺伝子から順に頭尾軸に沿って頭部から尾部へ分節的に発現するという特徴をもっている（図 1C）．このように転写因子として機能する Hox 遺伝子が分節的に発現することで，分節ごとに異なる下流標的分子を制御することで，頭尾軸に沿った固有な形態を形成することが可能となると考えられている．

一方，前脳と中脳を含む頭部領域では，Hox クラスターは発現せず，Otx, Emx ファミリーとよばれるホメオボックス遺伝子などが分節的に発現し，頭部の形態形成に働いている．これら頭部特異的に発現するホメオボックス遺伝子についても，広く動物界に共通に存在し，機能していることが示されている．

●背腹軸形成　背腹軸は，動物の体制の基本となる体軸の 1 つであり，放射相称動物以外の左右相称動物で明確にみとめられる．多くの動物種では，背腹軸は，BMP とよばれる細胞外に分泌されるリガンドと Chordin などの BMP 拮抗因子

（BMPと細胞外で結合して活性を抑制する分子）によってつくられるBMP活性の濃度勾配によって形成される（図2A）．特に，脊椎動物，節足動物，扁形動物，棘皮動物などにおいてBMPが背腹軸の形成に関与していることが示されている．実際，BMP活性が高いと，外胚葉から表皮が形成され，逆にBMP活性が低いと外胚葉から神経が形成される．

脊椎動物では，BMPは腹側で発現し，背側でChordinなどBMP拮抗因子が発現する．そのため，最も背側に神経が，より腹側では消化器系内胚葉，循環器系，表皮などが軸に沿って形成される（図2A）．一方，節足動物などでは，BMPは背側で発現し，腹側でBMP拮抗因子が発現する．これらの発現と合致して，背側で，表皮，循環器系が形成され，さらに腹側で消化器系などの内胚葉，最も腹側で神経が形成される（図2A）．100年以上前から脊椎動物とその他の動物の背腹軸に沿った器官配置が逆転していることが指摘されていたが，近年分子生物学的な発現解析からBMPと拮抗因子の発現が逆転していることによることが示された．さらに，背腹軸形成機構が，動物間で共通していることから，脊椎動物にいたる進化の過程で，動物の背腹軸が逆転したのではないかという仮説が強く支持されている．

●神経管の背腹軸形成　脊椎動物の神経管内では，背腹軸に沿って多様な神経細胞が形成される．この過程は，胚の背腹軸が完成された後，主に神経管の形成後に進行する．神経管では，上述した胚の背腹軸とは位置関係が異なるため，神経管の腹側領域であるフロアプレートや脊索でShh（Sonic hedgehog），Wnt拮抗因子やBMP拮抗因子が発現する（図2B）．逆に，最も背側であるループプレートや背側表皮領域では，BMPやWntが発現する．Shhをはじめとするこれらの分泌性因子の濃度勾配によって，神経管内で下流標的分子として働く転写因子の発現が活性化，または，抑制化される．その結果，最も BMP活性が高い背側では，Msx陽性の神経前駆細胞，次にGsh陽性の神経前駆細胞，さらにShhが発現する最も腹側では，Nkx陽性の神経前駆細胞が，背腹軸に沿って形成される（図2C）．これらの発現パターンは，脊椎動物だけでなく，左右相称動物の中枢神経系でも広く保存されている．

［松尾 勲］

参考文献

［1］ Bier E. and De Robertis E. M., “BMP Gradients: A Paradigm for Morphogen-mediated Developmental Patterning”, *Science*, 2015 Jun 26;348(6242):aaa5838

［2］ Petersen C. P., and Reddien P. W., “Wnt Signaling and the Polarity of the Primary Body Axis”, *Cell*, 2009 Dec 11;139(6):1056–68

［3］ アルバーツ，B. 他『細胞の分子生物学』第5版，中村桂子他訳，ニュートンプレス，2010

左右軸形成
——なぜ心臓や胃は左に？

動物の体を見ると外見上は左右対称であるが，内部の臓器は位置・形において左右非対称である．限られた空間の中に，各臓器を互いの連結を保ちながら機能的に配置するために，非対称である必要がある．左右非対称性が生じる機構は動物種によって異なるが，ここでは主に脊椎動物における機構について述べる．動物の体には，頭尾，背腹，左右という3つの体軸（方向性）があるが，左右は最後に決まる軸である．形態の非対称性は，以下の3つのステップを経て生じる（図1）：①胚の中央部で，左右対称性が破られる，②左側の中胚葉で，Nodal と Lefty というシグナル分子が活性化する，③最後に，腹腔内の臓器が非対称な形・位置をとる．

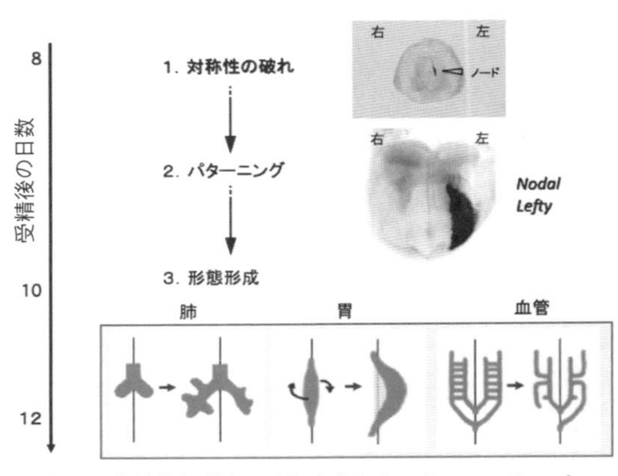

図1　非対称な形をつくり出すための3つのステップ

●繊毛が左右対称性を破る　哺乳動物では，ノードとよばれる胚の中央部に位置する凹み（図2，左上）で対称性が破られる．ノード底面の細胞は，1本の繊毛をもつ（図2，左下）．各繊毛は時計方向に回転するが，回転軸が体の後方に傾いているために，ノードの中で左向きの水流を生じる（図2，右下）．この左向きの水流が左右対称性を破る．水流の働きは不明である（左右を決める未知の分子を運搬しているのか，水流が生じる物理的な力を胚が感知するのか？）．カエルや魚類でも同様な仕組みで対称性が破られる．すなわち，ノードに相当する場所にある繊毛が回転し，一方向

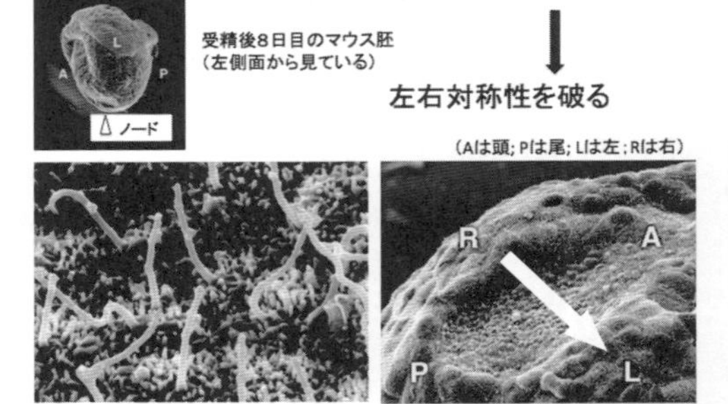

図2　ノードの繊毛と水流

性の水流を生じる．しかし，ニワトリのノードには回転する繊毛は認められず，ノード周辺での一方向性の細胞移動が対称性を破ると考えられている．

●シグナル分子が左右の中胚葉細胞を区別する　左向きの水流は，ノード脇に存在する不動繊毛に働きかけてシグナルを入力し，その結果，左側の不動繊毛をもつ細胞内の活性型 Nodal タンパク質を増加させる．ここで初めて，分子レベルの左右非対称性（活性型 Nodal タンパク質が左＞右）が生じる．左のノード脇の細胞から分泌された活性型 Nodal タンパク質は，体の左側方へと運搬され，左側の側板中胚葉に到達し，そこで Nodal 遺伝子の発現をオンにする．その結果，側板中胚葉での圧倒的に非対称な Nodal 発現が誘起される（図 1 中段の写真）．Nodal タンパク質は，近くの細胞に対して左側決定因子として働く．同時に Nodal タンパク質は，同じ細胞で Lefty の発現を誘導する．Nodal の抑制因子である Lefty タンパク質は，Nodal が働く場所を左側側板中胚葉へと制限し，また Nodal が活性化している時間を制限する．したがって，非対称な Nodal や Lefty の発現は，短時間で終了することになる．見事にデザインされた機構である．

●臓器が非対称な形を呈する　Nodal シグナルを受け取った左側側板中胚葉は，種々の臓器へと寄与し，各々の場所で左側に特徴的な形態を誘導する．非対称な形態が生じる機構は，臓器によってさまざまである．初めは正中線上に位置した真っ直ぐな管が，片側へ屈曲するために片側へ位置する場合（例えば胃），分岐パターンが非対称になる場合（肺），片側だけが消失する場合（血管系）などがあげられる．Nodal によって発現が誘導される転写因子 Pitx2 が非対称な形態形成を制御するが，詳しいメカニズムはわかっていない．

●進化的な多様性　左右非対称性が生じる機構は，進化的に多様である．例えばショウジョウバエでは，消化管が非対称な形態をとるが，その原因は細胞の形態のゆがみが非対称であるためであり，脊椎動物とはまったく異なる遺伝子が関与する．巻貝には右巻きと左巻きがあり，脊椎動物と同様に Nodal, Pitx2 が巻く方向を制御しているが，対称性を破る仕組みは繊毛ではなく，発生初期（第 3 卵割期）の細胞分裂のパターンに依存する．ウニやホヤにおいても，Nodal, Lefty, Pitx2 が同様の役割をはたすが，対称性を破る仕組みは不明である．すなわち，広く動物界を見ると，Nodal-Lefty-Pitx2 は比較的保存されているが，対称性を破る仕組みはより多様と考えられる．

［濱田博司］

参考文献

［1］ 濱田博司監修「生物はなぜ左右非対称なのか？」細胞工学 27 (6)，2008

［2］ 浅見崇比呂「カタツムリの左右―鏡像進化のパターンとメカニズム」『生態と環境』培風館，2007

［3］ 穂積俊矢他「無脊椎動物 における左右非対称性の形成機構」蛋白質核酸酵素 52(3)，227-235，2007

神経系の発生
――ひとりでに出来上がるコンピュータ

無脊椎動物の神経発生過程については，節足動物や環形動物において詳しく調べられており，昆虫では胚の腹側の神経外胚葉の一部から神経芽細胞が生じそれが不等分裂を行い神経細胞が産生され，体節ごとに1対の神経節が形成される（進化した系統では複数の神経節が融合する）．その体の前端では神経節が塊となった脳（大脳神経節と顎神経節）が生じる．こうしてできあがった神経系は脊椎動物のそれとは大きく異なるにもかかわらず，脳を形づくるための道具として働く遺伝子（ツールキット遺伝子）の発現や機能は驚くほど類似している．こうした脳形成機構の共通性は，神経系の形成にかかわる分子機構が動物のさまざまな系統が分岐する以前の段階で確立していた可能性を示唆している．

●脊椎動物の神経発生　脊椎動物の神経系は中枢神経系（脳と脊髄）と末梢神経系（中枢神経系以外のもの：脳神経・脊髄神経，交感神経など）からなる．多くの無脊椎動物の系統では神経系が消化管の腹側に形成されるのに対し，脊椎動物と脊索動物（尾索類・頭索類）では消化管の背側に形成される．これは，脊索動物の進化の過程で背腹の極性が反転したことによる．

中枢神経系は表皮外胚葉の一部が神経板となり，それが陥入して生じる神経管から形成される．神経管は境界溝によって背側の翼板，腹側の基板に分けられる．神経管の形成時には脊索や神経管腹側の底板からSHHが分泌され，表皮外胚葉や蓋板からBMPが作用し，背腹の極性が決まる（図1b）．

脳領域の発生過程では，神経管の前端に脳胞とよばれるいくつかの膨らみが生じ，それらから終脳，間脳，中脳，小脳，菱脳（橋，延髄）が分化していく．これらの領域の形成には局所的なシグナルセンターがかかわる．それらには*Otx2*と*Gbx2*の発現領域の境界に発生し，*Pax2/5/8*，*Wnt1*，*Fgf8*などが発現する峡部オーガナイザーや，*Shh*が発現するzona limitans intrathalamica（ZLI；図1A），*Fgf8*が発現する吻側神経稜（ANR；図1A）などがある．発生の進行とともに脳領域はさらに細分化され，終脳は背側の外套と腹側の外套下部に分化する．間脳や後脳には前脳節（プロソメア，P1–P3；図1A）や菱脳節（ロンボメア，r1–r7；図1A）とよばれる分節構造が生じ，そこから特定の神経核や神経路が発生する．これらの領域は*Pax*，*Emx*，*Otx*，*Hox*などの転写調節因子や*Fgf*, *Wnt*, *Shh*, *Bmp*などのシグナル分子をコードする遺伝子が場所特異的に発現することにより規定される．脳形成の過程では脳室に面した神経上皮にある神経幹細胞から多くのニューロンが発生し，外側へと移動していく．哺乳類の外套では誕生したニューロンが放射状グリア細胞の突起に沿って移動し，遅く生まれたニューロンが早く

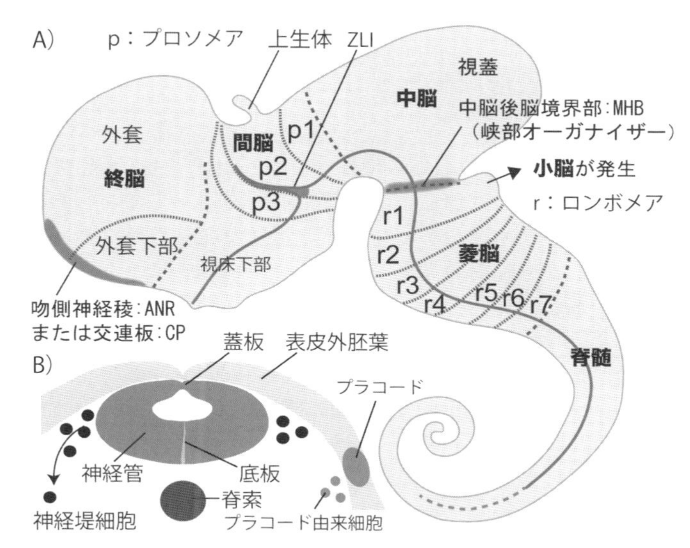

図1　発生期の脳（A）と胚の背側部の断面（B）．終脳と視床下部を同じ領域に含める考えもある（出典：Albuixech-Crespo et al., 2017 より改変）

生まれたニューロンを乗り越えて表層に移動することで，この系統に独特の6層構造をもつ新皮質が発生する．

発生したニューロンは正しい位置に移動した後，軸索を伸長させその先端でシナプスを形成し複雑な神経回路網をつくりあげる．この過程ではセマフォリンやネトリンなどの神経ガイド因子が作用する．その後，神経活動依存的な仕組みにより神経回路がリファインされ機能的なものとなる．霊長類にみられる高次機能の現出にもいくつかの遺伝子が鍵となる役割を担う．例えば *FoxP2* は言語機能に深くかかわる．

脊椎動物の末梢神経系を構成する要素のうち，感覚ニューロンの一部は神経堤細胞とプラコード（頭部プラコード）に由来する（図1B）．神経堤細胞は自律神経の神経節（交換神経幹など）のニューロンも産生する．神経堤細胞は発生期に神経管と表皮外胚葉の境界付近に生じる（図1B）．神経堤細胞の誘導には Sox9, Sox10 などの転写因子が関与する．神経堤細胞は体の各部分に遊走していき神経，骨格，色素細胞などのさまざまな組織や細胞に分化する．プラコードは表皮の一部が肥厚したものであり，鼻プラコード，耳プラコード，上鰓プラコード，側線プラコードなどが発生期の頭部の汎プラコード領域に生じる．プラコードからは神経細胞の他に感覚細胞や支持細胞が形成される．　　［村上安則］

眼の形成
――誘導による器官形成のモデル

眼は器官形成のモデルとして長らく研究されてきた．20世紀初頭に行われた水晶体形成の研究からは，誘導とよばれる組織間作用，すなわちある組織が隣接組織に作用して，その発生運命を変化させる現象が発見された．

●眼形成の始まり　脊椎動物の発生において，原腸形成にともなって中胚葉と内胚葉の一部が胚内部に潜り込むと，その背側を覆う外胚葉から神経板が形成される（図1A）．神経板の前端部はやがて前脳を形成する領域であり，その内部に網膜となる領域（予定網膜領域）が含まれる．神経板の前端部を馬蹄形に囲む外胚葉領域は，予定プラコード外胚葉とよばれる組織で，その前端から後方に向かって，将来の下垂体，嗅上皮，水晶体，内耳の領域が並ぶ．この中で予定水晶体領域は，予定網膜領域のすぐ外側に位置している（図1B）．眼形成を制御する遺伝子群は，この神経板期以降に予定網膜領域や予定水晶体領域で活性化し始める．

●形態形成　神経板が陥入して神経管を形成すると，その前端部分が膨らんで前脳，中脳，後脳を形成する．このとき，予定網膜領域は前脳の側壁に位置しており，予定水晶体領域はその外側を覆う外胚葉に位置している．やがて予定網膜領域は予定水晶体領域に向かって突出し，眼胞とよばれる構造を形成する（図1C）．眼胞が予定水晶体領域に接すると，予定水晶体領域が肥厚して水晶体プラコードとよばれる構造を形成する（図1D）．この水晶体プラコードが胚内部にくびれ込み，水晶体胞とよばれる球構造を形成して外胚葉から分離するのにともない，眼胞は水晶体胞を包み込むように変形し，前脳との連結部がくびれて，眼杯とよばれる構造に変化する（図1E, F）．さらに発生が進行すると，水晶体胞は中空構造を失って水晶体として成熟する（図1G）．眼杯は2層の神経上皮から構成されるが，水晶体に面した細胞層は神経性網膜に分化し，外側の細胞層は網膜色素上皮に分化する．また，水晶体を覆う外胚葉の領域から角膜が形成される．

20世紀初頭，H. シュペーマン（Spemann）は両生類胚を用いて，眼胞を切除すると外側を覆う外胚葉から水晶体が形成されないこと，W. H. ルイス（Lewis）は眼胞を腹部に移植するとそこに水晶体が形成されることを報告し，これらのことから，眼胞は外胚葉から水晶体を誘導するのに必要十分な作用をもつと考えられた．しかし後の詳細な研究から，水晶体形成を導く組織間作用は神経板期から始まり，眼胞の作用はその一部にすぎないことが示されている．

●細胞分化　成熟した水晶体は，水晶体一次線維細胞，水晶体二次線維細胞，水晶体上皮細胞から構成される（図1H）．発生過程においては，まず水晶体胞の網膜側の細胞が扁平に伸長し，水晶体核とよばれる一次線維細胞の集合体を形成す

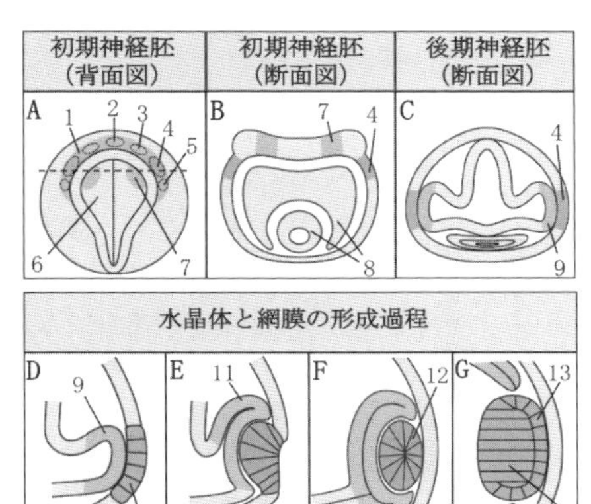

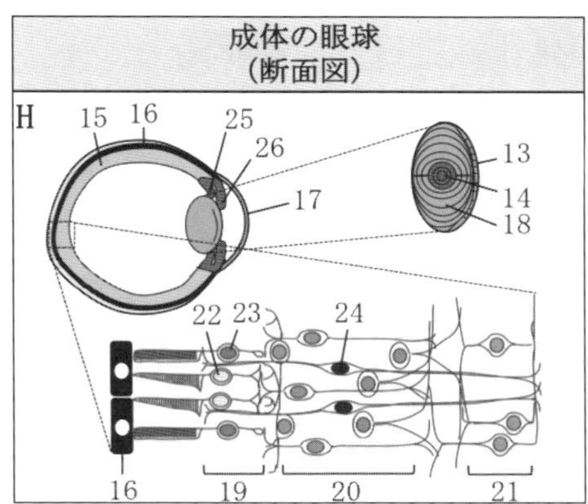

図1　両生類胚の眼形成過程（A–G）と，羊膜類の成体の眼球（H）．（A）の横破線部位での断面を（B）に示す．水晶体と網膜の形成はDからGの方向に進行する．1：予定プラコード外胚葉，2：予定下垂体領域，3：予定嗅上皮領域，4：予定水晶体領域，5：予定内耳領域，6：神経板，7：予定網膜領域，8：中胚葉・内胚葉，9：眼胞，10：水晶体プラコード，11：眼杯，12：水晶体胞，13：水晶体上皮，14：水晶体一次線維，15：神経性網膜，16：網膜色素上皮，17：角膜，18：水晶体二次線維，19：外顆粒層，20：内顆粒層，21：神経節細胞層，22：錐体細胞，23：桿体細胞，24：ミュラーグリア細胞，25：毛様体，26：虹彩

る．続いて角膜側の細胞が，水晶体核を覆う上皮細胞層を形成する．このようにして球構造が完成した後は，眼杯の辺縁部（将来の毛様体領域）に近接する上皮細胞のみが増殖を続ける．増殖した上皮細胞は網膜側に移動しながら伸長して二次線維細胞へと分化する．これらの二次線維細胞が水晶体核を覆って重層し続けることにより，水晶体が成長する．

神経性網膜は，1種類のグリア細胞と6種類の神経細胞から構成される．哺乳類の発生においては，まず最内層において神経節細胞が分化する．続いて神経節細胞層の外側で水平細胞，無軸索細胞，錐体細胞が分化する．その後，発生後期になってから桿体細胞，双極細胞，ミュラーグリア細胞が分化する．これらのうち，水平細胞，無軸索細胞，双極細胞，ミュラーグリア細胞は神経節細胞層の外側に内顆粒層とよばれる組織を形成し，光受容細胞である錐体細胞と桿体細胞はその外側で外顆粒層とよばれる組織を形成する．光刺激に対して，錐体細胞は色覚を担い，桿体細胞は色覚にはほぼ関与しないが感度が高く薄暗がりで機能する．光刺激は外顆粒層で電気信号に変換され，シナプスを介して内顆粒層，神経節細胞層へと伝達され，神経節細胞の軸索を介して脳に伝達される．網膜色素上皮は光の散乱を防ぐ役割をもつ．

［荻野 肇・阪上起世・松田孝彦］

参考文献

［1］ ギルバート，S. F.『ギルバート発生生物学』阿形清和・高橋淑子監訳，メディカル・サイエンス・インターナショナル，2015

皮膚と毛の形成
――細胞と組織たちのアンサンブル

皮膚は体表を覆う最大の臓器であり，外界と体内を隔てるバリアとして，環境に応答するための多様な機能をもつ．皮膚の表層の細胞は密着結合とよばれる構造で細胞間が密閉されていて，外部からの物質の侵入と体液が漏れるのを防いでいる．また外敵などから身を守るために，皮膚には感覚神経からなる高感度センサーが備わっている．寒さを感じた時には，毛の根元にある立毛筋を使って発熱し，暑ければ発汗および皮下血管の血流を変えて体温を調節する．強い紫外線を受けた場合は，表皮内の色素細胞が応答し日焼けする．一方，皮膚には体毛など付属器官が備わっており，体表を物理的な衝撃から守ったり，保温したりと特殊化した役割をはたす．このような多機能性は，皮膚が表皮，真皮，神経および血管などの複数の組織によりつくられることで発揮されるのである．

●皮膚の発生　複数の組織から構成される皮膚は胚発生期にどのようにつくられるのだろうか（図1左）．ここではニワトリの胚発生を例にとって説明する．受精卵が分裂を繰り返し，胚盤葉上層とよばれる体のすべてをつくる細胞群をつくり出す．胚盤葉上層からは，段階的に内胚葉と中胚葉が形成され，残された細胞が外胚葉となる．後にシート状の外胚葉が，胚の正中付近で陥入して神経管とよばれる管状の構造がつくられ（脊髄神経となる組織），残りの外胚葉が表皮になる．神経管ができると，神経管の背側から神経堤細胞とよばれる移動性に富んだ細胞集団が生まれる．これらの細胞は胚内をダイナミックに移動し，その一部が表皮に入り込み体表の呈色を担う色素細胞へと分化する．この他にも，神経堤細胞からは感覚神経や交感神経のニューロンがつくられ，これにより皮下の神経ネットワークが生み出されるのである．一方，神経管の両脇に存在する中胚葉組織（皮筋節）からは，表皮の下にある真皮の細胞がつくられる．それ以外にも中胚葉からは大動脈がつくられ，この大動脈が分岐伸長して皮下の血管網が張り巡らされる．このように複数の細胞集団が時空間的に厳密な制御を受けて形成され，それらが組み合わさってはじめて機能的な皮膚がつくられるのである．

●層構造をもった表皮組織の成り立ち　胚発生初期に単層であった表皮は，やがて複数の層からなる表皮組織に成熟する．ヒトにおいては，深層から表層に向けて，基底層，有棘層，顆粒層そして角質層の順に層を成す．基底層には，分裂活性に富んだケラチノサイトが位置していて，基底膜に対して水平および直行方向に分裂する．このうち主に直交方向に分裂した細胞が分化しつつ上層へと移動して有棘層を形成する．有棘層の細胞はさらに分化を続け，徐々に扁平な形態になってケアトヒアリン顆粒を含む顆粒層の細胞となる．顆粒層はさらに3層に分けられて，中間層の細胞間に密着結合が形成される．中間層の細胞は，下層から押しあげられてくる新たなケラチノサイトと絶え間なく置き換わるが，この際もバリアが破綻しないように密着結合が巧妙に保たれる．後に顆粒層の細胞は脱核することにより角質化し角質層を形成し，やがて垢として剥がれ落ちる．成体になったのちも生涯にわたり，つくられては剥がれ落ちるというターンオーバーを繰り返すのである．

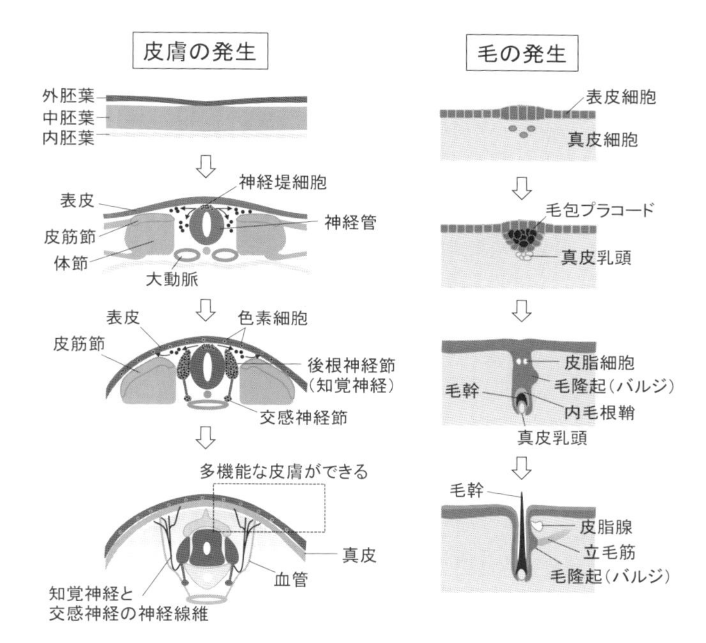

図1　皮膚と毛の発生

●体毛の発生　毛の形成は，表皮が特定の真皮細胞から発せられる毛形成に必須なシグナル分子を受け取ることにより開始される（以下図1右）．このシグナルを受けると，その周辺の表皮細胞が凝集し毛包プラコードが形成され，分裂しながら細胞形態を変えて真皮層に入り込んでゆく．陥入した表皮細胞の先端に，シグナルを発していた真皮細胞が細胞塊をつくり，これが真皮乳頭となる．真皮乳頭から毛包をつくれというシグナルが発せられると，これを受けたケラチノサイトの増殖を誘導し，真皮乳頭を取り囲むかたちで，将来の毛となる毛幹やその周囲の組織をつくる．またケラチノサイトからなる上皮が膨らみ，毛隆起（バルジ）が形成され，ここに立毛筋が接続する．毛隆起（バルジ）は幹細胞の維持にかかわるさまざまな分子を発現する特殊な領域で，発生後もこの領域に毛包幹細胞と色素幹細胞が維持され続ける．哺乳類においては成体になったのちも一定の周期で，成長期，退行期そして休止期を繰り返す．　［田所竜介］

📖参考文献

［1］ ギルバート，S. F.『ギルバート発生生物学』阿形清和・高橋淑子監訳，メディカル・サイエンス・インターナショナル，2015

体節由来の組織の発生
――脊椎動物の中の繰り返し構造

脊椎動物の初期胚には，体幹部および尾部の両側に，体節とよばれる繰り返し構造が数珠状に形成される（図1）．各々の体節は上皮に覆われた細胞塊であり，その内側には間充織細胞が存在する．体節は沿軸中胚葉の組織であり，その後の発生において硬節および皮筋節に分かれ，さらにそこから骨格筋や脊椎骨，真皮などへと分化する．体節にみられる繰り返し性は，脊椎動物の大きな特徴の1つである連続的に連なる脊椎骨の形成に寄与する．また，体節の繰り返し性に前後軸に沿った位置情報が組み合わさることにより，脊椎動物の複雑な形態形成を可能にしている．

●体節の形成機構　脊椎動物の体節の発生の特徴の1つは，各々の体節が一定の時間間隔によりつくられていくことである．マウスでは約120分，ニワトリでは約90分，ゼブラフィッシュでは約30分周期で各々の体節が形成される．また，マウスでは約65対の体節が形成されるのに対し，ニワトリでは約50対，ゼブラフィッシュでは約31対，コーンスネークでは約315対と，生物種間においてその数は多様性に富んでおり，体節数の差異によりつくられる体の形態の多様性は，それぞれの生物の生息環境への適応や，生活様式の多様化に大きく貢献している．このような体節の繰り返し性や体節数の多様性は，体節の特徴的な形成様式と密接に関係していると考えられる．

脊椎動物の体節が形成される体幹部および尾部においては，胚は頭部から尾部に向かって徐々に伸長しながら発生していく．それにともない体節も頭部側から順々に付け加わるようにつくられていく．新たに付け加わる体節は，胚の後方に位置する未分節中胚葉とよばれる間充織様の前駆組織から生じる．未分節中胚葉のうち，からだの前方の体節のもととなるものは原腸陥入により生じる．それに対し後方の体節を生み出す未分節中胚葉は，胚の後方伸長にともない，一定期間にわたり尾芽より持続的に生み出される（図1）．

未分節中胚葉の前方部では，体節の形成周期に従い間充織様細胞から上皮細胞への転換が繰り返し起き，体節が順次形つくられていく．この際，新たに生まれた体節の後端では，上皮シート状の境界構造（分節境界）が形成され，未分節中胚葉から体

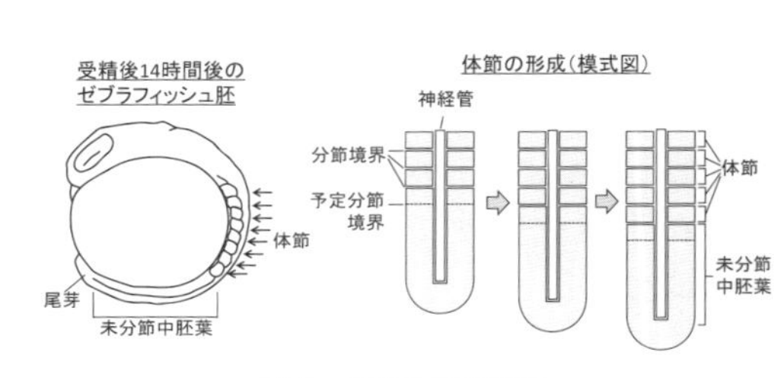

図1　脊椎動物の体節

節が物理的に分離する．明確な分節境界が形成される以前から，将来の分節境界の位置（予定分節境界）が決定されていることが組織移植実験により明らかにされている．境界の構造が形づくられるには，まずこの予定分節境界を挟んで，細胞膜結合型のリガンドである ephrin とその受容体である Eph による反発作用が生じることが，重要であると考えられている．さらに，この境界に細胞外マトリクスが集積することにより，形態的に明瞭な分節境界が形成される．

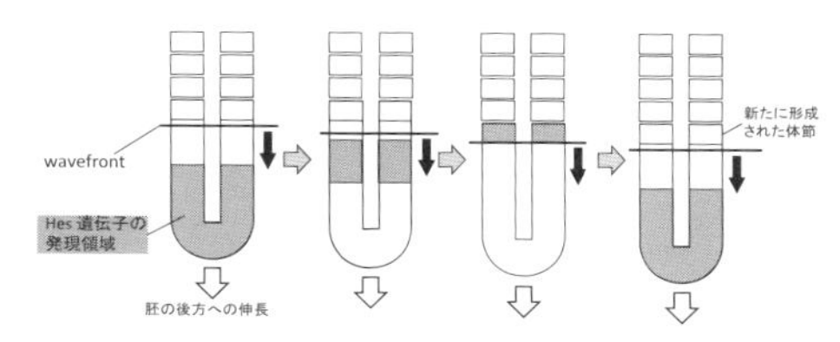

図 2　Hes 遺伝子の発現変動と体節の形成

体節の周期的な形成を説明するために，1976 年に Cooke と Zeeman は『clock and wavefront』モデルを提唱した．このモデルのよれば，未分節中胚葉において周期的に変動する分節時計と胚の後方への伸長にともない移動する空間的な境目（wavefront）を仮定し，それらの時空間情報が未分節中胚葉において統合されることにより周期的に体節が形成される（図 2）．その後，遺伝子レベルでの解析が進み，このモデルの妥当性が次第に明らかになりつつある．分節時計については，未分節中胚葉における転写抑制因子 hairy/enhancer of split（Hes）関連因子の発現や Notch シグナルなどの周期的な活性化が報告され，それらが分節時計の振動子の分子実体であることが示されている．これらの周期的な振動には，振動子自身のネガティブフィードバック制御が重要であると考えられている．分節時計の振動周期は体節形成周期と一致することが知られており，生物種間にみられる体節形成周期の違いは，それぞれの生物種がもつ分節時計の振動周期の多様性を反映しているといえる．それに対して，体節の位置情報を決める wavefront の分子実体としては，未分節中胚葉の後方部や，さらにその後方に形成される尾芽から分泌される FGF や Wnt が知られている．

体節が繰り返しつくられ続けるには，その前駆組織である未分節中胚葉，さらには未分節中胚葉を生み出す尾芽が維持されることが必要である．マウスやニワトリにおいては体節形成が進行するに従い尾芽が退縮し，それにともない未分節中胚葉のサイズが縮小し，ある一定まで縮小すると体節の形成は停止する．一方，コーンスネークでは，未分節中胚葉の縮小が遅延し，結果として多くの体節が形成される．

●体節内の領域化　体節からは脊椎骨や肋骨を形成する軟骨，胸郭や四肢，腹壁，背部，舌などを構成する筋肉，骨と骨をつなぐ靭帯，背部の皮膚を構成する真皮，背部大動脈などを構成する血管，神経管を取り巻く脊髄膜などさまざまな組織が分化する．それらの分化は体節内において自律的に，あるいは脊索や神経管，表皮，側板中胚葉などの周辺組織との相互作用により制御される．

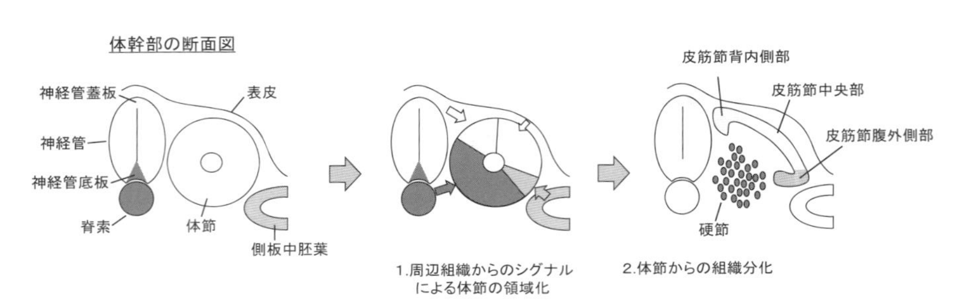

図3　体節からの組織分化

各々の体節は前後軸に沿って領域化し，その前後極性は体節の分節境界形成と同期して形成される．体節形成時に体節後方で特異的に活性化するNotchシグナルは体節後方領域の特性を規定し，体節前方部で発現する転写因子Mesp2はNotchシグナルを抑制することにより，体節の前方領域を規定する．このような体節の前後極性形成はその後の体節からの細胞分化に必要な位置情報を与えるだけでなく，神経幹細胞の移動経路の決定などにも重要な役割をはたすことが知られている．

さらに，体節の内側と外側も各々固有の領域を形成する．各体節の内側領域には主に脊椎骨や靭帯を形成する硬節が，外側には筋節や皮節の基となる皮筋節が形成される．これらの内外軸に沿った領域形成には近傍組織からの作用が重要であり，硬節の形成は脊索や神経管底板から分泌されるShhのシグナルによって誘導される．一方，体節の外側に形成される皮筋節は中央部と，神経管側にある背内側部およびその反対側の腹外側部に区分される．皮筋節の中央部は主に真皮を形成する皮節に分化するのに対し，両側部は主に筋肉を形成する筋節を形成する．その際，皮筋節背内側部の形成には，隣接する神経管蓋板から分泌される高濃度のWntと，脊索や神経管底板から分泌され拡散してくる低濃度のShhの作用が重要である．また，皮筋節腹外側部では隣接する側板中胚葉や表皮から分泌されるシグナルに応答して筋節がつくり出される（図3）．一方，魚類や両生類では体節の後方部からは硬節や皮筋節を経ずに直接的に筋節が形成される．これらの生物では孵化直後に高い運動能力を発揮するため発生期のより早い段階で筋肉を形成する必要があり，このような筋節の発生様式をとっているものと考えられる．

●硬節からの組織分化　個々の体節はもともとはシート状の上皮に覆われた細胞塊であるが，体節の腹内側領域では隣接する脊索や神経管底板から分泌されるShhなどの作用により転写因子Pax1が発現し，上皮-間充織転換が引き起こされることにより間充織細胞で構成される硬節が形成される．硬節はいくつかの領域に区分され，それぞれの領域で細胞運命が異なる．神経管に最も近い内側の領域からは脊髄膜が形成され，それ以外の硬節の大部分は脊椎や肋骨，椎間板を形成する軟骨細胞へと分化する．ただし，体節の後方部に位置する硬節の一部からは，背側大動脈を形成する血管内皮細胞や平滑筋細胞が形成される．また，硬節の最も背側の領域からは，隣接する筋節から分泌されるFgf8の影響で靭帯節が形成される．靭帯節は，骨組織を形成する硬節と筋肉を形成する筋節の境界領域に形成され，将来的には骨組織と筋肉をつなぐ腱を形成する．

硬節から脊椎骨が形成されることから，脊椎動物に特徴的な背骨の繰り返し性は硬節の繰り返し性に由来すると考えられる．単純に考えれば1つの脊椎骨は1つの体節由来であると思われるが，実際には脊椎骨の前方部は体節の後方画分の硬節由来であり，後方部は前方部を形成する体節の1つ後方に位置する体節の前方画分によって形成される．したがって連なった脊椎骨の分節の境界は各体節の前方画分と後方画分の境界と一致するといえる．この過程は硬節の再分節化とよばれ，これにより筋節と脊椎骨が入れ子状に形成されることにより，筋肉と骨が協調的に機能することが可能になると考えられる．

●皮筋節からの組織の分化　皮筋節は硬節の外側に位置し，硬節の上皮組織が間充織化した後もしばらく上皮的形態を保ちながら，やがて上皮構造を失い筋節と皮節に分かれる．筋節は皮筋節の両端に位置する皮筋節背内側部と皮筋節外側部から形成される．皮筋節背内側部からは，脊椎骨と肋骨をつなぐ背側の深筋を形成する筋芽細胞が分化する．それに対し，皮筋節腹外側からは，隣接する表皮から分泌されるWntシグナルと自身の発現するBMP阻害因子の作用により，四肢や腹壁，舌を構成する遠位筋を形成する筋芽細胞が分化する．

皮筋節中央部からは真皮細胞と筋前駆細胞が産生される．皮筋節に由来する真皮細胞は体幹部の背側の表皮の下層の結合組織を形成するのに対し，体幹部の側方と腹側の真皮細胞は側板中胚葉由来であり，頭部および頸部の真皮細胞は神経堤細胞に由来する．一方，皮筋節中央部において形成される筋前駆細胞は活発に増殖し，胚発生時に必要な筋芽細胞を供給するともに，一部の細胞は未分化性を維持したまま筋繊維の周辺にとどまり，衛星細胞を形成する．衛星細胞は主に成体における筋肉の成長や修復を担う細胞であり，必要に応じて増殖し新生筋繊維を産生する．さらに，皮筋節中央部からは真皮細胞や筋前駆細胞だけでなく，褐色脂肪細胞も産生され，それらは脂肪分の燃焼，エネルギー産生に重要な役割をはたす．

［矢部泰二郎・髙田慎治］

📖参考文献

［1］ ギルバート，S. F.『ギルバート発生生物学』阿形清和・髙橋淑子訳，メディカル・サイエンス・インターナショナル，2015

神経堤細胞
——脊椎動物に独自の多分化能をもつ細胞系譜

脊椎動物の胚発生において，神経管形成に先立ち，表皮外胚葉と神経板の間に誘導される上皮の高まりを「神経堤」とよび，そこから遊走した細胞を「神経堤細胞」とよぶ．この細胞系譜は脊椎動物にしかなく，感覚器や神経節を形成する外胚葉性プラコードとともに，脊椎動物を定義する基本的特徴とされる．

●神経堤細胞のタイプ　神経堤細胞は胚体を広範に移動し（移動能），それぞれの場所に相応しい多くの細胞型を分化する（多分化能）（図1）．神経堤細胞の移動は，胚環境に分布する細胞外基質に大きく依存し，移動経路，分布，細胞分化のレパートリーは，頭部と体幹部において大きく異なる．この差異に基づき，神経堤細胞は「頭部神経堤細胞」と「体幹神経堤細胞」に分けられる．この両者の間に迷走神経堤をおく場合もあるが，これは厳密には腸管の自律神経細胞をもたらす神経堤の領域をさす．

●頭部神経堤細胞　頭部神経堤細胞は大きな集塊をつくり，頭部の表皮直下の経路（背外側経路）を下降し，胚の顔面原基や咽頭弓を充填し，いわゆる「外胚葉性間葉」を形成する．そのような細胞集団は3つあり，前方から，三叉神経堤細胞群，舌骨神経堤細胞群，囲鰓神経堤細胞群とよぶ．これら細胞群は，胚頭部において，咽頭弓ならびに後脳の分節構造，ロンボメアと対応した分節パターンを示し，脳神経の知覚神経節をもたらすほか，咽頭弓や顔面の骨格ならびに内臓骨格系（骨，軟骨）に分化する．その他，外眼筋を含めた頭部筋の結合組織を分化するのも頭部神経堤細胞である．

内臓骨格の形態的特異化に機能するのがHox遺伝子群であり，この一群の遺伝子が咽頭弓内の頭部神経堤細胞に入れ子状に発現し，いわゆるHoxコードをもたらす．同様に，別のファミリーのホメオボックス遺伝子群，Dlx遺伝子群が咽頭弓の背腹軸に沿ってやはり入れ子状に

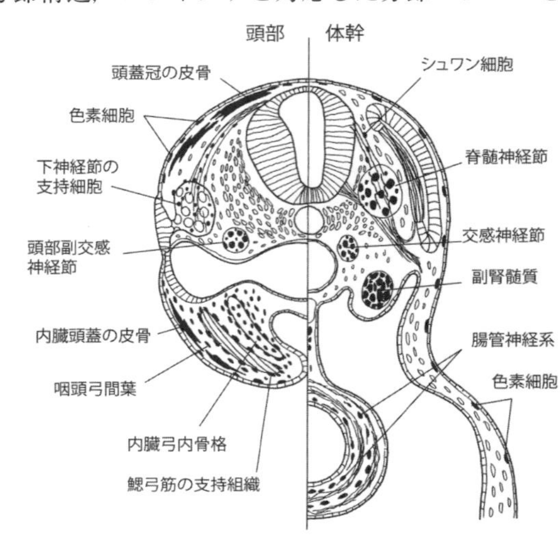

図1　羊膜類胚の頭部と体幹における神経堤細胞由来物（黒い細胞）を模式的に示す．

発現し，Dlx コードをもたらす．このように Hox-Dlx コードが咽頭弓間葉を格子状の区画に分割し，それぞれの区画が独特の組合せの遺伝子を発現，それを通じて多様な骨格形態が分化すると説明される．このような発生機構は，頭部内胚葉からの誘導作用を前提としている．このような胚環境からの誘導作用は，神経頭蓋の前半部（これも神経堤細胞に由来）の分化にも必須であることが知られる．

骨格の分化に関し，以前は「内骨格が中胚葉に由来し，外骨格が外胚葉に由来する」という仮説があった．これは，皮骨性頭蓋冠がすべて神経堤に由来するという，鳥類胚での所見によるが，議論はまだ続いており，中胚葉由来の骨と神経堤由来の骨の境界が，動物により異なる可能性もある．真骨魚類を用いた実験では，体幹の外骨格（鱗）は中胚葉に由来する．

●体幹神経堤細胞　体幹神経堤細胞は，頭部におけるよりやや内側の経路，すなわち体節内部を移動する（背内側経路）（有羊膜類の胚においては，体節の前半分の内部）．したがって，神経堤細胞群はここでは体節のならびに沿った分節的配置をとることになり，結果としてこれより生ずる脊髄神経節も分節的に発生する．この体幹神経堤細胞の一部は，さらに腹側にいたり，脊索からの誘導を得，背側大動脈周囲の環境において交感神経節を分化する．

以上の他，胚体全域にわたり，神経堤細胞は種々の内分泌細胞，末梢神経節の支持細胞やシュワン細胞などを分化する．また，やや遅れて移動を開始する神経堤細胞は色素細胞を分化する．つまり，頭部神経堤細胞（外胚葉性間葉）を際立たせているのは，骨格系に代表される間葉系の分化レパートリーである．

●神経堤細胞の進化　以上述べたような神経堤細胞の特徴は，頭索類（ナメクジウオ）と尾索類（ホヤ）には見られないとされている．しかし，移動前の神経堤に類似する遺伝子発現がナメクジウオ胚に観察されたり，神経堤細胞の前駆体に相当する細胞系譜（中枢神経予定域の脇の細胞に由来）が色素細胞に分化することが，ホヤの発生時に観察されている．とりわけ後者については，後者に似た上皮性の細胞系譜に *Twist* 遺伝子を異所的に発現させることにより，移動能をもつ神経堤性間葉のような特徴が現れることも見出されている．

神経堤細胞は，外胚葉に由来しながら，中胚葉的な遺伝子制御ネットワークを取り込み，三胚葉だけでは限りのある組織構造の分布を可能にした大きな要因となっているらしく，脊椎動物の複雑な解剖学的構築や，その多様化を実現した細胞系譜であるということができる．　［倉谷 滋］

参考文献

［1］倉谷 滋『動物進化形態学』新版，東京大学出版会，2017
［2］倉谷 滋・大隅典子『神経堤細胞―脊椎動物のボディプランを支えるもの（Neural Crest Cells: Bases of the vertebrate body plan)』東京大学出版会，1997
［3］Le Douarin, N. M., *The Neural Crest*, Cambridge University Press, 1982

筋肉形成
――「動く組織」の成り立ちと多様化

筋肉組織は，原生生物および海綿を除くすべての動物に存在し，運動や移動のほか，血液循環，呼吸，嚥下，消化など生命維持に不可欠な機能を担う．脊椎動物の筋肉には大まかに3種類があり，骨格筋（骨格に連結し，運動を行う）・心筋（心臓を拍動させる）・平滑筋（消化管，血管などに付随する）に分類される．

収縮・弛緩という，筋肉だけがもつ細胞機能のために，筋肉型アクチンやミオシンといった収縮タンパク質が細胞内で大量に合成される．これらのタンパク質は収縮繊維を構成し，骨格筋と心筋では繊維が縞模様に見えるため，骨格筋と心筋は横紋筋に分類される．骨格筋は発生過程において，紡錘形の筋芽細胞が多数集まり，融合して長い繊維状になる．その後多核の筋菅細胞へと分化し，それは長いものでは50 cmに達する．心筋では紡錘形の細胞が平行に並ぶが，融合が起こらず細胞は単核のままで，介在板によって一定間隔に筋繊維が分断されている．平滑筋では横紋は見られず，細胞は収縮方向に平行な長紡錘形を保つ．

さらに筋肉は，随意筋および不随意筋に分類される．私達は自分の意志に従って多くの骨格筋を収縮させ，手足を動かしたり，表情を変えたり，咀嚼することができる．反射により収縮することもあるが，ほとんどの骨格筋は随意筋である．一方，心筋と平滑筋は，意思で収縮を制御できないため，不随意筋に分類される．

無脊椎動物では，横紋筋と平滑筋のほかに，斜紋筋という無脊椎動物特有の筋肉があり，独特の筋繊維構造をもっている．しかしいずれの筋細胞も，基本的な収縮メカニズムとしてアクチンとミオシンの相互作用を利用する点は共通である．

●さまざまな筋肉細胞の発生起源　骨格筋・心筋・平滑筋は，初期胚のさまざまな中胚葉組織（心臓に付随する平滑筋の一部は心臓神経堤細胞）に由来する．

脊椎動物の骨格筋は，大まかには，体幹部のもの（体壁・四肢の筋肉など）は胚の体節に，頭部に存在するもの（外眼筋，表情筋，咀嚼筋など）は，非分節性の頭部中胚葉に由来する．ただし，頭部と体幹部の境界領域（首～肩）には，どの中胚葉に由来するかいまだに論争の的となっているものがある．

心筋の起源としてはまず，発生の非常に初期に領域化する第一心臓予定領域が原始心筒を形成し，そこに第二心臓予定領域由来の心筋細胞が加わる．前者は側板中胚葉，後者は頭部中胚葉に含まれる．

平滑筋は，呼吸器，消化器など内胚葉性の器官内で細胞層を形成しているものが多いが，中胚葉（側板中胚葉）に由来すると考えられている．

●脊椎動物の骨格筋の発生　脊椎動物の体幹部では，体節の一領域である皮筋節（dermomyotome）から骨格筋原基である筋節（myotome）が生じる（☞「体節由来の組織の発生」参照）．このとき皮筋節ではPax3が発現し，その下流でMyoDファミリーの骨格筋分化決定因子群（MRF, myogenic regulatory factors）が筋節で活性化される．MRFを発現の合図に，筋節由来の前駆細胞が融合・多核化し，収縮タンパク質を豊富に産生し，明瞭な横紋をもった骨格筋に分化する．

ところでMyoDは細胞分化のマスター制御因子として発見された最初のものである．1980年代後半，H. M. ワイントローブ（Weintraub）らは，本来筋肉にならない線維芽細胞にMyoDを強制発現させると，収縮能力をもった筋芽細胞に変化することを見出した．さらに筋芽細胞は互いに融合し，多核の筋管細胞に分化する．この発見を皮切りに他の細胞でも，細胞種特異的な転写のスイッチをオンにするマスター制御因子が多数見出されるようになった．

●筋肉の進化と多様化　脊椎動物は水中から陸上へと生存圏を広げ，実に複雑な行動様式を獲得してきた．この過程においては，魚類やカエルのオタマジャクシのように，からだの左右に並んだ筋肉を交互に収縮させることによるS字型遊泳が最初に確立し，そこに鰭や四肢などの付属的な器官が加わって，より複雑で多様な形態や運動能力が現れたと考えられている．無脊椎動物の中でも，脊椎動物に近縁なホヤやナメクジウオのからだ（ホヤについては幼生期のみ）はオタマジャクシ型であり，S字型遊泳を行う．

脊椎動物の進化の初期に，筋節には軸上筋と軸下筋という解剖学的な区別が現れ，これは円口類（ヤツメウナギ類とヌタウナギ類）を除いた脊椎動物（顎口類）に保存されている．皮筋節の背側（皮筋節背内側部：☞「体節由来の組織の発生」（図3）参照）からは軸上筋，腹側（皮筋節腹側方部）からは軸下筋が生じる．この区別は成体における運動神経支配と対応しており，それぞれ脊髄神経腹枝と背枝に支配される．

有羊膜類では，軸上筋に含まれるのは姿勢の維持に必須な固有背筋のみであるが，軸下筋には肋間筋・腹直筋などの体壁筋のほか，四肢の筋，舌筋や横隔膜などが含まれる．それらの発生過程を調べると，前駆細胞の挙動に大きな違いがみられる．例えば肋間筋などは，筋節が上皮構造を保ったまま腹側に伸展してできる．一方，四肢の筋肉は，筋節が伸展する際に脱上皮化を起こし，未分化な間葉細胞として腹側に向かって長距離を移動し，肢芽の内部に到達した後に，骨格筋に分化する．これら多様な軸下筋の出現は，顎口類で特に複雑化した器官（四肢，肩帯と腰帯，舌など）の進化において重要な鍵であると考えられている．　［日下部りえ］

📖参考文献

［1］ウォルパート，L.他『ウォルパート発生生物学』武田洋幸・田村宏治監訳，メディカル・サイエンス・インターナショナル，2012

［2］日下部りえ他「体節筋の発生と進化」倉谷 滋・佐藤矩行共編『動物の形態進化のメカニズム』培風館，2007

骨形成
——一生続く骨代謝，一生可能な骨折修復

骨は主にリン酸カルシウムの結晶であるハイドロキシアパタイトとI型コラーゲンからなる石灰化組織である．骨は発生期や成長期において体の形と大きさを決めるとともに，成熟したのちは体を支え，筋肉と腱と協調して運動機能を司るとともにカルシウムの貯蔵庫としての働きをもつ．古い骨を削り，新しい骨を造る骨代謝や，骨折修復において，骨は元の形に戻る．その調節は破骨細胞と骨芽細胞のコミュニケーションで行う．

●骨発生と骨形成様式　骨形成方法には主に，体幹の骨をつくる軟骨を介する軟骨内骨化と頭蓋骨にかかわる軟骨を介しない膜性骨化の2種類があり，その使い分けは骨の部位により異なり，頭蓋骨の一部は軟骨内骨化による．哺乳類において，外胚葉由来の神経堤細胞は頭蓋前頭部と顎顔面を形成し，中胚葉由来の間葉系幹細胞は体幹および四肢の骨，そして頭蓋後頭骨部になる．また脊椎骨は硬節細胞から発生し，その繰り返し構造は硬節のもつ分節性由来である．骨格形成において，発生初期に骨格の鋳型となる軟骨原基が形成され，次に軟骨組織が骨組織に置き換えられ骨格になる．その後，軟骨細胞による骨幹端成長軟骨板の形成により長軸方向に骨が成長する．骨の構造は緻密骨とよばれる外側にある堅い皮質骨と，内側にありスポンジ状の海綿骨からなり，骨端部には海綿骨が多く存在する．骨形成の様式にはモデリングとリモデリングの2種類がある（図1）．骨モデリングは体の形づくりに必要で，骨の片側で骨芽細胞による造骨が，その反対側では破骨細胞により骨が削られていく．例えば頭蓋骨は脳の成長によってその内面が破骨細胞で削られ，そして頭蓋骨の外側に新たに骨がつくられ，脳の成長と協調して，このような破骨と造骨が繰り返され，頭という形ができていく．骨リモデリングは哺乳類の成体に見られ，古い骨を壊し，新しい骨に置き換えることにより，骨に入った小さな傷が修復され，骨の強度が保たれている．このとき破骨細胞が骨を削り，破骨細胞から産生されるカップリング因子によって骨芽細胞が活性化され骨が形成されるが，この破骨と造骨はバランスしている．このバランスが破骨に傾くと骨量が減少し，骨粗鬆症になる．

●骨芽細胞と破骨細胞　骨芽細胞は間葉系幹細胞から，前骨芽細胞，骨芽細胞と分化し，最終的に石灰化基質に埋もれた骨細胞に成る．また骨芽細胞は類骨を形成し，石灰化の元になる．骨形成因子BMP-2は骨芽細胞の代表的な分化因子であり，転写因子であるRunx2やOsterixを活性化し，骨芽細胞の分化を制御するが，その分化段階において順次，I型コラーゲン，アルカリホスファターゼ，オステオカルシンを発現する．破骨細胞は骨髄にある造血幹細胞から分化し，マク

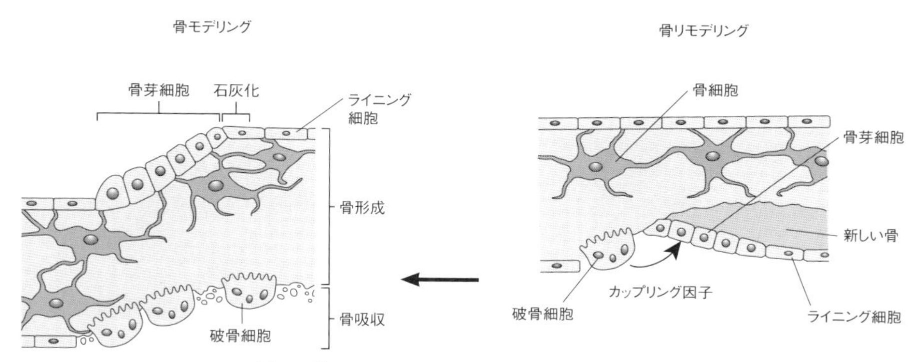

図1　骨のモデリングとリモデリングの制御機構

ロファージ様の破骨前駆細胞からマクロファージコロニー刺激因子（M-CSF）とRANKLの存在下によりカテプシンKと酒石酸抵抗性酸ホスファターゼ（TRAP）両陽性の単核破骨細胞に分化し，さらにDC-STAMPとOC-STAMPによって細胞融合し，多核破骨細胞に成る．多核破骨細胞は明帯領域（clear zone）によって酸性の吸収窩をつくり，溶かされた骨の分解物は波状縁（ruffled border）から吸収される．分化因子として破骨細胞分化の鍵となるRANKLは膜結合型蛋白質であり，ホモ三量体構造を形成することにより，破骨細胞上のTNF受容体ファミリーであるRANKにそのシグナルを伝える．このときOPGはRANKLに結合することによりRANKのシグナルを阻害する可溶体デコイ受容体であり，破骨細胞分化はRANKL/RANK, OPGによって主に制御されている．

●メカニカルストレス　骨の形態形成や維持にメカニカルストレスは重要な因子である．老人性骨粗鬆症や宇宙空間での無重力下ではこのストレスが減少し，その結果骨量が減少することが知られている．その際に特に破骨細胞の活性化が起きることがわかってきたが，そのメカニズムはいまだ解明されていない．骨の中に埋もれている骨細胞はその細胞突起を伸ばし，ギャップ結合を介して骨芽細胞および破骨細胞と細胞性ネットワークをつくり，メカニカルストレスを感知し，両細胞にそのシグナルを送って骨量を調節しているといわれているが，その実態は明らかになっていない．この骨細胞が発現するスクレロスチンは骨形成に抑制的に働くことが知られており，その抗体による機能の抑制は骨量増加に寄与する．一方，細胞外マトリクス蛋白質の1つであるペリオスチンはこのスクレロスチンを抑制しており，今後，骨量調節における両者の役割が注目される．　［工藤 明］

参考文献

［1］ 日本骨代謝学会編『骨ペディア』羊土社，2015

泌尿生殖器官の発生
――オスとメスができる仕組み

生殖器官の発生は繁殖能力を左右するきわめて重要なプロセスである．特に生殖器の構造は種の交配を制限し，種分化の一因となる．その発生は主に2つの過程を経る．“原基の形成”と“雄型，雌型への性分化”である．

●腎臓，生殖腺，生殖輸管の発生　腎臓や生殖腺，生殖輸管は左右1対の中間中胚葉に由来する隆起（泌尿生殖堤）から発生する．泌尿生殖堤間葉は間葉－上皮転換や細胞運動によって腎管を形成する．腎管に沿って腎細管が誘導され，吻側より順に前腎・中腎が形成される．魚類や両生類ではこれらの腎臓原基が排泄器官として発達する．ヒトを含む有羊膜類では，中腎のさらに尾側において，腎管より尿管芽が間葉へと陥入し，後腎が形成される．後腎は成獣において排泄機能を有する永久腎として働く．中腎領域の腎管はウォルフ管ともよばれ，雄の生殖輸管原基である．中腎吻側の体腔上皮が中腎間葉へと陥入し，ウォルフ管に沿って雌の生殖輸管原基であるミュラー管が形成される．

中腎内側の体腔上皮は間葉とともに増殖して生殖堤を生成する．ここに始原生殖細胞が中腎領域より入り生殖腺が形成される．雄のマウスでは，生殖腺にて精巣決定因子 *Sry* が発現し精巣が分化する．精巣は生殖細胞と上皮性のセルトリ細胞を含む精細管とライディヒ細胞を含む間質よりなる．セルトリ細胞から，ミュラー管抑制因子，ライディヒ細胞からアンドロゲンが産生される．これらのホルモンはそれぞれ，ミュラー管を退縮させ，ウォルフ管を精巣上体や輸精管へと発達させる．一方雌の生殖腺では，ミュラー管抑制因子やアンドロゲンが産生されないためミュラー管は維持され，ウォルフ管は退縮する．ミュラー管は，分化した卵巣より産生されるエストロゲンの作用を受けて輸卵管，子宮，膣などの雌性生殖器へと発達する．生殖輸管の性分化は精巣で産生されるホルモンの有無に依存するので，発生中の胎仔で生殖腺を除去すると，胚の雌雄にかかわらずウォルフ管は退縮し，ミュラー管は遺残する．

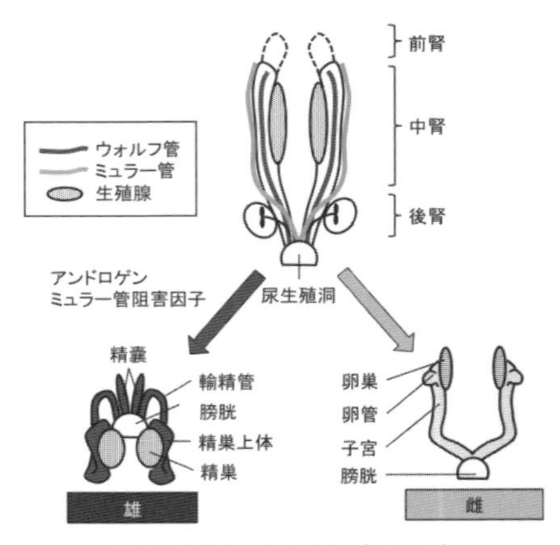

図1　生殖輸管の発生（マウス）

●外生殖器の発生　外生殖器は種間で多様な形態を示す器官の1つであり，その発生もまた，原基の形成とその後

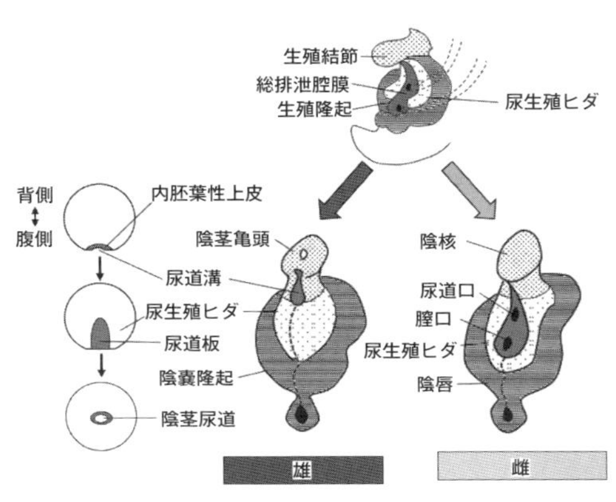

図2　陰茎と尿道の発生（ヒト）

の性分化によって成し遂げられる．外生殖器の発生は体幹後部の総排泄腔膜両側の1対の隆起より始まる．この1対の隆起は，ヒトをはじめ，二股に分かれた半陰茎（ヘミペニス）をもつ爬虫類や外生殖器をもたない鳥類でも見られる．マウスでは，隆起はやがて尿生殖洞由来の内胚葉性上皮（将来の尿道）を含んで正中にて融合し，外生殖器原基（生殖結節）を形成する．生殖結節の伸長には，先端部における上皮と周辺間葉の相互作用が不可欠であり，Fgfなどの細胞増殖因子を介した相互作用が不可欠である．内胚葉性上皮組織は，伸長中の生殖結節腹側で尿道板を形成する．生殖腺の性決定ののち，雄においてアンドロゲンの作用を受けた生殖結節はさらに伸長して陰茎となり，その腹側では尿生殖ヒダが発達し，尿道板から形成された尿道が陰茎内へ取り込まれる．雌では生殖結節は陰核となり，尿道は取り込まれず基部にて開口する．発生期の特定の時期にアンドロゲンが機能しないと，遺伝的に男性であっても，陰茎の矮小化や尿道下裂（尿道取り込み不全）といった先天性異常が引き起こされる．逆に，遺伝的に女性の胎児がアンドロゲンに曝されると陰核の肥大や尿道の陰核への取り込みが見られる．

●雄性化のメインプレーヤー：アンドロゲン　胎生期に起こる雄特異的な形質のほとんどが，精巣より産生されるアンドロゲン依存的に形成される．ヒトをはじめ哺乳類ではアンドロゲン受容体の機能不全は精巣女（雌）性化（*Tfm*）として報告されており，遺伝的に雄の個体において雌様の外観を呈する．近年，胚発生に必須の細胞増殖因子がアンドロゲンのエフェクター因子として生殖器の多様な発生，性分化に寄与することが示された．同様のエフェクター因子が真骨魚類（カダヤシなどの卵胎生魚）の交接ヒレ形成においてもアンドロゲンによって発現することが報告されており，アンドロゲンによる雄性化の分子メカニズムについて，種を超えた共通性が明らかになりつつある．

［村嶋亜紀・荻野由紀子］

参考文献

［1］ Ogino et al., "Essential Functions of Androgen Signaling Emerged through the Developmental Analysis of Vertebrate Sex Characteristics", *Evol Dev*, 2011

［2］ Murashima et al., "Androgens and Mammalian Male Reproductive Tract Development", *Biochim Biophys Acta.*, 2015

心臓と循環器系の発生
——精密なポンプのつくられ方

一般に心臓の形成は発生の早い時期に始まり，ほどなく血液を循環するポンプとして機能し始め，以降，生存に必須の器官となる．心臓の存在は環形，軟体，節足，脊椎の各動物門で知られている．脊椎動物では一心房一心室（魚類），二心房一心室（両生類と多くの爬虫類），二心房二心室（哺乳類，鳥類，ワニ類など一部の爬虫類）と異なる構造をもつ．本項目では哺乳類のマウスの心臓（二心房二心室）を例にこの器官の発生過程を解説する．

●原始心筒の形成とルーピング　妊娠期間が約19日のマウスにおいて胎生7.5日に側板中胚葉から生じた心臓前駆細胞により逆Uの字の心臓原基が形成される（図1A）．8日には，この原基が正中で融合し，原始心筒ができ（図1B），拍動が始まる．この原始心筒の頭部側から将来の流出管（大動脈，肺動脈），右心室，

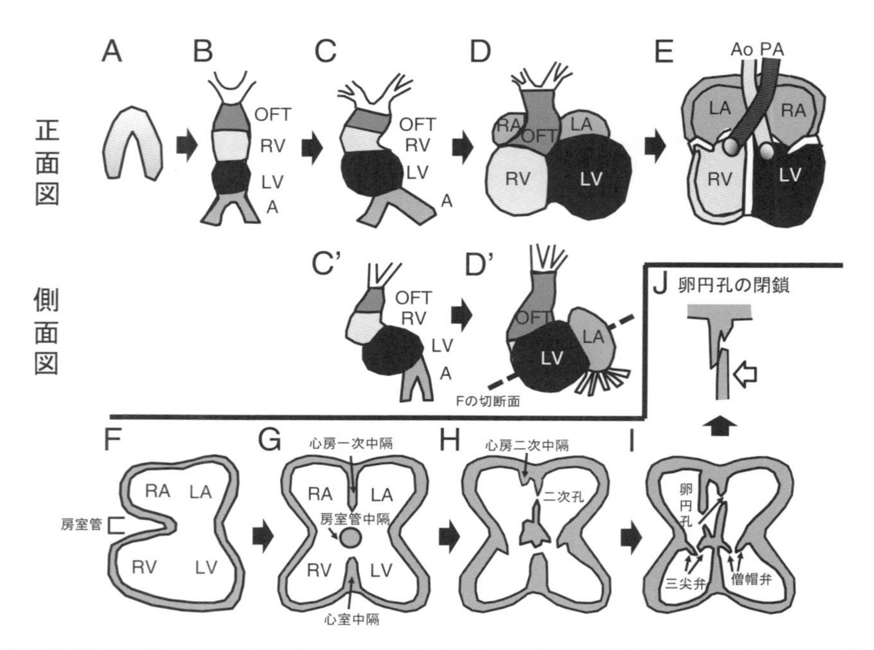

図1　哺乳類の心臓発生．A-E　心臓発生の概要．OFT：流出管，RV：右心室，LV：左心室，A：共通心房（左心房，右心房に分かれる前の心房領域），LA：左心房，RA：右心房，Ao：大動脈，PA：肺動脈．C', D' はそれぞれ，C, D の側面図．F-J　4心室の配向と各種中隔形成．J の白矢印は出生児の肺呼吸の結果，上昇した左心房内の血圧を示し，そのため，卵円孔が閉鎖する

左心室，左心房，右心房が発生する．

原始心筒は8.5日に正面方向（図1C, D）および側面方向（図1C', D'）の2つの面で湾曲する(ルーピング)．このルーピングと心房の拡張によって，右心室と右心房は背腹方向で直列する．

●左右の心房と心室の連絡　心室と心房を連絡している領域を房室管とよぶが，これは最初，左心室と左心房が連結している（図1F）．しかし，その後の心室，心房の拡張で房室管の位置が相対的に体の右側方向にずれ，左右の心房，心室のいずれもの中央に位置する．この結果，左心室と左心房，また，右心室と右心房がそれぞれ連絡できるようになる（図1G）．

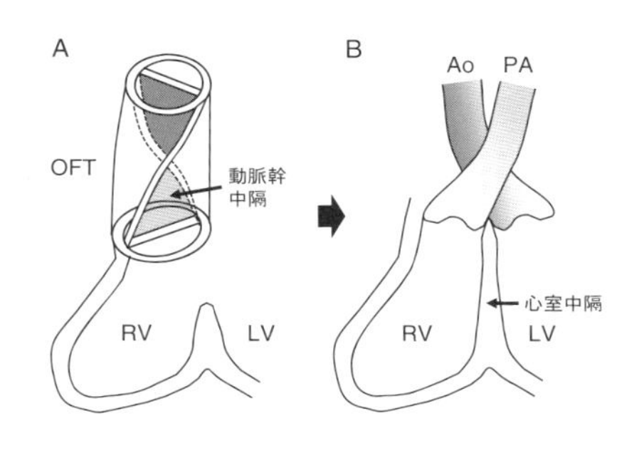

図2　流出管（OFT）の分岐と両心室との連絡．A: 流出管がらせん状の動脈幹中隔により分岐する．B: 流出管の位置が相対的に中央に移動し，両血管の境界部と心室中隔とが結合することで肺動脈（PA）が左心室（LV）に，大動脈（Ao）が右心室（RV）に連絡する

●房室管中隔と房室弁の形成　房室管の中央部分が閉鎖され，房室管中隔となり（図1G），その左右それぞれに僧帽弁（左心室と左心房の間）と三尖弁（右心室と右心房の間）が形成される（図1I）．

●心房と心室の中隔の形成　心房中隔は，まず，心房上部の壁から房室管中隔に向けて伸び，また，房室管中隔が心房方向に成長，両者が結合し，一次中隔となる．その後，一次中隔の上部に穴があき，孔（二次孔）ができる（図1H）．その後，再び上部から二次中隔が伸びてくるが一部，開存部を残して房室管中隔と結合する（図1I）．この開存部の孔を卵円孔とよぶ．この卵円孔は出生時に閉鎖される(図1J)．心室中隔は両心室の下部から心筋細胞の突起が房室管中隔に向かって伸びる（図1G）．房室管中隔と流出管の基部が下方に伸びてこの筋性の中隔部と結合し，心室中隔が完成する（図1I）．

●動脈幹中隔の形成　流出管は，動脈幹中隔により大動脈と肺動脈に分けられる(図2A)．この中隔の細胞には移動してきた神経堤細胞も含まれる．動脈幹中隔は流出管の中でらせん状に形成されるため，大動脈と肺動脈はねじれた状態で形成される（図2A, B）．両血管の境界部は心室の拡張により相対的に両心室の中央の心室中隔付近に移動し，結合する．この結果，肺動脈が右心室に，大動脈が左心室に連絡する．

［竹内 隆］

📖参考文献

［1］ 山岸敬幸・白石 公編『先天性心疾患を理解するための臨床心臓発生学』メジカルビュー社，2007

内胚葉由来の組織・器官の発生
——多くの内臓が消化管からつくられる

三胚葉性動物では，内胚葉は原腸陥入後，体の最も内部に移動し，形態形成を経てさまざまな器官の上皮を形成する．脊椎動物の有羊膜類では前方から食道，胃，十二指腸，小腸，大腸などの消化器ができる．その他に，肝臓，膵臓，胆のうなどの消化付属腺，気管，気管支，肺からできる呼吸器系，甲状腺，および咽頭嚢からできる多くの器官（口蓋扁桃，胸腺や副甲状腺）が内胚葉由来の器官として知られる．本項では，有羊膜類を中心とした脊椎動物の内胚葉由来器官の発生を解説する．

●内胚葉は 1 本の管をつくり，そこから新たな突起をつくる　上述の器官はすべて，1 本の内胚葉性の管，消化管から由来する．管のできかたは動物種によって異なる．両生類では原腸陥入の運動により，体の内部に新たな腔所である原腸が形成され，それが内胚葉に取り囲まれることで管ができる．一方，真骨魚類では，胚の最も腹側に散在していた内胚葉細胞が正中に集合し，その細胞塊の中心に腔所が形成されることで管になる．有羊膜類では，胚の最も腹側にシート状に広がる内胚葉層が，まず前方，続いて後方で折れ曲がり，袋状の構造である前腸と後腸をつくる．前腸は後方に，後腸は前方に伸長し，この 2 つが出会い，1 本の管をつくる．この管が消化管の元になる．内胚葉はこの管を裏打ちする上皮となり，側板中胚葉のうち内臓板中胚葉がそれを取り囲んで消化管間充織になる．内胚葉が 1 本の管をつくる間に，管の決まった位置から小さな突起ができ，さまざまな器官原基が発生する．最も前方の咽頭では，内胚葉が外側に突出した咽頭嚢をいくつかつくる．外胚葉も内側に窪み，咽頭嚢と融合，開口し，魚類や両生類では鰓孔になるが，有羊膜類では開口せず，咽頭嚢から胸腺や副甲状腺などの器官ができる．咽頭では他に，腹側正中から甲状腺原基が突出する．これらの器官はその後消化管に沿って移動し，消化管とは直接つながらなくなる．その後方，腹側正中からは肺芽が，さらに後方では腹側正中から肝臓原基，腹側膵臓原基，背側膵臓原基が，小腸と大腸の境からは盲腸原基ができる．これらの原基は発生過程を通じて消化管に開口したまま各器官へと分化する．残った管から，消化器ができる．

●内胚葉は中胚葉性組織からの影響を受け，領域化する　原腸陥入後，胚の腹側に広がる内胚葉は未分化で，移植するとその場に応じた器官に分化する．しかし，その後それぞれの場所の内胚葉が領域特異的転写因子を発現する（表 1）．これらの転写因子はその後の器官分化に重要であることも示されている．さらに，はじめ消化管上皮は全体で分泌因子である Shh を発現しているが，消化管から突

表1　内胚葉の領域化と領域化した内胚葉に発現する転写因子

内胚葉の領域	咽頭嚢	甲状腺，肺	食道，胃	肝臓	膵臓	小腸，大腸
内胚葉に発現する転写因子	Pax1,9	Nkx2.1	Sox2	Hex	Pdx1	Cdx2

起をつくる場所では上皮でのShh発現の低下がみられる．これらの転写因子やShhの発現には，隣接する中胚葉性組織からの影響があることが知られている．

例えば，肝臓で発現するhexは心臓中胚葉および横中隔からのBMPおよびFGFシグナルが必要である．また膵臓のPdx1を背側膵臓領域に限局させるには，脊索からのFGF2およびactivinBが隣接する内胚葉のShhの発現を低下させることが必須となる．さらに腸分化に必要なCdx2の発現は胚後方中胚葉からのwntおよびfgfシグナルに調節されている．

体の前後軸の特異化にかかわるHox遺伝子は消化管上皮や隣接する中胚葉に前後軸に沿って発現している．このうち，最も後方の間充織に発現するHoxd13は，前方の胃領域の間充織に発現させると，胃上皮が小腸様に変化したため，後方消化管上皮の特異化にかかわると考えられる．

●内胚葉性器官の形成には上皮間充織相互作用が必要である　領域化後も内胚葉性上皮と中胚葉性間充織は相互作用をしながら器官を形成する．例えば肺では上皮は分枝を繰り返し，肺胞を形成するが，間充織から分泌されるFGF10を欠損させると，上皮の分枝がまったく起きないことから，FGF10が必須である．FGF10は，上皮において，受容体であるFGFR2に受容される．FGF10の発現は上皮の先端で発現するShhやBMP4によって抑制され，その側方の上皮がFGF10を受け取ることにより，新たな分枝が形成される．また，鳥類の胃である前胃では，上皮が落ち窪んで腺をつくり，腺では消化酵素の前駆体であるペプシノゲンが産生される．間充織で発現するBMP2を過剰に発現させると腺形成も過剰になり，ペプシノゲン遺伝子の発現も上昇し，BMPのアンタゴニストを発現させると腺形成，ペプシノゲン発現ともにまったくなくなることから，BMP2は上皮に作用して胃腺を分化させることがわかる．一方，消化器官では，内胚葉性の上皮が分化するだけでなく，中胚葉が内側の結合組織と外側の筋層に，神経冠細胞が筋肉の外側で神経叢に分化し，全体として同心円状の組織をつくる．このとき内胚葉性上皮が消化器官の組織化に重要であることがわかっている．上皮を間充織の外側に結合し，培養すると内側に筋肉と神経叢が，外側に結合組織ができる．上皮がないと，間充織はすべて筋肉になり，神経叢が増える．このことから上皮は内側の結合組織を誘導し，外側の筋層や神経叢の分化を阻害することで，消化器官の組織化に重要な働きをしていることがわかった．　［福田公子］

📖 参考文献

［1］シェーンウォルフ，G. C. 他編著『カラー版 ラーセン人体発生学』第4版，仲村春和・大谷 浩監訳，西村書店，2013

肢芽の発生
——手足のかたちのできかた

脊椎動物の四肢は，骨格パターンが明確であることや自律的に発生することなどを理由に，胚発生過程におけるパターン形成のメカニズムを理解するためのモデルとして古くから利用されてきた．

●肢芽の位置設定，誘導，パターン形成　四肢には，3つの軸——親指から小指にかけての前後軸，付け根から指先にかけての基部先端部軸，手の甲から掌にかけての背腹軸——が存在する．肢の骨格は，基部側から先端部に向かって，柱脚部（前肢では上腕骨，後肢では大腿骨），軛脚部（前肢では橈骨と尺骨，後肢では脛骨と腓骨），自脚部（前肢では手根骨と中手骨と指骨，後肢では足根骨，中足骨，指骨）の明確なパターンをもって形成される（図1）．

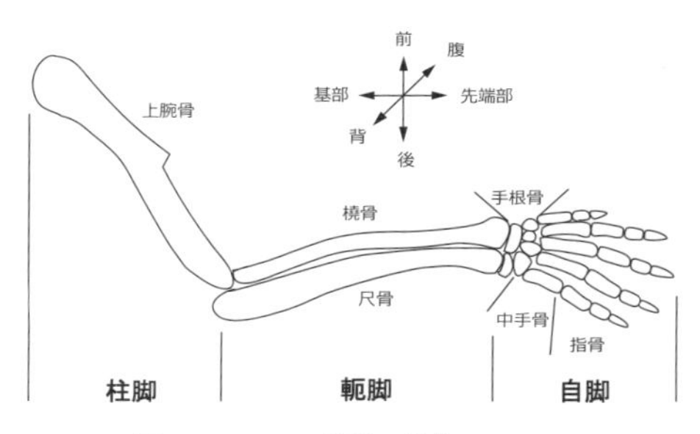

図1　マウスの前肢の骨格パターン

四肢の原基である肢芽は，側板中胚葉由来の間充織細胞とそれを覆う外胚葉からなる2対の隆起として体壁に出現する．体壁のどこが肢芽になるかは，肢芽の隆起が始まる前に決定されている（図2）．肢芽の位置を設定する因子は，予定肢芽領域に肢芽の形成を誘導する遺伝子の発現を促すことが示されている．

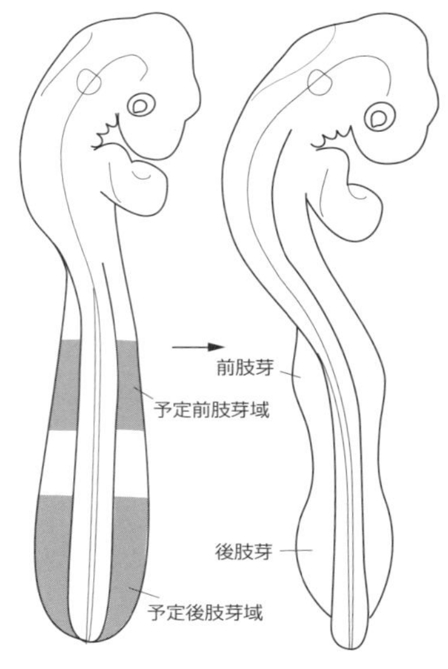

図2　ニワトリ胚の予定肢芽領域

肢芽のパターン形成を担うシグナルセンターの存在は，古典的な移植実験などによって明らかにされてきた．肢芽の先端部の特殊な肥厚した外胚葉である外胚葉性頂堤（apical ectodermal ridge：AER）は，ニワトリ胚の肢芽から外科的に除去すると肢芽が伸長しなくなることや，移植すると異所的に伸長が起こることなどから，先端部軸方向への伸長を促すことが示された．AERからは，シグナル分子Fibroblast growth factor（FGF）が分泌され，直下の

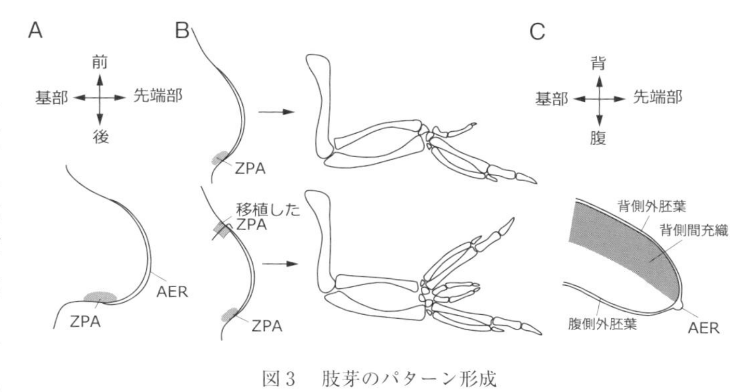

図3　肢芽のパターン形成

間充織細胞の増殖を促している．また，肢芽の後端部の間充織領域は，極性化活性領域（zone of polarizing activity：ZPA）とよばれ（図3A），肢芽のZPAを肢芽の前端部に移植すると指のパターンが鏡像対称に重複することから，前後軸方向のパターン形成を担うことが示された（図3B）．ZPAからは，シグナル分子Sonic hedgehog（Shh）が分泌され，前後軸方向に濃度勾配をもって存在している．Shhの下流で働く転写因子Gli3は，Shhの存在下では活性型になるが，非存在下では抑制型となるため，肢芽内ではGli3転写因子の活性型と抑制型の存在バランスに勾配が形成され，前後軸方向のパターン形成が制御されている．肢芽の背腹軸については，背側の外胚葉，背側の間充織細胞，腹側の外胚葉でそれぞれ特異的に発現する因子が見つかっており，背腹のパターン形成を担うことがわかっている（図3C）．また，背側と腹側の外胚葉の境界面には，AERが位置づけられる．

3つの軸にそって肢芽のパターンが形成されていく過程で，間充織細胞は，基部側からの中心から凝集して軟骨細胞に分化していき，軟骨の周囲では線維芽細胞へと分化していく．四肢筋は，体幹の体節から遊離し，肢芽内に侵入する筋芽細胞によって形成され，四肢の神経は，体幹の脊髄から四肢筋に投射する．四肢の筋肉と神経も，肢芽のもつ3つの軸に沿ってパターンを形成していく．

●肢芽でのプログラム細胞死　ニワトリ胚やマウス胚の肢芽の発生過程では，あらかじめ特定の細胞が死んでいくことがプログラムされており，プログラム細胞死とよばれる．例えば，ニワトリの後肢には水かきがないが，アヒルの後肢に水かきがあるのは，ニワトリとアヒルの胚発生過程において，後肢芽の指間領域におけるプログラム細胞死の割合が異なることによる．ニワトリ胚の肢芽の指間領域におけるシグナル分子Bone Morphogenetic Protein（BMP）の働きを実験的に阻害すると，水かきが形成されることなどから，肢芽のプログラム細胞死領域ではBMPが働いていることが示されている．

［田中幹子］

両生類の変態
――甲状腺ホルモンによる体の大改造

両生類（カエル，イモリ・サンショウウオ，アシナシイモリなど）の多くの種では，孵化後，自由遊泳と栄養摂取が可能で成体型とは異なる形態の幼生（オタマジャクシ）として水中で成長し，その後，体の構造が劇的に変化（変態）することで陸上生活が可能な成体型となる．つまり幼生の間は，水中で皮膚・エラ呼吸を行い，変態期を経て，成体型になると皮膚・肺呼吸へと移行する．変態期には呼吸系だけでなく体の仕組みの多くが変化する．例えば無尾類（カエルのなかま）の場合，鰓呼吸から肺呼吸への移行，皮膚の全身的角化，手足の獲得，尾の消失，両眼視機構の獲得などのさまざまな陸上への適応的変化が発生後期の変態期に起こる（表1）．一方，有尾類（イモリやサンショウウオのなかま）では，変化の程度は無尾類の場合より小さく，尾は消失せずに変態後も残る．変態をともなう発生を間接発生とよぶ．一方，コキーコヤスガエルのような幼生期と変態期がない直接発生を行う両生類も存在する．これらの種では手足をもった小さな成体型にまで育ったあとで孵化する．

表1 カエル変態期にみられる変化の例

鰓呼吸から肺呼吸への移行
皮膚が全身的に角化型へ移行
手足の獲得，尾の短縮
両眼視機構の獲得
窒素排泄：アンモニアから尿素へ
長い腸➡短い腸
水中遊泳➡陸上歩行

両生類変態は，幼生期の特定の時期に血中の甲状腺ホルモン濃度の増大によって引き起こされる．変態期の幼生器官のつくりかえは，既存の細胞が生きたまま変化することで起こるのではなく，幼生型細胞がプログラム細胞死を起こし，逆に成体型細胞・組織が新たに増殖・分化することによる大規模な「細胞の入れ替え」によって成し遂げられる．甲状腺ホルモンによる変態の誘導現象は，両生類だけでなく魚類（カレイなどの体の左右非対称化），また，ある種のウニの変態（五放射相称化）でも報告がある．発生過程で体制の変革を行う際に，系統関係の遠い種間で共通して甲状腺ホルモンを用いているという点は大変興味深い．

●変態現象の内分泌的調節 1912年，J. F. グーダーナッチ（Gudernatsch）は甲状腺をカエル幼生に食べさせて変態を早期に誘導した．これを契機に甲状腺ホルモン（チロキシン（T_4）および3,5,3′-トリヨードチロニン（T_3））の変態誘導作用が明らかとなった．血中の甲状腺ホルモンの大部分はT_4であるが，活性型はT_3である．T_3の多くはT_4が脱ヨード化されて生じ，変態期にはT_3/T_4比が高まる．変態期の血中T_3濃度は最大で10^{-8} M程度に上昇し，組織での甲状腺ホルモン受容体の発現上昇とともに変態の進行を調節している．甲状腺の活性は脳下垂体からの甲状腺刺激ホルモン（Thyrotropin-stimulating hormone：TSH）やTSHを放出させる視床下部からのホルモンの制御下にある．甲状腺ホルモン受容体にはα型とβ型のアイソフォームがあり，このうちβ型が変態にかかわるとされる．カエルの変態期は，変態始動期（甲状腺ホルモン濃度が比較的低く，肢芽が成長し手足が完成していく時期）と変態最盛期（甲状腺ホルモン濃度が最大に達し，尾や鰓などの幼生器官が劇的に退縮する）に分けられる．変態期においてβ型受容体が発現上昇する時期は組織ごとに異なっており，これによって，変態的応答（細胞死や細胞増殖・分化）を行うタイミングやホルモンに応答する濃度が組織・器官ごとに異なる現象（反応能の違い）が説明できる．変態に及ぼす甲状腺ホルモン作用は，変態期に血中濃度が上昇する副腎皮質ホルモン（コルチコステロンやアルドステロンなど）の作用によって増強される．一方でプロラクチンは，甲状腺ホルモンを不活化する3型脱ヨード酵素の活性化や甲状腺ホルモン受容体の発現を抑えることで変態抑制作用を示すことが知られている．

●幼生型器官のプログラム細胞死　カエル変態期に起こる顕著な細胞現象の例として，尾や鰓の退縮，腸の短縮などにみられるプログラム細胞死がある．尾で細胞死する組織には，皮膚，脊索，筋，神経などがあるが，このうち筋の細胞死は最も早く起こり，量的にも多いため，尾退縮に最も大きな影響を与えているとみられている．筋プログラム細胞死は，カスパーゼが関与するアポトーシスとよばれる細胞死過程を経て実行され，甲状腺ホルモンによる細胞死関連遺伝子の活性化が関与する．死細胞は免疫系細胞であるマクロファージなどによって貪食され，タンパク質などの分解産物は，変態期の飢餓（腸が短縮し変態期は食餌をしない）を解消するための栄養源として用いられると考えられている．また変態現象へのマクロファージ以外の免疫系細胞の関与も示唆されており，変態期の成体型T細胞の出現が尾表皮細胞の細胞死にかかわるとする報告がある．

●変態をしない両生類　有尾類の多くの種では，変態しないで幼生型のまま性的に成熟（幼形成熟，ネオテニー）する．ネオテニーにおいて変態が阻止される機構は種によってさまざまである．メキシコサンショウウオではTSHの分泌と甲状腺ホルモンの産生がないため変態できないが，甲状腺ホルモンを与えることで変態を誘導することができる．一方，マッドパピーでは甲状腺ホルモン受容体βの発現がないため，甲状腺ホルモンを与えても変態は起きない．

無尾両生類において幼生期の存在は，変態に必要な栄養分を十分に蓄えるために重要な役割をはたしている．一方，幼生期を省略し，直接発生するコキーコヤスガエルなどでは，卵のサイズが直接発生しないカエル類より大きく，卵黄量が多い．大変面白いことに，コキーコヤスガエルには幼生期や変態期は存在しないが，発生のある時期に甲状腺ホルモンが作用する時期が明確に存在しており，甲状腺ホルモンの作用がなければ発生は進行できない．

［西川彰男］

成虫原基
――幼虫で密かに育つ形づくりの基盤

昆虫の幼虫の体に形成される，成虫の外部構造の原基．成虫の付属肢や，生殖器官へと分化する一群の細胞であり，上皮細胞層に由来する．多くの不完全変態類では，幼虫の触角や脚などの構造がそのまま外部成虫原基として，成虫の構造をつくる基となる．一方，一部の不完全変態類や完全変態類では，上皮細胞層がクチクラから遊離した内部成虫原基を生じる．ショウジョウバエ（双翅目）のような比較的分岐の新しい完全変態類では，幼虫表皮が体内に陥入し嚢状かつ盤状の上皮構造を形成する．これを成虫盤といい，後述のように発生研究が進んでいることから，一般に成虫原基といえば成虫盤をさすことが多い．完全変態類の幼虫が蛹になると，幼虫組織の大部分は分解されるが，その一方で成虫原基が頭部，胸部，付属肢，生殖器官などの外部構造へと分化を遂げる．

●ショウジョウバエの成虫原基　ショウジョウバエの成虫原基（成虫盤）は，発生現象のさまざまな側面や，疾患にかかわる生物学的メカニズムなどの研究に適したモデルシステムである．ショウジョウバエの幼虫は，19個の成虫原基を体内に有する（図1）．それぞれ，口器，前頭坂および上唇，眼および触角（融合している），前胸部，脚（第1～第3胸脚），平均棍，翅，および生殖器の原基である．生殖器原基は1個，他は左右1対存在する．これらの成虫原基は，胚の表皮に由来する細胞の集団から形成され，その後幼虫器官とはほぼ独立に発生が進行する．孵化直後の幼虫では，20～70個程度の細胞から構成され，囲芽柄を介して幼虫の表皮と結合している．成虫原基の細胞は他の幼虫細胞に比して分裂速度が速く，幼虫期を通じ約10時間ごとに分裂する．そして，蛹になる段階では，各原基の細胞数は1万～5万個に達する．

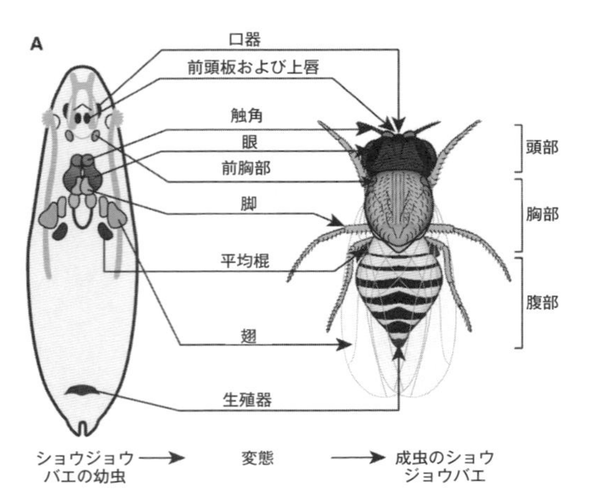

図1　ショウジョウバエの成虫原基と成虫器官の対応（Aldaz and Escudero, 2010）

●発生運命の決定　各原基がどの成虫器官へ分化するかという発生運命は，転写調節にかかわる因子の特異的な発現を通じて決定される．例えば，翅原基の運命決定には転写補助因子 Vg が必須であり，実験的に他の原基で *vg* 遺伝子を発現させると翅様の組織の形成が誘導される．また，眼の分化には *ey* 遺伝子が同様な作用をもたらすなど，他の原基についてもそれぞれ鍵となる遺伝子が存在する．これらの遺伝子は成虫原基の運命決定におけるマスター遺伝子とよばれて，その働きにより発現が誘導される下流の遺伝子群とともに遺伝子ネットワークを構成し，原基の発生運命の維持にかかわると考えられる．

●パターン形成　成虫原基内においては，特定の位置情報を有する複数の領域に属する細胞間の相互作用を通じて成虫器官のパターン形成が進行する．細胞系譜によって位置情報の異なるこれらの領域は区画とよばれ，前部，後部，腹部，背部の区画が存在する．ある区画に誕生した細胞は原基の成長過程で他区画の細胞と混ざり合うことはなく，それぞれの区画は特異的な転写因子の発現によって特徴づけられる．パターン形成の過程では，区画間の境界がモルフォゲンの供給源，すなわち形成中心として働く．成虫原基でモルフォゲンとして働くのは分泌性のシグナル分子である．翅原基では，後部区画に特異的に Hh が発現し，前部区画との境界に Dpp の発現を誘導する．Dpp は濃度依存的に下流の遺伝子の発現を誘導し，翅原基の前後軸に沿ったパターン形成を司る．その後，背部区画に特異的な *ap* 遺伝子の発現などを通じ，背腹軸に沿ったパターン形成が進行する．脚原基においては，主として Dpp と Wg のモルフォゲンとしての働きにより，下流の転写因子群がそれぞれ特定の同心円状の領域で発現するようになる．原基の中心が将来の脚の遠位末端であり，原基の周縁側を近位側として遠近軸に沿った領域化が起こる．このように，シグナル分子やさまざまな転写因子の協調的な作用により，将来の成虫構造に対応するプレパターンが形成される．

●成虫構造の分化とサイズ決定　蛹化にともない，幼虫体内にあった盤状の成虫原基は体液の圧力により外部へと伸長し三次元的な成虫構造が現れる．成虫構造の最終的な分化には脱皮ホルモンによる制御がかかわっている．蛹化の段階では原基における細胞分裂は停止し，主として上皮細胞の形態変化により原基の外部への伸長が生じる．一方，原基の内部においては，発生初期に原基内に移動してくる少数の中胚葉性の上皮様細胞から筋肉や神経が分化する．

成虫原基の最終的なサイズ決定には，細胞増殖の制御を担う Hippo シグナル経路などが関与している．Hippo 経路が阻害されると過剰な細胞増殖を生じ，成虫原基の最終的なサイズが増大する．Hippo 経路やその機能は哺乳類とも共通性が高く，器官サイズ制御メカニズムの研究においてもショウジョウバエ成虫原基はモデルシステムとして有効である．

［三戸太郎］

📖 参考文献

［1］ Aldaz, S. and Escudero, L. M., “Imaginal discs”, *Current Biology*, R429–R431, 2010

再　生
——失った構造を元通りにつくり直す

多細胞生物が体の一部を失ったとき，細胞を使って失った構造を元通りにつくり直すことを再生とよぶ.

●付加再生と再編再生　再生の様式としては，従来では付加再生と再編再生の2つの様式に分けられていた．すなわち，イモリの四肢再生時にみられるように，再生芽を形成して再生芽から失った部分をつくる場合を付加再生とよび，ヒドラの再生時にみられるように，再生芽の形成も細胞の増殖もなく，残存部から体全体をつくりなおす場合を再編再生とよんでいた.

この2つの様式の違いはフランスの三色旗を用いて説明されることが多い．青白赤の三色旗を白の部分で半分に切った時，付加再生では，赤と半分に切られた白い部分はそのままで，なくなった旗の半分を新たにつくり直す場合と説明される．一方，再編再生では，赤と半分に切られた白い部分を3等分に仕分けしなおして，青白赤の三色旗をつくり直す場合として説明される．イモリの四肢再生は前者の様式で，ヒドラの再生が後者の例としてよく取り上げられる.

●ディスタリゼーションとインターカレーション　正確に元の構造を再生するためには，構造をつくるのに不可欠な位置情報のつくり直しが不可欠である—という考え方に基づき，位置情報をつくり直すためには，まずは位置情報の一番端をつくり（先端化：ディスタリゼーション），続いて残存部と先端部の間の位置情報をつくり直す（インターカレーション），ことをさす.

近年になり，イモリの四肢再生もヒドラの再生もディスタリゼーションとインターカレーションという2つのステップで統一的に理解できるのではないかと提案され，古典的な付加再生と再編再生といった分類の仕方が再生の理解の妨げになってきたと主張されるようになった.

●再生芽　分子的な根拠があって，きちっと定義されたものではなく，イモリの四肢再生過程などにおいて傷口に形成される白い部分を漠然とさす．組織切片で観察すると，未分化細胞が集積しているので，この部分の集積した未分化細胞から，失われた組織や器官が再生してくるようにみえるので再生芽とよばれるようになった．表皮直下には色素細胞がいるのが普通だが，再生芽においては，細胞の分化がしばらく抑制されているために，その期間においては色素細胞も分化できずに白い状態で維持されているのではないかと考えられている．再生芽形成に参加する細胞は，根元に残っている種々の組織に由来するものの，組織学的には均一な未分化細胞に見えるので，長い間均一な細胞集団と考えられていた．しかし，近年の分子マーカーや遺伝子組換え個体を用いた研究から，起源の異なる細胞は異なる細胞運命をもっていることが示されつつあり，再生芽では均一な細胞が失った種々の組織を再生するのではなく，もっと複雑な細胞イベントが起きていることが予想される．

●脱分化　再生に寄与する細胞として幹細胞の他，脱分化細胞というものが知られている．分化していた細胞がいったん脱分化して増殖して再生に関与するケースである．この場合，分化していた細胞がもともともっていた分化形質を失うので脱分化とよばれる．しかし，最近では，脱分化という言葉よりリプログラミングという言葉の方が適当ではないかと考えられるようになってきている．一番よく知られる例がイモリのレンズ再生で見られるケースである．イモリでは，眼のレンズを抜くと，虹彩にある色素上皮細胞が脱色・脱分化して，脱分化細胞となり，さらに増殖したあとレンズ細胞に分化することで（分化転換とよばれる）レンズを再生する．しかし，この脱分化細胞は多分化能と自己増殖能を保持していることから幹細胞ということもでき，分化細胞が幹細胞へリプログラミングされたという方が現代風には理解しやすいし，実際にクロマチン構造の変化をともなうことが証明されつつある．また，イモリの四肢再生過程においても，脱分化細胞が記載されている．しかし，四肢再生のケースでは，脱分化は確かにあるものの細胞運命の大きな転換は想定より少ないことがわかり，脱分化かリプログラミングのどちらを使うのがよいか，個々の細胞レベルでの検証がこれから行われるものと思われる．

●幹細胞　多細胞生物の発生と再生の鍵を握る多分化能と自己増殖能を有する細胞は幹細胞とよばれる．すなわち，未分化のまま増殖して，発生や再生時に必要な数と種類の細胞を生み出す能力をもった細胞をさす．細胞としての能力の差に応じて，全能性幹細胞や多能性幹細胞などに分類される（☞「iPS 細胞と ES 細胞」参照）．昔は生殖細胞を含む体細胞のあらゆる細胞種に分化できる細胞を全能性幹細胞とよんでいたが，ヒトの ES 細胞（胚性幹細胞）がつくられたことを受けて 2000 年に定義が変更された．すなわち，全能性幹細胞は個体をつくり得る細胞＝受精卵に限定して使うようになり，ES 細胞は生殖細胞を含む体細胞のすべての細胞種に分化できるものの自律的に個体になれないので多能性幹細胞とよぶように決められた．

●体性幹細胞　発生の進行に伴い，多くの生物では，幹細胞の割合を減らしていくものの，一部の幹細胞は成体になっても残るケースがある．それらを胚性幹細胞に対して，体性幹細胞とよぶ．血液幹細胞や神経幹細胞があげられる．血液幹細胞は骨髄にあるため，骨髄移植によって血液幹細胞が移植されることになる．また，神経幹細胞は発生途中でなくなると考えられていたが，近年になって成体脳の中にも神経幹細胞が残っていることが証明された．再生能力の高いプラナリアでは，成体になっても 20～30％の細胞が多能性幹細胞として残っていることが知られており，プラナリアの体性多能性幹細胞は新生細胞とよばれている．　［阿形清和］

エイジング
——老化：加齢に伴う機能低下

エイジング（老化）とは加齢に従って起こる生物の全身的な生理機能の変化であり，1962 年 B. L. ストレーラー（Strehler）が以下の 4 つを定義している．不遍性（universality：種に特有の加齢兆候を示す），内在性（intrinsicality：外的環境によって起こるものではない），進行性（progressiveness：徐々にかつ不可逆的に進行する），有害性（deleteriousness：機能を低下させ，死の確率をあげる変化）である．

●老化の動態　老化のパターンは種によってさまざまである．哺乳類ではガンや動脈硬化，骨密度の減少は最も一般的な老化の兆候である．筋繊維の整列に乱れが生じ，活動量に低下が起こる．ヒトやサルでは脳組織に退行変化がみられる．また実験動物のマウスでは加齢にともなう腎臓の糸球体硬化が著しい．一方，鳥類や爬虫類には老化の兆候がほとんど見られないものがある．

生物の最大寿命は種によって決まっている．哺乳類の中で最も長く生きるのはヒトで，フランス人女性の 122 年という記録がある．オランウータン，ゾウ，クジラは 70 年以上，他の大型哺乳類は 20 ～ 30 年，イヌは 10 ～ 15 年，マウスは 3 年程度生きる．一般に体が大きいと最大寿命は長い．しかし，マウスとほぼ同じ体重のコウモリやハダカデバネズミは 30 年の寿命をもつことが報告されている．鳥類は比較的長寿命で 90 年以上生きたオウムの記録がある．鳥類でもニワトリやウズラなどの飛ばない家禽類は 10 年程度である．ショウジョウバエは約 2 か月，線虫（*c. elegans*）は 1 か月程生きる．ミツバチは同じ受精卵集団から孵化しても栄養環境によって老化の速度は大きく異なり，5 年生存する女王バチと数か月しか生きられない働きバチになる．

●ゴンペルツ（Gompertz）関数　死亡率の対数は加齢にともない直線的に増大することが種々の動物でみられ，老化速度の定量的な解析が可能となった．すなわち $\ln m(t) = Gt + \ln M_0$，$m(t)$：年齢 t での死亡率，G：傾き（Gompertz 指数），t:年齢，M_0:初期死亡率（0 歳の仮想死亡率）である（図 1）．死亡率倍化時間（$1/G$）はヒトでは約 8 年，マウスでは約 3 か月，ショウジョウバエや線虫では 5 日から 10 日程度と動物種により一定である．また，この直線の y 切片（$\log M_0$）は生涯にわたる脆弱性（死にやすさ）を表しており，環境要因や遺伝的要因によって変化する．

●老化の学説　老化学説とは，生物の働きの低下を来す老化の機序や原因を説明する学説をいい，プログラム説（老化が遺伝子によって決められている），エラー説（代謝産物などの有害物質による生体分子の障害），テロメア説（細胞分裂にともなって染色体の末端にあるテロメア構造が失われ，細胞老化が起こり，個体老化につながる），フリーラジカル説（ミトコンドリアから発生する活性酸素が生体に障害を与える），超機能説（成長期を過ぎても成長が続くために障害が生じる），進化説（生殖期以降に遺伝子制御力が低下し，生命の構成成分である物質が「勝手な振る舞い」をするようになる．拮抗多面発現説や使い捨て体理論などがある）などさまざまなものがある．

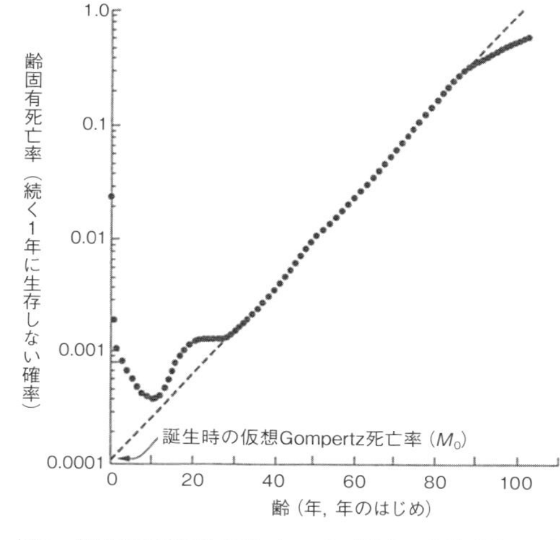

図1　齢固有死亡率片対数プロット（出典：文献［2］p.43）

●細胞老化と個体老化　正常な細胞は分裂の回数に限りがあり，ヘイフリック限界とよばれる．細胞分裂の回数は生物種や細胞が由来する組織の種類によって異なる．「細胞老化」は不可逆的な細胞周期の停止であり，テロメアの短小化，発癌の危険性のある修復不可能なDNA損傷が生じることで起こると考えられている．老化した細胞は分裂停止しているが培養下で長期に生存し，炎症性サイトカインなどの生理活性因子を分泌しており，SASPとよばれる．細胞老化が個体老化の原因となるかについては不明である．

●寿命を延ばす因子　**①環境因子**：線虫，ハエ，メダカを通常の飼育温度よりも低い温度で飼育すると寿命が延びる．恒温動物でも深部体温が低いUCP2のトランスジェニックマウスの寿命が長い．摂食のカロリー制限を行うと寿命が延びることが，線虫，ショウジョウバエ，マウス，サルで報告されている．**②遺伝的要因**：線虫では多くの寿命関連遺伝子が明らかにされている．インスリン／IGFシグナリング，サーチュイン，AMP活性化プロテインキナーゼ，ラパマイシン標的経路，オートファジー，ミトコンドリア電子伝達系などの遺伝子が寿命決定にかかわっていると考えられている．マウスにおいては，線虫と同様にインスリンシグナル関連のGH/IGF axis，FOXO3a，またサーチュイン，クロトーなどの遺伝子が寿命に関係する．

［本田陽子］

参考文献

［1］ リックレフズ，R. E. 他『老化―加齢メカニズムの生物学』長野 敬・平田 肇訳，日経サイエンス社，1996

［2］ Arking, R.『老化のバイオロジー』鍋島陽一他監訳，メディカル・サイエンス・インターナショナル，2000

iPS 細胞と ES 細胞
——夢の再生医療を実現する

iPS 細胞（人工多能性幹細胞：induced pluripotent stem cell）は体細胞に多能性を付与する遺伝子を導入して作成されるものである．京都大学再生医科学研究所の山中伸弥らが，2006 年にマウス体細胞に 4 つの遺伝子（Oct3/4, Sox2, Klf4, c-myc）を導入することでマウス iPS 細胞を作成し，翌年の 2007 年にヒト iPS 細胞を作成した．

一方，ES 細胞（Embryonic Stem Cell）は，受精後の胚盤胞とよばれる初期の胚から内部細胞塊を取り出して試験管内で特定の条件下で永久に培養できるようにした細胞株である．正常発生過程では，胚盤胞は三胚葉を形成していくことで，その分化能が，特定の臓器（あるいは組織）に限定されていく．ES 細胞は三胚葉が形成される前の胚から作成されるため，体のほぼすべての組織を構成する細胞に分化する能力をもっている．ES 細胞は相同組換え効率が高い細胞であり，1981 年にマウス ES 細胞が樹立されてから，特定の遺伝子へ変異を導入し，マウス個体における遺伝子の機能解析が可能になり，この分野の発展に大きく貢献した．

●多能性幹細胞と初期化　未分化状態で自分自身をつくる能力（自己複製能）と，体を構成するほぼすべての細胞に分化する能力（多分化能）を併せもっていることとして定義される．多分化能の証明としては，例えば，緑色蛍光タンパク質（GFP）でラベルしたマウス ES 細胞，あるいは iPS 細胞をマウスの胚盤胞に戻し，それを子宮への移植によりキメラマウスを形成し，キメラマウスから次の世代に伝わること，すなわち体のすべての細胞が緑色蛍光タンパク質を発現するマウスが生まれることにより証明された．

一方，いったん分化した体細胞が未分化状態に逆戻りすることを初期化，あるいはリプログラミングとよぶ．J. ガードン（Gurdon）が，分化したオタマジャクシの小腸上皮細胞の核を受精卵に移植して，クローンカエルを作製したことで，体細胞を初期化できることを初めて示した．当時はその分子機構が不明であったが，ES 細胞で特徴的に発現する遺伝子を体細胞に導入することで多能性幹細胞を作成する研究がなされ，iPS 細胞の作成にいたったのである．2012 年には，山中伸弥と J. ガードンがノーベル医学生理学賞を共同受賞された．

● iPS 細胞，ES 細胞の共通課題　発見当時には 4 つのリプログラミング因子を導入することで，多能性を獲得できることがわかったが，現在では，さまざまな組合せの遺伝子，また，3 つの遺伝子（Sox2, Oct3/4, Klf4）でも体細胞を初期化できることがわかっている．しかし，どうして初期化されるかについての分子機序が完全に解明されている訳ではない．また，ヒトの ES/iPS 細胞はマウスの ES/iPS 細胞よりも発生が進んだプライム型（Primed）ES 細胞とよばれる．これに対して，マウス ES 細胞のようなキメラ形成能を示す多能性幹細胞のことをナイーブ型（Naive）ES 細胞とよばれる．より未分化な多能性幹細胞のヒトのナイーブ型 ES/iPS 細胞を樹立することが課題となっている．

iPS 細胞は，当初は初期化遺伝子の導入にアデノウイルスベクターを使ったが，染色体へ挿入するため，挿入部位によっては癌化の可能性がある．より安全性の高い iPS 細胞を開発するため，プラスミドベクターやセンダイウイルスベクターのような，染色体へ挿入しないベクターの利用，リプログラミング因子を低分子化合物に置き換えるなど，初期化の方法開発が進められている．一方，ES 細胞と iPS 細胞株を長期間継続して培養するときの共通課題として，染色体に変異が起きて蓄積することがあげられ，その品質管理に常に留意する必要がある．

再生医療を目指すとき，免疫拒絶への対応が必要である．患者の iPS 細胞を使用すれば，免疫拒絶を回避できるかもしれないが，コストがかかる．あらかじめ安全性，品質の確認がされている特定の細胞株を用意して使用することが考えられる．最近では，免疫拒絶反応を決める，組織適合性抗原（MHC，ヒトでは HLA）のうち，主要な 3 種類の HLA 抗原型を適合させるヒト iPS 細胞ストックをバンクとして整備して，移植用の分化細胞をつくるという構想がある．

再生医療を実現するためには，目的とする細胞の分化誘導方法の開発が必要である．さらに，未分化細胞が残留することにより腫瘍をつくるリスクを回避する必要がある．後者については，抗体や免疫細胞を通さない免疫隔離膜に細胞を入れて患者に投与する方法により，免疫拒絶の問題を同時に解決できると思われる．

最近，ヒト iPS 細胞やヒト ES 細胞を利用した，難治性疾患である加齢黄斑変性疾患，脊髄損傷，パーキンソン病，心筋疾患，1 型糖尿病などの患者への移植の臨床試験が行われるようになってきた．一方，難病の病因解明や治療薬の探索，新薬開発において早期に副作用の検出に使用できる点など，再生医療以外における多能性幹細胞の利用の道が期待されている．　［粂 昭苑］

表 1　iPS 細胞と ES 細胞に共通した有用性と課題について

	ES 細胞	iPS 細胞
特徴	・未分化状態での維持が可能 ・多分化能	（ES 細胞と同等の性質） 未分化状態での維持が可能 多分可能
作製方法	余剰胚から作製	体細胞を初期化
有用性	細胞移植 難病の病因解明，治療方法の開発 新薬開発における副作用・毒性の検出への利用	
共通の課題	1. 初期化の分子機構が未解明 2. ヒトナイーブ型 ES/iPS 細胞を樹立すること 3. 分化誘導する技術の確立 4. 癌化のリスクを回避する方法の開発 5. 移植時の拒絶反応の回避	

📖 参考文献

［1］ 山中伸弥監修，京都大学 iPS 細胞研究所『iPS 細胞が医療をここまで変える』PHP 新書，2016

［2］ 中辻憲夫『幹細胞と再生医療』丸善出版，2015

生物の形態形成と反応拡散系

反応拡散系は，物質の化学反応と拡散を扱う数理モデルである．1952 年に英国の数学者 A. M. チューリング（Turing）が，生物の形態をつくる原理と提案したことで，生命科学分野でも有名になった．チューリングの論文では，拡散する 2 種類の因子（活性化因子，抑制因子）を想定している．活性化因子は 2 つの因子の合成を促進し，抑制因子は，活性化因子を抑制する（図 1）．活性化因子の拡散速度を小さく，抑制因子の拡散速度を大きく設定する（図 1 数式）と，「近距離で活性化，遠距離で抑制」という距離に依存して逆の反応が起こり，2 つの因子の濃度が定在波をつくって安定する．この定在波のパターンが，動物の模様や形態の元になる位置情報として働くと，チューリングは予想したのである．

●実験における証明　実際に，動物の模様形成はチューリングのモデルと似た原理で説明できることがゼブラフィッシュを用いた実験で示されている．ゼブラフィッシュの皮膚にある縞模様は，黒い色素細胞と黄色い色素細胞のモザイク状で形成されている．黄色または黒の一方しか色素細胞が存在しない変異体では，残った細胞は縞状に分布しないことから，縞模様を形成するには，違う色の細胞との相互作用が必要であるとわかる．

色素細胞間の相互作用は実験で調べることができる．例えば，魚の体表では，黄色の細胞に囲まれた黒の細胞は数日以内に死んでしまう．しかし，まわりを囲む黄色の細胞をレーザーで除くと，黒の細胞は死なずに生き残る．この現象は，黒と黄色が逆の場合でも観察されるので，近接した黒と黄色の色素細胞には，互いに生存を抑制する働きがあるとわかる．この相互抑制の作用によって，異なる色の細胞の間で分離が起き，結果，疎水結合のように同じ色の細胞が集合する．

逆に，黄色と黒の色素細胞は互いに離れていると，生存を助ける作用が働くとわかっている．縞模様のうち，黒い縞全体をレーザーで焼くと，黄色い細胞は生

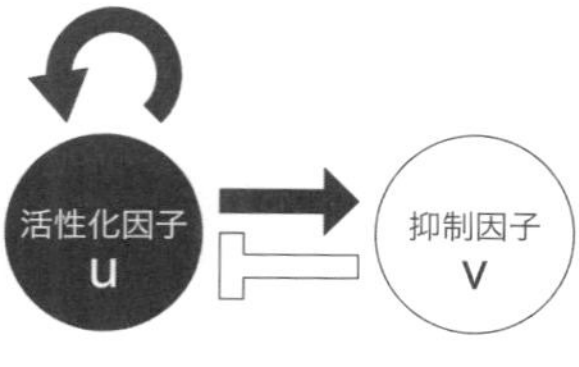

活性化因子 u
抑制因子 v

$$\frac{\partial u}{\partial t} = Au - Bv + C + D_u \frac{\partial^2 u}{\partial x^2}$$

$$\frac{\partial v}{\partial t} = Eu + G + D_v \frac{\partial^2 v}{\partial x^2}$$

（A, B, C, E, G, D_u, D_vは正の定数、かつ、$D_u < D_v$）

図 1　反応拡散方程式

き残り，その後も増殖を続ける．対して，黄色い縞全体をレーザーで焼くと，残った黒の細胞はある確率で死んでしまう．つまり黒の細胞の生存が，遠くにいる黄色の細胞に助けられているのである．以上の関係をまとめると，図2のようになる．最近の実験結果で黒と黄色の色素細胞は，因子の拡散ではなく，互いに突起を伸ばして直接相互作用することが示されたが，突起の長さの違いが，反応拡散系における拡散速度の違いと同じ働きをするため，距離に依存して逆の反応が起こる条件を満たし，原理的にはチューリングの予言した反応拡散の原理と同じになっている．

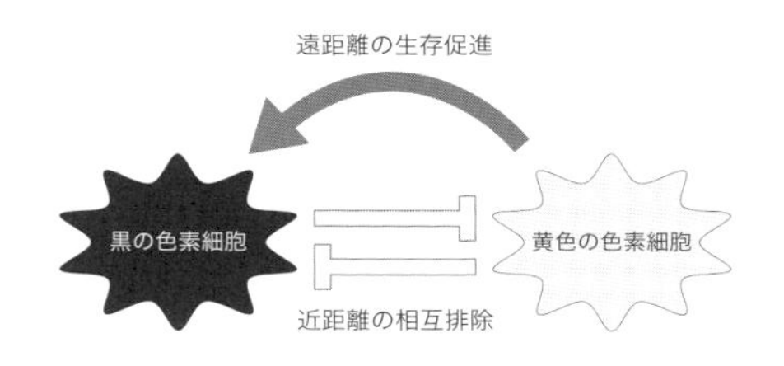

図2　黄色と黒の色素細胞の関係

さらに，反応拡散系のシミュレーションでつくったさまざまな模様が，ゼブラフィッシュの体表模様でも細胞間の抑制の強さを変えて再現できる（図3）．これらの結果から，実際の生物における模様形成は基本的にはチューリングの原理に従っていると推定されている．

●模様以外での反応拡散系の適用　反応拡散によるパターン形成は，自律的で，初期条件を必要としないため，哺乳動物のように卵に初期条件がほとんど存在しない生物の初期発生や，失われた器官の再生現象の説明には非常に有効である．反応拡散系を使ったモデルは20年前には机上の空論扱いだったが，ゼブラフィッシュの模様，マウスの毛のパターンなどで，実例が示されてから一般的な概念として受け入れられ，最近ではさまざまな形態形成現象で反応拡散の原理が適用されつつある．

［坂下美咲・近藤 滋］

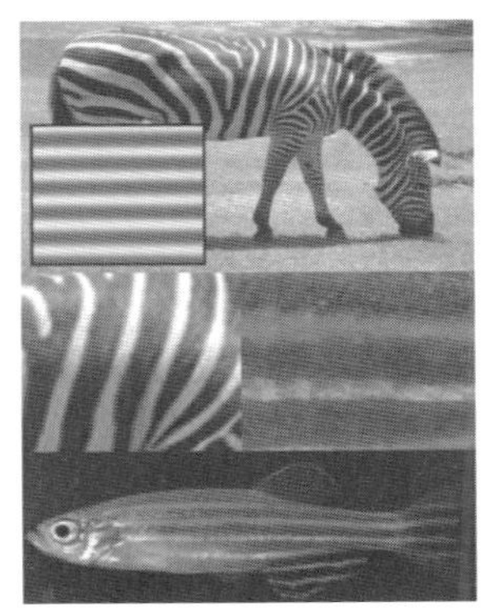

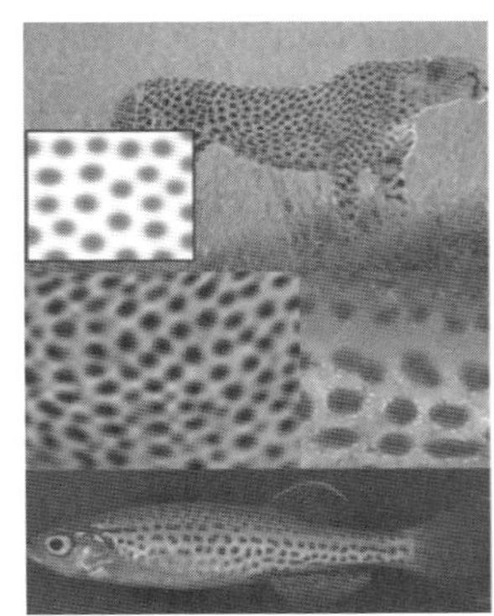

図3　反応拡散系のシミュレーションとゼブラフィッシュで再現されたさまざまな模様
（Watanabe, M. and Kondo, S., "Changing Clothes Easily: Connexin41.8 Regulates Skin Pattern Variation", *Pigment Cell Melanoma Res.* 25; 326–330, 2012 より改変）

7. 動物の生理と神経系

［小泉　修・寺北明久］

動物はさまざまに姿・形も違い，それぞれに独特の行動戦略を採用して棲み分けを行っている．食う・食われるの関係も含め，共存·共生など互いに深く関係し合って，それぞれの命をつないでいる．必然的に，個々の動物は，それぞれに独特な神経系を採用して驚異の能力を発現している．

これらの生体の働きは，神経系が中心になって，恒常性維持の生理機能とあいまって，遂行される．ここには，生体機能の素晴らしい仕組みがみられる．しかしまた，これらにも，想像を超える多様性が存在することも事実である．機能分子をみると，同一機能が動物によって異なる分子で担われていたり，同一分子が異なる機能を異なるところで担っていたり，それには進化的な意味が隠されていたり，興味は尽きない．動物全体を俯瞰する視点から，この多様性の意義，さらには，この進化的な考察もできるように記述を進めている．みなさんと動物生理学の面白さを一緒に味わいたい．

浸透圧調節
――体液の水とイオンを一定に保つ働き

浸透圧調節は，英語の Osmoregulation の和訳である．Osmoregulation を分解すると Osmosis と Regulation からなるため，以前は浸透調節と訳されていた．しかし，細胞膜は単純な半透膜ではなく，水だけではなくイオンやその他の分子の輸送も調節する．したがって，現在では体液，特に細胞外液（血漿）の浸透圧を一定に保つ働きを浸透圧調節とよぶ．

●浸透圧調節と輸送体　細胞膜を介したイオンの輸送を担っているのが，輸送体とよばれる膜タンパク質である．輸送体には，一方向に1つの分子を通すチャネル，同方向（symporter）や逆方向（対向輸送体，antiporter）に輸送する共輸送体（cotransporter），エネルギーを使って輸送するポンプなどが知られている．これら輸送体には，起電性のものと電気的中性のものがある．イオン輸送は H^+ や HCO_3^- の輸送とリンクしている場合が多く，浸透圧調節は酸・塩基調節と密接に関係している．脂質二重膜である細胞膜はほとんど水を通さないため，アクアポリン（☞「水チャネル」参照）が水透過性に重要な働きをもつ．

●浸透圧調節の進化　単細胞生物では浸透圧調節は細胞内液に限られるが，進化とともに体制が複雑化した多細胞生物では，体内外の水やイオン輸送が浸透圧調節器官（腎臓，鰓など）の輸送上皮を介して行われ，細胞外液の浸透圧が調節されるようになる．ほとんどの陸上動物では，体液（細胞外液と細胞内液）の浸透圧が約300ミリオスモル（mOsm）に保たれている．水生動物は体表（主に鰓）を介して環境浸透圧の影響を大きく受けるが，環境水の浸透圧に合わせて体液浸透圧を変化させる浸透圧順応型動物（osmoconformer）と，環境浸透圧が変化しても体液浸透圧をほぼ一定に保つことができる浸透圧調節型動物（osmoregulator）に大別される．海に生息する脊椎動物を例にとると，円口類に属するヌタウナギの血漿イオン濃度は2価イオン（Mg^{2+} や SO_4^{2-}）を除き海水にほぼ等しく，体液浸透圧も海水（約1000 mOsm）にほぼ等しい（イオン・浸透圧順応型）．軟骨魚類に属する板鰓類や全頭類，および硬骨魚類に属する総鰭類（シーラカンス）では，血漿イオン濃度は海水より低く保つが，尿素を体液に蓄えることにより血漿浸透圧を海水レベルまで上昇させている（イオン調節・浸透圧順応型）．そのため海水中でも脱水されることはない．沿岸（汽水）域に生息する唯一の両生類であるカニクイガエル（*Fejervarya cancrivora*）は，尿素を用いるイオン調節・浸透圧順応型動物である．いっぽう，硬骨魚類の真骨類，および海産の爬虫類，鳥類，哺乳類は，陸上動物と同様に血漿イオン濃度と浸透圧を海水の約3分の1に保っている（イオン・浸透圧調節型）．

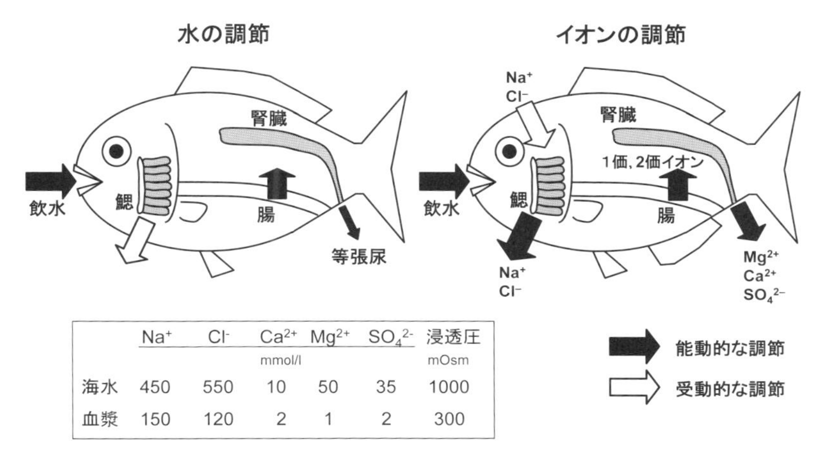

	Na^+	Cl^-	Ca^{2+}	Mg^{2+}	SO_4^{2-}	浸透圧
			mmol/l			mOsm
海水	450	550	10	50	35	1000
血漿	150	120	2	1	2	300

図1　海水魚の浸透圧調節器官における水とイオンの調節および海水と血漿のイオン濃度と浸透圧の違い

●海水魚の浸透圧調節　体液浸透圧を海水の3分の1に調節する真骨類の浸透圧調節を例として，水調節とイオン調節に分けて概説する（図1）．水の調節では，鰓から浸透圧的に失う水を補充するため盛んに海水を飲み，飲んだ海水から80%以上の水を腸で吸収する．ヒトは海水を飲むと水を失うが，その理由は海水の高い浸透圧により消化管で水を失うこと，および腎臓はNaClを海水レベルに濃縮できないため尿でさらに水を失うからである．イオン調節では，濃度勾配に従って鰓から侵入する過剰な1価イオン（NaCl）は鰓の塩類細胞（ionocyte）で海水以上に濃縮して排出し，過剰な2価イオン（$MgSO_4$）は腎臓で海水以上に濃縮して排出している（図1）．このような浸透圧調節機構により，海水魚は環境水よりはるかに低い体液浸透圧を維持している．

●浸透圧調節の分子機構　海水魚の鰓に発達する塩類細胞によるNaClの排出機構を例として，その分子機構を解説する．体液と接する基底膜側の細胞膜にNa^+/K^+-ATPase（NKA）が高密度に分布しており，ATPのエネルギーを用いたポンプ作用により3分子のNa^+が細胞外に汲み出され，その結果海水以上に濃縮され細胞間隙より濃度勾配に従って排出される．NKAは$3Na^+$と$2K^+$を交換するため，細胞内電位とNa^+濃度がきわめて低くなる．低い細胞内Na^+濃度により活性化する基底膜側Na^+-K^+-$2Cl^-$共輸送体により流入したCl^-は，細胞内のマイナス電位により頂膜側のCl^-チャネルを通って海水中に押し出される．このようにして，過剰なNaClが効率よく体外に除かれる．［竹井祥郎］

📖参考文献

［1］竹井祥郎編『海洋生物の機能』東海大学出版部，2005
［2］海谷啓之・内山 実編『ホメオスタシスと適応』裳華房，2016

動物の温度調節
——体温調節と温度受容機構

環境の温度はさまざまな生理機能や代謝に影響を与える重要な要因であり，多くの動物種の体温は環境の温度に応じて変動する．一方，鳥類や哺乳類は熱産生により自律的に体温を調節する機構（恒温性）を獲得し，寒冷環境でも活動できるようになった．また，一般的には恒温性を有さない魚類，爬虫類や昆虫においても一部の種は体温を環境温度より高く保つことが知られている．体温を適した温度に維持するために動物はさまざまな行動性の体温調節を行う．例えば，トカゲやカメは日向と日陰を行き来することにより体温を活動に適した範囲に保っている．

●恒温動物の体温調節　恒温動物の体温は哺乳類では約 37 ～ 39℃であるのに対して，鳥類では 40 ～ 42℃程度である．ハムスターやリスなどの動物は冬眠時に体温が大きく低下しても生存できるが，多くの恒温動物は数度の体温の変化で死にいたる．そのため，幅広い温度条件下で体温を一定に保つためにさまざまな体温調節機構を備えている．暑熱環境では表皮下の血管を拡張させ血流を増やして熱放散量を高める．また，イヌなどの多くの動物種で観察されるように，口を開けて盛んに呼吸することで唾液の気化を促進させる．マウスやカンガルーは前肢などに唾液を塗り気化させて体温を低下させる．ヒトやウマは発汗による特殊な体温調節を行う．一方，寒冷環境では血管の収縮により表皮下の血流を抑えて熱放散量を低下させ，さらに，骨格筋を小刻みに収縮させる震えにより熱産生量を増加させて体温の低下を防ぐ．

●非震え熱産生機構　我々ヒトを含む胎盤をもつ哺乳類（有胎盤哺乳類）は非震え熱産生とよばれる生理機構をもっている．寒冷環境に曝された際に，褐色脂肪組織とよばれる特殊な脂肪組織が発熱し，熱が血流により全身に拡散されることで体温の低下を防ぐ．褐色脂肪組織には多量のミトコンドリアが含まれており，そこに存在する脱共役タンパク質 1 が発熱機構において大きな役割を担っている．ミトコンドリアはエネルギー源として利用される ATP を合成する細胞内小器官であるが，褐色脂肪組織のミトコンドリアでは，他の組織では ATP の合成に利用されるエネルギーの多くが脱共役タンパク質 1 の働きにより熱に変換される．上述のように，非震え熱産生機構は有胎盤哺乳類に特異的な生理機構であり，同じ哺乳類である有袋類（カンガルーやオポッサムなど）を含め他の脊椎動物種には褐色脂肪組織は認められない．ところが，興味深いことに，脱共役タンパク質 1 は魚類や両生類も保有しており，それらのアミノ酸配列を比較すると有胎盤哺乳類のものは他の脊椎動物種のものと大きく異なっている．有胎盤哺乳類にいたる進化系統で褐色脂肪組織が獲得された時期に脱共役タンパク質 1 が大きくつくり変えられたと推測される．

●動物の温度受容機構　体温を調節するためには体内や外環境の温度を正確に感じる必要があり，動物は温度受容機構を発達させてきた．動物は体表の温度を計測することにより環境の温度変化を感じている．脊椎動物では脊髄の背側に位置する後根神経節に感覚神経の細胞体があり，そこから軸索が長く伸びて全身の表皮などの末梢組織に神経の末端が分布する．そこで受容された温度という物理情報が電気信号に変換され，脊髄を経由して伝えられた信号が脳で処理されることで温度感覚が生じる．

●温度受容体と体温調節　温度受容の初期過程において主要な役割を担うのが温度受容体とよばれるセンサーの役割をはたすタンパク質であり，温度感受性transient receptor potential（TRP，トリップ）とよばれる一群のイオンチャネルである．温度感受性TRPチャネルは感覚神経などの細胞膜に存在する．それらが温度刺激により活性化されてナトリウムイオンやカルシウムイオンなどの陽イオンが細胞内に流入することが，感覚神経を活性化させるきっかけとなる．温度感受性TRPチャネルは1997年に初めてラットで同定された．その後，アミノ酸配列の相同性を手がかりにした探索によって，ラットやマウスは10種類の温度感受性TRPチャネルをもつことが明らかとなった．それらの温度感受性TRPチャネルは異なる温度域を受容し，高温や暖かい温度で活性化されるものや，反対に低温で活性化されるものも存在する．興味深いことに，温度感受性TRPチャネルは温度以外の刺激によっても活性化される．例えば，高温の受容体であるTRPV1は唐辛子に含まれるカプサイシンによっても活性化される．カプサイシンはヒトやマウスを含む複数の哺乳類種の体温を一過的に低下させ，反対に，TRPV1の阻害剤は体温を上昇させる．一方，冷涼な温度の受容体であるTRPM8はメントールによっても活性化され，メントールは体温を上昇させる効果がある．恒温動物の体温調節において，温度受容体から得られた情報が脳内で処理され，適切な体温調節応答が惹起されることにより体温が維持されている．

●温度感受性TRPチャネルの種間多様性　温度感受性TRPチャネルは脊椎動物だけでなく，昆虫や線虫などの無脊椎動物ももっており，幅広い動物種において温度受容体として働いている．同じ種類のTRPチャネルの温度や化学物質に対する感受性が動物種間で異なることもある．TRPV1の高温感受性はほとんどの脊椎動物種で維持されている．ところが，高温耐性をもつジリスの一種やフタコブラクダではTRPV1の高温に対する感受性が失われている．また，異なる温度環境に適応している近縁なツメガエル種の間で高温受容体の温度応答特性が異なることも知られている．こういった温度感受性TRPチャネルの機能的な変化は動物種ごとの温度や化学物質に対する感覚の多様化につながり，動物種が異なる環境に適応する過程でも重要な役割を担ってきたと推察される．　［齋藤　茂］

心循環系の多様性
——心臓形態と生活環境

心循環系は心臓と血管からなり，動物種によりその形態はさまざまである．例えば魚類は一心房一心室の心臓をもち，循環系は体循環のみであるが，哺乳類は二心房二心室の心臓をもち，体循環と肺循環の二重の循環系をもつ．複雑な心循環系ほどより機能的で効率的であるように思われるが，それぞれの動物の生活環境を考えると，一見単純な心循環系もその動物の生活環境によく適していることがわかる．

●脊椎動物心臓の基本構造と発生　脊椎動物の心臓の基本的な構造は血液が入ってくる側から，静脈洞，心房，心室，流出路という4つの区画からなる．静脈洞は全身を回ってきた大静脈からの血液を集め，心房へ送り込む薄い袋状の組織である．哺乳類の静脈洞は発生後期に心房の一部となる．心房は静脈洞から送られてきた血液をプールし心室に送り込む器官であり，心室壁に比べると心筋壁は薄く，拡張することに適した構造になっている．心室は発達した心筋からなり，大きく収縮することで血液を全身に送り出すポンプとして働く．流出路は心室と腹側大動脈をつなぐ器官で，多くの脊椎動物では心筋から構成されるが，真骨魚類は弾性繊維に富んだ平滑筋からなる動脈球とよばれる流出路を有する．

●脊椎動物の心循環系　魚類は鰓を呼吸器官とするため，心臓には静脈血のみが流れている．鰓には細かく枝分かれした毛細血管が広がっており，真骨魚類の動脈球は，心室からの高い圧力の血液を鰓の毛細血管に効率よく送りこめるよう圧の調整器官として働いている．両生類は呼吸器官として肺を獲得したが，幼生時や一部の有尾両生類は鰓を呼吸器官とする．両生類の心臓の形態は基本

表1　脊椎動物の心循環系の多様性

	心臓	循環	模式図
軟骨魚類	1心房1心室 静脈洞，心房・心室，動脈円錐	単一循環（鰓）	体　鰓　心
真骨魚類	1心房1心室 静脈洞，心房・心室，動脈球	単一循環（鰓）	
両生類	2心房1心室 静脈洞，心房・心室，動脈円錐	体循環＋肺循環	体　皮膚　肺　心
ヘビ・トカゲ・カメ類	2心房1心室 静脈洞，心房・心室，流出路	体循環＋肺循環	体　肺　心
ワニ類	2心房2心室 静脈洞，心房・心室，流出路	体循環＋肺循環	
鳥類	2心房2心室 静脈洞，心房・心室，流出路	体循環＋肺循環	
哺乳類	2心房2心室 静脈洞，心房・心室，流出路	体循環＋肺循環	

的に二心房一心室であるが，有尾両生類の心房中隔は不完全であり，肺動脈の血脈を大動脈へバイパスする動脈管が存在する．哺乳類でも肺が機能していない胎児期には動脈管が存在し卵円孔が心房中隔に開いているなど，肺への血流量を減少させる循環システムをとる．ただし哺乳類では肺呼吸が始まる出生後にこれらは閉塞する．両生類の心臓は一心室だが，心室内に肉柱構造が発達していること，また流出路にらせん弁が存在することにより，一心室でも動脈血と静脈血は混ざらないようになっている．両生類は皮膚も重要な呼吸器官であり，水中に潜った際には，肺への血流量が減少し，皮膚への体循環血液量が増加する．このように両生類の二心房一心室の心循環系は水中での生活において十分に機能的であるといえる．爬虫類の心臓はワニ類では二心房二心室であるが，それ以外の爬虫類では二心房一心室である．これら爬虫類では流出路直下に発達した筋綾が存在し，動脈血と静脈血が混合するのを防いでいる．爬虫類の心循環系の特徴は，心臓から左右2本の大動脈弓が派生していることである．陸上では静脈血は肺動脈に送り込まれるが，水中では肺動脈の血流抵抗が増加し，静脈血は左大動脈弓に流れる．ワニ類には左右の大動脈弓を連絡するパニッツア孔が存在し，陸上では左心室に起因する右大動脈弓からの動脈血がパニッツア孔を通じて左大動脈弓に流れ込み，水中ではパニッツア孔が閉じて右心室からの静脈血が左大動脈弓に流れ込むようになっている．このように爬虫類の心循環系も，陸上と水中の生活に適応した形態であるといえる．鳥類の心臓は哺乳類同様に二心房二心室であるが，進化的な分岐のタイミングを考えると独立にこの形態を獲得したと考えられる．実際に，鳥類と哺乳類では大動脈弓の左右性の違いや，静脈洞の大きさの違いなどが認められる．

●無脊椎動物の循環系　多くの無脊椎動物はよく発達した循環系をもち，その多くは解放系である．頭足類は高度に組織化された閉鎖血管系を有し，鰓に血液を送ることに特化した鰓心臓2個と体全体に血液を送る体心臓1個が連動して拍動することにより効率よい血液循環を可能としている．ショウジョウバエでは背側に位置する背脈管が拍動し心臓としての機能をはたす．背脈管は脊椎動物と同様に中胚葉から形成され，脊椎動物の心臓発生に関与する遺伝子群が背脈管形成にも関与している．進化的に保存されてきた分子メカニズムについてはヒドラにおいて興味深い．ヒドラは二胚葉性で中胚葉をもたないが，柄部組織が拍動し，そこに脊椎動物やショウジョウバエの心臓発生にかかわるNkx2-5相同遺伝子が発現する．このことは心循環系の基幹となる拍動する組織をつくるメカニズムが胚葉を超えて進化的に保存されてきたことを示唆する．　［小柴和子］

📖参考文献

［1］ シュミット＝ニールセン，K.『動物生理学』沼田英治他監訳，東京大学出版会，2007
［2］ Kardong, K. V. *Vertebrates*, McGrow-Hill, 2006

排出機能
――その進化は環境適応の鍵である

動物は，陸上，海水，淡水中を含め多様な環境に生息するうえで，老廃物などの排出の仕組みを発達させ各環境に適応している．その際，体内での水の平衡は重要で，老廃物に加え水や塩類などを排出することで内部環境を維持している．

●老廃物排出の多様性と進化 窒素を含むタンパク質や核酸の分解から生じるアンモニアは毒性が高く，非常に薄い濃度でのみ輸送，排出が可能である．そのためアンモニアとして含窒素老廃物を排出するには多量の水が必要で，アンモニアでの排出は水生動物で一般的である．魚類ではその大部分がNH_4^+として鰓から排出される．大部分の陸生動物や，浸透作用で水を環境にうばわれる多くの海生動物は水を多量に利用することは難しい．哺乳類，多くの両生類の成体，サメ類，何種類かの海生硬骨魚は，毒性が非常に低い尿素を排出する．アンモニアから尿素への変換は肝臓で行われ，腎臓から尿として排出される．昆虫類，鳥類，多くの爬虫類は主な含窒素老廃物として尿酸を排出する．尿酸は比較的無毒で，水に溶けにくいため半固形物として排出され，これにより水の喪失は低く抑えられる．

老廃物の排出系は動物により異なるが，多くの場合，老廃物を含め水溶性の物質の交換のために広大な表面積をもつ複雑な細管系から構成される．扁形動物プラナリアでは，樹枝状の細管の末端に炎細胞がある原腎管が発達する．炎細胞は繊毛運動により体液を引き寄せ細管に送り，老廃物として体外の開口部に排出する．環形動物ミミズは，体節ごとに1対の腎管をもつ．腎管は毛細血管網に取り囲まれ，体の内側，外側に開口する．体液は漏斗状の腎口で濾過され，次に細管を通る間に塩類が毛細血管の血液に再吸収された後，体外に排出される．昆虫類はマルピーギ管をもち，これは後腸の前部で消化管が枝分かれして広がった細管系で血リンパに浸されている．マルピーギ管では，管腔の上皮が血リンパから含窒素老廃物を含め特定の物質を水とともに管腔に輸送，分泌する．直腸に運ばれた物質の多くは水とともに血リンパに送り戻される．不溶性の尿酸は糞便とともに排泄される．脊椎動物では腎臓が発達し，血漿からタンパク質以外のほとんどすべての物質を濾過し，またエネルギーを費やして体に必要な物質を回収する．

●腎臓の働きとその多様性 腎臓は排出と浸透圧調節を担う器官で，尿を生成する．哺乳類腎臓の基本単位はネフロンで，1個の腎小体（糸球体，ボーマン嚢）と，これに続く1本の細管（近位細尿管，ヘンレのループ，遠位細尿管）からなる（図1）．左右の各腎臓は約100万個のネフロンをもつ．腎臓に入る腎動脈は皮質で毛細血管となり，糸球体を形成する．血液中の老廃物はここで濾過され（原尿），ボーマン嚢に送られた後，近位細尿管で栄養素，水，Na^+，Cl^-，K^+などが再吸収さ

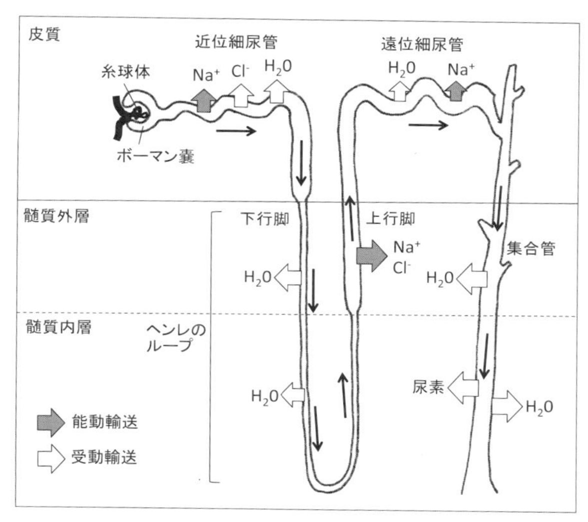

図1　哺乳類腎臓における塩と水の再吸収

れる．次に，髄質に位置するヘンレのループ下行脚で水が，上行脚で Na^+，Cl^- が再吸収される．濾液は再び皮質に戻り，ホルモンの働きに応じて遠位細尿管で Na^+，Cl^- などが再吸収された後，集合管に集まる．集合管では水が再吸収され，濃縮された尿となる．ヘンレのループ上行脚での Na^+，Cl^- の積極的再吸収が下行脚と集合管での水の再吸収に必要な浸透勾配をつくる．哺乳類腎臓では，皮質と髄質における細尿管と集合管の巧妙な配置により濃縮された尿を生成し，水を浪費することなく塩と含窒素老廃物を除去する．これが陸上生活への適応の仕組みとされる．

鳥類は脱水を起こし得る環境に生育し，哺乳類と同様よく発達した腎臓をもつが，ヘンレのループが髄質に深く伸びないため，哺乳類ほどには尿を濃縮できない．爬虫類は皮質性ネフロンのみをもち，体液と等浸透圧または低浸透圧性の尿を生成する．両生類と淡水性魚類の腎臓は多数のネフロンをもち，多量の薄い尿を産生する．海生硬骨魚類は体から水を喪失し，周囲から過剰な塩類を得る．そのネフロンは淡水性魚類と比較し小型で少なく，遠位細尿管を欠いている．

●肝臓の働きとその多様性　肝臓は代謝臓器で，消化を助ける胆汁の生産，アンモニアから尿素への変換，解毒，アミノ酸などの代謝，血漿タンパク質の産生などを行う．赤血球の分解などにより生ずるヘムの分解代謝物ビリルビンは胆汁に含まれ胆管，腸を経て便に排出される．哺乳類の肝臓は実質臓器で，肝小葉構築をとる．肝小葉の中心に中心静脈が位置し，周辺部に門脈，肝動脈そして胆汁の通路である肝内胆管からなる門脈トライアッドが分布する．小葉内の血流は門脈と肝動脈から類洞をへて中心静脈に流れる．この過程で，肝細胞による代謝が行われる．脊椎動物では，無顎類で実質臓器の肝臓が出現し，多くが門脈と胆管が並走した哺乳類型の肝臓構築をとる．しかしカライワシ類以降の条鰭類はその多様化過程で肝臓構築が変化し，胆管は門脈とは独立に肝内に分布する．［塩尻信義］

参考文献

［1］ Reece, J. B. 他『キャンベル生物学』原書9版，池内昌彦他監訳，丸善出版，2013

水チャネル
――水輸送を中心とした多様な機能

水は通常，生物のからだを構成する化学成分の中で最も多く，クラゲのからだの約 95%は水分である．脊椎動物においても魚類では体重の約 60%以上を水が占め，陸生動物でも同様である．水は生化学反応の場となるだけでなく，消化液の分泌や老廃物の排泄に利用されるなど，生命活動に欠かせない．動物が体内に水を取り入れたり，体外に出したりする際に，水はからだの内外の境界をなす上皮を通る（上皮輸送）．上皮では，水は細胞の間（細胞間経路）や細胞内（経細胞経路）を移動する．水チャネルは細胞の膜に存在し，経細胞経路の水輸送を行う．また，細胞はその 70%ほどが水分であり，水チャネルは上皮細胞以外の細胞でも働いている．

●アクアポリン　アクアポリン（aquaporin：AQP）は，水チャネルとして発見された膜タンパク質であり，「水を通す穴」（ラテン語で aqua は水，porus は穴）という意味から名付けられた．AQP は，6 つの膜貫通領域（I ～ VI）とそれらをつなぐ 5 つのループ（A ～ E）をもち，ループ B とループ E には，多くの場合アスパラギン・プロリン・アラニンからなる NPA ボックス（NPA モティーフ）が存在する．実際の分子では，砂時計のような形状の水の通路が形成され（砂時計モデル），2 つの NPA ボックスはその通路の中央部分に位置して，物質透過を制限する選択フィルターとして働く．水の移動は，脂質二重層により隔てられた溶液の浸透圧の差により起こり，水分子は AQP 内を両方向に移動できる．

●アクアポリンの種類　AQP の起源は古く，動物のみならず，細菌，古細菌，植物などさまざまな生物に存在する．動物の AQP は，クラシカル AQP，アクアグリセロポリン（GLP），AQP8/16，およびアンオーソドックス AQP という 4 つのグループに分けられる．遺伝子としては，例えば海綿動物で 4 種類（AQP8L，GLP1 ～ 3），脊椎動物で 17 種類（AQP0 ～ AQP16）知られている．当初，クラシカル AQP は水のみを通し，アクアグリ

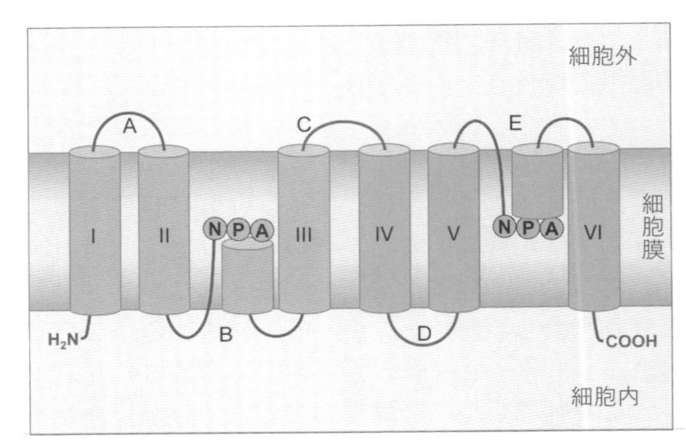

図 1　AQP の模式図　AQP は，6 回膜貫通型の内在性膜タンパク質であり，多くの場合 NPA ボックスを 2 つもつ．円柱は α ヘリックスを表す

セロポリンは水の他，グリセロールや尿素など電気的中性の低分子も通すとされた．その後，AQPの種類により，二酸化炭素，アンモニアなどの気体，Cl^-，I^-などの陰イオン，砒素などのメタロイド，乳酸などのモノカルボン酸，過酸化水素なども輸送されることが示された．アクアポリンは四葉のクローバーのような4量体を形成するが，二酸化炭素やNa^+はこの4量体の中央の穴を通るという指摘もある．

●アクアポリンの働き　AQPは多様な働きを示すが，それは水を中心に特定の物質を輸送することに基づく場合が多い．ただし，水を通さないものや細胞接着に働くものもある．以下にその機能の一部を紹介する．

無脊椎動物：普通海綿では，AQP8Lは珪質骨片の形成にかかわるとされる．クラゲでは，AQPが刺胞での水輸送にかかわる可能性がある．ショウジョウバエでは，クラシカルAQPのbibが発生時に神経外胚葉で発現し，中枢神経系と末梢神経系のニューロンの分化を調節する．ミバエの幼虫では，冬期に凍害防御物質であるグリセロールの合成が高まるが，AQPは水やグリセロールの輸送にかかわることにより，耐凍性の獲得に寄与しているとされる．ユスリカの幼虫やクマムシなどは，生息場所が乾燥すると脱水されて生命活動を休止する（アンヒドロビオシス）が，この現象に関するAQPの役割についても研究が進められている．

脊椎動物：ヒラメやタイなど浮遊卵を産む海水魚では，卵成熟のときに卵母細胞にAQPを通して多量の水が入り込む．これにより，産卵後の卵や初期胚は浮力を得て，海洋でより広く分散できるようになる．また，海水魚は海水を飲んで水を腸で吸収するが，この水吸収にもAQPがかかわっている．肺魚では，夏眠時に腎臓でAQPの発現が高まるが，これは原尿からの水の再吸収を促して，水分を保持するためとされる．両生類になると，抗利尿ホルモンに応答して水輸送を調節するAQPが現れる．カエル類の成体は水を口から飲まず，多くの種では腹側皮膚から水を吸収する．そして，腎臓で水を再吸収し，さらに膀胱でも水を再吸収することで，体内の水恒常性を維持している．水分が不足すると，抗利尿ホルモンが腹側皮膚，腎臓，および膀胱に働く．そして，これらの器官の上皮細胞の一部でAQPが細胞の表面（細胞膜の頂端部分）に現れて，水輸送が促され，体内の水分が補充される．腹側皮膚におけるAQPの発現は生息環境や種により違いがみられ，その違いがカエル類の環境適応能力と関連していると指摘されている．鳥類や哺乳類では腎臓の機能が高まり，高張尿がつくられる．両生類の腎臓で抗利尿ホルモンに応答して働くAQP2は，鳥類と哺乳類でも腎臓で発現し，尿の濃縮に寄与する．その他，AQP0が眼の水晶体で細胞接着にも働くこと，AQP4が脳のアストログリアで発現して脳全体の水バランスの維持に関与することなどが知られている．

［鈴木雅一］

参考文献

［1］ 海谷啓之・内山 実編『ホメオスタシスと適応―恒』裳華房，2016

動物の呼吸の多様性
――鰓の働き肺の働き

ほとんどの動物にとって，酸素は生存に必須の物質であり，多くの動物は絶えず酸素を外界から取り込む必要がある．また，代謝によって産生される二酸化炭素は，体液を酸性化させるため，絶えず排出されなければならない．これらの機能をはたしているのが呼吸器官である．呼吸器官は，ガスを効率よく透過させるために表面積が大きく，体液と外界の間の隔壁は薄くなければならない．水中動物では，呼吸器官（鰓(えら)）は一般に体表が外側へ拡張することによって生じるが，水分の損失が問題となる陸上動物では，呼吸器官（肺・気管）は体表が内側へ陥入することによって形成される．水は空気と比べると，酸素濃度が低く，重くて粘度が高いため，水呼吸動物の呼吸運動が総エネルギー消費量中に占める割合は約 10% と空気呼吸動物の 5 ～ 10 倍高い．

●脊椎動物の呼吸器官の多様性　魚類の主要な呼吸器官は鰓である．硬骨魚類では，鰓は 4 対の鰓弓(さいきゅう)とその後端に多数並ぶ鰓弁(さいべん)からなる．各鰓弁の表面にはさらに細かなひだ（二次鰓弁(にじさいべん)）が生えており，ここが呼吸表面となっている．鰓では水の流れが一定（口から鰓孔へ）で，二次鰓弁がいつも新鮮な水と接触すること，二次鰓弁では水と血液の流れる方向が向かい合っている（対向流）ことから，脊椎動物の呼吸器官のうちで最も呼吸効率が高くなっている．これに対して，哺乳類の肺は，空気の流れが呼吸の 1 サイクル内で逆転（潮汐式換気）し，肺内の空気が部分的にしか更新されないこと，呼吸作用を行う部分（肺胞）には対向流が存在しないことから，その呼吸効率は鰓と比べて低い．脊椎動物における空気呼吸の獲得は，両生類の出現以降にも繰り返し起きたと考えられ，現生の魚類 3 万種のうち約 400 種が鰓とともにさまざまな形態の空気呼吸器官をもっている．これに対して，四肢動物の主な呼吸器官は肺に限られる．肺は食道の腹面から発達した 1 対の袋状器官である．現生両生類では皮膚も呼吸に重要な役割をはたしている．鳥類は潮汐式換気を行うにもかかわらず，肺のガス交換部位では空気はいつも一定方向に流れている．血液の流れは空気の流れと直角方向に向いており，魚類の鰓に次いで効率的な呼吸器官となっている．

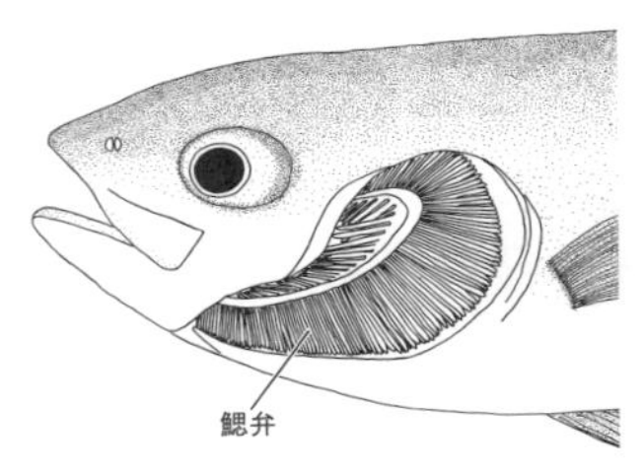

図 1　魚類の鰓

●脊椎動物の換気・換水機構の多様性　脊椎動物の進化を通して，呼吸のためのポンプ機構が頭部から胴部へと変位した．魚類の頭部骨格は数多くの骨で構成されており，それらに付着する筋肉の働きで，口腔と鰓腔の容積が位相をずらせて変化し，一方向性の流れを可能にしている．両生類では鰓腔は消失しているが，口腔が空気を圧縮して肺に送り込む圧ポンプの働きをする．爬虫類では，肋骨間筋肉（肋間筋）の働きによって体腔内に負圧を生じ，空気を肺へ吸い込むようになった．しかし，爬虫類は体を左右に湾曲させて移動するため，体両側の肋間筋が同時に収縮・弛緩することが必要な呼吸運動が抑制される場合がある．鳥類では，肋間筋の働きによって胸部の容積を変化させ，肺につながる複数の気嚢と気道が「ふいご」のように働いて一方向性の空気の流れを可能にしている．鳥類の呼吸器系の進化は，飛翔に必要なエネルギー産生と関係すると考えられてきたが，アメリカワニやサバンナオオトカゲなどでも同様の換気機構が発見されたことから，再検討が行われている．哺乳類では，肺の後方ある筋肉性の横隔膜が収縮することが吸気の主な機構であり，肋間筋の寄与は比較的小さい．両生類，爬虫類では，呼気（息を吐くこと）は肺の弾性による収縮と胴体部筋肉の収縮によって行われる．哺乳類では前者が主要な呼気の機構である．

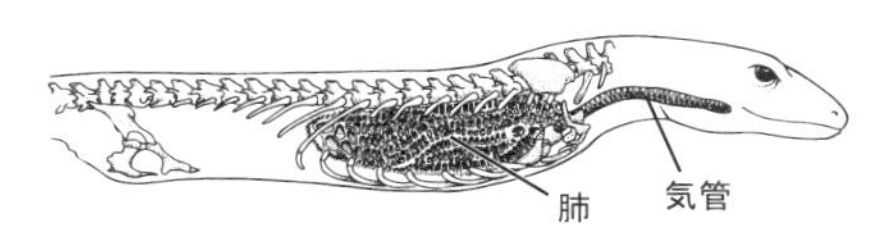

図2　爬虫類の肺

●無脊椎動物の呼吸器官の多様性　鰓は，環形動物，節足動物，棘皮動物と軟体動物にみられる．節足動物のうち甲殻類は多くが水生であり，胸部の各体節にある付属肢が鰓に変化して，鰓腔に収められている．カブトガニ類では書鰓（しょさい）とよばれる呼吸器官が腹部下面にあり，これはクモ類などがもつ空気呼吸用の書肺の前身と考えられる．無脊椎動物の肺は，甲殻類と軟体動物にみられる．節足動物の一部（昆虫類，ムカデ類など）では，体中に空気で満たされた気管が分布しており，直接体細胞との間で酸素と二酸化炭素の交換が行われる．これは，循環系と協働して細胞へ酸素を送り届けている鰓や肺などとは，非常に異なるガス運搬様式である．

●無脊椎動物の換気・換水機構の多様性　甲殻類で呼吸器官への水の流れをつくるのは，顎脚が変化した顎舟葉とよばれる部分であり，水は胸部の腹側から鰓を通って，口の前方の開口部へと送られる．軟体動物のうち，腹足類や二枚貝類では鰓の表面に生えている繊毛の運動によって水流が起こされる．頭足類では外套膜および頭部と漏斗の筋肉の収縮によって水流が起こされる．大型の昆虫では，気管の体表への開口部である気門の開閉と体壁の拡張・収縮によって，能動的に換気を行う．

［石松　惇］

参考文献

［1］　シュミット＝ニールセン，K.『動物生理学―環境への適応』沼田英治他監訳，東京大学出版会，2007
［2］　Kardong, K. V., *Vertebrates: Comparative Anatomy, Function, Evolution*, McGraw Hill, 2015

神経系とその多様性
——驚異の行動の源

動物はさまざまな驚異の行動を示す．サケやマスの大回遊後の生まれ故郷への帰巣や，サンゴやゴカイの一斉産卵，ミツバチの8の字ダンスによる餌場の教示など有名な話題に事欠かない．これらは，すべて神経系のなせるわざであり，この系は動物のユニークな特徴である．

神経系は，神経情報である電気信号を伝える長い神経線維をもった細胞（ニューロン，神経細胞）よりなる動物で顕著に発達したシステム（系）である．主要成分として受容器（耳・目などの感覚器），中枢神経系（脳），効果器（筋肉がよく知られている）からなり，中枢神経系はさまざまな情報を受け取って統合し，反応の制御を行う．

●動物の神経系の多様性　動物達は姿・形もそれぞれ異なり，それぞれの異なる行動戦略を選択して，ともに棲み分けを行っている．その結果として，動物の示す神経系は，顕著な多様性に満ちている．表1に，神経系の分類の概要を示している．

動物の神経系は，発達した脳をもつ集中神経系とそうではない散在神経系に分けられる．左右相称動物の神経系は，そのほとんどが集中神経系のレベルに到達している．すなわち，神経細胞の集中により明確な脳が現れ，神経機能も飛躍的に発達している．

●散在神経系　刺胞動物・有櫛動物の神経系は（☞「神経系の起源についての驚くべき議論」参照），典型的な散在神経系で，体中に散在神経網が覆っている原始的な神経系である．しかし，最近の詳細な研究により，この神経系も驚くべき行動能力の数々が知られ，また，神経系の基本的な要素のすべてが備わっていることが判明している．また，刺胞動物のクラゲの傘の縁に円周形に神経線維の束（神経環）が走っていてこれが各種の神経情報の統合を行い，集中神経系の萌

表1　動物の神経系の多様性

分類	動物
散在神経系	
環状神経系	刺胞動物，有櫛動物
放射状神経系	棘皮動物，半索動物
集中神経系	
かご状神経系	扁形動物，線形動物
はしご状神経系	環形動物，軟体動物，節足動物
管状神経系	脊索動物

刺胞動物などは神経環により特徴される神経系をもっているため環状神経系，棘皮動物などは神経環を中心に放射状に神経が走ってるため放射状神経系，扁形動物などは基本的にははしご状神経系であるが体節が明確でないためかご状神経系，とよばれている

芽がすでにみられるとの主張もある．これらは神経環を持ち合わせているので，環状神経系とよぶことができる．

脊椎動物につながる下位の後口動物である，棘皮動物や半索動物も，散在神経系の範疇に入る．これらは，神経環と放射神経からなる放射状神経系である．しかし，半索動物のギボシムシの場合，脊椎動物が保持する脳の発生調節遺伝子の空間的な発現様式が保持されているので，散在神経系と管状神経系の中間型と理解するのがよいかもしれない．

●集中神経系　後口動物は，背中に中枢神経系が走る背側神経系（脊髄）をもち，その頂点には巨大脳をもつ哺乳類がいる．これは神経管から中枢神経系が発生するので，管状神経系ともよばれる．尾索類のホヤの幼生や頭索類のナメクジウオも背側に神経管をもつ．脊椎動物の場合は頭部の神経管の前端が膨れて脳となり，後方から前方へ後脳（延髄と小脳），中脳，間脳，終脳に分けられる．

一方，前口動物は，腹側に神経系の主要部分が走る腹側神経系（腹髄）をもち，その頂点には軽量の微小脳をもつ昆虫類と，脊椎動物様巨大脳をもつ頭足類（軟体動物，イカ，タコの仲間）がいる．これらの環形動物や節足動物などの神経系は神経節の配列が典型的なはしご状をしているので，はしご状神経系とよばれている．軟体動物の場合，その多様性が顕著で，空間的な変形が激しく，正確には四神経索型神経系とよばれるが，基本的にははしご状神経系である．また，扁形動物や線形動物のかご状神経系も，基本的にははしご状神経系であるが，体節構造が明確でないため，別名でよばれている．

●神経系の起源と進化　神経系が地球上に現れて多様に変貌を遂げていった，壮大な起源と進化の歴史を考えてみると，3つのエポックメイキングな（画期的な）出来事が想像される．それは，（1）刺胞動物や有櫛動物における神経細胞，神経系の出現，（2）下位三胚葉性の無脊椎動物における中枢神経系の出現である．前口動物の神経系の進化の道筋はプラナリアを含む扁形動物などにみられる中枢神経系の出現に始まり，最終的に軟体動物のイカ，タコの巨大脳と節足動物昆虫の微小脳にたどり着く．一方，後口動物の神経系の進化の道筋は，棘皮動物における感覚器と効果器をつなぐ介在神経系の発達に始まる．さらに，それが背側神経系動物に結びつくためには，（3）ナメクジウオの頭索類における神経管の出現が必要となる．その出来事が脊椎動物の管状神経系の出現へと続き，神経系の1つの頂点，哺乳類の脳にたどり着く．　［小泉 修］

参考文献

［1］ 小泉 修編『様々な神経系を持つ動物達―神経系の比較生物学』共立出版，2009
［2］ 阿形清和・小泉 修共編『神経系の多様性―その起源と進化』培風館，2007

昆虫の微小脳
――小さな脳の凄い働き

昆虫の種数は100万種にも及び，既知の全動物種の2/3を占める．昆虫は，種数や個体数からいえば，地球上で最も繁栄している動物群である．昆虫は陸上生活に深く適応しており，同様に陸上生活に適応した哺乳類や鳥類と並んで「陸の王者」といえる．

昆虫は多彩で複雑かつ精妙な行動を示す．ゴキブリやカイコガの性フェロモンを用いた異性の誘引，コオロギの求愛歌，シロアリやアリ，ハチの複雑な社会，アリやハチの帰巣への太陽コンパス，偏光コンパスや景色の記憶の利用，ミツバチの尻振りダンスによる餌場の位置の教示などは，古来多くの研究者を魅了してきたが，そのメカニズムには未解明の点が多い．

哺乳類や鳥類は大きな脳を発達させ，その優れた知能は彼らが陸上生態系の頂点に君臨するのを支えている．一方，昆虫の陸上での繁栄は，鋭い感覚能力，素早い飛翔能力，機敏な行動能力などに支えられているが，それらを実現しているのはその小さな脳である．

●微小脳と巨大脳　昆虫の脳の容積は1 mm^3 に満たず，脳を構成するニューロンは100万個以下である．1000億ものニューロンからなるヒトの巨大な脳をスーパーコンピュータにたとえると，昆虫の脳の情報処理能力は，ノートパソコン程度にすぎないだろう．しかし性能はスーパーコンピュータにはるかに劣るが価格が安く小さくて使い勝手のよいノートパソコンは，市場という生存競争の現場では圧倒的な勝利者である．同様に昆虫の脳は，陸上生態系という生存競争の現場で圧倒的な成功を収めているとの見方が成り立つ．微小脳は，自然が生み出した小型，軽量，低コストの情報処理装置の傑作といってよい．

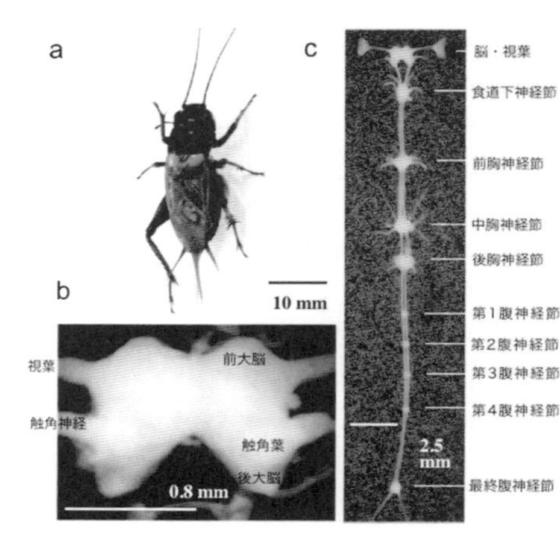

図1　フタホシコオロギとその中枢神経系（出典：文献［1］）

●昆虫の中枢神経系の構成　図1aはコオロギの写真，bは脳，cはその中枢神経系の全体像である．昆虫など節足動物の神経系は，体節ごとに1個ずつある神経節が体の前後方向に配置し，それが左右1対の神経索で連鎖した「はしご形神経系」である．頭部の前端部には複数の神経節が融合した食道上神経節がある．頭部にはもう１つ食道下神経節がある．この神経節は口器の感覚神経や運動神経の投射を受け，味覚および口器の摂食運動の中枢として働く．一般に食道上神経節を脳とよぶことが多いが，ハエ，ミツバチ，チョウなど食道上・食道下神経節が融合して頭部神経節を形成している場合は頭部神経節を脳とよぶ．コオロギでは胸部には３個の神経節が，腹部には５個の神経節があり，前者は飛翔や歩行を，後者は排泄，交尾などを司る．ハエでは胸部・腹部神経節は１つに融合している．

●微小脳の機能構築　脳（食道上神経節）は前大脳，中大脳，後大脳から構成される．前大脳は複眼や触角などで受容した多種の感覚を統合し，記憶し，昆虫の行動を統御する役目を担う．前大脳には，複眼からの視覚情報を処理する視葉があり，またキノコ体，中心複合体などの領域を含む．キノコ体は嗅覚の２次中枢として匂いの識別や学習・記憶を担うとともに，嗅覚，視覚，味覚など多種の感覚情報の統合にもかかわる．キノコ体は哺乳類の大脳皮質と同様，昆虫行動の高次の統御を司る．中心複合体は中心体を含むいくつかの領域から構成され，視覚情報の統合や視覚行動の統御などにかかわり，太陽コンパス・偏光コンパスなどを司ると考えられている．中大脳は触角の感覚情報の処理を司り，匂い情報を処理する触角葉と，風や触覚の情報を処理する背側葉からなる．後大脳は頭部の機械受容器などの情報を処理する．

ところで，哺乳類など脊椎動物の中枢神経系は脳と脊髄からなり，脳はその前端から大脳（終脳），間脳，中脳，小脳，延髄などに分かれている．大脳は感覚情報の統合と記憶，およびそれに基づく行動決定を司り，間脳，中脳，小脳，延髄はそれぞれ視覚，聴覚，平衡感覚，味覚などに基づく行動を統御する．昆虫と哺乳類の脳の基本的な機能構築には類似性がある．

●微小脳と巨大脳の共通起源　一方，昆虫と哺乳類の中枢神経系ではその発生過程には明瞭な違いが見られる．哺乳類（脊椎動物）の中枢神経系は神経管に由来し，また体の背側に形成される．それに対し，昆虫（節足動物）の中枢神経系は体節ごとの神経節が連なり，体の腹側に形成される．このため両者はそれぞれ独立に出現し，進化したものと考えられてきた．しかし近年，昆虫と哺乳類の中枢神経系の初期発生過程を制御する遺伝子の多くが共通であることが明らかとなってきた．これは哺乳類と昆虫の共通祖先であるプラナリア様の左右相称動物はすでに脳を含む中枢神経系を備えていたことを示している．ヒトの巨大脳と昆虫の微小脳は，姿形は大きく異なるが，「遠い親戚」なのである．　［水波 誠］

参考文献

［1］ 水波 誠『昆虫―驚異の微小脳』中公新書，2006
［2］ 阿形清和・小泉 修共編『神経系の多様性―その起源と進化』培風館，2007

頭足類の巨大脳

高度な知性と多彩な行動様式をもったタコ，イカ，そしてオウムガイを含む頭足類は，ヒトを含む脊椎動物とは異系統にもかかわらず小型哺乳類と同程度の巨大な脳を発達させた．体重比に対する相対サイズでは，頭足類の脳は魚類や爬虫類を凌駕する．頭足類は貝類の仲間から派生した一群で軟体動物門に属し，脳と神経系も固有の機能や発生様式を有する．特にイカ類の動物界で最大径の軸索，巨大シナプス，タコ類の発達した視覚や触覚の学習機構などの研究は，神経系の基本原理を解明するために重要な役割をはたしてきたことで知られている．

●感覚・運動・学習能力　頭足類の脳の巨大化は，感覚や運動，学習能力のみでなく，情動性，睡眠，そして意識機能の発達と関係があると推測されている．頭足類は多様な海洋環境に適応し，ある種は高速に遊泳し，レンズ眼をもち，深海に生息するダイオウイカの眼胞は動物界で最大である．また内耳の三半規官や前庭に類似した平衡胞とよばれる重力・加速度感知器などが発達する．マダコでは吸盤が並ぶ腕に約 18 万個の化学受容細胞が分布する．短・長期の記憶を可能とする高い学習能力をもつ. 環境と同化するカモフラージュ能は多くの種で見られ，色素細胞群は神経制御され，体色模様を瞬時かつ自在に操作する．

●脳システムの構成　脳塊は中央を食道が貫通し, 食道上もしくは下塊からなる. 30 程度の脳葉に分化し，食道下塊には主に腕，外套，内蔵などの低次中枢が発達する．食道上塊には学習や記憶の強化をともなう感覚統合野があり，高次の運動制御を行う基底核や小脳の類似物，生殖に関与する視床下部の類似物がある．マダコの視覚情報については，2000 万個の視細胞，50 万個の視葉の細胞を介して，最終的に統合野である 2500 万個の小型のアマクリン細胞群で処理さ

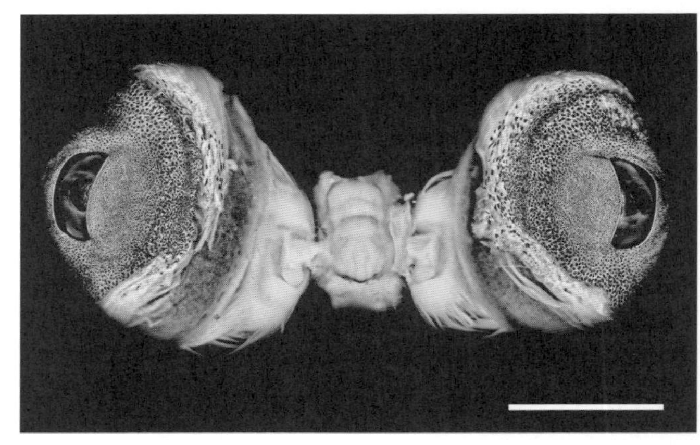

図 1　無脊椎動物で最大であるマダコの巨大脳．脊椎動物の脳とは独立に精巧化した．Scale bar 1 cm.

れる．この小型細胞のグルタミン作動性シナプスでは，信号伝達が持続的に向上する長期増強が同定されている．

●起源と多様性　祖先型としてヒザラガイなどの多板類の神経索状プランを起源とする．その基本構成は他の軟体動物種と共通であり，三部の神経索（脳，足，外套内蔵部）を原型とする．最も祖先的な頭足類の脳はオウムガイ類であり神経索状で，深海に生息するジュウモンジダコでは中間形を有する．最も分化が顕著な脳は底棲性タコ類，コウイカ類，社会性のアオリイカ類などが保持する．視覚の学習中枢の相対サイズが最大なのは小型種のヒメイカで知られている．

●発生機構　発生制御に関与する分子基盤は進化的に保存的で，他動物との共通プランが同定された．Hox 遺伝子群は胴部の神経索に発現し，Otx や Nkx2.1 といった転写因子が脳前部に発現し，脊椎動物や節足動物と類似する．また発生過程において三部の神経索が集中化して脳塊になる様子，そして神経伝達物質であるセロトニンの作動性細胞群などの発生様式も他の軟体動物と類似する．

●巨大神経とシナプス・血液脳関門　ヤリイカ類の外套にある巨大軸索は直径およそ 1 mm と動物界で最大であり，また同神経に発達する巨大シナプスも最大の化学結合シナプスである．一方で巨大軸索は脊椎動物のようにミエリンで被覆されず，電動速度はおよそ 25 m/s で，脊椎動物で最速の 80 ～ 120 m/s と比較して遅い．また，哺乳類と同様の血液脳関門をもつ一方で，有害物質の濾過器として働く細胞間結合の様式が特殊であることが知られている．

●ゲノムと脳　頭足類の複数の種でゲノムや転写物の解読が試みられている．カリフォルニアイイダコのゲノムでは，基本的な神経伝達物質や細胞機能に関する遺伝子群は他の動物と保存的である一方，回路形成に関与するプロトカドヘリンファミリーに属する遺伝子群がヒトで 58 遺伝子に対して 168 遺伝子，発生調節遺伝子である C2H2 タイプの Zn フィンガー型転写因子群もヒトが 764 遺伝子に対して，1790 遺伝子と大幅に多様化している．転移因子ともよばれるトランスポゾンが脳の神経細胞に強く発現し，哺乳類で知られるように記憶機構などとの関連性が考えられている．これらの遺伝子群は頭足類の固有性を現し，脊椎動物とは独立に出現した複雑な脳回路や細胞種の多様化機構を解明するうえで重要な因子であると考えることができる．　［滋野修一］

参考文献

［1］ Abbott, N.J., et al., *Cephalopod Neurobiology: Neuroscience Studies in Squid, Octopus and Cuttlefish*, Oxford University Press, 1995

［2］ Nixon, M. and Young J.Z., *The Brains and Lives of Cephalopods*, Oxford University Press, 2003

［3］ 阿形清和・小泉 修共編『神経系の多様性―その起源と進化』培風館，2007

脊椎動物の脳
——進化が生んだ究極の生体構造物

脊椎動物の脳は終脳，間脳，中脳，小脳，橋，延髄に分けられる．その前端に位置する終脳は背側の外套と腹側の外套下部から構成される．間脳は視蓋前域，視床，視床前域，視床下部に分けられ，最初の3つは発生期に現れる前脳節（プロソメア1-3）から生ずる．終脳と視床下部を同じドメインと考える見解もある．発生期の前脳（のちの間脳と終脳）はその一部が左右に突出して目（網膜）を生じ，視床の背側から上生体や副松果体（一部の脊椎動物では頭頂眼）が生ずる．中脳は視蓋（上丘），半円堤（下丘），被蓋，峡に分けられる．橋と延髄は合わせて菱脳と呼ばれ，哺乳類の橋では橋核が発達する．脳神経の多くが入出力する菱脳では感覚・運動性の神経核が前後軸に沿って柱状かつ分節的に発生する．この神経構成は発生期に生じる菱脳節（ロンボメア：r）と関係がある．小脳は菱脳の前方背側部（r1の背側）が隆起した構造である．中脳から菱脳にかけての領域は脳幹とよばれ，ここには多くの神経核に加えて網様体が広がる．各脳領域は神経細胞のネットワーク（神経回路）で結ばれ，感覚神経，介在神経，運動神経により情報の受容，処理，出力が行われる．神経回路はその連絡様式や神経伝達物質（ノルアドレナリン，セロトニン，ドーパミンなど）の違いによって分類されており，脊椎動物に共通してみられる回路も多い．

●脳領域の起源　脊椎動物の姉妹群にあたる脊索動物（頭索類や尾索類）のうち，頭索類では終脳はみられず，間脳から中脳に相当する発生原基は単一の領域に含まれる，一方で脊椎動物では終脳から延髄にいたる構成は共通している．ただし，小脳は円口類では痕跡的である．脳領域の形成にかかわる遺伝子の発現様式も脊椎動物間で共通点が多い．すなわち，脊椎動物の脳にはその形態を維持するべく強固な発生拘束がかかっており，その発生機構は脊椎動物の共通祖先から現生種にいたるおよそ5億年の進化過程において高度に保存されてきたと考えられる．

●神経系の多様化　こうした共通性がみられる一方で，脳の形態や機能には系統間で著しい多様性がある．これはそれぞれの動物種が地球上のさまざまな環境に適応放散しながら最適な生存戦略を確立する過程で感覚・運動の制御装置である脳に多様化を促す淘汰圧がかかったためであろう．嗅覚の情報処理や，学習，記憶などの高次機能を司る終脳は系統ごとの多様化が著しい．感覚情報の統合や視覚反射にかかわる中脳もその大きさはさまざまであり，シクリッド類や鳥類など視覚が優れた系統はよく発達した視蓋をもつ．平衡覚や運動制御にかかわる小脳も，哺乳類や軟骨魚類ではよく発達し，条鰭類のモルミルス類では小脳の一部（小脳弁）が脳全体を覆うほどになる．また，菱脳や終脳の一部が特徴的な発達を示

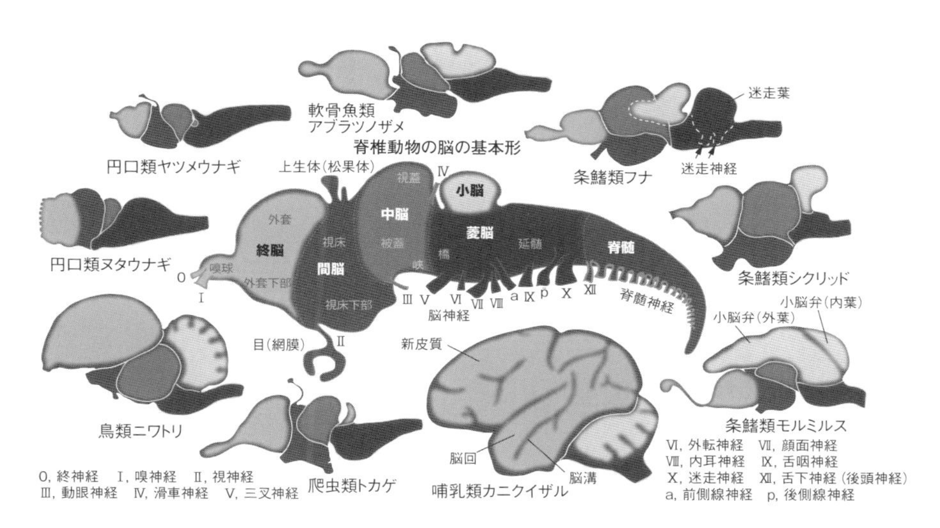

図1　脊椎動物の脳

すこともある．例えば真骨類のナマズ目やコイ目の菱脳では顔面葉，迷走葉が発達し，味覚系の情報処理にかかわる．哺乳類の終脳（大脳）では6層構造をなす新皮質が生じ，それぞれの層が情報の入力，統合，出力などの役割に特化している．新皮質には場所により機能局在，すなわち視覚野，運動野，連合野などの皮質領域がある．新皮質は霊長類や鯨偶蹄類で著しく発達し，多くの哺乳類ではそれを頭蓋骨に収納するため脳回や脳溝が生ずる．哺乳類と同じく陸上で適応放散した爬虫類や鳥類の終脳には背側脳室稜（DVR）が発達し，感覚情報の処理が行われる．

哺乳類や鳥類の終脳は高度な情報処理中枢へと進化し，霊長類のヒトにおいて文明や文化を生み出す基盤となる．上記のように新規な領域やネットワークが出現する一方，それらが消失（退行的進化）する場合もある．例えば有羊膜類（哺乳類・爬虫類・鳥類）が派生する過程で，水の流れや電気を感じる側線神経の感覚器や，神経要素が消失した．そのため有羊膜類の多くは側線神経が担う感覚をもたない．ただし例外としてカモノハシや一部のイルカは二次的に変化した三叉神経により電気を受容できる．このように，脊椎動物の脳形成機構には可変性が備わっており，これが脊椎動物が空中から深海までさまざまな環境に対応可能な制御システムを構築できた要因のひとつとなっていると考えられる．［村上安則］

📖 参考文献

［1］ 宮田卓樹・山本亘彦編『脳の発生学―ニューロンの誕生・分化・回路形成』化学同人，2013

ニューロン（神経細胞）の形態・構造・機能
——ニューロンのかたちと電気信号

動物は外界からさまざまな感覚刺激を受けて，それに応じてきわめて適切な行動を示す．これを可能にしているのが神経系であり，植物や微生物には備わっていない，動物にユニークなシステムである．

この神経系を構成する細胞，神経細胞をニューロンとよぶが，ここでは主に脊椎動物の中枢神経系（脳）を構成するニューロンの形態や構造と機能について解説する．

●ニューロンの形態・構造　図1Aにニューロンの形態の主な特徴を図示する．ニューロンも一般のからだの細胞と基本的には同じような構造・機能を備えた細胞体とよばれる部分をもつ．細胞体は各種の細胞内小器官を備えていて，核に存在する遺伝情報を元にしてタンパク質などの重要な細胞の構成要素をつくり出したり，ミトコンドリアでATPなどのエネルギーをつくり出したりする．ニューロンの細胞体を光学顕微鏡標本として観察するときに最もよく用いられるニッスル染色は，粗面小胞体やリボソームの連なったポリゾームなど，細胞質に多く存在するリボソームRNAを塩基性色素で染める方法である．一方で核は染まらないので，組織切片の厚み内に細胞体全体が収まるようなサイズのニューロンの場合には，細胞体は，核が白く抜けて細胞質が色素で染まった，数ミクロンから数10ミクロン直径の構造として見える．脳内では多数のニューロンの細胞体が集合して複数の層状の構造をつくったり（大脳皮質や海馬とよばれる脳部位にみられる），密に固まって細胞密度の低い境界部に取り囲まれたように見える構造（神経核とよぶ：自律神経系や内分泌機能の調整に関与する視床下部とよばれる脳部位によくみられる）をつくったりすることから，脳の光学顕微鏡標本を見ると，実に美しい模様のように見える．細胞体からは，ニューロンに特徴的な神経突起である樹状突起が細胞質の延長として延び，脳内の部位や機能の違いに応じて実にさまざまな枝ぶり（本数，密度や分岐パターン）を示すことが多く，樹状突起の形を見ただけでそれがどのような脳部位の何とよばれるニューロンかを見分けることもでき，名称が付けられているほどである（例えば，小脳の「プルキニエ細胞」や嗅球とよばれる嗅覚一次中枢の「僧帽細胞」など）．樹状突起は，後で述べるように，ニューロン間のコミュニケーションにおいて主に神経情報の受け手となる構造である．一方で，神経回路としてつながっている次のニューロンへの神経情報の送り手として働く突起は軸索とよばれる．通常，細胞体の軸索小丘とよばれる部位から1本の軸索が出て軸索初節部とよばれる部分（ここには後述するような活動電位発生に必須の働きをするNa^+チャネルの高密度の集積があると考えられている）を経て，有髄神経の場合にはミエリン鞘とよばれる，オリゴデンドログリアとよばれるグリア細胞の細胞膜がバウムクーヘン状に巻き付いた絶縁体構造が始まる．実際，軸索で活動電位が伝わる（これを活動電位の伝導とよぶ）ときに軸索の膜をよぎって流れる電流がミエリン鞘に覆われた部分では流れず，ある程度の距離（脳部位によって異なるが，通常数10ミクロンから数mm）を経た部分に存在するミエリン鞘に覆われていない軸索部位（これをランヴィエ絞輪とよぶ）に到達して初めて流れることから，活動電位はランヴィエ絞輪の間を跳躍しながら伝導する（跳躍伝導）ことが知られている．そして，この跳躍伝導が，脊椎動物の脳内における伝導速度の向上に大きく寄与しているのである．一方，無脊椎動物の場合にはミエリン鞘をもたない，いわゆる無髄神経も多く存在するが，無髄軸索の場合には軸索の直径を大きくすることにより伝導速度を早くするように進化してきたと考えられている．実際，ホジキンとハクスリーの2人が1960年代初頭に神経興奮とその伝導の機構に関してノーベル賞を受賞したときに実験材料として用いられたヤリイカの巨大軸索では，細い軸索の融合により直径が1 mmにも達しており，外套膜を一気に収縮させてジェット推進により泳ぎ去るときに役に立っている．

活動電位を軸索が伝導していくと，最後はミエリン鞘に覆われていないシナプス終末にたどり着く．シナプス終末部は膨らんだ構造になっていて，電子顕微鏡で観察すると，多くのシナプス小胞やミトコンドリアが存在していることが知られている．また，シナプス終末は，通常樹状突起や細胞体の膜上に見られる．この部位で，活動電位がシナプス終末に到達して約1ミリ秒後に，後述するようなメカニズムにより，シナプスを介して情報を受け取るシナプス後細胞に，シナプス電位とよばれる，ややゆっくりとした電位変化が生じ，ニューロン間で情報が伝わる（シナプス「伝達」とよぶ：活動電位の「伝導」とは用語の上でも区別するので注意）．脳の中では，こうした仕組みによって多数のニューロンがつくる神経回路が，各種の脳機能を生み出す基本となっていると考えられている．

●ニューロンの生理学的機能　図1B，Cにニューロンの主な生理学的機能である電気信号の発生について図示する．まず，ニューロンの細胞内に記録電極としてガラス微小電極（先端が約0.1ミクロン）を刺入すると，細胞内が細胞外の不関電極に対して約−65 mV程度になっていることがわかる（図1B下図右向きの白抜き矢尻）．これはニューロンの静止膜電位とよばれ，ニューロンが静止時に開いていて主にK^+イオンを透過させるチャネルが原因となって，細胞内のK^+濃度が細胞外よりも高いために生じる電気化学的平衡状態を示す電位であると考えられている．このとき，記録電極を使って細胞内に過分極方向（図1B下図下向きの矢印方向）に電流注入すると（図1B上図下図とも最初の2発），単に小さな電位変化（受動的電位変化）が生じるだけであるが，逆に脱分極方向（図

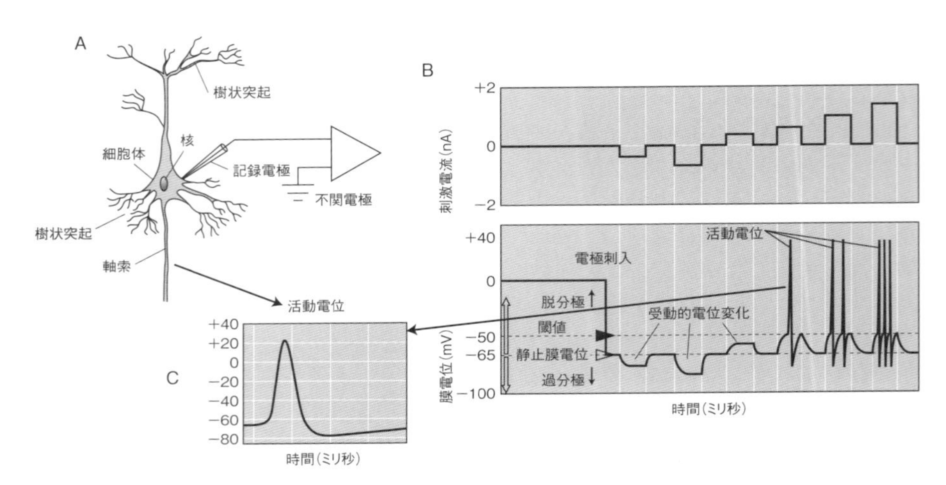

図1　ニューロンの形態・構造を模式的に示す（A）．細胞体に微小な記録電極を刺入したときに記録される静止膜電位と活動電位の様子をBとCに示す．Bは記録電極を使って細胞内に脱分極ないし過分極の電流を注入（上図）したときに，細胞内の記録電極で記録される電位変化（下図）．活動電位のひとつについて時間軸を引き延ばしてみたものをCに示す

1B下図上向きの矢印方向）に電流注入すると，それが小さいとき（3発目）には受動的な電位変化のみであるが，4発目以降（4, 5, 6発目）刺激が大きくなり，ある膜電位（これを閾値とよぶ）を超えると，素早く変化する大きな電位変化が見られる．しかも，刺激が強くなるとその数も増える．こうした素早く大きな電位変化を活動電位とよび，これがニューロンに特徴的な電気信号である．図1Cに見られるように，活動電位は静止膜電位から約1ミリ秒で+20 mV程度まで急激に変化し（オーバーシュート，とよぶ），その後また1ミリ秒程度で静止膜電位まで素早く変化することがわかる．また，刺激を強くした場合でも，活動電位の振幅は変わらず，その数が増えることも特徴的である．この活動電位は，ニューロン細胞膜に対する大きな脱分極刺激により，膜電位依存性Na^+チャネルと膜電位依存性K^+チャネルが時間差をもって特徴的な開閉（正確には，両チャネルの活性化＝チャネル開，チャネル閉とNa^+チャネルの不活性化）が起こる結果生じることが，上述のホジキン・ハクスリーらの研究によりよくわかっている．詳しくは，項目末の参考文献を参照されたい．

最後に，シナプス電位が生じるメカニズムについて簡単に紹介する．上述したように，シナプス終末はミエリン鞘に覆われておらず，膨らんだ構造をしているが，この部位にはそれだけでなく，通常の軸索部に存在する膜電位依存性Na^+チャネルおよびK^+チャネルに加えて膜電位依存性Ca^{2+}チャネルが豊富に存在する．これにより，シナプス終末に到達した活動電位の脱分極が刺激となって，膜電位依存性Ca^{2+}チャネルが開くことで，一気に大量のCa^{2+}が細胞外から細胞内にどっと流入する（細胞内外のCa^{2+}の濃度勾配は外部が内部の約1万倍）．ここでシナプス終末の細胞内に流入したCa^{2+}は，シナプス終末に多量に存在する，神経伝達物質（興奮性のグルタミン酸や抑制性のGABAがよく知られている）を含むシナプス小胞の開口放出の引き金を引くことで，神経伝達物質をシナプス前部と後部の間に存在するシナプス間隙に放出する．神経伝達物質は，シナプス間隙を拡散し，シナプス後膜に存在する神経伝達物質受容体タンパク質に結合する．このタンパク質は，伝達物質の受容体部位を含むばかりでなく，同一タンパク質分子内にイオンチャネルの孔ももっており，伝達物質の受容によりコンフォメーション変化を起こし，イオンチャネルの孔を開き，細胞内外のイオン濃度差に従って，Na^+やK^+（GABAの場合はCl^-）を透過させる．これにより，膜電位は，グルタミン酸受容体の場合には約0 mV付近の，GABA受容体の場合には−70 mV付近の平衡電位に向かって変化することとなり，これにより，それぞれ，脱分極性，過分極生のシナプス電位を生じさせる．ここで特記すべきこととして，シナプス終末に活動電位が到達してからシナプス電位が生じるまでの時間的な遅れ（シナプス遅延とよぶ）はわずかに1ミリ秒程度と，きわめて素早い．このようなシナプスにおける神経伝達の超速スピードが，動物が感覚刺激に対して応答する際などに見せるきわめて素早い神経応答の基礎になっていると考えられている．

一方，神経細胞の中には，ペプチドホルモンを産生して血液中にそれらを放出する神経分泌細胞（☞「神経系と内分泌系の相関」参照）とよばれるものや，ペプチドを産生してそれらを脳内に放出することで，以下に述べるような神経修飾を行うものも存在する．これらの神経細胞は，ペプチドをその細胞体で産生し，軸索輸送により軸索終末に運んで放出するのみならず，樹状突起，細胞体，そして軸索における膨大部において，シナプス部位以外の細胞膜から開口放出により放出すること，などが最近わかってきた．さらに，このようにして放出されるペプチドは，ペプチド受容体（Gタンパク質共役型の代謝型受容体）をもつニューロンに対して働く．この場合は，代謝型受容体の活性化により，受容体をもつニューロンの細胞内情報伝達系の活性化を引き起こし，その結果，そのニューロンがもつイオンチャネルの開閉が修飾を受ける．こうした経路からも予想されるように，神経修飾は，神経伝達に比べて時間経過が大変ゆっくりしており（ミリ秒でなく，秒・分・時間単位の過程），また，その効果もシナプス部位に限局的なものでなく，脳内の広範囲に及ぶことから，動物行動や感覚情報処理などの神経回路における長期的な変化を生じさせるのに適している．［岡 良隆］

参考文献

［1］ 岡 良隆『基礎から学ぶ神経生物学』オーム社，2012
［2］ Purves, D. et al., *Neuroscience*, 5th ed., Sinauer, 2012

神経伝達物質とイオンチャネル・受容体
——神経機能をもたらす基本物質

さまざまな動物行動は，脳神経系に存在する複雑な神経回路網の働きにより生み出される．神経回路網における情報処理は，それを構成するニューロンが発生する活動電位とニューロン間のシナプス伝達により行われる．イオンチャネルや受容体はニューロン活動を担う機能素子であり，神経伝達物質はニューロンが分泌するシグナル分子である．

●イオンチャネル　イオンチャネルは細胞膜を介したイオン輸送を行う膜タンパク質であり，電位作動性チャネル（電位依存性チャネルともよばれる），リークチャネル，リガンド作動性チャネル（リガンド依存性チャネルともよばれる），機械受容チャネルに大別される．イオンチャネルには，特定のイオン種を選択的に透過させるフィルターを備えたイオン透過経路と，特定の刺激によりイオン透過経路を開閉するゲートが存在する．イオン選択性から，Na^+チャネル，K^+チャネル，Ca^{2+}チャネル，Cl^-チャネルなどに大別されるが，機能的にも分子的にも非常に多種多様である．20世紀中頃のA. L. ホジキン（Hodgkin）とA. F. ハックスレー（Huxley）によるイカ巨大神経軸索を用いた先駆的な研究以来，さまざまな特性をもつイオンチャネルの存在が明らかにされてきた．電位作動性チャネルは電位センサーをもち，膜電位の変化に応じてゲートが開いてイオンを透過させる．リークチャネルは静止時のイオン透過性にかかわるチャネルであり，電位センサーはもたず，膜電位にかかわらずゲートが開閉する．リガンド作動性チャネルは，リガンドが結合することでゲートが開くイオンチャネルであり，後述するイオンチャネル型受容体と同一である．リガンドとはある受容体に特異的に結合する物質のことで，神経伝達物質はその受容体のリガンドである．機械受容チャネルは，接触や圧変化などの機械的刺激によりゲートが開くイオンチャネルである．細胞膜を介するイオン輸送は生命活動において根幹的な機能であり，多くのイオンチャネルは進化的に非常によく保存されている．

●神経伝達物質　神経伝達物質とは，化学シナプスにおいて情報を伝える役割をする化学物質の総称である．ニューロンが神経伝達物質を分泌することは，1920年代に，O. レーヴィ（Loewi）によるカエルの心臓に対する迷走神経刺激の効果を指標とした独創的な実験により初めて示され，後に，迷走神経から分泌される物質はアセチルコリンであることが明らかにされた．その後，動物の神経系において，さまざまな物質が神経伝達物質として働くことが実証されてきた．以前は，個々のニューロンは1種類の神経伝達物質だけを分泌すると考えられていたが，現在では，多くのニューロンが複数種類の神経伝達物質を分泌することが知られている．しかしながら，複数種の神経伝達物質を分泌するニューロンにおいても，神経終末部から放出される神経伝達物質の種類は基本的に同一のようである．多くの動物に共通する神経伝達物質としては，アセチルコリン，アミノ酸（グルタミン酸，グリシン，GABA），モノアミン類（ノルアドレナリン，アドレナリン，ドーパミン，セロトニン，ヒスタミン）やATPがあげられる．また，さまざまなペプチド類も神経伝達物質として働いているが，動物門を超えて共通性があると認められたペプチド類は少ない．無脊椎動物と脊椎動物に共通するペプチド類の例としては，オキシトシン/バソプレッシン族ペプチドやタキキニン類があげられる．一般に，神経伝達物質の作用は興奮性と抑制性に大別できることが多いが，これらの作用は受容体の性質に依存しており，神経伝達物質の種類から興奮性伝達物質と抑制性伝達物質に分けることは必ずしもできない．例えば，脊椎動物の中枢ではグルタミン酸やアセチルコリンは興奮性伝達物質であるが，軟体動物のアメフラシやカタツムリの中枢では抑制性伝達物質としても働く．

●受容体　神経伝達物質やホルモンが結合する受容体は膜タンパク質であり，イオンチャネル型受容体，Gタンパク質共役型受容体（GPCR），酵素連結型受容体などがある．アセチルコリンやグルタミン酸など一部の神経伝達物質には，イオンチャネル型受容体とGPCRの両方が存在する．ニコチン性アセチルコリン受容体（nAChR），$GABA_A$受容体，グリシン受容体（GlyR），$5\text{-}HT_3$受容体はイオンチャネル型受容体であり，nAChRと$5\text{-}HT_3$は陽イオンチャネル，$GABA_A$とGlyRはCl^-チャネルである．これらの受容体は5つのサブユニットからなる5量体であり，システイン-ループ受容体ともよばれる．イオンチャネル型受容体の構造は多様であり，陽イオンチャネルであるグルタミン酸受容体（GluR, NR）は4量体，同じく陽イオンチャネルであるATP受容体（P2X）やペプチド作動性Na^+チャネル（FaNaC, HyNaC）は3量体である．一方，すべてのGPCRは7回膜貫通型タンパク質であり，その基本構造は同一である．イオンチャネル型受容体に神経伝達物質が結合するとイオンチャネルが開き，イオン電流が流れることでシナプス電位が発生する．GPCRの場合は，神経伝達物質が結合すると細胞内Gタンパク質が活性化し，それが細胞内シグナル伝達系を刺激してさまざまな細胞応答が生じる．細胞応答の多くは細胞内酵素活性の変化によりもたらされるが，活性化Gタンパク質がイオンチャネルを直接制御する場合もある．例えばアセチルコリンやドーパミンなどは，GPCRを介したGタンパク質の活性化により，Gタンパク質依存性内向き整流K^+チャネル（GIRK）を活性化する．心臓に対するアセチルコリンの抑制作用は，GPCRであるムスカリン性アセチルコリン受容体を介したGIRKの活性化が一因である．

［古川康雄］

グリア細胞と脳の機能
——脳の新しい役者「グリア細胞」

グリア細胞は，神経細胞，血管細胞とともに，脳を構成する細胞の１つである．すべての動物の脳に存在しているが，特にヒトではその数，神経細胞数に対する存在比が高く，高度なヒトの脳の働きとの関連性が注目されている．

●グリア細胞の種類と機能　グリア細胞は大きく分けて，マクログリアとミクログリアに分類され，マクログリアはさらに，アストログリア，オリゴデンドログリアに細分類される．アストログリアに近い細胞として，網膜にミューラーグリア，小脳にバーグマングリアが存在する．また，新しいグリア細胞として，NG2細胞，上衣細胞もグリア細胞の仲間として分類されるようになってきている．

グリア細胞は，長い間神経細胞を物理的に支えたり，血管と神経細胞との間の物質輸送を助けたり，老廃物・過剰な神経伝達物質を排除するなど，脳の補助的な細胞を担っていると考えられて来た．実際に，アストログリアは，血管からグルコースを取り込み，神経細胞に橋渡しする役割を，ミクログリアは神経細胞の死がいや断片を食べて脳から除去する役割をもつ．またオリゴデンドロサイトは，ミエリンを形成し，神経細胞の伝導速度をコントロールする．しかし，最近の研究により，これらグリア細胞が脳の構造や，機能を直接制御していることが次々と明らかとなってきている．脳の機能は，神経細胞が担っているだけではなく，神経細胞—グリア細胞の強いコミュニケーションによって，担われているということができる．

●グリア細胞の新しい役割　アストロサイトは，最もサイズが大きく，数が多い細胞である．各種神経伝達物質受容体，イオンチャネル，トランスポーターを発現しており，化学伝達物質に即時的に応答する．神経細胞のように，活動電位を発生することはないが，Ca^{2+}波を発生することにより，グリア伝達物質とよばれる化学物質を放出して，神経細胞を含む周囲の細胞と積極的に連絡を取り合ったり，自身の性質をコントロールしている．オリゴデンドロサイトは，軸索にミエリン鞘を形成して絶縁体部分をつくることにより，神経細胞が跳躍伝導とよばれる速度の速い興奮を伝えることを可能としている．また，複数の神経細胞をまとめる役割をしたり，自身が興奮することにより，跳躍伝導の速度を調節している．ミクログリアは脳内免疫細胞として，死細胞，細胞断片，進入した異物除去などを行うが，シナプスを刈り込んだり，神経細胞を保護するなどの神経ネットワークの構築や維持にも大きな役割をはたす．このように，グリア細胞は神経細胞と積極的にコミュニケーションをとることにより，脳が機能するために必須の役割をはたしている細胞群であるといえる．

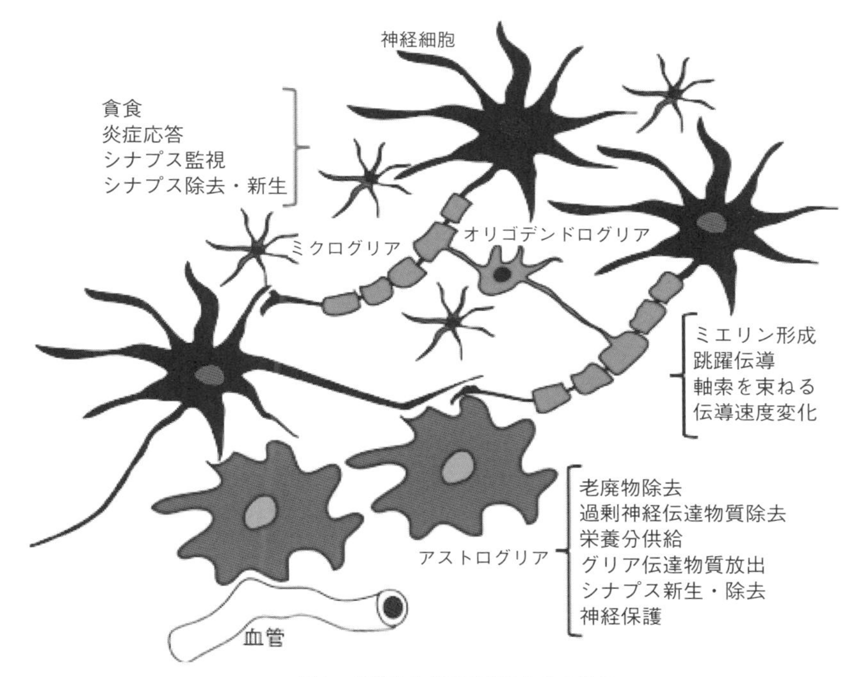

図1　代表的なグリア細胞とその機能

●グリア細胞の異常と脳　このようにグリア細胞は，神経細胞機能と密接にかかわっているため，その機能異常は種々の脳疾患と強く関連していることが明らかになりつつある．グリア細胞は脳内環境変化を非常に敏感であり，また変化に応じて自身の性質を大きく変化させることが知られている．例えば，脊髄ミクログリアの機能変化，一次体性感覚野のアストロサイトの機能変化により，痛み伝達や痛み神経回路に変化が生じ，神経障害性疼痛が引き起こされること，感染や向精神薬などにより生後発達臨界期（高感受性期）のグリア細胞に異常が生じると，シナプス新生および刈り込みが正常に行われずに，発達障害などの精神疾患につながること，アルツハイマー病の原因物質の1つβアミロイドタンパクの蓄積とグリア細胞機能変化が関連するなど，多くの知見が蓄積されつつある．これまで，脳に作用する薬物は，すべて神経細胞を標的にしたものであったが，グリア細胞を標的とした創薬の重要性が指摘されるようになってきている．　［小泉修一］

参考文献

［1］ 工藤佳久『脳とグリア細胞』技術評論社，2010
［2］ 浅野孝雄・藤田哲也『プシューケーの脳科学』産業図書，2010

神経回路網における情報処理と統合
——ダイナミックな反射制御

我々は立つ，歩く，座るなどさまざまな運動を何の気なしにこなしている．外乱が多く，起伏に富んだ環境での姿勢制御はロボット工学の難題であるが，我々はいともたやすくやってのける．例えば，すし詰めの電車の中で立っていて，電車が急停止すると，慣性の法則で膝が伸びて前につんのめりそうになるが，瞬時に膝を曲げて踏ん張る．逆に急発車すると膝を伸ばして体重を前に移動させる．一方で，ヒトとは進化的に大きく離れた昆虫も6本肢で同じ物理世界を生き抜いており，よく似た姿勢制御システムを進化させている．我々は脊髄を介した反射により，昆虫は胸部にある神経節を介した反射により，速い姿勢制御を実現する．これらの反射回路は上位中枢の制御下におかれ，状況依存的に反射強度が修飾される．

●静止時の姿勢制御　我々が姿勢を一定に保持するための基本の反射が伸張反射である．例えば，膝が曲げられると伸筋は受動的に引き伸ばされる．すると伸筋内の筋紡錘とよばれる感覚器の両端が引き伸ばされることで刺激され，伸筋（主動筋）を逆に収縮させるように働く（図1A）．これは感覚神経と運動神経の間の1つのシナプスだけを介する「単シナプス反射」の典型例である．外から加えられる力の方向と反対方向に作用する反射なので「負のフィードバック」となる．このとき膝関節を反対方向に動かす拮抗筋（ここでは屈筋）の活動は邪魔をしないよう別の抑制性介在神経を介して抑制される（図1A）．この支配様式は相反神経支配とよばれ，あらゆる骨格筋にこの様式があてはまる．伸張反射と同じ反射は昆虫にもあり，筋肉の外側を並走し，主動筋と拮抗筋双方の長さや負荷を間接的にモニターする細長い感覚器（弦音器官）によって介在される（図1B）．これは抵抗反射とよばれる（図1B）．

●筋肉負荷低減反射　伸張反射を弱める反射も存在する．自由な関節運動が妨げられる状況で強い伸長反射（抵抗反射）が起こると筋肉に負荷がかかり，腱断裂が起こる危険がある．そこで，骨に付着している腱が引き延ばされたときに刺激される感覚器（ゴルジ腱器官）があり，これが主動筋を弛緩させるように働く．これはみずから起こす反射を抑制することになるため，自原抑制とよばれる．類似の反射は昆虫でもみられ，拘束されたときに突然の運動停止を起こす，いわゆる擬死がこれにあたる．この反射は弦音器官中にある振動受容細胞によって介在される．関節が固定された状態で抵抗反射が起こると筋肉が震えるが，これが弦を伝わって，振動受容細胞を刺激する．甲虫類が木の振動で擬死を起こすのは基質振動がこの細胞を直接刺激するためである．

●歩行時の反射反転　次に自分の意志で起こす自発的な歩行について考えてみよ

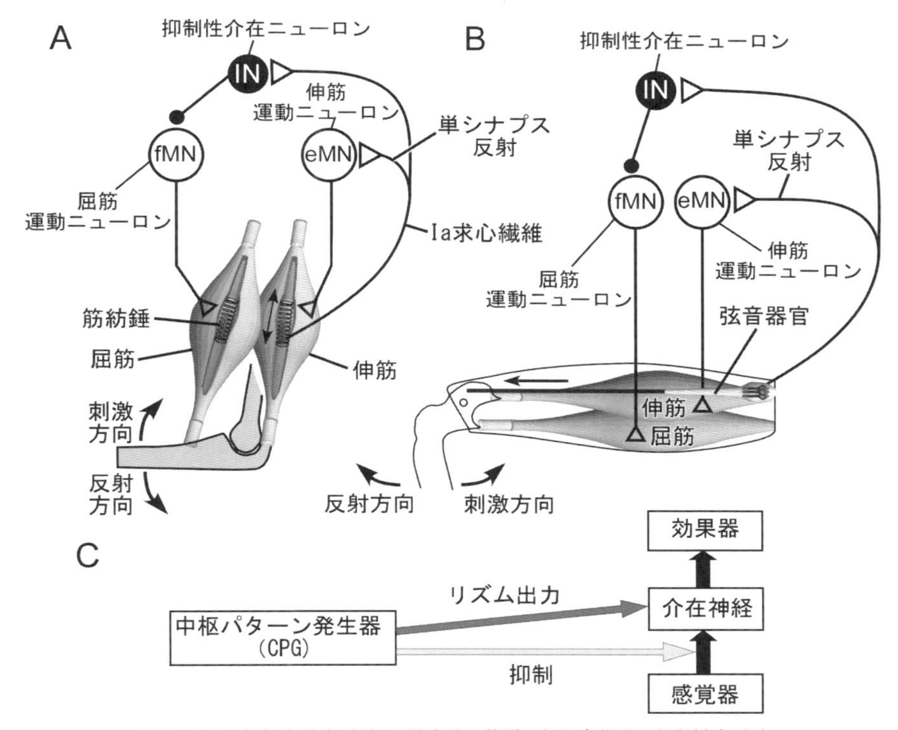

図1　ヒト（A）と昆虫（B）の静止時の伸張反射と歩行時の制御様式（C）

う．歩行中の肢の曲げ伸ばしのたびに伸張反射が起きるとその場で素早い肢の屈伸が起こることになり，前進できなくなってしまう．そこで，ヒトや昆虫（バッタやナナフシ）の歩行時には伸張反射の反射反転が起こる．つまり，肢が屈曲するとさらに屈曲，伸展するとさらに伸展させるように働く．これは与えられた力と同じ方向に働く「正のフィードバック」である．これによって，体重を支えつつ前に運ぶ力強い筋収縮が可能となる．

●反射反転のメカニズム　歩行中の反射反転は上述のような感覚器主導の反射的制御から中枢主導の制御に転じることで起こる．これには司令繊維（☞「中枢神経系における感覚情報の処理・統合」参照）の下の階層にあって，リズミックな出力パターンを生成する中枢パターン発生器（central pattern generator，CPG）とよばれる神経が重要である．脊椎動物においては，歩行や泳動のCPGは脊髄に，昆虫では胸部神経節にある．CPGからの出力は1）感覚器からの出力を抑制することで伸張反射を弱める一方，2）運動神経上位の神経を介して歩行リズムに合わせた屈筋と伸筋交互の興奮／抑制を引き起こす（図1C）．　［西野浩史］

感覚系の構造と機能
——動物の感覚世界を探る

感覚は，動物が環境の情報をとらえて処理し知覚する過程のことで，この過程を担う神経系の部分を感覚系という．狭義には，感覚のごく初期の段階，つまり，外界の物理情報を細胞の電気現象に変換する仕組みをさす．情報変換そのものを担う細胞を感覚細胞，感覚細胞を含む器官を感覚器とよぶ．

私達の感覚は，五感に代表される．五感のもとになる物理現象は，光（視覚），化学物質（味覚，嗅覚），機械的変異（聴覚，触覚）だが，もちろんすべてがこれにあてはまる訳ではない．目を広く動物全体に向けると，電気感覚や磁気感覚など，私達にはない感覚も多いことがわかる．いわゆる五感であっても，だいたい私達とは感度領域がずれており，むしろ感覚を互いに完全に共有する動物種はいないと考えるべきである．極端な話，同じ人間同士であっても，あるものが他人にどう感じられているかは，厳密にはわからないのである．

この点は動物の生態を調べるとき，特に重要である．無邪気に，動物も人間と同じ感覚をもっていると仮定してはならない．たぶん，昆虫には紫外線が見え，コウモリには超音波が聞こえてはいるだろう．しかしはっきりと断言できないのは，感覚はあくまでも主観的経験だからである．人間同士なら，このギャップは言葉である程度埋められるが，動物の感覚は，感覚器の構造（解剖学），感覚細胞の感度（生理学），刺激への反応（行動学）などを通じて理解するしかない．どんなに徹底的に調べても，主観的な経験は再現できないのだが，それでも，研究を深めることで理解は少しずつ深くなってゆく．

この項では，後に続く各感覚に関する解説の序論として，感覚をそのもとになる物理現象に従って，光感覚，化学感覚，機械感覚の3つに分けて概説する．なお，植物や微生物の環境応答も“感覚”とよぶこともあるが，仕組みは動物の感覚と大きく異なる．詳細は参考文献［2］に譲る．

●光感覚（視覚） 動物の代表的な光感覚器は，視覚器としての眼である．眼には光エネルギーを生体信号に変換する光受容細胞がある．視覚に関係する光受容細胞を視細胞とよぶこともある．視細胞では，光受容物質であるロドプシンが光エネルギーを吸収し，細胞内の情報伝達系を介して細胞膜上のイオンチャネルを開閉，その結果として発生する膜電流が生体信号となる．視細胞のとらえた情報は脳の視覚野で処理され，“見る”という行動につながる．

眼の構造は，体表近くに光受容細胞が集まっただけの眼点，すこし凹んだ眼杯などの単純なものから，非常に複雑な光学系をもつものまで，多様である．複雑な眼には，カメラ眼と複眼がある（図1）．カメラ眼をもつ代表的な動物は，脊椎動物と軟体動物である．大きなレンズがひとつあり，そのレンズが像をむすぶ網膜上に視細胞がびっしりと並ぶ．個々の視細胞が，画像の最小単位（ピクセル）に対応する．複眼は節足動物に普通に見られ，個眼という単位が無数に集まってできている．個眼にはそれぞれレンズ系があり，普通はその下に数個の視細胞からなる光受容部位が1つある．したがって，複眼では個眼が像のピクセルに対応している．

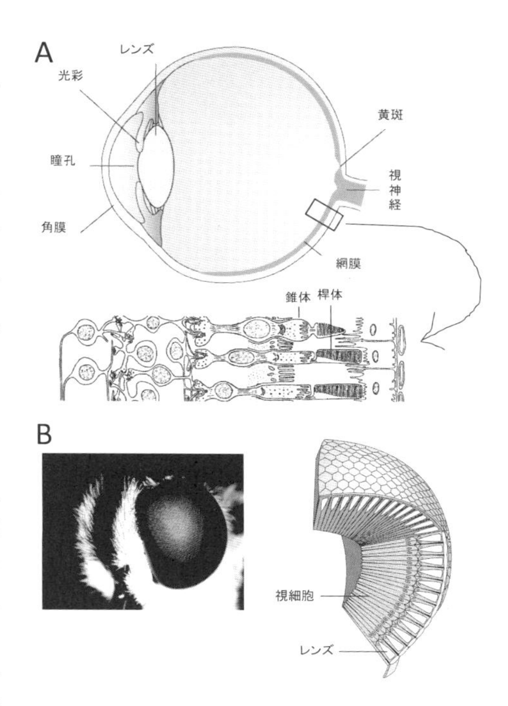

図1　A：脊椎動物カメラ眼および網膜部分の拡大模式図．B：アゲハ複眼および複眼内部の模式図

人間の視覚は概して優れてはいる．しかし，人間があらゆる点でベストという訳でもない．猛禽類の網膜は視細胞の密度が格段に高いので，視力は人間よりかなり鋭い．人間の色覚が赤・緑・青の3色性であるのに対し，チョウ類や鳥類はこれに紫外線を加えた4色性で，明らかに人間よりも豊かな色の世界をもっている．ちなみに紫外線が見えないのは人間を含む霊長類くらいで，動物の中ではむしろ例外である．早く飛ぶ昆虫や鳥類は，動きへの追随能力が高い．人間には偏光の振動面角度を区別できないが，昆虫や甲殻類には偏光情報を使う種も多い．

見ることと直結しない光感覚もある．例えば昼夜のリズムをつくるための光情報は，頭頂部で受容する動物が多い．鳥類や魚類の松果体，爬虫類の顱頂眼は，そういう光受容器である．哺乳類の松果体は脳の深いところにあって光が届かないため，網膜の出力細胞（神経節細胞）の一部がその機能を担っている．チョウ類は腹部末端に4個の光受容細胞—尾端光受容細胞—をもつ．尾端光受容細胞の反応を使って，オスはメスときちんと交尾できているか，メスは卵を葉に産み付けられるくらい産卵管が外に伸びているかを判断している．これらの光受容細胞でも，光受容を担う分子はロドプシン類と考えられる．

●機械感覚（聴覚・触覚）　聴覚は空気の振動を圧力の変化としてとらえる感覚である．ヒトの耳の構造と機能の詳細は他章に譲る（☞「聴覚・触角・痛覚（機械受容）」参照）．無脊椎動物では，コオロギは前脚のすねに，ヤガは羽のつけ根に鼓膜器官があるが（図2），耳をもたない種も多い．ヤガの耳はコウモリの発する超音波を聴いて捕食を逃れるのに重要だが，ほとんどのチョウ類には耳がない．チョウ類は昼行性になることでコウモリを避けたらしい．

皮膚感覚には，触覚，痛覚，温覚など，多くの感覚が含まれる．皮膚内の感覚器の構造は古くから研究されてきたが，最近の進展は，TRP（transient receptor potential）類と総称されるタンパク質の発見に負うところが大きい．

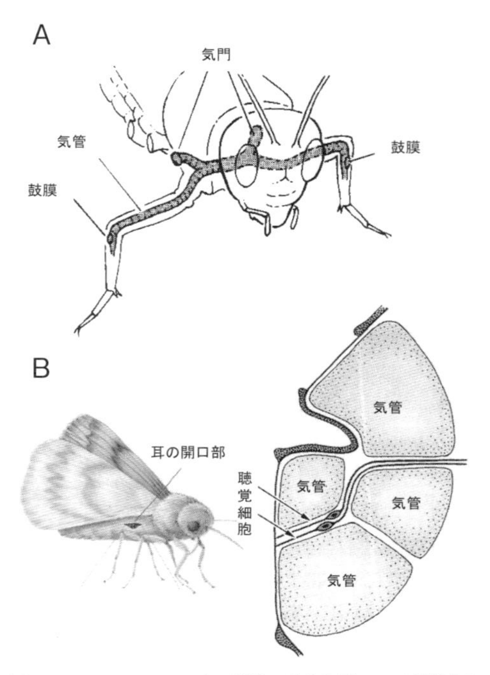

図2　A：コオロギの耳．鼓膜は前脚脛節に，反対側は前胸の気門につながる．B：ヤガの鼓膜は羽の付根にある

TRPは最初，キイロショウジョウバエ視細胞のチャネルとして見つかった．光刺激で発生する受容器電位（receptor potential）が一過性（transient）になる変異の原因遺伝子だったため，この名がある．しかしハエで機能がわかるより前に，TRP類は哺乳類を含む多くの動物がもつこと，少なくとも6グループ，28種があること，その一部は温度感覚を担うことがわかった（☞「動物の温度調節」参照）．温度のほか，機械感覚，味覚，嗅覚を担うTRPもある．最近，ハエ視細胞のTRPは機械刺激に応答していることがわかった．光が活性化する細胞内情報伝達系は，膜を構成するリン脂質の代謝をともなう（☞「視覚（光受容）」参照）．その結果，光受容膜は光に反応してピクリと動く．細胞膜に埋まったTRPは，この動きを感知して開くと考えられる（Hardie and Franze, 2012）．

●化学感覚（味覚・嗅覚）　脊椎動物の味覚は口中に入った化学物質に対する感覚で，人間の場合には5つの基本味がある．甘味，うま味，苦み，塩味，酸味で，それぞれショ糖，グルタミン酸，塩酸キニーネ，塩化ナトリウム，酢酸が代表的な物質である．三大栄養素のうち，炭水化物とタンパク質はそれぞれ甘味とうま味に対応する．脂肪には味がないが，食物に“こく”を与える効果がある．ミネラルやビタミン類には塩味が対応する．酸味は腐敗に，苦みはアルカロイドなどの毒物に対応し，いずれも毒物を避ける機能と関係する．

甘み，うま味，苦みはGTP結合タンパク質を活性化する受容体（G protein-coupled receptor，GPCR）で受容される（☞「味覚（化学受容）」参照）．塩味と酸味の受容機構には不明点が多い．これは，塩味がNa^+，酸味がH^-という，あまりに普遍的な物質によっているためだろう．辛みも口で感じられるが，これは痛覚に分類される．

味覚は無脊椎動物にもある．多くは口の周辺の感覚子が受容する．味覚感覚子には数個の感覚細胞の樹状突起が入っている．味分子は感覚子先端の穴から入り，樹状突起のGPCRで受容される．味覚GPCRの種類は，ハエで約60，カで約80，ミツバチでは約10とされる．種によって基本味の数は大きく異なるようだ．

食物の味以外にも，味覚とよく似た感覚を使う動物もある．幼虫が特定の植物の葉を食べて育つチョウ類には，母チョウが葉の表面を前脚でたたいてから卵を産む種がある．前脚の先端には味覚感覚子のような毛が密生していて，これで葉の成分を確認する．味覚と区別して，接触化学感覚とよばれることもある．

嗅覚　鼻腔の嗅上皮にある嗅覚受容細胞は，鼻腔に向けて細い繊毛を，脳に向けて軸索を伸ばす．軸索は脳の嗅球に投射する．嗅球には多くの小さな球状の塊—糸球体—がある．1つの糸球体には約2000本の受容細胞の軸索が入り込み，2段目の神経細胞とシナプスをつくっている．

匂いは受容細胞の繊毛にあるGPCRで受容される．匂い受容GPCRの数は味覚より多く，マウスで約1400，人間でも約800に及ぶ．しかし匂いの数は20万とも30万ともいわれ，受容分子より格段に多い．限られた分子で多くの匂いが嗅ぎ分けられるのは，中枢の働きである．ひとつの糸球体には同じ受容分子をもつ嗅覚細胞からの情報が集まる．嗅球全体の活動を直接観察しながらある刺激を与えると，複数の糸球体が同時に活動する様子が見える．別の刺激に対しては，異なる組合せで糸球体が活動する．活動した糸球体の組合せがさらに上位の神経細胞で読み取られ，無数の匂いを嗅ぎ分けられると考えられる．

昆虫の嗅覚受容細胞は触角にある．触角から出た感覚神経は触角葉に投射する．触角葉にも，脊椎動物の嗅球と同じような糸球体構造があり，複雑な匂いは興奮する糸球体の組合せで決まるという点も共通している．　［蟻川謙太郎］

📖 参考文献

［1］江口英輔・蟻川謙太郎編『いろいろな感覚の世界—超感覚のしくみを探る』学会出版センター，2010
［2］日本植物学会編『植物学の百科事典』丸善出版，2016
［3］寺北明久・蟻川謙太郎編『見える光，見えない光』共立出版，2009

視覚（光受容）
——光をキャッチするさまざまな仕組み

視覚は，眼で光を受容することによって現れる感覚であり，一般的には，ものの色や形を像として認識する感覚のことをさす．ヒトの眼の場合，光は角膜から眼球に入り，水晶体（レンズ）を通って網膜に届く．光はレンズによって集められ，網膜に結像する．網膜には，光受容に特化した細胞である視細胞が存在し，光の情報が細胞の膜電位変化という電気的応答に変換され，私達は像を認識することができる．本項では，視細胞で起こる視覚の初期過程の多様性を中心に述べ，さらに視覚とは直接かかわらない非視覚の光受容についても紹介する．

●脊椎動物の視細胞　多くの脊椎動物の眼の網膜には桿体と錐体という2種類の視細胞が存在する．これらの視細胞は，繊毛に由来する光受容部位（外節とよばれる）をもつことから繊毛型光受容細胞に分類される．桿体と錐体の外節は膜が重なり合った構造を含み，そこには，光を受容するタンパク質であるオプシンとして，ロドプシン（Rh）と錐体オプシンがそれぞれ発現する．これらの光受容タンパク質は，光を受容し，三量体Gタンパク質トランスデューシン（Gt）を活性化する．トランスデューシンはホスホジエステラーゼ（PDE）を活性化し，細胞内の二次メッセンジャーであるcGMPの濃度を低下させ，cGMP依存性チャネル（CNGチャネル）を閉じることにより，視細胞を過分極させる（図1，左）．それにともない，視細胞は神経伝達物質（グルタミン酸）の放出を停止することで，双極細胞などの二次ニューロンに光情報を伝達し，最終的に網膜神経節細胞によって視覚中枢（哺乳類の場合は外側膝状体）に光情報が伝えられ，形や色が認識される．

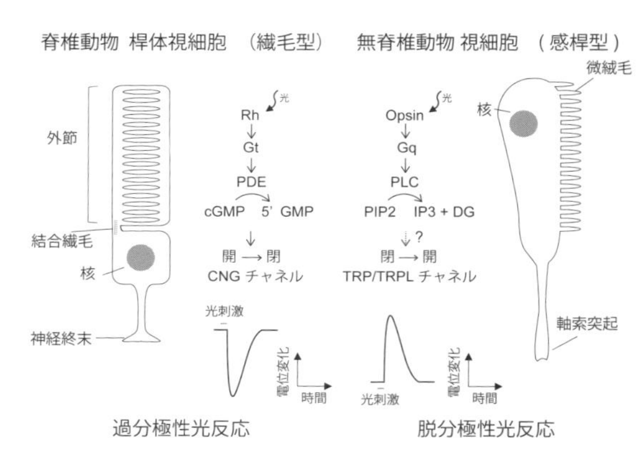

図1　脊椎動物と無脊椎動物の視細胞と光情報変換の仕組み（出典：七田芳則・深田吉孝共編『動物の感覚とリズム』培風館，p.7，2007より改変）

桿体と錐体はそれぞれ異なる光強度において光応答する．桿体は，錐体に比べ，光に対する感度がおよそ100～1000倍高い．したがって，桿体は，光が弱い環境下での暗所視に，一方の，錐体は，光が強い環境下での明所視に用いられる．また，錐体オプシンには複数の種類が存在する．ヒトを含む狭鼻下目には，一般的に3種類の錐体オプシンが存在し，それぞれが別々の錐体に発現することで，赤，緑，青色の光感覚を担う．これにより，明所視においては対象物の色を認識することができる．

多くの脊椎動物は，松果体という脳内の内分泌器官をもつ．松果体は，眼と同じ祖先的光受容器官から進化したと考えられており，哺乳類以外の脊椎動物の松果体は光受容器官としても知られている．松果体は網膜と同様に繊毛型光受容細胞をもち，ピノプシン（ニワトリ松果体）や，パラピノプシンやエクソロドプシン（硬骨魚松果体）など，網膜とは異なる種類のオプシンが発現している．これらは，網膜の視細胞と同様にGtと共役することが知られている．

●無脊椎動物の視細胞　昆虫類などの節足動物やイカやタコなどの軟体動物の眼には，脊椎動物と異なり，細胞膜から生じた微絨毛が形成する光受容部位（感桿とよばれる）をもつ感桿型光受容細胞が存在する．感桿型光受容細胞には，三量体Gタンパク質Gqと共役するオプシン（Gq共役型オプシン）が存在する．そのオプシンが光を受容することにより活性化されたGqは，ホスホリパーゼC（PLC）を活性化し，ホスファチジルイノシトール4,5-二リン酸（PIP2）が，イノシトール1,4,5-三リン酸（IP3）とジアシルグリセロール（DG）に分解される．その結果，キイロショウジョウバエではTRPやTRPLとよばれるイオンチャネルが開き，視細胞は脱分極する（図1，右）．すなわち，これら感桿型視細胞の光に対する応答様式（脱分極）は，脊椎動物の視細胞（過分極）と異なる．なお，PIP2の分解がどのようにこれらチャネルを開くのかについては，いくつかの異なるメカニズムが提唱されており，結論にはいたっていない．キイロショウジョウバエの1つの個眼には，R1～R8とよばれる8つの視細胞が存在する．R7とR8の感桿が個眼の中心に位置し，その外側にR1からR6の感桿が位置している．キイロショウジョウバエの視覚中枢である視葉は，視細胞から近い順に，ラミナ，メダラ，ロビュラ複合体とよばれる神経節からなる．R1からR6の視細胞は，ラミナを経て，メダラへ情報を伝えるが，R7とR8はラミナを経ずに，直接メダラに情報を伝える．メダラに伝えられた情報は，ロビュラ複合体を経由して，より高次な脳領域へと伝えられる．

興味深いことに，脊椎動物もメラノプシンとよばれるGq共役型のオプシンをもつ．メラノプシンは無脊椎動物の視覚で機能するオプシンと近縁で，分子特性もよく似ている．しかし，哺乳類においては，視細胞ではなく，光感受性網膜神経節細胞に発現し，概日リズムの光同調や，瞳孔反射などの非視覚の光受容機能を担う．これらのことから，脊椎動物と無脊椎動物の共通祖先がもっていた感桿型光受容細胞は，進化とともに脊椎動物の光感受性網膜神経節細胞（非視覚）と無脊椎動物の視細胞（視覚）に変化したと想像される．　［寺北明久・和田清二］

味覚（化学受容）
——味わいあれこれ味知識

味覚は嗅覚と並び，外界の化学物質の情報を検出・知覚する化学感覚である．味覚は水溶性物質を対象とする接触化学感覚，嗅覚は揮発性物質を対象とする遠隔化学感覚と説明されるが，水棲生物においてはあてはまらない．舌や口蓋などに分布する末梢の味細胞で受容され，哺乳類では下位脳幹部，昆虫類では食道下神経節にあたる味覚中枢に運ばれ，次いで，食行動を左右する快・不快情動を惹起する（哺乳類では視床下部や扁桃体がその脳領域にあたる）情報処理にゆだねられる感覚を味覚とするのが妥当である．脊椎動物においては，味蕾に備わる味細胞は味神経に情報伝達する二次感覚細胞であり，形態学的にⅠ，Ⅱ，Ⅲ型，およびⅣ型（基底細胞）に分類される．昆虫類における接触化学感覚子の味細胞は基本的に感覚突起と求心性の軸索をもつ双極性の一次感覚細胞である．哺乳類の味細胞は10日程度で入れ替わる．昆虫の味細胞は入れ替わることはないが，感覚突起が傷害を受けた場合には受容器膜の自己修復が起きる．後天的なヒトの味覚障害の多くは，亜鉛不足により味細胞の再生ターンオーバーが正常に行われないために起きる．

●脊椎動物の味覚　ほとんどの味は，基本味のさまざまな割合の混合として表現できると考えられており，ヒトの基本味は，甘味，うま味，苦味，酸味，塩味の5味である．基本味による味覚表現様式は人工味センサーに実装され精度の高い味検出が可能になっている．生体においては，甘味，うま味，苦味はⅡ型細胞によって，塩味，酸味はⅢ型細胞によって受容される．Ⅱ型細胞に発現する味覚受容に特化した受容体は3量体Gタンパク質共役型の7回膜貫通型タンパク質（GPCR）であり，T1RファミリーとT2Rファミリーに分かれる．T1RファミリーにはT1R1，T1R2，T1R3の3種類のサブユニットがあり，T1R1とT1R3がヘテロ2量体を形成している場合はうま味受容体として，T1R2とT1R3がヘテロ2量体を形成している場合は糖やグリシン，甘味タンパク質（モネリンやソーマチン）などの受容体として機能する． うま味受容体として代謝型グルタミン酸受容体（mGluR4）の存在も知られている．苦味受容体タンパク質として知られるT2Rファミリーには多数の分子種が含まれ，マウスでは30種類ほどが知られている．その複数の受容体が同一細胞に共発現し，ホモないしヘテロ・オリゴマーを形成して苦味物質を検出するといわれている．Ⅲ型細胞には，塩味受容体タンパク質として働く上皮性アミロイド感受性ナトリウムチャネル（ENaC）が存在する．ENaCは低濃度の塩味受容を司り，高濃度の塩味受容には別のイオンチャネルTRPV1tが働くと考えられている．また，酸味受容体タンパク質の候補として，PKD1L/2L1，HCN，ASIC，NPPB-感受性クロライドチャネル，K2Pなどが報告されている．Ⅱ型細胞が味刺激を受けるとヘミチャネル（CALHM1）から伝達物質としてATPが放出され味神経へと情報が伝えられる．Ⅲ型細胞の情報伝達は化学シナプスを介しており伝達物質としてセロトニンやノルアドレナリンが放出される．

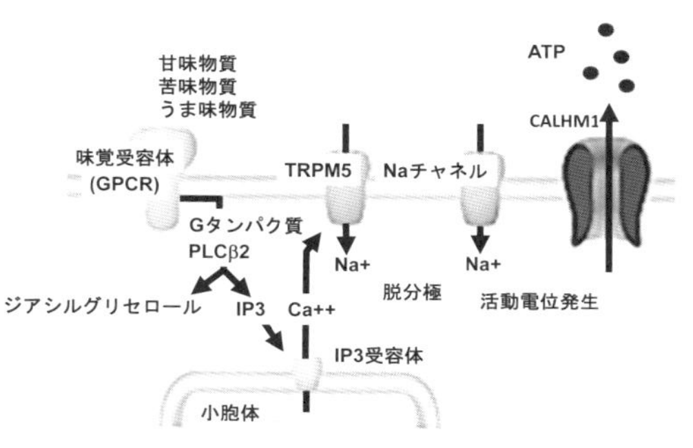

図1　Ⅱ型細胞の細胞内情報伝達

Ⅱ型細胞の細胞内情報伝達（図1）においては，甘味，苦味，うま味受容体タンパク質と共役するGiタイプのガストデューシンや，甘味やうま味に関するGqタイプの3量体Gタンパク質が知られている．その下流にホスホリパーゼCβ2（PLCβ2），イノシトール三リン酸受容体チャネル，容量依存性カチオンチャネルなどの関与が報告されている．基本味以外の味について，例えば辛味には，TRPV1が受容体として働く．コクやキレといった味を科学的に説明する研究も始まっている．さらに，外部感覚器ではなく消化器官に発現する味覚受容体タンパク質の食行動への関与も研究されている．

●昆虫類の味覚　昆虫においては，口吻，咽頭，跗節，翅の辺縁部，交尾器などに備わる接触化学感覚子内に味細胞が存在する．キイロショウジョウバエ口吻の接触化学感覚子には，糖受容細胞，水受容細胞，塩受容細胞，苦味/高濃度塩受容細胞の4種類の味細胞，あるいは，糖/低塩受容細胞，苦味/高濃度塩受容細胞の2種類の味細胞が含まれている．キイロショウジョウバエにおいて同定されている68種類のGPCRのうち分子系統学的に同じクレイドに属する8種類が甘味受容体の遺伝子と考えられている．ショウジョウバエにおいては，苦味受容に関与する複数の受容体タンパク質のオリゴマーの組合せによって異なる苦味物質群を受容している．このように昆虫においても甘味や苦味の受容体の多くは7回膜貫通のGPCRであると考えられている．しかし，フルクトースを結合する7回膜貫通型受容体にイオンチャネルとしての性質があることが報告されている．また，昆虫の味覚器では複数種類のイオンチャネル型受容体（IR）の発現が知られている．水受容細胞が低浸透圧を検知するためにはENaCファミリーに属するPPK28が必須であり，苦味受容細胞はTRPA1を発現してワサビの味を感知している．さらに昆虫においては，味覚が，栄養物の識別だけでなく，求愛相手の性フェロモンの検知，産卵相手の宿主植物の認知，昆虫による産卵や食害に対する化学防除戦略として植物が合成する毒物の検知と忌避にもかかわっている．

［尾﨑まみこ］

嗅覚（化学受容）
――匂いのセンシングメカニズム：匂いを感じる仕組み

嗅覚は匂いを感知する化学感覚である．匂いは揮発性の物質であり，食べ物，天敵，異性，親や子供の信号，生物個体の代謝状況などを反映するものでもある．空間に存在する匂い物質は数十万種類あると推定されているが，そのなかから有用な情報を識別してピンポイントでその情報を抽出する必要がある．そのため嗅覚は，高感度かつ高い選択性をもつ感知システムをもつ．

●嗅覚受容体遺伝子　嗅覚受容体（匂い受容体）は，1991年，コロンビア大学のバックとアクセルによって発見された．彼らは2004年ノーベル賞を受賞している．脊椎動物の嗅覚受容体は，7回膜貫通構造をもつGタンパク質共役型受容体である．さまざまな生物で多重遺伝子ファミリーを形成しており，魚では約100個に対して，両生類では1000個弱，哺乳類では1000個以上に増大している（図1）．生物が水中から陸棲へ進化したときに，嗅覚受容体の数が劇的に増えた．一方，本来の嗅覚受容体ができなくなった偽遺伝子が多数存在する．水中に戻った哺乳類のクジラやイルカにおいては，聴覚を発達させた結果，ほとんどの嗅覚受容体が偽遺伝子である．嗅覚受容体の分子進化は，各々の生物種の生育環境と五感のうちどの感覚を優位に使うかということに大きく影響されている．

昆虫の嗅覚受容体は60～200個ほどである（図1）．脊椎動物と異なり，イントロンを含み，偽遺伝子も少ない．また，7回膜貫通構造と予測されているが，N末端が細胞質側に位置しており，典型的なGタンパク質共役型受容体と逆の膜トポロジーをもつ．それぞれの嗅覚受容体は，Orcoという7回膜貫通タンパク質と複合体を組み，陽イオンチャネルを形成する（図2B）．

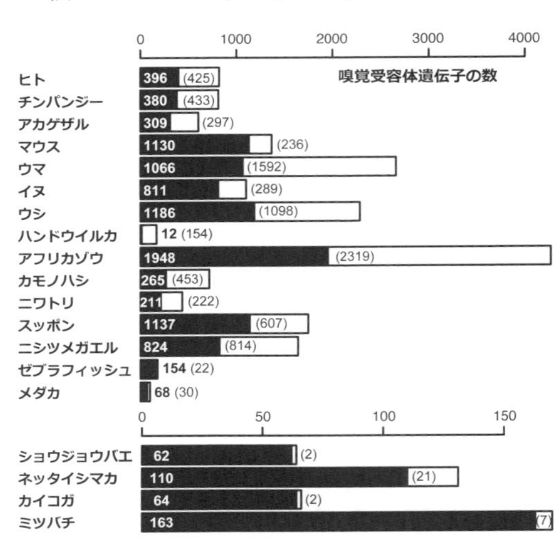

図1　さまざまな生物種における嗅覚受容体遺伝子の数　黒バー：機能遺伝子，白バー：偽遺伝子

●匂いの情報伝達と識別機構　鼻腔に入って

きた匂いは，嗅上皮を覆っている嗅粘液に吸着する．そして，嗅神経細胞の先端の嗅繊毛に接触し，そこにある嗅覚受容体で感知される．匂い分子は嗅覚受容体の膜貫通部位にある匂い結合部位にはまる．すると，Gタンパク質とアデニル酸シクラーゼが順々に活性化され，cAMP量が上昇する（図2A）．次に，cAMP感受性の陽イオンチャネルが開き，細胞外からNa^+やCa^{2+}が流入する．その結果，嗅神経細胞は電気的に興奮し，その興奮は軸索を介して脳の嗅覚一次中枢である嗅球へ伝わる．昆虫の場合，匂いは触角の表面のクチクラの穴からリンパ液のなかに入り込み，嗅神経細胞の樹状突起に局在している嗅覚受容体チャネル複合体を活性化する．その結果，陽イオンが流れて嗅神経細胞は電気的に興奮する（図2B）．その電気信号は，脊椎動物の嗅球に相当する触角葉とよばれる脳領域に伝えられる．嗅覚受容体は，ある特定の匂い分子だけでなく，構造的に類似した複数の匂い分子を認識できる．一方，匂い分子は，複数の嗅覚受容体によって認識される．匂い分子が数百種類の嗅覚受容体のどれと結合するかという組合せの違いで，さまざまな匂い分子が識別される（図2C）．

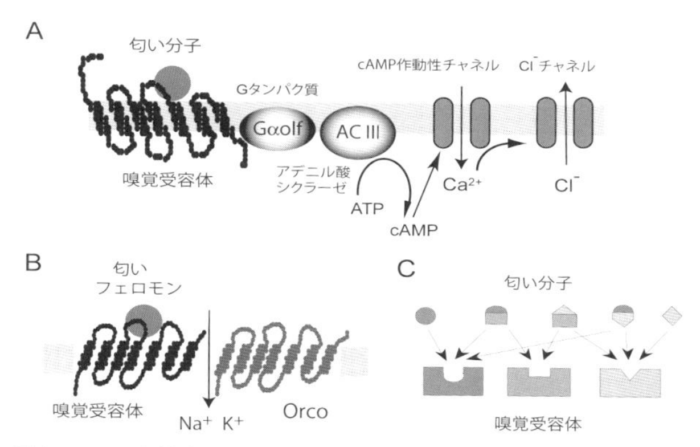

図2 マウスと昆虫における匂いやフェロモンの情報伝達機構 （A）脊椎動物，（B）昆虫，（C）嗅覚受容体の組合せによる匂い識別

●嗅覚神経回路 嗅神経細胞には，数百種類の嗅覚受容体の中から1つだけが選択されて発現している．同じ受容体を発現する嗅神経細胞の軸索は，特定の2つの糸球体に収束する．つまり，匂いによって活性化された嗅覚受容体の組合せがそのまま嗅球へ伝えられる．その信号は，嗅神経細胞とシナプス接続をもつ僧帽細胞や房飾細胞によって嗅皮質に伝達される．嗅皮質は前嗅核，梨状皮質，嗅結節，扁桃体皮質核，嗅内野といった亜領域からなる．嗅皮質から前頭眼窩皮質に伝達されると匂いの認知にいたる．嗅内野を経て海馬に伝達されると匂い記憶の形成がなされる．また扁桃体や視床下部に伝わり，情動，内分泌，行動などの変化が引き起こされる．

［東原和成］

参考文献

［1］ 東原和成編『化学受容の科学』化学同人，2012
［2］ 長谷川香料『香料の科学』講談社，2013
［3］「感覚—驚異のしくみ」『ニュートン別冊』2016

聴覚・触覚・痛覚（機械受容）

単細胞生物からヒトにいたるすべての生物は，振動や接触などの機械刺激を感知する機械受容器を備えている．ゾウリムシは，障壁に衝突すると頭部の機械受容チャネルが活性化して繊毛を逆打ちし，方向転換を繰り返して障壁を回避する．植物も重力や接触を感知するが，種々の機械刺激に特化した機械受容器は哺乳類で最も発達している．ここではヒトの聴覚器と皮膚機械受容器について解説する．

●聴覚器　音を感知する器官であり外耳，中耳と内耳の蝸牛からなる．音は最終的に蝸牛を満たすリンパ中の有毛細胞で電気信号に変換され聴神経系を経て脳に音知覚を引き起こす．聴覚器の複雑な構造は微弱な空気振動を増幅してリンパ液の振動に変換するためにある（図1A）．音は耳介（耳たぶ）で収集され，外耳道の共鳴で約3倍増幅されて鼓膜の振動に変換される．鼓膜と蝸牛の入口である前庭窓を機械的に連結する中耳の耳小骨（槌骨，砧骨，鐙骨）は，梃子の原理と鼓膜と前庭窓の膜面積比（約20：1）によって音圧を約30倍増幅する．中耳と咽頭をつなぐ耳管は鼓膜内外の圧力差を解消して鼓膜の効率的振動を助ける．

蝸牛は前庭階，中央階，鼓室階からなる3階の管構造で，前庭階と鼓室階は頂部でつながり体液と類似した外リンパで満たされている（図1A）．前庭窓の振動はリンパを振動させて鼓室階の出口を覆う鼓室窓に抜けていく．蝸牛は骨で包まれているので，リンパの振動はライスネル膜と基底膜で上下が覆われ，K^+が豊富な内リンパで満たされた中央階を上下にゆする．この振動を電気信号に変換するのは，基底膜，有毛細胞と蓋膜からなるコルチ器である（図1B）．基底膜上には頭頂面に機械感覚毛をもつ3列の外有毛細胞と1列の内有毛細胞があり，主に内有毛細胞が音感知を担っている．外有毛細胞の感覚毛は蓋膜と連結しており，内在する電位依存性のモーター分子が振動に同期して細胞体を上下に伸縮させることで基底膜の振動を1000倍以上増幅する．この振動で生じる基底膜－蓋膜間のリンパの流れで内有毛細胞の感覚毛が傾いて先端付近に分布する機械受容チャネルが開口し，K+が細胞内に流入して脱分極性の受容器電位が生じる（図1C）．引き続いて有毛細胞シナプス前膜からのグルタミン酸放出が起こり蝸牛神経に神経インパルスが発生する．蝸牛の基底膜は入口（基部）から頂部に向かって徐々に柔らかくなると同時に広がって質量が増し，振動に対する共鳴特性（どの周波数で最もよく振動するのかという機械的性質）が基部（高周波）から頂部（低周波）に向かって連続的に変化する．つまり蝸牛は音の周波数を基底膜の特定場所の振動（有毛細胞の活動）に変換する周波数分析器である．周波数に分解された音が脳でどのように再構成されて音知覚を生むのかは謎である．

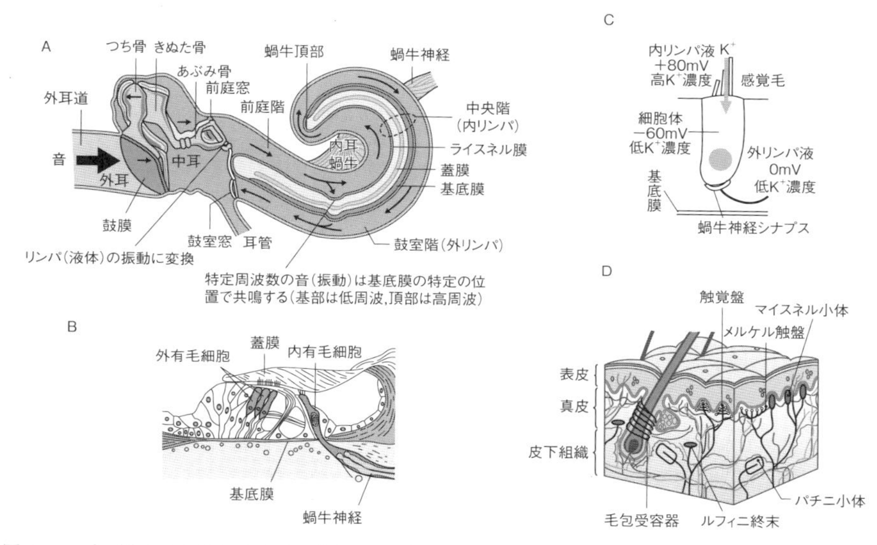

図1　A：音（空気の振動）が中耳（機械的振動）を介して内耳蝸牛（液体の振動）へ伝導する様子，B：中央階コルチ器の構造，C：内有毛細胞の感覚毛が右側に傾くと機械受容チャネルが開口して K^+ が細胞内に流れ込む様子，D：皮膚の機械受容器（A 出典：Gray's Anatomy より，B 出典：Guyton & Hall Medical Physiology より，D 出典：https://www.qlife.jp/dictionary/anatomy/i_10/）

●皮膚機械受容器　皮膚には多様な機械受容器がある．いずれも機械受容チャネルを含む求心性有髄神経の自由終末が特徴的なカプセルに包まれており，特定の機械刺激に応答する（図 1D）．順応の速いパチニ小体（速い振動），マイスネル小体（粗振動，速度，2 点識別），毛包受容器（毛の傾き）と順応の遅いルフィニ小体（引っ張り），メルケル触盤（触圧，無毛部），触覚盤（触圧，有毛部）に大別できる．指先に分布する機械受容器は，対象物の硬さや表面のテクスチャー（ザラザラ，ツルツルなど）の感知にも使われる．皮膚には求心性神経の自由終末として 2 種類の痛み（侵害）受容器がある．伝導速度の速い有髄 Aδ 線維は強い機械刺激に応じて順応が速く，刺すような鋭い痛みを引き起こす．伝導速度の遅い無髄 C 線維は，強い機械刺激に加えて化学，熱・冷刺激にも応じるポリモーダル受容器で，疼くような持続的痛みを引き起こす．

●昆虫との共通性　機械受容器は，前口動物と後口動物のそれぞれの頂点に位置する哺乳類と昆虫で最も発達している．形態も進化経路も異なるが，一部の昆虫はヒトとほぼ同等な機械受容器（聴覚器，平衡器，機械感覚毛，体節受容器など）を有している．機械受容分子や機械刺激を増幅するモーター分子には共通性があるので，これらは前口動物と後口動物の共通祖先から受け継いだものと思われる．

［曽我部正博］

Gタンパク質
——細胞を巧みに操るミクロスイッチ

動物の細胞は，外界やまわりの他の細胞などから常にさまざまな刺激を受けて，それぞれに対して適切な応答を起こす必要がある．その際，細胞の中で機能する重要なタンパク質群の1つがGタンパク質である．Gタンパク質はGTP結合タンパク質の略称であり，1つのタンパク質が単量体で機能する低分子量Gタンパク質と，3つのサブユニットの複合体で機能する三量体Gタンパク質がある．ともに，刺胞動物や有櫛動物から，軟体動物，節足動物，脊索動物まで，動物が広くもつことがわかっている．

●Gタンパク質サイクル　Gタンパク質の活性は，GDP結合型の不活性状態とGTP結合型の活性状態との間の変換サイクルによって調節される．GDP結合型にguanine nucleotide exchange factor（GEF）が作用すると，GDPを放出しGTPを取り込むGDP-GTP交換反応を起こしてGTP結合型となる．この活性状態が特定のタンパク質などの活性を制御し，細胞応答を導く．GTP結合型は，自身がもつGTP加水分解（GTPase）活性と，その活性を促進するGTPase-activating protein（GAP）の作用により，GTPをGDPに変え不活性状態に戻る．つまり，Gタンパク質はアクセル（GEF）とブレーキ（GAP）により制御されることで，細胞応答の分子スイッチとして働く（図1A）．また，Gタンパク質の中には脂質修飾がついているものがあり，形質膜や細胞内小器官の膜，細胞質など局在を変えることで活性を示す場所の調節を行っている．

●低分子量Gタンパク質　分子量20～30 kDaの低分子量Gタンパク質は，ヒ

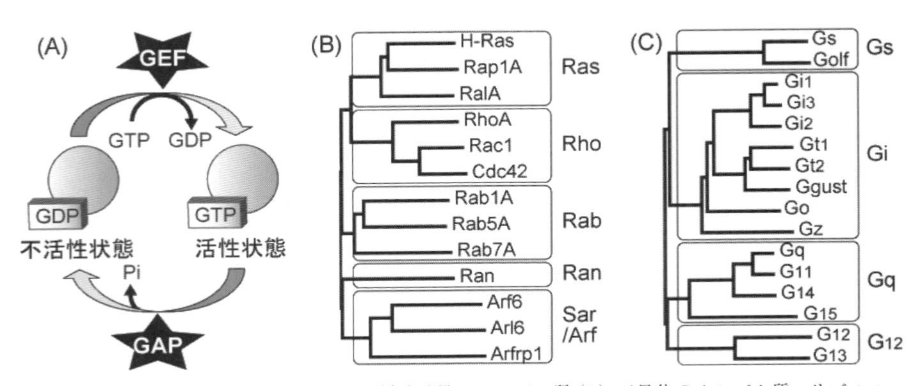

図1　Gタンパク質サイクル（A）とヒトの低分子量Gタンパク質（B）・三量体Gタンパク質αサブユニット（C）の多様性

トにおいて150以上見出され，大きく5つのグループに分類される（図1B）．この中でRasグループは最も研究が進んでおり，細胞の増殖や分化，遺伝子発現調節などにかかわる．Rasはさまざまな細胞膜受容体からシグナルを受け，細胞内のリン酸化カスケードを駆動するなど，いくつかの情報伝達系を刺激する．また，Ras遺伝子の変異は細胞のがん化にかかわることが知られる．Rhoグループは，細胞骨格の制御を行い細胞の運動などにかかわる．RabグループとSar/Arfグループは，主に形質膜と細胞内小器官の間，細胞内小器官同士などの細胞内の小胞輸送にかかわる．Ranグループは，細胞質と核の間の輸送，細胞の増殖の制御などにかかわる．この5つのグループは酵母においても見られるため，その多様化は生物進化の非常に古くに起こったと考えられる．動物細胞においてもそれぞれのグループで遺伝子を増やし，細胞機能の維持にかかわる多彩な役割を担っている．

●三量体Gタンパク質　三量体Gタンパク質は，40～45 kDaのα，35～40 kDaのβ，7～9 kDaのγという3つのサブユニットからなり，このうちGDP/GTPが結合するのはαサブユニット（Gα）である．七回膜貫通型受容体により活性化されるため，これら受容体群がGEFに相当する．この受容体群は，ヒトに約800遺伝子と非常に多く見出され，体内の多様な神経伝達物質やペプチドホルモン，環境からの刺激（光，匂い物質，味物質）などを受容する際に機能する．これら受容体により三量体Gタンパク質が活性化されると，GTP結合型GαとG$\beta\gamma$に解離する．この活性化した三量体Gタンパク質は，細胞内のcAMPやcGMP，Ca^{2+}の濃度変化や低分子量GタンパクグループRhoの活性変化などを導く．この一連の情報伝達系において，刺激を受けた受容体は多数のGタンパク質を活性化する．そのため，細胞外からのわずかな刺激でも細胞内でそのシグナルを増幅して細胞応答を起こすことができる．ヒトには少なくとも，Gαが4つのグループに分類される16遺伝子，Gβが5遺伝子，Gγが12遺伝子存在する（図1C）．いくつかのGαは生体内で結合するGβやGγの種類が決まっていないが，形成された三量体の分子特性は主にGαによって決まる．また，4つのGαグループの分類はそれぞれ活性化する主な細胞内情報伝達系の違いとよい対応関係にある．大きな4つのGαグループは前口動物にも見られるため，グループの多様化は前口動物・後口動物の分岐以前に起こったと考えられる．三量体Gタンパク質の研究は1994年に，七回膜貫通型受容体の研究は2012年に，それぞれノーベル賞の対象分野になっていることからも，これらの分子群の重要性が伺える．

［山下高廣］

参考文献

［1］　ゴンパーツ，B. D. 他『シグナル伝達―生命システムの情報ネットワーク』第2版，上代淑人・佐藤孝哉訳，メディカル・サイエンス・インターナショナル，2011

中枢神経系の構造と機能
——地球に生まれたさまざまな脳

神経細胞が集合した構造を中枢神経系とよぶ．ヒトを含む脊椎動物では，中枢神経系は1本の管となっており，前方の脳と後方の脊髄に分けられる．進化の過程で，神経細胞は前部により集中し，脳が発達した．脳は，解剖学的にさまざまな領域（モジュール）に分けることができ，各脳領域は，それぞれ固有の機能をもつ．本項目では脊椎動物の中枢神経系を中心に，脳の構造と対応する機能について概説する．

●脳の階層構造　階層性は，中枢神経系によくみられる性質であり，歴史的にも多くの科学者が，脳における階層性の存在を指摘してきた．英国の哲学者H.スペンサー（Spencer, 1820–1903）は中枢神経系の構造・機能と進化について体系的なアイデアを発表した．スペンサーは，古い組織に対する新しい組織の追加が，神経系の進化のプロセスの実体であると提案している．ヒトなど高等な種で獲得される機能は，より原始的な種の脳に，新たな組織が加わることによって実現する．

臨床神経学の父といわれる英国の神経学者J. H. ジャクソン（Jackson, 1835–1911）は，脳は機能的な層構造を形成するというアイデアを提案している．脳は異なるレベルの中枢（層）から構成され，上位の中枢は，下位の中枢を介して，運動を制御する（図1）．例えば，前頭葉などの上位中枢は，より複雑な運動の組合せを表現する．そして，脳を構成するそれぞれの中枢は，ある程度独立した機能をもつ．例えばジャクソンは，意識や心の物理的な基盤を担う最上位の中枢は，身体のすべての情報を統合する部位であると考えた．

ジャクソンはスペンサーによる中枢神経系の進化的な考察と，自身の患者の脳損傷の臨床所見に共通性を見出している．進化的に上位の中枢は，下位の中枢の活動を抑制しており，上位中枢が損傷されると，下位の中枢の活動が異常になり，これが脳損傷の所見をよく説明する，というものである．例えば，ネコの大脳皮質が除かれた場合，いくらかぎこちなくなるものの，採餌・逃避や闘争行動を起こす能力は維持されている．大脳を含む前脳の大部分が除かれた場合でも，起立・歩行や清掃行動などの基本的な運動パターンを起こす能力は維持されている．さらに加えて後脳を除くと，ついに

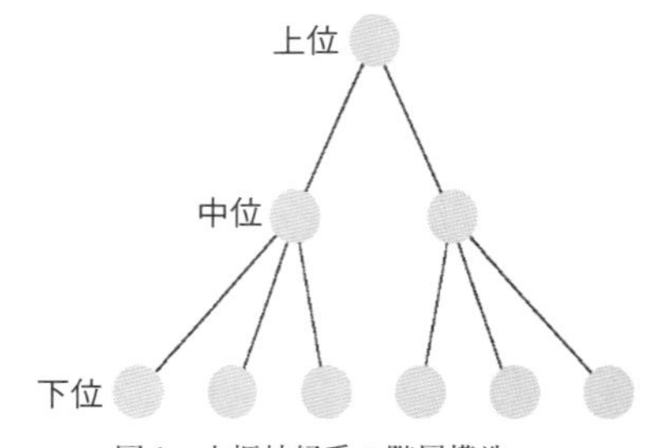

図1　中枢神経系の階層構造

ほどんどの行動は観察されなくなる．こうした観察は，解剖学的に下位の中枢はよりシンプルな動作に，上位の中枢はより複雑な行動の制御にかかわることを示している．

米国の神経科学者P. マクリーン（MacLean, 1913-2007）は，脳の階層性について，神経解剖学的における具体的な対応関係を提案した．マクリーンは，他の脊椎動物種群との進化的な比較から，人間の脳を3つに区分して機能を説明する「三位一体脳仮説」を提案した（図2）．これによると，人間の脳は進化的に異なる3つの階層，すなわち爬虫類脳・旧哺乳類脳・新哺乳類脳によって構成される．爬虫類脳として区別される領域は，大脳基底核や橋延髄網様体などを含み，呼吸や睡眠などの生命維持のための基本的な機能や，本能行動を司る．ヒトの習慣行動も，この領域の機能であるとされる．旧哺乳類脳として区別される領域は，現在おおむね大脳辺縁系とされる領域に相当し，海馬・扁桃体・視床下部などを含み，情動行動を司る．感情や絆・愛着に重要な役割をもち，仔の世話に不可欠な能力であり，種の生存に寄与する．新哺乳類脳として区別される大脳新皮質は，高等な哺乳類でより発達している．大脳皮質内の領域は，互いに密につながっており，さまざまな感覚情報の統合，言語や思考，意思の座であり，共感・協調など，ヒトに固有の社会的な能力に重要である．現在では，脳の三階層モデルがあてはまらない例が報告されているものの，哺乳類の脳を研究するうえで有用な視点を与えるものであると評価され，現在も広く活用されている．

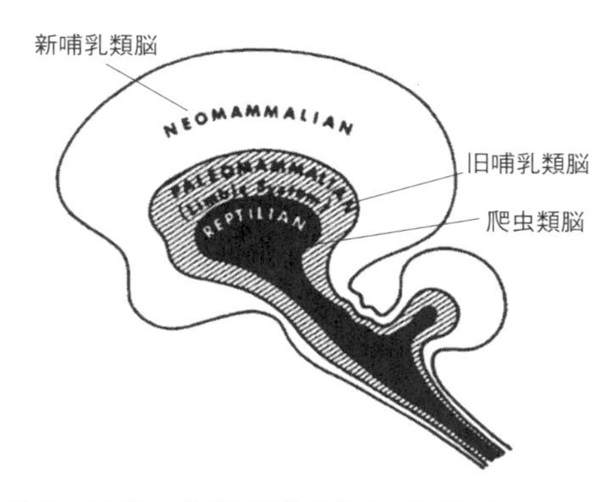

図2　三位一体脳仮説（出典：P. Maclean, *J Nerve Ment Dis* 144: 374-382, 1967より改変）

●大脳皮質の機能局在　ヒトの大脳皮質は主に4つの領域に分けられる．脳は左右相称で，左右の半球が脳梁とよばれる神経線維によって接続されている．脳中央に存在し，正中線と直行する中心溝によって仕切られている．中心溝の前部は前頭葉，このうしろ側の頭頂部を頭頂葉，後方の突出した領域を後頭葉とよばれる．脳側面の外側溝の側方の領域は，側頭葉とよばれる．おおむね，中心溝より前方は運動に関連する遠心性, 後方は感覚に関連する求心性の領域となっている．

大脳皮質はヒトを含む霊長類で顕著に発達している．この領域はそれぞれに異なる機能をもつさらに細かい領域に分けることができる．脳における機能の局在については，脳損傷とこれにともなう機能の障害との関連が紀元前から指摘されていた．

●言語野の発見　運動性失語症の患者は，発声や聴覚に障害がないにもかかわらず，言葉を使用することが困難である．1865年，フランスの外科医P. ブローカ（Broca 1824-80）は失語症の患者の剖検脳を観察し，左脳の第三前頭回に病巣があることを報告している．続いて1874年，C. ウェルニッケ（Wernicke 1884-1904）は，話し言葉の理解，文章の読解に困難をもつ感覚性の失語症の脳において，左脳の第一側頭回の病巣を報告している．現在これらの領域は，それぞれブローカ野，ウェルニッケ野とよばれ，それぞれ運動性，知覚性の言語中枢であることがわかっている．

●ブロードマンの脳地図　大脳皮質を顕微鏡で観察すると，皮質表面から深さ方向にわたって細胞の分布・種類などが異なる，6層構造が観察される．ドイツの神経学者K. ブロードマン（Broadmann, 1868-1919）は，ヒトの皮質領域の細胞構築を観察し，大脳皮質を52個の領域に分割し，番号でラベルする命名法を提案した．この観察によって，種々の感覚野・運動野や，ブローカが報告した失語症にかかわる領域などが，それぞれ固有の細胞構築を有することがわかった．この脳地図は現在も踏襲されている．

この成功の鍵は，組織学を系統学と組み合わせた点にある．ブロードマンは他の哺乳類についても同様の比較分析を行っており，ヒトの番号付けは，ほかの哺乳類でもあてはまることも報告している．ブロードマンはヒトの大脳皮質の構造は，異なる動物の比較神経解剖学によってのみ理解できると考えていた．

脳部位の局所的な破壊や電気刺激による実験によって，ヒトの脳の大部分を占める大脳皮質において，さまざまな機能を担う脳領域が局在していることが明らかとなった．以下に大脳皮質における機能局在の全体像を概観する．

●頭頂葉　中心溝の後方にある頭頂葉の一次体性感覚野では，皮膚からの感覚情報を受けとり，身体の各部位に対応する機能的な「地図」が存在する．この領域に対する電気刺激は，実際に触れられたような感覚を引き起こす．さらに後方には，一次体性感覚野の情報を統合し，認識などの作用に結びつける連合野となる，二次体性感覚野が存在する．この部位が損傷すると，空間の広がりや立体の認知に障害が現れる．

●前頭葉　中心溝の前部にあたる前頭葉の領域では，身体の随意運動にかかわる神経細胞が集合し，運動野を形成している．この領域に電気刺激を加えると筋収縮が引き起こされる．この領域の損傷によって，随意運動の障害が現れる．運動野のさらに前方には，運動前野とよばれる領域があり，運動の順序・統合にかかわる．さらに前方の前頭連合野では，意思・計画性・創造性などの活動にかかわり，ヒトで顕著に発達がみられる．

●後頭葉　後頭葉には，視覚入力を受ける視覚野が存在する．視覚野を損傷すると，文字の形は認識できるが，文字の意味を認知できなくなり読書不能になる．

●側頭葉　側頭葉には聴覚野が存在する．一次聴覚野では，特定の周波数に応答する神経細胞が集合し，類似の周波数に応答を示す領域が近接した，連続的な機能地図を形成している．続く連合野では，ハーモニーやメロディなどの高次な処理を行うことが示唆されている．

最新の研究では，解剖学的な情報に加えて，核磁気共鳴画像法などを用い，機能的な情報を考慮することによって，計180個の大脳皮質領域が識別されている．

●脳の多様性　地球上にはさまざまな動物が生存し，それぞれ独自の戦略で地球環境に適応している．本節では，ヒトを含め，脊椎動物，特に哺乳類の神経系を中心に説明したが，多様な神経系の頂点に位置する代表的な例として，昆虫とタコの神経系を紹介する．

●昆虫の脳　昆虫は，地球の動物種において最も大きな割合を占めている．小型で少数の神経細胞から構成される点を強調し，昆虫の脳は，微小脳ともよばれる．今日の神経科学の基礎を築いたスペインの神経解剖学者S. ラモン・イ・カハール（Ramon y Cajal, 1852–1934）は，その著書に，昆虫の神経系を観察したときに，その精密で整然とした回路構造に感動をもったと記載している．昆虫の中枢神経系においても，脳はより細かい脳領域に分割され，それぞれ固有の機能をもつ．また，脊椎動物よりシンプルであるものの，やはり脳の階層構造が存在する．例えば，昆虫の脳に存在するキノコ体は，学習・記憶の中枢であり，脊椎動物の大脳皮質に相当し，昆虫脳の最上位中枢であるといわれる．多くの細胞で精密な情報処理を行う脊椎動物に対し，昆虫の脳の情報処理は高速で，より少ない神経細胞を用いるという点で経済的であるといえる．昆虫の神経系に用いられているデザインは，自律ロボットの制御などへの応用研究への展開が期待されている．

●タコの脳　軟体動物の頭足類は，道具の利用や，パズルを解くなどといった，高度な知能を有し，海の霊長類とも形容される．神経細胞の数はタコではおよそ5億個で，哺乳類や鳥類に匹敵する巨大な脳をもつ．しかし中枢神経系の構造は，脊椎動物とは大きく異なる．中枢神経系は3つに分かれて構成され，全神経細胞のうち，およそ1割が頭部の中央部に，3割が視覚の情報処理に，残りの6割が8本の触腕（テンタクル）に存在する．こうした神経系の構造はタコの腕のコントロールの独立性に関連しているといわれる．脊椎動物は手をコントロールする際に，脳の中の身体地図を用いて計算を行う．一方で軟体動物は骨格や関節をもたず，テンタクルの動作は関節による制約を受けないために自由度がきわめて高い．そのコントロールには複雑な計算が要求される．実際には，タコは，脳による精密な司令を行わず，8個の触腕は独立して「考え」，動作すると考えられている．

［並木重宏］

中枢神経系における感覚情報の処理，統合
――脳の中の地図と並列情報処理

感覚種はさまざまで，それを扱う感覚器官もさまざまである．しかし，それらの感覚入力は，どれも活動電位という神経細胞の電気信号に変換され，すべて脳という共通の器官で処理される．そのため，感覚種によらず，中枢には共通の情報処理アルゴリズムが存在する．その例として，ここでは,「脳内地図の存在」「要素ごとの並列処理と結果の統合」について紹介する．

●脳の中にはさまざまな地図がある　眼で見たものは，そのまま網膜に投影される．その位置関係は，そのまま脳の中でも維持され，物体の位置特定に利用される．サルが眼で物体を追うとき，上丘とよばれる脳領域にあるこの網膜投射地図を利用する．網膜のある特定の場所に物体の像が投影されると，この地図上で，対応する場所にある上丘表層の神経細胞が活動し,その位置を特定する．さらに，同じ場所の深層にある神経細胞が活動すると，眼球が特定された像の位置まで誘導される．このように，地図は物体の位置特定のみならず，物体への運動制御にも利用される（図 1）．地図は視覚だけではなく,他の感覚種でも利用されている．メンフクロウの音源定位では，聴覚空間地図が利用される．メンフクロウの中脳蓋外側核には，まわりの空間と対応する地図があり，その地図上で音源の位置に対応する場所にある聴空間細胞が活動し場所の特定をする．また，この地図は視覚地図とも一致しており，音源の位置は音情報とともに視覚情報も利用され，より正確な特定が可能となっている．ヒトの体性感覚野は，身体のそれぞれの部位からの機械感覚入力を受けとる領域に分かれており，その大きさは，身体における実際の物理的大きさに比例するのではなく，情報の空間的解像度，すなわち，きめ細かさに比例している．例えば，より細かい空間解像度を必要とする手のひらに対応する領域は，それを必要としない，体幹に対応する領域に比べて

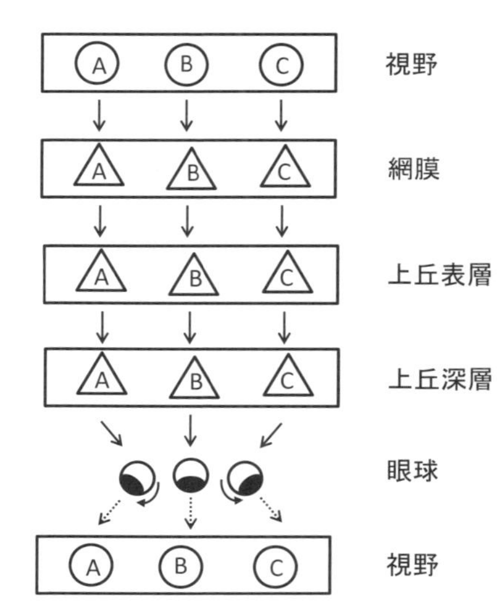

図 1　網膜投射地図による眼球運動制御のメカニズム
○は物体の位置，△は神経活動が誘発される位置

はるかに大きな領域を占めている．そのため，この比率をもとにヒトの体を再構成したいわゆる「ホムンクルス（脳の中の小人）」は実際の体のプロポーションとは似ても似つかない，とても奇異な姿をしている．

●脳は情報を要素に分け，後に統合する　一般に受け取る感覚情報は複数の属性をもっている．例えば，視野の中に物体を見る時，その物体には，色があり，形があり，また，特定の位置情報をともなっている．脳はこれら複数の情報をどのように扱っているのだろうか？　そこにもまた，感覚種に依存しない，脳共通のアルゴリズムが存在している．2つの例を示そう．1つめは先ほども述べたメンフクロウの音源定位である．音源の位置を特定するには，その水平面での位置および，垂直面での位置の両方が必要である．メンフクロウは前者を左右の耳に音が届く時間差で，後者を左右の耳での音圧の違いで符号化している．これらの情報は，それぞれ，特有の神経回路を辿って中脳蓋外側核へと伝えられ，そこで聴空間細胞により両者が統合され，水平，垂直の位置情報の交点として音源の位置を特定している．2つめは，弱電気魚とよばれる魚たちのコミュニケーションである．視界の効かない濁った水環境に住むアイゲンマニアという魚は，体のまわりに電場を張り巡らし，障害物などを検出して自在に動き回ることができる．しかし，この電場は，物体の検出のみならず，個体間のコミュニケーションにも使われている．それぞれの個体は固有の周波数の電気信号を使用しているが，この値が近い2個体が接近すると，信号の混信が起こり，正確な物体の検出ができなくなる．そこで，これらの魚には，これを防ぐための混信回避反応という行動が備わっている．相手の出す信号の周波数が自分よりも高いときは，自分の信号の周波数をさらに下げる．また逆に相手の周波数が自分よりも低い場合は，自分の周波数をあげる．これによって，両者の信号の周波数は離れる方向に制御される．

これを実現するためには，相手の周波数が自分のそれよりも高いか低いかを判別する必要がある．そのために彼らは2個体の信号の合成波形から，うなり，すなわち振幅情報と，自身の信号との位相差情報を別々の経路で並列に処理し，半円堤で両者を統合する．半円堤にある符号選択性ニューロンは，振幅の増減，位相の進みと遅れの特定の組合せに選択的に応答し，それにより相手の信号の周波数の高低を判断している．以上2つの例から中枢での感覚情報処理の共通したアルゴリズムが見えてくる．メンフクロウは音源のもつ，水平位置情報と垂直位置情報をまず，別々の神経回路によって並列に処理し，最後に聴空間細胞によって両者を統合していた．また，アイゲンマニアは，合成信号のもつ，振幅情報と位相差情報をまず，別々の神経回路によって並列に処理し，最後に符号選択性ニューロンによって両者を統合していた．このように，複数の属性をもつ，感覚情報は，まず，属性ごとに固有の情報処理経路により解析され，その結果は最終的に統合され意味のある感覚情報として再構成されるのである．　［中川秀樹］

中枢神経系による運動制御
——脳は物理法則を知っている

中枢神経系は感覚情報や記憶をもとに運動を計画し，多数の筋肉を適切なタイミングで収縮させることで運動を行う．例えば手を伸ばしてカップをつかむ場合，筋肉や関節の状態に関する体性感覚情報から現在の腕の位置を知り，視覚によって目標であるカップの位置を知る．そして腕の初期状態と目標状態の比較から腕の運動を計画し，その計画に応じて腕や肩の関節を動かす筋肉を収縮させる．この腕の到達運動のように，目標に対して身体を動かす運動を目標指向型運動とよぶ．本節では，主に目標志向型運動において中枢神経系がはたす役割と情報処理機構について概説する．

●感覚運動変換　感覚入力をもとに筋肉への運動指令を生成する過程を，感覚運動変換とよぶ．感覚入力には，外界の状態を示す情報と身体に関する情報がある．目標の位置などの外部の情報は視覚，聴覚，嗅覚などによって得られる．身体の情報としては，頭部や腕などの位置，速度，加速度や，関節角度，筋肉の長さなどがある．それらは，前庭系，筋紡錘，ゴルジ腱器官，皮膚の機械受容器などの感覚器官によって得られる．運動の実現にはまず，身体部位（例えば腕）が目標に到達できる関節角度の組合せを計算する必要がある．これを逆運動学変換とよぶ．さらに，各関節が目標の角度に達するのに必要な回転力を計算する過程を，逆動力学変換とよぶ．これらの変換により運動指令が生成されると考えられるが，中枢神経系が実際に行う計算過程はあまりわかっていない．

●内部モデルによる運動制御　中枢神経系は，外界の物理法則を反映した内部モデルによって感覚運動変換を行うと考えられている．例えば，私達が飛んでくるボールの落下地点を予想するように，運動後の姿勢を予想する内部モデルは順モデルとよばれる．反対に，相手までの距離に応じてボールを投げる力を調整するように，目標とする姿勢を生みだすのに必要な運動を計算するモデルは逆モデルとよばれる．どちらのモデルでも，身体の形状や慣性，筋肉の剛性，重力などの効果を考慮に入れる必要がある．中枢神経系は逆モデルを使って感覚入力から運動指令を生成するだけでなく，順モデルによって運動指令のコピーから運動の結果を予測すると考えられている．運動指令のコピーは，中枢神経系から筋肉へ送られる遠心性信号のコピーであるため，遠心性コピーもしくは随伴発射とよばれる．これらのアイディアの形成には，ハエやコオロギなどの昆虫を使った研究が貢献した歴史がある．

運動結果の予測は，誤差の修正に役立つ．感覚信号が含むノイズや内部モデルの不完全さは誤差を生みだす．運動を正確に制御するには，運動の結果から誤差を測定し，誤差に応じて運動を修正するフィードバック機構が必要となる．順モデルを使えば，運動結果が予測できるだけでなく運動後に受け取る感覚入力も予測できる．それを実際の感覚入力と比較することで，短い時間で運動修正が可能になる．この機構はオブザーバーモデルとよばれる．

運動結果の予測は，外部刺激の知覚のためにも重要である．感覚入力には，外部刺激に由来するものと自身の運動に由来するものがあるが，感覚器にはその区別がつかない．例えば電車内では，乗っている電車が動いたのを隣の電車が動いたものと混同することがある．しかし，眼球や頭部を動かしたことで受け取る網膜像が変化しても，周囲の環境が動いたとは知覚されない．これは，受けとった感覚信号から，運動によって生じると予測される感覚入力を差し引いて，外部刺激に由来する信号を抽出しているためと考えられる．

●運動地図と運動情報の符号化　哺乳類の大脳皮質には，特定の身体部位の運動に対応した運動地図が複数ある．例えば，一次運動野から伸びる軸索は皮質脊髄路を通って脊髄の運動ニューロンや介在ニューロンに投射しており，一次運動野への電気刺激は対応する身体部位の運動を引き起こす．運動の方向や大きさは，一次運動野のニューロンの集団活動によって決まると考えられている．これを集団符号化とよぶ．

また，脳幹の上丘とよばれる部位には，外部空間に対応する感覚地図と運動地図が重なって存在する．上丘は網膜から直接投射を受けるだけでなく，視覚野からの入力や体性感覚情報や聴覚情報も受け取る．それにより，多種感覚によって外部空間が表された地図を形成している．一方，霊長類の上丘には運動関連ニューロンがあり，それらは特定の大きさと方向の衝動性眼球運動に先行して活動する．運動関連ニューロンは，眼球運動の到達点に対応する空間地図を形成しており，地図のある部分を電気刺激すると，その部分に対応する空間位置への眼球運動が引き起こされる．この運動地図と上記の多種感覚地図は，脳内で重なって配置されている．爬虫類や両生類では，上丘に対応する部位は視蓋とよばれる．カエル視蓋への電気刺激は，対応する空間位置への定位反応を引き起こす．

●運動学習　新しい運動を覚える際には，その運動を反映した内部モデルが必要になる．また，内部モデルは身体の形状や重さを考慮に入れているため，成長や発達にともなって更新が必要となる．この運動学習には，小脳が重要な役割をはたす．小脳は，体性感覚情報と運動指令の遠心性コピーを受け取り比較することで，内部モデルを微調整すると考えられている．

[山脇兆史]

参考文献

[1] カンデル，E. R. 他編『カンデル神経科学』金澤一郎・宮下保司監訳，メディカル・サイエンス・インターナショナル，2014

神経系の可塑性
――記憶と学習（アメフラシとげっ歯類を例に）

動物の神経系は，感覚器による外界情報の受容と統合，そして運動出力制御といった一連の情報演算とその流れを担うだけでなく，みずからシステムを最適化するよう変化する能力をもつ．こういった神経系の可塑性，可変性は，神経系が発達する幼弱期だけでなく，成体にも見られ，その最も顕著な例が「記憶・学習」である．

●神経可塑性の例（生理学）　「記憶・学習」の神経細胞レベル，およびシナプスレベルでの素過程とされる生理学的現象に，シナプス増強（potentiation），シナプス抑圧（depression）がある．シナプス増強・抑圧は，神経細胞間の情報伝達部位である化学シナプスにおいて，その活動履歴に応じて伝達効率がそれぞれ上昇・低下する現象である．シナプス伝達効率の上昇・低下が長期間持続する場合，長期増強・長期抑圧とよばれ，短期間しか持続しない短期増強・短期抑圧とは異なる分子機構を基礎としている（以下を参照）．シナプス増強・抑圧の分子機構は，アメフラシの中枢神経系や，げっ歯類の海馬で特によく研究されているため，これらについて以下に解説する．

●神経可塑性の分子神経機構　アメフラシを用いた神経可塑性の研究は，エリック・カンデル（Eric Kandel）らを中心としたグループにより精力的に研究されてきた．アメフラシは，自身のエラに新鮮な海水を送るための器官として水管をもっており，水管に対する触刺激に反応してエラを引っ込めるという応答を示す．しかし，水管への刺激を何度も繰り返していると，エラを引っ込める応答は徐々に弱くなる．これは「慣れ」とよばれ，水管感覚ニューロンからエラ引っ込め運動ニューロンへのシナプス部における伝達効率の低下で説明される．短期の「慣れ」におけるシナプス伝達効率の低下は，シナプス前部にあたる水管感覚ニューロン終末の電位依存性 Ca^{2+} チャネルが不活化し，神経伝達物質（グルタミン酸）の放出量が低下するために生じる．水管への刺激をさらに繰り返していると，シナプス伝達効率の低下が長期間にわたって続くようになる．こういった長期の「慣れ」は，水管感覚ニューロンのシナプス前終末の形態変化（縮小，縮退）をともない（Bailey and Chen, 1983），またシナプス前部または後部（あるいは両方）のニューロンにおける遺伝子発現変化が必要であることが指摘されている（Esdin et al., 2010）．

アメフラシにおける「感作」は，同じ神経回路において，尾部など第三の部位に対する強い刺激により引き起こされ，水管への触刺激で生じるエラ引っ込め応答が大きくなる現象である．「鋭敏化」ともよばれる．尾部からの感覚刺激は，介在ニューロンを介して水管感覚ニューロンのシナプス終末前部へとシナプス入力し，この介在ニューロン（促通性ニューロンとよばれる）はセロトニンを放出する．セロトニンは水管感覚ニューロンのシナプス終末に作用して K^+ チャネルを不活化することで，水管感覚ニューロンを伝わる興奮により引き起こされる神経伝達物質（グルタミン酸）の放出を増強する．このため，水管への触刺激により強いエラ引っ込め応答が誘発される．

尾部などへの強い刺激と水管への触刺激を時間的に同期して与えることを繰り返すと，水管への触刺激によるエラ引っ込め応答はさらに強く長く持続するようになる．これは最も単純な連合学習の一種と考えることができ，水管への弱い触刺激を条件刺激，尾部への強い刺激を無条件刺激とした「古典的条件付け」であるといえる．上述の「感作」および「古典的条件付け」のいずれに関しても，その繰り返し回数を増やすことで，シナプス結合強度の可塑的な変化が長時間持続するようになる．こういった長期のシナプス結合強度の変化には，その誘導直後の遺伝子発現（タンパク合成や RNA 転写）が必要であり，またシナプス前バリコンティ数の増加といった水管感覚ニューロンの形態的な変化をともなう．

げっ歯類の海馬で研究されているシナプス増強は，その誘発にシナプス前ニューロンと後ニューロンの同期的な発火を必要としている．アメフラシの感作，げっ歯類の長期増強のいずれにも，それらの長期的な持続に誘導直後のタンパク合成，RNA 転写が必要である．タンパク合成，RNA 転写にいたるまでの細胞内シグナル伝達経路についても両者の間で共通点が多く，cAMP シグナルの下流で活性化する CREB（cAMP responsive element binding protein）は，いずれの種においてもシナプスの可塑的変化の持続に必要な遺伝子の発現を制御する転写因子であることが知られている．シナプス強度が減弱するシナプス抑圧は，シナプス前ニューロンと後ニューロンの間での非同期的な活動などにより引き起こされ，この長期的な持続にも長期シナプス増強と同様，誘導直後のタンパク合成，RNA 転写が必要である．

●神経可塑性と記憶　シナプス伝達効率の上昇・低下といった神経の可塑的変化は，ニューロンレベルでの記憶の素過程であると考えられている．この考えは，シナプス伝達効率の可塑的な変化を阻害するような薬理学的な処理や遺伝子レベルでの阻害が，動物の記憶そのものを阻害するという並行関係が頻繁に認められていることから支持されている．同様に，タンパク合成阻害剤などによりシナプス増強の長期相を阻害すると，動物の短期記憶は阻害されることなく長期記憶のみが阻害される，という観察も得られている．また，海馬でシナプス長期増強を誘導した際に発現が増加する遺伝子は，長期記憶形成時にも海馬などで発現上昇する，といった例も知られている．記憶形成にともなうシナプス伝達効率の上昇も，少数の例で認められている．このように，現在では記憶の形成の基礎にシナプス伝達効率の変化（増強，抑圧）がある，とする考えが主流となっている．

［松尾亮太］

効果器系の構造と機能
——動物が環境に働きかける仕組み

動物個体は，さまざまな種類の受容器を介して検出した外部環境の変化に対応するために，環境に向かって能動的な働きかけを行う．この働きかけを直接的に担っている細胞，組織あるいは器官を効果器という．主な効果器には，機械的な力を発生する機械効果器，電場を発生する電気効果器，発光する光効果器，分泌物を放出する化学効果器がある．

●機械効果器　収縮して個体を変形させる筋組織と，個体表面付近の水や物体を動かす繊毛・鞭毛に分けられる．

脊椎動物の筋組織は，筋細胞内部に筋原繊維が存在する横紋筋と，筋原繊維がない平滑筋に分類される．筋原繊維は，アクチン繊維の束とミオシン繊維の束が交互に並んだ周期的な横紋をもつ．横紋の一周期はサルコメアとよばれ，収縮構造の単位でもある．平滑筋細胞では，アクチン繊維は細胞質に散在するデンスボディーに結合し，ミオシン繊維は細胞質に分散している．ATP の化学エネルギーを利用してミオシン繊維がアクチン繊維を引っ張ることで，筋細胞と筋組織は収縮する．脊椎動物では，末端が骨に付着した横紋筋の収縮で関節が曲がり，個体が動く．節足動物は，末端が外骨格に付着した横紋筋の収縮で関節の曲がりや外骨格の変形が起こり，個体が動く．筋細胞が存在しない動物種では，非筋細胞がもつストレスファイバーなどの収縮が個体の動きを担っている．

繊毛・鞭毛は細胞が伸長する細長い突起で，内部には微小管とその結合タンパク質で構成された 9+2 構造をもつ軸糸が存在する．軸糸では，微小管を動かすモータータンパク質であるダイニンによって，隣り合った微小管の間で力が発生する．軸糸ダイニンの活性化は局所的に起こるため，繊毛・鞭毛に波のような屈曲運動が発生し，個体の移動や物質の輸送が起こる．

●電気効果器　水中で個体外部に電場をつくる脊椎動物がもつ発電器官である．発電器官では，個体発生で横紋筋細胞と由来が同じ発電細胞が多数積み重なっている．発電細胞の細胞膜には，神経軸索末端とのシナプス結合があり＋イオンチャネルに富んだ領域と，ナトリウムイオンポンプに富んだ領域がある．デンキウナギの発電器官では，神経軸索末端から発電細胞に向けて神経伝達分子が放出されると，＋イオンチャネルが開いて＋イオンが細胞内に流入し，その領域の細胞外の電位が －70 mV ほどになる．それ以外の領域では細胞外の電位が ＋80 mV ほどであるため，1 個の発電細胞で 150 mV ほどの電位差が発生する．デンキウナギでは，数千個の発電細胞がシナプス結合のある領域の方向をそろえて積み重なっているため，発電器官全体で 800 V を超えるような電圧が発生する．生物種によって発電器官あたりの発電細胞数は異なり，発生電圧も数Vから数百Vまで多様である．電圧の小さな電場は周辺物体の位置検出や個体間のコミュニケーションに，電圧の大きな電場は電気ショックに利用される．

●光効果器　さまざまな動物が個体間のコミュニケーションや捕食対象生物の誘引などに利用する発光器官である．発光器官の形態は，発光細胞1個のものから多種類の細胞が複雑な構造を形成しているものまで多様である．発光の仕組みには，イクオリンがかかわる系とルシフェラーゼがかかわる系が知られている．イクオリンがかかわる系は刺胞動物のオワンクラゲで詳しく研究されている．発光細胞内でイクオリンと低分子量分子のセレンテラジンの複合体にカルシウムイオンが結合すると，青色光が放射される．オワンクラゲでは，青色光のエネルギーが緑色蛍光タンパク質（GFP）に移動するため，細胞外へは緑色光が放射される．ルシフェラーゼがかかわる系は節足動物のホタルで詳しく研究されている．ホタルの発光細胞中のルシフェラーゼは，ATPを使って，ルシフェリンから励起状態のオキシルシフェリンを生成する．これが基底状態のオキシルシフェリンに変わる際に，黄緑色光が放射される．類似の仕組みで発光する系は，酵素をルシフェラーゼ，基質をルシフェリンとよぶが，種によって実際の分子は異なっている．水深500 mよりも深い海にすむ脊椎動物の多くも，ルシフェラーゼが発光にかかわる発光器官をもっている．発光を，ホタルは主に異性個体間のコミュニケーションに使っているが，脊椎動物はコミュニケーション以外に捕食対象生物の探索と誘因やカウンターイルミネーションによる個体の隠蔽など多様に利用している．

●化学効果器　さまざまな物質を個体外に向かって放出する分泌腺である．多くの場合，分泌腺では，外部に向かって一端が開かれた管状構造の内面に分泌細胞が並び，管内へ物質が分泌される．分泌の様式は，全分泌，離出分泌，開口分泌そして透出分泌の4つに分けられる．全分泌では，分泌細胞が崩壊してすべての成分が放出される．分泌腺としては，哺乳類の皮脂腺が知られている．離出分泌では，細胞の一部が細胞膜に包まれたままちぎれて小胞となり放出される．分泌腺としては，哺乳類の乳腺とアポクリン汗腺が知られている．開口分泌では，細胞小器官の小胞体とゴルジ体で合成されたタンパク質などの分子を含んだ分泌小胞が細胞膜と融合し，その内容物が細胞外へ放出される．開口分泌は開口放出ともよばれ，すべての動物細胞で起こっている．透出分泌には，細胞膜のトランスポーターやチャネルを介して細胞質の特定分子を細胞外へ放出する様式と，細胞内で合成された疎水性分子が細胞膜を透過して細胞外へ拡散する様式の2つがある．前者の様式の透出分泌は，哺乳類のエクリン汗腺で活発である．後者の様式の透出分泌は，昆虫の性フェロモンのような揮発性の疎水性低分子化合物の分泌腺で起こっている．

［中川裕之］

筋収縮の制御
――運動を支える仕組み

動物は，主に骨格に付随する筋組織の収縮により関節を連続的に動かし，さまざまな運動を行っている．筋組織には，この骨格筋以外に，自律的に収縮弛緩を繰り返し，血液を送り出すポンプとして働く心臓を構成する心筋，消化管の大部分や血管壁，子宮壁を構成する平滑筋とに分類されている．これら筋組織の収縮は，筋細胞（筋繊維）の興奮（あるいは脱分極）によってトリガーされた収縮装置の短縮により張力が生じるという共通の特徴をもっている．

●興奮収縮連関　筋繊維の興奮とアクチンフィラメントとミオシンフィラメントの滑りとの連関機構を興奮収縮連関とよぶ．脊椎動物骨格筋では，横行小管（T管）とよばれる細胞膜の陥入が多く見られる．また筋原線維を取り囲むようにCa^{2+}を貯蔵している筋小胞体（SR）が存在し，SRの末端（終末槽）はT管と近接している．T管膜には電位センサータンパク質であるジヒドロピリジン受容体Ca^{2+}チャネル（DHPR）が，近接したSR膜にはリアノジン受容体Ca^{2+}放出チャネルが存在して，筋繊維に活動電位が発生すると両者は連動し，SR内部からCa^{2+}が放出される．すると，細胞内のCa^{2+}濃度が上昇しアクチンフィラメントのトポミオシン／トロポニン複合体が変化し，両フィラメント間の滑りが可能となる．弛緩時にはSR膜に存在するCa^{2+}ポンプの働きによって回収され，Ca^{2+}濃度の低下が生じる．

これに対し，心筋や平滑筋では，SR（あるいは類似した小胞）からのCa^{2+}の放出には，細胞外からのCa^{2+}の流入が必要である．

●筋電位と収縮　脊椎動物の骨格筋や心筋では，全か無か的な活動電位の発生により収縮が発生する．活動電位の不応期が短く，高頻度で活動電位が発生すると，収縮は加重し強縮を引き起こす．心筋特に心室固有筋では，その活動電位には内向きCa^{2+}電流により形成される長いプラトー相があり，不応期が長く強縮を起こしにくい性質をもっている．腸管を形成する平滑筋の一部では，ゆっくりとした脱分極に重畳したスパイク電位が見られる．筋は，スパイク電位のバーストに応じたリズムで収縮弛緩を繰り返す．また，節足動物の骨格筋では，全か無か的な活動電位を発生するもの以外に大きさの異なる脱分極反応を生じ，それに対応した筋収縮を発生させる筋が存在する．

●神経-筋シナプス（神経筋接合部）　脊椎動物骨格筋の興奮には，脊髄の運動ニューロンからシナプス入力が必要である．この運動ニューロン-骨格筋間のシナプス（神経筋接合部）は，終板とよばれる複合的な形状をしており，大きい後シナプス電位（終板電位）を発生する．この終板電位は筋繊維に活動電位を発生するのに十分な大きさをもっている．後シナプス膜である筋細胞膜はいくつもの陥入部位をもち，前シナプスである運動ニューロン終末から神経伝達物質であるアセチルコリンが放出される．アセチルコリンは，後シナプスの受容体に結合し，Na^+チャネルを開口して終板電位を発生する．このアセチルコリン受容体は陽イオンチャネルでもある受容体チャネルとして知られている．このチャネルは，Na^+もK^+も通過できるが，静止膜電位付近では，Na^+による内向き電流が大きいため，脱分極性の終板電位を発生し，筋繊維を興奮させる．

一方，自律神経系である交感神経末や副交感神経末と平滑筋や心筋との神経筋接合部は，膨大部が列をなして連なった形の神経終末が筋線維と接合しており，シナプス・アン・パサンとよばれている．神経－筋シナプス電位は小さく加重が必要となる．この類似した形状の神経筋接合部は，節足動物や軟体動物の筋にもみられる．

●中枢神経支配　骨格筋は，運動ニューロンからの入力により収縮が起こる．1個の運動ニューロンは，通常複数の筋細胞を支配しており，これらを運動単位とよんでいる．1つの筋内にあっても個々の筋線維は運動単位ごとに収縮するため，収縮速度持続時間などが異なっている．指の筋や眼筋などは1つの運動単位に含まれる筋線維の数は少なく数本程度，一方後肢の筋などでは1個の運動ニューロンが500本以上もの筋線維を支配しているものもある．したがって大きい運動単位は同時にたくさんの収縮をさせる場合に役立ち，小さい運動単位は細かな調節を可能としている．

脊椎動物では，骨格筋の神経支配は興奮性運動ニューロンの支配しか受けていない．したがって，例えば下肢の屈筋が収縮するとき，屈筋運動ニューロンが興奮し，屈筋に脱分極性の終板電位が発生，活動電位を生じる．この屈筋の拮抗筋である伸展筋や反対側の下肢の屈筋は弛緩する必要が生じるが，このとき興奮性神経支配しかないため，脊髄内でこれらの運動ニューロンが抑制性入力を受け，活動が抑制される．すなわち，中枢内で運動出力を決定しているのである．これに対して，脊椎動物における自律神経系，および無脊椎動物の体性筋，心臓筋，消化管筋などは，筋自身が興奮性および抑制性の両運動ニューロンの2重神経支配を受けている．そこで，筋細胞自身に興奮性後シナプス電位および抑制性後シナプス電位を発生しそれらの加算により収縮が調節される．したがって，これらの筋の収縮は中枢以外に末梢でも調節を行っている．　［田中浩輔］

📖参考文献

[1] Dantziler, W. H., *Handbook of physiology section 13: Comparative Physiology*, vol.2, ed., Oxford University Press, 1997

[2] 小澤瀞司・福田康一郎総編集『標準生理学』第7版，医学書院，2009

鞭毛・繊毛運動の制御
——細胞を動かす微少な装置

真核細胞の運動器官として，特徴的な配置をしている微小管を内部にもつ細胞の突起構造を，鞭毛，または繊毛（線毛）とよぶ．鞭毛と繊毛は基本的に同じ構造で，長さや波形の違いによってよび分けられている．原核生物にもべん毛・線毛とよばれる構造があるが，真核生物とはまったく異なるものである．

●種類　鞭毛･繊毛は，大きく分けて一次繊毛と運動性繊毛，鞭毛に分けられる．一次繊毛は細胞に１本のみ生じる特徴をもつ５μmほどの長さの繊毛で，非常に多くの細胞で見られる．原則的に動かず，細胞周辺の機械的刺激を感知する器官であると考えられている．運動繊毛は２～20μmの長さで，多くは細胞表面に多数生じる．繊毛虫や無脊椎動物幼生の体表の他，哺乳類でも気管や卵管の上皮などに見られる．鞭毛は繊毛より長いものが多く，多くは10～100μmの長さで細胞あたり１～数本であり，精子や藻類などの運動器官として使われている．

●構造　鞭毛･繊毛の内部（軸糸とよぶ）は，9本の周辺微小管が環状に配置され，環の中に２本の中心小管がある．周辺微小管にはモータータンパク質であるダイニンが外腕と内腕の２列配置する．この配置は9+2構造とよばれ，ほとんどすべての真核生物の鞭毛および運動繊毛において共通の構造である（図1A）．一方，一次繊毛は中心小管をもたない９＋０構造をとり，ダイニン腕ももたない（図1B）．

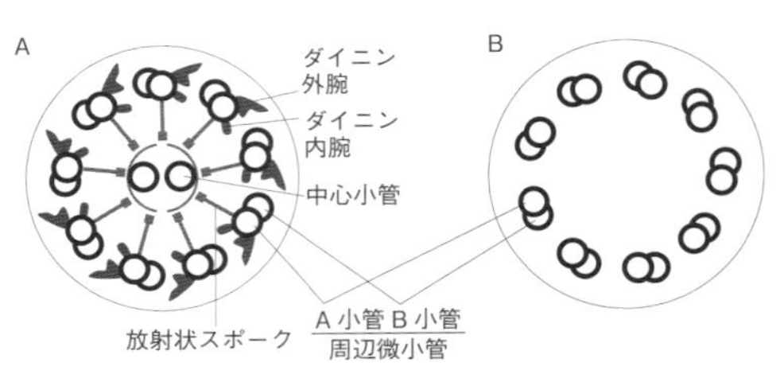

図１　軸糸断面の模式図．A：鞭毛・運動繊毛．B：一次繊毛

●運動　鞭毛と運動繊毛では運動パターンが異なる．鞭毛は，鞭毛型とよばれるヘビのような平面的，または立体的なむち打ち状の波形を形成し，鞭毛の軸と同一の方向に力を発生する（図2A）．一方繊毛は，繊毛型とよばれる平泳ぎの手の動きのような波形を形成する．波形は繊毛が直線上のまま基部に屈曲が生じることで力を発生する有効打と，繊毛基部から先端にかけて屈曲が伝播し，繊毛を折りたたむように動く回復打に分けられる（図2B）．鞭毛・繊毛とも，運動は通常数回～数十回/秒の頻度となる．また，繊毛は一般に細胞の表面に密に多数生えていることが多いため，繊毛集団全体としてウェーブのような整然とした波形を形成することが多い．この繊毛波をメタクローナル波とよぶ．この鞭毛と繊毛の波形の違いは絶対的なものではなく，クラミドモナスなど藻類の鞭毛は通常は繊毛型

の運動パターンを示すことが多く，刺激に応じて鞭毛型と繊毛型の変換を行う．一次繊毛はダイニン腕をもたないため基本的に運動はしないが，例外的に脊椎動物の発生過程で見られるノードの一次繊毛は9+0構造ながらダイニン腕をもっていて運動を行う．その運動様式は鞭毛や運動繊毛とも異なる回転運動であり，この回転運動によって生じたノード流が体の左右軸を決定づける（図2C）．

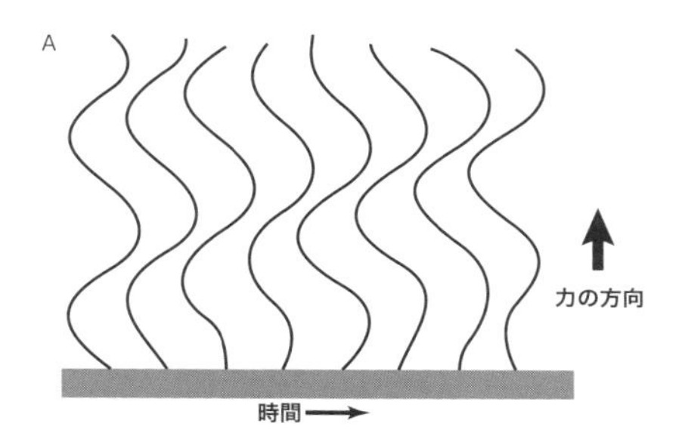

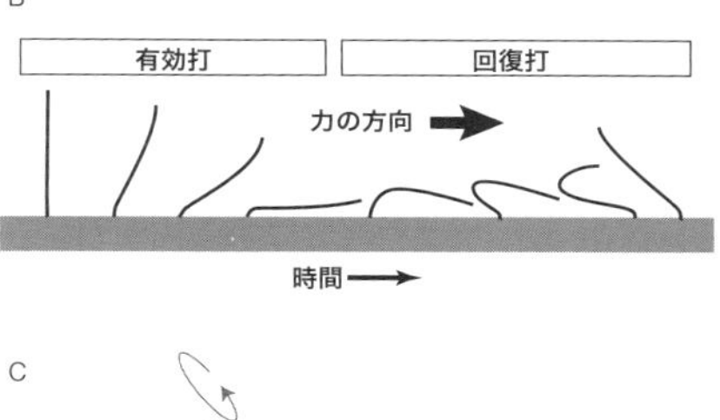

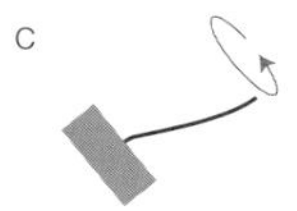

図2　鞭毛・繊毛運動の模式図　A：鞭毛運動，B：繊毛運動，C：ノード繊毛の運動

●運動の制御　一般的に，軸糸の外腕ダイニンが力を発生し，内腕ダイニンが鞭毛・繊毛波形を調節していることがわかっている．波形の形成機構の詳細については「細胞運動」の項を参照せよ．一方，鞭毛と繊毛の運動制御については，いまだわかっていないことが多い．繊毛運動はホルモンによる制御がある例が報告されており，二枚貝であるムラサキイガイの鰓の繊毛などでは神経支配があることが明らかとなっている．また，繊毛虫の逃避反応などのように，物理的刺激により一時的に繊毛打の方向が逆転することが知られている．この繊毛打逆転は，電位依存性Ca^{2+}チャネルを介したCa^{2+}の流入で起きていることがわかっている．Ca^{2+}は鞭毛においても重要な制御因子であり，Ca^{2+}濃度に応じて鞭毛打の波形が大きく変化し，細胞運動の方向性を調節していることが知られている．例えば精子が卵に走化性を示す際，精子が卵から遠ざかる方向に向くと，一過的に精子内のCa^{2+}濃度が上昇し，鞭毛打の波形が著しく変わることで精子の向きが変わり，再び精子が卵へと向かうようになる．Ca^{2+}が鞭毛・繊毛打を制御する分子メカニズムの詳細はいまだによくわかっていないが，カタコウレイボヤの精子鞭毛ではダイニンと結合するCa^{2+}結合性タンパク質カラクシンが，精子走化性において鞭毛打波形の調節を行っていることが報告されている．

［吉田 学］

📖 **参考文献**

［1］ 神谷 律『太古からの9＋2構造―繊毛のふしぎ』岩波科学ライブラリー，2012

［2］ 日本比較生理生化学会編『動物の「動き」の秘密にせまる―運動系の比較生物学』共立出版，2009

概日リズム
――1 日の環境変化を予測するリズム

ヒトを含むさまざまな生物の生理機能には，地球の自転と同調した約 24 時間周期のリズムが見られる．このリズムは「概日リズム」とよばれる．概日リズムを支配する時計，すなわち概日時計は内因性の生物機構であり，外界から時刻情報が得られなくても約 24 時間周期のリズムが持続(自律振動)する．その一方で，概日時計は光などの外界情報をもとに時刻合わせを行い，外界の位相とのずれを補正する（同調）．概日リズムのもう 1 つの特徴として，温度による影響を受けにくいという特性（温度補償性）があげられる．

概日リズムの役割の 1 つは，さまざまな生理機能を十分に発揮するために，1 日の環境変化を予測して適切な位相で機能のピークを迎えられるように調節することにある．例えばヒトにおいて覚醒作用をもつホルモンとして知られるコルチゾールは，起床時に血中レベルがピークを示し，深夜に最低となる顕著な概日リズムを示す．概日時計はまた，鳥の渡りやミツバチの蜜源への定位行動など太陽コンパス定位に時刻情報を与えたり，さまざまな生物の日長への応答（光周性）に関与する．

●中枢時計と末梢時計　脊椎動物や昆虫などにおいては，全身の多くの細胞に概日時計機能が備わっており，個体から切り離して培養しても特定の遺伝子の転写リズムが継続する．これらの時計は，末梢組織に存在する時計という意味で末梢時計とよばれ，各組織において固有の位相でリズムを示す．一方，末梢時計の周期を統一的に調和し，睡眠覚醒リズムやホルモン分泌リズムなど個体のリズムを形成するために主要な役割をはたす時計は中枢時計とよばれる．

哺乳類の場合，脳の視床下部に存在する視交叉上核（SCN）に中枢時計が存在する．ゴキブリやコオロギなどの不完全変態の昆虫では，脳の視葉とよばれる領域に中枢時計が存在する．一方，完全変態性の昆虫であるキイロショウジョウバエでは，脳内のいくつかのニューロン群に存在する時計が行動リズムを制御するが，末梢に存在する時計との階層的な直接的支配関係はないと考えられている．

●細胞時計と時計遺伝子　個々の細胞の中で概日リズムを生み出す分子機構の基本骨格は，種を越えて互いに類似しており，中枢時計と末梢時計の間でも大きな違いはない．その基本構造は，時計遺伝子とよばれる一群の遺伝子の転写と翻訳を介した負のフィードバック制御である（図 1）．この分子機構では，転写活性に概日リズムを生み出す概日性エンハンサーが中心的な役割をはたす．すなわち，「転写抑制因子」をコードする遺伝子のプロモータ上に存在する概日性エンハンサーに，転写活性化因子（促進因子）が結合すると，抑制因子の遺伝子の転写が活性化されて抑制因子が生成する．細胞質において翻訳され蓄積した抑制因子はやがて核に移行し，促進因子に結合してその機能を抑制する．その結果，抑制因子遺伝子の転写が阻害されるとともに，タンパク質分解により抑制因子が減少すると，再び促進因子による転写が再び活性化される．このような遺伝子の転写と翻訳を介した負のフィードバックループが約24時間サイクルで周期的に繰り返されることにより，概日リズムが生み出される．これと同時に，ゲノム上に数千個所も散在する概日性エンハンサーを介して，時計遺伝子以外のさまざまな遺伝子の転写にも概日リズムが出力される．

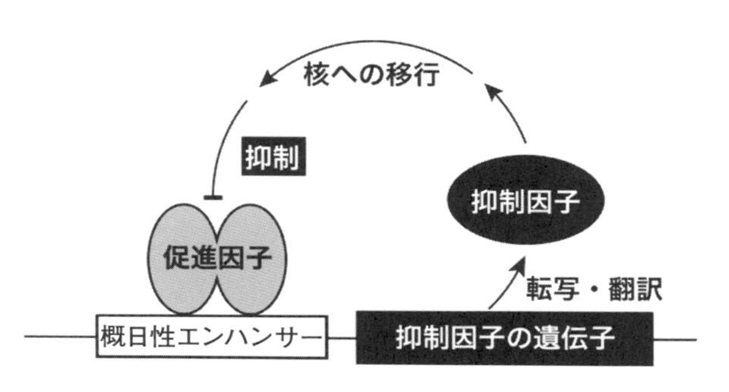

図1　概日リズムを生み出す基本骨格：時計遺伝子の転写・翻訳フィードバック制御（文献［1］，p.130より改変）

哺乳類の概日時計フィードバックループにおいては，促進因子であるCLOCKとBMAL1の二量体が概日性エンハンサーであるE-box（CACGTGとその類似配列）に結合し，Period遺伝子群およびCryptochrome遺伝子群のコードするタンパク質であるPER1/2/3およびCRY1/2が抑制因子として機能する．一方，キイロショウジョウバエなどの昆虫の概日時計機構においては，促進因子としてCLK（CLOCKホモログ）とCYC（BMAL1ホモログ）の二量体がE-boxに結合する．抑制因子の構成は哺乳類とは少し異なり，PERとTIM（Timeless）が主要な役割を担う．いずれの生物においても，このような概日時計の中心振動体（コアループとよばれる）以外にもいくつかの補助的なサブフィードバックループが存在し，サブループとコアループは相互共役することが知られている．

●光同調　哺乳類では，網膜で受容された光シグナルは網膜神経節細胞の軸索からなる網膜視床下部路（RHT）を経由して視交叉上核の中枢時計に入力し，中枢時計の位相を外界の明暗サイクルに同調する．一方，キイロショウジョウバエなどの昆虫では，ほとんどの細胞に光受容体CRYが内在し，個々の時計細胞の概日リズムを外界の明暗サイクルに同調する．　［小島大輔・深田吉孝］

参考文献

［1］七田芳則・深田吉孝共編『動物の感覚とリズム』培風館，2007
［2］海老原史樹文・吉村 崇共編『時間生物学』化学同人，2012

動物の光周性——日の長さから季節を読む

生物が1日のうちの明るい時間（あるいは暗い時間）の長さに反応する性質を光周性とよぶ．1日の明期と暗期の割合(光周期)が季節により変化する場所では，植物の花芽形成のように，動物の生殖や渡りにも光周性が見られる．

●光周性の役割　多くの地域では，寒さや餌不足など生存にとって深刻な影響を与える物理的，生物的環境変化が決まった季節に訪れる．このような地域では，過酷な季節を避けて成長や生殖を行い，その季節が来る前に寒さや飢餓に耐性をもつ体を準備する，あるいは別の場所へ移動する必要がある．温度，湿度，明るさなどさまざまな物理的環境が1年周期で変化するが，年による誤差がなく，季節を知らせる最も信頼できる情報が光周期である．そのため，動物は光周期をカレンダーのように用いて季節を読んでいる．このように，光周性は季節適応のための重要な役割を担う．

●光周性をもつ動物　脊椎動物では1925年，鳥類のユキヒメドリ（*Junco hyemalis*）で初めて光周性が報告された．日暮れ後に数時間光をあてると，野外では決して生殖しない冬にも生殖腺の発達が見られた．その後，ほ乳類のキタハタネズミ（*Microtus agrestis*）においても，生殖腺の発達が光周期によって調節されることがわかった．現在では魚類，両生類，爬虫類を含めた数百種を超える脊椎動物において，生殖活動，渡り，換羽の調節に光周性があることが知られている．

無脊椎動物の光周性は，昆虫類においてよく研究されている．多くの昆虫は光周期により休眠を調節する．昆虫の休眠とは，成長のあるステージで成長を一時的に停止することである．いったん休眠に入ると次の齢への脱皮が抑制される．成虫で休眠すると，生殖活動を一時的に停止する．例えば，チャバネアオカメムシ（*Plautia stali*）の場合，温度を一定にした環境の長日条件で飼育すると卵巣を発達させ産卵するが，短日条件では卵巣は発達せず成虫休眠に入る（図1)．休眠以外に，季節に応じた移動や翅型などが光周期により調節されるものがある．

●光周性の仕組み　光周性の仕組みには，光を受容する「入力系」，明るい時間（あるいは暗い時間）の長さをはかる「測時系」，そして，光周期に応じて生理状態や行動を調節する「出力系」がある．入力系としては視覚と共通した眼を使う場合と，眼とは関係のない脳内の光受容器を使う場合がある．ほ乳類では眼が唯一の光周性の入力系であるが，その他の脊椎動物では，入力系は松果体や脳深部の光受容器にもある．出力系には，ほ乳類と鳥類に共通して甲状腺刺激ホルモンと甲状腺ホルモンがかかわっており，甲状腺ホルモンにより生殖腺刺激ホルモンの分泌が制御される．昆虫の出力系では，幼若ホルモンが生殖腺を発達させるホルモンとして働くことが多くの種で知られている．

測時系を担う時計機構は光周時計とよばれる．光周時計がどのような細胞や分子からなり，どうやって日長をはかるかは，いずれの動物でもほとんどわかっていない．モンシロチョウ（*Pieris rapae*）の幼虫は長日条件で育つと，休眠しない蛹になるが，短日条件では休眠蛹になる．短日条件の暗期の途中に光パルスを与えると休眠に入らなくなることが知られており，古くから暗期の長さをはかる仕組みがあると考えられてきた．20 世紀半ばのダニや昆虫の研究から，砂時計の砂のようにある物質の量が次第に変化することにより時間が測定されるという考えが提唱された(砂時計モデル)．一方，ドイツの E. ビュニング(Bünning)は 1936 年にベニバナインゲンを用いた実験から概日時計を使って短日と長日を区別するという考えを発表した（概日時計モデル）．概日時計は，およそ 24 時間の周期で回る時計機構であり，時刻を知らせる環境からの信号がなくても自律的に約 24 時間を刻むことができる．これまでに，概日時計の研究は脊椎動物や昆虫で飛躍的に進み，その分子機構が解明されてきた．それらを基礎とし，脳内の概日時計の場所として知られているほ乳類の視交叉上核や昆虫の時計ニューロンを除去すると光周性が見られなくなる．また，時計遺伝子の発現を抑制しても光周性が見られなくなることが示された．これらの実験から，現在では概日時計モデルに基づいて光周時計の仕組みが考えられている．［志賀向子］

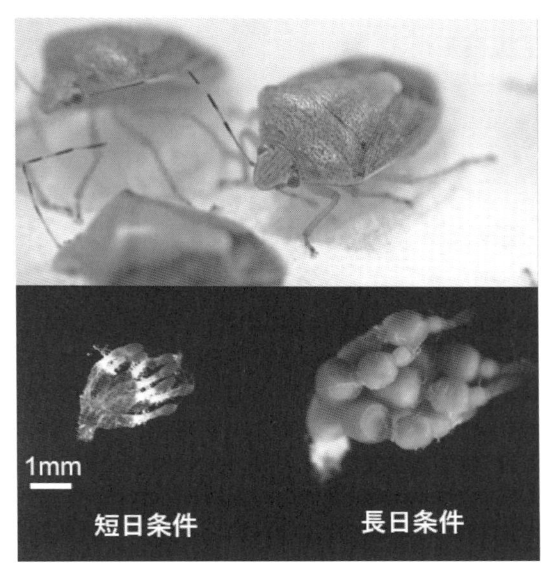

図 1　チャバネアオカメムシの成虫（上）と卵巣（下）．（提供：松本圭司）

参考文献

［1］ 海老原史樹文・伊澤 毅編『光周性の分子生物学』シュプリンガー・ジャパン，2012

［2］ Nelson, R. J., et al., *Photoperiodism: The Biological Calendar*, Oxford University Press, 2010

［3］ 海老原史樹文・吉村 崇編『時間生物学』化学同人，2012

nonREM 睡眠と REM 睡眠
――睡眠の進化（種類と特徴）

動物とは，動く生き物であり，動くことこそが動物の本質を表している．しかし，そんな動物達の動きがなくなる時間が存在する．それが睡眠である．睡眠を開始すると，動きだけでなく警戒レベルも低下するため，他の動物に補食される可能性が高くなる．このことは，睡眠をとることは動物の生存にとって一見すると不利な行動と思われる．しかし，下等な動物から高等な動物にいたるまで，ほとんどの動物が睡眠（もしくは睡眠に近い状態）を行うことが知られている．特に鳥類とほ乳類では，ノンレム睡眠とレム睡眠という明確に特徴が分かれた2つの睡眠をとるように進化してきている．このことは，睡眠を行うことにより，警戒レベルの低下という不利を補ってあまりある，メリットが得られることを示唆している．

●ノンレム睡眠とレム睡眠　ノンレム睡眠とレム睡眠は脳の活動状態と筋緊張によって分類される．脳の活動状態は脳波によって，筋緊張は筋電図によってそれぞれモニターされる．ノンレム睡眠が開始されると呼吸数と心拍数が低下し，かつ安定した頻度となる．大脳皮質の神経活動は低下するため意識が消失し，脳波は一部の神経の同期的活動による高振幅低周波（徐波）となるため，徐波睡眠ともよばれる．筋緊張は低下するために筋電図のノイズも小さくなる．ヒトでは1～3 Hz のデルタ波の比率によってノンレム睡眠の深度が分類されている．デルタ波の割合が多くなってくるとノンレム睡眠の深度が深くなる．正常では最初の

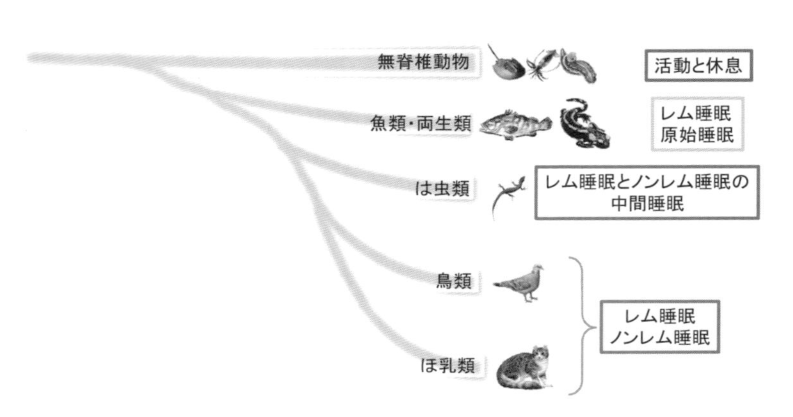

図1　さまざまな動物の睡眠

睡眠は必ずノンレム睡眠であり，ノンレム睡眠後にレム睡眠が開始される．ノンレム睡眠からレム睡眠に移行すると大脳皮質の神経活動が上昇し，脳波では 4 ～ 8 Hz のシータ波が多くなる．外見的には寝ているのに脳活動が高いために，レム睡眠は逆説睡眠ともよばれる．このときに非常に明瞭な夢を見ているとされており，夢の内容に合わせて行動しないように随意筋緊張は低下するため，筋電図ノイズはノンレム睡眠時よりもさらに小さくなる．レム睡眠時に眼球が左右に動くことがあり，このことから REM（rapid eye movement）睡眠とよばれる．また，ノンレム睡眠時には安定した頻度であった呼吸数や心拍数が，レム睡眠時には乱れて大きく上昇したり低下したりする．夢の内容によらず，レム睡眠時には陰茎が勃起することが知られている．通常ヒトでは，ノンレム睡眠とレム睡眠を約 1 時間半のサイクルで繰り返す．

●ノンレム睡眠の役割　睡眠の生理的な役割についてはまだ十分理解されていないが，ノンレム睡眠時には脳機能が低下することから，脳神経系を休ませる睡眠であると考えられている．最近になって，ノンレム睡眠時に神経とグリア細胞との隙間が広がり，脳脊髄液の流れがよくなることで物理的に代謝物を除去している可能性が示唆され[1]，これが睡眠の 1 つの生理的役割と考えられている．ノンレム睡眠時に観察される同期した神経活動の役割も十分わかってはいないが，光を用いて神経活動を操作する光遺伝学によって同期活動を模倣すると，その脳領域が担う記憶が向上することが報告されている．

●レム睡眠の役割　レム睡眠の生理的役割についてはノンレム睡眠以上に理解されていないが，大脳皮質神経の活動が比較的高く，筋緊張が完全に消失するために，身体の睡眠と考えられている．近年，レム睡眠とノンレム睡眠を切り替える神経がマウス脳幹部位に同定され，これらの神経活動を操作するとレム睡眠量を制御できることが示されている．さらに，レム睡眠を減少させるとノンレム睡眠時に観察されるデルタ波の振幅が徐々に弱まっていくことが報告された[2]．このことはノンレム睡眠中にレム睡眠を交互に挟むことでノンレム睡眠の機能を維持する役割があることを示唆している．は虫類においてもレム睡眠が存在することが示され[3]，これまで思われていたよりも早期にレム睡眠の神経回路が獲得されていた可能性がある．

［山中章弘］

参考文献

［1］ Xie, L. et al., “Sleep Drives Metabolite Clearance from the Adult Brain”, *Science* 342: 373–377, 2013

［2］ Hayashi, Y. et al., “Cells of a Common Developmental Origin Regulate REM/Non-REM Sleep and Wakefulness in Mice”, *Science* 350: 957–961, 2015

［3］ Shein-Idelson, M., et al., “Waves, Sharp Waves, Ripples, and REM in Sleeping Dragons”, *Science* 352: 590–595, 2016

神経回路網形成と神経投射
——神経突起の標的へのたどり着き方

ニューロンは一般に，細胞体から軸索を標的に向かって伸長し，樹状突起とシナプス結合することで神経回路を形成する．軸索伸長の過程で重要な役割を演じているのが，軸索先端に位置する成長円錐である．

●成長円錐 成長円錐は，外縁部にアクチンに関連した2種類の細胞突起，すなわちアクチンネットワークをもつ薄いシート状の構造をもつ葉状仮足と，アクチン線維の長い束により細胞膜が押し出された構造をもつ糸状仮足を有する．軸索伸長過程で，糸状仮足の先端は細胞外マトリクスに一時的に結合しており，糸状仮足内のアクチン線維の移動と重合により成長円錐を前方に駆動する．糸状仮足のアクチン線維は，中心部に向かって微小管と連結している．成長円錐の動態を制御しているのが，軸索ガイダンス分子である．軸索ガイダンス分子は，成長円錐の細胞膜上に存在する受容体を介して，アクチンや微小管の重合・脱重合が局所的に制御することで軸索の伸長・退縮・方向性を決めている．

●軸索ガイダンス分子 軸索ガイダンス分子は，さまざまな様式で軸索伸長を制御している．遠くの標的に軸索が投射するために，標的から放出される拡散性の因子によって誘引される（誘引因子）．また，周辺組織から拡散性因子によって反発され，方向変換が引き起こされる（反発因子）場合もある．一方，成長円錐の細胞膜が，標的あるいは周辺の細胞膜に接触し，接触依存性に誘引または反発される場合もある（近接的誘引・反発）．多くの軸索ガイダンス分子が見つかっているが，もともと形態形成因子として見つかってきた因子が軸索ガイダンス分子として機能する場合もある（Shh・Bmp・Wnt・Fgf など）．代表的な軸索ガイダンス分子として，セマフォリン，ネトリン，スリット，エフリンがあげられる．

セマフォリン（Semaphorin，Sema）には分泌型と膜結合型がある．Semaphorin は細胞膜に存在する Plexin と Neuropilin の2つの受容体を介して細胞内にシグナルが伝達される．Semaphorin の主な作用は軸索反発であるが，Semaphorin と受容体の組合せにより誘引シグナルとして機能する場合や，同一ニューロンの樹状突起と軸索で異なる機能を示すことがある．ネトリン（Netrin）は分泌性因子であるが．誘引因子または反発因子として機能する．作用の違いは，受容体の違いに依存しており，軸索に受容体 DCC を発現していれば誘引に，DCC と UNC5 が共発現していれば反発されると考えられている．スリット（Slit）は拡散性タンパク質で，受容体 Robo を介して軸索を反発させる．エフリン（Ephrin）とその受容体 Eph は，主に近接的反発作用を引き起こす．EhrinA は脂質を介して細胞膜に結合し，EhrinB は膜貫通ドメインを有する．EhrinA と

EhrinB は，それぞれ，チロシンキナーゼドメインを有する膜タンパク質 EphA と EphB を主な受容体とする．これら軸索ガイダンス分子の組合せによって，神経回路網は形成される．

●神経回路形成　脊髄交連神経の場合，細胞体は脊髄背側に位置するが，軸索は腹側に伸長し，正中線上にある底板を通過後，軸索は方向変換し体の前側に向かって伸長し上位中枢と神経接続する．この過程で，底板に発現する Shh とネトリンが軸索を誘引し，底板を通過後は，底板に発現する Slit が底板に戻ることを抑制している．底板通過後は，前後軸に沿った Wnt の濃度勾配に従って前方に投射する．また，脊髄には種々の運動ニューロンがあり，筋肉に軸索を投射し筋肉の収縮を制御している．肢背側の筋肉を支配する運動ニューロンには EphA が発現しており，その軸索は肢腹側間充織に発現する EphrinA に反発して背側筋に投射する．肢腹側の筋肉を支配する運動ニューロンは Neuropilin2 を発現しており，その軸索は肢背側に発現する Sema3F に反発し腹側筋に投射する．

●トポグラフィックマップ　神経回路で，ある領域のニューロンが互いの相対的位置関係を保ったまま標的ニューロンと結合する対応関係をトポグラフィクマップとよぶ．視覚情報伝達においては，網膜の神経節細胞の軸索が中脳背側の視蓋（哺乳類では上丘）に投射している．鼻側の網膜神経節細胞は視蓋の後側に，耳側の網膜神経節細胞は視蓋の前側に投射している．この神経回路形成において，耳側の網膜神経節細胞では EphA の発現が高く鼻側では低い，一方標的の視蓋では後側で EhrinA の発現が高く前側で低い．耳側網膜神経節細胞の軸索は，視蓋後側の EhrinA により反発されるため視蓋前側に投射すると考えられている．網膜—視蓋投射の背腹軸に関してもトポグラフィックな関係があり，EhrinB-EphB の誘引シグナルが関与している．嗅覚情報伝達においては，鼻粘膜に存在する嗅覚神経の軸索が，終脳前側に位置する嗅球内の糸球体にトポグラフィックな関係をもって投射する．背腹軸に沿った調整には嗅球内で発現する Slit1 と嗅上皮で発現する Robo2 の濃度勾配および軸索内での Sema3F/Neuropilin2 の反発シグナルが，前後軸の調節には嗅覚受容体シグナル依存的に発現する Sema3A/Neuropilin1 の反発シグナルが関与している．標的選択には，嗅覚受容体の活動依存性に発現する近接的誘引因子，近接的反発因子（Eph/Ephrin）が関与している．

［日比正彦］

📖参考文献

［1］ 宮田卓樹・山本亘彦編『脳の発生学—ニューロンの誕生・分化・回路形成』化学同人，2013

［2］ ギルバート，S. F.『ギルバート発生生物学』阿形清和・高橋淑子監訳，メディカル・サイエンス・インターナショナル，2015

［3］ Sanes, D. H., et al., *Development of the Nervous System*, Academic Press, 2011

神経系の起源についての驚くべき議論

最近，神経系の起源に関して驚くべき議論が始まっている．系統樹で下位に位置する基部後生動物（basal metazoan）といわれている動物群に関する話題である．これらの動物は，海綿動物，平板動物，刺胞動物，有櫛動物が含まれる．刺胞動物（クラゲ，ヒドラ，イソギンチャク，サンゴの仲間）と有櫛動物（フウセンクラゲなど）は，どちらもクラゲの名称で，まとめて腔腸動物とよばれていた．しかし，この両者は，クラゲ型の形態や神経細胞をもつことなどの類似性にもかかわらず，現在では，異なる動物門に分離され，さらに，最近のゲノムプロジェクトの進展により，有櫛動物の系統的位置が驚くことになった．それは，有櫛動物はすべての多細胞動物の中で最初に出現した動物群であるとの報告が，*Science* や *Nature* などの著名な学術雑誌に現れたことである [1]．

これに関連して，有櫛動物の神経系はそれ以外の動物の神経系とは基本的に異なる性質が認識され始めている．すなわち，有櫛動物の場合，神経系の分節化に関係するHOX遺伝子が存在せず，他の動物で見られる古典的神経伝達物質とそれに関連する遺伝子がほとんど存在しないことなどである [1] [2]．それとは対照的に，最近の分子系統学の進展にともない，刺胞動物と左右相称動物に関しては，たくさんの共通性が認識され始めた．中胚葉の筋肉分化に関する遺伝子の発現や，左右相称動物独特の背腹軸に関連する遺伝子の発現が刺胞動物でも見られている．同時に神経系についても両者の共通性が多く認識されるようになった．

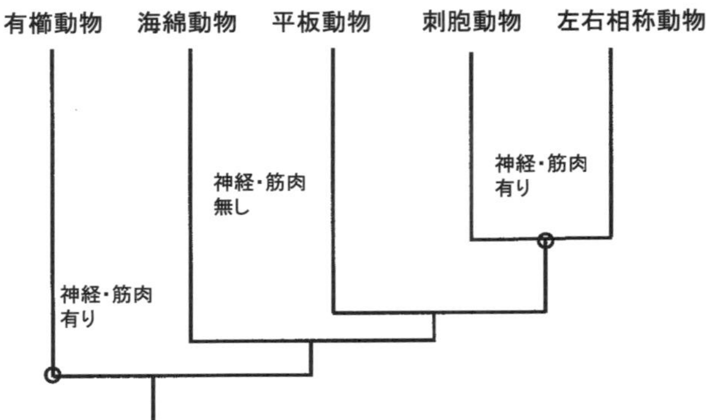

図1 Basal metazoan（基部後生動物）における驚くべき系統関係

その結果，多細胞動物の出現は，有櫛，海綿，平板，刺胞，左右相称動物の順になる．海綿と平板は神経系をもたないので，神経系の出現は，有櫛と刺胞で，独立に別々に起こったとの主張が登場した．これは，驚くべきことで，反対意見もあり，熱い議論を引き起こしている．

［小泉 修］

参考文献

[1] Moroz, L. L. et al, The Ctenophore Genome and the Evolutionary Origins of Neuronal Systems. *Nature*, doi:10.1038, nature13400, 2014

[2] Moroz, L. L., and Kohn A. B., “Independent Origins of Neurons and Synapses: Insights from Ctenophores”, *Phil. Trans. R. Soc. B* 371: 20150041, 2016

8. 動物の内分泌

［窪川かおる・永田晋治］

ホルモンの意味は広い．細胞間あるいは臓器間，さらには個体間のコミュニケーションツールとして使われる細胞からの分泌性の化学物質（chemical mediation substances）である．ホルモンは微量ながら，生物のさまざまなプロセスを調節する内分泌機構の中心的役割をはたす．体内の恒常性（ホメオスタシス）を維持する因子であり，動物の生殖，行動，生育，成長などライフイベントが正常に進行するように調節する因子である．体外あるいは細胞外の環境情報をホルモンに特異的な受容体を通して，正確に体内，臓器内，細胞内に伝える．ホルモンのおかげで，動物は多少の環境の変化や病気などに耐え得るようになっている．

ホルモンは，人間だけでなく，すべての動物にあり，生命現象が正常となるように調節している．進化の過程でホルモンの種類と構造は多様化し，それにともない内分泌機能も複雑化してきた．今も未来も地球上のさまざまな環境下で生きる動物たちの生命を支える．

ホルモンの定義
――恒常性を維持する生理活性物質

生体は，外部・内部環境に適応するためのさまざまな体内調節機構をもっている．ホルモン（ドイツ語：Hormon，英語：Hormone）は，生体の外部や内部に起こった変化に対応して，短期および長期にわたる体内調節を行うために必要な物質であると定義される．ホルモンの語源はギリシャ語の hormao（「刺激する」「興奮させる」の意）であり，20 世紀初頭に十二指腸からセクレチンを発見した W. ベイリス（Bayliss）と E. H. スターリング（Starling）によって初めて使われた．ホルモンによる調節としては，1）神経系による調節（神経伝達物質などが関与），2）ホルモン・増殖因子系による調節（ホルモンや増殖因子などが関与），3）免疫系による調節（抗体やサイトカインなどが関与）などである．本項では脊椎動物を中心に説明する．

●ホルモンの機能　ホルモンは体内において特定の器官で合成・分泌され，血液など体液を通して体内を循環して標的器官に運ばれ，ホルモン特異的臓器（標的器官・細胞）に作用して特定の効果を発揮する．ホルモンが器官や細胞に伝える情報は，生体内の機能を調節し，ホメオスタシス（恒常性の維持）を機能するなど，生物を正常な状態にして個体の活動を行うためにバランスのとれた状態にする． ホルモンによる特定の器官や細胞の機能調節は，体液循環を介した調節であるので，これを液性調節という．液性調節は，神経伝達物質を介した神経による生体調節に比べて，時空間的には厳密なコントロールはできないが，遠く離れた器官（細胞）に大きな影響を与えることができる．例外的に，アドレナリンなどのように，液性調節と神経性調節の両方で情報伝達する物質もある． ホルモンは，特定の内分泌腺から血液中に分泌され，血行によって遠隔の標的器官（細胞）に作用して特異的な作用を表す物質であると最初は考えられた．しかしこれに必ずしも合致しないホルモン作用機構のあることが明らかにされ，ホルモンの定義はもう少し広い概念としてとらえられるようになってきている．

●ホルモンの種類　現在，一般的に認識されているホルモンの概念としては，1）産生・分泌細胞と標的細胞が存在し，その相互の作用を担う．2）その作用発現にはホルモンに特異的な受容体（レセプター）が標的細胞に存在し，たとえホルモン濃度がごく微量（nmol/L，ナノモル）であっても，この受容体をもたない非標的器官（細胞）とでは，大きく生理反応に違いがみられる．これら 2 つの条件を満たすものは，幅広くホルモンとしてとらえることが可能である． ホルモン分子の種類は，生物の個体発生あるいは系統発生のどの段階であるかによっても異なる．ホルモンは，標的細胞の特異的な受容体と結合することによってその活動を開始させ，生殖器官の発達や性行動，変態，代謝などを適切なタイミングで制御することができる．数多くのペプチドホルモンは無脊椎動物・脊椎動物に見られ，構造の類似性や相関性をもつものも多い．その他にホルモンとして主なものにはアミン（カテコールアミン），ステロイドなどが知られている．広義にはフェロモンや植物ホルモンなどもこれに含まれる．

●ホルモンの産生臓器　ホルモンを生成する部位（器官・細胞）は数多く存在する．脊椎動物の場合，神経の情報を受けて視床下部－下垂体－副腎などの系が活性化し，細胞からの情報を受けて性腺・副腎皮質・甲状腺濾胞上皮細胞・心臓など，栄養情報から消化管・膵臓・甲状腺濾胞傍細胞・副甲状腺などの器官（細胞）でホルモンは合成・分泌される．これらのホルモンは，一般的に一時的に分泌細胞内に貯蔵され，必要な時に分泌される．その貯蔵方式もさまざまである．ペプチドホルモンやアミン類は細胞内の分泌果粒の中に蓄えられ，甲状腺から分泌されるホルモンはタンパク質のかたちで濾胞内腔に貯蔵される．これらに対し，ステロイドホルモンでは通常分泌果粒内には貯蔵されていない．細胞から分泌されたホルモンは体液を通じて輸送されるが，甲状腺ホルモンはある種のタンパク質（サイログロブリン）と結合した状態で濾胞内腔に貯蔵され，最終的にはこれが遊離した形（T3，T4）で末梢臓器に輸送される．

●ホルモンの標的器官・細胞　ホルモンが作用を発揮する器官は，ホルモンの標的器官（target organ），実際に作用を起こす細胞はホルモン標的細胞（target cell）とよばれている．ここには，ホルモン分子に特異的に結合する蛋白質であるホルモン受容体（ホルモン・レセプター）が存在する．ホルモンがその受容体と結合することにより，その器官でホルモンの作用が発揮される第一のステップとなる．標的器官が非常に低濃度のホルモンに鋭敏に反応するのは，このホルモン受容体タンパク質が，ホルモン分子とだけ特異的に強く結合する性質があることによる．アミンやペプチドホルモンは主に細胞膜上にあるホルモン受容体タンパク質と結合し，細胞膜の構造や機能を変化させ，生成されたセカンドメッセンジャー（cAMP などの分子）は細胞内部にその情報を伝達する．甲状腺ホルモンやステロイドホルモンは，受容体と結合した複合体が遺伝子情報に制御を与える働きをもち，特定遺伝子を活性化したり，伝令 RNA（mRNA）の生成を促したりする．甲状腺ホルモンは細胞膜やミトコンドリア上にも結合する部位が見つかっているがその詳細な機能は不明である．　［塩田清二］

📖 参考文献

［1］ Bayliss, W. M. and Starling, E. H., “The Mechanism of Pancreatic Secretion”, *J. Physiol. Lond.* 28: 325-353, 1902
［2］ 日本比較内分泌学会編『生命をあやつるホルモン―動物の形や行動を決める微量物質』講談社ブルーバックス，2003

動物の内分泌学の歴史（年表）
——生命を支えるホルモンの歴史

内分泌の歴史を紐解けば，人体解剖の詳細な描写から始まったのかもしれない．医学，生理学の視野から始まった内分泌学は，ホルモンという概念だけでなくホルモンという物質そのものの実態を提唱しつづけた．現在，ほとんどの生物種で見出される生命現象，生理現象を説明するためには，ホルモンによる制御なしでは原理追究のための議論ができない．技術の革新とともに培った内分泌学の知識は，医学に応用されるだけではなく，多くの生物での普遍性，共通性，特異性を見出すための比較生物学や比較内分泌学を作りだした．

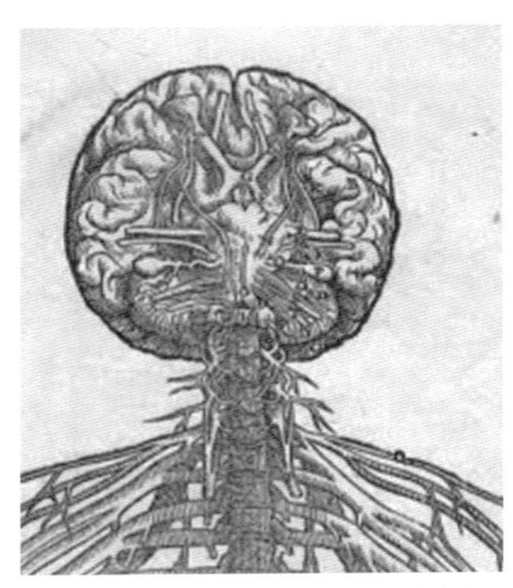

図1 人体の脳の詳細な記述（出典：Vesalius A 1543, Bruxellensis suorum de Humani corporis fabrica librorum を一部抜粋）

図2 後にラトケ嚢とされる漏斗状の器官の描画（出典：Vesalius A 1555, De humani corporis fabrica libri septem, Basel: J. Oporinus から一部抜粋）

●解剖学，医学，生理学から内分泌学へ（内分泌の発見） 16世紀中頃（1543年）にA.ベザリウスは，人体の解剖アトラスを作成した際，脳で生じた粘液が漏斗を通って下垂体へ流れ込むという考えを解剖観察に基づき記載した（図1，2）．これは，20世紀に発展する内分泌学を予想したものといえる．その後，19世紀までの内分泌学の研究は，生理学的および薬理学的なものが多く，ホルモンのような実体をともなった観察や研究ではなかった．つまり，内分泌学の研究の歴史は，1900年の高峰譲吉のアドレナリンの精製に始まると考えてもよい．高峰は，内分泌性の化学物質としてアドレナリン（エピネフリン）の結晶化を成功させ（高峰は上中啓三助手とともに）その構造解析を世界で初めてやり遂げた（第一発見者は上中で，当時の様子が几帳面に実験ノートに図入りで記されている）．1905年には，「ホルモン」という造語が現れてから100年の間に，いくつもの低分子のホルモンの化学構造が明らかになった．その構造は，タンパク質性，ペプチド性のものや，カテコールアミンのようなアミン類，ステロイド骨格を有するものなど多岐にわたる．

●ペプチド性のホルモンの発見と進歩　ペプチド性のホルモンの構造解析は，TRH や LHRH のアミノ酸配列が決定した 1950 年代後半に始まり，その後 1990 年代まで続いた．大量の材料から精製し単離後，その構造を解析するのは莫大な労力を要した．例えば，インスリンの場合は，単離されてから，その構造がわかるまで 30 年近く要した．1980 年代に入ると，その構造解析に関して様子が一変した．高速液体クロマトグラフィー（HPLC）による精製技術の開発や，エドマン分解を用いたアミノ酸配列解析の自動化により，精製効率と構造解析の精度が向上した．この技術革新は，ホルモンの同定のための出発材料も少量化させ，精製の精度（分離能）も格段に上昇させた．例えば，1969 年には数 mg の TRH をヒツジの脳 250 万頭分から精製していたが，現在では 1 頭あれば構造解析の分析に耐え得るに十分な量の TRH を精製し，入手することができる．また，自動エドマン分解法に代わって，MALDI-TOF MS/MS によるアミノ酸配列解析も可能となり，さらに微量で構造解析ができるようになった．

●分析技術の進歩とともに発展した内分泌学　構造解析技術や精製技術だけでなく，観察技術の向上も内分泌学の発展に貢献した．1931 年には，M. クノールと E. ルスカにより透過型電子顕微鏡（TEM）が開発された．これを使った分析として，神経分泌細胞の発見や，分泌顆粒の観察が飛躍的に進んだ．このように，内分泌学は生化学的および形態学的な手法の技術の進歩に依存して発展していった．

近年は，生化学的構造解析は，さまざまなビッグデータを使用した構造予測を基本とした解析に変わりつつある．2000 年には，ヒトゲノムの概要配列（ドラフト）が報告された．それから 20 年程度の時間が経ったが，ゲノム解析やトランスクリプトーム解析がより身近なものになった．これらから得られるのは，モデル生物に限らない多様な種の内分泌性因子にかかわる遺伝子情報およびホルモンの立体構造予測である．その恩恵として，多数のホルモンと受容体が複雑に連携する内分泌調節機構さえも推測することが可能になりつつある．

●内分泌系の生命現象への関係と現代の内分泌学のかたち　上述のような分析技術の進歩と内分泌学の発展は，すべての動物を内分泌物質の研究対象とすることをも可能にした．多様な動物のホルモンと受容体の構造と分布および内分泌物質の相互関係がわかってきた現在では，ホルモンなど内分泌物質は体内の生命現象を維持するための組織間，器官間のコミュニケーションツールとしての不偏性があることがわかってきた．一方，進化あるいは生息環境に適応した特異的な内分泌現象も明らかになってきている．これらは，動物の一員であるヒトにおける内分泌現象の理解をさらに進め，医学への応用を発展させてくれる．

年代	人名	生物種	関連ホルモン
1543	A. ベザリウス	ヒト	
1830 代	A. ファーブル	昆虫	フェロモン
1839	MH. ラトケ		
1840	V. バセドゥ	ヒト	
19 世紀中後期			
1869	P. ランゲルハンス		
1886	P. マリー	ヒト	
1894	G. オリバーと EA. シャーファー	ネコ（脊髄穿刺）	
1896	E. バウマン	ヒト	ヨウ素
1989	R. ティガスュタットと PG. バーグマン	ウサギ	レニン
1900	高峰譲吉	ウシ	アドレナリン
1901	R. マグヌスと EA. シャーファー	イヌ	
1902	WM. ベイリスと EH. スターリング	イヌ	セクレチン
1905	EH. スターリング		
1906	HH. ダーレ	ネコ，ウサギ，サル	
1909	J. ドゥマイヤー		
1912	JF. ゲデルナッシ	カエル	
1916	PE. スミス	カエル	
1919	CR. ハーリントン		甲状腺ホルモン
1923	CP. キンバルと JP. マーリン	イヌ	グルカゴン
1926	JJ. アベル	ウシ	インスリン
1928	P. ストライカーと R. グルーター	ウサギ	プロラクチン
1929	WP. キャノン		
1929	AF. ブテナント，EA. ドイズィー，CD. ヴェーレ，S. テイヤー（ブテナントと独立で同時に発表）	ヒト	エストロゲン
1930	GT. ポパと U. フィールディング	ヒト	
1932	E. シャーラー	魚類（コイ科）	
1933	MW. ゴールドバット	ヒト	プロスタグランジン
1930 年代頃			ステロイドホルモン
1935	E. ラクアーら	ウシ	テストステロン
1940	福田宗一	カイコ	エクジソン
1942	CH. リーら	ヒツジ	ACTH
1949	W. バーグマン	ヒト	
1954	長野泰一ら	ヒト	インターフェロン サイトカイン
1954	AF. ブテナントと P. カールソン	カイコ	エクジソン
1955	F. サンガーと EO. トンプソン	ウシ	インスリン
1958	AB. ラーナー	ウシ	メラトニン
1962	S. コーエン	マウス	EGF
1962	A. ゴーマンと HA. バーン		
1966	PG. カツォヤニス	ヒツジ	インスリン
1967	H. ローラーら	セクロピア蚕	幼若ホルモン
1967	DF. ステイナーら	ヒト，ラット	プロインスリン
1969	R. ギルマンと AV. シャリー	ウシ，ブタ	TRH，LHRH など
1975-1980 年代			
1979	中西重忠ら	ウシ	POMC
1980 年代			
1990	鈴木昭憲ら	カイコ	
1996	コルボーンら	生物全般	環境ホルモン

関連臓器	発見したこと
下垂体	『ファブリカ』にて，人体の観察が記載され，後にラトケ嚢と呼ばれる漏斗状の器官が見出された．
	フェロモン様物質の発見．フェロモンという語は 1959 年に提唱された．
下垂体	下垂体の発生初期の構造（後のラトケ嚢）の発見．
甲状腺	甲状腺機能亢進症（バセドー病）が報告された．
生殖腺	生殖腺の移植が去勢の影響を防止できるなどで，生殖腺由来の物質の存在が注目された．
膵臓	膵臓にある導管をもたない細胞の小集団の発見．
下垂体	巨人症は下垂体肥大（腫瘍）によることが報告された．
経葉	経葉に血圧上昇物質の存在が見出された．
甲状腺	甲状腺にヨウ素が集積していることの発見．
腎臓	肝臓の抽出液に血圧上昇活性が見出された．この物質はレニンと命名された．
副腎	アドレナリンの結晶化と化学構造が解析された．
下垂体（神経葉）	下垂体（神経葉）の抽出物中の抗利尿作用の発見．
腸管	セクレチンの発見（腸管（脳神経系以外）からのホルモンの発見）．
	「ホルモン（Hormone）」という言葉が初めて使われた．命名は WB. ハーディーとされている．
脳下垂体後葉	脳下垂体後葉の抽出物中から子宮収縮物質の発見．
	「インスリン（insulin）」という言葉が初めて使われた．
甲状腺	ウマの甲状腺抽出液でオタマジャクシの早熟変態が確認された．
下垂体	オタマジャクシの下垂体原基が除去により成長が変化することが観察された．
	甲状腺ホルモンの化学構造が解析された．
膵臓	グルカゴンの存在が証明された．
膵臓	インスリンの結晶化に成功．
下垂体	下垂体前葉の抽出物に乳腺刺激活性（プロラクチン）を発見．
	「ホメオスタシス」の言葉を初めて使用された．
尿中	エストロン（構造としてはエストロゲン）の結晶化に成功．以降，ブテナントらのグループを中心として，ステロイド骨格をもつ副腎皮質ホルモンを 1930 年代に次々に結晶化され，化学合成された．
下垂体門脈	ヒトの下垂体門脈血管系が記載された．後にウィスロキィによりサルでも認められたことを記載された．
脳・視床下部	魚類の中脳（脳・視床下部に相当）にある神経分泌細胞の発見．
精液	ヒト精液中に子宮収縮活性が見出され，後に US. フォンオイラーによりプロスタグランジンと命名された．実際にプロスタグランジンの構造は戦後 1960 年 S. バーグストームにより解析された．
	性ホルモンのフィードバック機構や生殖腺刺激ホルモンによる調節機構が示唆され始めた．
精巣	ラクアーらにグループにより，テストステロンを抽出，結晶化に成功．
前胸腺	前胸腺から脱皮ホルモンとしてエクジソンを発見．
下垂体	ヒツジ下垂体ホルモン（ACTH）が単離された．1959 年にその構造が Li らにより決定された．以降，1950 年代まで哺乳理での下垂体ホルモンの単離および構造決定が相次ぐ．
視床下部	脊椎動物の視床下部の神経分泌物質の軸索と神経葉との連絡を発見．
	ウイルス干渉因子としてインターフェロン（サイトカインの一種）の発見．（インターフェロンは，A. アイザークにより 1957 年に同様の因子を独自に発見した際に命名された．）
	日本から輸出した蚕蛹（500 kg）からエクジソンが単離された．カールソンらにより 1966 年に構造が決定された．
膵臓	ウシ膵臓から単離したインスリンが 2 本鎖のサブユニット構造であることが見出された．アミノ酸配列は 1953 年に明らかにされた．
松果体	松果体抽出液からメラトニンの発見．
顎下腺	抽出物から EGF が精製され構造が決定される．1960 年代半ばにはマクロファージ遊走阻止因子（MIF）なども発見され，後にサイトカインのカテゴリーが作られた（1967 年 コーエンらにより命名された）．
	比較内分泌学の概念が提唱される．「A Text Book of Comparative Endocrinology」は 1962 年に出版された．
	インスリンの合成に成功（タンパク質性のホルモンで最初）した．
	幼若ホルモンが単離され化学構造が決定された．
	プロインシュリンの発見．タンパク質性のホルモンの生合成の概念を進展させた．
視床下部	甲状腺刺激ホルモン放出ホルモン（TRH），黄体形成ホルモン放出ホルモン（LHRH）など精製，化学構造が決定された．
	小林英司会長，日本比較内分泌学会創設
視床下部・下垂体	プロオピオメラノコルチン（ACTH の前駆体）の構造解明でホルモンの成熟過程の原理が示された．
	ホルモン受容体の研究が進む．クローニング技術により GPCR，核内受容体など構造決定が進んだ．
脳	カイコから脳ホルモンの単離構造決定された．以降，昆虫の脳神経ペプチド性のホルモンが鈴木らのグループを中心に単離，構造決定される．
	内分泌かく乱化学物質が提唱される．『奪われし未来』が出版される．

［窪川かおる・永田晋治］

日本人が決めたホルモン
——ペプチドホルモン発見数は世界一

細胞・組織間の情報伝達を司るホルモンは，ペプチド，アミン，ステロイドに大別されるが，その中のペプチドホルモンにおける日本人の貢献は大きく，総数の約 1/3 を発見している．「ホルモン」の黎明期の 1900 年に，世界で初めてアドレナリンを副腎髄質から結晶化，単離したのが高峰譲吉である．米国では J. J. アベル（Abel）の発見とされ，日本でもエピネフリンとよばれていたが，2006 年に日本薬局方もアドレナリンに変更された．

●下垂体ホルモンの制御因子　1950 年に P. V. エドマン（Edman）によりアミノ酸配列解析法が開発されると，バソプレシンやインスリン，カルシトニン，セクレチンなどの構造が次々に決定された．1960 年代に入り，視床下部が下垂体ホルモンの分泌を制御するとの概念が提案され，まず甲状腺刺激ホルモン放出ホルモンが 1969 年に構造決定された．黄体形成ホルモン放出ホルモン（LHRH）の発見は，ノーベル医学生理学賞を受賞した A. V. シャリー（Schally）と R. C. L. ギルマン（Guillemin）の間で競われた．シャリーの下で，松尾壽之は開発した C 末端 ^{3}H 標識法を用いて 1971 年に LHRH の構造を決定し，有村章が活性を確認した経緯は，“The Nobel Duel” にも記されて有名である．LHRH は卵胞刺激ホルモン（FSH）分泌も促進するため，ゴナドトロピン放出ホルモン（GnRH）とよばれることが多い．宮本薫，五十嵐正雄らは，1984 年にニワトリ脳より GnRH-II を発見し，85 年には FSH 放出抑制因子であるインヒビンをブタ卵胞液より単離した．キスペプチンは LHRH 分泌を上位で制御するが，2001 年に藤野政彦らがメタスチンの名称で最初に同定した．ウズラではゴナドトロピン放出抑制ホルモンが筒井和義らにより 2005 年に同定されたが，哺乳類では神経ペプチド RFRP-1（RFamide related peptide 1）としてすでに 2000 年に藤野らが報告していた．藤野らは，1998 年にプロラクチン放出ペプチドも発見している．

魚類の下垂体ホルモンでは，川内浩司らが 1983 年にサケ下垂体よりメラニン凝集ホルモンを発見した．哺乳類では摂食やエネルギー代謝を制御する．宮田篤郎, 有村らは, 下垂体前葉細胞の cAMP 産生を促進する下垂体アデニル酸シクラーゼ活性化ポリペプチドを 1989 年に発見したが，下垂体ホルモン分泌は変化しないが，広範な機能を有していた．

●神経ペプチド　1975 年のエンケファリン発見を契機として，モルヒネ様作用を示すオピオイドペプチドが多数発見され，国内ではネオエンドルフィンが寒川賢治，松尾らにより発見された．中西重忠らは，オピオイドペプチドが 3 種の前駆体から生成することを遺伝子クローニングにより明らかにした．痛覚伝達などで重要なサブスタンスPに続くタキキニン類2種の発見は日本人間で争われ，1983年に木村定雄，宗像英輔らがニューロキニンαとβ，寒川，南野直人らがニューロメジンKとL，中西らはサブスタンスKをそれぞれ単離した．現在は，それらを統合してニューロキニンAとBとよぶ．南野らはカエルのボンベシン様ペプチドとして，ニューロメジンBとガストリン放出ペプチド由来のニューロメジンC，ニューロテンシンに類似するニューロメジンNも見出した．さらに，ニューロメジンU（NMU）を発見し，2005年に森健二らによりニューロメジンSが発見された．両ペプチドは生体リズムやエネルギー代謝などを制御する．

ペプチドホルモンのC末端の多くがアミド化されていることに着目し，立元一彦とV. ムット（Mutt）は，1980年のペプチドN末端ヒスチジンC末端イソロイシン（PHI）とペプチドN末端チロシンC末端チロシン（PYY）を皮切りに，ニューロペプチドY（NPY），ガラニンなどを発見した．NPYとPYYは摂食やエネルギー代謝で重要である．

●循環調節ホルモン　心房に利尿活性物質の存在が示され，国際的競争となったが，精製法を確立していた寒川と松尾は，1984年に心房性ナトリウム利尿ペプチド（ANP）の構造を世界で最初に決定した．続いて脳性（B型）ナトリウム利尿ペプチド（BNP），C型ナトリウム利尿ペプチドを脳より発見し，ANPとBNPは心不全の診断・治療薬として汎用されている．

血管内皮の収縮・弛緩物質にも注目が集まり，弛緩因子として一酸化窒素が同定された．柳沢正史らは，強力な収縮因子としてエンドセリンを1988年に発見した．遺伝子解析より，最終的に3種のエンドセリンが発見され，受容体拮抗薬は肺高血圧症の治療に使用されている．北村和雄らは1993年，ヒト褐色細胞腫よりアドレノメデュリン（AM）を発見した．AMは強力な降圧，抗炎症，血管新生作用を有し，低酸素や炎症刺激でほとんどの細胞が産生する．魚類から哺乳類への遺伝子進化の解析から，竹井祥郎らはAM2などを同定した．

●オーファン受容体の内在性リガンド　遺伝子配列解析が進むにつれて，リガンド不明のオーファン受容体が多数同定された．藤野らの発見したペプチドの大半は，これらに対するリガンド探索で見出された．1998年に桜井武と柳沢らはHFGAN72のリガンドとしてオレキシンAとBを発見した．当初は摂食促進ペプチドと推定されたが，欠損によりナルコレプシーを起こすことから覚醒に必要であり，受容体ブロッカーは睡眠薬となっている．

グレリンは，GHS-Rのリガンドとして1999年に児島将康らが発見し，3番目のセリン残基にオクタン酸が結合した構造が受容体との結合に必須である．胃の腺細胞に豊富に存在し，成長ホルモン分泌を促進するだけでなく，末梢投与で摂食亢進，副交感神経抑制，筋力強化などの作用を示し，医薬品応用が期待される．

［南野直人］

分泌の仕組み
——いろいろあるホルモン分泌！

分泌とは，単に物質の細胞や器官からの放出を意味するのではなく，細胞内で起こる生合成から細胞外への放出にいたる一連のプロセスを意味する．内分泌腺は，導管をもたない腺であるため，ホルモンは，分泌されたのち，周囲の毛細血管に取り込まれて全身を循環する．このような分泌をエンドクリンとよび，ほとんどのホルモンがこの様式をとる．また，ホルモンには，一酸化窒素（NO）のように血管に入ることはなく，近傍の細胞に作用するパラクリンや，分泌したホルモンが分泌した細胞自身に作用するオートクリンの様式をとるものもある．

●ホルモン分泌の調節　ホルモンは，ごく微量で標的細胞に作用するため，その分泌量は，過剰でも不足しても生命活動に大きな影響を与える．ホルモンの分泌は，厳密にコントロールされており，その分泌調節は，以下の4つに大別される．

①神経系による調節：自律神経によってアドレナリンは副腎髄質からメラトニンは松果体からそれぞれ分泌され，オキシトシンは，例えば乳児が乳首を吸引する感覚刺激からの反射によって下垂体後葉から分泌される．

②血液の物質濃度による調節：インスリン，パラトルモン，バソプレシンを分泌する膵臓ラ氏島（ランゲルハンス島），副甲状腺，下垂体後葉の細胞は，それぞれ血液中の血糖値，カルシウムイオン，浸透圧を感受して，分泌量が調節される．

③分泌調節中枢のホルモンによる調節：視床下部ホルモンは，下流にある下垂体前葉ホルモンの分泌量を調節し，下垂体前葉ホルモンは，さらに末梢の甲状腺，副腎皮質，卵巣，精巣のホルモン分泌を調節する（図1）．すなわち，これら末梢のホルモン分泌は，2段階の調節を受けている．

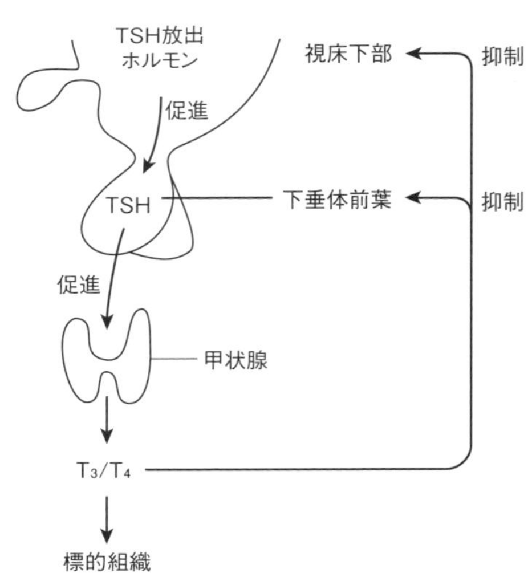

図1　甲状腺ホルモンの分泌機構．甲状腺ホルモン（T_3，T_4）の分泌は，下垂体前葉からの甲状腺刺激ホルモン（TSH）により促進され，TSHの分泌は，視床下部のTSH放出ホルモンにより促進される．一方，末梢のT_3，T_4は，TSHやTSH放出ホルモンの分泌を抑制する（負のフィードバック）

④**フィードバック：**分泌調節中枢の支配下にある甲状腺，副腎皮質，卵巣，精巣のホルモンは，上位にある視床下部ホルモンや下垂体前葉ホルモンの過剰な分泌を抑制している（図1）．このように末梢からの情報が，分泌調節の中枢に抑制的に働きかけることを負のフィードバックとよび，恒常性の維持に寄与している．逆に，分泌調節の中枢に促進的に働きかけることを正のフィードバックとよび，女性の排卵時のエストロゲンと性腺刺激ホルモンの関係，分娩時のオキシトシンと子宮頸管の伸展の関係がそれにあたる．

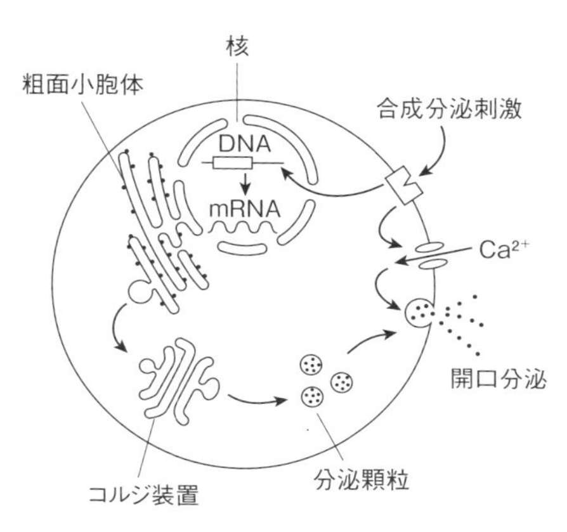

図2　ペプチドホルモンの分泌

●**ホルモン分泌様式**　ホルモンの分泌様式は，ホルモンの化学的特性によって異なり，①ペプチドホルモンとアミン類（カテコールアミン），②ステロイドホルモン，③甲状腺ホルモン，の3つに分類される．

①**ペプチドホルモンとアミン類の分泌：**ペプチドホルモンやドーパミンなどのアミン類を分泌する細胞は，下垂体，膵島，胃腸の内分泌腺，松果体，副腎髄質，上皮小体などに存在する．ほとんどのペプチドホルモンの分泌経路は，調節性経路とよばれ，分泌顆粒に貯蔵されたホルモンは，分泌刺激を受けてから細胞外へと放出される（図2）．ホルモンの放出は，細胞内カルシウムイオン濃度の上昇が引き金となり，分泌顆粒が細胞膜に融合することで起こる（開口分泌）．一方，刺激を受けずに自発的に分泌する経路を構成性経路とよぶ．

ペプチドホルモンを分泌する細胞では，粗面小胞体－ゴルジ装置系でペプチドの合成と修飾が行われる．そのため，発達した粗面小胞体とゴルジ装置をもつ．

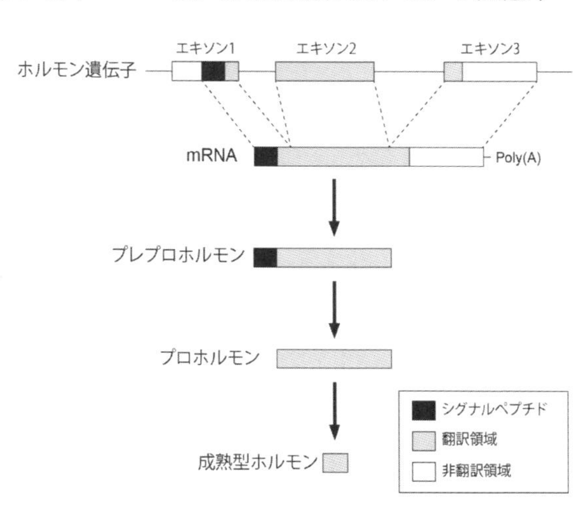

図3　ペプチドホルモンのプロセシング

ペプチドホルモンの合成は，合成刺激を受けたのち，通常のタンパク合成と同じように，ホルモン遺伝子の転写が開始される．ホルモン分子は，いきなり成熟型（活性型）ペプチドとして翻訳されることはなく，まずは，プレプロホルモンとよばれる大きな前駆体タンパク質として翻訳される（図3）．プレプロホルモンのN末端には，シグナルペプチドとよばれる特有のアミノ酸配列が存在する．シグナルペプチドをもつプレプロホルモンは，シグナル認識粒子（SRP）を介して粗面小胞体の表面にあるシグナルペプチド受容体と結合し，その後，チャネルを通って粗面小胞体の内腔へと移動する．粗面小胞体内では，シグナルペプチドが切断されプロホルモンと形を変えたのち，ゴルジ装置へと運ばれる．ゴルジ装置内では，タンパク質分解酵素の働きによる成熟型ペプチドの切り出し（プロセシング）が行われる．このように翻訳後，ペプチド鎖が切断されたり，小胞体内にて糖鎖がつく過程を翻訳後修飾とよぶ．アンギオテンシンⅡのように，血中に放出されてからプロセシングを受けるものもある．一方，アドレナリンやノルアドレナリンなどのアミン類の合成は，細胞質中で行われ，その後，分泌顆粒に取り込まれる．

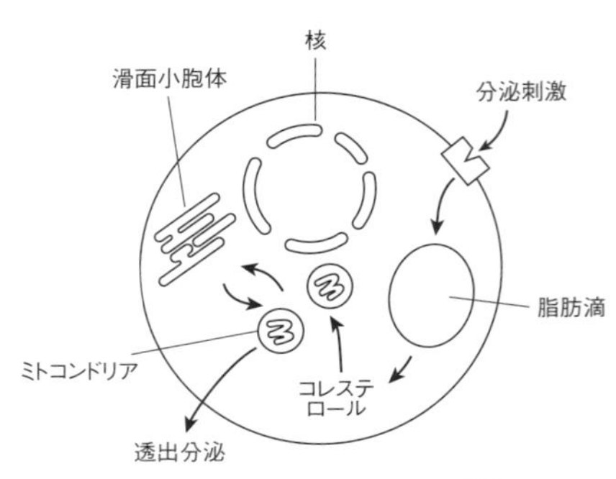

図4　ステロイドホルモンの分泌

②ステロイドの分泌：ステロイドホルモンを分泌する細胞は，副腎皮質，精巣，卵巣などの器官にある．また，脳でつくられるステロイドホルモンもあり，特にニューロステロイドとよばれる．ステロイドホルモン分泌細胞の特徴は，1）発達した滑面小胞体，2）管状・小胞状のクリステをもつ球形のミトコンドリア，3）脂肪滴であり，細胞質はこれら3つの細胞内小器官で埋め尽くされている（図4）．すべてのステロイドホルモンはコレステロールより合成される．コレステロールは，細胞外から取り込まれたり，滑面小胞体で酢酸から合成されたりする．コレステロールが，ただちにホルモン合成に利用されない場合は，エステル化されて脂肪滴に蓄えられる．ステロイドホルモン生合成では，取り込まれたコレステロールが，まず，ミトコンドリア内膜にあるコレステロール側鎖切断酵素（P450scc）により，プレグネノロンとなる．ここまでの過程は，どのステロイドホルモンも共通である．プレグネノロン以降の合成経路は各ステロイドホルモンで少しずつ異なるが，いずれの場合も滑面小胞体もしくはミトコンドリア内膜に存在する酵素の働きにより，最終的に各ステロイドホルモンが生成される．副腎皮質細胞では鉱質コルチコイドと糖質コルチコイド，精巣の間細胞（ライディヒ（Leydig）細胞）ではアンドロゲン，卵巣の卵胞細胞ではエストロゲン，黄体細

胞ではプロゲステロンがつくられる．生成された各ステロイドホルモンは，分泌顆粒の形をとらず，細胞膜を透過して細胞外へ放出される（透出分泌）．

③甲状腺ホルモンの分泌：上記の2種類と異なり，甲状腺ホルモンであるサイロキシン（T_4）とトリヨードサイロニン（T_3）は独自の分泌様式をもつ．これらのホルモンは，2つのチロシンが，ペプチド結合ではなくエーテル結合で縮合しているという点で他のペプチドホルモン・アミン類の合成と大きく異なる．その合成過程は次のとおりである（図5）．

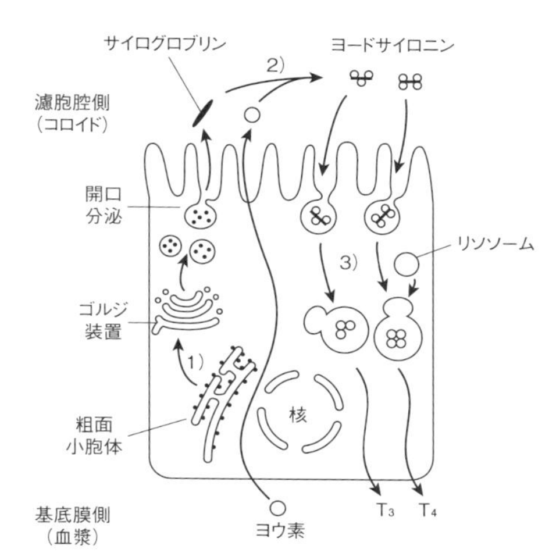

図5　甲状腺ホルモンの分泌

1）サイログロブリンの合成と濾胞腔中への分泌：サイログロブリンは高分子の糖タンパク質であり，甲状腺濾胞上皮細胞内で合成される．通常のペプチドホルモン合成と同様に，粗面小胞体－ゴルジ装置系でタンパク質合成や糖鎖修飾を受けたのち，分泌顆粒に蓄えられて，開口分泌により濾胞腔へ放出される．

2）ヨード化と縮合：濾胞腔中に貯蔵されたサイログロブリン内のチロシン残基は，血液中から取り込んだヨウ素と結合しヨードサイロニンとなる．ヨードサイロニン同士が，エーテル結合することで，サイログロブリン分子内に甲状腺ホルモンの前駆体ができあがる．

3）サイログロブリンの再吸収と加水分解：濾胞腔中のサイログロブリンは，下垂体前葉からの甲状腺刺激ホルモン（TSH）の刺激により，甲状腺濾胞上皮細胞へ再吸収される．再吸収の方法は，飲み込み（pinocytosis），食べ込み（phagocytosis）によるものがあるが，いずれも貪欲された小胞は融合して，コロイド滴となる．コロイド滴はさらにリソソームと融合することで，コロイド滴中のサイログロブリンが加水分解され，甲状腺ホルモンであるT_4とT_3が遊離する．遊離した甲状腺ホルモンは，細胞膜を透過して細胞外に放出される．

［塚田岳大］

参考文献

［1］　清野 裕他編『ホルモンの事典』朝倉書店，2004
［2］　藤田尚男・藤田恒夫編『標準組織学 各論』第4版，医学書院，2010

内分泌かく乱化学物質
——ホルモン作用物質の環境影響

環境中に放出された物質の中には，女性ホルモン（エストロゲン）受容体や男性ホルモン（アンドロゲン）受容体に結合して，ホルモン類似作用やホルモン阻害作用を示すものが多種類見出されている．PCB類，DDTなど農薬の一部，樹脂原料の一部，化粧品中の紫外線吸収剤などは弱いエストロゲン作用を示す．一方，農薬のビンクロゾリンやDDTの代謝物のDDEなどは，生体内ではアンドロゲンの作用を抑制する．1938年に開発されたDDTには，1950年代からエストロゲン類似作用が知られていた．1970年代から，環境中に放出された物質のヒトの健康影響への観点から，米国環境健康科学研究所を中心に研究が開始され，1979，1985，1994年には国際会議「環境中のエストロゲン」が開催された．

●内分泌かく乱化学物質問題の始まり　1980年代の後半から，英国の河川でコイ科のローチの精巣に卵細胞が見られる精巣卵などの生殖異常が見つかった．英国の河川水中からは界面活性剤の代謝産物でエストロゲン作用をもつノニルフェノール（NP），人畜からのエストロゲン，避妊薬の成分のエチニルエストラジオール（EE2）などが検出された．同時期に米国の大学では，培養液を保存していたプラスチック管からNPを検出した．また，ヒトの精子数が過去50年間で半減しているという論文がデンマークから報告された．

1940年代後半から1970年代まで流産防止薬として用いられた合成エストロゲン（ジエチルスチルベストロール）が，女児の膣癌や子宮形成不全を引き起こしたことも1970年代には明らかにされていた．1962年のレイチェル・カーソン（Carson）の『沈黙の春』を契機として毒性の強い農薬の使用は禁止された．しかし，その後も北米の五大湖周辺では，ハクトウワシなどの野生生物の生殖の回復傾向が遅いことが知られていた．このような状況証拠や，実験動物を用いた研究成果を集めて，セオ・コルボーン（Colborn）は1991年にウイングスプレッド会議を開き，「環境中には多くの人工的な物質が放出されており，動物やヒトの内分泌系に影響を及ぼしている可能性ある」ことが合意された．このような物質を内分泌かく乱化学物質とよんだ．この会議の内容を，1996年に『奪われし未来』として出版し，「発生時期にホルモン類似物質の暴露を受けると成体になっていろいろな悪影響が誘発され得る」という懸念を提起した．内分泌かく乱化学物質の定義は，「生物個体の内分泌系に変化を起こさせ，その結果として個体またはその子孫に悪影響を誘発する外因性物質」，とされている．環境ホルモンともいわれている．

内分泌かく乱化学物質の提示をもとに，ヨーロッパ諸国，米国および日本での調査研究が始まった．1999 年にはアメリカ科学アカデミーの見解が，2002，2013 年には世界保健機関（WHO）のグローバルアセスメントが公表された．カナダの湖を使って，英国の河川で検出される濃度の EE2 を 3 年間にわたって暴露すると，コイ科のファットヘッドミノーの個体群が壊滅的に減少したが，暴露をやめて数年後には個体群が回復した．ローチの受精卵から 2 年間，環境濃度に近い濃度で EE2 を実験室で暴露すると全個体が雌になったとする研究報告もある．野生動物では，観察された悪影響と化学物質暴露との関連が認められている例は多いが，ヒト健康への影響については確証が得られてはいない．

●内分泌かく乱作用を検出する試験法の開発　内分泌かく乱化学物質は，従来の毒性学と異なり，動物の生死ではなく，生殖の低下などが問題であり，影響がかなり後に現れる遅発影響もあるため，特に欧州では何をもって悪影響とするか，という意見の一致が得られていない．一方，経済協力開発機構（OECD）では，化学物質の内分泌かく乱作用を調べるための試験法を開発している．ラットを用いた試験に加えて，メダカなどの魚類を用いて化学物質の(抗)エストロゲン，(抗)アンドロゲン作用を，また，アフリカツメガエルを用いて（抗）甲状腺ホルモン作用を，オオミジンコを用いたメチルファーネゾエート（幼若ホルモン様物質）作用などを調べる試験法を開発している．2015 年に，化学物質の内分泌かく乱作用を確定するためのメダカとアフリカツメガエルの試験が確立された．

●内分泌かく乱作用の研究の展開　化学物質の内分泌かく乱作用としては，エストロゲン，アンドロゲン，甲状腺ホルモン類似作用や，これらの抗ホルモン作用についての研究が展開されてきた．今までの化学物質の毒性影響に比べて，きわめて微量でも作用がみられる低用量影響，低用量でも複数の物質による複合影響，高用量の農薬を用いた研究ではあるが，妊娠した親への暴露により，生まれた 1 世代目だけでなく．その後は何も暴露していないにもかかわらず世代を超えて 3 世代後の仔にも，1 世代と同じ遺伝子発現の変化とともに同じように精子数の低下がみられるという経世代影響，胎仔期の暴露により脂肪細胞を増やし，肥満をひき起こす化学物質（オベソジエン）の経世代影響，魚類，両生類，爬虫類，鳥類などの多種類の生物のエストロゲン受容体の感受性の種差などが明らかにされている．内分泌かく乱化学物質についてはまだ議論が多く，内分泌かく乱物質を特定するにいたっていないが，カナダなどでは，ビスフェノール A の哺乳瓶使用禁止，フランスでは，食べ物に直接接触する缶詰のコーティングへの使用を禁止した．内分泌かく乱化学物質問題を契機として，無脊椎動物など，内分泌系が不明な動物のホルモンやホルモン受容体の進化の研究も始まっている．［井口泰泉］

📖 参考文献

［1］ 長濱嘉孝・井口泰泉共編『内分泌と生命現象』シリーズ 21 世紀の動物科学 10，培風館，2007

ホルモン受容体
――ホルモン情報の細胞内への入口

ホルモンは標的とする細胞や組織で正確に作用するために，ホルモン（リガンドあるいはアゴニスト）と高い親和性をもち，特異的に結合する受容体タンパク質が存在する．ホルモン受容体は，結合するリガンドの物性から，大きく2種類に大別できる（表1）．ひとつは，細胞膜を通過できない水溶性ホルモン（ペプチドホルモンなど）の受容体であり，主に細胞膜上に存在する細胞膜受容体である．一方，細胞膜の通過が比較的容易な脂溶性ホルモン（ステロイドホルモンなど）の受容体は細胞内に存在し，リガンドと結合後，核内で転写調節因子として機能するものが多く，核内受容体とよばれる．

表1　ホルモン受容体の種類と例

受容体	リガンドの性質	受容体の例
細胞膜受容体	水溶性ホルモン (ペプチドホルモンなど)	アドレナリン受容体 インスリン受容体 ニコチン受容体
核内受容体	脂溶性ホルモン (ステロイドホルモンなど)	甲状腺ホルモン受容体 エストロゲン受容体

●ホルモン受容体の構造　細胞膜受容体は，その分子中に細胞膜を貫通する領域を有する構造をとる．その受容体のうちで，アドレナリン受容体など7回膜貫通型受容体は，細胞膜を7回貫通する構造をとる（図1A）．このような受容体の多くは，三量体GTP結合タンパク質（α，β，γサブユニット）と相互作用して機能するため，GPCR（G-protein coupled receptor：Gタンパク質共役型受容体）ともよばれる．また，インスリン受容体のように1回だけ細胞膜を貫通している受容体は，1回膜貫通型受容体とよばれ，通常1～4量体を形成し機能する（図1B）．一方，イオンチャネル型受容体（ニコチン受容体など）は，膜貫通サブユニットのタンパク質が複数で構成され，中心部分にはイオンが通過できる小孔が形成されることによりイオンチャンネルとして機能するものもある．

一方，核内受容体の場合は，分子内にリガンド結合領域とヘリックスループヘリックス（helix-loop-helix）などのDNA結合領域を有し，核内で転写調節因子として機能する．

●ホルモン受容体の働き――刺激を伝達する仕組み

①細胞膜受容体：7回膜貫通型受容体（GPCR）の場合，リガンドと結合することにより，Gタンパク質（主にαサブユニット）が活性化され，エフェクタータンパク質に移動する（図1A）．一方，1回膜貫通型受容体の多くは，受容体分子

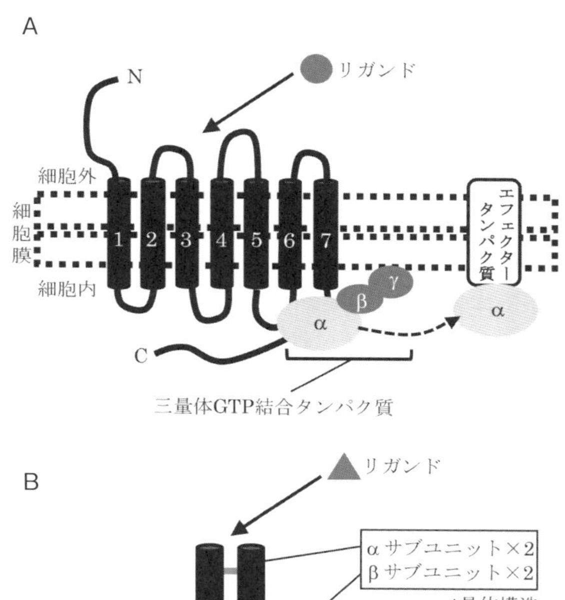

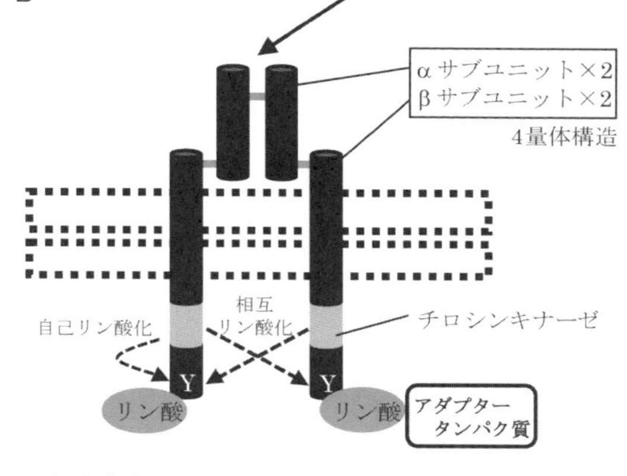

図1　細胞膜受容体の模式図　A：三量体GTP結合タンパク質と相互作用する代表的な7回膜貫通型受容体．B：1回膜貫通型であるインスリン受容体．Yはチロシン残基．

自体の細胞内部分にチロシンキナーゼなどの，酵素領域をもつ（図1B）．リガンド刺激によりこのキナーゼの働きで受容体の自己リン酸化や相互リン酸化が起こる．その後リン酸化されたチロシン残基を認識するタンパク質（アダプタータンパク質）が結合し，リガンド刺激をさらに下流に伝達する．また，イオンチャネル型受容体は，リガンドの結合によって受容体の構造が変化し，細胞外から特定のイオンが流入し，細胞外や細胞内の電位を変化させることで，細胞機能を制御する．

②核内受容体：核内受容体の多くは，細胞内を移動し転写調節因子として機能する．細胞質でリガンドと結合後，核内へ移行する．核内に移行した受容体は，ホモ2量体，あるいは他の核内受容体とヘテロ2量体の形態をとることが多い．受容体自身DNA結合性の転写制御因子として機能するため，ヒストンをアセチル化するHAT（histone acetyl transferase）やRNAポリメラーゼなどと結合し巨大複合体を形成し，DNA上のシス領域に結合し，下流の標的遺伝子群の転写を調節する．こうして転写後に翻訳されたタンパク質が生理作用を発揮し，代謝，発生，恒常性の維持といった生命活動にかかわる．

［松本澄洋・永田晋治］

内分泌機構のフィードバック
——ホルモンによる対話の仕組み

内分泌調節に特徴的な仕組みの1つにフィードバックがある．ホルモン分泌は，さまざまな刺激で増減するが，標的細胞が内分泌細胞であり，そこから分泌されるホルモンが上位のホルモン分泌を調節するとき，これをフィードバックという．下垂体前葉ホルモンを例にとって説明する．

●下垂体前葉のホルモン　下垂体前葉は，5種類の細胞から成長ホルモン（GH），プロラクチン（PRL），黄体形成ホルモン（LH），卵胞刺激ホルモン（FSH），甲状腺刺激ホルモン（TSH），副腎皮質刺激ホルモン（ACTH）の6種類を分泌する．LHとFSHは同じ細胞（ゴナドトロフ，gonadotoroph）から分泌され，どちらも性腺に作用するので，性腺刺激ホルモン（ゴナドトロピン，gonadotrophin）とよばれる．下垂体前葉ホルモンの分泌は，視床下部の正中隆起で，軸索末端から神経内分泌するホルモンによって調節される．正中隆起の一次毛細血管叢に放出された神経ホルモンは，下垂体門脈を介して下垂体前葉に送られる．前葉のホルモンは，体循環に入り全身に拡散するが，それぞれのホルモンに対する受容体を発現している細胞（標的細胞）で作用する．TSHは，甲状腺に作用して濾胞上皮細胞からのホルモン分泌を刺激する．ACTHは，副腎皮質に作用して主として糖質コルチコイド合成を促進する．FSHとLHは，卵巣や精巣に作用し，種々の細胞に作用することでステロイドホルモン合成，卵胞の発育，排卵，精子形成を刺激する．GHはさまざまな標的組織に直接作用する以外，肝臓に作用してインスリン様成長因子I(IGF-1)の分泌を促進する．IGF-1もさまざまな細胞を標的とする．プロラクチンはGHに類縁のホルモンだが標的細胞でホルモン産生を促進することはない．視床下部ホルモンと下垂体前葉ホルモン，標的器官のホルモンについて図1にまとめた．前葉ホルモンが標的細胞のホルモン分泌を促進すると，そのホルモンが視床下部ホルモンと前葉ホルモンの分泌を抑制するフィードバック現

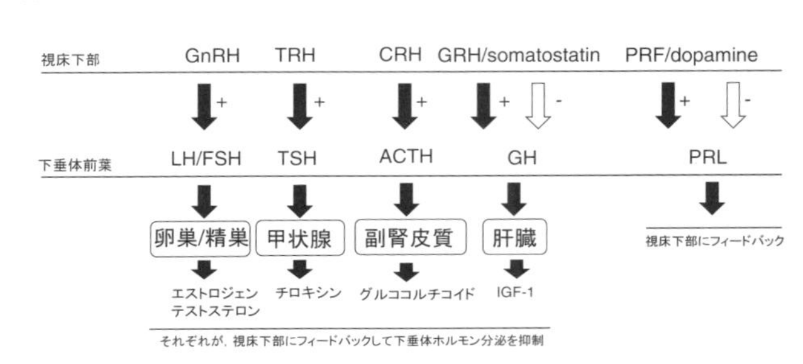

図1　視床下部・下垂体系ホルモンの相互関係．（GnRH：性腺刺激ホルモン放出ホルモン，TRH：甲状腺刺激ホルモン放出ホルモン，CRH：副腎皮質刺激ホルモン放出ホルモン，GRH：成長ホルモン放出ホルモン，somatostatin：ソマトスタチン，PRF：プロラクチン放出因子，dopamin：ドーパミン）

象がみられる．標的器官を摘出すると，視床下部の放出ホルモンと下垂体ホルモンの分泌が高まる．

●視床下部-下垂体-性腺軸　卵巣と精巣を摘出するとGnRH分泌が亢進し，ゴナドトロフは他の前葉細胞より大きくなって，見分けることができるようになる(去勢細胞)．去勢細胞では小胞体の拡大がみられる．卵巣を摘出するとLH分泌は即座に増加するが，これは卵巣由来のエストロゲンがフィードバックしているためである．実際に，卵巣摘出動物にエストロゲンを投与するとLH分泌が抑制される．エストロゲンは，GnRHニューロンを抑制するのだが，この細胞はエストロゲン受容体をもたない．この抑制作用を媒介するのがキスペプチン（メタスチン）である．キスペプチンニューロンは，前腹側室周囲核（AVPV）と弓状核に細胞体が存在するが，AVPVのキスペプチンニューロンがエストロゲン情報を受け取り，視索前野のGnRHニューロンの活動を調節する．キスペプチン受容体をノックアウトした動物では，卵巣摘出後のLH分泌の増加は見られなくなる．キスペプチンは，GnRH分泌を促進する．中枢における抑制性神経伝達物質として知られるγアミノ酪酸（GABA）のフィードバック機構への関与も想定されている．いずれにせよ，エストロゲンは，視床下部で間接的にGnRHニューロンの活動に影響している．一方，雄では，精巣由来のアンドロゲンであるテストステロンが，ゴナドトロピン分泌にフィードバックするが，GnRH遺伝子のプロモーター領域には，アンドロゲン応答領域があり，エストロゲンとは異なりテストステロンは，GnRHニューロンに直接フィードバックする．

●プロラクチンのフィードバック　PRLには，フィードバックを及ぼす末梢のホルモンが存在しない．PRLはGHと近縁なホルモンであるので，かつてIGF-1に相当するホルモンが肝臓から分泌されるのではないかと探索され，候補も報告されたが，結局そのような分子は見つかっていない．一方，PRL合成はエストロゲンによって促進される．雄に比べて雌の方が下垂体のPRL産生細胞の数もPRL合成も高い．これは，卵巣の有無によるため，卵巣のホルモンと明白な関係はあるが，実際にはPRLは卵巣のエストロゲン合成に影響しないので，これはフィードバックとは異なる．一方，PRLが視床下部に作用してドーパミン分泌を介してPRL分泌を抑制するというウルトラショート（超短環）フィードバック機構も知られている．

●正のフィードバック　フィードバックは，通常抑制的に作用するので，負のフィードバックという言い方はあまりされない．卵胞発育にともなうエストロゲン分泌の増加が，排卵を誘起するLH大量放出を誘導する現象は正のフィードバックとよぶことがある．しかし，これは概日リズムに共役したGnRHニューロンの活動を制御する機序が作動するものであり，ホルモンを介して分泌量を調節するフィードバックとは一線を画する．

［汾陽光盛］

ホルモンの作用濃度
——微量でいのちを支える情報分子

ホルモンは微量で作用する生理活性物質であり，標的細胞の内外において溶液状態で作用する．その作用の程度はホルモン濃度に依存する．多くのホルモンは血液中に分泌され，標的細胞に運ばれて作用するが，その濃度は，ホルモン産生細胞におけるホルモンの合成や分泌，血液中での輸送や分解，標的細胞での取込みなど，さまざまな過程で調節される．ここでは，血液中のグルコース濃度を調節するホルモンであるインスリンを例にして，ホルモンがどのくらい微量，すなわち低濃度で作用するのかについて，血液中のインスリン濃度から考えてみよう．

●ホルモンの血液中濃度　ヒトにおける食事前後の血糖値と血液中インスリン濃度の変化を図1に示す．インスリンは，血糖値の上昇にともなって膵臓から分泌されるペプチドホルモンである．グルコースの細胞内への取り込みを促進すると同時に，肝臓や筋肉でのグリコーゲン合成を促進して血糖値を低下させる．食事開始後，血糖値が上昇するとともに，インスリン濃度も上昇する．両者は，30分～1時間程度で最大値を示した後に低下し，4時間後には食前のレベルに戻る．この変化において，血糖値は約90～140(mg/100 ml)の値をとる．一方，インスリン濃度は約$6 \sim 50 \times 10^{-10}$(g/ml)の値をとる．グルコースとインスリンの単位血液量中の分子数(モル濃度)を比べてみると，インスリン［約1×10^{-10}(M)］はグルコース［約5×10^{-3}(M)］のおおよそ10^6分の1，すなわち100万分の1しかない．逆に言うと，インスリンは相対的に100万倍の数の物質の数を変化させることができるのである．血糖値の調節にはインスリン以外のホルモンやさまざまな代謝系がかかわるにしても，インスリンがいかに微量，低濃度で強力な作用をはたし，重要な生理機能を調節しているのかがわかるであろう．

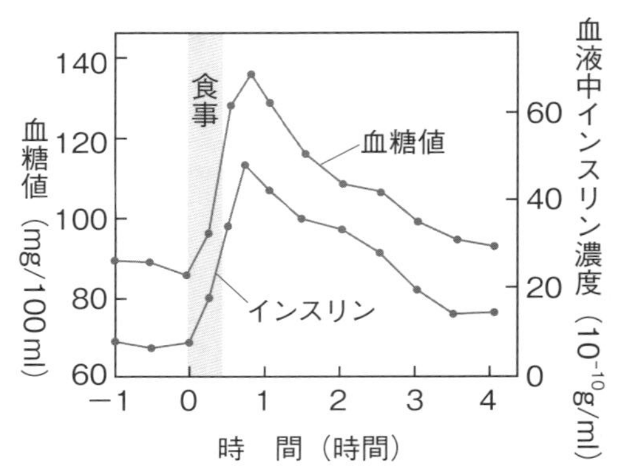

図1　ヒトの食事前後の血糖値と血液中インスリン濃度の変化

●血液中のホルモンと同じ濃度の溶液をつくるとすると　では，このきわめて低い血液中濃度と同じ濃度のインスリン溶液をつくるとする．もしインスリンの純品(固体)6g(おおよそ小さじ1杯に相当)があるとして，これをどのくらいの量の水に溶かせばインスリンの血中濃度が基底レベルを保っている状態（約 6×10^{-10} (g/ml)）の溶液になるであろうか？計算すると，6 (g) ÷ 6×10^{-10} (g/ml) = 1×10^{10} (ml) となり，これは，10,000 m^3 で，50 m プール（50 m × 25 m × 2 m，2500 m^3）の 4 個分に相当する．すなわち，小さじ 1 杯のインスリンの粉末を 50 m プール 4 個分の水に溶かすことになる．そして，その水にインスリンを小さじ 1 杯溶かすのか，2 杯，あるいは 6 杯溶かすのか（図 1 の血液中濃度変化に対応）によって，血糖値は大きく変化し，体のエネルギー代謝に重大な影響を及ぼすのである．

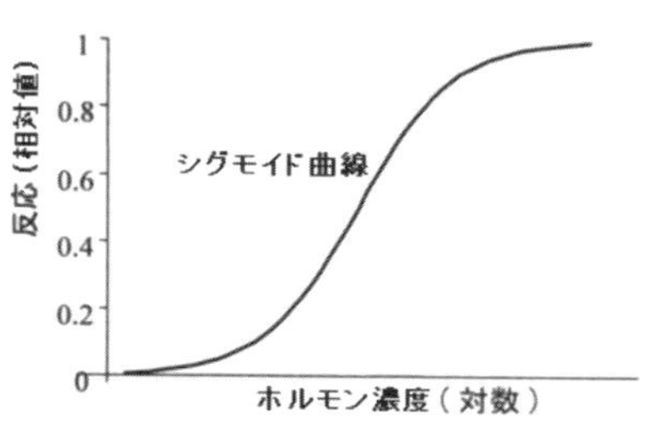

図 2　ホルモンの用量反応曲線

このように，ホルモンはきわめて低濃度で重要な生理機能を調節する．ホルモンの血液中濃度は，動物の生理的状態や発生，成長，雌雄などによって変化し，また季節や時刻に応じた周期的な変化も示す．一般的に，ホルモンの血液中濃度は，ペプチドホルモンの場合は $10^{-10} \sim 10^{-12}$ (M)，ステロイドホルモンの場合は $10^{-6} \sim 10^{-9}$ (M) である．通常，ホルモンの血液中濃度が高くなると，その結果として，そのホルモンの受容体を介した作用がより強く引き起こされ，その用量反応曲線はシグモイド曲線を示す（図 2）．高濃度になるとその作用が抑制的に働くホルモンもある．

●ホルモンと受容体の結合反応　上述したホルモンの作用濃度は，ホルモンと受容体との結合の強さ（親和性）によって決まる．ホルモンと受容体の結合は可逆反応であり，ホルモンの濃度を［H］，受容体の濃度を［R］，両者が結合した複合体の濃度を［H・R］とすると，下のように表わされる．

$$[\mathrm{H}] + [\mathrm{R}] \rightleftarrows [\mathrm{H \cdot R}]$$

また，左から右への反応の速度定数を k_1，右から左への反応の速度定数を k_2 とすると，平衡状態では下の式が成り立ち，k_2/k_1 を解離定数 K_d とよぶ（単位は M）．K_d は，ある反応系で全受容体の半分にホルモンが結合するのに必要なホルモン濃度を示し，受容体によって決まっている．一般的に $10^{-7} \sim 10^{-10}$ (M) 程度であり，ホルモンの血液中濃度はそれに見合った濃度である．また，K_d も動物の生理状態などによって変化し，ホルモン作用の調節にかかわる．

$$k_1 \cdot [\mathrm{H}] \cdot [\mathrm{R}] = k_2 \cdot [\mathrm{H \cdot R}]$$

$$\frac{k_2}{k_1} = \frac{[\mathrm{H}] \cdot [\mathrm{R}]}{[\mathrm{H \cdot R}]}$$

［安東宏徳］

参考文献

［1］ 日本比較内分泌学会編『ホルモンの分子生物学序説』学会出版センター，1996

プロセッシングと生合成
――ペプチドホルモンができるまで

ペプチドホルモンは，ゲノム上にコードされた遺伝子配列をもとに生合成される．ペプチドホルモンは，最初に生理活性をもたない分子量の大きな前駆体タンパク質として生合成され，各種酵素の働きで糖鎖修飾やシグナルペプチドの除去，ジスルフィド結合の形成などが進み，ペプチドホルモンとしての活性を有する成熟ペプチドとなる．また，ペプチドホルモンが前駆体内のある領域に限られる場合は，さらにプロセッシングを受けることで，活性をもった成熟型のペプチドホルモンが完成する．

●ペプチドホルモンの生合成過程　ペプチドホルモンの生合成は，前駆体のN末端に存在するシグナルペプチドの除去からはじまる．これは前駆体のリボソームから小胞体への移送を指示するシグナルであり，前駆体が小胞体に入ると最初に除去される．続いて，小胞体で前駆体タンパク質中に含まれるシステイン残基同士のジスルフィド結合が起こり，立体構造の形成が進む．また，前駆体中に一定の配列でアミノ酸が並ぶ場合には，小胞体で糖鎖の付加が起こる．以上の翻訳後修飾で活性型となったホルモン分子は，最終的にゴルジ体後半部で分泌顆粒に梱包され，外部からの刺激に応じて血中へ分泌される．このような過程で成熟型となるペプチドホルモンの代表例として，脊椎動物の下垂体前葉ホルモンである成長ホルモンやプロラクチンがあげられる．これらは単純タンパク質ホルモンとよばれ，シグナルペプチドの除去後にジスルフィド結合を形成することで，活性型ホルモンとして働く．また，同じく下垂体前葉ホルモンである甲状腺刺激ホルモンや黄体形成ホルモンは糖タンパク質ホルモンとよばれ，N結合型糖鎖が付加するアスパラギン残基を含んでおり，糖鎖修飾を受けることで生理活性を発揮する．

●プロセッシング　ペプチドホルモンが前駆体内の一部からなる場合，前述の翻訳後修飾だけでは生理活性を示さない（図1）．この場合，活性型ペプチドホルモンを生合成するためには，分泌顆粒内で前駆体からホルモン部分を限定切断し，切り出した断片のN末端およびC末端を処理する工程，すなわちプロセッシングが必要となる．まず，限定切断はプロセッシングの要となるステップであり，タンパク質分解酵素の一種であるプロセッシング酵素が段階的に働くことで進行する．なかでも，内分泌細胞および神経内分泌細胞に高発現する，プロホルモン変換酵素であるPC1（PC3ともよばれる）とPC2は，ペプチドホルモンのプロセッシングを調節する主要な酵素であり，前駆体中に含まれる塩基性アミノ酸対を特異的に認識し，そのC末端側を切断する．プロセッシング酵素は分泌顆粒内の酸性化にともなって活性化するため，pHが中性付近であるゴルジ体内では前駆体の切断は起こらない．また，限定切断を受けたホルモン断片のC末端側には塩基性アミノ酸が残るが，これは限定切断後にカルボキシペプチダーゼEによって除去される．最終的に，*N*-アセチルトランスフェラーゼによるN末端側のアセチル化やアミド化酵素によるC末端側のアミド化といった両末端部分の修飾を受けることで，活性型ペプチドホルモンが完成する．プロセッシングを受けるホルモンの例として，膵臓ランゲルハンス島β細胞から分泌されるインスリンで説明する．インスリンは前駆体タンパク質中に含まれるA鎖とB鎖がジスルフィド結合したあと，中間部分のC-ペプチドがPC1とPC2によって除去され，成熟型となる（図1A）．

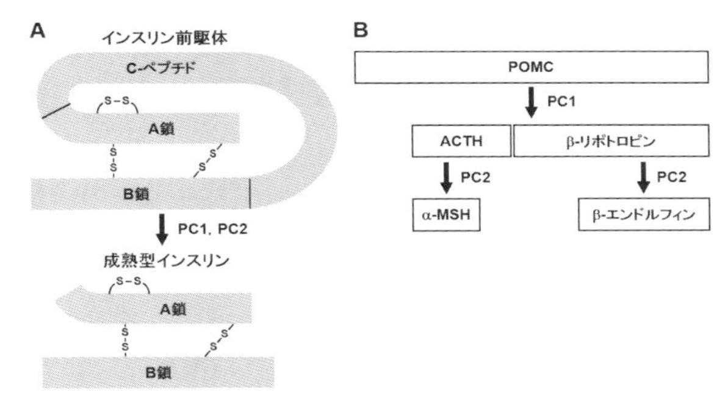

図1　シグナルペプチド除去後のインスリン（A）とPOMC（B）．S–Sはジスルフィド結合を示す

興味深いことに，前駆体に含まれるホルモンが1種類もしくはひとつでない場合もある．同一の前駆体に数種類のホルモンを含む例として，両生類や哺乳類の下垂体および視床下部で発現するプロオピオメラノコルチン（POMC）をあげる（図1B）．POMCは副腎皮質刺激ホルモン（ACTH）や黒色素胞刺激ホルモン（α-MSH），β-エンドルフィンなどを含む前駆体であり，各組織で異なるプロセッシング酵素を働かせて，ホルモンをつくり分けている．実際，下垂体の前葉ではPOMC産生細胞にPC1のみが発現して働くため，POMCからACTHが生合成されるのに対し，中葉ではPC2も発現して働くため，ACTHからさらに限定切断が進み，α-MSHが生合成される（図1B）．他にも，膵臓から分泌されるグルカゴンの前駆体遺伝子には，消化管ホルモンであるGLP-1がコードされており，膵臓α細胞ではPC2が発現してグルカゴンを，腸管L細胞ではPC1が発現してGLP-1を組織特異的に生合成している．また，前駆体中に多数の同一ホルモンを含む例としては，甲状腺刺激ホルモン放出ホルモン（TRH）があげられる．TRHはアミノ酸3残基からなる視床下部ホルモンだが，その前駆体中には，ヒトで6個，ラットで5個，ニワトリで4個，カエルで7個，魚類では6～8個のTRHの配列が含まれており，1度の生合成で各コピー数に対応したTRHが産生される．このように，プロセッシングによるペプチドホルモンの生合成機構は，進化の過程で保存されてきたものであり，内分泌系にとって重要なメカニズムのひとつといえる．

［中倉 敬］

化学コミュニケーションの始まり
――昆虫の生態情報処理は意外と古い

現存する動物は，その種を問わず外部環境の情報を入手する際，視覚や聴覚，触覚といった物理的な情報と，嗅覚や味覚といった物質を介した化学的な情報に依存している．さらにほとんどの動物種は，これらの感覚に「記憶」や「学習」の情報が統合し，進化の過程のさまざまな局面で有利に生存競争を進めてきた．動物が生産し，嗅覚や味覚といった情報をもつ化学物質はセミオケミカル（情報化学物質）と総称され，動物の同種他個体間に作用するものはフェロモン，異種他個体に作用するものがアレロケミカルとよばれている．特に，約4億年前に出現した昆虫類の生活は他の動物種と比べてセミオケミカルを巧みに利用し，環境の激変する古代期を生き延び，現在の地球上の繁栄にいたった．

●フェロモンとアレロケミカル　フェロモンは体内で生産され体外に分泌後，同種他個体の行動や発育に影響を及ぼす化学物質である．フェロモンの種類と昆虫類の例を以下に紹介する．

①集合フェロモン　性の区別なく同種個体の集団（コロニー）を形成・維持し，天敵からの防御，発育の促進を促す．カメムシ類からの報告が多く，イチモンジカメムシは (E)-2-hexenyl (E)-2-hexenoate が集合フェロモンである．

②道しるべフェロモン　社会性昆虫に多く見られ，集団採餌のために巣から目的地までの移動経路に塗りつける．特定外来種のアルゼンチンアリから (Z)-9-hexadecanal が同定され，この種の横浜港における防除に役立てられた．

③警報フェロモン　危険に対して攻撃行動を発動するために分泌する．オオスズメバチ（*Vespa*. spp）からは 2-pentanol, 3-methyl-1-butanol, 1-methylbutyl 3-methylbutanoate の3種類の揮発性成分が同定されている．

④女王フェロモン　社会性昆虫の女王が分泌する．ミツバチでは 9-oxo-2-decanoic acid が働きバチの卵巣発育を抑制し，新女王の出現を抑える．

⑤性フェロモン　同種の異性を誘引し，効率よく交配するために分泌する．世界で初めて化学成分が明らかとなった性フェロモンは，メスのカイコガが分泌するボンビコール（Bombykol）(E,Z)-10,12-Hexadecadien-1-ol である．

一方，異種個体間で作用する化学物質であるアレロケミカルには，生産者側が利益を得るアロモン，生産者側が不利益となるカイロモン，生産者側，受容者の双方が利益を得るシノモンの3種が知られている．これらアレロケミカルは同じ化学物質でも状況や生物種で分類が変わるため，語句の使用や解釈の際は慎重になるべきである．

●化学コミュニケーションの変遷　海洋を起源とした生命が，細胞間，個体間で化学コミュニケーションを成立させるためには，情報化学物質の生産者とその受容者（または，生産器官と受容器官）の機構が矛盾なくともに進化することが重要である．

化学コミュニケーションの変遷は，昆虫のフェロモン交信系で垣間見ることができる．ガ類は，もっぱらメスが性フェロモンを腹部末端のフェロモン腺で生産し大気中に放出する．オスは大気中の性フェロモンを触角のフェロモン受容体で受容すると性的に興奮し，メスに誘引され交配が成就する．この，オスの触角にある匂い受容体遺伝子は，ゲノムの複製と重複により多コピー化され，多様なフェロモン化合物に対応している．カイコガの性フェロモンはボンビコール単成分であるが，カイコガゲノム上の 66 の嗅覚受容体遺伝子のうち 5 遺伝子がオスに特異的または優勢的に発現しており，そのひとつがボンビコール受容体遺伝子である．オスに特異的なフェロモン受容体以外の 4 つの遺伝子の役割や生物学的意義については，現在も議論が続いている．

メスのガが分泌する性フェロモン化合物も，性フェロモン腺で発現するさまざまなフェロモン生合成酵素群により多様化している．ガの性フェロモン生合成酵素群のうち，炭素の結合を不飽和化（二重結合化）する酵素はフェロモンの揮発性をあげるために重要である．しかも，性フェロモン化合物の官能基から 11 番目の炭素を二重結合化する 11 位不飽和化酵素（Δ11）は他動物種に存在せず，ガが進化の過程で独自に獲得した酵素遺伝子と考えられている．この性フェロモンの合成で主要な Δ11 遺伝子の出現は，生物共通の脂質代謝にかかわる 9 位不飽和化酵素遺伝子がゲノム上で複製と重複を繰り返して変異し，新たに 11 位不飽和化能を獲得した結果だった．アワノメイガ類では，レトロポゾンの関与により Δ11 遺伝子が不活化される例が知られているが，フェロモン生合成酵素と受容体が多様化し種を分化させ，巧みに生命をつないでいる．

このガ類のフェロモン交信系の関連遺伝子の拡大のイベントは，約 3.5 億年前の出来事と見積もられ，昆虫が発生した年代とほぼ等しく見積もられている．雌雄で共進化して獲得した性フェロモン交信系は，交雑種の出現リスクを下げ，現在，数万にのぼるガ類を維持している．

［藤井　毅］

参考文献

［1］ 田付貞洋・河野義明編『最新応用昆虫学』朝倉書店，2009
［2］ 日本昆虫科学連合編『昆虫科学読本』東海大学出版部，2015
［3］ Masatoshi Nei and Alejandro P. Rooney. "Concerted and Birth-and-death Evolution of Multigene Families", *Annual Review of Genetics*, 39: 121–152, 2005

ステロイド化合物
——生命活動を制御する低分子化合物

ステロイドホルモンはシクロペンタヒドロフェナントンを基本骨格にもった生理活性物質であり，コレステロールから生合成され生体維持に重要なステロイドホルモンや胆汁に含まれている胆汁酸などとして利用されている．生理作用を発揮するステロイドホルモンは，核内ステロイドホルモン受容体と結合して標的遺伝子の転写を制御することによって作用する．さらに最近では膜型ステロイドホルモン受容体の存在が確認されており，ステロイドホルモンによるcAMP上昇などの遺伝子の転写制御とは異なる素早い応答を引き起こすことも明らかにされつつある．多くのステロイド化合物は核内受容体を介して生理機能を発揮する．

●胆汁酸　胆汁酸は，哺乳類の胆汁で認められるステロイド誘導体でコラン酸骨格をもつステロイド化合物の総称である．肝臓においてチトクロームP450酵素群の作用によってコレステロールを酸化し産生される．コール酸とケノデオキシコール酸がヒトでの代表的な胆汁酸である．胆汁酸の主な役割は消化管内でミセル形成を促進し，脂肪が吸収されやすくすることである．核内受容体であるFXRが胆汁酸の受容体であり，種々の遺伝子発現を制御することで肝臓から胆管への胆汁酸の分泌を増加させている．

●ビタミンD　コレステロール生合成経路の中間体である7-デヒドロコレステロールが紫外線の照射を受けることによってプレビタミンD_3に変換する．プレビタミンD_3はビタミンD_3（コレカルシフェロール）へ異性化する．その後，肝臓と腎臓で発現する酵素によって代謝され最終的に活性型ビタミンD_3に変換される．活性型ビタミンD_3は消化管からのカルシウムイオンとリン酸イオンの吸収を促進させ，腎臓の尿細管からこれらのイオンの再吸収を補助している．活性型ビタミンD_3は核内受容体の一員であるビタミンD受容体に結合し標的遺伝子の発現を制御する．

●性ステロイド　性ステロイドは女性ホルモン，黄体ホルモン，男性ホルモンに分けることができる．女性ホルモンはエストロゲンとよばれ，エストロン，エストラジオール，エストリオールの3つが知られている．このうち，エストラジオールの分泌量が最も多くかつ高い生理活性をもつ．その受容体であるエストロゲン受容体は，α型とβ型の2種類存在し，哺乳類ではα型が生殖器官で主要な働きを担う．一方，魚類ではα型ではなくβ型が生殖にかかわる可能性が高く，生物の進化の過程で受容体の機能が変化してきたと思われる．また，膜型のエストロゲン受容体（GPR30）は，7回膜貫通型Gタンパク質共役型受容体であり，小胞体膜上などに局在しPI3Kなどを介したシグナル伝達系を活性化させると考えられている．

黄体ホルモンは黄体や胎盤などから分泌され，代表的なものはプロゲステロンである．この作用はエストロゲンに比べて限定されており，排卵，妊娠の成立・維持に働く．プロゲステロンに応答する受容体は核内受容体以外にも膜型受容体も判明しており，魚類の卵成熟過程で生理機能を発揮する．

男性ホルモンは主に精巣で生合成される．精巣のライディヒ細胞はステロイドホルモンの前駆物質となるコレステロールを取り込み，細胞上の黄体形成ホルモン受容体に黄体形成ホルモンが結合することでステロイドホルモンの生合成が開始する．ライディッヒ細胞内で合成されたテストステロンは精子形成に関与するだけでなく，骨や筋の成長，咽頭の発達などにも作用する．ジヒドロテストステロンも男性ホルモンの一員であり，5α-還元酵素によってテストステロンからつくり出される．その作用は，筋肉や骨成長の促進や胎児期での外性器の分化・発達を促す．精巣以外では，副腎においてアンドロステンジオンやデヒドロエピアンドロステロン（DHEA）が生合成される．これらは，男性ホルモンとしての作用はごく弱いが，副腎過形成により引き起こされるDHEA濃度上昇が副腎性男性化症の原因となる．いずれの男性ホルモンにおいても，その生理作用は，転写調節因子であるアンドロゲン受容体に結合し，標的遺伝子の転写を促進することによって発現する．

●副腎ステロイド　副腎ステロイドは，糖質コルチコイドと鉱質コルチコイドに分けられる．糖質コルチコイドは副腎皮質で生合成されるステロイドのひとつで，コルチゾールが主要な糖質コルチコイドである．また，げっ歯類では前駆物質であるコルチコステロンが主要な糖質コルチコイドであるといわれている．生理作用の発揮には核内受容体である糖質コルチコイド受容体を介する．これらのステロイドホルモンは，主に糖質の生成・備蓄に関与する．また，脂肪の分解，免疫，心血管系にも作用し，いわゆるストレスホルモンともいわれる．鉱質コルチコイド（電解質コルチコイドともいわれる）は，糖質コルチコイドとともに副腎で生合成されるステロイドで，主に球状層で産生される．電解質の調節に強い活性をもつステロイドが鉱質コルチコイドであり，アルドステロンやデオキシコルチコステロンが相当する．主な作用としては，腎臓の尿細管や集合管の上皮細胞に作用して，ナトリウムイオンの再吸収を促進させ，一方カリウムイオンや水素イオンの分泌を促進する．

●合成ステロイド　ステロイドは多くの疾患の原因とも関連する．そこで，生体内で生合成されるステロイドに似た構造をもつ治療薬（カリウム保持性利尿効果をもつ抗アルドステロン薬であるスピロノラクトンやステロイド系抗炎症作用をもつプレドニゾロン）がつくられて治療に利用されている．　［勝 義直］

脊椎動物の内分泌器官
——ホルモンの生産工場

脊椎動物において,内分泌細胞をもつ器官を内分泌器官または内分泌腺とよび,ホルモンを産生し,分泌する細胞を内分泌細胞とよぶ.ホルモンとは,細胞間の情報伝達にかかわる物質で,産生細胞から分泌後,血管に入り血流に乗って,全身を循環し作用する標的細胞に到達して,受容体に結合し,細胞機能を制御する役割をもつ物質の総称である.このようなホルモンの作用様式を内分泌とよぶ.

●内分泌器官の特徴 脊椎動物にはホルモンを産生するさまざまな内分泌器官がある(表1).甲状腺のようにホルモンを産生・分泌をする働きのみをもつ器官や,卵巣や精巣のように産生・分泌機能のほかに,卵子や精子などの生殖細胞を形成するように他の役割をもつ器官がある.

内分泌器官では,ホルモンは内分泌細胞から直接に組織液に分泌され,血管に入り全身に運ばれる.その一方,唾液腺などの外分泌器官(または外分泌腺)においては,分泌細胞から分泌された物質は,排出管を介して体外や消化管内に放出される.

ホルモンは,化学的性質によってペプチド・タンパク質,ステロイド,アミノ酸誘導体の3種に大きく分けられる.この違いは,ホルモンの産生方法の違いと密接な関連がある.例えば,成長ホルモンやインスリンなどのタンパク質ホルモンは,各々のホルモンの遺伝情報をもとに合成され,分泌顆粒内に貯留され,分泌刺激に応じて細胞外に放出される.このために,ペプチド・タンパク質ホルモンの産生細胞を電子顕微鏡で観察すると,細胞質にはタンパク質合成の行われる粗面小胞体や,分泌顆粒が形成されるゴルジ体が発達し,多数の分泌顆粒が貯留されていることがわかる.また,女性ホルモンのエストラジオールやプロゲステロンなどのステロイドホルモンは,コレステロールを出発材料にして産生され,細胞内に貯留されずに分泌される.卵巣におけるステロイドホルモン産生細胞の細胞質には,ステロイドを貯留する脂肪滴や,ステロイドホルモンの合成が行われる滑面小胞体,小管状のクリステをもつミトコンドリアが認められる.アミノ酸誘導体である甲状腺ホルモンのサイロキシンは,タンパク質のサイログロブリン中のチロシン残基にヨウ素が結合した後,いくつかの反応を経て合成され,甲状腺に貯留されて,分泌刺激に応じて分泌される.

●さまざまなホルモンと内分泌器官 脊椎動物では,さまざまなホルモンが,それぞれ特定の器官で産生されている.主に,哺乳類を例として,代表的なホルモンと内分泌器官を表1に示した.間脳視床下部においても,ニューロンの一種である神経分泌細胞で神経ホルモンが産生されているので,脳も内分泌器官とみな

表1 脊椎動物の内分泌器官と産生する主なホルモン

器官		ホルモン
視床下部		甲状腺刺激ホルモン放出ホルモン
		副腎皮質刺激ホルモン放出ホルモン
		成長ホルモン放出ホルモン
		ソマトスタチン
		ドーパミン
		生殖腺刺激ホルモン放出ホルモン
脳下垂体	前葉	甲状腺刺激ホルモン
		副腎皮質刺激ホルモン
		成長ホルモン
		プロラクチン
		黄体形成ホルモン
		濾胞（卵胞）刺激ホルモン
	中葉	メラニン細胞刺激ホルモン
		β-エンドルフィン
	後葉	バソプレシン
		オキシトシン
甲状腺		サイロキシン
		トリヨードチロニン
		カルシトニン
副甲状腺		副甲状腺ホルモン
副腎	皮質	アルドステロン
		コルチゾル
		デヒドロエピアンドロステロン
		アンドロステンジオン
	髄質	アドレナリン
		ノルアドレナリン
生殖腺	精巣	テストステロン
		インヒビン
		アクチビン
生殖腺（続き）	卵巣	エストラジオール
		プロゲステロン
		インヒビン
		アクチビン
		フォリスタチン
胎盤		ヒト絨毛性生殖腺刺激ホルモン
		ヒト胎盤ラクトゲン
		エストロゲン
		プロゲステロン
心臓		心房性ナトリウム利尿ペプチド
肝臓		インスリン様成長因子1
膵臓		インスリン
		グルカゴン
消化管	胃	ガストリン
		グレリン
	小腸	コレシストキニン
		セクレチン
		血管作動性腸管ペプチド
		ガストリン抑制ペプチド
		モチリン
		サブスタンスP
		ニューロテンシン
腎臓		エリスロポイエティン
		レニン
		ビタミンD3
脂肪組織		レプチン
松果体		メラトニン

すことができる．脳下垂体は，ホルモンによる生体制御機構の中枢として働く内分泌器官である．脳下垂体前葉からのホルモンの分泌は，間脳視床下部で産生される神経ホルモンによって制御されている．前葉から分泌されるホルモンは，甲状腺，卵巣，精巣，副腎などの内分泌器官に作用して，それらの機能を制御する．脳下垂体後葉には，神経ホルモンであるバソプレシンやオキシトシンを産生する神経分泌細胞の軸索末端が集まっている．セクレチンが産生される消化管はもちろんのこと，心房性ナトリウム利尿ペプチドを産生する心臓も内分泌器官である．

●内分泌腺以外の分泌器官（局所ホルモン） 内分泌器官ではないさまざまな組織においても，情報の伝達作用をもつ物質が産生され，分泌されている．そういった物質は，組織液中で拡散し，分泌細胞自体や隣接した細胞に作用する．こういった作用をする物質を局所ホルモンとよび，インスリン様成長因子1やトランスフォーミング成長因子βなどが知られている．

［高橋純夫］

下垂体の発生と機能

下垂体は脊椎動物特有の内分泌器官で，無脊椎動物にはない．成人でも重量約0.5 g と小さく小指の先ほどにもみたないが，全身の内分泌器官の機能を調節する重要な臓器である．一般に，腺下垂体（下垂体前葉 / 遠位部，中葉 / 中間部，隆起葉 / 隆起部）と神経性下垂体（下垂体後葉）から構成され，脳底部にある蝶形骨のトルコ鞍とよばれるくぼみに位置している．

●下垂体の発生（図 1）　下垂体は 2 つの発生起源に由来する．胎生期に口腔原基の外胚葉から分化を始める部位と，発生・発達過程途中に脳から形成され下降してくる部位である．前者は後に口腔原基の天井となる外胚葉から頭蓋内に向けて形成される，ラトケ嚢とよばれるポケット状の陥入部から発生する．ラトケ嚢の基部はその後退縮し咽頭部から離れていくが，前壁は発生途中から徐々に，そしてその後は急速に細胞増殖により肥厚する．後に腺性下垂体とよばれる部位になる．ラトケ嚢はせまく小さくなっていき，生後はラトケ嚢の遺残腔（下垂体腔）として残存する．腺性下垂体は，ラトケ嚢の前壁から発生する前葉（隆起部ないし隆起葉とよばれる部位も含む），そして後壁から発生する中葉（中間部）に区分される．ヒトなど一部の哺乳類では，生後中葉は退化してほとんど消失してしまう．

一方，発生・発達過程の脳から発生する部位は，後に神経下垂体とよばれる部位になる．間脳底となる部位が下方に進展し，神経下垂体が発生する．この部位は，発生起源である中枢神経系の組織の特徴を持ち続け，下垂体後葉ともよばれ

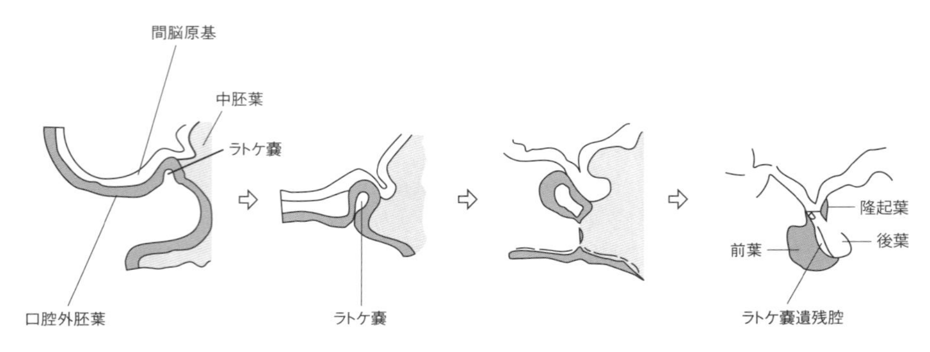

図 1　下垂体の発生

る.

●腺下垂体の組織と機能（図 2）　下垂体全体は，膠原繊維を主体とする結合組織の被膜に囲まれている．この被膜には，線維芽細胞が存在する．前葉内には多くの種類の細胞が見られる．これらの細胞は，細胞索ないし小葉様構造のなかにあり，細胞の周囲には結合組織がみられる．また，内分泌腺特有の毛細血管が発達している．前葉とは別に，隆起部は，神経下垂体の漏斗を取り囲むようにみられる領域である．ここにも，いくつかの種類のホルモン産生細胞が観察される．

下垂体前葉の細胞は，塩基性または酸性色素に対する親和性の違いで，好塩基性細胞と好酸性細胞に分類をすることができる．好塩基性細胞には，性腺刺激ホルモン産生細胞，甲状腺刺激ホルモン産生細胞，副腎皮質ホルモン産生細胞がある．好酸性細胞には成長ホルモン産生細胞，乳腺刺激ホルモン産生細胞がある．さらに，色素嫌性細胞も存在する．性腺刺激ホルモン産生細胞は，性腺刺激ホルモンである LH（黄体化ホルモンまたは黄体形成ホルモン，雄では精巣間細胞刺激ホルモン）と FSH（卵胞刺激ホルモン）の両者を分泌している．副腎皮質ホルモン産生細胞は，プロオピオメラノコルチン（POMC）をまず産生し，それを

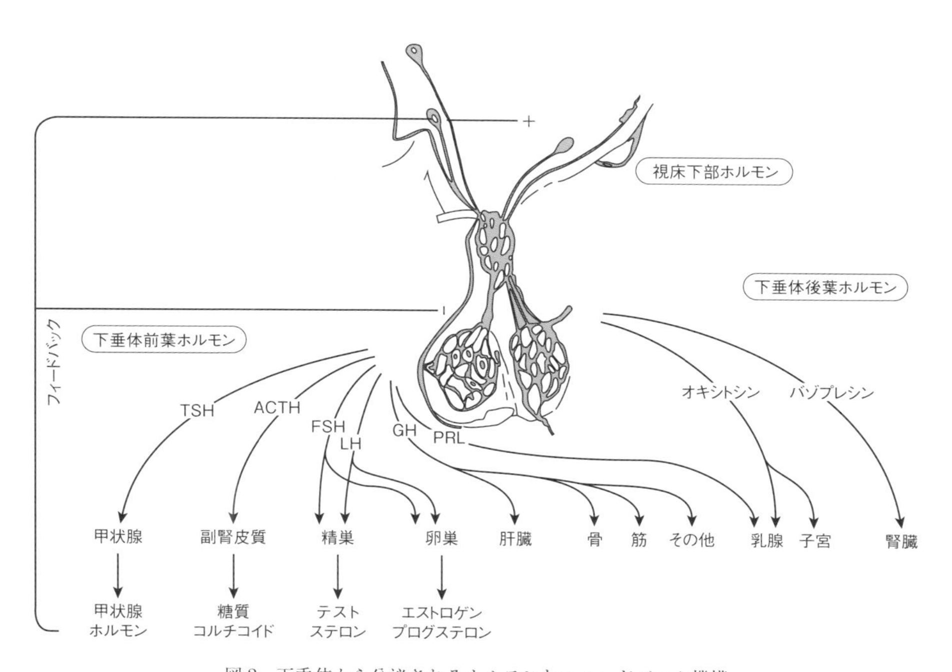

図 2　下垂体から分泌されるホルモンとフィードバック機構

細胞内でACTH（副腎皮質刺激ホルモン）やβ-リポトロピンなどに酵素反応で細かく切断して細胞外へ放出する.

下垂体ホルモンはペプチドあるいは，タンパク質ホルモンであり，ホルモン産生細胞の色素に対する染色性は，それぞれのホルモン特有の生化学的性状に規定される. GH（成長ホルモン）やPRL（乳腺刺激ホルモン，プロラクチン）は単純タンパク質ホルモンであり，好酸性を示す. LH, FSH, TSH（甲状腺刺激ホルモン）はαとβサブユニットからなる糖タンパク質性ホルモンで，これらの産生細胞は好塩基性となる. 副腎皮質ホルモン産生細胞も好塩基性を示すが，最初に合成されるPOMCが，糖タンパク質であるためである. また，前葉のホルモン産生細胞は，細胞質内にそれぞれのホルモンを含有する分泌顆粒をもっている. その数が多いものは色素によく染まり，少ないものは染色性が弱くなる. したがって，ホルモン産生細胞であっても未熟な細胞のように分泌顆粒数が少ないものは，色素嫌性細胞と判別されてしまう. これらの原因により，ヘマトキシリン・エオジン染色などで各種前葉細胞を，明確に酸性，塩基性，色素嫌性に分別することは難しくなっている. 現在は，染色色素による分類よりも，免疫組織化学的手法などを用いて，各種ホルモン産生細胞を分類することが一般的である. 分泌顆粒をまったくもたない細胞は，濾胞星状細胞とよばれる. この細胞種は複数の同細胞が中心部に偽濾胞を有して集団を形成していることが特徴である. 電子顕微鏡による観察では，細長い細胞突起がホルモン産生細胞を取り囲こみ，細胞間にはギャップ結合があることがわかっている. この細胞の機能は不明なところが多いが，いわゆる前葉内で物理的かつ機能的に支持細胞的な役割をはたしていると考えられている.

前葉の各種ホルモン産生細胞のホルモン分泌を調節するホルモンは，視床下部から分泌されている. 視床下部から下垂体には第一次，第二次毛細血管網とよばれる発達した血管系があり，それによって視床下部のホルモンは運ばれてくる. 下垂体門脈系としても知られている. また，下垂体から分泌されているホルモンは全身の他の内分泌器官の機能を制御している. 前葉細胞に作用するホルモンは，ペプチド性（一部アミン）であり，視床下部ホルモンとよばれている. この視床下部ホルモンとしては，性腺刺激ホルモン放出ホルモン（GnRH），甲状腺刺激ホルモン放出ホルモン（TRH），GHとTSHの放出を抑制するソマトスタチン，成長ホルモン放出ホルモン（GHRH），プロラクチンの放出を抑制するドーパミン，副腎皮質刺激ホルモン放出ホルモン（CRH）などが知られている.

下垂体の各種ホルモン産生細胞からのホルモン放出は，一義的にこれらの視床下部ホルモンによる制御を受けているが，それに加え末梢の標的器官から放出される末梢ホルモンのネガティブフィードバック機構とよばれる抑制制御を同時に受けている. ネガティブフィードバック機構にはロングとショートのフィードバック機構がある．

下垂体中葉には，前葉の副腎皮質ホルモン分泌細胞と近似したホルモン合成・分泌機能をもつ細胞がある．前葉の副腎皮質ホルモン分泌細胞と同じく，大きい前駆体タンパク質を合成し，その後分子量の小さい各種のホルモンに酵素で切断して成熟型ホルモンを産生する．しかし，両者では，最終産物が若干異なる．メラニン細胞刺激ホルモンは古くから知られている中葉ホルモンである．中葉の形態は動物による差が大きく，魚類や両生類では特に発達している．前述したが，ヒトでは生後に中葉は退化し消失する．

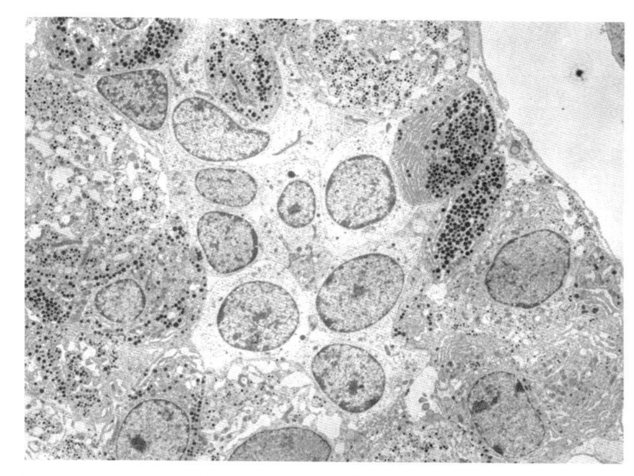

図3　ラット下垂体前葉の電子顕微鏡像．中央部の分泌顆粒が見られない細胞の集団が濾胞星状細胞である（曾爾彊供与）

●神経下垂体の組織と機能　下垂体後葉（神経下垂体）には，視床下部から伸びている多数の神経細胞の軸索とグリア細胞がみられる．基本的に中枢神経の組織と同じであるが，神経細胞自体は存在しない．散在するグリア細胞は，古くから後葉細胞ともよばれている．

視床下部でつくられたホルモンは，後葉で毛細血管に放出される．後葉ホルモンには，バソプレシン（抗利尿ホルモンともよばれる）とオキシトシンがある．これらは，視床下部の視索上核と室傍核にある神経細胞でつくられる．また，これらのホルモンは，軸索輸送により下垂体後葉まで運ばれるが，ヘリング小体とよばれる軸索が膨らんだ部位に集積していることもある．軸索内では小さな分泌顆粒の形態で存在している．軸索末端から放出されたホルモンは，毛細血管に取り込まれて全身に運ばれる．血液の浸透圧が上昇した時にバソプレシンが放出される．またオキシトシンは子宮の平滑筋の収縮作用があり，乳腺の筋上皮細胞の収縮も促す．

［屋代 隆］

参考文献

［1］ Mescher, A. L.『ジュンケイラ組織学』第3版，板井建雄・川上速人監訳，丸善出版，2011
［2］ 小林英司『下垂体』東京大学出版会，1987

神経系と内分泌系の相関
——脳とホルモン

多くの動物は，春になって日長が長くなり，外気温が上昇してくるとともに生殖腺を徐々に発達させ，繁殖期を迎える．それと同時に，冬の間とは異なり，繁殖に備えて雄が縄張り行動をしたり，求愛行動を示したりする行動が目立つようになる．そして，生殖腺が発達し，それぞれの配偶子が成熟した雌雄が出会い，性行動を引き起こすことによって生殖が成立し，動物は次の世代の個体に命をつなぐ．このようにして，外環境の変化に適応して，動物が生殖と性行動を協調的に制御することを可能にしているのは神経系と内分泌系の働きによる．ここでは，主に脊椎動物において，このような生殖と性行動が協調的に制御を受ける現象を例として取り上げ，神経系と内分泌系が環境に適応してうまく相関して動くメカニズムについて解説する．

●生殖調節における視床下部・脳下垂体・生殖腺軸　図1に，脊椎動物において生殖の調節にかかわっている器官や部位を図示する．生殖の制御に関与するシステムは，視床下部（Hypothalamus），脳下垂体（Pituitary），生殖腺（Gonad；卵巣（メス）と精巣（オス））であり，これらの英語の頭文字をとって，一般にはHPG軸とよばれている．視床下部は，いずれの脊椎動物においても，間脳の正中部にある脳室（哺乳類などでは第三脳室とよばれる）の腹側寄りで脳の両側に位置している．哺乳類などでは，脳の最腹側部位で第三脳室の底部に正中隆起とよばれる領域があり，ここには脳下垂体門脈とよばれる豊富な毛細血管網がある．視床下部もしくは視索前野とよばれる脳部位には生殖腺刺激ホルモン放出ホルモン（Gonadotropin Releasing Hormone：GnRH）とよばれるペプチドをつくるニューロン（GnRHニューロン）が分布している．これらはニューロンでありながらペプチドホルモンをつくって，軸索終末から脳下垂体門脈の血液中にそれらを放出していることから，一般に神経分泌細胞とよばれる．これはドイツのシャラー博士が今から約80年前に魚の脳で形態学的な研究から発見したことで有名である．興味あることに，脊椎動物の中でも真骨魚類だけにおいては脳下垂体門脈がないことが知られているが，この場合は，GnRHニューロンの軸索（☞「ニューロン（神経細胞）の形態・構造・機能」参照）が直接脳下垂体にまで入り込んで，GnRHを放出している．いずれの場合も，脳下垂体で放出されたGnRHは，それらの受容体をもつ脳下垂体前葉の生殖腺刺激ホルモン（脊椎動物を通じてLHとFSHの2種類が存在）産生細胞に受容され，脳下垂体から生殖腺刺激ホルモンとよばれるペプチドホルモンを分泌させ，それが体中を巡る血液循環に入る．こうして生殖腺に到達した生殖腺刺激ホルモンは，それらの受容体に結合するこ

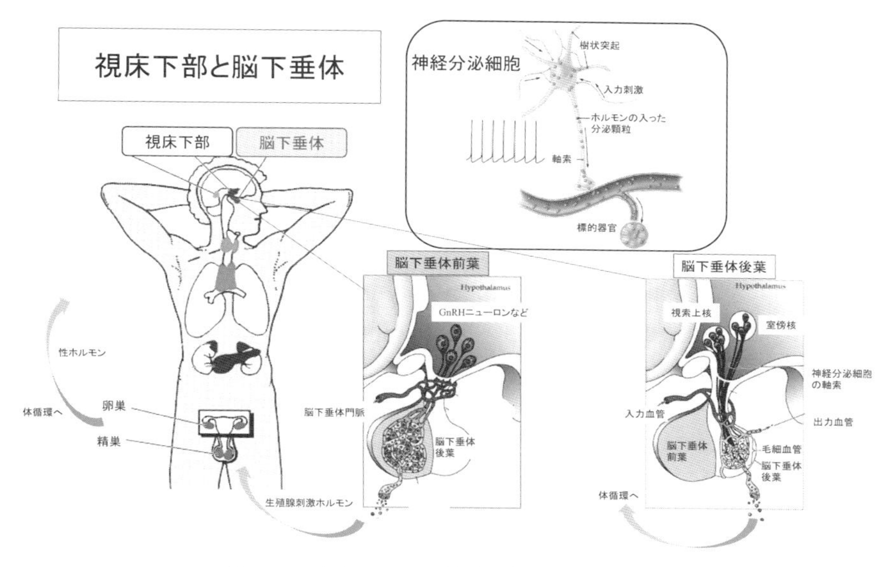

図1　脳の視床下部と脳下垂体の構造を模式的に示す

とにより，卵や精子を成熟させると同時に生殖腺からの性ステロイドホルモン（卵巣ではエストロゲン，精巣ではアンドロゲン）の放出を促す．

このようにして，HPG 軸において生殖腺の発達を制御する最初の重要な働きをするのが GnRH ニューロンであるが，このニューロンは視床下部・視索前野に散在する小さなニューロンであるため，これらからの電気的な活動を記録することができるようになったのは，遺伝子組換えにより GFP とよばれる緑色蛍光色素を GnRH ニューロン特異的に発現させる技術が応用できるようになった21世紀初頭である．現在では，GnRH ニューロンも通常のニューロンと同様の電気的な性質をもつことがわかっているが，その研究はまだ世界中で鋭意進められている最中である．これまでにわかっていることは，外界の温度や日長などといった環境要因からの情報を脳が受け取って，何らかの神経回路を介して最終的には GnRH ニューロンに入力し，GnRH ニューロンの活動上昇を通じて HPG 軸を活性化することにより生殖が制御されているらしいということである．したがって，神経分泌細胞として，ニューロンとホルモン産生細胞の両方の性質を併せもつ GnRH ニューロンは，まさにこうした制御のインターフェースとして働く，最重要のニューロンであるといえよう．なお，脳下垂体には脳下垂体後葉とよばれる構造もあるが，これは視床下部の視索上核や室傍核という部位にある神経分泌細胞の軸索終末が集合した構造であり，この軸索末端からは，オキシトシンとバソプレシンというホルモンが直接体循環中に放出される．

●性ステロイドホルモン受容体を介する生殖と性行動の調節　図2に性ステロイドホルモン受容体を介する生殖と性行動の調節の仕組みについて，作業仮説も含めて，現在までにわかっていることを模式的に示す．この中で最も重要な働きをすると思われるのが，性ステロイドホルモン（特にエストロゲン）とその受容体をもつニューロンであろう．エストロゲンなどの性ステロイドホルモンは，図1で説明した制御系を経て，生殖腺から放出されて一般の体循環に入り，それらの受容体を発現する組織や器官において働いて，第二次性徴や性成熟を促す．ここで重要なことは，血液中の性ステロイドホルモンは，毛細血管の張り巡らされた脳内に運ばれて重要な働きをするということである．つまり，脳内には，これらのホルモン受容体（特にエストロゲン受容体）を発現するニューロンが存在する．実際，脳内に性ステロイドホルモンを微量注入することによって各種の動物の性行動が促進されるという実験が1970年代，80年代頃から報告されていた．また，ほぼ同時期に，放射性同位元素で標識された性ステロイドホルモンの結合する脳部位がオートラジオグラフィーで調べられた．一方で，脳の局所破壊や局所電気刺激などにより，性行動の制御にかかわると思われる脳部位が解析され，大変興味あることに，これらの両者の解析結果から，関与の示唆された脳部位は，かなりよい一致を示していた．それらは，視索前野や視床下部あるいは終脳の一部であった．残念ながら，こうした研究は，生物学研究に広く分子生物学が流行してきた1990年代以降はあまり顧みられることがなく，研究の進展はしばらく遅々としていた．ところが，比較的最近になって，トランスジェニック動物や遺伝子ノックアウトなどの各種の分子遺伝学的なツールが急速に発達してくるのと同時に，性ステロイドホルモンを発現するような特定のニューロンだけをレーザー光によって活性化・不活性化させる技術（光遺伝学）などが利用可能になり，俄然研究が活発化してきた．そうした最新の研究成果はごく最近の文献を参照してもらうとして，ここでは，各種の分子遺伝学的ツールが使えて生殖神経内分泌学の研究材料として多くの利点をもつメダカを用いて，最近著者の研究室で研究された成果のひとつを簡単に紹介する．エストロゲンが脳内のニューロンに働きかけてHPG軸に対してフィードバック調節をかける候補として，メダカの視床下部で*kiss1*遺伝子産物であるキスペプチンを発現するニューロンを見出した．興味あることに，*kiss1*遺伝子発現がメダカの繁殖状態と大変よい相関を示しただけでなく，雌メダカの卵巣摘出手術をして血中のエストロゲンレベルを低下させると*kiss1*遺伝子発現は低下し，そのメダカにエストロゲンを投与するとその遺伝子発現が回復した．つまり，*kiss1*発現ニューロンは非常に高いエストロゲン反応性を示したのである．そこで，*kiss1*遺伝子を発現するニューロン特異的にGFPを発現させて，生きた脳でそれらを見えるようにした（GFPトランスジェニックメダカ）．メダカの脳は小さくて透明なので，脳全体の神経回路を保った

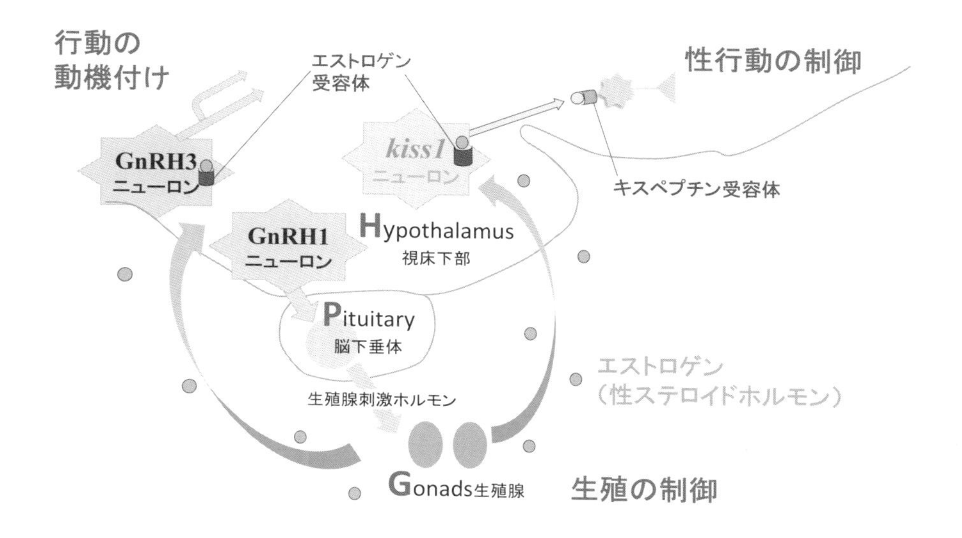

図2　性ステロイドホルモン受容体を介する生殖と性行動の協調的制御に関する模式図

まま，脳全体をリンガー液中に取りだして，GFP 標識されたニューロンの電気活動を記録することができる．こうして *kiss1* 発現ニューロンの電気活動を記録すると，血中のエストロゲン濃度に依存してそれらの電気活動が変動することがわかった．一方で，GFP 標識した *kiss1* 発現ニューロンが，行動制御に関係すると思われるニューロンと神経回路をつくる可能性を示唆する結果も得つつある．一方，私達の研究成果から，動物行動の動機付けに関与すると示唆されている GnRH3 ニューロンとよばれるニューロンもエストロゲン受容体をもつことがわかり，このニューロンを介してエストロゲンが行動の動機付けに関与する可能性もある．このように，エストロゲン感受性ニューロンが，繁殖期特有の性行動の促進に強くかかわる可能性が示唆されることから，今後はこのようなニューロンに焦点をあてて研究を行うことにより，生殖と性行動の協調的制御を担う，神経系と内分泌系の相関を，よりよく理解できるようになることが期待される．

［岡　良隆］

参考文献

［1］ 岡 良隆「第 9 章 生体情報を伝える神経系と内分泌系」二河成男・東 正剛編『動物の科学』放送大学教育振興会，2015

［2］ 岡 良隆「第 7 章 環境に適応した行動を発現させる脊椎動物神経系・内分泌系のしくみ」岡 良隆・蟻川謙太郎共編『行動とコミュニケーション』シリーズ 21 世紀の動物科学 8，培風館，2007

ストレスとホルモン
——生命の危機に神経とホルモンが応える

「ストレス（stress）」は，現代人にとって今や非常に身近な言葉である．そもそも「圧力」の意をもつこの言葉は，1914年に生理学者のW. B. キャノン（Cannon）によって初めて医学・生物学の世界に持ち込まれた．キャノンは，ストレスはホメオスタシスを乱し，生体にゆがみを生じさせることを指摘した．キャノンが提唱したストレスの概念をさらに拡大し，一般化したのが生理学者H. セリエである．セリエは1940年代にストレス学説を提唱し，ストレスの概念を確立した．

セリエは環境から加えられるさまざまな圧力，すなわちストレスにより危機がもたらされた際，生体は共通した生理的反応を示すことを発見した．このうち，消化管潰瘍，免疫機能抑制，副腎皮質機能亢進はセリエの三徴とよばれる．これらの反応は，有害な刺激に対し，生体が恒常性（ホメオスタシス）を維持しようとして引き起こされる反応あるいはそれらが破綻した結果であると考えられる．セリエはこれを汎適応症候群（general adaptation syndrome）とよび，どんな刺激に対しても起こる非特異的な生体反応であることを示した．セリエはさらに，ストレス後の生体の反応が警告反応期（ストレス直後，抵抗力が一時的に低下するショック相と，抵抗力が高まり始める反ショック相からなる時期），抵抗期（抵抗力が高まりストレスに対抗しようとする時期），疲弊期（ストレスに対抗できず，抵抗力が低下し，場合によっては死にいたる時期）の3期に分類されるとした．

ストレスには物理的なもの（痛みや暑熱，低栄養，天敵の臭いなど），心理的なもの（恐怖，不安など）があり，さまざまな動物実験モデルが考えられている．ストレス反応は視床下部–下垂体–副腎皮質系と交感神経–副腎髄質系によって誘導され（図1），両経路の主役となるのが種々の「ストレスホルモン」である．

●視床下部–下垂体–副腎皮質系　この一連の神経内分泌反応には副腎皮質刺激ホルモン放出ホルモン（コルチコトロピン放出ホルモン：CRH），副腎皮質刺激ホルモン（コルチコトロピン：ACTH），副腎皮質ホルモン（グルココルチコイド）が関与する．生体がストレスを受けるとさまざまな神経経路により情報が視床下部の室傍核に伝達され，主に室傍核背内側小細胞領域に存在するCRH産生ニューロンが活性化し，CRHが下垂体門脈血中に放出する．CRHの刺激によって，下垂体がACTHを産生・循環血中へ放出し，副腎に達したACTHはグルココルチコイドの分泌を促進する．動物種によってはバゾプレッシンがACTH分泌刺激因子として主要な役割をはたすことがある．

グルココルチコイドは血糖値を上昇させ，免疫系を抑制する．またグルココルチコイドは視床下部や下垂体に作用してCRHおよびACTHの放出を抑制する．

この作用は負のフィードバックとよばれ，視床下部-下垂体-副腎皮質系の過剰な活性化を抑制的に制御している．視床下部-下垂体-副腎皮質系の賦活化は，CRH が視床下部の性腺刺激ホルモン放出ホルモン（GnRH）分泌を抑制することによって視床下部-下垂体-性腺系の活動を抑制し，生殖機能を抑制する．グルココルチコイドもまた下垂体あるいは視床下部に働いて，視床下部-下垂体-性腺系の活動を低下させる．ストレスにより生体が危機に陥った際に，当面必要のない生殖機能を切り捨て，個体の生存を優先させることは理にかなっている．ストレスの負荷により放出される大量のグルココルチコイドは，脳の記憶や学習といった高次機能や生殖機能など本能的機能を保護するという説，またはそれらを傷害するという説の双方があり，その役割は生体のおかれている環境に依存すると考えられる．

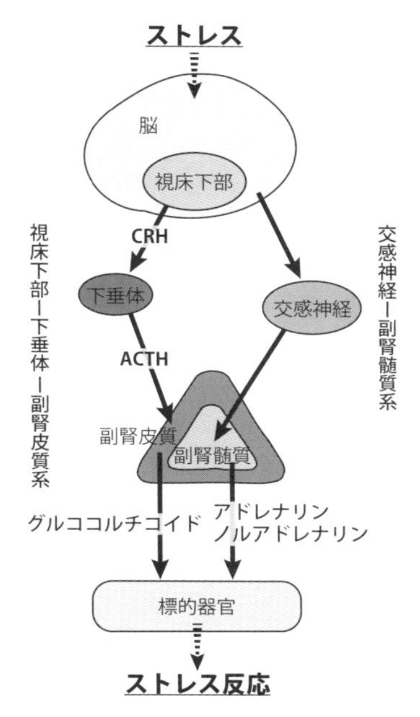

図1　視床下部-下垂体-副腎皮質系と交感神経-副腎髄質系によるストレス反応の誘導

●交感神経-副腎髄質系　ストレスは脳の種々の神経を刺激し，延髄・脊髄をへて交感神経を活性化し，交感神経終末部からノルアドレナリンが放出される．さらに，交感神経の活性化は副腎髄質を刺激し，クロム親和性細胞からカテコールアミン（アドレナリン，ノルアドレナリン）を血中に放出させる．これらのカテコールアミンは標的器官である心臓や血管，肝臓などのアドレナリン受容体に作用し，その結果，心拍数や血圧の増大，血糖値の上昇などが引き起こされる．これらは生体が非常事態に対応するための反応であり，キャノンはストレスに対する闘争・逃走反応（fight or flight）とよんだ．

●細胞ストレス　細胞が外部環境の変化，すなわちストレスにさらされた場合にも，個体レベルでみられるストレス反応とよく似た現象が起こる．細胞レベルのストレスが誘導する「ストレスタンパク質」として最もよく知られているのが，熱ショックタンパク質（HSP）である．HSP は高温ストレスなどの刺激によって発現が誘導され，ストレスに対する抵抗力を細胞に賦与する．

［松田二子・前多敬一郎］

参考文献

［1］ 日本比較内分泌学会編『からだの中からストレスをみる』学会出版センター，2000

血球とホルモン
——血球は造血幹細胞から造られる

ヒトの全細胞約30兆個のうち，赤血球は84％を占める[1]．血球は，他組織の細胞と異なり，単一の細胞として血管内あるいは体内を移動する．血球産生（造血）を担う臓器（造血器，造血巣）には，造血幹細胞（血液幹細胞）が存在する．造血幹細胞は，すべての血球へ分化する多分化能（可塑性）と自己複製能を併せもつ．赤血球，白血球，血小板（栓球）の数は，各々の血球系統（血球系譜）の血球前駆細胞の増殖・分化にホルモン様に作用するサイトカインの一種，造血因子が調節する．造血の調節にはさまざまなレベルがあり，造血器の組織微小環境（ニッチ）における細胞間相互作用や接着因子群，非翻訳RNAやエピジェネティック制御なども重要である．

●ヒトの血球と造血器　ヒトの末梢血球（成熟血球）は無核の赤血球，有核の白血球，無核で小型の血小板に大別される．白血球はさらに，好中球，好酸球，好塩基球などの顆粒球や，単球，樹状細胞に分類される．免疫系を担うリンパ球も白血球の一種である．ヒトの早期の血球産生（造血発生）は，胚の卵黄嚢や胎盤の周囲で起こる（一次造血）．胎生中期には成体型の造血（二次造血）が肝臓，次いで骨髄で始まり，出生後は骨髄造血を行う．

動物の成体の主要造血器は骨髄の他に，腎臓，肝臓，脾臓などに分布するが，同時に複数の造血器をもつ種も多い（表1）．

●造血因子による末梢血球数の調節　ヒトでは1日あたり赤血球と血小板が各々2000億，白血球が数十億もつくられ，同時に同数が破壊されるので末梢血球数の恒常性が維持される．このダイナミックな造血は，造血因子が支える（表2）．造血因子は各血球系統に特異的に作用する糖タンパク質である．20世紀前半に造血ホルモンの存在が予見されたが，存在量がきわめて少ないため，発見は困難を極めた．20世紀末に実現した造血因子とそれらの受容体の発見では，日本人科学者の貢献が際立つ．

表1　脊椎動物成体の造血器

	動物種	成体の主要造血器
魚類	ゼブラフィッシュ	腎臓，脾臓，胸腺
	ヨーロピアンパーチ	脾臓
	コイ	腎臓
両生類	ウシガエル	腎臓，骨髄
	アフリカツメガエル	肝臓，脾臓
	ホクオウクシイモリ	脾臓，心臓
爬虫類	ニシキガメ	骨髄，腎臓，脾臓
	コーンスネーク	骨髄
	スペイントカゲ	骨髄
鳥類	セキショクヤケイ	骨髄
哺乳類	ハツカネズミ	骨髄，脾臓
	ヒト	骨髄

エリスロポエチン（EPO）は，ヒトでは主に腎臓の尿細管周囲の間質細胞で産生され，骨髄へ運ばれる．EPOは骨髄の赤血球前駆細胞膜上のEPO受容体と結合し，赤血球産生が亢進する．EPO遺

表2　血球産生に作用する主要造血因子（ヒト）

血球系統	造血因子（略称）	分子性状	主な産生臓器	受容体（発現細胞）	発見年
赤血球	エリスロポエチン（EPO）	分子量約4万の糖タンパク質	腎臓，肝臓	EPO受容体（赤血球前駆細胞）	1977
白血球（好中球）	顆粒球コロニー刺激因子（G-CSF）	分子量約1万9000の糖タンパク質	骨髄，内皮細胞，線維芽細胞，マクロファージ	G-CSF受容体（好中球前駆細胞）	1986
血小板（栓球）	トロンボポエチン（TPO）	分子量約9万5000の糖タンパク質	肝臓	TPO受容体（MPL）（造血幹/前駆細胞，巨核球前駆細胞）	1994

伝子の転写制御は，血中酸素分圧の変動に応答するフィードバック調節され，末梢赤血球数が維持される．マラソン選手の高地トレーニングやヒマラヤ登山の高地馴化では低酸素症のためにEPOの分泌が高まり，赤血球数が増大する．

トロンボポエチン（TPO）による血小板数の調節は特殊である．ヒトのTPOは肝臓から分泌され，その量は血小板数にかかわらず一定である．このとき，血液中の血小板あるいは骨髄巨核球の細胞膜にある受容体（MPL）とTPOは結合するが，これらの細胞数が多ければ，遊離型TPOの分子数が低下し，骨髄に届けられるTPO量が減少して血小板産生が低下する．その逆も同様であり，TPO-MPL受容体結合モデル（スポンジモデル）として知られる．

ゲノムが解読された多くの脊椎動物で，ヒト造血因子の相同遺伝子が見出される．例えばEPOは魚類から哺乳類までの80種もの動物で共有されている．しかしEPOにはアポトーシスなどの細胞死抑制や神経保護の非造血活性があり，各々の動物におけるEPOの役割が赤血球造血のみであるとは限らない．

●動物の血球　開放血管系をもつ節足動物などでは白血球様の血球が主であり，赤血球様の細胞を欠くことが多い．閉鎖血管系をもつ脊椎動物では，ほとんどが赤血球をもつが，例外は赤血球をもたない南極のコオリウオ科魚類とウナギの葉型幼生（レプトケファルス）である．哺乳類以外の赤血球は有核であるが，無核の赤血球をもつ無肺のサンショウウオの一種が見つかっている．また，哺乳類だけが無核の血小板をもつ．血小板の前駆細胞は，核が多倍体化した大型の特異な巨核球で，1個の巨核球から数千の無核の血小板が生み出される．血小板をもたない哺乳類以外の動物は，楕円球型で有核の栓球をもつ．栓球とは止血血栓形成を担う細胞の総称であり，血小板は栓球の一種といえる．白血球の種類は両生類から哺乳類まではほぼ同様だが，魚類になると，ゼブラフィッシュは好塩基球をもたず，メダカは好塩基球と好酸球を欠き，ヒガンフグには好酸球がない．

［加藤尚志］

📖参考文献

［1］Sender, R. et al., “Revised Estimates for the Number of Human and Bacteria Cells in the Body”, *PLoS Biol*, 14 (8): e1002533, 2016

水・電解質代謝
——体の水と電解質のバランスを保つ

体内の環境をある一定の生理的範囲内に保つことは，動物がその生命活動を維持するうえで，最も重要な条件のひとつである．個体を形成する細胞の大部分は外部環境と直接接することなく，その周囲は細胞外液（組織液）によって満たされている．細胞外液は毛細血管から血液の液体成分である血漿が染み出たものであり，それによって内部環境が形成される．内部環境を規定する要因としては，化学的，物理的なものを含め多岐にわたるが，なかでも各種の電解質濃度やそれに起因する浸透圧は重要な要因である．血漿や細胞外液に含まれる主な電解質として，Na^+，K^+，Ca^{2+}，Mg^{2+}，Cl^-，HPO_4^{2-}などがあげられ，個々の電解質の濃度は生理学的に許容されるせまい範囲内に維持されている（図1）．電解質濃度は溶質である各種電解質と溶媒である水のバランスによって決まるので，適正な濃度を維持するには電解質の取り込みや排出ばかりでなく，水含量の調節も重要である．

●浸透圧調節　浸透圧は，半透膜を隔てて水と溶液をおいた場合に生じる圧力差と定義され，純水 1 kg に理想非電解質が 1 モル含まれるときの浸透圧（重量浸透圧濃度）を 1 Osm/kg·H_2O と表す．強電解質である NaCl が水 1 kg に 1 モル溶けている場合の浸透圧は 2 Osm/kg·H_2O となる．

浸透圧は溶質の種類にかかわらずそのモル濃度の総和によって決まるが，血漿や細胞外液の浸透圧はその大部分が Na^+ と Cl^- に由来する（図1）ため，浸透圧調節という観点からは Na^+ と Cl^- の調節が重要となる．脊椎動物の血漿浸透圧は，多く種で生息環境にかかわりなく海水の 1/3 ～ 1/4 に保たれているが，中には例外もある．無顎類のうちヌタウナギ類の浸透圧は，海産無脊椎動物と同様に海水とほぼ等しい．また，海産軟骨魚類の血液は海水の約半分の電解質を含んでいるが，それ以外に多量の尿素が存在することで，その浸透圧は海水よりもやや高い．

●水・電解質代謝とホルモン　電解質の恒常性の維持には内分泌系が重要な役割をはたしており，その調節には「水・電解質代謝ホルモン」，「浸透圧調節ホルモン」と総称される一連のホルモン群が関与している．ホルモンによる水・電解質調節機構は動物群によって大きく異なる

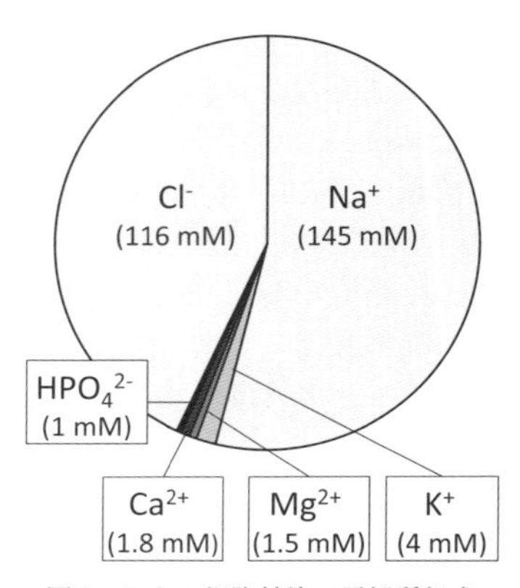

図1　ヒトの細胞外液の電解質組成

が, その機構には拮抗的調節という点で共通性をうかがうことができる. 例えば, 魚類の淡水適応ホルモンとして知られるプロラクチンは, 血漿電解質濃度を上昇させる方向に作用するホルモンである. 一方で, 海水適応ホルモンとしての側面をもつ成長ホルモン, インスリン様成長因子1（IGF-1）は, 電解質濃度を下降させる作用を有する. つまり, 電解質濃度を上昇させるホルモンと下降させるホルモンが拮抗的に作用し, その結果, 内部環境が最適化される. このような拮抗的調節は哺乳類の血漿 Ca^{2+} 濃度の調節などでもみられ, 副甲状腺ホルモンが血漿 Ca^{2+} 濃度を上昇させるのに対し, カルシトニンは低下させる.

●イオノサイト（イオン細胞） 脊椎動物全般を通じて, 浸透圧調節には塩類輸送に特化した特殊な細胞が関与している. イオノサイト（イオン細胞）と総称される一群の細胞は, ミトコンドリアに富み, 体内側の細胞膜（側底膜）が深く細胞質に陥入して複雑な管状構造をとるという共通の特徴をもつ. 脊椎動物全般で腎臓は浸透圧調節に深くかかわっている. 腎臓の機能単位であるネフロンでは, 糸球体でろ過された原尿が細尿管を通る間に, 必要な電解質などが再吸収され体循環に戻される. 細尿管で電解質の再吸収にかかわる細胞は, イオノサイトの1種である. 魚類の鰓に分布する塩類細胞もイオノサイトに属し, Na^{+} と Cl^{-} の取り込みと排出を担う. 板鰓類の直腸に開く直腸腺やウミドリやウミガメの眼の近くにある塩類腺も, イオノサイトで構成される塩類排出器官である.

●水生と陸生 水・電解質のバランスを維持することはすべての脊椎動物に共通して重要であるが, その調節機構は生息環境, 特に水生か陸生かによって大きく異なる. 陸生動物では, 血漿の電解質が不足しても摂餌以外に外界から電解質を摂取することはできない. そのため, Na^{+} や Cl^{-} などの電解質を体内に保持することが重要である. 一方, 陸生動物は骨組織を Ca^{2+} の備蓄庫として利用している. つまり, 余った Ca^{2+} はリン酸カルシウムを主成分とする骨に備蓄し, 逆に不足すると骨から Ca^{2+} を溶出する. 水生動物のうち淡水に生息する魚類では, 環境水に接する鰓から血漿の電解質が濃度勾配に従って流失する傾向にある. そのため陸生動物と同様に体内の電解質を保持する必要があるが, それに加えて, 淡水中に存在するわずかな塩類（Na^{+}, Cl^{-}, Ca^{2+}）を鰓の塩類細胞が能動的に取り込んで不足分を補っている. 一方で, 同じ水生でも, 海水の魚は電解質が体内に流入し過剰になりがちである. そのため, 海水魚では電解質の排出機構が発達し, 鰓の塩類細胞からは Na^{+}, Cl^{-}, K^{+} が排出され, Ca^{2+} と Mg^{2+} はもっぱら尿として排出される.

［金子豊二］

参考文献

［1］ 会田勝美・金子豊二編『魚類生理学の基礎』増補改訂版, 恒星社厚生閣, 2013

体色とホルモン
——色彩世界に調和し生き抜く妙技

動物の体色は，背地適応により周囲の色と模様に調和させて身をかくす隠蔽色や，周囲の色からみずからを目立たせる色彩の標識色などに分けられる．隠蔽色は捕食者が獲物に接近するときに役立つ．これは被食者が外敵から身を隠すときには保護色とよばれる．標識色は警告色・認識色・威嚇色をまとめたものである．魚類や両生類で繁殖期に現れる婚姻色は認識色のひとつである．体色は周囲の環境および成長や成熟などの生理状態に応じて変化し得る．その変化はホルモンの作用を受ける色素胞（または色素細胞）の活動によって調節されることが多い．色素顆粒の拡散や凝集による短時間の変化を生理学的体色変化といい，色素量や色素細胞数の変動による長期にわたる変化を形態学的体色変化という．

●色素胞と色素細胞　魚類・両生類・爬虫類などの色素細胞は色素胞とよばれる．色素胞はさまざまな色素の顆粒を含む．色素の違いによってそれぞれの色素胞のよびかたが，黒色素胞，赤色素胞，黄色素胞，青色素胞，白色素胞となる．これら色素胞の中での顆粒の拡散や凝集によって色調が変化する．前 4 種の色素胞は特定の波長光を吸収して特有の色調となる．白色素胞は広範囲にわたる波長光を散乱させるため白く見える．虹色素胞では光反射性の反射小板の移動により，反射光の色調が変わる．一方，哺乳類や鳥類の色素細胞はメラノサイトやメラニン細胞とよばれる．色素運動におけるホルモン作用については，魚類や両生類の黒色素胞および鳥類や哺乳類のメラノサイトに関連した知見が集積されている．これらの細胞の中で，メラニンは細胞小器官の一種，メラノソームで合成される．

●黒色素胞でのメラノソームの拡散　メラノソームが拡散すると体色が暗くなる．これには下垂体中葉から分泌される黒色素胞刺激ホルモン（MSH）がかかわる．両生類において MSH は，*in vitro* と *in vivo* の両方でメラノソームを拡散する．血液中の MSH 濃度上昇がメラノソームの拡散と対応する．魚類において MSH は *in vitro* では有効だが，*in vivo* では効かない．それは *in vivo* では交感神経支配が強く，ノルアドレナリンによる凝集作用が MSH に勝るためである．MSH 分子には複数の種類（α，β，γ，δ 型）があり，なかでも α-MSH の活性が強い．MSH は下垂体中葉内にある MSH 産生細胞から分泌され，黒色素胞上にあるメラノコルチン受容体に作用する．板鰓類などを除く多くの動物で，一部の α-MSH では分子のアミノ末端がアセチル化されている．アセチル化 α-MSH は魚類（カレイ目のヒラメなど）の黒色素胞にはほとんど作用しない．これは 2 種類のメラノコルチン受容体により形成されるヘテロダイマーが作用を妨げているためとされている．またメラノコルチン受容体が 1 種類のみ発現する黄色素胞ではアセチル化α-MSH に用量依存的な効果が現れる.

●魚類の黒色素胞でのメラノソームの凝集　メラノソームが凝集すると体色が明るくなる. この生物現象に魚類（特に条鰭類(じょうきるい)）では, 視床下部で産生され下垂体神経葉から分泌されるメラニン凝集ホルモン（MCH）が関与する. MCH と MSH は *in vitro* でのメラノソームの運動に競合的に作用する. ノルアドレナリンや松果体で産生されるメラトニンなどもメラノソームを凝集させる. MSH とは異なり, MCH は *in vitro* と *in vivo* の両方で有効である. MCH は脊椎動物の脳内で共通して産生される神経ペプチドである. 多くの場合, MCH ニューロンは脳内だけに投射する. それが下垂体神経葉へ投射し, 血液中へ MCH が分泌されることは条鰭類に特徴的な現象である. 脳内で働く MCH は食欲亢進作用を示すことから, 白背地に順応して MCH 産生が活発になるとき, 黒色素胞ではメラノソームが凝集し, 脳では食欲が刺激される. 事実, 白背地に順応したカレイ類では脳内 MCH 含量が増え, 血液中 MCH 濃度が上昇する. また, 摂餌量が増加し, 早く成長することも知られている.

●メラノサイトの色素　哺乳類や鳥類のメラノサイトでは 2 種類のメラニンが合成される. それらは黒褐色のユーメラニンと赤褐色ないし黄色のフェオメラニンである. 毛や羽の色は, 主にこれらの含量の比に応じて異なる. メラニンの合成は α-MSH によって促進される. 下垂体中葉を欠く鳥類では, 羽包内で産生される α-MSH が働く. α-MSH がメラノサイトのメラノコルチン受容体に結合すると, 細胞内 cAMP 濃度が上昇し, ユーメラニン合成が進む. 一方, 皮膚や羽包で産生され, α-MSH のアンタゴニストあるいはインバースアゴニストとして作用するアグチシグナリングタンパク質（ASIP）は cAMP 産生を低下させてユーメラニンの合成を抑制し, フェオメラニンの合成を促進する. 齧歯類で毛の 1 本 1 本の色で交互に濃淡が認められるアグチパターンは, 背側で作用する毛周期特異的プロモーターにより ASIP が間欠的に発現することによる.

●逆影とホルモン　脊椎動物の体色は, 魚類であれ哺乳類であれ, 背側が濃く腹側が薄い. これは逆影とよばれる保護色の一種である. 海の中層を泳ぐ魚を上から見下ろすとその姿は漆黒の深海に埋もれる. 下から見上げると光の中に溶け込む. この原理は陸上動物でも同様であり, 進化の過程で継承されている. 腹側部では, 腹側特異的プロモーターにより ASIP が恒常的に発現して色素合成が抑制される. ただしキンギョで見られるように, 長期の黒背地で飼育することにより, 腹側部皮膚でのメラノコルチン受容体の発現が高まり, 結果として体色は濃くなる.

［高橋明義］

📖 参考文献

［1］ 水澤寛太・矢田 崇共編『生体防御・社会性—守』ホルモンから見た生命現象と進化シリーズⅦ, 裳華房, 2016

リズムとホルモン
――体内時計に駆動されるさまざまなホルモン

動物の身体にはミリ秒周期の神経の発火活動，秒単位の心拍･呼吸リズムから，約1日の概日リズムや約1年の概年リズムまでさまざまなリズムが存在する．以下に述べるように，いくつかのホルモンの分泌様式にはリズムがある．

●LHのパルス状分泌とサージ状分泌　黄体形成ホルモン（LH）と卵胞刺激ホルモン（FSH）は性腺刺激ホルモンともよばれ，生殖腺の発達や機能を制御している．成人女性のLHは約90分周期でパルス状に分泌されているが，月経周期の黄体後期にはこの周期が3～4時間となる．このパルス状分泌の周期は動物種ごとに異なり，ラットでは20～30分間，ヤギやヒツジでは40～60分間という周期を示す．この短いパルス状分泌の他，女性では排卵前にLHの一過性の大量放出，「サージ状分泌」（LHサージ）がみられ，排卵が引き起こされる．排卵周期も種によって異なり，マウスやラットは4～5日に1度，ヒトではおよそ28日に1度，LHサージがみられる．男性においてもLHはパルス状に分泌されており，精巣の発達や機能に重要であるが，男性は排卵しないためサージ状に分泌されない．LHが常時高値を示すと受容体が脱感作するため，パルス状に分泌されることが重要なのである．

●夜間に分泌されるGH，PRL，TSH　成長ホルモン（GH）はその名の示すとおり，成長促進作用があるが，炭水化物代謝や脂肪代謝作用もある．昔から寝る子は育つというが，GHの分泌は夜間に顕著に起こるという日内変動を示すため，成長は夜間に促進される（図1）．GHの分泌は睡眠に大きく依存するため，睡眠をとることは重要である．プロラクチン（PRL）は哺乳類では乳腺の発達や乳汁分泌を促し，鳥類では抱卵や育雛などの行動に関与する．乳汁を分泌する哺乳類でも，分泌しない鳥類でもプロラクチン（PRL）が母性行動に関与しているのは興味深い．女性の場合，思春期の女性ホルモンの分泌の増加とともにPRLの分泌が増加するが，成人になると男女とも夜間に分泌が亢進する（図1）．下垂体前葉から分泌される甲状腺刺激ホルモン（TSH）は甲状腺を刺激して，甲状腺ホルモンの合成と分泌を促すが，規則正しい生活をしている成人ではパルス状分泌の振幅が睡眠開始時に大きくなり，夜間に高く，昼に低いという1日の中で変動する日内変動を示す（図1）．（注：日内変動は必ずしも体内時計の制御下にあることを前提としない．周囲が恒明，恒温条件などの一定の条件下においても継続するリズムを概日リズムとよび，日内変動とは区別される．）

●朝の活動を担うグルココルチコイド　副腎皮質ホルモンの1つであるグルココルチコイドは，炭水化物やアミノ酸の代謝および心血管機能，ストレス応答など，多数の作用をもつ重要なホルモンである．グルココルチコイドはストレス時に上昇するが，1日を通してパルス状分泌を繰り返している．一般にヒトを含む昼行性動物では早朝に分泌ピークを迎えるのに対して（図1），夜行性動物では暗期の直前にピークを迎える．グルココルチコイドの分泌はGHとは異なり，睡眠の影響を受けず，概日リズムの制御を強く受けている．グルココルチコイドは昼行性動物，夜行性動物ともに活動の前に糖新生を活発にして身体を活動状態に促すホルモンと考えられている．なお，霊長類ではコルチゾールが，マウスではコルチコステロンが生理作用の強いグルココルチコイドとして働いている．

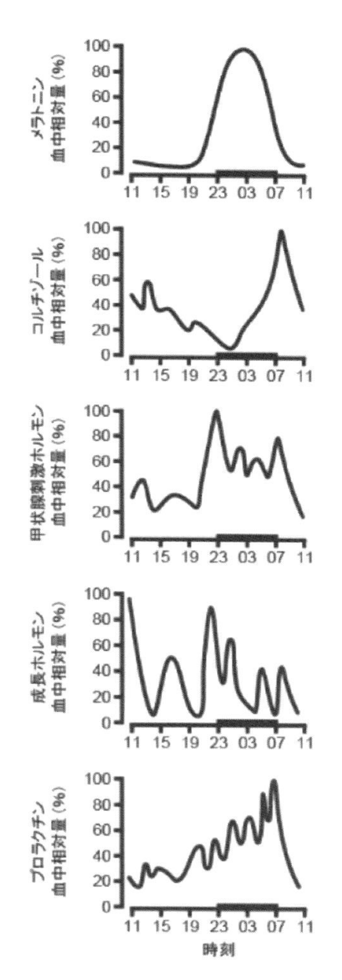

図1　ヒトにおけるさまざまなホルモンの分泌様式（出典：Copinschi, G et al., *Sleep*, 18: 417–424, 1995 より改変）

●夜を告げるメラトニン

脳の正中に位置する第三脳室の後壁に松果体とよばれる器官がある．哺乳類以外の脊椎動物では松果体は頭蓋骨の直下に位置しており，光も容易に届くため，内分泌器官であるとともに光受容能もあわせもつ．しかし哺乳類の松果体は光受容能を失っており，メラトニンとよばれるホルモンを分泌する内分泌器官に特化している．メラトニンはセロトニンから2つの酵素によって合成されるが，そのうちの1つの*N*-アセチルトランスフェラーゼの酵素活性を反映して，夜に高く，昼に低いという概日リズムを示す（図1）．スズメの松果体を除去すると行動の概日リズムが失われるため，スズメにおいては松果体に全身のリズムを制御する概日時計の中枢（概日ペースメーカー）が存在する．メラトニンは眼でも産生されるが，同じ鳥類でも，ウズラの場合は眼が全身のリズムを制御する概日ペースメーカーとして働いている．一方，哺乳類では視床下部に存在する視交叉上核（SCN）とよばれる神経核が概日ペースメーカーとして働いている．メラトニンは概日ペースメーカーに作用し，概日時計の制御に関与するため，米国ではメラトニンは睡眠や時差ぼけの解消を助けるサプリメントとして販売されている．しかし，メラトニンは昼行性動物でも夜行性動物でも共通して，夜に高く，昼に低いというリズムを示すため，睡眠を促すホルモンというより，血流にのって全身に夜の情報を伝えるホルモンといえる．

●哺乳類では季節の情報も担うメラトニン　四季の存在する地域では，一般的に春から夏は温暖で食料が豊富である一方，冬は食料も乏しく，厳しい寒さに耐える必要がある．このため，自然界に生息する動物たちは換毛（換羽），渡りや冬眠などの方法で厳冬期をやり過ごしている．また，ヒトやマウスは1年を通して繁殖できる周年繁殖動物であるが，四季の存在する地域に生息する動物の多くは，次世代が春から夏にかけて生育できるように，特定の季節にのみ繁殖活動をする「季節繁殖」という戦略をとっている．妊娠期間が短いハムスターや約1年の妊娠期間をもつウマは，春に交尾と出産をする長日繁殖動物である．一方，半年程度の妊娠期間をもつヤギやヒツジは，秋に交尾をして春に出産する短日繁殖動物である．前述したように，メラトニンは暗期に高く，明期に低い分泌リズムを示すため，昼夜という情報だけでなく，日照時間の情報も全身に伝えている．実際，松果体が除去されて季節繁殖が阻害されたハムスターやヒツジにメラトニンを投与すると人為的に季節繁殖や羊毛の生産を制御できる．

●脳に春を告げる下垂体隆起葉のTSH　動物が季節を感じ取る仕組みは長年謎に包まれていた．鳥類は空を飛ぶため，身体を軽くするようにさまざまな工夫を凝らしている．例えば，繁殖しない時期は不要な生殖腺を小さく退縮させて体重を軽くしている．ハムスターにおいては精巣の重量の季節的な変化は数倍程度であるが，ウズラではわずか2～3週間で100倍以上変化する．このためウズラは洗練された季節適応能力をもつモデル動物として，古くから研究に用いられてきた．1960年代にはウズラを使った脳の破壊実験によって，季節繁殖を制御する脳の領域が探索された．その結果，脳の視床下部内側基底部（MBH）が重要な働きをしていることが明らかになった（図2）．その後，ウズラのMBH周辺をターゲットとして春を感じる際に働く遺伝子が探索された．その結果，下垂体の付け根に位置し，機能未知の器官であった下垂体隆起葉でTSHが合成，分泌されていることが明らかになった．TSHは甲状腺を刺激するホルモンと教科書には記述されているが，驚いたことに隆起葉で合成されるTSHは視床下部に作用し，春を告げる「春告げホルモン」として働いていることが明らかになったのだ．長日繁殖動物のハムスターでも短日繁殖動物のヒツジでも，隆起葉のTSHは春告げホルモンであり，長日繁殖動物と短日繁殖動物の違いをもたらしている仕組みはまだ解明されていない．なお，マウスを使った研究から哺乳類ではメラトニンが日照時間の情報を下垂体隆起葉へ伝えTSHを調節している．鳥類は脳深部にある光受容器で直接日照時間の光情報を受容して下垂体隆起葉のTSHを調節し，季節繁殖を制御している（図2）．

●脳内で活性化され，季節繁殖を制御する甲状腺ホルモン　下垂体隆起葉由来の春告げホルモンのTSHは視床下部に存在するTSH受容体に作用すると，甲状腺ホルモンを活性化する2型脱ヨウ素酵素（DIO2）の産生を促して，脳内で局所的に低活性型甲状腺ホルモンであるサイロキシン（T_4）から活性型甲状腺ホルモンであるトリヨードサイロニン（T_3）に変換する（図2）．甲状腺ホルモンは末梢組織では代謝，熱産生および成長などに重要なホルモンであるが，中枢では脳の発達や可塑性に重要である．このことは甲状腺ホルモンが不足する甲状腺機能低下症において精神遅滞が起こることからもうかがえる．春に視床下部で局所的に甲状腺ホルモンが活性化されると視床下部の正中隆起において性腺刺激ホルモン放出ホルモン（GnRH）を分泌するGnRHニューロンの神経終末とグリア細胞の間で形態変化が起こり，季節性のGnRHの分泌が制御されている．

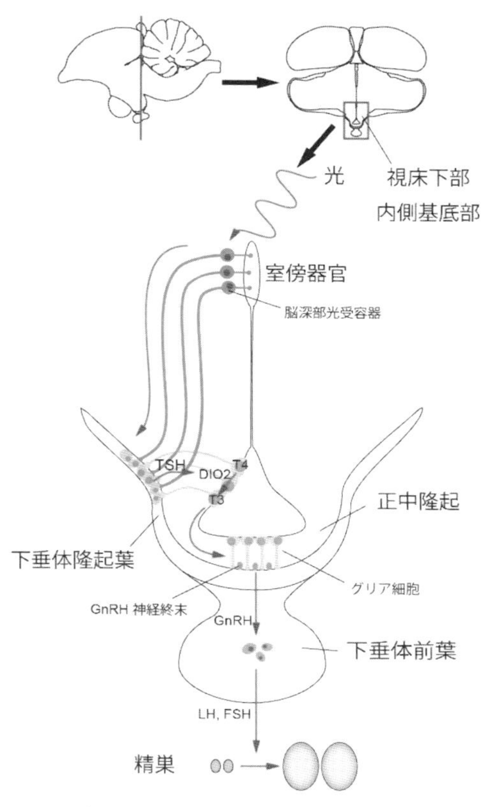

図2　ウズラが春を感じて季節繁殖をする仕組み（出典：吉村 崇「甲状腺刺激ホルモンが一人二役を演じる仕組み」寺内康夫他編『Annual Review 2016 糖尿病・代謝・内分泌』中外医学社，p.163，図5，2016より改変）

［中根右介・吉村 崇］

行動とホルモン
――本能行動の動機づけ

行動は，中枢神経系によって合目的に制御された一連の筋運動の組合せである．感覚系，運動系および統合系からなる左右相称動物の中枢神経系では，行動の発現に，統合系による動機づけが必要だとされている（図1A）．

多くの場合，ホルモンは動機づけを介して，行動，特に本能行動，の制御に携わる．ホルモンとよばれている情報分子は多様であり，それぞれの情報分子はクロストークも含めると複数種の受容体に結合するので，無脊椎動物，脊椎動物を問わず1つの本能行動にかかわるホルモンが少なくない．

本能は，動物個体の生存や種の維持のための根源的な欲求で，何億年かにわたる進化を経て，種特異的な遺伝子プログラムとして淘汰・洗練されてきた．かつて，本能行動は遺伝的にプログラムされた定型的な行動とされてきたが，現在では，遺伝的な要因と経験が複雑にかかわり合って発達することが明らかになっている．しかも行動の発現には脳内の多くの部位が協調して働かねばならない．

本能行動の発現に直接的にかかわる情報分子は，軟体動物の産卵ホルモン，昆虫の羽化ホルモン，脊椎動物の視床下部ホルモンなど，ニューロンが産生・放出する神経ホルモンである．そこで，最も高次に発達した内分泌系である脊椎動物の「視床下部–下垂体–内分泌器官–標的器官」の神経ホルモンが，本能行動の制御，特に「動機づけ」にどうかかわっているのか見ていこう．

●神経ホルモンと脊椎動物の本能行動　脊椎動物では，間脳の腹側部を占める視床下部が本能行動の中枢であるとされている．視床下部は内分泌機能の中枢としても自律機能の中枢としても働いている．ここで注意したいのは，脳幹の網様体ニューロンとモノアミン作働性ニューロンによる脳の覚醒化および神経回路の賦活化が，感覚刺激の検出と行動の発現に必要なことである．これらのニューロンは脳内各部位に広く投射しているが，本能行動を制御する視床下部の神経ホルモン産生ニューロン（＝神経分泌細胞）も同様に脳内各部位に投射し，それぞれの行動に特有の回路を活性化している．しかも神経分泌細胞は下垂体にも投射し，中枢と内分泌系を同時的に制御していると考えられる（図1B）．

種の維持–生殖行動には，移動（回遊・渡り），出会い，求愛行動および配偶行動からなる性行動と親による子の世話がある．最初の段階で重要なのは，性成熟した雄と雌が同じ時季（繁殖期）に同じ繁殖場所で出会うことで，動物によってはそのために回遊や渡りといった移動を行う．多くの動物で，生殖腺刺激ホルモン放出ホルモン（GnRH）が下垂体–生殖腺系を活性化して性成熟を促進する．一方，ヒキガエルの生まれた池への回帰やシロザケの母川回帰では，視蓋に投射する免疫陽性GnRH線維が，定位と航行を司る回路を動機づけるとされている（図1B）．GnRHあるいはバソトシンが，求愛行動あるいは配偶行動の促進にかかわる動物もいる．哺乳類の親による子の世話には，オキシトシンの中枢作用が重要である．

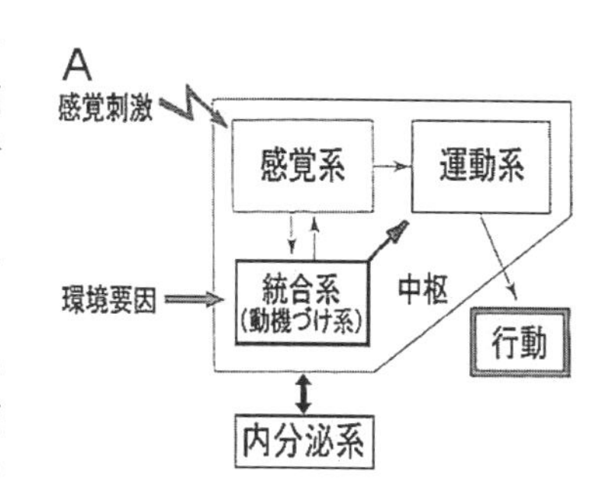

摂食行動は，エネルギーホメオスタシスの維持のために必須の行動であり，単に空腹だから食べるということだけでは説明できない．多くの動物は，食物を漁っている間中，捕食者を警戒し続けることができないし，過食や肥満は捕食者から素早く逃げる能力を低下させる．そのため，摂食行動は，胃・腸・膵管系や脂肪組織から分泌され摂食抑制因子として働く多くのペプチドホルモンによって抑制されている．一方，視床下部外側部には摂食を促進する神経ペプチド，オレキシン，を産生するニューロンがある．このニューロンは，摂食行動にかかわる脳内の多くの部位に投射しているが，その活動は，エネルギーホメオスタシスにかかわる血中情報（摂食抑制因子などの濃度）を監視している視床下部腹側部や延髄の神経回路によって制御されている．なお，体液ホメオスタシスの維持に重要なのはアンギオテンシンである．

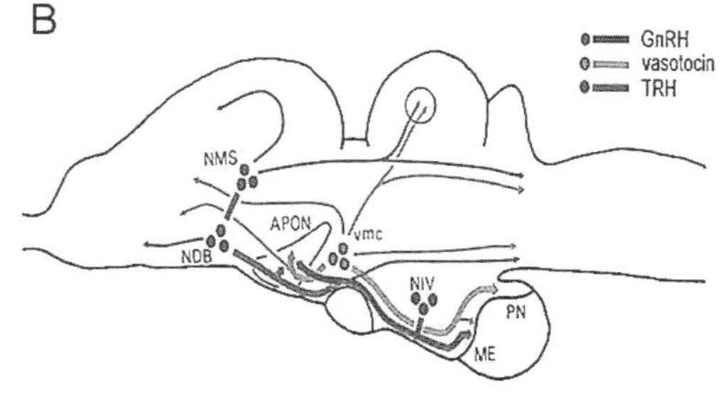

図1　A 感覚系・運動系・統合系（動機づけ系）の関係．B ヒキガエル視床下部の神経分泌細胞の脳内各部位への投射を示す模式図．APON，視索前核前部；ME，正中隆起；NDB，対角帯核；NIV，漏斗核；NMS，内側中隔；PN，神経葉；vmc，視索前核

●脂溶性ホルモンと行動　脂溶性のステロイドホルモンや甲状腺ホルモンなどは，核受容体を介した転写調節によって行動の発現にかかわると考えられてきた．しかし，最近，GPCRに属する膜受容体が，細胞内情報伝達系を介し，ニューロンの活動を直接的に制御して行動の発現にかかわる可能性が示されている．

［浦野明央］

参考文献

［1］ 日本比較内分泌学会編『ホルモンハンドブック』新編eBook版，南江堂，2008
［2］ マクファーランド，D.編『オックスフォード動物行動学事典』木村武二監訳，どうぶつ社，1993
［3］ 安東宏徳・浦野明央編『回遊・渡り―巡』ホルモンから見た生命現象と進化シリーズⅥ，裳華房，2016

昆虫の社会性行動とホルモン
――社会性を司る生理機構

動物の多くの種で，同種他個体と集団を形成して生活を営むものが知られる．集団内には何らかの個体間相互作用が見られるが，他個体への依存度が高いほど，高度な社会構造が発達していると考えられる．社会性の成立に必須となる個体間相互作用は，個体内部の生理状況に影響を与える．ほぼすべての場合において，内分泌因子すなわちホルモンが外的要因と個体の生理状態を調節する．例えば，多くの哺乳類で見られるさまざまな社会行動では，オキシトシンとバソプレシンにより生殖行動や社会的相互作用が調節を受ける．またマウスでは，オキシトシンの機能を損なわせると臭いによる個体識別ができなくなる（社会的健忘症）．オキシトシンは母性行動の発現に重要なホルモンであり，雌雄のつがいが協働して子育てに携わることに関与している．ヒトにおいても信頼・共感・寛大さなど人間関係や社会的協調性に関与することが報告されている．

●幼若ホルモンのカースト分化における重要な役割　ホルモンによる社会性の制御で最も知られているのが，社会性昆虫である．アリやハチなどの膜翅目とシロアリ類（ゴキブリ目シロアリ上科）など，コロニー内に形態や行動が分化したカーストを生じる真社会性昆虫の研究は，特に進んでいる．これらの社会性昆虫では，孵化後の発生過程（後胚発生過程）で受ける外的要因によりカーストが決定される．いずれの場合でも，幼若ホルモンが重要な役割をはたす．幼若ホルモンはセスキテルペンという炭化水素を分子骨格とする分子で，昆虫では脳から連絡する神経分泌器官であるアラタ体において合成，分泌される．

ミツバチでは，幼虫期の幼若ホルモン濃度が高いと女王に分化する．この場合，王台という特別な巣室にいる幼虫はロイヤルゼリーなどの特別な餌を与えられることにより，体内の幼若ホルモン濃度が上昇する．オオズアリでは，卵内に蓄えられた幼若ホルモン量に依存して女王とワーカー間のカースト決定が行われること，また終齢幼虫期の幼若ホルモン濃度が高いと大型ワーカーへ，低いと小型ワーカーへと分化することが知られる．幼虫期の幼若ホルモン濃度の差違は，ワーカーによる給餌を介した栄養状態の差に起因していると考えられる．

シロアリのカースト分化においても幼若ホルモンが重要な役割をはたす．ゴキブリのアラタ体をレイビシロアリの一種に移植すると兵隊へと分化する（兵隊分化）古典的な実験が知られる．その後，幼若ホルモンやさまざまな類似体を投与する実験が行われ，多くの種で幼若ホルモンが同様の機能をもつことが示された．近年ではラジオイムノアッセイ（RIA）や液体クロマトグラフィー質量分析機（LC-MS）によって体内の幼若ホルモン濃度を直接測定することが可能となった．

その結果，脱皮間期に体液中で幼若ホルモンが高濃度に保たれれば兵隊へ，低濃度に維持されれば有翅虫へと分化することが明らかにされた．またその期間に幼若ホルモン濃度が変動するとワーカーからワーカーへの静止脱皮や補充生殖虫への脱皮が誘導される．有翅虫と兵隊への分化における幼若ホルモンの効果は対照的で，翅や複眼などの有翅虫特異的器官の発達は幼若ホルモンにより阻害され，大顎などの兵隊特異的器官の発達は増強されることで，カースト特異的な発達制御が行われている．

●エクジソン（脱皮ホルモン）のカースト分化における役割は不明　脱皮ホルモンであるエクジソンは，昆虫の２大ホルモンとして幼若ホルモンとともに知られているが，社会性を制御する機能についてはあまりわかっていない．しかし，エクジソンによる多くの生理機能は，幼若ホルモン経路と複雑に絡み合うことや，さまざまな発生経路を誘導する役割をもつことなどから，何らかの関与を示すと考えられている．特に，シロアリなどでは有翅虫への発生経路の調節に重要な役割をはたすことが期待されるが，エクジソンの濃度測定などの分析における技術的な困難さもあり詳細な理解にはいたっていない．

●インスリン経路は栄養状態を媒介し形態形成を調節　代謝・寿命・成長・繁殖などにおいて，さまざまな機能を制御することで知られるインスリンは，近年大きな注目を集めている．脊椎動物のホルモンとして有名なインスリンは，昆虫類においては体全体のサイズやアロメトリーの調節など重要な生理機能をはたし，糞虫にみられる角多型にも寄与している．幼虫期の栄養条件が女王ワーカー間のカースト分化を決定するミツバチにおいても栄養条件と発生改変の間にインスリン経路が介在すること，また，ワーカーの採餌行動の制御にかかわることが知られている．またシロアリにおいても，大顎特異的な細胞増殖および伸長に寄与することが示されている．

●生体アミンは社会性行動を直接制御　いくつかの生体アミンも社会性行動を制御する．ミツバチでは，ドーパミンが行動活性の上昇や忌避学習の成立にかかわっている．また多くの社会性膜翅目において，女王において脳内のドーパミン濃度が高くなることや，ドーパミンを摂取させた個体では卵巣発達が促進され，幼若ホルモン類似体の投与では脳内ドーパミン濃度が上昇するという報告もある．一方，オクトパミンは攻撃行動にかかわることがコオロギなどで知られているが，シロアリの兵隊ではオクトパミン前駆体であるチラミンの脳内濃度の上昇により攻撃行動が促進される．またザリガニの順位行動はセロトニンにより制御されている．

［三浦　徹］

参考文献

［1］　三浦　徹『表現型可塑性の生物学―生態発生学入門』日本評論社，2016
［2］　東　正剛・辻　和希共編『社会性昆虫の進化生物学』海游舎，2011

変態とホルモン
——ホルモンで正しく成長と形態変化

成長にともない体を形態的に顕著に変化させる現象を変態という．変態により，行動や生活スタイルを生活環境などに適応させることができる．脊椎動物では，魚類や両生類，無脊椎動物では，甲殻類や昆虫類などで見られる．脊椎動物でも無脊椎動物でもペプチド性ホルモンが上位で末梢のホルモンの分泌や生合成を調節することで，環境変化などに応答した適切なタイミングで変態の現象が進行する．

●脊椎動物の変態　脊椎動物の変態は，両生類のカエルがよく知られている．カエルの変態は，幼生期のオタマジャクシにおける，尾部の消失と，その後の四肢の出現に特徴づけられる．これは，甲状腺ホルモンにより直接的に引き起こされる．この甲状腺ホルモンの分泌は，下垂体ホルモンから分泌される甲状腺刺激ホルモンが上位で調節している．最終的に体内の甲状腺ホルモンの濃度が成長にともない高くなると変態に向かう．この甲状腺ホルモンは，甲状腺ホルモンを活性型にする甲状腺ペルオキシダーゼと不活性化する脱ヨウ素酵素により化学構造を修飾することでも調節されている．これらの酵素の発現のタイミングが組織ごとに異なっているため，各組織の甲状腺ホルモンの活性化に時差が生じ，生体内において各組織が適切な順序で変態が実行される．実際，カエルでは，体内の生殖器以外のすべての器官において，甲状腺ホルモンに応答し形態変化するため，カエルの変態は成長にともなう全身でのイベントであることがわかる．

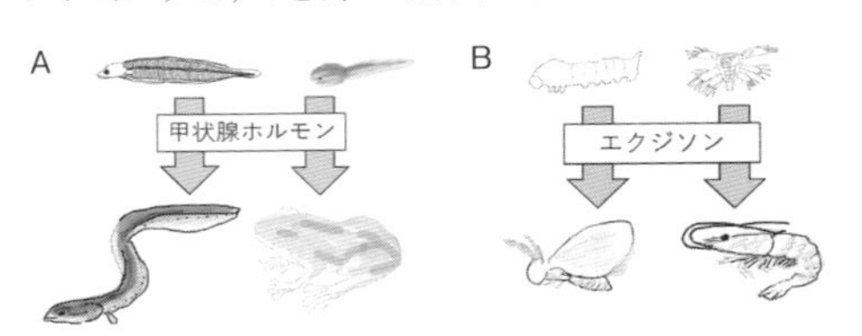

図1　変態のホルモン制御．A：脊椎動物のうち魚類（ウナギ）と両生類（カエル）の変態は甲状腺ホルモンで制御されている．B：昆虫類（ガ）と甲殻類（エビ）は，エクジソンで制御されている

一方，魚類では，仔魚から稚魚に成長する際に，体の形態を大きく変化させるように変態する．ウナギなどは，生後ではプランクトン様の形態をしたレパトセファルスとよばれる仔魚であるが，成体になるとまったく異なる形態となる．このように魚類では，仔魚から稚魚に成長するときに変態する．この場合も両生類と同様，体内の甲状腺ホルモンが引き金となり，形態が変化する．それと同時に，副腎皮質ホルモンであるコルチゾルや性ステロイドなどが体内で濃度上昇する．コルチゾルと甲状腺ホルモンは体内で協働的に作用し，各組織の変態が誘導されるが，コルチゾル単独での機能は認められず，変態におけるコルチゾルや性ステロイドの作用は不明である．

●無脊椎動物の変態　無脊椎動物では昆虫類と甲殻類で顕著な変態が認められる．

ともに，脱皮とともなって変態が起きる．昆虫では，変態の有無で分類できる．シミ類などの無変態昆虫や，セミやバッタなどの不完全変態昆虫の種では，形態上の大きな変化は見られない．対照的に，チョウやカブトムシなど体型を劇的に変化させるものを完全変態昆虫とよぶ．完全変態昆虫では蛹期があるのが特徴であり，蛹の体内では，幼虫に特異的な組織はアポトーシスで消滅し，成虫の翅などは成虫原基とよばれる細胞群が急激に増殖し成虫の体を準備して，羽化に備える．

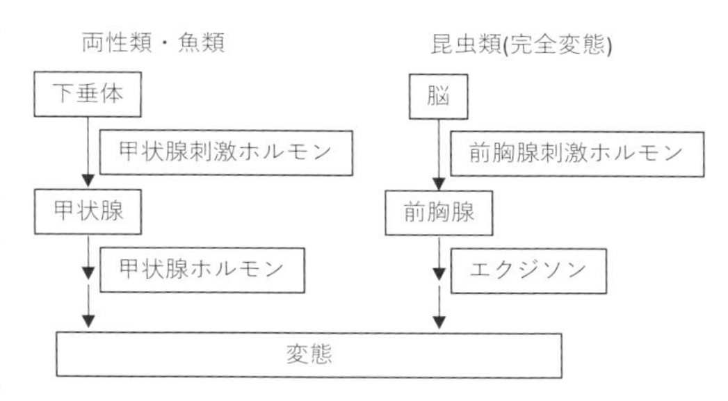

図2　ホルモン分泌の調節の概要．両生類と魚類は甲状腺刺激ホルモン–甲状腺ホルモンのカスケードで制御され，昆虫類では，前胸腺刺激ホルモン–エクジソンで制御されている

このような昆虫の脱皮変態は，脳，前胸腺，アラタ体の3つの内分泌器官から分泌されるホルモンで主に制御されている．まず，脳から産生される前胸腺刺激ホルモンが前胸腺に作用しエクジソンの生合成および分泌を促進する．脂肪組織（脂肪体）など末梢の器官でエクジソンが活性型の20–ヒドロキシエクジソンに酵素的な修飾を受けて，体内に循環する．完全変態昆虫では，脱皮の際に，アラタ体から産生される幼若ホルモンが体液中にあるかないかで，蛹脱皮か幼虫脱皮かが決まる．つまり，変態するかどうかが決まる．このようなホルモンのカスケードは，1930年代から1950年代に明らかにされており，クラシカルスキームとよばれている．このクラシカルスキームは脱皮変態の基本的な枠組みではあるが，現在の知見では，他のホルモンや代謝系が密接に関連しており，少々詳細が異なるイベントであることがわかってきている．

甲殻類の変態は昆虫の変態とは多少異なり，幼生から成体になるまでの成長過程での形態の変化のことをいう．例えば，クルマエビでは，ノープリウス，ゾエア，ポストラーバの順で変態し成体となる．他の種と同様，体内のほとんどの器官も変態し，食行動も変化していく．甲殻類の変態は，発生段階と幼生成熟のときのみである．この変態期では，甲殻類内でも種によって形式が多様である．ただし，ポストラーバ以降は，性成熟以外の大きな変化は見られず，脱皮ごとに体サイズが大きくなる．甲殻類の脱皮は，昆虫と同様にエクジソンにより促進される．また，幼若ホルモンに相当するメチルファルネセン酸もあるが，この分子がどのように変態に関与しているかは不明である．　［永田晋治］

参考文献

［1］ 天野勝文・田川正明共編『発生・変態・リズム—時』裳華房，2016
［2］ 園部治之・長澤寛道編『脱皮と変態の生物学』東海大学出版会，2011

性とホルモン
——性ホルモンが動物の性を決める

個体の「性」は雄あるいは雌という名称で区別する．個体の性が雄から雌あるいはその逆に変わることを性転換という．個体の性は体形や器官の違いで区別ができるが，区別ができない場合は間性とよぶ．最古の雄は4億4370万年～4億1600万年前のウミグモ，雌は4億2500万年前のカイミジンコの化石で見つかっている．この事実は，今から4億年以上も前の動物に性があったことを示す．

●性決定様式　脊椎動物の性は大きく分けると，遺伝的に決まる場合と遺伝とは無関係に決まる場合がある．遺伝的には性染色体にある性決定遺伝子が生殖腺の性を決める．性染色体の組合せは，哺乳類は雄ヘテロのXY型，鳥類は雌ヘテロのZW型，両生類や魚類は種によってXY型かZW型である．爬虫類もXY型かZW型であるが，種によっては遺伝とは無関係に性が決まる．ワニではどの染色体が性染色体か判断できない．

脊椎動物の性染色体は同形か異形であるが，同形が圧倒的に多い．理由は性染色体の誕生にある．1対の相同染色体のどちらかに性決定遺伝子が招集されるとその染色体がWかY染色体，もう1つがZかX染色体になる．よって，初期の性染色体は同形である．XY型の組合せでは雄決定遺伝子はY，ZW型では雌決定遺伝子がW染色体にあるので，性決定遺伝子の周辺は減数分裂時に相同組換えが起きにくい．相同組換えが起きにくい領域では塩基の変異や欠失が蓄積し，やがて一部が欠落して性染色体が短くなり，異形の性染色体ができる．

脊椎動物は同じ種であれば性染色体の組合せはXY型かZW型のどちらか1つである．しかし，日本のツチガエルは棲息地域によってXY型かZW型の性染色体の組合せをもつ．同種で2つの組合せをもつ動物は他の脊椎動物では報告がなく，きわめてユニークな動物である．また，哺乳類の性染色体はXY型であるが，日本のトゲネズミにはY染色体がなく，雄はXO型で雌はXX型である．

●性決定遺伝子　脊椎動物の性決定遺伝子は多様である．哺乳類の性決定遺伝子はSry（哺乳類のY染色体にある雄決定遺伝子，Sex-determining region Y），鳥類のニワトリはDmrt1（Doublesex and mab-3 related-transcription factor，DM類似ドメインをもつ転写調節因子），両生類のアフリカツメガエルはDM-W（W染色体にあるDMドメインをもつ雌決定遺伝子），魚類のニホンメダカはDMY（メダカのY染色体にある雄決定遺伝子）で，いずれも転写調節因子をコードしている．ZW型のツチガエルではアンドロゲン（雄化ステロイドホルモン）とその受容体（AR）の2つの因子が性を決める．哺乳類のトゲネズミの雄にはY染色体（Sry）がないのでトゲネズミの性決定には別の遺伝子がかかわっていることになる．

●環境的性決定　環境要因（温度）によって性が決まる動物もいる．温度依存性の性決定は半世紀以上前に爬虫類のヨーロッパヌマガメやギリシャリクガメで見つかった．爬虫類のカメやワニの多くの種では卵の孵化温度で性が決まり，数度の違いで全個体が雌あるいは雄が生まれる．中間温度では雌雄の割合が同じになる．また，卵を全雌が生まれる温度から全雄温度に移すとすべて雄になる．

●社会的性決定　社会的要因（集団内での体の大きさの違い）によっても性が決まる．魚類のクマノミは大きい個体が雌になり，性が頻繁に変わる．雌より大きい雄が集団に加わると雄が雌に，雌が雄になる．クマノミのように雄で成熟して繁殖に加わりその後，雌に性を変えてして繁殖に加わることを雄性先熟とよぶ．同じ魚類でも，ベラ，ブダイ，ハゼなど，珊瑚礁で生活している多くの種は体が小さい時は雌，大きくなると雄になる雌性先熟とよばれる生殖行動をとる．

●性転換　多くの動物は比較的容易に性が変わる．性転換個体では卵巣から精巣あるいはその逆に生殖腺が変わる．どちらの方向に性が変わっても分化した生殖細胞は退化する．それにともない生殖幹細胞が増殖・分化して最終的には卵あるいは精子ができる．

生殖腺を構成している体細胞も性に相応して性質が変わる．魚類のオキナワベニハゼは両方向性性転換を短期間で行うが生殖腺には卵巣と精巣が共存する．雌個体の卵巣には小さな精巣が付随している．雄に性転換すると精巣が大きくなり卵巣は小さくなる．雌に性転換する場合はその逆になる．この魚は生殖腺に卵巣と精巣が共存しているため，短期間で性転換が可能である．爬虫類のカメやワニ類の多くの種では性が転換する．両生類も性転換する種としない種がある．性転換にかかわるホルモンは次に説明する．

●ステロイドホルモンと性転換　脊椎動物の多くの種で性が転換する．ニホンメダカ雄胚の未分化生殖腺で雄決定遺伝子（DMY）が発現すると精巣への分化が開始する．この状態の雄胚をエストロゲン（雌化ステロイドホルモン）を添加した水で飼育すると卵巣を形成して雌になる．この場合，性染色体の組合せや遺伝子は変わらない．また，雌成体のエストロゲン合成を阻害すると雌は雄になる．性は可逆的で，ツチガエルでも雌胚をアンドロゲンを添加した水で飼育すると精巣を形成して雄になる．しかし，アンドロゲン受容体（AR）遺伝子の機能を阻害すると雌胚をアンドロゲン添加水で飼育しても雄にならない．これらの事実はステロイドホルモンが性転換に深くかかわっていることを示している．性転換は脊椎動物が種を保存するために獲得した生殖戦略の1つと考えられる．

［中村正久］

摂食行動とホルモン
――食べるモチベーションの調節機構

従属栄養生物は，体外から栄養分を摂取しなくては成長・生育だけでなく生存することができない．摂取する栄養分は，体内で不足した分を補償するだけでなく，体内で生合成できない必須栄養素や微量金属も餌から取り込む．そのため，摂食行動は，体内の栄養状態，すなわち代謝系と密接に関連して制御されている．この行動を司るメカニズムとして食欲がある．脊椎動物では食欲は，摂食中枢と満腹中枢でコントロールされている．これらの中枢は脳内の視床下部に存在し，この領域では分泌されるペプチド性のホルモンが食欲を調節している．

●脊椎動物の摂食行動制御　外科的な実験では，視床下部の視床下部外側野を切除すると摂食行動が認められなくなる．この部分が一般的にいう摂食中枢である．一方，視床下部腹内側核の切除で摂食行動が亢進されることから，この領域が満腹中枢とよばれている．これらの領域には内分泌細胞が多く，ここで産生されるホルモン，特にペプチドホルモンが食欲を調節していることがわかっている．例えば，摂食中枢では，摂食行動を亢進するホルモンであるニューロペプチドY（NPY）やオレキシンが産生されている．一方で，満腹中枢では抑制系のホルモンとしてAgRPなどが産生され摂食行動を制御している．

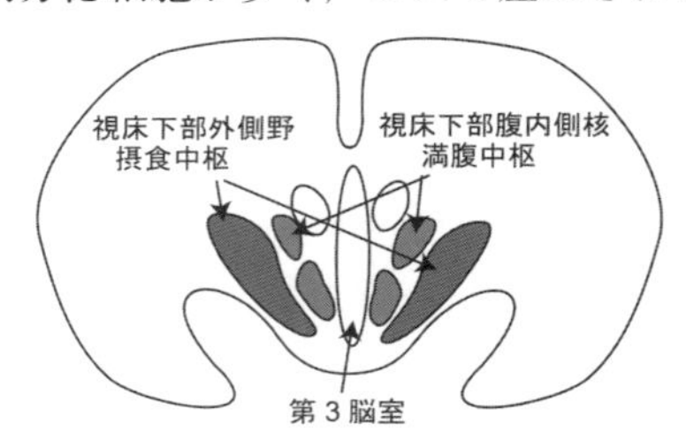

図1　ヒト脳第3脳室付近における摂食中枢と満腹中枢の概念図（脳の水平断面図）

摂食中枢や満腹中枢以外でも摂食行動を調節する組織が体内にある．胃からはグレリンなどが，脂肪組織からはレプチンなどのペプチドが分泌され，それぞれが血液を介して循環し脳内の視床下部に到達することで，摂食中枢および満腹中枢に作用して摂食行動を制御する．ちなみに脳と腸管で発現しているペプチドホルモンは，脳腸ペプチドとよばれ，循環系を介して，末梢組織と脳神経系との連絡をしている．

これらのグレリンやレプチンは，インスリンや成長ホルモン（GH）の分泌にコントロールされ，代謝系とも連絡している．また，それぞれのホルモンもフィードバック制御を受けるので，食行動を制御することで，体重や栄養状態が一定に保たれるようになっている．実際に，グレリンや脳幹内に投与すると，NPYニューロンが活性化し，摂食行動が惹起される．

ペプチド性の摂食調節因子以外に摂食行動を制御する因子として，カテコールアミン類であるアドレナリンやドーパミンなどがある．これらの上位では，ペプチド性因子群がそれらの分泌を制御している場合が多い．

●無脊椎動物の摂食行動　無脊椎動物の摂食行動も，脊椎動物と同様にペプチド性の因子で制御されている．ただし，脊椎動物とは異なり，循環系が開放血管系であることから，多少異なる性質のシステムが備わっている．例えば，昆虫の噛む行動は，咀嚼のための顎の運動神経と，腸管の蠕動運動を調節する神経系を直接内分泌系により制御することで，結果的に摂食行動が制御される．すなわち，脳神経系および腸管性内分泌細胞からペプチド性因子が食行動にかかわる運動神経を直接制御している．このような摂食行動にかかわる運動神経は，脊椎動物と同様に脳神経系のある特定の領域が調節していると考えられている．昆虫の場合では，脳–食道下神経節–前額神経球が摂食中枢とされている．例えば食道下神経節は，顎の開閉だけでなく，嗅覚および餌中の栄養分を知覚するニューロンが投射している．また，脳に付属している前額神経球は，前腸の蠕動運動を制御しているセントラルパターンジェネレーター（CPG）であることが知られている．この昆虫の摂食行動を担っている–脳–食道下神経節前額神経球の局所神経回路では，多くの摂食行動にかかわる神経ペプチドが見出される．

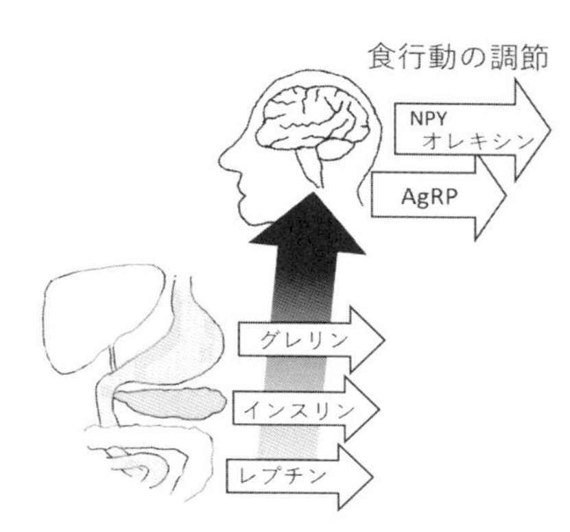

図2　ヒトの摂食行動にかかわるホルモン類は，体内のさまざまな組織から分泌され連携している

それらの一例として，NPYのオルソログであるNPFは脳神経系だけでなく，腸管の分泌細胞からも産生されている．また，アラトトロピンやアラトスタチンなどのアラタ体制御ペプチド（Allatoregulatory Peptides）も摂食行動を制御する活性がある．このように昆虫など節足動物の食行動を調節するペプチド性ホルモン類は，軟体動物や棘皮動物などにも認められることから，摂食行動のモチベーションを担うペプチドホルモンは，一部その機能が変化したとしても，進化系統上で保存されていることが伺える．　［永田晋治・竹中麻子］

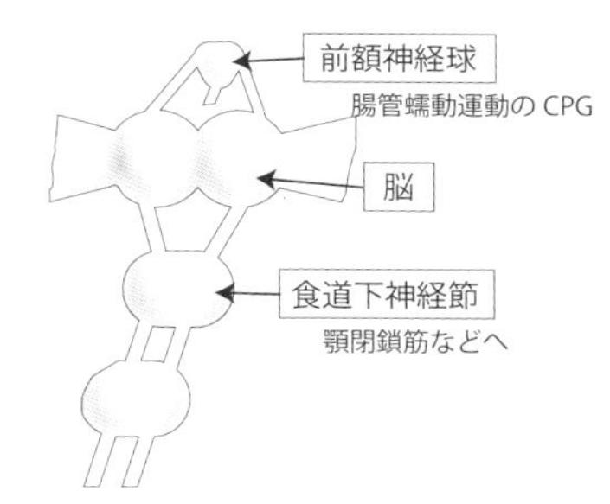

図3　昆虫の摂食行動を制御する因子が分泌される脳神経系（コオロギ幼虫の脳神経系の模式図）

昆虫の内分泌
――一寸の虫にも精密な仕組みが

昆虫は節足動物に属している．昆虫は動物の中で最も種の数や個体数が多く，多様な環境に適応して地球上で最も繁栄しているグループである．光（日長）や温度などの環境情報は各受容器で受容された後，多くの場合内分泌情報に変換されて，さまざまな末梢の器官に伝えられ，最終的に行動や生理現象としてその応答が表される．したがって，昆虫は環境適応能力にたけており，内分泌系も発達している．昆虫では，特に神経内分泌系が発達しており，脳を中心としてそれにつながっている側心体，アラタ体およびはしご状につながって尾部まで延びる各神経節内に分布する内分泌細胞（神経内分泌細胞）で主にペプチドホルモンが生産され，情報伝達物質として成長や生殖に利用される．これまでに 40 ～ 50 種類のペプチドホルモンが明らかにされている．昆虫内分泌学における日本の研究者の貢献はきわめて大きく，特に神経内分泌ホルモン研究において顕著である．

●脱皮変態の制御　昆虫は硬い外骨格（殻）を有することから，成長するためには脱皮しなければならない．脱皮の前には古い殻の下に，より大きな折りたたまれた新しい殻をつくり，脱皮した後により大きな体をつくる．脱皮の回数は昆虫種によって決まっているが，エサの状態や環境条件によって多少変わることがある．カイコガでは，孵化して 1 齢幼虫になり，4 回の脱皮を経て 5 齢幼虫になり，次の脱皮（変態）で蛹になり，さらに脱皮（変態，羽化）して成虫（親）になる．このような幼虫から蛹を経て成虫になる昆虫は完全変態昆虫とよばれる．完全変態昆虫では変態のたびに体の形も生活様式も劇的に変化する．これに対してバッタやゴキブリなどは幼虫から成虫に移行する際蛹を経ないし，幼虫（若虫とよばれる）と成虫の体の形が劇的には変わらない．このような昆虫は不完全変態昆虫とよばれる．

図 1 はカイコガにおける脱皮変態の内分泌制御メカニズムを示している．脱皮変態は 3 種類のホルモン（前胸腺刺激ホルモン，脱皮ホルモン，幼若ホルモン）によって制御されている．脱皮あるいは変態するためには必ず脱皮ホルモン（エクジソン）が必要である．ア

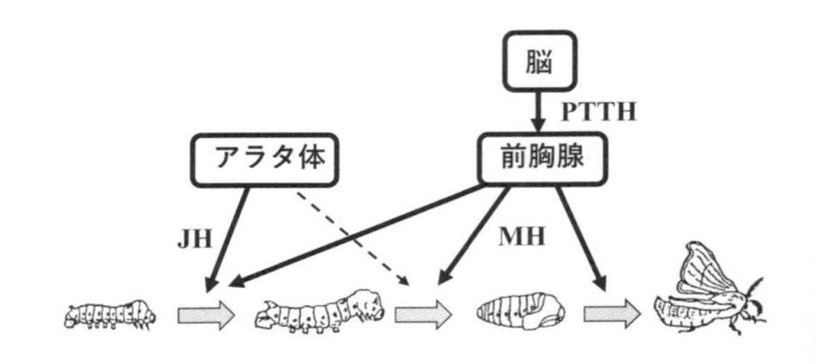

図 1　カイコガにおける脱皮変態の内分泌制御メカニズム
PTTH：前胸腺刺激ホルモン，MH：脱皮ホルモン，JH：幼若ホルモン

ラタ体から分泌される幼若ホルモンの量が多い時に前胸腺から脱皮ホルモンが分泌されると幼虫は幼虫脱皮し，幼若ホルモンの分泌量が少なくなったときに脱皮ホルモンが分泌されると幼虫は蛹脱皮（変態）し，幼若ホルモンがほとんどなくなった時に脱皮ホルモンが分泌されると蛹は成虫脱皮（変態）する．すなわち，幼若ホルモンは変態を抑制する作用をもっている．また，前胸腺における脱皮ホルモンの合成と分泌は，脳から分泌される前胸腺刺激ホルモンによって活性化される．したがって，脱皮ホルモンの分泌リズムは前胸腺刺激ホルモンの分泌のリズムに左右されることになる．前胸腺刺激ホルモンは，1922年ポーランドの昆虫学者によってその存在が初めて示され，化学構造は1990年前後に日本の研究者によって明らかにされた．また，脱皮ホルモンは1956年にドイツの研究者によって純化され，1965年に化学構造が明らかにされた．幼若ホルモンは1967年米国の研究者によって純化され，化学構造が明らかにされた．

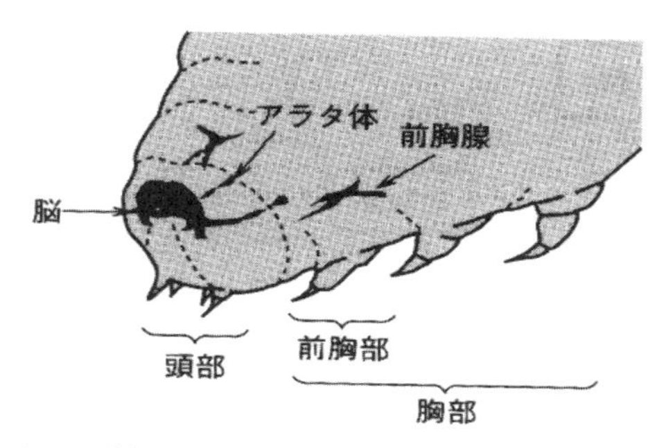

図2　脱皮，変態を制御する脳，アラタ体，前胸腺の位置関係

カイコガでは，脳，アラタ体，前胸腺の位置関係は図2に示すように，アラタ体は脳と神経連絡しており，アラタ体と前胸腺は直接つながってはいないが，空間的にきわめて近い位置にある．ショウジョウバエでは，アラタ体と前胸腺は一体化しており，環状腺とよばれている．カイコガの場合，前胸腺刺激ホルモンは脳の側方部の2対，左右で合計わずか4個の神経分泌細胞で合成され，神経軸索を通ってアラタ体まで送られ，そこから血液中に分泌される．なお，前胸腺刺激ホルモンは分子量約3万の糖タンパク質，脱皮ホルモンおよび幼若ホルモンは低分子の脂溶性化合物である．脱皮ホルモンはコレステロールから生合成されるが，昆虫はコレステロールを自分自身で生合成できないので，エサからとったり，共生細菌から供給してもらったりして確保している．一般に植物にはコレステロールが含まれていないので，植食性昆虫では植物ステロールからコレステロールに変換したのち，脱皮ホルモンを生合成する．

●脱皮行動の制御　殻を脱ぐという行動もホルモンによって制御されている．脳で生産される羽化ホルモンが分泌されると各体節の気管が密に集まった部分に存在するインカ細胞に働き，二次的に脱皮行動開発ホルモンを分泌させ，これが直接脱皮の行動を引き起こす．羽化ホルモンも脱皮行動開発ホルモンもペプチドである．昆虫種によって羽化する時間帯は決まっており，例えば，カイコガの羽化は朝方にのみ見られ，その他の時間帯には見られない．これは羽化ホルモンの分泌のタイミングによる．夜のうちに羽化できる状態になっても羽化ホルモンの分泌を待っている．この分泌のタイミングは概日時計に支配されている．

●休眠の制御　昆虫が繁栄している理由の1つは，低温や乾燥など生育に都合の悪い条件で，あるいはその条件になることを予測して生育をいったん停止する，いわゆる休眠する能力を有する昆虫種が多いことにある．生育に都合のよい条件になると覚醒し，再び生育を開始する．休眠する時期は．卵であったり，幼虫であったり，蛹であったり，成虫であったりする．その時期は，昆虫の種によって決まっている（表1）．時期によって休眠に入るメカニズムが異なっている．必ずしもすべての昆虫で調べられている訳ではないが，二化性（1年に2回成虫になる系統）のカイコガでは母親自身が過ごした卵と幼虫の時期の日長と温度条件によって，その母親が産下する卵が休眠するか否かが決まる．すなわち，低温，短日条件では非休眠卵が，高温，長日条件では休眠卵が産下される．休眠卵は食道下神経節（食道のすぐ下に位置する脳に続くはしご状神経の最初の神経節）で生産される休眠ホルモンによって誘導される．カイコガの休眠ホルモンは24個のアミノ酸からなるペプチドである．なお，カイコガには二化性以外に一化性，多化性系統が存在し，一化性系統の雌は必ず休眠卵を産み，多化性系統の雌は常に非休眠卵を産む．幼虫休眠するニカメイガでは，休眠中は幼若ホルモンの血液中の濃度が高く保たれ，脳と前胸腺は不活性な状態にある．蛹休眠するヨトウガでは，脳—前胸腺系の活動が抑制されている．すなわち，休眠中は脳からの前胸腺刺激ホルモンが分泌されない状態が続いているが，長い低温期間を経て再び温度が高くなると，脳は活性化され，前胸腺刺激ホルモンが分泌され，最終的に成虫脱皮する．幼若ホルモンは幼虫期には変態抑制作用をもつが，成虫では生殖腺刺激ホルモンとしての役割をもっている．成虫休眠する種では，幼若ホルモンの欠乏によって脂肪体における卵黄タンパク質の合成が抑制されている．休眠は環境条件だけが重要なのではなく，エサの有無と連動している．例えば，休眠越冬する昆虫は寒さに耐えるためというだけでなく，寒い季節にはこの昆虫のエサもなくなり，休眠しないと生きられないという状況にもある．

休眠は必ずしもその昆虫にとって不良な環境を耐えるための手段だけとはいえない．熱帯という一年中あまり変わらない日長や温度条件で生息する昆虫でも，そのうち約8割が休眠することが知られている．ネムリユスリカはアフリカの熱帯域に生息する昆虫で，乾燥条件で幼虫期に休眠する．乾季になると，ほとんど

表1　休眠する発生時期

発生時期	代表的昆虫
卵（胚）	カイコガ，トノサマバッタ，キリギリス，カマキリ
幼虫	ニカメイガ，アワノメイガ，ネムリユスリカ
蛹	ヨトウガ，キアゲハ，サクサン，ルリキンバエ
成虫	コロラドハムシ，ホシカメムシ，テントウムシダマシ

水分を失って代謝は極端に低下し，雨期が来るまでその状態で生き続ける．乾燥状態の幼虫は－270℃から90℃までの温度，有機溶剤，高圧，高真空，ガンマ線など乾燥以外のストレスにも耐性を示す．雨期になると，給水して元の状態に戻る．このような乾燥に対する耐性は幼虫期にだけ認められている．

●性フェロモンの生合成の制御　J. H. C. ファーブル（Fabre）によって詳しく観察されたガ類の雌雄の認識にかかわる性フェロモンは，雌によって合成，分泌される．種特異的な性フェロモンはきわめて微量で同種の雄を誘引する．触角で性フェロモンを受容した雄は，性的に興奮し，性フェロモン濃度の高い方向へ飛翔して雌を探しあて，交尾にいたる．性フェロモンは雌の腹部末端に存在するフェロモン腺で合成されるが，その合成は食道下神経節で合成されるフェロモン生合成活性化神経ペプチドの刺激によって開始される．

●相変異の制御　サバクトビバッタやトノサマバッタなどのトビバッタでは，生息密度によって形態，行動，生活環などに特徴的な変化が観察されるが，これを相変異とよぶ．アフリカではしばしばトビバッタが大発生し，群をなして大移動し，時には地中海を渡りヨーロッパに押し寄せ，農作物に大被害を与える現象はよく知られている．生息密度の低い孤独相では生育速度が遅く，行動は不活発で，体色は緑色を基調とし背景に合わせた色になる．一方，生息密度が高い群生相では生育速度が速く，行動は活発になり，サバクトビバッタの場合，体色は黒と橙色が目立つ色になる．孤独相の緑色の体色は幼若ホルモンによって誘導される．サバクトビバッタやトノサマバッタにおける群生相の諸特徴は，おもに脳で合成されるコラゾニンというペプチドホルモンによって誘導される．

●脂質代謝の制御　上述した群生相のトビバッタが大挙して長期飛翔する際のエネルギーをどのようにして得るのかが調べられ，脂質動員ホルモンが発見された．このホルモンは側心体で合成され，血液中に分泌された後，脂肪体に作用してトリグリセリドをジグリセリドと脂肪酸に分解する．そのジグリセリドおよび脂肪酸は飛翔筋でさらに分解されて飛翔のためのエネルギー源になる．脂質動員ホルモンは10個のアミノ酸からなるペプチドである．

●その他の現象と内分泌　上記のほかに，さまざまなペプチド性のホルモンが明らかにされている．例えば，アラタ体における幼若ホルモンの合成を促進したり，抑制したりするホルモン，血糖値を調節するホルモン，前胸腺の活性を調節する前胸腺刺激ホルモン以外のホルモン，摂食行動を調節するホルモン，利尿作用を示すホルモンなどが明らかにされている．［長澤寛道］

参考文献

［1］長澤寛道『生き物たちの化学戦略』東京化学同人，pp. 29-38, 79-98, 2014
［2］日本化学会編『新ファーブル昆虫記』大日本図書，pp. 1-44, 1991
［3］田中誠二他編著『休眠の昆虫学』東海大学出版部，2005

サンゴ・ウニ・タコなどの内分泌
——海に住む動物達の内分泌ホルモン

動物の分類上，サンゴは刺胞動物，ウニは棘皮動物，タコは軟体動物にあたり，脊椎をもたないこれらの動物は，無脊椎動物とよばれる．我々ヒトには，すい臓や甲状腺など，ホルモンを分泌するさまざまな内分泌腺が発達しているのに比べて，これらの無脊椎動物は腺状の組織に乏しく，神経内分泌系が内分泌の中心をなしている．したがって神経系の発達が，内分泌系の発達に密接に関連している．

●刺胞動物の内分泌系　刺胞動物の神経系は環状神経系とよばれ，神経細胞と神経繊維が体中に網目状に分布する最も原始的な神経系である．刺胞動物に属する淡水産のヒドラは強い再生能力をもつことから，神経系と上皮の細胞に含まれるペプチドが網羅的に研究された．足部の筋肉を収縮させるペプチド（Hyml76）や，切られた体が再生するとき，足部になるか頭部になるかの形態形成にかかわるペプチド（Hyml323，346）の構造が決定された．また，ヒドラの上皮細胞には神経伝達物質として知られるアセチルコリンがあり，幹細胞から刺胞細胞に分化・増殖するときに重要な働きをもつことが明らかにされた．

●棘皮動物の内分泌系　棘皮動物の神経系は，放射状神経系で，口のまわりに輪になった神経環があり，体に向けて放射状に末梢神経が伸びている．棘皮動物のナマコの神経系からメスの産卵およびオスの放精を促すホルモンが明らかにされた．ナマコは，産卵や放精の際に，首と思しき部分を左右に振る独特の行動を見せる．極微量のこのペプチドを注射すると，この行動の後，産卵・放精することから「クビフリン」と名付けられた．ナマコは食材として需要が高く，漁獲量を維持するために養殖技術の確立が望まれているが，クビフリンを用いることにより，性的に成熟した個体から容易に卵と精子を手に入れることができる．

ナマコは，その神経伝達系の働きにより，皮膚の硬さを自在に変化させて，カチカチになったり，溶けるように柔らかくなる．これは，結合組織が引き起こすキャッチという現象で，硬化のとき，ロックがかかったようになり，エネルギーを消費しない．これらの現象を引き起こすペプチドのスチコピンやタンパク質のテンシリンも単離・構造決定されている．

●軟体動物の内分泌系　軟体動物は，はしご状神経系で，口や食道のまわり，内臓の近くなどに中枢化した神経節が集まり，末梢に神経を伸ばしている．特にタコやイカではこれらの神経節が集中・巨大化し，無脊椎動物で最も発達した脳をもっている．同じ軟体動物の貝類やアメフラシなどが海底に固着したり，ゆっくり動いて生活しているのに比べて，タコやイカなどは，発達した眼や筋肉をもち，高度な感覚系と運動能力により，捕食者として食物連鎖の上位に立っている．

タコの内分泌系には，腺組織である視柄腺がある．視柄腺は脳から視葉につながる視索にある小さな組織で，今から約60年前の1950年代，英国の研究者によってその役割が詳細に研究された．卵巣が未発達のメスの視索を切断したり，眼球をつぶして盲目にすると，視柄腺が肥大た．さらに数週間のうちにその卵巣が100倍の重さに発達した．視柄腺に神経を送っている脳の領域（脳下脚葉）を切除することでも同様の変化が起こった．肥大した視柄腺を他のタコに移植すると卵巣に同種の変化が起こることから液性因子（ホルモン）の作用であることが示された．このホルモンの1つは，哺乳類の性腺刺激ホルモン放出ホルモン（GnRH）と同属のペプチドであることが示唆され，oct-GnRHと名付けられた．GnRHは，視床下部–下垂体–性腺軸において生殖機能の発達・制御の中心的なホルモンである．oct-GnRHを産生する脳領域や作用する末梢組織の研究から，oct-GnRHは，哺乳類の軸に相当する脳下脚葉–視柄腺–性腺系に存在し，その受容体を介して生殖腺の発達と放精および産卵を促すホルモンであることが示唆された．

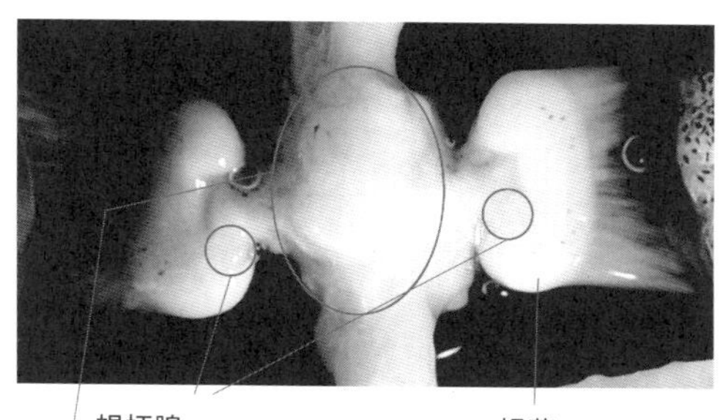

図1　タコの中枢神経系

母ダコは，産卵後，新鮮な海水を吹き付けたり，腕の先で汚れを取り除いたりして，孵化するまで付きっきりで世話をする（抱卵）．その間，餌をとらずに痩せていき，孵化の後，死ぬ．最近，深海のタコが既知の生物の中で最も長期間（4.5年）にわたって抱卵することが明らかになった．このような母性豊かな保育行動も視柄腺によって制御されているらしい．抱卵中のタコの視柄腺を切除すると，保育行動を止め，再び餌を取り始める．その結果，体が大きくなり，寿命も長くなる．この現象を制御するホルモンの実体は何だろうか．タコの全ゲノム情報が解読されている．高度な脳機能に加えて，発達した内分泌機能についてもさまざまななぞが解明されていくだろう．

［南方宏之］

参考文献

［1］ 小泉 修「第2章 ヒドラの散在神経系とその行動能力」南方宏之「第6章 頭足類巨大脳とその行動を制御する脳ホルモン」本川達雄「第9章 棘皮動物の変わった神経系と運動系」小泉 修編『さまざまな神経系を持つ動物たち』動物の多様な生き方5（日本比較生理学会編），共立出版，2009

内分泌機構の進化
――神経分泌系と内分泌腺の出会い

多細胞動物にとって，細胞間の情報伝達をはかることはきわめて重要であり，これには神経系，免疫系，内分泌系がかかわっている．特に，内分泌系は，ホルモンとよばれる化学情報分子を介し，個体の摂食や成長，環境適応や繁殖といった，さまざまな生命現象を制御している．内分泌系は，神経芽細胞を起源とする神経分泌系と，主に上皮性細胞から分化する腺性内分泌系に大別されるが，前者は多細胞動物全般に広く認められ，後者は無脊椎動物の一部と脊椎動物にしか存在しない．

●動物の内分泌系による制御機構　動物における最も単純な内分泌制御機構は，神経分泌ニューロンから放出される情報分子が標的細胞に作用することである．これには神経末端から放出される情報分子が体液中に拡散する場合や，血流により標的器官に運ばれ作用する場合が含まれ，多くの無脊椎動物の神経分泌制御や脊椎動物の視床下部–神経下垂体の活動が例としてあげられる．第2の制御機構は，神経分泌ニューロンが腺性内分泌系を制御し，内分泌腺から分泌されるホルモンにより機能が発現する場合であり，これには節足動物や軟体動物で脱皮や生殖を制御する機構や，脊椎動物の視床下部–下垂体–生殖腺系などが含まれる．

●無脊椎動物における神経分泌–腺性内分泌系　無脊椎動物のホルモンの多くはペプチド性であり，脳神経節やその他の神経節から分泌した生理活性ペプチドが標的器官に作用する神経分泌型の制御機構をもつものが多い．原始的な刺胞動物でも，多くの神経ペプチドが形態形成や，幼生期の変態などの現象を制御している．一方，節足動物や軟体動物では，神経分泌系に加えて腺性内分泌系が知られ，両者が協働することで脱皮や生殖現象が制御される．例えば，甲殻類には，眼柄内のX器官にある神経分泌細胞群から神経線維の束がサイナス腺に伸び，X器官–サイナス腺系を構築している．この神経分泌系からは脱皮抑制ホルモンが分泌され，腺性内分泌器官であるY器官に直接作用し，Y器官でのエクジステロイドの産生・分泌を抑制的に調節し，脱皮を制御している．この様な神経分泌系により調節を受ける腺性内分泌器官として，昆虫類の脱皮に寄与する前胸腺，軟体動物の生殖活動の制御に寄与する背脳体（腹足類や有肺類）や視柄腺（頭足類）などが知られる．無脊椎動物の神経分泌–腺性内分泌系は，後述する脊椎動物の視床下部-下垂体系と相同な系であるとは言いがたいが，体制の進んだ無脊椎動物にも腺性内分泌器官が存在し，それらと神経分泌系が機能的に結びついた制御機構が認められることは，動物の内分泌機構の進化を考えるうえで興味深い．

●脊椎動物の神経分泌–腺性内分泌系　脊椎動物の神経分泌–腺性内分泌系で最も

よく知られるのが，視床下部-腺性下垂体系である．脊椎動物の腺性下垂体の起源として，尾索類（ホヤ）の神経腺や頭索類（ナメクジウオ）のハチェック小窩が知られている．前者は脳神経節の近くに存在し，全体として神経複合体を形成する．後者は脊索のすぐ左側に位置し，その背側部を構成する細胞は分泌顆粒をともなう腺細胞であり，脳底に接している．しかし，ホヤやナメクジウオのゲノム上の遺伝子配列には，下垂体ホルモンが含まれず，これらの腺性器官が脊椎動物の下垂体の起源であるか否かは，分子や機能の面でいまだに支持されていない．一方，最も原始的な脊椎動物である無顎類（ヌタウナギ）の腺性下垂体では，近年，生殖に寄与するホルモン（生殖腺刺激ホルモン）が発見され，それらのホルモンの制御にかかわる視床下部ホルモンの存在も知られている．しかし，ヌタウナギの腺性下垂体は視床下部の下方の結合組織に埋没し，神経内分泌ニューロンが直接的に，あるいは，血管系を介して間接的に腺性下垂体を制御する仕組みは未発達であり，両者の機能連携はきわめて希薄である．これに対し，顎をもつ真骨魚類では，視床下部に存在する各種の神経内分泌ニューロンの軸索が腺性下垂体に侵入し，腺性下垂体ホルモンの産生・分泌を制御している．また，両生類や有羊膜類では，正中隆起部に血管系（下垂体門脈系）が発達し，各種の視床下部ホルモンを，腺下垂体内のホルモン産生細胞群に適切に分配し，下垂体のもつさまざまな生理機能を制御する仕組みを整えている．さらに，腺性下垂体を司令塔として，甲状腺や生殖腺といった末梢の内分泌腺の機能を制御する仕組み，つまり，視床下部-下垂体-甲状腺（または生殖腺）系に代表される機能制御軸が成立している．視床下部の神経内分泌系が腺性下垂体系を制御し，大量の腺ホルモンを適時に，適材適所で作用させることのできる内分泌機構を築きあげたことが，今日の，脊椎動物の適応放散と大繁栄を生んだひとつの証しであるといえる．

●動物における内分泌機構の変遷（まとめ）　刺胞動物など原始的な無脊椎動物では血管系が未発達であるため，ホルモンを介した情報伝達は神経分泌系に依存している．一方，動物の構造が複雑化し，体制が大型化するにつれて，それまでの神経分泌系に依存した近隣細胞・組織間でのシンプルな制御機構に加え，多くのホルモンを必要に応じて産生し，より遠く離れた標的器官に伝達するための仕組みも必要となった．そのため，節足動物や軟体動物，脊椎動物では腺性内分泌器官が出現し，神経分泌系と協働した制御機構が誕生した．特に，より精巧な循環系（心臓や血管系）を発達させた脊椎動物では，下垂体とよばれる特有の腺性内分泌器官が分化し，視床下部-下垂体系が中枢となり，末梢の内分泌腺を制御するというきわめて精巧で階層的な内分泌機構が進化している．　［内田勝久］

📖参考文献

［1］ 長濱嘉孝・井口泰泉共編『内分泌と生命現象』培風館，2007
［2］ 和田 勝『比較内分泌学入門』裳華房，2017

元素とホルモン
──なぜヨウ素は甲状腺に集まるか

地球上で天然に存在する元素のすべての種類が，海にある．38 億年前の海で誕生した生命は，海水中の元素を活用して体をつくり，生命維持の仕組みをつくる進化を成し遂げた．92 種類の元素が天然に存在し，生物体中にもあるが，多くはごく微量である．生体元素として研究が進められている元素は，重要な役割をする高濃度の元素か，生体組織への蓄積や生体濃縮で高濃度になった元素である．ここでは，ホルモンと元素との密接な関係を脊椎動物を中心に取り上げる．

●元素とホルモンの構造・機能　生体の元素は，その重要性と含有量で分類され，酸素，炭素，水素，窒素，カルシウム，リンは主要元素あるいは多量元素とよび，ナトリウム，カリウム，塩素，硫黄，マグネシウムは少量元素，鉄，ヨウ素，バナジウム，アルミニウムなどは超微量元素とよぶ．

ホルモンの構造は，ほかの生体物質と同じく酸素，炭素，水素を基本とし，窒素を含むものも多い．その構造から，ペプチド，タンパク質，チロシン誘導体類，アミン類，ステロイド類，アラキドン酸類に分類される．ホルモンの分子量は，アセチルコリンなどの約 150 から，糖タンパク質ホルモンの約 5 万前後までである．この多様な構造が，ホルモンの働きを細分化し，ホルモンを介した情報伝達の連続性と広域性および複雑な作用を可能にしている．ホルモンの種類は，脊椎動物で 100 種類以上だが，ゲノム解析の進行にともない，遺伝子から推測される新規あるいはホモログにあたるペプチドホルモンの発見が相次ぐ．

●ヨウ素と甲状腺ホルモン　甲状腺にヨウ素が取り込まれ，甲状腺ホルモンにヨウ素が付加される．原子力発電所の事故で飛散した放射性ヨウ素 ^{131}I が，甲状腺で検出された．甲状腺は，濾胞とそれを囲む上皮細胞からなる組織の集団で，ヒトでは気管の上部にあり，2000 ～ 3000 万個の濾胞組織からなる器官である．ヨウ素は飲食物から取り込まれ，体全体のヨウ素量の 90 ～ 95％が甲状腺に集まる．ヨウ素は，甲状腺ホルモンの元となるタンパク質であるサイログロブリンのチロシン残基に付加された後，甲状腺ホルモンの一種であるサイロキシン（T_4）に分解される．T_4 の一部は，脱ヨウ素酵素により，ヨウ素がひとつ脱離したトリヨードサイロニン（T_3）になる．甲状腺ホルモンは，分泌されるか，濾胞に蓄積される．甲状腺ホルモンの分泌は，下垂体から分泌される甲状腺刺激ホルモン（TSH）が制御する．なぜヨウ素なのかは，原始海洋にヨウ素が現在の約 100 倍の高濃度であったこと，さらに進化の過程で動物が陸上進出したことにより貯蔵と分泌調節の仕組みができたためと考えられる．

化合物で修飾されているホルモンもある．例をあげると，消化管ホルモンのガストリン，コレシストキニンは，チロシン残基に硫酸エステルが付加される．グレリンは，セリン残基が脂肪酸の1種のオクタン酸で修飾される．下垂体糖タンパク質ホルモンでは糖が，特異的受容体との結合や作用発現に不可欠である．脊椎動物に近縁なホヤでは，精子誘引物質として，ステロイドホルモンに硫化物が修飾された新規の硫化ステロイド（SAAF）が近年発見されている．

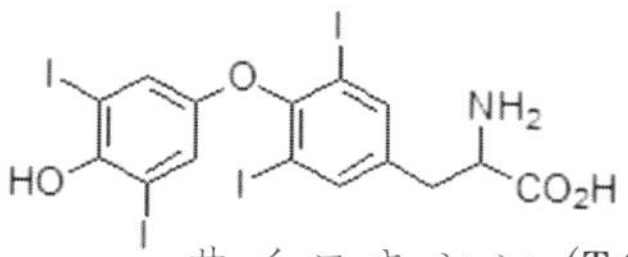

サイロキシン（T4）

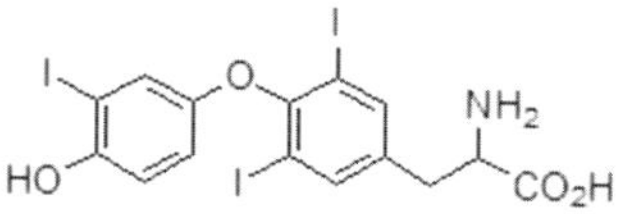

トリヨードサイロニン（T3）

図1　甲状腺ホルモンの化学構造

●カルシウムやナトリウムの濃度調節とホルモン　生体機能のほぼすべてにカルシウムは不可欠である．カルシウムは，カルシトニンと副甲状腺ホルモンによって，その濃度が維持されている．ヒトでは90–95%が骨にあり，血液中の濃度が増えると甲状腺からカルシトニンが分泌され，骨への蓄積が増える．一方，副甲状腺から分泌される副甲状腺ホルモンは，逆に働く．これらのホルモンは，リンの濃度調節も担う．リンは，細胞膜や核酸の生成に不可欠な元素でありカルシウムとともにリン酸カルシウムとして骨に貯蔵される．

体液中に最も多いナトリウムは，レニン–アンギオテンシン系で調節され，体内の水分とのバランスが保持される．このバランスが崩れるとレニンが腎臓から分泌され，アンギオテンシンの生成にかかわる．さらにアンギオテンシンIIは腎臓でナトリウムと水の再吸収を促進する．また，副腎から分泌されるアルドステロンもナトリウムの再吸収を促進する．

鉄は，酸素の運搬にかかわる大切な元素である．肝臓から分泌されるヘフシジンは，鉄の腸での吸収，血中濃度の維持，組織中の分布を調節する．

●元素の検出方法　生体微量元素は生体内でごく微量であるため，高い検出感度の元素分析法が必要である．元素の性質を決めている原子または電子を何らかの方法で処理し，それにより出てきたものを測定する．元素特有の光を測定する場合は，原子吸光分析法（AAS）やICP発光分析法（ICP–AES）が，イオン化した原子は，ICP質量分析法（ICP–MS）がある．光電子のエネルギーの場合は，X線光電子分光分析法（XPS），蛍光X線分析法（XRF）で検出する．さらに走査型電子顕微鏡（SEM）で，試料の表面の元素をエネルギー分散型X線分光器（EDS）で測定すれば，細胞や組織表面での元素の分布を検出できる．さらに高い感度で測定するには，大型放射光施設（SPring–8）などで，強いエネルギーをもつ放射光を使う．ホルモンの働きに微量な元素は，大事な役割をはたすが，その実態の多くは明らかではない．これからの内分泌現象の解明には，微量元素の測定法の発展により元素の寄与がさらに明らかになるであろう．

［窪川かおる］

9. 生体防御

［栃内　新・藤井　保・永田三郎］

地球に生命が誕生したときにはまだ光合成生物は存在せず，エネルギーを得るために有機物や他の生物を貪食する従属生物とともに化学合成独立栄養生物もいたと考えられているが，こうした生物自体を生活の場としその生物からエネルギーを奪う「寄生」という生活形をもった生物も存在したと想定されている．

現在は重要な細胞小器官であるミトコンドリアや葉緑体ももとは寄生生物だったと考えられているが，多くの場合，寄生を受けた宿主生物は寄生生物を排除する「生体防御」という仕組みを進化させて寄生の成功を阻止してきた．

生体防御とは寄生生物だけがもつ特有の分子を認識し，排除する仕組みである．進化とともに認識だけでなく攻撃に使われる分子も次々と誕生するとともに，多細胞動物になると生体防御に特化した細胞も出現し，自己と非自己を厳密に見分けられるようになった．一望すると，あまりにも多様で複雑に見える生体防御ワールドではあるが，本章では動物の進化と生体防御システムの発展をすっきりと理解していただけるよう努めた．

動物の生体防御
――寄生生物からからだを守る仕組み

地球は寄生生物に満ちあふれている．ヒトをはじめどんな動物のからだにもからだを構成する細胞の数をはるかに超える数の細菌やウイルスが共生している．そのほとんどが宿主となっている動物と平和的に共存しているとはいうものの，彼らが宿主のからだからエネルギーや栄養をかすめ取っていることは間違いない．また，時には宿主を病気に追い込む病原性の細菌やウイルスが体内で猛威をふるうこともある．そうした病原体を放置したままでは動物は健康に生きていくことができない．ヒトならばからだに異常を感じるとまずは病院へ行って医師に相談することになるが，家畜や一部のペットを除くとほとんどの動物はその恩恵を被ることができない．それにもかかわらず地球上では多くの動物が6億年以上も生き続けてきたのは，その誕生当初から，すべての動物には（動物だけでなく植物や細菌にも）共生細菌やウイルスをコントロールする仕組みが備わっていたからである．これが生体防御である．

●ホメオスタシスとしての生体防御　およそ37兆個の細胞からなると推計されている標準的なヒトの，皮膚や消化管内には100兆個を超えるといわれる細菌（常在菌）が共生している．一方で，血管内や体腔内が基本的には無菌状態が保たれているのは，皮膚（表皮・真皮）や消化管の上皮などが，細菌が体内に入るのを防ぐバリアーとなっているからである．ケガなどによって，皮膚が破壊されるとそこから体内に細菌が侵入することがあるが，ほとんどの場合，侵入した細菌は短時間のうちに破壊され消滅させられる．動物のからだには血糖値や体液の浸透圧を一定に保とうとするホメオスタシスという働きがあるが，体内を無菌的に保つという働きもホメオスタシスの一種である．病原性細菌が体内に入った場合にはいわゆる「病気」を発症する可能性があるが，病原性細菌が侵入した場合でも基本的にはホメオスタシスの働きで処理され病気の症状も軽快する．この病気が治るという状態がまさに「生体防御」として我々の目にうつるのだ．

●自己と非自己　では，破れた皮膚から入ってきたものは，そのすべてが破壊されてしまうのだろうか．例えば，右と左の腕が同時に傷つき，傷口を介して右腕の真皮にあった線維芽細胞が左腕の真皮に入ってしまった場合を想定してみよう．この場合は，左腕に潜り込んだ右腕の細胞は何ごともなかったように，そこで生き続ける．破壊される細菌と受け入れられる右腕の細胞の違いは「外から入ってきた」ということではなく，入ってきたのが「もともと自分のからだの中にあった細胞か，自分とは縁もゆかりもない他の生物の細胞か」という差である．この時，それが排除の対象になるかならないかを決めるキーワードが「自己と非自己」

である．自己に対しては攻撃も排除もせず，非自己を速やかに処理するためには，自己と非自己を厳密にそして素早く見分けることができなければならない．見分ける仕組みは細胞膜にあるタンパク質の働きである．おおもとの「自己と非自己」については多細胞動物の1個体を構成する細胞のすべてが1個の受精卵が分裂してできたもの（クローン）であることを考えると，「1個体を構成する細胞が受精卵由来のクローンだけでできていることを監視するホメオスタシス」が生体防御であると定義することもできる．この定義からも一卵性双生児の間では移植臓器が拒絶されないことが容易に理解できよう．

●認識分子と進化　ヒトではたとえ兄弟間でも臓器移植は基本的に不可能であるが，昆虫などの無脊椎動物の中には同種内であれば個体を越えて臓器の移植などが問題なく行えるものも多い．動物の中には，ヒトと同じように非常に厳密に「自己と非自己」の区別を行うものもあれば，そうではないものもあるのだ．これがさまざまな動物を使って比較研究をするおもしろさでもあり，この違いが進化の過程で生じてきたことと，そのことにそれぞれの動物における生き方の違いが反映されていることも興味深い．また，我々の体内は無菌であるが，無脊椎動物の中には体腔中や血管中，時には細胞内にすら共生細菌が住んでいるものもあり，それらの動物においての自己と非自己の扱われ方の意味と仕組みがどうなっているか知ることもおもしろいテーマである．ここまで，あえて細かい区別をせずに自分の細胞は「自己」，そうでないものは「非自己」とよんできたが，実はT細胞・B細胞を使った「適応免疫（獲得免疫）」によって自己と非自己を見分けることのできる脊椎動物とそれをもたずに「自然免疫」だけで自己と非自己を見分けている動物の違いが上述の違いを生んでいることもわかってきた．その違いが進化段階のいつどこでどのように生じてきたかが，この研究分野のハイライトの1つでもある．

●自然免疫と適応免疫（獲得免疫）　近年，脊椎動物においても適応免疫だけではなく自然免疫が重要な働きをしていることが次々と明らかになり，臨床的重要性も認識されるようになってきた．少し前までは適応免疫の仕組みをもたない多くの無脊椎動物が自然免疫だけで何億年も生き抜いてきたことを，生体防御系の「未熟さ」とか「未発達」と評価する傾向があったが，適応免疫の多くの反応も自然免疫があって始めて動作していることがわかってきて，今は自然免疫研究のブームといえる状況になりつつある．生物進化の過程においては，自然免疫が生命誕生とほぼ時を同じくして出現したと考えられるのに対して，適応免疫は脊椎動物の出現とともに進化してきたと考えられている新しい仕組みである．適応免疫で使われる細胞（リンパ球：T細胞とB細胞）とそれらがもつ分子（TCR，抗体，MHCなど）は軟骨魚類とともに進化してきたことがわかっているため，それより原始的な「サカナ」である円口類（ヤツメウナギなど）には適応免疫はないと，ごく最近まで考えられてきた.

●適応免疫における収斂進化 ところが，近年この考えを180度ひっくり返すような事実が次々と発見されている．この章にはその研究に実際にかかわっておられる研究者による解説があるので是非お読みいただきたいが，なんと自然免疫系しかないと考えられていた円口類にも適応免疫があることがわかっただけではなく，彼らは脊椎動物の適応免疫系で使われている細胞や分子とはまったく異なる細胞や分子を使って，脊椎動物の適応免疫系ときわめて相同性の高い「適応免疫」のシステムを進化させていることがわかったのだ．この壮大な「収束進化（収斂進化)」の実例の発見と謎解きの興奮をじっくりと味わってもらいたい.

●生体防御細胞の進化 最も原始的と考えられる生体防御細胞は非自己物質を文字どおり「食べる（貪食する)」大型の食細胞（大食細胞：マクロファージ）である．外部から侵入してきた非自己の細胞だけではなく，自己の細胞でも壊れたり老化したりするとこの細胞に貪食されるようになる.貪食して分解する過程は，単細胞のアメーバが食物を取り込んで分解して自分の栄養とする過程と同じなので貪食による生体防御は摂食から進化してきたと考えることに無理はない．またマクロファージに限らないが細胞がウイルスや細菌などの非自己成分に出会うとそれらに対していわゆる自然免疫反応を発動する．具体的には例えば細胞内シグナル伝達経路を介して，転写因子を活性化し，インターフェロンやインターロイキンなどのサイトカインの合成を誘導する．この反応を引き起こす細胞膜分子として知られているのが多くのTLR（Toll様受容体）とよばれるタンパク質で，脊椎動物，無脊椎動物のマクロファージは言うに及ばず，いわゆる「免疫細胞」とは考えられていない上皮細胞や植物の細胞にも存在し同様の機能をはたしていることが見つかってきている．さらには，こうしたいわゆる古くから知られている白血球などの「自然免疫細胞」がそこで得た非自己が侵入してきたという情報をリンパ球などの「適応免疫細胞」に伝達して，「体液性免疫」や「細胞性免疫」の発動へと展開するきっかけになっていることも知られてきており，両者は細胞レベルでも分子レベルでも複雑にからみ合った反応のカスケードを形成していることが明らかになっている．従来のように「動物の生体防御には『自然免疫』と『獲得免疫』があり…」などという二元論的な生体防御システムの考え方は今，再考を迫られている.

●多様な自然免疫因子 非自己の侵入を感知して新たに形成されたり分泌されたりする分子を「免疫因子」とよび，なかでも自然免疫経路に刺激されて出現する因子を「自然免疫因子」とよぶ．その中には直接に非自己細胞の攻撃に参加するインターフェロンや補体，レクチン，抗菌ペプチドなどの分子もあるが，転写因子やインターロイキンなどのサイトカインも含めることが多い．この反応を引き起こす出発点に位置する細胞膜分子として知られるTLRは，脊椎動物，無脊椎動物の免疫細胞は言うに及ばず，上皮細胞や植物の細胞にも存在し機能しており，免疫系というホメオスタシスの起源を考えるうえで興味深い．

●腸管と免疫　皮膚や消化管内にある100兆個を越えるといわれる常在菌のほとんどは我々のからだに無害であるだけではなく，存在しなくなると逆に病的な状態が現出する重要な「共生衛生細菌」であり，例えば皮膚の常在菌は皮膚を弱酸性に保つとともに他の細菌や菌類の増殖・進入を防いでいる．また，腸内細菌については全身症状に大きな影響を与えているだけでなく，免疫系の正常な発生や，免疫系全体のコントロールにも働いていることが知られるようになってきており，異種の生物によって免疫系全体がコントロールされるという予想外の機能もはたしていることがわかってきた．

●創傷治癒と再生　からだの一部が損壊した時にもとの形態を回復するホメオスタシスを再生といい，これも多くの動物がもつ性質である．再生は創傷をともなうトラウマからの回復過程で生体防御だけではなく，発生の再現過程を彷彿とさせる組織を再構築するために，生体防御と形態形成が統制のとれた形で進行することによってもとの滑らかな形態が回復する高度に複雑なプロセスであり，少しの乱れが形態の乱れを生むという結果にもなる．

●発生と生体防御　両生類をはじめ，その発生過程において変態という過程をへるものが多くある．変態前の幼生も変態後の成体も自由生活性の動物の場合，どちらの生活形でも独自の自己をもつ生体防御系が成立している．このことは，逆にいうと幼生が成体になる時に幼生という自己と成体という自己がどのようにスムーズに移行するのかということを観察できるまたとない機会を提供してくれる．ここでも「比較動物学」が提供してくれるかけがえのないモデルケースを味わっていただきたい．

日本は免疫学に代表される生体防御研究においては過去50年間を通じて，間違いなく世界をリードしている国のひとつであり，免疫や生体防御関連の書籍や読み物もたくさんあるが，そのうちのほとんどがヒトの病気を中心に扱ったものであり，使われている動物もヒトを除くとそのほとんどがマウスなど少数のほ乳類だけしか出てこない．長い動物進化のプロセスを考えると，ほ乳類は地球では超後発組である．現在の地球で繁栄している分，たしかに先祖の動物たちが受け継ぎながら洗練してきた優れた生きる仕組みをもってはいるが，逆にいうとそれらの仕組みがどのような進化の過程の中で生み出されてきたのかはほ乳類だけを見ていてもわからないことも多い．この章を読むことでそのフラストレーションから抜け出せる可能性が見えてきたら「大成功」である．　［栃内 新］

参考文献

［1］ 栃内 新『進化から見た病気―「ダーウィン医学」のすすめ』講談社ブルーバックス，2009

自己，非自己認識と認識分子の進化
――非自己を認識する仕組みの進化

我々は絶えず病原体の脅威に曝されている．また，体内ではがん細胞のような異常細胞が常に産生されている．病原体や異常細胞を非自己として認識し，非自己を排除する仕組みが免疫系である．免疫系が保全すべき自己と排除すべき非自己を識別する方法は大きく分けて２つある．１つはアミノ酸一残基の違いをも見分けるような，高い特異性をもった受容体を用いて，非自己を個別に認識する方法である．もう１つは非自己に共通して認められる特有な分子構造パターンを認識する方法である．

●非自己を個別に認識する方法　これに該当するのは，リンパ球の抗原受容体による認識である．個々のリンパ球は特定の特異性をもった１種類の抗原受容体しか発現していないが，それぞれ特異性の異なる受容体をもった膨大な数のリンパ球を用意することにより，いかなる種類の非自己に対しても特異的認識が可能になる．非自己に遭遇すると，それに相補的な抗原受容体を有するリンパ球は増殖を開始して非自己を排除する効果細胞（エフェクター細胞）に分化するとともに，増殖したリンパ球の一部はメモリー細胞として体内に残存する．そのため，免疫記憶が形成され，同一非自己抗原に再度遭遇すると，強力な免疫応答が速やかに誘導される．このように，リンパ球の抗原受容体を介した免疫は，宿主の免疫系に「特定のリンパ球クローンの増殖とメモリー細胞の残存」という適応的な変化を残すため，適応免疫とよばれている．

多様な非自己を特異的に認識するには抗原受容体の抗原認識部（可変部）に高度な多様性が存在することが不可欠である．この多様性は遺伝子再構成，遺伝子変換，体細胞高頻度突然変異などの遺伝的機序により生み出される．これらの遺伝的機序はいずれも多様性をランダムに生み出すため，非自己に特異的な受容体を発現するリンパ球だけでなく，自己に特異的な受容体を発現し，自己組織を破壊し得る有害なリンパ球の産生をともなう．生体には，このような自己反応性リンパ球を除去あるいは不活化する仕組みが備わっている．

●非自己に共通して認められる特有な分子構造パターンを認識する方法　病原体には病原体ごとに異なる分子構造が存在するが，病原体に特有で，しかも多くの病原体に共通した分子構造（病原体関連分子パターン）も存在する．したがって，病原体を個別に認識しなくても，病原体関連分子パターンを認識することによって，自己と非自己を識別することが可能である．このような認識を行う受容体をパターン認識受容体とよんでいる．その代表はToll様受容体Toll-like receptor（TLR）である．ヒトには10種類のTLRが存在するが，これらは細菌の鞭毛タンパク質であるフラジェリンやウイルス由来の核酸など，さまざまな病原体関連分子パターンを認識する．TLRの他にも，N-ホルミルメチオニル・ロイシル・フェニルアラニン受容体，ペプチドグリカン認識タンパク質，NOD（nucleotide-binding oligomerization domain）様受容体など，さまざまなパターン認識受容体が存在する．

パターン認識受容体は特定の種類の免疫細胞すべてに発現しているため，効果的な免疫応答を惹起するために必要な細胞数は抗原に遭遇する前からあらかじめ確保されており，適応免疫において不可欠な抗原特異的な細胞増殖を必要としない．そのため，パターン認識受容体を介する免疫は病原体などの非自己の侵入に対してただちに応答可能であり，適応免疫が発動する前の第一線の防御として重要である．このタイプの免疫は出生時から備わっていて，基本的に免疫記憶を残さず生後も変化しないので，自然免疫あるいは先天免疫とよばれている．

●適応免疫の進化　適応免疫系の中核を成しているのはリンパ球である．リンパ球は大きくB細胞とT細胞に分けられるが，前者は液性免疫を，後者は細胞性免疫を担っている．B細胞は抗原刺激を受けて活性化すると抗体産生細胞に分化し，その表面に発現する抗原受容体（B細胞受容体）を抗体（免疫グロブリン）として分泌する．T細胞には，$\alpha\beta$T細胞と$\gamma\delta$T細胞がある．$\alpha\beta$T細胞には，ヘルパーT細胞，キラーT細胞などがあるが，このうちヘルパーT細胞はB細胞による抗体産生を支援する．抗体は毒素の中和，細胞外寄生病原体の破壊に威力を発揮するが，細胞内部には到達できないため，ウイルスのように細胞内で増殖する病原体の増殖を抑えることはできない．このような病原体の排除に主力をはたすのがキラーT細胞である．キラーT細胞は細胞内寄生病原体に感染した細胞を認識し，それを破壊することにより，病原体の排除に寄与する．$\gamma\delta$T細胞の抗原受容体は$\alpha\beta$T細胞のそれより多様性に乏しく，$\gamma\delta$T細胞は適応免疫の細胞というよりは自然免疫の細胞として機能している．

系統発生学的にリンパ球は脊椎動物だけに存在する．無顎類（ヤツメウナギ類とヌタウナギ類）にも，有顎類（哺乳類，鳥類，爬虫類，両生類，硬骨魚類，軟骨魚類）にも存在することから，リンパ球は脊椎動物進化の初期段階で出現したと考えられる．興味深いことに，有顎類にも無顎類にも，相同と目されるリンパ球サブセット，すなわち液性免疫を担うリンパ球（B細胞）と細胞性免疫を担う2種類のリンパ球（T細胞）が存在する．したがって，液性免疫と細胞性免疫に機能分化した二大リンパ球の系統を基盤とした適応免疫は有顎類と無顎類の共通祖先の段階で確立されたと考えられる．

このように，有顎類と無顎類の適応免疫系は起源を一にしているため，そのデザインは共通しているが，相違点もある．特筆に値する違いの1つは，リンパ球の抗原受容体として両者ではまったく別の分子が使用されていることである（☞

「無顎類における適応免疫の進化」参照）．2つめの大きな違いは，有顎類の適応免疫系において抗原提示分子として機能する主要組織適合遺伝子複合体（major histocompatibility complex，MHC）分子が無顎類には存在しないことである．無顎類にも何らかの抗原提示分子が存在すると想定されるが，それは有顎類のMHC分子とは構造的な類似性をもたない分子であると考えられる．

●自然免疫の進化　適応免疫は脊椎動物にしか存在しないが，自然免疫は脊椎動物と無脊椎動物の両方に存在する．したがって，進化的には，自然免疫の方が適応免疫より起源が古い．脊椎動物は適応免疫系を獲得した際に，自然免疫と適応免疫を有機的に連動させる仕組みを構築したと考えられている．このことは，脊椎動物において免疫応答が誘導される際に，まず自然免疫が活性化され，次いで適応免疫が活性化されるという時系列にも反映されている．

例えば，TLRはパターン認識受容体の中で，最も重要なものの1つであるが，病原体が体内に侵入すると，まず樹状細胞やマクロファージなどに発現するTLRが病原体関連分子パターンを認識する．これにより，樹状細胞やマクロファージが活性化され，I型インターフェロンや各種炎症性サイトカインが分泌される．さらに，樹状細胞の表面には補助刺激分子の発現が誘導され，抗原特異的なT細胞の活性化が惹き起こされる．このように，TLRは自然免疫と適応免疫をつなぐメディエーターとして機能している．

TLRの種類と数は動物種によって異なる．脊椎動物では20を超えるTLRが同定されているが，脊椎動物全体に共通して存在するのはTLR3，5，7，8のわずか4つにすぎない．また，脊椎動物に最も近い無脊椎動物である尾索動物の一種カタユウレイボヤは二次的に大量の遺伝子を失ったと考えられているが，わずか2個のTLRしかもっていない．ただし，ホヤのTLRは1つの受容体で複数の病原体関連分子パターンを認識できるという特徴がある．これに対して，TLR遺伝子を大量にもつ生物の代表はウニ（棘皮動物）である．ウニには機能的と推測されるTLR遺伝子が222個もあり，ウニのTLRはヒトのTLRよりはるかに多種類の病原体関連分子パターンを認識できる可能性が示唆されている．ウニでは病原体関連分子パターンの数と種類が増えることにより，自然免疫が強化されている可能性がある．

●正常あるいは異常細胞の指標となる分子の認識　免疫系が自己と非自己を識別する方法には，リンパ球の抗原受容体による特異的認識やパターン認識受容体による病原体関連分子パターンの認識以外の方法もある．ナチュラルキラー（NK）細胞は遺伝子再構成能をもたず，T細胞受容体やB細胞受容体を発現しない自然免疫のキラー活性を有するリンパ球であるが，この細胞は標的細胞に正常細胞の指標あるいは異常細胞の指標となる分子が発現されているか否かを監視することによって，正常細胞（自己）と異常細胞（非自己）の識別を行っている（図1）．

この識別に携わっているのがNK細胞受容体であるが，それには同細胞のキラー活性を抑制する抑制型受容体と増強する活性型受容体がある．抑制型受容体が認識するのは標的細胞上のMHCクラスI分子である．MHCクラスI分子は正常細胞の指標であり，体細胞に普遍的に発現している．しかし，細胞がウイルス感染を受けたり，がん化したりすると，MHCクラスI分子の発現が高い頻度で失われる．MHCクラスI分子の発現を失った異常細胞は，NK細胞にそのキラー活性を抑制するシグナルを伝えることができないため，NK細胞によって破壊される．この仕組みは，MHCクラスI分子という自己の指標の欠落を認識するものであるため，missing-self recognitionとよばれる．

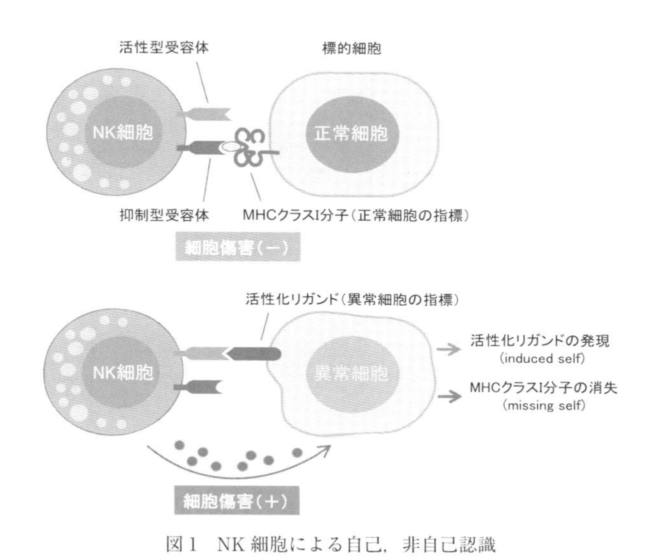

図1　NK細胞による自己，非自己認識

これに対して，NK細胞の活性型受容体は，異常細胞の指標（例えば，正常細胞には存在しないが，ウイルス感染やがん化などによって発現が誘導される自己分子）を認識する．このような認識方法はinduced-self recognitionとよばれている．

NK細胞の抑制型受容体は，ヒトではキラー細胞免疫グロブリン様受容体（killer cell immunoglobulin-like receptor, KIR）とよばれる免疫グロブリン超遺伝子族の分子である．ところが，マウスでは，Ly49とよばれるC型レクチン様分子が抑制型受容体として機能している．つまり，同じ哺乳類であっても，ヒトとマウスではまったく構造の異なる分子が相同な機能を担う受容体として使われている．この例からもわかるように，NK細胞の受容体は免疫系の分子の中でも最も急速に進化する分子である．　［笠原正典］

参考文献

［1］ 浅島 誠他編『免疫・感染生物学』現代生物科学入門5，岩波書店，2011

適応免疫の進化
——共通性と多様性

免疫系は自然免疫と適応免疫（獲得免疫）に分類される．自然免疫は植物からヒトにいたるまで広く存在し，病原体や毒素など異物である抗原がからだに侵入してきたときに素早く反応する生体防御システムで，もともと「自然」にからだに備わっている．適応免疫とは生まれたのち，抗原が進入してきた際にその抗原に「適応」するために構築されていく生体防御システムで，B細胞やT細胞という免疫系細胞のリンパ球が主要な役割をはたす．B細胞は血中に分泌され体内をめぐって直接抗原と結合する抗体を産生し，B細胞受容体を細胞表面に発現する．T細胞はT細胞受容体を介して，他の細胞がとらえた抗原の断片（ペプチドなど）を認識して活性化する．初めて出会った抗原に対しては，自然免疫系の細胞（マクロファージ，好中球，ナチュラルキラー（NK）細胞など）が素早く反応し，その5～7日後，適応免疫系の細胞が反応する．以前侵入してきたことのある抗原に対しては，特異的なリンパ球が記憶細胞として存在しているため，速やかに，そしてより強い反応を示す（免疫記憶）．自然免疫と適応免疫はそれぞれ独立したものではなく，機能分担をしながら免疫系を構築している．

●自然免疫と適応免疫の連携と進化　自然免疫は進化的に古くから存在する防御機構で，細胞性自然免疫にはマクロファージ/単球やナチュラルキラー（NK）細胞が，体液性自然免疫には補体系が大きくかかわっている．

マクロファージは代表的な食細胞で，無脊椎動物からヒトまで広く存在する．マクロファージは最も原始的な免疫系細胞と考えられ，実際最初の発見者とされるI. I. メチニコフ（Mechnikov）は，それを原始的な動物であるヒトデから発見している．単細胞のアメーバはそれ自身が食作用をもつことからマクロファージの原型といえる．自然免疫系細胞であるマクロファージは食細胞として病原体などの抗原を飲み込み消化するが，さらに脊椎動物では，その取り込んだ抗原の断片を適応免疫系細胞であるT細胞に提示して活性化させる，抗原提示細胞としての役割をもつ．このことは，自然免疫と適応免疫の連携をよく表している．

NK細胞は大型顆粒リンパ球（LGL）とよばれている．機能的には，ウイルス感染細胞やがん細胞など異常のある細胞や非自己（missing-self）細胞を認識して攻撃する細胞である．進化的には，海綿動物などが他の細胞群体との融合を避けるために用いる細胞障害性細胞が，NK細胞の祖先であると考えられる．脊椎動物においてはヒトやマウスの他に，硬骨魚類，カエル，ヘビやニワトリにおいてNK細胞が報告されている．

補体系のうち，抗原に直接結合するなど中心的役割をはたすC3は，他の補体成分の出現に先行しクラゲなど刺胞動物の段階ですでに存在している．線虫（線形動物）やショウジョウバエ（節足動物）には存在せず，ホヤ（尾索動物）には存在する補体系分子が多いことから，複雑な補体系は後口動物の段階で確立されたと考えられる（☞「補体系の進化」参照）．

●適応免疫は脊椎動物祖先のリンパ球からはじまった　生物は生きていくために外敵から自己防衛をする必要があり，それが免疫システムを発達，進化させた．したがってすべての生物において免疫系が備わっている．哺乳類など顎のある脊椎動物（有顎類）には自然免疫に加えて，リンパ球を介した適応免疫が存在することが知られている．その一方でヤツメウナギなど顎のない脊椎動物（無顎類）にも，原始的な特徴は多いが私達哺乳類と同じタイプのリンパ球がすでに存在し，そのリンパ球が適応免疫に必須な抗体や抗原受容体を発現することが，最近明らかにされてきた．したがって適応免疫をもつリンパ球は有顎類脊椎動物の祖先ではなく，より古い有顎類と無顎類共通の脊椎動物の祖先に誕生した．私達有顎類脊椎動物のB細胞はB細胞受容体（BCR）を$\alpha\beta$T細胞・$\gamma\delta$T細胞はそれぞれ$\alpha\beta$・$\gamma\delta$T細胞受容体（TCR$\alpha\beta$，TCR$\gamma\delta$）を抗原受容体として発現している．ヤツメウナギなど，無顎類脊椎動物のB細胞に相当する細胞はVariable Lymphocyte Receptor B（VLRB），$\alpha\beta$T細胞に相当する細胞はVLRA，そして$\gamma\delta$T細胞に相当する細胞はVLRCを発現している．このように祖先のリンパ球は，自分の体を守るためにそれぞれ異なる武器（有顎類はIg，無顎類はVLR）を選択してきた．

●リンパ球がつくられる場所（リンパ組織）　私達の免疫細胞は，すべての免疫細胞のもととなる造血幹細胞として胎児のときは肝臓で，生まれてからは骨髄でつくられる．B細胞への成熟は，顆粒球，赤血球や血小板と同じように，造血幹細胞のいる臓器で起こる（胎児期は肝臓，生後は骨髄）．一方でT細胞は，出生前の胎児期も，生後も胸腺という臓器で成熟する．骨髄や胸腺のようにリンパ球が成熟・分化する場所を一次リンパ組織という．B細胞・T細胞はそれぞれ骨髄，胸腺で成熟したあと，血液中へ送り出される．実際に病原体など抗原が浸入して免疫反応が起こる場所（組織）のことを二次リンパ組織という．ヒトではリンパ節や脾臓が二次リンパ組織である．他の有顎類では個体のかたちがそれぞれ違うように，さまざまな一次，二次リンパ組織をもっている．無顎類ヤツメウナギのT細胞（VLRA・VLRC細胞）一次リンパ組織は鰓の特定の部位，B細胞（VLRB細胞）一次リンパ組織は腸の内側の組織（腸内縦隆起）であり，二次リンパ組織は腎臓や腸であると考えられている．

●適応免疫と抗原受容体　適応免疫には抗原特異的な反応を示すための抗原受容体が必須である．抗原受容体は無限に存在する異物抗原に対応するため，体細胞ゲノムを組み換えてつくられる．有顎類脊椎動物のB細胞受容体（BCR）・T細胞受容体（TCR）はイムノグロブリン（Ig）ドメインの再構成（V(D)J 組換え），無顎類脊椎動物の Variable lymphocyte receptor（VLR）はロイシンリッチ反復配列（Leucine rich repeat, LRR）ドメインの編集によって多様性を生み出している（図 2）.

●有顎類抗原受容体の多様化　我々有顎類のイムノグロブリン(Ig)型抗原受容体遺伝子の多様化に必須な V(D)J 組換えには, Recombination activating gene(RAG) 遺伝子が重要である. RAG 分子が V(D)J 領域に存在する組換えシグナル(recombination signal sequences：RSS）を認識して，V, D, J 遺伝子断片から無作為にそれぞれ 1 つずつを切り出し，連結して 1 つの抗原受容体をつくる（図 2）. RAG 遺伝子のうちの 1 つ RAG1 は昆虫の Transib という『移動する遺伝子』トランスポゾン由来であると考えられている. 実際に V(D)J 組換えで切り出された断片が，他の遺伝子に転移することが実験で示されている. 哺乳類，鳥類，爬虫類，両生類の Ig V，D，J 遺伝子はそれぞれいくつもの断片がかたまって存在している（図 1A）. 軟骨魚類のサメなどはそれぞれ 1 つずつの Ig V，D，J 遺伝子がセットになって配置されている（図 1B）. ニワトリでは RAG 分子による組換えが起こった後，さらに上流に存在する偽 V 遺伝子の一部と，組換えの起こった V 遺伝子との間で遺伝子変換（gene conversion）が起こる. この遺伝子変換は activation-induced cytidine deaminase（AID）という分子により引き起こされる（図 1C）.

●無顎類抗原受容体の多様化　無顎類の抗原受容体である VLR の抗原を認識する可変領域は，LRR となっており，その可変領域遺伝子はゲノムの上流と下流に断片的に散らばっている. 未成熟な編集前の VLR に，これら多数の遺伝子断片がさまざまな組合せで「コピー」され，つなぎ合わされることにより成熟した遺伝子ができあがる（図 1D）.

●適応免疫の進化が教えてくれること　サメ・エイ（軟骨魚類）からヒト（霊長類）にいたる有顎類脊椎動物と無顎類脊椎動物（ヤツメウナギなど）との適応免疫系の比較により，免疫担当細胞のリンパ球は同じような種類･機能･形態をもっていること，逆にそれぞれのリンパ球が発現する抗原受容体は機能は同じであるが，まったく異なる分子であることなどがわかってきた. この比較・進化学的研究は生体防御にとって何か必然で，何が偶然で置き換えることのできるものであったのかを示してくれている. 現在の動物実験を通した基礎免疫学はマウスに特化した感があるが，メチニコフによるヒトデでのマクロファージの発見や，R. A. グッド（Good）と M. D. クーパー（Cooper）によるニワトリでの B 細胞の発見など，もともと多様な実験動物を用いて研究がなされ，それが臨床免疫に活かされてきた. 今後もさまざまな動物モデルによる進化学的研究が基礎免疫学や医学免疫学にインパクトを与え続けるであろう.

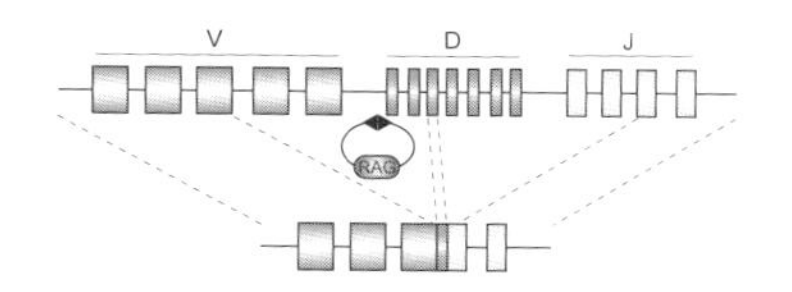

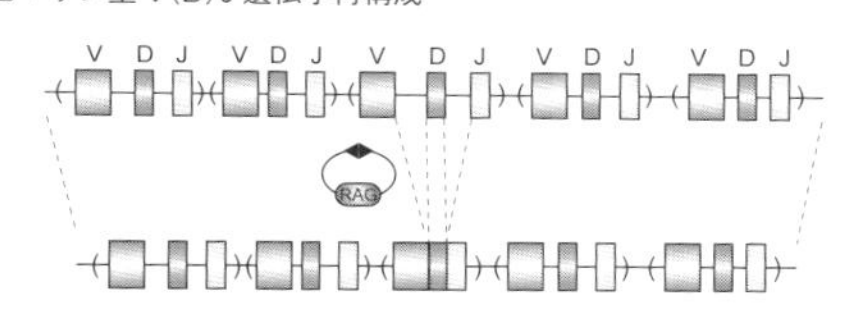

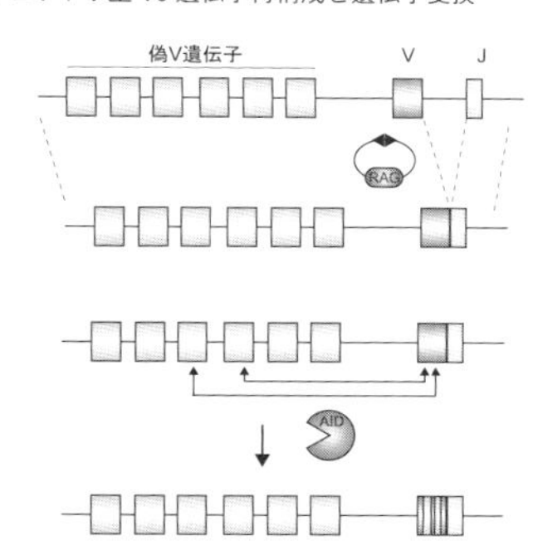

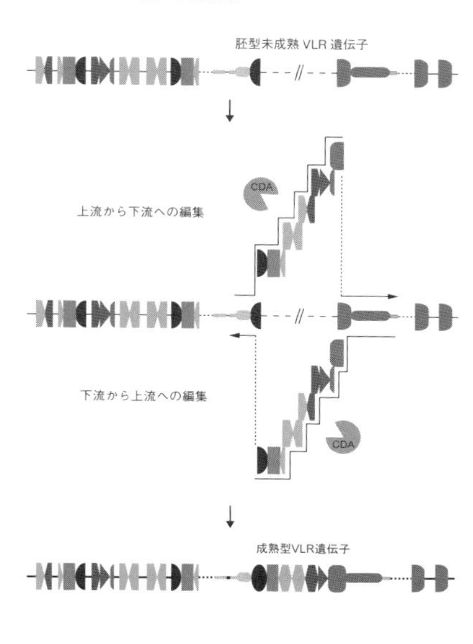

図1　有顎類と無顎類における抗原受容体と組換えメカニズム．(A) ヒトやマウスにおけるイムノグロブリン型抗原受容体の V(D)J 遺伝子組換え．Recombination activating gene (RAG) 分子により組換えが行われる．(B) サメの V(D)J 遺伝子組換えは，V(D)J が1つずつセットになっている．(C) ニワトリの VJ 遺伝子組換えとその後の遺伝子変換．遺伝子変換には Activation-induced cytidine deaminase (AID) が重要な働きをしている．(D) ヤツメウナギの抗原受容体 Variable Lymphocyte Receptor (VLR) 遺伝子の編集．上流と下流に存在する VLR 遺伝子断片がコピーされつなぎ合わさることにより成熟した抗原受容体ができる．AID に似た構造をもつ，Cytidine deaminase (CDA) がこの再編集に重要であると考えられている

［平野雅之・Cooper, M.D.］

📖参考文献

[1]　山村雄一他編『免疫系の発生と分化』岩波講座免疫科学 4，岩波書店，1985

[2]　渡辺 翼編『魚類の免疫系』恒星社厚生閣，2003

[3]　河本 宏『もっとよくわかる免疫学』羊土社，2011

創傷治癒
——細胞が傷をふさいで命を守る

多細胞生物の生存には，傷ついた体を自己修復する能力が必要である．創傷治癒とは，体表組織の損傷を修復して治癒させる現象であり，すべての動物にみられる基本的な自己修復過程である．

●創傷治癒と再生　ヒドラやプラナリアが体の一部から個体を復元することや，コオロギの脚・硬骨魚類の鰭・イモリの脚などが欠損した場合にみられる再生（☞「再生」参照）は，創傷治癒とは区別されることが多い．創傷治癒は再生がみられない動物や器官の損傷部でも起こり，バリア機能を回復して個体としての生存を維持することに貢献する．再生過程でも，初期段階で傷を閉鎖する創傷治癒が必須であると考えられている．

●創傷治癒の過程　創傷治癒はさまざまな細胞応答と多彩な因子が関与する高度に複雑な現象であり，哺乳類では，炎症期，増殖期，成熟期の3過程からなる．

皮膚（図1A）が真皮まで損傷した場合，すぐに炎症期が始まる（図1B）．出血による体液の損失は，血小板やフィブリンから形成される血餅によって止められる．そして，細菌などの異物や補体成分，血小板や損傷組織由来のサイトカインなどに誘引され好中球が浸潤してくる．好中球は遅れて出現するマクロファージとともに異物や細胞残渣などを貪食除去する．続く増殖期では，血漿や血球由来の因子によって細胞の増殖や移動が起こる（図1C）．表皮の細胞は傷周辺から真皮上を移動し始め，皮膚のバリア機能を回復させていく（再上皮化）．この再上皮化による傷の閉鎖は狭義の治癒であり，創傷治癒には必須の過程である．かさぶたになった血餅の真皮側では，血管内皮細胞の増殖による毛細血管の出現（血管新生）と線維芽細胞やマクロファージによって肉芽組織が形成される．肉芽組織では線維芽細胞の一部が筋線維芽細胞に分化して傷を収縮させる．そして，線維芽細胞とともにコラーゲンなど細胞外基質を産生

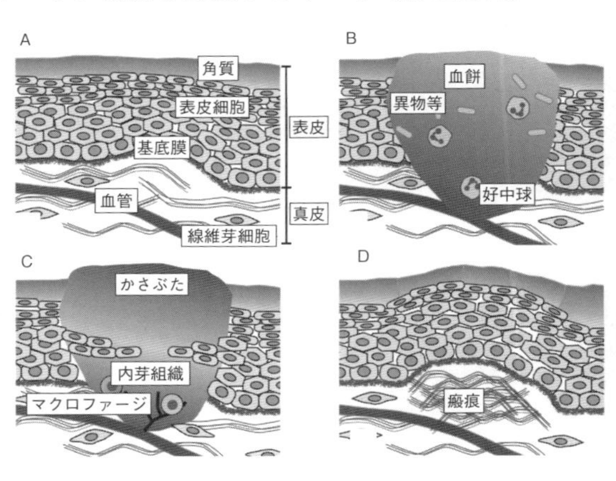

図1　哺乳類における創傷治癒過程の模式図．A：正常皮膚，B：炎症期，C：増殖期，D：成熟期

して肉芽組織を瘢痕に変えていく．成熟期になると，肉芽組織に存在していた内皮細胞，マクロファージ，筋線維芽細胞などは，アポトーシスで死滅するか傷からでていく．そして，表皮細胞の増殖，真皮の基質の再編成などにより損傷前の皮膚の特徴が復元されていく（図1D）．しかし，傷の部位や程度により瘢痕が消失しない場合もある．

●動物における多様性　陸生の他の脊椎動物は哺乳類と同様の創傷治癒過程をとると考えられる．一方，魚類などの水生脊椎動物では，炎症期に真皮での出血は粘液や組織液により止血されるが，傷全体を覆う血餅を形成することはできない．また，貪食細胞の浸潤によって異物は除去されるが，肉芽組織は形成されない．しかし，表皮細胞が露出した真皮上を哺乳類の細胞より数十倍速く移動し，短時間で傷を閉鎖して治癒させることができる．

無脊椎動物の創傷治癒に関しては不明な点が多い．昆虫では，血漿成分の凝固によるかさぶたの形成と再上皮化によって治癒すると考えられている．二枚貝やタコなどの軟体動物では，血球の凝集により傷が閉鎖され，血球と上皮細胞が組織を修復するとされているが，血球と上皮細胞の区別は明確になってはいない．

●再上皮化と上皮間葉転換　表皮細胞がシート状に成長し傷を閉鎖させる応答は，胚を利用して研究が進んだ．脊椎動物胚では，傷周辺の表皮にアクトミオシンが輪状に連結したパースストリングが形成され，その収縮によって閉鎖する．しかし，ショウジョウバエの胚では，対面する上皮シートは細胞の移動により成長し，接触した細胞が順次接着してジッパーを閉じるように閉鎖する．この仕組みは，脊椎動物の成体でも確認されている．また，魚類の迅速な再上皮化を再現した培養系では，葉状仮足を発達させた下層細胞の移動と細胞間接着を維持した表層の面積の増加が表皮シート成長の原動力であることがわかってきた（図2）．

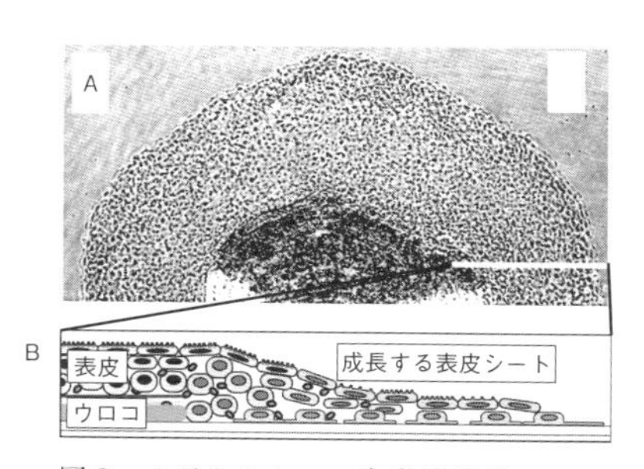

図2　メダカのウロコ皮膚培養系．A：1時間後のウロコと表皮シート，白線は0.5 mm．B：白線部分の断面の模式図

近年，再上皮化で上皮細胞が移動性を獲得する過程は，初期発生で上皮細胞から間葉系の細胞へ変化する上皮間葉転換という現象と同様であることが示された（癌細胞の浸潤や転移も上皮間葉転換による）．この現象の基本的な分子メカニズムは種を越えて保存されていると考えられる．

創傷治癒の生物学には，上皮間葉転換や炎症など多面的な研究が関与している．今後もさらに多分野の研究がかかわることで，創傷治癒の解明が進んでいくと考えられる．

［杉本雅純］

マクロファージの起源
――初めにマクロファージありき

マクロファージは系統発生的にどの動物にも存在する大型の貪食細胞である．現在では，「初めにマクロファージありき」といわれるほど，動物種を越えて生体防御に深く関与する重要かつ最も基本的な免疫担当細胞であることは広く知られている．実際，脊椎動物のマクロファージは，侵入異物を貪食，包囲化する機能（貪食作用，包囲化作用），抗原情報をTリンパ球に伝達して（抗原提示），特異的な免疫を成立させる機能，免疫反応を調節するサイトカインなどの生理活性物質を分泌する機能などをもっている．これらの多彩な機能により生体防御の多くの局面で重要な役割をはたし，生体の恒常性維持に貢献している．

●貪食作用の発見　生体防御を担う細胞が存在することをはじめて見出したのは，19世紀のロシアの動物学者E. メチニコフ（Mechnicov）である．彼は棘皮動物ヒトデの幼生に刺したバラの棘が，遊走性をもった細胞（現在では間充織細胞とよばれる）に取り囲まれている様子を観察した．その後，メチニコフは多くの動物種で同様の現象を観察し，貪食細胞の役割とその重要性を「食細胞説」として提唱した．ノーベル賞（1908年）につながった彼の広範な系統発生学的研究は，今日にいたる細胞性免疫学の発展に多大な影響を与えた．

●貪食作用の基本動態　後口動物の基部に位置するヒトデの幼生の生体防御は，間充織細胞とよばれる1種類の貪食細胞が担っている．そのため，最も シンプルな細胞性免疫システムを解析するうえで非常によいモデルとなるだけでなく，生体防御システムがどのように進化したかについて有用な知見を与えてくれる．

間充織細胞は通常幼生の体内をランダムに移動しながら異物の侵入に備えている．異物の侵入を感知すると，走化性を誘導する因子および阻止する因子を差時的に分泌し，異物のサイズや量に応じた適切な数の間充織細胞を集積させる．例えば，イトマキヒトデの幼生に直径20 μmの油滴を体内に注射した場合，注射部位に集まってくる間充織細胞の数は6～8細胞と決まっており，その制御は非常に厳密である．最近の研究によると，ヒトデの幼生における走化性制御メカニズムは，脊椎動物のケモカインシステムの祖先型であることが予想されている．

貪食作用による異物の処理は，基本的に異物への接着，細胞膜の伸展，取り込み，および消化の過程から成り立っている．接着した異物が細胞自身よりわずかでも小さければ，貪食作用が生じる．イトマキヒトデの幼生の間充織細胞が単独で貪食できる異物は，約10 μm以下である．一方，異物のサイズが自身より大きい場合，貪食作用では処理できないため，伸展した細胞膜先端で複数の貪食細胞が融合し，包囲化する．この現象は，哺乳類マクロファージでは多核巨細胞の形成としてよく知られている．細胞融合をともなう包囲化作用は，多核体による貪食作用とみなすことができる．包囲化作用の意義は，異物の生体内からの隔離である．したがって，大量の異物が侵入した場合も，包囲化作用によってまず異物を体内から隔離し，その後貪食作用が進行する（図 1）．

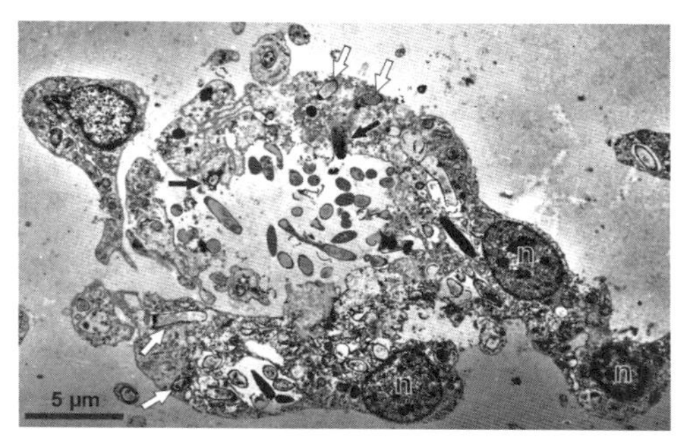

図 1　バクテリアを包囲化した間充織細胞の多核体．凝集塊内部に包囲化されたバクテリアに加え，貪食され始めたバクテリア（黒矢印）やすでに貪食されたバクテリア（白矢印）が観察される．凝集塊を形成している間充織細胞の核(n)の間に細胞境界は観察されない．（出典：Furukawa et al., *Dev Comp Immunol*. 33: 205–215, 2009 を改変）

●マクロファージの起源と自己・非自己認識　生体防御という概念は，多細胞体制を獲得してはじめて必要となる概念である．単細胞である原生動物では，異物の取り込みと消化がそのまま栄養の摂取につながるため，生体防御という特別な概念を持ち込む必然性はない．一方で，この原生動物の能力こそがまさにマクロファージ的である．原生動物が種を存続させるためには，共食いは避けなければならない．また，原生動物は無性生殖だけでなく有性生殖も行う．これを実現するためには，種特異性の認識は不可欠である．この同種識別能力は，多細胞体制を獲得するための重要な基盤となったであろう．そして，動物が多細胞体制を獲得する過程で，その体内で原生動物の摂餌能力を保持し続けた細胞がマクロファージの起源だと考えられる．むしろ，マクロファージこそが動物の始原であるといえるかもしれない．まさに「初めにマクロファージありき」である．

生体防御反応とは，「自己・非自己の識別と非自己の排除」である．多細胞動物の体内で原生動物の能力を保持し続けたものがマクロファージの起源であるならば，生体防御システムにおける自己・非自己認識の起源は原生動物の同種識別能力だと考えられる．つまり同種を特異的に認識し，それ以外を非自己とみなすシステムである．この考えを支持する知見がやはりイトマキヒトデの幼生で得られている．イトマキヒトデ幼生の間充織細胞はほとんどあらゆる異物を活発に貪食するが，生きた同種細胞は異個体由来であっても貪食しない．例えそれが本来幼生期に体内に存在するはずのない精子であっても，である．マクロファージの起源だと考えられる原生生物の認識能力が，現在でも間充織細胞に保存されていることは興味深い．間充織細胞による同種認識にかかわる分子が明らかにされれば，「種」とは何か，そして「自己」とは何かという生命の本質に迫る問いに対して，面白い手がかりが得られるかもしれない．

［古川亮平］

抗菌ペプチド
——多様な機能をもつ第一次防御機構の主役

動物も植物も，その生存の過程において，生息環境中に存在する細菌やカビなどの病原性微生物による感染の危機に，常にさらされている．これら病原性微生物が宿主に感染すると，その数は瞬く間に増え，微生物そのものやその毒素によって炎症反応が引き起こされ，宿主は死にいたることもある．もちろん，宿主もおとなしく微生物に感染を許している訳ではなく，感染前，感染後，そして将来の感染に備えた何重もの防御策を講じて対抗している．

宿主が病原性微生物から身を守るために最も合理的な手段は，侵入する前にその相手を撃退してしまうことである．その役割を担っているのが，抗菌ペプチドである．抗菌ペプチドは，動物にも植物にもそして細菌にも存在する進化的に保存された自然免疫機構の一種である．脊椎動物では，抗菌ペプチドはからだのいろいろな部位でつくられているが，外部環境に直接接している皮膚や気管・消化管などの上皮において特に発達しており，これらの器官には豊富で多様な抗菌ペプチドが備わっている．

●抗菌ペプチドの構造的特徴　抗菌ペプチドの種類が実際にどれくらいあるかは明確ではないが，軽く見積もっても「何千」というレベルであろう．この何千もある抗菌ペプチドには，「前駆体タンパク質からプロセシングを経てつくられる」「10 ～ 50 アミノ酸残基程度である」「リシン，アルギニンを多く含んでいるため生理的な条件下で正に荷電する」「α ヘリックス構造や β シート構造といった二次構造をとりつつ，疎水性アミノ酸と親水性アミノ酸が空間的に分離した両親媒性構造を形成する」などの共通の化学的特徴がある．

●抗菌ペプチドの種類　ディフェンシン（defensin）は，脊椎動物のみならず，昆虫や植物にも存在する抗菌ペプチドの代表的なグループである．生物種や発現している細胞によってそのアミノ酸配列は異なるものの，いずれもシステイン残基に富み，ジスルフィド結合により安定した β シート構造を形成する．カセリシジン（cathelicidin）はもう 1 つの代表的な抗菌ペプチドのグループであり，直鎖状 α ヘリックスを基調とし，主に好中球や白血球などの免疫系細胞や気管，小腸などの上皮細胞において発現している．一方，両生類ではディフェンシンやカセリシジンの存在はほとんど目立たず，独自の抗菌ペプチドが発達している．その種類は非常に多く，2000 を超える配列がデータベースに登録されている．1987 年に米国の M. A. ザスロフ（Zasloff）によりアフリカツメガエルの皮膚から発見されたマガイニン（magainin）は抗菌ペプチドの代表的存在であり，抗菌ペプチド研究の発展において非常に多くの，また大きな役割をはたしている．

●抗菌ペプチドの作用機序

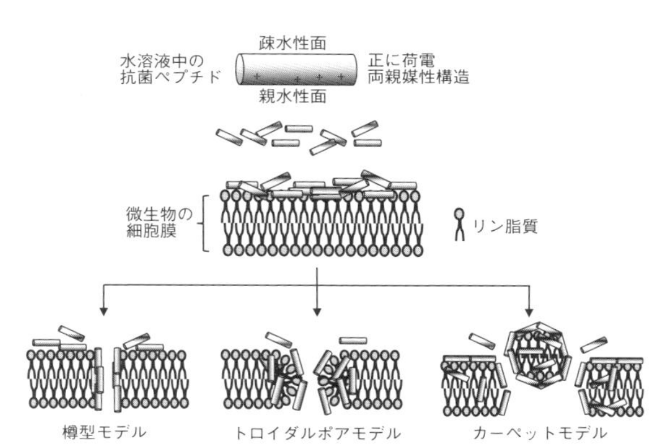

図1　抗菌ペプチドによる微生物細胞膜破壊．樽型モデルでは細菌細胞膜のリン脂質を貫通し，トンネルをつくる．トロイダルポアモデルではリン脂質膜と作用してねじ曲げ，ドーナツ状の孔をつくる．カーペットモデルでは脂質を取り囲み，くびりとる．いずれの場合も細胞膜に孔を開け，細胞の内容物を流出させることにより，抗菌効果を示す

抗菌ペプチドは，広範囲の微生物に対して抗菌性を示すことができる．その理由はペプチドの構造的特徴にある．通常，細菌の最外層にある外膜や細胞壁は，リポ多糖（グラム陰性菌）やリポテイコ酸（グラム陽性菌）など，負の電荷を帯びた物質に富んでいる．一方，抗菌ペプチドは正に荷電していることから，静電的に微生物細胞の表層に引き寄せられ，さらに細胞膜中の酸性リン脂質とも相互作用する．なお，宿主の細胞の細胞膜は中性リン脂質が多いため，抗菌ペプチドとの電気的親和性が低いので，自身に対する抗菌ペプチドの攻撃性も低下する．微生物の細胞膜に到達した抗菌ペプチドは，膜を覆って電位を不安定化させたり，孔を開けたりする．その結果，微生物細胞は細胞内外への物質透過の制御を失ったり，細胞構造が壊れたりする（図1）．また，ペプチドの種類によっては細胞膜を傷つけることなく細胞内に到達し，核酸などの細胞内物質と結合することで抗菌性を発揮するものもある．

このように，抗菌ペプチドは生体防御の最前線に位置し，複数の抗菌ペプチドが同時に作用することで相加・相乗的な効果をもって病原微生物の体内への侵入を阻止している．また，抗菌ペプチドは，抗菌作用に加え，免疫系をさまざまなかたちで活性化する作用や抗がん作用，抗酸化作用など，多様な機能を有していることが次々と明らかになっている．そのため，近年では抗菌ペプチドのことを，host defense peptide（生体防御ペプチドあるいは宿主防御ペプチド）などとよぶことが推奨されている．実際，マガイニンを基盤にした治療薬も開発されつつある．抗菌ペプチドの研究は今新たな展開期を迎えている．　［岩室祥一］

参考文献

［1］ 京都大学大学院薬学研究科編『新しい薬をどう創るか』講談社，2007
［2］ 水澤寛太・矢田 崇共編『生体防御・社会性―守』ホルモンから見た生命現象と進化シリーズⅦ，裳華房，2016

レクチン
——糖鎖を認識して自己と非自己を識別する

19世紀末に，ある種のヘビ毒や植物の種子から血球凝集素が発見され，後に血球表面の糖鎖と結合するタンパク質であることが判明した．血球凝集素はそれぞれ異なる糖鎖と結合するので，「識別する」という意味のラテン語（*legere*）からレクチンと名付けられた．現在一般にレクチンは，糖を認識するタンパク質で抗体以外のもの，と定義されている．動物を含むほとんどすべての生物がさまざまな糖鎖を認識する多様なレクチンをもち，細胞内外での物質輸送，細胞認識，細胞接着などに加えて，生体防御においても直接病原体を認識しない抗菌ペプチドや補体とは異なる重要な役割をはたしている（☞「抗菌ペプチド」「補体系の進化」参照）．レクチンは，その構造や認識する糖の種類などに基づいて分類されているので，それに従って生体防御にかかわる主なものについて紹介する．

● **C型レクチン**　Ca^{2+}に依存してさまざまな糖鎖を認識するレクチンで，ほとんどすべての動物群に認められる．主に膜結合性あるいは分泌性で，自然免疫における役割が最もよく知られている．脊索動物の体液中のマンノース結合レクチン（MBL）は，微生物表面の糖鎖と結合して補体系を活性化する．この補体活性化経路はレクチン経路とよばれ，抗体をつくらない無顎類や原索動物でも生体防御に働いていると推測される．デクチンやミンクルは脊椎動物の白血球膜に結合したレクチンで，さまざまな病原体表面の糖鎖を認識してサイトカインや抗菌物質の分泌を促進し，炎症反応を誘発する．炎症性サイトカインは，血管内皮細胞でのE-セレクチンやP-セレクチンの発現を高め，これが血液中の白血球表面の糖鎖と結合する．その結果，白血球は血管内皮に接着し，続いて管壁をくぐり抜けて炎症部位に浸潤する．白血球の膜受容体であるL-セレクチンは，血管内皮の糖鎖を認識してリンパ組織へのホーミング（血流からもとの組織にもどること）や組織浸潤を制御する．

● **F型レクチン（フコレクチン）**　フコースを認識するレクチンで，動物の体液中に広く認められる．ウナギの肝臓あるいは貝のヘモサイトから分泌されるレクチンは，細菌に対する凝集活性をもつことが知られている．また，バス（魚類）の食細胞の膜に結合するレクチンは，細菌を認識して貪食作用を活性化する．

● **I型レクチン**　ほとんどの動物種で認められる膜結合性あるいは分泌性のレクチンで，免疫グロブリン様領域をもつ．その中でよく調べられているシグレックは，脊椎動物の白血球の受容体として細菌やウイルス上のシアル酸と結合し，炎症反応を引き起こす．また，樹状細胞の遊走やホーミングのための受容体としても働いていると推測されている．鱗翅目昆虫の体液に含まれるヘモリンは，細菌

表1　動物の生体防御に関与する主なレクチン

レクチンファミリー	代表的なレクチン	生体防御にかかわる機能
C型レクチン	マンノース結合レクチン	補体活性化，貪食作用活性化
	デクチン，ミンクル	病原体認識・炎症反応誘導
	セレクチン	白血球浸潤，白血球ホーミングの制御
F型レクチン	ウナギレクチン	病原体認識・凝集
	タキレクチン-4	病原体認識・凝集
I型レクチン	シグレック	炎症反応誘導，樹状細胞の遊走制御
	ヘモリン	抗菌作用
ガレクチン	ガレクチン-8，-9	白血球浸潤，アポトーシスの制御
	ハエガレクチン	貪食作用活性化
フィコリン	F-フィコリン	補体活性化
	L-フィコリン	貪食作用活性化
インテレクチン	インテレクチン-1，-2	病原体認識・貪食作用活性化
	カエル胚表皮レクチン	病原体認識・凝集

感染により増加して感染防御に関与していると考えられている．

●ガレクチン　β-ガラクトシドを認識する分泌性のレクチンで，動物界全体に広く見られる．いくつかのガレクチンは，アポトーシスのシグナル分子として働くと考えられ，胸腺内での自己反応性T細胞の除去や，反応収束後のT細胞の排除などに関与しているらしい．また，T細胞の膜に結合して存在し，抗原受容体を介したT細胞活性化を抑制するものも知られている．ショウジョウバエの体液に含まれるヘモサイトがつくるガレクチンは，細菌に対する貪食作用を活性化することが示唆されている．線虫の腸粘膜に含まれるものは，食物とともに腸管内に取り込まれた病原体が，体内に侵入することを防ぐ働きがあるらしい．

●フィコリン　脊索動物にみられるレクチンで，コラーゲン様領域とフィブリノーゲン様領域をもち，N-アセチルグルコサミンやN-アセチルガラクトサミンなどのアセチル化糖を認識する．血漿に含まれるフィコリンは，MBL同様に病原体と結合して補体活性化のレクチン経路を起動する．フィコリンに類似したレクチンは脊索動物以外の無脊椎動物にも存在し，そのうちカブトガニのタキレクチンの一部は，病原体に対する凝集活性をもつことが知られている．

●インテレクチン　フィブリノーゲン様領域をもち，Ca^{2+}に依存してペントースやガラクトースに結合する分泌性レクチンで，アフリカツメガエル卵母細胞の表層顆粒で最初に発見されたので，X-レクチンともよばれる．後に類似のレクチンが，マウスやヒトの小腸ゴブレット細胞から分泌されることがわかったので，インテレクチン（小腸レクチン）と命名された．脊索動物の表皮，腸上皮，マクロファージなどから粘膜や体液中に分泌され，細菌表面の糖鎖と結合して凝集反応をひき起こすとともに，マクロファージの貪食作用を活性化する．［永田三郎］

参考文献

［1］ Sharon, N.・Lis, H.『レクチン―歴史，構造・機能から応用まで』丸善出版，2012

補体系の進化
——病原体感染と戦う太古の仕組み

補体は，哺乳類の血清中で抗体と相補的に働く溶菌因子として1895年に発見された．その実体は，約30種の可溶性および膜タンパク質からなる自然免疫反応系で，遺伝子レベルの探索によって，現在，補体系の起源は海綿動物にまでさかのぼることができる．ここでは，無脊椎動物や脊椎動物各門における補体成分の構成などを基に，哺乳類の著しく高度化した補体系への進化の道筋をたどってみよう．

●補体系の中心成分 C3　C3は分子量約19万の糖タンパク質である．限定水解により活性化型C3bになると，標的細胞にエステル結合してマクロファージなどの食細胞に異物を提示するタグとなり，食作用活性を亢進する（オプソニン作用）．これは補体による異物排除において最も基本的な機能であるので，C3は，ある動物種における補体系の存在を示す重要な指標となる．

●哺乳類の補体系　哺乳類の補体系は，C3を活性化する3つの反応経路を備える．1）抗原抗体複合体をC1qが認識し，これに会合したプロテアーゼ（C1rとC1s）を介してC4，C2，C3の順に反応が進む古典経路，2）微生物細胞壁を認識するレクチンとプロテアーゼ（MSAP）の複合体がC4，C2を介して，あるいは直接C3を活性化するレクチン経路，および3）C3bがプロテアーゼBfと複合体化して新たなC3分子を活性化する第二経路である．C3の活性化に引き続き，溶解経路の成分C5～C9が膜侵襲複合体を形成し，溶菌・溶血などの細胞障害を完結する．

●無脊椎動物に見る補体の祖先形　哺乳類のC3，MASPおよびBfに相同な遺伝子が，海綿・刺胞動物門の数種から同定されている（表1）．したがって，哺乳類のレクチン経路と第二経路に相当する活性化機構を備え，もっぱらC3bによるオプソニン作用によって食細胞による異物排除を促進するのが，補体機能の原始形であると考えられる．ただし，ここで異物認識を担う成分や，オプソニン化を媒介するC3b受容体は未同定である．前口動物の系統では，軟体動物と節足動物の一部の種でC3やBfの遺伝子が見つかっているが，それ以外の動物門にはどちらも存在しないことが，全ゲノムデータの検索によって確定している．したがって，前口動物の共通祖先では保持されていた補体系が，その後分岐したさまざまな系統で独立して失われたと考えられる．また，前口動物における補体系の活性化機構には不明な点が多いが，カブトガニでは血液凝固系と異物認識因子を共用するなど，ユニークなメカニズムを進化させている．

●脊索動物における補体反応経路の多様化　後口動物に属するほぼすべての動物

表1　C3および各補体反応経路を構成する補体成分の系統発生学的分布

	動物門		C3の存在	同定された成分（反応経路別）			
				レクチン	第二	古典	溶解
	海綿		+/−	MASP	Bf		
放射相称動物	刺胞		+/−	MASP	Bf		
左右相称動物（前口動物）	扁形・環形・星口・線形		−				
	軟体		+/−			−	−
	節足		+/−	(factor C)	Bf	−	−
左右相称動物（後口動物）	棘皮・半索		+		Bf	−	
	脊索	尾索類 頭索類	+	MBL, FCN, MASP	Bf		(C9)
		無顎類	+	MBL, C1q, MASP	Bf	C1q?	−
		顎口類	+	MBL, FCN, MASP	Bf, Df	C1q, C1r, C1s, C4, C2	C5, C6, C7, C8, C9

略号：MBL, マンノース結合レクチン；FCN, フィコリン；MASP, MBL結合セリンプロテアーゼ

門に補体系が存在するが，脊椎動物の出現までは機能的には原始補体系と同等である．その実体は脊索動物の尾索類や頭索類でよく解明されており，レクチンとMASPとの複合体およびBfによって活性化されたC3が異物に結合し，食細胞のインテグリン様受容体を介してオプソニン機能を発揮する．興味深いことに，尾索類・頭索類には脊椎動物補体系のC9に類似した成分が存在するが，上記補体系との機能的リンクはなく，溶解経路は備わっていない．

脊椎動物の出現後，円口類においては，基本的に尾索・頭索類と同じくオプソニン化までを行う補体系が保たれており，溶解経路を構成する成分は見当たらない．ただし，新たな異物認識分子としてC1q様タンパク質が出現する．これは，レクチンとして異物を直接認識するだけでなく，無顎類特有の抗体として機能するVariable Lymphocyte Receptor（VLR）にも結合すると報告されており，補体系と獲得免疫をつなぐ成分の起源と解釈できるかもしれない．

軟骨魚類・硬骨魚類などの有顎脊椎動物になると，C1qが抗体認識機能を獲得し，MASPから派生したプロテアーゼC1r・C1sを介した古典経路を完成させる．さらに，C5～C9からなる溶解経路も備え，補体自身が異物細胞を傷害する能力も得て，現在の哺乳類でみられる補体系がほぼ完成する．

以上のように，補体系は脊索動物門内で急激に成分を増やし，複雑化した．これには，無顎類の祖先と有顎脊椎動物の祖先で起こった，合計2回の全ゲノム重複が大きな役割をはたしたと考えられている．一方で，C6～C9のように遺伝子を直列に重複したと解釈される成分もあり，脊索動物門における補体系の進化のメカニズムには解明すべき点が多く残されている．　［中尾実樹］

参考文献

［1］大井洋之他編『補体への招待』メジカルビュー社，pp.55-67，2011

ショウジョウバエの腸管免疫と恒常性維持の分子機構——宿主と腸内細菌の共存の仕組み

腸内の共生細菌は，宿主の免疫反応から免れて増殖し，腸管の恒常性に寄与するとともに，ビタミンや短鎖脂肪酸などの必須栄養素の供給を行っている．一方で，宿主の腸管は口から入ってくる多種多様な病原微生物に常にさらされており，宿主は巧妙に制御された免疫反応により，異物の排除を行うとともに，腸内細菌叢の恒常性を保っている．腸管免疫や腸内細菌の研究は主に哺乳類で行われてきているが，近年ではキイロショウジョウバエを用いた研究例が増えてきている．ヒトの大腸には500～1000種，計100兆個を超える細菌が常在しており，研究の困難さを助長しているが，ハエにおいては10～50種，計500万個程度の腸内細菌しか存在しておらず，実験動物としての取り扱いやすさとあいまって非常に解析しやすいモデル生物となるからである．

●囲食膜と活性酸素種による生体制御　ハエでは，外来の病原細菌に対する生体防御は，囲食膜による物理的防御と活性酸素種（ROS）による殺菌によって行われている．囲食膜はキチンおよびキチン結合性タンパク質から構成され，腸管内腔を管のように覆っており，機能的にはヒトのムチン層に相同である．この囲食膜は半透性を有しており，栄養物や消化酵素などの低分子の物質は透過するが，腸内細菌のように大きなものは透過させず，腸管免疫の第一線を担っている．囲食膜形成や安定化にかかわるタンパク質が数種類特定されており，そのいずれかが欠損すると囲食膜の透過性や，病原細菌の毒素に対する感受性があがり，病原細菌感染時に短命になる．一方で，ハエ腸管では哺乳類と同様に腸内細菌叢を有しているが，このような常在性の腸内細菌と病原細菌を識別する機構は長らく不明であった．ところが，2013年に韓国のグループによって，病原細菌はリボヌクレオチドを構成する塩基の一種であるウラシルを分泌し，ハエに多く存在する*Lactobacillus*属や*Acetobacter*属といった常在細菌はウラシルを分泌しないことが報告された．病原細菌によって分泌されたウラシルは，ハエの腸管上皮細胞が認識し，ROSを産生することにより病原細菌を排除する．このROSは諸刃の剣であり，過剰に産生されたROSは病原細菌や常在細菌はおろか宿主の細胞まで殺してしまう．一方でごく少量のROSは，幹細胞に働きかけて腸管上皮細胞の更新を促すこともわかっている．ハエが主食としている酵母は弱いROSの産生を引き起こすことで腸管の恒常性維持に寄与している．

●共生細菌による栄養源供給　ところで，通常の研究室での飼育環境下では無菌状態でもハエは短命になることはない．しかし貧栄養条件（多くの野外のハエがおかれている状況であると考えられる）では，腸内細菌がいなくなると成長ができなくなり，結果的に致死になる．このような，無菌かつ貧栄養条件において，たった1種の *Lactobacillus* 属および *Acetobacter* 属の細菌を食べさせることにより，その成長が回復し，生存率も回復する．低栄養状態においては，細菌が分泌する低分子物質，*Lactobacillus* 属においてはアミノ酸，*Acetobacter* 属では酢酸が正常なインスリン経路の活性化にかかわっており，低栄養無菌状態ではインスリン経路が破綻することで致死的となる．

●抗菌ペプチドによる共生細菌恒常性維持　このように，ハエの生育に重要な役割をはたしている腸内細菌は，主に殺菌性の抗菌ペプチドにより数や種類の調節が行われる．抗菌ペプチドはImd経路とよばれる自然免疫経路によって産生される．Imd経路は，腸管上皮細胞膜上に発現している受容体が細菌由来のペプチドグリカンを認識することで始まる．その後，細胞内でシグナルが伝達され，最終的にはNF-κBとよばれる種類の転写因子が核内に移行することで，抗菌ペプチドのメッセンジャーRNAがつくられる．この抗菌ペプチド産生の引き金となるペプチドグリカン分子は，ROS産生を促すウラシルとは異なり，常在細菌でも外来性の病原細菌でも関係なく有している．そのため，腸管上皮細胞は常在細菌由来のペプチドグリカンからの行き過ぎた免疫反応を止めるためのストッパーをいくつも用意している．例えば，ペプチドグリカンを分解する酵素（PGRP-LB, PGRP-SC1/2），ペプチドグリカンが受容体に結合できなくする阻害タンパク質（PGRP-LF），さらには転写因子NF-κBを抑制するタンパク質（Caudal）などが報告されている．これらのうち，どれかひとつでも欠損してしまうと，過剰に抗菌ペプチドが産生され，腸内細菌叢のバランスが大きく崩れ，最終的にはハエの生存を脅かす．

●トランスグルタミナーゼと免疫寛容性　一例をあげると，筆者らは，タンパク質同士を架橋する酵素であるトランスグルタミナーゼ（TG）が免疫寛容性を生み出していることを明らかにしている．TGによるタンパク質分子の糊付け反応は，皮膚の形成や血液凝固など，生物にとって必須の反応である．TGは腸内細菌によって活性化されたNF-κBを糊付けして機能抑制することで，免疫寛容性を生み出す．この酵素の発現抑制系統では過剰に抗菌ペプチドが産生され腸内細菌叢が大きく変化していた．このようなハエから単離した腸内細菌を無菌飼育の野生型ハエに経口投与すると，腸管上皮でROSが産生され，生存を脅かす．このようにハエでは，単離した細菌を摂食させることで，腸内環境における細菌間，あるいは細菌と宿主間の相互作用研究に利用できる．それに加えて，哺乳類やヒトに共生している腸内細菌叢の研究にも応用できる実験系である．しかしながら腸管免疫の全貌はいまだにわかっておらず，特に腸内細菌維持の分子機構の多くは謎に包まれている．今後，ハエをモデルにした実験系が宿主の感染防御と細菌共生の分子機構の理解に寄与することが期待される．

［柴田俊生］

カブトガニの感染防御機構
――古生代から引き継ぐ免疫システム

カブトガニは，クモ，サソリ，ダニなどを含む鋏角亜門に属し，バージェス頁岩動物群（5億2000万年前）の一員として，同亜門の祖先種であるサンクタカリス（*Sanctacaris uncata*：聖なるエビの意）が出現している．カブトガニ免疫系の特徴は，その血球（顆粒細胞）のグラム陰性菌細胞壁成分（リポ多糖，LPS）に対する高い感受性である．顆粒細胞はLPSに鋭敏に反応して体液凝固反応を誘導するが，凝固酵素前駆体であるC因子，B因子，プロクロッティングエンザイム（PCE），およびG因子，凝固タンパク質前駆体のコアギュローゲンを顆粒細胞内の大顆粒に貯蔵している．顆粒細胞はLPS受容体を介して顆粒内成分を分泌するが，これを開口放出という．また，顆粒細胞の細胞質にはタンパク質の架橋反応を触媒する酵素（トランスグルタミナーゼ，TG）があって，必要に応じて細胞外へ分泌される．

●凝固因子　C因子はLPS存在下で自己触媒的に活性化し，活性型C因子がB因子を，次いで活性化型B因子がPCEを活性化する．活性化したクロッティングエンザイムは，凝固タンパク質前駆体のコアギュローゲンをコアギュリンに変換し，不溶性のコアギュリンゲルを形成させる．すなわち，この体液凝固反応はプロテアーゼ前駆体の活性化の連鎖反応（カスケード反応）である．最終的には，TG基質のプロキシンとスタビリンがコアギュリンに結合し，TGの架橋反応によりコアギュリンゲルが安定した凝固隗となる．C因子は顆粒細胞表面にも発現しており，LPS受容体として機能している．C因子のLPS結合領域はアミノ末端側ドメインに局在する．細胞表面の活性化型C因子は，三量体Gタンパク質依存性の細胞内シグナル伝達経路を介して，細胞内のカルシウムイオン濃度を上昇させ，開口放出を誘導する．B因子もアミノ末端側のクリップドメインを介してLPSと相互作用する．カブトガニの体液凝固カスケードは，LPS表面で引き起こされる局所反応であり，LPSから解離した活性型凝固プロテアーゼは，顆粒細胞から分泌されたセルピン群により補足されて凝固反応の伝播が阻害される．一方，G因子は真菌の細胞壁成分であるβ-1,3-D-グルカン（BDG）と相互作用して自己触媒的に活性化する．活性化型G因子は，PCEを活性化して凝固カスケードを起動させる．G因子はヘテロ二量体のセリンプロテアーゼ前駆体で，αとβのサブユニットから構成される．G因子のBDGへの結合部位は，βサブユニットのZ1とZ2ドメインにそれぞれ局在する．

●レクチン　顆粒細胞の大顆粒には，凝固因子に加えて，各種の糖鎖結合タンパク質のタキレクチン（TL-1，TL-2，TL-3，TL-4）が貯蔵されている．さらに，血漿にはTL-5, ガラクトース結合レクチン（TPL-1）, C-反応性タンパク質（CRP）が存在する．TL-1は，グラム陰性菌の細胞壁成分の2-ケト-3-デオキシオクトン酸，TL-2は，GlcNAcやGalNAc，グラム陽性菌の細胞壁成分のリポテイコ酸を認識する．TL-3は，特定の大腸菌株のO抗原糖鎖を認識し，TL-4は，O抗原の糖であるコリトースを認識する．TL-5は，フィブリノーゲンγ鎖のC末端球状ドメインと相同であり，アセチル基を認識する．これらのレクチンは補体活性化に重要な役割をはたしている．

●抗菌ペプチド　顆粒細胞の小顆粒には, 各種の抗菌ペプチドが貯蔵されている．例えば，ビッグディフェンシンは機能的に独立したふたつのドメインからなり，N末端ドメインはグラム陰性菌に対して，C末端ドメインはグラム陰性菌に対して，それぞれ抗菌活性を示す．抗菌ペプチドの間には相乗効果があり，抗菌活性を示さないタキサイチンの量をビッグディフェンシンと共存させると，ビッグディフェンシンの抗菌活性が約50倍増強する．また，抗菌ペプチドは，外骨格成分であるキチンに対して強い親和性があり，抗菌ペプチドが露出した外骨格と結合することで，創傷治癒に関与してると推定される．

少なくとも 10^{-14} MのLPS濃度で顆粒細胞の開口放出が誘導されるが，C因子とLPSとの解離定数は 10^{-10} M程度であることから，両者の親和性だけでは，顆粒細胞のLPSに対する高い感受性は説明できない．体液には約 10^{6} 個/mlの顆粒細胞が含まれているが，細胞密度が 0.05×10^{6} 個/mlから 0.8×10^{6} 個/mlに変化すると，顆粒細胞のLPS感受性は100万倍も上昇する．それを担っているのが，顆粒細胞から分泌される抗菌ペプチドのタキプレシンである．タキプレシンは，顆粒細胞の三量体Gタンパク質と直接結合して開口放出を誘導する．顆粒細胞の高いLPS感受性は，タキプレシンよる正のフィードバック機構に支えられている．

●補体系　カブトガニ血漿中には補体C3や補体B因子（Bf：凝固B因子とは異なる）が存在し，補体C3はC因子と複合体を形成しており，複合体がグラム陰性菌を認識すると，LPSで活性化したC因子により補体C3はC3bに変換されて細菌表面に沈着する．本来，C因子は構造的にも補体系のメンバーであることは明白であり, 進化の過程で凝固系にも取り込まれたのであろう．哺乳類のBfは，C3bと複合体（Bf/C3b）を形成してC3変換酵素として機能しているが，カブトガニにおいては，Bf/C3b複合体は，レクチンのCRP，TL-1，TPL-1，TL-5とさらに複合体（Bf/C3b/CRP，Bf/C3b/TL-1，Bf/C3b/TPL-1，Bf/C3b/TL-5）を形成して，グラム陽性菌や真菌の表面でC3変換酵素として機能している．カブトガニにおいては，C3bで標識された異物処理の分子機構は不明である．

［川畑俊一郎］

無顎類における適応免疫の進化
――無顎類の一風変わった適応免疫系

無顎類は有顎類に先立ってカンブリア紀に出現した原始的な脊椎動物である．デボン紀末までに，そのほとんどは絶滅してしまい，今日まで生き残っているのはヤツメウナギ類とヌタウナギ類のみである．ヤツメウナギ類とヌタウナギ類はともに吸盤状または漏斗状の丸い口をもっているため，円口類とも称される．

すでに1960年代から，無顎類にはリンパ球が存在し，液性免疫と細胞性免疫からなる適応免疫系が備わっていることが示唆されていたが，最近までその分子的な実体は不明であった．2000年代半ばにヤツメウナギの抗原受容体として可変性リンパ球受容体 variable lymphocyte receptor（VLR）が同定されたことを契機に，無顎類の適応免疫系に関する研究は大きな進歩を遂げた．

●無顎類の抗原受容体　有顎類の抗原受容体であるT細胞受容体とB細胞受容体は免疫グロブリン超遺伝子族のメンバーである．これに対し，VLRは複数のロイシン・リッチ・リピート leucine-rich repeat（LRR）モジュールが連結された分子であり，有顎類の抗原受容体とは構造的にまったく異なる．VLRの多様性は，配列を異にする数百～数千に及ぶLRRモジュールの中から，数個のモジュールが選択され，連結されることによって形成される．その多様性は10^{14}に及ぶと推測されている．VLR分子がアセンブリーされる仕組みについては不明の点が少なくないが，有顎類の抗原受容体でみられる recombination-activating gene（RAG）依存性の遺伝子再構成と異なり，DNAの切断・再結合はともなわない．シチジンデアミナーゼ cytidine deaminase（CDA）によって触媒される遺伝子変換様の機序が関与していると考えられている（☞「適応免疫の進化」参照）．

VLRはヤツメウナギ類においてもヌタウナギ類においても3種類存在し，それぞれVLRA，VLRB，VLRCと命名されている．

●三種類のVLR分子を発現するリンパ球サブセットの機能と分化　VLRA，VLRB，VLRC分子は，それぞれ異なったリンパ球サブセットに発現されている．$VLRB^{+}$リンパ球は遺伝子発現プロファイルが有顎類のB細胞と類似している．抗原刺激を受けると，抗原に特異的なVLRB分子を発現するリンパ球は芽球化して，クローン性の増殖を遂げ，VLRB分子を分泌する．分泌されたVLRB分子は，2量体を単位として，それが4個から5個集合した多量体（すなわち，8～10量体）を形成し，強力な中和活性，凝集活性を有する抗体として働く．したがって，VLRBは有顎類におけるB細胞受容体（免疫グロブリン）と相同な機能を担っていると考えられる．$VLRB^{+}$リンパ球は無顎類における主要な造血組織である腸内縦隆起や腎で分化する．

これに対し，VLRA分子とVLRC分子は遺伝子発現プロファイルが有顎類のT細胞と類似したリンパ球に発現されており，T細胞受容体に相当する機能を担っている．VLRA⁺リンパ球の遺伝子発現プロファイルは$\alpha\beta$T細胞，VLRC⁺リンパ球の遺伝子発現プロファイルは$\gamma\delta$T細胞と似ている．これらのリンパ球サブセットはいずれも，有顎類の胸腺に相当すると想定されるサイモイドと命名された鰓に存在する組織で分化する．また，VLRA，VLRC分子は常に膜結合型として存在しており，分泌されることはない．

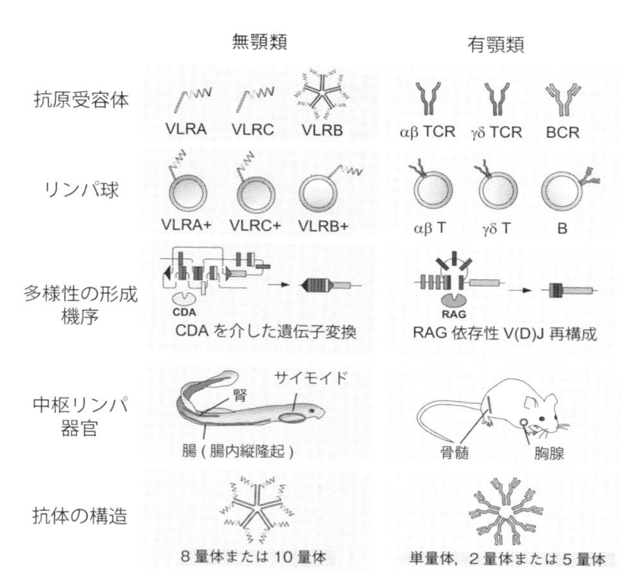

図1　無顎類と有顎類の適応免疫系の基本構成

●無顎類における適応免疫系の進化　無顎類と有顎類は異なった分子を抗原受容体として用いているが，それぞれ液性免疫と細胞性免疫を担う二大リンパ球サブセットの系列を共有しており，両者の適応免疫系の基本デザインは共通している．このことは，二大リンパ球サブセットを基盤とする適応免疫系が，無顎類と有顎類が分岐する前の脊椎動物の共通祖先の段階で確立されたことを示唆している．VLR遺伝子の多様性形成に関与するシチジンデアミナーゼは無顎類と有顎類に共通して存在するが，有顎類において抗原受容体の遺伝子再構成に関与するRAG分子はトランスポゾン由来であり，無顎類には存在しない．そのため，脊椎動物の共通祖先はVLR様分子を抗原受容体として使用していたのではないかと推測される．無顎類が共通祖先以来の抗原受容体を今日まで使用し続けているのに対して，RAG分子を獲得した有顎類の祖先は，より効率的な抗原認識を可能とする免疫グロブリン超遺伝子族の抗原受容体に乗り換えたと考えられている．

［笠原正典］

参考文献

［1］ 浅島 誠他編『免疫・感染生物学』現代生物科学入門5，岩波書店，2011

貪食作用を示すB細胞
――リンパ球も貪食する

B細胞は，適応免疫における液性免疫において重要な役割をはたす抗体（免疫グロブリン）を産生する細胞として知られ，通常のB細胞は貪食作用を示さないと考えられている．ところが，最近魚類のB細胞の機能について驚くべき発見がなされた．単球，マクロファージおよび好中球などの多形核白血球だけでなく，魚類や両生類ではB細胞も貪食作用を示すというものである．この発見はB細胞が適応免疫だけでなくマクロファージなどが主要な役割を演じる自然免疫においても何らかの役割をはたしていることを示唆するものであり，自然免疫と適応免疫を結ぶB細胞の新たな役割が浮かびあがってきた．折しも，B細胞もT細胞もマクロファージなどの貪食系の細胞から分化するという新しい仮説とこれを支持するデータがマウスの実験において示され，リンパ球の起源と進化について新たな論議をよび起こしている．

●ニジマスB細胞の貪食活性　ニジマスの末梢白血球中に，細胞表面にIgMを発現するリンパ球の形態をした細胞が，蛍光標識した直径1μmのラッテクスビーズを貪食することが見出された．ただし，マクロファージや好中球に比べて貪食するビーズ数は少なく，1μmのビーズの場合にはせいぜい6～8個，2μmのビーズでは3～4個以下で，やはりリンパ球は小さく細胞質もあまり大きくないために多くのビーズを取り込めないものと思われる．同様な細胞は頭腎（魚類の腎臓は造血・リンパ器官として知られ，頭部に近い腎臓の部位をさす）にも認められた．電子顕微鏡や位相差顕微鏡による詳細な形態学的観察および遺伝子発現解析からこれらの貪食細胞はB細胞であることが裏付けられた．なお，T細胞には貪食作用は認められなかった．

これまで，貪食細胞は付着性の細胞と考えられてきたが，貪食性のB細胞は通常のリンパ球と同様に付着性を示さなかった．また，抗体や補体はマクロファージなどの貪食活性を高める作用を有することが知られているが，エロモナス菌に対するB細胞の貪食においても同様な作用が認められた．さらに，外来抗原を取り込んだ食胞（ファゴソーム）がリソソームと融合して形成されるファゴリソソームの形成や細胞内殺菌が起きることも明らかにされた．

なお，B細胞の貪食作用に関する最初の詳細な研究はニジマスにおいて行われたが，アメリカナマズや大西洋サケにおいてもB細胞による貪食が報告されており，両生類ではアフリカツメガエル，爬虫類ではアカミミガメにおいても同様な現象が報告されている．

●マウスB細胞の貪食活性　マウスやヒトのB細胞リンパ腫やある種のリンパ

芽球細胞株は粒状抗原や細菌を貪食することが報告されている．また，B細胞による細胞表面の免疫グロブリンを介した可溶性抗原の取り込みとヘルパーT細胞への抗原提示が知られている．しかし，通常のB細胞は粒状抗原や細菌を貪食し，抗原を提示することはできないと考えられてきた．ところが，ニジマスB細胞の貪食作用を明らかにした上述の研究グループが，下等脊椎動物だけでなくマウスおいても腹腔内由来のB細胞（B-1細胞）の中に強い貪食能を示し，ヘルパーT細胞に抗原の提示を行う集団が存在することを報告している．

●**T細胞，B細胞いずれもマクロファージと近縁である**　B細胞とマクロファージの近縁性については，これまでにも指摘されてきたことであるが，理化学研究所の河本らのグループは，T細胞も同様にマクロファージと近縁であることを報告している．まず，造血前駆細胞をミエロイド（マクロファージなどの食細胞系），TおよびB細胞の3つの系列へ分化誘導できる培養液を開発し，前駆細胞を1個ずつ，それぞれ異なった培地で培養する方法を確立して各細胞分化の運命をたどった．その結果，前駆細胞がT細胞とB細胞のそれぞれの系列に分枝した後もミエロイド系の特性を保持しており，B細胞をつくる能力を失ったT細胞の前駆細胞からもマクロファージが分化することを示した（和田他，2008）．

このことは，T細胞とB細胞は互いによく似ているが実は遠縁にあり，むしろそれぞれマクロファージに近縁であるということを示している．魚類におけるB細胞が貪食作用を有するということは，魚類のリンパ球の分化も哺乳類と同様に食細胞系を軸にして進み，成熟B細胞においても食細胞系すなわちマクロファージの機能を保持していることを示している．

●**下等脊椎動物の血球は分化の早い時期に血液や組織中に出現する**　魚類から鳥類にいたる哺乳類以外の脊椎動物の赤血球や血小板（栓球とよばれる）には核があり，多くの魚類や鳥類の栓球は貪食作用を示すことが知られている．また，哺乳類の末梢血液中の成熟好中球の核はいくつかに分かれており多核白血球ともよばれている．いっぽう，魚類の好中球の核は分葉せず楕円形あるいはハート形である．このような形態の核を有する好中球は，哺乳類においては未熟な好中球（分葉核球になる前の桿状核球，後骨髄球など）に相当する．赤血球や血小板も骨髄中の未熟な時には核を有する．これらのことから，魚類などの下等な脊椎動物においては，哺乳類では未分化な状態の血球が循環血中に出現し成熟血球として働いていると理解できる．魚類B細胞における粒状抗原や細菌に対する貪食作用は，B細胞がその起源となった食細胞の特性をより色濃く保持していることを物語っている．

［中西照幸］

参考文献

［1］　和田はるか他「T前駆細胞はミエロイド系細胞への分化能を保持している—血液細胞分化経路図が書き換わる」『実験医学』26(13)，pp.2096-2100，2008

変態にかかわる免疫の自己・非自己認識
——おたまじゃくしの尾はなぜ縮む？

ヒトを含むすべての脊椎動物は，個体発生の過程で体のつくり換え（リモデリング）を行う．リモデリングは，成熟した機能と形をもつ動物の体を完成させるために必須なプロセスであり，無尾両生類のカエルの変態過程にその最も典型的な例をみることができる．カエルの変態は甲状腺ホルモンが引き金となって起こることが古くから知られているが，変態後は，幼生組織を非自己組織として免疫系によって破壊する機構も関与していることが近年報告された．

●カエルの変態における皮膚の変化　無尾両生類の変態においては，生殖腺以外のすべての臓器・組織の細胞が変化する（井筒，2016）．皮膚は，水生生活から陸上生活に適応するために明瞭な変化を起こす．特に変態期の皮膚は，幼生期は水，成体では空気という異なった外界とのバリアとして機能し続けるために，その変化は急速かつ劇的である．幼生の皮膚は，下層に魚などの水棲動物に特有のスケイン細胞と，最外層に細胞同士がすき間なく密着していることで外から水が入ってこないよう保護しているアピカル細胞との，2 種の細胞で構成される．成体になると，アピカル細胞もスケイン細胞も細胞死（アポトーシス，apoptosis）に陥り消失するが，変態期に出現する基底幹細胞から成体型の皮膚が形成される．成体型皮膚では，最外層が角質化し，毛こそ生えないが哺乳類の皮膚と基本的に同じ構造となる．しかし成体型へ変化するのは胴体部分だけで，尾では起こらない．つまり胴体部は成体化し，尾は幼生型のままという部域特異性がみられる．

●カエルの変態にかかわる自己・非自己の免疫認識　変態期にリンパ球集団の大幅な入れ換えも起こる．井筒らは尾の皮膚が幼生型のままで変わらないことに着目し，変態後のカエルにとって不要な組織，すなわち尾を非自己として免疫系が認識しているのではないかと考えた．従来はウイルスなどに対する生体防御として働くと理解されていた免疫が，細胞を認識して体のつくり換えに働くという新しい考え方だ．そこでＪ系統という MHC（主要組織適合遺伝子複合体，major histocompatibility complex）が同一な系統化されたアフリカツメガエルを使って，皮膚移植実験が行われた．

Ｊ系統とは，日本で樹立されたため，Japan の「J」をとってその名が付けられた世界で唯一の遺伝的に均一な近交系両生類である．そのため互いに交換移植が可能である．ところが，Ｊ系統の幼生の皮膚を同じ系統の変態直後の成体に移植すると，移植片は拒絶された．つまり，変態直後の成体から幼生の尾の皮膚は異物として拒絶される．この移植実験では二次応答がみられた．二次応答とは抗体が産生されることにより，2 回目の移植に対してより強い拒絶が起こる現象で，免疫反応の特徴である．成体に繰り返し皮膚移植することで，幼生皮膚に対する抗体をつくらせ，これを利用して幼生に特異的な抗原タンパク質が2種類同定された．これらのタンパク質は，尾をみずから壊すときの目印（抗原）となることから，己の尾を食らう空想上の生き物の名前からオウロボロス（*ouroboros*；ギリシャ語）と命名された．

オウロボロスタンパク質（Ouro）は，2つとも胚の時期には発現しておらず，変態が開始されてから皮膚に発現する（図1上段）．その発現様式には皮膚特有の部域特異性が見られ，胴体部分では変態末期に消失するが，尾ではその発現量が増え，退縮を開始する時に最大値に達する．Ouroタンパク質をコードする遺伝子 *ouro1* と *ouro2* の組換え動物を作成し，過剰発現実験（図1中段）と阻害実験（図1下段）が行われた．尾の縮む前の幼生の尾の一部分に，2つのOuroタンパク質を過剰に発現させると，通常は10日ほどかけて縮む尾がわずか4日間ほどで壊された．このとき，片方だけの過剰発現では尾は崩壊しない．実際の尾においても2つのOuroタンパク質がそろって発現することからも，両方が存在してはじめて機能すると考えられる．その考えと矛盾することなく，阻害実験では，*ouro1* と *ouro2* 遺伝子のどちらか片方を阻害するだけで尾の組織の一部が残った．これらの結果から，オウロボロスという抗原タンパク質が変態期に成体型免疫T細胞の標的となり，それによって尾が消失することが示された．これは両生類の変態に免疫反応を介した経路も関与することが初めて明らかにされた例である．

［井筒ゆみ］

図1　オウロボロスタンパク質の発現と遺伝子組換え実験
上段：内在性オウロボロスタンパク質は，Ouro1 も Ouro2 も変態末期になると尾でのみ増加する．中段：過剰発現実験．*ouro1* と *ouro2* 遺伝子を両方尾で過剰発現させると，尾の崩壊が促進され T 細胞も集積する．下段：阻害実験．どちらか片方のオウロボロスタンパク質の発現を抑制すると，変態が完了しても尾の一部が残る

参考文献

［1］ 井筒ゆみ「両生類の変態とホルモン」天野勝文，田川正朋共編『発生・変態・リズム―時』ホルモンから見た生命現象と進化シリーズⅡ，裳華房，pp. 82–99，2016

●コラム●

受精と生体防御——受精卵にとって精子は病原体？

受精は，通常１個の精子と１個の卵の間で起きなければならない（☞「単精受精と多精受精」参照）．多精受精は異常な（病的な）発生の要因となるので，受精卵にとって精子は病原体であるといえる．したがって，単精受精を保証するために，動物の卵には複数の精子による受精を防ぐ仕組みが備わっている．カエルの受精においては，生体防御機構がその一翼を担っているらしいのである．

（☞「レクチン」参照）で紹介したインテレクチン（小腸レクチン；Intl）ファミリーのレクチンは，その名に反してアフリカツメガエルの卵母細胞表層顆粒に含まれる分子として，1974年に最初に報告された．このレクチン（XCGL：*Xenopus* cortical granule lectin）は，受精にともなう表層反応によって卵外に放出され，卵黄膜上の輸卵管分泌物またはそのすぐ外側のゼリー層に含まれる糖鎖と結合して架橋する．これによって，精子を通さないＦ層（fertilization layer）とよばれる受精膜の最外層を形成し，遅れてきた精子の卵への接近をブロックして多精受精が起きるのを防ぐ．ところが，精製したXCGLは他のIntlファミリーのレクチン同様大腸菌や黄色ブドウ球菌に結合し，凝集反応を引き起こす．

原索動物のナメクジウオは腸管や鰓，ホヤは体液中に類似したレクチンをもっている．また，カエル胚やナマズの表皮上の粘膜，あるいは哺乳類やカエルの腸管粘膜や血漿中にも含まれている．この仲間のレクチンは，それぞれの動物の，それぞれの存在場所で，微生物感染に対する生体防御分子として本来は利用されてきたものらしい．カエルは，これを多精受精の防止のために転用したと考えられる．あるいは，XCGLによる多精受精の防止は，受精卵が精子という「微生物」の侵入を防ぐ生体防御機構によるものである，と言ってもいいかもしれない．

（☞「変態にかかわる免疫の自己・非自己認識」参照）よく似た例として，生体防御機構の１つである適応免疫反応が，カエルの変態における尾の退縮に転用されているらしい．上述のカエル卵の受精におけるレクチンの役割もこれと同様，生物が進化の過程で獲得してきた遺伝子資源とそれを利用した分子機構を，生存環境への適応のために柔軟に利用していることを示す例の１つであろう．

現在，遺伝子や分子の命名にあたっては，ヒトで命名されたものがあればそれを基準にして行うことがルールとなっている．同じ進化的起源をもち，類似した機能をはたしている遺伝子に，生物種ごとに勝手な名前が付けられるのを避けるためである．このルールに従って，ここで取り上げた多彩なレクチンをインテレクチン（小腸レクチン）とよんでいる．この命名は，一面では生物進化や生物多様性の視点を欠いた偏狭な「人間中心主義」によるもののように思えるのだが，いかがであろうか．

［永田三郎］

●コラム●

原核生物における防御機構――制限酵素と CRISPR

私達ヒトを含む高等動物だけでなく，ゲノムサイズが高等動物のたった 1/1000 程度の単細胞生物である大腸菌や緑膿菌といった原核生物（細菌）までもが高等動物の自然免疫系や適応免疫系に相当する生体防御機構をもっている．しかし，その作用機作は高等動物の場合と大きく異なる．例えばウイルスに感染した場合，高等動物ではウイルスそのものを除去するように免疫系が機能するのに対し，細菌の場合はウイルスの DNA または RNA を除去する．

制限酵素系は高等動物における自然免疫系に相当する．ほとんどの細菌がこの系をもっている．制限酵素は細菌に侵入してきたファージ（細菌に感染するウイルスをファージという）の DNA の特定の塩基配列を認識し切断する．細菌自身の DNA は，制限酵素認識配列のうちのアデニンあるいはシトシン塩基がメチル基で修飾されて保護され制限酵素による切断から逃れている．制限酵素は作用機作の違いによって大きく 4 つのタイプに分類されている．これらのうち，タイプⅡに属する多くのものは遺伝子操作のためのツールとして広く利用されている．

ほとんどの古細菌と約半数の真正細菌がもっている CRISPR-Cas 系は細菌における適応免疫系に相当する．この系は CRISPR（Clustered Regularly Interspaced Short Palindromic Repeats）とよばれる DNA 塩基配列と，CRISPR の近傍に存在する数種類の *cas*（CRISPR-associated）遺伝子から構成されている．CRISPR は 20 ～ 50 塩基からなる回文様の配列が同程度の塩基対からなるスペーサーを介して数回～ 20 回程度反復している領域である．

細菌にファージが感染すると，まず，ある Cas タンパク質によってその DNA の一部が切り取られ，CRISPR 領域に新しいスペーサーとして挿入される．これによって細菌はこのファージに感染したことを記憶し，再度同じファージに感染したときにこの免疫系を働かせることが可能となる．本系が適応免疫系とよばれる所以である．このファージ DNA の一部を含む CRISPR 領域は転写されて pre-CRISPR RNA（pre-crRNA）が生成され，さらに，pre-crRNA は分解されスペーサー単位の低分子 RNA（crRNA）が生成される．そして，生成した crRNA が別の Cas タンパク質に 1：1 の割合で取り込まれる．感染したファージの DNA の一部から派生した crRNA を取り込んだ Cas タンパク質は，その crRNA を介してファージ DNA，あるいは，その転写産物である RNA に結合し，それらを分解する．

CRISPR-Cas 系は系を構成している Cas タンパク質の違いによって大きく 6 つのタイプに分類されている．これらのうち，タイプⅡを構成している Cas9 タンパク質は優れたゲノム編集酵素として広く用いられている．

制限酵素，CRISPR-Cas9 の利用に関しては，項目「ゲノム編集」を参照．

［新海暁男］

●コラム●

新型インフルエンザウイルスの脅威

A 型インフルエンザウイルスはヒトを含む多くの哺乳類や鳥類に感染する．このウイルスは，粒子表面に存在する糖タンパク質ヘマグルチニン（HA：H1-H16）およびノイラミニダーゼ（NA：N1-N9）の組合せで亜型に分けられている．さまざまな亜型のウイルスがカモなどの野生の水禽を自然宿主として自然界に維持されている．自然宿主となる動物はそのウイルスに感染しても通常発症しない．野生水禽がもつウイルスの一部が他の動物に伝播し，時に感染症（インフルエンザ）を引き起こす病原体となる．

A 型インフルエンザウイルスが家禽や家畜を介してヒトに感染し，効率的に増殖・伝播する能力を獲得したウイルスが選択されると，新型ウイルスとして世界的大流行（パンデミック）を引き起こすことがある．20 世紀には 3 つの亜型の新型ウイルスが出現し，パンデミックとなった（1918 年 H1N1：スペインかぜ，1957 年 H2N2：アジアかぜ，1968 年 H3N2：香港かぜ）．2009 年には，ブタに流行していたウイルス由来の HA をもつウイルス（H1N1）によるパンデミックが起きた．これらのウイルスは，アジアかぜウイルスを除き，現在でもヒトの間で季節性インフルエンザウイルスとして流行している．

新型ウイルスとは，その出現以前に流行していたウイルスとは抗原性（抗体に認識されるタンパク質の構造）が異なる HA をもつウイルスである．抗原性は，同じ型の HA の間でも異なる場合もあるが，亜型の違いによってより大きく異なる．HA に結合する抗体はインフルエンザウイルスに対する免疫の主役であり，現在流行しているウイルスに対する抗体は，新型ウイルスに対して有効ではないため，パンデミックが起こるのである．

過去の新型ウイルスは，ヒトのウイルスと鳥類のウイルスが同時にブタに感染し，HA の遺伝子が入れ替わる（遺伝子再集合）ことによって誕生した．現在，さまざまな亜型のウイルスが，中国などのニワトリやアヒルの間で流行し，散発的にヒトに感染している．H1 や H3 以外の亜型のウイルスがブタを介してヒトの世界に侵入してきたら，次の新型ウイルスとなってパンデミックを引き起こす可能性がある．［髙田礼人］

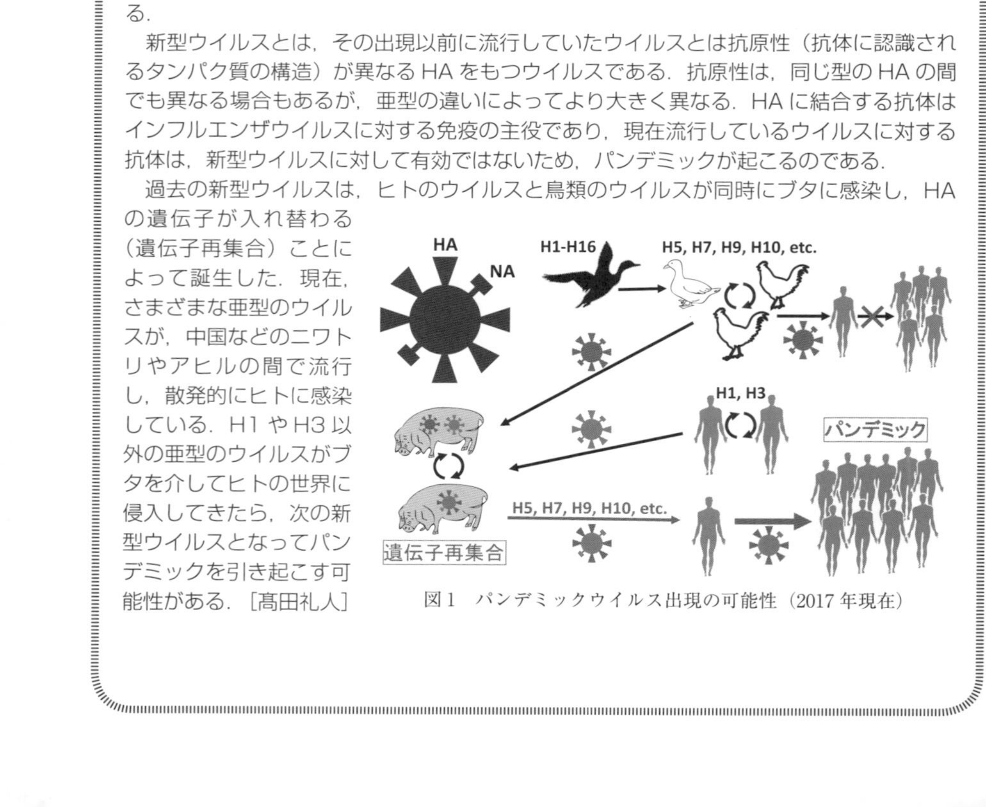

図 1　パンデミックウイルス出現の可能性（2017 年現在）

10. 動物の行動

［酒井正樹・狩野賢司］

動物の行動は，種に固有のものであるとともに個体差もあって，その多様性には目を奪われるが，どの行動をとっても４つの視点からながめることができる．

行動を仕組みと発達という観点からみたとき，まず注目されるのは，さまざまな環境に適応した行動を可能にする感覚能力と運動能力である．それらは単純な神経系と筋・骨格系の仕組みを基礎にして超能力といえるものにまで発展してきた．神経系に記憶と統合機能が付加されると随意的行動が生まれ，そこに経験と学習が蓄積されたとき，ヒトを含む霊長類でみられるような複雑で高度な行動が可能となった．

一方，行動の意味と進化という視点からは，それぞれの行動には適応的な意味があることがみえてくる．いかに効率的に採餌し，捕食者から逃れるか，そしてよい配偶相手を獲得して適応性に富んだ子を多くつくることができるか，自己の遺伝子を後の世代に残すために進化した多様な行動を動物はみせてくれる．

動物行動研究の歴史と視点
――行動は，仕組み・発達・意味・進化

本章では「動物の行動」を扱っている．そのため，ここで全項目がかかわる研究の歴史と視点について概説しておく．動物の行動を専門に扱う分野のことを動物行動学，比較行動学，あるいは英語そのままにエソロジーとよぶ．歴史的に見ると，野外観察は博物学が，実験的研究は主に生理学と心理学が担ってきた．しかし現在，動物行動学は，さまざまな分野――神経行動学，脳・神経科学，発達心理学，認知心理学，霊長類学，人類学，生態学，遺伝学，進化学，分子生物学，コンピュータサイエンスなど――を取り込みながら大きく発展しつつある．

●研究の歴史　科学の発展は国の興亡と軌を一にしており，以下に見るように動物行動学もまたしかりである．

①**フランス**：動物行動の科学的研究は，18 世紀後半フランスで比較動物行動学として起こった．C. ルロア（Leroy, 1723–89）は独自の観察に基づいて動物の感情や知性を考察し，デカルトの機械論的動物観を批判した．J.-B. ラマルク（Lamarck, 1744–1829）は自著『動物哲学（Philosophie zoologique）』（1809）の中で進化や内的動因という考え方を主張したが，彼の説は種の不変説を唱える B. キュビエ（Cuvier, 1769–1832）によって葬り去られた．やがてフランスの研究は下火にむかうが，動物行動学は海洋生物学の A. ジアール（Giard, 1846–1908）や昆虫学の H. ファーブル（Fabre, 1823–1915）らによって継承されていく．

②**英国**：19 世紀に入ると英国で行動学が起こってくる．しかし，当初行動学という分野は J. S. ミル（Mill, 1806–73）の定義による「環境を制御することによって性格をつくる科学 」としての意味合いが強く，教育学と関係が深かった．他方英国には博物学の伝統があり，なかでも鳥類の研究者が多かった．D. スパルディング（Spalding）はヒヨコを使って本能と経験の関係を分析し，すでに刷り込みの概念に到達していた（1873）．一方，C. ダーウィン（Darwin, 1809–82）は『種の起原』（1959）を著し，その第 7 章「本能の起源」では行動の進化が扱われた．さらに「人間の由来」（1871）と「人間と動物の感情表現」（1872）が発表されると，動物行動の研究は種間比較と進化を抜きには語れなくなった．これに影響を受けた C. ロマネス（Romanes, 1848–94）は比較（動物）心理学を開拓したが，その逸話的で擬人主義的傾向は L. モーガン（Morgan, 1852–1936）から厳しい批判を受けた．モーガンは行動の質が「低次の活動として説明できるなら，より高次な機能として説明すべきでない」とするモーガンの公準（1894）をつくり，科学的行動学の基礎を築いた．しかし近年，D. グリフィン（Griffin, 1992）などは，多能性を根拠に，動物にも心を認めるべきとの主張をしている．

③**ドイツ他**：ヨーロッパ大陸では 20 世紀に入ると，ドイツ系の J. ユクスキュル（Uexküll, 1864-1944）と O. ハインロート（Heinroth, 1871-1945）が動物行動の研究を高いレベルに押しあげた．前者は動物の主観的「環境世界」というユニークな概念を提唱した．一方，カモ目について詳細な研究を行ったハインロートは若い K. ローレンツ（Lorenz, 1905-89）に強い影響を与えた．ローレンツは刷り込みの発見者として有名であるが，最大の功績は動物行動の理論構築にあった．その中心には，反応特異的エネルギーによる固定的運動パターンの解発システム，すなわち生得的解発機構（I.R.M.）があり，中枢神経系は単に反射の中継地ではなく，本能特異的エネルギーを用いてみずから行動のパターンをつくり出す存在であるとの理論を提唱した（1935）．この考えは今日では単純すぎて受け入れられていないが，行動は反射の寄せ集めにすぎないと考えられていた当時にあって，大きなインパクトを与えた．これに触発されたオランダの N. ティンバーゲン（Tinbergen, 1907-88）は解発機構の生理学的研究に着手し，中枢の階層的体系をつくりあげた（1951）．一方，ミツバチのコミュニケーションを研究していた K. フリッシュ（Frisch, 1886-1982）は言語を思わせるダンスによる信号伝達機構を発見した．動物行動学は 1930 ～ 50 年代，上記 3 人の研究者（1973 年ノーベル医学・生理学賞を受賞）によって確立されたとみなされている．

④**第二次世界大戦前後のヨーロッパ**：ヨーロッパでは，第一次（1914-18）と第二次（1939-45）の 2 回の世界大戦によって研究は停滞した．しかし，英国では両大戦の間に集団遺伝学の発展があり，ダーウィンの自然淘汰説に遺伝学的基礎が与えられてネオダーウィニズム（進化総合説）が興り，これが行動学にも大きな影響を与えた．鳥の研究で有名な J. ハクスリー（Huxley, 1887-1975），W. ソープ（Thorpe, 1902-86）の他，進化学の J. ホールデン（Haldane, 1892-1964），また生態学の C. エルトン（Elton, 1900-91）らが活躍した．これらの流れに加え，第二次世界大戦後オランダから英国（オックスフォード大学）へ渡ったティンバーゲンの影響によって行動の適応面に関する研究が発展した．そこから，J. メイナード＝スミス（Maynard-Smith, 1920-2004），R. ハインド（Hinde, 1923-），W. ハミルトン（Hamilton, 1936-2000），P. ベイトソン（Bateson, 1938-），R. ドーキンス（Dokins, 1941-）らが活躍することになる．一方ドイツでは，大戦によって大きな打撃を受けたが，カラスの数感覚を調べた O. ケーラー（Köhler, 1889-1974），類人猿の知能を調べた W. ケーラー（Köhler, 1887-1967），動物行動学を人間に応用した I. アイブル＝アイベスフェルト（Eibl-Eibesfeldt, 1928-），行動生理学を確立した E. ホルスト（von Holst, 1889-1967）らの活躍があった．

⑤**米国**：米国には，19 世紀後半，C. ホイットマン（Whitman, 1842-1910）や W. ホイーラー（Wheeler, 1865-1939）らの動物学者がいたが，20 世紀前半に行動主義が起こり，J. B. ワトソン（Watson, 1878-1958），E. ソーンダイク（Thorndike,

1874-1949)，さらにE. トールマン（Tolman, 1886-1959）やB. スキナー（Skinner, 1904-90）らが活躍した．これには，W. ジェームズ（James, 1842-1910）らの精神分析学への反発が根底にあり，また，ロシアのI. パブロフ（Pavlov, 1902）による条件反射学の後押しがあった．しかし，ラットやハトなど特定の動物を使い，行動の可塑的側面のみを追求する研究は欧州の動物行動学とは相容れないものであった．第二次世界大戦後，英国で起こった行動における適応研究の流れ（行動生態学）を受けて，E. ウイルソン（Wilson, 1926-）やR. トリヴァース（Trivers, 1943-）らは社会生物学という分野を形成した．

●ティンバーゲンの4つの「なぜ」 ティンバーゲンは名著『本能の研究』(1951)で，主に生得的行動の仕組みを論じた．しかしそれだけにとどまらず，行動の個体発生（発達），適応性（意味；機能），系統発生（進化）という問題をも取り上げ，動物行動学の体系づけを試みた．すなわち，行動の研究には以下の4つの視点があることをはじめて明示したのである．これは現在でも動物行動学の重要な指針となっているため，さえずりを例に説明しておく．

一般に繁殖条件が整ったスズメ目の雄はさえずり（歌）をする．歌には地鳴きとは異なって通常旋律があり，比較的長く，そして繰り返され，時にはきわめて複雑なものがある．この行動を4つのなぜで問うてみよう（図1）．1）仕組み（歌はいかにしてうたわれるのか）：これは歌が発せられる機構の問題であり，その条件には外因（気温や日長などの）と内因（ホルモン環境など）があるが，これらが整えば歌は自発的に発せられる．そこで，歌の仕組みでは発声器官（1-c）と聴覚器官（1-b）の働き，脳と神経系によるさえずり司令と制御機構（1-a）が問題となる．2）発達（歌はいかにしてうたえるようになるのか）：これは個体発生の問題である．若鳥は最初から親鳥のようにはうたえない．歌は学習によって徐々に完成していく（2-a→2-b→2-c）．歌には生得的要素と獲得的要素があるが，それらが鳥自身の学習訓練を経て，いかに完成していくかが問題となる．3）意味（なんのためにうたうのか）：これは歌の機能であり生存価ともよばれる．自己の生存と子孫繁栄の上で，さえずりがもっている有利さの分析である．さえずりには，縄張りの維持（3-a），雌への求愛と交尾（3-b），巣づくりや抱卵の促進（3-c）などの機能が証明されている．4）進化（歌はいかに出現・変転してきたのか）：ここでは，鳥類の系統樹を参考に歌の種間比較を行い（4-a, 4-b, 4-c, 4-d），その変遷を考えるのである．一般に複雑な歌は単純な歌から進化したと考えられ，多くの種に保存されている歌の要素は進化的に古いとみなされる．以上，「仕組み」と「発達」は行動のメカニズムを扱っており，研究に必要な技術があれば解析はいつでも可能．それに対し，「意味」と「進化」は行動が存在する理由を扱っており，仮説の検証には野外における調査や実験を必要とし，特に進化においては，膨大な時間スケールにおける環境を扱わねばならず，研究の性質は

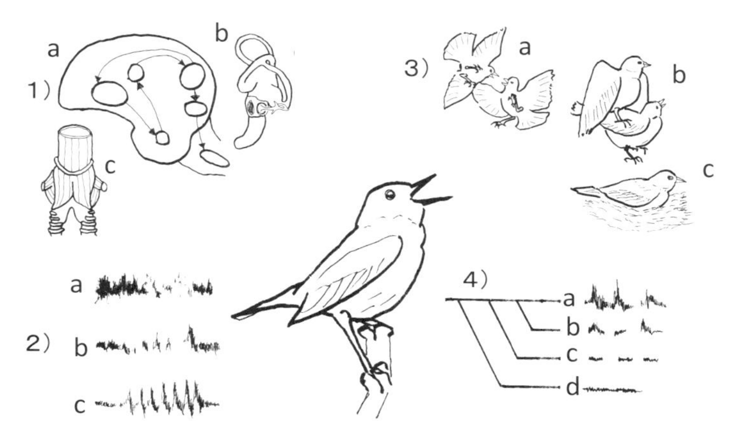

図1　行動研究における4つの視点

前2者とは大きく異なってくる．そのため，前者を至近要因，後者を究極要因とよぶことがある．10章においては，主に項目2～15，30が至近要因を，項目16～29が究極要因を扱っている．

●神経行動学（ニューロエソロジー）　ティンバーゲンは『本能の研究』において「行動生物学を神経生理学と結びつける」ことを目標に掲げたが，これは神経生理学の技術的進歩によって1960年代には可能となった．当初は同定可能な比較的大型のニューロンをもつ無脊椎動物が好まれ，彼らの特殊化した能力の要となる神経回路が解析された．C. ウイルスマ（Wiersma，ザリガニの逃避行動［1947］），K. レーダー（Roeder，ガの逃避機構［1948］），T. バロック（Bullock ヘビの赤外線受容［1956］），J. レトビン（Lettvin, カエルの捕食［1959］）ら，それにG. ウイルソン（Wilson，バッタの飛翔［1961］），N. スガ（Suga，コウモリの音源定位［1965］），M. コニシ（Konishi，さえずり学習［1965］；フクロウの音源定位［1973］）らが続き，1970～80年代に入ると研究は飛躍的に発展した．F. フーバー（Huber，コオロギの歌認識［1975］），E. カンデル（Kandel，アメフラシの学習［1976］），G. ステント（Stent, ヒルの遊泳［1978］），R. ウェーナー（Wehner，サバクアリの帰巣行動［1976］），W. ハイリゲンバーグ（Heiligenberg，電気魚の混信回避［1977］），M. バローズ（Burrows，バッタのジャンプ［1973］），J. カムハイ（Camhi，ゴキブリの逃避行動［1978］）など．これらは現在，新しい手法を数多く取り込みながら，より精緻なレベルで解明が進みつつある．　［酒井正樹］

参考文献

［1］ ソープ，W. H.『動物行動学をきずいた人々』小原嘉明他訳，培風館，1982
［2］ ティンバーゲン，N.『本能の研究』永野為武訳，三共出版，1975

行動の分類と進化
——時間と空間に広がる行動の諸課題

動物行動の分類は人為的なものにならざるを得ない．動物の側にはみずからの行動を分類する理由がないからである．ところが人間の側には分類したい理由があった．ここでは「動物にはどのような種類の行動があるのか」という問いを捨て，「動物学者は動物行動をどのように切り分けてきたか」，を整理することにしよう．それぞれの行動の詳しい説明は参考文献としてあげた『行動生物学辞典』の各項目を参照されたい．

●時間と空間のスケール　分子・細胞・個体・群れという階層性は生物学の基本である．動物行動を時間と空間のスケールの中においてみた（図1）．中心にあるのが個体のレベルで，これが行動の単位となる．個体の行動を文章で記述しビデオ画像にとり，発した音声をソナグラム解析にかける．あるいは体内外に仕込んだセンサやデータロガーを使って，個体の行動を記載していく．このようなデータの集まりをエソグラムとよぶ．その行動の裏にどのような神経メカニズムがあり心的プロセスがあるのか，またその行動にどのような適応的な意義があるか，これらを問う前にまず徹底的な記載が行われる．

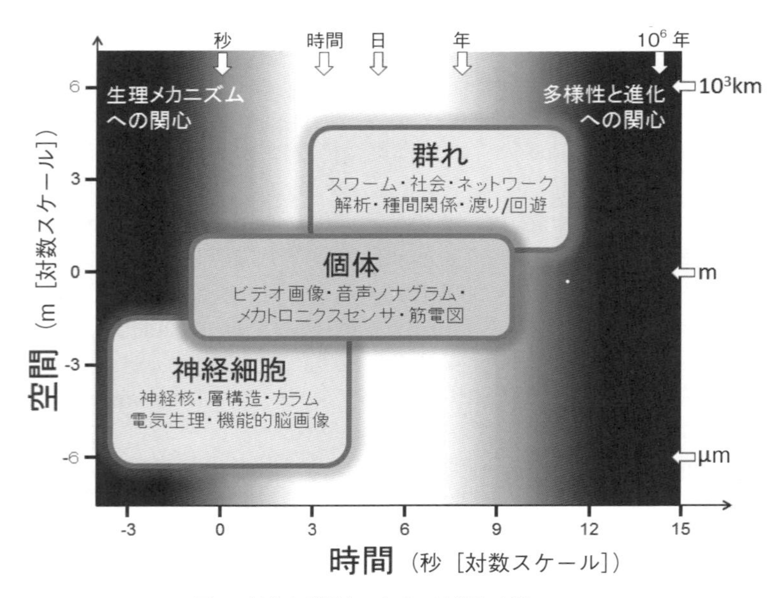

図1　行動を理解するための時間と空間のスケール

同様にその行動を記載する対象として神経細胞がある．そのスケールは空間的に小さく時間的にも短い．実際には多くの神経細胞が長い寿命をもっていて，個体が生まれてから死ぬまでを追跡すべきものである．しかし現時点では長期にわたる追跡が技術的に困難であるため，短いスケールでとらえて我慢しているだけである．さらに膨大な数の神経細胞が集まって神経核とよばれる集団をなし，あるいは層構造やカラムのような秩序だった構造をつくる．個体の行動はこの膨大な数の神経細胞が紡ぐネットワークの集合行動の産物と考えるべきだが，現時点ではこの巨大な対象を扱う手立てを我々はまだ十分には開発できていない．

スケールをあげてみよう．個体は集まって群れをつくり，大きなネットワークを備えた構造が生まれる．同種の多数の個体が同調してスワームとよばれる群れをつくることがあるが，これは渡り・回遊をはじめとする集団的行動の見かけ上の単位となる．さらに捕食・被食の関係やニッチ構築を通して複雑な種間関係を構築することもある．ここでも群れのネットワーク構造の理解は，長期にわたって膨大な要素を追跡することに技術的な限界があるため，さらには膨大なデータを解析する手法が未開拓であるために，神経細胞の場合と同様の大きな壁に突きあたる．

時間的スケールが長い現象は，一般的に空間的スケールも大きい．大きいスケールの現象は生態学の枠組みの中に置かれて，生物多様性や進化への関心が研究を主導してきた．他方，時間的スケールの短い現象は空間的にも小さなスケールをもち，生理学や分子生物学への関心が研究を導いてきた．研究の技術的なスケールの違いも，これに合わせて発達してきたのである．しかし生態学も生理学も，メカニズムを問題にしている点では，スケールによらず同じだということに注意すべきである．行動科学はどのスケールにあっても「いかに」（How）を問うからである．神経細胞の研究は行動のメカニズムを短く小さなスケールで問い，群れの研究は進化を含む長いスケールで問うのである．

●メカニズムと機能との基本的な関係　行動科学が突き付けている課題と対象を，もう少し具体的に見てみよう（図2）．個体のスケール全域にわたって，可塑性と恒常性という隠れた領域がある．左下に位置する課題が神経ネットワークの形成過程である．神経回路がどのように自己組織化するかを問題にする．

少し上のレベルに知覚やカテゴリー化，価値・情動・意思決定など，1個体の行動を扱う心理学的な課題があるが，これらは細胞ネットワークの働きとして初めて理解できる．その隣には概日リズムが，特異な，しかし重要な位置を占めている．時間スケールとしては24時間を基準とする生体のリズム現象であるが，空間的には大変に広く細胞から個体に及んで行動を支配する．また季節繁殖性の動物の場合，概日リズムは生殖行動と結びついている．温度や日照など1日の中で変動する環境要因が，季節的にも変動して季節を知らせるからである．

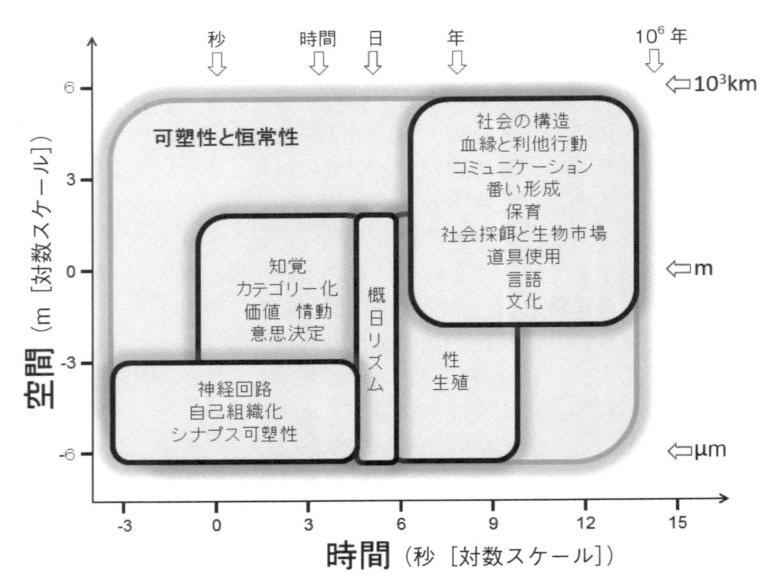

図２　時間と空間スケールの中の動物行動の諸相

意思決定は時間スケールこそ短いが，採餌や番い形成など成長や繁殖にとって決定的なプロセスである．しかし，このプロセスは「心とは何か」というかなりきわどい課題を突きつけてくる．20 世紀まで研究は感覚と運動に強く偏っていた．感覚は動物に与える刺激をはっきり統制できるので，紛れのない研究対象になるからである．運動も同様に，観察するにも操作するにも紛れがない．対象の明確さが研究者を引き付けてきた．ところが意思決定にかかわる「心の状態」は厄介で，人間であれば本人の感じるところや言うところ，つまり内観に頼るしかなく大変にあやふやである．動物はほとんどの場合みずから語ることがないからいっそう困難である．

20 世紀も末に近づくと，脳科学はようやく「心の状態」に肉薄することができるようになった．機能的脳画像解析，特に核磁気共鳴を利用した fMRI 法の開発は「心の状態」を実体のある脳の出来事として可視化したのである．少なくとも相関を可視化できる所まで理解は深まった．実験心理学を背景とする報酬とその予期に基づく選択行動の研究は，実際狭い世界である．しかしここに集中することによって，ヒトをはじめとする霊長類だけではなく，鳥類や昆虫にまで広がる普遍性がようやく備わるようになった．行動経済学，また神経経済学とよばれる新しい分野はこれに由来するが，突き詰めるところ採餌行動（探して見つけ，決定して消費し，それを憶えて次の採餌に備える）の研究に他ならない．

報酬・採餌・性・生殖にかかわる個体の行動を基盤として，その上に多くの社会行動がある．図 2 の右上においた行動はどれも，何らかのかたちで採餌や繁殖と深く結びついている．採餌はしばしば血縁選択と結びついて利他行動を前適応形質として進化させる．コミュニケーションは番い（つがい）の形成と維持に必須の過程として，性選択を受けてきた．保育もまた繁殖と結びついており，どのような番いを形成するか（例えば一夫一妻制か）が，雌雄のどちらが保育にかかわるかを規定する要因の 1 つとなっている．

動物たちはさらに群れで餌を探し，餌資源に関する情報を，社会学習を通して共有する．そのような積極的な情報共有がなくとも，個体ごとに利益を追求することで生物市場が成立し，集団が速やかに公共情報を獲得する場合もある．ニューカレドニアカラスの道具制作の例で顕著だが，群れにはしばしば広義の文化，すなわち獲得性の情報の共有と伝達が実現する．言語，あるいは言語様の発声コミュニケーションが進化する過程も，生殖や性選択という下部構造を抜きに考えることはできない．

●反射学を越えて　下部構造の生理的メカニズムは，上位の行動を直接に強く拘束している場合がある．生理的拘束が行動の変異の幅を制限しているからである．その例を性行動，特に交尾行動のエソグラムに見出すことができる．歩行・遊泳行動の仕組みがそのまま転用されて特徴的運動を多様に実現している例がある．1 つの神経回路が拘束を受けながらも，わずかな変異によってさまざまな運動を生成し，それぞれが進化の過程でそれまでとは異なる適応的価値を獲得するからである．これは N. ティンバーゲン（Tinbergen）が「本能の研究」の中で儀式化とよんだ過程に他ならない．

メカニズムと機能の関係を考える場合，この生理的拘束に加えてもう 1 つ考えておくべき課題がある．先に述べた感覚・運動を中心とする考え方では，時間空間スケールの大きな現象を扱うことが根本的に困難なのである．意思決定に代表される「心の状態」はゆらいでおり，行動はゆらぎの中から確率的に生成される．感覚刺激が運動出力を一意に決定するという，反射学を規範とした決定論的な理解の枠組みは，図 2 の右上においた行動，つまり時間的にも空間的にも広い動物行動の多くに対して，有効な説明を与えることができない．反射学を越える新しいパラダイムが待たれている．

［松島俊也］

📖 参考文献

［1］ 上田恵介他編『行動生物学辞典』東京化学同人，2013

［2］ ティンバーゲン，N.『本能の研究』永野為武訳，三共出版，1975（原著（*Study of Instinct*）は 1949 年公刊）

［3］ Glimcher, P. M., *Decisions, Uncertainty, and the Brain,* MIT Press, 2003

運動能力
――多様な動物の運動とその能力

動物が能動的に起こす各種の動きを運動とよぶ．動物の運動の多くは細胞内の運動（☞「細胞運動」参照）が基礎となって生じるが，個体を基準に考えると個体内の局所的運動と個体全体の移動運動に大別できる．また，多くの動物では，局所的運動と移動運動のいずれもが筋肉の収縮（☞「筋収縮の制御」参照）に依存するが，局所的運動はアメーバ運動や繊毛運動，鞭毛運動（☞「繊毛・鞭毛の運動制御」参照）など筋収縮以外の細胞運動に依存する場合もあり，動物の運動を筋収縮に依存するものとそれ以外に大別することもできる．筋肉は収縮することしかできないが，骨格や周囲の外環境をテコの原理で利用することで，引き寄せる・曲げる・押す・回転させるなど，多種多様な運動を生み出すのである．

●筋肉の収縮によらない運動　単細胞性の原生生物でみられるアメーバ運動や繊毛運動，鞭毛運動は，主に移動運動で用いられるが，後生動物では主に局所的運動に用いられている，

アメーバ運動：原生生物のアメーバで最も典型的にみられる変形運動で，細胞内の原形質流動と原形質ゾル－ゲル転換によって細胞体を変形させ，さらに仮足とよばれる細胞質の突起を形成して伸縮・屈曲させることで細胞体の移動運動が成立する．このアメーバ運動は，精子や始原生殖細胞，リンパ球，白血球，マクロファージ，神経細胞，グリア細胞などでも見られる（移動速度：約 5 μm/s）．これらの細胞からは収縮性タンパク質やアクチン結合タンパク質が分離・精製されており，ATP とアクチン－ミオシン系収縮性タンパク質との相互作用がアメーバ運動の成立に重要と考えられている．

繊毛運動・鞭毛運動：2 本の中心微小管と 9 組の周辺微小管とが平行に配列した構造をもつ繊毛・鞭毛が内部のチューブリンと ATP アーゼ活性のあるダイニンを局所的に滑り合わせることで成立する．繊毛・鞭毛は太さ約 0.2 μm・長さ数～数百 μm で，原生生物の体表や後生動物の精子，二枚貝類の鰓（えら），脊椎動物の消化管上皮などに存在するものは，その運動により周囲に水流を発生させることで，細胞の移動や摂食，体液循環，排出物の移送，上皮の清掃などの機能を担う（移動速度：精子約 100 μm/s，鞭毛虫 20 ～ 200 μm/s，繊毛虫 400 μm/s ～ 2 mm/s，テマリクラゲ約 8 mm/s）．

●筋肉の収縮に依存する移動運動　多細胞生物の移動運動は，ほとんどの場合，筋原繊維のアクチンフィラメントとミオシンフィラメントの相対的な滑りで生じる筋収縮が駆動源となる．

移動するために発達した肢をもたない場合，環状筋と縦走筋の収縮波を交互に

繰り返す蠕動運動（ミミズ）やシート状の筋肉を収縮・弛緩で波打たせる筋シート運動（巻貝やイソギンチャク），背腹筋を収縮させて体全体を波打たせる波動運動（環形動物や紐形動物）などが使われ，その移動速度は約2～7 mm/sである．

陸上での移動：肢をもつ動物は，最小限の筋肉短縮で大きな動きを生み出すことができ，肢の動きだけで移動可能という利点をもつ．移動スピードをあげるには，肢を動かす筋肉の収縮スピードをあげるか，肢自体を長くするかのどちらかであるが，より有効な後者は安定性を下げるという欠点もある．2脚で移動する動物は歩調の異なる歩行と走行（ヒト4～20 km/h）か両足で跳ぶホップをもち，4脚哺乳類は歩行，トロット，ギャロップ（競走馬10～30 km/h）の3種をもつ．

水面または水中での移動：肢による漕ぎ，水中翼のあおり，ジェット推進，波動遊泳，水中翼あおり＋波動遊泳などの方法が使われる．エネルギー的には，カモの漕ぎ（約0.5 m/s）よりもペンギンの水中翼あおり（約0.84 m/s）が，イカのジェット推進（約0.8 m/s）よりもサケの尾鰭あおり（約1.4 m/s）が低コストで速い移動を可能にする．また，水中翼あおりと波動遊泳の組合せで泳ぐ多くの魚では，ウナギの約0.1～0.8 m/sからマグロの約20 m/s，バショウカジキの約30 m/s（約110 km/h）まで多様な遊泳速度が実現可能となる．

空中での移動：翼の動きで揚力と推力を得る飛翔（鳥類と翼手類，昆虫類）と適切な横断面をもつ翼や皮膜による滑空（ムササビ，トビトカゲ，トビカエル，トビウオ）が見られる．空中で停止するハチドリのホバリングでは約15～60 Hzの羽ばたきが観察され，飛翔と滑空を組み合わせるハヤブサ類では約200～300 km/hの高速飛行も見られる．

●筋肉と骨による高速運動　筋肉の収縮によるエネルギーが骨のひずみとして蓄えられ，それが一気に解放されることで高速運動が成立する．

ヒキガエルは，眼前で小さな虫が動くと，口を開いて素早く舌を打ち出し，虫を絡め取って，口を閉じる．カエルが舌を打ち出し始めてから虫を絡め取るまでの約30 ms，口を閉じるまでの約150 ms，顎筋3種と舌筋2種が絶妙のタイミングで収縮・弛緩し，顎骨・舌骨がひずみ開放されて，高速捕食が成り立つ．

シャコは，パンチ専用に特化した1対の捕脚をもち，約2 msという超高速パンチで貝殻を叩き割って捕食する．捕脚前節の鞍と腹側棒が外骨格ばねの弓，指節が矢，遅筋である側伸展筋が弓を引いて超高速の矢を放つ．［竹内浩昭］

参考文献

［1］ アレクサンダー，R. M.『生物と運動―バイオメカニックスの探究』東 昭訳，日経サイエンス社，1992
［2］ 日本比較生理生化学会編『動物の「動き」の秘密にせまる―神経系の比較生物学』共立出版，2009

感覚能力
——情報処理のスゴ技の数々

動物はその感覚能力により，周囲の生物あるいは自然環境についての情報をくわしく知り，さまざまな生活スタイルを反映した，非常に多様で高度な適応行動をとる．感覚能力は，動物の生存・進化を左右する，生息場所の選択，移動，食物の発見・捕捉・分別，被捕食回避，配偶者の発見・選択，繁殖行動，子育て，などの行動に欠くことのできないきわめて重要な能力で，どの種でもとてもよく発達しており，ヒトからみれば超能力かと思われるようなものもよくある．動物の高度な感覚能力は受容器の巧みな構造と中枢神経系の機能によってもたらされる．化学物質，光，音波などの形で運ばれた感覚情報はまず，鼻・眼・耳などの感覚受容器官によってとらえられ，それぞれの種の生存にとって不可欠な情報が神経信号へと信号変換され，中枢神経系へと送られる．中枢神経系は，受容器からの神経信号に対し，ノイズ処理，コントラスト調整，パタン認識などの複雑な神経計算を実行し，行動や認識のために必要な，刺激の種類（匂い・色・音声など），刺激の強さ，刺激源の空間的位置，またそれぞれの時間変化（動き・音声パタン）などの情報を取り出す．感覚情報は，受容器→中枢方向の上行経路で受動的な処理を受けるばかりでなく，中枢→受容器方向の下降経路により能動的に選択・修飾されることがある（例えば，見たいものだけを見る，聞きたいものだけを聞くといった「注意」の現象）．

●視覚（光感覚）　光受容器官（眼）にある網膜には，レンズその他の光学装置によって外界の二次元世界が投射されるため，どの方向にどのような大きさ・形のものがあるかという，行動上非常に重要な空間的情報がすでに提示されている．網膜に投影された二次元像は，種々の修飾を受けながらも視野内の位置関係を保ったまま脳の視覚領域を駆けのぼっていく．脊椎動物の上丘や霊長類の外側膝状体・一次視覚野，無脊椎動物の視葉などでは，外界の空間イメージが神経活動によりそのままスクリーンのように写しだされる．視覚中枢の神経回路がとりだす情報は，像の位置，大きさ，形，色，テクスチャ，動き，奥行き，複雑で詳細な性質（例えばヒトの顔），など多岐にわたる．奥行きの感覚は，左右の眼が視る像のわずかな差を中枢神経系が解析することでもたらされる． 猛禽類は小さな物を見分ける能力にたけており，その視力はヒトの基準にてらせば5.0程度である（アメリカチョウゲンボウ）．色を感じる能力（色覚）は，網膜の視細胞で光を受け取る光受容物質オプシンに数種類の波長選択性があることと，中枢神経系がそれら視細胞の出力のパタンを認識する機能によっている．オプシンの種数が多いほど，色弁別の精度と多様性が高くなる．アザラシやクジラはオプシンを

1種類しかもたないので色はまったく見えないと考えられる．霊長類を除く大部分の哺乳類（イヌ・ネコを含む）は2種のオプシンをもつので，色をある程度見分けることができる．ヒトを含む霊長類と一部の昆虫は3種のオプシンをもつので，見分けることのできる色の数は飛躍的にふえる．爬虫類，両生類，鳥類，魚類，昆虫類は一般に4種類以上のオプシンをもつため，ヒトには知覚できない色もみることができる．紫外線をみる能力は，節足動物，魚類，爬虫類，鳥類によくみられるが，ヒトを含む多くの哺乳類にはない．ニシキヘビなど一部のヘビは恒温動物の獲物が発する赤外線を，口の近くにあるピット器官で暗視カメラのようにとらえることができる．また，タマムシ科の甲虫 *Melanophila acuminata* には赤外線受容器があり，これで山火事を探索・発見し，卵は炭化した樹木に産み付けられそこで成長する．節足動物の複眼は偏光を感受することもできる．偏光の度合いと方向は空の場所によってことなるので，これが方角知覚に利用される．

●化学感覚（嗅覚・味覚）　脊椎動物の嗅覚は，匂いのもととなる揮発性の匂い物質（水性動物では水溶性の匂い物質）が嗅覚細胞の表面にある嗅覚受容体タンパク質に結合することではじまる．マウスでは約1000種類，ヒトでは約350種類の嗅覚受容体タンパク質があるが，個々の嗅覚細胞にはそのうち1種類だけ存在する．しかし，その1種類の嗅覚受容体タンパク質がさらに多種の匂い物質と結合するので，嗅覚受容体タンパク質の数だけでは，ヒトや動物が膨大な数の匂いを嗅ぎ分けることを説明できない．数百種類の嗅覚細胞の興奮パタンを神経系が読み取ることで，このような能力が生まれると考えられている．嗅覚は，食物の質や異物との差を嗅ぎ分けるほか，種内・異種間のコミュニケーションでも重要な役割をはたす（マーキング行動・フェロモン）．嗅覚の絶対感度は動物種により大きくことなり，イヌはヒトの約千倍の感度をもつ．昆虫の嗅覚受容器は，触角などの感覚子の内部にある．キイロショウジョウバエの嗅覚細胞では数十種類の嗅覚受容体タンパク質が同定されている．無脊椎動物の化学感覚も，脊椎動物同様，食物やフェロモンの検出に重要な役割をはたす．

味覚系は水溶性物質に特化した化学感覚系であるが，受容細胞のタイプも数種類と少なく，嗅覚系ほど複雑ではない．ナマズなどの魚類では，味覚受容器は口内にとどまらず体表全体に備わる．化学感覚は鼻・触角などの受容器官に方向選択性がないため，刺激源の位置を定めるには一見適していないようにみえるが，実際には探索行動との組合せにより，定位行動にも貢献する（ハトの嗅覚による方向感覚・カイコガによるフェロモンプルームの探索）．

●聴覚　聴覚は機械的刺激がもととなる機械感覚の一種である．脊椎動物では，音波は内耳の蝸牛に到達し，そこで聴覚細胞である有毛細胞を刺激する．蝸牛には有毛細胞がその最適周波数の順にならんでいるので，音波の周波数は，受容器（蝸牛）の段階で分別されている．動物が聴くことのできる周波数範囲（可聴周波数）は種により異なり，おおむね数十 Hz から数十 kHz である．イヌの訓練に用いられる犬笛は，ヒトとイヌの可聴上限周波数（ヒト 20 kHz，イヌ 45 kHz）の中間の音を発するので，イヌにはよく聴こえるがヒトにはかすかな雑音にしか聴こえない．超低周波や超音波を聴くことのできる動物もいる．アフリカゾウは，数 km 先の個体の発声する超低周波音（10 ～ 20 Hz）で音声コミュニケーションをする．コウモリやイルカは，みずから発した超音波（数十～ 100 kHz 超）の物体からの反射音を聴きとり，こだま定位を行う．

昆虫の聴覚受容器は，ジョンストン器官と鼓膜器官である．ジョンストン器官は，カ・ハエ・ミツバチなどの飛翔昆虫の触角の付け根にあり，空気振動で生じたわずかな動きを感じ取る．鼓膜器官は，バッタでは後肢の付け根，コオロギでは前肢，スズメガでは口器の基部，など多くの昆虫目に存在する．鼓膜器官では音波の圧力変化が鼓膜の振動に変換される．ジョンストン器官でも鼓膜器官でも，音波の機械刺激はその内部にある弦音器官の感覚細胞によって信号変換される．そこには，脊椎動物のような有毛細胞はない．これら昆虫の聴覚受容器は，小さい音に対し非常に高い感度を示すが，周波数弁別能力は脊椎動物ほどよくない．カマキリ・ガなど夜間に飛翔する昆虫は，コウモリのこだま定位による捕食を避けるため，超音波（20 ～ 100 kHz）を聴きとり捕食回避行動をする能力をもつ．

音声コミュニケーションでは，周波数のみならず，音素の時間パタンも重要である．鳴禽類・コオロギの求愛歌やヒトの言語では，音素の数や時間パタンが重要な信号となっている．聴覚には，音の高さや強さ・質のほか，音源の位置を定める能力もある．脊椎動物や一部の昆虫は 2 つの耳の間で音信号の時間差や強度差を計算し音源の位置を正確に定める能力をもつ．

●平衡感覚　平衡感覚も機械的刺激がもととなる機械感覚である．動物が運動すると体には加速度がかかり，また下方には常に重力加速度がかかる．自己の運動・姿勢をモニターするために，これらの加速度を感じるのが平衡感覚である．脊椎動物の平衡器官は内耳にある前庭器官である．前庭器官は，縦・横・前後の 3 軸に沿った直線加速度を感じ取る前庭と，これら 3 軸のまわりの角加速度を感じ取る三半規管とからなる．前庭器官では，機械受容細胞である有毛細胞が，耳石あるいは器官内部を満たすリンパ液の加速度による動きを検出し神経信号に変換する．脳は，前庭と三半規管からの信号をベクトル合成し六次元の加速度情報を得る．前庭動眼反射は，頭部の回転にかかわらず眼球の姿勢（視線の方向）が環境空間に対し不動に保たれるもので，魚類から哺乳類までほとんどの脊椎動物にみられる．前庭動眼反射では，三半規管からの角加速度の感覚情報が動眼運動を制御する．多くの水性無脊椎動物にみられる平衡胞では内部の耳石の動きを有毛細胞がとらえ平衡感覚を得る． 昆虫の平衡器官はジョンストン器官と平均棍が知られている．聴覚器官でもあるジョンストン器官は，触角の変位（傾き）を基部にある感覚細胞でとらえることにより，体にかかった直線加速度と角加速度を検出する．平均棍は，ハエ・カなどの双翅目昆虫にある体の角加速度検出のための平衡器官である．後翅が退化し短い棍棒状になったもので，飛翔中，前翅と逆位相で上下に振動する．体の回転によって平均棍に生じるコリオリの力を基部にある鐘状感覚子がとらえ体の回転を知る．

●聴覚・平衡感覚以外の機械感覚　聴覚や平衡感覚以外にも次のような機械感覚がある．両生類幼生と魚類の側線器官にある有毛細胞は，水の動きを検出する機械受容器である．視覚を失ったドウクツギョが，完全暗黒中で自由に遊泳できるのはこの側線感覚のためである．コオロギなどの昆虫の腹部後端にある1対の突起，尾葉はその表面に多数の気流感覚毛がある．捕食者の接近によるきわめて微弱な空気振動（気流）を感じ捕食回避行動を瞬時に誘発する．節足動物の一部には湿度感覚器がある．湿度変化が感覚子の膨張収縮をひき起こすことが機械刺激となっている．ヒトの体性感覚は，体中の触覚，圧覚，痛覚，温覚，冷覚の総称であるが，同様の感覚は他の動物にも存在する．

●電気感覚　軟骨魚などの魚類には微弱な電気に対する電気感覚がある．体表の電気受容器は餌が発するきわめて微弱な生体電気信号（えらにおけるイオン交換や筋肉収縮にともなうナノボルト /cm 単位の電場）をとらえ，捕食行動に資する（受動的電気定位）．デンキウオ（デンキウナギ目，モルミリス目）は，尾部にある電気器官で環境に周期的な電場をつくり，周囲の物体による電気的撹乱を電気受容器で受けとる能動的電気定位行動をする．この行動により，デンキウオは近くにある物体の位置・大きさ・形・電気的性質を見分けることができる．電気器官と電気感覚は求愛・威嚇などの電気コミュニケーションにも利用される．デンキウオには，電気の刺激に含まれるマイクロ秒単位の非常に短い時間を感知し行動に利用する能力がある．

●磁気感覚　地磁気を利用した方向感覚．渡りや移動の際，磁気コンパスとして働く．甲殻類，昆虫類，魚類，両生類，鳥類，哺乳類の数十種類の動物で，実験的に地磁気を撹乱すると渡りや移動の方向に変化が起こることから，磁気感覚が証明されている．地磁気のベクトルには，水平面内の方角の成分のほか，水平面から下向きにはかった角度（伏角）が含まれる．地磁気の伏角は地球上の緯度によって変わるので，遠距離の渡りをする動物は，伏角をはかることで緯度の情報を得るものと考えられている．地磁気の受容器官は，他の感覚にくらべ理解が遅れている．磁性体を含む細胞がこれらの動物の嘴や頭部に発見されているが，磁気刺激の信号変換や情報処理の機構は不明である．

［川崎雅司］

鍵刺激
――動物の行動を引き起こすパターン

動物行動学の先駆者であるドイツの生物学者J. B. B. ユクスキュルは，動物にはそれぞれに固有の知覚世界と作用世界があり，それらを合わせた環境世界という概念を提唱した（1934）．森に潜むマダニは何年でも宿主となる動物を待つことができ，行動に際しては，哺乳類の体臭，体表，そして体温だけを手がかりにする．彼らは，酪酸の匂いで動物の上に落下し，触覚により毛の少ない場所を探し，温度の高いところへ到着すると吸血を開始する．ダニにとっての知覚世界はそれがすべてであり，ヒトのそれとはまったく異なったものである．両者の違いは，それぞれの感覚器と神経系の違いによっている．

●生得的解発機構　ユクスキュルに強い影響を受けたK. ローレンツは，本能行動の仕組みとして，当時考えられていた反射の連鎖に代わり，中枢にあって能動的に行動を解発させる神経機構（生得的図式 1935）を考えた．この仕組みは，後にティンバーゲンによって生得的解発機構（1951）とよばれることになったが，その主たる機能は，特定の刺激を通すフィルタ作用である．フィルタを通過した神経情報が運動中枢へ伝わって特定の行動を発現させるのである．ただし，刺激のフィルタは末梢の感覚器と中枢神経系の双方にある．末梢での処理は通常単独の感覚要素に限られ，主に刺激へのチューニングを行う．一方，中枢では，例えば視覚刺激の場合，色や形や動きなどを総合したフィルタ処理が行われる．ガ類の嗅覚によるコミュニケーションを見てみると，メスの性フェロモンがオスの触覚受容器よって選択的に感知され（フィルタ），その情報が中枢へ送られてメス探索と定位行動が解発される．この場合のように，下等動物では感覚刺激のフィルタ処理が末梢の受容器にまかされることが多く，高等動物では中枢での処理が重要となる．

しかしながら，生得的解発機構における刺激と行動の対応関係は，常に固定的なものではなく，動物の動機づけとよばれる内的状態によって変わり得る．例えば，カモメが卵というものを認識する場合を考えてみよう．抱卵に動機づけられているカモメは自種の卵がもつ「斑点」によって卵であることを認識する．卵の形や殻の色は無視される．一方，採餌に動機づけられているカモメは，他者の卵を盗もうとするとき，卵というものを，その「形と全体」によって認識するのである．これは，動機づけの違いが，上記フィルタの性質を変えるからだと考えられる．これに類したことは，ヒトも日常的に体験している．恋をしていると恋人の女性が美しく見えるが，恋が冷めると相手は普通になってしまう．内的状態が色眼鏡をかけさせる訳だ．

●鍵刺激　生得的解発機構を作動させるには，鍵穴に入る鍵に相当するような刺激が必要である．ローレンツはそれを解発因（リリーサー）とよんだ．リリサーは当初同種間コミュニケーションのための概念であったが，後に異種間でも使われるようになり混乱を招いたため，現在ではそれに代わって鍵刺激あるいは信号刺激が用いられている．鍵刺激は，末梢と中枢のフィルタを通過するが，通常刺激の主がもっている特徴のごく一部であり，比較的単純なものが多い．

トゲウオの一種，イトヨのオスは，春の繁殖期になると婚姻色を示し腹部が赤くなり，営巣をはじめ，なわばりを形成する．そして，同種のオスが縄張りに入ってくると，縄張りオスは防衛のため攻撃行動を起こす．モデルを用いた実験から，この行動は侵入者の腹部の赤い色であり，魚の姿形は無視されている．一方，メスに対しては，求愛のためのジズザグダンスをするが，この場合はメスの卵による腹部のふくらみである．これら腹部の赤色やふくらみが鍵刺激である．

多くの鳥はタカのような猛禽類を見つけると，音源を定位するのが難しい「ヒィー」という5～7kHzのせまい帯域の音を発し，周囲に危険を知らせる．この警戒信号は防衛行動の鍵刺激であり，鳥では種を越えて共有されている．

ヒトは，子供や動物の赤ちゃんに可愛さを感じる．ローレンツは可愛さには7つの要因（ベビースキマ）があることを指摘した．それらは「体に対して頭が大きい」「額の突き出した部分が大きい」「顔の真ん中より下に大きな目がある」「短く太い四肢」「丸みをおびた体」「柔らかく弾力性にとんだ外観」「丸みをおびてふっくらとした頬」である．可愛さは育児衝動を駆り立てる鍵刺激なのである．

●超正常刺激　人工的につくられたモデルが，自然な鍵刺激よりもより強く行動を引き起こすことがある．そのよう刺激を超正常刺激とよぶ．例えば，メスのミヤコドリは，通常卵を3個ほど産んで温めるが，人工的に5個の卵をそばにおくと，こちらを好んで抱こうとする．また大きさが2倍の卵をおくと，こちらの方を抱こうとする．なぜ，このような不合理なことが起こるのだろうか．それは，この種の反応に淘汰圧が働かなかったからにほかならないのだが，強い刺激はそれだけ動物を強く覚醒させるのであり，進化は鍵刺激に対する反応の上限を動物に設けることをしなかったためであろう．

超正常刺激は，大昔からヒトの文化遺産において見られており，男らしさや女らしさを強調した装飾品は世界各地にある．例えば，旧石器時代の遺跡から発見された「ヴィレンドルフのヴィーナス」として知られる小像では，女性の身体的特徴である胸と臀部が異常に強調されている．同様の作品は，現代のアートやデザインそれにマンガなどにおいても認められる．　［並木重宏・神崎亮平］

📖 参考文献
［1］ ユクスキュル，J. von・クリサート，G.『生物から見た世界』日高敏隆・羽田節子訳，岩波文庫，2005
［2］ ローレンツ，K.『ソロモンの指環―動物行動学入門』日高敏隆訳，ハヤカワ文庫，1998

行動発現機構
――反射的行動と自発的行動

動物の行動がどのような因果関係で発現するのか？という疑問は，古来多くの人々に共有されてきた．アリストテレスは，意思による四肢の運動という明確な観念をもつ一方，さまざまな外部刺激によって，動物にそれぞれ特有の行動が引き起こされるという広汎な観察事実を記載した．18 世紀から 19 世紀にかけて，G. プロハスカ（Prochaska）が，初めて反射という述語を使った一人として，「感覚から運動への反射は共通感覚中枢で起こり，意識を伴うこともあり伴わないこともある」と記し（1784），また，C. ベル（Bell）は，「下等な動物も，意思ないし避けがたい本能によると思しき行動を示す」と報告した（1837）．このように，意志による随意運動と刺激に対する反射運動の違いは長年にわたって明瞭に意識されていたが，具体的な仕組みは不明であった．

●反射運動と反応連鎖　反射や刺激誘発性行動は，実験解析が容易であったため，20 世紀に入るとその研究が急速に進んだ．C. S. シェリントン（Sherrington）は脊髄反射を解剖学と生理学の両面から詳細に調べて，反射運動の強度や潜時の刺激依存性を明らかにするとともに，シナプス・加算・促通・抑制など重要な神経生理学的概念を確立した（1906）．反射を行動の単位とみなし，複雑な行動も反射の組合せとして理解しようとする彼の生理学的考え方は，同時代の J. ロイブ（Loeb）による走性の研究（1918）や I. P. パヴロフ（Pavlov）による条件反射の研究（1926）とともに，その後の動物行動の理解に大きな影響を与えた．

自然状態での動物の行動を観察する過程で形成された連鎖反射とよばれる考え方も，反射を基礎とする行動理解の延長にある．ミツバチの採餌行動を観察した K. R. フォン・フリッシュ（von Frisch）は，探索行動から採餌に移行するには視覚による餌場接近，嗅覚による着地，触覚による吸蜜という一連の反応連鎖が必要であると記している（1927）．また J. E. グレイ（Gray）は，種々の動物の律動的な移動運動（遊泳・歩行・飛翔など）の観察と感覚神経の切除実験と組み合わせた自身および他の研究者の報告に基づいて，連鎖反射による律動的運動の発現という仮説を提案した（1968）．すなわち，例えば付属肢の持ち上げが刺激となって引き下げ運動を引き起こし，この引き下げが刺激となって次の持ち上げを引き起こすという末梢性制御の考え方である．

一方，D. M. ウィルソン（Wilson）らのバッタを用いた実験（1961）では，翅からの感覚入力をすべて注意深く遮断した後でも，適切な刺激によって律動的な飛翔運動パターンを引き起こすことが可能であると報告されている．

後の研究で，正常な運動パターン形成には末梢からのフィードバックも欠かせないことが判明するが，中枢神経系内に組み込まれた神経回路のみで定型的な運動パターンの基本形をつくることができるというウィルソンらの発見は，それ以前にも魚類や両生類の移動運動で部分的に想定されていた中枢パターン発生器の存在をはじめて実験的に証明するものであった．また，それだけにとどまらず，動物行動学の研究が到達していた概念，すなわち，遺伝的に決定された定型行動という考え方に実験的・神経生理学的な裏付けを与えることになった．

●生得的解発モデル　生理学実験ではなく，動物行動の観察と行動実験によって，行動の発現機構の解明を目指していた動物行動学者は，20世紀半ばには，動物が外界刺激に対して示す定型的な反応，すなわち固定的動作パターンという概念と，この反応を惹起するための特定の刺激，すなわち信号刺激という概念に到達していた．そこで彼らが直面した問題は，同一の刺激であっても動物個体の反応閾値が状況により異なるという観察事実であった．N. ティンバーゲン（Tinbergen）は，この反応性の変異を，1）実験者が制御できない外的刺激の変異と 2）動物のいくつかの内部要因の変異に着目して説明しようとした．そして，この内部要因の総体が動物個体の動機づけを決定すると考えた[3]．

動物行動の発現における動機づけの重要性には，信号刺激によって定型行動が惹起される一連の過程を angeborene auslösende Schema（1935）という概念で把握した K. Z. ローレンツ（Lorenz）がすでに着目している．この Schema は，後にティンバーゲンによって innate releasing mechanism 生得的解発機構と訳された．ローレンツが後に発表した心理水力学的モデル（1950；図 1 上）では，ある行動のための活動エネルギーが，水槽内の水に例えられている．水槽にはバネで抑えられた栓があり，バネには重りを載せる台が吊られている．ここで重りが信号刺激，放出される水の受け皿が定型行動をそれぞれ意味しており，エネルギー（水）が十分にたまっていなければ，水槽から流出する際，静水圧の不足のため十分な距離に届くことができない（十分な反応を惹起することができない）．また放出後は，水が一定レベルに達するまで，刺激が与えられても反応は生じない．

定型的な本能行動が刺激によって惹起されるための条件としての内部要因をエネルギーに見立てる考え方は，ティンバーゲンの階層モデル（1951；図 1 下）にも受け継がれた．このモデルでは，それぞれの本能にかかわる欲求衝動が，より一般的な上位の本能中枢から，より個別的な下位中枢へと進行する．各階層では，同じ階層の複数の可能な本能行動のうちの 1 つが，特定の信号刺激によって，種特異的な固定パターンで惹起され，欲求衝動はその惹起された行動の下位階層に送られる．そして最終的には完了行動とよばれる行動の完遂によって欲求衝動が解消すると考えられている．ティンバーゲンのこの図式は，外的要因としての信号刺激が有効であるためには，内的要因としての動機づけが十分に高まって，本能中枢が外的要因に対して反応可能となっている必要があるという点で，ローレンツの水力学的モデルで表現される生得的解発機構の図式と共通している.

●モデルの問題点　階層モデルおよび心理水力学的モデルは,ともに個別的な欲求衝動を想定している点で,行動の発現機構を単純化し過ぎているという批判を免れなかった.行動発現が離散的な個別の欲求衝動に基づくとする考え方は実験的に証明されていないし,欲求衝動が使い尽されてはじめて終わるべき完了行動が実際には途中終了する報告が数多く知られている.動物行動が特定の欲求衝動あるいは活動エネルギーという単一の尺度によって制御されており,あるレベル以上では刺激によって解発され以下ではされないという単純な古典的モデルは,学習・フィードバックによる行動発現の変化を含め,種々の動物行動を詳しく調べるほど不十分な点が明らかとなっていった[2].ただし,提唱者自身はモデルを慎重に扱っており,直感的に受け入れやすいモデルだけが一人歩きしたという側面もあることは否みがたい.

古典的モデルを批判的に継承した考え方が多数

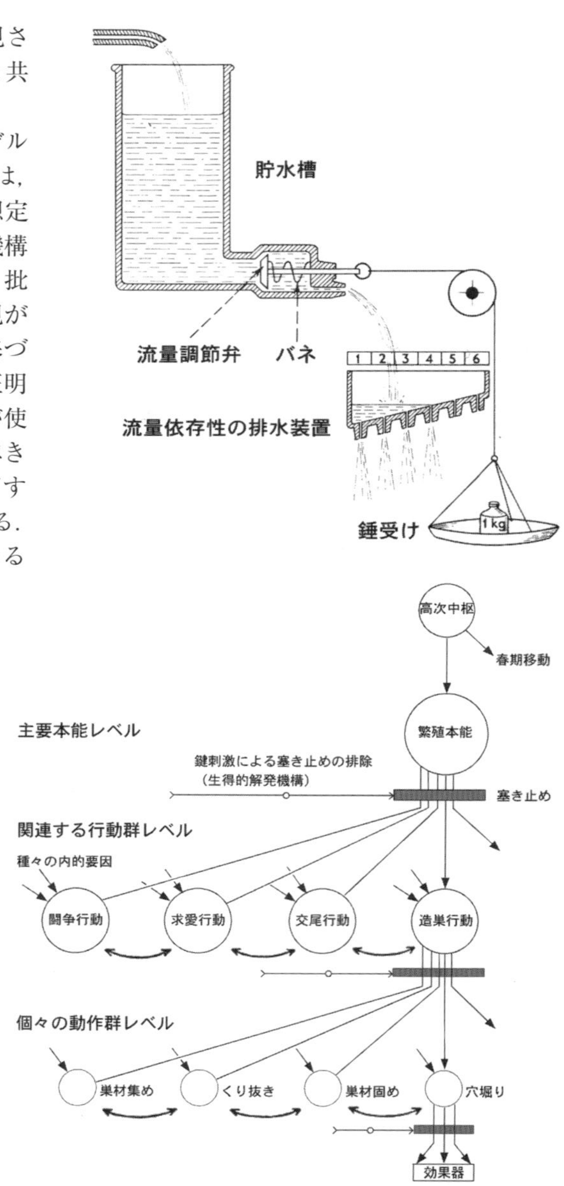

図1　動機づけに関するローレンツの心理水力学的モデル（上）と本能行動発現の組織化に関するティンバーゲンの階層モデル（下）詳細は本文参照.

提唱されてきたが，動物個体の反応性変動と関連した内分泌・神経系活動に関する生理学的知見が増すにつれ，これらと整合するモデルの作成は，今日にいたって非常に困難になっている．しかし，モデルが生物学的実体と1対1で対応する必要はなく，また，これらすべてを網羅的に包含する必要もない．むしろ，今後の神経内分泌・生理学の実験的研究を導くような仮説的モデルの提出が，今日，望まれているのではないだろうか？

動物行動の発現の仕組みとして提出された古典的モデルは，たしかに欠点も多いが，行動発現における外的要因と内的要因という当初の問題は，今日でも重要な論点を残している．内的要因として想定された動機づけにかかわる諸概念は，動物個体の刺激に対する反応の変動性のみならず行動発現の自発性を説明するためのものでもあった．ティンバーゲンは動機づけの生物学的実体として内分泌系の活動および内部感覚刺激と中枢神経系内の固有活動という神経系の活動を想定していたが，「行動の自発性は客観的な研究にはなじまない」という当時の固定観念を乗り越えるだけの知見を集めることはできなかった．しかし，実験技術の進歩とともに，この問題も詳しく調べられるようになっている[1]．

●自発性行動の神経機構　行動の自発性，すなわち外的要因によらない行動発現は，ヒトや身近なペット動物はもとより，おそらくすべての動物で観察される．これが，筋肉を支配する運動神経が自発的に活動を上昇させるために生じるのでない限り，何らかの中枢内過程を想定せざるを得ない．例えば，脳波は最も早くから実用化されたヒト脳活動の非侵襲的記録方法であるが，随意運動を遂行する被験者からの脳波記録は，運動開始に先行する脳の電気活動，すなわち準備電位の存在を明らかにした．これは，ティンバーゲンが想定した中枢神経系内の固有活動（上述）に対応するのであろうか？　興味深いことに，準備電位の開始は，被験者が運動開始を意識するよりも数百ミリ秒先行する．随意運動，すなわち意思によって惹起される運動を，ヒト以外の動物で厳密に定義することは困難だが，サルを使った神経生理学実験では，大脳基底核や大脳皮質を含む多くの脳領域で，動物が自発的に開始する運動に先行して神経活動が記録されている．甲殻類を使った実験でも，自発的な歩行運動開始に先行するシナプス活動が記録されている．だが，これら神経活動が自発的な運動の開始，あるいは，外部刺激応答性にどのような機能的な意義をもつのかは，今後の課題である．　［高畑雅一］

参考文献

［1］ Libet, B et al., *The Volitional Brain: Towards a Neuroscience of Free Will*, Imprint Academic, 2004
［2］ Manning, A. and Dawkins, M. S., *An Introduction to Animal Behaviour*, 6th ed.. Cambridge University Press, 2012
［3］ Tinbergen, N., *The Study of Instinct*, Clarendon Press, 1951

定型的行動
——誰もが示すもって生まれた行動

動物の行動は，感覚受容に始まり，脳を含む中枢での情報処理と統合を介した適切な運動出力で完結する．節足動物をはじめとする多くの無脊椎動物が示す行動の大部分，そして脊椎動物の行動の一部は遺伝的にプログラムされた生得的なものである．同種の動物の大部分は，通常特定の刺激に対し等しく特定の反応を示す，この行動を定型的行動とよぶ．個体ごとの違いがほとんどみられないことから，定型的行動は行動の発現と修飾時の神経機構解明を目指す神経行動学や行動生理学の優れた研究対象となる．

●定型的行動の特性　定型的行動は生得的な要素が強く，獲得的行動（☞「獲得行動」参照）としばしば対比的に取り扱われるが，その応答パターンは動物自身の生理状態・動機付け，経験・学習，行動履歴や行動文脈，加齢・性別・社会階層性，外部環境の変化などによって，まったく違ったり，大幅に修飾されることがある．求愛・配偶，捕食，逃避，威嚇・攻撃などの行動は定型的であり，いくつかの要素が単独で，あるいは組み合わさって形成されている．その要素とは，刺激に対する一連の反射（反射の連鎖），コマンド（司令）ニューロンの発火，中枢パターン発生器（CPG）により生じる律動的運動などである．

●求愛行動　脊椎動物も含め，多くの求愛行動は定型的な行動パターンを示す．オスのシオマネキは左右で異なる大きさのハサミをもつが，大きなハサミを振ってメスを招きよせる．オスのクジャクもメスへの求愛のためにだけ，色鮮やかな美しい飾り羽を振動させながら扇形に広げる．タンチョウも繁殖期が近づくとオスとメスは大きな声で鳴きながら求愛のダンスを舞う．これらの行動プログラムはすべて生まれた時から脳の中に組み込まれており，観察や経験を通じて学んだ訳ではない．また，フタホシコオロギのオスは前翅を素早く擦り合わせ，歌を奏で，メスを誘引し交尾する．この翅の開閉は胸部神経節にあるCPGによって形成される．CPGとは感覚性のフィードバック入力なしに，中枢ニューロン群のネットワークでリズミックな運動パターンを生み出す神経回路のことである．多くの定型的行動でみられる歩行や飛翔の律動的パターンは，基本的にこのCPGによって生み出される．オスが誘引歌を奏でる際の前翅開閉の時間的パターンは，コオロギの種ごとに厳密に決まっており，メスは自分と同種のオスの歌にのみ応答する．トゲウオ科の魚イトヨの配偶行動は，雌雄いずれか一方の行動により，他方が反応すると，それが刺激となって相手に応答を引き起こす．このようにして次々と行動が続いていくことを反応の連鎖とよんでいる．

●逃避行動　捕食者の攻撃に対する逃避の際，多くの動物は定型的に反応する．

アメリカザリガニをはじめとする多くの甲殻類は，敵の攻撃に対し，腹部とその末端の尾扇肢を使ったテールフリップという逃避遊泳でもって反応する．その際，前方からの敵の攻撃に対して腹部を素早く屈曲させ，一気に後方へ立ち退く．一方，後方からの攻撃に対し，ザリガニはその場で倒立前転しながら180度体の向きを変え，後方へ泳いで逃げる．このテールフリップは太い軸索をもつ巨大介在ニューロン（MG，LG）の発火ではじまり，一連の複雑で協調性の高い応答で完結する．MGとLGは行動開始のプッシュボタンの役割をはたし，コマンドニューロンとよばれている．キンギョやゼブラフィッシュなどの魚は，水槽の壁面をたたくと，体を素早くCの字に曲げ，刺激と反対方向へ泳いで逃げる．これは驚愕反応とよばれ，中脳に存在する巨大ニューロン（マウスナー細胞）がコマンドニューロンとして機能することによっている．1960～70年代にかけ，行動発現はすべて単独のコマンドニューロンによっているのではないかと考えられたこともあった．しかし，80年代に入って開発された細胞内染色法によって記録細胞の形態的同定が可能になると，1つの行動にかかわるコマンド様のニューロン群が続々と見つかり，行動はそれらの協同活動によって制御されているということになった．これをコマンドシステムとよぶ．コオロギの胸部神経節にある歌中枢CPGの賦活化には脳のコマンドシステムからの下行性入力が必要である．

さて，後方からの刺激に対するザリガニのテールフリップは神経行動学的に詳しく解析されている．このテールフリップは，1）最初の素早い腹部の屈曲，2）腹部の再伸展，3）腹部の伸展と屈曲の繰り返しによる遊泳という3つのステップからなっている．LGがかかわっているのは1）のステップのみである．1）の結果による感覚性フィードバックにより2）のステップが起動される．腹部屈曲の繰り返しには反射の連鎖が働いている．3）のステップは，LGを発火させた感覚入力が並列的に他のニューロン群を経由して，時間遅れで腹部の姿勢系CPGを駆動することで起こる．

●定型的行動の状況依存性　最初に述べたように，定型的行動は動物の内的・外的状況に依存して変わり得る．ここでは生得的レパートリー自身の可塑的変化ではなく，あくまでもレパートリーの使用・不使用や使い分けによるものをあげておこう．例えば，大きな餌を摂食中のザリガニは，テールフリップの解発閾値が上昇し，それまでに応答していた強度の刺激には反応しにくくなる．また，同じ刺激に対する応答は齢依存的にも切り替わり，幼若ザリガニは，前方からの刺激にテールフリップで後方へ逃避遊泳するが，成長して大きな鋏をもつようになると，その場で威嚇姿勢をとるようになる．この応答切り替えには鋏の自己受容感覚器からの入力の強さが関係していると考えられていて，実際に鋏を切除し感覚入力を遮断すると，大きな個体もテールフリップで再び逃げるようになる．

［長山俊樹］

獲得的行動
——連合で能力アップどこまでも

獲得的行動は，生後の経験によってできあがる行動のことである．経験には，刷り込みやプライミングのようにごく短時間の刺激で大きく行動に影響する場合もあるが，多くは繰り返しを必要とする学習という過程を経る．学習には事象と事象を関係づける連合学習と，それ以外の非連合学習がある．学習は無脊椎動物にもあるが，脊椎動物で顕著であり，動物が高等になるほど複雑な学習を習得できる．(学習の生物学的メカニズムについては☞「中枢神経による運動制御」参照)．

●獲得的行動の特性　定型的行動（☞「定型的行動」参照）は，遺伝的にプログラムされたものであり，条件が整えば完成された形で自発的に現われてくる．定型的行動は“発達”という過程（☞「動物行動学の歴史と視点」参照）が欠落している昆虫などで顕著である．しかし，昆虫でもミツバチのように，花の蜜を効率よく収穫する方法を学習できるものもいる．一方，獲得的行動は，経験によるもので，習得に時間はかかるが環境適応能が大きく，個体差も大きい．学習のうち，連合学習には古典的条件づけと道具的条件づけ（またはオペラント条件づけ）がある．古典的条件づけは，ある反応に無関係であった刺激（条件刺激）が，その反応を引き起こす刺激（無条件刺激）と連合する過程である．一方，道具的条件づけでは，動物の自発的行動（試行錯誤）に対して報酬が与えられる結果，その行動の出現頻度に変化が生じるのであって，自発的行動と報酬が連合するのである．学習は行動形成に重要な働きをしている．

●さまざまな獲得的行動

アメフラシのエラ引っ込め反応：軟体動物アメフラシは，水管を軽く接触すると防御反応としてエラを引っ込める．これを繰り返すと反応は徐々に弱まり，やがてなくなってしまう（慣れ）．このとき，尾部に強い刺激を与えると防御反応が過敏となり，エラ引っ込めが回復する．同時に他の反射まで起こりやすくなる（鋭敏化）．慣れは，無害な刺激の繰り返しで起こり，刺激の受容から反応にいたる神経回路の刺激応答性低下が原因である．一方，鋭敏化はその逆で，有害刺激による刺激応答性亢進が原因となる．両者は通常連合学習とはみなされない．

リスのクルミ割り：リスは未熟な個体でも，クルミが食べられることを生得的に知っており，熟したクルミがあると殻を前脚で保持して前歯で少しずつかじり，長時間かかって中の実にありつく．効率よく一気に殻を割るには，長期の試行錯誤を経てスキルを向上させねばならない．道具的条件づけが働いている．

ササゴイのルアー・フィッシング：サギ科の鳥ササゴイのある者は，小さく軽い物体を嘴で拾い，池に投げ入れ，待ち伏せる．そして，水面の物体を餌と思ってやってくる魚をとらえる．この行動は熊本県の水前寺公園にいるササゴイしかしないので，明らかに習得されたものである．自分の行動と報酬の関係理解の他に，ルアーに用いる物体の選択や待ち伏せスキルの向上が必要である．

ネコのネズミ狩り：この行動には，接近による捕獲と噛み殺しという過程がある．前者には待ち伏せ，忍び寄り，跳び掛かり，捕獲という要素があるが，それぞれは成長の過程で徐々に出現してくるものであり，習得が必要である．母親からの教育という影響もある．また，頸椎を一気に折って獲物を殺す行動は，いかにも本能的（生得的）に見えるが，たまたま興奮が高まったことがきっかけとなって起こるらしく，生得的ではないとされる（Zing-Yang Kuo, 1930）．

オマキザルのココナツ割り：南米のフサオマキザルには，ココナツを石で割って食べるものがいる．これを行うには，割るための石の他に適切な台座が必要であり，さらに全身でリズムを付けて石を振り下ろさなければならず，高いスキルが要求される．この行動は仲間を真似ることから始めるので，原始的な模倣学習であるが，試行錯誤しながら身に付けるものである．厳しい食料環境がこの行動創出の背景にあり，世代を越えて伝わる文化的行動といえる．

チンパンジーの道具使用：類人猿のチンパンジーは，高いところに吊り下げられたバナナをとるのに箱を利用する．当初は跳びあがってとろうとしたり，あれこれむだなことばかりする．しかし，何かのきっかけで箱が踏み台として使えることに気づくと，ただちに箱をエサの下にもっていき，それに乗ってエサをとる（W. Köhler, 1917）．この行動は見通し（洞察）とよばれており，問題解決の場面において，徐々にではなく，一気に解決される場合をそうよんでいる．ただし，そのためには，チンパンジーは箱についての豊富な知識と経験もっている必要がある．通常，解決に先立って，探索，癇癪，ためらいという一連の段階が見られる．

以上の他に，知覚経験を積むことで，識別能力を向上させる知覚学習がある．ソムリエの訓練などにあてはまるが，分類・整理された記憶との照合作業が必要であり，古典的条件づけの受動的「分化」とは異なる．また，知覚系と運動系の協応関係を高める運動学習がある．スポーツ訓練には不可欠だが，オマキザルのココナツ割りも目標へ向けた精緻な運動であり，まさに運動学習の成果である．

●獲得行動への遺伝的影響　経験を活かすためには，生まれもった性向あるいは習性が必要である（☞「行動の発達」参照）．上記ササゴイの例では，彼らが地面にあるものをなんでも「ついばんでは捨てる」という生得的習性が基礎にある．また，ネコの例で，接近によるネズミ捕獲には，目の前を横切るか，遠ざかる物体に興味を示し追跡しょうとする生得的習性がかかわっている．また，噛みつきは毛皮のような感触の物体で誘発され，獲物頭部のうしろを噛むのは体毛の向きをひげで感じるためであり，これも生得的要素が強い．結局，動物には遺伝的に得手不得手があり，得意なものを基礎にして新しい行動が獲得されていく．　［酒井正樹］

定　位
――動物の“右向け右”には訳がある

定位とは，ある外部刺激の方向を基準に体軸を特定の方向に定める現象である．体軸の調節は，さまざまな手がかりを用いた運動制御によって引き起こされる．定位には，からだの移動をともなわないもの（姿勢定位）と，からだの移動をともなうもの（移動定位）がある．移動定位は，好ましい環境や目的地へ到達することを目的とする定位であり，特定の領域へ移動する場合（層定位）と対象物へ近づく場合（対象定位）に分けられる．

●姿勢定位と移動定位　からだの移動をともなわない定位を姿勢定位とよぶ．多くの動物は，水中か陸上かにかかわらず，孵化後，からだを水平に保つことができる．遊泳性の甲殻類や脊椎動物は，重力と光に定位し，からだを安定化させる．トンボ，バッタ，ガなどの昆虫は飛行中，背光反応を示す．この定位では，ピッチ方向とロール方向に加え，垂直方向のドリフトの安定化によって，からだを水平に，かつ一定の位置に保たせる．鳥の視覚性断崖回避反応も姿勢定位の一種である．

●層定位　特定の領域へ移動する場合の定位を層定位とよぶ．水中の動物プランクトンのうち浮遊性カイアシ類は，表層における，魚などの捕食圧が高いため昼間深層で過ごし，夜になると餌が豊富な表層へ移動する．この日周性の垂直移動は光と重力によっている．アカテガニのメスは，産卵時期になると森を出て波打ち際に移動する．これを帯定位とよぶ．帯定位のような水平方向への移動では，太陽の方向，空の偏光，月の方向が手がかりとなる．

●対象定位　上記の層定位に対して特定の地域や対象物への定位を対象定位とよぶ．ここでは対象定位を便宜的に３つのタイプに分けて説明する．

近距離定位：これは対象物の直接的情報を利用できる定位である．餌捕獲行動においてヒキガエルは，動くイモムシなどを検出すると獲物に向き直り，両眼で獲物を固視し，舌を伸ばして獲物をからめ獲る．獲物は通常動いているので，両眼固視によって獲物を捕捉するためには，絶えず獲物の方に向き直らなければならない．その際，ヒキガエルは目を動かして対象物を追跡することはせず，網膜上の像の位置の変化によって，獲物が移動した距離をはかり，それに相当する分からだを回転させて獲物に定位する．

図１はガの匂い定位を示す．飛行中のガが匂いのプルーム（フィラメント状に分布している匂い）に遭遇すると，直進→ターン→カウンターターンという一連の行動（レインジングとよぶ）を解発し，再度匂いのプルームに接触すると同じ行動が生じる（リセットとよぶ）．匂い源近くでは局所探索に切り替わり，最終

的に対象物に到達する.

中距離定位：対象物は定位者の行動圏内にあるが，対象物の直接的情報を利用できない定位である．昆虫の餌場と巣の往復で見られ，3つの方法がわかっている．1つめは，往路をそのまま逆に戻る方法で，経路追随システムとよばれる．アリの道しるべフェロモンを用いた行動はこの例である．2つめは，巣から餌場への往路の際に種々の手がかりを用いて自己の移動方向と距離を計測，積算し，復路で巣の方向をベクトル換算する経路積算システムである．サバクアリやミツバチの餌場からの帰巣はこれに該当する．3つめは，地平線のような目標物（ランドマーク）をもとに自分のいる位置を推測する地図基盤システムである．ミツバチは，通常経路積算システムを使っているが，地図基盤システムも用いていることがわかっている．

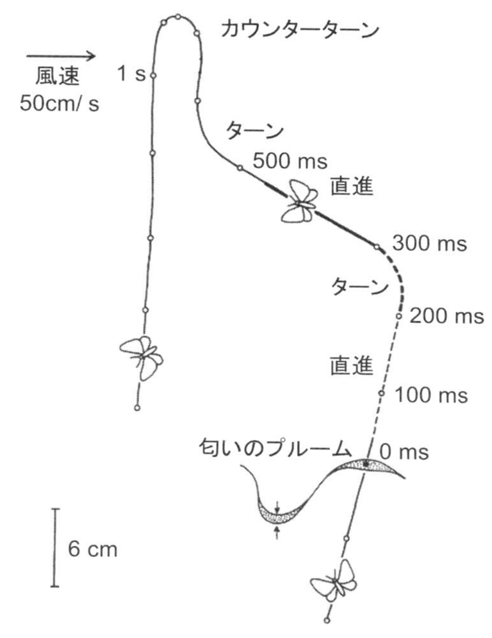

図1　飛行中のガの匂い定位　図中の秒数は匂いのプルームに接触してからの時間（出典：Kaissling and Kramer (1990) より改変）

遠距離定位：日常行動圏外からはるか遠方の場所へ移動する場合の定位行動であり，太陽コンパスなどの間接的情報を利用する．サバクトビバッタは餌場を求めて貿易風に乗り1日に100～200 km移動する．また，渡り鳥は太陽や星や地磁気を利用して季節的移動を行うことがわかっている．

●定位と走性　定位とよく似た用語に走性がある．定位には，からだの移動をともなわないものとともなうものがあるが，走性には必ずからだの移動がともなっており，刺激に向かう場合（正の走性）と刺激から遠ざかる場合（負の走性）がある．ただし，走性でも移動に必要な体軸の制御は定位によっており，メカニズムの観点からみれば両者を分ける理由はない（例えば正の走音性＝音源定位）．走性という用語は，体軸制御が曖昧な小型下等動物の行動に好んで使われる（例えば線虫の化学走性）．一方，外部刺激によって移動するが，体軸の方向が刺激方向と無関係な動きは，動性とよばれる（例えばゾウリムシの遊泳）．［藍　浩之］

建 築
——動物の建築家がみせる巣作りの技

動物の中には，周囲の物体に働きかけ，恒常的に利用する構造物をつくり出すものが見られる．ここでは，構造物の種類，つくり方，機能について説明する．

●巣穴と建築物 動物のつくる構造物は，土や木などを掘るなどして空間をつくり出すことでできる巣穴と，材料となる物体を組み合わせてつくる建築物とに大きく分けられる．前者の例には，ネズミの巣穴やアリジゴクの巣などがあり，後者の例として，ビーバーのダムやクモの網などがある．同じグループの中で，前者をつくる種と後者をつくる種が混在することも多く，例えば鳥には，カワセミのように巣穴をつくるものや，カラスやサギ類のように枝を組んで巣をつくるものがいる．プレーリードッグなど，同じ個体が巣穴と建築物を同時につくることもある．

●建築行動と材料 構造物は，しばしば巨大で複雑な形状をもち，建築時の状況に応じてその形を可塑的に変える．が，建築行動自体は複雑だとは限らない．例えば，クモの円網は，以前に張った糸を手がかりとした局所的かつ単純な行動ルールでつくることができる．また，シロアリは多数の個体が共同して複雑な塚をつくるが，このとき重要なのは，例えば「建築材料が積みあがっているところに出くわしたら，そこへ材料を積め」というような単純なルールである．このルールによって，あるシロアリがたまたまどこかに材料を積むと，多数のシロアリが後からどんどん材料を積みあげ壁が立ちあがってくることになる．シロアリたちをつなぐのは，先にシロアリが行った積みあげ作業の痕跡である．このため，これを傷や烙印といった意味の英語である stigma に由来するスティグマジーという言葉でよぶ．スティグマジーに従う動物の複雑な建築物は，個々の動物が行う目の前の刺激に対する単純な反応を見るだけでは予想できない，という意味で創発的につくられている．これら単純なルールは遺伝的にプログラムされる部分と学習によって調整される部分があると考えられる．例えばクモでは，発達過程で造網の機会をもたなかった個体でも，成長して完全な網を張ることができ，同時に過去の経験によって網の大きさや形を変化させもする．また，ネズミの巣穴長さが少数の遺伝子によって決まっていることを示す証拠が近年見つかっている．一方，オトシブミは葉を巻く前にその上を歩き回り大きさや形状を測定することから，最終的にどのように葉を巻くかについて計画したうえで行動に移ると考えられる．

建築物の材料は種によってさまざまだが，泥や石のような無生物から，枝葉や苔，動物の毛，鳥の羽といった生物由来のものまで，周囲の環境から集めてきた物体を，そのまま，または加工して使うことが多い．これらは単純に積みあげたり組んだりするだけの場合もあるが，分泌物を接着剤として使う場合もある．トビケラの幼虫は大きさをそろえた小石や枯れ葉を，みずから分泌した糸で接着して筒状の巣をつくる．ツムギアリは幼虫に糸を吐かせ樹上で葉を縫い付け巣をつくる．分泌物はもう1つの重要な建築物の材料で，一部のシロアリは土を，またアシナガバチは木からかじりとった樹皮を，それぞれ唾液と混ぜ，形成して塚や巣をつくる．一方，タンパク質でできた糸を使うクモや，腹部から出る蝋を唾液と混ぜたものを使うミツバチのように，分泌物をもっぱら用いて巣をつくる動物もいる．鳥の中には，クモの糸を接着剤として利用するものも見られる．

●建築物の機能　巣穴や建築物の機能には，厳しい物理環境の緩和，捕食者からの防衛，食料の確保，求愛など種内のコミュニケーション，がある．激しい温度変化は動物にはストレスだが，オーストラリアに棲むジシャクシロアリの，薄い板状の塚には，温度を一定に保つための仕組みがある．この塚は，長軸を南北に向けて建っており，昼に北の空から照りつける日光にさらされる面を小さくしながら，温度の下がる朝夕は側面全体で光を受け巣内を暖める．また塚の内部には空気循環のためのトンネルや空間が配されており，表面と内部の温度交換と同時に内部を換気し外から新鮮な空気を取り入れることができる．前述のプレーリードッグやアナジャコは，多数の巣穴の1つに塚をつくる．穴の高さが違うと，その間に圧力差が生じるので（ベルヌーイ効果），巣内の換気・換水ができる．

鳥には巣を苔で飾るものがおり，捕食者の目をごまかしていると考えられている．アシナガバチの巣は細い柄部で基質に付着し，幼虫や卵を狙うアリの進入路を限定する．柄部にはアリが忌避する化学物質が塗られる．スズメバチの巣板は外皮で覆われる．

食料とかかわる構造物としては，オトシブミのように構造自体が食料となるもの（オトシブミは巻いた葉に卵を生み，孵化した幼虫は周囲の葉を食べる），ミツバチの巣のように集めてきた食料を貯蔵するもの，地中にトンネルを張り巡らせるモグラのように積極的にエサをとるためのものなどがある．糸や粘液で網を建築し水中の微粒子を集めてろ過食を行う動物は，トビケラの仲間，ゴカイの仲間などにみられる．アリジゴクは円すい状の穴を掘って，その底で穴に落ち込むエサを狙い，クモは網を張って飛んでいる虫もとらえる．

構造物それ自体を求愛のためのシグナルとして使う動物もいる．シオマネキのオスが巣穴の近くに泥でつくるフードなどの構造物はメスを引き寄せる効果がある．一方，魚の中には一部のシクリッドなどのように産卵床を求愛シグナルとしても使うものがいる．また，ケラは翅をこすり合わせて音を出しコミュニケーションするが，巣穴にはその音を増幅，また調音する機能がある．

動物のつくる構造物は，鳥の巣やアリの巣のようにしばしば他の動物のすみかともなる．ビーバーの巣やシロアリの塚のように周囲の物理的環境を大きく変えるものもあり，このような動物は生態系エンジニアとよばれる．　［中田兼介］

情　動
――心と身体のインタラクション

情動とは，個体や種の保存にかかわる状況で引き起こされる身体反応（情動表出）と情動体験をさす．情動表出には，姿勢や行動の変化に加え心拍変化や瞳孔反応などの自律神経反応が含まれる．主観的気付きを報告できるヒト以外の動物でどのような情動体験が生起するのかは不明である．喜びなどの快情動は，個体と種の維持のために好ましい状況で生じる反応で，栄養価の高い食物や適当な繁殖相手との遭遇などで生じ，接近や欲求の亢進などの反応が引き起こされる．これと反対の状況で生じる不快情動には恐怖や怒りなどが含まれ，ホメオスタシスの危機，捕食者との遭遇などの状況で生じ，逃避や攻撃などの反応が引き起こされる．

●情動の生物学的機能と基本情動　情動の生物学的機能は次の4つである．①意思決定に役立ち，行動の動機づけとなる．②心的，身体的資源を集約する．③姿勢や自律神経反応・内分泌反応により適切な身体状態を用意する．④姿勢や発声を通じて，個体間の情報伝達を可能にする．

C. R. ダーウィン（Darwin）は，ヒトを含めた脊椎動物の情動表出にかなりの共通性と普遍性が認められることから，情動は生き残りや繁殖に合理的機能をはたすと考えた．以後の研究者はこれを進めて，生得的に備わっていて，それ以上細かく分割することのできない情動を基本情動とよんだ．多くの動物に共通する基本情動として，恐怖，不安，怒り，驚き，嫌悪，喜び，がある．無脊椎動物も，個体と種の存続のために有用な仕組みとして，何らかの情動の機能を有すると考えられる．R. プルチック（Plutchik）は8つの基本情動からなる情動の円環構造を提唱した．より複雑な情動や感情は，これらの混合により生じるとした．感情とは，ある経験において生じる主観的で意識化された内容をさす．また，J. パンクセップ（Panksepp）は，ラットの脳の特定部位を電気刺激することで誘発される情動行動をもとに，期待と探索，恐怖と不安，怒り，パニック，の4種類が原初情動であるとした．原初情動の動作原理は生得的で,経験により洗練される．これを司る脳の領域は皮質下にあり，その基本構造は脊椎動物を通して共通である．一方，基本情動の基準と分類は確定的ではなく，ある状況における情動は，それ自体単独では特定の情動に対応しない構成要素の集合体であるという考えもある．

●情動の神経機構　W. ジェームズ（James）は，刺激の知覚は直接身体反応を引き起こし，その反応の知覚が情動体験をもたらすとした．クマに遭遇したとき，怖いから逃げるのではなく，逃げるから怖いのである．刺激と身体反応の知覚は大脳皮質でなされる．これは，C. ランゲ(Lange)による補強とともに，ジェームズ＝ランゲ説として知られる．A. R. ダマシオ（Damasio）は，情動にともなう身体変化のフィードバックは情報の価値を表現し，意思決定に影響すると提唱した(ソマティック・マーカー仮説)．W. B. キャノン（Cannon）やP. バード（Bard）は，視床下部が情動の中心的役割を担うとした．この説によれば，情動を惹起する刺激は視床下部経由で情動表出を起こし，同時に大脳皮質に伝えられて情動体験を生じさせる（キャノン＝バード説)．現在では，身体からのフィードバックなしで情動体験が生じることと，身体反応が情動体験に影響することの両方がわかっている．

脳の解剖学的知見や臨床事例の蓄積をもとに，J. ペイペッツ（Papez）は，感覚入力は視床で中継され，視床下部→視床前核→帯状回→海馬→視床下部という回路をめぐり，帯状回で情動的意味が付加されると考えた．またP. D. マクリーン（MacLean）は情動を担う機能的単位を辺縁系とよび，海馬をその中心においた．ペイペッツやマクリーンは，大脳皮質の内側部を原始的な領域であると解釈したが，現在では脊椎動物全般に新皮質に相当する領域が認められており，特定の部分が進化的に古い訳ではない．

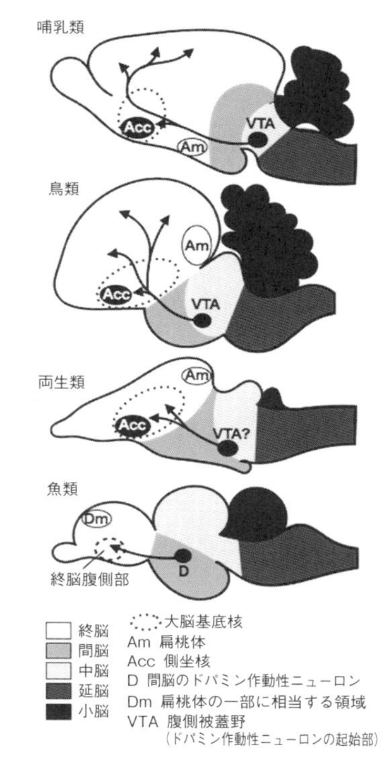

図1　脊椎動物脳の情動系.（出典：渡辺 茂・菊水健史編『情動の進化—動物から人間へ』朝倉書店，2015より改変）

J. オールズ（Olds）とP. ミルナー（Milner）によるラットにおける脳内自己刺激の発見は報酬系の探索につながった．報酬系は強い期待をともなう探索欲求を亢進する機能をもち，中脳の腹側被蓋野からドーパミン作動性の投射を受ける領域で，側坐核はその代表である（図1)．覚醒剤や麻薬などの依存性薬物は，それぞれ違ったメカニズムでこの系に作用する．視床下部の特定領域の電気刺激は不快情動の怒りを誘発する．J. E. ルドゥー（LeDoux）らは，恐怖情動においては扁桃体による粗で高速な評価が緊急的な情動反応を引き起こし，これと並列に，大脳皮質による詳細で低速な評価がなされると提唱している．

情動全般を担う単独の脳領域があるのではなく，さまざまな情動に応じて機能的な単位があり，それぞれが独自のもしくは重複した入力・評価・出力の仕組みをもつ．

［吉田将之］

知　性
――心的表象を能動的に変換する力

ヒトを含め動物は，感覚器でとらえた情報を，しばしば過去の経験や他の事象などに関連づけて深く処理し，行動する．感覚入力から直接脳内につくられた心的表象は一次表象，それから派生的につくられたものは高次表象とよばれる．ヒトは日常的に後者に基づいて行動する．知性は，心的表象を能動的に，より高次表象へと変換する心的機能である．

学習そのものは知性ではない．刺激に対する直接的応答として生じる反射行動も古典的条件づけによって複雑なものになり得るが，通常知性の発露とはみなされない．これに対し，環境に働きかける行動としてオペラント条件づけによって獲得された自発された随意的行動は，知性が作用した結果として生じる場合がある．特に複雑な条件の組合せにより生じる随意的行動には，表象の能動的変換過程が関与している可能性がある．

知性は，しばしば物理的知性と社会的知性に分けて論じられる．物理的対象と社会的対象では，適用される規則が異なるからである．物理的対象は，外部からの働きかけに対し，物理法則に従い単純な応答をする．邪魔な荷物は押せば移動する．しかし邪魔な人物は同様に移動するとは限らない．複数の人物がいると，その社会的関係によって結果は変わる．社会的対象の応答はこのように複雑で，対象の社会的性質や心的状態を考慮しなければ，応答を予測するのが難しい．

●物理的知性　これまでに明らかにされてきた動物の物理的知性について，いくつかの事例を述べよう．

数の認識：特別な訓練はしなくとも，多くの動物に3ないし4程度までの小さな数の弁別は可能なようである．アカゲザルやチンパンジーでは，訓練すると弁別できる数は10程度までに増える．またヒトでは，小さな数は空間内の左側，大きな数は右側にマップされるという関係があり，SNARC効果として知られているが，同様の数と空間付置の関係が，ニワトリのヒヨコやチンパンジーで示されている．

推論：板が傾いて止まっていると，その下に何か物体があると推理することができる．チンパンジーはこうした簡単な推論ができることが示されている．また最近ネコは，箱を振ったときのガラガラという音から，中に見えない物体が存在していることを推理できることが示されている．

言語的技能：大型類人に音声言語を訓練する試みはことごとく失敗に終わったが，手話や図形を語に用いた人工言語を訓練すると，チンパンジー，ゴリラ，オランウータンは100から200語程度の語彙を習得し，それらを組み合わせて簡単な「発話」をすることが示されている．このほか，カリフォルニアアシカ，ハンドウイルカは，ジェスチャで示される「文」に従って行動する．またオウムの一種ヨウムは，人と簡単な英会話ができることが示されている．

メタ認知：メタ認知とは，自身のもつ認知に関する認知である．動物に内省的過程があるかを調べるために，近年精力的に検討されている．これまでに類人やアカゲザルやフサオマキザルなど複数の霊長類およびハトなどの鳥類が，ある程度みずからの回答の自信の有無や知識や記憶痕跡の確かさを認知できるらしいことが示されている．ただし,単純な連合学習で説明可能だという異論もまだある．

●社会的知性　集団生活をする動物にとって，他者とのやり取りをうまくこなすことは重要である．そのためには，他者が何を見ているか，何を知っているか，何を意図しているか，何を望んでいるか，などの心的状態を認識し，あるいは推測して，他者の行動を予測して自身の行動を適応的に調整することが重要な課題である．他者の心的状態を理解することは,「心の理論」とよばれ，初歩的なものから複雑なものまで動物で検討されている．

視線の認識：多くの哺乳類や鳥類で，体そのものや頭部の動きで示される他者(同種あるいは人演技者）の視線方向の認識は可能なようである．この能力はとりわけイヌでよく発達しており，特別な訓練を受けなくとも，人が視線で示した物体を選び出すことができる．チンパンジーでは，競合的場面において，他者からは衝立で見えない方の報酬を選び取るなどの巧みな戦術をとることが示されている．

知識の認識：他者の知識は直接には見えないが，他者が何かを見れば，見た他者はその対象について何らかの知識を得たことが推論できる．チンパンジーやフサオマキザルは，同種あるいは人演技者が報酬のありかを目撃したか否かによって行動を変え，簡単な知識状態の認識が可能なことが示されている．

誤信念の認識：例えば誰かが冷蔵庫を開けてジュースを飲んだことを知らなければ，もともとジュースを入れた人物は冷蔵庫にジュースが入っていると誤って信じている．こうした誤信念を他者が理解することは，動物では難しいとされてきた．しかし，最近では，他者の誤信念に関する映像への注視時間を指標に，チンパンジーが他者の誤信念を認識する可能性が報告されている．

このように，ヒト以外の動物にも，さまざまな知性が備わっていることが，次第に明らかになりつつある．　［藤田和生・黒島妃香］

参考文献

［1］ 藤田和生編著・日本動物心理学会監修『動物たちは何を考えている？—動物心理学の挑戦』技術評論社，2015

群れと社会性

さまざまな動物種が同種の複数個体による集団を形成する．集団はその性質により集合（aggregation）と，群れ（group）に分類することができる．各個体が資源を利用する結果として一時的に形成される集合では，個体構成が安定せずに，個体間に安定した社会関係が形成されない．一方，構成個体が安定した群れでは，個体間に高頻度の相互交渉が見られ，個体間の血縁関係などによって特定の社会関係，社会構造が見られる．この章では特に指定しない限り，群れについて論じる．

●群れることの利益とコスト　群れで暮らす利益の1つに，複数個体で捕食者を警戒することができるため捕食者の早期発見につながることがあげられる．また，群れが大きくなるほど各個体にとって捕食される確率が下がることが期待される（希釈効果）．寄り集まって暮らしていれば交尾相手を探すのも簡単になるだろう．

一方で，群れで生活することのコストも多い．群れはしばしば単独個体よりも目立ちやすく，捕食者に見つかりやすい．また，ある個体が病気に感染した時，他の個体も同じ病気に感染する確率が高くなるだろう．上記のような利益とコストを総合して，利益がコストを上回る場合にのみ群れが進化・維持される．

●社会行動の分類　群れの構成個体間では，さまざまな社会行動が起き，行為者・受け手に適応度上の利益や損失をもたらす．W. ハミルトン（Hamilton 1936–2000）は社会行動を行為者と受け手の損得に基づく4つのタイプに分類した（表1）．

表1　行動の4つのタイプ　+，−はそれぞれ適応度の利益と損失を表す．

行動の分類	行為者	受け手
利己的行動（selfish）	+	−
相互扶助（mutualistic）	+	+
利他的行動（altruistic）	−	+
意地悪行動（spite）	−	−

利己的行動とは，行為者に利益をもたらすが受け手の損となる行動であり，最も頻繁に見られる．利他的行動とは，ある個体が自分の適応度を下げて他個体の適応度をあげる行動をさす．例えば，ミーアキャットの劣位メス個体（ヘルパー）が自分の繁殖をせずに同じ群れの優位メス個体の繁殖を手助けするとき，ヘルパーの適応度は下がり優位メス個体の適応度はあがるため，この行動は利他行動といえる．両者が得をする相互扶助行動は種内の助け合いの他に，アリとアブラムシの共生系など種間でも進化し得る．行為者と受け手どちらの適応度も下げてしまう意地悪行動は，自然淘汰による進化の理論から予想されるように，自然界にはほとんど見られない．

●さまざまな動物の社会と利他行動の進化　社会性（sociality）の定義は曖昧であるが，一般に，社会行動のうち協力性（利他的行動・相互扶助行動）が見られる群れにおける社会的特徴をさすことが多い．社会性の多様性はヒトから昆虫，単細胞生物である細胞性粘菌まで幅広い（図）．社会行動のうち，利他行動の進化は進化的な説明が難しく，人間社会にもよく見られるため，研究者の興味を引いてきた．

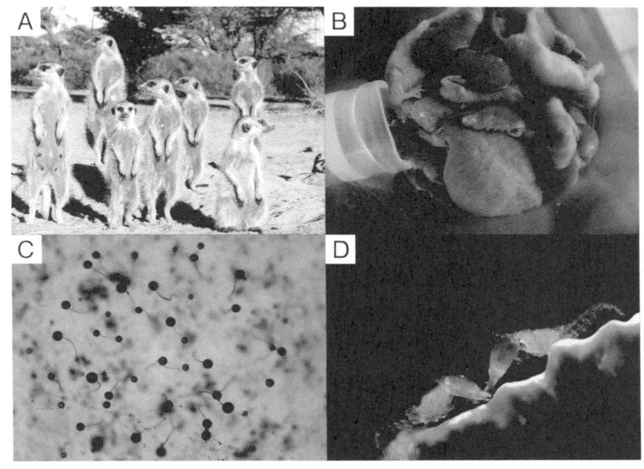

図1　多様な動物の社会．A：ミーアキャットの群れ．優位オスと優位メスのみが繁殖し劣位個体はそれを手伝う協同繁殖を行う．B：ハダカデバネズミの群れ．哺乳類で真社会性である珍しい種．C：細胞性粘菌の一種，*Dictyostelium sp.* の子実体（胞子形成のための細胞の“群れ”）が集合している様子．D：社会性テッポウエビの仲間，*Synalpheus sp.*.（Photo Credit：A, B. 沓掛展之 C. 城川祐香 D. J. Emmett Duffy）

真社会性（eusociality）とよばれる特殊な社会性をもつ種では女王のみが繁殖し，不妊のメスのワーカーがその手助けをするという利他的行動が見られる（詳しくは☞「真社会性」参照）．特に半倍数性（haplodiploidy）とよばれる性決定システムをもつハチ目（膜翅目）が有名だが，ハチ目以外でも真社会性は多くの分類群で独立に進化している．アフリカに生息するげっ歯目のハダカデバネズミとダマラランドデバネズミのみが脊椎動物の中で真社会性である．

真社会性ほど利他性が強くない社会として，哺乳類，鳥，魚で見られる協同繁殖（cooperative breeding）があげられる．協同繁殖種では，繁殖可能な個体が他個体の繁殖を手伝う．ミーアキャットの例では，繁殖可能な劣位個体がヘルパーとして育児（餌を運ぶ，子守をする，授乳する）を手伝う行動（ヘルピング行動）を行う．このような社会は繁殖個体間のつながりが強く婚外交尾が少ない一夫一妻性（monogamy）を祖先形質としてもつことが多い．一夫一妻の配偶システムでは，ある個体から見て，子の血縁度と兄弟姉妹の血縁度が等しくなる．この状況は，血縁淘汰によって兄弟姉妹への世話行動が進化しやすく，ヘルピング行動が進化しやすいと考えられている．

［羽場優紀・沓掛展之］

📖 参考文献

［1］ 沓掛展之・古賀庸憲『行動生態学』共立出版，2012
［2］ デイビス，N. B. 他『行動生態学』野間口眞太郎他訳，共立出版，2015

行動の発達
——相互作用する遺伝と環境

20世紀には，ある行動が発現する要因として，本能と学習を対置することが多かった．本能は遺伝的プログラムに基づく行動の発現を制御し，学習は環境入力によって行動を変容させる過程と考えられた．しかし現代ではこのような単純な二分法は用いられなくなった．発達の過程でいつどのような行動が発現するかは，動物がその種に固有の自然・社会環境におかれていることを前提にすれば，その平均像を描くことは可能である．しかし現実には行動の発達はさまざまな環境要因に影響される．また，行動そのものが環境に影響を与え，環境がさらに行動に影響を与えるという相互作用があることが理解されてきた．前者はゲノムが変わらなくても環境からの影響により遺伝子発現のパターンに変化が生ずる現象であるエピジェネティクスとして，後者は行動する主体がつくった環境に，その主体自体が適応してゆく過程であるニッチ構築として研究が進められている．

●後生的風景 C. H. ウォディントン（Waddington）は細胞が分化してゆく様子を「後生的風景」として描いた．山や谷が織りなす風景を，ボールが落下してゆく．このボールは通常の環境では一定の場所に落ちてゆくが，環境に擾乱が起こると他の谷にはまり込み異なった場所を落ちてゆく．ウォディントンはこの図を細胞分化の説明に用いたが，行動の発達を理解するうえでもこの図は示唆が深い．ほんのちょっとした擾乱によりまったく違う行動発達が起こりえることをよく説明している．しかしこの図では，風景が固定されていることに限界がある．現代の知見では，風景それ自体もさまざまな影響で変化すると考えるべきである．

●経験を要しない行動発達 モンシロチョウ（*Pieris rapae*）のオスは，一度もメスを見た経験がなくとも羽化してすぐに同種のメスを正しく認識し交尾しようとする．これは，同種のメスの特殊な色を手がかりとしている．モンシロチョウのオスには，その色についての生得的な知識が備わっているといえる．ニワトリ（*Gallus gallus domesticus*）のヒナは生後直後から地面の突起物をつつく．1日目にはその突起物を中心としてつつきは分散するが，4日目になるとつつきが集中する．生後すぐに両目にプリズムを付けてしまうと，つつきは最初か

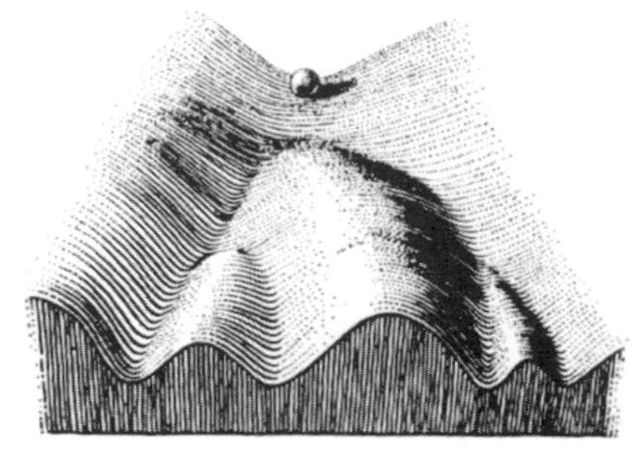

図1 ウォディントンの後生的風景（出典：Waddington, C. H., *The Strategy of the Genes: a Discussion of Some Aspects of Theoretical Biology*, Allen & Unwin, 1957）

らずれたところに起こる．しかし，つつきの分散が小さくなる経過はプリズムがない場合とまったく同じである．このことから，ヒナのつつき行動の精度があがるのは学習によるのではなく，成熟の要因がほとんどであることがわかる．

●学習する本能　ある種のカモメ（*Larus argentatus*）のヒナは，生後すぐに親鳥から餌をもらう行動を発現させる．ヒナはまず親鳥のくちばしをつつく．すると親鳥は餌を吐き戻す．ヒナはこの餌をくちばしでついばむ．この行動は生後すぐに観察され，非常に精巧であることから，本能行動と考えられていた．しかし，生後数日を暗闇の中で育てられたヒナはつつきの精度がおちること，生後すぐには他種のくちばしにもつつき反応を見せるが，一週間程度で同種のくちばしにしかこの行動を発現させないことから，学習が関与する行動であることがわかった．このように，一見本能的に見える行動でも，環境や刺激を操作する実験によって，どのような要因が発達にかかわるのかがわかってくる．アヒル（*Anas platyrhynchos*）やニワトリのヒナは，「孵化して最初に見た動くもの」に対して幼鳥期には追従してまわる行動を，成鳥になってからは交尾行動を発現する．自然な状況ではこれはほとんどの場合同種である．この現象を刷り込みという．実験的には，これらの鳥類のヒナは，他種や非生物にも刷り込むことができる．これらの事例では，学習すること自体が本能として組み込まれているといえる．P. マーラー（Marler）はこれを端的に「学習する本能」とよんだ．次項（☞「さえずりの発達」参照）であつかう鳥のさえずり行動は，このような行動の代表といえる．

●教育　教育とは，成熟個体が同種他個体にある特定の行動を伝達し，それによって適応度を上昇させるうえで非常に効率的な手段である．にもかかわらず，ヒト以外に積極的に教育を利用する種はほとんどいない．ミーアキャット（*Suricata suricatta*）はサソリを食料とする．サソリは猛毒をもつので一撃で殺してしまわないと危険である．幼体のミーアキャットは，生後１か月頃から同種成体からサソリの扱い方を教育される．まず死んだサソリをわたされ，その味がおいしいことを学ぶ．次に毒針をとったサソリをわたされ，生きたサソリを食べる教育を受ける．最後に元気なサソリをわたされ，成体に見守られる中でこれを仕留めて食べる練習をする．ミーアキャットがこのような形で知識を伝達するようになったのは，彼らの食性と居住環境，そして血縁度の高い群れで生活することが要因となっているのであろう．キンカチョウ（*Taeniopygia guttata*）の成鳥オスがヒナに向かってうたう際には，メスに向かってうたう際よりもゆっくりと明瞭にうたうという報告もあるが，あくまで統計的な差であり，これが教育といえるかどうかはまだわからない．

［岡ノ谷一夫］

📖参考文献

［1］ ブランバーグ，M. S.『本能はどこまで本能か』塩原通緒訳，早川書房，2006
［2］ 小林朋道『絵でわかる動物の行動と心理』講談社，2013

さえずりの発達
——小鳥の思春期

鳥類のさえずりは，私達人間の耳にも音楽的であることから「歌」ともよばれる．さえずりは，無音区間で区切られた音要素を複数個ふくみ，それらが一定の規則に従って連なる音声である．鳥類の多くは，オスが求愛と縄張り防衛のためにさえずる．鳥類の中でも鳴禽類とよばれる種は，幼鳥がさえずりを学ぶ．

●さえずりの学習　さえずりの学習は2つの時期からなる．感覚学習期では，幼鳥がお手本となるさえずりを聴いて聴覚記憶を形成する．次に，体内のテストステロンレベルが上昇すると，幼鳥はさえずり始める．これが感覚運動学習期の始まりである．感覚学習期が先行し感覚運動学習期がそれに続くのだが，ミヤマシトド（*Zonotrichia leucophrys*）など，季節繁殖をする種では両者が数か月離れている場合もある．ジュウシマツ（*Lonchura striata*）など環境さえ整えばいつでも繁殖可能な種では，両者はわずかな日数差（10日程度）で重複する．感覚学習期と感覚運動学習期は，多くの場合幼鳥時の限れた期間だけに発現し，この時期を過ぎるとさえずりを学習しにくい．すなわち，臨界期がある．

人工飼育した幼鳥に自種のさえずりと他種のさえずりをそれぞれ聞かせると，幼鳥は自種のさえずりだけを学ぶ．しかし，他種にヒナのうちから育てられると，その幼鳥は他種のさえずりでも学ぶ．また，人工的に編集したさえずりを記憶させても，テストステロンの上昇により自種の自然なさえずりへと変形させてしまう．これらのことから，さえずりの学習には，生得的に備わっている自種のさえずりの鋳型と社会的な関係の双方が影響を与え合って成立すると考えられる．

●さえずりの発達　初期のさえずりは，音要素がグチュグチュと聞こえる．これをサブソングという．幼鳥は，聴覚フィードバックによって自分のさえずりとお手本の聴覚記憶とを照合し，お手本に近づくように発声を修正していく（図1）．音要素の音響特性は明瞭になってくるものの，遷移規則が一定ではない過程（プラスティックソング）を経て，若鳥となる頃には音響特性も遷移規則も安定したさえずり（フルソング）をうたえるようになる．さらに，音要素の安定性やピッチなどの音響特性と持続時間などの時間特性の詳細な発達変化が明らかになっている．遷移規則は，音要素2つの組合せを基本として段階的に完成する．

●さえずりの神経機構　鳥の脳では，神経細胞が集まった神経核同士が神経連絡をつくり，機能的ネットワークをつくる．さえずりに関連する神経機構は，直接制御系と迂回投射系とよばれる2系統がある（図2）．これらの神経核のサイズと線維連絡はふ化後に徐々に発達し，感覚運動学習期までにはほぼ完成する．直接制御系はさえずりの発声制御にかかわる．HVCという神経核が損傷を受けるとさえずり全体が劣化することから，ヒトのブローカ野に相当するとされる．RAは運動野に相当し，個々の歌要素レベルの運動指令を出している．迂回投射系はHVCとRAが大脳基底核を介したループ構造になっており，聴覚フィードバックによって実際のさえずりとお手本との誤差修正を行うとされる．

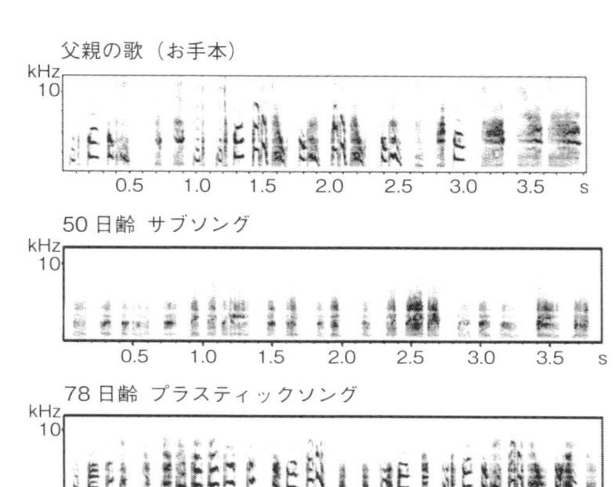

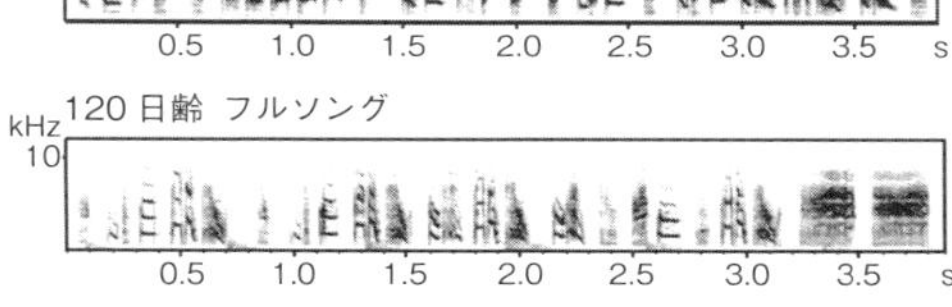

図1　さえずりの発達（ジュウシマツ）

●亜鳴禽のさえずり　鳴禽類と近縁の亜鳴禽では，聴覚剥奪や隔離飼育をしても正常なさえずりが発達すること，明瞭な神経核がないことから，さえずりを学習しないと考えられてきた．しかし近年，亜鳴禽の一種でも，ゆっくりではあるがさえずりが変化してゆく種がいることが確認された．亜鳴禽は鳴禽類と分かれる前の原初的な感覚運動学習の仕組みをもっている可能性がある．

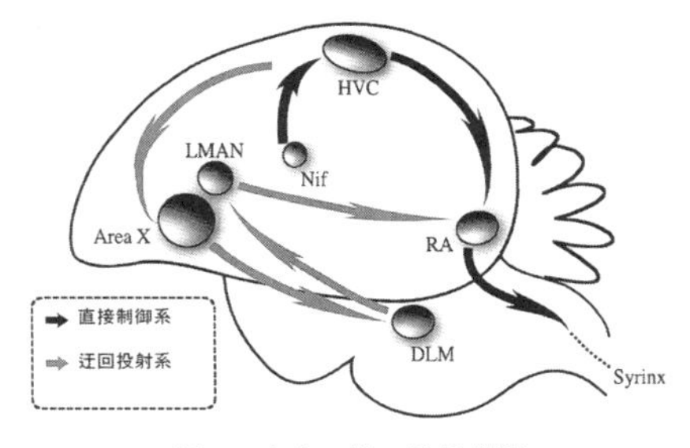

図2　小鳥の脳の神経機構

●発声学習とヒトの言語　鳴禽類のように，音声を学習する動物は非常に少ない．鳥類では鳴禽類とオウム目，ハチドリ目のみである．ほ乳類ではイルカ・鯨類，ゾウ，コウモリ，ヒトのみである．さえずりの学習と発達は，ヒトの言語獲得・発達と類似点が多い．聴覚と発声をつなぐミラーニューロンの存在，発声制御に関して共有される遺伝子の多さ，遷移規則の発達が2つの音要素の組合せであることなどがあげられる．いずれもさえずりの仕組み，発達にかかわるものだが，今後は亜鳴禽との比較により感覚学習が備わった淘汰圧の検討や神経系がさえずりに特化していく進化の過程の解明が待たれる．これらの知見はヒトの言語獲得・発達の進化的背景の理解にも役立つはずである．

［高橋美樹］

参考文献

［1］ 岡ノ谷一夫『さえずり言語起源論』新版，岩波書店，2010

［2］ Catchpole, C. and Slater, P., *Bird Song: Biological Themes and Variations*, Cambridge University Press, 2008

血縁淘汰

生物の適応進化では，次世代に伝わった当該対立遺伝子の数（適応度）に差があるとき，適応度の高い方が増えていき，やがて集団中を占めることで，適応が生じると考える（自然選択説）．そのためには，自分が子供を残すことが必要だと，C. ダーウィン（Darwin）は考えた．しかし，アリやハチ，シロアリのように，ワーカーは自分の子を産まず，母親の繁殖を手助けする「真社会性」とよばれる生物群がいる．ダーウィンは，子を残さない性質がなぜ進化できるのかはみずからの自然選択説で説明できないものかもしれない，と『種の起源』の中で述べていて，不妊のワーカーの進化は進化生物学の大きな問題となっていた．

これに，理論的な回答を与えたのが W. D. ハミルトン（Hamilton）が 1964 年に公表した「血縁淘汰説」である．当時，真社会性は単数倍数体（メスは受精卵（2n）から，オスは未受精卵（n）から産まれる）の膜翅目昆虫（ハチ・アリ類）で 10 回，両倍数性（雌雄とも受精卵から産まれる）のシロアリで 1 回だけ進化したと考えられていた．彼は，単数倍数性生物では，母親が 1 回交尾の場合，娘はすべて父親のゲノムを共有し，残りの半分のうち，さらに半分を母親由来で共有することに着目し，姉妹間の当該対立遺伝子の共有の程度（血縁度）が 0.75 になることから，みずからの子供（血縁度 0.5）を育てるのをやめ，妹を育てれば適応度が 1.5 倍に上昇すると論じ，膜翅目でだけ真社会性が多数回進化した理由を説明した．また，血縁者（母親である女王）を経由して当該対立遺伝子が次世代に伝わることから，これを「血縁淘汰」と名付け，その際にワーカー行動の次世代への当該対立遺伝子の伝達量を表す「包括適応度：inclusive fitness」概念を提出した．

●包括適応度とハミルトン則　包括適応度は，自分の協力により相手が増やした適応度成分（間接適応度：indirect fitness）とみずからが産んだ子による適応度成分（直接適応度：direct fitness）を加算した物と定義されている．さらに，真社会性ワーカーの得た包括適応度から単独繁殖個体の得る適応度を引いた値がゼロより大きければ，不妊のワーカー行動は進化可能であるとして，これを，真社会性を含む協力行動の進化の説明原理を，$br - c > 0$ として定式化した．

ここで，$-c$ は当該行為者（真社会性の場合ワーカー）がその行為によって失う直接適応度，b は行為の受け手（同じく女王）がその行為によって増加させる直接適応度，r は血縁度となっている．この式は「ハミルトン則」とよばれ，真社会性を含む協力行動の進化の説明原理として広く受け入れられている．

●ハミルトン則の実証　しかし，この仮説の実証は困難だった．真社会性種では，個体群中のすべての個体が社会性であるものばかりで，ワーカーの包括適応度と血縁度を測定することは可能でも，単独個体の適応度を測定することが不可能だったためである．2010 年頃になって，シオカワコハナバチという真社会性を示すハチで，個体群内の一部の巣が単独個体により営巣されることが判明し，2012 年に単独個体と真社会性のワーカーの適応度比較が行われた結果，真社会性個体の包括適応度が単独個体の直接適応度よりずっと大きいことがわかり，少なくともこのハチでは，ハミルトン則が成立していることが実証された．

その一方，2010 年に，M. ノヴァク（Nowak）らにより，「ハミルトンの議論では｜b｜＝｜c｜であることが仮定されているため，真社会性の進化が，単数倍数体生物の血縁度不均衡に基づく遺伝的利益（0.75/0.5＝1.5）により駆動されたとしているが，実際には，集団生活することで｜b｜＞｜c｜となることの効果が大きく，真社会性の進化に血縁淘汰は大きな役割をはたしていない」という議論が提出され，その後，いまだに続く大きな論争となっている．

また，T. H. クラットン・ブロック（Clutton Block）も，2005 年に，血縁度の非対称性がそもそも存在しない両二倍体生物（シロアリ，ハダカデバネズミ，カイメンで穴居生活するエビ，木材潜孔性の甲虫など）やクローン増殖する生物（兵隊をもつアブラムシなど）で見られる真社会性の進化には｜b｜＞｜c｜であることが必須である（r は 1 以下なので，この条件がないとハミルトン則が成立しない）ので，｜b｜＞｜c｜を実現する生態的メカニズムが重要であると議論し，真社会性や協力行動の進化に，血縁淘汰がはたす役割については再検討が試みられている．

また，ノヴァクらは，真社会性や協力行動の進化を説明するためには当該対立遺伝子の頻度が世代とともに増加するかどうかだけを見ればよいので包括適応度の概念は必要ではない，とし，包括適応度概念の行動進化に対する適用可能性は限定的であるとして，繰り返し批判を行っている．しかし，「子供を産まなくなる」という性質の進化を適応進化として理解するためには，血縁淘汰の概念を使わなければ説明は不可能であると思われる．この対立は，進化を遺伝子頻度の変化としてとらえれば「理解できた」とする集団遺伝学的立場と，「行動の進化を理解したい」生態学的立場の思想的相違に由来しているので，議論での解決は不可能だろう．

これらの論争にいまだ決着はついていない．その理由は，実証研究がほとんど不可能であるため，モデル研究による論争となっており，「実際に「何」が真社会性ワーカーの包括適応度を，単独繁殖個体より大きくしているのか？」という本質的な疑問に答えを出せないことにある．最終的には，シオカワコハナバチのような同一個体群内に単独性と社会性が同時に存在する社会的多型種を用い，真社会性ワーカーの包括適応度が，どのような機構により増加するのかを解明することが必要だろう．

［長谷川英祐］

真社会性
——不妊カーストをもつ生物

ハリウッド映画のエイリアンなどの題材にされた，カーストをもつ生物をそうよぶ．カーストとは，①個体発生に複数の経路があり，1つの経路に進んだ結果，生殖齢に達する前に個体が不可逆的に全能性を失うこと，②生殖能力を保持する発生経路に進んだ個体（女王や王）と，生殖以外の何らかの機能へ特化する経路に進んだ個体（働きバチ・働きアリなど）の間で分業がみられること，この2つを満たす現象をさす．真社会性の生物は，生活環を完了するには相補的能力をもつ他個体との協力が不可欠で，普通同種個体と群れて暮らすことになる．

●真社会性の例　真社会性はハチ目昆虫，すなわちアリ（図1）のほぼすべてとミツバチなどの一部の花粉食のハチ（ハナバチ）とスズメバチなどの一部の肉食のハチ（カリバチ），そしてシロアリ目昆虫（図2）で古くより実例が知られる．ハチ目ではカーストを示すのは雌だけで，女王はもちろん働きバチ（働きアリ）もすべて雌である．一方，シロアリ目では両性ともにカーストが見られる．長い間，実例はこの2つの昆虫の系統にしか知られていなかった．しかし20世紀末になり，日本の青木重幸がアブラムシ（カメムシ目）の仲間に，捕食者から群れを守る不妊の兵隊（図3）を発見して以来，新たな真社会性動物の発見ラッシュが続いた．今では，アザミウマ（兵隊をもつ）や養菌性キクイムシ（働きキクイムシをもつ）でも一部の種に真社会性が示唆されている．さらに，発見はついに昆虫を超え，カイメンの内部に住むテッポウエビの一部の種や，哺乳動物であるデバネズミ2種もおそらく真社会性であろうと議論されている．植物には真社会性は見つかっていないが，それは植物では細胞が分化しても全能性を保持している場合が多いからかもしれない．

●真社会性昆虫の繁栄と多様性　真社会性昆虫は特に熱帯から温帯にかけての陸上生態系でとても繁栄しており，世界で2万種を超えると想像されている．アマゾンの森林ではアリとシロアリで全動物の乾燥重量の1/3に達するという報告もある．この繁栄の裏に真社会性があることに疑う余地はない．なぜなら真社会性昆虫の群れはコロニーとよばれ，機能統合された「超個体」であるといわれることもあるからだ．実際，コロニーは驚くべき機能を示す．アフリカのサバンナに棲むサスライアリのコロニーは1個体の女王と2000万匹を超える働きアリからなりその重量20 kgにもなる．サスライアリのコロニーはフェロモン道しるべを使い集団で移動しながら狩りをし，遭遇した無脊椎動物を絨毯的に食い尽くす．ミツバチは「言語」，すなわち尻振りダンスで巣仲間に餌のありかなどの情報を伝える．ハキリアリなどでは，巣の中でキノコを栽培しそれを食す生活，すなわち「農業」が見られる.

●真社会性への進化経路　古い教科書では真社会性とは①協同子育て，②生殖的分業，③親子2世代の巣での共存の3条件の保持だと書かれている．しかしこの定義は今ではせま過ぎると批判されている．例えば伝統的に真社会性とされたシロアリ目には，実は協同子育てはなく，子は巣内で勝手に巣でもある木材を食べるだけとみなされている．古い定義は，3つがどんな順序で進化したのかを議論するときには重要となる．そのような系統発生に関する仮説は2つある．亜社会性ルート説は，①→③→②の順序で進化した，すなわち親子関係の延長から真社会性が生じたとする説である．側社会性ルート説とは，①→②→③の順序，すなわち同世代の個体間に生殖的分業が発生した後に，親子世代の共存が生じたとする説である．分子系統樹を駆使した最近の研究では，ハチ目では亜社会性ルート説が支持されている．

図1　アメイロアリの女王（中央）と働きアリ．白い蛆虫は幼虫

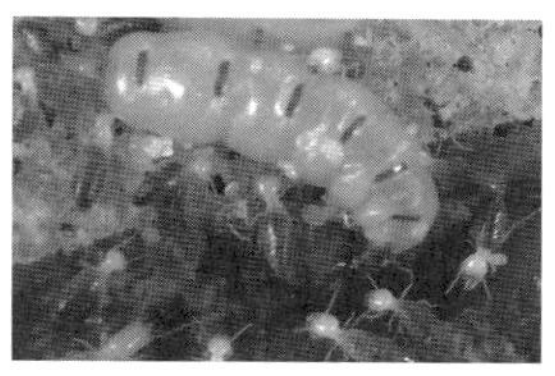

図2　シロアリの一種の女王（中央上）と働きシロアリ（頭部が白く腹部が黒いその他の個体）

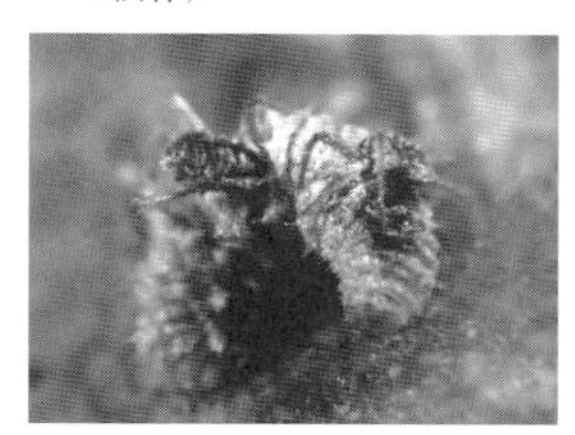

図3　ヒラタアブ幼虫を攻撃するタケツノアブラムシの不妊兵隊

●真社会性の進化機構　真社会昆虫にみられる不妊個体の存在は，自然淘汰説の提唱者のダーウィン自身が認めた進化理論上の難題だった．より多くの子供を残すことに関する種内競争が自然淘汰による進化の主な原動力だとすると，そもそも子孫を残さない働きアリがいかに進化したのか．この矛盾は，現在では血縁淘汰という考え方で説明されている．進化とは性質をコードする遺伝子が種内に広がっていくことである．遺伝子の拡散には子供を残すこと以外にも，兄弟姉妹のような血縁者を残す方法がある．なぜなら近い血縁者は親子同様に他人では滅多に共有しない遺伝子をともにもつ確率が高いからである．この確率を血縁度とよぶが，一夫一婦制では個体からみて子供も兄弟姉妹も同じ0.5という血縁度をもち，生殖（子供を残すこと）と親の繁殖の手助け（兄弟姉妹を残すこと）は，自然選択上同じ効果をもつのだ．つまり，発現すれば個体を不妊化してしまう遺伝子も，不妊の子供の協力で親が妊性を保持した子供を通常の2倍以上残すことに成功すれば，遺伝子は集団に広がっていくのである．ハチ目の真社会性昆虫では一妻多夫が一部で見られるが，分子系統樹を用いた研究では真社会性の進化した時点では，すべて一夫一婦制だと推定されている．また，他の真社会性生物でも群れは一般に高い血縁関係で結ばれているようである．　［辻 和希］

協力行動の進化
——「種の存続のため」ではない！

協力とは，ある個体が他の個体に対して利益を与えることをいう．進化の文脈において，「利益」とは最終的な適応度の上昇のことである．動物界において，協力は細菌から脊椎動物にいたるまでさまざまな系統においてみられる．さらに，協力はいくつかの種類に分けられる．協力には同種内の個体同士で行われるものもあれば，異種間で行われるものもあり，後者は特に「共生」とよばれている．複数個体が協力し合うことによって同時に利益を得ることは「相互扶助」とよばれ，ある個体が他個体のために自分の適応度を下げるような行動は「利他行動」とよばれる．しかし，行動もまた自然淘汰の結果であることを考えると，みずからの適応度を下げるような行動は進化において残っていかないはずである．では，利他行動はなぜ進化したのだろうか．

●群淘汰理論の誤り　利他行動がみられる理由として最初に考えられたのが，たとえ個体にとっては不利でも，種が存続すれば進化する，ということであった．これを群淘汰理論という．しかしながら，自然淘汰において選択されるのは種のような集団ではなく遺伝子である．特殊な場合を除き，動物が種のような集団のために利他行動をすることは基本的にありえない．

●血縁淘汰　ある遺伝子が集団内で頻度を増やすには，その遺伝子をもつ個体の適応度が，平均してそれをもたない個体よりも高ければよい．たとえある個体が適応度を下げても，それによって同じ遺伝子をもつ他個体の適応度があがることがあれば，結果的にその遺伝子の平均適応度が高くなり，集団内での頻度を増やすだろう．2個体が特定の遺伝子を共有する確率（血縁度）は，血縁者の間で高くなる．例えば，2倍体の生物の場合，血縁度は非血縁者の間では0だが，親子や同じ両親から生まれたきょうだいの間では0.5，いとこ間では0.125となる．利他行動は，それが親やきょうだいなどの近い血縁者に向けられたときには進化し得る．これが，W. D. ハミルトン（Hamilton）が1964年に提唱した血縁淘汰理論である．社会性昆虫における不妊カーストの存在や，鳥類や哺乳類にみられる，成熟後の個体が独立せずにヘルパーとして親の繁殖を助ける行動，ベルディングジリスが発する警戒音といった現象が，この血縁淘汰理論によって説明できる．

●互恵的利他主義　動物，なかでもヒトにおいては，明らかに血縁のない個体間で利他行動がみられることがある．このような利他行動は血縁淘汰理論では説明できない．そこでR. L. トリヴァース（Trivers）が1971年に提唱したのが，互恵的利他主義の理論である．利他行動は行為者の適応度を下げるが，後で受益者から同じだけお返しがあれば，両者ともに困っているときに助かるので，このような行動は残っていくだろう．ただ，これが成り立つためには，お返しが保証されていなければならない．助けた相手がいなくなってしまったり，より少ないお返ししかなかったりすると互恵的ではなくなってしまう．つまり，メンバーがある程度固定された閉鎖的な集団であることや，過去のやりとりや相手を記憶できる能力があるといったことが必要になる．なかでも問題なのは，受益者にとってはお返しをしない方が適応度があがるので，お返しをしない「裏切り者（フリーライダー）」が出現する可能性が常にあることだ．放っておくとフリーライダーが集団内に増え，互恵的利他主義は崩壊してしまう．

ヒト以外の種においてはお返しが確実になされているのかどうか検証することは難しいので，互恵的な利他行動が報告されている例は少ない．数少ない例として，カリブ海に生息するハムレットという魚がある．ハムレットは同時的雌雄同体生物であり，配偶時にはペアのどちらかがオス，もう片方がメスになる．メスになる方が配偶子生産のコストがより大きいので，メス役はある種の利他行動といえるのだが，オス役とメス役を交互に交代しながら配偶しており，互恵的な行動といえる．最初にオス役になった個体が次の配偶でメス役にならなかったとき，相手は以後の配偶を止めて去ることがわかっており，互恵性はこのような罰によってフリーライダーを防ぐことから成り立っていると考えられる．

●間接互恵性　互恵的な利他行動は，お返しが期待できる相手としか成り立たない．しかし，ヒトは寄付やボランティアなどのかたちで，見ず知らずの他人に対して利他行動を行うことがよくある．これを説明するのが，間接互恵性の理論である．利他行動の相手から直接お返しがなくても，集団内で廻り廻って第三者から利益がもたらされれば，結果として互恵性が成り立つ．そこで重要な要素となるのが評判と感謝である．他者に対して利他的にふるまうところを第三者が見ていると，行為者についてのよい評判が立ち，それによって周囲からよくしてもらえるということがあるだろう．また，自分が他者から親切にしてもらった場合，感謝の気持ちを感じ，別の機会に第三者に対して利他的にふるまおうとするだろう．これらによって，集団の中で利他行動が維持されていくのである．しかし，ここでもやはりフリーライダーが問題となってくる．フリーライダーを関係から排除すればよいのだが，多くのメンバーが協力行動にかかわる場合，誰がフリーライダーなのかわかりづらくなる．また罰によってフリーライダーを防ごうとすると，罰のコストを払わずにその効果だけを利用する「二次のフリーライダー」が生じる．ヒトにはたとえコストを払ってでもフリーライダーを罰しようとする「利他的罰」の傾向があることが実験によってわかっており，ヒト社会の大規模な協力は，このような性質によって支えられていると考えられる．　［小田 亮］

信号・コミュニケーション
――生物同士のコミュニケーション

コミュニケーションとは情報伝達システムであり，動物のコミュニケーションは種内だけでなく種間でも，また，動物同士に限らず，植物などとの間でも成立する個体間相互作用を担う．情報伝達には主に色彩・形状・動作などの視覚刺激，音声などの聴覚刺激，揮発性の化学物質などの嗅覚刺激が用いられる．これらの刺激は信号（signal）と手がかり（cue）に大別できる．

●信号と手がかり 信号の成立には発信能力と受信能力が不可欠であり，生物の信号は発信能力と受信能力がそれぞれ適応進化の結果獲得されたものと定義される．適応進化はその能力により，その能力を発現させる遺伝子をもつ個体が生存・繁殖上の利益（適応度利益）を受けることで引き起こされるが，信号発信能力と受信能力ではその過程が異なる．発信能力については，発信能力自体が発信者に適応度利益をもたらす必要があり，これが適応進化のための最低条件となる．この条件を満たさない発信者の特徴が手がかりである．

一方，この条件を満たす受信能力の適応進化の過程は2つ考えられる．①突然変異により，受信者集団において受信能力が発信者集団における発信能力の獲得と同時に獲得され，受信能力が発信された信号を介して受信者に適応度利益をもたらすことで適応進化する．②受信能力が発信者の発信能力とは無関係に受信者集団に適応進化の結果存在しており，信号形質への反応は必ずしも受信者に利益をもたらさない．①が成立する可能性は確率的に非常に低く，生物信号を普遍的に説明することは困難である．そのため，信号形質の進化を推論するには②に則り，その起源において受信者が損失を被る状況，つまり騙し，を必ず想定する必要があり，それを明示したのが感覚便乗仮説である．この仮説の主張は，信号は原則，騙しから進化したというものといえる．

●正直な信号と騙し 一般に騙しとは，ある特定の刺激から受信者が期待したものとは異なる帰結が刺激の提示者の意図によってもたらされた状況をさすが，生物信号においてこのような認知過程を特定することは困難である．しかし，受信能力が適応進化の産物であるという定義に則れば，信号への反応により受信者に損失が生じた場合，騙しと同義といえる．同様に，信号への反応が発信者だけでなく，受信者にも適応度利益をもたらす場合には，その信号は正直な信号と分類できる．ある信号が，正直な信号に，つまり受信者に利益をもたらすように進化するには，信号に関して発信者と受信者で利害が重複していることが必要で，特に信号発信にコストがかかる場合，こうした利害の重複が起こりやすい．

正直な信号は発信者と受信者の相利的な共進化により強化されるが，騙しが進化的に持続するためには受信者が信号とは異なる文脈で利益を確保する必要があり，発信者と受信者の間には拮抗的な共進化（軍拡競争）が引き起こされる．

●コミュニケーションの主体と進化的利益　同種・異種の個体間で成立するコミュニケーションは，それぞれにおいて正直な信号と騙しの信号が存在する．原理的には正直か騙しかは必ずしも固定的なものではなく，発信者－受信者間の利害の相違や費用対効果の程度によって変動する．例えば，親子であっても適応度上の利害が完全に一致することはないため，たとえわずかであっても餌請いの際に子が親を騙すことは起こり得る．一方，雌雄間においては，程度の差こそあれ必ず存在する性的な対立により，雄が配偶相手の雌を騙す誘引信号が進化しやすい．また，種間のコミュニケーションでは包括適応度は介在しないため，騙しは比較的起こりやすいといえる．表1に種内・種間における，正直・騙しの信号の代表的な例を示す．

表1　種内・種間における正直・騙しの信号

	種内	種間
正直	• 警戒（血縁集団；ベルディングジリス雌，シジュウカラ親） • Fisher 型性的誘引（sexy son；クジャク雄，ツバメ雄，コクホウジャク雄） • Zahavi 型性的誘引（ハンディキャップ；メキシコマシコ雄） • 餌請い（親子／血縁者）	• 花（送粉）・果実（種子散布） • 警戒（混群などの群衆） • 警告（有毒）・ミューラー擬態
騙し	• 偽警戒（ベルディングジリス雄） • 擬態（シクリッド雄のヒレの卵擬態，アワノメイガ雄） • 超正常刺激（ソードテイル雄）	• ベイツ擬態・攻撃擬態（ハナアブ，カミツキガメ） • 隠蔽・擬装※（シャクガ幼虫，ミノガ蛹） • 感覚便乗（ハナカマキリ） • 超正常刺激（カッコウ雛） • 偽警戒（オウチュウ）

※：必ずしも信号に含まれない

●生物コミュニケーションのダイナミクス　動物のコミュニケーションを考えるうえで最も重要なのは，信号発信者が利益を得られなければ信号形質は適応進化しないという大原則である．そのため，程度の差こそあれ，信号には騙しの要素が含まれており，それは種内コミュニケーションにおいても変わらない．一方，信号の正直さの成立はそれぞれの系がおかれた状況に依存し，一定の条件を満たす必要がある．また，正直や騙しといった戦略の力学的関係は，進化的なスケールのみならず，例えばヒトを含む霊長類の集団内での個体の可塑的な社会戦略など，広い意味でのコミュニケーションに適応可能といえる．　［田中啓太］

配偶システム
——動物たちの結婚のかたち

有性生殖をする生物はいつか，どこかで異性の配偶相手と出会って，受精卵をつくらねばならない．受精卵作成にかかわるのは1匹のオスと，1匹のメスであるが，両性間のつがい形成とその後に行われる交尾（配偶子の受け渡し）にかかわるのは必ずしも雌雄1匹ずつとは限らない．そこに配偶システムという概念が存在する．配偶システムとは，配偶にかかわるオスとメスについて，それぞれの性が単独でかかわるか，複数でかかわるかで定義される関係のことである．

配偶システムを考えるとき，つがい（番い）という概念がかかわってくる．配偶システムとつがい関係は同義ではないが密接に結びついている．つがい関係とは，オスとメス両者の間に一定の期間，つがいの絆（ペアボンド）が持続する関係をいう．配偶システムを定義するときには，オスとメスの間のつがい関係を別に考えなければならない．

●一夫一妻から多夫多妻まで　オスとメスの間につがい関係がある場合，単婚（monogamy）か複婚（polygamy）かかに分類できる．鳥類の場合，1羽の雄と1羽の雌のつがい関係（単婚＝一夫一妻）に対して，複数の同性が関係する配偶関係，つまり一夫一妻以外のすべての配偶システム（一夫多妻，一妻多夫，多夫多妻）を複婚という．複婚であったとしても，雄とそれぞれの雌（雌とそれぞれの雄）の間には一定の期間継続するつがい関係が存在しない場合がある．ツンドラで繁殖するエリマキシギや，樹上にオスが集まって，メスをめぐって求愛ダンスをくり広げる熱帯雨林のゴクラクチョウ類は，一定の場所（arena ＝アリーナ）へのオスの集合があり，そこへメスが訪問して，交尾を行って去っていく（子育てはメス1羽で行う）．これをレックシステムというが，これらの鳥では雄と雌の間につがい関係が存在しないので，厳密にいうと複婚ではなく乱婚である．ただしオス同士の間には順位が存在し，交尾できるチャンスにはオスごとに大きな偏りがあるので，オスの観点からは「一夫多妻的」である．

●鳥と哺乳類の違い　哺乳類では，イヌ科の動物やテナガザル類で一夫一妻が知られているのを除けば，霊長類（サル目）を含め，ほとんど一夫多妻や乱婚である．それは哺乳類のオスが妊娠や授乳を分担することができないからである．ゴリラや多くの有蹄類，海獣類のように，順位の高いオスが複数のメスを独占して，他のオスから防衛し，メスがオスのなわばり内で出産，育児にまでかかわる配偶システムは一夫多妻（ハレム）である．

鳥類は多様な配偶システムをもっているが，その中でも一夫一妻が圧倒的に多い．英国の鳥類学者D.ラック（Lack）によると鳥類の92％は一夫一妻である．

ガン類やハクチョウ類，ツル類やワシ類などは片方が生きている限り，つがい関係が続く．鳥には長い妊娠期間はないし，子育ての分担も，ヒナに餌を運んでくるスズメ目などの晩成性の鳥では，潜在的に雌雄の平等な分担が保証される．このことが鳥類において一夫一妻の進化を可能にした潜在的な要因と考えられる．

さらに配偶相手をえらぶ主導権はメスにあるので（female choice），育児負担を積極的に分担してくれるオスが配偶相手として選ばれる傾向がある．多くの鳥で，つがい形成時にオスからメスに求愛のためのプレゼントを渡すことが知られている（求愛給餌または婚姻贈呈）．メスによる選り好みが，オスの父親としての質をターゲットにして働くとき，面倒見のいい父親はより多くの子孫を残せるので，オスによる子育て分担，そしてその結果としての一夫一妻が進化してくる．

●一夫多妻と一妻多夫　一夫多妻的な配偶関係で知られる鳥のセッカやウグイスは，オスはなわばりの中に，連続的に次々とメスを誘って交尾をするだけで，抱卵もヒナへの給餌もいっさい行わない．その意味で，つがい関係の存在しない乱婚的配偶システムだが，基本的にメスは交尾したオスのなわばり内で繁殖しているので，一夫多妻的な配偶スタイルである（エリマキシギやゴクラクチョウ類は，もともとなわばり自体が存在しない）．これはエサが十分にあり，メス１羽でヒナを育てあげられるという環境条件のもとで進化した形質だと考えられている．

一妻多夫の鳥も少数ではあるが存在する．タマシギはメスが次々と巣をつくっては卵を産み，抱卵をオスにまかせて，また次のオスと配偶するために去っていく．オスはまかせられた卵をきちんと暖めて，ヒナをかえし，ある程度ヒナたちが大きくなるまで，連れ歩いて面倒をみる．オスが子育ての大きな部分を担うようになった理由は，捕食者が多く，繁殖失敗率の高い水辺の環境で，メスによる子育て負担を軽減し，多くの卵を産むシステムとして進化したらしい．

●オス–メス間のかけひき　鳥では多夫多妻というシステムもある．それはイワヒバリやヨーロッパカヤクグリの配偶システム（日本のカヤクグリも可能性あり）である．イワヒバリは複数のメスと複数のオスが高山に定着的な集団をつくって生活している．オスはどの巣のヒナにも餌を運ぶし，翌年にはまた同じメンバーで集団が形成されるので，複数のオス・メスの間に，複雑なつがい関係が存在している．エサ資源の乏しい高山環境下で，メスが多くのオスに子育てを分担させるために，複数オスと交尾を行い，オスにエサを運ばせるシステムとして進化したのだと解釈されている．社会的に一夫一妻であっても，メスが夫以外のオスと交尾をしていたら，生まれる子供の中に遺伝的に他のオスの遺伝子をもつ子供が混じる．この場合，母親は遺伝的な母親なので問題ないが，父親はその子供の遺伝的な父親ではない．鳥ではつがい外交尾（extra-pair copulation, EPC）がまれならず生じるので，社会的一夫一妻（social monogamy）と，遺伝的一夫一妻（genetic monogamy）は区別されている．

［上田恵介］

ディスプレイ
——見た目が勝負！

動物は，同種個体間に用いられる社会的シグナル（信号）として，ディスプレイ行動を呈する．ディスプレイは，示威行動あるいは誇示行動ともよばれるように，しばしば敵対的状況においてみられる．そもそも，動物にとって闘争のコストは非常に大きく，血で血を洗うような苛烈な戦いは何より避けたいものである．負ければもちろん，勝って餌や配偶相手を得ることができたとしても，闘争すること自体が深刻な身体的ダメージをもたらすからである．そのため，出会い頭から闘争を開始する代わりに，攻撃や威嚇の意図をディスプレイによって示す．例えば，犬が牙を剥きだして唸るのは威嚇のディスプレイであり，腹を出して仰向けになるのは服従のディスプレイである．このような儀礼的行動としてディスプレイを交わすことで，闘争のコストを回避している．

ただし，ディスプレイとは必ずしも敵対的文脈に用いられるものだけをさすとは限らない．あいさつ，求愛といったものもすべて含め，さまざまな文脈で用いられる定型的で種特異的な行動（姿勢や動作）を総称する（表1）．

表1　動物のディスプレイ行動の多様性

文脈	典型的な個体間関係	ディスプレイの種類	個体の質の反映
敵対的	ライバル同士	威嚇 / 攻撃ディスプレイ 服従ディスプレイ	○
非敵対的	群れメンバー同士 つがい同士	あいさつディスプレイ	(○)
	オスからメスへ メスからオスへ 子から親へ	求愛ディスプレイ 交尾誘発ディスプレイ　（鳥類） 餌ねだりディスプレイ　（鳥類）	○ ○

●正直な信号　それでは，敵対的状況におけるディスプレイはどのように勝敗を決するのであろうか．例えば，繁殖機会をめぐって争うアカシカのオスは，まず唸り合い，次に横に並んで歩くというディスプレイを行う．唸り声の低さは声道長を反映しており，声道が長いということは体サイズも大きいということを意味する．さらに，横に並ぶことでいっそう詳しく相手の大きさやコンディションを査定できるだろう．つまり「負け」を選ぶ側は，一連の査定過程を通じた判断により，戦っても勝てないむだ試合を避けているといえる．このように，力の試し合いのような場面で用いられるディスプレイは，個体の身体的能力を正直に反映する信号となっていることが多い．

同様のことは，メスが配偶者選択の際に査定する求愛ディスプレイについてもいえる.「魅力的な」求愛ディスプレイが，どんなオスにでも表出できるようなものであるならば，オスはみな同じようなディスプレイの質を達成し，もはやそのようなディスプレイはメスにとって配偶者選択の指標として有用ではなくなるだろう．だが実際には，多くの求愛ディスプレイは，運動の身体負荷が高く代謝面でのコストをはらんでいたり，「派手」であるために捕食のリスクとむすびついていたりするため,「魅力的な」求愛ディスプレイを表出するのは簡単ではない.

また鳥類の雛は，親に対して餌ねだり声を発しながら大きく口を開け，兄弟間で競い合うように給餌を得ようとするが，このような餌ねだりディスプレイの強度も，空腹度の正直な信号となっている可能性が高い.

●「派手さ」の進化－オスの求愛　鳥類には，軽業師のように華やかで珍妙な求愛行動を示す種が多く含まれている．アズマヤドリ（ニワシドリ）のオスは，メスに見せるためだけに，小枝で「東屋」をつくり，その周囲に特定の色の物を拾い集めて敷き詰め「庭」をつくる．これらの構築物は，メスのためにあつらえた観客席とダンスを引き立たせる舞台のようなもので，その気になったメスが東屋（観客席）に入ると，オスは庭（舞台）で特有のダンスと発声をともなう求愛ディスプレイを見せ，うまくいけばメスと交尾することができる．マイコドリのオスは，その名のとおりダンスの珍妙さで知られており，ムーンウォークのように枝をすべるキモモマイコドリや，オス同士が常にデュオを組んで息の合ったダンスをみせるハリオセアオマイコドリなど，枚挙にいとまがない.

ここにあげたような,派手な求愛ディスプレイを示す鳥は,一夫一妻またはレック繁殖である．つまり，メスの選り好みは特定のオスに集中しがちであり，オス間の繁殖成功の偏りは著しい．換言するならば，性淘汰圧が強く働くような繁殖生態では，求愛ディスプレイはより派手になる方向へエスカレートする.

●マルチモーダルな信号　ディスプレイ行動の主要要素は視覚信号であるものの，既述の例にもあるように，視聴覚など複数モダリティにまたがる信号も数多い．例えば，セイキチョウの求愛ディスプレイは，止り木上で隣にいる個体に対して表出されるが，巣材を口にくわえ（視覚信号)，上下に飛び跳ねながら（視覚信号）歌をうたう（聴覚信号)．さらに,この飛び跳ねる動きの際に,人間のタップダンスのように高速で複数回脚を止り木に打ち付けることで，音を出し，さらに止り木を介して振動も伝えている可能性がある.

マルチモーダルな信号は，ユニモーダルな信号と比べて確実に受信者に届けられるという利点がある．また，複数信号を同期して組み合わせることが，信号の顕著性（目立ち）に寄与する．例えば，トゥンガラガエルの場合，鳴き声によってメスを引き寄せるが，通常発声にあわせて顕著に膨縮を繰り返す鳴嚢を，発声とは同期しないようにしたロボットカエルを提示すると，メスの注意を引くことはできなくなる.

［相馬雅代］

配偶者選択
――誰と配偶するべきか

配偶者選択は性淘汰を構成する要素であり，有性生殖を行う生物が繁殖時に配偶する相手をえり好む行動をさす．性役割により，一般にメスがオスをえらぶ場合が多い．この場合，オスがもっている巣，歌やダンスなどのオスの求愛，オスの体の大きさや装飾などがメスの選択の指標となる．そのため，多くの生物ではオスのみが特徴的な形質をもつような性的二型が生じる．メスにえらばれたオスが多くの次世代をのこすことができるため，集団中にはメスから好まれるオスの形質が広がると考えられる．しかし，メスにえらばれないオスが代替繁殖戦術により次世代をのこす場合もある．

●直接的な利益　配偶する相手をえらばない個体よりも，配偶する相手をえり好む個体の方が多くの次世代をのこせる時，配偶者を選択するという行動は進化する．例えば，カモメやアジサシでは，繁殖のつがいをつくる際にオスがメスにえさを贈る求愛給餌が行われる．求愛給餌によって卵をつくるときのメスの栄養状態が左右されるだけでなく，求愛給餌の頻度はオスが子育て中に巣にえさを運んでくる能力と関係する．そのため，メスは求愛給餌を指標にオスをえらぶことで，数多くの卵や栄養状態のよい卵をつくることができ，さらに質の高い子育てが可能となる．このように，オスが求愛給餌や繁殖の縄張り，卵や子の保護などの資源を提供することでメスの繁殖成功に直接貢献するとき，メスは配偶者をえらぶことで子の数や成長，生存などの適応度の向上という利益を得る．

●間接的な利益　オスによる子の適応度への貢献が直接的なものではなく，形質の遺伝を通じて間接的に生じる場合もある．グッピーはオスのみがオレンジ色などの鮮やかな体色をもつが，オレンジ色の大きさは父親から息子に遺伝するだけでなく，オスの捕食回避能力や採餌能力，寄生虫の感染状態などを表す．そのため，メスはオレンジ色を指標に配偶するオスをえらぶことで，その魅力を受け継いだ息子，あるいは捕食回避や採餌の能力が高い子を産むことができる．また，配偶中に寄生虫を受けとるリスクを避けられるだけでなく，寄生に対する耐性の高い子を産むことができるかもしれない．このように，メスの選択の指標となる形質がオスの遺伝子の優良さや寄生虫に対する耐性などを表しているとき，メスはオスをえらぶことでオスの形質を受けつぐことによる子の適応度の向上という利益を得る．

●感覚便乗　配偶相手をえらぶ利益とは関係なく，オスの特定の形質が配偶者選択の指標となる場合もある．トゲウオでは，繁殖の準備ができているオスは腹部に赤色の婚姻色を示し，メスはオスの婚姻色を配偶者選択の指標とする．しかし，この種ではオスもメスも繁殖とは関係のない状況で赤色の物体につよい反応を示すことが知られている．そのため，トゲウオは餌をさがすうえでもともと赤色に反応しやすい性質をもっており，結果として赤色のオスがメスをよりひきつけることで，オスの赤い婚姻色が進化したと考えられている．このようにメスがもっていた感覚に便乗するような形質をもつオスが配偶相手としてえり好まれる現象を感覚便乗とよぶ．ヴィクトリア湖に生息するシクリッドでは，深さによって個体がもつオプシンという光の感受にかかわるタンパク質に違いがみられる．水深の浅い場所は青色の光が多く届き，深い場所は赤色付近の光が届くことから，生息する深さによって，その場所の光をよく吸収し感受できるような遺伝子の変異が生じている．そして，感受しやすい光の波長に相応してオスの婚姻色が異なり，水深の浅い場所に住む集団のオスは淡青の婚姻色を，深い場所に住む集団のオスは赤の婚姻色を示す．

●メスの隠れた選択　メスが配偶するオスをえらぶということは，子の父親をえらんでいると言い換えることもできる．そして，メスが子の父親をえらぶ方法は配偶者をえらぶだけに限らない．コオロギのメスは1度オスと配偶したあと，そのオスよりも配偶相手として魅力的なオスと出会うと再び別なオスと配偶を行う．そしてメスはより魅力的なオスから数多くの精子を受けとる．そうすることで，メスは繁殖の機会をのがす危険を回避しつつ，より適応度に貢献するオスの子を産むことができる．このような父親の操作にかかわる事象はメスの隠れた選択（cryptic female choice）とよばれる．メスの隠れた選択は，体内受精の生物において，交尾時間の長さを操作する，配偶後に別なオスとの再配偶を行う，オスから受け取った精子の貯蔵や利用を選択するなど，配偶の途中から配偶後のさまざまな過程で生じている．

●オスもメスをえらぶ　メスが複数のオスと配偶をすると，複数のオスの精子が卵との受精をめぐって争う精子競争が生じる．このとき，精子競争にやぶれれば，オスが子の父親となる確率は下がってしまう．そのため，マメコガネやコクヌストモドキなどの甲虫では，オスはメスの配偶経験を見分けることができ，すでに他のオスと配偶したメスよりも配偶の経験のないメスと配偶することをえり好む．このようなオスによる配偶者選択は，オスの繁殖の機会が限られる場合やメスの質に大きなばらつきがある場合に生じやすい．例えば，昆虫や魚類ではメスがつくることができる卵の数は体が大きくなるほど増える．そのため，オスは体の大きなメスを配偶相手としてえり好むことで，数多くの子の父親になれるという利益を得ることが知られている．

［佐藤　綾］

📖参考文献

［1］長谷川眞理子『クジャクのオスはなぜ美しい？』紀伊國屋書店，2005

同性間競争
——雌をめぐる雄の争い

同性間競争とは，配偶相手となる異性をめぐって同性の個体が争うことであり，性淘汰の要素の1つである．性淘汰は，同性間競争と配偶者選択からなるが，同性で争うのは主に雄であり，配偶相手を選ぶのは主に雌である．

●性的役割　なぜ，雄同士が争い，雌が配偶相手を選ぶことが多いのだろうか？これは，雄の配偶子が精子であるのに対し，雌では卵であることに起因している．

精子にくらべて卵は大変大きい．大きな卵をつくるには多くのコストがかかるため，雌は少数の卵しかつくることができない．一方，雄はたくさんの精子を素早くつくる．その精子で多くの卵を受精することができれば，雄は自分の遺伝子を受けつぐ子をたくさんつくることができる．しかし，雌の数は限られており，さらにタイミングよく受精可能な卵をもっている雌はごくわずかなことが多い．この貴重な雌を獲得するため，雄はライバルの雄と争って勝たなければならない．一方，雌はわずかな卵からよい遺伝子をもつ子をつくるため，あるいは子の生存率を高くするため，配偶相手としてよい遺伝子をもっている雄や子育てのうまい雄を慎重に選ぶ．このような雄と雌のありかたを性的役割とよぶ．

しかし，雌同士が雄をめぐって争い，雄が配偶相手を選ぶ動物もいる．例えば，ヨウジウオは雄だけが子育てをする．子育てしている間，雄は雌と配偶できない．そして，雌が次の卵をつくる時間は，雄が子育てしている時間よりも短い．そうなると，卵をもった雌が多いのに対して，子育てを終えた雄は少なくなり，そんな貴重な雄をめぐって雌同士で争うようになる．これを性的役割の逆転とよぶ．

●雄同士の争いと武器の進化　多くの動物では雄同士が争うが，争いの激しさは種によって異なる．争いの激しさはその種の配偶システムで決まることが多い．例えば，雄と雌がペアになる一夫一妻に比べると，1個体の雄が多くの雌を独占する一夫多妻の種では雄同士の争いが激しい．動物の多くでは，雄と雌の数はほぼ等しい．したがって，一夫一妻の種では，多くの雄が雌を獲得できる．しかし，一夫多妻の種では，わずかな雄が多くの雌を独占してしまうため，雌を得られずあぶれてしまう雄が多くなる．あぶれないためには，多くのライバルに打ち勝って雌を守らなければならないことから，雄の争いは激しくなる．

争いの激しい種では，雄は争いに勝つための形質を発達させることがある．ゾウアザラシやオットセイ，ライオンの雄は，雌に比べて大きな体をもっている．一般に，体の大きな雄は小さな雄よりも争いに強い．したがって，争いの激しい種では，雄は争いに有利な大きな体を発達させたと考えられている．

ライバルとの争いに勝つため，雄が武器を発達させることもある．多くのシカでは雄だけが角をもっている．また，クワガタムシは雄も雌も大顎をもっているが，雌に比べると雄の大顎は大変大きい．繁殖期になるとシカの雄は角をからませて力比べをし，クワガタムシの雄はライバルを大顎ではさんで投げ飛ばす．カブトムシも雄にしか角がないが，この角も雄同士の争いの武器である．カブトムシは頭部の角をライバルの体の下に差し込んではねあげ，餌の樹液が出ている場所からライバルをはね飛ばす．勝った雄は樹液を吸いにやってくる雌を獲得できる．体が大きく，角の長い雄は争いに強いが，体の大きさと角の長さのどちらが重要か比べてみると，角の長さの方が争いに勝つためには重要であった．そのため，カブトムシの雄には立派な角が進化したのだろう．

カラフトマスやベニザケの雄は，繁殖期になると口先がカギ状に湾曲し，背中が大きく張り出す．雌をめぐって，雄はカギ状の口でライバルに噛みつき追い払おうとする．一方，張り出た背中は，ライバルに噛まれるダメージを少なくすると考えられている．カギ状の口は攻撃に，張り出た背中は防御にそれぞれ役立っているのだろう．

●争いのコストを少なくする　雄はライバルとむやみに闘争している訳ではない．闘うことで多くのエネルギーを費やしてしまい，怪我を負うこともある．時には，闘争の結果，死んでしまう雄もいる．争いのコストをできるだけ少なくするため，雄はライバルと闘争を始める前に慎重に相手の力量を推しはかろうとする．アカシカの雄は，まずライバルと吠え合う．雄の吠え声は体の大きさやコンディションのシグナルになっていて，吠え声でライバルが自分よりも強そうと判断したらむだな争いをせずに引き下がる．吠え声で決まらない場合，ライバルと肩を並べて歩きだす．接近して歩くことで，ライバルの大きさやコンディションをさらに見極めているのだろう．力量が等しく，並んで歩いても勝負が決まらないときに，雄はライバルと角を絡ませて闘争を始める．

雄のシュモクバエは，頭部から左右に長い眼柄がつきだし，その先端に複眼があるという奇妙な姿をしている．シュモクバエの雄は，闘争を始める前に，ライバルと左右に突き出た複眼をつきあわせる．そして，ライバルよりも眼柄が短い雄が引き下がり，長い眼柄をもつ雄が勝者となる．眼柄の長さはその雄の体の大きさを示しているため，小さな雄は，長い眼柄をもつ大きなライバルとの勝ち目のない闘争を避けているのだろう．ライバルと眼柄の長さがほぼ等しいとき，雄は取っ組み合って闘争する．長い眼柄の両端に複眼があるため，自分とライバルの眼柄の長さを正確に見比べることができるので，シュモクバエの雄の奇妙な姿が進化したと考えられる．

［狩野賢司］

📖参考文献

［1］ エムレン，D. J.『動物たちの武器—闘いは進化する』山田美明訳，エクスナレッジ，2015

性的対立
——雄の適応進化が雌に害を及ぼす

ある個体の適応度上の利益は，他個体の適応度上の利益とは一致しない．動物の雄と雌とは，子孫を残すために協力しているように思えるが，雄と雌の間でも，それぞれの利益は必ずしも一致しない．

●性的対立　多くの動物では，雄と雌が存在する．雄のつくる精子と雌のつくる卵が受精して子が生まれるが，精子と卵の数はつりあわない．精子は卵よりもはるかに小さく，大量につくられるので，卵に対して精子が余る状態にある．一般的に，雄はできるだけ多くの雌と交尾し，その卵を受精させることによって自身の適応度を最大化させられる．それに対して，雌の適応度は，できるだけ多くの卵または子を生み，育てあげることで最大化する．個体が自身の適応度を最大化させるのに最適な形質値は，雌雄で異なることがある．雌雄の最適値が両立しないとき，雄個体が自身の適応度を最大化させると雌個体の適応度は低下し，雌個体が自身の適応度を最大化させると雄個体の適応度は低下するため，性的対立が生じる．性的対立は，「雌個体と雄個体との間での進化的な利害の対立」と定義され，遺伝子座間性的対立と遺伝子座内性的対立の2つがある．単に性的対立という場合には，遺伝子座間性的対立をさすことが多い．

●遺伝子座間性的対立　交尾するかしないか，両親がどれだけ子の保護を負担するかなどは，雄個体と雌個体との相互作用で決定される形質である．これらの形質は，関与する雄個体と雌個体とで同一の値をとるので，雄と雌で最適値が一致しなければ，両方の最適値を実現することはできない．遺伝子座間性的対立は，雌雄個体の相互作用を通して，雌雄が互いに相手の適応度の最大化を妨げることで起こる．

典型的な遺伝子座間性的対立は，交尾をめぐる対立である．交尾はさまざまなコストをともなう．そのため，雌の適応度は，1個体もしくは少数の雄と交尾すれば最大になり，それ以上に交尾すると低下することが多い．雄は新たに雌と交尾すれば，自身の適応度を増加させられる可能性が高い．雌雄個体が出会ったとき，交尾することが雄にとっては利益で雌にとっては不利益という場面は頻繁にあると想定される．この場合，雄では交尾を成功させる形質が選択され，雌では交尾に抵抗する形質が選択されるであろう．交尾に抵抗する雌の形質が進化すると，今度は雌の抵抗に打ち勝つ雄の形質に対する選択が働くであろう．互いに対抗するように作用する性拮抗的選択がくり返され，その結果，雄の形質と雌の形質との性拮抗的共進化が起こると考えられる．例として，アメンボ類における雌雄の形態の共進化があげられる．交尾を試みるアメンボの雄は，雌の腹部をつかんで背中に乗ろうとする．交尾中は捕食されやすかったり，採餌が困難になったりするというコストがあり，雌は雄を振り落とそうする．雌をつかむ雄の形態が発達している種の雌では，雄につかまれにくい形態が発達している．

ハヌマンラングールやライオンなどで知られている雄の子殺しも，遺伝子座間性的対立の1つである．これらの動物の雌は，子への授乳期間が終わるまでは次の繁殖を行わない．雌が他の雄との間にもうけた子を育てているとき，雄は子を殺すことで，雌を繁殖可能な状態に戻し，自身の子をなす機会を得られる．自身の子が殺される雌にとっては，適応度の損失にほかならない．

●遺伝子座内性的対立　同じ生物種の雄と雌は，大部分の遺伝子を共有する．遺伝子が雌雄で同様の形質値を発現するならば，形質における雌雄間の遺伝相関が生じる．実際に，さまざまな形質で雌雄間の遺伝相関が見られる．娘が母親だけでなく父親にも似る，あるいは息子が父親にも母親にも似るというのは，その現れである．遺伝子座内性的対立は，雌雄間の遺伝相関が雌雄それぞれの最適値の実現を妨げることによって起こる．雌雄間の遺伝相関があると，片方の性の形質が選択を受ければ，それに引っ張られて反対の性の形質も変化する．例えばシロエリヒタキでは，雄は体の小さな個体ほど適応度上有利であるが，雌では体の大きい個体が有利であるので，体の大きさに対して性拮抗的選択が作用する．雌雄の体の大きさに遺伝相関があるため，雄で働く選択によって雌の体も小さくなり，体の大きさが雌の最適値から遠ざかる．反対に，雌で働く選択は雄の最適値から遠ざける．

ある形質に雌雄ではっきりした違いがあることを性的二型という．雌雄の同じ形質に作用する性拮抗的選択は，性的二型の進化を促すと考えられる．シカやカブトムシの角は，雄だけに発達する．哺乳類の多くでは，雄は雌よりも体が大きい．他にもさまざまな動物の形質で性的二型が見られる．同じ遺伝子が性によって異なる形質値を発現すれば，雌雄それぞれの最適値を実現することが可能になり，遺伝子座内性的対立は緩和されると期待される．

遺伝子座内性的対立が存在する場合，雄で有利な遺伝子は，雌に伝わったときに不利な効果を表す．したがって，父親の適応度が高いとき，その遺伝子を受けついだ息子の適応度は高いが，同じ遺伝子を受けついだ娘の適応度は低くなることが予測される．この予測にあてはまる事例が，コオロギの一種やアカシカなどで観察されている．

［原野智広］

📖参考文献

［1］ 粕谷英一・工藤慎一共編『交尾行動の新しい理解―理論と実証』海游舎，2016
［2］ 日本生態学会編『行動生態学』シリーズ現代の生態学 5，共立出版，2012
［3］ デイビス，N. B. 他『行動生態学』原著第 4 版，野間口眞太郎他訳，共立出版，2015

代替繁殖戦術
――同種にみられる異なる繁殖方法

代替繁殖戦術とは，同一種内にみられる異なる繁殖のやり方のことで，主に雄に見られる．例えば，多くの魚類では，繁殖なわばりを設けて雌に求愛する「なわばり戦術」と，そのなわばり雄のペア産卵に侵入して放精し，受精させる「スニーキング（こそ泥）戦術」の共存が知られている（図 1）．どの戦術を採用するかは，他個体が採用する戦術の種類や，体の大きさや年齢などに依存した社会的地位，個体群密度などに影響される．例えば，上述のなわばり戦術はなわばりを巡る雄間競争に有利な大型雄が，スニーキング戦術は競争能力に劣る小型雄が採用することがほとんどである．なわばり雄は，自身の受精成功を奪おうとするスニーカー雄を激しく攻撃し，たいていスニーカー雄よりも高い繁殖成功を得ている．このスニーキング戦術のように，より高い適応度を得られる戦術は採用できないが，自身のおかれた状況下で最も高い適応度が得られる戦術は「the best of a bad job（次善の策）」とよばれることがある．

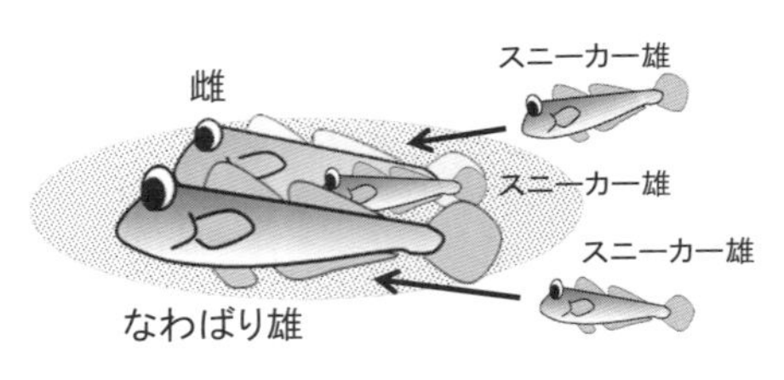

図 1　魚類にみられる代替繁殖戦術の 1 例．繁殖なわばり内で雌とペア産卵するなわばり雄（なわばり戦術）と，そのペア産卵に侵入し，放精を試みようとするスニーカー雄（スニーキング戦術）

●戦術特異的な形質　各戦術を採用する個体には，行動以外にも繁殖成功をより高めるための戦術特異的な形質が進化していることが多い．雌を巡って争う闘争戦術を採用する糞虫の一種の大型雄は武器となる長い角をもつが，大型雄の巣穴に横穴を掘って忍び込むスニーキング戦術を採用する小型雄は角をもたない（図 2A）．長い角が闘争に有利である一方で，スニーカー雄にとって角は巣穴内を動き回る妨げとなる．角の長さには各戦術に有利になるような分断淘汰が働き二型が生じたと考えら

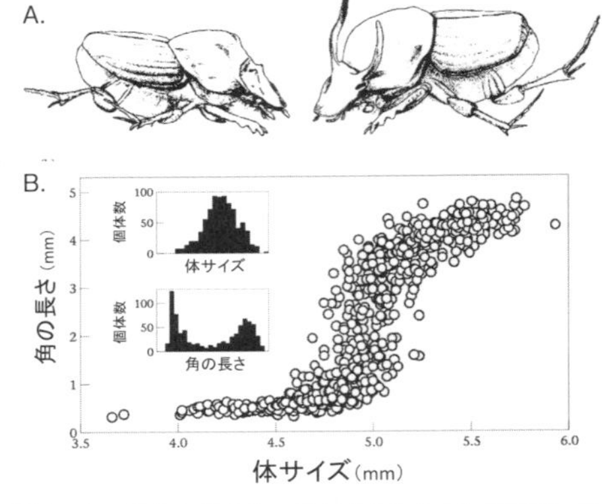

図 2　A．糞虫の角をもつ雄（右）ともたない雄（左）．B．雄の体サイズ（胸幅）と角の長さの関係．図には体サイズと角の長さの頻度分布を表すグラフも含まれる（出典：Moczek and Emlen, *Animal Behaviour* 59 (2), pp.459–466, 2000 に加筆）

れる（図 2B）．また，上述の魚類のスニーカー雄は繁殖時に常になわばり雄と卵への受精を巡る争い，すなわち精子競争にさらされている．そのため，放精量を増やして受精確率を高めるべく，精子生産に多くのエネルギーを投資して，大型の精巣を装備していることが多い．また，精巣サイズだけでなく，スニーカー雄の精子には，遊泳速度が速く，寿命が長く，密度が高いなど，精子そのものにも受精に有利になるような特徴が見られる種もある．

●戦術転換　同じ個体が複数の戦術を使い分ける戦術転換が起こることがある．ヒキガエルの一種では，雌は大きな求愛コールを発する体の大きな雄へと近づき，繁殖する．大きな求愛コールを発することができない小型雄は自分でコールすることなく，大型雄の求愛コールに近づいてくる雌を横取りするサテライト戦術を採用する．どちらの戦術を採用するかは近隣の雄の求愛コールの大きさ（体サイズ）によって決まり，一晩の間に戦術を転換する雄も存在する．このように柔軟に戦術転換が可能な種もいれば，さまざまな制約により戦術が固定される種もある．例えば，糞虫やハサミムシでは大型で長い角やはさみをもつ雄が雌を巡って争う闘争戦術を採用するが，成虫の体の大きさと角の長さは幼虫時の餌条件で決まるため，戦術は変化しない．また，サケ科魚類のサクラマスには，海に下って大きく成長し，生まれた川に戻ってきて繁殖する降海型雄と，海に下ることなく一生河川で生活する残留型のスニーカー雄が存在する．このように戦術によって生活史が大きく異なる場合，戦術の転換は困難であるように見えるが，驚いたことに残留型として繁殖した後に海に下って回遊型に戦術転換する雄個体がわずかながら存在するらしい．この事実から，戦術の進化を考えるうえで戦術転換の潜在的な可能性を理解することが重要であることがわかる．

●代替戦略　戦術が個体ごとに遺伝的に固定された遺伝的多型である場合，それは「代替戦略」とよばれる．もし，いずれかの戦略が常に有利になるようなら，他の不利な戦略は淘汰されるはずなので，戦略間の平均的な適応度には差がないと考えられる．例えば，海産等脚類のツノオウミセミでは，雄に遺伝的に異なる3つの形態型が存在し，それぞれが異なる繁殖戦略を採用しているが，実際に各型の雄の繁殖成功はほぼ等しいことが示されている．

戦術はある戦略を構成する個々の要素であり，例えば，繁殖集団中におかれた自身の状況によってその戦術を変えるというやり方を「条件戦略」とよぶ．ただし，戦術を切り替えるスイッチポイント（閾値；図 2B）は生息条件によって異なると予想され，その閾値に遺伝的な基盤があるケースも見つかっている．条件戦略の場合，上述の次善の策のように戦術間で適応度に差があっても個体群内で共存が可能である．代替戦術には2つの戦術を確率的に使い分ける「混合戦略」が理論的には存在し得るが，実証例は見つかっていない．

［竹垣　毅］

子の世話
——家族の協調と対立の要

子の生存や発育（適応度）を高める親の行動を，子の世話とよんでいる．普通，受精後あるいは産卵（子）後の親の行動，すなわち天敵からの防衛，給餌，胎生，温度など無機的環境の調節などをさすが，栄養物に富む卵の生産など配偶子に対する投資や巣の構築を含めることもある．親は自身の子を世話することが普通だが，つがい外交尾や託卵の結果，片親あるいは両親と血縁のない子が世話を受けることがある．また真社会性あるいはヘルパーをもつ動物では，自身の幼い兄弟姉妹を世話することもある．また，子の世話は発育環境の変更を通じて子の形態や行動などの表現型に影響することがあり（母性効果のひとつ），世代をまたぐ表現型可塑性を生み出すメカニズムとしても重要である．

●親の投資　子の世話は時間やエネルギーの消費をともない，同時に生まれた他の子に利用可能な資源量や親自身の将来の繁殖成功を低下させると考えられる．子の世話を含め，親から子への働きかけのコスト（費やす資源）をすべて包括する概念が「親の投資」である．親の投資は個々の子に費やす資源を表すもので，すべての子に対する親の投資の総和を親の努力とよぶ．この親の努力に，配偶子生産努力と配偶努力を合わせたものが繁殖努力である．ただし，これらの区別はあいまいな場合がある．例えば，オスの求愛給餌は一般に配偶努力とみなされるが，同時に子の適応度に寄与する場合には子の世話との区別は難しい．またオスによる子の世話は，（メスに直接的利益を与えるため）メスによる配偶者選択のターゲットとなることがある．この場合，子の世話は配偶努力と親の努力を兼ねると考えられる．

●性役割の分化　かつては，配偶子サイズの差（オス<メス）に起因する潜在的繁殖速度の差（オス>メス）によって実効性比がオス側に偏り，その結果，「メスが子の世話を行い，オスは子の世話をせずに新たな配偶相手を巡って争う」という性役割の分化が生じると考えられてきた．しかし，個体群内で実際に残す子の総数は（潜在的繁殖速度にかかわらず）オスとメスで等しくなる（フィッシャー条件）．この条件下では，子を世話する戦略が多数派になると子を遺棄し次の配偶にむかう戦略が有利になり，逆に子の遺棄が多数派になると子の世話が有利となる頻度依存選択が生じるため，潜在的繁殖速度の差が原因で性役割の分化が生じるとは考えにくい．現在は，「メスの多数回交尾にともなう父性の低下によってオスによる世話の利益が低下すること」，および「配偶に成功する一部のオスにとって当座の子の世話が大きな配偶コストとなること」が重要視されている．

●分類群ごとの多様性　「産卵（子）後に世話を行うか否か」，「世話は片親か両親か」,「片親の場合, 世話を行うのはどちらの性か」といった世話の様式は分類群によって異なる傾向があり, しばしば配偶システムと関連している. 動物全体でみると, 産卵（子）後に世話をしないものが大部分だが（例えば無脊椎動物のほとんど), 世話する場合, 多くはメス親のみが行い, これらは一夫多妻の配偶システムをもつことが多い. オス親のみによる子の世話は魚類で非常に多く, 両生類でも少なくない. 一部の鳥類や節足動物からも知られている. これらはしばしば一妻多夫の配偶システムをもち,「オスが子の世話を行う一方で, メスは子の世話をせずに新たな配偶相手を巡って争う」という性役割の逆転が生じていることがある. 両親による子の世話は鳥類の一般的な特徴であり, 哺乳類, 魚類, 両生類や節足動物などの一部にも知られている. これらの多くは, 一夫一妻の配偶システムをもつ. 分類群によっては, オス親とメス親で子の世話における主な役割分担が決まっているものがある.

●種内変異　子の世話には種内でも変異があり, 同一親個体が自身の令, 子の数や質, 子との血縁度, 配偶相手の質など状況の変化に応じて世話の内容や程度を調節することは多い. 例えば, 性的魅力の高いオスと配偶したメスが親の投資を増加させる（差別的投資), 残存繁殖価が低下する, 例えば老化すると親の投資を増加させる（終末投資）場合などである. これらは, 状況の変化にともなう利益やコストの変化に応じて, 最適な戦術を採用していると理解されている. ただし, 片親の世話において世話をする親の性が変わる例はきわめてまれである.

●家族内対立　子の世話にともなう包括適応度上の利害は家族内で必ずしも一致せず, 最適な親の投資をめぐって兄弟姉妹間, オス親とメス親間そして親子間にも潜在的な対立が存在すると考えられる. 特に, 投資を行う側の親と受ける子の間で投資の最適値が一致しない状況は「親子の対立」とよばれ, 子の世話の進化を理解するうえで重要である. 両親が同じ兄弟姉妹では, 親から見るとどの子も血縁度は0.5で等しく価値は同じだが, 子からみた兄弟姉妹の価値（血縁度:0.5）は自分自身（血縁度：1）の半分でしかない. そのため特定の子からみた世話の程度の最適値は親の最適値よりも高くなり, 子には「親が望む以上に世話を要求する」ことが有利となる選択が働く一方, 親には「子の要求に従わない」ことが有利となる選択が働く. 哺乳類の離乳や鳥類の巣立ち時にみられる親子のいさかいは, この理論によって説明できる. また, けたたましい鳴き声や口周辺の鮮やかな色彩を用いた子の餌ねだり行動は, この親子の対立, すなわち世話を要求する子の信号と信号に対する親の応答の共進化によって促されたとみなされている.

［工藤慎一］

参考文献

［1］ デイビス, N. B. 他『行動生態学』原著第4版, 野間口眞太郎他訳, 共立出版, 2015

［2］ Royle, N. J., et al., *The Evolution of Parental Care*, Oxford University Press, 2012

多回交尾
――雌はなぜ浮気するのか？

多回交尾（multiple mating）とは1個体の雄または雌が1繁殖シーズンにおいて複数の異性個体と交尾することである．同じ個体（配偶者）と複数回交尾することは繰り返し交尾（repeated mating）として区別されるが混同されていることも多い．そのため最近は雄の多回交尾をpolygyny，雌の多回交尾をpolyandryと記述することが一般的であるが，これとて本来は一夫多妻，一妻多夫という配偶システム（何個体の異性と家族をつくり子供の世話を誰がするか）を表す言葉であり，正確な文意は文脈から判断する必要がある．これらの問題を回避するため，本項ではpolygynyを雄の多雌交尾，polyandryを雌の多雄交尾として「交尾回数ではなく交尾相手の数を意味し，社会的な配偶システムは考慮しない」ことを明示する．同様に一夫一妻（monogamy）は交尾相手の数だけを意味する言葉としては雄の一雌交尾（monogyny），雌の一雄交尾（monandry）となる．

●交尾の利害得失における性差　配偶子に投資する資源量が雌雄間で等しいならば，精子は卵よりもはるかに多数生産できる．雄は精子が余っているので多くの雌と交尾するほど適応度を増やすことができる．一方雌は複数の雄と交尾をしても（子供の父親が入れ替わるだけで）自身の卵生産能力以上に子供を増やすことはできない．雌は子の生存率を高めることでしか適応度をあげることができないため質の高い雄を慎重に選んで交尾し，限られた数の子供を保護することが重要である．その上さらに，交尾にともなう時間とエネルギーのロス，交尾中に捕食される危険，寄生虫や病原体の感染の危険など，交尾にはさまざまなコストがともなうと考えられる．雄においては交尾の利益がコストを上回るため多雌交尾傾向が進化するの

A. 雌にとって適応的なもの
- a. 直接的（物質的）利益説
  1. 雄による栄養物（餌や高タンパクの精包など）の提供
  2. 雄による子育てや保護（繁殖コストが下がるので雌は余計に繁殖できる）
  3. 他雄によるセクシュアルハラスメントからの防衛
  4. 消費または貯蔵中に劣化した精子の補給
- b. 間接的（遺伝的）利益説
  5. 遺伝的に多様な子孫をつくる（遺伝的多様性説）
  6. 生存力や病原抵抗性に優れた遺伝子をもつ雄による受精（good genes 説）
  7. 雄との遺伝的不和合性を回避する（遺伝的不和合性説）
- c. 両賭け（bet-hedging）説
  8. 交尾の失敗，不妊雄に対する保険（直接的原因による絶滅の回避）
  9. 雄の遺伝的欠陥に対する保険（間接的原因による絶滅の回避）

B. 雌にとって非適応的なもの
  10. 雄による強制（性的対立）
  11. 雌雄の遺伝相関を介した間接選択

図1　雌の多雄交尾の進化を説明する仮説

に対して，雌においてはコストが高いため一雄交尾傾向が進化すると予測されるが，それに反して多くの動物の雌は多雄交尾していることが示されている．雌の多雄交尾の適応的意義と進化条件は性をめぐる進化生態学の中でも中心的な研究課題であり，さまざまな観点から理論的・実証的研究が行われてきた．

●雌の多雄交尾—さまざまな仮説　雌の多雄交尾の進化を説明する仮説は，大きく分けて雄が交尾のコストを上回る利益を提供しているというもの（図 1A）と，雌が何ら利益を得ていないことを前提としたもの（図 1B）がある．雄から強制されて再交尾しているという性的対立（sexual conflict）説（図 1-10）や，雌雄間で交尾傾向を支配する遺伝子群が共通なため，雄の多雌交尾進化の副産物として雌の多雄交尾も進化したという雌雄の遺伝相関説（図 1-11）などは後者に含まれる．雄からの利益説はその利益の性質によってさらに 2 つのタイプに分けられる．直接的利益説（図 1Aa）は，多雄交尾を行う雌がその世代内で利益を得ていることから理解しやすい．しかしながら雄が精子以外に何も提供しない動物は非常に多く，そこで考えられたのが間接的利益説である（図 1Ab：雌は子供の世代で利益を得る）．例えば雄間に病原抵抗性や生存力，耐久性などに優劣があり，それが相加的な遺伝子によって支配されている場合，以前の交尾相手よりも優良な遺伝子（good genes）をもつ雄との再交尾は子孫の質を高めることにつながる（図 1-6）．また雌雄の遺伝子に非相加的（組合せによって異なる）な不和合性があり受精の失敗や胚の死亡がもたらされる（近交弱勢に顕著）場合，多雄交尾は雌に和合性の高い雄（非血縁者など）の精子を選ぶ機会を与える（図 1-7）．不規則に変動する環境の中では子孫が将来どのような環境に直面するかは予測できない．そのため父親の異なる子供を複数生産し子供たちの遺伝的多様性を高めることで，全兄弟（full sib）間の競争を回避したり，適性の異なる半兄弟（half sib）間で協力したりする効果が期待できる（図 1-5）．

●多雄交尾は危険分散か　一雄交尾ではその雄由来のさまざまな要因で結果的に繁殖に失敗する可能性がある．これらは先天的（遺伝的：図 1-9）または後天的（直接的：図 1-8），恒久的または一時的要因で生じ得る．例えば雄が不妊（正常な精子を送れない遺伝的欠陥）であったり，たまたま射精に失敗したり，あるいは有害遺伝子をもつまたは雌の遺伝子と不和合かもしれない．そして雌がこのような繁殖失敗をもたらす雄を認識できない（雄はそれを隠すだろう）こともあるし，そもそも変動環境ではその雄の遺伝子の次世代における適否は交尾の時点ではわからない．配偶者選択に確信がもてないとき雌は複数の雄と無差別に交尾することで子供たちの中で誰かが死んでも誰かは生き残るという危険分散（両賭け，bet-hedging）を行うことができる．両賭けによる絶滅回避は多雄交尾をするだけで自動的に機能するので他のメカニズムが働く背景となる普遍的な説明である．

［安井行雄］

性転換
――魚類にみられる「性を変える」戦略

動物は「1つの性を全うするもの」ばかりではない．魚類には成熟後に性を変える種が数多く存在する．この性転換は決して異常な現象ではなく，巧妙な繁殖戦略としてとらえるべきものである．

●性転換の方向性と有利性　ある性から別の性へと機能的に変わる現象が性転換である．一生のうちに両方の性機能を経験するため隣接的雌雄同体ともよばれる．両性具有の同時的雌雄同体は精巣と卵巣を同時に機能させるが，性転換は雌雄を同時には機能させない．

性転換現象は，無脊椎動物では環形動物，棘皮動物，甲殻類，軟体動物などから報告がある．脊椎動物では魚類にみられる．これまでに27科94属およそ400種の魚類で確認され，さらに21科31属でも性転換の可能性が示唆されている．

性転換の方向性には大きく2つがあり，雄から雌への性転換は雄性先熟，雌から雄への性転換は雌性先熟とそれぞれよばれる．これら2タイプは，それぞれの性転換パターンが有利となる繁殖社会でみられる．一夫多妻はサンゴ礁魚類に多い社会形態だが（例えばベラ類やキンチャクダイ類など），そこでは雌性先熟型の性転換が広くみられる．一方，雄性先熟は，繁殖ペアの組合せがランダムに決まる社会（ランダム配偶）にみられる（クマノミ類やコチ類など）．この繁殖社会との対応関係の適応的意味は，体サイズ有利性モデルによってうまく説明されている（図1）．

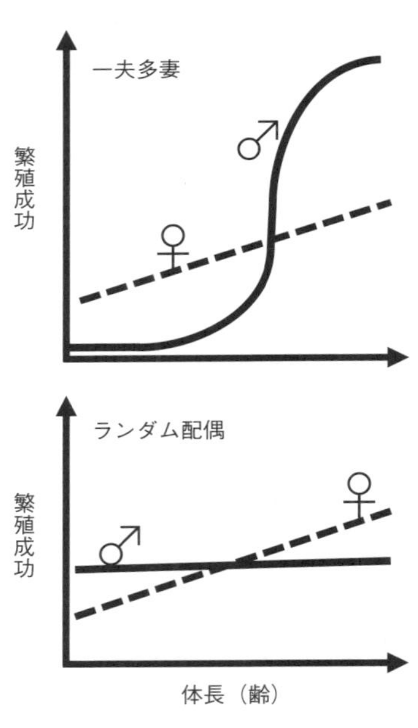

図1　性転換の適応的意義を説明する体サイズ有利性モデル．メスの繁殖成功（産卵数）は，社会形態にかかわらず成長にともない増加する．一夫多妻社会では，大きなオスは複数メスとの産卵で高い繁殖成功（受精卵数）を得るが，小さなオスは繁殖機会を得にくい．そこでは「小さいうちはメス，大きく成長した後にオスに」という生き方（雌性先熟）が生涯繁殖成功を最大にする．対照的に，雌雄ペアの体長組合せがそろわないランダム配偶社会では，オスからメスへの性転換（雄性先熟）が雌雄異体よりも有利となる．成長速度や生残率の性差も，性転換の有利性をもたらす要素となり得る

●性転換の社会調節　魚類では，繁殖グループ内の社会的地位（優劣関係）が性転換の発現に強く影響する例が多い．例えば，掃除魚ホンソメワケベラは一夫多妻（ハレム）社会

をもち，ハレム内には体サイズの大小関係に基づく優劣関係がみられる．最も大きな優位個体が雄，それ以外の劣位個体が雌として機能する．この優位雄の消失時に最大雌が性転換し，ハレムを引き継ぐケースが多い．優位雄が存在する限り，雌は性転換しない．すなわち「もし優位ならば性転換する（劣位なら雌のまま）」というルールで個体の性が社会的に制御されている．これは性転換の社会調節とよばれる．

性転換の社会調節は，分類群や性転換の方向性を問わず，数多くの性転換魚で確認されている．雄性先熟のクマノミにも性転換の社会調節はみられ，優位雌の消失時に雄が性転換し，小さな個体とつがいを新たに形成する．

●双方向性転換　性転換は生涯に1度とは限らない．性転換を2度以上行う双方向性転換をみせるものもいる．これまでにハゼ類，ゴンベ類など6科25種から確認されており，そのすべてが雌性先熟の性転換を基本パターンとする魚種である．つまりは，雌から雄に1度性転換し，その後再び雌への逆戻り性転換（2度目の性転換）をみせる，これが双方向性転換である．なお，雄性先熟魚における逆戻り性転換の報告例は現時点ではまだない．

雌への逆戻りは，雄がさらに大きな優位個体（雄あるいは大雌）と同居し，社会干渉をもつ状況でみられる．つまり，性転換の社会調節が関与している．より具体的には，雌を失った独身雄にみられるケースが多い．もはや優位でなくなった雄個体は「劣位ならば雌に」の社会調節ルールに従って性を雌に戻し，繁殖機会を得る．低密度状況など雌を探索するコストが大きい条件で繁殖成功を再獲得する戦術の1つと考えられている．

●性転換過程と生理的メカニズム　性転換には，①行動，②生殖腺機能（卵巣・精巣），③体色や外部形態，の3つの変化がともなう．行動面の性転換が他に先行し，雌と未受精産卵（放精なし）する事例もある．性行動の早期発現には，配偶者確保を容易にする意味があると考えられている．

性転換の生理的メカニズムにはホルモンが大きく関与する．生殖腺で主に産生される性ホルモン（雄性ホルモンと雌性ホルモン）の血中濃度が性転換中に変化することや，人為投与によって性転換を誘導できることが古くから知られている．近年では，視床下部で産生される神経葉ホルモン（AVTなど）や，下垂体で産生される黄体形成ホルモン（LH）や卵胞刺激ホルモン（FSH）が注目されており，それらの投与による性転換誘導も報告されている．また，生殖腺を摘出除去した雌や，産卵直前状態の雌においても，性転換（雄の性行動）をただちに開始できることが野外実験で確かめられている．脳から生殖腺までのホルモンが連鎖的かつ相補的に影響を与えているものと考えられる．

［坂井陽一］

参考文献

［1］桑村哲生『性転換する魚たち―サンゴ礁の海から』岩波書店，2004

なわばり
――動物社会を支える基本現象の１つ

なわばりは「個体や群れが他個体を排除し独占して使用する区域」と定義され，魚類からほ乳類までの多様な脊椎動物や昆虫などいくつかの無脊椎動物で見られる．なわばりの防衛は直接的な攻撃のほか，臭い付け（ほ乳類），さえずり（鳥類）などによる場合もある．なわばりの維持には防衛コスト（エネルギーや時間の損失，怪我や被食の危険）がかかる．なわばりをもつことで得られる利益から防衛コストを差し引いた「純利益」が，なわばりをもたない時よりも高いとなわばりが維持されると考えられる．

●三重なわばり　近年，行動観察が容易にできる定住性の小型魚類で，詳細ななわばり研究がなされている．スズメダイ科魚類やカワスズメ科魚類などの藻食魚には，雌雄ともに一年中「摂餌（採食）なわばり」（直径３～４ m）を維持する種類がおり，そこで藻類を食べ，同種個体のほか餌の競争魚種を攻撃し排除する．繁殖雄はそのなかに，産卵場所や巣場所の周辺だけを卵捕食者から防衛する「営巣なわばり」（直径約１ m），雌を求愛する区域を同種雄から防衛する「配偶なわばり」を摂餌なわばりのはるか外側にあわせもっている（図1）．これら３つのなわばりは決して同心円状には配置していない．雄は防衛する場所，攻撃対象，

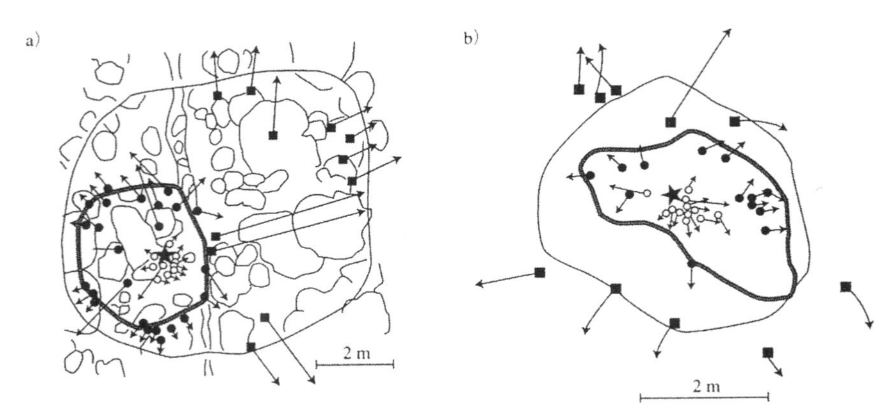

図１　ともに藻類食魚である，セダカスズメダイ(a)とタンガニイカ湖のカワスズメの一種ペトロクロミス ポリオドン(b)の雄の三重なわばり．星印は巣場所か産卵場所，太い黒線の中は摂餌域，細い実線の中は雌探索および求愛域である．黒四角は同種雄，黒丸は餌の競争種，白丸は卵の捕食魚であり，それぞれ攻撃され矢印の先まで逃げた軌跡を示す．両種ともに営巣なわばりは巣周辺に，摂餌なわばりは摂除域に，配偶なわばりは求愛場所に広がることがわかる（Kohda, 1984，未発表資料）

維持する時期も異なる3つのなわばりを同時に維持している．これらをあわせて三重なわばりとよぶ．また，摂餌なわばりを欠く二重なわばりも知られている．

●なわばりの攻撃対象 なわばりは同種個体から防衛される，とみなされることが多かった．しかし，種多様性の高い動物群集では，生態的資源である餌や卵・子供をまもるなわばりは，餌の競争者や子供の捕食者という他種個体も攻撃対象になる「種間なわばり」となることが多い．このような状況では，なわばり所有者を除去すると，他種個体に侵入され餌や子供が奪われてしまう．これに対し配偶の資源である雌とその求愛場所を防衛する配偶なわばりでの攻撃対象は同種の成熟雄であり，常に「種内なわばり」となる．

●なわばり分類 鳥類でのなわばり分類では，摂餌，営巣，配偶なわばりなどの単機能のなわばりの他に，求愛・交尾・摂餌・営巣のすべての活動が含まれる全目的型なわばり，摂餌以外はすべて行う多目的型なわばりが提案されてきた．その研究の多くは鳥類種数がさほど多くないヨーロッパや北米でなされ，摂餌なわばりや営巣なわばりでの種間攻撃の観察例が少なかった．しかし，競争種数が多い珊瑚礁や熱帯湖では，魚類の摂餌なわばりや営巣なわばりは他種個体からも防衛されており，これらなわばりの実態が表面化したのだと考えられる．魚類の三重なわばりは全体として分類すれば全目的型なわばりにあたるが，実際は機能も動機も異なる3つの営巣，摂餌，配偶なわばりが重なって維持されている．このように全（多）目的型なわばりは，単機能なわばりが重なって維持されているものと考えられる．

●親敵関係 なわばりは隣接して維持されることが多い．いったんなわばり境界が決まると隣接個体は互いに相手のなわばりに侵入しなくなる．すると隣接個体は互いに寛容になり，隣接個体が境界付近にいても攻撃しない．一方，知らない個体に対しては容赦なく攻撃する．この現象は親敵関係とよばれ，結果的に隣接者間でのむだな闘争を減らすことで互いに利益があると考えられ，さまざまな動物で確認されている．なわばりは長期にわたり維持されることが多く，隣接個体は互いに安定した社会関係を維持し，複数の隣接個体を個別に識別していると考えられる．親敵関係の維持は，隣接者が互いに相手のなわばりの資源搾取を自発的に抑制することでなされている．このためこの侵入回避はコストをかけて相手を利する「利他的な行動」とみなすことができ，親敵関係はしっぺ返し戦略（相手が裏切らないと自分も裏切らないが，相手が裏切ると自分も裏切る，との2者間での行動原則）により維持されていると考えることができる．その実証研究は魚類や鳥類のなわばりでなされている．

［幸田正典］

参考文献

［1］ 塚本勝巳編『魚類生態学の基礎』恒星社厚生閣，2010

●コラム●

捨て身の行動――敵前での大芝居

食うか食われるかの世界に生きている動物にとって予期しない強い感覚刺激を受けることは，捕食者がすぐ傍に接近していることを意味する．この絶体絶命の状況で動物は最後の手段，すなわち捨て身の行動に打って出る．

●擬死　擬死は動物界に広くみられるが，特に節足動物で顕著である．例えば，クワガタなどの甲虫類は木を伝わる低周波の振動によって肢を縮めて落下する．飛翔中のガは捕食者であるコウモリが音源定位のために出す超音波パルスを近くで受けると，飛翔をやめて地面に落下する．亜熱帯地方に生息するフタホシコオロギは物理的な拘束によって，4分程度凍りついたように動かなくなる．これらの昆虫の擬死は振動や音を受容する感覚器が刺激されると運動出力の抑制が起こる反射的な行動であって，死んでいる状態をアピールしている訳ではない．捕食者の眼前で落下したり，不動化する行動は一見適応的でないようにみえるが，動くものしか攻撃しない捕食者（昆虫，両生類，は虫類，鳥類）の目をくらますうえで有効に機能する．

一方で，一部の脊椎動物が示す擬死はまさに死の演技そのものである．例えば，リンカルス（コブラの一種）やシシバナヘビ，原始的な哺乳類の一種，オポッサムはコヨーテやヒョウなどの強力な補食者に捕り押さえられると最初は抵抗するものの，最終的には肛門腺から死臭を漂わせて腹部を上に向けて動かなくなってしまう．この状態は捕食者が諦めてその場を去るまで続く．多くの捕食者は死んで腐敗した動物には細菌が繁殖していて食用に適さないことを学習しているため，死んでいることをアピールすることは捕食を免れるうえで有効である．

ファーブルが昆虫記の中で指摘したように，擬死は走行や飛翔などの逃避能力や強力な攻撃能力の乏しい動物で起こりやすい．このルールは同一種内でもあてはまるようで，飛翔の苦手なアズキゾウムシは飛翔の得意なアズキゾウムシよりも擬死が起こりやすいという．

●自切　コモリグモやトカゲなどでは捕食者に足や尾などをつかまえられたとき，これらを反射的に切り捨てる行動をとる．これが自切である．捕食者が切断された部分に気をとられている間に逃げおおせることができる．切断面では筋肉の収縮が起きているので，出血を最低限に抑えることができる．多くの場合，切断された付属肢は再生する．

●擬傷　鳥類の中には体の一部が損傷した演技を示すことで，敵の注意を自分に引きつけ，卵や雛のいる巣と反対の方向に捕食者を導こうとするものがいる．これが擬傷行動である．擬傷はチドリやカモ，タンチョウヅルなど地面に近いところに巣をつくる種で知られており，親鳥は，巣に危険の及ばない地点まで敵を誘導すると，普通の姿勢にもどり，さっと飛び去る．

以上のように，捨て身の行動は特異な行動であるが，対捕食者戦略として有効に機能している．

［西野浩史］

参考文献

［1］ 西野浩史「昆虫の擬死―無駄な抵抗はやめよう」酒井正樹編『動物の生き残り術―行動とそのしくみ』動物の多様な生き方2，共立出版，pp.58-77，2009

11. 動物の生態

[浅見崇比呂・長谷川雅美]

生態学は，生物あるいは生命現象と環境との関係や相互作用を追究する．ここでいう「生物」は，細胞，個体，個体群（集団），群集，バイオーム（生物群系）を含む．「環境」は，細胞や個体の内外に共存する他の生物（生物環境）と無生物環境の両者を意味する．生態学は，分子，生理，内分泌，行動，発生，進化，分類・系統を含む，ありとあらゆる自然科学の方法論に加え，環境・社会・経済・人文・医・農・工学の科学的方法論を必然的に取り込んで発展しつつある．まずこの点が，生物学の他分野と異なる．

生態学は，環境科学としての役割と平行して，生物・生命現象の究極要因に対する疑問（なぜそうなのか）に直接に答える役割を担う．生態学が挑む新たな課題が生態系・生物多様性の保全である．近代科学のさらなる発展・深化では手も足も出ないこの問題に真正面から取り組む科学を確立しつつある．本章には，このような意味で歴史・空間・学際スケールにおいて広がりつつあるユニークな生物学領域から，動物の生態を考えるうえで役に立つ 28 の項目を選定した．

生態系——生物と生物が棲む舞台

「生態系」という言葉は比較的新しく，「生物とそれを取り巻くすべての環境要素からなる，空間的に識別できる単位」を表す言葉として1935年にA. タンスレーによりつくられた．しかし，その概念は1987年に出版されたS. A. フォブスによる「小宇宙（microcosm）としての湖沼」という著作にさかのぼることができる．フォブスは今日でいう生態系を小宇宙としてとらえ，「ある魚種を理解しようとすれば，その魚の生存に必要な餌生物を調べる必要がある．さらに，その餌生物が住む湖底の泥の性質や競争者についても理解せねばならない．このように，その魚種の生活に関連する要素を調べてあげていくうち，やがて湖とは何か理解することになるだろう」と述べ，さらに「そこに棲むすべての動物や植物が調和したように見えるのは，自己犠牲や譲り合いによるものではなく，自然選択の所産である」としている．フォブスによるこの記述は，生態系という言葉こそ使っていないが，生態系が内包する本質的な意味を示している点で現代生態学の礎となった．

●物質循環とエネルギーフロー　生態系諸要素のうち，生物以外の要素は成長・繁殖など，生命活動に必要なエネルギーに関する要素（光や温度）と物質に関する要素（水，酸素や二酸化炭素，チッソやリンなどの栄養元素）に分けられる．生産者である植物は，太陽からの光エネルギーを利用して光合成を行い，水と二酸化炭素から糖類を合成するとともに，栄養元素を吸収して成長・繁殖に必要なタンパク質や核酸などの有機物を合成する．植食動物（一次消費者）は植物を食べることで，肉食動物（二次消費者）は他の動物を食べることで，エネルギーと資源物質を獲得している．これら動物が獲得したエネルギーの一部は熱エネルギーとして消費されるため，他の生物に再利用されることはない．一方，資源物質は成長・繁殖に利用されるが，その一部は呼吸により二酸化炭素として，また代謝過程をつうじてアンモニア態チッソやリン酸として排泄される．これら無機物は，資源物質として植物により再利用される．死骸や糞も，菌類や細菌類の資源物質として利用され，最終的に無機物に分解されることで植物に再利用される．このように，植物が光合成で獲得したエネルギーは食物連鎖をつうじて消失していくが，チッソ，リンなどの物質は再利用され生態系の中で循環する．いうまでもなく，物質循環を駆動しているのは，生態系を構成する個々の生物であり，自身の適応度を最大にしようとする生物各種の成長や繁殖活動である．

●生物量のピラミッド　1つの生態系の中で，生産者，一次消費者，二次消費者のように，利用する資源でまとめた生物の集まりを栄養段階という．各栄養段階の生物の総量を生産者から順に重ねたものが生物量のピラミッドであり，その形は生態系によって異なっている．例えば森林生態系では生産者である樹木は豊富であるが，それらを食べる一次消費者の生物量は相対的に少ない．このため生物量のピラミッドは末広がりの形となる．一方，海洋や湖沼生態系（図1）の主な生産者は植物プランクトンであり，動物プランクトンなどの一次消費者に容易に食べられていまうため，その生物量は多く蓄積しない．このため，海洋や湖沼生態系の生物量ピラミッドは森林生態系に比べて底辺が相対的に短い縦長の形となる（☞「群集生態」「食物網」参照）.

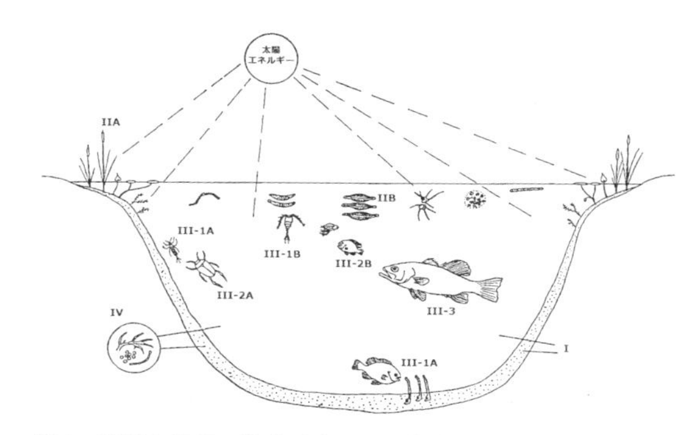

図1　湖沼生態系の構成要素：　I, 非生物的要素（水，酸素，二酸化炭素，栄養塩など）; IIA, 生産者（水草）; IIB, 生産者（植物プランクトン）; III-1A, 一次消費者（植食性水生昆虫）; III-1B, 一次消費者（動物プランクトン）; III-2A, 二次消費者（肉食性水生昆虫）; III-2B, 二次消費者（プランクトン食魚類）; III-3, 三次消費者（魚食性魚類）; IV, 分解者（菌類・細菌類）（出典：文献［1］p.13 より改変）

●生態系の生産：呼吸比　ある生態系の中で，植物の光合成によりつくられる有機物の総量が，その生態系の生産量である．一方，その生態系に生息している植物，動物，細菌などすべての生物の呼吸量を合計したものは群集呼吸量とよばれる．自立した生態系であれば，生産量以上の有機物は呼吸消費されることはないので，生産量と群集呼吸量の比，すなわち生産：呼吸比は1より大きい．このような生態系は純独立栄養生態系とよばれる．しかし，生産：呼吸比が1より小さくなる生態系もまれではない．このような生態系では，そこで生産される以上の有機物が消費されているので，外部から有機物が流入していることになる．このような生態系は，他の生態系にもエネルギーや資源物質を依存していることから，純従属栄養生態系とよばれる．例えば，森林に囲まれた湖沼では，落葉などの有機物が流入するため，植物プランクトンが生産する有機物量で養えるよりも多い動物や細菌などが生息している．このように，多くの生態系は必ずしも自立したものではなく，生物の移動や落葉の流入などを通じて互いに結びついている．純従属栄養生態系の存在は，ある生態系の変化がエネルギーや資源物質の移行を通じて他の生態系に波及効果を及ぼすことを意味しており，生態系の保全を考えるうえで重要である（☞「保全生態」参照）.　［占部城太郎］

📖 参考文献

［1］ Odum, E. P., *Fundamentals of Ecology*, W. B Saunders Company, 1971

群集生態
――多様な種の集まりを探る

生物群集とは，異種の個体群の集合体のことであり，それらは互いにさまざまな関わり合いをもっている．群集生態学は，種間の相互作用や非生物的な環境からの影響を受けながら，多様な生物がいかに維持されているかを解き明かす学問である．群集生態学には２種類のアプローチがある．１つは種間相互作用に焦点をあてた研究，もう１つは種数の決定要因を探る研究である．前者は個体群生態学の延長で積みあげ型アプローチであるが，後者は自然界のパターンから規則性を見出す逆算型のアプローチが中心となる（☞「生態系」「個体群」参照）．

●種間関係　種間関係にはさまざまなものがあるが，一般に捕食，競争，共生，寄生が代表的なものである．捕食は「食う-食われる」の関係で，次にあげる食物連鎖はそれを多種に拡張したものである．競争は餌や棲み場所をめぐる関係で，直接的な闘争や干渉に加え，消費による資源の減少を介した間接的な関係も含まれる．共生は双方が利益を得る双利共生が有名であるが，一方だけが利益を得て他方は何ら影響がない片利共生もある．片利共生は寄生の一形態でもあるが，寄生には宿主に負の影響を与えるものが多い．共生と寄生の区別は必ずしも明確ではなく，連続体としてとらえるべきである．宿主に疾患を引き起こす細菌やウイルスなどの病原体も寄生者である（☞「競争」「寄生共生」参照）．

●食物連鎖　自然界の生物は捕食・被食の関係で多くの種がつながっていて，全体が鎖のように関係している．これを食物連鎖という．食物連鎖は，一次生産をする植物が起点となる．陸域では維管束植物が中心であり，水域では植物プランクトンが中心である．これらは一般に生産者とよばれるが，食物連鎖の基盤をなすという意味から，基底種とよばれることもある．消費者は他の生物を食べる生き物で，植物質を食べるものは一次消費者，それを食べるものは二次消費者である．食物連鎖の最上部に位置するものは最上位捕食者（あるいは頂点捕食者）とよばれる．こうした食物連鎖の各段階のことを栄養段階とよぶ．しかし，実際には消費者はさまざまな餌種を食べることが多く，捕食・被食の関係は鎖状ではなく網目状になるため，食物網ともよばれている（☞「食物網」参照）．

●栄養カスケード　食物連鎖の下位の生物が餌として上位の生物の個体群を維持することはボトムアップ効果とよばれる．その反対に，上位の生物が下位の生物の個体数を制限していることをトップダウン効果とよぶ．さらに，複数の栄養段階にわたって消費の影響が連鎖的に波及する現象を栄養カスケードとよんでいる．寄生蜂やクモなどの天敵が害虫の個体数を抑制し，作物の収量を高める働きは，栄養カスケードのわかりやすい例である．沿岸に棲むラッコは好物のウニを捕食することでウニの個体数を抑制し，コンブの「森」を維持している．これら上位捕食者が何らかの理由で減少すると，中位の消費者が増え，最下位の生産者が激減する．近年の野生動物の増加による生態系インパクトの問題も，栄養カスケードの弱体化が一因と考えられている．

●キーストーン種　生物群集には多種多様な生物がいるが，その中で生態系の維持にとって大きな役割をはたしている種がいる．森林の樹木のようにバイオマスの大きい生物（優占種）は当然であるが，上記のラッコのように，バイオマスが小さい割に影響力が大きい生物もいる．それらはキーストーン種とよばれている．キーストーン種は，食物網の上位の捕食者だけでなく，河川沿いの樹木を伐採してダムをつくるビーバーのような植食者も含まれる．群集内でキーストーン種を見極めることは，生態系や生物多様性の保全にとって重要である．

●攪乱と生物群集　自然界ではさまざまな攪乱が生物群集を形づくっている．攪乱は種間競争に強い種を排除し，群集全体の密度やバイオマスを低下させ，結果として多様な種を共存させる働きがある．一方，攪乱が強すぎると攪乱耐性のある種しか残れないので，種数は再び減少する．そのため，攪乱の強さと種数の関係は一山型になることが多い．こうした現象は中規模攪乱説とよばれている．森林や草原，サンゴ礁など多様な生態系で中規模攪乱説が成り立つことが実証されている．

●種数面積関係　群集中の種数（S）を決める要因として，生息地の面積（A）は非常に重要である．種数面積関係は，べき乗式（$S=cA^z$）で表される．係数zは一般に1より小さい正の値となる．種数が面積とともに増える理由として，生物種の絶滅確率が低下すること，異質な環境が増えること，広域な面積を必要とする種が棲めるようになること，などがあげられる．そうした効果は面積の増加とともに徐々に弱まるため，係数zは1より小さくなるのである．一方，島の生物群集のように，生息地が他の生息地と孤立している場合には，一般に係数cが小さくなる．これは，生息地外からの移入定着（colonization）率が減ることが主な理由である．島だけでなく，人為による生息地の分断化でも同じ現象がみられる．

●景観の異質性と生物群集　異なる生態系が組み合わさった場を景観とよぶ．日本の里山には雑木林，水田，草地，河川などの異なる生態系がせまい範囲に存在し，複雑な景観を形成している．景観の異質性は，一般に種の多様性を高める働きがある．その仕組みは2つに大別される．1つは，異なる生態系には種構成の異なる群集が形成されるからである．もう1つは，異質景観には複数の生態系が必要な生物が棲みつくことができるためである．発育段階によって生息地を変える両生類や水生昆虫はその典型である．高次捕食者は季節的な餌生物の発生動態に応じて異なる生態系を利用している．トキやサシバなどの希少生物の保全には，生態系のつながりを考慮した景観管理が必要となる（☞「保全生態」参照）．

［宮下　直］

食物網
——食べる者と食べられる者のネットワーク

生息地を同じくする生物個体の間には，食べたり食べられたりする関係（捕食・被食関係）が生じる．生物種，もしくは複数の種をまとめた栄養種に注目して，どの生物種（栄養種）の間に捕食・被食関係があるかを描いたネットワークを食物網とよぶ．食物網の構造は状況依存的で，空間的範囲や時間を限定しないと定まらない．なぜなら，生物種の分布や組成，生物間の捕食・被食関係は，生物群集のおかれた条件や時空間スケールに依存して変化するためである．

生物群集から一部の生物種群のみを取り出して，それらの間の捕食・被食関係のみを描く場合もある．例えば，特定の餌生物種（生産者など）から出発し，それを利用するすべての生物種，さらにそれを食べる生物種というように，高い栄養段階に向かって順に描いていく食物網をソース食物網（source web）とよぶ．逆に，特定の捕食者（最上位捕食者など）から出発して，それが食べる餌生物を低い栄養段階に向かって描いていくものはシンク食物網（sink web）とよぶ．これらの制限を設けずに描いた食物網は，群集食物網（community web）と区別して呼ぶ場合もある（☞「群集生態」「生態系」参照）．

●食物網構造を調べる　食物網は個体の行動に基づいて描くことが多い．種間の捕食・被食関係は，餌利用や捕食行動などの直接観察や，胃内容物調査などから得た餌情報に基づいて特定される．生物に含まれる炭素や窒素の安定同位体比が，餌生物のそれを反映することを利用して，捕食・被食関係を特定することもある（☞「安定同位体」参照）．一般に餌メニューは個体ごとに異なる場合がある．したがって，個体の調査に基づいて餌生物を決定する限り，調査する個体が増えるほど検出される捕食・被食関係が増え，その結果，描かれる食物網も複雑になることに注意が必要である．こうして得られた個々の捕食・被食関係を総合することで得た食物網の全体像は，食う生物とそれに食われる生物を線でつないだネットワーク図や個々の種を行と列に並べた表などによって表される．

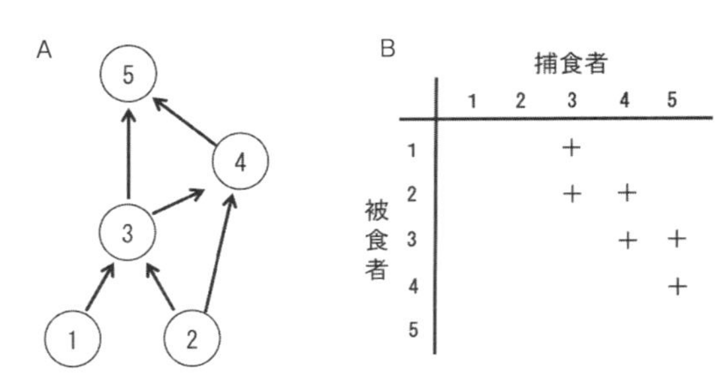

図1　食物網は，A：被食者から捕食者に向かって矢印を描いたネットワーク図やB：種の組合せごとに捕食・被食関係の有無を記載した表を使って表現できる

●食物網と生態学　食物網

は幅広い生態学的課題と関わっている.

群集生態学では，食物網は生物群集の構造をとらえるツールとして用いられ，個々の生物種は従属栄養生物・独立栄養生物，もしくは基底種・中間種・最上位捕食者といった食物網における役割や，栄養段階や栄養位置といった食物網上の位置によって特徴付けられる.

捕食・被食関係は出生・死亡過程への影響を通じて個体群動態に影響するため，食物網は捕食・被食関係を通じた種間効果が伝わる経路ともとらえられる．そのため，食物網構造は個体群・群集動態と深いかかわりをもつと考えられ，食物網構造を多種共存機構，群集の安定性，トロフィックカスケード（trophic cascade）や連鎖絶滅（cascading extinction）などと関連づける試みがなされてきた.

さらに，捕食・被食関係は物質やエネルギーの生物種間の受け渡しをともなうので，食物網は物質・エネルギーの経路を表していると考えることもできる．このことから生態系生態学では，食物網構造が生態系過程と関連付けられてきた．例えば，環境中に存在する化学物質が生物体内で高濃度になる生物濃縮は，その生物の栄養段階・栄養位置が高いほど強くなることが知られている（☞「生態系」参照）.

●食物網構造とその決定要因　食物網は複数の生物種が捕食・被食のリンク（trophic link）でつながったネットワークとみなすことができ，その構造はさまざまな指標によって特徴づけることができる．なかでも，種数，結合度（connectance），捕食種・中間種・基底種比，食物連鎖長などはよく利用される巨視的な構造の指標である．この他にも，モジュラリティ，スモールワールド性，ネスト構造，栄養モジュール（trophic module）のプロファイルといった構造の指標が食物網を特徴付けるのに利用されてきた.

さまざまな食物網構造の比較から，多くの食物網に共通する構造的特徴の存在が示唆されている．この共通の構造が生じる理由として，特定の食物網構造は個体群動態を不安定にするため存続できなくなるという動的制約，生物種間でエネルギーが受け渡される際に呼吸などにともなう損失が生じることで生じるエネルギー的制約，そして，生物種の系統的な近さと食物網上での位置が関連をもつことに由来する系統進化的制約などが考えられる.

●食物網から種間相互作用網へ　食物網では捕食・被食関係が描かれるが，しばしば，それ以外の種間関係についても相互作用網が描かれる．その例として，宿主・寄生者間の寄生関係や，死体や排泄物を利用する腐食関係，植物と動物の間の種子散布や花粉媒介などの相利関係などがある．近年，異なる複数の種類の種間関係を同時に描き入れた種間相互作用網（multiplex web）の構造的特徴やそこから生み出される個体群・群集動態が注目を集めつつある.　［近藤倫生］

安定同位体
——体に刻まれるエサの履歴

元素は，陽子と中性子からなる原子核と，電子によって構成されているが，元素の性質を決めるのは陽子の数（＝原子番号）である．同じ原子番号であっても，中性子の数が異なるものを同位体とよび，その中には放射能をもち時間が経つと崩壊する放射性同位体と，放射能をもたず時間的に安定な安定同位体が存在する．

生態学や動物学でよく用いられる安定同位体を，表1に示す．筋肉などの有機物を構成する軽元素と，骨格部などに多い重元素について利用することができる．

●安定同位体比の表記法　軽元素の同位体の存在量 ${}^{m}X$ は，質量数のより小さい同位体の存在量（${}^{n}X$）に対する比が標準物質とはどれだけ異なるか（δ（デルタ） ${}^{m}X$）で表現する．すなわち質量数の原子数として，$R = {}^{m}X/{}^{n}X$ と定義し（$\delta\,{}^{m}X = (R_{測定試料}/R_{標準物質}) - 1$）で表す（標準物質に関しては表1）．慣例的にこの値を‰（千分率：パーミル）で表記する．表1においてそれぞれ最も質量数の小さいものをnとして，$\delta^{2}H$，$\delta^{13}C$，$\delta^{15}N$，$\delta^{18}O$，$\delta^{34}S$ がよく用いられる．重元素に関しては，δ表記は必ずしも標準的でなく，例えばストロンチウムでは ${}^{87}Sr/{}^{86}Sr$ をそのまま示す．

●安定同位体比の変動原理　一般の化学反応において，質量数の小さい原子を含む分子の反応速度の方が大きいため，基質に比べ生成物の同位体比の方が小さくなる．これを同位体分別という．この反応速度の比のことを同位体分別係数とよび，個別の化学反応や酵素反応に関する値は求められている．一方，動物の体について同位体比を考える場合は，餌の同位体比に比べて，体で起こる化学反応の総和である体の同位体比がどれだけ変化するかを求める必要がある．この値を濃縮係数という．多くの研究で求められた平均値として，炭素では 0.4 ± 1.3‰，窒素では 3.4 ± 1.0‰ などの値が用いられるが，あくまで平均値であるので事例によっては検討を要する．イオウに関しては，より少ない研究数で 0.4 ± 0.5‰ という平均値がある．

●安定同位体比の利用法　個別の元素の変動原理を元に食物網解析を行える．動物の体の炭素同位体比（$\delta^{13}C$）は，濃縮係数が0に近いため，餌源を示すことになる．例えば，陸域ではC3植物とC4植物で大きな差があるので，餌に占めるその割合を調べることができる．一方，動物の体の窒素同位体比（$\delta^{15}N$）は栄養段階（TP）を示す指標となる．窒素の濃縮係数として3.4を採用すると，$TP = \{(\delta^{15}N_{動物} - \delta^{15}N_{一次生産者}) / 3.4\} + 1$ と記述できる．動物の体のイオウ同位体比（$\delta^{34}S$）は，濃縮係数が0に近いため餌源を示すが，この値は陸淡水域と海域では大きく異なるため，特に汽水域を利用する生物の淡水資源割合を調べることができる．動物の体（有機物）の水素（$\delta^{2}H$）・酸素（$\delta^{18}O$）同位体比は，餌源だけでなく環境水の水同位体比の値も反映する．一方，ストロンチウム同位体比（$^{87}Sr/^{86}Sr$）は，環境水の元素成分が魚類の成長とともに代謝されず耳石に蓄積していくため，通し回遊を行う魚（サケなど）で生息履歴情報として用いることができる．

●成分別同位体比　軽元素においては，その成分別同位体比を用いることによって，さらに解像度の高い研究もできる．例えば，アミノ酸の窒素同位体比では，栄養段階に従ってほとんど上昇しないフェニルアラニンの $\delta^{15}N$ 値と，栄養段階に従って上昇するグルタミン酸の $\delta^{15}N$ 値を用いた栄養段階（$TP_{Glu/Phe}$）を推定できる（Chikaraishi et al., 2009）．

$TP_{Glu/Phe} = (\delta^{15}N_{Glu} - \delta^{15}N_{Phe} - 3.4)/7.6 + 1$（水域藻類起源の食物連鎖の場合）

$TP_{Glu/Phe} = (\delta^{15}N_{Glu} - \delta^{15}N_{Phe} + 8.4)/7.6 + 1$（陸上植物起源の食物連鎖の場合）

表1　安定同位体の例．軽元素に関しては，標準物質として定められている物質，およびその同位体存在割合を Meija et al. Pure & Applied Chemistry 88: 293-306, 2016 に従って示す

元素名	標準物質およびその同位体存在量	
水素（H）	標準海水（VSMOW）	
	^{1}H	99.984%
	^{2}H	0.016%
炭素（C）	矢石（VPDB）	
	^{12}C	98.894%
	^{13}C	1.106%
窒素（N）	空中窒素	
	^{14}N	99.634%
	^{15}N	0.366%
酸素（O）	標準海水（VSMOW）	
	^{16}O	99.762%
	^{17}O	0.038%
	^{18}O	0.200%
イオウ（S）	トロイライト（VCDT）	
	^{32}S	95.040%
	^{33}S	0.749%
	^{34}S	4.197%
	^{36}S	0.015%
ストロンチウム（Sr）	NIST SRM987	
	^{84}Sr	0.56%
	^{86}Sr	9.86%
	^{87}Sr	7.00%
	^{88}Sr	82.58%

この手法は，変動の大きな一次生産者の窒素同位体比を測定することなく，対象動物の試料を用いるだけで研究することができる点が優れている．［陀安一郎］

参考文献

［1］永田 俊・宮島利宏編『流域環境評価と安定同位体―水循環から生態系まで』京都大学出版会，2008

［2］土居秀幸他『安定同位体を用いた餌資源・食物網調査』生態学フィールド調査法シリーズ（占部城太郎他編）共立出版，2016

［3］Chikaraishi et al., “Determination of aquatic food-web structure based on compound-specific nitrogen isotopic composition of amino acids”, Limnol Oceanogr Meth 7:740–750, 2009

化学合成生物群集
——地球上で唯一太陽に頼らず生きる

植物は光合成によって体を構成しエネルギー源となる物質をつくり出せるが，動物はそれを取り込むことでしか生きていけない．光合成は太陽の光エネルギーを利用して二酸化炭素や水から有機物をつくり出す活動なので，動物の命は太陽に支えられていることになる．

ところが，太陽光の届かない深海では，化学反応エネルギーを利用した化学合成を基盤にした生態系（化学合成生態系）がある．その主な担い手は，化学合成細菌と細菌を体内に共生させる宿主生物である．さらにその捕食者，化学合成産物を消費する懸濁物食者や堆積物食者など，多くの種からなる群集が見られる．

●化学合成生態系が成り立つ環境　深海底の大部分では，有光層で生産され，海中を沈下するマリンスノーや食物連鎖を通してもたらされるわずかな有機物に支えられている．化学合成生態系が成り立つのは，メタンや硫化水素が海底から豊富にわき出している場所に限られる．

海底に浸透した海水が地下のマグマに加熱され，マグマに含まれる二酸化炭素，メタン，硫化水素などを溶かして海底から勢いよく吹き出す場所を熱水噴出域とよぶ．水圧が高いため沸騰せず，400℃近い熱水が噴き出す場所もある．熱水には銅，亜鉛，鉄などの金属も溶け込んでおり，周囲の海水に冷やされて析出し，煙突のような構造（チムニーとよぶ）をつくることもある．

一方で，プレートの沈み込み帯などで堆積物中の海水が絞り出されるように湧き出す場所を湧出域とよぶ．湧水はアンモニアやメタン，硫化水素を含んでいるが，これらの物質は，堆積物中や間隙水中の有機物の分解物や海水に溶け込んだ硫酸イオンから生成されており，さまざまな微生物がその生成過程を担っている．

●化学合成の仕組み　光合成や化学合成で有機物をつくり出せる生物を独立栄養生物，つくり出せない生物を従属栄養生物とよぶ（☞「生態系」参照）．独立栄養生物である化学合成細菌には，水中や堆積物中，海底やチムニーの表面などで自由生活するものと，従属栄養生物（宿主）の体内に共生するものがある．

光合成では，光エネルギーによって水（H_2O）を酸素（O_2）と水素イオン（H^+）に分解し，生じた電子を受け渡す過程を通してエネルギー物質であるNADPHとATPを合成するのに対して，化学合成では，化学物質の酸化によって電子の受け渡しが始まる．硫化水素などに含まれる硫黄を使う化学合成細菌を硫黄酸化細菌，メタンを利用するものをメタン酸化細菌とよぶ．

生物による有機物生産活動としては化学合成の方が起源は古い．しかし光合成の方が生産効率は高く，現在，化学合成生態系は有光層でほとんど見られない．

図1　化学合成生物群集の宿主生物 鹿児島湾若尊火口のサツマハオリムシ（撮影：古川貴裕）

図2　相模湾初島沖のシロウリガイ類（出典：JAMSTEC）

●主な宿主動物　化学合成細菌の宿主とて知られるハオリムシ類は環形動物門の多毛類に含まれているが，かつては有鬚（ゆうしゅ）動物門やハオリムシ門とされていた．ハオリムシ類は口や消化管，肛門をもたず，外部から食物を取り込むことはない．鰓から硫化水素や二酸化炭素を取り込んで栄養体とよばれる器官に共生する硫黄酸化細菌に供給し，代わりに化学合成産物を得ている．

軟体動物門でも宿主動物が知られており，二枚貝綱のシロウリガイ類は，鰓に硫黄酸化細菌をもち，堆積物中に伸ばした足から硫化水素を吸収している．イガイ科のシンカイヒバリガイ類はメタン酸化細菌を鰓にもつ種が多い．ムラサキイガイ（ムール貝）などイガイ科は浅海に多いことから，浅海域から深海に分布を広げ，環境に適応して化学合成細菌の宿主となったと考えられる．シンカイヒバリガイ類が懸濁物の摂餌能力を残しているのに対して，シロウリガイ類の消化管は機能していないと考えられる．

化学合成細菌と宿主が共生にいたる過程はさまざまである．消化管をもたず摂食を放棄しているように見えるハオリムシ類だが，産まれながらにして共生細菌をもっている訳ではなく，プランクトン幼生時には摂餌器官ももっている．一方で，シロウリガイ類では卵に共生細菌が付着していることが確認されており，母から子へ受け継がれる垂直伝播である（☞「寄生共生」参照）．

●さまざまな化学合成生態系　光が届かずメタンや硫化水素が豊富であれば，熱水噴出域や湧出帯以外でも化学合成は成立する．例えば深海に沈む鯨に蝟集（いしゅう）する鯨骨生物群集である．鯨の遺骸はまず腐肉食者によって軟組織が消費され，骨に含まれる脂肪分が従属栄養細菌によって分解される．嫌気的な有機物分解過程で硫化水素が発生するため，化学合成を食物連鎖の基点とする群集が形成される．

海底に沈んだ木材（沈木）もまた分解の過程で硫化水素を発生させる．イガイ科の二枚貝が付着していることも知られており，浅海域から深海の化学合成生物群集へとシンカイヒバリガイ類の分布拡大に関与した可能性が指摘されている．

［山本智子］

📖 参考文献

［1］ 藤倉克則他編著『潜水調査船が観た深海生物』東海大学出版部，2012

寄生共生
——生物多様性を生み出す生物間のつながり

自然界に広くみられる密接な生物間相互作用は，生物多様性を維持・創出する原動力になっている．生物が他種から利益を得る相互作用は，一方の種が利益を得て，他方の種が不利益を被る寄生関係，一方の種が利益を得るものの，他方の種には利益も不利益もない片利関係，および両種とも相手の種から利益を得る相利関係に大別される（☞「群集生態」参照）．

共生（symbiosis）は，一方の種が他方の種の個体を生息場所にしているような緊密な物理的関係を示す用語である．一般的には，共生は相利関係をさす．しかし，定義に従えば，動物とその体表微生物の片利関係や，寄生者が宿主の体表や体内で栄養を搾取する寄生関係も共生に含まれる．

●寄生生物の多様性　驚くべきことに，現在地球上で知られている生物の約40％に及ぶ種は，生活史の少なくとも一部で寄生生活を行っている．寄生者とは，1個体ないしごく少数個体の宿主から栄養を搾取し，宿主に害を与えるものの，ただちに死にいたらしめることのない生物の総称である．ヒトに問題を引き起こす麻疹やマラリアも，宿主であるヒトが寄生者である麻疹ウイルスやマラリア原虫に感染することで発症する．寄生蜂に代表される捕食寄生者は，幼虫が宿主の体表・体内で発育し，最終的に宿主を食べ殺して自由生活をする成虫になる点で，寄生者と区別される．鳥類や魚類，および社会性昆虫などにみられる托卵は，社会寄生と定義される（☞「托卵」参照）．

複数の宿主の間を伝播する複雑な生活環をもつ寄生者の中には，媒介者や中間宿主の行動や形態を操作して，終宿主への伝播効率や適した繁殖場所への到達確率を高める種が多数ある．鉤頭（こうとう）動物は，中間宿主である節足動物の走光性を負から正に改変することで中間宿主を目立つ場所に連れ出し，終宿主に捕食されやすくする．ゾンビアントをつくりだすアリタケ（寄生菌）は，アリの脳を操作して葉の裏や木の枝の上に連れ出して殺すことで，胞子を効率よく散布する．宿主操作によって変化するのは宿主の表現型であるが，その表現型を発現させる遺伝子は寄生者に由来する．そのため，変化した宿主の表現型は，R. ドーキンス（Dawkins）が提唱した寄生遺伝子の「延長された表現型」の代表例として知られている．

●相利関係の多様性　共生をともなわない相利関係には，クマノミとイソギンチャクやアリと植物などにみられる相利的防御がある．多くの顕花植物は，送粉者に花蜜を提供する代わりに，花粉を運んでもらうという相利関係を結んでいる．顕花植物と送粉者にみられる色彩・形態・行動の多様性は，互いが相手から得る利益を高めようとする搾取的な過程の中で，相互に特殊化が進んだ共進化の産物であると考えられている．C. ダーウィン（Darwin）は，ラン科の植物である *Angraecum sesquipedale* の距（突出した花部器官でその内部に蜜腺を有する）が非常に長いのは，送粉者との共進化によると考え，長い舌をもつガの存在を予想した．1903年に22 cmにもなる口吻をもつキサントパンスズメガが発見され，その後の系統解析によって，彼の予想が実証された（☞「共進化」参照）．

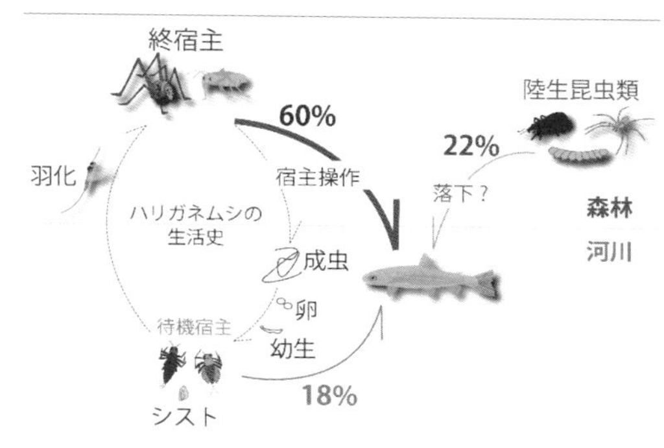

図1　寄生者を介した森林と河川生態系のつながり．ハリガネムシ類による宿主操作によって終宿主が河川に飛び込むと，サケ科魚類がそれらを餌として利用する．%は各餌生物のエネルギー貢献割合（出典：Sato et al., Ecology, 2011より改訂・引用）

共生をともなう相利関係には，高等植物の菌根菌，脊椎動物の消化管内の微生物群集，およびサンゴ（刺胞動物）の細胞内の渦鞭毛藻類などが知られている．これらの例では，宿主は，微生物に生息場所や炭素源を提供する代わりに，微生物から栄養を得ている．我々人類を含む真核生物は，好気性細菌やシアノバクテリアとの細胞内での共生に起源するという説（細胞内共生説）が有力である．

相互作用する2種が本当に相利関係にあるのかを見極めることは非常に難しい．ムラサキシジミとアミメアリの関係についてはこれまで，相利的防衛の代表例と考えられてきた．しかし近年，アミメアリがシジミチョウに提供する防御行動は，シジミチョウが分泌する蜜を摂取したアリに特異的にみられることが明らかにされた．アミメアリが防衛行動の提供とつり合う利益をムラサキシジミから提供される蜜によって得ていないのであれば，両種は相利関係ではなく，寄生関係にあるといえるだろう．

●生態系における役割　寄生や片利・相利関係は，地球上で普遍的にみられる種間関係であり，生態系を形づくる重要な要素になっている．近年，寄生者は種数だけでなく，生物量においても生態系の中で大きな割合を占める場合があり，食物網に大きな影響を及ぼす可能性が指摘されている．ハリガネムシ類がその宿主（陸生昆虫）の入水行動を生起することで，間接的に陸生昆虫とサケ科魚類の捕食－被食関係が生まれる例は（図1），その顕著な例である（☞「食物網」参照）．

陸上生態系では，既知の維管束植物の約90%の種は，菌根菌と相利関係を結びながら，生態系の一次生産を担っている．一方，刺胞動物と渦鞭毛藻類の共生によって形成されるサンゴ礁は，海洋の生物多様性維持に大きく貢献している．

［佐藤拓哉］

托　卵
——他人に卵を預ける生き方

他種の卵に自分の卵を混ぜ込んで，その宿主に自分の子を育てさせる寄生戦略の一種．宿主を殺したり，その栄養を吸収するのではなく，宿主の労働力を搾取するというのがこの寄生の本質で，社会寄生，労働寄生の一種である．有名なのは鳥類のカッコウであるが，魚類や爬虫類にもこの種の社会寄生がみられる．

●魚やカメも托卵する　魚類では，アフリカのタンガニイカ湖に棲む，通称“カッコウナマズ”とよばれているシノドンティス属のナマズ *Synodontis multipunctatus* が托卵性の魚類としてよく知られている．このナマズはカワスズメ（シクリッド）科の魚，特に *Ctenochromis horei Simochromis babaulti* を宿主として托卵を行う．これらのシクリッドは，孵化させた稚魚を口の中で育てることで知られているが，その習性をカッコウナマズは利用して，シクリッドが産卵するときにみずからの卵を紛れ込ませ，メスがその卵を口内哺育するのに労働寄生して，みずからの稚魚をシクリッドに育ててもらう．

カッコウナマズはシクリッドが産卵・放精をしているところに，オスとメスで横から飛び込み，シクリッドの卵を捕食しながら，自分たちの受精卵をばらまく．シクリッドのメスはカッコウナマズの卵が紛れ込んでいることに気付かないまま，残った自分の卵ごとそれらを口の中へ入れて口内哺育を行う．口内でシクリッドの卵よりも少し早く孵化したカッコウナマズの稚魚たちは，まだ孵化していないシクリッドの卵をエサに成長する．結果的にシクリッドの卵と稚魚たちは，そのほとんどがカッコウナマズの稚魚のエサにされてしまう．

托卵する魚は日本にもいる．寄生者はコイ科のムギツク（*Pungutungia herzi*）で，宿主になるのはスズキ科のオヤニラミ（*Coreoperca kawamebari*）やハゼ科のドンコ（*Odontobutis obscura*）などオス親が積極的に卵保護をする魚である．オヤニラミは攻撃性の強い魚で，水生植物の茎などに産みつけられた卵をオス親が積極的に防衛する．そこで卵を守っているオヤニラミの隙をついて，ムギツクが集団で突っ込み，卵を産みつけるのである．托卵にとって大切な条件は，オヤニラミが産卵して間もない巣であることと，たくさんの卵が産みつけられた巣であることである．オヤニラミも必死に追い払うが，集団で押し寄せるムギツクは追い払いきれない．ムギツクの托卵行動はオヤニラミが卵を守る習性を利用した巧みな繁殖戦略である．

カメ類にも托卵する種類がいることが知られている．北米の淡水性のカメ，フロリダアカハラガメ（*Pseudemys nelsoni*）は普段は水辺の砂地に自分で穴を掘って産卵するが，ときにアメリカワニ（*Alligator mississippiensis*）の産卵巣の中に卵を産み込むことがある．ワニの巣に産まれたこのカメの卵はワニの巣の発酵熱により，通常より10日から2週間ほど早く孵化する．ワニのメスは巣を積極的に外敵から守るため，カメにとっては卵の捕食を防ぐ大きな利点がある．

●カッコウの托卵戦略　托卵研究が最も進んでいるのはカッコウである．カッコウについてはすでにアリストテレスの時代から，その托卵習性は知られていた．カッコウは主にスズメ目の小鳥の巣に卵を産みこむ．仮親（宿主）の卵より少し早く孵化したカッコウのヒナは，仮親の卵をすべて巣外に押し出し，巣を独占して宿主に育ててもらうという特異な社会寄生の生態をもっている．

カッコウにとって大きな問題の1つは，孵化したヒナが仮親の卵もヒナもすべて巣の外に落としてしまって，巣を独占することである．しかし巣を独占したカッコウのヒナにも問題がある．カッコウが宿主とする温帯のスズメ目鳥類は一腹の卵数が4～5個が標準である．仮親は自分のヒナが4羽も5羽もいれば一生懸命にエサを運ぶが，ヒナの数が減ると給餌努力を減退させてしまう．巣内にいるのがカッコウのヒナ1羽になってしまったら，仮親からの給餌量は減少してしまう．

カッコウのヒナはこれを3つの戦術で解決している．そのひとつは，カッコウのヒナは大きいので，口内の赤色部の面積も仮親のヒナに比べて非常に大きい．これが超正常刺激として作用し，仮親はたくさんエサを運んでくる．2番目は，カッコウのヒナが巣立ち間際になってくると餌乞いの声がとても大きくなることである．3つめはカッコウのヒナの餌乞いの声の間隔が，仮親の巣で複数のヒナが鳴いているのと同じ間隔になっていることである．つまりカッコウのヒナは1羽で仮親のヒナの4羽か5羽分の声を丸ごと擬態しているのである．

日本に夏鳥として渡来するジュウイチはこの問題を視覚における超正常刺激で解決している．ジュウイチのヒナの翼の肩の部分（翼角）は，皮膚が裸出していて鮮やかな黄色をしている．ジュウイチのヒナは翼を半開きにして，この黄色い翼角部分をことさらに仮親に誇示する．すると橙色の口が真中にあって，左右で黄色い翼角が突き出されているので，ヒナの口が3つ並んでいるようには見える．ジュウイチのヒナは仮親のヒナ3羽分の口を擬態していて，仮親から3羽分のエサをもらっているのである．

一方，カッコウの宿主となる鳥も，カッコウの托卵に対して対抗する行動を進化させて来た．その1つが托卵されたカッコウの卵を識別して，巣から排除する行動である．排除が起これば，似ていない卵は自然淘汰され，仮親に受け入れられやすい模様の似た卵のみを産むようにカッコウの個体群は進化する．結果的にカッコウの卵は宿主の卵そっくりになる（卵擬態）．しかしこの関係がずっと安定して続く訳ではなく，宿主の対抗進化も起こってくる．その結果，ヨーロッパでは地域によって，カッコウの地域個体群が卵の色彩や模様を変えて，地域ごとに異なる種に托卵している現象は広く知られている．　［上田恵介］

ボルバキア
――昆虫の生殖を自在に操る共生細菌

昆虫の生殖を自分の都合のいいように操る微生物がいる．ボルバキア（学名 *Wolbachia pipientis*）とよばれる細菌である．ボルバキアは昆虫を含む節足動物や線虫の細胞質に存在し，卵巣を通じて母からのみ子供に伝播する．分類学的にはαプロテオバクテリアに属するリケッチアに近縁な細菌である．昆虫類の生殖を巧妙な方法で操作することから，利己的遺伝因子の1つとして興味がもたれている．分子系統解析の結果から，昆虫においては，ボルバキアは基本的に垂直伝播によって広まるが，進化的な時間スケールでは異なった宿主の間を何度も水平伝播したと考えられている．一方，フィラリア線虫などでは，ボルバキアは宿主に栄養を供給しており，宿主とボルバキアとの間に共進化の形跡が見てとれる．最近，最も古いとされるボルバキア系統が植物寄生性の線虫から発見された．

●細胞質不和合　ボルバキアが起こす生殖操作のうち最も一般的なものは，細胞質不和合である．ボルバキアを保持していないメス（非感染メス）がボルバキアを保持しているオス（感染オス）と交配したときにのみ，子供が胚発生初期に死亡する現象である．つまり，感染メスは常に子供を残せるの対して，非感染メスは非感染オスと交配したときにしか子供を残せない（図1）．その結果，個体群内におけるボルバキアの感染頻度は世代を追うごとに高くなると予想できる．実際に，オナジショウジョウバエやヒメトビウンカ，キタキチョウなどでは，細胞質不和合を起こすボルバキアの感染地域が広がっていった様子が記録されている．細胞質不和合の分子機構は，まだ謎に包まれているが，非感染メスから生まれる非感染卵の発生が止まることから，ボルバキアは父由来のゲノムに何らかの方法で次世代の発生がとまるようなゲノム刷り込みを施しており，ボルバキアが母から伝播されたときは，その刷り込みを解除できるのではないかと考えられている．父親と母親が異なった系統のボルバキアに感染していた場合は細胞質不和合が起きることから，このゲノム刷り込みには鍵と鍵穴の関係が存在していることが窺える．

●単為生殖　一部の昆虫やダニなどでは，非感染の正常メスがつくる卵子はオス由来の精子を受精した場合には2倍体のメスになり，受精しなかった場合は単為発生により1倍体のオスになる．ところが，ボルバキアが感染したハチ類やアザミウマ，ハダニ等では，メスが産んだ未受精卵が発生し，2倍体のメスのみとなる（産雌性単為生殖）．

●オス殺し　ボルバキア感染によりオスのみが発育初期（胚発生あるいは孵化前後）に死亡する事例がある．多くの場合，個体群内での感染頻度は10％以下と低いが，まれに高頻度での感染が見られ，リュウキュウムラサキやある種のテントウムシでは，オス殺しに対する抵抗性因子が昆虫側に出現し，広まった．

●メス化　感染したオカダンゴムシでは，遺伝的なオス個体が完全なメスに性転換する．正常なオスで発達する造雄腺の分化が抑制され，雄性化ホルモンの分泌が妨げられるため，メス化すると考えられる．アワノメイガ類やキチョウ，ヨコバイの一種からも，宿主をメス化するボルバキアが知られている．

●宿主ゲノムへ水平転移　ボルバキアのゲノム断片がさまざまな昆虫のゲノムに挿入されていることがわかってきた．過去に感染していたボルバキアのゲノムの一部が宿主のゲノムに取り込まれた結果と想定されるが（遺伝子の水平転移），その生物学的な意義はよくわかっていない．ただし，最近，ボルバキアに感染していないにもかかわらずメスのみを産むオカダンゴムシの系統において，ボルバキアゲノムの大部分が宿主のゲノムに存在していることがわかり，注目を集めている．

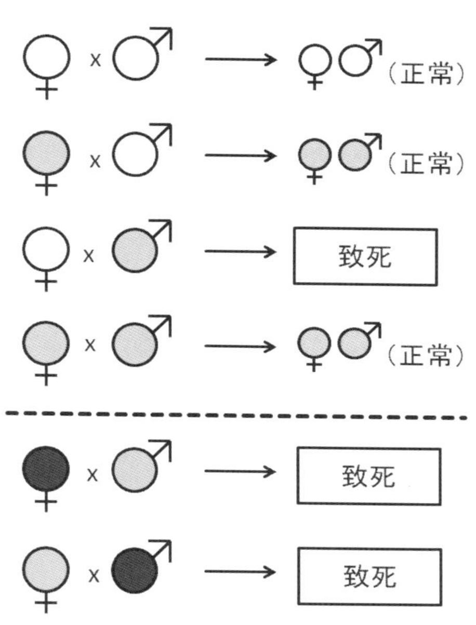

図1　細胞質不和合の模式図　白色は非感染，灰色はボルバキア感染を示す．灰色の濃さの違いはボルバキアの系統の違いを示す

●ボルバキア以外の微生物　近年の調査により，ボルバキア以外の微生物にも昆虫やダニ等の生殖を操作するものがいることがわかってきた．特にバクテロイデス門に属する細菌であるカルディニウムは，細胞質不和合，単為生殖，メス化を起こすことから，ボルバキアとの比較研究材料として重要である．その他にオス殺しを起こす微生物として，スピロプラズマ，リケッチア，アルセノフォナスなどの細菌や微胞子虫，ウイルスなどが知られている．［陰山大輔］

参考文献

［1］陰山大輔「昆虫の生殖を操作する共生細菌 Wolbachia の機能と特徴」蚕糸･昆虫バイオテック 83(3): 243-249, 2014

［2］陰山大輔『消えるオス―昆虫の性をあやつる微生物の戦略』DOJIN 選書，p.208, 2015

［3］Werren, J. H. et al., “Wolbachia: Master Manipulators of Invertebrate Biology”, *Nat. Rev. Microbiol.* 6: 741-751, 2008

擬　態
——なりすましの生存戦略

アリそっくりな姿をしているアリグモ（図 1）のように，動物が系統的に離れた別の動物によく似た外見を進化させる現象を擬態という．擬態は生存上の利益を得るための適応戦略であり，アリグモの場合はアリに擬態することで，大型の捕食性昆虫などから身を守っていると考えられる．クモカリバチやカマキリなどでは，攻撃的で集団活動するアリを生得的に忌避する習性があり，アリ擬態の防衛効果の高さが実験的に確かめられている．このため，クモの仲間だけでも 300 を超える種でアリ擬態が知られている．

●動物の擬態のタイプ　アリグモのように捕食者に忌避される別の動物に外見を似せて被食を防ぐ擬態は，この現象の発見者の名前にちなんでベーツ擬態とよばれる．同じ防衛型の擬態でも，枯葉そっくりな紋様の翅をもつコノハチョウ（図 2）のように，食べられない無生物になりすまして捕食者をだます戦略もあり，この場合は扮装擬態とよばれている．体色や紋様で背景と見分けがつきにくくなる保護色（隠蔽）も，捕食者が擬態者を認識して，だまされている訳ではないが，広い意味での防衛型擬態とみなすことができる．さらに，餌動物が捕食を逃れるための擬態とは逆に，捕食者が餌動物をおびき寄せるための擬態や寄生者が寄主をあざむくための擬態も知られており，これらは攻撃型擬態とよばれる．攻撃型擬態をする捕食動物としては，魚類のアンコウのなかまがあげられる．アンコウは小魚などに擬態した突起を頭部にもち，これを釣りのルアーのように使って獲物をおびき寄せる．寄生のための攻撃型擬態としては，卵を別種の鳥の巣に産み，育てさせるカッコウが寄主をあざむくために色や斑紋などを似せた卵を産むことが知られている（☞「托卵」参照）．

●動物の擬態の方法　このように，動物では多様なタイプの擬態が見られるが，擬態の方法も形や色による擬態だけでなく，行動や匂い，あるいは音声による擬態など多様な方法が知られている．例えば，アリグモは昆虫のアリとは違って触覚をもたないが，4 対ある脚の第 1 脚を常に前方に突き出して触覚のように動かすことで行動的にもアリに擬態している．フェロモンなどの化学物質や体表の匂いを使った擬態には，蛾の性フェロモンをまねた化学物質を分泌して獲物をおびきよせるナゲナワグモや，アリに寄生するシジミチョウの幼虫が体表の匂いをアリに擬態していることが知られている．音声や発光などの信号を使った擬

図 1　アリに擬態するアリグモ

態としては，キリギリスのなかまでセミをおびきよせて捕食するために，その音をまねて鳴くものや，肉食性ホタルで他種のホタルを誘引して捕食するために，その発光シグナルをまねるものが知られている．さらに，異なる擬態の方法を組み合わせて擬態の効果を高めている動物も多く知られている．例えば，上記したように，アリグモは形態と行動の両方の方法を使ってアリ擬態の精度をあげている．木の枝に擬態するトビモンエダシャクの幼虫では，外観を枝そっくりに擬態するだけでなく，全身を真っ直ぐに延ばして枝のように立ちあがる行動擬態と，体表の匂いを枝の成分に似せる化学擬態まで合わせて使っている．クモを専門に捕食するハエトリグモは振動をまねてクモをおびき寄せる攻撃型擬態を行うが，獲物によってまねる振動を使い分けているものも知られている．このクモは造網性のクモを襲うときには網にかかった昆虫が網をゆらす振動を，別種のハエトリグモを捕食する場合にはハエトリグモが交尾のときに使う振動をまねて獲物のクモをおびき寄せている．

図2　枯れ葉に擬態するコノハチョウ

●動物の擬態の進化　これほど多様で複雑な動物の擬態も自然選択による適応進化の産物である．しかし，擬態が進化する仕組みについては，実はまだよくわかっていない．近年，遺伝子の解析技術が大きく進展したこともあり，擬態進化の責任遺伝子が徐々にではあるが明らかになりつつある．例えば，擬態するチョウやガの翅の紋様を形成する遺伝子の解析は，この紋様が複数の遺伝子によって形成されているが，それらは染色体の1領域に隣り合って存在し，あたかも1つの遺伝子のように一緒に次世代に伝えられる超遺伝子構造にあることを明らかにした．このような超遺伝子の変異に対し自然選択が働けば複雑な翅の紋様がひとまとまりの形質として進化できる．さらに一度形成された擬態紋様を安定して維持する仕組みにもなっていると考えられる．今後，動物の遺伝子解析が進めば，アリグモのように形態と行動擬態を組み合わせたより複雑な擬態現象も，同じような進化の仕組みによっていることがわかるかもしれない．その一方で，フィールド調査や博物館などに集積された標本の調査によって，擬態進化の謎をより深めるような新しい発見も今後続いていくことだろう．　［橋本佳明］

参考文献

［1］橋本佳明「アリ擬態現象から探る熱帯の生物多様性創出・維持機構」日本生態学会誌 66(2)，pp.407-412, 2016

［2］鈴木誉保「蝶や蛾の擬態模様の遺伝的基盤とその進化」化学と生物 54(5)，pp.351-357, 2016

［3］Stevens, M., “*Cheats and deceits: how animals and plants exploit and mislead*”, Oxford University Press, 2016

個体群
——生態学の基本単位

個体群（population）は，生態学と集団遺伝学の基本単位の1つである．日本語では，「個体群」と「集団」というようにそれぞれの分野で別の言葉があてられているが，英語では同じ単語で表される．定義は，分野間で多少異なるので，「個体群」と「集団」を使い分けた方がよい．「集団」については，別に記載があるので（☞「集団遺伝」参照），ここでは「個体群」について説明する．

生態学では，個体群を「同じ場所，同じ時間にいて，相互作用する機会をもつ同種個体の集まり」と定義しているが，この定義は実用的ではない．「相互作用する機会をもつ個体」を特定するのが難しいからである．それ故，研究目的に従って，便宜的に個体群を定義することが多く，「相互作用が想定できる一定範囲に棲息している個体の集まり」を「個体群」として扱うことが普通である．

●個体数と密度　個体群が何個体によって構成されるのかを示す個体数は最大の関心事だが，全数を数えあげることは難しい．それ故，「一定範囲」を一定の調査努力量で数えあげた（あるいは推定した）ものを個体数とし，それを一定範囲（例えば面積）で除したものを個体群密度とすることがよく行われる．密度は個体数の実数とは違う．例えば，1 ha に 100 匹の野ネズミがいた場合，密度は 100 個体 /ha となり，高いようにみえるが，このネズミがほかに棲息しておらず，実数も 100 個体であるならば，絶滅が危惧される．この例は極端で，密度が高ければ全個体数も多いことが普通だが，動物の保全や管理を考える場合は密度だけはなく実数も考慮する必要がある．環境変動などの影響を受けても長期間存続できる最小の個体数（最小存続可能個体数，Minimum Viable Population：MVP）は実数で評価する．生態学で使われる個体数（個体群サイズ，Population size：N）と集団遺伝学の有効集団サイズ（次世代に子孫を残せる個体の数，Effective population size：N_e）の区別も重要である．

●動態と分布　個体の数には時間的にも空間的にも変異がある．個体数の時間的変化を個体群動態といい，個体がいる場所の在り様を分布という．

個体群動態は普通密度指標によって表され，比較的安定している種から大きく変動する種まで，大きな変異がある．大雑把にいうなら体の大きな種の個体数は比較的安定しており，体が小さな種の変動は激しい．一度大きく減少してから平均的な個体数にもどる能力も体サイズによって異なり，体の大きな種の個体数は回復しにくい．クジラ類で乱獲が起きやすいのはこのためである．

個体群は相互作用をしている個体の集まりなので，個体がでたらめに分布していることはない．互いに排他的ならば一様分布となり，互いに依存的ならば集中分布になる．分布様式を表す指数は多く提案されているが，個体群密度の平均と分散が対数表記で正の相関を示すというテイラー則はよく知られている．

個体が集中分布をしている場合，個体間の相互関係に粗密が生まれる．相互に関係が深い近接個体と交流が少ない遠く離れた個体を同等に扱えない場合は，内部構造を想定しなければならない．このような内部構造をもつ個体群をメタ個体群という．

●環境収容力と密度効果　生物は潜在的に大きな繁殖力をもっているが，長期間継続的に発揮されることはない．例えば，ヒトは1970年に地球上に約36億人おり，年率2.1%で増加していたと推定されている．この率で増加を続ければ，34年ごとに人口は2倍になる．つまり，2004年には72億人なり，2038年に144億人，2072年に288億人と地球を埋め尽くす勢いで増えていく．実際には，人口の増加率は低下しており，2004年の地球の人口は約64億人だった．今後，(1)増加率がさらに低下してゆるやかに安定点に向かうのか，(2)増加率の低下が不十分でヒト個体群が崩壊に向かうのか，予断を許さないが，増加が永遠には続かないことは間違いない．

指数関数的に増加する潜在力をもつ個体群が，利用可能な資源に制約があるために増加にブレーキがかかり，やがて環境が収容できる限界で落ち着くことを記述する手法としてロジスティック式が知られている．これは以下の微分方程式で表される．

$$\frac{dN}{dt}=rN\left(\frac{K-N}{K}\right)$$

Nは個体数，tは時間，rは個体群がもつ潜在的な増加率で，内的自然増加率とよばれる．Kは環境がもつ個体の収容力（環境収容力）と定義される．$(K-N)/K$は個体が利用できる資源の相対量を表しており，個体数の増加とともに減少する．つまり，実現される個体群の増加率は密度に依存して低下する（密度効果）．密度効果は，密度が高くなると利用できる1個体あたりの資源量が競争によって減少することによって生じると考えられている．密度は，個体群の増加率だけでなく，生存率，繁殖率，体サイズなど多くの生態学的特質に影響するが，密度と個体群の増加率の負の関係を特に密度依存性とよぶことがある．

ロジスティック式は個体群動態の本質を簡潔に形で表現しているために多くの数理モデルの基礎となっている．ロジスティック式は理論的には大きな成功を収めているが，成立には厳しい条件があるために，自然個体群での観察は期待できない．一方，個体群の増加率が密度に対して負の関係を示す密度依存性は，多くの動物個体群で確認されており，個体群の存続条件であることが理論的にも明らかにされている．

［齊藤 隆］

競　争
――資源の奪い合い

競争とは，共通の資源をめぐる個体間のあつれきである．ここで資源とは，えさや営巣場所，すみ場所のように生存や繁殖に必須だが，他個体により利用が制限されるものを意味する．

競争が生じると，一方あるいは双方において成長率，生存率あるいは繁殖率の低下が起こる．このような競争による負の影響は多少なりとも個体間で不均等であることが多く，極端な場合は一方だけが負の影響をこうむる．

競争による負の影響が生じるメカニズムは2つある．ひとつは資源が消費されることで利用可能な量が減ってしまうことである．このようにして生じる競争を消費型競争という．もうひとつの競争のメカニズムは，ある個体が他個体に干渉することで資源を利用する機会を減少させることである．例として，なわばり（なわばりへの個体の侵入を排除することで資源への接近を制限する）や，他個体への攻撃などがあげられる（☞「なわばり」参照）．このようにして生じる競争を干渉型競争という．両方のタイプの競争は同時に生じることもあり，特に干渉型競争では消費型競争が生じる条件もそなわっていることが多い．

競争は同種内でも異種間でも生じる．同種の個体間で生じる種内競争は個体群密度の調節において重要な役割をはたす．一方，種間競争は群集内の種組成につよく影響する．

●種内競争　種内競争では，少なくとも一部の個体の成長，生存あるいは繁殖に悪影響がもたらされ，その結果として，個体群レベルでは個体群成長率の低下がひき起こされる．それゆえ種内競争は個体群密度を調節する主要因である．一方で密度依存的な個体群成長率の低下は，必ずしも種内競争が原因であるとは限らない．例えば昆虫や脊椎動物では捕食や病気も密度依存的な個体群成長率の低下をもたらすことがある（☞「個体群」参照）．

種内競争はコホート（同時出生集団：例えば同齢集団）内あるいはコホート間のどちらでも生じ得る．コホート内競争では，個体間での資源分配の均等性がさまざまであり，最も不均等な場合が競争上優位な一定数の個体が資源を独占する勝ち抜き型競争であり，ぎゃくに完全に均等な場合がすべての個体間で等しく資源を分け合う共倒れ型競争であるが，多くの場合では両者の中間型となる．個体間での資源分配が多少でも不均等な場合は，いったん競争上優位に立った個体は，より多くの資源を得ることができるため，その後の競争でさらに優位になりやすい．

コホート内競争における資源分配の均等性は個体群動態における密度効果のは

たらきかたにも影響し，勝ち抜き型競争では密度効果は個体群動態を安定化させるのに対し，共倒れ型競争では逆に密度効果は個体群動態を不安定化させる．これはコホートの密度が資源レベル以上である場合でも，勝ち抜き型競争では競争上優位な個体は必ず一定数が生きのこるのに対し，共倒れ型競争ではコホートが全滅してしまうからである．

コホート間の競争では，先に生まれたコホートの方がより大型であるため競争上有利な場合が多い．生息空間のような先取りと確保が可能な資源をめぐる競争では，先に生まれたコホートが資源を利用することで，後続コホートの資源利用が制限される．例えば，フジツボでは先に生まれた個体が付着基質を占有していることで，幼生の定着スペースが不足し，後続コホートの密度が低く抑えられることがある．このようにコホート間競争は個体群動態につよく影響する要因であり，多くの場合，個体群動態を安定化させる働きがあるが，あまりに競争が強く働く場合には逆に個体群動態を不安定化させることもある．

●種間競争　種間競争では，少なくとも一方の種の成長，生存あるいは繁殖に悪影響がもたらされ，その結果として個体群レベルでは個体群成長率の低下がひき起こされる．理論上は，資源要求の類似性が高い（つまりニッチの重複が大きい）種間ほど競争は熾烈になり，完全にニッチが一致している場合は競争上優位な種が他種を排除してしまう（競争排除則）．自然界でも競争上の劣位な種の分布が種間競争によって制限されている例が知られており，潮間帯に生息するフジツボでは競争種を除去すると垂直分布の下限が低下する．一方で資源要求の類似性が高い複数の種が同じ場所に長期間にわたり共存していることもまれでない．こういった場合の共存機構は多様で，例えば「競争上の優位種が資源を占有することが天敵により妨げられる」，「環境が時間変化することで競争の優劣が逆転する」，「競争上優位な種は分散能力が低い」があげられる．このように共存のメカニズムは実に多様であるが，いずれも「どちらの種においても種内競争の影響度が種間競争の負の影響度を上回ること」を満たしている点では共通しており，これが種間競争において多種が安定的に共存するための必要十分条件である（☞「群集生態」参照）．

このように種間競争には，競争的劣位種の分布を制限するなど群集内の共存種数を抑制する働きがあるが，生物進化が生じるような長時間にわたって種間競争が作用すると種間のニッチの重複を縮小するようにそれぞれの種の形質が変化する場合がある．これを生態的形質置換という．形質置換では資源要求にかかわる形質（例えば採食器官の形態）は，それぞれの種だけが分布する地域では種間で類似するが，両種がともに生息する地域では種間で異なるようになる．形質置換は種間競争がもたらした共進化であり，形質置換が何度も繰り返し起こった結果が適応放散であり，進化による生物の多様化の重要な起源とされる．［野田隆史］

ミクロコズム
――小さな実験生態系

　ミクロコズムとは，野外の生態系を構成する生物群集と環境の一部を切り取って，比較的小さな容器で培養した実験系をいう．マイクロコズムともいう．人工的で単純な生態系であり，人為的に制御された環境条件で，少数の生物種から構成することにより，野外生態系では直接調べることが難しい現象やその仕組みを，実験室内で比較的簡便にかつ詳細に調べることを可能にする．一方，ミクロコズムで起こる現象が，そのまま野外生態系で起こるとは限らず，ミクロコズムによる研究結果を野外生態系の理解にあてはめる際には注意が必要である．ミクロコズムより比較的規模が大きく，より野外生態系に近い実験生態系をメソコズムというが，両者の間に明確な区別を見つけることは難しい（☞「生態系」参照）．

●ミクロコズムの長所と短所　ミクロコズムは，生態学や進化学のモデル系として活用され，個体群から群集や生態系あるいは進化まで，多くの研究に貢献してきた．ミクロコズムを用いた古典的な研究例としては，G. F. ガウゼ（Gause）による繊毛虫の種間競争，T. パーク（Park）によるコクヌストモドキ属2種の種間競争，内田俊郎によるアズキゾウムシ（餌生物）と寄生蜂（捕食者）の個体数振動，C. B. ハフェカー（Huffaker）によるダニ2種の捕食－被食系に対する空間構造の影響があり，どの研究も生態学の発展に貢献してきた．ミクロコズムの研究が活躍してきた背景には，比較的小さい容器の実験で反復がとりやすく，研究者が注目する条件（生物や環境など）を操作しやすく，それ以外の条件は反復間で一定になるよう制御しやすいので，調べたい現象やその仕組みを検出しやすいという長所がある．比較的小型の生物を材料にするため，個体数や進化のダイナミクスが起こる時間スケールが短く，観測しやすいという点も長所である．一方，野外に比べてごく小さい空間であり，実験に用いる生物が比較的少ない種数で小型の生物に偏っており，撹乱などの確率的な環境変動が排除されているなど，ミクロコズムを用いた研究の一般性には疑問が呈されることもある．しかし，これらの短所のために，ミクロコズムを用いた研究が信頼できないとはいえない．ミクロコズムによる研究は，生態学や進化学に多くの新しい理論を提示してきた．数理モデルによる理論研究は，しばしば未知の仮定の上に興味深い予測を提示するが，ミクロコズムによる研究は，現実の生物や環境においてその理論予測を検証できる．その上で，ミクロコズムで確認された理論予測が野外生態系の理解に適用できるかどうかを検討することができる．野外生態系における観察のみに基づく現象の理解は，誤った結論を導く場合もある．そのため，数理モデル，ミクロコズムなどの実験，野外観測が統合的に用いられることが大事である．ミクロ

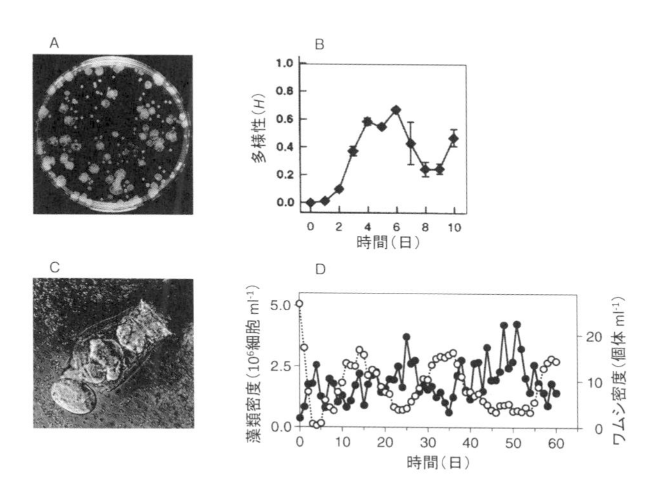

図1　ミクロコズムを用いた研究例．A，B：不均一な環境における蛍光菌（*Pseudomonas fluorescens*）の適応放散の観測（Rainey and Travisano, 1998）．C, D：藻類（*Chlorella vulgaris*）とワムシ（*Brachionus calyciflorus*）の個体数振動の観測（Yoshida et al., 2003）

コズムによる研究の成果は，地球レベルの環境問題に関する政策決定にも貢献してきた．しかし，ミクロコズムによる研究成果が，より大きな空間スケールでの応用研究や政策研究の基盤と認識されるまでには，非常に長いタイムラグがある．そのタイムラグを縮めるためには，ミクロコズムを用いた研究が得意とする研究の新規性だけでなく，分類群の異なる生物や異なる環境でミクロコズムを反復することで，研究に一般性をもたらすことも重要である．

●ミクロコズムの実験例　空間的に不均一な環境をミクロコズム内に設定すると，それぞれの環境に適応して迅速に多様化が起こることが，蛍光菌を用いた実験によって示された（図1A，B）．一方，藻類とワムシを用いた実験では，藻類に遺伝的多様性があり迅速な進化が起こると，周期が長く逆位相の個体数振動を見せることが示された（図1C，D）．これらの研究は，野外生態系で検証されるべき重要な理論予測を提示している．

●自然のミクロコズム　一般的な実験室内でのミクロコズムの長所を活かしつつ，野外生態系の利点もあるのが，いわゆる「自然のミクロコズム」である．研究対象が，操作性と一般性と現実性の条件すべてを満たすことは難しいが，自然のミクロコズムでは，反復や観察などが容易で操作性があるとともに，自然条件での環境変動などの現実性もある．自然のミクロコズムには，ウツボカズラなどの植物がもつファイトテルマータ，パッチ状のコケに生息する節足動物群集，岩の小さな凹みにたまった水のプランクトン群集などがあり，生物多様性と生態系機能の関係やメタ群集などに関連した重要な研究成果をあげている．［吉田丈人］

進化生態
——生き物の「なぜ」を問う

　進化とは，生物集団において染色体や遺伝子座に突然変異で生じた遺伝的変異が，自然淘汰および遺伝的浮動の効果によって集団内での頻度を変化させることである．一方で生態とは，生物と環境や他種の個体，同種の他個体などとの相互作用の総体である．その2つの側面を含む言葉である進化生態とは，進化を通じた生態的相互作用の成立・維持過程を意味する．

●遺伝子型と遺伝子の適応度　進化の本質である遺伝子頻度の変化は，生物の2つの生活史イベントに帰することができる．1つは，注目している遺伝子（対立遺伝子もしくは遺伝的変異）をもつ個体が繁殖まで生き残る確率である生存率，もう1つは，その個体が次世代にその遺伝子を引き渡す数としての出生数である．それらの結果として次世代に引き継がれる遺伝子の期待数を，遺伝子の適応度という．適応度は遺伝的性質の進化に関する尺度であり，生物進化における「通貨」ともよばれる．遺伝的変異の蓄積過程としての進化は，遺伝学の一分野の進化遺伝学という枠組みの中で詳細に研究され，多くの基礎理論が確立されてきた．遺伝子の適応度を測定することは，その形質に作用する自然淘汰と遺伝的浮動の相対的な重要性にかかわらず，進化研究の重要な一歩である（☞「集団遺伝学」参照）．

●表現型と個体の適応度　一方，生態学者が対象とする生物の性質の多くは，表現型に明確に現れて適応度に大きな効果をもつものであることが多い．適応度への効果が大きい表現型を支配する遺伝子については，遺伝的基盤の詳細をスキップして，その進化過程を論じることができる場合がある．すなわち，「遺伝子型と遺伝子の適応度」の関係を調べる代わりに「表現型と個体の適応度」に注目することで，便宜的に進化過程を論じることができる．そうした表現型に注目したアプローチでは，生物の表現型を，自然淘汰を通じて最適化された最適戦略ととらえる．その視点は，動物行動の進化的理解とも深く関連しながら，さまざまな形質の進化的背景の解明に貢献してきた．例えば，最適摂餌戦略の研究などが好例である．

●進化の制約とトレードオフ　生物の性質は，生存上有利であれば際限なく進化が進む訳ではなく，さまざまな要因による制約を受ける．系統関係によって進化の可能性が制限される系統的制約や，生理的な限界による生理的制約などが存在する．なかでも進化生態を考えるうえで重要なのが，トレードオフの存在である．それは，ある性質の実現には別の重要な性質に犠牲がともなうことをさす．トレードオフは資源の配分などを介した状況で生じやすい．例えば，卵に投資できる資源が限られている場合，産卵数の増加（減少）は，各卵のサイズの小型化（大型化）を通じて子供の生存率の低下（改善）をもたらすだろう．トレードオフは形質の進化可能な範囲を限定する制約であるが，そこには一定の自由度があり，その中で形質の最適化がなされる．すなわち，産卵数と卵サイズの間にトレードオフがあったとしても，その範囲内でより適応度を高める方向に進化は進む．

●進化ゲーム　適応度は，基本的には注目した個体自身の表現型なり遺伝子型によって決まる．しかしながら実際の生物の生態においては，適応度はその個体だけではなく同種他個体の形質にも依存する場合が少なくない．そのように，適応度が同種他個体の戦略に依存する状況をゲームとよぶ．その本質は，適応度の頻度依存性にある．すなわち，集団内での形質の頻度分布によって，注目した形質の適応度が変化するのである．そうした視点をもたなければ理解が難しい現象としては，性比の進化や協力の進化などがあげられる．ゲーム理論はもともと経済学の理論だが，生物学では進化ゲーム理論として発展し，現在では進化生態学の重要な基盤になっている（メイナード＝スミス，1985）（☞「進化ゲーム理論」参照）．

●表現型アプローチの限界と血縁淘汰　生態学上の多くの問題は，個体の表現型とその適応度に注目することで理解できるが，そのアプローチはあくまでも近似的なもので適用範囲には限界がある．例えば，注目する形質の遺伝子の頻度変化が集団の遺伝構造に依存する場合には，遺伝子の適応度に立ち帰って問題を考える必要がある．その典型例は，社会性昆虫などにみられる利他行動の進化である．利他行動では，その与え手は自身の適応度を犠牲にしながら，受け手の適応度を押しあげる．個体適応度に注目する限り，利他行動をとる個体は相対的に損をし続けることになり，その進化は難しく思われる．これに対して理論生物学者のW. D. ハミルトン（Hamilton, 1964）は，利他行動の与え手と受け手との間での遺伝子の共有確率（血縁度）が集団平均よりも高ければ，利他行動の進化条件が緩和されるという血縁淘汰理論を提唱した．そこでは，遺伝子を共有する他個体の適応度までも考慮に入れた包括適応度という尺度が定義されている．血縁淘汰は利他行動以外にも幅広い現象にかかわるメカニズムであり，現在ではさまざまな生態現象がその理論のもとで再解釈されている（☞「血縁淘汰」参照）．

●これからの進化生態学　近年，分子生物学的手法などのさまざまな技術革新により，生物の生態上重要な形質の遺伝情報の実体が次々と解明されている．そうした情報の蓄積は，進化を通じた生態的相互作用の成立・維持過程である進化生態の理解においても革新をもたらしている．表現型から遺伝子，その分子基盤の理解をともないながら，進化生態の研究はさらに広がりつつある．　［山内　淳］

📖参考文献

［1］メイナード＝スミス，J.『進化とゲーム理論―闘争の論理』寺本 英他訳，産業図書，1985
［2］Hamilton, W. D., "The Genetical Evolution of Social Behaviour I, II", *Journal of Theoretical Biology* 7:1–52, 1964

最適採餌
――効率のよい餌の選び方と餌場を離れるタイミング

さまざまな場面で，より効率よく行動する生物個体ほど生存し繁殖して子を残すとすると，自然選択により，現存の生物は最適に行動していると考えられる．それは餌を探し食べるという採餌行動についてもあてはまる（☞「進化生態」参照）．

●最適餌選択　どのような捕食者も，食物（餌）を得るためには時間とエネルギーを消費する．まず餌を探し次にそれを処理する（追い，とらえ，食べる）．探索中に，採餌者はさまざまな餌種に遭遇するだろう．食物の幅は，餌に遭遇した後の採餌者の反応に依存するだろう．さまざまな種類の餌を捕食するジェネラリストなら，遭遇した餌のほとんどを追いかけ捕まえて食べるだろう．特定の餌に特化して捕食するスペシャリストなら，好ましいタイプの餌に遭遇した時以外は探索を続けるだろう．餌の収益性は，エネルギー含有量gを処理時間hで割った式g/hで表せる．餌には頻度λで遭遇する．2種の餌がいる場合，採餌者が餌1，2に遭遇する頻度をそれぞれλ_1，λ_2とすると，平均探索時間sは$1/(\lambda_1+\lambda_2)$となる．確率$\lambda_1/(\lambda_1+\lambda_2)$で餌1に，確率$\lambda_2/(\lambda_1+\lambda_2)$で餌2に遭遇する．1回の平均処理時間$h$は$\lambda_1 h_1/(\lambda_1+\lambda_2)+\lambda_2 h_2/(\lambda_1+\lambda_2)$で，1回の平均摂取エネルギー$g$は$\lambda_1 g_1/(\lambda_1+\lambda_2)+\lambda_2 g_2/(\lambda_1+\lambda_2)$となる．これらから，餌を探索・処理して得られる単位時間あたりの平均エネルギー摂取量は$w=g/(s+h)=(\lambda_1 g_1+\lambda_2 g_2)/(1+\lambda_1 h_1+\lambda_2 h_2)$となる．餌1の方が餌2より収益性が高いとき，スペシャリストとジェネラリストのどちらが最適かは，それぞれのエネルギー摂取速度（スペシャリストはw_1，ジェネラリストはw_{12}）の大小でわかる．w_1とw_{12}の差をとった式より，λ_1が高いとき（つまり餌1の密度が高いとき）は収益性の高い餌1のみを採餌するスペシャリストになり（$w_1 > w_{12}$），λ_1が低いとき（餌1の密度が低いとき）は餌1と餌2のどちらも採餌するジェネラリストになる（$w_1 < w_{12}$）のが最適であることが予測できる．このモデルは，λ_2（餌2の密度）がどちらの戦略をとるかにまったく影響しないことも予測する．シジュウカラやブルーギルを採餌者とした実験では，餌が高密度のとき，収益性の高い餌を専食する傾向がみられ，低密度のとき，収益性の低い餌も高収益の餌と同程度，食べるようになり，モデルの予測と合致した．一方で，天敵が採餌者を攻撃する危険がある場合は，予測どおりにはならず，採餌者は収益性の低い場所で採餌したり，採餌に費やす時間を短くしたりすることもわかっている．

●最適パッチ滞在時間　餌場が空間的に連続でなくパッチ状に分布する場合には，採餌者は異なるパッチで時間的にどの程度滞在して採餌するだろうか．あるパッチでの最適な滞在時間は，採餌者のエネルギー摂取率がある値（臨界値または限界値）になったときである．これを臨界値定理（または限界値定理）(marginal value theorem, Charnov 1976）という．パッチ間の移動時間 T とパッチ内滞在時間 t がかかるため，エネルギー摂取速度の長時間平均は $w(t) = g(t)/(T+t)$ となる．採餌者が餌から摂取するエネルギーの累積 g は，パッチに到着した直後は急速に増加するが，採餌によって餌が減少するにつれ徐々に増加速度はゆるやかになるため，飽和型の曲線になる（図1）．採餌者はいつパッチを放棄するのが最適なのか．それは，前のパッチを放棄した時点Oからの直線の傾きとなる w が最大になる時点，つまり g の曲線との接線になったときで，その接点Pが最適な t (t_{opt}) を示す（図1）．このモデルは次のことを予測する．最適採餌者は，(1)パッチ間の移動時間が長かったときほどパッチに長く滞在する（図2左），(2)質（収益性）の高いパッチほど長く滞在する（図2右），(3)全体的に質の低い環境では各パッチには長く滞在する．実験では，ニンジンゾウムシの卵寄生蜂であるホソバネヤドリコバチの一種は収益の高いパッチほど長く滞在し，モデルの予測と合った．一方で，捕食されるリスクがある生息場所では，シロアシマウスはパッチの利用程度が低いままそのパッチを放棄していた．このように最適採餌モデルの予測が実際の生物で完全に一致しないのは，生物が採餌以外にも天敵回避や学習などにも時間を費やしていること，そして餌やパッチの質を正確に知ることができない（全知ではない）ことなどに起因する．　［津田みどり］

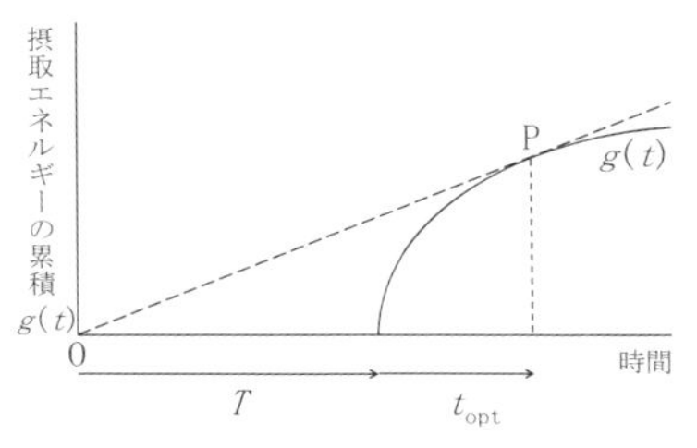

図1　臨界値理論（限界値理論）が予測する最適パッチ滞在時間 t_{opt}

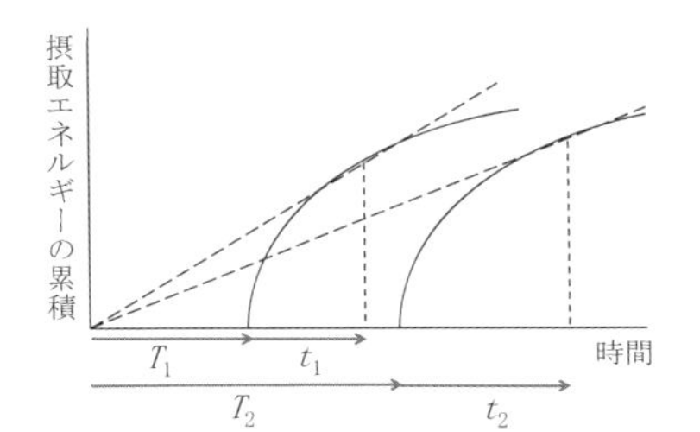

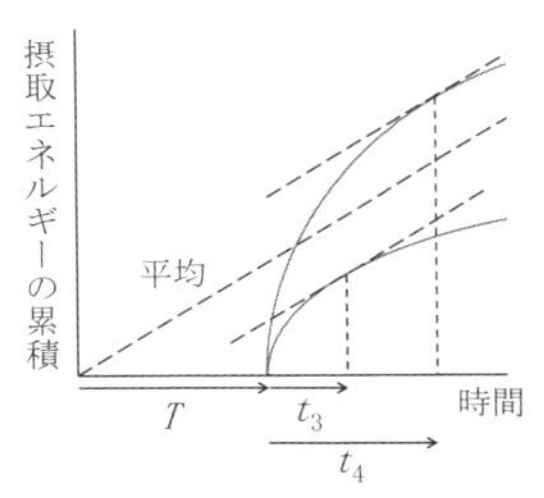

図2　移動時間 T が異なるときの最適パッチ滞在時間 t（左図）．質（収益性）の異なるパッチにおける最適パッチ滞在時間（右図：質の悪いパッチでは t_3，質の良いパッチでは t_4）

参考文献

［1］巌佐 庸『数理生物学入門』共立出版，1998
［2］嶋田正和他『動物生態学』新版，海游舎，2005
［3］ベゴン，M. 他『生態学—個体から生態系へ』原著第4版，堀道雄監訳，京都大学学術出版会，2013

進化ゲーム理論
——他者のふるまいが影響するとき

ゲーム理論は，経済学などにおいて，自分だけでなく他者のふるまいが結果に影響するような状況を分析するのに使われてきた．この考え方が生物の進化の分析に導入されたのが進化ゲーム理論である．動物学では，個体の適応度への影響がその個体自身の特徴だけでなく他個体のふるまいにもよっている場合にどのような行動などが進化するのかを分析する際に，進化的安定状態を知るために用いられている（☞「進化生態」参照）．

●進化的安定状態　進化的安定状態とは，個体群を構成する個体がとる戦略の頻度が，ある状態からわずかにずれたときに選択の力により元の状態に戻る状態をさす．個体群のすべての個体が同じ1つの戦略を採用している状態が進化的安定状態であるとき，その戦略を進化的安定戦略（Evolutionarily Stable Strategy, ESS）とよぶ．すなわち，その戦略をほとんどの個体が採用してごく低頻度の個体が他の戦略を採用しているときには，他のいかなる戦略でも適応度がその戦略よりも低いという場合である．適応度が個体群の他の個体のふるまいの影響も受け，頻度依存性（頻度依存選択）がある場合には，個体群の構成により適応度が異なるから，個体群の全個体が同じ戦略をしているときを考えて適応度の比較をしても意味は薄く，進化ゲーム理論がよく適用される．

●タカハトゲーム　進化ゲーム理論の単純だが典型的なモデルの例として，タカハトゲームがある．このモデルは，同種の2個体が資源をめぐって対戦する状況を表現したものである．個体は対戦の際に，タカとハトという2つのどちらかのふるまいをする．タカは攻撃的でエスカレートし，一方，ハトは非攻撃的である．タカとハトは，種の違いではなく，同種内でのふるまいの違いを表している．

2個体の対戦とその結果は以下のようである．

タカ対ハト：攻撃的であるタカの個体が勝ち資源を獲得する．タカの個体の適応度はVだけ増加し，ハトの個体の適応度は変わらない．

タカ対タカ：対戦はエスカレートし，片方が負傷し，負傷しなかった方の個体が資源を獲得する．資源を獲得した個体の適応度はVだけ増加し，負傷して資源を獲得しなかった個体の適応度は負傷のためCだけ減少する．

ハト対ハト：どちらも非攻撃的であり，どちらかが資源を獲得し，もう片方は資源を得られない．資源を獲得した個体の適応度はVだけ増加し，資源を獲得しなかった個体の適応度は変わらない．

適応度への影響の期待値は，タカの個体は相手がタカのときには $(V-C)/2$ で相手がハトのときにはV，ハトの個体は相手がタカのときには0で相手がハトのときにはV/2となる．相手により異なるだけでなく，C＞0である限りはタカの方が相手による違いが大きい．

とり得る戦略が，いつもタカ，いつもハトという2つであるなら，V≧Cのときにはタカの頻度によらずいつもタカの方がいつもハトよりも適応度が高く有利であり，すべての個体がいつもタカというのが進化的安定状態である（いつもタカという戦略がESSである）．一方，V＜Cのときにはタカの頻度がV/Cの状態が進化的安定状態である（このときにはESSはない）．

いつもタカ，いつもハトという2つの戦略だけでなく，一定の確率でハトとしてふるまったりタカとしてふるまったりする（以下の混合戦略もとり得る）なら，V≧CのときにはやはりいつもタカというのがESSであるが，一方，V＜Cのときには V/C の確率でタカとしてふるまい（1−V/C）の確率でハトとしてふるまうという戦略がESSになる．

これらの結果は，攻撃的でエスカレートすることは，直接の対戦では非攻撃的な相手よりも資源を獲得しやすく有利であっても，攻撃的なもの同士の対戦を考えれば，資源の価値とエスカレートした時のコストのバランスによっては必ずしも有利になるとは限らないことを示す．これは，儀式化された闘争が進化の上で必ずしも不利ではないことを示していると考えられている．

●条件戦略　進化ゲーム理論の刺激を受け，動物の行動の現実も加味して，戦略を分類することがある．重要な区別として，純粋戦略 / 混合戦略および非条件戦略 / 条件戦略がある．純粋戦略と混合戦略とは，1つの状況の下でも1つのふるまいだけをせず確率論的なふるまいの違いが見られるか（混合戦略），状況が決まれば1つの決まったふるまいだけをするか（純粋戦略）が異なる．非条件戦略と条件戦略とは，状況が異なっても個体のふるまいが変わらないか（非条件戦略），それとも状況が異なれば変化するか（条件戦略）が異なる．純粋戦略か混合戦略かとは異なる基準での分け方であり，非条件戦略と条件戦略のどちらも，純粋戦略や混合戦略でもあり得る．

交尾や繁殖において，同じ個体群の個体の間に顕著な行動の違いが見られることがあり，代替交尾戦術あるいは代替繁殖戦術とよばれている（代替的ということもある）．代表的な例としては，ウシガエルなどのオスに見られる，なわばりを占有して自分でメスを誘引する信号を出すオスと，自分は信号を出さず他オスのなわばり内にひそむなどの戦術をとるスニーカー（あるいはサテライト）とよばれるオスといった，メス獲得の方法が異なるオスがある．代替交尾戦術の多くは，異なる戦略ではなく同じ条件戦略の違った状況での表れであり，相手の競争能力や自分の体サイズなどに依存して個体が異なるふるまいを示していることが明らかにされてきた（☞「代替繁殖戦術」参照）．

［粕谷英一］

生活史戦略
——一生をかけて自分の遺伝子のコピーをより多く残す

繁殖により自分の遺伝子のコピーをより多く残すことのできた個体の子孫とその形質が集団中に広がっていく．結果的にその種の個体数は増加することが多い．いかにして自分の子孫を多く残すかが繁殖戦略であり（10章後半を参照），その戦略はその動物がおかれた環境に依存し大きく異なる．環境には物理（非生物）環境と生物環境があり，さらに生物環境は他種および同種の個体群（☞「群集生態」および「個体群」参照）に分けられる．

●トレードオフ　生物の成長，繁殖努力，寿命など，1つの形質を大きくすれば別の形質を犠牲にすることになる，形質間における拮抗的な関係をトレードオフという．生物の個体が誕生し，成長・繁殖を経て最後に死亡するまでの一生のサイクルを生活史という．生活史の各ステージで使える資源を何にどう配分するか，例えばその時点で成長すべきか繁殖すべきか，両方行う場合にはその配分をどうするのか，その配分を時間とともにどう変化させるのか，が生活史戦略である．単位時間あたりに残せる自分の遺伝子のコピー数が最大となる戦略が進化する．例として，シジュウカラが1回の繁殖で産む卵の数について考えてみる．小さい卵から生まれて間もない雛の生存率に影響がなければ，小さい卵を多く産んだ方がより多く子を残せる（小卵多産）．しかし，環境条件によっては，生まれたばかりの雛の生存率は体が大きいほど高いので，大きな卵を少なく産んだ方が有利となる（大卵少産）．よって，その動物のおかれた環境条件において，子孫を最も効率よく残すような卵の数と大きさのバランスが進化するはずである（☞「進化生態」「代替繁殖戦術」「進化ゲーム理論」参照）．

●一回・多回繁殖　セミやサケのように成長し成体になった後に1回だけ繁殖して一生を終えるものもいれば，ツバメやクマのようにある程度成長した後に何回も繁殖するものもいる．前者を一回繁殖，後者を多回繁殖という．子孫をより多く残すには多回繁殖の方が有利と思われそうだが，必ずしもそうではない．例えば，個体数が増加中であれば，なるべく早く成長し，成熟したら最大限繁殖して寿命を終え次世代につなげる方が有利となる．繁殖には多大な時間とエネルギーが必要なことが多く，繁殖すると採餌や捕食回避など他の行動が疎かになるなどして生存率や成長速度，寿命に影響しやすい．現在の繁殖と将来の繁殖の間にはトレードオフが生じる．一回繁殖と多回繁殖の違いは，現在使用可能な資源をすべて繁殖に使うか，一部だけ繁殖に使い残りを現在の生存と将来の繁殖へと残しておくかという，資源配分の違いである．

●*r*-*K* 戦略　生物には幾何級数的に増殖する能力があるが，一方で限られた資源をめぐる種内競争にさらされている．種内競争の強さは種により，また同じ種でも密度などの環境条件により大きく異なり，それが進化する形質に大きな違いをもたらす．成長と繁殖への資源配分や繁殖する際の子の数とサイズなど，複数の形質の組合せがセットで選択されることがある．どのような形質が有利かは環境条件に依存する．さまざまな環境条件の元での生活史戦略のうち主な（極端な）ものとして r-K 選択説に基づく，r 戦略と K 戦略とよばれるものがある．新天地で食物などの資源な豊富にあり競争者がまだ少ない環境では，競争能力は低くても数多くの子を産する方（= r 戦略）が，それに対し，個体数が安定し競争者が多く資源が限られた環境では，数は少なくても競争能力の高い子を産する方（= K 戦略）が有利となる．

表1　r 選択と K 選択の特徴

	r 選択	K 選択
気候の変化	不規則で大きい	周期的か安定
死亡率	非密度依存	密度依存
種内競争	穏やか	厳しい
増殖率	高い	低い
成長速度	速い	遅い
繁殖の開始	早い	遅い
体の大きさ	小さい	大きい
繁殖回数	一回繁殖	多回繁殖
卵サイズと数	小卵多産	大卵少産
寿命	短い	長い

個体数が非常に少ない状態から個体群が増加するとき，その変化はS字状の曲線になり，次のようなロジスティック式で表される．

$$dN/dt = r(1-K/N)N$$

ただし，N：個体数，t：時間，r：内的自然増加率，K：環境収容力

r-K 選択説という語は，この r と K に由来する．r は密度が低いときにどれだけ急速に個体群が増殖できるかを表すのに対し，高密度に混み合った条件下でどれだけ増殖できるかは K によって決まる．r は個体が少なく種内競争が生じないときの個体群の増殖速度を表す．種内競争能力が高く，他個体による負の影響をなるべく受けない特性を進化させるのが K 選択である（☞「個体群」参照）．

r 選択と K 選択のそれぞれが働きやすい環境と，その下で進化しやすい形質を表1にまとめた．これら2つの選択によって進化した形質のセットが，r 戦略と K 戦略であるが，この2つは両極端なものであり，多くの種や個体群はその間の状態にある．r-K 戦略の進化はトレードオフの存在が前提となるが，トレードオフの存在を実証した研究は少ない．

［古賀庸憲］

📖 参考文献

［1］ 日本生態学会編『生態学入門』第2版，東京化学同人，2012
［2］ 嶋田正和他『動物生態学』新版，海游舍，2005

性　比
――雄と雌の数を進化から考える

雌雄に分かれている生物で，同一集団の雄と雌を性比とよぶ．受精後の雌雄の死亡率が異なるため，性比は年齢とともに変化する．受精時の性比を一次性比，誕生時の性比を二次性比，繁殖時の性比を三次性比とよぶ．性の決まり方は多様であるが，ここでは，性比を進化させる淘汰圧に焦点をあてる．

●頻度依存の淘汰と性比　多くの生物で性比が1：1であるのはなぜだろうか？　ある集団にいる母親は，息子よりも娘を多く産むとしよう．そこで，突然変異によって娘よりも息子を多く産む母親が1個体現れたとする．集団中には雄よりも雌の方が多いので，雄1個体あたりの交配回数が多い．よって，息子をより多く産んだ母親は，娘を多く産んだ母親よりも，多くの孫をもてる．「雄を多めに産む」突然変異は，この集団中にどんどん広がり，その頻度を増していくので，集団中の性比は1：1に近づいていく．逆に，雄を多く産む母親が占める集団では，雄同士の雌を得る競争が激しくなり，「雌を多く産む」戦略の方が孫の数が多くなる．つまり，集団中に雄よりも雌の方が多いと，集団は，雄が増える方向に進化し，雌よりも雄が多いと，雌が増える方向に進化する．このシーソーがうまくつり合うのは，雄と雌の数が等しくなったときである．1：1の性比をこのように説明したのはドイツ人のC. デュージング（Düsing）だが，紹介をして広めた進化生物学者にちなんでフィッシャー性比とよぶことが多い（☞「進化生態」参照）．

●性のコストと性比　前節の議論では，親が子をつくるのにかけるコスト，時間やエネルギーは，息子と娘で同じと考えてきた．雌雄の生産コストが異なる場合，子の数ではなく，雌雄の子への投資量の総和が1：1になる．雄と雌の数をM, F，それぞれの子をつくるために必要な投資量をC_M, C_Fとすると，$C_M{}^*M = C_F{}^*F$が成り立つ．例えば，雌の子は大きくて，雄よりたくさんの栄養を与える必要があるなら，親は雄の子をより多く産む方が有利である．一方，親が出産後も子育てをする場合に，片方の性の子が子育て中に死にやすいならば，その性の子を多くつくるように集団は進化する．

●母親による子の性比調節　兄弟間で配偶相手をめぐる競争（局所的配偶競争）がある生物では性比が大きく雌に偏る．それはなぜだろうか？　寄生バチの母親がイモムシに複数の卵を産み付ける例を考えよう．羽化した子供たちは，その場で交尾をする．交尾後，雌は新たな寄主を求めて飛び立つが，雄はそのまま死んでしまう．1つのイモムシに1個体の母親だけが産卵する場合，息子をたくさんつくっても，息子同士で交尾機会を競争するだけであり，孫の数は頭打ちになる．その結果，母親は娘をできるだけたくさん産むことで，孫の数を最大化できる．

W. D. ハミルトン（Hamilton）は，1つのイモムシにN個体の母親が重複寄生して産卵するとき，性比（息子を産む割合）は（N－1）/2Nに進化することを示した（図1）．もし母親が無限個体やってきて産卵する場合，息子の割合は1/2になり，交尾がランダムに起こる場合の性比（フィッシャー性比）になる．母親の数が少なくなると，息子を産む割合は下がり，数が雌に偏る．母親の数が1個体だと，息子の割合は0になるが，これは「娘を授精できる最小限の数の息子をつくる」と解釈できる．

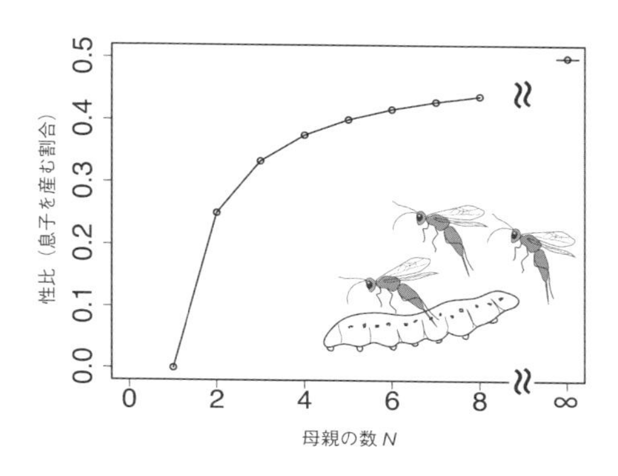

図1　1寄主に重複寄生する母親の数 N と性比．母親の数が多くなるほど，息子の割合は増えていき，性比はやがて0.5に近づく

アフリカの原猿類ギャラゴは，息子は配偶相手を求めて分散するが，娘は母親のなわばりの近くにとどまるため，母親と娘はえさ資源を巡って競争することになる．そのような局所的資源競争のもとでは，母親は競争が少ない性の子（ギャラゴでは息子）を多く産む．一方の性の子が親のもとにとどまることが，母親にとって利益をもたらす場合（局所的資源拡充といい，娘がヘルパーとなって弟妹の世話をするなど）には，親元にとどまる性の子をより多く産む．

●雌雄同体の性比　フジツボなどの同時的雌雄同体では，1個体が母親としても父親としても機能するので，雌機能と雌機能への投資の比率が性比に相当する．E. L. チャーノフ（Charnov）によると，雌雄同体 $N+1$ 個体がいる集団では，進化的に安定な性比（雄機能に投資する資源配分割合）は（$N-1$）/（$2N-1$）となる．N が無限に大きいとき，雄機能と雌機能への資源配分は等しくなり，$N=1$ すなわちペアで繁殖する場合には，性比は0（相手の卵を受精させるだけの最低限の精子しかつくらない）になる．これは雌雄異体の局所配偶競争における母親（配偶相手）の数が1の状態（図1）に対応する．性転換する経時的雌雄同体の場合には，性転換のタイミングやその方向の最適化が問題となる．一般的に集団の性比は，初めに成熟する性に偏ることが予測されている（☞「性転換」参照）．

［山口 幸］

📖参考文献

［1］長谷川眞理子『雄と雌の数をめぐる不思議』中公文庫，2001

［2］酒井聡樹他『生き物の進化ゲーム—進化生態学最前線：生物の不思議を解く大改訂版』共立出版，2012

［3］山口 幸『海の生き物はなぜ多様な性を示すのか—数学で解き明かす謎』共立出版，2015

表現型可塑性
——環境により柔軟に変化する形質

生物の性質の多くは遺伝的に決定されるが，ゲノムあるいは遺伝子型が決まれば一義的に表現型が決定される訳ではない．表現型発現は多少なりとも環境条件の影響を受けるが，環境により表現型が可塑的に変わる性質を「表現型可塑性」という．この性質はほぼすべての生物に備わっている．例えばヒトでも，体が浴びる紫外線量に応じて皮膚の色が黒くなるのも表現型可塑性である．環境に応じて可塑的に表現型が変化する場合，物理化学的な法則に依存して表現型が非適応的にゆらいでしまう場合がある．しかし，生物学において「表現型可塑性」と言った場合，そのほとんどが「環境条件に応じて適応的に発現される表現型の可塑性」のことをさす．この場合，何らかの進化的な過程の中で，環境に応じて表現型を変化させる発生機構が自然選択により獲得されたと考えられる（☞「進化生態」「子の世話」「昆虫の社会性行動とホルモン」参照）．

●表現型多型　表現型可塑性の中でも環境条件に応じて顕著に表現型を変化させる例がいくつも知られている．環境条件に応じて不連続に表現型を変化させるものを「表現型多型（polyphenism）」とよぶ．例えば，チョウにみられる季節多型，バッタの相変異，社会性昆虫のカースト多型，アブラムシの翅多型や繁殖多型，糞虫のオスにおける角多型，ミジンコの誘導防御，サンショウウオ幼生の防御型誘導などがあげられる．表現型多型の場合は，表現型が連続的に変化すると不都合な場合に進化すると考えられる．例えば，翅多型の場合には，有翅型と無翅型の中間的なものをつくってしまうと飛翔器官に投資するコストの割には飛翔能力がないということになってしまう．飛べない翅をつくるのはまったくのむだなので，つくるなら完全なものをつくる，つくらないならその分のエネルギーを繁殖など他のことに回した方が適応的であるということになり，翅多型が獲得されたと考えられる（☞「季節適応」「代替繁殖戦術」参照）．

●リアクション・ノーム　表現型可塑性においては，環境条件により発生過程が改変されることにより，その結果として生じる形態や行動に変異が生じる．環境条件に応じた表現型の変化の仕方・パターンをリアクション・ノーム（reaction norm，「反応基準」「反応規範」）とよぶ．多くの場合，横軸に環境条件をとり，縦軸に表現型の値（形質値）をとったグラフで表現される．リアクション・ノームを描くことで，同種の個体群間や系統間での可塑性の違いを判別することも可能となる．連続的な可塑性の場合にはリアクション・ノームはリニアー（線形）なグラフとして描かれるが，表現型多型のように表現型が不連続に現れるような場合，つまり環境条件がある一定値を超えると急激に表現型が変化する場合には，クランク型あるいはＳ字型のグラフ（シグモイド曲線）として表現される．

●遺伝か環境か　リアクション・ノームの集団間における相違に見られるように，環境要因に応答して表現型発現が変化する様式が遺伝的な支配を受けている場合も数多く存在する．つまり，遺伝子型によって環境への応答の仕方が異なるということであり，ゲノム上に書かれているのは生物の最終形（不変の表現型）の設計図ではなく，生物の受ける外的要因（環境要因）に応じた適応的な形質発現の様式が描かれていると考えた方が妥当だろう．環境要因と遺伝要因は排他的ではなく，遺伝情報と環境情報が相互作用をして表現型を決定している．

●拡張された表現型　表現型可塑性は，その生物がおかれた環境に依存して形質が変化する性質であるので，環境刺激に応じて俊敏に行動することも表現型可塑性のひとつである．動物がつくる巣の構造は，種特有の営巣行動によって決まるため「拡張された表現型（extended phenotype）」とよばれる．例えばシロアリにも，木材中にのみ営巣するの種から，大聖堂のような大きな塚をつくる種，樹上に球状の巣をつくるものなどさまざまである．これらの巣形態には，営巣の行動や食性の違いなどが影響して違いが生じている．種によって違うということは何らかの遺伝的な相違，つきつめれば，ゲノム上の遺伝子配列の違いが行動や餌の嗜好性などを介して巣構造に違いをもたらすと考えられる．

●表現型可塑性と進化　表現型可塑性は，生物進化においても重要な役割をはたすと考えられている．環境により誘導された表現型は「獲得形質」であり，子孫に伝わらないとされるのが一般的な考え方であった．しかし，環境による誘導のされ方，つまりリアクション・ノームに遺伝的変異があり，そこに選択がかかることにより，可塑性の様式が進化し，ひいては特定の表現型を決定する遺伝子型に集団が固定することもいくつかの例で実証されている．環境により新たな形質が誘導されることを表現型順応（phenotypic accommodation）といい，その表現型が生存繁殖上有利または不利であるために，当該の形質発現に関わる遺伝システムに集団が固定することを遺伝的順応（genetic accommodation）とよぶ．遺伝的順応は，環境によって誘導された表現型が有利である場合に，進化する遺伝子型に集団が固定し，環境刺激がなくてもその表現型が発現するように進化する「遺伝的同化（genetic assimilation）」を拡張したものである．この考え方は，ラマルキズムとダーウィニズムを融合した進化様式ということができよう．

［三浦　徹］

参考文献

［1］　三浦　徹『表現型可塑性の生物学―生態発生学入門』日本評論社，2016
［2］　ギルバート，S. F.・イーペル，D.『生態進化発生学―エコ‐エボ‐デボの明け』正木進三他訳，東海大学出版部，2012

季節適応
——成育や繁殖に不都合な季節の克服

地球上には季節があり，1年周期で環境条件が変化する．温帯や冷帯では年間の気温の変化による季節変化が明瞭であり，春・夏・秋・冬の四季がある．熱帯では年間の気温の変化は少ないが，雨量の変化が著しく異なる雨季と乾季が見られる．寒帯地方では春と秋を欠き，高緯度地方ほど夏が短く冬が長くなる．季節的に変化する環境条件は気温や降水量などの物理的条件だけではない．動物にとっての食物や天敵などの質や量も変化する．特に冬は，気温の低下だけでなく他の環境要因も生物の成育や繁殖に不利なものとなる．そのため温帯より高緯度地方では，冬をどう克服するかが生物にとって最重要課題となる．地球上の生物たちは，長い進化の歴史の中で，渡り，休眠，季節多型といった行動や生態を進化させたことで，このような環境条件の季節変化を克服し，現在まで世代を繰り返すことができた．このように進化した状態を季節適応という．

●渡り　動物の中には周期的に渡りを行うことによって，成育や繁殖に不適な季節環境を避けるものがいる．渡りをする動物は鳥類が有名だが，魚類や哺乳類，さらにはプランクトンなどの無脊椎動物，昆虫類，両生類，爬虫類でも見られる．鳥類など比較的長命な動物は1世代が往復の渡りを毎年行うが，昆虫類など短命な動物の場合は複数の世代をかけて往復の渡りを完結させる．例えば北米大陸に生息するオオカバマダラというチョウは，夏は北米大陸の中部で過ごすが，8月頃に羽化した個体ははるか南のメキシコを目指して南下を行う．この世代はメキシコで越冬するが，その子孫は世代を繰り返しながら北米大陸の中部を目指して徐々に北上していく．一般に動物が渡りを行う理由の1つは，食物の質や量が季節的に変化するため，食物を求めてよりよい条件の地域に移動することである．2つめの理由は繁殖のためであるが，これは食物の季節変化とも関係している．

●休眠　休眠（dormancy）は，生物の発生過程に起こる成長や活動の一時的な停止のことをいう．多くの動物が行う冬眠や夏眠は休眠の例であり，哺乳類・鳥類の休眠はトーパー（torper）とよばれる．休眠に入った動物は，成長や運動がほとんど停止し，水分含量の減少や物質代謝の低下によって，成長や活動に不都合な季節の環境条件に対して高い抵抗性をもつようになる．成長や活動に適当な条件におかれれば，急速に成長や活動が再開される動物種がいる一方で，すぐには再開せずに一定期間経過した後にようやく再開するもの，あるいは再開に低温や日長条件など特定の環境条件の経験が必要なものまでいる．前者の休眠状態は，単にその環境条件ではその動物が活動不能であることに起因することが多く，この場合を休止という．一方，後者は神経系・内分泌系を介して制御された状態にあり，狭義の休眠とよばれ，休止とは区別される．狭義の休眠で代表的なものが昆虫の休眠である．昆虫の休眠は，冬や乾季などの不適な環境条件を迎える前に，特定の環境刺激に反応することによって誘導される．休眠が誘導される発育段階は，昆虫種によって卵・幼虫・蛹・成虫と多様であるが，昆虫種ごとに遺伝的に決まっている．そのため，昆虫の休眠には，成長や活動に不都合な季節を乗り切るという役割の他に，個体群内で発育段階や繁殖の時期をそろえる働きもある．哺乳類のシマリスでは，内分泌的に調節された冬眠特異的タンパク質の概年リズムによって冬眠が誘導される．

●季節多型　多くの動物で，体の色や構造，あるいは行動や生理的性質が季節によって変化することが知られている．例えばオオアメリカモンキチョウでは，夏に出現する夏型の後翅裏側は明るい橙色か黄色であるが，春と秋に出現する春秋型の同じ部位はかなり暗い色である．このような現象を季節多型という．これは，一般に遺伝的に同一な個体が環境条件に応じて表現型を変化させる表現型可塑性の一種である．季節多型は，季節による環境要因の違いが動物の成長や繁殖および生存に及ぼす影響を小さくする役割があると考えられる．オオアメリカモンキチョウの季節多型の場合，気温の低い時期に出現する春型と秋型では体温上昇を促進させ，気温の高い時期に出現する夏型では体温があがりすぎるのを防ぐ意義があると考えられる．季節多型は昆虫では世代間で生じるものが多いが，哺乳類や鳥類では世代内で生じる．多くの哺乳類や鳥類は，気温の低い冬に体温を保つために秋に分厚い冬毛に生え替わる．ニホンノウサギやニホンライチョウの白い冬毛は雪の中で保護色の役割もはたす（☞「表現型可塑性」参照）．

●光周性による制御　渡り，狭義の休眠，季節多型といった反応は，毎年ほぼ決まった時期に正確に誘導される．これは動物たちが季節を知る合図（cue）として環境要因の変化を利用しているためである．季節的に変化する環境要因には気温や降水量などがあるが，温帯地方に生息している動植物の多くが利用している環境の合図は日長である．日長は気温よりも規則的に季節変化するため，季節の進行を知るための地球上で最も信頼できる環境合図である．日長を感受できる時期や発育段階は動物種の間で異なる場合が多い．一般に臨界（限界）日長とよばれる値よりその時点の日長が長いか短いかによって季節的な反応が誘導される．このような仕組みを光周性という．1年に複数の世代を繰り返す昆虫の場合，夏の終わりから秋にかけて成長する世代は，日長が臨界日長より短いため休眠が誘導され発育が止まる．この世代は越冬した後に成長が再開し成虫となる．一方で，春から初夏にかけて成長する世代は，日長が臨界日長よりも長いため休眠が誘導されずに成虫になる．臨界日長は一般に温度に依存して変化するため，これらの季節的反応は気温の年変動にも正確に対応することができる．

［石原道博］

フェロモン
——昆虫の巧みな化学コミュニケーション

生物が情報交換に用いる化学物質のうち，体外に分泌・放出され，同種の他個体に特定の行動または生理作用を引き起こす物質は，フェロモンとよばれる．フェロモンはギリシャ語の pherein（運ぶ）と hormōn（刺激する）からなる造語である．1959 年に P. Karlson と M. Lüscher がこの概念を提唱して以来，多くの動物でさまざまな種類のフェロモンが特定されてきた．フェロモンの研究は特に昆虫で進んでおり，なかでも社会性昆虫では，フェロモンを介した高度で複雑な化学コミュニケーション網が発達している．脊椎動物でもフェロモンが同定されつつあるが，ここでは昆虫のフェロモンに焦点をあてて解説する．

●フェロモンの機能　フェロモンはその作用方式から，リリーサーフェロモン（解発フェロモン）とプライマーフェロモン（起動フェロモン）に大別される．

リリーサーフェロモンは特定の行動を引き起こす．例えば性フェロモンを受容した雄または雌は異性に接近し交尾を行う（図 1）．カイコガの性フェロモンは世界で初めて同定されたフェロモンである．集合フェロモンは，同種の同性・異性両方を（種によっては幼虫も）特定の場所に誘引または拘束する．警報フェロモンは天敵に襲われた個体が放出し，他個体の逃避行動あるいは攻撃行動を引き起こす．他にも，アリが野外で見つけた餌と巣までの道のり結び，巣仲間に動員をかける際に用いる道しるべフェロモンなどがある．

プライマーフェロモンは特定の生理的変化を引き起こす．例えば，セイヨウミツバチの女王フェロモンは，働きバチの卵巣発達を抑制し，王台の形成を阻害する．結婚飛行中に新女王が雄バチを誘引する際にも使われる．相変異フェロモンは，サバクトビバッタで知られるように，バッタの孤独相から群生相への相変異を引き起こす．

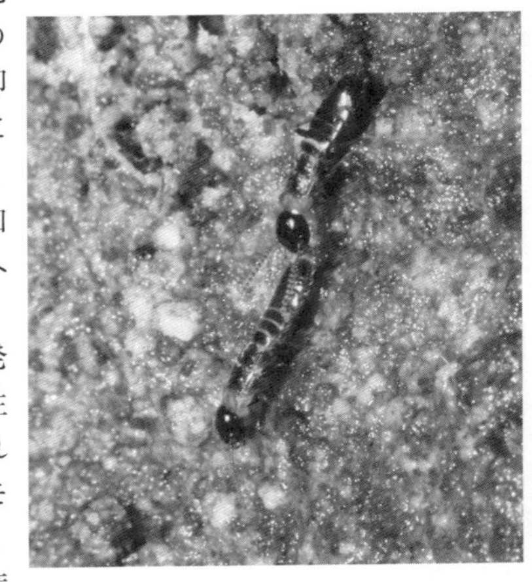
図 1　性フェロモンによるヤマトシロアリのタンデム歩行

●フェロモンの物性　フェロモンには，揮発性のものと不揮発性のものがある．揮発性フェロモンは匂いとして空気中を漂い，離れた個体にも作用できるが，不揮発性フェロモンは他個体が接触しない限り作用できない．引き起こされる行動がフェロモン分子の濃度に依存する場合もある．例えば，フロリダシュウカクアリの警報フェロモンは，高濃度ではパニック行動を引き起こすが，低濃度では誘引源となる．

図2　王フェロモンにより誘引されるヤマトシロアリの女王

●社会性昆虫の化学コミュニケーション　社会性昆虫のコロニーでは，繁殖に専念する王・女王，防衛を担うソルジャー，コロニーの維持にかかわるさまざまな仕事を担うワーカーなどの階級（カースト）が役割を分担している．各カーストは多種多様のフェロモンを介した化学コミュニケーションを通して連携している（図2）．同じ物質が複数のフェロモン機能を担う例が多くある．例えばシロアリでは，ワーカーが採餌の際に用いる道しるべフェロモン分子は，雌の羽蟻が性フェロモンとして用いる．さまざまな生物で抗菌物質として機能するリゾチームは卵認識フェロモンとして用いられている．ヤマトシロアリの女王フェロモンは，新女王の分化を抑制するだけでなく，ワーカーの卵塊形成行動やリゾチーム生産を促進し，かつ抗菌物質としても機能している．ヤマトシロアリのソルジャーフェロモンも，新ソルジャーの分化を抑制するだけでなく，ワーカーをソルジャーの近くに拘束し，かつ抗菌物質としても機能する（☞「真社会性」参照）．

●フェロモンの進化　物質を生合成する能力には限界がありコストもかかるため，新規の構造をもつフェロモン分子を一から合成するよりも，餌由来の物質やその二次代謝産物を流用または加工して「使い回す」，あるいは既存のフェロモンに新たな機能を付加するような進化の方が起きやすいだろう．このような考え方はフェロモンパーシモニーとよばれ，動物の，特に社会性昆虫のフェロモンの起源や多機能化を考えるうえで重要な仮説として提唱されている．抗菌物質や防御物質として使われていた分子がフェロモンとして機能するようになり，さらに他の役割に流用されることで多機能化が進んだのであろう（☞「化学コミュニケーションのはじまり」参照）．

［三高雄希・松浦健二］

📖参考文献

［1］ Wyatt, T. D., *Pheromones and Animal Behavior: Chemical Signals and Signatures*, Cambridge University Press, 2014

［2］ 東 正剛・辻 和希共編『社会性昆虫の進化生物学』海游舎，2011

［3］ 松浦健二『シロアリ―女王様，その手がありましたか！』岩波書店，2013

繁殖干渉
——求愛のエラーが分布とニッチへもたらす影響

体色や鳴き声といった繁殖にかかわる形質が異なる種類同士で似ていると，たとえ正常に子孫が残せないとしても，種間で求愛や交尾が生じる場合がある．従来は，こうした誤った配偶行動を避け，同種と他種をうまく見分けるような進化（生殖隔離の強化）が生じるはずだと考えられてきた（☞「種分化」参照）．しかし，自然界で種間の交尾や求愛行動の証拠は少なくない．このような種間の繁殖行動のうち，生存や繁殖にとってのコストをともなうものは「繁殖干渉」とよばれており，近年では誤った求愛が起きてしまう原因について適応に基づいた説明が与えられるとともに，近縁種間の分布やニッチ（エサや生息環境）に重要なインパクトをもたらしていることが認識され始めている．

●繁殖干渉が起きる仕組み　異なる種への求愛はたしかに配偶者選びにおける「間違い」である．とはいえ，繁殖に用いられる形質が似ている近縁種間では，同種かどうかを厳しく見極めることにもコストがかかってしまうため，間違いを完全に避けることが最適な行動になるとは限らない．とりわけオスの立場からすると，他種のメスへ誤って求愛してしまったときの時間やエネルギーの浪費（コスト）はそれほど大きくないため，同種のメスかもしれない相手なら，間違いをおそれずに求愛にチャレンジすることが得策になりえる．つまり，適応的な繁殖行動の結果として間違いが維持されるのである．この論理は，繁殖干渉が珍しい現象なのではなく，多くの動物で普遍的に存在している可能性を示唆している．

●繁殖干渉の種類　繁殖干渉はさまざまな動物から報告されているが，実際の行動メカニズムは実に多様である．まず，受精や雑種（F_1 世代）の有無を問わず，交尾器の破損や病気の感染，さらには天敵から攻撃されやすくなるといったリスクをともなう．カエルの仲間では，オスが他種のメスに抱接を続けることで，同種同士の交尾機会が低下することが知られている．

しかし，種間交尾にいたらない相互作用も繁殖干渉のメカニズムとして見逃してはならない．例えば，貯穀害虫であるアズキゾウムシとヨツモンマメゾウムシでは，種間交尾が起こらない状況であっても，オスによる執拗な求愛が他種のメスの寿命と産卵数を減少させることが報告されている（図1）．このように，一見すると軽微な相互作用であっても，繁殖干渉によるコストを通じて個体群動態（分布と数）に大きな影響を及ぼす可能性がある．

●生態への影響　繁殖干渉が生じる近縁種同士は互いの増殖を妨害するため，同じ空間に共存しにくい．こうした繁殖干渉による競争排除は，外来種が侵入したときに観測されやすい．太平洋の島々に分布する無性生殖のヤモリの一種は，外来種である有性生殖のヤモリから攻撃的な求愛を受けることで，生息地から駆逐されつつある．繁殖干渉による種の置き換わりは急速に起きるので，種の保全に取り組むうえでも無視できない．

繁殖干渉は近縁種間の側所分布をもたらす一因である．側所分布とは，せまい範囲の共存域を境にして，2種の分布が分かれている状態をさす（図2）．従来は気温や標高といった環境勾配によって側所分布が形成されると考えられてきたが，生物の潜在的な分布範囲が広いことを考慮すると，繁殖干渉のような種間相互作用が2種の分布の重なりを制限していると考えられる．

さらに，繁殖干渉はニッチ分割をもたらす要因としても注目される．繁殖干渉が生じると同じニッチを利用しにくくなるが，異なるニッチを利用することで繁殖干渉を回避し，結果として同じ地域に共存できる場合もある．例えば，クリサキテントウはマツ類に寄生するアブラムシだけをエサとして利用することで，近縁種のナミテントウから受ける繁殖干渉を避けていると考えられる．

以上のように，他種への求愛という行動は，個体群動態への影響を介して，ニッチ分割や共存といった群集パターンにも波及し得る．動物の生態や進化における繁殖干渉の重要性は，今後さらに解明されていくだろう．

［鈴木紀之］

図1　ヨツモンマメゾウムシのメス（上）に求愛するアズキゾウムシのオス（下）．オスが交尾器を出しているのがわかる（矢印）．たとえ種間交尾が起こらなくても，このような干渉行動はメスの繁殖にとって妨害となる（写真提供：岸 茂樹）

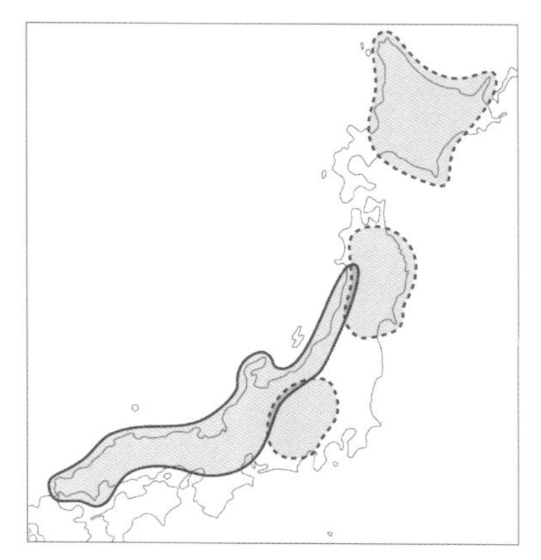

図2　側所分布の例．日本におけるギフチョウ（実線）とヒメギフチョウ（点線）の分布．せまい共存域を境に両種の分布は分かれている

参考文献

［1］本間 淳他「特集にあたって：繁殖干渉の歴史的な位置づけと行動生態学的な背景」日本生態学会誌，62：217-224，2012

生物地理
――分布域の類型化（パターン化）から進化史を紐解く

世界中に広く分布している生物がいる一方で，限られた地域だけに生息するような生物もいる．同じ山を数時間登っただけなのに，いつの間にか観察される生物種が近縁な別種に置き換わっていることさえある．それぞれの生物種における分布域はどのようにして決まるのだろうか．地域の地史や地形・地質，気象・気候などといった物理・化学的要素も含めた環境要因や，対象となる生物種の系統や進化史，その生物の生理･生態的な形質（移動分散能力や環境適応力）などは，分布域を規定する重要な要素である．加えて，たまたまたどり着くことができたといった偶然性，同所に他のどのような生物種が生息しているか，とった生物同士の相互作用なども大きな要因とある．つまり，ありとあらゆる要素が複雑に絡み合った結果として，現在のような分布域が決定づけられる．

●分布パタンの発見と類型化　さまざまな生物種群の分布パタンを類型化しながら，そこに共通する歴史的因果を追究するのが生物地理学である．大陸移動説を唱えたA. F. ウェゲナー（Wegener）は，海峡を越えられないはずの生物種群が異なる大陸に生息していることに，この説のヒントを得たという．より古い時代に，C. R. ダーウィン（Darwin）やA. R. ウォレス（Wallace）は生物相の違いに地理的パターンがあることに気づき，さらに先がけてA. v. フンボルト（Humboldt）が生物の分布と気候や地理的要因とを関連づけた『コスモス』を著しており，生物地理学の先駆的原典であると考えられている．

複雑な地史をもつ日本においても，早い段階から本州と北海道の生物相の違い（1880年のブラキストン線）や琉球列島における境界（1912年の渡瀬線）などが提唱されてきた．東日本と西日本が独立して大陸から離裂したこと，列島の原型ができて以降も長い時間にわたり東西日本を分断したフォッサマグナの存在（1500～500万年前頃），そして今なお続いている山岳形成（隆起）や火山活動，島嶼国ゆえの多くの海峡の存在，第四紀（約260万年前）以降の気候変動（氷期-間氷期サイクルなど）による海水面変動での島嶼間の接続や分断など，日本列島の地理・地形や地史は生物地理における興味深い存在であり，いわば「進化の実験室」のようである．個体群の形成（分散）や分断，遺伝子流動のスケール，自然選択と遺伝的浮動など，生物の進化における重要課題の検討において，日本列島は世界で最も適した地域の1つといえる．

●平衡種数　一定の空間に生息する生物種数を考えるとき，新たに移入定着（colonize）する種もあれば，生息していた種が絶滅することもある．この移入率と絶滅率のバランスを論じたものが平衡理論である．R. H. マッカーサー

(MacArthur) と E. O. ウィルソン (Wilson) が島の生物地理学の中で提唱した．島の生物種数は，大陸や主島からの距離や島サイズに影響される．相対的に大きな島ほど生息可能な面積が広いため絶滅率が低くなる．加えて，地形や生息地の多様性が高いため移入定着率が高く，異所的種分化も起こりやすくなる．このように大きな島や大陸では，移入率だけでなく種分化率と絶滅率の平衡により種数が規定される（☞「群集生態」参照）．

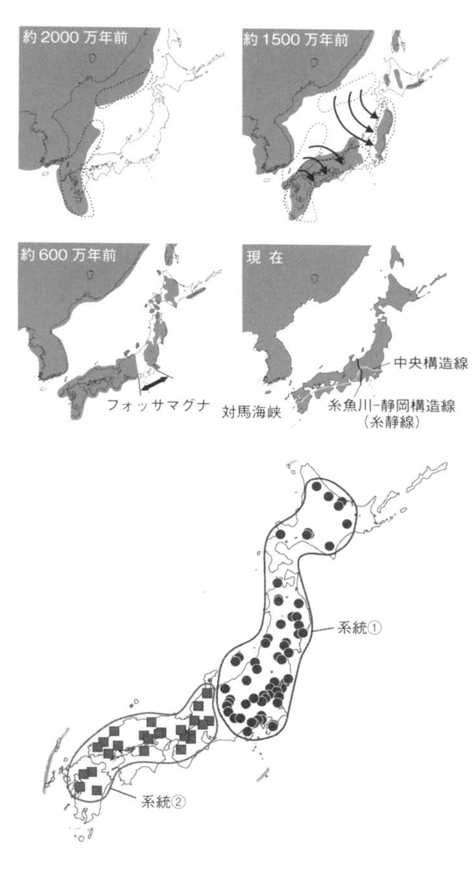

図1　推定される日本列島の形成パターンとその影響を強く受けた昆虫の遺伝分化パターン（糸魚川－静岡構造線によるチラカゲロウの種内遺伝分化）

●系統地理　系統地理は「小進化と大進化の溝を埋める」学問であるともいわれ，系統進化と集団遺伝学を結びつけることが期待されている．近年の分子マーカーを用いた分子系統地理学分野の発展より，この溝が埋まるどころか，これらを結びつける大きな成果が蓄積され，研究の裾野は広がりつつある．小さな海峡や山脈が障壁となる種内（個体群レベル）での遺伝的分化や，超大陸の分裂にともなう遺伝的分化のように，さまざまな時空間スケールでの系統進化が高い精度で解明されるようになってきた．一方，古地理や古環境の復元に関してもトレーサーに放射性同位体を用いる方法などで解析精度が高まってきている．加えて，統計モデル解析の発展もめざましく，仮説検証型の研究が実施されるようになってきた．気候変動などによる将来予測さえ可能な段階に入りつつある．しかしながら，生物種群の分布パタンを博物学的に枚挙し，類型化することから一般則を見出すことの重要性がゆらぐものではない．これらを基盤としながら，再現性のある実験解析やモデル構築などにより，より確かな原理を見出すことや多角的な検証が希求される．

［東城幸治］

左右性
――形態・行動の左右非対称性

ヒトを含めた多くの左右相称動物は，外形の左右が鏡像対称の関係にある．しかし実際にはぴたりと一致することはなく，形や大きさに多少のずれが見られ，極端なものではシオマネキのオスのはさみのように，左右の形態が著しく異なる生物もいる．四肢の使い方や運動の方向にも左右の偏りが見られることがある．このような形態や行動の左右差（左右性）は「利き」とよばれて昔から多くの人々の興味を引き，さまざまな研究がなされてきた．

左右性は，集団内の各個体の左右差がどのように分布するかで，定向左右性，分断左右性，ゆらぎ左右性の3つに大きく分けられる．

●定向左右性　集団内の個体の左右性が，左か右のどちらか一方に偏る場合をさす．左右差の頻度分布は一山型となり，最頻値はゼロから左右どちらかにずれる（図1）．ヒラメの眼の位置，甲虫の大あご，カマキリの交尾器，巻貝の巻き方向などの非対称性がこれにあたる．ヒトの心臓やヘビの肺など，内臓が定向左右性を示すことも多い．

巻貝の繁殖集団は，左巻きか右巻きのどちらか一方で占められるのが普通である．巻きが逆の個体同士ではうまく繁殖できず，仮に突然変異で右巻きの集団内に左巻きの個体が少数現れても，それらが出会い交尾する機会は多数派に比べてまれであり，世代を経るごとに淘汰されてしまうからだ．このような多数派が有利となる正の頻度依存淘汰によって，集団の巻き方向はどちらか一方に固定される（☞「巻貝の右巻と左巻」参照）．

巻貝の巻き方向に適応して左右性を獲得したと考えられる捕食者もいる．東南アジアに生息し，主にカタツムリを餌とするセダカヘビ類は，下あごの右側の方が歯の密度が高く，本数も多い．この下あごの左右性と，頭を左に傾けて獲物を襲う行動により，セダカヘビは右巻きのカタツムリを効率的に捕食することができる．しかしこれらの左右性は，左巻きのカタツムリの捕食には不利となる．東南アジアのカタツムリに左巻きの種が多いのは，右巻きに対するセダカヘビの捕食圧が左巻きへの進化を促したためと考えられる．

●分断左右性　左右対称に近い個体がほとんどなく，左側に偏った個体と右側に偏った個体の二型で集団が構成される状態をさす．左右差の頻度分布はゼロ付近でくびれた二山型となる（図1）．シオマネキのオスのはさみ，トウゴロウメダカ類のオスの交接器，タコの目の使い方，ミナミヌマエビの逃避方向などの非対称性がこれにあたる．

タンガニイカ湖に生息する鱗食性シクリッド類は，他の魚の鱗を剥ぎ取って食べる．そのため，各個体は左か右のどちらか一方に大きく口が開き（図2），それに応じた体の反りも見られる．形態の左右差と一致して，相手の体の左右どちら側を襲うかもほぼ決まっている．このような左右二型は，襲われる側の警戒を通じて，少数派が有利となる負の頻度依存淘汰によって維持されると考えられている．

鱗食性シクリッド類は極端な例だが，形態・行動における同様の左右差は，他のシクリッド類や鱗食性のカラシン類，さらにはメダカやオオクチバスなどさまざまな魚類でも見られる．捕食者と被食者が左右二型をもつ場合，捕食者が自分と逆の利きの被食者を多く食べるパターンと，自分と同じ利きの被食者を多く食べるパターンの2つの関係性があることが確認されている．

●ゆらぎ左右性　固体の表現型が左右対称の基本形からランダムにずれる状態をさす．左右差は一山型に分布し，ゼロ付近が最頻値となる（図1）．定向左右性，分断左右性と違い，個体の左右差は遺伝しない．環境ストレスや発生過程でのエラーにより，偶然に左右差が生じたものと考えられる．そのため，個体の質や健全さの指標として用いられることもある．ツバメでは尾羽の，シリアゲムシでは翅のゆらぎ左右性が小さく，対称に近いオスほどメスに好まれる．

［八杉公基］

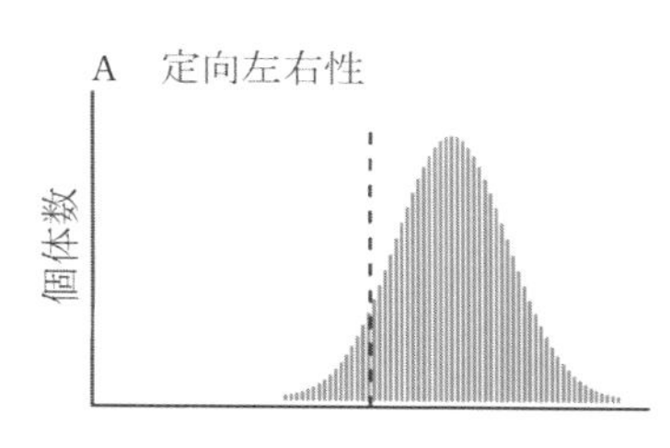

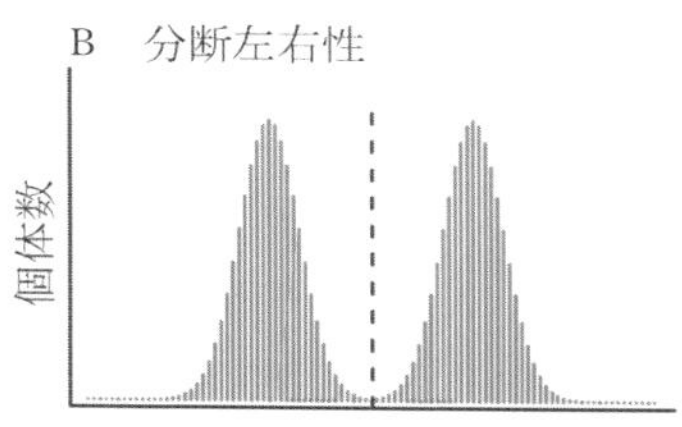

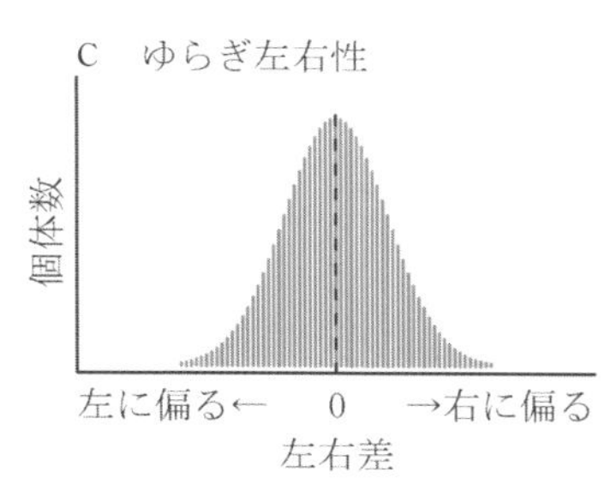

図1　集団内の左右差の頻度分布のパターン

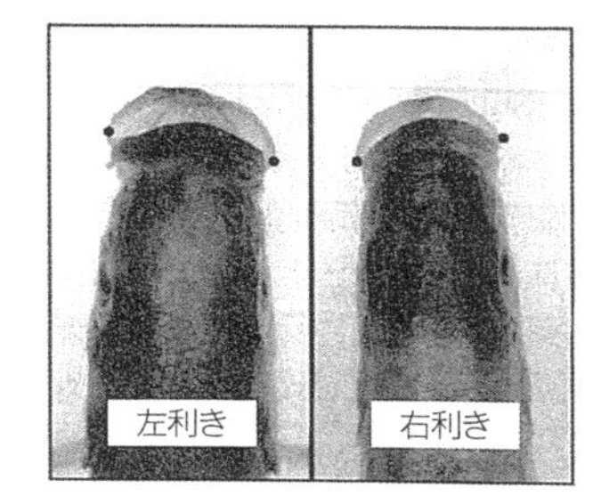

図2　背面から見た，鱗食性シクリッド *Perissodus microlepis* の口部の左右性（出典：竹内勇一「シクリッドの捕食被食関係における左右性の役割」桑村哲生・安房田智司編著『魚類行動生態学入門』東海大学出版部，2013）

参考文献

［1］細 将貴『右利きのヘビ仮説―追うヘビ，逃げるカタツムリの右と左の共進化』東海大学出版部，2013

［2］中嶋美冬「右利き？左利き⁇　魚の左右性から考える行動生態学・進化生態学」猿渡敏郎編著『生きざまの魚類学―魚の一生を科学する』東海大学出版部，pp.129-142，2016

スケーリング
——サイズを変えて生物を見る

生物学でスケーリングとは，大きさや階層の異なる複数の物体や現象を比較し，それらの関係性や法則性を考察すること．ひらたく言うと，「大きさを変えて事物を見ること.」スケールとは事物をはかる尺度の意味である．生物学では主に3種類の用例があり，各々が単にスケーリングとよばれる．

●サイズの生物学　この用法でのスケーリングとは，サイズの異なる対象を比較してサイズの影響を研究すること．ひらたく言うと，「大きさが変わると，その結果どうなるか？」である．例えば，「相似形を保ったまま体長が2倍に拡大したとき，表面積は2の2乗の4倍に，体積は2の3乗の8倍になる．だから哺乳類は大きいほど体積あたりの表面積は小さく，体表から熱が逃げにくいのでは？」という理論を確かめるような研究のこと．このような生物のサイズにかかわる関係をスケーリング関係という．生物学では古くからアロメトリーというスケーリング関係が研究されてきた．アロメトリーをひらたく言うと，「体サイズが変化するとき，ある器官（例えばある分類群のカニのオスの鋏の片方）が他方と比べて相対的に大きく（小さく）なる場合も含めて，全体の基本的な形が保持される現象.」これを数式の言葉で書く.「アロメトリーとは，今考えている器官Yの大きさの相対成長率（成長速度をその物体の大きさで割った値で，大きさの増加率を表す）が，全体の大きさまたは基準となる別の器官の大きさXの相対成長率の定数倍に保たれる現象（式1).」

$$\frac{1}{Y}\frac{dY}{dt}=\alpha\frac{1}{X}\frac{dX}{dt}\quad(\text{式}1)\quad\Leftrightarrow\quad Y=cX^{\alpha}\quad(\text{式}2)$$

tは時刻，αは定数．$\alpha>1$（または$\alpha<1$）のとき，ある器官の相対成長率が全体の相対成長率と比べて大きい（小さい）から，この器官は成長にともないほかの器官と比べて相対的に大きく（小さく）なる．このような現象をアロメトリーという．$\alpha=1$のとき，特にすべての器官が同じ相対成長率のとき，全体が相似形に維持されたまま成長する．これを相似性（相似形，相似的，同形）またはアイソメトリーという（ただしアイソメトリーは数学では回転など大きさが保たれる合同変換などに対して用いられる語で，これは生物学に固有の意味.）相似性はアロメトリーの特殊な場合．相対成長とは比が一定の意味であり，成長速度自体は環境などに依存して常に変化することに注意．従来，スケーリングは「サイズ変化の結果」として定義されてきた．その立場では，アロメトリーはスケーリングの中の一分野でしかない．一方，近年の発生学では相似性やアロメトリーが成立する場合，つまり全体の形が保持される場合のみを限定してスケーリング（の成立）

と定義する場合も多い．各器官の成長がバランスを取り全体として調和のとれた機能を保つ生理学的機構については，ごく一部の種に関する断片的な報告しかない．さらに，その生態学的研究（ある分類群のカニのオスの鋏は，なぜ両方大きくならないか？など）も現代にいたるまで続く．アロメトリーが扱うサイズの違いは，成長だけでなく種間比較などさまざまな対象へと拡張されている．また，体全体やある器官の大きさXの変化に応答して変化する量Yは，別の器官の大きさに限らず，例えば体に含まれる水の量や呼吸速度などでもよい．そこで相対成長を訳さずにアロメトリーと書くことも多い．スケーリングも同様に生物のサイズにかかわるさまざまな現象に対して用いられる．例えば「哺乳類で種間を比較するとき，1個体あたりの呼吸速度は体重の4分の3乗に比例する」というクライバーの法則も，定説ではないがアロメトリーまたはスケーリングの一例である．さて，式1の両辺を時間tで積分すると（$1/X$の積分公式と置換積分を用いて）式2が得られる（cは定数）．実用上は，式2の「べき関数」として表される関係を示すことでアロメトリー（スケーリング）の成立を示すのが普通．アロメトリーは理想気体の状態方程式と同じで，成立しない場合や近似的にしか成立しない場合も多いが，サイズ比較の際に基本となる理論を提供する．

●べき関数で表される現象，べき乗則（物理学的スケーリング）　物理学の立場から生物学を研究する生物物理学は，物理学でのスケーリングの定義をそのまま生物学に導入した．2つの変量XとYの間にべき関数で表される式2の関係が観測されるとき，YはXでスケールされるといい，その関係（式2）をスケーリング（関係）またはべき乗則という．この立場からは，アロメトリーはサイズに関するスケーリングの一種といえる．ただし，ここでは2つの変量がサイズに限らず，さまざまな現象が考察の対象となる．例として動物の移動における頻度や規模に関するべき乗則の存在が報告されている．しかしながら，これまで多種多様な「べき乗則」が，それらを生成する過程の妥当性の検証なしに，見かけ上よくあてはまる関係として数多く報告されてきた経緯があり，現代ではそれらの信ぴょう性や妥当性が再検討されている．

●生態学的スケーリング　階層の異なる複数の対象を考察し，それらの関係性を明らかにすること．ひらたく言うと，「階層をまたいで現象を考察すること．」例えば，ある池の水中に複数種の生物が棲息しており，それぞれの種の個体呼吸速度の温度依存性は実験により既知であるとする．そのとき「池の平均水温が1℃上昇したとき，群集全体の呼吸速度はどれくらい変化するか？」を考えること．池全体を加熱する実験は困難なため，個体または器官レベルの研究から得た生理学的知見を群集全体の呼吸（群集または生態系レベルの研究）へとスケールアップする理論が不可欠となる．このような複数のスケール（階層）の関連性を分析する研究をスケーリングという．

［小山耕平］

バイオロギング
——動物のありのままの姿を調べる

野生動物の体に小型の記録計を取り付け，動物の自然のままの行動，生態，生理を調べる手法をバイオロギング（バイオ＝生物，ロギング＝記録する）とよぶ．渡り鳥や回遊魚の移動経路，捕食動物のハンティングの詳細，潜水動物の生理メカニズムなど，これまでに幅広い動物学的知見がバイオロギングによって蓄積されてきた．超小型のセンサー（加速度計，GPS，ビデオカメラなど）の開発は現在も進んでおり，バイオロギングを利用する研究者の数や研究される動物種は世界中で急増している．

●バイオロギングを使った研究の例　バイオロギングの手法は生態学の枠組みの中で利用されることが多い．例えばこれまでに約200種もの渡り鳥がバイオロギングによって追跡され，渡りの経路が計測された．その結果，グリーンランドから南極海に渡るキョクアジサシは1年間に8万kmも飛行していること，ヨーロッパからアフリカに渡るアマツバメはほとんど着地することなく1年間の大半を空中で過ごしていることなど，驚きの事実が明らかになった．

最近では，ビデオカメラを動物に取り付け，動物の生態を動物自身の視点から観察する研究も多数行われている．例えば南極のアデリーペンギンを対象とした研究では，ペンギンが80分の映像記録時間の間に244匹ものオキアミをとらえたことがわかり，ペンギンの効率的なハンティングの詳細が初めて明らかになった．

バイオロギングは生態学だけでなく，生理学の枠組みにおいても幅広く利用されている．例えば心拍記録計を用いた研究では，アザラシは潜水中，心拍数が1分間に10拍程度まで下がり，その極端な徐脈によって酸素の消費量を抑え，潜水時間を延ばしていることが明らかになった．マグロの遊泳中の体温を計測した研究では，マグロがまわりの水温よりも10～15度程度高い体温を維持していることがわかった．魚類としてはまれなこの高い体温のために，マグロは他の魚に比べて速く泳ぐことができ，獲物を求めて広い範囲を回遊することができる．

●バイオロギング機器　バイオロギングで使用する機器は，データを内部のメモリーにため込むタイプと，電波（空中の場合）や超音波（水中の場合）にのせて発信するタイプの2種類に分けられる．

前者のタイプは，動画や毎秒数十回の高頻度で計測される加速度など，大容量のデータを記録することができるが，機器を回収しなければデータが得られないという欠点がある．巣に戻ってきた動物を再捕獲する（鳥の場合），タイマーで動物の体から機器を切り離して電波を頼りに探し出す（魚の場合），などの方法で機器が回収されるが，回収に失敗して高価な機器が海の藻屑と消えてしまうこともしばしばある．

データを発信するタイプの機器は，回収する必要がないため，より確実にデータを取得することができる．ただし得られるデータの量は，転送速度に制限されてしまうため，内部メモリーにデータをため込むタイプに比べてはるかに少ない．

●機器の取り付け方　バイオロギング機器の取り付け方は，動物の種により，また機器のタイプにより異なる．鳥の場合，防水テープで背中の羽毛に巻き付けて取り付けることが多い．アザラシには毛皮に接着剤で，クジラには皮膚に吸盤で，それぞれ取り付けることができる．シカやクマなどの陸上哺乳類には多くの場合，首輪が使われる．魚は腹腔内に埋め込む方法や，背中に小さな穴を開けて結束タイを通す方法などが使われる．

●バイオロギングの歴史　1960年代，米国の生理学者ジェラルド・クーイマンは，アザラシがなぜ水中で長時間息をとめていられるのか，そのメカニズムを研究していた．その過程でクーイマンは，野生のアザラシの潜水時間や潜水深度を調べようと思い立ち，キッチンタイマーを改良した独自の記録計を開発した．やや遅れ，日本の内藤靖彦と英国のローリー・ウィルソンも，互いのことは知らないままそれぞれ独立に，ペンギンやアザラシの潜水行動を計測する記録計を開発した．これがバイオロギングの始まりである．当時のバイオロギング機器はすべてアナログ式であった．例えば内藤の開発した機器は，耐圧ケースの中に小さなロール紙が収められており，微小の針が動いてロール紙に深度を書き込んでいく仕組みであった．

1990年代，バイオロギング機器はあまねくデジタル化され，それがこの手法の革新的な進歩につながった．ロール紙や針は電子回路やメモリーに置き換わり，機器全体が大幅に小型化されただけでなく，アナログ式では不可能であった大量のデータ取得が可能になった．深度のみならず，温度，速度など複数のパラメータを同時に記録することも可能になった．

さらに2000年代以降，GPSやアルゴス人工衛星などの測位システムを使い，動物の移動を追跡する機器が多数開発され，さまざまな動物種に使われるようになった．加速度，地磁気といった新しいパラメータを測定する機器が開発され，ビデオカメラという新機軸の記録計も登場した．さらに動物の心拍数や体温，はては脳波にいたるまで，さまざまな生理パラメータをバイオロギングで測定する研究も行われるようになった．バイオロギングの機器開発やそれを利用して動物の神秘を解き明かそうとする試みは，現在も数多くの研究者や技術者の手によって続けられている．

［渡辺佑基］

ゲノム生態学の最前線
——野外の多様性にゲノム科学で迫る

生態学とは，生物と生物，あるいは，生物と物理環境との関係を研究する学問である．近年，この生態学にゲノム技術が急速に導入されている．例えば，ゲノム技術を利用することによって，ある生物が他の生物（競争者，捕食者，餌生物，病原体など）の存在に対してどのように可塑的に応答するのか，あるいは，長期的に進化するのかを研究する進化生態ゲノム学が急速に進展している．また，多種の生物を同時に解析するメタゲノム解析技術を利用することによって，環境変化に対してどのように生物群集が変化するのかをより詳細に理解できるようになりつつある．

●ゲノム技術の進展　近年のゲノム技術の進展によって，多様性を生み出す突然変異を見つけることが加速度的に容易になりつつある．まず，次世代シークエンサーとよばれる技術を用いることによって，従来は非モデル生物といわれていた動物においても，比較的容易に全ゲノム配列を決定することが可能になった．RNA シークエンスという技術を利用することによって遺伝子転写産物の量を網羅的に比較することも容易となった．これらの技術を利用することによって，表現型の多様性を引き起こす原因となる候補遺伝子や候補突然変異について，これまでとは比較にならないほど短期間で同定することが可能になった（☞「網羅的表現型解析法」「解析手法としての遺伝学」参照）．それに加えて，ゲノム編集技術の開発によって，候補遺伝子を実際の動物で操作することが可能となり，候補遺伝子の変異が生存率や繁殖成功率に与える効果について実験的に検証することが可能になりつつある（☞「ゲノム編集」参照）．

いったん表現型の違いを生み出す突然変異を同定することができると，変異の生じた時期，変異にかかった淘汰圧，変異を起こしやすい条件などについて推定することが可能となり，野生生物の多様性の進化機構の理解が進むことが期待される．

●多様性を生み出す遺伝子の同定　トゲウオ科イトヨの例をあげよう（図1）．イトヨは，北半球の海岸域に広く生息する体長 3〜10 cm ほどの冷水性の魚で，祖先型は海に生息していたと考えられている．その後，氷河サイクルで形成された世界各地の淡水域に進出し，現在は，海水域から淡水域まで広く生息している．

一般に，海に生息するイトヨでは体の側面を鱗板（りんばん）とよばれる鎧のようなカルシウム組織が覆っている一方，淡水に進出したイトヨはこの鱗板が退化している場合が多い．海には天敵となる魚食性の大きな魚がいることから身を守るために鱗板が有利である一方，淡水河川などでは天敵の数は比較的少なく，むしろ隠れ場所が多いため，生産にコストのかかる鱗板を退化させることが有利であると考えられる．スタンフォード大学の研究者らはこの鱗板の違いを生み出

す原因遺伝子 *EDA* を同定し，2つの対立遺伝子の頻度の違いで野外集団の表現型多様性を説明できることを示した．筆者らは，淡水域においても急激に捕食圧が上昇すると対立遺伝子の頻度が変動して50年という短期間で鱗板が進化することを見出した（図1）．さらに，ブリティッシュコロンビア大学のチームは，キャンパス内の池において，対立遺伝子の頻度を経時的にモニタリングする研究を行っている．このように，野外で観察される表現型の多様性や時間的変化について，遺伝子レベルから説明することが可能な時代が到来している．

図1　カルシウム染色液で赤く染めたイトヨ．上は1957年に米国ワシントン湖で採集された鱗板の退化したイトヨ，下は2006年に同地点で採集された鱗板の発達したイトヨ．対立遺伝子の変化によってわずか50年で起こった急速進化の例

●多様性を生み出す染色体構造　上記の研究例は，1つの遺伝子で表現型の違いが説明できるような事例であるが，実際には，複数の遺伝子の作用で表現型の違いが生じるような多遺伝子支配の場合が多い．このような場合にも，ゲノム技術を援用することで，適応進化の遺伝基盤を理解することができる．例えば，量的形質遺伝子座（QTL）解析することによって，表現型と相関のある遺伝子座を網羅的に同定することができる（☞「QTL解析」参照）．ゲノム技術の進展によって，雑種を人工的に作出するという手間のかかる作業を経ることなく，多様性を示す野生個体を大量に採集し，いきなり表現型と相関のある遺伝子座を見つけるというゲノムワイド関連解析（GWAS）も可能となった．GWASは，ヒトの疾患関連遺伝子を見出す手法として広く利用されていたが，野生生物でも実施可能となりつつある．

これらQTL解析やGWASによって，何個くらいの遺伝的変化が重要か，個々の遺伝的変化の強さはどの程度かを推定することが可能となる．その結果，近縁種や近縁集団間の表現型の違いを生み出す遺伝子が，染色体の特定の場所に集積している事例が多く見つかっている．これは，染色体逆位などの染色体構造変化によって組換え率が低下した領域に原因遺伝子が蓄積しやすいことを示しており，染色体構造変化と個々の遺伝子レベルでの変異を関連付ける機構として，現在，注目を集めている．

●まとめ　このように，これまで生態学レベルでしか解析されてこなかった野生生物に対して最新ゲノム技術を導入することが可能となったことで，フィールドで観察される生き物の多様性という謎に対して，遺伝子レベルから説明することが可能な時代が来つつある．

［北野　潤］

保全生態
——生物多様性と生態系を守るために

人間の活動が生態系レベル・地球レベルで肥大化したことによって，多くの生物が絶滅の危機に立たされている．生物の保全を進めるためには，生態系を構成している生物多様性と，それら生物の相互作用のネットワーク，そしてシステムの総体としての生態系すべてを守るという視点が重要である（☞「生態系」参照）．

●危機の種類　生物多様性の減少を招く危機には以下のようなものがある．第1に，生息地の破壊である．森林伐採，ダム建設，河川や海岸の人工護岸，水辺環境の埋立や浚渫（しゅんせつ），海砂採取などはその典型であり，その影響は甚大である．第2に，生息地の分断や孤立化である．個体群の縮小や個体群間の行き来の減少は，絶滅確率を増加させたり，遺伝的多様性を減少させたり，近親交配の増加にともなう遺伝的劣化を引き起こしたりする．第3に，アンブレラ種（イヌワシのように生息地面積要求性の大きい種）やキーンストン種（多様性維持に重要な役割をはたしている，食物連鎖の頂点にいる種），共生のパートナーなどの絶滅が引き起こす「絶滅の渦」である．日本の森林生態系ではオオカミがキーストン種であり，オオカミの絶滅はシカの高密度化と，それにともなう森林の下層植生の消失や森林更新の阻害を招き，それによって生物多様性の著しい喪失が進行している．第4に，生物学的侵入である．島や湖沼などの孤立した生息地の生物は，「井の中の蛙」のたとえのように，高い競争力を準備していなかったため，大陸などからやってきた外来種との競争に負けてしまうことが多い．第5に，環境汚染である．人間の活動が生み出すさまざまな化学物質（特に農薬や家庭排水，工場排水，温排水，放射性廃棄物など）は，生物の行動や交信を妨害したり，突然変異を増加させたりすることによって，生物の生存率に大きな影響を与える．

●危機の評価　生物の保全策を立案するにあたって，生物多様性の危機の評価を正しく行うことが重要であり，そのためにつくられるのがレッドリストである．絶滅のおそれのある種は，危機の程度によって，絶滅種，絶滅寸前種，絶滅危惧種，危急種，希少種，現状不明種に分類され，注意喚起される．

●里山の保全　日本の人里の自然は，水田や畑，雑木林，萱場，ため池，水路といったさまざまな生息場所のモザイクとして存在してきた歴史があり，人が介在したそのような生態系を里山とよぶ．水田や畑における耕起・除草・水位管理，雑木林における薪炭利用・柴刈り・落ち葉かき，萱場における採草・火入れ・放牧，ため池や水路における泥さらい，といった人の営みが里山の生物多様性の維持に貢献してきた．水田は氾濫原に生息していた生物のレフュージアという側面もあり，タニシやトンボ，カエル，トキ，コウノトリなどの生息地となっている．

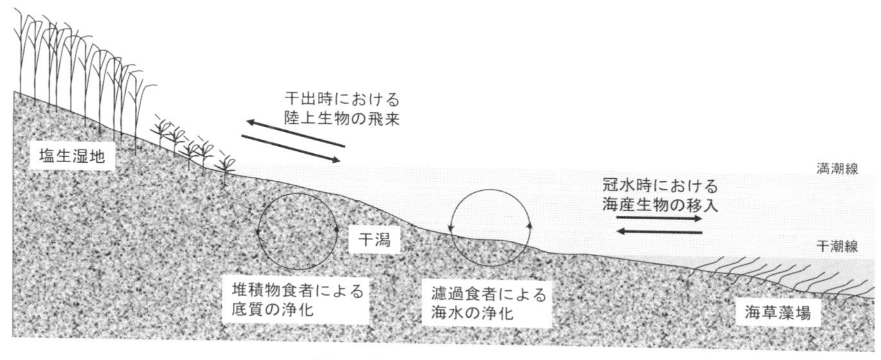

図1　内湾の海岸のエコトーン

伝統的な農業体系が失われた場所で生物保全を進める場合には，生態系管理や順応的管理が必要となる．

●海岸生物の保全　日本はオーストラリアと並んで，世界で最も高い「海の生物多様性」を誇る国である．その理由は，熱帯域から寒帯域までの海域をもち，特にサンゴ礁生態系を有し，複雑な海岸線がつくり出す多様な海岸環境をもち，海溝にいたる大きな深度勾配をもつからである．しかし，この海の生物多様性は，海岸線の著しい改変や，海の汚染，海砂採取などによって，急速に劣化している．

海岸は，陸の生態系と海の生態系が接するエコトーン（移行帯）であり，干満差の大きな内湾ではそこに干潟が形成される．干潟の陸側には塩生湿地が，海側には海草(うみくさ)藻場が形成されていた．干潟では，堆積物食者が底質の浄化に，濾過食者が海水の浄化に貢献しており，干出時には陸から鳥が，冠水時には海から魚やカニがやってきてそれらを捕食する．干潟の多くは浚渫と埋立で失われてきたが，このような生態系間の連続性を保証することは，海岸生物の保全にとって喫緊の課題である．

琉球列島に分布するサンゴ礁生態系は国内で最も豊かな生物多様性を擁する生態系であるが，現在，深刻な荒廃の危機にある．その最大の原因は，海岸の埋立や浚渫，陸上部の開発にともなう赤土（懸濁物）の海への流出，海水温の上昇，海の富栄養化，そしてそれらにともなうサンゴの白化やオニヒトデの高密度化である．サンゴ礁はリュウキュウアユの生息する川や，オキナワアナジャコが生息するマングローブ，ジュゴンの生息する海草藻場とつながっており，そのような連環を守ることがきわめて重要である．

［加藤　真］

参考文献

［1］　鷲谷いづみ・矢原徹一『保全生態学入門』文一総合出版，1996
［2］　樋口広芳編『保全生物学』東京大学出版会，1996

外来生物
――人による生物の移送がもたらす問題

昨今メディアでも頻繁に取り上げられている外来生物．はたして何が問題なのか？

●外来生物とは何か　外来生物（alien species）とは，人の手によって本来の生息地から，異なる生息地に移送された生物をさす．人為的要因によらず，気流や海流に乗って移動する昆虫やエチゼンクラゲ，あるいは自力で海や大陸を渡る鳥類などは，外来生物にあてはまらない．

外来生物は外国産の生物種というイメージが強いが，国内の特定地域に生息する生物を，国内の別の場所に移送させた場合も，外来生物の定義にあてはまる．例えば沖縄の生物を，北海道に移動させた場合などがそれにあたる．

●世界各地で問題化する侵略的外来生物　多くの外来生物は，移送先の環境になじめず，定着できないが，一部に新天地の環境に適応し，本来の生息地よりも繁栄して，在来の生物相や生態系に悪影響を及ぼすものが存在する．こうした外来生物を侵略的外来生物（invasive alien species）とよぶ．現在，世界レベルで，侵略的外来生物による生物多様性の減少が問題とされている（☞「保全生態」参照）．

外来生物が侵略的になる生態学的メカニズムとしては，本来の生息地では生態ニッチ（巣場所や餌資源量など生息に必要な要素）が競争種などの存在により限られており，さらに天敵が存在することでその個体数が制限されていたのが，新天地では，そうした制限から解放されることで爆発的に増加して，在来生物を圧倒するためと考えられる（☞「群集生態」「競争」参照）．

移送過程や侵入過程で，侵入集団がもともとの集団とは異なる遺伝子組成を構成することにより，新天地において特異的な適応パフォーマンスを示す場合もあると考えられる．

さらに侵略を受ける側の在来生物および生態系も，その進化過程でそれまで出会ったことのない新しい生態特性をもつ外来生物の侵入に対して，対抗措置を備えていないためにその分布拡大を許し，被害を受けることになる．特に，種数が限定され，生態系が単純な島の個体群は外来生物の侵入に対して脆弱となる．

例えば，沖縄本島および奄美大島では，ハブ退治目的に1919年に導入された東南アジア原産のジャワマングースが繁殖して，ヤンバルクイナやアマミノクロウサギなどの島の固有種を補食してその存続を脅かしている．これは，沖縄諸島の生物進化の歴史の中でマングースのような機敏で獰猛な肉食性哺乳類が存在しないため，そこに生息する在来生物はマングースの捕食から身を守る手だてをもともと進化させておらず，容易に補食されてしまうことによる．

●外来生物の生態影響　外来生物が定着して分布拡大する課程で，在来生物に対して以下のようなさまざまな生物学的影響をもたらす．
①**競合**：在来生物の餌資源や巣場所などの生態ニッチェを奪って，在来生物を衰退させる．植物の場合は光資源や土所養分・水分の独占があてはまる．
②**捕食**：在来生物を食べて，衰退させる．
③**交雑**：在来生物と交雑して，雑種をつくることで遺伝的な固有性を喪失させる．あるいは交雑によって，生殖干渉（子孫を残せなくする）を引き起こす．
④**寄生生物・病原体の持ち込み**：在来生物の生息域には存在しなかった新たな寄生生物や病原体を持ち込み，在来生物の集団中に蔓延させ，衰退させる．

例えば，農業用の花粉媒介昆虫としてヨーロッパから導入されたセイヨウオオマルハナバチは北海道で野生化が進行し，巣穴を巡る競合で在来マルハナバチ集団を衰退さている．アライグマやマングースなどの雑食性の外来哺乳類はさまざまな在来小動物を補食し，問題となっている．食用として中国から導入されたハクレンやソウギョといった大型魚に混じって，タイリクバラタナゴという小型の魚も持ち込まれたが，日本各地の湖沼に定着して，日本在来のニッポンバラタナゴという近縁種との交雑が進み，日本の純粋なニッポンバラタナゴが，ほとんど雑種に置き換わってしまったとされる．日本の両生類が海外に持ち出されたことで，カエルツボカビやイモリツボカビという両生類に感染する病原体が世界各地に蔓延して，野生両生類集団を減少させているという事例もある．

●グローバリゼーションが外来生物の侵略を加速する　外来生物を生み出す最大の要素は，人とモノの移送であり，社会・経済的要素が大きく影響する．特に近年のグローバリゼーションの加速により，外来生物の種数および侵入確率はさらに高まっている．

南アメリカ原産のヒアリは強い刺傷毒をもつアリで，人の健康にも悪影響を及ぼす深刻な外来生物であるが，21世紀に入ってからわずか数年で急速に環太平洋諸国に分布を拡大している．1930年に北アメリカへの侵入が確認されて以降，他地域への侵入が確認されていなかった本種が，海を越えてアジアにまで進出してきた背景には，貿易ルートと輸送量の拡大があると考えられる．

●外来生物は多様性消失の象徴　今，人間にとって，世界はせまく，地球は小さくなりつつある．生態系や生物相だけでなく，社会，経済，文化までもがグローバル化の影響を受け，国や地域の固有性が急速に喪失し始めている．侵略的外来生物は，世界の多様性と固有性の喪失を象徴する生物種なのである．［五箇公一］

📖参考文献

［1］ 五箇公一『クワガタムシが語る生物多様性』集英社，2010
［2］ 種生物学会編『外来生物の生態学—進化する脅威とその対策』文一総合出版，2010

●コラム●

働かないアリ

「アリは働き者」という常識があるが，アリの巣の中を長期観察してみると，労働とみなせる行動をほとんどしないアリが，瞬間的には約７割，長期的に見ても２～３割はいることがわかっていた．すべての個体が働いていた方が，コロニーの生産性が高いのは明らかなのにもかかわらず，なぜこのようなアリがいるのだろうか？

どのようにして生じるかについは，「反応閾値仮説」で説明されている．コロニー内のワーカー間には，個体が仕事を始める仕事の出す刺激値（反応閾値）に個体差があり（閾値分散），閾値の低い個体から働くので，閾値の高い個体は，仕事刺激が自分の閾値に達するまで大きくなることがほとんどないため働かなくなる，ということになる．しかし，短期的な生産効率の高い者が進化する，という競争原理に基づいたダーウィニズムによる適応進化観のもとで，なぜこのような非効率なシステムが進化しているのかは解明されていなかった．

かつて，閾値分散は，指令を出す個体がいなくても必要な場所に必要な個体を配置して，コロニーの生存に必須の集団的行動を実現するためにあるとの説明がされていた．しかし，2016年に，コロニー内には誰かが必ずいつもこなしてなければならない仕事（例えば卵の清掃など）があり，アリも動物であるからには「必ず疲れ，回復には休息が必要」であるため，よく働くアリが疲労で働けなくなったときに，今まで働いていなかった，疲れていないアリが代わりに仕事をこなすことにより，コロニーの長期的存続が可能になる，ということが明らかにされた．

この現象や，短期的増殖効率を犠牲にして子供の中の遺伝的多様性を確保することで，自分の子孫が，変動環境下で全滅しないようにしているbet-hedgingなどの現象は，短期的生産性の高低で適応進化を説明するダーウィニズムではうまく説明できないため，進化学が解くべきあらたな課題を提出している．

アミメアリでは，突然変異で現れたと考えられる，働かず卵を産むことしかしない，社会に寄生する利己的なチーター（裏切り者）としての「働かないアリ」が存在し，これが増えるとコロニーは死滅する．しかし，通常タイプと寄生タイプは何十年もの間共存していることが分かっている．寄生タイプがコロニー間を移動する移住率，寄生タイプが移入した後にコロニーが被る繁殖上の損失（通常タイプとの適応度の差）およびそのコロニーの死滅後に健常コロニーが移住してくる頻度などは，両者のどちらもが滅びない様な範囲の値になっており，進化の結果，必然的に共存が成立していると考えられている．

一口に「働かないアリ」といっても，その存在理由はさまざまであり，競争原理の下で，コロニーの生産性を下げる「働かないアリ」がなぜ存在するのかについて，さらなる今後の研究が期待される．

［長谷川英祐］

12. バイオミメティクス

［針山孝彦・高梨琢磨］

Homo sapiens は，1 万年前に始めた農耕牧畜で集団化した．脳を用いた社会活動を開始し，食料の獲得と衛生状態の改善により爆発的に人口増加した．環境破壊が目に余るようになり，低環境負荷のライフスタイルへの移行が喫緊の課題だが，第一次産業革命以来，大量エネルギー消費の生活を続けており，近年の IoT や再生可能エネルギーの出現も根本的改革にはいたっていない．

36 億年の生命史の中で進化し続けてきた現在の生物は，常に環境とかかわり，性能テストを繰り返し環境条件に適応している．機械と同様に，生物がもつ構造も機能を備えるが，炭素や水素などのユビキタス元素のみを素材とし，その構造をつくるために大量エネルギーを使うことはない．この生物を手本として，生物の「ものづくり」や「環境適応」を学び，持続可能性社会をつくる鍵としようとするものがバイオミメティクスである．生物を，生物学をはじめとした多様な科学分野を融合させた視点で学ぶことが次世代の存続に直接かかわる時代になってきた．本章では，バイオミメティクスを中心に，医療やバイオテクノロジーなども含めて，動物学の応用分野を解説する．

動物学と工学の融合となるバイオミメティクス

バイオミメティクス(Biomimetics)は，生物(Bio-)＋真似る(-mime-)＋学術(-ics)からなる造語で，生物の仕組みを解明してヒトの技術へ転化する科学のことである．数学・化学・物理学のみに基づく旧来の工学から，生物学にも規範（discipline）をおいた持続可能性の高い工学への変革を提唱している．

18世紀は数学の時代，19世紀は化学の，20世紀は物理学の，そして21世紀は生物学の時代といわれている．初めの3つは「この世界は，どんな物でできていて，どんな力が支配しているのかを教えてくれた科学」で，現在の工学技術の基盤を成している．しかし，生物学を欠いた技術の結末は公害，温暖化，そして原発事故であった．生物学は「この世界にはどんな設計（仕組み）があり得るのか」を教えてくれる科学であり，工学は自然に働きかける仕組みをつくり出す人間活動である．現実の世界には生物が満ち溢れており我々自身も生物なのだから，生物現象に目をつぶり続ける工学からは自己否定を内包した危うい社会しか出て来ない．かつての数学も物理学も化学も，複雑怪奇に見える生物現象を考察の対象から外して脇におく（見て見ぬ振りをする）ことで身軽になり，大きく発展して今日の工学の基盤としての地位を獲得した．科学史上の発展の順は，そのまま単純さの順でもある．工学は単純な科学にしか頼って来なかったのである．最も複雑な科学である生物学は，数学・化学・物理学の発展の後でなければ開花できなかったし，数学・化学・物理学なしには生物現象を深くは理解できない．

生物学的な機能のすべては特定の構造に裏付けられており，「構造のない機能は幽霊，機能のない構造は死体」である．生物はすべての構造を，ごくありふれた元素（CHOPiNS：炭素，水素，酸素，燐，窒素，硫黄とわずかの無機元素）のみでつくる．コガネムシが，金の原子を1個も使わずに黄金色の鞘翅を常温常圧でつくりあげる能力は，まさに「技術」である．一方，我々が道具をつくり出す技術のほとんどは高温高圧での加工に頼っており，化石燃料の大量消費の結末として地球温暖化を招いている．機能的な構造を常温常圧でつくり出す生物の技術の一部分でも我々の技術に転化できれば，社会の持続可能性は格段に増す．バイオミメティクスは我々の技術体系の根本的な健全化を目指しており，その指導原理は生物学にある．

●バイオミメティクス製品の例　オナモミの果実は，表面の多数の鉤型の突起が衣服の繊維や動物の毛に絡まって，遠くまで運ばれる．日本ではマジックテープ®，欧米ではベルクロ®とよばれる面ファスナーは，この構造にヒントを得た製品である．ハスの葉の上面や花弁は泥水をよく撥ね返す自己洗浄能をもっている．この強い撥水性はテフロン®の様な特別な物質ではなく，弱い疎水性物質でも表面に微細な凹凸があると撥水性が著しく増すことを利用しており，これを真似た自己洗浄塗料や食品容器が開発されている．ハスは，ヒトの叡智が表面張力の物理法則を制定するはるか以前に，実用的な技術を開発していたのである．夜行性のガの眼（モスアイ）の角膜表面は，直径 50 nm 高さ 200 nm 程度のナノ突起に覆われている．角膜と同じ屈折率の平滑表面は入射光の 5 ～ 6 %を反射するが，ガの角膜表面は無反射である．この構造を真似た無反射フィルムは，照明が映り込まない液晶ディスプレイなどに利用されている．モルフォチョウは青く輝き，タマムシは 7 色に光る．このように鮮やかな色の昆虫や熱帯魚は，色素ではなく光の波長以下の構造を並べて干渉を起こし，特定の波長の光を強調した彩り（構造色）を出している．モルフォチョウの輝きを超多層薄膜で真似た繊維にモルフォテックス®がある．このように，生物の機能の多くは，つくり出した物質のバルクの物性のみではなく，その微細構造にも大きく依存している．

●世界を変えたバイオミメティクス　1786 年 9 月の嵐模様の日，L. ガルバーニ（Luigi Galvani）は皮を剥いだカエルの肢を，銅の鈎にかけて庭の鉄柵に吊るした．強い風に吹かれたカエルの肢が鉄柵に触れる度に，筋肉がピクピクと動いた．ガルバーニはこれを不思議に思い，観察を重ねて 5 年後（1791）に「動物は電気を出しており，金属で外に道をつくると電気が流れて筋肉が動く」という「動物電気説」を発表した．翌年，ガルバーニの論文を見た A. ボルタ（Volta）は非常に驚いて，ガルバーニの観察を逐一確かめた結果，動物が電気を出すのではなく 2 種類の金属の接触が（カエルの筋肉の収縮の）原因であるとの「金属電気説」に到達した．こうして電池が発明され，ボルタは名声を得，電圧の単位はボルトとなった．今では物理学と数学で語られる電気の世界への扉を開けたのは，生物学者ガルバーニであった．携帯電話もインターネットも，すべてはカエルの技術（生きる仕組み）の解明から始まったバイオミメティクスの子孫なのである．

バイオミメティクスという言葉と概念を提唱したのは O. シュミット（Schmitt）で，アメリカ中西部セントルイスのワシントン大学でイカ巨大神経軸索のパルス発生機構を調べる生物学者であった．我々の日常は，彼がイカの神経パルス発生の仕組みを真似て発明したシュミットトリガー回路に支えられている．パソコンのキーを押したとき，マウスでクリックしたとき，またタッチパネルに触れたとき，パルスを 1 発だけ出してコンピュータに割り込み要求を掛ける電子回路である．クリックボタンが押されるとマウスの中ではマイクロスイッチの接点が閉じ，検出側接点の電圧が変わる．この電圧を閾値と比較してクリックを検出する．しかし，接点には厄介な問題が潜んでいる．スイッチが閉じるとき接点の金属塊同士が衝突する．衝突面の損傷を減らすために接点を弾性バネで支えると，衝突後に跳ね返り，バネに引き戻されて再び衝突し，また跳ね返る「チャタリング」を起こす．接点はパルスをいくつも出しながらオン状態に移行するので，そのままではコンピュータは誤動作を起こす．シュミットは，1発しか神経パルスを出さないイカ巨大軸索を調べるうちに，その動作の本質を正帰還（自己増強性）と負帰還（安定性）の両方を備えた電圧比較回路で表現できることを見抜いて，シュミットトリガー回路として特許を得た．生物の情報系である神経の動作原理を真似たシュミットトリガー回路は，安定したチャタリング耐性を発揮した．誤動作なしに我々人間の意志表出を仲立ちできるシュミットトリガー回路がなければ，コンピュータはかくも有用な機械とはなり得なかったのである．

●バイオミメティクスは生物学をも深化させる　エゾハルゼミの翅は透明で無反射である．表面には，モスアイ構造と同じナノ突起が立ち並ぶ（図1A）．激しい凹凸構造の超撥水性は，夏の明け方に羽化するセミを朝露による溺死から守る．セミやカメムシなどの半翅目昆虫は後胸の飛翔筋が退化しており，後翅の前縁を前翅の後縁に引っ掛け（ヒッチ）て羽ばたく．前翅と後翅の関節は離れているから，飛翔中はヒッチ部が翅の縁に沿って摺り動く．エゾハルゼミ前翅後縁のヒッチ溝内面には，直径と高さが100 nmほどのナノ突起が並ぶ（図1B）．ここは着色した後縁翅脈の内面だから透明性も無反射性も無意味で，摺動部のナノ突起は接触面積減少による摩擦低減構造と考えざるを得ない．アリは垂直な平滑ガラス面やアクリル面を歩き廻れるが，アブラゼミの翅面を歩くことはできず，滑落する．人工の無反射フィルム「モスマイト®」も多くの昆虫に滑落性を示し，害虫防除のための発生予察灯表面に使うと捕捉効率があがる．

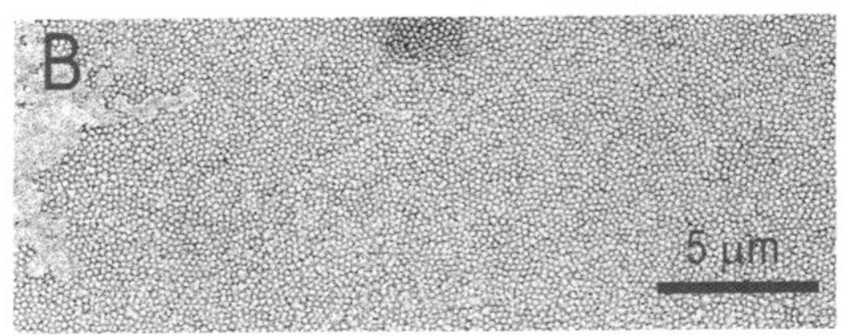

図1　エゾハルゼミ前翅表面のナノ突起（A）と前翅後縁ヒッチ溝内面のナノ突起（B），撮影は筆者（JST下村CREST）

生物の構造の機能は単一ではない．セミ翅面のナノ突起構造は，無反射性，超撥水性，低摩擦性（滑落性），と多重の機能を示す．遺伝子DNAに書かれているのは設計図（できあがり指示書）ではなく，レシピ（加工手順書）である[1]．進化の途上で環境（淘汰圧）が変わっても当面は同じレシピを使い続ける．祖先種で淘汰圧に対抗していた形質（構造の機能）が多重で，新しい淘汰圧のどれかに少しでも対抗してくれるのなら，その用途に転用される．このように，祖先種から受け継いだ形質が子孫種で生存価をもつ場合を，生物学では「前適応」と呼んでいる．しかし多くの場合は淘汰圧の変遷が不明なので，前適応という言葉は単に構造の多重機能性を意味しているにすぎない．「機能」とは相互作用の別名だから，相手が代われば機能も代わる．セミ翅面の無反射性，超撥水性，低摩擦性のどれが祖先種における前適応的な形質で，どれが子孫種での適応的形質なのかは，判定できない．多くの生物学的構造には，我々がまだ気付いていない機能が多重に隠れているに違いない．生物学者が，対象としている生物の構造に付随し得る機能の多重性を考察できなければ，生態学的理解や前適応などの進化的議論ができない．構造のもつ機能（適応性）が多重であることは，工学との異分野連携が生物学自体に大きなメリットを与えることを示している．工学のもつ測定技術やモノづくり技術は，生物学そのものを深化させ得るのである．

●バイオミメティクスの問題点　わが国のバイオミメティクスは欧米から立ち遅れている．明治以降のわが国の高等教育は，欧米に追い付くための役人と技術者の即席養成を続け，「文系・理系」という政治と行政の科学リテラシーの低さの元凶を残した．高等教育とは，ヒト社会が自然の中で生きるための知識層の育成なので，欧米には文系・理系という言葉も概念もない．自然は一体であり，数学・化学・物理学・生物学に塗り分けられている訳でもない．にもかかわらず，わが国では理系をさらに数物系・化学系・生物系に分ける縦割り教育が罷り通っており，自然を一体として理解する能力が国際的にみて低い．工学技術者のほとんどは，大学レベルの生物学教育を受けておらず，生物の進化が構造と機能の転用の歴史であることも知らない．工学技術者であれば，製品（機能）を組みあげるには試作と市場評価（生物学用語では変異と淘汰）の繰り返しが必須であることを知っているが，それが生物の進化と対応することは知らない．多くの工学技術者はニーズを知っているが，膨大なシーズ（生物）を知らず，生物の技術（生きる仕組み）の解明が社会に革新的な技術をもたらしてきたことも知らない．シーズのない技術開発は後追いか小手先の改変に終わる．わが国の生物学者の多くが物理や数学が嫌いだから生物学者になっているのも事実であるが，社会の持続可能性の向上は急務で，好き嫌いを越えて工学との融合を進めるときである．　［下澤楯夫］

📖参考文献

［1］ドーキンス，R.『進化の存在証明』pp.311-364，早川書房，2009

［2］下村政嗣「生物に学べ，バイオミメティクス最前線」生物の科学「遺伝」（ISSN 1340-7376），Vol.70，（No.1, pp.41-43; No.2, pp.143-145; No.3, pp.239-241; No.4, pp.320-322; No.5, pp.345-347; No.6, pp.504-507），2016

［3］下澤楯夫「バイオミメティクスのすゝめ」比較生理生化学（ISSN 0916-3786），33(3): 98-107, 2016

バイオミメティクスの歴史と概念

バイオミメティクス（biomimetics）とは，擬態や模倣を意味するmimesisの形容詞であるmimeticの語尾にsを付けた名詞に，生物や生命にかかわる接頭語であるbioを付した造語であり，1950年代後半に「シュミットトリガ」の開発者である米国の神経生理学者O. シュミット（Schmitt）が命名したもので，わが国では“生物模倣”と訳される．“生物を模倣する”という考え方は古くからあり，レオナルド・ダ・ヴィンチが，鳥の飛翔メカニズムの考察をもとにさまざまな飛行機械の設計をしていることは有名である．ナイロンの総称で知られるポリアミド系繊維は，蚕がつくる絹糸の基本骨格であるポリペプチド構造を模倣して化学的に製造したもので，米国の大手化学会社DuPont（デュポン）社のW. カロザース（Carothers）が1935年に発明した合成繊維である．わが国ではマジックテープ（クラレの商標）として知られている面状ファスナーは，1940年代にスイスのG. デ・メストラル（Mestral）が植物の種が動物の毛に付着することにヒントを得て開発した製品で，世界的には彼が起こした会社名であるVELCROとして知られている．

●バイオミメティクスの潮流　1970年代後半になり，生体触媒である酵素の反応部位がX線構造解析によって解明されたことを契機に生体反応の分子論的解明が進み，酵素や生体膜などを分子レベルで模倣しようとするBiomimetic Chemistryという学術潮流が興る．オイルショックを背景にして1980年代に盛んになった人工光合成の研究は色素増感太陽電池開発の基礎となり，高分子ゲルの研究は人工筋肉などのアクチュエーターの開発をもたらし，Biomimetic Chemistryは「分子系バイオミメティクス」と称すべき学術領域となる．その後，分子生物学の展開によって遺伝子を中心として生命現象を解明する研究が生物学の主流になっていく中で，1980年代後半からはLangmuir-Blodgett（ラングミュアー・ブロジェット）膜や分子エレクトロニクス，インテリジェント・マテリアルなどの台頭と相俟って，「分子系バイオミメティクス」の主流は「分子集合体の化学」や「超分子化学」に向かい分子ナノテクノロジーの基礎を構築する．

「機械系バイオミメティクス」の領域では，コウモリの反響定位を模倣したソナー，昆虫の感覚器官にヒントを得たセンサー，昆虫の飛翔や魚の泳ぎを真似たロボットをはじめバイオメカニクスを基盤とするロボット工学が興る．風切羽のセレーションやカワセミの嘴，サメ肌リブレット構造などの模倣は流体抵抗低減の観点から，鉄道や船舶，航空機産業において活用されている．さらに，社会性昆虫や群れの行動アルゴリズムからヒントを得た自律分散制御系ロボティクスやセンシング技術は，IoT（モノのインターネット）や自動運転を支える基盤技術として注目されており，新たな潮流である"生態系バイオミメティクス"勃興の引き金となっている．

今世紀に入り，世界的なナノテクノロジー研究の展開によって走査型電子顕微鏡が広く普及することで，自然史学や分類学の分野では手付かずであった生物表面のナノ・マイクロ構造が明らかにされはじめた．蓮の葉の超撥水性，ヤモリや昆虫の足の接着性，サメ肌の防汚・流体抵抗低減化，蛾の眼のもつ無反射性，モルフォ蝶の鱗粉が放つ構造色など，生物表面に形成されるナノ・マイクロ構造に起因する特異な機能を模倣して，テフロンを使わない撥水材料，接着物質を使わない粘着テープ，スズ化合物を使わない船底防汚材料，金属薄膜を使わない無反射フィルム，色材を用いない発色繊維などが開発された．生物学者が明らかにした生物のもつ表面階層構造をヒントにして，材料ナノテクノロジーの研究者がその構造モデルを人工的に製造し，構造に起因した生物機能発現の機構を明らかにするとともに，生物のナノ・マイクロ構造がもつ特性を模倣した新規機能性材料を開発する，「材料系バイオミメティクス」ともいうべき潮流が興ったのである．

生物は個体として生存している訳ではなく，群れにおいては個体と個体の相互作用があり，さらには，他の生物との相互作用や非生物学的な自然現象との複雑な相互作用により生態系システムが構築され環境を形成する．生物と環境との相互作用，システムとしての群れの行動，などから学ぶ新たなトレンドが「生態系バイオミメティクス」である．群れの行動アルゴリズムを模倣したシステムや，パッシブクーリング（受動的冷房）とよばれるアリ塚の空調を模倣した省エネビルの設計のみならず，ナイジェリアにおける"biomimetic smart city"と称される環境都市設計構想のように，情報網，エネルギー網，水路網，交通網，流通網などのインフラ構造設計にもバイオミメティクスが適用されようとしている．

●持続可能性とバイオミメティクス　バイオミメティクスは，生物機能の本質を物理的，化学的に明らかにして，人間のテクノロジーに技術移転して再現しようとするものであり，発酵や醸造，遺伝子工学のように生物を使ってモノつくりをするバイオテクノロジーとは本質的に違う技術である．さらに，生物の多様性は，長い進化の過程においてさまざまな環境に適応した結果であり，「壮大なるコンビナトリアル・ケミストリー」である．個々の生物の形態やそれにともなう機能のみならず，生態系システムや環境との相互作用までをも視野に入れることで，バイオミメティクスは持続可能性に向けた技術革新をもたらす総合的な工学体系となり得る．ビッグデータである生物多様性の知見を工学に技術移転し，生物と工学の異分野連携を達成するためには，生物学データベースの整備と「バイオミメティクス・インフォマティクス」ともいうべき情報科学が不可欠である．

［下村政嗣］

海洋生物学とバイオミメティクス

地球表面の7割を覆う海洋には，知られているだけでも25万種もの生物が生息している．これらの生物が，陸上とはまったく異なる環境で発達させたさまざまな仕組みには，持続可能性に向けた技術課題の解決に役立つバイオミメティクスのヒントが満ち溢れている．

●海洋生物の形に学ぶ 走行時の空気抵抗を低減する車体形状の設計は，自動車の燃費向上に重要である．空気抵抗の少ない自動車というと，多くの人は流線型のスポーツカーを思い浮かべるであろう．だが空気抵抗の削減のみに主眼をおくと，乗員の居住快適性が大きく損なわれる．つまり自動車の設計では，空気抵抗の削減と内部空間の確保という，互いにトレードオフの関係にある要素を両立させるために膨大な試行錯誤が必要となる．海洋生物の体型は，抵抗の大きな水の中を自由に泳ぎ回ることを可能にしながら体内空間をも確保できるよう，進化の過程で無数の試行錯誤を繰り返し，最適化された結果の産物だとみなせる．

例えばずんぐりむっくりとしたミナミハコフグの体型は，一見すると水の抵抗が大きいように思えるが，その体型に一切の最適化が施されていなければ移動に膨大なエネルギーが必要となり，とうの昔に絶滅していたであろう．ミナミハコフグが今も生きながらえているという事実は，その体型に抵抗削減に向けた何らかの工夫が施されていると考えるのが妥当である．メルセデスベンツのエンジニアが，ミナミハコフグの体型がもつ流体力学的特徴の解析結果を元に設計した「バイオニックカー」は，4人が乗れる内部空間を確保しつつも0.19という低い抵抗係数を実現した．

生物に学んで移動体の形状を最適化する方法に加えて，最近では生物表面の微細な構造の模倣による流体抵抗の軽減が大きな注目を集めている．例えばサメ肌表面には「リブレット構造」とよばれるナノ・マイクロメートルサイズの構造が形成されており，これが体表面での流体抵抗削減に寄与している．ドイツのエアバス社では，従来の航空機の形状を変更することなく，単に機体の表面にリブレット構造を模倣した凹凸加工を施すだけで，燃費を1%改善することに成功している．

●深海微生物のエネルギー獲得に学ぶ 地上の生態系を一次生産者として支えているのは，ふんだんに降り注ぐ太陽エネルギーを利用して物質生産を行う光合成生物である．一方，水深200 m以深の深海は太陽光が届かない暗黒世界であり，光合成生物は生息できない．ところが深海にもサンゴ礁に匹敵するほど多量の生物が生息しているオアシスのような場所が存在する．熱水噴出孔とよばれる温泉の周辺である．暗黒の深海のオアシスを一次生産者として支えているのは，熱水に含まれるメタンや硫化水素などの還元的物質を酸化し，そのときに発生する化学エネルギーで物質生産を行う微生物である．

光合成の仕組みには，高効率なエネルギー変換技術を生み出すヒントがあると考えられている．同じことが化学合成の仕組みにもあてはまる．例えば有機工業化学で重要なメタンをメタノールへと酸化する反応は，通常は触媒を使って高温・高圧下で行われる．ところが熱水噴出孔周辺に生息する微生物は，メタンモノオキシゲナーゼとよばれる生体触媒を使って冷たい海水中で同じ反応を行う．

図1「バイオニックカー」の元となったミナミハコフグ（Ⓒ WIKI MEDIA COMMONS）

図2　熱水噴出孔まわりの化学合成生物群集（インド洋ロドリゲス三重合点海域，水深約2500 m）（Ⓒ JAMSTEC）

●深海生物のものづくりに学ぶ

歯，骨，貝殻など，生物が無機材料（厳密には無機物とタンパク質からなる複合材料）をつくるプロセスをバイオミネラリゼーションとよぶ．これらの生物は，人間の製造・加工技術と比べると，大幅に少ないエネルギーでものづくりを行っており，その仕組みを解明・模倣することで従来技術とは根本的に異なる省エネものづくりが実現できると期待されている．

例えば深海に生息するカイロウドウケツは，二酸化ケイ素（ガラス）を主成分とするファイバーで編みあげた大変美しい姿をしており，「ビーナスの花かご」とも称される．カイロウドウケツがつくり出すガラスのファイバーは，中央のコアをクラッドが囲んだ光ファイバーと同様の構造をしている．一般にガラスを加工する際には，高温の電気炉でガラスを溶融してから細工を行う．光ファイバーの生産も基本的には同じである．ところがカイロウドウケツは冷たい深海で，大きなエネルギーを使うこともなく光ファイバーをつくりあげている．

このように深海・海洋は，構造，代謝の仕組み，生産技術など，人々が学び利用できる生物の膨大な宝庫といえる．

［出口 茂］

海綿の水路ネットワークとその応用

海綿動物は原始的な多細胞動物としてよく知られ，胚葉形成を行わないことから，器官系が分化した真生後生動物とは明確に区別されている．単細胞動物である襟鞭毛虫と海綿の襟細胞の形態的類似性を根拠として，海綿は最も原始的な多細胞動物であると古くから考えられてきた．しかし近年の分子系統学解析の結果から，海綿よりも先に有櫛動物が出現したとする報告も増えつつあり，海綿の系統的位置に関してはいまだ明確な結論が得られていない．

いずれにせよ，海綿が多細胞動物としては例外的といっていいほど単純な体制を持ち，多細胞動物の進化のごく初期に誕生した分類群であることは間違いない．

●海綿を用いた応用研究 海綿は多細胞動物系統の基部付近に位置することから，動物学上重要な分類群として基礎研究が蓄積されてきたが，それに加え海綿を用いた応用研究も，主に２つの観点から進められてきた．

１つめは，海綿が産生する二次代謝産物の中から，医薬品として有用な新規の生物活性物質を探索する試みである．そしてもう１つは，海綿がガラス質の骨格（骨片）を生み出すことに着目し，その仕組みを探る研究である．私達が高温など高エネルギーをかけてガラスをつくるのに対し，海綿はこれを穏やかな低エネルギー条件下で行うことから，環境低負荷型の材料生成プロセスとして注目を浴びている．

これらに加え本項では，海綿を用いた応用研究の新機軸として，体の構造に学ぶ応用研究について紹介する．

●海綿の体制 海綿の体の表面には肉眼では見えない小さな穴が無数に空いており，その穴から水溝系とよばれる体中に張り巡らされた水路網の内部に海水が取り込まれる（図1）．水溝系内に海水を取り込む流れは，襟細胞の鞭毛運動によって引き起こされる．襟細胞は海綿に特異的にみられる細胞の一種で，1本の鞭毛をもち，環状の微絨毛がその鞭毛を取り囲むように起立する．

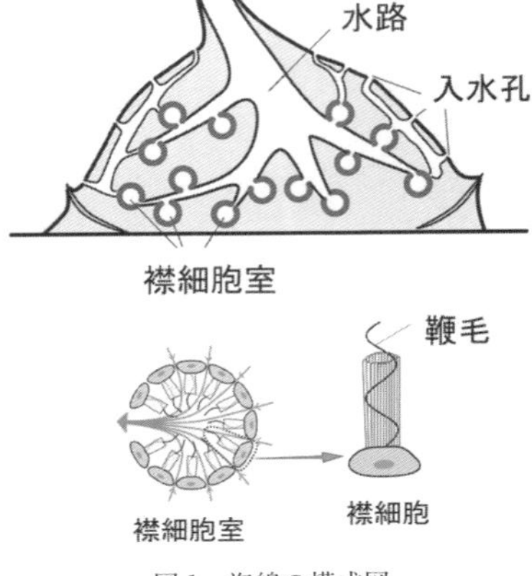

図1 海綿の模式図

海綿は，水溝系の複雑さから３つに分類されている．最も単純なアスコン型は，体表の穴から胃腔とよばれる内部の空所の壁面に直接胃腔に水が流れ込む．胃腔壁面には襟細胞がびっしりと並び，水流を起こす役割をはたす．その次に単純なサイコン型では，まず海水は体表の穴から襟細胞に縁どられた小さな空所に流れ込み，その空所から連なる胃腔を通過したのち，大孔から排出される．最も複雑なロイコン型では，襟細胞は数十個から100個程度集合し，襟細胞室とよばれる構造を形成し，体表の穴から襟細胞室にいたる水路も，襟細胞から大孔にいたる水路も枝分かれを繰り返す入り組んだ複雑な構造をしている．現生の海綿種の9割以上は最も複雑なロイコン型の水路をもつ．

海綿は取り込んだ海水に含まれる微生物などの餌となる粒子を，主に襟細胞の微絨毛で濾しとり，最終的には大孔とよばれる大きな穴から使用済みの海水を排出する．さらに，海綿を形成するすべての細胞は，体表あるいは水路の表面を介して体内と海水の間で起こる酸素と二酸化炭素の拡散によって，呼吸も行っている．つまり海綿の水溝系は，摂食と呼吸という生命活動の維持にとって非常に重要な機能をつかさどる．

●海綿の水溝系に学ぶネットワーク設計　摂食と呼吸という生命活動の維持にとって非常に重要な機能をつかさどる海綿の水溝系は，体内の適切な場所に適切な量の水を分配し，各所で利用した後，体外に排出する統合的な水利用ネットワークだといえる．海綿はまわりの環境に応じて，水溝系ネットワーク構造を常に再構成しているが，その際にも水を体の各部位に適切に分配する機能自体は常に維持される．さらに，海綿は一部の水路が目詰まりなどにより遮断されてしまったとしても，水輸送機能を失わないという頑強性も持ち合わせている．

このように頑強性を維持しながらも自在に水管網を再構成するという海綿の特性は，さまざまなネットワークにおいて今まさに求められている機能である．また，海綿は神経系をもたないため，水路網の複雑なネットワーク構造も，細胞間の局所的な相互作用のみでつくりあげられる．そのようなランダムな状態にある構成要素同士が相互作用することによって自発的に秩序だった構造をつくりあげることを自己組織化とよぶ．

つまり，海綿が拡張性に富む頑強な水路ネットワークを構築する背景には，シンプルな自己組織化のルールがあると考えられる．そのルールを解明・応用することによって，現在社会のあらゆるネットワークシステムが直面している災害時のフェイルセーフや拡張性などさまざまな問題点を解決するヒントが得られると期待される．

［椿 玲未］

📖参考文献

［1］ 岩槻邦男・馬渡峻輔監修，白山義久編『無脊椎動物の多様性と系統—節足動物を除く』裳華房，2000

［2］ Simpson, T. L., *The Cell Biology of Sponges*, Springer-Verlag, 1984

ホヤのオタマジャクシ幼生に学ぶ遊泳機構

単純なナビゲーション機能をもった水中マイクロマシンをつくる場合，設計はどのようなものになるだろうか．生物からコツを学ぶなら「ホヤの幼生」は1つの理想形を与えてくれる．逆に言えば，ホヤ幼生の小さく単純な体には，指向運動を行うための「しかけ」が詰まっている．

●ホヤ幼生は着底場所を探索する　海産動物ホヤ（脊索動物門尾索動物亜門ホヤ綱）は，我々ヒトを含む脊椎動物の系統に最も近縁な無脊椎動物である（☞「頭索動物・尾索動物・半索動物」「脊椎動物の起源」参照）．ホヤは袋状の姿をして海底で固着生活を送るが，幼生期にはオタマジャクシの形をしており海水中を遊泳する．このホヤの幼生は，体長は1 mm 程度だが，尾部に脊索，背側神経管，左右筋肉帯を備え，脊椎動物のいわゆるオタマジャクシと共通した「体のつくり」をもつ（図1）．

ホヤの幼生は泳ぐ際，負の重力走性を示す．また明所より暗所で活発な運動を行い，種によっては鋭い光走性も示す．幼生はこれらの特性を使って親から離れ，捕食されにくい暗所に着底し，変態して固着性の成体となる．この意味でホヤ幼生は，後の生存に適した場所の探索装置とみなし得る．

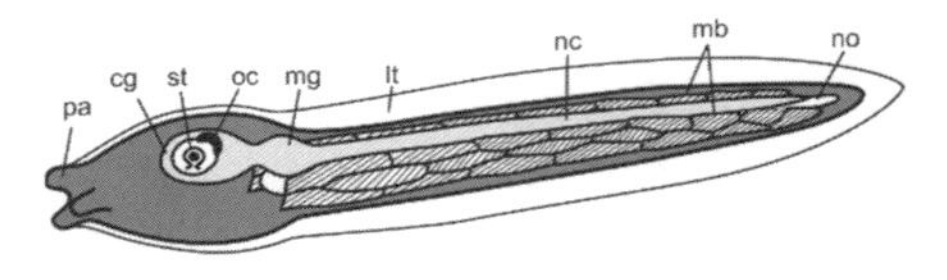

図1　ホヤ幼生の形態．cg, 脳神経節；lt, 幼生被嚢（ヒレ）；mb, 筋肉帯；mg, 運動神経節；nc, 尾部神経索；no, 脊索；oc, 単眼；pa, 付着突起；st, 平衡胞

●ホヤ幼生は単純な形態をもつ　水中の遊泳には，鞭毛や繊毛（精子，ゾウリムシ，ゴカイやウニの幼生など），付属肢（甲殻類プランクトンなど），あるいは尾部筋肉（硬骨魚類など）が使われるが，ホヤ幼生は尾部筋肉を使うものの中で最も単純なものといえる．実際，神経系を構成するニューロンの総数は180個程度であり，消化管が未分化で摂食を行わない関係で，神経系の機能も感覚と運動制御に特化している．

体の先端には付着突起が突き出し，そこに含まれる感覚ニューロンが着底時の刺激を脳神経節に伝え，変態が誘起される．脳神経節には，明暗を感じる単眼と，重力を感じる平衡胞が存在する．幼生の遊泳運動を制御する中枢は，運動神経節とその後方に付随する少数のニューロンが構成する．尾部の筋肉帯は，カタユウレイボヤという種では左右18個ずつの筋肉細胞からなり，その細胞の並びも個体間で一定である（図1）．運動神経節にはアセチルコリンを神経伝達物質とする運動ニューロンが5対存在し，その軸索は下行して尾部神経索に散在するニューロンにも接触しつつ，主に背側の筋肉細胞に入力する．片側の筋肉細胞はすべてギャップ結合で電気的につながっており，神経入力を直接受けない腹側の筋肉細胞も収縮を行う．

●ホヤ幼生は可変的な屈曲波を生み出す カタユウレイボヤの幼生は1秒間に10〜30回尾部を振動させる．このとき尾部には，(1)左右交互に，(2)前方から後方に伝播する，(3)強弱のある波（屈曲波）が連続的につくられる（図2）．特に暗所を泳ぐときに屈曲波は強くなることから，この筋肉は神経入力に応じて可変的な出力を生む「アナログな」素子であるとわかる．脊椎動物の一般的な骨格筋繊維が，全か無かの「デジタルな」出力を生む要素である．

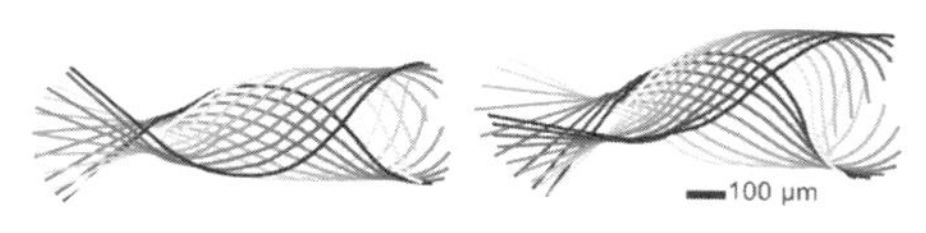

図2　ホヤ幼生が遊泳運動でつくり出す屈曲波．前後に伝播する屈曲波が左右交互につくられる．左は左右対称な，右は左右非対称な屈曲波の例

(1) 尾部振動が左右交互に起こるのには，運動神経節の後方に2対存在する抑制性の交連介在ニューロンと，運動ニューロンに発現するグリシン受容体の機能とが必要である．脊椎動物の脊髄にそなわる遊泳運動の中枢性パターン生成機構においてはグリシン作動性交連介在ニューロンによる反対側抑制機能が重要であり，ホヤ幼生にもこれに対応するものが単純な形で存在すると考えられる．

(2) 屈曲波を尾部の前方から後方に伝播させる仕組みはよくわかっていない．しかし最近，ホヤ幼生の筋肉は，神経から興奮性シグナルを受け取るアセチルコリン受容体ばかりでなく，抑制性シグナルを伝えるグリシン受容体も発現していることが判明した．この筋肉における（脊椎動物では報告例がない）二重神経支配が，屈曲波の伝播にかかわっている可能性が指摘されている．

(3) ホヤ幼生の筋肉が全か無かの法則に従わず，可変的な収縮強度を生み出すのには，筋肉に電位依存性Naチャネルがほとんど発現せず鋭い活動電位が起きないこと，そして筋肉のアセチルコリン受容体が高いCa^{2+}透過性をもち，入力量に応じた興奮－収縮連関が可能になっていることが本質的にかかわる．

●ホヤ幼生は螺旋を描いて泳ぐ ホヤ幼生の泳ぎのもう1つの特徴は，(4)右ネジ螺旋を描いて泳ぎあがる点である．一般に水中で動物体が一方向に進む場合，ピッチ（pitch）／ロール（roll）／ヨー（yaw）方向の非対称性を持続させること，すなわち螺旋運動を行うことが，最も構造への投資を少なくできる．

脊椎動物の直進運動が，水平を保つ姿勢制御と，視覚などを使った高度な定位機構により達成されることを考えれば，ゾウリムシやホヤ幼生など単純な遊泳体が螺旋運動を行うのは自然なこととととらえられる．ホヤ幼生の負の重力走性には，平衡胞が必要である．またホヤ幼生の単眼は黒色色素細胞に一側面を覆われており，幼生は螺旋運動を行うことで，光が来る方向を知覚し得る．ホヤ幼生の螺旋運動が右方向にねじれるのには，筋肉を収縮させる筋原線維が尾部の左右両側で左ネジ螺旋を描いて配向していることが関係していると考えられている．

［西野敦雄］

付着生物フジツボに対するゲルの抗付着効果

フジツボなどの付着生物は岩石や硬い人工物（コンクリート，金属，プラスチック）表面に多く見られる一方で，魚や海藻の表面にはほとんど見られない．生物表面を材料の観点から見た場合，岩石や硬い人工物との大きな違いは(1)とても柔らかく，(2)たっぷりと水を含んでいるという2点である．本項では代表的な付着生物であるフジツボと防汚材料としてのハイドロゲルの関係について解説する．

●フジツボ　岩石などに付着しその表面からほとんど動かずに一生を過ごす生物を付着生物という．甲殻類のフジツボは世界中に広く分布し強い接着性を示す代表的な付着生物である．フジツボの一生の大部分は固着生活を送る成体期であるが，その幼生期には自由遊泳を行う．フジツボの付着期幼生（キプリス幼生）（図1）は体の前方に感覚器官を有しており，付着基質表面を歩き回る探索行動によって付着に適した付着基質を探す．キプリス幼生が付着し幼稚体へと変態することを特に着生という．

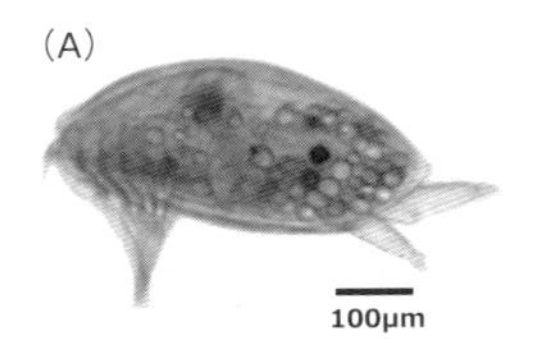

図1　タテジマフジツボの（A）キプリス幼生，（B）成体の写真（出典：文献［3］，p.208）

●ハイドロゲル　ハイドロゲルの例として寒天や豆腐，紙おむつの吸水体やコンタクトレンズなどがある．ハイドロゲルは三次元的な高分子の網目構造と，網目内部に閉じ込められた多量の水から構成されている．その含水量は体積の60～99%程度であり，弾性率は固体の1/100～1/1000程度ととても柔らかい．ハイドロゲルの硬さ（弾性率E）は一般的に膨潤度q（ハイドロゲルの吸水状態と乾燥状態の体積比）に影響される（$E \propto q^{-3}$）．このようにハイドロゲルのソフトかつウェットな性質は切り離すことができない関係にある．

●ハイドロゲルの性質とフジツボの付着　天然高分子，合成高分子からなるさまざまなハイドロゲルに対してフジツボのキプリス幼生は着生を忌避する傾向がある．プラスチック（ポリスチレン）に対する着生と比較した場合，ハイドロゲルへの着生はまったくないか，多くとも1/3程度である．また，この場合ハイドロゲルはフジツボに対し毒性を示していない（死亡率は10%以下）．官能基にヒドロキシ基・スルホ基を有するハイドロゲルは特に高い抗付着効果を示す．一方アミノ基を有するハイドロゲルはハイドロゲルの中では相対的に着生が多い．一般的に付着基質の弾性率の増加に従ってキプリス幼生の着生は増加する傾向にある．しかしハイドロゲルの場合，ハイドロゲルを構成する高分子によってこの弾性率依存性は異なる．ヒドロキシ基やスルホ基を有するハイドロゲルの場合，その弾性率にかかわらず着生は非常に少ない．一方アミノ基を有するハイドロゲルでは弾性率の増加にともなって着生は増加する傾向にある．高分子の種類によって弾性率に対する傾向が異なる理由については詳しくわかっていないが，キプリス幼生が着生前の探索行動時に付着基質の物理的・化学的性質を見分けていることはこれらの結果より明らかである．

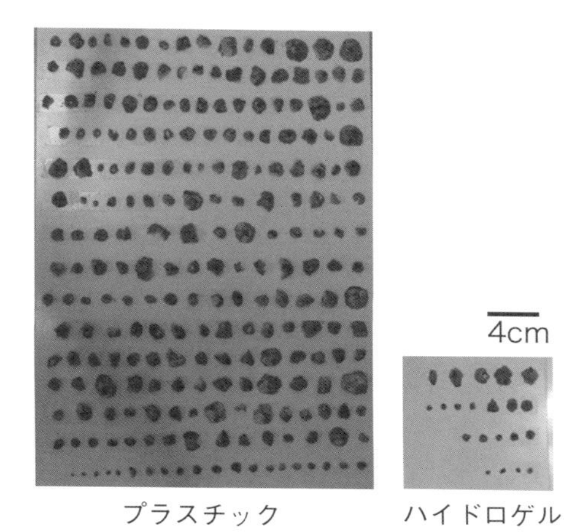

図2　海中にて11か月間浸漬したプラスチック（ポリエチレン）とハイドロゲル（ポリビニルアルコールゲル）に対し付着したフジツボ全個体の写真（出典：T. Murosaki et. al., "Antifouling properties of tough gels against barnacles in a long-term marine environment experiment". *Biofouling 25*. pp.657–666, 2009 より改変）

●海洋環境下における付着生物の付着　図2は11か月間海中に浸漬したプラスチック（ポリエチレン），ハイドロゲル表面に付着していたフジツボである．この図から海洋環境下においてもハイドロゲルは長期間フジツボに対して抗付着効果を示すことがわかる．プラスチックでは表面がすべてフジツボで覆われるのに対して，ハイドロゲルではフジツボに覆われる面積は10%以下である．浸漬実験後に付着していたすべての付着生物（フジツボ，ホヤ，藻類など）を乾燥重量で比較した場合，ハイドロゲルではプラスチックの約10～20%いう結果が得られた．またフジツボの付着にともなってその他の付着生物の付着も増加することから，フジツボ以外の付着生物に対してもハイドロゲルは抗付着効果を示し，また他の付着生物はフジツボを足がかりにし付着していることが考えられる．［室﨑喬之］

📖参考文献

［1］松村清隆「キプリス幼生の付着機構 1―幼生はどのように付着場所を選択するか？」日本付着生物学会編『フジツボ類の最新学』恒星社厚生閣，2006
［2］ド・ジャン『高分子の物理学―スケーリングを中心にして』久保亮五監修，高野 宏・中西秀共訳，吉岡書店，1984
［3］室﨑喬之他「生物とゲルのインターフェース―低摩擦・抗生物付着・細胞外マトリックス」犬飼潤治編『ひとの暮らしと表面科学』現代表面科学シリーズ5，日本表面科学会編，共立出版，2011

クモ糸シルクを紡ぐカイコ

高級繊維として知られるシルクは，カイコという蛾の一種がつくり出す繊維で現在でも世界の各地で生産され消費も盛んである．シルク利用の歴史の中で，カイコはより飼育しやすく，またより上質なシルクを大量に生産するように改良されてきたが，シルクタンパク質はカイコの祖先とされるクワコのシルクタンパク質からほとんど変化してこなかった．シルクに変化をもたらしたのが2000年に開発された遺伝子組換えカイコの作出技術で，これによりカイコのシルクに外来タンパク質を発現させ，シルクの機能性や力学物性を変えることができるようになった．遺伝子組換えカイコがつくる改変シルクとして，クモ糸シルクがある．クモ糸シルクは，シルクにオニグモの牽引糸タンパク質の一部が含まれる改変シルクである．

●シルクの構成　シルクは，カイコの幼虫が蛹化する前に自身を保護するためにつくる繭を構成する繊維で，1つの繭は直径10～20 μmで長さ1000～1500 mの1本のシルクからできている．1本のシルクは2本のフィブロインとそれを取り囲む糊状のセリシンの2種類の構造からできていて，いずれも幼虫に1対存在する絹糸腺という組織で合成される．シルクの繊維としての本体はフィブロインである．クモ糸シルクをつくるためには，フィブロインの中にクモ糸タンパク質を発現させる必要があるが，フィブロインタンパク質の構造は複雑で，単純にクモ糸タンパク質をカイコにつくらせるだけでは実現できない．

●クモ糸シルクをつくる遺伝子組換えカイコの作製法　そこでクモ糸シルクをつくる遺伝子組換えカイコの作出では，組換え遺伝子としてカイコ・フィブロインH鎖の一部とオニグモ・牽引糸タンパク質遺伝子の一部とを融合し，さらにカイコ・フィブロインH鎖遺伝子のプロモーターとポリ（A）付加シグナルを融合したものが構築されて用いられた．こうすることで，組換えタンパク質は，カイコの絹糸腺細胞で転写・翻訳されて，フィブロインタンパク質の一部として分泌され，シルクの一部となる．遺伝子組換えカイコは，一般に*piggyBac*というトランスポゾンを利用した方法でつくられる．クモ糸シルクでは，この方法で2系統の遺伝子組換えカイコが樹立された．

クモ糸シルクをつくる遺伝子組換えカイコの作出で，遺伝子の設計に加えて重要な点が遺伝子組換えの品種の選定である．通常，遺伝子組換えカイコの作出には，遺伝子組換えは容易だが上質なシルクをつくれない実験用の品種のカイコを用いるが，クモ糸シルクでは，「中515号」という実用品種（農家で飼育される，シルク生産に適した品種）を用いて作出されたことである．そのため，クモ糸シルクはシルクとして良質で，生糸の機械繰糸や機械織機ができるなど普通のシルクと同様に取り扱える特徴をもつ．

●クモ糸シルクの力学物性　2系統の遺伝子組換えカイコを交配した雑種第一代のカイコがつくるシルクが「クモ糸シルク」で，組換えタンパク質がフィブロインの0.6％（w/w）含まれるシルクである．クモ糸シルクの繭から1本の糸をそっと引き出して得た「繭糸」と，繭糸を10～15個分束ねて繰糸した「生糸」について，力学物性を測定し，遺伝子組換えのホストとして用いた中515号と比べたのが表1である．

表1　中515号シルクとクモ糸シルクの力学物性．クモ糸シルクの遺伝子組換えに用いたカイコ品種中515号と遺伝子組換えカイコ（クモ糸シルク）の繭糸と生糸の力学物性（平均値（SD））．繭糸はカイコの繭から1本のシルクを張力を極力かけずに引き出し糸としたもの．生糸は繭糸を10～15本程度束ね機械繰糸したもの

		中515号	クモ糸シルク
繭糸	破断強度（MPa）	293.7（38.1）	359.9（47.1）
	破断伸び（％）	30.8（ 5.6）	34.5（ 5.9）
	タフネス（MJ）	67.7（19.2）	92.5（21.2）
生糸	破断強度（MPa）	521.3（50.5）	591.7（35.0）
	破断伸び（％）	19.3（ 1.6）	27.5（ 1.4）
	タフネス（MJ m^{-3}）	75.8（11.6）	116.1（ 9.5）

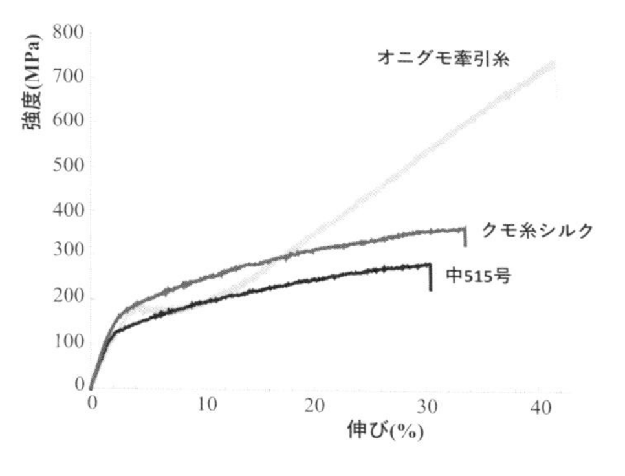

図1　オニグモ牽引糸と繭糸の引っ張り試験結果．クモ糸シルクの繭糸は，オニグモ牽引糸と中515号繭糸の中間的な力学物性であった

クモ糸シルクは，中515号のシルクと比べて，繭糸・生糸ともに破断強度・破断伸び・タフネスが高い．1本の糸で強度を比較すると，クモ糸シルクは，オニグモの牽引糸とカイコのシルクの中間的な物性を示すことがわかる（図1）．クモ糸シルクの生糸では，中515号の生糸に比べて破断強度が1.1倍，破断伸びが1.4倍，タフネスは1.5倍と，切れにくい生糸である．

●クモ糸シルクの利用　遺伝子組換えカイコがつくる改変シルクの商業利用としては，まず2017年に緑色蛍光シルクの生産が始まったところであり，クモ糸シルクもこれに続いて産業利用が進むものと期待される．クモ糸シルクは外見や取り扱いは普通の生糸と同じなので，丈夫なシルクとしてそのまま利用できる．また，強度がより向上すれば工業材料としての利用も視野に入る．［小島 桂］

📖参考文献

［1］　小島 桂「遺伝子組換えカイコが開くシルク利用の最前線」化学と生物 54(12)：915-919，2016

動物の結合タンパク質による無毒化とその応用

動物は，さまざまな環境に適応し，それを利用してきた．不利益な環境さえ有益な状況に変えることによって，ある種の動物は食物中に含まれる有害物質（被食防御物質）をタンパク質によって無毒化し，その食物を栄養源として利用している．

ツル植物であるウマノスズクサは，動物にとって有毒であるアルカロイド（アリストロキア酸）を含んでいる．アリストロキア酸は，腎障害を引き起こす物質で発ガン性があるともいわれている．しかし，チョウの一種であるジャコウアゲハは，これを好んで食べる．また，コナラ属樹木の種子であるドングリは，野ネズミなどの森林性齧歯類の貴重な餌資源であるが，ドングリは被食防御物質であるタンニンを多量に含んでおり，齧歯類にとっては潜在的に有害である．タンニンは，多量に摂取すると消化阻害に加えて，消化管の損傷や臓器不全といった急性毒性を引き起こすことが知られている．

●結合タンパク質　生体内には多種のタンパク質が存在し生命活動を維持している．それぞれのタンパク質が標的分子（リガンド）と結合するプロセスは重要である．例えば，酵素はタンパク質の一種であるが，結合したリガンド（この場合は基質）を別の物質に変換する．

匂い物質は，嗅覚受容体と結合して情報を脳に伝える．しかし，匂い物質は疎水性（揮発性の有機分子）であるために直接嗅覚受容体に結合できない．そこで，匂い物質に結合するタンパク質（odorant-binding protein）を介して可溶化することにより，受容体まで運搬される．このように，標的分子と直接結合し受容体に運搬する役割をはたすタンパク質を総称して，結合タンパク質という．

●ジャコウアゲハにおける有毒物質結合タンパク質　チョウの成虫は，前肢のフセツに存在する感覚子で，味物質を受容している．メスチョウでは植物中に含まれる物質を感覚子で受容する．幼虫も口にある感覚子で植物の成分を受容している．ジャコウアゲハの場合，産卵および幼虫が餌にする植物（寄主植物）はウマノスズクサ属であるが，その中に広く含まれるアリストロキア酸はフェナントレン骨格にニトロ基を有する特異な構造である．アリストロキア酸は，ヒトにおいては，腎障害を引き起こす物質であり，アルカロイドの一種，いわゆる「毒」である．

この疎水性の毒成分であるアリストロキア酸に結合するタンパク質が，産卵刺激物質結合タンパク質であり，筆者らによって単離された．当初は，産卵するために必要な結合タンパク質であると考えられたが，その後，幼虫の体液中およびメスチョウの体液が分布しているすべての場所に存在することが確認できた．

不思議なことにこの結合タンパク質はオスチョウには存在しない．また，幼虫およびメスチョウはアリストロキア酸を体内に蓄積するために強い毒性をもつが（メスチョウ1頭分でハムスターの1匹分の致死量に相当），結合タンパク質により包むことにより，無毒化していると考えられる．

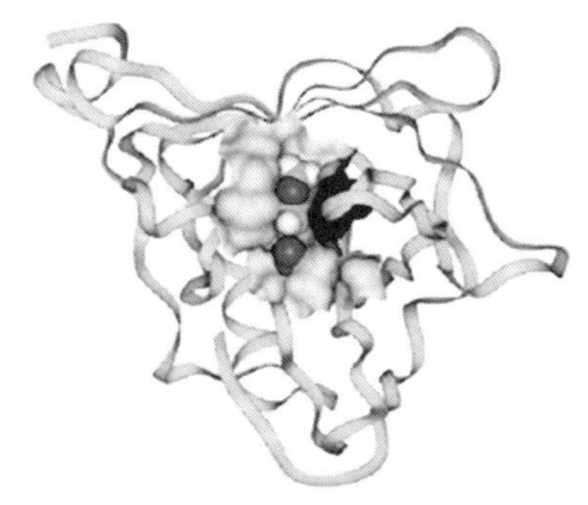

図1　土原らによる「チョウの結合タンパク質の3Dモデル」タンパク質の結合部位とアリストロキア酸を示す（出典：Tsuchihara, K., et al., "Characterization of Chemoreceptive Protein Binding to an Oviposition Stimulant Using a Fluorescent Micro-Binding Assay in a Butterfly", *FEBS Letters*, 2009）

●アカネズミにおける有毒物質結合タンパク質　アカネズミは，ドングリを餌としている．しかし，ドングリの中にはタンニンを乾重比約10％という高い割合で含むものもあり，ドングリを餌としている齧歯類にとって潜在的には有害である．近年，アカネズミがタンニンを無害化するうえで，唾液中に分泌されるタンパク質が重要な働きをもつことを発見した．このアカネズミの唾液からタンパク質を抽出して単離・精製したところ，タンニンとの結合能を確認することができた．また，アミノ酸解析を行ったところ，マウスのProline Rich Proteins（PRPs）と相同性があったことから，アカネズミの唾液に含まれるタンパク質はプロリンを多く含むタンパク質であり，タンニンとの結合能が高いことがわかった．よって，アカネズミなどのドングリを餌とする森林性の齧歯類は，唾液中に含まれるタンパク質によって有毒物質であるタンニンを包み込むように結合し，無毒化していると考えられる．

●今後の応用例・展開　食物中の毒物の無害化プロセスに関しては，哺乳類で肝臓の解毒酵素（P450）による作用やグルクロン酸などによる抱合作用が重視されているが，結合タンパク質の作用については十分解明されていない．今回の2種類のタンパク質は，有害物質の摂食およびその後の消化・吸収する際の機構を解明する糸口となる．

アリストロキア酸は日本では医薬品として承認許可は受けていないが，中国などでは生薬・漢方薬として使用されている．また，タンニンは人間の食物（ワインや茶など）にも多く含まれ，その抗酸化機能が注目されているが，過剰な摂取は成体に悪影響を及ぼすことが予測される．

「被食防御物質の無毒化」というのは，結合タンパク質の新しい機能の発見である．現在，有害物質の無毒化機能の解明を求める社会的ニーズは医薬学において非常に高く，食物中の毒物の無毒化プロセスの解明に対する新しいアプローチとなる．

［土原和子・島田卓哉］

不凍タンパク質とその応用

地球の環境は，多様な生物が生存するのに適しているが，時としてあるいは場所により，生物の生存を脅かす状況が起こる．このような状況の1つに，体内の水が氷になるような低温がある．水が氷になることにより，体積が増加して細胞や組織が破壊されるのみならず，細胞，組織，器官の各レベルにおける化学反応および熱と物質の移動が阻害され，最悪の場合死にいたる．

広範囲の温度が氷点下になる場所に棲む変温動物は，体の内外の水の凝固に対する防御反応を示す．高い塩分濃度のため海水温が−1.9℃になる極海の氷の近くに生息する魚は，氷の成長を抑える物質をもっており，低温になるとその濃度が増す．この物質は，不凍タンパク質あるいは不凍糖タンパク質とよばれる．以下では，両者をまとめる場合には不凍（糖）タンパク質と記す．

●熱力学的準平衡状態における氷成長　温度低下がきわめてゆるやかなため氷の成長が遅い熱力学的準平衡状態（例えば温度低下率は−0.074℃ /min，氷成長速度は0.2 μm/s）における多くの実験により，不凍タンパク質水溶液中の氷成長は，純水あるいは無機物水溶液中の氷成長とは異なることが明らかになった．無機物水溶液では，溶質の濃度に正比例して，凝固点と融点が同一のまま下がり，かつ浸透圧が上昇する．他方，不凍タンパク質水溶液では，溶質の濃度の増加とともに凝固点は下がるが，正比例しない．また，濃度を変えても融点と浸透圧はほとんど変わらない．したがって，融点と凝固点に差が生じ，その間の温度に保つことができれば，氷の融解・成長を制御できる．

氷結晶の形の差異も著しい．純水中の微小な種結晶は徐々に成長して六角柱形になるが，カレイ由来の不凍タンパク質の水溶液では，種結晶は徐々に成長して双六角錐形になる．このことは，六角錐面に直角方向の氷成長が，六角柱の基底面あるいは側面に直角方向の氷成長に比べて遅いことを示している．ゲンゲ科の魚由来不凍タンパク質の水溶液では，種結晶は徐々に成長してレモン型になる．

海水魚の体液は不凍（糖）タンパク質と塩化ナトリウムの混合水溶液である．実験により，不凍（糖）タンパク質とイオン性物質の混合水溶液の凝固点降下は，同じ濃度の不凍（糖）タンパク質水溶液の凝固点降下とイオン性物質水溶液の凝固点降下の和よりも著しいという相乗効果が明らかになった．このことは，魚の凍結回避のための防御反応が合理的であること，氷の成長・融解を制御できる温度範囲がさらに広がることを示している．

●氷成長抑制のメカニズム　上述の実験結果や分子動力学解析結果により，不凍（糖）タンパク質の氷成長抑制メカニズムの多数の仮説が立てられた．37個のアミノ酸残基からなるらせん構造を有するカレイ由来不凍タンパク質の場合には，ほぼ等間隔に並ぶ4個の親水性のトレオニン残基のヒドロキシル基が六角錐表面のある方向の水分子の酸素原子に結合するという仮説である．現在では，この仮説のみならず，トレオニン残基と氷結晶表面の間に存在する結合水の仮説，あるいは25個の疎水性残基のまわりに生じる水和殻の影響に関する仮説も有力視されている．なお，ゲンゲ科の魚由来不凍タンパク質は，らせん構造のみならずシート構造も有しており，異なる構造が氷結晶の異なる面と相互作用した結果，複雑な形状の氷結晶が得られたと考えられている．

●熱力学的非平衡状態における氷成長　後述する応用例に近い状況（温度低下や氷成長は準平衡状態よりも10倍以上速い）を実現するために，何種類かの実験が検討された．そのひとつに，一方向凍結がある．この実験では，きわめて薄い空間に満たした水溶液の片側を冷却して平均温度勾配を維持する．氷は温度の高い方へ成長するので，温度勾配を調整することにより，氷成長速度を制御できる．

カレイ由来不凍タンパク質水溶液の測定の結果，刃元部に液体の細長い領域をともなう鋸刃状の氷結晶面が観察されること，刃先部から結晶面に沿って刃元部へと不凍タンパク質の濃度が高くなることが液体領域の原因であることが明らかになった．また，不凍タンパク質とイオン性物質の混合水溶液において，刃先部の氷表面温度が不凍タンパク質水溶液の氷表面温度とイオン性物質水溶液の氷表面温度の和よりも低いことが明らかになった．さらに，不凍タンパク質によりイオン性物質の拡散が抑制され，同時にイオン性物質により不凍タンパク質の拡散が促進されたことも明らかになった．

●不凍（糖）タンパク質の応用　これまでに，不凍（糖）タンパク質のさまざまな応用が考えられてきた．まず，冷凍・冷蔵する食品や食材の水が氷になって品質と食感が悪くなることを避けるために，安全・安心な食品添加物として使用することが検討され，アイスクリームとヨーグルトで実用化されている．また，魚の養殖や植物栽培への応用も検討されてきた．

次に，医療関係では，移植用臓器や幹細胞の保存の長時間化が検討された．

さらに，物流・エネルギー産業に関連して，氷粒子・水混合体（氷スラリー）中の氷粒子の成長を抑えることができれば，生鮮食品の長時間輸送や冷房の冷媒などに，氷スラリーがこれまで以上に使える．

最近，カレイ由来不凍タンパク質に着想を得たポリペプチドが同様の効果を発揮すること，これらの水溶液を短時間予熱することにより，氷成長抑制効果が増すことが明らかになった．したがって，不凍（糖）タンパク質の応用が今後より増えることが期待できる．

［萩原良道］

哺乳類の聴覚振動伝導の解明と応用

外界の音波は外耳道を伝播し，鼓膜を振動させる．鼓膜の振動は哺乳類の場合は3つの耳小骨（ツチ骨，キヌタ骨，アブミ骨）からなる耳小骨連鎖を経て内耳蝸牛へ伝達される（図1）．蝸牛内には感覚細胞（有毛細胞）があり，ここで振動は電気信号に変換され脳へと伝達され知覚される．蝸牛内はリンパ液で満たされており，空気中の音波は鼓膜・耳小骨の固体振動を経て蝸牛内の液体振動に変換されることとなる（☞「聴覚・触角・痛覚」参照）．空気とリンパ液ではその音響インピーダンスが大きく異なり，その界面では音波の99.9％程度が反射されてしまい，外界の音波は直接蝸牛にはほとんど到達できない．中耳は空気と蝸牛内リンパ液とのインピーダンス整合器として機能し，音のエネルギーを効率よく蝸牛内へと伝達する機能を有している．

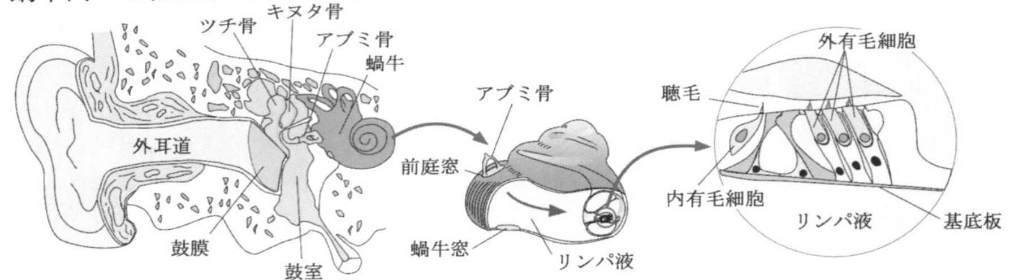

図1 哺乳類（ヒト）の聴覚振動伝導路 振動は鼓膜，耳小骨連鎖，蝸牛内リンパ液を伝播し，基底板に伝わる．基底板上には有毛細胞が存在し，機械的振動は電気的信号に変換される

●中耳の伝音特性 低インピーダンスの空気中の音波を高インピーダンスの蝸牛内リンパ液に伝達するには，空気中の音波の圧力を増幅させる必要がある．その機構の1つは，鼓膜とアブミ骨の面積比である．広い面積の鼓膜で受けた音圧をせまい面積のアブミ骨底板に集中させれば，圧力を増加させられる．ヒトの場合はこの面積比により約25 dBの音圧利得が得られる．さらに耳小骨のテコ作用を考慮すると音圧利得はさらに2.3 dB程度増加する（図2A）．しかし，これらは耳小骨が単純に回転運動すると仮定した場合であり，実際には耳小骨は弾性体である靱帯や筋腱で支持されているため，もっと複雑な運動をすると考えられる．

●数値解析による中耳の伝音特性 聴覚器官は頭蓋内の奥まった部位に位置し，その振動振幅は，会話音程度の音圧に対してナノメータのオーダーと非常に微小であるため，生理的状態におけるその振動様式には不明な点が多い．そこで，聴覚系を数値モデル化し，その振動様式を解明しようとする試みがなされている．

有限要素法は複雑な形状をした構造物の挙動解析に適しており，聴覚系の振動解析にも有効である．図 2B はヒトの中耳の有限要素モデルを示している．このモデルの鼓膜面に任意の音圧を与えることで，鼓膜や耳小骨の詳細な動き，および蝸牛へ伝達される音圧を計算により求めることができる．図 3 は中耳による音圧利得の計算例である．周波数によって耳小骨の振動様式が変化し，それによって利得も変化する様子がわかる．

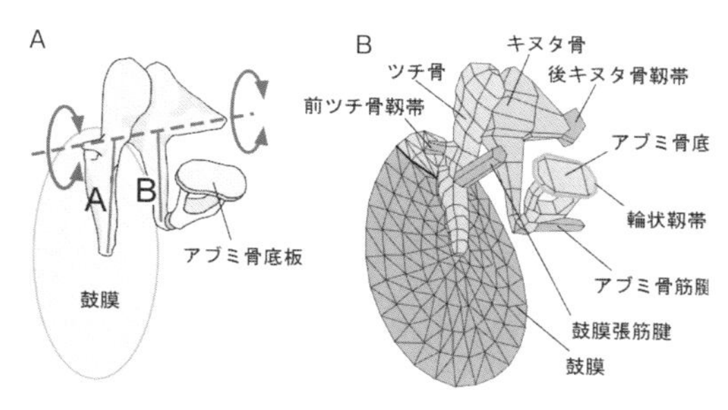

図 2　ヒト中耳のテコ作用と中耳モデル　A：ヒトの場合，鼓膜の有効振動面積とアブミ骨底板面積の比は 17：1 程度なので，約 25 dB の音圧利得が得られる．さらに耳小骨は耳小骨を支えている靭帯を通る直線を軸とした回転振動をするものと考えると，回転軸からのツチ骨柄先端までの距離 A とキヌタ骨長脚先端までの距離 B との比は 1.3：1 程度であり，そのテコ作用から，音圧利得は 2.3 dB 程度となる．B: 有限要素法によるヒト中耳モデルの例．鼓膜面に音圧を与えると，鼓膜および耳小骨各部の動きを計算することができる

●骨伝導　聴覚における振動伝導は，図 1 に示した経路（気導）の他に骨伝導がある．骨伝導は(1)生体内部（頭蓋）を伝播した振動が外耳道内に音波を発生させ，それが鼓膜，耳小骨を介して蝸牛に到達する経路，(2)頭蓋が振動することにより，耳小骨（アブミ骨）と頭蓋（蝸牛）との間に相対運動が生じ，その結果として蝸牛内リンパ液が加振される経路，(3)頭蓋の振動が弾性波として直接蝸牛に伝わり，リンパ液を振動させる経路などが複合したものである．近年，気導経路に問題がある場合でも，骨伝導を利用して音声を聞くことができるデバイス開発が行われている．　［小池卓二］

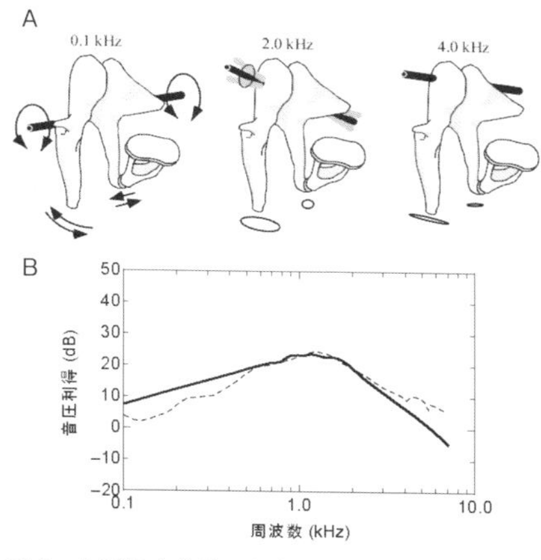

図 3　中耳伝音特性の解析例　A：耳小骨振動様式は低周波数域では図 2A と同様な回転運動を行うが，周波数が上昇すると，回転軸の動揺や移動が見られる．B：耳小骨振動様式の変化にともない，音圧利得も周波数により変化する．破線は Aibara ら（2001）の計測結果をもとに筆者作成

参考文献

［1］ Aibara, R., et al., “Human Middle-ear Sound Transfer Function and Cochlear Input Impedance”, *Hearing Reseach*, 152, 100–109, 2001

エコーロケーションとソナー技術への応用

コウモリやイルカは，エコーロケーション（反響定位）とよばれる生物ソナーを用いて，餌を探知し，識別し，捕食行動を行っている．エコーロケーションとは，みずから音を出し，反射してきた音を聞くことで，周囲に関する情報を得ることである．種によって出している音は異なるが，コウモリはエコーロケーション能力を有することで，夜間においてもまわりに木々などが存在するなかでも飛行でき，昆虫などの対象物体を知覚し捕獲することができている．我々の身近にいるアブラコウモリは数ミリ秒で 100 kHz から 40 kHz に周波数変調する広帯域超音波を間欠的に出している．広帯域信号を送受信することで，コウモリは物体の奥行きを 1 mm 以下の高精度で識別できる優れた能力も有している．これに対し，イルカは，100 μs 程度の非常に短い広帯域超音波（クリックス）を間欠的に出して，周囲の環境を把握している．ハンドウイルカは物体の大きさ，厚さ，材質，形状などの違いをエコーから識別できることも明らかにされている．このような行動実験により，コウモリやイルカの優れた空間把握能力が明らかにされている．

●ソナーへの応用　狭帯域信号を送受信可能なシステムは現在多く実用化されているが，最近になって超音波領域においても広帯域に音を送受信できるソナー・システムが開発されてきた．本項ではイルカのような広帯域超音波を用いた魚群探知システムについて紹介する．図 1 に狭帯域信号と広帯域信号の違いによるエ

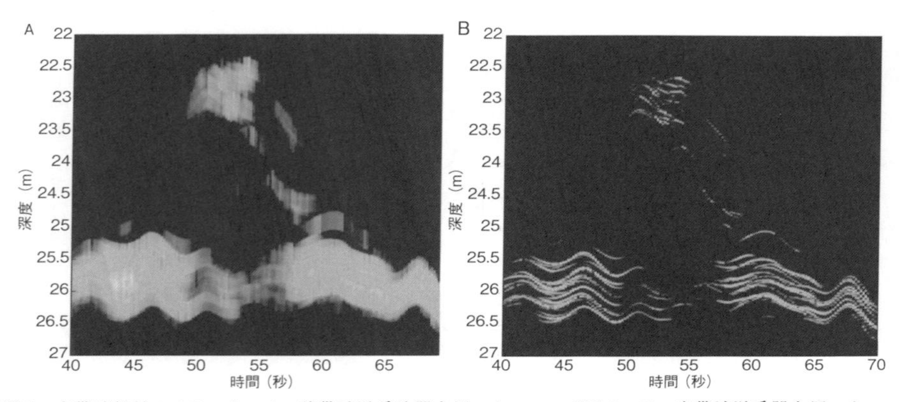

図 1　広帯域信号のメリット．A：狭帯域送受波器を用いたエコーグラム．B：広帯域送受器を用いたエコーグラム

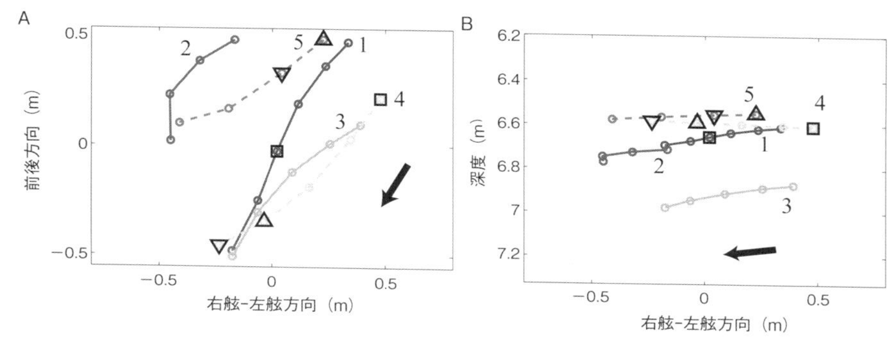

図2　推定された魚の動き．A：海底面方向への投射した魚の動き，B：水深と右舷－左舷方向に投影した魚の動き

コーの違いを示す．この図はエコーグラムといい，横軸は音を出した時間（ピング番号）を，縦軸は水深を表している．反射があるところが白色系で表されている．複数の魚からのエコーが観察されているが，狭帯域信号を用いた場合では，1匹1匹の魚を分離できていない．しかし，広帯域信号を用いることで個々の魚からのエコーを分離できていることがわかる．広帯域信号を用いることで個体エコーを分離できるため，高精度・高分解能な魚群探知が可能となる．

加えて，ソナーを用いて魚の行動を推定する試みがなされている．1つのチャンネルしかもたない単一の受波器（ビーム）を用いたシステムでは，送受波器から魚までの距離はわかるが，相対的な角度，つまり，位置を推定できない．そのため1回の送受波（ピング）で三次元位置を推定するために，スプリットビームが用いられている．スプリットビームとは，受波部を4つのチャンネルに分割し，角度推定用のペアを前後と左右用に2つつくり，到達するエコーの時間差により，前後方向，左右方向の角度推定を行える．往復距離と角度を合わせて三次元位置定位が可能となり，連続する送信信号に対する位置の変化から個々の魚の動きをトラッキングすることができる．図2Aは船上から海底面方向に投影したもので，図2Bは水深と右舷－左舷方向に投影したものである．定位結果から，魚群が船の下を横切るように動いていることがわかる．加えて，海中の魚群エコーから魚ごとのエコーを分離できることから，魚の尾数もカウントでき，生態系の理解につながる可能性がある．

［松尾行雄］

参考文献

［1］ Griffin, D. R., *Listening in the Dark*, Yale U. P., 1958; reprinted by Cornell U. P., Ithaca, 1986.

［2］ Au, W. W. L., *The Sonar of Dolphins*, Springer-Verlag, 1993

振動により害虫の行動を操作する

動物は，振動に感受性があり，驚くべき行動を起こすことがある．例えば，アフリカゾウは鳴き声によって土に生じる振動から，同じ群れの個体が離れていても居場所がわかる．また，葉上のアカメアマガエルの卵中の胚は，捕食者のヘビが接近する際に生じる振動に反応し，速やかに孵化することで捕食されることから回避する．

昆虫もまた，振動に対してさまざまな行動を起こす．ミナミアオカメムシは，雌雄が植物の上で振動を発して相手を探索することにより，交尾にいたる．葉の内部に生息するホソガの幼虫は，寄生バチが産卵する際に生じる振動を検知して捕食を回避する．また，人が樹を蹴った時に生じる振動によって，クワガタなどの甲虫は自発的に落下する．このように昆虫が振動によって行動を起こすことを応用し，振動を用いて害虫の行動を操作することにより，害虫の防除ができる．本項では，振動に対する行動とその害虫防除への応用，そしてバイオミメティクスとの関係についても紹介する．

●振動に対する行動反応と感覚器　マツノマダラカミキリは，マツ材線虫病（いわゆる松枯れ）を媒介する，マツの重要害虫である．その被害量は年間で木造家屋2万戸分にも相当する．マツノマダラカミキリの成虫は，マツなどの基質の上で振動を与えるとさまざまな行動反応を示す．例えば，1 kHz 未満の低周波に対して，瞬時に体の一部を動かす驚愕反応を起こす．また，振動によって，歩行を停止（不動化）する．一方，カブトムシは，蛹が土の中の蛹室に背面をぶつけて低周波の振動を発する．すると，同種の幼虫は振動を検知し，不動化するため蛹室に接近せず，蛹室を壊されない．また，カブトムシは，捕食者であるモグラの振動を検知しても不動化を起こす．このように昆虫の不動化は，攻撃を回避するための行動といえる．

マツノマダラカミキリにおいて，振動を受容する感覚器は，肢の根元側となる腿節の弦音器官（腿節内弦音器官）である．この腿節内弦音器官は，関節から伸びた細長く硬い内突起が結合組織を介して，多数の感覚細胞に付着している（図1）．振動は，肢の先端から内突起を通じて伝わる．この腿節内弦音器官の内突起を切除すると，歩行はするが不動化を起こさなくなる．腿節内弦音器官は，振動の受容に加えて，関節の運動も検知している．腿節内弦音器官は昆虫によって構造が異なっており，チャバネアオカメムシでは，内突起がなく少数の感覚細胞が結合組織を介して，関節につながっている．また，チャバネアオカメムシやフタホシコオロギは，マツノマダラカミキリにはない，肢の中ほどの脛節に弦音器官

(膝下器官）をもつ.

●振動を用いた行動操作による害虫防除　昆虫は振動によってさまざまな行動を起こすことから，害虫の行動を操作することで防除が可能となる．ヨーロッパでは，ブドウの害虫であるヨコバイにおいて，雌雄間の振動によるコミュニケーションの阻害を目的とした試験が進められているが，他の類例はない．例えばマツノマダラカミキリにおいては，マツ材線虫病の感染をもたらす摂食を振動によって阻害することにより，マツを保護することができる．

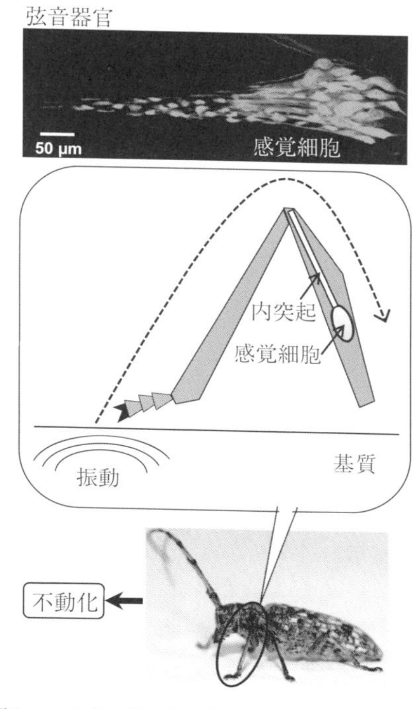

図1　マツノマダラカミキリの振動受容器である弦音器官．振動は内突起を通じて，弦音器官の感覚細胞に伝わり，不動化を起こす（出典：Takanashi, T., et al., *Zoological Letters*, 2: 18, 2016）

実際，マツノマダラカミキリの摂食は振動により阻害されることを確認している．樹木に振動を発生させるには，高出力で耐性のある超磁歪素子（ちょうじわいそし）（磁界の変化によってひずみを生じる希土類金属－鉄系の合金）を用いた装置が適している．現在，本装置を用いたマツノマダラカミキリの行動を操作することによる防除法の開発をすすめている．この振動を用いた害虫防除法は，植物などのさまざまな基質に振動を伝えることで，マツノマダラカミキリに限らず，振動に感受性のある害虫すべてが対象となる．また本防除法は，化学農薬に頼らない環境低負荷型の技術になり，社会的ニーズに応えるものとなる．

振動を用いた害虫防除法は，生物の機能を応用するものであり，バイオミメティクスによる技術例となる．類似の技術として，空気を伝わる超音波を用いて果樹害虫であるヤガを防除する方法がある．これは，捕食者であるコウモリの発する超音波をヤガが回避行動を示すことを応用したものである．その他，振動受容器などの感覚器の構造から着想を得た超小型センサの開発など，動物が利用する振動や音についての基礎的知見を応用したバイオミメティクスに，今後注目が集まることになるだろう．

［高梨琢磨］

昆虫・植物間に働く情報と植物保護

裸子植物に覆われていた地表を大型恐竜が闊歩していたジュラ紀を経て，白亜紀（1億4000万年～6500万年前）になると花を付ける被子植物が現れた．被子植物の繁栄とともに爆発的な昆虫の多様化も進み，植物と昆虫の間で「食う－食われる」の関係が確立していった．一方，栽培作物を守るため，人類と害虫との戦いが始まった時期は，狩猟採集社会から農耕に移行した約1万年前になるだろう．そこには約1万倍の経験の差がある．

地球環境に与える負荷を最小限に抑えながら，90億人（2050年の予想）の胃袋をいかに満たしていくか．このためには，長い進化の過程で築き上げられてきた生態系を注意深く見つめ，そのシステムをヒントにした植物防御法の開発が期待される．植物保護の観点から見た昆虫－植物の相互作用の代表例を図1に示す．

●接触の刺激　昆虫と植物との接触の第一歩は，昆虫の脚先（ふ節）が植物の表面に触れることに始まる．昆虫が表面を歩き回ることで，植物は圧力を受けるなど，さまざまな影響を受ける．食虫植物ハエトリグサは二枚貝の様な葉をもち，その葉の縁には感覚毛がある．昆虫などの獲物が感覚毛に触れると，葉が閉じて，獲物を閉じ込める．昆虫との接触を検出できるのは食虫植物だけではない．例えば小麦では，接触の刺激により細胞膜にあるイオンチャンネルが開き，細胞質中のカルシウムイオン濃度が上昇し，傷害応答にかかわるオクタデカノイド経路の鍵酵素であるリポキシゲナーゼ遺伝子が活性化される．また，幼虫が葉の上を歩き廻る際に，幼虫の脚に生えている剛毛が葉の表面の細胞を傷つけ，細胞中のGABA（γ－アミノ酪酸）濃度を上昇させる報告もある．幼虫が葉上を歩き回る時間が長いほど，GABAが多く蓄積する．高濃度のGABAは幼虫の成育を阻害する可能性が示唆されている．トマトの毛茸が昆虫の歩行で折られると，過酸化水素の誘導とともにプロテアーゼインヒビターが産生される．プロテアーゼインヒビターは腸管での消化を阻害し，昆虫の生育を抑える．他にも，植食者の脚先から分泌される化学物質にも植物が反応する例も報告されている．

●傷害の刺激　機械的な傷害により，植物に防御反応として前述したプロテアーゼインヒビターや全身的傷害応答タンパク質が誘導される．機械傷は，植物体中で一時的にジャスモン酸やエチレンを増加させるとともに揮発性のメチルジャスモン酸，システミンのような師管移動シグナルによって全身的な応答を植物に引き起こす．

●食害の刺激　上述の傷害に加えて，食害時に接触する昆虫由来の吐き出し液が昆虫食害に対する植物の応答を特異的にしている．チョウ目幼虫に食害されたトウモロコシやワタが特異的な「香り」を放出し，この揮発成分を利用して，幼虫の天敵である寄生蜂が幼虫を発見する．植物の防御に天敵が介在する間接防御反応である．この特異的な香りは，傷害を受けた植物から放出される青臭い匂いとは異なり，青臭い香りに加えてインドールやセスキテルペン類が加わった甘い，花のような匂いである．驚くべきことに，傷を付けたトウモロコシの葉に幼虫の唾液を塗布すると，この「香り」成分の放出が再現された．この“香り”を指標に，幼虫の唾液成分からトウモロコシの葉にセスキテルペン類の放出を誘導する活性成分（エリシター成分）として脂肪酸－アミノ酸縮合物が単離同定された．その後，イオウを含む脂肪酸やペプチドが植物に揮発成分を放出させる昆虫由来エリシターとして同定されている．興味深いことに，自分を食べるイモムシの吐き出し液成分に対して，植物はより敏感に反応することが知られている．現在世界中で昆虫由来のエリシターに対するレセプターの同定を目指して研究が展開中である．

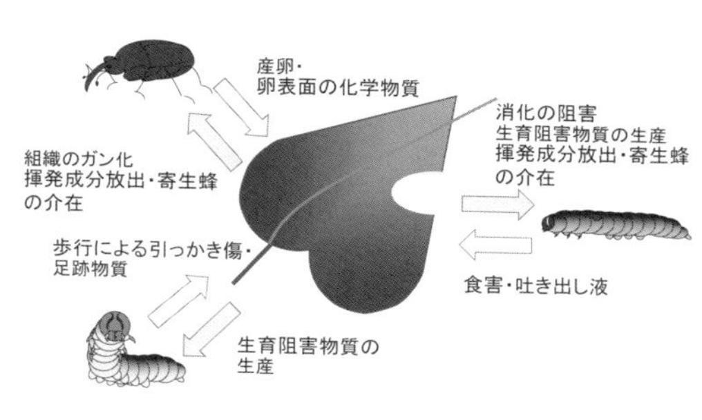

図１　昆虫と植物間で働く相互作用

●産卵の刺激　エンドウゾウムシやヨツモンマメゾウムシがソラマメのある品種の鞘に産卵すると，鞘の表面にカルス状の未分化組織が誘導される．カルス状組織が孵化した幼虫の鞘への侵入を妨げることで抵抗性を示す．そのカルスを誘導するエリシターとして，ゾウムシからブルキンが同定された．このエリシターは卵の表面に存在し，産卵の際にわずか 1 fmol で植物に認識され，鞘の表面に腫瘍の形成が誘導される．オオモンシロチョウのメスは産卵の際に，ベンジルシアニドを含む附属腺分泌物を葉の表面に塗りつける．分泌物中のベンジルシアニドは葉表面の化学成分を変化させ，卵寄生蜂に卵の発見を促している．面白いことに，未交尾メスはベンジルアミドをもっておらず，メスは同物質を交尾中にオスから受け取るらしい．この化合物はメスの再交尾行動を抑制し，最初に交尾したオスの遺伝子が子孫に残る確率を高めている．生態において重要な２つの役割を１つの化合物が担っている訳である．マツを食害するマツハバチの産卵管分泌物を傷つけたマツの葉に塗ると，特有の揮発成分が放出され，卵寄生蜂がこの匂いを利用して卵を発見する．この分泌物は，産卵後に卵をカバーするように塗りつけられる．

［森 直樹・吉永直子］

参考文献

［1］ 日本昆虫科学連合編『昆虫科学読本』東海大学出版部，2015

昆虫の嗅覚系を利用した匂いセンサー

昆虫は生物の中でも特に優れた嗅覚をもつ．ガのフェロモン交信，ハエの採餌行動，カの誘引行動など，我々の身近でも昆虫の驚異的な嗅覚能力を観察することができる．昆虫は，多くの生命活動で匂いの情報を利用しているため，さまざまな匂い物質を高感度かつ選択的に検出する仕組みを備えている．革新的な匂いセンサーのひとつのモデルとして，昆虫の嗅覚の仕組みに注目が集まってきている．

●昆虫の嗅覚系　昆虫は主に触角で匂いを検出する．触角上には多数の嗅感覚子が存在しており，その内部は感覚子リンパ液で満たされている．通常，1つの嗅感覚子には複数の嗅覚受容細胞が存在し，感覚子リンパ液中に樹状突起を伸ばしている．樹状突起の膜上には，匂い分子と結合する嗅覚受容体が存在する．昆虫の嗅覚受容体は，G タンパク質共役型受容体である哺乳類の嗅覚受容体とは異なり，共受容体と複合体を形成し，リガンド作動性イオンチャネルとして機能する．原則的に，1つの嗅覚受容細胞には1種類の嗅覚受容体が発現し，嗅覚受容体が匂い分子と結合すると，嗅覚受容細胞で活動電位が発生し，脳へと情報が伝えられる．昆虫は種ごとに異なる数十〜数百種類の嗅覚受容体をもつ．触角は嗅覚受容体を発現する嗅覚受容細胞が並んだ構造であり，これらの応答パターンを脳で処理して，匂いを識別する．近年，匂いを選択的に検出する実体が嗅覚受容体であることが明らかにされ，嗅覚受容体に着目した匂いセンサーの開発が進められている．昆虫の嗅覚受容体を利用した匂いセンサーは，細胞利用型匂いセンサー，昆虫自体を利用した匂いセンサーに大別される．

●細胞利用型匂いセンサー　昆虫の嗅覚受容体は，異生物種細胞での発現系を利用して，その機能を再構築することができる．この技術を応用し，昆虫の嗅覚受容体を発現させた細胞を検出素子とする匂いセンサーの開発が進められている．アフリカツメガエル卵母細胞を用いて，嗅覚受容体の応答を電気的に計測できる小型匂いセンサーが開発されている．このセンサーでは，卵母細胞に嗅覚受容体を発現させ，嗅覚受容体と匂いの結合にともなう卵母細胞の電流変化をガラス微小電極で計測することで，液中の匂い物質を高感度に検出できる．また，昆虫由来の培養細胞（Sf21 細胞）では，昆虫の嗅覚受容体とともに，カルシウム感受性蛍光タンパク質を共発現させることで，蛍光強度変化量として匂い物質を検出可能な細胞が構築されている（図 1）．細胞パターニング技術により，異なる嗅覚受容体を発現させた複数種類の細胞を流路チップ上に並列配置することで，複数の匂い物質をそれぞれ異なる蛍光パターンとして取得できる匂いセンサーの開発が可能になっている．加えて，嗅覚受容体を発現させた培養細胞（HEK293T

細胞）で細胞塊（スフェロイド）を形成し，ハイドロゲルに封入することで，気中の匂い物質を検出できる匂いセンサーの開発技術も報告されている．

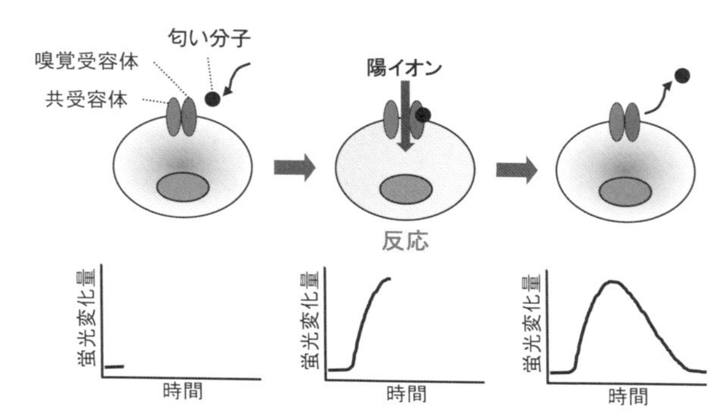

図1　昆虫の嗅覚受容体を利用した匂いセンサーの原理図．昆虫の嗅覚受容体に匂い分子が結合すると，嗅覚受容体－共受容体からなるイオンチャネルが開いて，陽イオンを透過する（上図）．細胞利用型匂いセンサーの蛍光変化に基づく応答例の模式図（下図）を示す

●昆虫生体を利用した匂いセンサー　昆虫そのものを検出素子として利用した匂いセンサーでは昆虫の嗅覚系をそのまま利用するため，昆虫と同等の性能で気中の匂いをセンシングできるという利点がある．このタイプのセンサーは，昆虫生体のもつ嗅覚機能をそのまま利用したタイプと，遺伝子工学技術を利用して嗅覚応答性を改変したタイプに分けられる．前者は，ミツバチの行動やガの触角の電気応答を指標としたセンサーがあげられる．ミツバチは触角に砂糖水を接触させると口吻を伸展させる吻伸展反射を起こす．このとき砂糖水を与える直前に匂い刺激を行うことで，砂糖と匂いとの間で連合学習が成立し，匂い刺激だけで吻伸展反射を起こすようになる．検出対象の匂い物質を匂い刺激とすることで，吻伸展反射を指標として匂いを検出する技術が確立されている．また匂い応答性の異なる数種のガの触角を並列化し，それぞれの触角の匂いに対する電気的応答を検出・比較することで，匂いを識別できるセンサーが開発されている．後者では，雄カイコガの性フェロモン検出機構を利用したセンサー技術の開発が進められている．雄カイコガは雌の放出する性フェロモンを検出するとフェロモンの発生源を探索する行動を起こし，雌を見つけ出す．性フェロモンを検出する嗅覚受容細胞に遺伝子組換え技術により異なる特性をもつ嗅覚受容体を導入することで，導入した受容体が反応する匂い源を探索するカイコガを作出することができる．検出対象となる匂いに反応する嗅覚受容体を導入することでさまざまな匂いの発生源を探知するセンサー開発の応用への可能性がある．

●昆虫の嗅覚系を利用した匂いセンサーの今後　昆虫の嗅覚にはまだ不明な点が多いため，現在は，嗅覚系の一部の生体分子や生体自体を利用した匂いセンサーの開発が主となっている．これらの開発技術に加えて，嗅覚系のさらなる解明が，昆虫の嗅覚系を模倣した匂いセンサーの開発につながるものと期待される．

［光野秀文・櫻井健志］

飛んで火に入る夏の虫の行動メカニズム

生物個体が光刺激に対して定位し，移動運動する行動が狭義の走光性（光走性）である．個体が光源方向に近づくように向かう場合を正の走光性，反対に光源から遠ざかる場合を負の走光性とよぶ．広義には，光刺激を受けて運動することで結果的に光源に対して方向性をもって移動運動するような行動も含まれる．以降は広義の正の走光性について述べる．走光性は，シアノバクテリアやゾウリムシなどの単細胞生物から魚類や爬虫類，鳥類などの脊椎動物まで観察されており，生物界においてきわめて普遍的な行動である．特に昆虫では広範で顕著な正の走光性が報告され，昆虫の走光性はことわざや慣用句，あるいは文学や絵画などの芸術の題材として世界中で用いられてきた．昆虫の走光性についての最も古い記述は，7 世紀の中国で書かれた「梁書」にみられる．すなわち人間は少なくとも1400 年前から，昆虫の走光性を不思議な行動としてとらえてきたといえる．

●多様な昆虫の走光性　昆虫綱に属するほとんどの目において，正の走光性が確認されている．その一方で，顕著な走光性が認められない種も存在し，性，齢，経験およびコンテクストといった個体の特性も，走光性の解発に影響することが知られる．また特定の属性をもつ光源が走光性を強く引き起こすことが報告されている．走光性に強い影響を与える光源の属性の 1 つは波長（色）であり，紫外域を中心とした短波長域の光を多く含む光源は昆虫を強く誘引する．波長以外にも，光強度，偏光，大きさ，形やパターン，点滅および高さといった光源のさまざまな属性が昆虫の走光性に影響する．加えて，気温，相対湿度，月齢，風力および大気圧といった外部環境条件も，走光性の解発に影響を与える．

●行動メカニズムと機能　昆虫の走光性の行動メカニズムとその機能を説明するさまざまな仮説の中で，有力な仮説としてコンパス理論，マッハバンド理論およびオープンスペース理論が注目されている．コンパス理論では，昆虫が直線的に移動するためには月や太陽といった天体を目印として利用する必要があるということを前提にしている．昆虫は無限遠の位置にある天体に対して体軸を特定の定位角度（図 1 の α）に保つことで直線的に移動できる．しかし，近くの人工光源を天体と誤認してしまうと，移動にともなって自身の定位角度が刻々と変化してしまう．昆虫は定位角度を一定に保つよう体軸の方向を補正することで，螺旋を描きながら，最終的に人工光源に到達すると考えられる．一方マッハバンド理論は，昆虫が人工光源へ近づくようにみえる現象を暗闇への逃避行動によるものとする仮説である．夜行性の昆虫が明所を避けて暗所へ逃避しようとする際，錯視により，昆虫の眼には光源のすぐ横の暗闇が最も暗いと知覚されてしまう．そのため昆虫は直線的に光源の外縁部に向かってしまう．オープンスペース理論では，走光性を示す昆虫は，人工光源を開放空間（オープンスペース）に通じる窓としてとらえていると説明する．落葉下で羽化した昆虫や，林内から分散しようとする昆虫は，開放空間を目指す必要がある．走光性とはそのような状況にある昆虫が，光源の中心に直線的に定位する現象であるとみなされる．

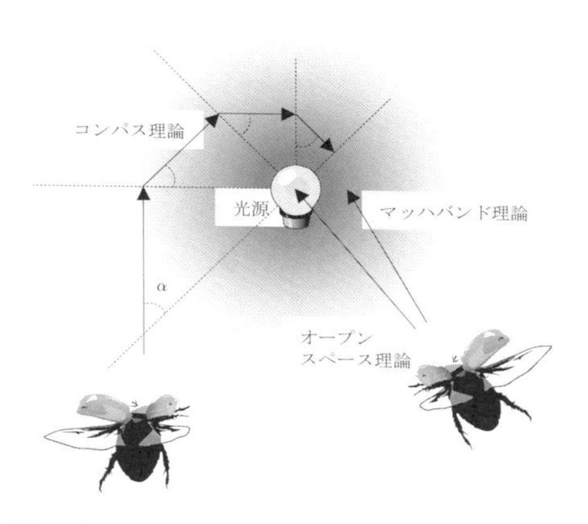

図1　主要な3つの仮説が予測する光源に対する昆虫の移動軌跡と到達位置（出典：弘中満太郎・針山孝彦「昆虫が光に集まる多様なメカニズム」日本応用動物昆虫学会誌, 58: 93-109, 2014を改変）

これらの仮説の妥当性は，まだ十分に検証されておらず，いずれの仮説によって多様な昆虫の走光性を説明され得るのか，今後の研究が待たれる．また，他の分類群の生物でみられる走光性の行動メカニズムと機能についても，研究がなされなくてはならない．

●走光性の産業利用　昆虫の走光性が，暗闇や開放空間といった好適な環境を求めて移動するという生得的な定位行動に根ざしているならば，個体の生命維持と繁殖成功にとって欠くことのできない性質であり，それゆえに昆虫は人工光源から逃れることは難しい．昆虫の走光性を利用した種々の光捕虫器が開発され，さまざまな産業現場や日常生活で利用されている．光捕虫器の光源には一般に，紫外域などの短波長域の光を相対的に多く含んだ蛍光灯や水銀灯，紫外LEDが用いられる．こうした光源は，昆虫の走光性を強く解発する自然環境中にある何らかの光刺激を模倣していると考えられる．産業的，あるいは保全生物学的な必要性から，昆虫が誘引されにくいという低誘虫性の照明器具もまた開発されている．農業現場で用いられる黄色蛍光灯や，道路や駐車場の照明として用いられる高圧ナトリウム灯は，500 nm以下の短波長域の光を相対的に少なくすることで，昆虫の走光性の解発を抑える効果をもつ．昆虫の走光性を制御するこれらの技術や製品は，その行動メカニズムと機能が不明ななかでつくり出された．主要な3つの仮説の検証を含め，昆虫の走光性の本質を明らかにすることは，これまでにない技術や製品を生み出す可能性がある．

［弘中満太郎］

📖 参考文献

［1］弘中満太郎「灯りに集まる昆虫はどこをめざしているのか」日本昆虫科学連合編『昆虫科学読本―虫の目で見た驚きの世界』東海大学出版部，pp.15-28，2015

動物の構造色
——色素を用いない鮮やかな色

チョウの翅のように鮮やかな色模様をもつ動物は多い．体表の色模様は種内，あるいは種間でのコミュニケーションツールになっていると考えられる．その鮮やかな色を生み出すために動物はさまざまな工夫を行っている．特に，光の波長サイズの構造を利用した発色現象（構造色）はバイオミメティクスの観点から興味深い．構造色の代表例は中南米の青いモルフォチョウやクジャクなどで，輝きのある色を人工的に再現し光輝材として応用する研究が行われている．

●構造色を生み出す基本的な構造　動物が発色に利用する微細構造にはさまざまな形状が知られている．そのうち代表的な4つの構造を図1に示した．これらの構造が色を生み出す仕組みには光の干渉とよばれる現象が深く関係している．最も単純な例として薄膜構造（図1A）を考えてみよう．光が薄膜に入射すると，光は上と下の2つの境界面で反射され，それらが重なり合って観察される．その重ね合わせのときに光の波としての性質が重要になる．波の山と山が重なる場合には反射は強められ，反対に山と谷が重なる時には反射は打ち消し合って弱くなる．このような強め合いや打ち消し合いのことを光の干渉とよんでいる．反射が強め合う条件を考えると，膜の厚さと光の波長は関係づけられる．膜が厚くなれば，強め合う光の波長も厚くなり，薄くなれば短くなる．そのため，膜の物理的な厚さが色を選択することになり，構造色とよばれる理由となる．薄膜干渉はシャボン玉の着色原因として知られているが，動物においてもドバトの首の羽やいくつかの種類のモルフォチョウの鱗粉で薄膜干渉による発色がみつかっている．

●多層膜構造を利用する動物　2つの波の重ね合わせとして考えられる薄膜干渉では反射率が著しく上昇することはない．また，特定の波長だけを反射する性質（波長選択性）も高くはない．一方，タマムシが利用する多層膜構造（図1B）では，複数の波が干渉するため高い波長選択性をもつことができる．多層膜構造は屈折率が異なる薄膜が複数重なった構造で，昆虫ではタマムシやシジミチョウ，熱帯魚のネオンテトラなど多岐にわたる動物種で発色に利用されている．多層膜構造に光が入射すると，原理的にはすべての境界面で反射や透過が繰り返される．そのため，光学特性の直感的な理解は容易ではない．しかし，2種類の薄膜が交互に積層した周期的多層膜構造の場合には単純な解釈が可能となる．それは，1周期ずれた境界面で反射された2つの光の強め合いを考えることが，そのまま多層膜構造全体の干渉を考えることになるからである．干渉条件とよばれるこの条件を用いることで，膜の厚さと屈折率の値から反射光の波長を計算することができる．反射率は層の数が多い場合や2種類の材質の屈折率の比が大きい場合に上昇し，チョウの翅のように空気とクチクラで形成された多層膜構造では反射率が100％近くまで達することもある．一方，反射される波長帯域の幅は，屈折率比が小さい方がせまくなる（波長選択性が高くなる）．このような場合には，光の入射角度に依存して反射波長が鋭敏に変化するため，玉虫色とよばれる状況が生じる．

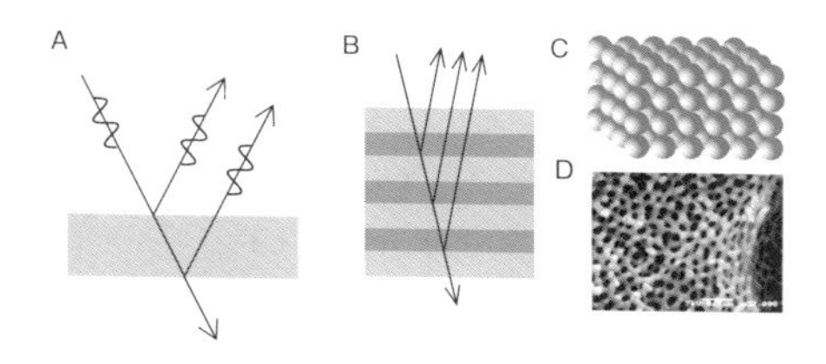

図1　構造色を生み出す代表的な構造　A：薄膜構造，B：多層膜構造，C：フォトニック結晶，D：カワセミの羽にみられる網目構造

●フォトニック結晶を利用する動物　三次元空間の3つの方向すべてにおいて構造が周期的に繰り返す場合，その構造はフォトニック結晶とよばれる（図1C）．構造は複雑になるが，周期に対応する波長で強め合う干渉が起きることが構造色を生み出すことには変わりはない．フォトニック結晶構造はチョウやゾウムシなどの昆虫で発見されている．また，クジャクの羽の内部には，小さな円柱状の顆粒が正方格子のように並んでいる．このような構造は2つの方向で周期的であると考えられるため，二次元フォトニック結晶とよばれている．フォトニック結晶が反射する光の波長はフォトニックバンドギャップとよばれる周波数帯域を使って議論することもできる．バンドギャップ内の周波数をもつ光はフォトニック結晶の内部に存在することができない．そのため，その周波数の光が外から照らされた場合には，内部に侵入できずに完全に反射されてしまう．

●アモルファス構造を利用する生物　動物が発色に利用する構造は，周期的なものばかりではない．例えば，カワセミの羽には乱雑な網目構造が存在し，この構造が青色を生み出している（図1D）．また構造色をもつカミキリムシの一種では，鱗片内部にサイズのそろった球が不規則（アモルファス状）に詰まっている．このような周期性が見られない構造が生み出す構造色は，角度による色の変化が少ないためにnon-iridescentな（虹色にならない）構造色とよばれ，既存の色素による色と類似している．

微細構造を模倣し鮮やかな色をもつ材料をつくる研究がこれまで行われてきた．その結果，例えば自動車の塗装，化粧品，繊維などに構造色は応用されている．また，最近はコロイド粒子をアモルファス状に凝集することで角度変化が少ない発色材料を作成する研究も行われている．一方，動物が微細構造を発生させる過程やその仕組みに関しては未知のことが多い．構造の形成過程を動物から学ぶことで，環境にやさしくかつ大面積で簡易に微細構造を作成できるようになるかもしれない．

［吉岡伸也］

📖参考文献

［1］木下修一『生物ナノフォトニクス―構造色入門』朝倉書店，2010

昆虫の構造色とその応用

昆虫の構造色は5000万年前の化石からも見つかっており，長年の進化を経た多様な発色原理に加え，多様な意義がわかっている（性選択や種認知，擬態など生物学的意義のみならず，熱放散に代表される物理的意義，など）．それらの一部は潜在的な応用価値が大きいことも最近わかり始め，さまざまな試みが行われている．

●構造発色の多様な原理　構造色は，微細構造で生じる光の干渉・回折・散乱による物理的な発色であり，化学物質の色吸収に基づく色素とは原理的に異なる．例えば輝きをともなうことが多く，経時による色褪せもない．これらの利点ゆえ応用上注目されている．しかし，その原理は多様である．多いのは薄膜や多層膜の干渉で（タマムシが代表），「シャボン玉型」発色といえる．一方，微小な粒状散乱体の規則配列による干渉（ゾウムシの一部）もあり，「オパール型」発色といえる．これらの中には誘電率の周期的変化から特異な光特性をもつ「フォトニック結晶」も多い．他に，らせん状の分子配列から円偏光を発する「液晶型」（コガネムシの一部）もあり，以上で大勢を占める．いずれも見る角度で色が変わり（虹色を呈する），それは光の通る道筋により光路差つまり干渉条件が変わるためである．

しかし，膜干渉を用いながらほぼ単色の，例外的発色もある（モルフォチョウ）．この場合ナノの乱雑さで虹色干渉を防ぐ巧みな仕組みがわかっており，多彩な応用が期待される．また反射率は劣るが，オパール型の類でも乱雑さで単色を出す例がある（カミキリムシの一種）．このように昆虫は，構造発色でもその多様性を遺憾なく発揮している．

●応用の多様性　構造色は光輝色で目立ち無退色な上，低環境負荷・省材料など利点が多い．ここから「きらめく繊維」モルフォテックス（帝人）のような先駆的商品例もある．さらにモルフォチョウの発色は，広角で単色かつ高反射率ゆえ，ディスプレイ（外部光の下ではエネルギー不要）から塗料・インク，看板，セキュリティ（ホログラムと同様），繊維・化粧品まで広汎な応用が期待される（現在は量産・低コスト化など技術開発の途上にある）．

一方，モルフォチョウ鱗粉の場合，その空隙を含む特殊な構造（図1）ゆえ，2007年以降センサ応用が注目されている．いずれも外部刺激や環境変化による色変化を用い，例えばガスセンサ（空隙部分にガスが入ると，鱗粉表面へのガス吸着で色変化を生じる），赤外線センサ（吸収による熱で構造が膨張し，色が変化），pHセンサ（構造表面の化学修飾により，pHに応じて構造が変化し，色が変化）など，多岐にわたる．またその複雑な階層構造は，大きな表面積と多孔性とから，触媒活性向上や，新たな機能創生などの足場として期待されている．

●人工物と作製技術 昆虫の構造発色は多様であり，一律にこの構造この製法，とあげることは意味が薄い．しかし，共通した特徴にナノスケール，光学的配列，三次元性，といった点がある．加えて場合により，異方性や乱雑さの付加という困難さがあるため，応用には新たな作製技術の開発も大きな課題である．まして実用面では，低コストと量産が前提となる．

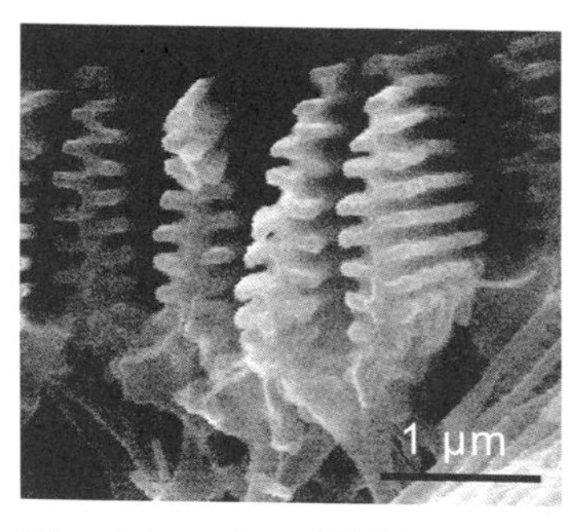

図1 モルフォチョウ鱗粉断面の電子顕微鏡像

まずナノ構造作製では，従来半導体産業で培われた技術群が役立つ（リソグラフィやエッチングなど）．しかし半導体ウェハに比べ，発色材料ははるかに大面積を要する場合が多い．そこで半導体技術でつくったナノ構造を鋳型にして複製するナノインプリント技術が多用される．他方，オパール型構造では特に，ナノ材料（微粒子など）の自己組織化による配列制御が多用される（前者はトップダウン型，後者はボトムアップ型とよばれる）．また膜干渉では，膜形成は真空蒸着が基本となるが，多数の手法があり目的に応じて使い分ける必要がある．

ほかに基礎研究では，足場として生のモルフォチョウ鱗粉を用い，そこに目的に応じた化学修飾を行うことが頻繁に行われるが，現実的な産業応用には厳しいと考えられる．

●広義の構造色 構造色といえば通常は発色だが，光制御である以上「色消し」もできる．広義の構造色としてこの場合も述べておく．反射防止はショーウィンドウやレンズ，眼鏡など，広汎に求められる．ここで昆虫（蛾の眼）を利用して高性能・簡便な反射防止が実現できる．通常の反射防止は多層膜で行うが（発色と同様，光路差の調整による），屈折率の異なる物質境界ではどうしても反射が生じる．しかし蛾の眼はナノ凹凸構造で巧妙な反射防止を実現しており，眼の表面に光波長より小さな鈍角の円錐を密に敷き詰めている．密な円錐群は，入射光から見ると光の進行につれて平均屈折率（構造が小さすぎて個別の境界面とみなせない）が徐々に増えることになり，境界の反射が激減するのである．このモスアイ（蛾の眼）構造を利用した反射防止フィルムはすでに市販されており，昆虫を模倣した好例といえる．

このように昆虫はその多様性にたがわず，構造色だけでもその原理・構造・機能は多岐にわたる．何より低環境負荷をはじめ，21世紀になってその潜在的な意義と価値がわかり始め，人類がナノテクを用いて必死に取り組みを始めたところである．将来，社会のいたる所で応用例が見られることになろう． ［齋藤 彰］

動物の接着機構
——滑り落ちない脚裏の仕組み

新しい接着技術のモデルとして，動物の優れた接着機構が着目されている．ここでは動物の「繰り返しを可能にする接着機構」と「強力で毒性のない水中接着機構」を中心に解説する．

●繰り返しを可能にする接着機構　従来の接着技術開発では強固な接着性が求められてきたが，持続可能な社会の実現のために，使用後に分別回収できる剥離機能が求められるようになった．しかし，強固な接着と簡単な剥離は矛盾しており技術的に困難であった．一方，自然を見ると爬虫類や虫などの小動物は，いろいろな表面上を垂直にも逆さまにも歩くことができ，この歩行は，接着と剥離の繰り返しである．これを実現するため，小動物は足の裏に優れた接着・剥離機能を進化させている．接着機能のある動物の接着機構の分類と接着部分の構造を図1にまとめた．

①ヤモリの肢　ヤモリは日本でも家の窓や壁などに張り付いているのを観察することができる．このような行動は，肢の裏に大量に生えているナノサイズの毛の

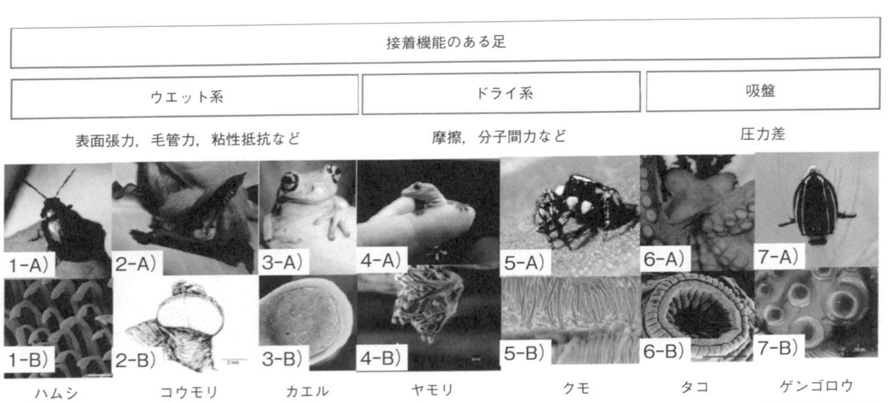

図1　接着機能のある足をもっている動物の接着機構と接着部分．1-A：ハムシ，1-B：付節裏の剛毛，2-A：前肢と後肢に接着機構をもつサラモチ・コウモリ，2-B：円板状の接着機構，3-A：イエアメガエル，3-B：指，4-A：ニホンヤモリ，4-B：肢裏のヘラ状の毛，5-A：マミジロハエトリグモ，5-B：脚裏のヘラ状毛，6-A：ミズダコ，6-B）吸盤，7-A：ゲンゴロウ，7-B：♂の付節裏の吸盤（出典：2-A, B：Schliemann, H. and Goodman, M. A.,“New Study on the Structure and Function of the Adhesive Organs of the Old World Sucker-footed Bat (Myzopoda: Myzopodidae) of Madagascar”, *Verh. Naturwiss, Ver. Hamburg*, 46: 314, 315, 2011, 3-B：Federle,W., et al., “Wet but not Slippery: boundary friction in tree frog adhesive toe pads”, *J. R. Soc. Interface*, 3: 689-697, 2006, 6-b：William M. K. and Smith, A. M. “The Structure and Adhesive Mechanism of Octopus Suckers”, *Integrative and Comparative Biology* 42(6): 1146-1153, 2002)

接着機能により成し得ている．ヤモリの接着力はヤモリの肢と被着表面の間に生じる分子間力（ファンデルワールス力）により主に支配されている．接近した平板間にファンデルワールス力が働く場合，付着エネルギーは距離の2乗に反比例する．そのためいかに表面に接近させるかが重要である．一般的に表面上には凹凸が存在するため，分子間力が働く距離まで接近できる表面はごくわずかである．固体表面を接触させるのは困難であるが，ヤモリは，表面の粗さよりも微細な先端形状にすることで，分子間力が得られる距離に近づけることに成功している．最も研究されているトッケイヤモリでは，毛の材質はβケラチンで，剛毛のサイズは長さ110 μm，幅4.2 μm，へら状構造（スパチュラ）の先端部分200 nmである．接着力はスパチュラ1本で10 nN，剛毛1本あたりでは200 μN（水平方向の力）の力がある．

②昆虫の脚　昆虫の脚は，根元から基節，転節，腿節，脛節，ふ節という節に分かれている．ふ節には接着性の毛状構造や爪などがあり，さまざまな形状を滑らずに歩ける．茎などの棒状では，棒の直径により足の使い方が異なる．ふ節より棒の直径が大きい場合はふ節を曲げて茎に剛毛を密着させ，直径が小さい場合は左右のふ節の間で挟む．平たい葉などの面では接着性の剛毛と爪を使い，非常に平らな場合はふ節の剛毛により接着する．この剛毛により，昆虫（ハムシ，テントウムシなど）は，ガラスのような硬くて平滑な表面を，垂直にも，天井のように逆さまにも歩行できる．この剛毛が，繰り返しを可能とする接着技術のモデルとなる．昆虫の剛毛先端の接着性は歩く表面（被着表面）の微細な凹凸構造（表面粗さ）の影響を強く受けており，表面粗さ100 nm（r.m.s）付近で滑ってしまうことから，接着と非着の制御に利用できる可能性がある．

●強力で毒性のない水中接着　水中での接着には，大気中で使用する一般的な接着剤が使用できないため，貝類がモデルとして研究されている．ムラサキイガイやフジツボは磯で激しい荒波にさらされる生息環境に暮らしている．これらはタンパク質などを介して接着体表面と接着し厳しい風雨や荒波に打ち勝つほどの高い接着力を得ている．ムラサキイガイは岩の金属酸化物上の水酸基を介して固体表面と相互作用している事が提唱されている．イガイの接着は毒性がなく強力なため医療用の接着剤として研究されている．近年，細菌の一種であるグラム陰性菌（*Caulobacter crescentus*）が水中で多糖類を介して非常に高い接着強度をもつことが発見された．剥離強度は68 MPa以上で，エポキシ系接着剤の強度が約30 MPaであるので驚異的な強さである．

［細田奈麻絵］

📖参考文献

［1］ 細田奈麻絵「歩くために必要な摩擦や接着」篠原現人・野村周平編著『生物の形や能力を利用する学問バイオミメティクス』国立科学博物館叢書，東海大学出版部，2016

砂漠に生息するトカゲの鱗のミクロ荷重での低摩擦・摩耗性

砂漠に生息するトカゲ科のサンドフィッシュ（*scincus scincus*）（図1A）は体長100 mm程度で，ほぼ常時砂中に潜んでいる．捕食者から逃れるときは，まさに泳ぐように砂中を移動する．このようなことが可能なのは，表皮と砂との摩擦が低いためであると考えられている．

●ミクロ荷重での低摩擦　最初にサンドフィッシュの表皮（鱗で覆われている）の低摩擦性に注目したのはI. リーチェンバーグらである．彼らはサンドフィッシュの表皮に砂粒を落とし，それらが滑り落ちる角度を調べた（http://www.bionik.tu-berlin.de/institut/xs2skink.html）．その結果，低摩擦高分子として知られるPTFE（商品名テフロン）よりも低摩擦であることを発見した．砂はサイズが小さいので，質量が小さく，荷重も小さい（数mNと想定される）．すなわち，この結果はサンドフィッシュの鱗は，ミクロ荷重（数十mNレベル以下の荷重）での摩擦が小さいことを意味している．

●鱗の微細構造　サンドフィッシュの鱗の形状は魚の鱗と似ており，サイズは部位によって異なるが数mmサイズある．ただ，魚の鱗は骨起源のカルシウムが主成分であるのに対して，爬虫類の鱗は表皮起源のケラチン（表面部分は硬いβケラチン）が主成分で，進化上の関連はない．図1(B)に背中部分の鱗の走査電子顕微鏡写真を示す．水平方向にギザギザの特徴的な線状の構造が見える．1枚の鱗の表面付近は，微細な平板が積み重なったような構造になっている．線上の模様はそれら平板の端部である．しかし，サンドフィッシュの腹部も低摩擦性を示すが，このようなギザギザ模様は見られない．他の実験的結果からも同様に，ギザギザ模様が低摩擦性の原因ではないことが示唆されている[1]．すなわち，他の多くの材料分野でのバイオミメティクスとは異なり，ミクロ構造から低摩擦性は得られないことを意味している．

●超低凝着力　さまざまな研究の結果，サンドフィッシュの鱗表面では，他表面との間に働く力（凝着力）が非常に低いことが明らかとなっている．ミクロ荷重では，数mN程度の凝着力といえども，荷重に上乗せされることとなる．すなわち凝着力の増加は，荷重増加と同じ効果になり摩擦が高くなる．この超低凝着力が低摩擦の主要因である．

凝着力は，表面の水の濡れ性が高いほど高い．そのため，サンドフィッシュの鱗の水との接触角から水の濡れ性が調べられた[1]．しかし，接触角は約90°で，疎水性と親水性の中間の値であった．通常，凝着力が低いときは濡れ性が低い．しかしサンドフィッシュの鱗の場合は，これにあてはまらない．濡れ性が低くないのに超低凝着力を示すのはサンドフィッシュの鱗に独特のものである．

●グリコシル化　それでは何が超低凝着性を発現させているのか？　サンドフィッシュの鱗の場合，鱗表面のβケラチンに特殊性が認められる．「砂中を泳がない」爬虫類の鱗と比較して，サンドフィッシュを含めて「砂中を泳ぐ」爬虫類では，βケラチンのグリコシル化（糖鎖付加）の割合が高いことが明らかになっている[2]．グリコシル化にはN-結合型グリコシル化とO-結合型グリコシル化があるが，サンドフィッシュの鱗は両方が生じているようである．実際にアクリルにグリコシル化を行ったところ摩擦が低下することが見出されている[3]．ただ，グリコシル化による超低凝着・低摩擦メカニズムは未明である．

●低摩耗性　ミクロ構造は一般的に摩耗しやすい．摩耗すればその能力が失われる．耐摩耗性を向上させるために，サンドフィッシュの鱗は材料自身を超低凝着化する戦略をとっているのかもしれない．実際に，サンドフィッシュの鱗は摩耗が他の高分子材料（ポリイミドフィルムやPTFEフィルム）よりも大変低いことが明らかとなっている[1]．

A：サンドフィッシュ

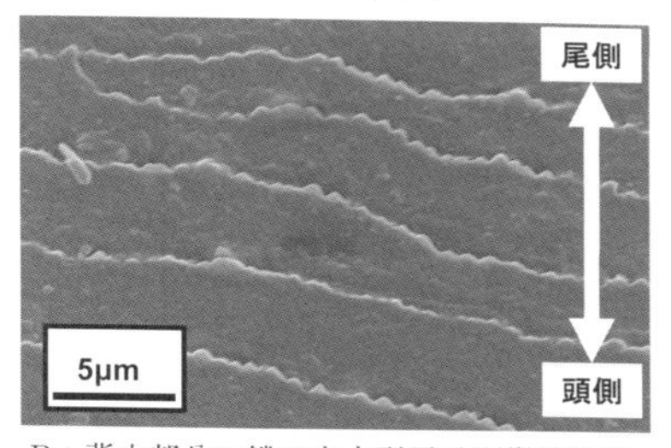

B：背中部分の鱗の走査型電子顕微鏡写真

図1　サンドフィッシュとその鱗

●将来の応用　高分子表面のグリコシル化による凝着力・摩擦力・摩耗の低下は今までの材料工学の研究の中では知られておらず，サンドフィッシュの鱗の研究を通じて得られたものである．近年，ミクロ荷重で動作するMEMSとよばれる数mmサイズのミクロ機械の利用が広がっているが，これに適した低摩擦・摩耗材料は開発されていない．将来，サンドフィッシュの鱗で得られた知見を元に今までにない，MEMS用低摩擦材が開発されるかもしれない．　［木之下　博］

📖参考文献

［1］木之下 博「サンドフィッシュの鱗のトライボロジー」トライボロジスト 61：235-242, 2016

［2］Staudt, K.,“Comparative Surface and Molecular Investigations of the Sandfish's Epidermis (Squamata: Scincidae: Scincus scincus)”, Doctoral Thesis in RWTH Aachen University, 2012

［3］Vihar, B. et al., “Neutral Glycans from Sandfish Skin Can Reduce Friction of Polymers”, *J. R. Soc. Interface* 13: 20160103, 2016

甲殻類の表面構造に学ぶ水路形成

エビやカニなどの甲殻類の多くは，深海，海岸，河川，湿地などのあらゆる水環境に分布しており，エラで呼吸する生物である．まれに，陸上で活動する甲殻類もいるが，肺ではなくエラで呼吸する．例えば，呼吸に使った水を口からはき出し，空気中の酸素を取り込んだ後に，その水を体内に循環させて呼吸する．

このようなエラ呼吸をする甲殻類に属しているフナムシは，海岸の岩場が主の生息環境の陸生生物である．エラ呼吸には水が必要不可欠であるが，泳ぐことができないため，容易に海水に近づくことはできない．このような理由から，海水を口からではなく，直接エラまで輸送できる水路を後脚の表面にもつ．

●フナムシのもつ水路　左右７本ずつある脚の６番目と７番目の後脚２本をくっ付けると，先端から根元まで続く水路が形成される．この水路は，脚の内部に血管のようにあるのではなく，外皮の表面側にある．水路の縁部には針状の毛が林立し，中央部には平板状の構造が長軸方向に沿って配列している．同じ側にある２本の脚をくっ付けると先端から根元まで水路がつながる仕組みになっており，呼吸で水分が必要な時に脚をくっ付けることで，先端に付けた海水を自発的にエラまで運ぶことができる[1]．

この水路の優れている点は，縁部の針状の毛が水路の壁の機能をもち，中央部の平板状の毛の配列が水分を貯める機能をもつことである．つまり，海水を常に水路内に貯めておくことができる．そのため，陸上で活動していても，必要な時に水分をエラまで輸送することができ，水分がない状態を防げる．これは，縁部の針状の毛の並びの方が，細い毛が密集しているために海水を引き込んだり保持したりする力である毛管力が強く，大きな構造である平板状の毛が保持している海水が漏れ溢れ出ることを防いでいるためである（図１）[2]．

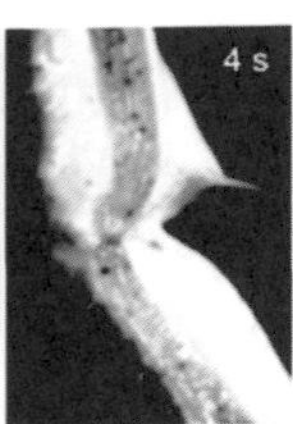

図１　フナムシの脚の表面にある水路構造（左）と水の引き込みの様子（右）　縁部の針状の毛が先に水を引き込み，後から中央部の平板状の毛が水に満たされていく様子がわかる．この引き込み速度の違いは，それぞれの構造がもつ水を引き込む力である毛管力の強さが違うために起きる

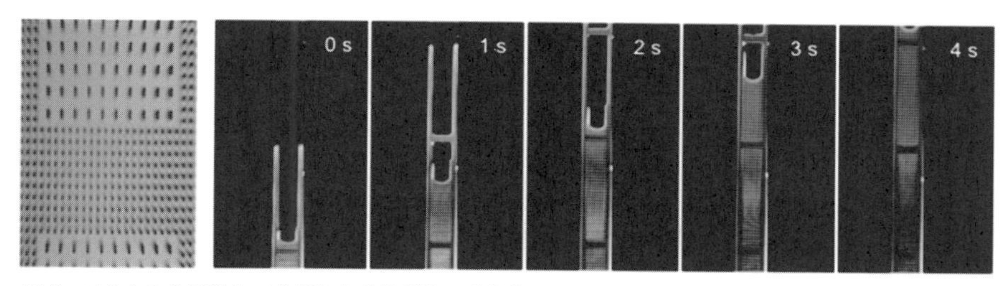

図2　フナムシを模倣して作製した水路構造．毛管力の強さを制御したフナムシ模倣水路でも，縁部の構造の密度の高い部分が先に水を引き込み，後から中央部の構造の密度の低い部分が水に満たされていく様子がわかる

●フナムシを模倣した水路　フナムシの表面構造を模倣した水路は，紫外光のマスク露光を利用したフォトリソグラフィや三軸精密操作装置で作製した多孔構造をもつ鋳型の転写法により作製できる．シリコンウェハなどの平滑基板上に作製した水路表面を真空紫外線照射による親水化処理を行うことで，実際のフナムシの脚にある水路と同様に自発的に水を輸送できるようになる．ホースのような水路の出入口以外が閉ざされている密閉水路では，微細にした際にはポンプによる吸引や加圧が必要になる．一方で，フナムシやその模倣水路のような水路の出入口以外も大気と触れている開水路では，水路の表面構造がもつ毛管力を利用しているため，微細にしてもポンプによる圧力操作は必要ない（図2）．

この水路の流路効率を向上させるためには，水路が水を引き込む力である毛管力を強くする必要がある．水路を流れる液体は，水路構造の表面張力，液体と構造表面との間に働く付着力，水路の方向によっては水にかかる重力の関係により流路効率が決まる．水路表面の突起構造の配列状態を系統的に変化させて比較すると，突起構造の高さが高い方，水路の短軸方向の間隔がせまい方，水路の長軸方向の間隔がせまい方，さらには，構造表面の濡れ性がより親水性である方が強く水を引き込んでいた．フナムシの構造と同様に毛管力の強い構造で水路の壁を形成し，大きな構造で貯水すると，単純な水路よりも高効率になる[3]．このように，フナムシ模倣水路の毛管力を制御することで，液体選択性や環境応答性などの新規液体輸送流路への応用が期待できる．

［石井大佑］

参考文献

［1］ Horiguchi, H., et al., “Water Uptake via Two Pairs of Specialized Legs in Ligia Exotica (Crustacea, Isopoda)”, *Biol. Bul.* 213: 196-203, 2007

［2］ Ishii, D., et al., “Water Transport Mechanism Through Open Capillaries Analyzed by Direct Surface Modifications on Biological Surfaces”, *Sci. Rep.* 3: 3024, 2013

［3］ Tani, M., et al., “Capillary Rise on Legs of a Small Animal and on Artificially Textured Surfaces Mimicking Them”, *PLoS ONE* 9: e94341, 2014

昆虫の体表構造に学ぶ低摩擦バイオミメティクス

昆虫やクモ，そして爬虫類のヤモリなどは，木々や葉っぱはもちろん，家屋の中の壁や天井をものともせずに移動できる．これは，脚先に鈎が有るだけでなく，脚裏にたくさんのミクロンサイズの毛が密集していて，その毛がファンデルワールス力で接着しているのだ．一方，モスアイ構造とよばれるナノパイル構造が蛾の眼の表面にあることが知られており，この構造によって光の反射を防ぎ，入射光量を増やす物理学的仕組みもわかってきた．これらの研究を通して，昆虫の体表の多くの場所に，ナノからミクロンサイズまで，さまざまな小さな凹凸構造があることがわかった．はたしてこれらの凹凸構造の機能は知られているものだけだろうか．

●反射低減効果をもつモスアイ構造の超撥水性　モスアイ構造をもつ蚊の複眼などで，超撥水性を示すことが，比較的近年になってカ科の複眼を用いた研究で報告されている[1]．蚊の生活環境が水辺であるだけでなく，水中に棲息する幼虫のボウフラが，同じく水中生活をする蛹のオニボウフラから羽化する際に水の表面張力から脱出することを考えると，体中に高い超撥水性を備えていることは理解しやすい．光の反射を防ぎ透明な翅をもつエゾハルゼミでは透明部分の翅膜だけでなく，光を透過しない翅脈にもナノパイル構造があることから，この構造は無反射性だけの機能ではないことが想像された．そこで微小液滴を翅に滴下し撥水性の検討を行ったところ，翅膜で接触角が161.7±2.5°，翅脈で149.5±1.3°という高い超撥水性を示すことがわかった．高い撥水性が生命維持に必要であるならば透過性をもたない他種にもナノパイル構造があるのではないかと考えてアブラゼミの翅を観察したところ，ほぼ同じサイズの凹凸構造があった（図1A，B）．

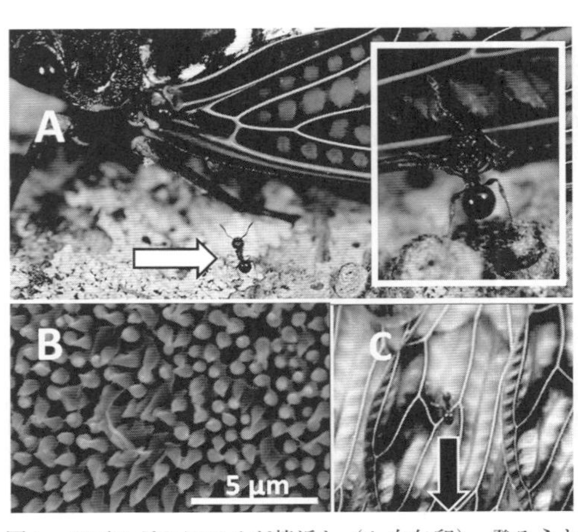

図1　アブラゼミにアリが接近し（A白矢印），登ろうとするが（挿入図），登れない．翅膜を拡大するとナノパイル構造が観察される（B）．アブラゼミの翅を垂直方向に配置してアリを付けるとすぐに落下する（C黒矢印）

●モスアイ構造の上を昆虫は歩

けない―ナノパイル構造がミクロンサイズのファンデルワールス力を軽減 昆虫の脚先を観察すると，微細な毛状やヘラ状のクチクラの突起構造（剛毛）の集合体，あるいは袋状の構造が見られ，この2つが高い摩擦性あるいは接着性を生み出す基本構造であることがわかる．ヤモリなどの脚の建物外壁への付着は，昆虫の脚先と同様の構造によるファンデルワールス力である[2]ことから，実効接触面積を下げればその力が減少するだろうと予想し，アブラゼミとその天敵であるアリの行動の野外観察を行った．するとナノパイル構造をもたないフラットな材料の上を自由に移動することができるアリが，ナノパイル構造をもつ翅に登っていけなかった（図1A）．アブラゼミの翅でシートをつくり垂直に設置するとアリは滑落した（図1C）．その後，虫の表面が他の昆虫に対して滑落性があることを発見した．無反射性の向上を目的としたモスアイ構造をもつシートは工業化されており，アブラゼミの翅と同様の実験を20目100種の昆虫に実施したところ，すべてが滑落した．この実験によって，ナノパイル構造は昆虫がもつミクロンサイズの剛毛などの構造物に対して滑落性を備えていて，例えば害虫と関係する農業現場や工場などでこの構造をしたシートを用いれば害虫の制御にすぐに役立つ．また図2のようなナノパイル構造とミクロンの構造の間に低摩擦性が生じることから，摩擦低減が必要な種々の場所にこの組合せを応用できる．

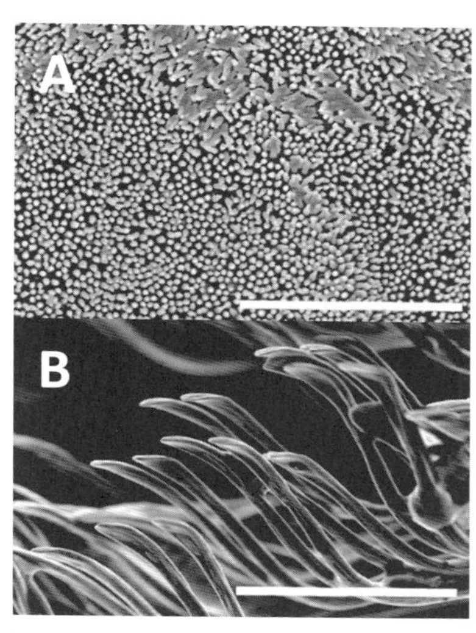

図2 アブラゼミの翅膜（A）とユリクビナガハムシの剛毛（B）の走査型電子顕微鏡像．どちらの縮尺も 20 μm

これらの結果から，生物表面がもつナノパイル構造は，低反射性，超撥水性に加えて，低摩擦性の機能ももつことがわかり，生物表面は同じような生物素材を少しだけ改変することで，進化の過程で生存戦略としての多機能性を獲得してきたことが示唆された．

［針山孝彦］

参考文献

［1］ Gao, X., et al., “The Dry-style Antifogging Properties of Mosquito Compound Eyes and Artificial Analogues Prepared by Soft Lighography”, *Adv. Mater*. 19: 2213–2217, 2007

［2］ Autumn, K., S, 615 R. “Full Adhesive Force of a Single Gecko Foot-hair”, *Nature* 405: 681–68, 2000

ナノスーツ法による
昆虫超微細構造の機能解明

試料表面の微細な構造の観察／解析には，走査型電子顕微鏡（SEM）が有効な機器として用いられてきた．しかし，高倍率・高分解能で表面微細構造を観察できる電界放出型走査電子顕微鏡（FE-SEM）は，機器の内部が宇宙ステーションの軌道付近に相当する『高真空環境（10^{-3} ～ 10^{-6} Pa)』に保たれているため，生物試料の場合は，そのまま顕微鏡内に入れると，水分やガスなどが奪われて微細構造がたやすく変形してしまう．この対処方法として，生物試料にさまざまな化学的前処理を施した後に予備乾燥を行ったり，あるいは真空度を 10^{-2} Pa 程度に下げた低真空 SEM を用いるなど機器側の開発も行われたが，前者は微細構造が崩れ，後者は解像度が下がってしまうなどの本質的な問題が生じていた．このように，これまでは生物という濡れた試料を高倍率・高分解能観察することは困難で，ましてや生きたままの生物の観察は不可能だと考えられていた．著者らは，生物がもつ真空耐性を増強する技術を検討し，昆虫（ショウジョウバエなど）の幼虫が体表にもつ粘性物質に，電子線またはプラズマ照射することで得られるナノ薄膜が，高真空下でも宇宙服のように機能することを見出し，生きたままの FE-SEM 観察に成功した（ナノスーツ法，図 1）.

●継時的解析による機能解明　昆虫が滑らかな面にとまり体を保持するためには，脚先にある毛状の微細構造（剛毛）が重要な役割を担っている．そこでは，

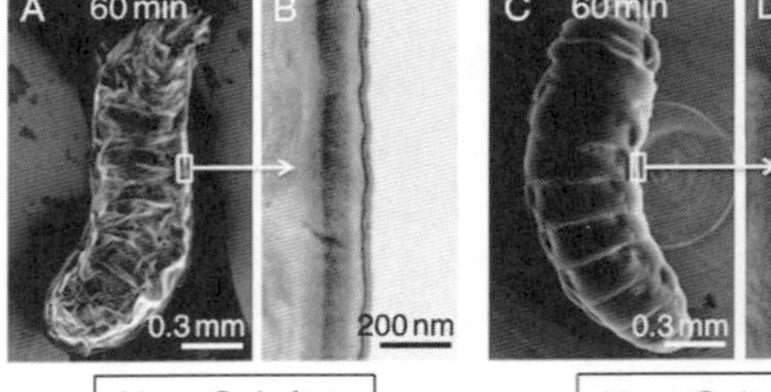

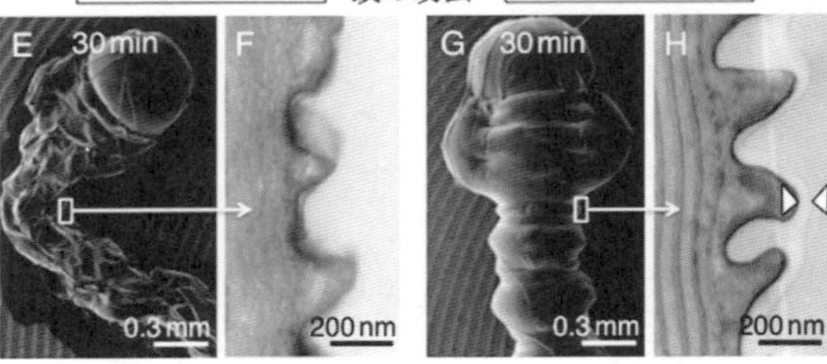

図 1　NanoSuit により生命維持された昆虫の電子顕微鏡像　電子線およびプラズマ照射なしで FE-SEM 内に 1 時間放置したショウジョウバエの幼虫（A）と，その体表最外層の超薄切断面の透過型電子顕微鏡（TEM）像（B）．NanoSuit（D：矢頭間）で保護した幼虫は，1 時間経っても体積収縮を起こさずに高真空中で活発に動いている（C）.

体表の粘性物質が少ない試料の場合（E, F），生物を規範とした疑似溶液を前もってごく薄く塗布することで，NanoSuit を形成させることが可能となった（G, H）

分子間力により接着力が生じていると考えられているが，詳細はいまだ不明なままである．著者らはすでに，未固定・生きたままの剛毛をFE-SEMで観察することに成功している（図2）．ナノスーツ法により剛毛が対象物に接着・脱着するプロセスを追跡することで，メカニズムを継時的に解析することができる．

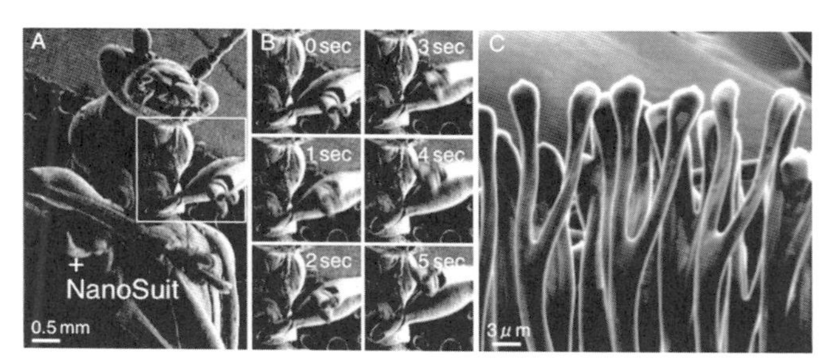

図2　生きた微細構造の動的解析　ナノスーツ法による「生きたままのハムシ前肢」の連続電子顕微鏡像（A, B）．脚先端には剛毛が密に集まった状態で存在する（C）

●元素分析による機能解析　さらに私達は，ナノスーツ法にEDS元素分析を組み合わせることにより，これまで誰も成し得なかった「微細構造を壊すことなく，FE-SEMによる生きたまま・濡れたままでの高分解能で元素分析する技術（ナノスーツ_EDS法）」の開発に取り組んでいる（図3）．

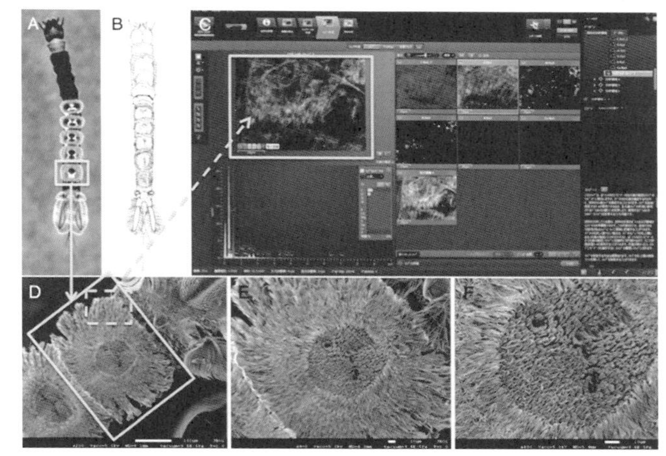

図3　生きた試料のEDS元素分析　マダラホソカの幼虫は，尾部および下半身腹側の微細な毛状構造からなる円形のユニットに空気を溜め，水面直下にぶら下がるように定位している（A, B）．この円形ユニット構造（D, E, F）を，生きたままの状態でEDS分析すると特定の金属元素が同定される（C）．シグナルは生きた試料でのみ検出される

従来のEDSによる元素分析法は，化学固定・脱水・乾燥処理を施した試料を用いていたため，生体試料中に付着しているだけの元素は洗い流され，残っていても局在や分布は修飾されていた．ナノスーツ法とそれを基礎とした生きた元素分析による新規知見は，生命科学全体に新たな視点を与え，農学・生物学・医学などの生命科学分野にこれまでにない新機構を提案するとともに，バイオミメティクス研究の推進に貢献できると考える．

［高久康春］

ナノスーツ法を用いたウイルスカウンティング

インフルエンザ，エボラ出血熱，ジカ熱など，ウイルス感染症は人類にとって大きな脅威である．新興感染はあとを絶たず，常にパンデミックの危険性がある．ウイルス定量・同定法は常に必要な技術であり，より迅速で正確なウイルスの判定法の確立は，人類の保健・医療・福祉の向上のために切望されている．1954年にJ. F. エンダース（Enders）が最初に培養細胞の系を利用してウイルスを分類したことをきっかけに，ウイルス定量・同定技術の開発が進められて現在も激しい競争が続いている[1]．ウイルスを定量・同定する原理には大きく分けて2種類あり，ウイルス粒子を直接観察する直接法と感染力価やウイルスタンパク質，DNA，RNAを測定する間接法に分けられる．

従来のウイルス定量・定性法は，plaque assay，PCR，ELISA，flow cytometry法などがあるが，多くは定量までに時間を要し，実際のウイルス粒子量を間接的に予測することしかできない．再現性，所要時間，労力にそれぞれ一長一短がある．驚くことに今まではウイルス粒子を直接的に観察しながら正確に定量する技術がなかった．また同定法においても，均一に分布されたウイルス粒子を直接観察し，定量と同時に同定するという方法がなかった．これらの問題点を一気に解決した方法が「ナノスーツ法を用いたウイルスカウンティング法」である．

●ナノスーツ法によるウイルスカウンティング　ウイルスナノスーツ法は細胞外物質や液膜に電子線・プラズマ照射し，高真空下でナノ重合膜を形成させる方法である[2]．今回の研究はナノスーツ法を利用して感染性ウイルス表面をナノスーツ薄膜で覆うことで，従来の検体処理をせず迅速かつ安全にウイルス粒子を走査型電子顕微鏡で観察できる点が特徴である[3]．

実際の観察操作では，基板上またビーズ上に選択的に付着したウイルス粒子の上にナノスーツ液を薄く塗布し，高真空下でナノ重合膜を形成させ走査電子顕微鏡で観察する．従来法では2日かかっていたサンプル作成過程をナノスーツ法で大幅に短縮することができ，これにより迅速診断が可能となる．ウイルス粒子の上にのったナノスーツは厚さ約10 nmと極薄である（図1）．このナノスーツ薄膜は電子顕微鏡の電子線によるチャージアップ軽減効果とウイルス感染能の除去という性質がある．この2つの性質により，走査型電子顕微鏡によるウイルス粒子観察がよりしやすくなり，感染性ウイルスを扱う操作者の感染防御にも役立っている．ナノスーツ法はガラス上にあるナノ粒子の1量体と2量体の凝集像を直接観察することができ，粒子を1個1個見極め同定し，高精度のサイズ分布と濃度の定量化が可能となる（図2）．

●ナノスーツ法によるウイルス同定　ウイルス同定に関してはヒトサイトメガロウイルス（HCMV），インフルエンザウイルスを使用して実験した．ガラスプレート上にウイルス粒子付着させ，それぞれの表面抗原に対する抗体（中和抗体）を反応させて，金粒子付着2次抗体と金増感によってウイルス粒子の同定を試みた．その結果，図3のようにウイルス粒子特異的に金粒子が付着している像をナノスーツ法で観察することに成功した．この技術は適切な中和抗体が多種類あれば，患者のもっている既知のウイルスに対しての同定も可能となることが示唆された（図3）．

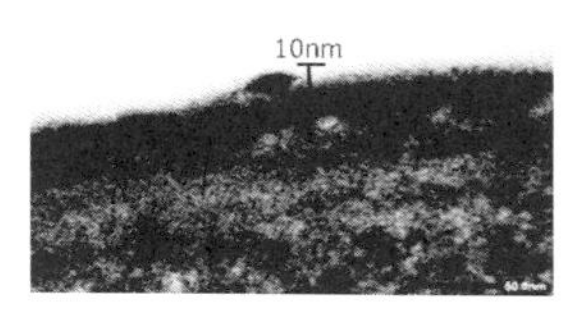

図1　ウイルス上のナノスーツ薄膜

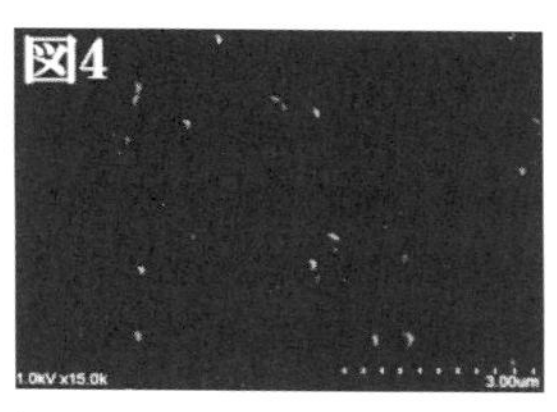

図2　ナノスーツ法によるウイルス粒子観察

ナノスーツ法はウイルス粒子の中和抗体を用いて直接観察するという直感的な測定方法であるため，説得力のあるデータとして取り扱うことができる．またガラス上に多種類の既知のウイルス粒子を吸着させることにより，健常者または患者の血清中に直接ウイルス粒子を認識する抗体（中和抗体）があるか否かを検査することも可能である．これはワクチン開発の促進を期待できる技術である．またウイルス粒子に直接反応する抗体をスクリーニングする技術としても使用でき，抗体医療への新しい治療の開発へ貢献できるものと考える．

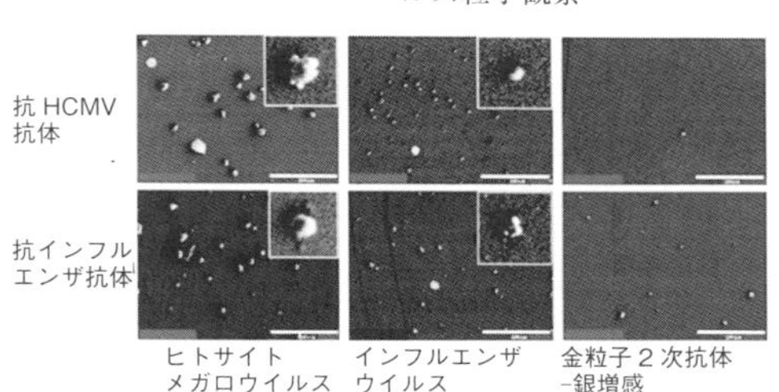

図3　中和抗体によるウイルス粒子の同定

ナノスーツ法によりウイルスの早期診断の実現と健常者がもつウイルスへの免疫能を明らかにし，社会にとってパンデミックの危険性を防ぐツールとしての検査法の確立を現在目指している．そしてナノスーツ法はウイルスのみならずあらゆるナノ粒子への応用できる可能性を秘めている技術である．　［河崎秀陽］

📖参考文献

［1］ Enders J. "Cytopathology of Virus Infections: Particular Reference to Tissue Culture Studies", *Annu Rev Microbiol*, 8:473-502, 1954

［2］ 針山孝彦・河崎秀陽他「含水状態の生物試料の電子顕微鏡観察用保護剤，電子顕微鏡用キット，電子顕微鏡による観察，診断，評価，定量の方法並びに試料台：PCT/JP2015/052404」

［3］ 河崎秀陽・針山孝彦「ウイルスの検定キットとウイルスの同定・定量」（公開番号：特開2017-201289（P2017-201289A）公開日：2017/11/09）

移植細胞を用いた脳組織の再生

長い間，中枢神経において神経再生は起こらないと信じられてきたが，1990年代に脳室周囲や海馬において神経幹細胞（NSC）の存在が知られるようになった．しかしながら成熟した動物における NSC の量や分裂能は神経修復には不十分であり，成人の脳梗塞などでは内因性の NSC のみでは機能回復は困難と考えられている．外部より内因性の NSC の増殖を促す神経成長因子などを投与したり，最近では NSC や NSC から分化させた神経細胞を補充する治療も研究されている．しかしながら成人の脳から NSC を採取するためには侵襲的な処置が必要であり，採取量も限られる．近年，骨髄や臍帯血から採取される間葉系幹細胞（MSC）の中にも NSC 様の細胞があり神経や膠細胞（グリア）に分化することが知られており，採取が容易であることより応用が期待されている．また，胚性幹細胞や山中らによりつくられた人工多能性幹細胞（induced pluripotent stem cell; iPS 細胞）より分化誘導させた細胞の臨床応用も研究されているが，脳内に移植すると奇形腫などを生じるなど安全性について課題がある．

●パーキンソン病に対するドパミン細胞移植治療　パーキンソン病は黒質といわれる脳部位のドパミン（ドーパミン）神経が選択的に脱落する進行性の神経変性疾患で，ふるえ，固縮，寡動などの臨床症状が出る．現在の標準的な治療法はドパミン補充療法などの薬物療法であり，薬剤コントロールが困難となった場合，視床下核や淡蒼球の電気刺激治療が行われる．いずれも症状の改善を認めるが，こわれたドパミン神経細胞を再構築することはできない．そこで，黒質からのドパミン神経が分布している線条体といわれる脳部位にドパミン神経細胞を移植する臨床研究が行われ，有用性が示されている（図 1）．最初は胎児脳の中脳黒質より採取したドパミン細胞が用いられたが，倫理的な問題が提起された．胚性幹細胞からもドパミン神経細胞を誘導することが可能であるが，やはり倫理的な問題が残る．近年では iPS 細胞からドパミン細胞を分化誘導し，移植する臨床研究が進んでおり，間もなく臨床研究が始まろうとしている．患者本人の細胞から作成することが可能であり，倫理的にも免疫学的にも問題がなく，今後の研究に期待が寄せられる．

●脳梗塞に対する骨髄 MSC 静脈注射治療　脳梗塞は脳の血管が詰まり神経細胞が壊れてしまう病気で，部位と大きさにより片麻痺などの重篤な症状を呈する．動物実験では，MSC を脳内に直接移植または静脈内投与することにより，脳梗塞の大きさが縮小し，神経機能が改善することが知られている．移植された MSC は脳梗塞部に移動・集積し，神経細胞やグリア細胞に分化することも示さ

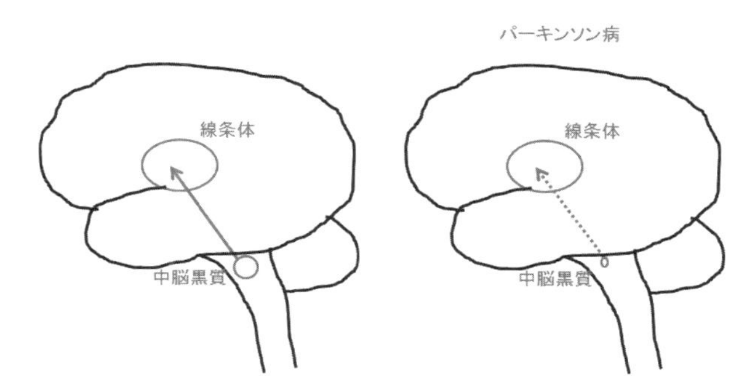

図1　パーキンソン病とドパミン神経．黒質にドパミン神経があり，線条体に軸索をのばし，そこでドパミンを放出するが，パーキンソン病（右）ではこの神経が損傷され症状を呈する．線条体内にNSCなどから作成されたドパミン細胞を移植することによる治療法が臨床応用されている

れている．MSCは骨髄移植の長い歴史から腫瘍化のリスクがきわめて低いことがわかっているので，脳梗塞患者に本人より採取したMSCを静脈注射する臨床研究が進んでいる．投与後比較的早期より症状の改善がみられるため，MSCが損傷された神経回路を再生するというより，到達したMSCから分泌される神経栄養因子やサイトカインなどが損傷部の環境を改善することによる脳保護効果が重要と考えられている．MSCを静脈内投与すると，全身を回った後に局所に到達し集積するが，その量は比較的少ないので，虚血巣に直接移植する方法も検討されている．

●その他の疾患に対する幹細胞を利用した治療　外傷などによる頚髄損傷では四肢麻痺，それ以下の脊髄損傷では両下肢麻痺などを後遺するが，前述の脳梗塞の治療のように，患者本人より採取したMSCを静脈注射することにより症状の改善がみられることが示され，臨床試験が始まっている．

またパーキンソン病のみならず，ハンチントン病や筋萎縮性側索硬化症など有効な治療法のない進行性の神経変性疾患に対し，NSC由来細胞による治療の研究が進められており期待が集まる．

NSCやMSCは組織に損傷が生じた際に修復するために存在するため，損傷部位を感知し，そこに遊走集積する能力をもつ．動物実験では脳内の遠隔部にNSCやMSCを投与しても虚血部や腫瘍部に向けて遊走することが知られている．膠細胞より発生する悪性グリオーマは脳内を浸潤性に広がるため，手術的全摘出が困難であり，生命予後がきわめて悪い．この腫瘍に対し，抗腫瘍物質などを放出するNSCやMSCを用いて手術後の残存腫瘍に遊走し破壊する治療法の研究が進められている．

［難波宏樹］

動物の特殊な機能を規範としたロボット

動物は長い年月をかけて，それぞれの環境に適応できるように進化しており，人間にはまねできない優れた機能を有する動物も数多く存在する．本項では，その運動や機能を模倣・応用することで，人間の入り込めない極限環境における探査ロボットや医療・福祉機器などへの応用事例について紹介する．

●ぜん動運動　ミミズは「ぜん動運動」という動きにより移動する．ぜん動運動とは人間の食道や腸などにも見られる動きで，主に骨格のない環形動物にみられる移動手段の1つである．図1にミミズの移動の様子を示す．ミミズは約150の体節から成り立っており，その体節を環状筋と縦走筋により「細く長く」「太く短く」することによって縦波の伸縮波を後方に伝播させて移動する．この運動には，以下の3つの大きなアドバンテージが存在する．

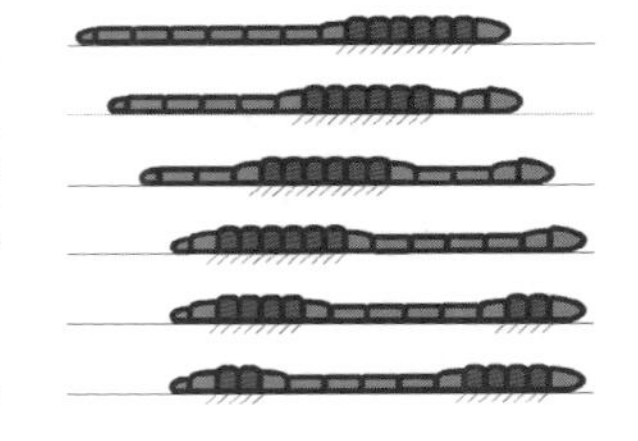
図1　ミミズの移動様式

- 移動に必要な空間が他の移動手段（歩行・蛇行・車輪）に比べて最も小さい．
- 周辺環境に対して接地面積を大きく確保することができるため，けん引力が大きく周辺の摩擦環境にも影響を受けにくい．
- 内部を空洞にすることができるので，この空洞を上手に使ってさまざまなアイテムを挿入することができる．

この運動をロボット化することにより，ガス・水道などの細管検査，医療用の大腸検査ロボットなどさまざまな環境への適用が期待できるため，さまざまな分野で脚光を浴びている．この中で，2例のロボットの応用を紹介する．図2に月・惑星地中探査ロボットを示す．このロボットは，ミミズのぜん動運動を用いて月・惑星の地中を深く掘削し，地中の資源や地質について調査する探査ロボットである．また図3にぜん動運動型ポンプを示す．このポンプは空気圧人工筋肉によって人間の大腸の動きを再現することで，既存の装置では難しかった固液混合流体や高粘度流体・粉体などにおける搬送や混合・分離が可能となったまったく新しい多機能ポンプである．固体ロケットの燃料生成装置や土砂の搬送・食品の搬送など幅広い分野での活躍が期待されている．

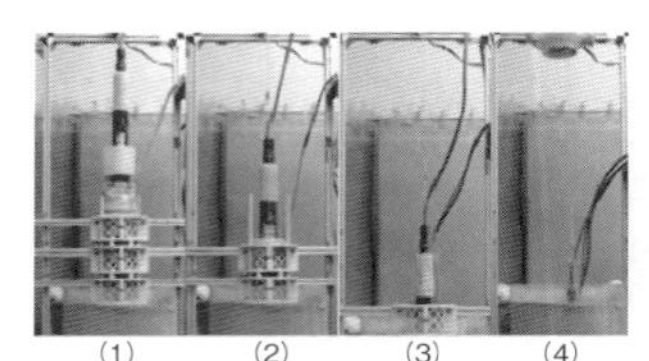

図2　月惑星地中探査ロボット

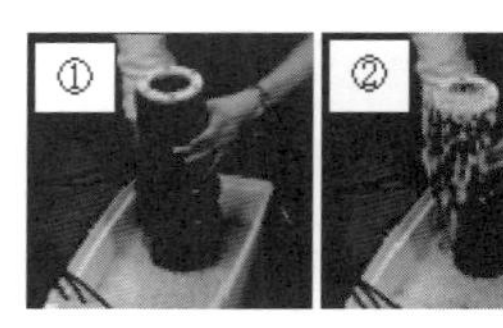

図3　ぜん動ポンプ

このようにぜん動運動はロボティクス・メカトロニクスの世界において新たなイノベーションを起こす運動として世界から注目を浴びている.

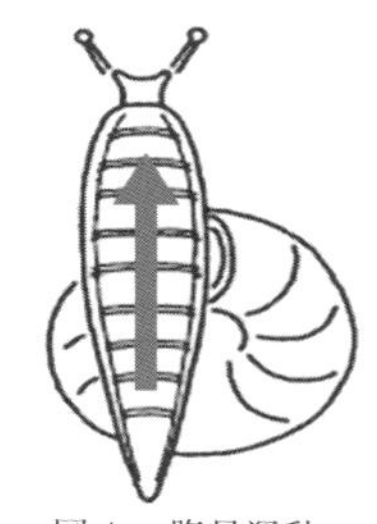

図4　腹足運動

●腹足運動　腹足運動は，主にカタツムリなどにみられる移動手段の1つである．カタツムリには前後に傾いた前斜筋・後斜筋という2種類の筋肉があり，図4のようにこれらの筋肉を尾部から頭部に向かって順に伸縮させることで，腹足波とよばれる進行波を発生させて移動している．他の移動方法に比べ設置面積が大きく，圧力を分散することができるため，図5のような壁面移動ロボットへの適用が期待されている．このロボットは壁面の点検やメンテナンスを行うロボットである.

図5　壁面ロボット

●アメンボの水面移動　アメンボは，6本の足で陸上および水上を安定的に移動することができる．また水上でえさを捕獲するためのアーム機能も備えており，船とロボットが融合したような機能を有している．図6にアメンボを横から見た図を示す．アメンボは水上では，表面張力で浮いており，前脚と後脚で体を支え，中脚を船のオールのようにかいて移動している．また，捕食時は中脚を前に突き出して，前脚でえさを捕獲する．なお，陸上時においては，通常の昆虫と同様の移動を行う.

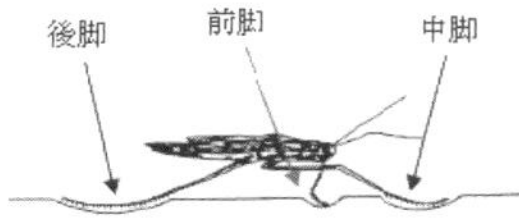

図6　アメンボ

この機能を規範としたロボットを図7に示す．本ロボットは水陸両用の歩行移動ロボットで，湖の水質検査や海難事故の遭難時の救出などのロボットへの応用が期待される.

図7　アメンボロボット

●人工筋肉　人工筋肉とは，人間のような筋肉を目指して開発されているアクチュエータであり，軽量高出力でありながら物理的柔軟性と可変粘弾性出力を有する特徴をもつ．現在，柔軟多自由度マニピュレータやパワーアシスト・リハビリテーション機器などに利用が期待されている．人工筋肉は大別して高分子型と空気圧型に分かれる．空気圧型の中には，McKibben型と軸方向繊維強化型に分かれており，特に後者（図8）は前述のミミズロボットやぜん動ポンプに利用されるだけでなく，大きな出力特性を有する人工筋肉として注目されている.

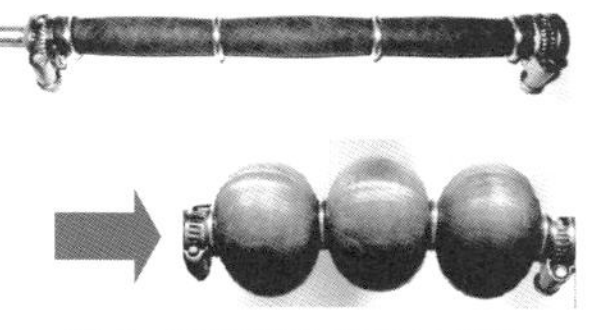

図8　軸方向強化型人工筋

［中村太郎］

飛翔のメカニズムとロボットへの応用

空中を飛翔する代表的な動物には，鳥，コウモリ，昆虫があり，彼らは翼を羽ばたかせて自在に飛ぶ．羽ばたかずに体の一部を広げて滑空する動物もあり，モモンガ，トビトカゲ，トビヘビ，トビウオ，アカイカなどが知られてる．これらの飛翔動物は，飛行能力を獲得することで，生活範囲の拡大や攻撃者からの逃避を実現した．本項では，鳥と昆虫の羽ばたき飛行のメカニズムと，羽ばたき飛行ロボットへの応用について解説する．

●翼の空気力　翼に気流をあてると，翼に沿って気流が下向きに曲げられる．その吹き下ろしの反作用で，気流に対して垂直上向きに大きな揚力が発生する（図1A）．気流に平行な方向には，空気の粘性による摩擦と，翼から剥離した気流による負圧によって，抗力が発生する．揚力の大きさは，気流と翼がなす迎え角に比例する．ただし，迎え角が大きくなりすぎると，気流が翼から完全に剥離してしまい，揚力は激減し，抗力は増大する（図1B）．これを失速とよぶ．一般に失速角（失速する迎え角）は10°から20°程度である．

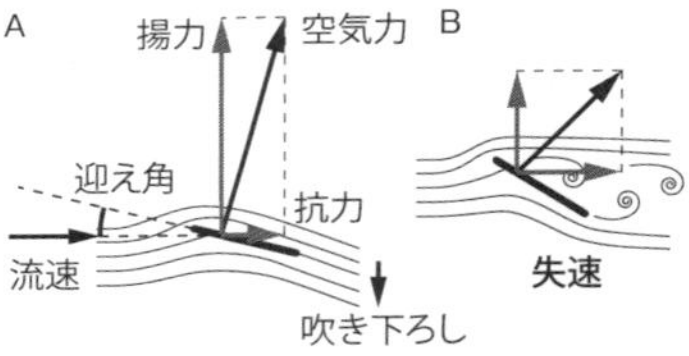

図1　流れの中の翼断面の模式図．A：迎え角が小さいとき．B：迎え角が大きく，失速したとき

●鳥の飛行の仕組み　翼にあたる気流の速度と角度は，鳥の飛行速度と翼の羽ばたき速度を合成して求める．翼の外側ほど羽ばたき速度は大きいので，打ち下ろしのときには揚力が前方に傾いて，飛行方向の成分をもつ（図2A）．これが推力（飛行方向の力）となる．打ち上げ時には，迎え角が正ならば，揚力は鉛直上向きの成分をもつが，推力は負である（図2B）．逆に，迎え角が負ならば，揚力は鉛直下向きの成分をもつが，推力は正となる．飛行速度が遅いときは，打ちあげ時に鉛直下向きの力が発生するのを防ぐために，打ち上げ中に翼をたたむことがある．ただし，持続的なホバリング（空中静止）が可能な唯一の鳥であるハチドリは例外である．ハチドリは打ち上げ時も翼をたたまず，大きく翼をひねって裏返し，打ち下ろしと同様に鉛直上向きの力を発生する（図3）．このような飛び方は，スズメガやハエなどの空中静止する昆虫に似ている．

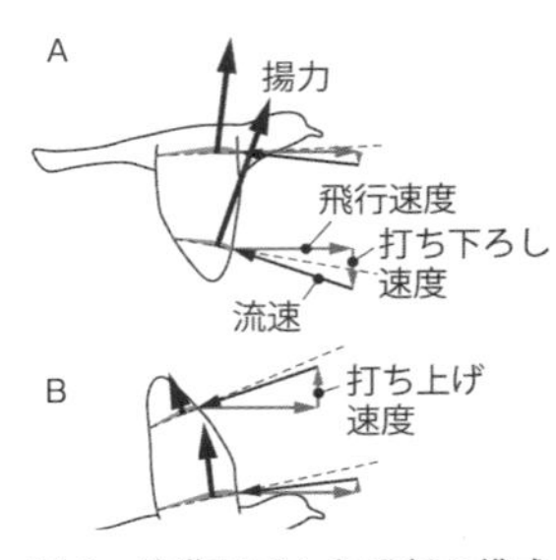

図2　前進羽ばたき飛行の模式図．A：打ち下ろしとB：打ちあげ．抗力は省略

●昆虫の飛行の仕組み　昆虫やハチドリのような小さい動物では，空気の粘性の

影響が大きくなり，揚抗比（揚力／抗力）は10以下と小さくなってしまう．すると図2のような大きな揚抗比を利用した飛行はできない．一方，小さい翼から剥離する気流は，粘性の影響で翼と同程度の大きさの渦を形成する．小さな動物は，この渦を利用する．例えば，ハチドリ，スズメガ，ハエなどのホバリングにおいては，翼の前縁近くに前縁渦とよばれる螺旋状の渦が安定して付着し，大きな迎え角でも失速（気流の剥離）が起きず，大きな空気力を発生する（図4）．

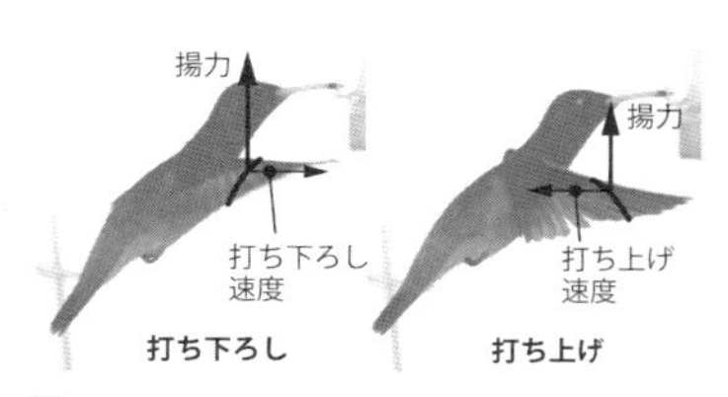

図3　ホバリング中のハチドリの翼断面の模式図．抗力は省略

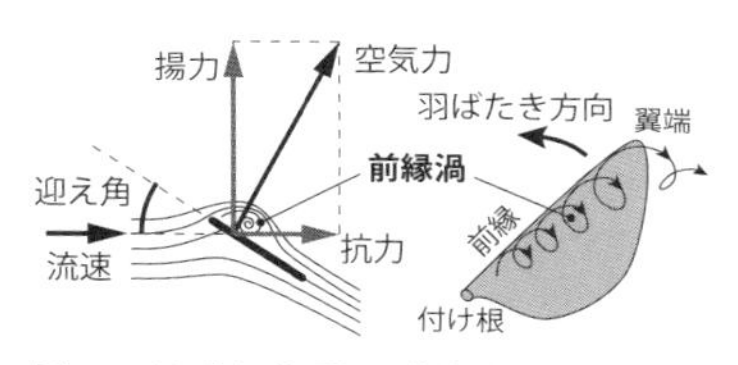

図4　羽ばたき翼の前縁渦の模式図．（左）翼断面図．（右）右翼上面

●飛行ロボットへの応用　既存の航空機に対する鳥や昆虫の飛行の特徴は，翼の動かし方を変えて自在に飛行できること，鳥の場合は飛行状況に合わせて翼を変形できること，翼が柔軟であるため接触事故時にも破損しにくいこと，サイズが小さい場合は前縁渦などの渦を利用すること，などがあげられる．これらの特徴を調べるために，これまで多くの羽ばたき飛行体が試作された（図5）．しかし，近年急速に普及した回転翼型の飛行ドローンに対して，羽ばたき飛行体は実用化にはいたっていない．大きな課題のひとつは，現在最も実用的な小型軽量アクチュエータが電動回転モータであり，それを羽ばたき翼の駆動に利用するには，回転運動を往復運動に変換しなければならず，そのため伝達機構が複雑になり効率も悪くなってしまうという点である．今後は，アクチュエータと伝達機構や，翼の変形や柔軟性などの生物的な特徴の再現などについて，さらなる研究の進展が期待される．

［田中博人］

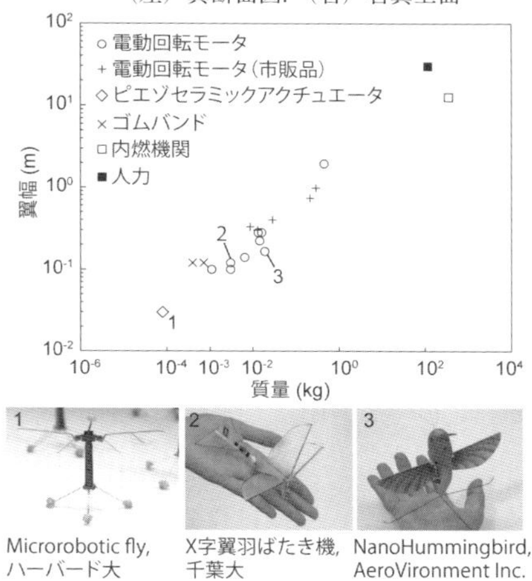

図5　羽ばたき機の大きさ，重さ，動力．（Liu, H. *et al., Phil. Trans. B*, vol 371, 20150392, 2016に基づく）

📖参考文献

［1］ 東 昭『生物の動きの事典』朝倉書店，1997

博物館とバイオミメティクス

博物館の歴史は長く（古く），バイオミメティクスの歴史は短い（新しい）．これまでわが国の博物館業務の中で，バイオミメティクスが取り扱われたことはあまりなかったし，あったとしても小規模にとどまっていた．バイオミメティクスが関係するのは，自然系の博物館であるので，ここでは自然系の博物館に話を限定したい．

●博物館展示の中のバイオミメティクス 筆者が勤務する国立科学博物館では，残念ながら現時点では常設展示の中にバイオミメティクスを取り扱ったものはない．しかし各地の博物館の中には，かなり意識してこの新しい動きを常設展示の中に取り入れている例もある．例えば静岡市にある「ふじのくに地球環境史ミュージアム」（2016年開館）では，常設展の中にかなりのスペースを割いて，バイオミメティクスの展示を行っている（図1）．

図1 「ふじのくに地球環境史ミュージアム」（静岡市）のバイオミメティクスを取り扱った常設展示

国立科学博物館では，企画展「生き物に学びくらしに活かす—博物館とバイオミメティクス」を開催した（2016年4月19日～6月12日）．この中で筆者らは，昆虫，海洋動物，鳥類の形態や生態に学んだ工業製品や工法の解説を行うとともに，バイオミメティクスが人間社会の持続可能性に大きくかかわっていることを示した．約2か月間の展示期間中，約22万人の入場があった（図2A）．

このような期間限定のバイオミメティクスの展示はこれが初めてではない．2010年頃から，国立科学博物館をはじめ，北海道大学総合博物館，群馬県立自然史博物館，千葉県立現代産業科学館，などで相次いで開催された．期間限定とはいえ，何十万人もの人の目に触れることを考えると，その教育的効果は決して小さくはない．

この企画展の中で，これまでになかった取り組みの1つとして，北海道大学の長谷山美紀によって開発された「昆虫画像検索システム」が展示，演示された．これは来場者がモニターの前に立って，特定のポーズをとると，特定の昆虫の動画，生態写真，微細構造のSEM（走査型電子顕微鏡）画像が次々に演示され，それを繰り返すことによって，来場者が興味をもつであろう昆虫画像が推薦される，というインタラクティブ（双方向的）の画像システムである（図 2B）．

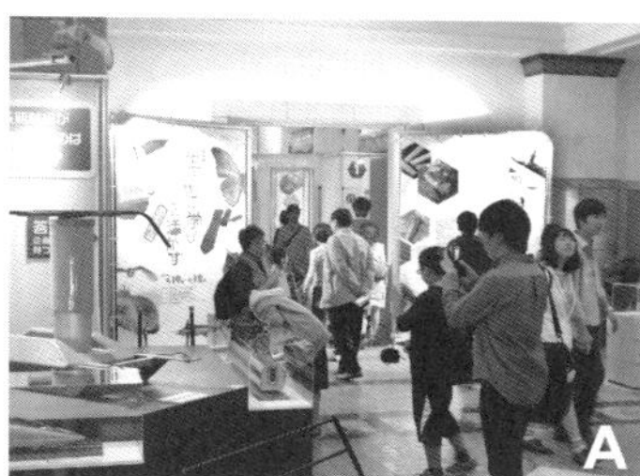

図 2　国立科学博物館における企画展「生き物に学びくらしに活かす―博物館とバイオミメティクス」　A：展示場入口；B：昆虫画像検索システムの展示

この昆虫の微細構造とその機能に関する知識と技術は，その多くが長谷山と筆者らが共同で開発中の「バイオミメティクス画像検索基盤」（昆虫に限定していない）と共通であり，本基盤と「昆虫画像検索システム」は多くの点で共通する密接な関係にある．この「昆虫画像検索システム」は企画展の会期中，50 日間にわたって稼動されたが，来場者がディスプレイの前に立ってシステムが動作を起こした回数は，延べ約 13 万 3000 回に及んだ．

●バイオミメティクスにおける博物館の有効利用　上に述べたように，博物館における生物の研究業務の中には，バイオミメティクスに応用可能な，生物のさまざまな構造と機能のかかわり合いに触れる素材が隠されている．企画展では魚類の吸着機構や，カイメンの一種であるカイロウドウケツのガラス繊維状の構築物，昆虫ではカブトムシ類の前ばねの付け根にある，マジックテープ状の固定装置などを展示した．博物館の生物研究者が，日々世界中から集めてくる生物資料の中には，まだ私達がまったく気づいていないバイオミメティクスの萌芽が潜んでいるかもしれない．「博物館はバイオミメティクスの宝石箱」といわれる所以はそこにある．

しかし博物館にいかにバイオミメティクスの素材が眠っていたとしても，それを発掘し，研究し，工業化への道筋をつける誰かがいなくては，それらの生物資料は眠ったままである．ここでは，博物館の生物研究者と情報科学の研究者，そして大学や研究機関，あるいは企業にいる工学研究者との協働作業が必要だ．つまり，生物研究者−情報科学研究者−工学研究者それぞれの間の連携がスムーズに行われることによって，バイオミメティクスの研究と実用化が回り始める．このような「異分野連携」がうまくいくかどうかが，成功のカギである．

現状ではまだ少ないが，将来の博物館の位置づけの中でバイオミメティクスは必ず必要だ．なぜならそれは，博物館における生物研究の存在理由を示しているからである．将来の子供たちは，バイオミメティクスとは何か？何の役に立つのか？ということを，博物館で学ぶことになるだろう．

［野村周平］

昆虫の微細構造のデータベース化と機能の検索

バイオミメティクスは，生物の構造とその機能に着想を得ることで，技術的問題を解決するための理論体系である．問題解決の機能を備える生物の構造を人工的に再現することで，新しい技術が創出される．しかしながら，地球上の生命の歴史に培われた生物の多様性から，問題解決に有益な生物を探し出すことは大変に難しい．現在までに，バイオミメティクスの優れた製品や技術が輩出されたが，それを継続的なものとするためには，ものづくりに役立つ生物を探し出す仕組みが必要である．

ところで，近年の走査電子顕微鏡の普及により，昆虫や魚類，鳥類などの表面に形成された微細構造の観察が進められている．顕微鏡で観察された生物がもつ固有の機能とそれが発現する特徴的な構造を探し出すことができれば，類似のナノ・マイクロ構造を人工的に実現し，機能発現のメカニズムを物理化学的に解明することで，新材料や革新的デバイスの開発に大きな前進が期待できる．

このような背景の下，ものづくりに有益な生物の表面構造を探し出すためのバイオミメティクス画像検索基盤[1]が実現された．この検索基盤は，従来とは異なる検索技術，発想支援型画像検索[2]に基づき実現されている．工学の研究者が生物学の専門用語に精通していない場合でも，顕微鏡画像データベースの全体を俯瞰することで，自身が開発する材料の表面構造と類似した生物を発見できる．望む画像を入手するためにさまざまな検索エンジンが存在するが，ものづくりの発想を得るための生物画像検索を提供するエンジンの実現は，世界初の試みである．

●発想支援型検索とバイオミメティクス　大量に蓄積されたデジタルデータから望む情報を検索するために，ユーザはクエリ（質問）とよばれるキーワードや質問画像を入力し，検索結果を得る．このような従来型の検索サービスでは，ユーザが適切なクエリを想定できない場合，望む情報は得られない．このように，従来の検索はデータの中からクエリに合致する「情報」を簡便に探し出すための技術であり，世の中に存在しない新しい技術を生み出すための情報を探し出すことは大変に難しい．

発想支援型画像検索は，画像の類似性に基づき，自動で類似画像を近傍に配置し，大量の画像を一度にみられるように可視化することができる．このような配置により，画像データベースの全体を俯瞰できれば，適切なキーワードを想定できない場合でも，望む画像が含まれる画像群を効率的に見つけることができ，発見の支援が可能となる．

●バイオミメティクス画像検索基盤　発想支援型画像検索の理論に基づき実現さ

れた，バイオミメティクス画像検索基盤のインタフェースを図1に示す．図中の画像は，国立科学博物館動物研究部 野村周平研究主幹から提供された昆虫の電子顕微鏡画像である．図より，画像データベース全体を俯瞰する様子が確認できる．

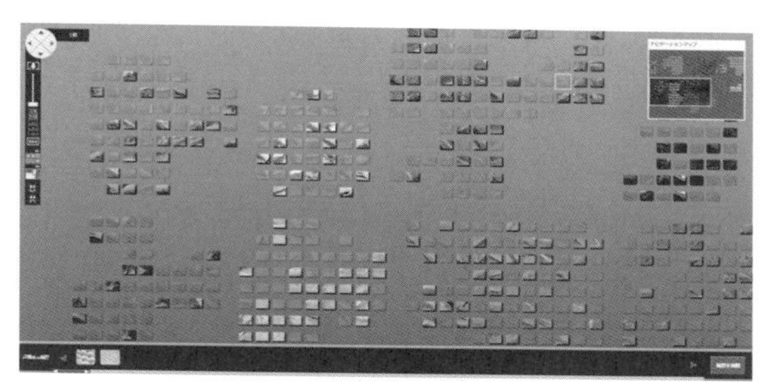

図1　バイオミメティクス画像検索基盤のインタフェース

本検索基盤の機能の中で，特に重要な「画像による類似画像検索」について紹介する．この機能では，検索の目的に応じて選択可能な2種類の画像特徴量が準備されている．各々の特徴量を用いた検索結果を図2AおよびBに示す．9枚の画像の中央に表示されている画像がアップロードされた質問画像であり，その周囲に示されている8枚が類似画像検索結果である．AとBを比較すると，Aの特徴量は形状に注目した類似画像検索に適しており，また，Bの特徴量は模様に注目した検索に適していることがわかる．2種類の特徴量が準備されていることで，注目する表面構造に応じて特徴量を選択することができる．この類似画像検索機能を用いて，材料科学者が自身の開発する材料の顕微鏡画像をクエリとして検索すれば，類似した表面構造をもつ生物を効率的に探し出すことができ，得られた生物の生態環境や固有の性質を通して材料開発に新たな発想が期待できる．　［長谷山美紀］

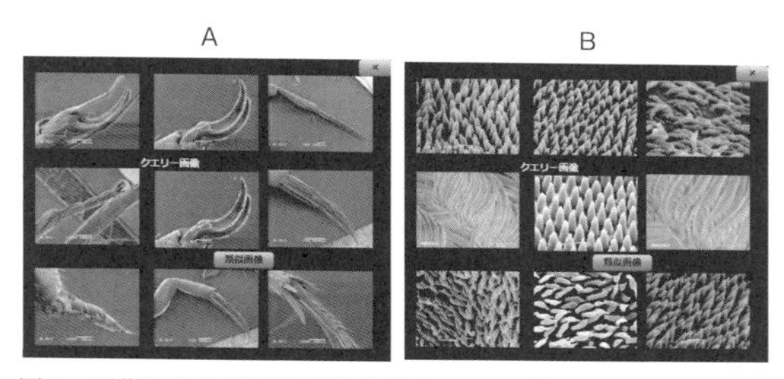

図2　画像による類似画像検索機能．A：形状に注目した特徴量による検索結果，B：模様に注目した特徴量による検索結果

📖 参考文献

［1］ Haseyama, M. et al., “Biomimetics Image Retrieval Platform,” *IEICE Transactions on Information and Systems*, vol. E100-D, no. 8, pp. 1563–1573, 2017.

［2］ 長谷山美紀「画像・映像意味理解の現状と検索インタフェース」電子情報通信学会誌 93(9): 764-769, 2010

バイオミメティクスの産業応用

米国の神経生理学者であるO. シュミットは，イカの神経回路の研究から，入力信号のノイズを除去するシュミットトリガーという電気回路を1950年代に発明した．また，スイスのエンジニアが，野生のゴボウの実が愛犬の毛についていることから，ゴボウの実を観察しフックとループをナイロンでつくった面ファスナーを発明した．日本では，カワセミのくちばしを模倣してトンネル突入時の騒音を減少させる新幹線のノーズや，モルフォチョウの翅の構造色を模倣したテキスタイルなどが開発されている．日本の技術は，世界でも産業応用例として知られているが，海外でも産業応用が活発化している．今，バイオミメティクスが再び脚光を浴びている背景には，ナノテクノロジーの進歩により生物をより詳しく観察できる顕微鏡技術が発展し，さらに，微細な構造をつくる製造技術が進歩したことがある．そして，生物多様性や社会の持続可能性の視点から，生物の知恵から新たな産業プラットフォームが創造されるバイオミメティクス・イノベーションが期待されている．

●産業応用と海外動向 バイオミメティクスを産業応用するためには，生物の機能を解析し，その機能をモデル化し，工学的に技術転換することが基本的な手順となる．例えば，モルフォチョウの光り輝く翅は，翅の表面の微細な構造に由来するものであり，この構造により光干渉で発色している．このような光干渉を生じさせる構造を糸の内部につくるためのモデルが設計され，実際，モルフォチョウの翅のように構造発色する繊維が製造されている．また，サメ肌（循鱗）の構造は，水流の乱れを減少し泳ぐ時の抵抗を抑えることができることから，競泳水着に応用された．さまざまなサメ肌の構造と機能の解析，そして，水着の表面にサメ肌に類似した構造が設計され，表面加工や縫製技術により新たな競泳水着が生み出された．さらに，ヤモリの肢の裏には微細な毛があり，この表面構造によりヤモリは壁を登ることができ，この構造を模倣した付着テープも開発されている．身近なところでは，ヨーグルトの容器の蓋がある．ヨーグルトが付着しない蓋には，蓮の葉が水をはじく機能を模倣した表面構造がつくられている．このように，バイオ

表1 バイオミメティクスの応用例

生物	機能	応用
珪藻の構造	多孔質・軽量	軽量設計
カタツムリの殻	防汚	タイル建材
蛾の眼	無反射	反射防止フィルム
蚊の針	低侵襲	注射針
シロアリの巣	空調機能	建築設計
マグロの体表面	低摩擦抵抗	船底防汚塗料
フクロウの翼	静音	プロペラ
ネコの舌	付着	掃除機
ヘビの顎（あご）	掴む	医療器具

ミメティクスは生物の機能を解析することにより，さまざまな分野で表1に示すような産業応用が進んでいる．

海外では，日本に比べてバイオミメティクスに対する期待が高く，ドイツやフランスは，国の政策としてバイオミメティクスの産業応用を推進している．ドイツでは，生物の構造を模倣した製品開発のみならず，生物の集団構造に着目している企業がある．例えば，アリが集団で大きな餌を運ぶ行動や蝶が群れの中でも衝突せずに飛ぶ行動を解析して，産業用ロボットや工場の制御システムに応用しようとしている．このことは，今まで生物の構造に着目していた技術開発が，生物の行動を模倣し工業的に活用する段階に移行し，バイオミメティクスの活用が新たな時代に入ったことを示すものである．一方，フランスも産業展開に向けて，研究拠点の整備や研究開発ネットーワークの構築に向けて動いている．また，化粧品への応用についても，フランスの化粧品企業はバイオミメティクスに関心が高い．米国では，「バイオミミクリー3.8」という組織が中核となって活動している．バイオミミクリーという言葉は，バイオミメティクスより広い概念をもち，エコロジーの考えも含まれている．そして，この組織では製品開発に役立つ自然に学ぶアイデアをデータベース化して公開している．

●国際標準化　ドイツではBionic，フランスではBiomimétisme，そして，米国ではBiomimicryと，各国でバイオミメティクスを表現する言葉が異なっている．そこで，ドイツは，バイオミメティクスに関する国際的ルールをつくることを国際標準化機構に提案した．国際標準化機構は，160以上の国が参加する国際規格を策定する組織である．この国際標準化機構で，3年間の審議を経て，2016年にバイオミメティクスの国際規格が発行された．この国際規格では，バイオミメティクスとして製品を認定する3つの要件が示されている．第1の要件は生物の機能の解析が行われていること，第2の要件は生物の機能やシステムをモデル化していること，そして，第3の要件として生物の機能そのものを利用することなく工学的な技術であることが定められている．すなわち，バイオミメティクスは生物機能をそのまま利用するバイオテクノロジーと区別されている．

これからのバイオミメティクスは，生物の構造を模倣する時代から自然のプロセスを模倣する時代へと変わり，さらに，生態系を模倣する時代に移行しようとしている．このような観点から，バイオミメティクスの産業応用はさらに広がり，従来の材料やロボットを開発するだけでなく，建築・土木，そして，ネットワークシステムなどの情報分野まで応用が期待されている．さらに，最近では，バイオミメティクスの国際規格から外れるかもしれないが，自然から触発されたバイオミメティクス・デザインという新たな分野が登場している．今後は，生物学の進歩とともに，新たな生物の機能が解明され，思いもよらぬバイオミメティクス製品が誕生すると考える．

［平坂雅男］

●コラム●

カタツムリに学んだ汚れないタイル

生物が鉱物を生成するプロセスをバイオミネラリゼーションとよび，生体硬組織の形成に主に利用されている．その機能はカンブリア紀に獲得したといわれており，有機物が関与する常温常圧下での溶液中からの無機イオン種の析出反応であることを特徴とし，生体硬組織には主にリン酸カルシウムと炭酸カルシウムが用いられている．カタツムリは腹足類に属する軟体動物で，肺呼吸をする巻き貝である．カタツムリの殻は，炭酸カルシウムとタンパク質の複合材料であり，最上部の殻皮層と 3 層の石灰質層（稜柱層，層板層，真珠層）からなる層状構造をとる．殻皮層は硬タンパクだけからなるが，石灰層は炭酸カルシウム結晶がタンパク質マトリクスで囲まれている．殻のバイオミネラリゼーションにあたっては，海水中に生息していれば豊富に溶けているカルシウムを容易に利用することができるが，陸生の貝であるカタツムリは効率よく経口摂食する必要がある．そのためか殻の厚さは薄いが，一方で軽量であり，移動に必要なエネルギーを下げることができる．このようにカタツムリは省資源，省エネルギーなプロセスで彼らの住宅である殻をつくっている．さらにカタツムリの殻表面には，住宅にとって重要なメンテナンスに関する工夫が施されている．

殻表面の材質は硬タンパク質が主であるため，表面の濡れ性（空気中での水や油の接触角）はプラスチックに近く水になじみがたい．しかし，殻表面に無数にある約 10 μm の幅の溝が雨樋の様な役割をはたし，水が溝に入り込んで水膜が形成されるため，水中では油が付着しなくなる（図 1）．つまり，油汚れが付いたとしても水を掛ければ，汚れの下に水が入り込んで，汚れを浮かし洗い流すことができる．

カタツムリの表面処理技術に見習って，住宅材料にも防汚技術が開発され，新しい材料価値が生み出されている．例えば，タイルはもともと汚れが付きにくい素材であるが，ばい煙などの油分を含む都市型汚れは，どんな材料にも付着しやすく，清掃性をあげるためにより高い親水性が必要となってきた．そのため，タイルよりも親水性が高いシリカ系ナノ粒子（直径約 20 nm，カタツムリよりも約 1000 倍細かい溝）をコーティングし，表面積を増加させて，親水性を高めたナノ親水タイルが開発された．光触媒のように光を必要とせず，24 時間，雨だけで汚れを落とす効果があり，メンテナンス費がほぼ半減され，洗浄に使う水，洗剤，エネルギーを低減する効果がある．　［井須紀文］

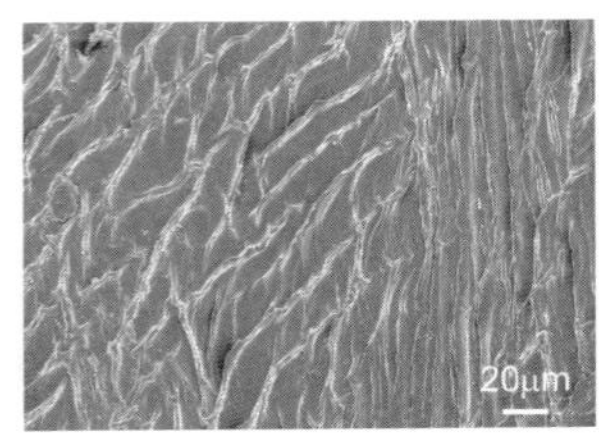

（A）電子顕微鏡写真

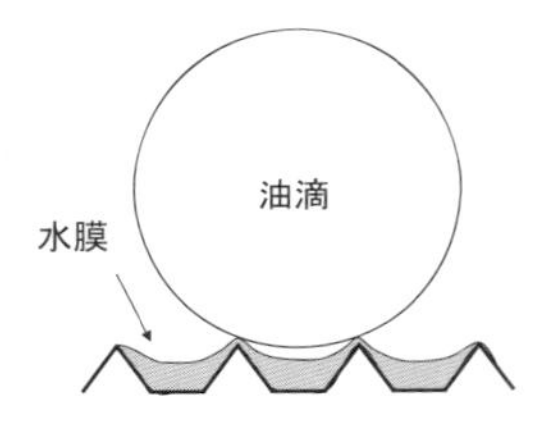

（B）汚れ防止メカニズム

図 1　カタツムリの殻表面の電子顕微鏡写真と汚れ防止メカニズム

事 項 索 引

数字・英字

1 型糖尿病　Type 1 diabetes　343
10-nm 繊維　10-nm filament　226
2 型脱ヨウ素酵素(DIO2)　type 2 deiodinase　465
2 倍体　diploid　606
2 本鎖 DNA 切断　double-stranded DNA breaks　259
20-ヒドロキシエクジソン　20-hydroxyecdysone　471
3,5,3'-トリヨードチロニン　3,5,3'-triiodothyronine　334
3 ドメイン説　three domain theory　215
6-4 光産物　6-4 photo products　258
7-デヒドロコレステロール　7-dehydrochoresterol　442
9+0 構造　9+0 axoneme　406, 407
9+2 構造　9+2 structure　265, 402, 406

α-カテニン　alpha-catenin　301
α プロテオバクテリア　α Proteobacteria　606
β-カテニン　beta-catenin　301
β 酸化回路　beta oxidation cycle　224
γ アミノ酪酸　gamma amino butyric acid　435

ABO 式血液型　ABO blood group　192, 198
ACTH　adrenocorticotropic hormone　454, 455
ADAM　a disintegrin and metalloprotease　291
AER　apical ectodermal ridge　163
alternative NHEJ　259
AMP 活性化プロテインキナーゼ　adenosine monophosphate-activated protein kinase　341
ANP　atrial natriuretic peptide　425
ap　apterous gene　337
ARIS　acrosome-reaction-inducing substance　289
ASIP　agouti signaling protein　461
ATP　adenosine tri phosphate　532
ATP アーゼ　adenosinetriphosphatase　532

B 細胞　B cell (B lymphocyte)　496, 516
BMP　bone morphogenetic protein　306, 310

C 型ナトリウム利尿ペプチド　C-type natriuretic peptide (CNP)　425
C 型レクチン　C-type lectin　506
Ca^{2+} 結合タンパク質　calcium-binding protein　248
canonical NHEJ　259
Cas　CRISPR-associated　521
CDA　cytidine deaminase　514
CDK　cyclin dependent kinase　233
cGMP　cyclic guanosine monophosphate　288
Clock and wavefront モデル　clock and wavefront model　317
cM　centimorgan　195
Co-ARIS　cofactor for ARIS　289
COI 領域　cytochrome oxidase subunit I region　110
CpG アイランド　CpG island　177
CreS　crescentin　226
CRH　corticotropin-releasing hormone　454, 455
CRISPR　clustered regularly interspaced short palindromic repeats　521
crRNA　CRISPR RNA　521

DDE　dichloro-diphenyl-dicloroethylene　430
DDT　dichloro-diphenyl-trichloroethane　430
de novo 遺伝子　de novo gene　147
DNA　deoxyribonucleic acid　184, 214
DNA グリコシラーゼ　DNA glycosylase　258
DNA 結合ドメイン　DNA binding domain　305
DNA 損傷　DNA damage　341
DNA データバンク　DNA databank　211
DNA バーコード　DNA barcode　110
DNA 分配　DNA segregation　214
DNA 分類学　DNA taxonomy　111
DNA ポリメラーゼ　DNA polymerase　258
DNA メチル化　DNA methylation　177, 260, 261
DNA メチルトランスフェラーゼ　DNA

methyltransferase 258
Dlx 遺伝子群 Dlx genes 320
Dlx コード Dlx code 321
Dpp decapentaplegic 337

EBR1 egg receptor for bindin 288, 289
EDS 元素分析 energy dispersive x-ray spectrometry 695
Emx Empty spiracles homeobox gene 311
ENCODE 計画 ENCODE Project 193
ENU ミュータジェネシス N-ethyl-N-nitrosourea mutagenesis 202
EPO erythropoietin 456
ES 細胞 embryonic stem cells 262, 342

F 型レクチン F-type lectin 506
Fgf fibroblast growth factors 310
FISH fluorescent in situ hybridization 240
FOXO forkhead transcription factor 341
FoxP2 FoxP2 311
FSH follicle stimulating hormone 434
FSP fucose sulfate polymer 288
FtsZ filamenting temperature-sensitive mutant Z 226

G アクチン G-actin 226
G タンパク質 G protein 229, 373
G タンパク質共役型受容体 G-protein coupled receptor 373, 386, 432, 678
G1 期 gap1 232, 295
G2 期 gap2 232
GAP GTPase-activating protein 229
GBIF Global Biodiversity Information Facility（地球規模生物多様性情報機構） 113
Gbx gastrulation brain homeobox gene 310
GDI GDP dissociation inhibitor 229
GDP 解離抑制因子（GDI） GDP dissociation inhibitor 229
GEO BON GEO Biodiversity Observation Network 113
GFP green fluorescent protein 451–453
GH/IGF axis growth hormone / insulin-like growth factor axis 341
GnRH gonadotropin-releasing hormone 424, 455
GnRH ニューロン GnRH neuron 450, 451
GPCR G protein-coupled receptor 381
GPI glycosyl-phosphatidy-linositol 291
GTPase 活性化タンパク質 GTPase-activating protein 229
GWAS genome-wide association study 189

HAP2 hapless 2 291
HEK293T 細胞 human embryonic kidney cell 293 678
Hh hedgehog 302, 337
Hox Homeotic gene 146, 163, 311
Hox クラスター（Hox 遺伝子群） Hox cluster 305, 320
Hox コード Hox code 320
HPG 軸 hypothalamus－Pituitary－Gonad axis 450–452
HSP（熱ショックタンパク質） heat shock protein 455

I 型レクチン I-type lectin 506
ICP 質量分析 Inductively Coupled Plasma Mass Spectrometry 485
IGF-1 insulin like growth factor 434
IMPC international mouse phenotyping consortium 203
IMPReSS International Mouse Phenotyping Resource of Standardised Screens 203
in situ ハイブリダイゼーション *in situ* hybridization 195
IoT internet of things 655
iPS 細胞 induced pluripotent stem cell 261, 262, 342
ITS 領域 internal transcribed spacer region 110

KIR killer cell immunoglobulin-like receptor 495

Lefty Lefty gene 308
LH luteinizing hormone 434
lncRNA long non-coding RNA 184

M 期促進因子 M phase promoting factor 232, 282
MALDI-TOF MS/MS Matrix Assisted Laser

Desorption/Ionization-Time of Flight Tandem Mass Spectrometry 421
matK 110
MCH melanin concentrating hormone 461
MEMS Micro Electro Mechanical Systems 689
MHC（主要組織適合遺伝子複合体） major histocompatibility complex 489, 494, 518
miRNA microRNA 184
MPF maturation promoting factor 232
MreB rod shape-determining protein 226
MSH melanophore stimulating hormone 460
MyoD 323

N-カドヘリン N-cadherin 300
Na^+-K^+-$2Cl^-$共輸送体 Na^+-K^+-$2Cl^-$ symporter 349
Na^+/K^+-ATPase Na^+/K^+-adenosinetriphosphatase 349
NG2 細胞 NG2 cell 374
NK natural killer 494
Nodal 308
NPF newropeptideF 476

OECD（経済協力開発機構） Organization for Economic Cooperation and Development 431
OTU（操作的分類単位） operational taxonomic unit 51, 206
Otx orthodenticle homeobox gene 310

Pax paired box genes 310
PCB polychlorinated biphenyl 430
piRNA piwi-interacting RNA 184
PRL prolactin 434
PRP proline rich protein 667

QTL quantitative trait locus 189
QTL 解析 quantitative trait loci analysis 174, 208, 643

Rab タンパク質 Rab protein 228, 229
RAG recombination activating gene 514
rbcL ribulose 1,5-bisphosphatecarboxylase/oxygenase large subunit gene 110
Rho 237
RNA シーケンス RNA sequencing 195
RNA ポリメラーゼ RNA polymerase 258
ROS（活性酸素種） Reactive oxygen species 510
rRNA ribosomal RNA 184

SAAF sperm activating and attracting factor 288, 485
SASP senescence-associated secretory phenotype 341
Sf21 細胞 *Spodoptera frugiperda* 21 cell 678
SHH sonic hedgehog 310
siRNA small interfering RNA 184
SNARC 効果 spatial numerical association of response codes effect 554
SNARE タンパク質 SNARE protein 229
snoRNA small nucleolar RNA 184
SNP single nucleotide polymorphism 189, 208
snRNA small nuclear RNA 184
Sox sex-determining region Y-related high-mobility group box gene 311

T 細胞 T cell 335, 496, 516
T リンパ球 T lymphocyte 502
T3 Triiodothyronine 484
T4 thyroxine 484
TCA 回路 tricarboxylic acid 224
TDWG Biodiversity Information standards 112
TG transglutaminase 511
TGN trans Golgi network 228
TLR Toll-like receptor 492, 490
Toll 様受容体 Toll-like receptor 490, 492
TPO thrombopoietin 457
tRNA transfer RNA 184
TRP transient receptor potential 279, 380
TRP チャネル transient receptor potential channel 251
TSH thyroid stimulating hormone 434, 484
TTSP-1 Type II transmembrane serine protease-1 290

Urabin unique RAFT-derived binding protein for VC70 290
UCP2 uncoupling protein-2 341

VC70 70kDa vitelline coat protein 290
V(D)J 組み換え V(D)J recombination 498

VERL　vitelline envelope receptor for sperm lysin　290
Vg　vestigial　337
VLR　variable lymphocyte receptor　498, 509, 514

Wg　Wingless　302, 337
WHO　World Health Organization　431
Wnt　wingless-type MMTV integration site family gene　304, 310

X 器官　X organ　482
X 器官-サイナス腺系　X organ-sinus gland system　482
X 染色体　X chromosome　196
Xist RNA　X-inactive specific transcript RNA　197
XRF　X-ray fluorescence　485

Y 器官　Y organ　482

ZLI　zonalimitans intrathalamica　310
ZooBank　113
ZP　zona pellucida　289, 290

あ行

愛玩動物　pet animal　186
アイソフォーム　isoform　335
アガメート　agamete　60, 61
アーキア　Archaea　214, 226
アクアポリン　aquaporin　348, 356
アグーチ関連ペプチド　agouti-related peptide　474
アグチシグナリングタンパク質　agouti signaling protein　461
アクチノトロカ幼生　actinotrocha larva　67
アグチパターン　agouti pattern　461
アクチュエータ　actuator　701
アクチン　actin　90, 226, 230, 234, 264, 322, 532
アクチン結合蛋白質　actin-binding protein　532
アクチン繊維(アクチンフィラメント)　actin filament　226, 229, 236, 264, 402
アクチン連結型細胞-基質結合　actin-linked cell to matrix junction　230
アゴニスト　agonist　432
アストログリア　astroglia　374
アセチルコリン　acetylcholine　480
アダプタータンパク質　adaptor protein　433
アデニン　adenine　29
アデノウイルスベクター　adenovirus vector　343
アドレナリン　adrenaline　418, 420, 424, 455
アドレノメデュリン　adrenomedullin　425
アニサキス症　anisakiasis　81
アバロン爆発　avalon explosion　117
アブミ骨(鐙骨)　stapes　102, 670
アブミ骨底板　stapes footplate　670
アポクリン汗腺　apocrine sweat gland　403
アポトーシス(細胞死)　apoptosis　225, 238, 251, 335, 457, 470, 471, 501, 507, 518
アポミクシス　apomixis　274
アミン　amine　419
アメーバ運動　amoeboid movement　264, 532
アラゴナイト　aragonite　67
アラタ体　corpora allatum　468, 471, 476, 477
アラタ体制御ペプチド　allato-regulatory peptides　475
アラトスタチン　allatostatin　475
アラトトロピン　allatotropin　475
アリ植物　ant plant　132
アリストテレスの提灯　Aristotle's lantern　89
アリーナ　arena　570
アルカロイド　alkaloid　666
アルセノフォナス　*Arsenophonus*　607
アルドステロン　aldosterone　335, 485
アルビノ　albino　182, 198
アレロケミカル　allelochemical　440
アレンの規則　Allen's rule　107
アロメトリー　allometry　469, 638
アロモン　allomone　440
アンタゴニスト　antagonist　331
安定化選択　stabilizing selection　127
安定同位体　stable isotope　598
アンドロゲン　androgen　326, 327, 430, 451
アンドロゲン受容体　androgen receptor　430
アンヒドロビオシス　anhydrobiosis　357
アンフィストミー　amphistomy　56
アンフィブラスチュラ　amphiblastula　59
アンブレラ種　umbrella species　644
アンモシーテス幼生　ammocoetes　92

イオノサイト　ionocyte　459

イオンチャネル　ion channel　372, 402
イオンチャネル型受容体　ionotropic receptor　373, 432
イカ巨大神経軸索　squid giant axon　651
鋳型　template　560
維管束植物　vascular plant　603
閾値　threshold　370
イクオリン　aequorin　403
異形個虫　heterozooid　67
囲鰓腔　peribranchial cavity　91
異質倍数化　allopolyploidy　157
囲食膜　peritrophic matrix　510
異所的種分化　allopatric speciation　27, 127, 201
異性間選択　intersexual selection　136
胃腺　gastric gland　331
位相差顕微鏡　phase contrast microscope　15
依存性薬物　drug of abuse　553
一塩基多型　single nucleotide polymorphism　189, 208
一語名　uninominal name　46
一次運動野　primary motor cortex　399
一次感覚細胞　primary sensory cell　384
一次左右性　primary asymmetry　201
一次視覚野　primary visual area　534
一次軸　primary axis　304
一次消費者　primary consumer　592-594
一次生産　primary production　594
一次繊毛　primary cilia　406, 407
一次造血　primary hematopoiesis　456
一次体性感覚野　primary somatosensory cortex　394
一次中隔　septum primum　329
一次聴覚野　primary auditory cortex　394
位置情報　positional information　338
1 倍体　haploid　606
胃緒　funiculus　67
一化性　univoltine　478
一妻多夫　polyandry　570, 584
一夫一妻(雄の一雌交尾)　monogamy　570, 584
一夫多妻(雄の多雌交尾)　polygyny　570, 584
1 本鎖 DNA 切断　single-stranded DNA break　259
イデア　idea　50
遺伝暗号　codon　145, 210
遺伝学　genetics　4, 186, 268
遺伝型性決定　genetic sex determination　278
遺伝距離　genetic distance　106
遺伝形式　hereditary form　194
遺伝子　gene　22, 184, 210, 268
遺伝子汚染　genetic pollution　97
遺伝子型　genotype　194, 211
遺伝子型頻度　genotype frequency　191
遺伝子組換え　genetic modification　187
遺伝子組換え医薬　genetically engineered medicine　457
遺伝子組換えカイコ　transgenic silkworm　664
遺伝子座間性的対立　interlocus sexual conflict　578
遺伝子座内性的対立　intralocus sexual conflict　579
遺伝子制御ネットワーク　gene regulatory network　302
遺伝子操作　genetic engineering　210
遺伝的多型　genetic polymorphism　189
遺伝子重複　gene duplication　146, 156
遺伝子導入　transgenesis　195, 199, 210
遺伝子導入動物　transgenic animal　210, 211
遺伝子導入法　transgenic technique　188
遺伝子の水平転移　horizontal gene transfer　607
遺伝子ノックアウト　gene knockout　452
遺伝子破壊　gene disruption　195
遺伝子発現　gene expression　195, 626
遺伝子発現の制御　regulation of gene expression　29
遺伝子頻度　gene frequency　191
遺伝種　genospecies　111
遺伝子流動　gene flow　201
遺伝性疾患　genetic disorder　218
遺伝的一夫一妻　genetic monogamy　571
遺伝的荷重　genetic load　141
遺伝的系統群　genetic clade　111
遺伝的順応　genetic accommodation　626
遺伝的多様性　genetic diversity　585, 108
遺伝的同化　genetic assimilation　627
遺伝的浮動　genetic drift　126, 191, 200, 616
遺伝的不和合性　genetic incompatibility　584
遺伝的変異　genetic variation　26
遺伝病　genetic disease　186
遺伝標識　genetic marker　23
移動運動　locomotion　532

胃嚢 ampulla 67
疣足 papilla 89
異方性 anisotropy 685
囲卵腔 perivitelline space 282, 292
陰核 clitoris 327
インカ細胞 Inka cell 477
陰茎 penis 327
インスリン insulin 421, 436, 439, 469, 474
インスリン / IGF シグナリング insulin/IGF factor signalling 341
インスリン様成長因子(IGF) insulin like growth factor 238, 434, 459
インターカレーション intercalation 338
インターフェロン interferon 490
インターロイキン interleukin 490
インテグリン integrin 230, 300, 509
インテレクチン intelectin 507, 520
咽頭 pharynx 155, 330
咽頭嚢 pharyngeal pouch/ bursa pharyngea 330, 331
インピーダンス整合器 impedance matching device 670
インヒビン inhibin 424
インフルエンザウイルス influenza virus 522
隠蔽 camouflage 608
隠蔽されたメスによる選別 cryptic female choice 137
隠蔽種 cryptic species 50, 91, 97, 111
隠蔽色 cryptic coloration 186, 460

ウイングレス Wingless 302
ウェーバー器官 Weberian apparatus 94
ウォルフ管 Wolffian duct 286, 326
羽化 eclosion 477
迂回投射系 anterior forebrain pathway 560
羽化ホルモン eclosion hormone 477
鰾 swim bladder 159, 162
羽枝 pinnule 89
右心室 right ventricle 328
右心房 right atrium 328
渦鞭毛藻類 Dinoflagellate 603
うま味 umami 384
海草藻場 seagrass meadow 645
羽毛 feather 100, 161
運動学習 motor learning 399
運動指令 motor command 398
運動性繊毛 motile cilia 406, 407
運動前野 premotor cortex 394
運動単位 motor unit 405
運動地図 motor map 399
運動ニューロン motoneuron 660, 661
運動野 motor cortex 394

営巣なわばり nesting territory 588, 589
鋭敏化 sensitization 400
栄養位置 trophic position 597
栄養カスケード trophic cascade 594
栄養種 trophic species 596
栄養生殖 vegetative reproduction 274
栄養段階 trophic level 592, 594, 597, 599
液晶 liquid crystal 684
液性免疫 humoral immunity 493, 516
エキソサイトーシス(開口分泌, 開口放出) exocytosis 223, 228, 248, 256, 264, 371, 403
エキソソーム exosome 291
液体クロマトグラフィー質量分析 liquid chromatography mass spectrometry 468
エキノプルテウス echinopluteus 89
液胞 vacuole 214
エクジステロイド ecdysteroid 482
エクジソン ecdysone 470, 476
エクソーム exome 192
エクダイソン ecdysone 469
エクリン汗腺 eccrine sweat gland 403
エコデボ(環境発生生物学) eco devo (ecological developmental biology) 269
エコトーン ecotone 645
エコロケーション echolocation 672
餌選択 prey selection 618
餌ねだり begging 572, 573
エストロゲン estrogen 326, 430, 451-453
エストロゲン受容体 estrogen receptor 430
エソロジー ethology 524
エチニルエストラジオール ethynylestradiol 430
エッチング etching 685
エディアカラ紀 Ediacaran 116, 118
エディアカラ生物群 Ediacaran biota 116, 148
エドマン分解 Edman degradation 421
エネルギーフロー energy flow 592
エネルギー分散型 X 線分光 energy dispersive

X-ray spectrometry 485
エピジェネティクス epigenetics 41, 196, 260, 261, 558
エピジェネティック修飾 epigenetic modification 177, 197
エピジェネティック制御 epigenetic regulation 456
エピネフリン epinephrine 420
エピブラスト epiblast 277
エフェクタータンパク質 effector protein 229, 432
エボデボ（進化発生生物学） evo devo （evolutionary developmental biology） 268
鰓 gill 162, 348, 358
襟細胞 collar cell 59, 149
エリシター elicitor 677
エリスロポエチン erythropoietin 254, 456
遠位臓側内胚葉 distal viseceral endoderm 305
遠隔化学感覚 distant chemosensory 384
塩基除去修復 base excision repair 258
塩基多様度 nucleotide diversity 190
塩基置換 nucleotide substitution 41, 142
塩基配列 nucleotide sequence 110, 194, 210
沿軸中胚葉 paraxial mesoderm 297, 316
炎症反応 inflammatory response 506
遠心性コピー efference copy 398
延髄 medulla oblongata 310, 366
塩生湿地 salt marsh 645
延長された表現型 extended phenotype 602
エンドクリン endocrine 426
エンドサイトーシス endocytosis 222, 228, 257, 264
エンドセリン endothelin 425
エンドソーム endosome 228
エンドミトシス endomitosis 274
エンハンサー enhancer 177
エンハンサートラップライン enhancer trap line 188
円偏光 circular polarization 684
塩類細胞 chloride cell 349, 459
塩類腺 salt gland 459

横隔膜 diaphragm 102, 161, 323, 359
王台 swarm cell 468
黄体形成ホルモン luteinizing hormone 434, 462
黄体形成ホルモン放出ホルモン luteinizing hormone-releasing hormone 424
黄体ホルモン corpus luteum hormone 442
横中隔 septum transversum 331
凹凸構造 convex-concave structure structure 692
横紋筋 striated muscle 264, 322, 402
大顎 mandible 78, 80
オキシトシン oxytocin 467
オキシルシフェリン oxyluciferin 403
オキソグアニン oxoguanine 258
オクトパミン octopamine 469
オス殺し male killing 606
雄ヘテロ型 male-heterogametic system 180
汚損動物 fouling animal 81
オッドアイ odd eyes 187
オートクリン autocrine 426
オートファジー autophagy 228, 341
オートミクシス automixis 275
オーバーシュート overshoot 370
オフィオプルテウス ophiopluteus 89
オプシン opsin 103, 382, 383
オプソニン opsonin 508
オプソニン化 opsonization 508
オフターゲット off target 205
オープンスペース理論 open space theory 680
オベソジェン obesogen 431
オミックスペース omics pace 202
親子の対立 parent-offspring conflict 583
親の投資 parental investment 582
オーリクラリア auricularia 89
オリゴデンドログリア oligodendroglia 374
オルガネラ organelle 228, 229
オルソログ ortholog 211
オルドビス紀 Ordovician Period 164
オレキシン orexin 425, 467, 474
音圧利得 sound pressure gain 670
音響インピーダンス acoustic impedance 670
音源定位 auditory localization 396, 397
温度依存型性決定 temperature-dependent sex determination 279
温度感覚 temperature sense 380
温度感受性 TRP チャネル thermosensitive transient receptor potential channel 351

温度受容体　thermal receptor　351
温度補償　temperature compensation　408

か行

外顆粒層　outer nuclear layer　313
階級　rank　46
階級分化フェロモン　caste pheromone　440
外骨格　exoskeleton　402, 476, 533
外鰓　external gills　155
介在ニューロン　interneuron　661
介在板　intercalated disk　322
外肢　exopod　80
概日時計　circadian clock　411, 478
概日ペースメーカー　circadian pacemaker　464
概日リズム　circadian rhythm　188, 408, 462
外耳道　external ear canal　670
外生殖器　external genitalia　326, 327
回折　diffraction　684
外節　outer segment　382
海藻　seaweed　662
階層構造　hierarchical structure　684
階層的体系　hierarchy system　525
階層モデル　hierarchical model　541
外側溝　lateral sulcus　393
外側膝状体　lateral geniculate body　534
害虫　pest　674
害虫防除　pest control　674
外套　pallium　310, 366
外套下部　subpallium　310, 366
外套腔　pallial cavity　66, 68
外套膜　mantle　66, 68
概年リズム　circannual rhythm　462, 629
下位脳幹部　lower brain stem　384
海馬　hippocampus　249, 393, 400, 553
外胚葉　ectoderm　272, 304, 312
外胚葉性間葉　ectomesenchyme　320
外胚葉性頂堤　apical ectodermal ridge　163, 332
解発因　releaser　539
蓋板　roof plate　310
回復打　recovery stroke　406
解剖学　anatomy　2
開放血管系　open blood-vascular system　66, 457
回遊　migration　466
回遊魚　migratory fish　640
外来生物（外来種）　alien species（invasive species）　632, 644, 646
解離定数　dissociation constant　437
カイロモン　kairomone　440
外腕ダイニン　outer arm dynein　407
カウンターイルミネーション　counter illumination　403
科階級群　family group　46
下顎　lower jaw　158
化学感覚　chemical sense　378
化学合成生態系　chemolithotrophic ecosystem　71
化学シナプス　chemical synapse　249
化学受容　chemosensation　188
化学浸透説　chemiosmotic theory　224
鍵刺激　key stimulus　539
下丘　inferior colliculus　366
蝸牛　chochlea　388, 670
核　nucleus / nuclei　214
萼　calyx　89
核 DNA　nuclear DNA　110
核型　karyotype　241
顎筋　jaw muscle　533
核ゲノム　nuclear genome　152
顎骨　jaw bone　533
拡散共進化　diffuse coevolution　130
核磁気共鳴画像法　functional magnetic resonance imaging; fMRI　395
学習　learning　188, 363, 558
顎舟葉　scaphognathite　359
核受容体　nuclear receptor　467
顎神経節　gnathal ganglia　310
覚醒剤　stimulant drug　553
拡張された表現型　extended phenotype　627
獲得形質　acquired character　19, 21, 626
獲得的行動　acquired behavior　546
獲得免疫　acquired immunity　496, 509
核内受容体　nuclear receptor　432
核分裂　karyokinesis　234
角膜　cornea　312
核膜孔　nuclear pore　218
核膜槽　nucleolemmal cistern　220
学名　scientific name　46, 109
隔離障壁　isolating barrier　126
下垂体　pituitary gland　282, 312, 446, 460, 466, 482, 483

下垂体アデニル酸シクラーゼ活性化ポリペプチド　pituitary adenylate cyclase-activating peptide　424
下垂体前葉　anterior pituitary gland pars distalis　462
下垂体中葉　pars intermedia　449
下垂体糖タンパク質ホルモン　pituitary glycoprotein hormone　485
下垂体ホルモン　pituitary hormones　470
下垂体門脈系　hypophyseal portal system　483
下垂体隆起葉　anterior pituitary gland pars tuberalis　464
カースト　caste　468, 564, 626, 631
ガストリン　gastrin　485
カスパーゼ　caspase　335
カセリシジン　cathelicidin　504
過旋　hyperstrophy　201
仮足　pseudopod　264, 532
可塑性　plasticity　42, 400
カダヤシ　mosquitofish　327
家畜化　domestication　104, 105
勝ち抜き型競争　contest competition　612, 613
滑空　gliding　100, 533, 702
活性酸素　reactive oxygen species　258, 341
活性酸素種(ROS)　reactive oxygen species　510
活動電位　action potential　369, 396
滑面小胞体　smooth endoplasmic reticulum　220
カドヘリン　cadherin　226, 230, 300
カーペットモデル　carpet model　505
可変性リンパ球受容体　variable lymphocyte receptor　514
夏眠　aestivation　628
カメラ眼　camera eye　379
殻　test　89
カラクシン　calaxin　407
ガラニン　galanin　425
顆粒球　granulocyte　456
顆粒細胞　granular cell　512
下流標的分子　downstream target factor　306
カルサイト　calcite　67
カルシウム　calcium　484
カルシトニン　calcitonin　459, 485
加齢黄斑変性疾患　age-related macular degeneration　343
ガレクチン　galectin　507
ガン　cancer　261
癌化　oncogenesis; canceration　268
感覚運動学習期　sensorimotor learning period　560
感覚運動変換　sensorimotor transformation　398
感覚学習期　sensory learning period　560
感覚器官　sensory organ　662
感覚細胞　sensory cell　670
感覚搾取(感覚便乗)　sensory exploitation (sensory bias)　137
感覚神経　sensory nerve　314
感覚ニューロン　sensory neuron　660
感覚便乗　sensory bias　569, 574
感桿　rhabdom　383
感桿型光受容細胞　rhabdomeric photoreceptor cell　383
がん幹細胞　cancer stem cell　263
間期　interphase　232
環境 DNA　environmental DNA　111
環境合図　environmental cue　629
環境依存型性決定　environment-dependent sex determination　278
環境収容力　carrying capacity　611, 623
環境浸透圧　environmental osmolality　348
環境世界　Umwelt　538
環境発生生物学(エコデボ)　eco devo (ecological developmental biology)　269
環境フィルタリング　abiotic environmental filtering　103
環境ホルモン　environmental hormone　430
感作　sensitization　400
幹細胞　stem cell　262, 339, 342, 480
間充織　mesenchymatous tissue　67, 330, 331
間充織細胞　mesenchyme cell　502
干渉　interference　684
干渉型競争　interference competition　612
環状筋　circular muscle　700
管状神経系　tubular nervous system　361
環状線　ring gland　477
眼状紋　eye spot　187
肝小葉　liver lobule　355
間接互恵性　indirect reciprocity　567
関節骨　articular bone　102
間接発生　indirect development　151, 334
間接防御反応　indirect defense　677

感染症　infectious disease　111
完全変態　holometabolism　476
完全変態昆虫　holometabolous insect　471
肝臓　liver　330, 354, 355, 456
管足　tube foot　88
環帯　clitellum　70
桿体　rod　313, 382
眼点　eye spot　72, 378
陥入吻　introvert　71
間脳　diencephalon　310, 366
官能基　functional group　662
ガンの転移　metastasis　231
眼杯　optic cup　312, 378
カンブリア紀　Cambrian　118, 154, 164
カンブリア大爆発　Cambrian explosion　57, 148
眼胞　optic vesicle　312
顔面葉　facial lobe　367
間葉系幹細胞　mesenchymal stem cell　698
間葉-上皮転換　mesenchymal-epithelial transformation　326

生糸　raw silk　665
記憶　memory　188, 363
機械感覚　mechanical sense　378, 396
機械感受性チャネル　mechanosensitive channel　253
機械受容　mechanosensation　188
機械受容器　mechanoreceptor　388, 398
機械受容チャネル　mechanosensitive channel　372, 388
機会的遺伝的浮動　random genetic drift　141
気管　trachea　164, 330, 359
気管支　bronchi　330
危急種　vulnerable species　644
キサントモナス　Xanthomonas　205
擬死　thanatosis（death feigning）　376, 590
擬餌状体　esca　95
鰭条　lepidotrichia（fin ray）　159, 162
擬傷　injury feigning　590
キーストン種　keystone species　644
キスペプチン　kisspeptin　424, 452
寄生　parasitism　72, 73, 594, 602
寄生バチ（寄生蜂）　parasitic wasp　602, 614, 674
基節　basis　80
季節多型　seasonal polyphenism　626, 629
季節適応　seasonal adaptation　410, 628
偽足　pseudopod　264
偽体腔　pseudocoelom　72, 73
キチン　chitin　70
拮抗筋　antagonistic muscle　376
基底種　basal species　594, 597
基底膜　basolateral membrane　349
気導　air conduction　671
キヌタ骨（砧骨）　incus　102, 670
キネシン　kinesin　227, 229, 234, 264
キネトコア　kinetochore　240
気嚢系　air-sac system　161
キノコ　Mushroom　214
キノコ体　mushroom body　363
基盤種　foundation species　71
キフォナウテス幼生　cyphonautes larva　67
キプリス　cypris　662
基本情動　basic emotions　552
基本味　basic tastes　380, 384
気門　spiracle　359
逆位　inversion　23
逆遺伝学　reverse genetics　194
逆遺伝学的手法　reverse genetics　188
逆運動学変換　inverse kinematic transformation　398
逆説睡眠　paradoxical sleep　413
逆動力学変換　inverse dynamic transformation　398
逆モデル　inverse model　398
キャッチ結合組織　catch connective tissue　89
ギャップ遺伝子　gap gene　302
ギャップ結合　gap junction　231
キャノン=バード説　Cannon-Bard theory　553
ギャロップ　gallop　533
求愛　courtship　551, 572, 573
求愛給餌　courtship feeding　574
求愛行動　courtship behavior　466, 544
休芽　statoblast　67
嗅覚　olfaction　378, 398
嗅覚受容細胞　olfactory receptor cell　678
嗅覚受容体　odorant receptor　386, 678
嗅覚受容体たんぱく質　olfactory receptor protein　535
嗅球　olfactory bulb　381, 387
究極要因　ultimate factor　527

嗅検器　osphradium　68
弓状核　arcuate nucleus　435
嗅上皮　olfactory epithelium　312, 381
嗅神経細胞　olfactory sensory neuron　387
旧哺乳類脳　paleomammalian brain　393
休眠　diapause　410, 478, 628, 629
休眠ホルモン　diapause hormone　478
休眠卵　diapause egg　81, 478
橋　pons　310, 366
峡　isthmus　366
橋延髄網様体　pontomedullary reticular formation　393
鋏角　chelicera　78
橋核　pontine nuclei　366
狂犬病　rabies　17
凝固因子　Coagulation factor　512
共種分化　cospeciation　133
共進化　coevolution　130, 603, 606, 613
共進化の地理的モザイク説　geographic mosaic theory of coevolution　131
共生　symbiosis　131, 594, 600, 602
共生細菌　symbiotic bacteria　71
胸腺　thymus　330, 456
鏡像進化　chiral evolution　200
競争(的)排除　competitive exclusion　103, 613, 632
共適応遺伝子プール　co-adaptive gene pool　50
協同繁殖　cooperative breeding　557
峡部オーガナイザー　isthmic organizer　310
共有派生形質　synapomorphy　80
共輸送体　cotransporter(symporter)　348
巨核球　megakaryocyte　457
局所的資源拡充　local resource enhancement　625
局所的資源競争　local resource competition　625
局所的配偶競争　local mate competition　624
局所ホルモン　local hormone　445
極性化活性領域　zone of polarizing activity　333
極体　polar body　282
極帽　calotte　60
虚血性疾患　ischemic disease　255
去勢細胞　castration cell　435
巨大軸索　giant axon　369
キラー細胞免疫グロブリン様受容体(KIR)　killer cell immunoglobulin-like receptor　495
キリン　giraffe　186
儀礼的行動　ritualized behavior　572
筋萎縮性側索硬化症　amyotrophic lateral sclerosis　699
筋衛星細胞　muscle satellite cell　263
筋芽細胞　myoblast　322
筋幹細胞　muscle stem cell　263
筋菅細胞　myotube　322
『金魚養玩草』　Kingyo Sodate Gusa　32
筋原線維　myofibril　402, 532
近交系　inbred strain　208
近交弱勢　inbreeding depression　585
菌根菌　Mycorrhizal fungi　603
筋細胞　muscle cell　249, 264, 402
筋シート運動　muscle-sheet movement　533
筋収縮　muscular contraction　532
筋小胞体　sarcoplasmic reticulum　404
近親交配　inbreeding　191, 644
筋節　myotome　155, 318, 322
筋層　muscle layer　331
筋組織　muscle tissue　402
筋肉　muscle　701
筋紡錘　muscle spindle　376, 398
近隣結合法　neighbor-joining method　207

グアニン　guanine　29
グアニンヌクレオチド交換因子(GEF)　guanine nucleotide exchange factor　229
クエン酸回路　citric acid cycle　224
区間マッピング法　interval mapping　209
茎　stem　89
櫛板　comb plate　58
櫛鰓　ctenidium　68
クチクラ　cuticle　72, 73
クチバシ　beak, rhampotheca　161
屈曲波　flexural wave　661
屈折率　refractive index　685
クビフリン　cubifrin　480
クマ　bear　622
組換え　recombination　22, 128, 195
組換え活性化遺伝子　recombination activating gene　514
クモ糸シルク　high-toughness silk　664
クライバーの法則　Kleiber's law　639
クラウン　crown　154

クラシカルスキーム　crassical scheme　471
クラスリン　clathrin　222
グラム陰性菌　gram negative bacteria　505, 508
グリア細胞　glia cell　369, 532, 698
グリア伝達物質　gliotransmitter　374
クリエイティブ・コモンズ・ライセンス Creative Commons License　113
グリオーマ　glioma　699
クリプトビオシス　cryptobiosis　77
グルココルチコイド　glucocorticoid　454, 455, 462
クレード　clade　79
クレブス回路　Krebs cycle　224
グレリン　ghrelin　425, 474, 485
クローディン　claudin　231, 300
クロトー　Klotho　341
クロマチン　chromatin　184, 218, 240, 339
クローン　clone　274, 342, 489
クローン細胞　clonal cell　268
軍拡競争　arms race　130
群集　community　622
群集呼吸　community respiration　593
群生相　gregarious phase　479
群体　colony　67
群体起源説　colonial theory　148
群淘汰　group selection　566

蛍光X線分析　X-ray fluorescence　485
蛍光タンパク質　fluorescence protein　211
警告色　warning coloration　186
形質　character　194
形質置換　character displacement　613
形質転換成長因子　transforming growth factor 239
形成中心　organizing center　337
経世代影響　transgenerational effect　431
形態学　morphology　70, 111
形態学的体色変化　morphological color change　460
形態形成　morphogenesis　269, 480
系統地理学　phylogeography　106
系統発生　phylogeny　268, 418, 509, 565
警報フェロモン　alarm pheromone　440, 630
繋留　tethering　228, 229
経路積算システム　path integration system　549
経路追随システム　route following system　549
血液凝固系　blood coagulation system　508
血縁度　genetic relatedness　565, 566
血縁淘汰　kin selection　565, 566, 617
血管新生　angiogenesis　254
血管内皮増殖因子　vascular endothelial growth factor　254
血球凝集素　hemagglutinin　506
血球系　hematopoietic system　239
血球系譜　hematopoietic lineage　456
血球産生　hematopoiesis　456
血球前駆細胞　hematopoietic progenitor　456
結合組織　connective tissue　331
欠失　deletion　23
血漿　blood plasma　348
血小板　platelet　456
血小板由来成長因子　platelet-derived growth factor　239
血清　serum　508
血糖値　blood suger level　436
血餅　blood clot　500
ゲノム　genome　57, 141, 184, 185, 190, 241, 282, 457, 606, 642
ゲノムインプリンティング　genomic imprinting　275
ゲノム塩基配列　genome sequence　210
ゲノム科学　genome science　215
ゲノム系統解析　phylogenomic analysis　70
ゲノム刷り込み　genomic imprinting　606
ゲノム説　genome theory　185
ゲノムデータベース　genome database　210
ゲノムの複製と重複　replication and duplication of genome　441
ゲノムプロジェクト　genome project　211
ゲノム編集　genome editing　40, 195, 521
ゲノムワイド関連解析　genome wide association analysis　189, 643
ゲーム理論　game theory　617
ケモカイン　chemokine　502
ケラチノサイト　keratinocyte　314
ケラチン　keratin　226, 230
原因遺伝子　responsible gene　187
牽引筋　retractor muscle　71
牽引糸　drag line silk　664
弦音器官　chordotonal organ　376, 674, 675

限界値定理　marginal value theorem　619
原核生物　Prokaryote　218, 521
顕花植物　flowering plant　602
嫌気的　anaerobic　601
原型　archetype　24
原形質流動　protoplasmic streaming　532
原型論　archetype theory　24
原口　blastopore　55, 56, 154, 297
原子吸光分析（AAS）　Atomic Absorption Spectrometry　485
原始心筒　heart tube　328
絹糸腺　silkgland　664
原条　primitive streak　299
原初情動　primal emotions　552
原腎管　protonephridium　354
減数分裂　meiosis　23, 129, 191, 210, 232, 259, 269, 274, 282, 284
原生生物　protist　214
顕生代　Phanerozoic　120
原生代後期　Neoproterozoic　124
肩帯　shoulder girdle　158, 163
現代総合説　modern synthesis　26
原腸　archenteron, primitive gut　154, 330
原腸陥入（原腸形成）　gastrulation　151, 154, 272, 312, 330

甲　shell　99
好塩基球　basophil　456
好塩基性細胞　basophils　447
恒温動物　homeotherm　107, 350
口蓋扁桃　palatine tonsil　330
効果器　effector　402
甲殻類　crustaceans　19
交感神経　sympathetic nerve　310, 314, 454, 455
交感神経幹　sympathetic trunk　311
後期　anaphase　234
好気性細菌　aerobic bacteria　603
抗菌ペプチド　antimicrobial peptide　490, 511, 513
攻撃型擬態　aggressive mimicry　608
攻撃行動　aggressive behavior　539
抗原抗体複合体　antigen-antibody complex　508
抗原受容体　antigen receptor　492
抗原性　antigenicity　522
光合成　photosynthesis　592, 593, 600
交叉　crossing-over　22, 282
交雑　hybridization　104, 105, 441
好酸球　eosinophil　456
好酸性細胞　acidophils　447
後斜筋　posterior oblique　701
光周期　photoperiod　410
光周性　photoperiodism　629
光周時計　photoperiodic clock　411
恒常性維持　homeostasis　502
甲状腺　thyroid gland　330, 419, 484
甲状腺刺激ホルモン　thyroid stimulating hormone　335, 410, 434, 448, 462, 470, 484
甲状腺刺激ホルモン放出ホルモン　thyrotropin releasing hormone　424
甲状腺ペルオキシダーゼ　thyroid peroxidase　470
甲状腺ホルモン　thyroid hormone　334, 410, 431, 462, 470, 484
甲状腺ホルモン受容体　thyroid hormone receptor　334
口上突起　epistome　66
口触手　oral tentacle　89
口針　stylet　72
後腎　metanephros　326
後腎管　nephridium　66
高真空環境　high vacuum environment　694
後錐　posterior cone　61
合成期（S 期）　synthetic phase　232
合成高分子　synthetic polymer　662
合成ステロイド　synthetic steroid　443
構成性経路　constitutive pathway　427
後生的形成　epigenesis　276
後生的風景　epigenetic landscape　558
構成的分泌　constitutive secretion　223
硬節　sclerotome　316
交接器　clasper　92
構造色　structural color　651, 655, 682, 684
構造多型　structural variation　41
酵素連結型受容体　enzyme linked receptor　373
抗体　antibody　508, 522
好中球　neutrophil　456, 516
後腸　hindgut　330
行動　behavior　626, 674
行動可塑性　behavioral plasticity　188
後頭葉　occipital lobe　393

高度好塩菌　haloarchaea　215
好熱菌　thermophile　215
後脳　hindbrain　304, 312
交配　mating, crossing　22
交配後隔離　postmating isolation　126
後胚発生　postembryonic development　468
交配前隔離（交尾前隔離）　premating isolation　126
交尾器　genitalia　137
交尾誘発　copulation solicitation　572
抗付着　antifouling　663
興奮収縮連関　excitation contraction coupling　404
酵母　yeast　210, 214
剛毛　seta　70, 71, 693
剛毛節　chaetiger　71
抗利尿ホルモン　antidiuretic hormone　357
抗力　drag　702
光路差　optical path difference　684
氷成長　ice growth　668
呼吸器　respiratory organ　330
国際動物命名規約　International Code of Zoological Nomenclature　46, 109
国際マウス表現型解析コンソーシアム　International Mouse Phenotyping Consortium　203
黒色素胞刺激ホルモン（MSH）　melanophore stimulating hormone　460
黒質　substantia nigra　698
黒色腫　melanoma　195
コクホウジャク　long-tailed widowbird Euplectes progne　569
互恵的利他主義　reciprocal altruism　566
古細菌　Archaea　214
誤差修正　error correction　561
誇示行動　display　572
湖沼生態系　Lake ecosystem　593
枯草菌　*Bacillus subtilis*　214
個体　individual　268
古代 DNA　ancient DNA　106
個体間相互作用　inter-individual interaction　468
個体群　population　606, 622
個体群サイズ　population size　610
個体群成長率　population growth rate　612, 613
個体群動態　population dynamics　597, 610, 613
個体群密度　population density　610, 612
個体発生　ontogenesis　268, 418, 564
個体老化　individual aging　341
個虫　zooid　67
古地理　Paleogeography　635
骨格　skeleton　532
骨格筋　skeletal muscle　249, 322
骨芽細胞　osteoblast　159, 324
骨形成　bone formation　324
骨形成タンパク質　bone morphogenetic protein　310
骨細胞　osteocyte　324
骨髄　bone marrow　456
骨伝導　bone conduction　671
骨片　ossicle　88
骨モデリング　bone modeling　324
骨リモデリング　bone remodeling　324
固定結合　anchoring junction　230
固定的動作パターン　fixed action pattern　541
古典経路　classical pathway　508
古典的条件づけ　classical conditioning　401, 546
孤独相　solitary phase　479
コード領域　coding region　184
コドン表　codon table　28
ゴナドトロピン放出ホルモン　gonadotropin-releasing hormone　424
ゴナドトロピン放出抑制ホルモン　gonadotropin-inhibitory hormone　424
ゴナドトロフ　gonadotoroph　434
コネキシン　connexin　231
子の世話　parental care　466, 582
コヒーシン　cohesin　284
五放射相称　pentaradial symmetry　334
五放射相称形　penta-radially symmetrical form　153
コホート　cohort　612, 613
鼓膜　tympanic membrane　670
コマンドニューロン　command neuron　544, 545
コミュニケーション　communication　397, 674
固有種　endemic species　97, 103, 107
固有背筋　intrinsic back muscle　323
コラーゲン　collagen　125, 214
コラゾニン　corazonin　479
ゴルジ腱器官　Golgi tendon organ　376, 398

ゴルジ装置　Golgi apparatus　220
ゴルジ層板　Golgi stack　221
ゴルジ体　Golgi body　214, 220, 228, 229, 403, 438
ゴルジ複合体　Golgi complex　220
コルチ器　organ of Corti　388
コルチコステロン　corticosterone　335, 463
コルチゾ(ー)ル　cortisol　463, 470
コレカルシフェロール　colecalciferol　442
コレシストキニン　cholecystokinin　485
コレステロール　cholesterol　477
コロニー　colony　631
婚姻色　nuptial coloration　186, 460
混合戦略　mixed strategy　581, 621
混信回避反応　jamming avoidance response　397
昆虫-植物相互作用　insect-plant interactions　676
ゴンドワナ大陸　Gondwana land　102
コンパス理論　compass theory　680
ゴンペルツ(Gomperts)関数　Gompertz function　340

さ行

鰓下腺　hypobranchial gland　68
鰓弓　gill arch　358
鰓弓骨格　branchial skeletons　154
細菌　bacteria　253, 260, 606
細菌鞭毛　bacterial flagella　264
細胞性粘菌　cellular slime mold　264
サイクリン　cyclin　234
サイクリンB　cyclin B　282
サイクリン依存性キナーゼ1　cyclin-dependent kinase 1　282
鰓孔　gill pore　155, 330
最上位捕食者　top predator　594, 596
最小存続可能個体数　minimum viable population　610
再上皮化　reepithelialization　500
再生　regeneration　268, 274, 338
再生医療　regenerative medicine　262
再生芽　blastema　338
最節約原理　maximum parsimony principle　172
サイトカイン　cytokine　239, 341, 456, 490, 502, 506
サイナス腺　sinus gland　482
細尿管　renal tubule　354, 355
再プログラム化　reprogramming　269
再分節化　resegmentation　319
鰓弁　gill filament　358
再編再生　morphallaxis　338
細胞　cell　268
細胞運動　cell movement　532
細胞壊死　cell necrosis　238
細胞化　cellularization　302
細胞外液　extracellular fluid　348
細胞外基質　extracellular matrix　253
細胞外分泌性因子　extracellular secretory factor　304
細胞外マトリクス　extracellular matrix　90, 214
細胞学　cytology　3
細胞間信号伝達　intercellular signaling　238
細胞間接着　cell-cell adhesion　300
細胞間接着装置　cell-to-cell junction　253
細胞-基質接着　cell-matrix adhesion　300
細胞更新　cell renewal　269
細胞骨格　cytoskeleton　214, 226, 229, 295
細胞骨格タンパク質　cytoskeletal protein　230
細胞質　cytoplasm　214, 606
細胞質遺伝　cytoplasmic inheritance (extracellular inheritance)　145
細胞質基質　cytosol　248
細胞質ダイニン　cytoplasmic dynein　265
細胞質不和合　cytoplasmic incompatibility　606
細胞質分裂　cytokinesis　214, 234, 236, 264
細胞社会　cell(ar) society　268
細胞周期　cell cycle　210, 232, 295, 341
細胞障害　cytotoxicity　508
細胞小器官　organelle　144, 214
細胞成長　cell growth　238
細胞成長因子　cell growth factor　238
細胞性免疫　cellular immunity　490, 493
細胞増殖　cell proliferation　238, 269
細胞増殖因子　cell proliferation factor　238
細胞体　cell body　368
細胞内液　intracellular fluid　348
細胞内共生　endosymbiosis　144
細胞内共生説　endosymbiosis theory　603
細胞内情報伝達　intracellular signal transduction　385
細胞内信号伝達　intracellular signaling　239

細胞内輸送　intracellular transport　264
細胞分化　cell differentiation　269
細胞分裂　cell division　214, 219, 232, 269, 341
細胞壁　Cell wall　214
細胞膜　Cell membrane　214
細胞膜受容体　membrane receptor　432
細胞融合　cell fusion　269
細胞老化　cellular aging　242, 341
サイモイド　thymoid　515
鰓裂　gill slit　90, 91
サイロキシン　thyroxine　465, 484
サイログロブリン　thyroglobulin　419, 484
さえずり　song　526, 560
鎖骨帯　clavicular girdle　159
サージ状分泌　surge secretion　462
左心室　left ventricle　328
左心房　left atrium　328
サーチュイン　sirtuin　341
雑種　hybrid　22
雑種第一代　first filial generation　194, 665
サテライト戦術　satellite tactic　581
里山　satoyama　595, 644
蛹　pupa　476
蛹休眠　pupal diapause　478
サブソング　subsong　560
左右極性　left-right polarity　200
左右性　left-right asymmetry（chirality）　201
左右相称　bilateral　70
左右相称形　left-right symmetrical form　153
左右相称動物　bilaterians　117, 118, 466
左右非対称　left-right asymmetry　308, 334
サルコメア　sarcomere　402
酸・塩基調節　acid-base regulation　348
酸化的リン酸化　oxidative phosphorylation　224
産業動物　industrial animal　186
サンゴ　coral　19
サンゴ礁　coral reef　20, 645
三語名　trinominal name　46
散在神経系　diffuse nervous system　58, 360
三叉神経　trigeminal nerve　367
産雌性単為生殖　thelytokous parthenogenesis　606
参照標本　reference specimen　52
三尖弁　tricuspid valve　329
三胚葉　Three germ layers　342
三胚葉性　triploblasty　55, 304
三胚葉性動物　triploblastic animal　330
三位一体脳仮説　triune brain hypothesis　393
散乱　scattering　684
産卵刺激物質　oviposition stimulant　666
三量体 GTP 結合タンパク質　trimeric GTP-binding proteins　432

シアノバクテリア　cyanobacteria　603, 680
示威行動　display　572
ジエチルスチルベストロール　diethylstilbestrol　430
ジェット推進　jet propulsion　533
ジェームズ＝ランゲ説　James-Lange theory　552
視蓋　optic tectum　366, 399
紫外線　ultraviolet rays　258
視蓋前域　pretectum　366
視覚　vision　378, 398
視覚野　visual cortex　394
自活個虫　autozooid　67
自家不和合性　self incompatibility　191
耳管　eustachian tube　388
色覚　color vision　313
磁気感覚　magnetic sense　378
色素細胞　pigment cell　187, 314, 460
色素胞　chromatophore　460
子宮　uterus　326
糸球体　glomerulus　354, 355, 381
至近要因　proximate factor　527
軸下筋　hypaxial muscle　323
軸細胞　axial cell　60
軸索　axon　368, 402
軸索ガイダンス　axon guidance　414
軸索小丘　axon hillock　368
軸索初節部　axon initial segment　368
軸索輸送　axonal transport　265
軸糸　axoneme　264, 402, 406
軸上筋　epaxial muscle　323
シグナル認識粒子　signal recognition particle　427
シグナル分子　signal molecule　216
シグナルペプチド　signal peptide　228, 427
シグモイド曲線　sigmoid curve　627
シクリッド　cichlid　569
刺激　stimulus　568

止血血栓　hemostatic plug　457
資源　resource　612, 613
始原生殖細胞　primordial germ cell　326, 532
自原抑制　autogenetic inhibition　376
視交叉上核　suprachiasmatic nucleus　408, 411, 464
自己組織化　self-organization　226, 659, 685
歯骨　dentary bone　102
自己複製　self-renewal　280
自己複製能　self-renewal capability　262, 456
自己複製分化　duplication　342
自己分泌　autocrine　239
自己リン酸化　autophosphorylation　433
視細胞　visual cell　378, 382, 383
視索前野　preoptic area　450–452
四肢　limbs　162
脂質動員ホルモン　adipokinetic hormone　479
脂質二重膜　lipid bilayer　218, 348
四肢麻痺　tetraplegia　699
視床　thalamus　366
視床下部　hypothalamus　334, 366, 384, 393, 450, 464, 466, 474, 482, 483, 553
視床下部外側野　lateral hypothalamic area　474
視床下部–下垂体–甲状腺系　hypothalamus-pituitary-thyroid axis　483
視床下部–下垂体–生殖腺系　hypothalamus-pituitary-gonadal axis　482
視床下部–下垂体–性腺軸　hypothalamo-hypophsial-gonadal axis　481
視床下部–下垂体–副腎皮質　hypothalamus-pituitary-adrenal cortex　419
視床下部内側基底部(MBH)　mediobasal hypothalamus　464
視床下部腹内側核　ventromedial hypothalamus　474
耳小骨　ossicles　102, 388, 670
耳小骨連鎖　ossicular chain　670
視床前域　prethalamus　366
視床前核　anterior thalamic nucleus　553
糸状突起　filopodia　226
自食作用　autophagy　210
四肢類　tetrapoda　96
シス・ゴルジ網　cis Golgi network　221
システイン–ループ受容体　Cys-loop receptor　373
ジスルフィド結合　disulfide bond　438
姿勢制御　postural control　376
雌性生殖　gynogenesis　275
雌性前核　female pronuleus　275, 282
雌性先熟　protogyny　279, 586
姿勢定位　posture orientation　548
指節　dactyl　533
歯舌　radula　68
自切　autotomy　89, 590
自然選択　natural selection　20, 21, 126, 136, 140, 191, 565
自然淘汰　natural selection　616
『自然の体系 第 10 版』　Systema Naturae Editio decima　47
自然のミクロコズム　natural microcosm　615
自然発生　spontaneous generation　19, 21
自然免疫　innate immunity　493, 496, 506, 516
持続可能性　sustainability　655, 708
シチジンデアミナーゼ　cytidine deaminase　514
失速　stall　702
失速角　stall angle　702
質的形質　qualitative trait　174
しっぺ返し戦略　Tit for tat strategy　589
実用品種　commercial strain　664
シナプス　synapse　231, 313, 402
シナプス間隙　synaptic cleft　371
シナプス終末　synaptic terminal　369
シナプス小胞　synaptic vesicle　229, 249, 369
シナプス増強　synaptic potentiation　400
シナプス電位　synaptic potential　369
シナプス抑圧　synaptic depression　400
シノモン　cynomone　440
視柄腺　optic gland　481, 482
刺胞　cnida　58
刺胞細胞　cnidocyte　480
脂肪体　fat body　282, 478
死亡率　mortality　340
姉妹群　sister group　71, 72
姉妹染色分体　sister chromatid　284
社会医学　social medicine　16
社会寄生　social parasitism　602, 604
社会性　sociality　556
社会性行動　social behavior　188
社会性昆虫　social insect　468, 626, 631
社会的一夫一妻　social monogamy　571

社会的知性　social intelligence　554
シャクガ　geometer moth　569
弱電気魚　weakly electric fish　397
斜紋筋　oblique muscle　322
ジャンク(くず)DNA　junk DNA　184
雌雄異体　gonochorism　278
周縁的種分化　peripatric speciation　127
周縁(周辺)隔離種分化　peripheral isolation speciation　122
獣害　damage from wildlife　103
終期　telophase　234
集合　polymerization (assembly)　556
重合　polymerization (assembly)　226, 264
集合管　collecting duct　355
集合フェロモン　aggregation pheromone　440, 630
収縮環　contractile ring　226, 234, 236, 265
収縮細胞　contractile cell　61
収縮性蛋白質　contractile protein　532
縦走筋　longitudinal muscle　700
従属栄養　heterotrophy　71
従属栄養生物　heterotroph　474, 597, 600
集団符号化　population coding　399
集中神経系　concentrated nervous system　360
雌雄同体　hermaphrodite　67, 71, 201, 279, 625
十二指腸　duodenum　330
周年繁殖動物　non-seasonal breeder　464
終脳　telencephalon　310, 366, 452
終板　endplate　404
周辺微小管　outer doublets　406
終末付加　terminal addition　25
重力走性　gravitaxis　660, 661
収斂進化　convergence　102, 135
種階級群　species group　46
種間競争　interspecific competition　612, 613
種間相互作用　interspecific interaction　594
種間なわばり　interspecific territoriality　589
宿主　host　72, 73, 385, 504, 600
宿主操作　host manipulation　602
宿主防御ペプチド　host defense peptide　505
主型　Haupttyp　24
種差　species difference　431
樹状細胞　dendritic cell　456
樹状突起　dendrite　368
種小名　specific name　46
種数面積関係　species-area curve　595
受精　fertilization　269, 288-291, 606
受精後隔離　postzygotic isolation　126
受精能獲得　capacitation　283, 287, 291
受精前隔離　prezygotic isolation　126
受精膜　fertilization membrane　282, 292
受精卵　zygote (fertilized egg)　262, 268
種選別　species assortment　103
種多様性　species diversity　108
出芽　budding　228, 229, 274
主動筋　homonymous muscle　376
種同定　species identification　110
種特異性　species specificity　132
種内競争　intraspecific competition　612
種内集団　intraspecies population　129
種内変異　intraspecific variation　110
『種の起源』　*On the origin of species*　19, 21, 524
種の境界　species boundary　111
種分化　speciation　41, 126, 200, 201
種分化遺伝子　speciation gene　201
種分類　species classification　111
シュミットトリガ　Schmitt trigger　654
シュミットトリガー回路　Schmitt trigger circuit　651
受容器　receptor　402
受容器電位　receptor potential　380, 388
主要元素　major element　484
主要組織適合遺伝子複合体(MHC)　major histocompatibility complex　494, 518
受容体　receptor　238, 372, 437, 444, 457, 508
手話　sign language　554
順遺伝学　forward genetics　194, 188
純系　pure line　22
純従属栄養生態系　net heterotrophic ecosystem　593
純粋戦略　pure strategy　621
純独立栄養生態系　net autotrophic ecosystem　593
準備電位　readiness potential　543
準分類学者(パラタクソノミスト)　parataxonomist　53
順モデル　forward model　398
視葉　optic lobe　534
上衣細胞　eppendymal cell　374
消化管　digestive tract　330

消化器官(消化器)　digestive organ　70, 71, 330
上顎　upper jaw　158
消化酵素　digestive enzyme　331
松果体　pineal organ　379, 383, 410, 463
消化付属腺　digestive accessory gland　330
上丘　superior colliculus　366, 396, 399
条件刺激　conditioned stimulus　401
条件戦略　conditional strategy　581, 621
条件反射　conditional reflex　540
証拠標本　voucher specimen　110
上鰓プラコード　epibranchial placodes　311
正直な信号　honest signal　568, 572, 573
鐘状感覚子　campaniform sensillum　537
上生体　epiphysis　366
常染色体劣性　autosomal recessive　186
小腸　small intestine　269, 330, 331
衝動性眼球運動　saccadic eye movement　399
小脳　cerebellum　310, 366, 399
小脳弁　valvula ceerebelli　367
上皮　epithelium　230, 330, 331
消費型競争　exploitative competition　612
上皮-間充織転換　epithelial-mesenchymal transition　231, 318, 501
上皮細胞　epithelial cell　257, 269, 480
上皮輸送　epithelial transport　356
小胞体　endoplasmic reticulum　214, 220, 248, 403, 438
情報伝達　signal transduction　216
小胞輸送　vesicular transport　228, 229
少量元素　minor element　484
女王　queen　468
女王フェロモン　queen pheromone　630
初期化　reprogramming　342
食行動　feeding behavior　384
食細胞　phagocyte　508
食作用　phagocytosis　508
触手　tentacle　71
触手冠　lophophore　57, 66, 67
触手孔　tentacle pore　89
植食動物　Herbivore animal　592
食道　esophagus　330, 331
食道下神経節　suboesophageal ganglion　363, 384, 475, 478
食道上神経節　suprasophageal ganglion　363
食品添加物　food additives　669
植物ステロール　plant sterol　477
植物プランクトン　Phytoplankton　593
植物保護　plant protection　676
植物ホルモン　plant hormone　419
食胞　phagosome　516
食物網　food web　594, 598
食物連鎖　food chain　592, 594, 597
食欲　appetite　188
書鰓　book gill　165, 359
女性ホルモン　estrogen (female hormone)　279, 442
初虫　ancestrula　67
触覚　touch sense　378, 388
触角　antenna・tentacle　78, 381, 478
触覚盤　tactile disc　389
触角葉　antennal lobe　381
書肺　book lungs　164, 359
徐波睡眠　slow wave sleep　412
処理時間　handling time　618
ジョンストン器官　Johnston's organ　536
自律神経系　autonomic nervous system　311
自律振動　self-sustaining oscillation　408
尻振りダンス　waggle dance　362
視力　visual acuity　534
シルク　silk　664
シルル紀　Silurian period　164
司令繊維　command fiber　377
人為選択　artificial selection　104
進化　evolution　121, 508, 524
侵害受容器　nociceptor　389
進化学　evolutionary biology　4
真核生物　eukaryote　218, 282, 603
進化ゲーム　evolutionary game　617
進化的安定戦略(ESS)　Evolutionarily Stable Strategy　620
進化の総合学説　synthetic theory of evolution　21
進化論　evolution theory　18, 20
腎管　nephridium (nephric duct)　326, 354
心筋　cardiac muscle　322
心筋疾患　heart muscle disease　343
真菌類　*Eumycetes* (true fungi)　28
真空蒸着　vacuum deposition　685
シンク食物網　sink web　596
神経　nerve　307

神経栄養因子　neurotrophic factor　699
神経回路　neuronal network　699
神経回路形成　neural network formation　415
神経回路網　neural network　188
神経核　nucleus　368
神経芽細胞　neuroblasts　310
神経下垂体　neurohypophysis　482
神経管　neural tube　56, 90, 307, 310, 312, 314, 480
神経冠細胞　neural crest cell　331
神経幹細胞　neural stem cell　698
神経系　nervous system　482
神経行動学　neuro ethology　527
神経細胞　neuron　396, 480, 532, 698
神経索　neural cord　365
神経軸索　axon　477
神経軸索輸送　axonal transport　226
神経修飾　neuromodulation　371
神経上皮　neuroepithelium　312
神経性下垂体（下垂体後葉）　neurohypophysis (posterior pituitary gland)　449
神経成長因子　nerve growth factor　239
神経性網膜　neural retina　312
神経節　ganglion　310, 376
神経節細胞　ganglion cell　313
神経腺　neural gland　483
神経繊維　nerve fiber　480
神経前駆細胞　neural progenitor cells　307
神経叢　neural plexus　331
神経堤　neural crest　320
神経堤細胞　neural crest cells　152, 311, 314, 320, 329
神経伝達系　neurotransmission system　480
神経伝達物質　neurotransmitter　249, 366, 371, 372, 480
神経伝達物質受容体　neurotransmitter receptor　371
神経伝達分子　neurotransmitter　402
神経内分泌　neuroendocrine　434
神経内分泌系　neuroendocrine system　476, 480
神経内分泌細胞　neurosecretory cell　476
神経板　neural plate　310, 312
神経分泌細胞　neurosecretory cell　450, 451, 466
神経ペプチドRFRP-1　argininylphenylalanylamide related peptide 1　424
神経ホルモン　neurohormone　444, 466
人工筋肉　artificial muscle　701
人工言語　artificial language　554
信号刺激　sign stimulus　539, 541
人工多能性幹細胞　induced pluripotent stem cell　197, 698
進行波　traveling wave　701
信号変換　signal transduction　534
腎細管　nephric tubule　326
シンシチウム　syncytium　87
心室　ventricle　328
心室中隔　ventriclar septum　329
真社会性　eusociality　562, 564, 565
心循環系　cardiovascular system　352
腎小体　renal corpuscle　354
親水化処理　hydrophilic treatment　691
真正細菌　Eubacterium　214
新生細胞　neoblast　339
心臓　heart　328, 352, 456
腎臓　kidney　348, 354, 355, 456
心臓原基　cardiac crescent　328
心臓神経堤細胞　cardiac neural crest cells　322
心臓中胚葉　heart mesoderm　331
深層の相同性　deep homology　169
靭帯節　syndetome　319
伸張反射　stretch reflex　376
親敵関係　dear enemy relationship　589
心的表象　mental representation　554
シンテニー　synteny　156
浸透圧　osmotic pressure　354, 355, 458
浸透圧順応型動物　osmoconformer　348
浸透圧調節　osmoregulation　348, 458
浸透圧調節型動物　osmoregulator　348
新熱帯域　neotropical region　111
腎嚢　renal sac　60
心拍数　heart rate　640
真皮　dermis　314, 500
新皮質　neocortex　311, 367
真皮乳頭　dermal papilla　315
人文主義　Humanism　10
心房　atrium　328
心房性ナトリウム利尿ペプチド　atrial natriuretic peptide　425
心房中隔　atrial septum　329
新哺乳類脳　neomammalian brain　393

心理水力学的モデル　psycho-hydraulic model　541
森林生態系　forest ecosystem　593

随意運動　voluntary movement　540
随意筋　voluntary muscle　322
随意的行動　voluntary behavior　554
水管系　water vascular system　88
水溝系　aquiferous system　658
水晶体　lens　312
水晶体一次線維細胞　primary lens fiber cell　313
水晶体上皮細胞　lens epithelial cell　313
水晶体二次線維細胞　secondary lens fiber cell　313
水晶体プラコード　lens placode　312
水晶体胞　lens vesicle　312
水生動物　aquatic animal　348
膵臓　pancreas　330, 331
錐体　cone　382, 383
錐体オプシン　cone opsin　187, 382, 383
錐体細胞　cone cell　313
水中接着　underwater adhesive　687
垂直伝播　vertical transmission（vertical gene transfer）　601, 606
随伴発射　corollary discharge　398
水平細胞　horizontal cell　313
水平伝播　horizontal transmission（horizontal gene transfer）　40, 606
睡眠・覚醒　sleep-wake　188
数の弁別　number discrimination　554
数理モデル　mathematical modeling　614
数量分類学　numerical taxonomy　206
スケーリング　scaling　638
スコラ哲学　Scholasticism　9
スチコピン　stichopin　480
スティグマジー　stigmergy　550
ステム　stem　154
ステロイド　steroid　419
ステロイドホルモン　steroid hormone　432, 437, 467
ストレスファイバー　stress fiber　402
スニーキング戦術　sneaking tactic　580
スノーボールアース　snowball earth　124, 125, 148
スパスモネーム　spasmoneme　265
スピロプラズマ　*Spiroplasma*　607
滑り運動　sliding movement　264
スポロシスト　sporocyst　62
刷り込み　imprinting　559
スルホ基　sulfo group　663

正基準標本　holotype　50
性拮抗的共進化　sexually antagonistic coevolution　578
性拮抗的選択　sexually antagonistic selection　578, 579
正逆交尾　reciprocal copulation　200
生気論　vitalism　6
性決定　sex determination　269
性決定遺伝子　sex-determining gene　181
制限酵素　restriction enzyme　204, 210, 521
精原細胞　spermatogonium; 複数形は spermatogonia　282
生元素　bioelement　256
性行動　sexual behavior　466
精細管　seminiferous tubule　326
精細胞　spermatid　283
生産：呼吸比　production : respiration ratio　593
生産者　producer　592–594, 596
精子　sperm　249, 274, 288–291, 532, 606
精子幹細胞　spermatogonial stem cell　277
精子完成　spermiogenesis　283
精子競争　sperm competition　137, 575, 581
精子形成　spermatogenesis　282
精子成熟　sperm maturation　283
精子星状体　sperm aster　292
静止脱皮　stationary molt　469
静止膜電位　resting membrane potential　369
星状体　aste　234
生殖　reproduction　274, 606
生殖隔離　reproductive isolation　27, 49, 111, 126
生殖隔離の強化　reinforcement　632
生殖幹細胞　germline stem cells　280
生殖器官　reproductive organ　70
生殖系列　germline　276
生殖結節　genital tubercle　327
生殖行動　reproductive behavior　466
生殖細胞　germ cell　183, 184, 276
生殖質　germ plasm　276
生殖腺　gonads　277, 326, 450–452

生殖腺刺激ホルモン　gonadotropin　282, 450
生殖腺刺激ホルモン放出ホルモン　gonadotropin-releasing hormone　450, 466
生殖巣　gonad　277
生殖操作　reproductive manipulation　606
生殖堤　genital ridge　326
生殖的分業　reproductive division of labor　565
生殖輸管　reproductive tract　326
生殖隆起　genital ridge　277
性ステロイド　sex steroid　442, 470
性ステロイドホルモン　sex steroids　451, 452
正旋　orthostrophy　201
性腺刺激ホルモン　gonadotropin　434, 448, 462
性腺刺激ホルモン放出ホルモン（GnRH）　gonadotropin-releasing hormone: GnRH　455, 465, 481
性染色体　sex chromosome　99
性選択　sexual selection　127, 684
精巣　testis　327, 434
精巣上体　epididymis　283
精巣女(雌)性化　testicular feminization　327
精巣卵　testis-ova　430
生息地の分断化　habitat fragmentation　595
生体アミン　biogenic amine　469
生態影響　ecological impact　647
生態系　ecosystem　72, 622
生態系エンジニア　ecosystem engineer　551
生態系の多様性　ecosystem diversity　108
生態的種分化　ecological speciation　127, 134
生態的地位（ニッチ）　niche　49, 99, 134
生態ニッチ　ecological niche　646
生体防御ペプチド　host defense peptide　505
成虫　adult　476
成虫休眠　adult diapause　478
成虫原基　imaginal disc　471
成虫盤　imaginal disc, imaginal disk　336
正中隆起　median eminence　434, 450, 465, 483
成長因子　growth factor　238
成長円錐　growth cone　414
成長分化因子　growth differentiation factor　239
成長ホルモン（GH）　growth hormone　434, 448, 462, 474
性的隔離　sexual isolation　201
性的対立　sexual conflict　133, 578, 584
性的二型　sexual dimorphism　61, 71, 574, 579
性的ペプチド　sex peptide　137
性的役割　sex role　576
性的役割の逆転　sex-role reversal　576
性転換　sex reversal　607
性転換の社会調節　social control of sex change　587
性淘汰　sexual selection　573, 574, 576
生得的解発機構　innate releasing mechanism　525, 538, 541
性フェロモン　sex pheromone　126, 403, 440, 479, 630
生物学的種概念　biological species concept　27, 111, 126
生物学的侵入　biological invasion　644
生物資源の持続的利用　sustainable use of biological resources　108
生物ソナー　biosonar　672
生物多様性　biodiversity　108, 111, 602, 644, 708
生物多様性観測ネットワーク　GEO Biodiversity Observation Network　113
生物多様性条約　Convention on Biological Diversity　108
生物的防除　biological control　103
生物模倣　biomimetics　654
生物量　biomass　592
精包　spermatophore　81
精母細胞　spermatocyte　282
性役割　sex-role　582
生理学的体色変化　physiological color change　460
生理的多精受精　physiological polyspermy　293
世界的大流行　pandemic　522
世界保健機関　World Health Organization　431
背側神経管　dorsal neural tube　660
脊索　notochord　56, 90, 152, 307, 310, 331, 660
脊索鞘　notochordal sheath　90
脊索中胚葉　chordamesoderm　297
脊索幼生　chordoid larvae　65
赤色蛍光タンパク質（RFP）　red fluorescence protein　211
脊髄　spinal cord　90, 153, 304
脊髄神経　spinal nerve　310
脊髄損傷　spinal cord injury　343, 699
脊髄反射　spinal reflex　540
石炭紀　Carboniferous period　164

脊柱　vertebral column　153
セグメント・ポラリティ遺伝子　segmentpolarity gene　302
セクレチン　secretin　418
セスキテルペン　sesquiterpene　468
世代時間　generation time　232
舌筋　lingual muscle　323, 533
赤血球　erythrocyte　257, 456
赤血球新生　erythropoiesis　254
接合核　zygote nucleus　292
舌骨　hyoid bone　533
摂餌(採食)なわばり　feeding territory　588, 589
接触化学感覚　contact chemosensory　384
接触化学感覚子　contact chemosensillum　384
接触角　contact angle　692
摂食行動　feeding behavior　467
接触刺激　juxtacrine　239
摂食中枢　feeding center　474
接着結合(接着装置)　adherens junction　230, 253, 300
接着斑　focal adhesion　253, 300
接着複合体　junctional complex　297
絶滅　extinction　120
絶滅回避　avoidance of extinction　585
絶滅危惧種　threatened species(endangered species)　111, 644
絶滅種　extinct species　644
絶滅寸前種　critically endangered species　644
絶滅のおそれのある種　threatened species　644
背びれ　dorsal fin　155
セマフォリン　semaphorin　311
セミオケミカル　semiochemical　440
セリシン　sericin　664
セルトリ細胞　sertoli cell　283, 326
セルロース　cellulose　90
セレンテラジン　coelenterazine　403
セロトニン　serotonin　366, 463, 469
腺　gland　331
線維芽細胞　fibroblast　500
線維芽細胞成長因子　fibroblast growth factor　239
線維芽細胞増殖因子　fibroblast growth factor　310, 327
前縁渦　leading-edge vortex　703
前核　pronucleus　292
前期　prophase　234
栓球　thrombocyte　456, 516
全球凍結　global glaciation　124, 125
前胸腺　prothoracic gland　471, 477, 482
前胸腺刺激ホルモン　prothoracicotropic hormone　471, 476, 477
全兄弟　full sib　585
前駆体　precursor　331
全ゲノム関連解析　genome-wide association study: GWAS　209
全ゲノム重複　whole genome duplication　156, 509
前後軸　antero-posterior axis　longitudinal axis　304
前斜筋　anterior oblique　701
先取権の原理　Principle of Priority　47
線条体　striatum　698
染色糸　chromatin　232
染色体　chromosome　22, 153, 185, 194, 210, 214, 232, 240, 264, 269, 274
染色体説　chromosome theory　29
染色体地図　chromosome map　22
前腎　pronephros　326
漸進的進化　gradualism, gradual evolution　26
前錐　anterior cone　61
腺性下垂体(下垂体前葉)　adenohypophysis (anterior pituitary gland)　447, 483
前生的形成　preformation　276
先体　acrosome　283, 288-290
センダイウイルスベクター　sendai virus vector　343
前大脳　protocerebrum　363
先体反応　acrosome reaction　283, 288-290
選択　selection　626
蠕虫型　vermiform　70
蠕虫型幼生　vermiform larva　60
前腸　foregut　330
前庭系　vestibular system　398
前適応　preadaptation　653
先天的免疫機構　innate immune system　504
先天免疫　innate immunity　493
ぜん動運動(蠕動運動)　peristaltic movement　533, 700
前頭葉　frontal lobe　393
全頭類　holocephalans　348

前頭連合野 frontal association cortex 394
セントラル・ドグマ central dogma 28, 210
セントラルパターンジェネレーター(CPG) central pattern generator 475
セントロメア centromere 240
前脳 forebrain 304, 312, 366
全能性幹細胞 totipotent stem cell 339
前脳節 prosomeres 310
前腹側室周囲核 anteroventral periventricular nucleus 435
全分泌 holocline secretion 403
繊毛 cilium 264, 308, 402, 406, 407, 660
繊毛運動 ciliary movement 532
繊毛型光受容細胞 ciliary photoreceptor cell 382, 383
繊毛虫起源説 ciliate theory 148

走化性 chemotaxis 264, 502
双極細胞 bipolar cell 313
造血 hematopoiesis 456
造血因子 hematopoietic growth factor 456
造血幹細胞(血液幹細胞) hematopoietic stem cell 263, 456
造血器，造血巣 hematopoietic [hemopoietic] organ 456
造血発生 hematopoietic [hemopoietic] development 456
走行 running 533
走光性 phototaxis 680
相互扶助 mutualistic behavior 556
走査型電子顕微鏡(SEM) Scanning Electron Microscope 694, 696
繰糸 reeling 665
相似 analogy 168
創傷治癒 wound healing 500
増殖因子 proliferation factor 238
走性 taxis 188, 540
層定位 stratal orientation 548
相同 homology 168
相同遺伝子 homologous gene 211, 457
相同組換え修復 homology dependent repair 205, 259
相同性 homology 24
相同染色体 homologous chromosomes 22, 284
挿入 insertion 195
総排出腔 cloaca 99
総排泄腔膜 cloacal membrane 327
創発 emergence 550
相反神経支配 reciprocal innervation 376
送粉者 pollinator 131, 603
相変異 phase polyphenism (phase variation) 479, 626
相変異フェロモン gregarization pheromone 630
僧帽筋 cucullaris muscle 159
双方向性転換 bidirectional sex change 279, 587
僧帽弁 mitral valve 329
造雄腺 androgenic gland 607
相利関係 mutualism 602
双利共生 mutualism 594
早老症 progeria 218
ゾエア zoea 81, 471
属階級群 genus group 46
側系遺伝子 paralog 156
側系統群 paraphyletic group 70
側坐核 nucleus accumbens 553
側所的種分化 parapatric speciation 127
側所分布 parapatric distribution 633
側伸展筋 extensor muscle 533
側線神経 lateral line nerve 367
側線プラコード lateral line placodes 311
側頭葉 temporal lobe 393
速度定数 rate constant 437
側板 pleurite 80
側板中胚葉 lateral plate mesoderm 297, 309, 323, 328, 330
属名 genus name 46
組織化 organization 268
組織幹細胞 tissue stem cell 269
組織適合性抗原(MHC) major histocompatibility complex 343
ソース食物網 source web 596
祖先形質 ancestral character, plesiomorphy 153
ソマティック・マーカー仮説 somatic marker hypothesis 553
粗面小胞体 rough endoplasmic reticulum 218, 220, 228, 229
ゾル-ゲル変換 sol-gel conversion 264, 532
ソルジャーフェロモン soldier pheromone 631
損傷乗り越えDNA合成 translesion

synthesis 259

た行

第１小顎 maxillule 80
第１触角 antennule 80
体液性免疫 humoral immunity 490
体外受精 external fertilization 96
体幹神経堤細胞 trunk neural crest cells 320
待機宿主 parentic host 81
体腔 coelom 296
体腔上皮 coelomic epithelium 326
対向輸送体 antiporter 348
対向流 counter current 358
体サイズ有利性モデル size advantage model 586
体細胞 somatic cell 183, 269, 276, 282, 342
体細胞核移植 somatic cell nuclear transfer 197
体細胞分裂 mitosis 210, 226, 232, 238, 274
体細胞有糸分裂 somatic mitosis 282
大酸化イベント Great Oxidation Event 125
第三脳室 third ventricle 450, 463
体軸 body axis 304
代謝型受容体 metabotropic receptor 371
体循環 systemic circulation 352
帯状回 cingulate gyrus 553
対象定位 objective orientation 548
胎生 viviparity 99, 102, 165, 270
体性感覚 somatic sensation 398
体性感覚野 somoatosensory area 396
体性幹細胞 adult stem cell 339
体節 somite 70, 71, 153, 316, 322, 700
体節性 metamerism/segmentation 70, 71
大腸 large intestine 700, 330, 331
大腸菌 *Escherichia coli* 28, 204, 210, 214
大動脈 aorta 328
体内受精 internal fertilization 96
第二経路 alternative pathway 508
第２小顎 maxilla 80
第２触角 antenna 80
ダイニン dynein 227, 229, 234, 264, 402, 406, 407
大脳 cerebrum 367
大脳基底核 basal ganglia 393, 543
大脳神経節 vertebral ganglia,cerebral ganglia 310
大脳皮質 cerebral cortex 393, 399, 543
大脳辺縁系 limbic system 393
胎盤 placenta 199, 456
体皮細胞 peripheral cell 60, 61
タイプ化の原理 Principle of Typification 47
タイプ標本 type specimen 52, 111
太陽コンパス sun compass 362
大陸移動説 continental drift theory 634
大量絶滅 mass extinction 102, 160
ダーウィニズム Darwinism 627
ダーウィン・コア Darwin Core 112
ダーウィン選択 Darwinian selection 142
多回交尾 multiple mating 584
多核性胞胚 syncytial blastoderm 302
多化性 polyvoltine 478
タカハトゲーム hawk-dove game 620
托卵 brood parasitism 602
多型 polymorphism 194
多型的 polymorphic 190
多系統群 polyphyletic group 70
多孔板 madreporite 89
多細胞生物 multicellular organism 246, 268, 348
多重機能性 multi-functional 653
多精拒否 polyspermy block 249, 282
多精受精 polyspermy（polyspermic fertilization） 520
多層膜構造 multilayer structure 682
脱共役タンパク質-2 uncoupling protein-2 341
脱塩基部位 AP site（apurinic/apyrimidinic site） 258
脱感作 desensitization 462
脱共役タンパク質１ uncoupling protein 1 350
脱重合 depolymerization（disassembly） 226, 264
脱皮 molting 72, 476
脱皮行動開発ホルモン ecdysis-triggering hormone 477
脱皮ホルモン molting hormone 476, 477
脱皮抑制ホルモン molt-inhibiting hormone 482
脱分化 dedifferentiation 274, 339
脱分化細胞 dedifferentiated cell 339
脱分極 depolarization 248
脱ヨウ素酵素（脱ヨード酵素） deiodinase 335, 470, 484

脱ヨード化　deiodination　334
多能性　pluripotency　342
多能性幹細胞　pluripotent stem cell　339
多能性細胞　pluripotent cell　276
多倍体化(倍数化)　polyploidization　457
多夫多妻　polygy-andry　570
ダブルマッスル　double muscle　239
多分化能　pluripotency　263, 456
食べ込み　phagocytosis　429
騙し　deception　568
多量元素　major element　484
樽型モデル　barrel-stave model　505
単為生殖　parthenogenesis　81, 99, 249, 274, 279
単為発生　parthenogenesis　606
胆管　bile duct　355
単球　monocyte　456, 516
単系統群　monophyletic group　70, 71, 90
単婚　monogamy　570
単細胞生物　unicellular organism　246, 348, 388
探索行動　exploring behavior　662
探索時間　searching time　618
炭酸カルシウム　calcium carbonate　66
単式顕微鏡　simple microscope　14
短日繁殖動物　short day breeder　464
単シナプス反射　monosynaptic reflex　376
胆汁酸　bile acid　442
単精受精　monospermy(monospermic fertilization)　292, 520
弾性波　elastic wave　671
男性ホルモン　male hormone　279, 442
弾性率　degree of elasticity　662
断続平衡　punctuated equilibrium　121
タンニン　tannin　666, 667
胆のう　gallbladder　330
単分化能　unipotency　263
断片化　fragmentation　274
担名タイプ　name-bearing type　47

遅筋　slow muscle　533
膣　vagina　326
チミン　thymine　29
着生　settlement　662
チャネル　channel　348
中515号　chu-515-gou　664
中間径フィラメント　intermediate filament　214, 226, 230
中間種　intermediate species　597
中間中胚葉　intermediate mesoderm　326
中期　metaphase　234
中期胞胚遷移　midblastula transition　295
中規模攪乱説　intermediate disturbance hypothesis　595
昼行性動物　diurnal animal　464
中耳　middle ear　163
中腎　mesonephros　326
中腎管　mesonephric duct　286
中心溝　central sulcus　393
中心小管　central pair　406
中心体　centrosome　265
中心複合体　central complex　363
中腎傍管　paramesonephric duct　286
中枢神経系　central nervous system　153, 304, 310, 398, 466
中枢性パターン生成機構　central pattern generator　661
中枢時計　central clock　408
中枢パターン発生器　central pattern generator, CPG　377, 541, 544
中大脳　deutocerebrum　363
中脳　midbrain　304, 310, 312, 366
中脳蓋外側核　the external nucleus of the inferior colliculus　396, 397
中胚葉　mesoderm　219, 272, 304, 312, 331
中立説　neutral theory of evolution　26
チューブリン　tubulin　226, 265, 532
腸　intestine　349, 700
超遺伝子　supergene　609
聴覚　audition(hearing)　378, 398
聴覚器　organ of hearing, auditory organ1　388
聴覚器官　auditory organ　163
聴覚空間地図　auditory space map　396
聴覚フィードバック　auditory feedback　561
腸管免疫　gut immunity　510
頂器官　apical oragan　151
長期増強　long term potentiation　365
聴空間細胞　space-specific neurons　396, 397
超個体　superorganism　564
長日繁殖動物　long day breeder　464
長枝誘引　long branch attraction　70
超正常刺激　super normal stimulus　539, 605

潮汐式換気 tidal ventilation 358
調節性経路 regulated pathway 427
調節的分泌 regulatory secretion 223
調節領域 regulatory region 184
超大陸 Super-continent 635
頂点捕食者 apex predator 594
腸内細菌叢 gut microbiota 510
超撥水 super water repellent 652
超撥水性 superhydrophobic 655
超微量元素 super minor element 484
重複 duplication 23
超分子 supermolecule 226
頂膜 apical membrane 349
跳躍伝導 saltatory conduction 369
超優性淘汰 overdominant selection 192
直接制御系 posterior motor pathway 560
直接発生 direct development 71, 72, 151, 334
直達発生 direct development 81
直腸腺 rectal gland 459
チラミン tyramine 469
地理的隔離 geographical isolation 27, 126, 191
チロキシン thyroxine 334
チロシナーゼ tyrosinase 182
チロシンキナーゼ tyrosine kinase 433
『珍翫鼠育草』 Chingan Sodate Gusa 33

対鰭 paired fin 158, 162
椎骨 vertebra 90, 155
対ひれ paired fins 155
つがい外交尾 extra-pair copulation 571
つがいの絆 pair-bond 570
ツチ骨(槌骨) malleus 102, 670
角多型 horn polymorphism 626
ツールキット遺伝子 toolkit genes 146, 310

定位 orientation 680
定位反応 orienting response 399
定型的行動 stereotyped behavior 545
定向進化 orthogenesis 27
抵抗性因子 suppressor 607
抵抗反射 resistance reflex 376
低酸素 hypoxia 254
低酸素症 hypoxia 457
低酸素誘導因子 hypoxia-inducible factor 254
ディスタリゼーション distalization 338
底節 coxa 80
底板 floor plate 310
ディフェンシン defensin 504
ディプリュールラ dipleurula 89
低用量影響 low dose effect 431
テイラー則 Taylor's law 611
定量 PCR quantitative PCR 195
ティンバーゲンの 4 つのなぜ Tinbergen's four questions 526
適応進化 adaptive evolution 568
適応帯 adaptive zone 49
適応度 fitness 592, 616
適応放散 adaptive radiation 100, 143, 613
適応免疫 adaptive immunity 492, 496, 516, 520
適格名 available name 47
敵対的関係 antagonism 130
滴虫型幼生 infusoriform larva 60
滴虫類 infusolians 19
テスト細胞 test cell 283
テストステロン testosterone 435, 560
デスミン desmin 227, 230
デスモグレイン desmoglein 300
デスモソーム desmosome 227, 230, 300
デバネズミ mole rat 564
デボン紀 Devonian period 164
テロメア telomere 241, 242, 341
テロメラーゼ telomerase 242
転移 transposition 198
電位依存性 Ca^{2+} チャネル voltage-dependent calcium channel 407
電位依存性チャネル voltage-dependent channel 372
転位因子 transposon 184
電位作動性チャネル voltage-gated channel 372
電気感覚 electric sense 378
電気的多精拒否 electrical block to polyspermy 292
転座 translocation 23
電子顕微鏡 electron microscope 421, 694
電子伝達系 electron transport system 224
テンシリン tensilin 480
デンスボディー dense body 402
伝達物質 transmitter 385
伝導 conduction 369
天然高分子 natural polymer 662

転用 diversion 652

同位の原理 Principle of Coordination 47
頭蓋冠 calvarium 159
同規体節 homonomous metamery 80
同義置換 synonymous substitution 142
動機づけ motivation 466, 538, 541
道具的条件づけ instrumental conditioning 546
同形 homoplasy 168
動原体 kinetochore 234
洞察 insight 547
糖質コルチコイド glucocorticoid 434
同質倍数化 autopolyploidy 157
透出分泌 Diacrine Secretion 403
同所的種分化 sympatric speciation 27, 127, 201
頭神経節 cephalic ganglion 70
同性間競争 intrasexual competition 576
同性内選択 intrasexual selection 136
淘汰圧 selection pressure 624
糖タンパク質 glycoprotein 457, 477
糖蛋白質 glycoprotein 522
同調 synchronization/entrainment 408
頭頂眼 parietal eye 366
頭頂葉 parietal lobe 393
逃避行動 escape behavior 545
頭部 head, cephalosome 80
胴部 trunk 80
頭部神経節 head ganglion 363
頭部神経堤細胞 cephalic neural crest cells 320
頭部中胚葉 cephalic mesoderm 322
動物遺伝資源 animal bioresource 211
『動物寓意譚』 Bestiary 9
動物相 fauna 106
動物地理 zoogeography 106
動物地理区 zoogeographic region 106
『動物哲学』 *Philosophie zoologique* 18
動物プランクトン zooplankton 593
頭部プラコード cranial placodes 311
動脈幹中隔 truncal septum 329
同名関係の原理 Principle of Homonymy 47
冬眠 hibernation 255, 628
冬眠特異的タンパク質 hibernation specific protein 629
透明帯 zona pellucida 289, 290
動力飛行 powered flight 100
同類交配 assortative mating 129, 191
通し回遊 diadromous migration 599
独立栄養生物 heterotroph 597, 600
独立の法則 law of independence 22
時計遺伝子 clock gene 408, 411
トロコフォア trochophore 68
突然変異 mutation 140, 182, 198, 258, 260, 624
突然変異体 mutant 22, 186, 210
突然変異率 mutation rate 23
トップダウン効果 top-down effect 594
ドーパミン dopamine 366, 469
ドパミン細胞 dopaminergic neuron 698
ドーパミン作動性 dopaminergic 553
ドブジャンスキー・マラーモデル Dobzhansky-Muller model 129
トポグラフィックマップ topographic map 415
ドメインシャッフリング domain shuffling 147
共倒れ型競争 scramble competition 612, 613
トランスクリプトーム transcriptome 55, 57
トランスグルタミナーゼ transglutaminase 511
トランスゴルジネットワーク(TGN) trans Golgi network 228, 229
トランス・ゴルジ網(TGN) trans Golgi network 221
トランスジェニック動物 transgenic animals 452
トランスジェニックマウス transgenic mouse 341
トランスポゾン transposon 198, 199, 664
トリヨードサイロニン triiodothyronine 465, 484
トレードオフ trade-off 616
トロイダルポアモデル toroidal pore model 505
トロコフォア trochophore 64, 57
トロット trot 533
トロフィックカスケード trophic cascade 597
トロンボポエチン thrombopoietin 457
貪食細胞 phagocyte 502, 503
貪食作用 phagocytosis 502, 503, 506, 516, 517

な行

内顆粒層 inner nuclear layer 313
内肢 endopod 80
内耳 inner ear 187, 312, 670
内臓逆位 situs inversus 201
内臓板中胚葉 splanchnic mesoderm 330
内的自然増加率 intrinsic rate of natural increase 623

内胚葉 endoderm 272, 304, 312, 330
内部モデル internal model 398
内分泌 endocrine 444
内分泌かく乱化学物質 endocrine disrupting chemicals, endocrine disruptors 430
内分泌器官 endocrine organ 444
内分泌系 endocrine system 480-482
内分泌細胞 endocrine cell 444
内分泌腺 endocrine gland 418, 444, 482, 483
内腕ダイニン inner arm dynein 407
ナショナルバイオリソースプロジェクト national bioresource project 211
ナチュラルキラー(NK) natural killer 494
ナノインプリント nanoimprint 685
ナノテクノロジー nanotechnology 654, 655
ナノパイル nanopile 692
ナポリ臨海実験所 Stazione Zoologica 'Anton Dohrn' di Napoli 36
慣れ habituation 400
縄張り territory 612
軟骨 cartilage 158
軟骨外骨化 perichondral ossification 159
軟骨魚類 cartilaginous fishes 348, 366
軟骨頭蓋 chondrocranium 158
軟骨内骨化 endochondral ossification 159
軟体動物 mollusk 466, 476, 710
軟体類 molluscs 19

匂いセンサー odor sensor 678
二化性 bivoltine 478
肉芽組織 granulation tissue 500
肉食動物 carnivore animal 592
二語名 binominal name 46
二語名法 binominal nomenclature 12, 46
二次感覚細胞 secondary sensory cell 384
二次鰓弁 secondary lamella 358
二次左右性 secondary asymmetry 201
二次消費者 secondary consumer 592-594
二次造血 definitive [secondary] hematopoiesis 456
二次体性感覚野 secondary somatosensory cortex 394
二次中隔 septum secundum 329
二重らせん構造 double helix structure 185
二重らせんモデル double helix model 28
二重らせん卵割 duet cleavage 87
二成分の反応拡散系 two-component reaction-diffusion equations 187
日内変動 daily variation diurnal variation 462
ニッチ niche 280, 456, 613, 632
ニッチ構築 niche construction 558
ニッチ細胞 niche cells 280
ニッチ分割 niche partitioning 633
日長 daylength 628, 629
二胚虫 dicyemid 60
二胚葉性 diploblastic 304
乳腺 mammary gland 403
乳腺刺激ホルモン prolactin 448
「ニューヘッド」仮説 New head hypothesis 152
ニューロキニン neurokinin 425
ニューロフィラメント neurofilament 227
ニューロペプチドY(NPY) neuropeptide Y (NPY) 425, 474
ニューロン neuron 249, 660, 661
尿管芽 ureteric bud 326
尿酸 uric acid 354
尿素 urea 354
尿道 urethra 327
尿道下裂 hypospadias 327
尿道板 urethral plate 327
尿膜 alantois 271

ヌクレオソーム nucleosome 176, 240
ヌクレオチド除去修復 nucleotide excision repair 258

ネオエンドルフィン neoendorphin 424
ネオダーウィニズム neo-Darwinism 525
ネオテニー neoteny 335
ネガティブフィードバック negative feedback 448
熱ショックタンパク質(HSP) heat shock protein 455
熱水噴出孔 hydrothermal vent 656
熱力学的準平衡状態 thermodynamically quasi-equilibrium state 668
熱力学的非平衡状態 thermodynamically non-equilibrium state 669
ネトリン netrin 311
ネフロン(腎単位) nephron 354, 355, 459

粘菌　slime mold　264
稔性　fertility　191

脳　brain　152, 396, 397, 470, 477
脳下垂体　pituitary　334, 450
脳下垂体前葉　anterior pituitary　450
脳下垂体門脈　hypophyseal portal vessel　450
脳幹　brain stem　366
脳梗塞　cerebral infarction　698
脳神経　cranial nerves　152, 310
脳性(B 型)ナトリウム利尿ペプチド　2 brain natriuretic peptide/B-type natriuretic peptide（BNP）　425
脳腸ペプチド　brain-gut peptide　474
脳波　electroencephalogram　543
脳胞　brain vesicles　310
脳梁　corpus callosum　393
ノックアウト　knockout　188
ノッチ　Notch　303
ノード　node　308, 407
ノニルフェノール　nonylphenol　430
ノープリウス　nauplius　81, 471
ノープリウス眼　naupliar eye　81
飲み込み　pinocytosis　429
ノルアドレナリン　noradrenaline　366, 455, 461
ノンコーディング RNA　non-coding RNA　197, 260, 261

は行

肺　lung　159, 162, 330, 358
胚　embryo　195, 268
バイオニックカー　bionic car　656
バイオマーカー　biomarker　57, 148
バイオミネラリゼーション　biomineralization　657, 710
バイオミミクリー　biomimicry　709
バイオミメティクス　biomimetics　650, 708
バイオミメティクス画像検索基盤　biomimetics image retrieval platform　706, 707
バイオロギング　bio-logging　640
胚化石　fossil embryos　125
配偶行動　mating behavior　126, 466, 544
配偶子　gamete　184, 274, 276, 282, 284
配偶子形成　gametegenesis　195, 269, 282
配偶システム　mating system　576, 583, 584
配偶者選択　mate choice　573, 576
配偶なわばり　mating territory　588, 589
肺循環　pulmonary circulation　352
胚性幹細胞(ES 細胞)　embryonic stem cell　262, 339, 698
背側化因子　dorsal factor　273
背側脳室稜　dorsal ventricular ridge　367
胚体外中胚葉　extraembryonic mesoderm　297
肺動脈　pulmonary artery　328
背脳体　dorsal body　482
パイノサイトーシス　pinocytosis　222
胚発生　embryogenesis　606
背板　tergite　80
胚盤葉上層　epiblast　314
肺胞　alveolus　331, 358
胚葉形成　germ layer formation　658
排卵　ovulation　283
パーキンソン病　Parkinson's disease　343, 698
バクテリア　Bacterium　214, 226
薄膜干渉　thin-film interference　682
バーグマングリア　Bergman glia　374
破骨細胞　osteoclast　324
バージェス頁岩　Burgess shale　118
はしご形神経系(はしご状神経系)　ladder-like nervous system　361, 363
派生形質　derived character, apomorphy　153
バソトシン　vasotocin　467
働かないアリ　Inactive workers　648
パターン認識受容体　pattern recognition receptor　492
ハチ　bee, wasp　564, 565
ハチェック小窩　Hatschek's pit　483
パチニ小体　Pacinian corpuscle　389
バックグラウンド選択　background selection　191
白血球　white blood cell　456, 532
発現パターン　expression pattern　260
発光器官　photophore　403
発光細胞　photocyte　403
発生　development　269, 606
発生学　embryology　268
発生拘束　developmental constraint　366
発生システム浮動　developmental system drift　169
発生砂時計モデル　developmental hourglass

model 303
発生段階基準表 table of normal development 268
発想支援型画像検索 associative image search 706
バッタ locust 377
パッチ滞在時間 patch residence time 618
発電器官 electric organ 402
発電細胞 electrocyte 402
ハーディ・ワインベルグ則 Hardy-Weinberg's law 191
波動運動 wave movement 533
波動遊泳 wave swimming 533
ハナアブ hoverfly 569
ハナカマキリ orchid mantis 569
鼻プラコード olfactory placode 311
パニッツァ孔 foramen Panizzae 353
翅多型 wing polyphenism 626
羽ばたき飛行 flapping flight 702
パラクリン paracrine 426
パラサイト parasite 198
パラタイプ標本 paratype specimen 52
腹びれ(腹鰭) pelvic fin 155, 159
パラミオシン paramyosin 90
パラログ paralog 156, 211
パルス状分泌 pulsatile secretion 462
パレンンキメラ parenchymela 59
盤 disc 89
半陰茎 hemipenis 99
半円堤 torus semicircularis 366, 397
盤割 discoidal cleavage 294
半兄弟 half sib 585
反響定位 echolocation 654
反口側 aboral 154
瘢痕 scar 501
板鰓類 elasmobranchs 348
反射 reflex 540, 554
反射の連鎖 chain of reflexes 544
反射反転 reflex reversal 376
繁殖干渉 reproductive interference 200, 632
繁殖多型 reproductive polyphenism 626
伴性遺伝 sex-linked inheritance 22
ハンチントン病 Huntington disease 699
半透膜 semipermeable membrane 348
パンドラ幼生 Pandora larvae 64
反応閾値 response threshold 648
反応基準(反応規範) reaction norm 626
反応能 competence 335
反応の連鎖 response chain 544
半倍数性決定 haplodiploid sex determination 278
反復 replication 614, 615
反復説 recapitulation theory 24
汎プラコード領域 pan-placodal domain 311
半保存的複製 semiconservative replication 185, 210

被蓋 tegmentum 366
光遺伝学 optogenetics 413, 452
光回復酵素 photolyase 258
光感覚 light sense 378
光受容細胞 photoreceptor cell 378
光走性 phototaxis 660, 680
光の干渉 optical interference 682
光の反射 reflection of light 692
光ファイバー optical fiber 657
非休眠卵 non-diapause egg 478
非筋細胞 nonmuscle cell 402
皮筋節 dermamyotome 316, 322
ビーグル号 HMS Beagle 13
皮骨 dermal bone 158
非コード領域 non-coding region 184
皮脂腺 sebaceous gland 403
飛翔 flight 533
微小液滴 minute liquid droplet 692
微小管 microtubule 214, 226, 229, 264, 402, 406, 532
微小管形成中心 microtubule organizing center 226, 234
飛翔器官 flight apparatus 626
微小繊維 thin filament 214, 226
微絨毛 microvilli 226
微小有殻化石群 small shelly fossils 118
被食防御物質 prey defensive substances 667
ヒストン histone 176
ヒストン修飾 histone modification 177, 260, 261
ヒストン八量体 histone octamer 176
ビスフェノールA bisphenol A 431
ひずみ distortion 533

微生物　microorganism　606
皮節　dermatome　318
脾臓　spleen　456
非相同末端結合　non homologous end joining　204
非相同末端結合修復　nonhomologous end-joining repair　259
尾端光受容細胞　tail photoreceptor cell　379
ヒッチハイキング効果　hitch hiking effect　191
非同義置換　nonsynonymous substitution　142
ヒトゲノム　human genome　420
ヒトゲノム計画　Human Genome Project　193
ヒートショックタンパク質　heat shock protein　250
ヒドロキシ基　hydroxy group　663
泌尿生殖堤　urogenital ridge　326
ビピンナリア　bipinnaria　89
被覆タンパク質　coat protein　228, 229
非震え熱産生　non-shivering thermogenesis　350
微胞子虫　microsporidia　607
非翻訳性 RNA　non-coding RNA　260, 261
非翻訳 RNA　non-coding RNA　456
ビメンチン　vimentin　227
表割　superficial cleavage　294
表現型　phenotype　23, 194, 211, 268, 626
表現型可塑性　phenotypic plasticity　626, 629
表現型順応　phenotypic accommodation　627
表現型多型　polyphenism　626
表現型発現　phenotypic expression　626
病原体　pathogen　522
病原体関連分子パターン　pathogen-associated molecular pattern　492
病原体媒介生物　pathogen mediator　111
標識色　signal coloration　460
表層反応　cortical reaction　520
表層胞　cortical alveoli　282
表層粒　cortical granule　249, 282
標的器官　target organ　418, 434
標的細胞　target cell　418, 434
表皮　epidermis　153, 307, 314, 500
表皮成長因子　epidermal growth factor　239
標本健康度　collection health index　53
表面構造　surface structure　690
表面張力　surface tension　691, 701
ピリミジン2量体　pyrimidine dimmers　258
ビリルビン　bilirubin　355
ビンクロゾリン　vinclozolin　430
品種　race　104, 105
頻度依存淘汰　frequency-dependent selection　200
瓶嚢　ampula　88

ファイトテルマータ　phytotelmata　615
ファイロタイプ　phylotype　24
ファイロティピック段階　phylotypic period　166
ファンデルワールス力　Van der Waals force　692
ファゴサイトースス　phagocytosis　222
ファゴリソソーム　phagoslysosome　516
ファージ　phage　28, 210, 521
ファロイジン　palloidin　226
フィコリン　ficolin　508
フィードバック　feedback　376, 377, 426, 434, 457
フィードバック調節　feedback regulation　452
フィブロイン　fibroin　664
フウセンクラゲ型幼生　cydippid-like larva　58
フェアメラニン　pheomelanin　461
フェニルケトン尿症　Phenylketonuria　192
フェロモン　pheromone　188, 385, 387, 419, 440, 678
フェロモン交信系　pheromone communication system　441
フェロモン生合成活性化神経ペプチド　pheromone biosynthesis activating neuropeptide　478
フェロモン腺　pheromone gland　478
フェロモンパーシモニー　pheromone parsimony　631
フォッサマグナ　Fossa magna　634
フォトニック結晶　photonic crystal　683, 684
フォトリソグラフィ　photo-lithography　691
孵化　hatching　334
付加再生　epimorphosis　338
不完全変態　hemimetabolism　476
不完全変態昆虫　hemimetabolous insect　471
不関電極　indifferent electrode　369
複眼　compound eye　81, 379
複合影響　mixture effect　431
複合区間マッピング法　composite interval mapping　208
副甲状腺　parathyroid gland　330

副甲状腺ホルモン　parathyroid hormone　459, 485
複婚　polygamy　570
複式顕微鏡　compound microscope　14
副雌雄同体　accessory hermaphroditism　279
副松果体　parapineal organ　366
副腎　adrenal gland　454, 455
腹神経索　ventral nerve cord　70, 71
副腎ステロイド　adrenal steroid　443
副腎皮質刺激ホルモン（ACTH）　adrenocorticotropic hormone　434, 448, 454, 455
副腎皮質刺激ホルモン放出ホルモン（CRH）　corticotropin-releasing hormone　454, 455
副腎皮質ホルモン　corticosteroid　335, 462, 470
複製　replication　258
腹足　gastropod　701
腹側化因子　ventral factor　273
腹側被蓋野　ventral tegmental area　553
腹直筋　rectus abdominis muscle　323
腹板　sternite　80
腹部　pleonabdomen　80
符号選択性ニューロン　sign-selective neuron　397
不随意筋　involuntary muscle　322
付属精子核　accessory sperm nucleus　292
付着力　adhesion force　691
物質循環　material cycle　592
物理的知性　physical intelligence　554
太い繊維　thick filament　264
不等割　unequal cleavage　294
不凍タンパク質　antifreeze protein　668
不等分裂　asymmetric cell division（unequal division）　269, 310
不妊　infertility, sterility　191, 585
不分離　nondisjunction　23
浮遊物食　suspension feeder　155
浮遊幼生　pelagic（planktic）larva　90, 91
プライマーフェロモン　primer pheromone　630
ブラキストン線　Blakiston line　634
プラコード　placode　152, 311
プラスティックソング　plastic song　560
プラスミドベクター　plasmid vector　343
プラスモディウム　plasmodium　61
プラヌラ幼生　planula larva　58, 86
プランクトン　plankton　628
フリーラジカル　free radical　341
フルソング　full song　560
プレプロホルモン　preprohormone　427
フロアプレート　floor plate　307
プログラム細胞死　programmed cell death　333, 334
プロセシング　processing　428
プロセッシング　processing　438
プロテアーゼ　protease　508
プロテアソーム　proteasome　290
プロテオーム解析　proteomic analysis　218
プロホルモン　prohormone　428
プロメテウス幼生　Prometheus larvae　64
プロモーター　promoter　177
プロラクチン　prolactin　335, 434, 459, 462
プロラクチン放出ペプチド　prolactin–releasing peptide（PrRP）　424
吻　proboscis　71
分化　differentiation　269
分化全能性　totipotency　262
分化多能性　pluripotency　263
分化多能性幹細胞　pluripotent stem cell　274
文化的行動　cultural behavior　547
分化転換　transdifferentiation　339
分化能　differentiation potency　269
分岐選択　divergent selection　49, 127
分枝　branching　331
分子遺伝学　molecular genetics　185
分子間力　Van der Waals force　695
分子系統解析　molecular phylogenetic analysis　70, 606
分子系統学　molecular phylogeny　72, 73, 96, 106, 206
分子シャペロン　molecular chaperon　250
分子進化の中立説　the neutral theory of molecular evolution　191
分子生物学　molecular biology　4, 185
分子時計　molecular clock　143, 148, 190
分子の操作的分類単位　molecular operational taxonomic units　111
分子分類学　molecular taxonomy　111
吻進展反射　proboscis extension reflex　679
噴水孔　spiracle　92
分節　segment　302
分節化　segmentation　302

分節境界　segmentation boundary　316
分節的　metameric/segmented/seg,emtal　305
分節時計　segmentation clock　303, 317
扮装擬態　masquerade　608
吻側神経稜　anterior neural ridge　310
吻尾軸　rostral caudal axis　304
分泌　secretion　426
分泌顆粒　secretory granule　438
分泌細胞　secretory cell　403
分泌小胞　exocytotic vesicle　403
分泌腺　secretory gland　403
分泌物　secretion　550, 551
分布　distribution　611
分離　segregation　22
分離の法則　law of segregation　186, 191
分類学　taxonomy　3, 129
分類群　taxon（単），taxa（複）　46, 52
分裂　fission　89
分裂期（M 期）　mitotic phase　232
分裂酵母　fission yest　236
分裂装置　mitotic apparatus　234
分裂促進因子　mitogen　238

ペア・ルール遺伝子　pair-rule gene　302
閉殻筋　adductor muscle　249
平滑筋　smooth muscle　249, 264, 322, 402
平行進化　parallel evolution　103
平衡胞　statocyst　58, 86, 660, 661
閉鎖血管系　closed blood-vascular system　66, 457
兵隊分化　soldier differentiation　468
ヘイフリック限界　Hayflick limit　243, 341
べき乗則　power law　639
ベーツ擬態　Batesian mimicry　608
ヘッケルの反復説　Haeckels's recapitulation theory　167
ヘッジホッグ　Hedgehog　302
ヘテロクロニー　heterochrony　170
ヘテロクロマチン　heterochromatin　196, 240, 260
ヘテロ接合　heterozygote　194
ヘビ　sneak　186
ベビースキーマ　Kindchen-Schema　539
ヘプシジン　hepcidin　485
ペプシノゲン　pepsinogen　331
ペプチド　peptide　477-480
ペプチド N 末端チロシン C 末端チロシン 2 peptide having N-terminal tyrosine and C-terminal tyrosine（PYY）　425
ペプチド N 末端ヒスチジン C 末端イソロイシン peptide having N-terminal histidine and C-terminal isoleucine amide（PHI）　425
ペプチドグリカン層　peptidoglycan layer　214
ペプチドホルモン　peptide hormone　424, 432, 436, 438, 476, 479
ヘミデスモソーム　hemidesmosome　230
ヘミペニス　hemipenis　327
ヘモグロビン S　hemoglobin S　192
ベリジャー幼生　veliger larva　68
ヘリックス・ターン・ヘリックス　helix turn helix　305
ベルクマンの規則　Bergmann's rule　106
ベルヌーイ効果　Bernoulli effect　551
ヘルパー　helper　556
変異　mutation　182, 194
辺縁系　limbic system　553
変形運動　metaboly　532
偏光コンパス　polarization compass　362
ヘンゼン結節　Hensen's node　299
変態　metamorphosis　71, 96, 268, 334, 470, 476, 660
変態最盛期　metamorphic climax　335
変態始動期　prometamorphic stage　335
変動環境　fluctuating environment　585
扁桃体　amygdala　384, 393, 553
鞭毛　flagellum　264, 402, 406, 407, 660
鞭毛運動　flagellar movement　532
鞭毛・繊毛運動　flagellar motility, ciliary motility　227
片利関係　commensalism　602
片利共生　commensalism　594
ヘンレのループ　loop of Henle　354, 355

哺育細胞　nurse cell　282
包囲化作用　encapsulation　502, 503
防汚　antifouling　655, 662, 710
包括適応度　inclusive fitness　562, 617
方形骨　quadrate bone　102
方向性選択　directional selection　127
房室管　atrioventricular canal　329

房室管中隔　atrioventricular canal septum　329
放射状グリア細胞　radial glial cell　310
放射性同位体　radioisotope　598
放射線　radiation　258
放射相称　radial symmetry　72
放射相称性　radial symmetry　58
放射卵割　radial cleavage　294
放射類　radiates　19
報酬系　reward system　553
膨潤度　degree of swelling　662
紡錘体　spindle　234, 265
抱接　amplexus　632
胞胚　blastula　272, 294
胞胚腔　blastocoel　272
傍分泌　paracrine　238
捕獲　capture　701
捕脚　raptorial limb　533
母系遺伝　matriclinous inheritance　145
保護色　protectire coloration　460
ポジショナルクローニング　positional cloning　194
補充生殖虫　supplementary reproductive　469
捕食　predation　594
捕食寄生　parasitoid　602
捕食動物　predator　155
捕食・被食関係　prey-predator relationship　596
ポストラーバ　post larva　471
母性遺伝　maternal inheritance　200
母性因子　maternal factor　270, 276
母性効果　maternal effect　200
母性効果遺伝子　maternal-effect gene　302
細い繊維　thin filament　264
補足遺伝子　complementation　187
補体　complement　508
補体系　complement system　506, 508, 513
歩帯溝　ambulacral groove　89
補体成分　complement system　508
歩帯板　ambulacral plate　89
発端種　incipient species　129
ホットスポット　hotspot　107
ホップ　hop　533
ボディプラン　body plan　70, 166
ボトムアップ効果　bottom-up effect　594
骨　bone　533
炎細胞　flame cell　354
ホバリング　hovering　533
ほぼ中立理論　nearly neutral theory　142
ボーマン嚢　Bowman's capsule　354, 355
ホムンクルス　homunculus　397
ホメオスタシス　homeostasis　418, 467, 488
ホメオティック遺伝子　homeotic genes　311
ホメオドメイン　homeodomain　305
ホメオボックス　homeobox　305
ホメオボックス遺伝子　homeobox gene　210
ホモキラリティルール　homochirality rule　201
ホモ接合　homozygote　194
ホモログ遺伝子　homologue gene　188
ポリプ類　polyps　19
ポリモーダル受容器　plyumodal receptor　389
ホールデン・マラーの原理　Haldane-Muller principle　141
ホルモン　hormone　238, 420, 444
ホルモン受容体　hormone receptor　419
『本草綱目』　Pên-ts'ao Kangmu　30
本能　Instinct　558
本能行動　instinctive behavior　466
ポンプ　pump　348
ボンベシン　bombesin　425
翻訳後修飾　post-translational modification　428

ま行

マイクロコズム　microcosm　614
マイスネル小体　Meissner corpuscle　389
マイトジェン　mitogen　238
マガイニン　magainin　504
巻枝　cirrus　89
膜貫通型受容体　transmembrane receptor　432
膜受容体　membrane receptor　467
膜侵襲複合体　membrane-attack complex　508
膜タンパク質　membrane protein　216, 248
膜電位依存性 Ca^{2+} チャネル　voltage-dependent calcium channel　370
膜電位依存性 K^{+} チャネル　voltage-dependent potassium channel　370
膜電位依存性 Na^{+} チャネル　voltage-dependent sodium channel　370
膜融合　cell membrane fusion　288, 289, 291
マクロファージ　macrophage　335, 502, 507, 508, 516
マジックトレイト　magic trait　128, 201

末梢神経系　peripheral nervous system　310
末梢時計　peripheral clock　408
末端複製問題　end replication problem　242
マッハバンド理論　Mach bands theory　680
麻薬　narcotic　553
繭糸　cocoon silk　665
マリノアン氷河時代　Marinoan glaciation　124, 125
マルピーギ管　Malpighian tubule　164, 354
満腹中枢　satiety center　474

ミエリン鞘　myelin sheath　369
ミオシン　myosin　227, 234, 237, 264, 322, 532
ミオシン繊維　myosin filament　402
ミオスタチン　myostatin　239
味覚　gustation　378
味覚障害　dysgeusia　384
味覚中枢　gustatory center　384
未記載種　undescribed species　111, 108
ミクログリア　microglia　374
ミクロコズム　microcosm　614, 615
味細胞　taste cell　384
ミスマッチ修復　mismatch repair　258
道しるべフェロモン　trail pheromone　440, 630
密着結合　tight junction　231, 300, 314
密度効果　density effect　611-613
ミトコンドリア　mitochondria　214, 224, 341
ミトコンドリア・イブ　mitochondrial eve　145
ミトコンドリアDNA　mitochondrial DNA　110, 143, 193
ミトコンドリア電子伝達系　mitochondrial electron transport system　341
未分節中胚葉　presomitic mesoderm　316
耳垢型　ear wax　193
耳プラコード　otic placode　311
ミュラー管　Müllerian duct　286, 326
ミュラー管抑制因子　Müllerian inhibiting substance　326
ミューラーグリア　Müller glia　374
ミュラーグリア細胞　Müller glial cell　313
味蕾　taste bud　384
ミラーニューロン　mirror neuron　561
魅力的息子　sexy son　137

無根系統樹　unrooted tree　206
無軸索細胞　amacrine cell　313
無糸分裂　amitosis　232
無条件刺激　unconditioned stimulus　401
無髄軸索　non-myelinated nerve　369
娘細胞　daughter cell　214
無性生殖　asexual reproduction　67, 191, 274
胸びれ(胸鰭)　pectoral fin　155, 158
無反射　reflection free　652
群れ　group　556

迷走葉　vagal lobe　367
命名法的行為　nomenclatural act　46
メガロパ　megalopa　81
メス化　feminization　607
メスによるオスの選別　female choice　136
雌の一雄交尾　monandry　584
メスの隠れた選択　cryptic female choice　575
雌の多雄交尾　polyandry　584
雌ヘテロ型　female-heterogametic system　180
メセルソン効果　Meselson effect　275
メソコズム　mesocosm　614
メタクローナル波　metachronal wave　406
メタ個体群　metapopulation　610
メタスチン　metastin　424
メタセルカリア　metacercaria　62
メタ認知　metacognition　555
メタンモノオキシゲナーゼ　methane monooxygenase　657
メチルグアニン　methylguanine　258
メチルファルネセン酸　methyl farnesoate　471
眼皮膚白皮症　oculocutaneous albinism　186
メラトニン　melatonin　463
メラニン　melanin　182, 186, 198
メラニン凝集ホルモン　melanin concentrating hormone　424, 461
メラニン細胞刺激ホルモン　melanocyte-stimulating hormone　449
メラニン細胞(メラノサイト)　melanocyte　460
メラノコルチン受容体　melanocortin receptor　460
メラノサイト(メラニン細胞)　melanocyte　186, 460
メルケル触盤　Merkel disc　389
免疫　immunity　239, 456, 482, 522
免疫寛容　immune tolerance　511

免疫記憶 immunological memory 492
免疫グロブリン immunoglobulin 516
面状ファスナー hook-and-loop festener 654
メンデル遺伝 Mendelian inheritance 174
メンデルの法則 Mendel's laws 22
メンブラントラフィック membrane traffic 228, 229

毛管力 capillary force 690
盲腸 caeca 330
毛包受容器 hair follicle receptor 389
毛包プラコード placode 315
網膜 retina 312, 366, 379, 396
網膜色素上皮 retinal pigment epithelium 187, 312
網膜投射地図 retinotopic map 396
網様体 reticular formation 366
網様体ニューロン reticular neuron 466
毛隆起 hair bulge 315
モーガンの公準 Morgan's canon 524
目的論 teleology 6
目標指向型運動 goal-directed movement 398
モスアイ moth eye 685, 692
モータータンパク質 motor proteins 226, 229, 264, 402, 406
モデル生物 model organism 73, 210
戻し交配 backcross: BC 194
モノアミン作動性ニューロン monoaminergic neuron 466
モルフォゲン morphogen 302, 337
モルフォゲン勾配 morphogen gradient 304
門 phylum 70, 155, 166
門脈トライアッド portal triad 355

や行

夜行性動物 nocturnal animal 464
野生型 wild type 22
『大和本草』 Yamato Honzo 30

誘引突起 illicium 95
遊泳運動 swimming locomotion 660, 661
有限要素法 finite element method 671
有効集団サイズ effective population size 610
有効打 effective stroke 406
有効名 valid name 47
有根系統樹 rooted tree 206
有糸分裂 mitosis 232, 238
有髄神経 myelinated nerve 369
優性(顕性) dominant 22, 194, 200
雄性化ホルモン androgenic hormone 607
有性生殖 sexual reproduction 191, 274, 276, 279, 282
雄性生殖 androgenesis 275
雄性前核 male pronucleus 275
雄性先熟 protandry 279, 586
優性の法則 law of dominance 186
優占種 dominant species 595
誘電率 dielectric constant 684
誘導 induction 295, 312
誘導多能性幹細胞 induced pluripotent stem cell 262
誘導防御 inducible defense 626
有毛細胞 hair cell 388, 670
幽門盲嚢 pyloric caecum 89
優良遺伝子 good gene 136, 585
ユークロマチン euchromatin 240
輸精管 vas deferens 283, 286
輸送小胞 transport vesicle 220, 228, 229
輸送体 transporter 348
ユビキチン ubiquitin 250
ユーメラニン eumelanin 461
輸卵管 oviduct 286, 287, 326

蛹化 pupation 664
溶解経路 lytic pathway 508
溶菌 complement component 509
幼形成熟 neoteny 97, 335
溶血 hemolysis 508
揚抗比 lift-to-drag ratio 703
幼時雌雄同体 juvenile hermaphroditism 279
幼若ホルモン juvenile hormone 411, 468, 471, 476–478
幼虫休眠 larval diapause 478
羊膜 amnion 160, 271, 277
羊膜–漿膜システム amnion–serosa system 165
羊膜卵 amniotic egg 98
揚力 lift 702
葉緑体 chloroplast 214
葉緑体 DNA chloroplast DNA 110
翼角 wing bend 605

横分裂 fission 274
予定プラコード外胚葉 preplacodal ectoderm 312
予定分節境界 predicted segmentation boundary 317

ら行

ライシン lysin 290
ライディヒ細胞 Leydig cell 283, 326
ラクトース・オペロン lactose operon 29
ラジオイムノアッセイ radioimmunoassay 468
螺旋 helix 661
螺旋弁 spiral valve 92, 93
らせん卵割(螺旋卵割) spiral cleavage 57, 72, 73, 200, 294
ラトケ嚢 Rathke's pouch 446
ラパマイシン標的経路 rapamycin targeting pathway 341
ラマルキズム Lamarckism 19, 27, 627
ラミン lamin 226
ランヴィエ絞輪 node of Ranvier 369
卵円孔 foramen ovale 329
卵黄顆粒 yolk granule 270, 294
卵黄細胞 yolk cell 282
卵黄タンパク質 yolk protein 478
卵黄嚢 yolk sac 456
卵黄膜 vitelline membrane 271, 282, 287, 293
卵殻 eggshell chorion 282
卵核胞 germinal vesicle 282
卵核胞崩壊 germinal vesicle breakdown 282
卵割 cleavage 232, 269, 294
卵擬態 egg mimicry 605
卵丘細胞 cumulus cell 283
卵形成 oogenesis 282
卵原細胞 oogonium 282
乱婚 promiscuity 570
卵生 oviparity 99, 102, 270
卵成熟 oocyte maturation 282
卵成熟促進因子 maturation-promoting factor 232, 282
卵成熟誘起ホルモン maturation-inducing hormone 282
ラン藻 Cyanobacteria 214
卵巣 ovary 326, 434, 606
卵胎生 ovoviviparity 165, 270
ランナウェイ過程 runaway process 137
卵認識フェロモン egg recognition pheromone 631
卵包 cocoon 70
卵胞刺激ホルモン follicle stimulating hormone 424, 434, 462
卵母細胞 oocyte 282, 285
卵膜 egg membrane 249
卵門 micropyle 283

リアクション・ノーム reaction norm 626
リガンド ligand 432
リガンド依存性チャネル ligand-dependent channel 372
リガンド作動性チャネル ligand-gated channel 372, 678
陸上動物 terrestrial animal 348
リークチャネル leak channel 372
リケッチア *Rickettsia* 606
利己的遺伝因子 selfish genetic element 606
離出分泌 apocline secretion 403
リソグラフィ lithography 685
リソソーム lysosome 228, 516
リゾチーム lysozyme 631
利他行動 altruistic behavior 556, 566
陸橋 land bridge 103
リファレンスバーコード reference barcode 111
リブレット構造 riblet structure 656
リプログラミング reprogramming 197, 339, 342
リボソーム ribosome 110, 218, 220, 438
リポ多糖 lipopolysaccharide(LPS) 512
硫化ステロイド sulfated steroid 485
流出管 outflow tract 328
両賭け bet-hedging 584
両下肢麻痺 paraplegia 699
両親媒性 amphiphilicity 504
両性生殖 bisexual reproduction 81
量的形質 quantitative trait 22, 174
量的形質遺伝子座 quantitative trait locus 189
菱脳 rhombencephalon 310, 366
菱脳節 rhombomere 310, 366
緑色蛍光シルク green fluorescent silk 665
緑色蛍光タンパク質(GFP) green fluorescence

protein　211, 403
リリーサーフェロモン　releaser pheromone　630
理論集団遺伝学　theoretical population genetics　26
リン　phosphorus　484
臨界(限界)日長　critical daylength　629
臨界値定理　marginal value theorem　619
リン脂質二重層　phospholipid bilayer　216
臨床医学　clinical medicine　16
リンネ式階層分類体系　Linnean hierarchy　46, 70
リンパ液　lymphocyte　670
リンパ球　lymphocyte　456, 496, 532

ルシフェラーゼ　luciferase　403
ルシフェリン　luciferin　403
ルフィニ小体　Ruffini corpuscle　389
ループプレート　roof plate　307

レクチン　lectin　490, 506, 508, 512
レクチン経路　lectin pathway　508
レスキュー実験　rescue experiment　195
劣性(潜性)　recessive　175, 194, 200
レッドリスト　red list　644
レトロトランスポゾン　retrotransposon　199
レトロマー　retromer　229
レニン-アンギオテンシン系　renin-angiotensin system　485
レネット　renette　72
レパトセファルス　leptocephalus　470
レプチン　leptin　474
レプトケファルス(葉形幼生)　leptocephalus　94
連合学習　associative learning　401, 546
連鎖　linkage　22, 128, 194
連鎖解析　linkage analysis　174, 194, 208
連鎖絶滅　cascading extinction　597
連鎖反射　chain reflex　540
連鎖不平衡　linkage disequilibrium　128
連絡結合　communicating junction　231

老化　aging　261, 268
老化速度　aging rate　340
労働寄生　kleptoparasitism　604
ろ過食　filter feeding　551
濾過摂餌　filter feeding　90, 91
ロジスティック式　logistic equation　611, 623
顱頂眼　parietal eye　379
肋間筋　intercostal muscle　323
肋骨　rib　102
ロドプシン　rhodopsin　378, 382, 383
濾胞細胞　follicle cell　282
濾胞上皮細胞　follicular epithelial cell　434
ロイヤルゼリー　royal jelly　468
ローラシア大陸　Laurasia land　102

わ行

矮雄　dwarf male　71
ワーカー　worker　468
『和漢三才図会』　Wakan Sansai Zue　30, 33
ワクチン　vaccine　17
渡瀬線　Watase line　634
渡り　migration　101, 410, 466, 628
渡り鳥　migratory bird　640
ワーデンブルグ症候群　Waardenburg syndrome　187
腕骨　brachidium(arm ossicle)　66, 89

動 物 索 引

英字

Euhadra 200

あ行

アイゲンマニア *Eigenmannia* 397
アイシュアイア *Aysheaia* 76
アカイカ flying squid (*Ommastrephes bartramii*) 702
アカゲザル rhesus monkey (*Macaca mulatta*) 189, 554
アカザエビ clawed lobster (*Metanephrops japonicus*) 64
アカシカ red deer (*Cervus elaphus*) 572, 577, 579
アカテガニ *Chiromantes haematocheir* 548
アカネズミ *Apodemus speciosus* 667
アカボウクジラ *Ziphius cavirostris* 102
アカマンボウ上目 Lamprimorpha 94
アカマンボウ目 Lampriformes 95
アカミミガメ Red-eared slider (*Trachemys scripta*) 279, 472, 516
アカメアマガエル *Agalychnis callidryas* 674
アカンソステガ *Acanthostega* 159, 162
アザミウマ目 Thysanoptera 83
アジサシ Common tern (*Sterna hirundo*) 574
アシナガバチ paper wasp (*Polistes*) 551
アシナシイモリ caecilian (Gymnophiona) 334
アシロ目 Ophidiiformes 95
アズキゾウムシ adzuki bean weevil (*Callosobruchus chinensis*) 590, 614, 632
アズマヤドリ bowerbird (Ptilonorhyndiidae) 573
アナジャコ mud shrimp (*Upogebia*) 551
アノマロカリス *Anomalocaris* 119
アヒル domestic duck 333, 522
アブラコウモリ *Pipistrellus abramus* 672
アブラゼミ large brown cicada (*Graptopsaltria nigrofuscata*) 652, 692
アブラツノザメ *Squalus suckleyi* 367
アブラムシ aphid (*Aphidoidea*) 274, 279, 556, 626, 633
アフリカウシガエル *Pyxicephalus adspersus* 278
アフリカ獣類 Afrotheria 102, 134, 161
アフリカゾウ African elephant (*Loxodonta africana*) 536, 674
アフリカチヌ *Diplodus vulgaris* 279
アフリカツメガエル African clawed frog (*Xenopus laevis*) 157, 166, 278, 287, 295, 431, 456, 472, 504, 507, 516, 520, 678
アフリカトガリネズミ目 Afrosoricida 103
アホロートル Axolotl 97
アミ Mysida 81
アミア目 Amiiformes 94
アミメカゲロウ目 Neuroptera 83
亜鳴禽 Suboscine 561
アメーバ amoeba (*Amoeba*) 264, 496, 532
アメフラシ sea hare (*Aplysia*) 373, 400, 480, 527, 546
アメリカザリガニ crayfish (*Procambarus clarkii*) 545
アメリカチョウゲンボウ American kestrel (*Falco sparverius*) 534
アメリカナマズ channel catfish (*Intalurus punctatus*) 516
アメリカムラサキウニ purple sea urchin 29
アメリカワニ *Alligator mississippiensis* 359, 604
アメンボ water strider 578, 701
アライグマ common raccoon (*Procyon lotor*) 12
アランダスピス Arandaspida 158
アリ ant (Formicidae) 132, 362, 468, 549, 564, 565, 652, 692
アリクイ ant-eater (*Vermilingua*) 134
アリグモ antmimicking spider 608
アリジゴク antlion (*Mymeleonlidae*) 550, 551
アルケオプテリクス *Arcaheopteryx* 100
アルマジロ Armadillo (Dasypodidae) 12, 134
アロワナ団 Osteoglossomorpha 94
アロワナ目 Osteoglossiformes 94
アワノメイガ corn borer (*Ostrinia nubilalis*)

478, 569
アワノメイガ類　*Ostrinia*　607
アワビ　abalone (*Haliotis*)　290
アンコウ　anglerfish (*Lophiiformes*)　95, 608

イエネズミ　house rodents　33
イカ　squid　31, 168, 186, 361, 383, 480, 533, 651, 708
イガイ科　Mytiloide　601
イクチオステガ　*Ichthyostega*　96, 159
異クマムシ綱　Heterotardigrada　77
異甲類　Heterostraci　158
異歯亜綱　Heterodonta　69
イシサンゴ　Scleractinia　172
イシノミ　Archaeognatha　165
イシノミ目　Archaeognatha　82
異靭帯亜綱　Anomalodesmata　69
異節類　Xenarthra　102, 161
イソギンチャク　sea anemone (Actiniaria)　58, 153, 272, 296, 416, 533, 602
イソメ類　Eunicida　70
イタチムシ　Chaetonotida　62
糸形動物　Nematoida/Nematozoa　56
イトゴカイ科　Capitellidae　71
イトマキヒトデ　starfish (*Patiria pectinifera*)　502, 503
イトヨ　stickleback (*Gasterosteidae*)　539, 544, 642
イヌ　dog (*Canis lupus familiaris*)　48, 134, 187, 189, 340, 350, 555, 572
イヌ科　dog (Canidae)　570
イヌワシ　golden eagle　644
イノシシ　*Sus scrofa*　103, 105
イボタガ　moth (*Brahmaea japonica*)　131
異名上目　Xenonomia　83
イモリ　newt (*Cynops*)　43, 292, 334, 338, 500
イルカ　dolphin (Delphinidae)　31, 367, 672
イワサキセダカヘビ　*Pareas iwasakii*　131
岩狸目　Hyracoidea　103
イワヒバリ　alpine accentor (*Prunella collaris*)　571
インドメダカ　*Oryzias dancena*　279

ウグイス　Japanese bush warbler　(*Horornis diphone*)　571
ウサギ　rabbit　102, 186
ウシ　cattle (*Bos taurus*)　29, 104, 189, 239
ウシガエル　bull flog (*Lithobates catesbeiana*)　97, 456
渦虫綱　Turbellaria　62, 87
ウズラ　quail (*Coturnix japonica*)　290, 340, 464
ヌタウナギ　hagfish　156
ウツボ科　Muraenidae　279
ウデムシ　Amblypygi　79, 165
ウナギ　Anguillidae　457, 470, 506, 533
ウナギ目　eel (eeal)　94
ウニ　sea urchin　19, 38, 152, 170, 272, 277, 288-290, 292, 294, 296, 334, 480, 660
ウニ綱　sea urchin (Echinoidea)　88
ウマ　horse (*Equus ferus caballus*)　105, 169, 189, 350, 464
ウミガメ　sea turtle　459
ウミグモ　sea spider (Pycnogonida)　78, 82, 473
ウミケムシ　Amphinomida　70, 71
ウミサソリ　Eurypterida　78
ウミシダ　Comatulida　89
ウミタル　Doliolida　90
ウミドリ　sea bird　459
ウミヒナギク　sea daisy (*Xylopax*)　88
ウミヒルガタワムシ類　Seisonidea　63
ウミユリ（綱）　sea lily (Crinoidea)　88, 302
ウロコムシ　Aphroditiformia　70

エイ　ray　156, 159, 499
エキノコックス　*Echinococcus*　62
エゾサンショウウオ　*Hynobius retardatus*　278
エゾハルゼミ　cicada (*Terpnosia nigricosta*)　652, 692
エダヒゲムシ　Pauropoda　78, 165
エビ　shrimp　690
エラコ　fan worm　257
鰓曳動物　Priapulida　74
襟鞭毛虫　Choanoflagellatea　119, 149, 658
襟鞭毛虫類　Choanoflagellatea　55
エリマキシギ　ruff (*Philomachus pugnax*)　570, 571
円形動物　Nemathelminthes　72
円口類　Cyclostomata　157, 158, 166, 348, 366, 489, 509, 514
エンドウゾウムシ　pea weevil (*Bruchus pisorum*)

676
円鱗上目 Cyclosquamata 94

オウチュウ drongo (*Dicrurus macrocercus*) 569
オウム parrot 340
オウムガイ *Nautilus* 365
オオアメリカモンキチョウ orange sulphur butterfly (*Colias eurytheme*) 629
大型類人 great ape 554
オオカバマダラ monarch butterfly (*Danaus plexippus*) 628
オオカミ wolf 644
オオクチバス *Micropterus salmoides* 637
オオグチボヤ predatory tunicate 155
オオサンショウウオ giant salamander (*Andrias japonicus*) 96, 111, 293
オオズアリ bigheaded ant (*Pheidole*) 468
オオタカ *Accipiter gentilis* 101
オオミジンコ *Daphnia magna* 431
オオモンシロチョウ cabbage butterfly (*Pieris brassicae*) 676
オカダンゴムシ *Armadillidium vulgare* 607
オキアミ Euphausia 81
オキナワアナジャコ mud lobster (*Thalassina*) 645
オキナワベニハゼ *Trimma okinawae* 279, 473
オサムシ ground beetle (Carabidae) 133
オタマボヤ Appendicularia 90, 91
オットセイ fur seal (*Otariidae*) 576
オトシブミ leaf-rolling weevil (*Attelabidae*) 550
オナガナメクジウオ種群 *Asymmetron lucayanum* complex 91
オナジショウジョウバエ *Drosophila simulans* 606
オナジマイマイ *Bradybaena similaris* 200
オニグモ orb web spider (*Araneus ventricosus*) 664
オニヒトデ *Acanthaster planci* 645
オビムシ Macrodasyida 62
オポッサム opossum 350, 590
オポッサム形目 Didelphimorpia 103
オヤニラミ *Coreoperca kawamebari* 604
オヨギハリガネムシ Nectonematoida 73
オランウータン orangutan (*Pongo pygmaeus*) 13, 172, 340, 554
オルファクトレス Olfactores 90, 153
オーロックス *Bos primigenius* 104
オワンクラゲ *Aequorea Victoria* 39, 403
オンセンクマムシ *Thermozodium esakii* 77

か行

カ(蚊) mosquito 111, 381, 678, 694, 708
ガ(蛾) moth 131, 441, 527, 548, 651, 678, 685, 708
ガー gar 157
貝 shellfish 506
カイアシ Copepoda 80, 81, 548
外顎綱 Ectognatha 82
海牛目 Sirenia 103
カイコガ(カイコ) *silkworm* (*Bombyx mori*) 22, 32, 39, 180, 186, 200, 210, 362, 440, 476, 477, 478, 535, 630, 664, 679
外肛動物 Ectoprocta 67
カイチュウ roundworm 19
カイミジンコ *Nymphatelina gravida* 472
貝虫 Ostracoda 80
カイメン(海綿動物) sponge (*Porifera*) 19, 58, 64, 145, 148, 150, 274, 306, 356, 416, 496, 508, 658
カイロウドウケツ *Euplectella aspergillum* 657, 705
カエル frog (Anura) 14, 43, 245, 269, 276, 292, 334, 357, 372, 399, 439, 470, 496, 518, 527, 533, 632, 644, 651
カ科 Culicidae 692
カカトアルキ目 Mantophasmatidae 83
カギムシ velvet worm 76
家禽 poultry (domestic fowl) 522
カゲロウ目 Ephemeroptera 83
カジカガエル *Buergeria buergeri* 278
カシラエビ Cephalocarida 80–82
カスミサンショウウオ *Hynobius nebulosus* 293
カタツムリ land snail (Gastropoda) 131, 373, 636, 701, 708, 710
カタユウレイボヤ Ciona robusta (*Ciona intestinalis* type A) 40, 290, 407, 660, 661
家畜 domestic animal 522
カツオノエボシ Portuguese Man O'War (*Physalia physales*) 58
顎口動物 Gnathostomulida 62
カッコウ cuckoo (*Cuculus canorus*) 569, 604,

608
カッコウナマズ *Synodontis multipinctatus* 604
顎口類 Gnathostomata 158, 509
滑皮両生類 Lissamphibia 161
カニ crab 73, 164, 638, 690
カニクイガエル cynomolgus monkey (*Macaca fascicularis*) 348
カニクイザル cynomolgus monkey (*Macaca fascicularis*) 277, 367
カニムシ Pseudoscorpiones 79, 164
カブトガニ horseshoe crab (*Xiphosura*) 78, 165, 359, 507, 508, 512
カブトムシ horned beetles / rhinoceros beetles 471, 577, 579, 674
カブトムシ類 horned beetles / rhinoceros beetles 705
カマアシムシ Protura 165
カマアシムシ目 Protura 82
カマキリ mantis 73
カマキリ目 Mantodea 83
カミキリムシ longhorn beetle 30, 683, 684
カミツキガメ snapping turtle 569
カメ turtle, tortose 98, 161, 292, 350
カメムシ stink bug 133, 652
カメムシ目 Hemiptera 83
カメ目 Testudines 98, 99, 279
カメレオン chameleon 186
カモ duck (*Anatidae*) 522, 533, 590
ガー目 Lepisosteiformes 94
カモノハシ duck-billed platypus (*Ornithorhynchus anatinus*) 181, 270, 293, 367
カモメ gull (*Larus argentatus*) 538, 559, 574
カモ目 Anseriformes 525
カヤクグリ Japanese accentor (*Prunella rubida*) 571
カライワシ団 Elopomorpha 94
カライワシ目 Elopiformes 94
カライワシ類 Elopiformes 355
ガラクシアス目 Galaxiiformes 94
カラシン characin (Caraciformes) 637
カラス raven, crow (*Corbus*) 525, 550
ガラパゴスフィンチ finch (*Geospiza*) 134
カラフトマス *Oncorhynchus gorbuscha* 577
カリフォルニアアシカ California sea lion (*Zalophus californianus*) 555
カリフォルニアイイダコ *Octopus bimaculoides* 365
ガレアスピス Galeaspida 158
カレイ flounder 201, 334, 668
カレイ目 Pleuronectiformes 95, 460
ガロアムシ目 Grylloblattodea 83
カワカマス目 Esociformes 94
カワゲラ目 Plecoptera 83
カワスズメ科 Cichlidae 135, 588
カワセミ kingfisher (*Alcedo atthis*) 550, 683, 708
ガン goose Anserinae 570
カンガルー Kangaroo (Macropodidae) 13, 350
環形動物 Annelida 58, 151, 274, 294, 302, 303, 310, 328, 354, 359, 361, 509, 533, 586, 700
環形動物(門) Annelida 70, 71, 601
管歯目 Tublidentata 103
完全変態類(完全変態亜節) Holometabola 83, 164
環帯綱 Clitellata 70, 71
環虫類 annelids 19
肝蛭 *Fasciola* 62
緩歩動物 Tardigrada 76–78
岩狸目 Hyracoidea 103
冠輪動物 Lophotrochozoa 57, 66, 151
冠輪動物上門 Lophotrochozoa 70

キアゲハ swallowtail butterfly (*Papilio machaon*) 478
キイロショウジョウバエ fruit fly (*Drosophila melanogaster*) 29, 294, 380, 383, 385, 408, 535
基眼類 Basommatophora 200
キサントパンスズメガ *Xanthopan morganii* 131
キジバト *Streptopelia orientalis* 48
キセルガイ Clausiliidae 200
偽体腔動物 Pseudocoelomate 296
キタキチョウ *Eurema mandarina* 606
キタハタネズミ *Microtus agrestis* 410
キチョウ *Eurema* butterfly 607
奇蹄目 Perissodactyla 103
キノドン Cynodontia 102
基部後生動物 basal metazoan 416
ギフチョウ *Luehdorfia japonica* 633
ギボシムシ acorn worm (Enteropnesta) 91, 152, 361
キモモマイコドリ *Ceratopipra mentalis* 573

脚鬚類　Pedipalpi　79
ギャラゴ　bush baby（Galagidae）　624
旧口動物（前口動物）　Protostomia　55, 56, 151, 154, 292, 294, 361, 391, 508
旧翅類（旧翅節）　Palaeoptera　82
吸虫類　Trematoda　62
吸啜動物　Rouphozoa　57
キュウリウオ上目　Osmeromorpha　94
キュウリウオ目　Osmeriformes　94
鋏角類　Chelicerata　78
狭義の昆虫　Insecta sensu stricto　82
胸穴ダニ　Parasitiformes　79
狭喉綱　Stenolaemata　67
ギョウチュウ　pinworm　72
胸板ダニ　Acariformes　79
狭鼻下目　Catarrhini　383
共皮類　Syndermata　63
恐竜　Dinosauria　98, 99, 102, 161
棘鰭上目　Acanthopterygii　94
棘魚類　Acanthodii　159
曲形動物　Kamptozoa　64
棘皮動物　Echinodermata　88, 90, 151, 152, 170, 274, 292, 302, 305, 359, 361, 476, 480, 502, 509, 586
魚形類　Pisciforms　328
魚竜　Ichthyosauria　161
魚竜類　Ichthyosauria　98, 99
魚類　fish　19, 58, 110, 166, 168, 274, 286, 292, 328, 334, 350, 352, 356, 358, 379, 410, 439, 456, 459, 460, 470
キリギリス　grasshopper（*Gampsocleis buerugeri*）478
ギリシャリクガメ　*Testudo graeca*　473
鰭竜類　Sauropterygia　161
キンカチョウ　*Taeniopygia guttata*　559
キンギョ　goldfish　32, 33, 461, 545
ギンザメ　*Chimaera*　156, 159
ギンザメ目　Chimaeriformes　92
キンチャクダイ　angelfish　586
キンベレラ　*Kimberella*　116
キンメダイ目　Beryciformes　95
ギンメダイ目　Polymixiiformes　95
キンモグラ　golden mole　102

偶蹄目　Artiodactyla　103
クシイモリ属　*Triturus*　278
クシクラゲ　comb jelly　292
クジャク　peacock　544, 569, 682
クジラ　31, 72, 161, 168, 340
鯨偶蹄類　Cetartiodactyla　161, 367
鯨目　Cetacea　103
クダクラゲ目　Siphonophorae　58
クツコムシ　Ricinulei　79, 165
掘足綱　Scaphopoda　69
グッピー　guppy　574
クビナガリュウ　Plesiosauria　161
首長竜類　Plesiosauria　98, 99
クマノミ　anemonefish（*Amphiprion clarkii*）473, 586, 602
クマムシ　water bear（Tardigrade）　77, 357
クモ　spider　302, 303, 359, 550, 692
クモガタ　Arachnida　78
クモヒトデ綱　Ophiuroidea　88
クモ類　arachnids　19
クラウディナ　*Cloudina*　117
クラゲ　jellyfish　19, 31, 58, 153, 249, 272, 296, 356, 361, 416, 497, 532
クラゲナマコ　*Pelagothuria natatrix*　88
クラゲムシ　*Coeloplana*　58
クラミドモナス　*Chlamydomonas reinhardtii*　406
クリサキテントウ　*Harmonia yedoensis*　633
クルマエビ　prawn（*Penaeus japonicus*）　471
クワガタムシ　stag beetle（Lucanidae）　577, 590, 674
クワコ　*Bombyx mandarina*　664
群体ホヤ　colonial ascidian　274

鯨偶蹄目　Cetartiodactyla　102
鯨偶蹄類　Cetartiodactyla　161, 367
鯨目　Cetacea　103
げっ歯目（齧歯目）　rodent（Rodentia）　103, 557
齧歯類　rodent（Rodentia）　277, 461, 666, 667
欠尾類　Ellipura　165
ケヤリムシ類　Sabellida　70
ケラ　mole cricket（Gryllotalpidae）　551
原棘鰭上目　Protacanthopterygii　94
原索動物　*Protochordata*　506, 520
原順列類　Proseriata　62
原生動物　Protozoa　264, 503
原生生物　Protista　532

原有吻類　Prorhynchida　62
原卵黄類　Prolecithophora　62

コイ　carp（*Cyprinus carpio*）　32, 456
コイ目　Cypriniformes　94, 367
コウガイビル　Bipaliidae　62
甲殻類　Crustacea　78, 82, 151, 164, 359, 379, 470, 482, 586, 660, 662, 690
広義の昆虫類　Insecta sensu lato　82
口脚類　Stomatopoda　81
後口動物（新口動物）　Deuterostomia　55, 56, 87, 88, 151, 154, 292, 294, 361, 389, 391, 497, 502, 508
硬骨魚　Teleostei　354, 355, 383
硬骨魚綱　Osteichthyes　92, 159, 162, 294, 348, 358, 496, 500, 509
後鰓類　Opisthobranchia　69
後生動物　Metazoa　54, 74, 148, 532
甲虫　beetle　73
コウチュウ目　Coleoptera　83
腔腸動物　Coelenterata　54, 296
鉤頭動物　Acanthocephala　54, 63, 65, 72
コウノトリ　stork　644
溝腹綱　Solenogastres　69
コウモリ　bat　100, 130, 168, 340, 378, 527, 590, 672, 675, 702
コオリウオ科　Channichthyidae　457
コオロギ　cricket　304, 362, 363, 379, 398, 408, 500, 527, 575
コオロギの１種　*Allonemobius socius*　579
ゴカイ　clam worm（Polychaetes）　19, 64, 360, 551, 660
ゴカイの仲間　*Dinophilus*　279
コガネムシ　scarab dung beetle　650, 684
コキーコヤスガエル　*Eleutherodactylus coqui*　334
ゴキブリ　cockroach　303, 362, 408, 468, 476, 527
ゴキブリ目　Blattodea　83
コクヌストモドキ　red flour beetle（*Tribolium castaneum*）　302, 575
コクヌストモドキ属　*Tribolium*　614
ゴクラクチョウ　Paradisaeidae　570, 571
苔虫動物　Bryozoa　65–67, 274
コチ　flathead　586
コチ科　Platycephalidae　279
骨甲類　Osteostraci　158
コトクラゲ　*Lyrocteis imperatoris*　58
コノハチョウ　deadleaf butterfly　608
古紐虫類　Palaeonemertea　63
コマツトゲカワ　*Echinoderes komatsui*　75
コムカデ　Symphyla　78, 165
コムシ　Diplura　165
コムシ目　Diplura　82
コメツキムシ　click beetle　73
コモリグモ　wolf spider　590
コヨーテ　coyote　590
コヨリムシ　Palpigradi　79
ゴリラ　gorilla（*Gorilla gorilla*）　172, 554, 570
コルドニア　Chordonia　152
コロラドハムシ　Colorado potato beetle（*Leptinotorsa decemlineata*）　478
根鰓類　Dendrobranchiata　81
コーンスネーク　*Elaphe guttata*　456
昆虫　Insecta　73, 249, 260, 302, 303, 350, 362, 363, 376, 378, 389, 395, 398, 408, 466, 468, 489, 499, 501, 507, 606, 612, 672, 674, 675, 680, 687, 692, 706
昆虫綱　Insecta　82, 110, 680
昆虫類　Insecta　19, 82, 354, 359, 361, 383, 384, 410, 441, 470, 475, 482, 533, 628
ゴンベ　hawkfish　587

さ行

サイ　rhinoceros　10
鰓脚類　Branchiopoda　80
魚　fish　29, 533, 662, 672
サカマキガイ科　Physidae　200
サギ　heron　550
サクサン　*Atheraea pernyi*　478
サクラマス　masu salmon　581
サケ　salmon　28, 360, 533, 581, 622
サケ科　Salmonidae　157
サケスズキ目　Percopsiformes　95
サケ目　Salmoniformes　94
ササゴイ　*Butorides stratus*　546
サシバ　grey-faced buzzard（*Butastur indicus*）　595
サソリモドキ類　Thelyphonida　79, 165
サソリ類　Scorpiones　79, 164
サツマハオリムシ　*Lamellibrachia satsuma*　601
ザトウムシ類　Opiliones　79, 165
サナダムシ　tapeworms　62

サバクアリ　desert ant　527, 549
サバクトビバッタ　desert locut（*Shistocerca gregaria*）　478, 549, 630
サバンナオオトカゲ　*Varanus exanthematicus*　359
サメ　shark　156, 159, 270, 292, 354, 499
サメハダコケムシ　*Jellyella tuberculata*　67
左右相称動物　Bilateria　55, 57, 58, 87, 145, 153, 201, 272, 296, 303, 304, 416, 509
ザリガニ　crayfish　469, 527
サル　monkey　12, 340, 341, 396
サルパ　salp　90
三岐腸類　Tricladida　62
サンゴ　coral　58, 360, 416, 480, 603
サンショウウオ　salamander　31, 274, 334, 457, 626
サンドフィッシュ　sandfish（*Scincus* sp.）　688
三葉虫　trilobite（Trilobita）　119
三葉虫類　trilobite（Trilobita）　78

シー・エレガンス（*C. elegans*, 線虫）　*Caenorhabditis elegans*　46, 72, 340, 341
シオカワコハナバチ　*Lasioglossum baleicum*　563
シオマネキ　fiddler crab　544, 551, 636
シカ　deer　576, 579, 644
嘴殻亜門　Rhynchonelliformea　66
シクリッド　cichlid　181, 366, 551, 575, 637
四肢動物（四肢類, 四足動物）　tetrapod　92, 159, 162, 168, 169
シシバナヘビ　hog nose snake　590
シジミチョウ　Lycaenidae　682
ジシャクシロアリ　magnetic termite（*Amitermes meridionalis*）　551
シジュウカラ　*Parus minor*　569, 618, 622
糸精子類　Filospermoidea　62
始祖鳥　*Archaeopteryx*　100, 161
四肺類　Tetrapulmonata　79
刺胞動物　Cnidaria　58, 86, 116, 145, 148, 150, 153, 274, 304, 360, 390, 416, 480, 482, 483, 497, 508, 603
シボグリヌム科　Siboglinidae　70, 71
シマウマ　zebra　186
シマミズウドンゲ　*Urnatella gracilis*　65
シマリス　Siberian chipmunk（*Tamias sibiricus*）　629
シミ目　Thysanura　82
シミ類　Thysanura　165, 471
シャコ　mantis prawn　533
ジャコウアゲハ　*Atrophaneura alcinous*　666
シャチブリ上目　Ateleopodomorpha　94
シャチブリ目　Ateleopodiformes　94
シャミセンガイ　*Lingula*　66, 667
シャリンヒトデ綱　Concentricycloidea　88
ジュウイチ　*Hierococcyx nisicolor*　605
獣脚類　Theropoda　161
獣弓類　Therapsida　98, 99, 161
住血吸虫　*Schistosoma*　62
ジュウサンセンジリス　*Ictidomys tridecemlineatus*　351
ジュウシマツ　*Lonchura striata*　560
獣歯類　Theriodont　102
ジュウモンジダコ　fined octopus　365
蛛形類　Arachnida　164
ジュゴン　*Dugong dugon*　645
ジュズヒゲムシ目　Zoraptera　83
十脚類　Decapoda　80, 81
蛛肺類　Arachnopulmonata　79
シュモクバエ　stalk-eyed fly　577
主竜形類　Archosauromorpha　98
準新翅類（準新翅亜節）　Paraneoptera　83
条鰭亜綱　Actinopterygii　92
少丘歯目　Paucituberculata　103
条鰭類　Actinopterygii　156, 159, 355, 366, 461
鞘甲類　Thecostraca　81
小鎖状類　Catenulida　62
鞘翅上目　Coleopterida　83
ショウジョウバエ　fruit fly（*Drosophila*）　22, 40, 134, 146, 169, 174, 180, 181, 186, 188, 210, 211, 245, 249, 250, 252, 273, 276, 280, 302-304, 336, 340, 341, 353, 357, 477, 497, 501, 507, 510, 694
ジョウチュウ　pinworm　19
条虫類　Cestoda　62
触手冠動物　Lophophorata　57, 66
食虫目　Insectivora　102
食肉目　Carnivora　103
触角類　Antennata　78, 82
シーラカンス　Coelacanth　96, 162, 348
シラミ　louse　145
シラミ目　Phthiraptera　83
シリアゲアリ　*Crematogaster*　133

シリアゲムシ　scorpionfly　637
シリアゲムシ目　Mecoptera　83
地リス　*Spermophilus tridecemlineatus*　255
シロアシマウス　*Peromyscus leucopus*　619
シロアリ　termite　362, 468, 550, 564, 565, 626, 708
シロアリ上科　Termitoidea　468
シロアリ目　Isoptera　83
シロアリモドキ目　Embioptera　83
シロウリガイ類　*Calyptogena* spp.　601
シロエリヒタキ　*Ficedula albicollis*　579
シロザケ　*Oncorhynchus keta*　466
シロボヤ　*Styela plicata*　91
シンカイヒバリガイ類　*Bathymodiolus* spp.　601
真核生物　eukaryote　406
真鋏角類　Euchelicerata　78
真クマムシ綱　Eutardigrada　77
シクリッド　cichlid　135
新口動物(後口動物)　Deuterostomia　55, 56, 87, 88, 151, 154, 292, 294, 361, 389, 391, 497, 502, 508
真骨魚類(真骨類)　Teleostei　156, 321, 330, 348, 352, 367, 483
真骨下綱　Teleosteomprpha　93
新翅類(新翅節)　Neoptera　83
真正クモ類　Araneae　79, 164
真正後生動物　Eumetazoa　296, 306, 658
真正板鰓亜綱　Euselachii　92
真体腔動物　Eucoelomata　70, 297
新皮類　Neodermata　62
真無盲腸目　Eulipotyphla　103
真有肺亜目　Eupulmonata　69

錐咽頭類　Gnosonesimida　62
スイギュウ　*Bubalus bubalis*　104
水禽　aquatic bird　522
スイクチムシ類　Myzostomida　70
水腔動物　Coelomopora　55, 56, 90, 152
スキンク　skink　170
スズキ目　Perciformes　95
スズメ　*Passer montanus*　463
スズメガ　hawkmoth　702
スズメダイ科　Pomacentridae　588
スズメバチ　hornet　551
スズメ目　Passeniformes　526
スタイルフォルス目　Stylephoriformes　95
スッポン　Chinese soft-shell turtle　166
スナウミウシ亜目　Acochlidia　69
スプリッギナ　*Spriggina*　116
スペイントカゲ　*Lacerta hispanica*　456

セイキチョウ　*Uraeginthus bengalus*　573
星口動物(門)　Sipuncula　70, 71
正真骨団　Euteleostei　94
セイムリア型類　Seymouriamorpha　160
セイヨウミツバチ　*Apis mellifera*　630
蜻蛉類　Odonata　180
セイロンヤケイ　*Gallus lafayettii*　105
脊索動物　Chordata　54–56, 90, 102, 116, 119, 152, 156, 274, 310, 360, 366, 390, 506, 508, 660
セキショクヤケイ　*Gallus gallus*　105, 456
脊椎動物　vertebrate(Vertebrata)　19, 90, 96, 98, 111, 144, 145, 152, 156, 158, 166, 168, 248, 274, 286, 292, 294, 296, 302–304, 310, 312, 320, 322, 328, 330, 332, 350, 352, 354–356, 358, 361, 366, 379, 382–384, 402, 404, 407, 408, 438, 458, 466, 469, 470, 474, 482, 483, 489, 501, 506, 508, 518, 532, 586, 612, 660, 661, 680
セキトリイワシ目　Alepocephaliformes　94
セダカスズメダイ　*Stegastes altus*　588
セダカヘビ　Pareatidae　636
舌殻亜門　Linguliformea　66
節顎類(節顎上目)　Condylognatha　83
セッカ　fan-tailed warbler (*Cisticola juncidis*)　571
節頸類　Arthrodira　159
節足動物　arthropod(Arthropoda)　76, 78, 82, 116, 119, 151, 164, 166, 274, 302, 303, 307, 310, 328, 359, 361, 362, 379, 383, 390, 404, 405, 441, 457, 476, 482, 483, 497, 508, 583, 606, 615
ゼブー　*Bos indicus*　104
ゼブラフィッシュ　zebrafish *Danio rerio*　157, 166, 187, 210, 211, 252, 276, 279, 281, 294, 344, 345, 456, 545
セミ　cicada　30, 471, 622, 652
セルカリア　cercaria　62
線形動物　Nematoda　72
前口動物(旧口動物)　Protostomia　55, 56, 151, 154, 292, 294, 361, 389, 391, 508
全骨下綱　Holostei　93
センチュウ(線虫)　Nematoda　29, 41, 72, 73, 81, 180, 188, 210, 211, 244, 249, 276, 281, 351, 497,

507, 549, 606
蠕虫類　worm　19
全頭亜綱　Holocephali　92
全頭類　Holocephali　159
繊毛虫　Ciliophora　148, 406, 407, 532, 614
センモウヒラムシ　*Trichoplax adhaerens*　59

ゾウ　elephant　28, 134, 340
ゾウアザラシ　*Mirounga angustirostris*　576
双丘亜綱(双弓類)　Dicondylia　82, 98, 99, 102, 160
総鰭類　lobe-finned fishes　348
双翅目　Diptera　336
双前歯目　Diprotodontia　103
ゾウムシ　weevil　683, 684
ゾウリムシ　*Paramecium caudatum*　549, 660, 661, 680
ゾウリムシ属　Paramecium　388
藻類　algae　406, 663
咀顎類(咀顎上目)　Psocodea　83
側棘鰭上目　Paracanthopterygii　94
側爬虫類　Parareptilia　160
ソコギス目　Notacanthiformes　94
ソトイワシ目　Albuliformes　94
ソードテイル　swordtail　569

た行

タイ　sea bream　357
ダイオウイカ　giant squid　364
大顎類　Mandibulata　78
袋形動物　Aschelminthes　72
大西洋サケ　Atlantic salmon (*Salmo salar*)　516
体節動物門　Articulata　54
ダーウィンフィンチ　Darwin's Finches　13
タカアシガニ　*Macrocheira kaempferi*　80
多岐腸類　Polycladida　62
タケノコモノアラガイ　*Radix stagnalis* (*Lymnaea stagnalis*)　200
タコ　octopus　31, 168, 186, 361, 383, 480, 481, 501, 636
多後吸盤類　Polyopisthocotylea　62
タコノマクラ類　Clypeasteroida　88
多食形類　Macrostomorpha　62
多新翅類(多新翅亜節)　Polyneoptera　83, 164
多足類　Myriapoda　78, 82, 164
ダツ　garfish　170
脱皮動物　Ecdysozoa　55, 56, 72, 80
ダツ目　Beloniformes　95
楯吸虫類　Aspidogastrea　62
ダニ(ダニ類)　mite (Acari)　79, 164, 411, 614
タニシ　pond snail　644
多板綱　Polyplacophora　69
タマシギ　painted snipe (*Rostratula benghalensis*)　571
タマムシ　*Melanophila acuminate*　535, 651, 682, 684
ダマラランドデバネズミ　*Fukomys damarensis*　557
多毛綱(多毛類)　Polychaeta　63, 70, 71, 601
タラ目　Gadiformes　95
タリア　Thaliacea　90, 91
担顎動物　Gnathifera　54, 57
端脚類　Amphipoda　80, 164
単丘亜綱　Monocondylia　82
単弓類　Synapsida　98, 99, 102, 160
単後吸盤類　Monopisthocotylea　62
単孔目(単孔類)　Monotremata　102, 161, 181
ダンゴムシ　pill wood-louse　164
単生殖巣類　Monogononta　63
単生類　Monogenea　62
タンチョウヅル　red-crowned crane (*Grus japonensis*)　544, 590
単板綱　Monoplacophora　69
担帽類　Pilidiophora　63
担輪動物　Trochozoa　57

チドリ　plover　590
チマキゴカイ科　Oweniidae　70
チャタテムシ目　Psocoptera　83
チャバネアオカメムシ　*Plautuia stali*　410, 411, 674
中クマムシ綱　Mesotardigrada　77
チュウゴクオオサンショウウオ　*Andrias davidianus*　97
中生動物　Mesozoa　60
チョウ　butterfly　187, 363, 471, 626, 666, 667, 682
チョウザメ目　Acipenseriformes　93
長翅上目　Mecopterida　83
長鼻目　Proboscidea　103
チョウ目　Lepidoptera　83, 110, 666, 667
鳥類　Aves　19, 98–100, 110, 161, 168, 180, 181,

270, 286, 294, 321, 328, 348, 350, 353-355, 357, 359, 362, 366, 379, 410, 456, 460, 462, 498, 533, 583, 628, 680, 706
チョウ類 butterflies 379
直泳虫 orthonectids 61
直翅系昆虫(直翅類) orthopteroid insects (Orthoptera) 83, 180
チラカゲロウ isonychiid mayfly (*Isonychia japonica*) 635
珍渦虫(珍渦虫類) Xenoturbella (Xenoturbellida) 54, 62, 86
チンパンジー chimpanzee (*Pan troglodytes*) 146, 172, 546, 554
珍無腸形動物 Xenacoelomorpha 86

ツチガエル *Glandirana rugosa* 278, 472
ツチブタ aardvark 134
ツノオウミセミ *Paracerceis sculpta* 581
ツバキシギゾウムシ *Curculio camelliae* 130
ツバサゴカイ科 Chaetopteridae 70
ツバメ barn swallow Hirundo rustica,swallow 569, 622, 637
ツムギアリ weaver ant (*Oecophylla smaragdina*) 551
ツメガエル *Xenopus* 351
ツリガネムシ *Vorticella* 265
ツル類 Gruidae 570

ディキンソニア *Dickinsonia* 116
ティクターリク *Tiktaalik* 159, 162
定在類 Sedentaria 70, 71
ディプリュールラ dipleurula 151
ディメトロドン *Dimetrodon* 160
テッポウエビ *Alpheus* 557
テヅルモヅル類 Gorgonocephalidae 88
テトラヒメナ Tetrahymena 242
テナガザル類 gibbons (*Hylobates* spp.) 570
テマリクラゲ Pleurobrachia 532
デンキウオ(電気魚) electric fish 527, 537
デンキウナギ *Electrophorus electricus* 402
デンキウナギ目 Gymnotiformes 537
テントウムシ lady bird beetle 606, 687
テントウムシダマシ handsome fungus beetle 478
テンレック tenrecs 102
頭殻亜門 Craniiformea 66
等脚類 Isopoda 80, 81, 164, 581
ドウクツギョ Amblyopsidae 537
胴甲動物 Loricifera 74
トウゴロウメダカ *Phallostethus* fish 636
頭索動物 Cephalochordata 90, 91, 152, 303
頭索類 Cephalochordata 156, 310, 321, 361, 366, 483, 509
頭足綱 Cephalopoda 69, 168, 353, 359, 361, 364, 395, 482
動吻動物 Kinorhyncha 74
登木目 Scandentia 103
トゥンガラガエル *Engystomops pustulosus* 573
トカゲ lizard 29, 98, 350, 367, 590
トカゲ亜目 Sauria 279
トカゲ類 Lacertilia 98, 99
トキ crested ibis 595, 644
ドクチョウ Heliconiinae 130
兎形目 Lagomorpha 103
トゲウオ stickleback 146, 574, 642
トゲネズミ spiny rat 472
トッケイヤモリ *Gekko gecko* 687
トノサマガエル *Pelophylax nigromaculatus* 278
トノサマバッタ migratory locust (*Locusta migratoria*) 478, 479
ドバト rock dove 682
トビウオ flying fish 533, 702
トビカエル flying frog 533
トビケラ(トビケラ目) caddisfly (Trichoptera) 83, 550
トビトカゲ flying lizard 533, 702
トビバッタ locust 478
トビヘビ flying snake 702
トビムシ類(トビムシ目) Collembola 82, 164
ドブネズミ rat 29
トラフグ *Takifugu rubripes* 181, 279
鳥 Aves 29, 130, 408, 573
トリブラキディウム *Tribrachidium* 116
トロコフォア trochophore 151
トンボ(トンボ目) dragonfly (Odonata) 83, 168, 548, 644

な行

内顎綱 Entognatha 82
内肛動物 Entoprocta 64, 67, 274

内翅群　Endopterygota　83
ナナフシ　stick insect　377
ナナフシ目　Phasmatodea　83
ナマカラトゥス　*Namacalathus*　117
ナマケモノ　sloth　134
ナマコ(ナマコ綱)　sea cucumber (Holothuroidea)　88, 480
ナマズ(ナマズ目)　catfish (Siluriformes)　94, 367, 520
ナミコギセル　*Euphaedusa tau*　200
ナミテントウ　*Harmonia axyridis*　633
ナメクジ　slug　30
ナメクジウオ　amphioxus　90, 152, 156, 172, 321, 323, 361, 483, 520
軟甲類　Malacostraca　80, 81
軟骨魚綱　Chondrichthyes　92
軟骨魚類　Chondrichthyes　156, 159, 458, 489, 498, 509
軟質下綱　Chondrostei　93
軟体動物　Mollusca　116, 148, 151, 248, 294, 302, 328, 359, 361, 379, 383, 390, 395, 405, 480, 482, 483, 501, 508, 586
軟体動物門　Mollusca　601

ニカメイガ　rice stem borer (*Chilo suppressalis*) 478
ニギス目　Argentiniformes　94
肉鰭亜綱　Sarcopterygii　92
肉鰭類　Sarcopterygii　159
ニシキガメ　*Chrysemys picta*　456
ニシキヘビ　Python　535
ニジマス　Rainbow trout (*Oncorhynchus mykiss*) 279, 516
ニシン・骨鰾団　Otocephala　94
ニシン目　Clupeiformes　94
二生類　Digenea　62
ニホンアカガエル　*Rana japonica*　278
ニホンザル　*Macaca fuscata*　38
ニホンジカ　*Cervus nippon*　103
ニホンノウサギ　Japanese hare (*Lepus brachyurus*) 629
ニホンヒキガエル　*Bufo japonicas*　287
ニホンメダカ　*Oryzias latipes*　472
ニホンライチョウ　rock ptamigan (*Lagopus muta japonica*)　629
二枚貝　Bivalvia (*Bivalvia bivalve*)　63, 86, 249, 501
二枚貝綱　Bivalvia　69, 601
二枚貝類　Bivalvia　359, 532
ニューカレドニアカラス　New Caledonian Crow　531
ニワシドリ　bowerbird　573
ニワトリ　*Gallus gallus* (*Gallus gallus domesticus*) 22, 105, 166, 169, 189, 278, 290, 292, 314, 333, 340, 367, 383, 439, 499, 522, 558
ニワトリのヒヨコ　domestic chick (Gallus gallus domesticus)　554
ニンジンゾウムシ　*Listronotus oregonensis*　619

ヌタウナギ　hagfish　158, 323, 348, 367, 458, 483, 514
ヌタウナギ綱　Myxini　92

ネオピリナ　Neopilina　69
ネオンテトラ　*Paracheirodon innesi*　682
ネコ　domestic cat (Felis catus)　48, 187, 547, 554, 708
ネコブセンチュウ　root-knot nematode　72
ネジレバネ目　Strepsiptera　83
ネズミ　mouse, rat　32, 134, 547, 550
ネズミギス目　Gonorynchiformes　94
ネズミ形亜目　Myomorpha　666, 667
ネッタイツメガエル　*Xenopus tropicalis* (*Silurana tropicalis*)　278
ネムリユスリカ　sleeping chironomid (*Polypedilum vanderplanki*)　478

嚢腔類　Bursovaginoidea　62
嚢舌亜目　Sacoglossa　69
ノコギリガザミ　mud crab　130
ノープリウス　nauplius　151
ノミ　flea　14
ノミ目　Siphonaptera　83

は行

ハイイロヤケイ　*Gallus sonneratii*　105
ハイギョ(肺魚)　lungfish　96, 162, 357
ハイギョ下綱　Dipnomorpha　92
ハイコウイクチス(海口魚)　Haikouichthys　154
ハイコウエラ(海口虫)　Haikouella　155

ハイラックス　hyrax　134
ハエ　fly　14, 363, 380, 398, 678, 702
ハエ目　Diptera　83
ハオリムシ門　Vestimentifera　601
ハオリムシ類　Vestimentifera　71, 601
ハクチョウ類　swans (*Cygnus* spp.)　570
バクテロイデス門　Bacteroidetes　607
ハサミムシ　earwig　581
ハサミムシ目　Dermaptera　83
バショウカジキ　sailfish　533
バス　bass　506
ハゼ　goby　473, 587
ハダカイワシ上目　Scopelomorpha　94
ハダカイワシ目　Myctophiformes　95
ハダカデバネズミ　naked mole rat (*Heterocephalus glaber*)　340, 557
パタゴニアペヘレイ　*Odontesthes hatcheri*　279
ハチ　wasp, bee　362, 468
ハチドリ　hummingbird　533, 702
ハチ目　Hymenoptera　83, 557
爬虫類　Reptilia　19, 98, 160, 166, 168, 269, 271, 274, 286, 328, 348, 350, 353, 354, 359, 367, 379, 399, 410, 456, 460, 498, 628, 680, 686
ハツカネズミ　house mouse (*Mus musculus*) 29, 33, 182, 456
バッタ　grasshopper　29, 73, 471, 476, 527, 548, 626
バッタ目　Orthoptera　83
ハト　pigeon (*Columba livia* domestica)　526, 555
ハナホソガ属　*Epicephala*　131
ハヌマンラングール　*Semnopithecus entellus*　579
ハネジネズミ目　Macroscelidea　103
ババヤスデ　Xystodesmidae　133
ハムシ　leaf beetle　687, 695
ハムスター　hamster　350, 464
ハムレット　*Hypoplectrus nigricans*　567
ハヤブサ　peregrine falcon　533
ハリオセオアマイコドリ　*Chiroxiphia lanceolate* 573
ハリガネムシ　horsehair worm　73
ハリネズミ　hedgehogs　102
針紐虫類　Hoplonemertea　63
ハリモグラ　echidna　270
ハルキゲニア　Hallucigenia　76, 118
パルバンコリナ　*Parvancorina*　116
パレンキメラ　parenchymella　151
汎甲殻類　Pancrustacea　78, 82, 164
板鰓類　elasmobranch (Elasmobranchii)　159, 459
半索動物　Hemichordata　90, 91, 151, 152, 274, 361, 509
汎節足動物　Panarthropoda　56, 78
バンディクート目　Peramelemorphia　103
パンデリクティス　Panderichthys　162
バンテン　*Bos javanicus*　104
ハンドウイルカ　bottlenosed dolphin (*Tursiops truncatus*)　555, 672
パンドラムシ　cycliophorans　65
板皮類　Placodermi　159
汎有肺目　Panpalmonata　69
盤竜類　Pelycosauria　98, 99, 160

ヒオドン目　Hiodontiformes　94
微顎動物　Micrognathozoa　62
ヒカリボヤ　pyrosoma　90
ヒガンフグ　*Takifugu pardalis*　457
ヒキガエル　*Bufo*　466, 533, 548, 581
被喉綱　Phylactolaemata　67
尾腔綱　Caudofoveata　69
被甲目　Cingulata　103
尾索動物　Urochordata　90, 145, 152, 497, 660
尾索類　Urochordata　156, 310, 321, 361, 366, 483, 509
ヒザラガイ　chiton　302
皮中神経類　Nemertodermatida　87
ヒツジ　sheep　17, 462
ヒト　*Homo sapiens*　12, 22, 46, 56, 134, 146, 168, 172, 181, 186, 192, 195, 216, 218, 250, 252, 260, 263, 271, 277, 278, 292, 297, 326, 327, 339, 340, 350, 362, 367, 382, 384, 388, 396, 408, 436, 439, 456, 462, 468, 474, 488, 507, 518, 520, 533, 566, 626, 636, 670
ヒト科　Hominidae　46, 207
ヒト属　*Homo*　46
ヒトデ　starfish (*Asterias amurensis*)　152, 171, 289, 496, 502
ヒトデ綱　Asteroidea　88
ヒドラ　*Hydra magnipapillata*　145, 172, 274, 338, 353, 416, 480, 500
ビーバー　beaver　550, 551

ヒメギフチョウ *Luehdorfia puziloi* 633
ヒメギボシムシ *Ptychodera flava* 91
ヒメダカ orange-red medaka 194
ヒメトビウンカ *Laodelphax striatellus* 606
ヒメヒラウズムシ *Bothrioplana semperi* 62
ヒメ目 Aulopiformes 94
ヒメヤドリエビ類 Tantulocarida 80
紐形動物 Nemertea 62, 533
ヒョウ leopard 590
ヒョウゴバトラクス・ワダイ *Hyogobatrachus wadai* 97
皮翼目 Dermoptera 103
ヒヨケムシ類 Solifugae 79, 165
ヒヨコ chick 524
ヒラムシ flat worms 62
ヒラメ flounder (*Paralichthys olivaceus*) 201, 357, 460, 636
ヒル leech 527
ヒルガタワムシ *Bdelloid rotifer* 275
ヒルガタワムシ類 Bdelloidea 63
ヒル綱(ヒル類) Hirudinea 70, 71
貧歯類 Xenarthra 134
貧毛綱 Oligochaeta 70
貧毛類 Oligochaeta 70, 71

ファットヘッドミノー *Pimephales promelas* 431
フィラリア線虫 filarial nematode 606
フイリマングース 103
フウセンクラゲ Cydippidea 416
フウチョウ Paradisaeidae 13
フェカンピア類 Fecampiida 62
輻鰭下綱 Actinistia 92
腹足綱 Gastropoda 69
腹足類 Gastropoda 359, 482, 710
腹毛動物 Gastrotricha 62
フグ目 Tetraodontiformes 95
フクロウ owl 527, 708
フクロエビ類 Peracarida 81, 165
フクロガエル *Gastrotheca riobambae* 278
フクロネコ形目 Dasyuromorphia 103
フクロムシ Rhizocephala 80
フクロモグラ形目 Notoryctemorphia 103
フサオマキザル tufted capuchin monkey (*Cebus apella/Sapajus apella*) 547, 555
フサカツギ Pterobranchia, pterobranch 91
フサゴカイ類 Terebelliformia 70
フジツボ barnacle 613, 624, 662, 687
ブタ pig (*Sus scrofa*) 105, 189, 290, 522
ブダイ *Calotomus japonicus* 473
ブダイ科 Scaridae 279
フタコブラクダ *Camelus bactrianus* 351
フタヒダギセル *Laciniaria bipilicata* 200
フタホシコオロギ cricket (*Gryllus bimaculatus*) 544, 590, 674
付着生物 sessile organism 662
フデイシ Graptolithina, graptolite 91
不透明類 Adiaphanida 62
フナ *Carassius* 32, 367
フナムシ ligia 690
プラナリア(プラナリヤ) planaria 43, 62, 274, 297, 304, 339, 354, 361, 363, 500
プラヌラ planula 151
プランクトン plankton 111, 615
ブルーギル *Lepomis macrochirus* 618
プレーリードッグ prairie dog 550, 551
プロトコノドント Protoconodon 85
フロリダアカハラガメ *Pseudemys nelsoni* 604
フロリダシュウカクアリ *Pogonomyrmex badius* 631
吻殻綱 Rostroconchia 69
糞虫 dung beetle 626
分椎類 Temnospondyli 160
ブンブク類 Spatangoida 88

ベアゾール *Capra aegagrus* 104
柄眼類 Stylommatophora 200
平板動物 Placozoa 58, 145, 416
ベチュリコリア Vetulicolia 155
ペトロクロミス ポリオドン *Petrochromis polyodon* 588
ベニザケ *Oncorhynchus nerka* 577
ヘビ snake 98, 496, 506, 527, 636, 674, 708
ヘビトンボ目 Megaloptera 83
ヘビ類 Serpentes 98, 99, 180, 181
ベラ wrasse 473, 586
ベラ科 Labridae 279
ペリパツス科 Peripatidae 76
ペリパトプシス科 Peripatopsidae 76
ベルディングジリス *Urocitellus beldingi* 566,

569
変気門類(和名新称) Poecilophysidea 79
ペンギン penguin 533
扁形動物 Platyhelminthes 62, 87, 274, 304, 354, 361, 509
ベンドビオンタ Vendobionta 116
鞭毛虫 flagellates 532

ホウキムシ *Phoronis australis* 66, 67
箒虫動物 Phoronida 66, 67
放射相称動物 Radiata 272, 296, 304, 509
ホウズキチョウチン *Laqueus rubellus* 66
棒腸類 Rhabdocoela 62
ボウフラ wriggler 32
抱卵類 Caridea 81
ホクオウクシイモリ *Triturus cristatus*
Lithobates catesbeianus 278, 456
ホシカメムシ spotted nutcracker (*Nucifraga caryocatactes*) 478
星口動物 Sipuncula 509
星口動物門 Sipuncula 54
ホソガ gracillariid moth 674
ホソバネヤドリコバチの一種 *Anaphes victus* 619
歩帯動物 Ambulacraria 56
ホタル *Lampyridae* 403
北方獣類 Boreotheria 102, 134
北方真獣類 Boreoeutheria 161
哺乳形類 Mammaliaformes 102
哺乳綱 Mammalia 102
哺乳類(哺乳動物) Mammalia 19, 98, 134, 156, 161, 166, 168, 169, 180, 181, 216, 249, 250, 260, 270, 274, 277, 286, 287, 292, 310, 313, 328, 348, 350, 352, 354, 355, 357, 359, 361-363, 366, 382-384, 388, 399, 408, 410, 439, 456, 460, 462, 468, 481, 491, 497, 500, 508, 533, 579, 583, 628, 670
ホネクイハナムシ属 *Osedax* 71
ボネリムシ *Bonellia* 279
ボネリムシ科 Bonelliidae 71
ホヤ ascidian 40, 90, 91, 152, 172, 257, 277, 290, 321, 323, 361, 483, 485, 497, 520, 660, 661, 663
ポリプテルス *Polypterus* 162
ホロゾア Holozoa 55
ホンソメワケベラ Labroides dimidiatus 586

ま行

マイコドリ manakin 573
マウス mouse (*Mus musculus*) 22, 166, 169, 175, 182, 188, 204, 210, 211, 219, 239, 245, 277, 278, 281, 289-292, 295, 303, 304, 326-328, 333, 340, 341, 345, 350, 384, 462, 468, 491, 507, 535
巻貝 snail Gastropoda 200, 533
巻貝類 gastropods 63
膜翅目 order Hymenoptera 468
マグロ tuna 533, 708
マクロファージ macrophage 532
マス trout 360
マダコ octopus 364
マダニ tick 538
マダラホソカ *Dixa longistila* 695
マッドパピー mud puppy (*Necturus maculosus*) 335
マツノマダラカミキリ *Monochamus alternatus* 674, 675
マツハバチ common pine sawfly (*Diprion pini*) 676
マトウダイ目 Zeiformes 95
マネシツグミ mocking bird 20
マボヤ Halocynthia roretzi 290
マメコガネ Japanese beetle 575
マーモセット Marmoset 12
マルカメムシ科 Plataspidae 133
蔓脚類 Cirripeda 19, 21, 81
マングローブキリフィッシュ *Kryptolebias marmoratus* 279

ミーアキャット *Suricata suricatta* 556, 559
ミクソゾア Myxozoa 58
ミクロビオテリウム目 Microbiotheria 103
ミシシッピーワニ *Alligator mississippiensis* 279
ミジンコ *Daphnia* 275, 279, 626
ミズクラゲ *Aurelia aurita* 172, 275
ミツバチ *Apis mellifera* 274, 340, 362, 363, 381, 408, 468, 525, 546, 549, 551, 679
ミナミアオカメムシ *Nezara viridula* 674
ミナミヌマエビ *Neocaridina denticulata* 636
ミナミハコフグ *Ostracion cubicus* 656
ミナミメダカ medaka 195
ミノガ bagworm moth 569

ミバエ　fruit fly　357
ミミズ　earthworm　19, 21, 30, 354, 533, 700
ミミズトカゲ類　Amphisbaenia　99
脈翅上目　Neuropterida　83
ミヤコドリ　oystercatcher　539
ミヤマシトド　*Zonotrichia leucophrys*　560
ミラシジウム　miracidium　62
ミロクンミンギア　*Myllokunmingia*　158, 159

無角類　Atelocerata　82
無顎類　Agnatha　355, 483, 506, 509, 514
無顎類脊椎動物　Agnatha　497
ムカシトカゲ　tuatara　99
ムカシトカゲ類(目)　Sphenodontia　98, 99
ムカデ　centipede　30, 302
ムカデエビ類　Remipeda　80–82
ムカデ類　Chilopoda　78, 164, 359
無関節類　Inarticulata　66
ムギツク　*Pungtungia herzi*　604
ムササビ　flying squirrel　533
無脊椎動物　Invertebrata　18, 357, 359, 379, 383, 404, 405, 475, 480, 482, 483, 489, 501, 507, 508, 583, 586, 628, 660
無体腔動物　Acoelomate　296
無腸形動物　Acoelomorpha　54
無腸動物　Acoelomorpha　86
無腸類　Acoela　86, 148
ミツバチ　honeybee　360
無頭脊椎動物　Acrana　152
無尾両生類　Anuran amphibian　286, 287, 518
無尾類　Anura　334
無変態昆虫　ametabolic insect　471
ムラサキイガイ　*Mytilus galloprovincialis*　407, 601, 687

鳴禽類　oscine　560
メキシコサンショウウオ　Mexican salamander (*Ambystoma mexicanum*)　335
メキシコサンショウウオ　*Ambystoma mexicanum*　278
メキシコマシコ　house finch (*Carpodacus mexicanus*)　569
メダカ　*Oryzias latipes*　39, 180, 181, 186, 198, 210, 252, 278, 292, 341, 431, 452, 457, 501, 637
メタスプリッギナ　*Metaspriggina*　155
メンフクロウ　Tyto alba　396, 397

毛顎動物　Chaetognatha　145
猛禽類　birds of pray　379
網翅上目　Dictyoptera　83
毛翅類　Trichoptera　180
モグラ　moles　102, 551, 674
モノアラガイ科　Lymnaeidae　200
モモンガ　flying squirrel　702
モンガラカワハギ　clown triggerfish　187
ポリプテルス目　Polypteriformes　93
モルフォチョウ　morpho butterfly　651, 682, 684, 708
モルミリス目　Mormyriformes　537
モルミルス　Mormyridae　366
モロテゴカイ科　Magelonidae　70
モンシロチョウ　*Pieris rapae*　411, 558

や行

ヤイトムシ類　Schizomida　79, 165
ヤガ　noctuid moth　379, 675
ヤギ　*Capra hircus*　104, 462
ヤク　*Bos mutus*　102
ヤクシマザル　*Macaca fuscata yakui*　46
ヤスデ類　Diplopoda　78, 164
ヤツメウナギ　lamprey　156, 158, 293, 323, 367, 489, 497
ヤツメウナギ綱　Petromyzontida　92
ヤツメウナギ類　lampreys　514
ヤドカリ　hermit crab　73
ヤマトシロアリ　*Reticulitermes speratus*　630
ヤムシ　arrow worm　84
ヤモリ　gecko　632, 686, 692, 708
ヤリイカ　arrow squid　365
ヤリハシハチドリ　*Ensifera ensifera*　131

有顎脊椎動物　jawed vertebrata (Gnathostomata) 509
有殻類　Conchifera　69
有顎類脊椎動物　Vertebrata　497
有関節類　Articulata　66
有気管類　Tracheata　82
有棘動物　Scalidophora　56, 74
有棘類　Aculifera　69
遊在類　Errantia　70, 71

有翅昆虫類 Pterygota 165
有翅昆虫類(有翅下綱) Pterygota 82
有櫛動物 Ctenophora 58, 116, 145, 149, 292, 360, 390, 416, 658
有鬚動物(門) Pogonophora 54, 70, 71, 601
有腎動物 Nephrozoa 55
有爪動物 Onychophora 76, 78, 119
有胎盤哺乳類 Eutheria 350
有胎盤類 Placentalia 161
有袋類 Marsupialia 134, 161, 350
有肺類 Pulmonata 69, 200, 482
有尾類 Urodela 334
有鞭類 Uropygi 79
有棒状体類 Rhabditophora 62
有毛目 Pilosa 103
有羊膜類 Amniota 271, 286, 323, 330, 367, 483
有輪動物 Cycliophora 64
有鱗類(目) Squamata 98, 99
ユキヒメドリ *Junco hyemalis* 410
ユーステノプテロン *Eusthenopteron* 159
ユスリカ midge 357
ユムシ動物(門) Echiura 54, 70, 71
ユリクビナガハムシ Lilioceris merdigera 693

ヨウジウオ pipefish 576
葉足動物 Lobopodia 76
羊膜類 Amniota 98, 160
ヨウム African grey parrot (*Psittacus erithacus*) 555
翼手目 Chiroptera 103
翼手類 Chiroptera 533
翼竜 Pterosauria 100, 161
翼竜類 Pterosauria 98, 99
ヨコエビ gammaridean amphipods 63
ヨコバイ leafhopper 675, 607
翼甲形類 Pteraspidomorpha 158
ヨツモンマメゾウムシ Callosobrucbus maculatus 632, 676
ヨトウガ cabbage armyworm Mamestra brassicae 478
ヨーロッパアカガエル *Rana temporaria* 278
ヨーロッパカヤクグリ Dunnock Prunella modularis 571
ヨーロッパヌマガメ Emys orbicularis 473
ヨーロッパヒキガエル *Bufo bufo* 278
ヨーロピアンパーチ *Perca fluviatilis* 456

ら行

ライオン *Panthera leo* 576, 579
ラクダムシ目 Raphidioptera 83
裸喉綱 Gymnolaemata 67
螺旋動物 Spiralia 55-57
らせん卵割動物(螺旋卵割動物) Spiralia 60, 151
ラッコ sea otter 594
ラット *Rattus norvegicus* 186, 210, 351, 439, 462, 526, 552
卵黄皮類 Lecithoepitheliata 62

リス squirrel 350, 546
リムノグナシア マースキ *Limnognathia maerski* 63
リュウキュウアユ ayu 645
リュウキュウムラサキ *Hypolimnas bolina* 606
竜弓類 Sauropsida 160
両生綱 *Amphibia* 162
両生類 Amphibia 98, 168, 260, 268, 271, 274, 286, 292, 294, 312, 328, 330, 334, 348, 350, 352, 354, 355, 357, 359, 399, 410, 439, 456, 460, 470, 483, 498, 504, 583, 628
リンカルス rinkhals(*Hemachatus haemachatus*) 590
輪形動物 Rotifera 62, 65
鱗甲目 Pholidota 103
鱗翅目 *lepidoptera* 506
鱗翅類 Lepidoptera 180
鱗竜類 Lepidosauria 98

類人猿 ape 525
類線形動物 Nematomorpha 72, 73
ルソンメダカ *Oryzias luzonensis* 279
ルリキンバエ *Protophormia terraenovae* 478

霊長目 Primates 103
霊長類 Primates 277, 286, 287, 311, 367, 379, 399, 463, 499
レイビシロアリ kalotermitid 468
レジア redia 62

ローチ *Rutilus rutilus* 430
六脚類 Hexapoda 78, 80, 82, 164

わ行

ワニ　Crocodilia　98, 161
ワニトカゲギス目　Stomiiformes　94
ワニ目　Crocodilia　279
ワニ類　Crocodilia　328, 353
ワニ類(目)　Crocodylia　98, 99
ワムシ　rotifer　297, 615
ワムシ類　rotifer　274
腕鰭下綱　Cladistia　93
腕足動物　Brachiopoda　66, 67

人　名　索　引

あ行

青木重幸　Aoki Shigeyuki　564
アベリー，O.　Avery, O.　185
アベル，J. J　Abel, J. J　424
アリストテレス　Aristoteles　2, 6, 7, 9, 10, 540
アルベルトゥス・マグヌス　Magnus, A.　9
アレン，J.　Allen, J.　106

飯島魁　Iijima Isao　35
石川千代松　Ishikawa Chiyomatsu　35, 186
今西錦司　Imanishi Kinji　38

ヴァン＝ワイエ，J.　van Wijhe, J.　25
ウィリアムス，G.　Williams, G.　274
ウィルソン，D. M.　Wilson, D. M　540
ウィルソン，E. O.　Wilson, E. O.　635
ウインクラー，H.　Winkler, H.　184, 185
ウェゲナー，A. F.　Wegener, A. F.　634
ヴェサリウス，A.　Vesalius, A.　11
ウォディントン，C. H.　Waddington, C. H.　558
ウォレス，A. R.　Wallace, A. R.　13, 106, 634
ウォーレス・カロザース　Wallace, C.　654
内田俊郎　Utida Syunro　614

江口吾朗　Eguchi Goro　39
エドマン，P. V.　Edman, P. V.　424
江橋節郎　Ebashi Seturo　39
エベール，P. D.　Hebert, P. D　110
エリック・カンデル　Kandel, E. R.　400
エルンスト・ヘッケル　Haeckel, E.　170

オーウェン，R.　Owen, R.　24
太田朋子　Ohta Tomoko　142
岡田節人　Okada Tokindo　39
オーケン，L.　Oken, L.　24
オットー・シュミット　Schmitt, O.　654
オールズ，J.　Olds, J.　553

か行

カー，J. F.　Kerr, J. F.　244
貝原益軒　Kaibara Ekiken　30
ガウゼ，G. F.　Gause, G. F.　614
カーソン，R. L.　Carson, R. L.　430
ガルバーニ，L.　Galvani, L.　651
カール・リチャード・ウーズ　Woese, C. R.　215
ガレノス　Galenos　8
ガンス，C.　Gans, C.　152

木原均　Kihara Hitoshi　185
木村資生　Kimura Motoo　26, 38, 140, 191, 192
キャノン，J. T.　Cannon, J. T　55
キャノン，W. B.　Cannon, W. B.　454, 553
キュヴィエ，G.　Cuvier, G.　54
キュエノ，L. C. J. M.　Cuénot, L. C. J. M.　22
ギリベ，G.　Giribet, G.　55
ギルマン，R. C. L.　Guillemin, R. C. L.　424
キング，J. L.　King, J. L.　140

グーダーナッチ，J. F.　Gudernatsch, J. F.　334
クノール，M.　Knoll, M.　421
グライダー，C. W.　Greider, C. W.　242
クラーク，C. A.　Clerck, C. A.　47
クランペ，H.　Crampe, H.　186
クリック，F.　Crick, F.　28, 185
グレイ，J. E.　Gray, J. E.　540

ケイロス，K.　de Queiroz, K.　49
ゲーゲンバウル，K.　Gegenbaur, K.　25
ゲスナー，C.　Gessner, C.　10, 11
ゲーテ，J.　Goethe, J.　24

コッホ，R.　Koch, R.　17
ゴルトン，F.　Galton, F.　22
コレンス，C. E.　Correns, C. E.　22
コワレフスキー，A. O.　Kowalevsky, A. O.　152

さ行

ザスロフ，M. A.　Zasloff, M. A.　504
サットン，W.　Sutton, W.　27
サルストン，J. E.　Sulston, J. E.　245

ジェームズ，W.　James, W.　552
シェリントン，C. S.　Sherrington, C. S.　540
シーボルト，P. F. B. von　Siebold, P. F. B. von　31
志村憲助　Shimura Kensuke　39
下村脩　Shimomura Osamu　39
ジャクソン，J. H.　Jackson，J. H.　392
ジャコブ，F.　Jacob, F.　27
シャリー，A. V.　Schally, A. V.　424
ジュークス，T. H.　Jukes, T. H.　140
シュペーマン，H.　Spemann, H.　272, 312
シュミット，O.　Schmitt, O.　651, 708
シュライデン，M. J.　Schleiden, M. J.　14, 17
シュワン，T.　Schwann, T.　14, 17
ショスタク，J. W.　Szostak. J. W.　242
ジョフロワ＝サン-チレール，É.　Saint-Hilaire, E. G.　24
ジョルジュ・デ・メストラル　Mestral, G. D.　654
シンプソン，G. G.　Simpson, G. G.　27, 47

スクレーター，P.　Sclater, P.　106
鈴木義昭　Suzuki Yoshiaki　39
スタートヴァント，A. H.　Sturtevant, A. H.　22
スターリング，E. H.　Starring, E. H.　418
ストレーラー，B. L.　Strehler, B. L.　340
スペンサー，H.　Spencer，H.　392

セオ・コルボーン　Colborn, T. E.　430
セリエ，H.　Selye, H.　454

た行

ダーウィン，C. R.　Darwin, C. R.　4, 7, 13, 19, 20, 22, 24, 26, 35, 127, 136, 140, 552, 565, 634
高峰譲吉　Takamine Joukichi　420, 424
竹市雅俊　Takeichi Masatoshi　39
ダマシオ，A. R.　Damasio，A. R.　553
団勝磨　Dan Katsuma　39, 237
団ジーン　Dan Jean　39
タンスレー，A.　Tansley, A.　592

チェイス，M.　Chase, M.　185
チェルマク，E. von S.　Tschermak, E. von S.　22
チャーノフ，E. L.　Charnov, E. L.　625
チューリング，A. M.　Turing, A. M.　344, 345

ティンバーゲン，N.　Tinbergen, N.　531, 538, 541
デカルト，R.　Descartes, R.　11
デュージング，C.　Düsing, C.　624
デルブリュック，M.　Delbrück, M.　7
テンプルトン，A.　Templeton, A.　47

ドブジャンスキー，T. G.　Dobzhansky, T. G.　26, 48, 201
ド＝フリース，H.　de Vries, H.　22
トマス・アクィナス　Thomas Aquinas　9
外山亀太郎　Toyama Kametaro　22, 37, 39, 186, 200

な行

中村惕斎　Nakamura Tekisai　30

根井正利　Nei Masatoshi　38, 192

ノースカット，R. G.　Northcutt, R. G.　152

は行

ハーヴェイ，W.　William Harvey　11, 7
パーク，T.　Park, T.　614
ハーシー，A. D.　Hershey, A.D.　185
パスツール，L.　Pasteur, L.　4, 17
長谷山美紀　Haseyama Miki　704
パターソン，H. E. H.　Paterson, H. E. H.　47
ハックスリー，J. S.　Huxley, J. S.　27
ハックスレー，A.　Huxley, A.　372
ハッジ，J.　Hadži, J.　149
バード，P.　Bard, P.　553
ハフェカー，C. B.　Huffaker, C. B.　614
パヴロフ，I.P．　Pavlov, I. P.　540
ハミルトン，W. D.　Hamilton, W. D.　556, 617, 625
バルフォア，F. M.　Balfour, F. M.　36
バンクス，J.　Joseph Banks, J.　13
パンクセップ，J.　Panksepp, J.　552

ビュニング，E.　Bünning, E.　411

ビュフォン，G. L.　Buffon, G. L.　18
平本幸男　Hiramoto Yukio　237
ヒルゲンドルフ，F. M.　Hilgendorf, F. M.　34

ファーブル，J. H. C.　Fabre, J. H. C.　478
ファン・ハーレン，L.　Van Valen, L.　47
フィッシャー , R. A.　Fisher, R. A.　26, 178, 191
フィルヒョウ，R.　Virchow, R.　17
フォブス，S. A.　Forbs, S. A.　592
フォン・フリッシュ，K. R.　von Frisch, K. R.　540
フォン＝ベーア，K.　von Baer, K.　24
福田宗一　Fukuda Souichi　39
フック，R.　Hooke, R.　14, 17
ブラキストン，T. W.　Blakiston, T. W.　634
ブラックバーン，E. H.　Blackburn, E. H.　242
プラトン　Plato　48
ブリジェズ，C. B.　Bridges, C. B.　22
プリニウス　Plinius　8, 10
プルチック，R.　Plutchik, R.　552
ブレナー，S.　Brenner, S.　245
ブローカ，P.　Broca, P.　394
ブロードマン，K.　Broadmann, K.　393
プロハスカ，G.　Prochaska, G.　540
フンボルト，A.v.　Humboldt, A. v.　634

ベイツ，H. W.　Bates, H. W.　13
ベイトソン，W.　Bateson, W.　22, 178
ペイペッツ，J.　Papez，J.　553
ベイリス，W.　Bayliss, W.　418
ベザリウス，A.　Vesalius, A.　420
ヘッケル，E.　Haeckel, E.　54, 148, 152, 170
ベル，C.　Bell, C.　540
ベルクマン，C.　Bergmann, C.　106
ヘンレ，F. G. J.　Henle, F. G. J.　354, 355

ホイットマン，C. O.　Whitman, C. O.　35
ホジキン，A. L.　Hodgkin, A. L.　372
ボーマン，W.　Bowman, W.　354, 355
ボルタ，A.　Volta, A.　651
ホールデン，J. B. S.　Haldane, J. B. S.　26, 141, 191
ホロビッツ，H. R.　Horvitz, H. R.　244

ま行

マイヤー，E.　Mayr, E.　46, 26, 126
マイヤーズ，N.　Myers, N.　107
マクリーン，P. D.　MacLean，P. D.　393, 553
マッカーサー，R. H.　MacArthur, R. H.　634
マラー，H. J.　Muller, H. J.　22, 140, 201
マーラー，P.　Marler，P.　559
マルピーギ，M.　Malpighi, M.　354
丸山工作　Maruyama Kosaku　39
マレ，J.　Mallet, J.　48

ミーシャー，J.　Miescher, J.　28
箕作佳吉　Mitsukuri Kakichi　35
ミルナー，P.　Milner，P.　553

メイデン，R. L.　Mayden, R. L.　46
メイナード＝スミス，J.　Maynard-Smith, J.　617
メチニコフ，E.　Metchnikoff, E.　502
メンデル，G. J.　Mendel, G. J.　22, 26, 186, 191, 192

モーガン，T. H.　Morgan, T. H.　22, 27, 186
モース，E. S.　Morse,E. S.　34
モノー，J.　Monod, J.　28

や行

谷津直秀　Yatsu Naohide　38
山中伸弥　Yamanaka Shinya　260, 262
山本時男　Yamamoto Tokio　39

ユクスキュル，J. B. B.　Uexküll，J. B. B.　538

ら行

ライト，S.　Wright,S.　26, 191
ラパポート，R.　Rappaport, R.　237
ラーマー，C. E.　Laumer, C. E.　55
ラマルク，J. B.　Lamarck, J. B.　18, 21
ラモン・イ・カハール，J. B.　Ramón y cajal, J. B.　395
ランゲ，C.　Lange, C.　552
ランケスター，E. R.　Lankester, E. R.　24

李時珍　Li Shizhen　30
リーチェンバーグ，I.　Rechenberg, I.　688
リンネ，C. v.　Linné, C. v.　3, 12, 46, 48, 54

ルイス，W. H.　Lewis，W. H.　312

ルスカ，E.　Ruska, E.　421
ルドゥー，J. E.　LeDoux，J. E.　553

レーヴィ，O.　Loewi, O.　372
レーヴェンフック，A.　Leeuwenhoek, A.　14
レオナルド・ダ・ビンチ　Leonardo da Vinci　654
レマネ，A.　Remane, A.　169

ロイブ，J.　Loeb, J.　540
ローレンツ，K. Z.　Lorenz，K. Z.　538, 541

わ行

ワイズマン，A.　Weismann, A.　36
ワイントローブ，H. M.　Weintraub, H. M.　323
渡瀬庄三郎　Watase Shouzaburou　38, 634
ワディントン，C. H.　Waddington, C. H.　260
ワトソン，J.　Watson, J.　28, 185

動物学の百科事典

平成 30 年 9 月 30 日　発　　行
令和元年 7 月 10 日　第 2 刷発行

編　　者　公益社団法人
　　　　　日 本 動 物 学 会

発 行 者　池　田　和　博

発 行 所　丸善出版株式会社
〒101-0051 東京都千代田区神田神保町二丁目 17 番
編 集：電 話(03)3512-3264／FAX(03)3512-3272
営 業：電 話(03)3512-3256／FAX(03)3512-3270
https://www.maruzen-publishing.co.jp

組版印刷・株式会社 日本制作センター／製本・株式会社 星共社

ISBN 978-4-621-30309-2 C3545　　Printed in Japan